自然地理学事典

小池一之・山下脩二
岩田修二・漆原和子・小泉武栄・田瀬則雄
松倉公憲・松本　淳・山川修治 ［編集］

朝倉書店

序

　本事典の計画は 2009 年のことであった．そのとき作成した刊行の趣旨は「近年における自然地理学の発展は目覚ましく，しかもその分野ごとに各境界領域との連携を強めながらさらなる発展を志向していく傾向にある．例えば，日本地形学連合，気候影響・利用研究会，日本水文科学会など独自性を強めつつあり，それは地球科学の発展方向として必然的ともいえるし，自然地理学サイドから考えても喜ばしいことではある．しかし，21 世紀を迎えて，環境の問題に代表されるように自然や地球の課題はますます複雑多岐にわたってきている．地理学の中から発達してきた自然地理学は自然を構成するすべての要素を総合的・有機的に捉えることに本来的な特徴があり，すべてが複雑化する現代において，自然地理学という枠組みが一層重要になるものと考えられる．以上の状況を鑑みて，自然地理学・地球科学的観点から最新の知見を幅広く集成した，総合的・学際的な内容の事典を目指すこととした」というものであった．

　そして，各分野を統括すべく編集委員を依頼し，刊行に向けて活動を開始した．自然地理学としての構成や内容に関する基本的なところを議論し，大・中・小の項目の設定をした．各編集委員から適任とみなされる執筆者を推薦し，合議で決定し，執筆依頼を行った．依頼した方のほとんどが快く引き受けて下さり，原稿もほとんど予定通り提出していただいた．しかし，順調に進んでいるかに思われたなか，東日本大震災が起こるなど様々な事情が重なり，編集作業に多くの時間を費やしてしまい，すべての執筆者には多大なご迷惑をかけてしまった．

　その間に社会状況も大きく変化したが，当初の趣旨に述べられている刊行の意義は今でも有効であるというより，より一層増大していると考えている．本書は，まず「A 自然地理学一般」において自然地理学の枠組みと成り立ち，地球に関する基本的事項，自然地理学の応用と地球環境の保護・保全といった基礎的な事項を把握した上で，個別的・系統的な自然地理学の分野を，気候，水文，地形，土壌，植生という順に，できるだけ全体像が理解できるような構成にした．さらに，これらの分野が縦横に連関しあって発現している自然災害，環境汚染・改変と環境地理，地域の環境（大生態系の環境）を取り上げ，自然地理学にかかわる地球上のすべての現象を統合的に捉えることができるようにした．以上が本書の大きな特徴である．自然地理学は他の自然科学と同様に，分析的にメカニズムやプロセスの解明を目指して進歩してきたことは否定できないが，一方では古来から（自然）地理学は総合の学であるとも言われ続けてきた．総合の学とは単に系統的な学問分野を並列的に並べればすむものではなく，相互に有機的に統合して新たなる知の世界を創造することにある．換言すると，現代社会で生起している多くの自然地理的な課題・問題

は，後者の総合の学であり，「モードⅡの科学」という言い方もされる．前者の19世紀以来現代科学をリードしてきた系統的科学は，本書でいえば，「B 気候」から「F 植生」までがおおむね該当し，「モードⅠの科学」ともいう．「G 自然災害」から「I 地域の環境（大生態系の環境）」までが「モードⅡの科学」という位置づけになる．自然地理学誕生の頃の博物学的な研究に基礎を置き，その後発展した科学的成果を積み重ね，現在は自然地理学の枠組みを超えた新たなる学問領域の誕生が期待されるようになっている．それはあらゆるスケールの自然現象と地域的枠組み，人間を含めた生物との相互作用を統合することで成し遂げられるであろう．本書が以上のような発展に資することを切に期待している．

　本事典が自然地理学の研究者・教育者ばかりでなく，自然地理学の周辺分野，つまり地球科学，環境科学，地理科学，環境工学等々の地球環境・地域環境の問題を身近に抱えている多くの人々のお役に立つことを願っている．

　2016 年 12 月

編集委員一同

編　集

小池　一之	駒澤大学名誉教授
山下　脩二	東京学芸大学名誉教授
岩田　修二	東京都立大学名誉教授
漆原　和子	前法政大学，ブカレスト大学名誉教授
小泉　武栄	東京学芸大学名誉教授
田瀬　則雄	茨城大学，筑波大学名誉教授
松倉　公憲	筑波大学名誉教授
松本　淳	首都大学東京教授
山川　修治	日本大学教授

執筆者 (五十音順)

飯島　慈裕	三重大学	菊地　立	東北学院大学名誉教授
飯田　真一	森林総合研究所	木村　圭司	奈良大学
池田　敦	筑波大学	日下　博幸	筑波大学
板垣　真資	気象庁	久保　純子	早稲田大学
植田　宏昭	筑波大学	熊木　洋太	専修大学
牛山　素行	静岡大学	高野　洋雄	気象庁
内田　和子	岡山大学名誉教授	斉藤　享治	埼玉大学
海津　正倫	奈良大学，名古屋大学名誉教授	境田　清隆	東北大学
梅本　亨	明治大学	佐藤　芳徳	上越教育大学
江口　卓	駒澤大学	澤柿　教伸	法政大学
遠藤　邦彦	日本大学名誉教授	澤田　康徳	東京学芸大学
遠藤　伸彦	農業・食品産業技術総合研究機構	澤田　結基	福山市立大学
大内　俊二	中央大学	財城真寿美	成蹊大学
小川　肇	拓殖大学名誉教授	嶋田　純	熊本大学名誉教授
小口　高	東京大学	島野　安雄	文星芸術大学名誉教授
小口　千明	埼玉大学	清水　善和	駒澤大学
小野寺真一	広島大学	下川　和夫	札幌大学名誉教授
小元久仁夫	前日本大学	白岩　孝行	北海道大学
恩田　裕一	筑波大学	新見　治	香川大学名誉教授
甲斐　憲次	名古屋大学	杉田　倫明	筑波大学
加藤　央之	日本大学	鈴木　毅彦	首都大学東京
楮根　勇	筑波大学名誉教授	鈴木　秀和	駒澤大学
川村　隆一	九州大学，富山大学名誉教授	鈴木　康弘	名古屋大学
菅野　洋光	農業・食品産業技術総合研究機構	鈴木　力英	海洋研究開発機構

砂村　継夫	大阪大学名誉教授	
隅田　裕明	日本大学	
諏訪　　浩	東京大学	
相馬　秀廣	元奈良女子大学	
高岡　貞夫	専修大学	
高橋日出男	首都大学東京	
武田　一郎	京都教育大学	
田中　　靖	駒澤大学	
谷口　真人	総合地球環境学研究所	
田宮　兵衞	お茶の水女子大学名誉教授	
田村　憲司	筑波大学	
都司　嘉宣	前東京大学，深田地質研究所	
辻村　真貴	筑波大学	
中川　清隆	立正大学	
中林　一樹	明治大学，東京都立大学名誉教授	
中村　圭三	敬愛大学	
成瀬　敏郎	兵庫教育大学名誉教授	
西森　基貴	農業・食品産業技術総合研究機構	
長谷川裕彦	明星大学	
八戸　昭一	埼玉県環境科学国際センター	
早川　裕弌	東京大学	
林　　陽生	前筑波大学，NPO法人シティ・ウオッチ・スクエア	

東　　照雄	筑波大学名誉教授	
檜山　哲哉	名古屋大学	
平井　幸弘	駒澤大学	
平川　一臣	北海道大学名誉教授	
平野　昌繁	大阪市立大学名誉教授	
細田　　浩	法政大学	
前門　　晃	琉球大学	
前島　勇治	農業・食品産業技術総合研究機構	
増田　耕一	海洋研究開発機構	
松田　磐余	関東学院大学名誉教授	
松山　　洋	首都大学東京	
三浦　英樹	国立極地研究所	
森　　和紀	前日本大学，三重大学名誉教授	
森島　　済	日本大学	
森脇　　広	鹿児島大学名誉教授	
安原　正也	立正大学	
柳田　　誠	株式会社阪神コンサルタンツ	
山添　　謙	日本大学	
山中　　勤	筑波大学	
山野　博哉	国立環境研究所	
渡辺　一夫	森林インストラクター	

目　　次

A　自然地理学一般

A1　自然地理学の枠組と成り立ち

A1-1　地理的探検と地図の歴史　　（岩田修二）2

A1-2　自然地理学の成り立ち　　（岩田修二）4

A1-3　フンボルトと自然地理学　　（細田　浩）6

A1-4　自然地理現象の空間スケールと
　　　時間スケール　　（岩田修二）8

A1-5　自然の構成・そのとらえ方　　（梶根　勇）10

A1-6　自然地理学からみた環境と風土
　　　　　　　　　（山下脩二）12

A2　地球の成り立ち

A2-1　惑星としての地球　　（増田耕一）14

A2-2　地球の軌道要素に伴う日射量変化
　　　　　　　　　（増田耕一）16

A2-3　地球の構造　　（小池一之）18

A2-4　地球の歴史　　（小池一之）20

A2-5　地表付近の環境構造　　（山川修治）22

A3　応用自然地理学，地球の保護と保全

A3-1　ジオ゠ダイバーシティ　　（岩田修二）24

A3-2　地球環境保全と環境アセスメント
　　　　　　　　　（小泉武栄）26

A3-3　自然保護と教育　　（岩田修二）28

A3-4　地図と GIS　　（小口　高）30

A3-5　気候変動に関する政府間パネル（IPCC）
　　　（1）　　（加藤央之）32

A3-6　気候変動に関する政府間パネル（IPCC）
　　　（2）　　（鈴木力英）34

B　気　候

B1　気候学の歴史と気候学の研究法

　　　　　　　　　（境田清隆）36

B2　気候の成り立ち

B2-1　気候の成り立ちと大気の構造
　　　　　　　　　（山下脩二）40

B2-2　太陽エネルギーと地球　　（山下脩二）42

B2-3　地球-大気系の放射収支と熱収支
　　　　　　　　　（山下脩二）44

B2-4　大気現象のスケールと気候　　（田宮兵衞）46

B2-5　気候の物理的モデリング　　（増田耕一）48

B2-6　気候の統計的モデリング　　（加藤央之）50

B3　気候の基本的要素

B3-1　気候要素と気候因子　　（山下脩二）52

B3-2　気温・地表面温度・地温　　（飯島慈裕）54

B3-3　雲・霧・降水と湿度　　（江口　卓）56

B3-4　気圧と風（風向・風速）　　（江口　卓）58

B3-5　日照と日射　　（中川清隆）60

B4　大気大循環

B4-1　大気と海洋の大循環とグローバル気候
　　　　　　　　　（植田宏昭）62

B4-2　モンスーン循環と雨季・乾季
　　　　　　　　　（高橋日出男）66

B4-3　エルニーニョとラニーニャ　　（西森基貴）68

B4-4　テレコネクション　　（川村隆一）70

B4-5　大気と海洋・陸面の相互作用
　　　　　　　　　（川村隆一）72

B4-6　南北両半球の気候の比較　　（松山　洋）74

B4-7　成層圏循環とその対流圏との関係
　　　　　　　　　（山川修治）76

B5　総観気候

B5-1　高・低気圧システム　　　　（山川修治）78

B5-2　前線・梅雨前線・秋雨前線のシステム
　　　　　　　　　　　　　　　（高橋日出男）80

B5-3　台風のシステム　　　　　　（森島　済）84

B5-4　リージョナル気候と気圧場　（加藤央之）86

B6　境界層の気候／中小スケールの気候

B6-1　メソスケールの地上風　　　（鈴木力英）88

B6-2　海陸風と山谷風　　　　　　（鈴木力英）90

B6-3　冷気湖と冷気流　　　　　　（飯島慈裕）92

B6-4　接地・上層逆転層と山腹温暖帯／
　　　　斜面の温暖帯　　　　　　（飯島慈裕）94

B6-5　局地風（1）　　　　　　　（菅野洋光）96

B6-6　局地風（2）　　　　　　　（中川清隆）98

B7　都市気候

B7-1　都市化に伴う気候環境の変化
　　　　　　　　　　　　　　　（高橋日出男）100

B7-2　ヒートアイランドとクールアイランド
　　　　　　　　　　　　　　　（山添　謙）104

B7-3　都市の降水　　　　　　　　（澤田康徳）108

B7-4　都市の積雲列「環八雲」　　（甲斐憲次）110

B7-5　都市気候のモデリング　　　（日下博幸）112

B8　気候変化・気候変動と地球温暖化

B8-1　気候の変化の要因　　　　　（増田耕一）114

B8-2　地質時代の気候変化　　　　（遠藤邦彦）116

B8-3　温室効果と日傘効果　　　　（増田耕一）120

B8-4　歴史時代の気候変化　　　　（財城真寿美）122

B8-5　観測時代の気候　　　　　　（遠藤伸彦）124

B8-6　二酸化炭素と地球温暖化　　（増田耕一）126

B9　季節・気候区分・気候景観

B9-1　二十四節気七十二候　　　　（財城真寿美）130

B9-2　気圧配置型による季節と季節区分
　　　　　　　　　　　　　　　（山川修治）132

B9-3　気候指数と気候区分　　　　（松山　洋）134

B9-4　日本の気候区分　　　　　　（松本　淳）138

B9-5　気候と植生・農林業　　　　（林　陽生）140

B9-6　気候景観：偏形樹・防風林・屋敷林
　　　　　　　　　　　　　　　（小川　肇）144

B9-7　雪に関する気候景観と雪形　（梅本　亨）146

B9-8　観天望気・天気俚諺　　　　（梅本　亨）148

C　水　文

C1　水文学の歴史と方法論　　　（榧根　勇）150

C2　水の循環（水循環）

C2-1　地球上の水　　　　　　　　（田瀬則雄）152

C2-2　水循環　　　　　　　　　　（田瀬則雄）154

C2-3　水収支　　　　　　　　　　（田瀬則雄）158

C2-4　滞留時間と水の年代（年齢）
　　　　　　　　　　　　　　　（安原正也）160

C2-5　涵養域・流動域・流出域　　（谷口真人）162

C3　水の分布形態と特性

C3-1　河川と流域（水系網）　　　（島野安雄）164

C3-2　湖　沼　　　　　　　　　　（森　和紀）166

C3-3　地下水，湧水，土壌水，地中水
　　　　　　　　　　　　　　　（嶋田　純）168

C3-4　氷河，雪氷　　　　　　　　（白岩孝行）170

C3-5　大気，海洋　　　　　　　　（山中　勤）172

C4　水文プロセス

C4-1　環境トレーサー　　　　　　（嶋田　純）174

C4-2　降雨の分配　　　　　　　　（飯田真一）178

C4-3　蒸発と蒸散　　　　　　　　（杉田倫明）180

C4-4　浸透と降下浸透　　　　　　（辻村真貴）182

C4-5　流　出　　　　　　　　　　（辻村真貴）184

C4-6　気候と水文現象　　　　　　（檜山哲哉）186

C4-7　地形と水文現象（1）　　　（鈴木秀和）188

C4-8　地形と水文現象（2）　　　（小野寺真一）192

C4-9　植被・土地利用と水文現象（檜山哲哉）194

C5　水環境

C5-1　水資源　　　　　　　　　　（新見　治）198

C5-2　水質形成と水質基準　　　　（佐藤芳徳）200

C5-3　水質汚染　　　　　　　　　（田瀬則雄）204

C5-4　名水百選の自然地理学　　　（島野安雄）206

D　地　形

D1　地形の基礎的概念
D1-1　地形学の歴史　　　　　（平野昌繁）208
D1-2　地形学研究法　　　　　（平川一臣）212
D1-3　地形形成営力／地形の段化／
　　　　対比と編年／地形学図　（熊木洋太）214
D1-4　地形の形成年代とその決定法
　　　　　　　　　　　　　（小元久仁夫）216
D1-5　堆積物の分析　　　　　（遠藤邦彦）218
D1-6　リモートセンシング　　（田中　靖）220
D1-7　DEM の活用・地形分析　（田中　靖）222
D1-8　地形の分類と地形の規模（小池一之）224
D1-9　第四紀　　　　　　　　（久保純子）226

D2　内的営力のつくる地形
D2-1　プレート運動と地球の大地形
　　　　　　　　　　　　　　（小池一之）228
D2-2　変動地形（1）　　　　（鈴木康弘）232
D2-3　変動地形（2）　　　　（鈴木康弘）234
D2-4　火山の形成と火山の分布（鈴木毅彦）236
D2-5　火山の分類　　　　　　（鈴木毅彦）238
D2-6　火山灰・火山灰編年学　（鈴木毅彦）240

D3　風化および組織地形
D3-1　物理風化作用とそれがつくる地形
　　　　　　　　　　　　　　（松倉公憲）242
D3-2　化学的風化作用と関連地形（小口千明）244
D3-3　カルスト地形　　　　　（漆原和子）246
D3-4　鍾乳洞　　　　　　　　（漆原和子）248
D3-5　組織地形　　　　　　　（小池一之）250
D3-6　岩質の差や節理・断層の分布を反映する
　　　　組織地形　　　　　　（八戸昭一）252

D4　マスムーブメント
D4-1　マスムーブメントの定義・分類と
　　　　メカニズム　　　　　（松倉公憲）254
D4-2　落石と匍行　　　　　　（松倉公憲）256

D4-3　斜面崩壊　　　　　　　（諏訪　浩）258

D5　河成の地形
D5-1　河川プロセス・河床縦断面形の発達
　　　　　　　　　　　　　　（早川裕弌）260
D5-2　山間部の河成地形　　　（早川裕弌）262
D5-3　河成（岸）段丘　　　　（柳田　誠）264
D5-4　扇状地，自然堤防と後背湿地
　　　　　　　　　　　　　　（斉藤享治）266
D5-5　三角州　　　　　　　　（海津正倫）268

D6　海成・海底・湖の地形
D6-1　波浪と津波のプロセス　（砂村継夫）270
D6-2　海岸平野／海成段丘の形成と変位
　　　　　　　　　　　　　　（海津正倫）272
D6-3　砂浜海岸　　　　　　　（武田一郎）274
D6-4　岩石海岸　　　　　　　（砂村継夫）276
D6-5　サンゴ礁海岸とマングローブ海岸
　　　　　　　　　　　　　　（前門　晃）278
D6-6　大陸棚　　　　　　　　（砂村継夫）280
D6-7　海底地形　　　　　　　（小池一之）282
D6-8　成因からみた湖の分類／
　　　　湖岸・湖底の地形　　（平井幸弘）284

D7　氷河・周氷河地形
D7-1　山岳氷河の地形　　　（長谷川裕彦）286
D7-2　氷床の地形　　　　　　（澤柿教伸）288
D7-3　氷河変動と地形　　　　（三浦英樹）290
D7-4　永久凍土　　　　（澤田結基・池田　敦）292
D7-5　周氷河地形　　　（池田　敦・澤田結基）294
D7-6　積雪の作用と雪崩地形　（下川和夫）296

D8　風のつくる地形および乾燥地形
D8-1　砂丘と風食地形　　　　（遠藤邦彦）298
D8-2　ペディメント　　　　　（大内俊二）300
D8-3　バハダとプラヤ　　　　（小口　高）302
D8-4　レス（黄土）と黄土高原（成瀬敏郎）304

目　　　次　　vii

E 土 壌

E1 土壌の生成
E1-1 土壌地理学の歴史 （漆原和子）306
E1-2 土壌生成に及ぼす植生の影響
（清水善和）308
E1-3 土壌生成（1） （漆原和子）310
E1-4 土壌生成（2） （漆原和子）312
E1-5 土壌断面とその特性 （田村憲司）314

E2 土壌の分布
E2-1 世界の土壌分布 （田村憲司）316
E2-2 日本の土壌分布 （田村憲司）318
E2-3 砂漠土壌と土地利用 （相馬秀廣）320

E3 その他
E3-1 特異な母材と成帯内性土壌（黒ぼく土）
（田村憲司）322
E3-2 土壌生成と古環境（古土壌）
（前島勇治）324
E3-3 人間がつくる土壌 （隅田裕明）326
E3-4 土壌侵食・土地荒廃・土壌汚染
（東　照雄）328

F 植 生

F1 植生地理学の歴史 （小泉武栄）330

F2 植生と環境
F2-1 植物の分布を決める条件 （渡辺一夫）332
F2-2 遷移と極相 （渡辺一夫）334

F3 世界の植生分布
F3-1 熱帯雨林 （小泉武栄）336
F3-2 サバンナとモンスーン林 （小泉武栄）338
F3-3 砂漠と温帯草原 （小泉武栄）340
F3-4 温帯林 （小泉武栄）342
F3-5 亜寒帯林，ツンドラ，氷雪帯
（小泉武栄）344

F4 日本の植生分布
F4-1 暖温帯林・亜熱帯林 （高岡貞夫）346
F4-2 冷温帯林 （高岡貞夫）348
F4-3 亜寒帯林 （高岡貞夫）350

F5 垂直分布帯
F5-1 高山帯 （高岡貞夫）352
F5-2 亜高山帯 （高岡貞夫）354
F5-3 山地帯 （高岡貞夫）356
F5-4 丘陵帯・里山と雑木林 （小泉武栄）358

F6 地形・地質と植生
F6-1 蛇紋岩地・石灰岩地の植物 （小泉武栄）360
F6-2 海岸の植生 （小泉武栄）362
F6-3 火山植生 （小泉武栄）364
F6-4 縞枯れ現象 （小泉武栄）366
F6-5 雲霧林 （小泉武栄）368
F6-6 川のつくる植生 （小泉武栄）370
F6-7 湿地・湿原・泥炭地 （小泉武栄）372

G 自然災害

G1 地震災害
G1-1 地震による地変 （中林一樹）374
G1-2 都市域の震災 （中林一樹）376
G1-3 津 波 （都司嘉宣）378

G2 火山災害
G2-1 火山体の崩壊・岩屑流，火砕流・溶岩流，
火山泥流 （森脇 広）382
G2-2 火山噴火と火山ガス・降灰 （森脇 広）384
G2-3 大規模噴火と地球環境の激変，
文明への影響 （森脇 広）386

G3 気象・気候災害
G3-1 台風災害 （牛山素行）388
G3-2 集中豪雨と洪水・鉄砲水，
河川の氾濫・破堤 （牛山素行）390
G3-3 豪雨による山地崩壊，土石流，土砂崩れ，
崖崩れ （松倉公憲）392

G3-4　熱波・干ばつ・干害　　　（山川修治）394

G3-5　冷　害　　　　　　　　（菅野洋光）396

G3-6　雪　害　　　　　　　　（菅野洋光）398

G3-7　局地的な気象災害　　　　（山川修治）400

G4　海洋災害

G4-1　海洋災害　　　（板垣真資・高野洋雄）402

G4-2　地球温暖化に伴う海面上昇，サンゴ礁の
　　　　島々に迫る危機　　　　（山野博哉）404

G4-3　海岸侵食の加速化と防御策，離岸堤と養浜
　　　　　　　　　　　　　　　（小池一之）406

H　環境汚染・改変と環境地理

H-1　大気汚染　　　　　　　　（菊地　立）408

H-2　酸性雨・酸性霧　　　　　（中村圭三）410

H-3　黄　砂　　　　　　　　　（甲斐憲次）412

H-4　気候と疾病，花粉の飛散と花粉症
　　　　　　　　　　　　　　　（中村圭三）414

H-5　地盤沈下　　　　　　　　（松田磐余）416

H-6　砂防，人工貯水池の堆砂，河床洗掘
　　　　　　　　　　　　　　　（恩田裕一）418

H-7　河川流路の人工改変　　　（久保純子）420

H-8　耕地の開発　　（内田和子・久保純子）422

H-9　砂漠化　　　　　　　　　（木村圭司）424

I　地域の環境（大生態系の環境）

I-1　世界の海洋　　　　　　　（小池一之）426

I-2　世界の生態気候帯　　　　（清水善和）430

I-3　世界の環境　　　（細田　浩・松本　淳）434

I-4　地球規模の環境と地形地域　（岩田修二）436

I-5　日本列島の生い立ち　　　（小池一之）438

I-6　日本の自然の特色と日本の風土
　　　　　　　　　　　　　　　（山下脩二）440

巻末資料　　　　　　　　　　　　　　　　442

索　引　　　　　　　　　　　　　　　　　451

（折込図：フンボルトによる熱帯地域の自然画）

自然地理学事典

A　自然地理学一般
B　気候
C　水文
D　地形
E　土壌
F　植生
G　自然災害
H　環境汚染・改変と環境地理
I　地域の環境（大生態系の環境）

本書の利用上の注意点

〔参照〕内容上，他の項目を参照していただきたいもの，例えばA1-1を参照の場合は［▶ A1-1］のように示した.

〔単位〕原則 SI 単位系を採用したが，例外的に慣用的なものも使用してある.

〔記号〕できるだけ統一したが，執筆者のバックグラウンドの違いなどによる相違は執筆者の意見を尊重した.

〔外国人名・外国地名（中国などの漢字圏は除く）〕カタカナ表記を原則とし，カッコ内に原綴を入れた.

〔文献〕引用順に番号を付して示した. その後に直接引用していないが当該項目にとって必須文献と認められるものを示してある場合もある. 共著者名が3名以上になる場合は，*et al.*（和文の場合は「ほか」）と記した.

A ● 自然地理学一般

A1　自然地理学の枠組と成り立ち

A1-1　地理的探検と地図の歴史

探検（exploration, expedition）とは，文明世界にとっての未知の地域を踏破し，地理的情報や資源を発見・調査する行動である．その結果は地図（map, chart）として表現される．したがって探検の歴史は地理知識の集積と地図作成の歴史でもある．

●探検の歴史

「探検」の語は大航海時代（Age of Discovery）以降に西欧で使われ始めた．西欧による世界の植民地化と結びついた語として，使用を嫌う場合もある．先史時代における世界各地への人類の拡散・移住は文明世界への情報提供がないので探検には含まない．また，単なる交易や武力行使のための遠征は探検とはいえない．

[古代]　紀元前のフェニキア人によるイギリス周航や，カルタゴ人によるアフリカ西岸の航海，ギリシャ人による北欧探査などは古代の探検とみなされている．これらの情報はギリシャの自然学や歴史（地理も含まれる）の基礎になった．中国では漢の張騫が中央アジアを旅行し情報をもたらした．

[中世]　7世紀に唐の玄奘は中央アジアからインドまでの情報を中国にもたらした．スカンディナビアのバイキングは，アイスランド，グリーンランド経由で北アメリカまで達した．10～14世紀にはイスラム圏の人々がアジアやアフリカの交易・旅行をさかんに行った．これらのイスラムが得た情報は中世末にはヨーロッパへ伝わり，ヨーロッパも旧世界（北アフリカからアジア）の概略を知ることになった．

[大航海時代]　15世紀初頭，中国明の鄭和（ていわ）がインド洋への航海をたびたび行いアフリカまで達した．

ヨーロッパ人による大航海時代の始まりは，1433年にポルトガルが始めたアフリカ沿岸の交易航海である．これ以後，ポルトガルとスペインが，アフリカ大陸・インド洋沿岸，新大陸（南北アメリカ大陸），東南アジアから極東までを航海し，中米・南米大陸の内陸踏査をおこなった．欧米ではこの時代を「地理上の発見時代」「探検の時代」と呼ぶが，日本では「大航海時代」とする．新航路を開拓し，未知の地域に達した航海者や征服者たちは，キリスト教の布教を旗印に，それら地域を武力で征服し財宝を奪い，植民地を建設し，旧大陸からもち込んだ疫病によって先住民の大量死をもたらした．一方，この時代のポルトガルやスペインの航海者や征服者たちは，スポンサーである王家に探検行動を報告する義務を負っていたため，大量の書簡や報告書を残したので，現地の地理的情報がかなり正確に記録された．

16世紀末には，ポルトガルとスペインに替わって，オランダとイギリスが海上交通の覇権をにぎり，北米大陸，南米大陸の一部，東南アジア，インドなどを植民地化した．これは，ほぼ17世紀末まで続いた．

この間に世界の熱帯・温帯地域の輪郭がほぼ明らかになり，さまざまな地理的情報が西欧に蓄積され，自然地理学の先駆けとなるワレニウス（Bernhardus Varenius）による出版もあった．真の意味での世界地理が描ける時代となり，人間，栽培植物，家畜，病原菌などの移動・交流（西欧文明の席巻）が世界的規模で始まった．

[学術探検]　18世紀になると地理的に未知の領域は，南北両半球の高緯度地方や，大陸内部の森林地帯，山岳地帯だけになった．伝説の「未知の南方大陸（Terra Australis Incognita）」が，クック（James Cook）などの航海によって探られ，その結果，オーストラリアや南極大陸が発見された．大陸内部では河川沿いの探検によって分水界が確定していった．この時代の探検は，列強の帝国主義的な領土拡大に寄与した．一方で科学調査も本格的に始まった．フンボルト（Alexander von Humboldt）による南米大陸調査（1799–1804）は純粋な学術探検の先駆けである．主要大陸の領土分割がほぼ完成した19世紀末からは，科学調査を目的とする探検がさかんになった．探検報告（探検記）が多くの読者を獲得し，膨大な量の自然に関する情報がヨーロッパに蓄積され，自然地理学が誕生した．19世紀末から20世紀前半には，残された未知の領域，極地と高山，熱帯雨林での探検（両極点や世界最高峰への到達を含む）が行われた．

[20世紀後半以後]　第二次世界大戦中から1970年代にかけて，世界中で空中写真が撮影され，それによって各国で中・縮尺地図が作成され，陸上の地図の空白部はなくなった．最近では人工衛星による地理情報も簡単に入手できる．したがって，未知の領域を探査するという意味での探検は，深海底と地球外の天体を対象とすることになった．しかし，政治的，悪天候などの理由で地理情報が得られない陸上の地域が局地的には存在する．したがって探検活動を行う場所が地上からすべて消滅したとはいいきれない．

●地図の歴史

地図は地域情報と同時に，人々の環境認識をも示す．したがって，地図は，地域情報を示す実用的地図と，世界観・宇宙観を示す地図とに分けられる．

[先史時代の地図] 地図のもっとも初期のものは，マンモスの牙（更新世末のロシアや東欧）や，氷食岩盤（イタリア＝アルプス，カモニカ谷），粘土板（バビロニア）に残されている．前者ふたつは実用的地図であり，後者は世界観を示すものである．

[古代・中世・近世の地図] ローマ時代初期2世紀につくられたプトレマイオス（Ptolemaeus）の世界地図は，古代地中海世界の地理情報の集大成である．この地図が8世紀にイスラム圏へ伝わり，イスラム世界でも多くの地図が作られた．中世ヨーロッパの世界図は，聖書の絵解きを主眼とする円盤地図（TOマップ）であったが，実用地図では，13世紀から地中海の船乗りたちに使われた海図（ポルトラノ，portolan chart）があった．

インドでは数千年前に世界観を示す円盤の世界地図がつくられ，日本には須弥山図として伝わった．世界の中心には須弥山があり，インドを含む陸地贍部洲が南方の海に描かれている．

中国では，行政・軍事目的の実用的な地図が，2500～2000年前からつくられていた．

日本では鳥取県倉吉市にある6世紀の古墳の壁に集落の地図が刻まれている．国家による実用的な地図は，大化の改新（645年）直後からつくられ始めた．農地の状態を示す，実測に基づく精密なものであった．江戸時代になると幕府が各藩に藩ごとの地図，国絵図をつくらせた．6寸1里（1：21,600）の統一規格でつくられ，藩ごとの絵図をつなぎ合わせて全国の図がつくられた．この時代（17世紀）に全国をカバーする大縮尺地図をつくった国は日本以外にはない．江戸中期には，庶民の旅行（伊勢詣など）のための地図（道中図）がさかんにつくられた．

[近代的地図のはじまり] 大航海時代が始まる直前に，イタリアにプトレマイオスの地理学が伝わり，地球儀がつくられ，大航海の成果が書き込まれた．16世紀後半にはメルカトール図法（Mercator's projection）が出現し航海に役立った．航海中の天測によって緯度測定は容易だったが，経度の測定はクロノメーター（船舶用精密時計）が完成する18世紀半ばまでは難しかった．18世紀後半以降は，精確な海図がつくられるようになった．

17世紀になって完成した三角測量技術によって，フランスで地球の大きさの測定が行われ，メートル法が制定された．その後，フランス全土をカバーする1：86,400の地形図が1793年に三角測量（triangulation）によって完成した．西欧先進各国は，これにならって国内の地図作成を始めた．これによって地理情報を定量的に記述する道が開けた．日本では西欧の天文学を学んだ伊能忠敬が，地球の大きさを測定する過程で日本列島の海岸線の実測図をつくった．

[各国の官製地図] 明治になって，政府は国内の地図整備を1871年から開始し，全国の5万分の1地形図を1930年に完成した．第二次世界大戦後からの地図づくりは，地上測量から，空中写真測量（aerial photogrammentry）・図化に変わった．1960年ごろから5万分の1地形図を多色刷りに変え，1964年からは2万5千分の1地形図で全国をカバーすることになり20年後に完成した．

第二次世界大戦後，ほとんどの国で5万～10万分の1の官製の地形図（官製地図，government-manufactured map）がつくられたが，中国のように軍事機密として公開していない国も多い．合衆国やオーストラリアのような広大な国では，5万分の1程度の大縮尺図は大都市周辺や観光地などでしかつくられていない．しかし，人工衛星の情報を利用して世界中で大縮尺地形図がつくられるようになった．

[21世紀以降の地図] 2000年ごろから，それまで各国バラバラであった基準楕円体を統一する動きが始まった．これはGPS（世界測地システム）の普及に伴って，世界的な経緯度の統一が必要になったからである．そのために人工衛星を使って大陸間の正確な距離が測定され，日本でも2002年から経緯度の基準がベッセル楕円体から世界測地系に替わった．地形図の経緯度の値が全面的に改定され，それに伴って，図郭線をなくした新しい図式の2万5千分の1地形図が刊行され，2013年からは地形に陰影のついた新しい図式になった．紙媒体だけでなく，電子版も普及し始めた． [岩田修二]

●文献

1) 増田義郎：総説航海の記録（大航海時代叢書1巻），岩波書店，pp.9-39, 1965
2) ウィルフォード，鈴木主税訳：地図を作った人びと（改訂増補版），河出書房新社，2001
3) 大竹一彦・秋山実：二万五千分の一の地形図が変わった—進化する地図の世界—，日本地図センター，2015

A1-2 自然地理学の成り立ち
博物学からの発展，地球科学との関係

研究対象分野ごとに地理学を分けたときに，人文社会現象を対象にする人文地理学に対して，おもに自然現象を対象にする地理学分野を自然地理学という．英語では physical geography である．

● **自然地理学の成立**

人類の自然や環境への関心が学問として成立したのは古代ギリシャにおいてである．自然現象，地理，住民，物産などを対象にするアリストテレスの自然学がおこり，地球の形や大きさが測定され，気候帯が認識された．その後も人類は地球環境に関するさまざまな情報を集積してきたが，特に，15世紀に始まった大航海時代［▶A1-1］以後は，ヨーロッパにさまざまな情報が蓄積された．16世紀後半から17世紀にかけては航海者や探検家の採集した植物や動物は個別の生物グループ内で記載と分類が行われた．18世紀から19世紀にかけては，動植物の採集や地理的情報の収集のために探検旅行や航海が行われ，膨大な量の自然誌・自然地理的情報が蓄積された．1749年から刊行されはじめたビュフォン（Georges-Louis Leclerc Buffon, 1707〜1788）の『博物誌』（初版44巻）は，美しい図版と華麗な文体で世界の動・植物，鉱物を整理一覧し，博物学を確立した．一方，西欧近世の代表的哲学者カント（Immanuel Kant, 1724〜1804）は大学で自然地理学を48回も講義し，『自然地理学（自然地理学講義録）』1802年を刊行し，地表上の自然現象を専門に扱う自然地理学を確立した．

その後，現代につながる博物学と自然地理学の思想と方法を確立したのはフンボルト（Alexander von Humboldt, 1769〜1859）である．1799〜1804年にわたる南米大陸での野外調査によって自然をトータルにとらえようとした．風景（景観）の相貌的把握によって，自然諸現象が相互に関連をもち，まとまりある全体を構成していることを主張した．あわせて，各種の観測機器によって定量的な情報を得て複数の現象の関係を説明した．たとえば，高度と気温，植生分布の関係を垂直変化として整理した（図1）．このような成果は未完の大著『コスモス：自然学的世界記述の試み』（5巻 1845〜1862）にまとめられた．フンボルトは，ある場所での異なる現象の相互関係を明らかにし，そのトータルな自然を把握し，異なる場所との比較を行うのが自然地理学であることを示したのである．

わが国では江戸時代に本草学として独自の博物学が発達したが，それとは別に欧米の学問が輸入され，江戸時代末には世界地誌の出版が相次ぎ，その中には自然地理学も含まれていた．明治時代のはじめには学校教育のために自然地理学が地文学という名前で導入された．

● **自然地理学の発展**

博物学や自然地理学からは，多くの学問分野が独立していった．物質を対象とする分野（地質学など），

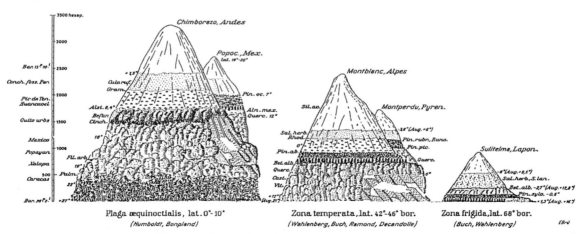

図1 フンボルトが垂直分帯の規則性を示すためにつくった図[1]
左：赤道アンデス＝チンボラソ山，中：アルプス＝モンブラン，右：ラップランド＝サリテルマの，垂直的な植生帯区分と年平均気温値と8月の月平均気温の値が示してある．

表 1　代表的な自然地理学の教科書の内容[4]

大項目	小項目
球としての地球	地球の形態，経緯度，地図投影法，測量と方位，自転公転と日射，時間，月と潮汐
大気圏	地球大気，太陽放射と熱収支，大気大循環，水蒸気と降水，気団，前線，低気圧の通路
水圏	海洋，地下水，表層水
気候	世界の気候区分，赤道・熱帯気候，中緯度気候，極地気候，高山気候
土壌	土壌生成作用，世界の土壌区分
植生	植生の構造，植生環境，自然植生の分布
地殻	地球の構成物質と鉱物資源，地殻とその起伏（プレートテクトニクス）
地形	斜面地形変化，流水・河川地形，地形輪廻，侵食地形計測，平原と組織地形，断層地形，褶曲地形，火山地形，氷河地形，海岸地形，風成地形
付録	読図，世界の気候表，数量分析の方法，世界の地形区分（マーフィの方式），リモートセンシングの技術

物理学の法則を適用できる分野（気象学など），生物個体や生態を扱う分野（植物学・生態学など）などで，自然地理学の中核をなす地形学や気候学も自然地理学と決別しかねない状況である．このような状況の中で，博物学や自然史学は 18〜19 世紀の時代遅れの学問であると考える人も少なくない．

しかし，博物学はその後，進化論の影響を受けて，生物の系統・分類の学問として発達し，自然の歴史，特に多様性の歴史を解明する学問分野（自然史学）として今日に至っている．そこでは，遺伝子の解析が必須の研究手段になっている．一方，自然地理学では，人工衛星情報などの高度なリモートセンシング技術や，電子機器を使った連続的野外観測など，他分野で発達した多様な調査技術が駆使されている．そして最近では，自然地理学の本質である，総体としての生きた自然の把握（フンボルトの「景観の全体的調和」）が，地球環境問題や環境破壊などの現代社会で起こっている諸問題の解決につながる重要な方法であると考えられるようになっている．自然地理学という名前ではよばれなくても，地生態学，自然学，地表環境研究[2]，『地球環境学』[3]などはすべて自然地理学の範疇である．

●自然地理学の対象とユニークさ

自然地理学は地球表層部のほとんどすべての自然現象を対象にするから，対象によって多くの分野に細分される．なかでも，気候学・陸水学・地形学・植生地理学・土壌地理学などが中心と考えられていた．大学でよく使われるストレーラーの教科書[4]にあげられている項目を表 1 に示す．このように自然地理学は多くの分野を含み，地球・環境分野のほとんどと重なっている．ここにあげられた諸分野は，地球科学や環境科学分野の独立科学として成立しているので，これらと区別するために，自然地理学のユニークさは，「土

地空間を人間環境系として研究する学問」あるいは「人間生活の舞台（自然的基礎）の研究として，住民の生活との接点における総合的な研究」とされることが多かった．しかし，地球環境問題が人類共通の問題となっている現在では，すべての自然科学諸分野が，自然地理学と同じように人類の生存や生活に関心をもっているので，これだけでは自然地理学の特徴とはいえない．

自然地理学のユニークさは，フンボルトが確立した，ある場所での異なる現象の相互関係を明らかにし，異なる場所との比較を行うことである[5]．ある場所での地質は地形形成に影響し，気候は地形と植生に影響を与え，地質と地形と気候と植生は土壌に影響し，土壌は植生に影響し，地形は気候に影響するという複雑な関係にある．この複雑な関係は，小地域だけではなく，地球全体でみても成り立っており，総合的に地表の自然をとらえることによって得られる法則性がある．自然の個別の現象をそれぞれ別々にみていたときには把握できなかった自然の成り立ちや性質を理解できるのである．これこそが自然地理学を独立の分野として成立せしめている理由である．　　[岩田修二]

●文献
1）中村和郎・高橋伸夫：地理学への招待（地理学講座 1），古今書院，1988
2）住明正ほか：地球環境論（岩波講座地球惑星科学 3），岩波書店，1996
3）松岡憲知ほか：地球環境学，古今書院，2007
4）Strahler, A. N.：Physical Geography, 4th ed., John Wiley and Sons, 1975
5）杉浦芳夫：地理学の歴史 歴史の地理学．AERA MOOK 地理学がわかる，pp.80-84，朝日新聞社，1999

A1-3 フンボルトと自然地理学

●近代地理学の始祖

アレキサンダー・フォン・フンボルト（Alexander von Humboldt, 1769～1859）は近代地理学の始祖（父）といわれる．その理由は彼が中南米を中心として，北米，ロシア，あるいはヨーロッパ各地の現地調査に基づいて，植物，動物，気候，地形，地質など「地球上と大気中のすべての有機物，無機物を科学的に研究し，それらを支配する力，ないしそれらの調和的総合を探求しよう」とする扉を開いたからである．フンボルトは地球の自然に関する科学を，①博物学（自然の個物，系統的分類），②地球史（地形，気候，動植物の発生論），③ゲオグノジア（地球の理論）の3つに分類している[1]．これらのほとんどは現在の自然地理学に含まれている．18世紀の最後の10年はヨーロッパでは科学的思想における興奮の時代であった．ドイツではカントの経験主義と地理学への関心が高く，それ以前のガリレイ，デカルト，ニュートン，リンネらの科学的発見は世界観を変えつつあった．

●フンボルトの探検と足跡

アレキサンダー・フォン・フンボルトは1769年プロシャ（現ドイツ）のテーゲルの城（ベルリン）で生まれた．父親はプロシャ王の側近であり，兄は言語学者で，ベルリン大学を創設したヴィルヘルム・フォン・フンボルトである．フンボルトはゲッチンゲン大学など3大学で植物，文学，考古学，自然科学などを学び，後にフライベルク鉱山学校で学ぶ．いったんプロイセンの鉱山局に勤務し，鉱山技師として多くの改善をし，国の外交にもかかわる．しかしフンボルトの希望は別なところにあった．彼は当時，科学・文学を学び，多くの思想家や科学者と個人的に交われる環境にあった．文豪で科学者であるゲーテや，ゲオルグ・フォルスター，ヴェーゲナー，ラボアジェなどの科学者からフンボルトが直接，間接に時代の知的刺激を受けたのはまちがいない．また「諸現象を数量化して因果関係を追求する」というニュートンの影響もうかがえる．当時のヨーロッパの科学・哲学の発展はめざましく，若いフンボルトはこれらの状況に触発された．

母の死後，フンボルトは精神面，および経済面で自由になり，探検に乗り出す．ヨーロッパでのいくつかの試みの後，植物学者である僚友エメ・ボンプランとともにスペインへ行き，スペイン国王カルロス4世に謁見して，スペイン領アメリカへ渡る許可を得る．後年，その報告は膨大な数の著書として出版される[2]．この中南米への旅こそがフンボルトの名前を後世に残す契機となった．フンボルトは気圧計，温度計，経緯儀，クロノメーター，望遠鏡，顕微鏡など，当時最先端の近代的観測機器を携えて，1799年スペインのラ・コルーニャ港をアメリカに向けて旅立った．その軌跡はまずカナリア諸島で登山を試み，ベネズエラ統監領クマナからオリノコ川を朔航し，多くの観測と発見をする．とりわけオリノコ川とアマゾン川上流の結節部であるカシキアーレ川を確認する．その後，キューバ，ボコダ，キトを巡り，1802年その当時世界最高峰と考えられていたチンボラソ山に登り，標高5881mまで至る．その時代にはまだ近代的登山はなされておらず，当時の登山最高地点の記録である．消息も途絶えていたフンボルトの最高地点到達の報はヨーロッパの社会に大きな衝撃を与えた．その後，2人はリマ，メキシコを経由してアメリカ合衆国にわたる．自由主義のアメリカ合衆国に好意的なフンボルトは当時の大統領ジェファーソンと親しく話し合い，さまざまな業績を残している．

南米から帰って，フンボルトの仕事はこの旅のまとめと，その成果の発表，出版に費やされた．すでに地球科学者としてのフンボルトの名声は高く，プロイセン王ヴィルヘルム3世の侍従に任命されていた．しかし，フンボルトの活動拠点は自由主義的なパリにあり，フランスでも，イギリスでも発表の場を得ている．その後，たびたびベルリンによばれるが，フンボルトの探検への意欲は衰えず，1829年ロシア皇帝の要請を受けて，ウラル山脈の鉱山および中央アジアへの調査旅行を遂行した．その後，大著『コスモス』（"Kosmos"）の執筆，また外交などにかかわりながら，『コスモス』第4巻までを発刊した[3]．翌1859年ベルリンにおいて89歳の生涯を閉じた．未完であった第5巻はフンボルトの死後刊行された．

●フンボルトの業績

フンボルトの学術的な評価は南米旅行の報告会，また数々の出版物に応じて高まっていった．リッターはフンボルトの功績を称えて「諸現象の因果的関連が広大な大地という有機体のいたるところにあらわれてき

図1　フンボルトの肖像画[4]

図2　北半球の等温線図と新旧大陸の雪線高度図[5]

た…比較地理学はここに誕生した」と述べている[6]．フンボルトがパリの学会誌に寄せた1817年の論文「等温線および地球上の気温分布」では，北半球の気温分布を等温線図を用いて初めて明らかにした，と評価されている[7]．それまで気温と緯度は平行すると考えられていた一般法則に反し，フンボルトは信頼できる58地点のデータから気温分布図を作成し，大陸の東岸と西岸では同緯度でも気温が異なることを指摘した．さらに高度と緯度を考慮した気温の三次元モデルを図化している．フンボルトが最初に使った等温線（isotherme）の語は，年平均気温の等温線のことだったが，後に等温線一般として用いられるようになった．また気温の逓減率についても研究し，湿潤な下層大気のそれは乾燥した上層の大気よりも逓減率が小さいことを指摘している．

以上の気候関連のほかに，玄武岩の火成説，火山と地震との関係，地形断面図の作成，山脈の配列，火山の成因についての考察を行った．また地磁気を測定し，その分布から地磁気が極から赤道に向かって減少することを指摘している．さらに植物についてフロラ統計，相観分類，植物算術の考案など，植物を統計的，客観的に分析しようとした．

フンボルトは，以上のように近代的自然研究の時代にあって，地球を観測し，探検することによって地球を対象とする科学的な知識を確実にした．また近代の探検登山のさきがけとなる登山を複数の山岳で実施し，等温線による表現や山岳を断面で示すことによって地理上の表現にも貢献した．さらに植物，動物については地理上のデータを残した．フンボルト自身はそれらの全体をまとめてコスモス（宇宙）すなわち1つの調和ある世界としてとらえようとした．

●フンボルトが残したもの

フンボルトの名は南米ペルー沖を流れるフンボルト海流（ペルー海流）の名でも知られるが，その他にもフンボルト市（米国アイオワ州），フンボルト山（南極，ドイツ第3次南極探検隊が名づける），フンボルティーという植物などがある．フンボルト自身は命名を固辞したといわれている．フンボルトが残した影響は後世の自然科学にとっていかなるものであったか．地球の測量や観測はフンボルトの後に技術の発達とともに進歩していった．地磁気についてのフンボルトの観測は世界最初の地磁気の分布記録として評価されている．等温線はその後さまざまな等値線として汎用され，現在も自然地理学にとってなくてはならない用法の1つとなっている．いうまでもなくリッターやラッツェルをはじめとする地理学者に多大な影響を与えた．

フンボルトが究極として目ざしたコスモス論，すなわち「大地と大空におけるすべての被創造物を包括する自然の世界誌」はその後展開したのだろうか．これについては，むしろ今後，地球の生態系論の中に明確に受け継がれてゆくものであろう．そこで再びフンボルトの先見性が再評価されてゆくはずである．

［細田　浩］

●文献

1) 田村百代：Humboldt自然地理学の本質とその思想的背景，地理学評論，71A：730-752，1998
2) Humboldt, Alexander von: Voyage aux regions equinoxiales du Nouveau Continent, fait en 1799, 1800, 1801, 1802, 1803 et 1804, par al. de Humboldt et A. Bonpland, 1805-34
3) Humboldt, Alexander von: Kosmos. Entwurf einer physischen Weltbeschreibung. Erster Band. 1845
4) ピエール・ガスカール/沖田吉穂訳：探検博物学者フンボルト，白水社，1989
5) Brockhaus Komm. –Gesch. GmbH.：A. von Humboldt Kosmos fur die Gegenwart bearbeitet von Hanno Beck, 453p, 1978
6) 岩田慶治：コスモスの思想，日本放送出版協会，1976
7) 矢澤大二：気候地域論考，古今書院，1989
8) 田村百代：フンボルト「コスモス第1巻における「自然画」の思想，地理学評論，66A：730-752，1993
9) ダグラス・ボッティング/西川治・前田伸人訳：フンボルト—地球学の開祖，東洋書林，2008［原著1973］
10) 手塚章編：続・地理学の古典—フンボルトの世界—，古今書院，1997
11) Beck, H.: Alexander von Humboldt. Band 2. Steiner, Wiesbaden, 1961
12) Bowen, Margarita: "Empiricism and geographical thought-from Francis Bacon to Alexander von Humboldt" Cambridge Geographical Studies 15, 351p., Cambridge University Press, 1981

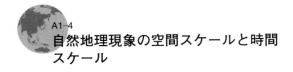

A1-4 自然地理現象の空間スケールと時間スケール

　自然地理学が対象とする現象は，大気現象から，地殻内部にまでおよび，水圏や生物圏も含む．現象は多様で複雑，運動場で起こるつむじ風から半球規模でおこる偏西風の蛇行のようなものまで規模も変化に富み，現象の継続時間も秒単位のものから億年単位のものまである．そして，それらが重なり合って起こっている．このような複雑さが，自然地理学はきちんと法則化された自然科学ではないかのような印象を人々に与える場合もあるかもしれない．

●空間スケール

　地理的現象の空間的広がりのスケールを整理する試みは少なくない．わかりやすいものに，Gスケール（G-scale）とよばれるものがある[1]．

$$G スケール：G = \log\left(\frac{G_a}{R_a}\right)$$

ここで G_a：全地球面積（5.1×10^8 km^2），R_a：対象地域の面積である．G の値は，全地球表面がゼロ，5×10^3 km^2 の面積が約 5，5×10^{-2} km^2 が約 10 となる．

●時間・空間スケールの関係

　ここでは，貝塚の論考[2]にしたがって，各種の自然地理学的現象を時間・空間スケールの観点から整理し，スケールのちがいによって，支配的な法則や条件がどう変わるかを説明する．

　大気・海水・氷河・地殻とマントル上部で生じる諸現象の時間規模と空間規模との関係を図1に示した．時間スケールと空間スケールとの関係が古くから研究され，はっきりしているのは大気の現象である．境界層の乱れ（空き地のつむじ風のような現象）は数秒で終わり数mの広がりをもつにすぎないが，超長波変動（偏西風やジェット気流の蛇行など）は，数か月継続し数千kmの広がりをもつ．右端の山崩れ（崩壊）が数百年オーダーの反復時間をもち，100 m 前後の広がりであるのに対して，大陸の移動は数億年単位のサイクルをもち，現象のスケールは数千km以上である．地球の大きさは有限であるから，これが空間スケールの上限になる．

　図1中の大気現象に引いた破線 a と，地殻・マントル現象に引いた破線 b とは，ともに両対数グラフの上で軸に対して 45°をなすから，これらの平行な線上では，変化の速さ（距離を時間で割ったもの）はすべて等しい．a 線上では 10^6 km/年で，b 線上では 10 cm/年となり，大気・海水・氷河・地殻マントルでそれぞれの変化速度は 3 桁ほど違う．このような変化速度の違いは，それぞれの物性，特に粘性の違いと，動きを起こす駆動力の大きさのちがいによるとみられる．大気，水，氷，マントル上部の粘性係数は，それぞれ，$10^{-5}, 10^{-3}, 10^{13}, 10^{22 \sim 23}$ ポアズ程度である．

　地学的現象だけではなく，植物と人間社会の現象の図も貝塚は紹介している（図2）．図1とおなじ両対数グラフに，大気現象と植物（個体から植生帯までの空間的広がりと継続時間）および社会現象をプロットしてある．これらの現象も，大規模なものほど時間スケールが長くなること，そして，これらの現象は図1の a, b 両線の間に入ることが示される．

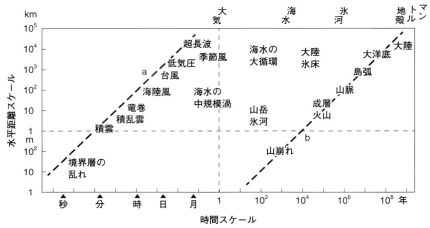

図1　自然地理学現象の時間スケールと空間（水平距離）スケールの関係．両対数グラフであることに注意．大気・海水・氷河・地殻マントル現象の順に変化速度が大きい（貝塚[2]の図1）．

● 大地の自然史ダイアグラム

　自然地理学的現象のうち大地の現象（固体地球現象）は動きがおそく，固体であるため履歴が残りやすく，したがって古い現象と新しい現象が合わさって現在の大地を構成している．さらに，大気・海洋現象と比べてかかわる要因が多い．これらのことは，特に地形現象において著しく，理解が難しいと一般には考えられている．しかし，地形は可視的であり，解読法が明らかにされ，理解しやすい方法が与えられれば，比較的新しい地質時代の大地の現象を理解するよい手がかりになる．

　貝塚[2]が提案している，総合的な地形学的過程の理解を容易にする方法は，時間の流れに沿って，さまざまな空間スケールで，

　Ⅰ：地形や作用の分布，
　Ⅱ：地質・地形の断面構造（構造），
　Ⅲ：模式的地形発達を示すタイム・スペースダイアグラム，
　Ⅳ：形成プロセスの分布を示すダイアグラム，
　Ⅴ：要因のリストを縦横に並べて示す

ものである．スペースがないのでここには示せないが，豊富な内容を表しただけに複雑な図である．関東平野の地形変化を説明する図では，A：時間スケール1000万年前スケールと空間スケール南～東アジアスケールが組みあわされ，B：100万年前スケールと中部日本スケール，C：10万～1万年前スケールと関東平野スケール，D：1万年～1000年前スケールと東京都心部が示されている．

　貝塚は自然史博物館の展示のモデルプランとしてこのような図を考案した．ジオラマ（diorama）として作成されれば，効果的な展示になるであろう．

● 自然地理学の本質

　このような図を書くことによって，貝塚は生物学と比較して，大地の自然地理学では，図2に描かれているような個体，群落，群系，植生帯のような階層区分が不明確であることを明確にした．さらに時間スケールと空間スケールとの間に次のような関係，自然地理学の本質ともいえそうなものを見出した．

　①同類の現象間では大きな現象は小さな現象より変動または発生に長時間必要である．

　②レベルが近い現象では大現象は小現象の原因となる．

　③レベルに差のある大現象と小現象の原因はまったく異なる．

　④小現象の積算が同種の大現象になる．

　⑤小現象またはその積算が異種の大現象を引き起こ

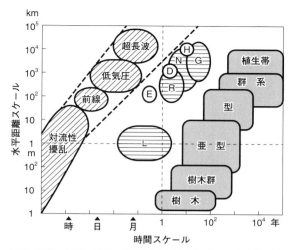

図2　気象・気候・社会・植物生態系の時間スケールと空間（水平距離）スケールの関係．両対数グラフであることに注意．斜線がある囲み：大気現象，空白のある囲み：気候現象（E：エルニーニョ，D：干ばつ，H：半球的温暖化），横線のある囲み：社会現象（L：局地的農業活動，R：地域農業の発展，N：国家規模の工業化，G：世界的な政治経済的変化），アミのある囲み：植物生態現象（貝塚，1989の図3）[2]．

すことがある．

　⑥同じ現象が，それが発現する時空場の大きさによって独立要因になったり従属要因になったりする．

　①～⑥のことは，当然のことばかりであるが，貝塚はこれらを実例をあげて説明している．これらのことが，具体的に明らかにされたことは意義深い．

　　　　　　　　　　　　　　　　　　　［岩田修二］

● 文献
1) Haggett, P. et al.: Scale standards in geographical research, a new measure of areal magnitude, Nature, 205: 844, 1965
2) 貝塚爽平：大地の自然史ダイアグラム―地学現象の時間・空間スケール―．科学，59（3）: 162-169, 1989

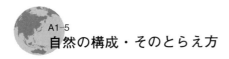
A1-5 自然の構成・そのとらえ方

●客体としての自然

近代科学（modern science）としての自然科学が対象にする自然（nature）は，物質・生物・地球・宇宙などの「客体としての自然」を指すが，普通の人が「人間にとっての自然」というときは「環境としての自然」を指す場合が多い．自然地理学は自然科学と地理学という二本の足で立っているので，軸足をどちらに置くかによって，対象にする自然のとらえ方が大きく違ってくる．自然科学に軸足を置けば研究の対象は主体から分離された「客体としての自然」になるが，地理学に軸足を置けば主体と相互作用する「環境（environment）としての自然」になる．

近代科学はデカルト的二元論（substance dualism）と要素還元主義を二本柱にして成立した．自然科学で対象にする自然は，認識する主体である人間の脳と切り離された客体と認識される．地球という自然は，それを構成する要素としての気象気候・水文・地形地質・土壌・生態系・海洋などのサブシステムに還元され，各要素はさらにそれらを構成する物質→分子→原子へと還元される．各要素の時間的変化の研究は，物理的・化学的・生物的な諸過程に分けて行われる．その結果として成立した学問分野（discipline）が大気科学・水文科学・地圏科学・土壌科学・生物科学・海洋科学などである．

これらの科学は普遍的・合理的・超時間的な知の体系として近代科学の一部を構成し，近代的社会システム構築の基礎となった．近代科学の超時間性とは，例えばニュートン力学が時間について可逆的であることで示されるが，獲得した知の時間的不変性も含意する．しかしこのような形で学問の細分化が進むと，本来は一体であった自然を構成する各要素間のつながりや，自然の全体性への関心が希薄になり，学問分野の内部に閉じこもった研究，言い換えれば「科学のための科学」という弊害が生まれてくる．その弊害を除くために学際科学（interdisciplinary science）という考えが提唱されたが，いったん分けられて成立した学問分野を再統合することは容易ではなく，「ポスト近代にふさわしい学」の誕生にまでは至っていない．その反省からか，20世紀末以降「社会のための科学」の必要性が説かれるようになった．

ニュートン力学に基礎を置く近代科学の世界観は，還元主義・機械論・決定論である．しかし1920年代に成立した量子力学による革命によって，ミクロな世界では，決定論は完全に否定された．量子力学に基礎を置くポスト近代科学（postmodern science）の世界観は，絶対的偶然・確率的法則・非決定論である．ポスト近代では，還元主義と機械論による弊害を除くために，関係性・多様性・持続可能性の重視が求められており，先進工業国の社会システムは，いま近代的システムからポスト近代的システムへの移行の途中にある．

●環境としての自然

自然は，「客体としての自然」であると同時に，主体と相互作用する「環境としての自然」でもある．環境保全を考える場合にはこの視点がとりわけ重要になる．環境とは個を取りまくものすべてを指す．人間にとっての環境は，自然的環境と非自然的環境（広義の社会的環境）からなる．広義の社会は，さらに狭義の社会・経済・政治・文化からなる．社会は個としての人間を含むので，社会的環境が個と相互作用するのは当然であるが，最新の研究によって，自然的環境も個と相互作用することが明らかになった．主体と客体の相互作用はデカルト的二元論の否定である．しかし「心身一如」は東洋古来の経験知であった．今この考えは，治療の現場で世界的常識として認められている．脳機能学者中田力[1]は，「脳は与えられた環境との干渉の中で，その機能構築を自動的におこなって」おり，心とは「個が環境と干渉しあうこと」から形成される「情報のかたまり」である，と主張する．この主張が正しければ，干渉する相手である自然が劣化すれば，人間の心も劣化する．心筋電気生理学の権威デニス・ノーブル[2]は，環境には細胞環境と，生物体が存在しているもっと広い環境の両方があり，「生物体は環境と相互作用し，それも遺伝子の発現に影響」する，と主張する．ヒトゲノムの解読は終了したが，当初の予想とは異なり，DNAはデータベースにすぎないことが明らかになった．遺伝子がすべてを決めるという遺伝子決定主義は否定され，環境の果たす役割が見直されることになった．環境を護るのは自分自身のためでもある．

ジェームズ・ラヴロックは1969年に「ガイア仮説」[3]を発表した．それは，地球が1つの有機体のような自己制御システムであり，地球は生物の進化に適するような環境を複雑なフィードバック機構を働かせることによってつくり上げつつ進化してきた「ある種の超有機体」である，とする仮説である．別な表現で

は，生命と環境はきわめて密接に絡み合っており，進化は個々の生物や環境そのものに起こるのではなく，ガイアに起こる．ダーウィンの進化理論とは異なり，生物は与えられた環境に適応するだけではなく，同時に環境を変化させる，と彼は主張する．ガイアというギリシャ神話の女神の名前を借りたこと，また複雑なフィードバック機構の実証が難しいことなどもあって，当初「ガイア仮説」は科学者からの厳しい批判を浴びたが，研究が進むにつれて「ガイア理論」として受け入れられる傾向にある．

●システムとしての地球

福岡伸一[4]は，生命現象の本質はエネルギーと情報の流れの効果である，と喝破した．この表現を借りると，ガイアという超有機体の本質は，地球上でやりとりされる太陽エネルギーと水の流れがもたらす効果となる．太陽エネルギーと水の流れがもたらす効果の大本が大気現象と海洋現象である．両者はカップリングやフィードバックをして地球の気候変動を生みだす．気候は自然的要因でも人為的要因でも変化するが，与えられた気候条件と海洋条件の下で，陸上生態系と海洋生態系がそれぞれ成立している．したがって気候が変われば生態系も変わる．陸上生態系成立の基盤は土壌であるが，土壌の形成には気候条件のほかに，その母材を供給する地形地質条件が強く関与する．

このように自然というシステムを構成する各サブシステムは，相互に密接に関連しあって，それぞれの場所に固有の地域的事象を出現させている．また各サブシステムは，エネルギーと水の流れによって相互の連携を保ちつつ，サブシステム内部でも，サブシステム間でも，動的平衡状態（dynamic equilibrium）を成立させている．このような各地域にみられる動的平衡状態を，われわれは自然の地域性とよぶ．たとえ気候が変動しても，その変動幅が一定の範囲内であれば，気候変動によるエネルギーと水の流れの変化の影響は，自然システム内部の調節作用によって吸収される．しかし変動幅が大きすぎて，それを吸収できなくなると，自然システムと社会システムとの間に成立していたある種の平衡関係が崩れる．それをわれわれは自然災害（natural disaster）とよぶ．

●過去の延長としての自然

過去を知ることなしに，現在を理解することはできない．地球や生物の進化を示す情報は，化石や地層・堆積物・氷などの中に記録されており，同位体技術をはじめとして，それらの記録を読み解く技術が進歩してきた．その結果，全体としては地球進化史（Earth evolutionary history），学問分野ごとにみれば古気候学・古水文学・大陸進化史・地形発達史・古生態学・古海洋学などの研究が進み，現在ある自然を過去の延長としてみることが可能になった．自然を保護・保全しなければならない理由は，「自然と人間は相互作用する」という視点からは「環境が劣化すると人間も劣化するから」となり，「自然の多様性は1回限りの地球進化史の最終結果である」という視点からは「いったん失われたものは復元できないから」となる．生物多様性や自然景観だけでなく，文化景観の保護・保存についても同様である．

●環境と人間の相互作用

環境と相互作用する脳をもつ人間が社会システムを構築して，地域固有の諸事象を生み出してきた．その事実を，近代科学の方法によってではなく，直観でとらえたのが和辻哲郎[5]の『風土』である．彼が明らかにしようと目ざした「人間存在の構造契機としての風土性」とは，人間と環境が相互作用して生みだした地域性のことである．このような考えは，人間と自然を分離した近代科学の思想からは出てこない．今日の言葉を使うならば，ある場所の風土性とは，その場所の自然的情報と人文的情報が統合されたものである．『風土』は解釈学的現象学である．風土性の解釈は，風土性に関するさまざまな情報を総合して行われるので，情報量が不足していた時代には，風土性の解釈にも合理性・普遍性を欠くところがあった．唯物論が心の存在を認めないこと，風土性に関する情報量の不足などが原因で，ある時期わが国で『風土』は厳しい批判を浴びた．しかし心が科学の研究対象として取り上げられ，脳機能の研究で脳と環境の相互作用が明らかにされて，和辻哲郎の先見性が再評価されるように変わった[6]．

[榧根　勇]

●文献

1) 中田力：脳のなかの水分子―意識が創られるとき，紀伊国屋書店，2006
2) ノーブル，D./倉智嘉久訳：生命の音楽―ゲノムを超えて，新曜社，2009
3) ラヴロック，J./星川淳訳：ガイアの時代―地球生命圏の進化―，工作舎，1989
4) 福岡伸一：世界は分けてもわからない，講談社現代新書，2009
5) 和辻哲郎：風土，岩波書店，1935
6) 榧根勇：水と女神の風土，古今書院，2002

A1-6 自然地理学から見た環境と風土

●環境と風土

辞書的には，環境（environment）は「めぐり囲む区域，周囲を取り囲む外界」，風土は「その土地固有の気候・地味など」である．ここから連想されるのは環境とは周囲を取り囲まれるある種のもの（主体）の存在があるのに対して，風土には主体を内部に含んだある広がりの特性を意味している．つまり，環境は客体として科学的な研究対象（自然地理学的には自然環境），つまり，生物物理的な世界であるのに対して，風土は主体，つまり，人間の主体性をはらんでおり，主体と客体の両者を具有している．とはいえ，風土という語も自然環境に近い意味で使われることもあり，個々に判断する必要がある．これらの概念を図式的に示したのが谷津[1]である（図1）．

ここでは，自然地理学の対象は一義的には第一種風土であるが，科学の興味の対象はそこにとどまる必要はない．特に，地理学は人間と自然との関係を研究する学であるといわれてきたように，主体と客体の関係性を相互に内部に包み込んだ第二種，第三種風土の研究へと進むのは必然的である．

●風土観の変遷

風土を最初に論じたのは紀元前14世紀といわれているが，ギリシャ時代になるとアリストテレスをはじめとして人間生活と大気現象の関連性を取り扱っている．風土は英語ではclimate，ドイツ語ではKlimaの訳語とされ，その語源はギリシャ語のクリメイ（κλιμειν）であり，太陽光の地表面に対する傾き，地平面の極に対する傾きに由来している．風土を気候と同義的にとらえる考えによって，中国では二十四節季七十二候を定義した．これは現在の気候の定義の一部をなしている．日本では8世紀に『風土記』が完成したが，地域をどう評価したかの記述で，現在の地域誌といえる（古代ギリシャ時代以降の気候と関連した風土観の変遷については吉野[2]に詳しい）．

17世紀以降の近代になると，自然科学の圧倒的な発展のもとで，神がデザインした「自然」を人間から切り離した客観的存在として定義し，（自然）環境は自然科学の研究対象となった．そして20世紀に，主に地球環境問題の出現が再び人間と自然との連関性，言い換えるならば風土の重要性を呼び覚ました．

●和辻哲郎と三沢勝衛

従来の地理学史において環境といえば環境決定論と環境可能論の論争に明け暮れ，これらの呪縛から解き放たれることができなかった感がある．その意味では環境も風土も自然環境とほぼ同義語として使われていた．風土に倫理的な概念を与えたのが和辻哲郎[3]であり［▶A1-5］，和辻の「風土」を甦らせたのがフランス人のオーギュスタン・ベルク（A. Berque）[4]であるといっても過言ではない．和辻は風土を「人間存在の構造契機」と定義し，船旅でモンスーン，砂漠，牧場を体験し，3つの類型を地域の根源的なものとし，自然に対する人間の自己了解の仕方を風土ととらえた[3]．地理学的にはフィールドから直感的にとらえた3類型に関心が集中したが，哲学的には風土を人間の自己了解の仕方であると定義し，人間の倫理の問題へと発展させた．自然地理学的に発展させたのが鈴木秀夫[5]で，気候現象の結果の追求が風土論であるとした．

和辻を高く評価したのがベルクである．近代科学を発展させたデカルト的二元論を批判し，客体としての自然と主体としての人間とを区別せずに主客が一体であるとした．風土（fuudo）は人間の主体性をもち，客体として研究される環境とは異なり，主体と客体と

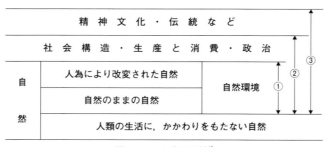

図1 風土と自然環境[1]
① 第一種風土 ② 第二種風土 ③ 第三種風土とよぶ．

図2 和辻哲郎

図3 三澤勝衛

の間にあり，本質的に両義的であるという．風土とは「ある社会の，空間と自然とに対する物理的にして現象的な関係」と定義し，主体と客体との間で相互に繰り返される作用形態が通態である[6]とした．

地理学者三沢勝衛[7]の「風土産業」は現代にも通用する考え方であると高い評価が与えられているが，三沢の本質は科学で到達できない世界，知性ではとらえられない風土を求めていると考えられる．三沢は信州諏訪の地にとどまって，人々の自然に対する関わり合いを深く研究した．ある意味で世界スケールから考察した和辻に対して，ごく狭い地域に執着して地域的差異を深く考察したのが三沢であり，両者には相通じる風土への洞察が感じられる．

● 風土の倫理と地球の将来

環境倫理学（environmental ethics）は3つの主張[8]（①自然の生存権の問題，②世代間倫理の問題，③地球全体主義）をもって1970年代にアメリカを中心に誕生した思想であるが，二元論の枠組みを超えるものではない．ポスト近代へ移行したとはいえ，近代を成立せしめた自然を客観的にとらえ，研究する科学技術や方法論が全否定されるわけではない．人類が近代に獲得した文明の延長線上にいかなる文明を築き上げることができるかである．

人類が生存している地球を1つの生命体とし，ガイア（Gaia）と名づけたのはラブロックである．常に地域性を問題にする地理学では地球を丸ごと1つとする考え方を否定する意見もある．しかし，エクメーネは地球全体であり，人類の大地に対する関係の総体をガイア[9]とするなら地理学の対象である［▶ A1-5］．

地球を構成する大気，海洋，地形・地質，植生・土壌の中を人体の血液のごとく循環するのは水である．地球上に偏在する水の作用で多様な自然がつくられ，自然と文化から風土が生まれ，風土の中で心が育ち，その心が地球の将来を決めるという．

科学，芸術，文化の関連を断ち切り，圧倒的な科学技術の成果を誇った近代もその終焉が叫ばれて久しいが，ポスト近代の人間と地球との関係性が確立されているわけではない．次なる「社会システム」が人類の歩んできた歴史の過去・現在の中に見いだすことができるとし，バリ島や中国麗江古城のフィールド調査から「水」を柱にした風土論が提唱されている[10,11]．

二元論的発想から出現した環境倫理も前述の枠組みからはみ出した発想を求める方向にあり，アジア的な湿潤の風土から発想する地球倫理もある．人間を含めた環境の集積が風土であり，風土に育まれた脳から心が生まれるといわれるが，逆のプロセスをも含めて幾重にも複雑であり，同じ心で統一されるわけでもない，とするならば，すべての生き物に生きる権利があるように諸々の風土から生まれた諸々の風土の倫理を認めることである．突き詰めれば，自然地理学の根幹にある多様性（diversity）の思想が重要である．

［山下脩二］

● 文献

1) 谷津榮壽：風土論における自然環境の意味，水山高幸ほか編，風土の科学，創造社，1982
2) 吉野正敏：気候学の歴史，古今書院，2007
3) 和辻哲郎：風土—人間学的考察—，岩波文庫，1979
4) ベルク，A./三宅京子訳：風土としての地球，筑摩書房，1994
5) 鈴木秀夫：風土の構造，大明堂，1975
6) ベルク，A./篠田勝英訳：風土の日本，筑摩書房，1992
7) 三澤勝衛：三澤勝衛著作集1〜3，みすず書房，1979
8) 加藤尚武：環境倫理学のすすめ，丸善ライブラリー，1991
9) ラヴロック，J./星川淳訳：ガイアの時代—地球生命圏の進化—，工作舎，1989
10) 楮根勇：地下水の価値について，地下水技術，52（3）：1-12，2010
11) 楮根勇：水と女神の風土，古今書院，2002

A2 地球の成り立ち

A2-1 惑星としての地球

●太陽系の構成

太陽系（Solar System）は，太陽，惑星（planet），衛星，小惑星，彗星，太陽系外縁天体などから構成される．惑星・小惑星・彗星・太陽系外縁天体は太陽のまわりを公転する天体で，衛星は惑星のまわりをまわる天体である．

惑星のうち水星・金星・地球（Earth）・火星を地球型惑星，木星・土星・天王星・海王星を木星型惑星という．なお，1930年に発見された冥王星も惑星に数えられていたが，1990年代以降，同様な天体が複数あることがわかり，太陽系外縁天体（trans-Neptunian objects）という分類がつくられ，冥王星もその一員とされた．2006年の国際天文学会で冥王星は惑星に含まれないことになった．惑星の軌道は円に近い楕円であり，太陽の自転軸にほぼ垂直な面の中にある．

太陽および多くの惑星の年齢は46億年である．太陽は太陽系の質量の99.8%以上をしめている．その化学組成は太陽光のスペクトルから推定される．質量比で水素71%，ヘリウム27%，その他2%である．太陽の中心核では水素からヘリウムへの核融合反応が進行しており，それで解放されるエネルギーの多くは電磁波（光子）として伝達され，太陽表層の光球とよばれる層から可視光を中心とする波長帯の電磁波として放出されている．そのエネルギー量は太陽形成から現在までに約30%増加したと考えられている．

また太陽は陽子などの荷電粒子を放出しており，それは太陽風とよばれる．太陽風は磁気あらしやオーロラの原因ともなっている．

惑星の化学組成は，隕石や地球・月の物質の分析および光学的観測を組み合わせて推定されている．太陽と惑星の元素の相互比率はよく似ており，同じ原始太陽系星雲から形成されたことが示唆される．ただし，地球型惑星やその衛星では，比較的低い温度で気体となる揮発性元素が少なくなっている．

地球型惑星の質量のほとんどは，ケイ酸塩を主とするマントルおよび地殻と，鉄とニッケルの金属を主とする核（コア）である（図1）．金星・地球・火星には大気が存在し，地球には液体の水（H_2O）を主とする海が存在する．地球の海・大気の質量はそれぞれ地球の質量の約4000分の1，約100万分の1にすぎない．

木星型惑星は地球の15倍から300倍の質量をもつが，その核（コア）は地球の数倍から10倍程度の質量をもち，地球型惑星と同様な鉄およびケイ酸塩（岩石）と H_2O の氷からなっていると考えられている．木星・土星は，その外側を水素・ヘリウムが大部分は液体あるいは固体の状態でとりまいている．天王星・海王星は H_2O の氷を主とする層が厚い（図2）．木星型惑星の大気の主成分は水素・ヘリウムであり，メタン，アンモニア，水蒸気などの水素化合物が微量成分として含まれている．

●大気の起源

木星型惑星の大気の組成は太陽の初期組成とよく似ており，惑星の形成時に，そのまわりの原始太陽系星雲の気体成分が惑星の重力によって捕獲されたものが保たれたと考えられている．

他方，地球型惑星では，このような原始大気（primordial atmosphere）は形成されなかったか，あるいは惑星形成初期に失われてしまい，現在の大気および海洋は，惑星形成当初は固体であった物質から，揮発（脱ガス）によってできたと考えられている．ただし，この脱ガスは，少なくとも地球の場合，地球形成初期の数億年間に集中的に起こったものであること

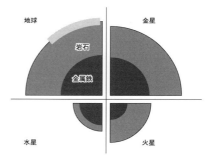

図1 地球型惑星の構造[1]

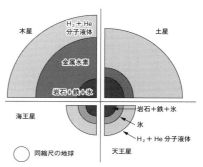

図2 木星型惑星の構造[1]

が，大気中のアルゴンの同位体比などから推定されている．

●金星・地球・火星の大気の比較（表1）

大気の質量は，惑星の表面積あたりで比較すると，金星は地球の約100倍，火星は地球の約60分の1である．ただし，地球の海洋を加えると，金星大気よりも大きい．

金星と火星の大気の主成分はいずれも二酸化炭素であり，窒素がそれに次ぐ．地球大気では二酸化炭素は微量成分になっており，窒素に次ぐ成分として酸素（O_2）がある．

地球大気の酸素は，生物の光合成によってつくられた．光合成によってつくられる有機物が分解される際に酸素が消費されるが，有機物が地下に埋没するのに見合った量の酸素が大気中に残る．酸素濃度は，約24億5000万年前，約22億年前，約6億年前にそれぞれ急増した．

脱ガスによって生じた地球の大気には大まかにみて現在の金星大気と同程度の二酸化炭素が含まれていたが，光合成によって有機物になったもの以外の大部分は，炭酸カルシウム（$CaCO_3$）を主成分とする石灰岩などの炭酸塩岩石として堆積したと考えられている．この堆積には海の存在が前提となる．

惑星の表面温度を決める主な要因は，太陽が出す放射，太陽からの距離，惑星の太陽光反射率（惑星アルベド），大気中の温室効果物質濃度［▶ B8-3］である．

地球は，適度な温室効果をもつ大気があれば，液体の水が存在しうる位置にある．地球の形成初期には脱ガスした H_2O がまず水蒸気大気となり，その後に凝結して海となったと考えられている．

金星は，現在は硫酸を主とする雲に覆われ，太陽放射吸収量は地球よりも少ない．しかし厚い二酸化炭素大気の温室効果によって地表気温は460℃に達している．金星に過去に海があったかどうかはわかっていないが，あったとすれば，温度上昇によって水蒸気大気となり，水蒸気は高層大気中で太陽光の紫外線を受けて解離し，水素は宇宙空間に失われ，酸素は岩石に化合したと考えられる．

火星は地球よりも太陽から遠いので入射するエネルギーが少ない．H_2O や二酸化炭素の多くは，極冠や永久凍土中に固体として存在する．もしそれらが蒸発して大気の量がふえれば温室効果が強まるが，それでも液体の水が存在する温度を保つことは困難である．過去に水が流れたことを示唆する地形があるが，一時的なものだったかもしれない．　　　　　［増田耕一］

表1 地球，金星，火星の環境の比較

		金星	地球	火星
太陽からの距離（地球を1とした相対値）		0.72	1.0	1.52
質量（地球を1とした相対値）		0.815	1.0	0.107
地表での重力（赤道での値，地球を1とした相対値）		0.91	1.0	0.38
太陽放射を反射する割合（惑星アルベド）		0.78	0.30	0.16
大気組成（体積比%）[*1]	窒素 N_2	3.4	78	2.7
	酸素 O_2	0.007	21	0.13
	アルゴン Ar	0.002	0.93	1.6
	二酸化炭素 CO_2	96	0.038	95
大気圧（地球大気を1とした相対値）		90	1	0.006
惑星表面積あたりの大気質量（地球大気を1とした相対値）		99	1	0.016
全球平均表面温度		460℃	15℃	−60℃
有効放射温度[*2]		−49℃	−19℃	−57℃
惑星アルベドが地球と同じ値と仮定した場合の有効放射温度		26℃	−19℃	−67℃
水の存在量（質量）		大気の0.14%	大気の270倍	不明
水の主な存在形態		水蒸気	液体（海洋）	氷（極冠，永久凍土）
二酸化炭素の主な存在形態		大気	炭酸塩（石灰岩など），有機物	固体 CO_2（極冠，永久凍土）

『理科年表 2012 年版』の天文の部 p.2,3,11 に基づく計算値および田近[2]，p.11 の表 1-1-1 をもとに作成．

＊1：分子数比%と同じとみてよい．
＊2：惑星の出す電磁波の平均放射輝度と等しい放射輝度をもつ黒体の温度である．全球平均表面温度と有効放射温度の違いの主な要因は大気の温室効果である．

●文献
1）阿部豊：太陽系のなかの地球，住明正ほか編，気象ハンドブック，第3版，pp.3-13，朝倉書店，2005
2）田近英一：大気の進化46億年，O_2 と CO_2，技術評論社，2012
3）国立天文台：理科年表 2012 年版，丸善出版，2011

A2-2 地球の軌道要素に伴う日射量変化

ミランコビッチ・フォーシング

地球の自転と公転を記述する「軌道要素」(orbital elements)とよばれるいくつかの数値は，木星などの惑星の引力によって，1万年から10万年の桁の時間スケールで変化する．これに伴って，地球大気上端に到達する太陽放射エネルギーフラックス密度（この項ではこれを「日射」と略す）の量と分布が変化する．過去の軌道要素は，天体力学の理論計算により，第四紀（Quaternary period）の範囲では精密にわかっている．日射量に関係する軌道要素の変化は次に述べる3つに分けられる．ミランコビッチ（Milankovitch）は，この3つを含めた日射量の変化の計算を行い，氷期の原因に関連づけた議論を1930年に出版した[1]．これにちなんで，気候変動の外因としてのこの日射量変化をミランコビッチ・フォーシング（Milankovitch forcing）という．これは第四紀の気候変動の要因のうちで最も性質がよくわかった外因である．

● 軌道離心率の変化

離心率（orbital eccentricity）は公転軌道の楕円が円からはずれている度合いを示す数値である．第四紀の範囲では，0～0.07の範囲で，10万年および41万年の周期性をもった変動をしている（図1a）．

離心率が大きくなると，全球平均，年平均の日射量が小さくなり，太陽光度が小さくなったのと似た効果がある．ただしその変化は離心率の2乗に比例するものなので，日射量自体の1000分の1程度にすぎない．離心率の主要な役割は，次に述べる近日点の季節の効果を振幅変調していることである．

● 近日点の季節変化

自転軸が公転軸に対して傾いている方向は，歳差とよばれる効果により，変わってゆく．一方，近日点（公転軌道のうちで地球が太陽に最も近くなるところ）の方向も変化する．これらの組み合わせにより，近日点の季節は約2万年で一周する．

近日点（perihelion）の季節は年平均の日射量を変えないが，季節ごとの日射量を変える．たとえば，今の時代は近日点が北半球の冬にあるので，北半球の夏の日射は長期平均より少なく，南半球の夏の日射は逆に多い（図2a）．約1万年前は逆であった．この効果を表す量の時系列（図1b）には，約2万年周期がみられるが，それが離心率を包絡線（AMラジオの音声信号に相当するもの）とした振幅変調を受けている．約2万年周期の変動は，詳しくは2.3万年周期と1.9万年周期の変動からなる．

● 地軸の傾きの変化

地軸の傾きは自転軸と公転軸（公転面の垂線）との間の角度である．22°から24.5°の範囲で，4.1万年の周期性をもって変動している（図1c）．

これの日射量への効果は，全球平均すれば消えるが，各緯度で年平均しても残る．地軸の傾きが大きいと，日射は，緯度別に見れば，高緯度で多めに，低緯度で少なめになる．季節別にみると，両半球とも夏に多め，冬に少なめになる（図2b）．

● 日射量の時系列

図3には，4つの緯度での夏至と冬至の日射量の時系列を示した．回帰線付近の夏至の日射量（2段め）には，近日点の季節の効果の約2万年周期が，高緯度の冬の日射量（最下段）には，地軸の傾きの効果の約4万年周期が，それぞれ現れており，他の緯度・季節には，両者が組み合わさっている．

● 氷期サイクルの原因論

第四紀の氷期・間氷期サイクル（Glacial-Interglacial cycles）は，深海コア中の底生有孔虫の炭酸カルシウム

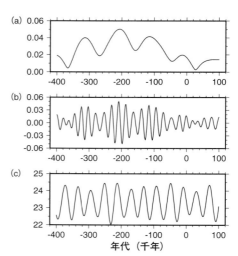

図1 日射量にかかわる軌道要素の過去40万年・将来10万年の計算値
(a)：離心率 e．
(b)：近日点の季節の効果の因子 $e\sin\varpi$．ϖ は近日点黄経．
(c)：地軸の傾き（度）．
横軸の単位は1000年，過去を負，未来を正としている．

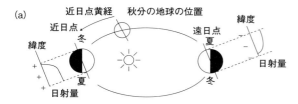

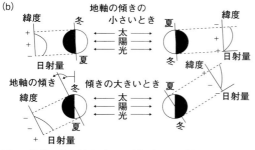

図2 軌道要素と緯度ごと・季節ごとの日射量との関係を説明するための図[2]
「+」,「−」はその緯度・季節の長期平均からの偏差の符号を示す. a:近日点の季節による違い, b:地軸の傾きによる違い.

の酸素同位体比(近似的に地球全体の氷の量を代表する)などの古気候指標を時系列解析すると,10万年,2万年,4万年などの周期の変動を含んでいる.

このうち2万年・4万年の周期帯の変動は北半球の夏の日射量変動への応答として解釈できる.ミランコビッチが推測したように,氷河の形成には積雪が夏を越して残るかどうかが重要である.

しかし,10万年周期帯の日射量には離心率による小さな変動しかない.それにもかかわらず最近約90万年間の氷期サイクルは10万年周期帯が卓越している.

その原因は,気候システムの非線形性,特に大陸氷床(ice sheet)のもつ次のようなプロセスに求められる[3].

- 雪氷アルベドフィードバック[▶ B8-1]:雪氷は裸地や植生に比べて日射量の反射率が大きいので,気候システムが受け取るエネルギーを減らす.このプロセスは温度の変動を増幅する.
- 氷の蓄積と消耗の非対称性:氷の融解は夏の日射が多ければ起こるが,蓄積は夏の日射が少ないことに加えて冬に雪をもたらす水蒸気の供給が必要なので遅い.この非対称性により非線形性が生じ,入力と違う周期の変動が起こる(AMラジオの検波の原理と似ている).
- 氷の重みによる基盤(上部マントル)の変形:これは数千年の時間遅れをもつ.氷が蓄積しつつある間は海抜標高が高く,消耗するときには基盤の沈降で標高が低くなるので,非対称性を強める.

これらのプロセスをもつ気候システムではミランコビッチ・フォーシングが与えられれば約10万年周期の変動を起こすことが可能であることが,氷床ダイナミクスの数値モデルから示唆されている[4].　　[増田耕一]

●文献
1) Milankovitch, M.: Mathematische Klimalehre und astronomische Theorie der Klimaschwankungen, Handbuch der Klimatologie (Köppen, W. and Geiger, R. ed.), Band 1, Teil A, Springer-Verlag, 1930
2) 増田耕一:氷期・間氷期サイクルと地球の軌道要素,気象研究ノート,177:223-248, 1993
3) 阿部彩子・増田耕一:氷床と気候感度—モデルによる研究のレビュー,気象研究ノート,177:183-222, 1993
4) Abe-Ouchi, A. *et al.*: Insolation-driven 100,000-year global cycles and hysteresis of ice-sheet volume, *Nature*, 500: 190-193, 2013

図3 4つの緯度での,夏至と冬至の「大気上端」での太陽放射の日平均値の過去40万年・将来10万年にわたる計算値
単位:W/m^2. 横軸の単位は1000年,過去を負,未来を正としている.

A2-3
地球の構造
磁気圏から内核まで，プレートテクトニクスとプルームテクトニクスのメカニズム，大陸と海洋

●地球の誕生

太陽系の1惑星として約46億年前に誕生した地球 (Earth) は，磁気圏，大気圏，水圏（液体の海水，淡水と固体の氷），固体地球圏（岩圏），生物圏から成り立っている．磁気圏は地球磁場の影響が及ぶ範囲で，太陽側に約6万km，反対側に長く伸び彗星の尾に似た形をし，太陽風が地表に直接到達するのを防いでいる．地球磁場は液体である外核の対流によって生じる電磁石と考えられる．磁場が27億年前ごろ急に強くなり太陽風が地表に届きにくくなった結果，生物が浅い海にまで進出できるようになったといわれている．同じ時期に進んだ酸素発生型光合成がもたらした酸素の放出は，生物の変化に富む環境への適応と多様な進化を助長し，生物圏の形成が進んだ．大気圏，水圏に関しては，気候［▶B］および，水文［▶C］を参照されたい．

地球誕生直後から数億年のマグマオーシャン (magma ocean) 時代を経てまもなく海洋が形成された．地球上にみられる最古の岩石が約40億年の年代を示すことから考え，このころすでにプレートテクトニクス［▶D2-1］が働きだし大陸地殻の形成が始まった．こうして固体地球圏が形成され，ほぼ同時期に生命が誕生した．

●地球の形と内部構造

固体としての地球（外核のみは液体）の形 (form) と大きさの基準値は，赤道半径6378.137km，扁平率1/298.257で，赤道半径がやや長い回転楕円体である．地球の内部構造 (internal structure) は構成物質の差異によって，地表から地殻，マントル，核に三分される．地殻は玄武岩質の海洋地殻 (oceanic crust，厚さ5～7km) と花崗岩質の大陸地殻 (continental crust，厚さ約30～60km) によって構成される．

地殻とマントルを境するのが地震波速度の不連続面であるモホロビチッチ不連続面（モホ面）である．カンラン岩からなるマントルは，構成する主要鉱物であるカンラン石の相変化（結晶構造の変化）に応じて，上部マントル（～660km）と下部マントル（660～2900km）とに区分される．そして，核は液体である外核（2900～5100km）と再び固体となる内核（5100～6400km）とに区分される．外核を構成する物質は鉄を主体とするニッケルを含む合金で，水素，炭素などの軽元素を10%ほど含んでいる．内核は純粋な鉄・ニッケル合金である．

●プレートテクトニクスとプルームテクトニクス

地震波速度はマントル内で深さとともに速くなるが，深さ70km付近から速度の減少するやや柔らかく部分的に溶融（約1%）している低速度層が存在する．この低速度層を境界としてより固い地殻と最上部マントルがリソスフェア（厚さ70～100km）で，その下のマントルがアセノスフェア（100～400km）である．リソスフェアは十数枚に分かれる板（プレート，plate）のかたちで地球表面を覆っている．プレートは剛体として働き，中央海嶺で生まれた海洋プレートは海溝でマントルへ沈み込む運動を続けている．

マントル内部の地震波速度分布（温度分布を反映）は地震波トモグラフィー（地震波記録の高精度解析，医療用X線断層撮影法を模した用語）によって近年解析が進んでいる．その結果，下部マントル全域と上部マントルの一部でプルーム状の対流運動の存在が示唆されている[1]．

沈み込んだ海洋プレート（スラブ）は上部マントル最下部に停滞するが，時にマントル最下部まで落下し（コールドプルーム），外核からの熱を受け上昇する（ホットプルーム）．マントルと外核との境界面に起源をもつプルーム (plume) のうち，超プルームは太平洋スーパープルームとアフリカスーパープルームである．規模の小さいプルームが5か所（北極，アゾレス，アフリカ西部，ケルゲルン地域）で，大西洋が開いた位置に南北に連なっている．また，プレートの沈み込む近縁地域には深さ350～400km（上部マントル内）に起源をもつプルームが日本を含む西太平洋地域などにみられる．一方，最大のコールドプルームはアジア中央部の地下にみられる．

このように，マントル内部では，大部分の領域が周囲より高温のホットプルームと低温のコールドプルームによってマントル物質が移動・対流する「プルームテクトニクス」の支配する領域で，板状に移動する「プレートテクトニクス」の領域と区分される[2]（図1）．プレートテクトニクスの支配する領域は，中央海嶺で100～150kmまで，海溝深部ではスラブの沈み込む最深部（660km）までで，地球の半径の1/10以下の表層部分だけである[1]．

●大陸と海洋

地球表面の大陸や海洋の分布は，プルームテクトニ

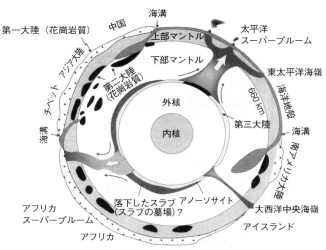

図1 日本列島，アジア東部，アフリカ，南米大陸を通る大円断面図で示す第一，第二，第三大陸の分布図[2]

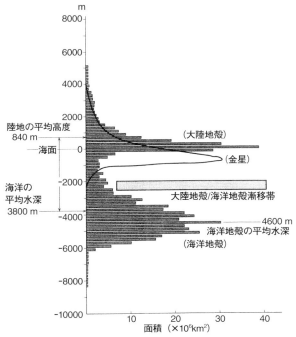

図2 地球における大陸と海洋底の高度分布
金星の高度分布（直径に対する値）を比較の意味で折れ線で示した[4]．

では5億年前以降の内・外的営力［▶ D1-8］が現在の地形を形成した[3]．金星や水星などの惑星が1つの極大をもつ高度の頻度分布をもつのに対し，地球は大陸と海洋底の存在が2つの極をもつ高度分布を示している（図2）．陸地の平均高度が840 mであるのに対し海洋の平均深度は3800 mである．陸上の高度頻度分布が河床の縦断面形に似た上に凹の分布を示す．海洋地殻の平均水深は4800 mに極をもっている．このことは，陸上では外的営力（削剥作用）の影響を受けた地形が卓越するのに対し，海洋底では中央海嶺（水深2000 m）で生まれた海洋地殻が海溝側に移動するに従い水深を増していくことを反映している．

［小池一之］

●文献
1) 丸山茂徳：46億年 地球は何をしてきたか？，岩波書店，1993
2) 丸山茂徳ほか：太平洋型造山帯―新しい概念の提唱と地球史における時空分布―，地学雑誌，120: 115-223, 2011
3) 貝塚爽平：発達史地形学，東京大学出版会，1998
4) 平朝彦ほか：地殻の進化（岩波講座地球惑星学9），岩波書店，1997

クスやプレートテクトニクスの進展に伴って絶えず変化してきた．現在，海洋が約70%の面積を占めている．太陽系の惑星で広大な海洋を維持してきたのは地球のみで，他の惑星には液体としての水（海洋）は存在しない．地球では現在まで，同程度の大きさの金星では数億年前まで，火山活動・テクトニクス（内作用）が盛んであった．金星では10億年前以降，地球

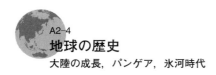

A2-4 地球の歴史
大陸の成長，パンゲア，氷河時代

● **大陸の成長**

地球は誕生直後のマグマオーシャン時代を経て海洋が形成され，まもなくプレートテクトニクスが働きだし大陸地殻の形成が始まった．最初はプレートの沈みこみ帯に大陸地殻としての島弧が形成された．大陸地殻の誕生以来，島弧や大陸の衝突に伴う造山帯の形成によって生まれた以前より大きな大陸は，やがて分裂し，再び衝突が始まる．このような現象はウィルソンサイクル（Wilson cycle）とよばれる．1回の造山運動は5000万〜1億年程度の時間継続し，それぞれの運動終了時期がテクトニクスによる区分となる．顕著な造山運動の終了時期は7回（30億年前，25億年前，19億年前，11億年前，7億年前，4億5000万年前，2億5000万年前）確認され，4000万年前以降，現在に至る進行中の造山運動が付け加えられる．そして，これらの時代区分は4期にまとめられる[1]（図1）．すなわち，以下の通りである．

第 I 期：島弧形成と集合の時代（38億〜30億年前）

第 II 期：小大陸の形成・集合と大陸急成長の時代（30億〜19億年前）

第 III 期：大陸の安定と超大陸形成の時代（19億〜11億年前）

第 IV 期：超大陸の分裂と集合の時代（11億年前〜現在）

大陸が急成長したのは第 II 期からで，この時代にはシアノバクテリア（cyano bacteria）の大繁殖により，地球大気に酸素をもたらして地球環境を大きく変化させた．海水中に含まれていた鉄が酸化し海底に莫

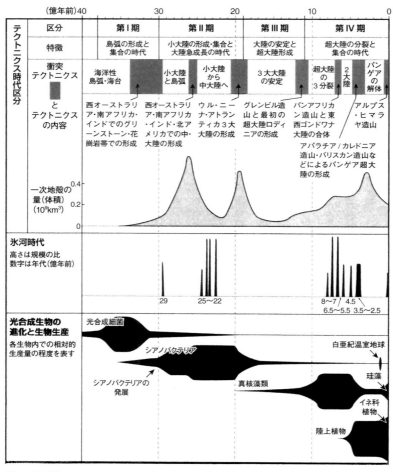

図1 地球史におけるテクトニクスの変遷（第 I〜IV 期），氷河の消長と光合成生物の進化（平，2007 の図を一部省略）[1]

大な量の縞状鉄鉱層を堆積した．大陸の成長（growth of continents）は，一方では，陸上に最初のスノーボール・アース（snowball earth）とも考えられる大氷床をもたらした．第Ⅲ期には3つの大陸が存続したが，やがてこれらの大陸は互いに衝突し，ロディニアと呼ばれる超大陸へと発展した[1]．

● パンゲアの形成と分裂

第Ⅳ期には超大陸の分裂と衝突が3回起き，ウィルソンサイクルの時代とよばれる．分裂した大陸間の衝突は，パンアフリカン造山運動（終了期：7億年前）によってゴンドワナ大陸を形成し，カレドニア-アパラチア造山運動（caledonian-Appalachian orogeny，終了期：4億5000万年前）によってローレンシア大陸を増大させた．そして，2つの大陸が衝突したバリスカン造山運動（Variscan orogeny，終了期：2億5000万年前）によって，地球上の大部分は1つの超大陸＝パンゲア（Pangaea）とパンサラッサ海（新・古テーチス海は内海）で占められた．この時期（特に原生代後期には少なくとも3回の大氷河時代（great ice age，古い順にスターチアン，マリノアン，ガスキアス氷河時代）が訪れ，前2者の時代にはスノーボール・アース：全球凍結が出現した[2]．

大氷河時代が去り顕生代，カンブリア紀に入ると，生物多様性が急速に進み（カンブリア爆発），陸上へ生物が進出した．最古の植物化石は4億7500万年（オルドビス紀）の年代を示し，デボン紀には両生類が陸上に現れた．パンゲア超大陸の出現は3億3000万年頃に陸上植物の大繁栄時代（石炭紀）をもたらしたが，大陸分裂前にゴンドワナ氷河時代（石炭紀〜ペルム紀）へと移っていく．当時の氷河分布は，南極大陸を中心に南アメリカ南西部，アフリカ南部，マダガスカル，インド，オーストラリア南部とゴンドワナ大陸（パンゲア超大陸の南部）にまたがり，超大陸分裂前の位置関係を復元できる．南アメリカとアフリカ両海岸線の接合性とともにウェーゲナーが大陸移動説を提唱する有力な指標となった．

超大陸となったパンゲアは徐々に分裂し，1億年前頃には大西洋が拡大し，南極大陸・オーストラリア大陸が分離し，インド亜大陸の北進も進行した．4000万年以降，インドがアジア大陸に衝突してヒマラヤ造山運動（Himalayan orogeny）が，アフリカがヨーロッパに衝突してアルプス造山運動（Alpine orogeny）が，そして，太平洋の両岸ではプレートの沈み込みに伴う造山運動が進行した．西太平洋では島弧の形成が，ところによっては島弧どうしの衝突（本州弧と伊豆・小笠原弧など）がみられるようになった．こうして地球上では大規模な地形の変化が進み，地球は徐々に寒冷化に向かい新生代後期の氷河時代に突入した．

● 現在に続く氷河時代

パンゲアの分裂・移動・衝突により，インドがアジア大陸へ衝突しヒマラヤ山脈とチベット高原の成長を促し，オーストラリア，南極の両大陸も現在位置へと近づいた．そして，中新世のはじめ（2400万年前）には南極大陸が他の大陸から完全に分離し，周南極海流が形成されて南極の寒冷化が進んだ．南極海（南大洋）の海底から氷山の運び出した岩屑（アイスラフト砕屑物：IRD；ice rafted debris）が発見される時期は，始新世末〜漸新世初期（約3500万年前）で，東南極氷床の成立・拡大は1300万年前ごろである．一方，北極周辺でもIRDは1800万年前ごろから増えはじめているので，両極での寒冷化が1800万〜1300万年前ごろから顕著になったといえる[1]．北半球に存在したグリーンランド，北アメリカ，ユーラシアの氷床が急成長したのは，南北アメリカを分断していたパナマ地峡が閉じた300万年前以降であろう（図2）．両半球に大氷床が成立し地球が寒冷化に向かったこの時期は，地磁気年代では松山/ガウス地磁気境界，海洋酸素同位体ステージ103の始まりに当たるので，2009年に国際地質学連合は，従来鮮新世とされていたジェラ期（ゲラシアン）を第四紀に再編成し，これまで180万6000年前としていた新第三紀と第四紀境界年代を258万8000年前と定義した[3]． ［小池一之］

● 文献
1) 平朝彦：地球史の探求（地質学3），岩波書店，2007
2) 田近英一：地球環境46億年の大変動史，化学同人，2009
3) 遠藤邦彦・奥村晃二：第四紀の新たな定義—その経緯と意義についての解説—，第四紀研究，49: 69-77, 2010

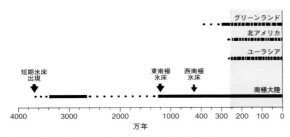

図2　新生代氷河時代における南北両半球に発達する大陸氷床形成時期の推定[3]

A2-5 地表付近の環境構造

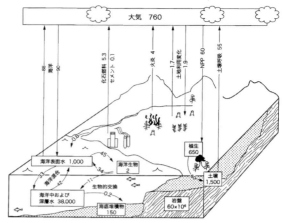

図1 地球における炭素循環の模式図[1]
四角内：蓄積量，矢印：エネルギー流，単位：10^9 t/y.

　地球の地表面付近は，海も含めて生命の重要な生息の舞台となっている．地表付近の環境（Earth surface environments）は，大気圏・水圏・岩石圏（土壌圏を含む）・生物圏から成り立つ地生態系，つまり，地球生物圏としてとらえられる．

●地球史を決めた5大条件と環境変遷

　地球は約46億年前に誕生したが，地球環境の変遷は，地球の歴史［▶A2-3］と深くかかわっている．次の5つの事柄が地球環境の成立に大きな影響を及ぼした．①地球が大気を保持するのに十分な重力がかかるほどの大きさを有していた．②太陽と適度な距離にあったため，生命が誕生・生存できる温度を享受できた．③水（水蒸気・氷を含むH_2O）が液体として存在できた．当初，地球は水蒸気に覆われ高温だったが，冷えるとともに雨が地表へ降り注ぎ，海ができて，水の惑星になった．海は二酸化炭素（CO_2）を吸収し温室効果を弱め，海中には太陽などからの有害な放射を遮断できる空間が築かれた．④地球の磁気圏（magnetosphere）が，太陽風などの高エネルギー粒子を弾き，生物がそれにさらされずにすむ環境を整えた．⑤23億年前ごろには，海中にシアノバクテリア（ラン藻類）が繁茂し，光合成によりCO_2から酸素が生成されるようになり，紫外線が酸素に注ぎ，オゾン層（ozone layer）が形成された．このことは地表に達する太陽からの紫外線量を減らし，動植物が地球上で生活できる環境場を構築するのに貢献した．

●エネルギーの流れ・炭素循環と生態系

　植物が生育するためには，太陽エネルギー，CO_2，水，栄養分（窒素・リン・カリウムなど）が必要である．植物は大気と土壌からこれらの栄養分をとり，動物は植物・動物を捕食し，栄養を吸収して，養分を土壌に返す．地表付近ではこのようなエネルギーや物質の循環が絶えず行われている．図1は地球における炭素循環を模式的に示したもので，生物は自然環境のもと，微妙なバランスを保つ生態系のなかで生存を続けている．炭素の年間存在量は，大気が760〔10^9 T/y〕，植生650に対して，土壌は1500，海洋の表面水で1000，海洋中（深層水など）で38000に達し，と

りわけ海洋の役割が非常に大きい．

　地球圏-生物圏国際共同研究計画（IGBP: International Geosphere-Biosphere Programme: A Study of Global Change）は，地球圏と生物圏の相互作用の観点から地球科学の諸現象を解明する目的で，1983年より活動を開始した．1989年には日本学術会議に「人間活動と地球環境に関する特別委員会」が発足，物理・化学・生物学の諸過程と人間活動との関連性（図2）に主眼を置く学際的研究が進展した．近年，生物多様性の研究に重点が移行した．

●人為が絡む環境変遷と気候変動

　人間が地球上に出現して，地球環境は急激な変貌を遂げた．農耕が始まると，人々は定住するようになり，やがて農業の大規模化が進むと，森林を開墾する必要も生じた．森林伐採など種々の人間活動で植生が失われると，土壌水分・水蒸気量が減少し，干ばつ，砂嵐，土地荒廃，砂漠化［▶H-9］という悪循環を招く．

　産業革命は1760年代にイギリスで始まったが，以降，化石燃料の消費が増え，大気中のCO_2濃度が急速に増加した．これに伴って地球温暖化が進行すると，氷河・雪渓は山頂方面へ後退し，植生帯も標高の高いところへの移動を余儀なくされる．日本では温暖化によりブナ林が山頂方向へ移り，分布が縮小するおそれがある．ブナをはじめとする広葉樹林は，流域の沿岸海域に栄養分を供給する大切な存在ともいえる．

　ツンドラ地帯では永久凍土が融けると，温室効果ガスのCO_2とメタンが大気中に放出され，地球温暖化促進の正のフィードバックを起こす．

　アフリカ最高峰のキリマンジャロの氷帽（図3）

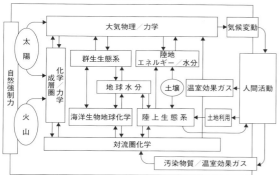

図2 IGBPにおける物理・化学・生物学ならびに人間活動にかかわる諸過程[2]
自然強制力と人間活動が対照的に位置し,複雑な作用をもたらす(原図を著者が一部改変).

は,消滅の危機に瀕しており,それに伴う周辺の水環境変化が植生などに与える影響が危惧されている.温暖化により高山植物が消えてしまうと,元の植生をとり戻すことがきわめて困難になり,その山麓に生きる人間・動物にも悪影響が及ぶと指摘されている.ケニア山をはじめとする高い標高の孤立峰では,特にその危険性が大きい.

北極海の海氷は近年縮小が顕著で,2007年と2012年に当時の観測史上最小規模を更新した.開氷域の増大は海面での熱の吸収,顕熱・潜熱の大気への供給を促進し,低気圧の活発化につながり,天候異変の要因となる.北極海の海氷縮小は,極圏における生態系への悪影響を及ぼす.海洋環境は,暖流系の海洋生物が拡大傾向を示す一方,サンゴが海水温の上昇(30℃以上)で白化現象を起こし衰弱傾向にある.

● 持続的な自然エネルギー

地球温暖化につながる化石燃料消費を抑制するため,地球に負荷をかけない持続可能な自然エネルギー(renewable energy)の利用が見直されている.2011年3月11日の東日本大震災を契機に,自然エネルギーを活用しようという気運が高まった.太陽・風・水力・波力・海洋温度差・地熱などによる発電の安定的かつ効率的な運用と,シェアの拡大が期待される.

太陽エネルギー(solar energy)活用の最有力域は,日射量の豊富な亜熱帯高圧帯に覆われ,蒸発散量が降水量を上回る地域が該当する.曇雨天でも散乱光を用いる太陽光発電技術の進歩が希求され,一般化すれば雨季のある地域でも有効性が高まる.コスト抑制と効率のよい蓄電装置の開発が課題となっている.

風力エネルギー(wind power)は地域差が大きい.岬や峠などコーナー効果による強風域では潜在能力が高いのに対し,風向・風速が変わりやすい地域では非効率となる.鳥が発電装置の羽根に衝突する問題や,風切音の騒音問題もあり,一般に地表面との摩擦が小さく効率的な海上での洋上風力発電への指向が強まっている.暴風時に羽根を折りたためるタイプも現れた.風力の応用例として,ヨットの技術を活かしたハイブリット船の構想も進んでいる.

水力発電(hydroelectricity)には,せせらぎと水車を利用した小規模なものから大落差利用のダムに至るまで多様である.ダムは自然破壊と堆砂に問題があり,環境保全と防災の観点から,建設にあたっては慎重な対応が望まれる.島国日本の利点を活かした海洋エネルギーは,揚水発電や温度差発電が沖縄や高知などで実用化が進んでいる.波力発電も台風対策を要すが潜在力は大きい.

地熱発電は火山国日本では有望で,適地の多くが国立公園内という立地条件やマグマ活動の不安定性を克服すれば有用性が高まる.再生可能なバイオマスエネルギーも含め,自然エネルギーの有効活用はエネルギー政策の鍵を握っている.

[山川修治]

● 文献

1) Chapin, F. S., *et al*.: Principle of Terrestrial Ecosystem Ecology, 2002 [浦野慎一・山川修治ほか訳:生物環境気象学,文永堂,2009]
2) 吉野正敏:気候学の歴史―古代から現代まで,古今書院,2007
3) 中尾有利子:キリマンジャロの氷帽,地学雑誌,119(3):表紙写真,2010

図3 消滅の危機に直面するキリマンジャロの氷帽(2009年1月2日,中尾有利子氏撮影)[3]

A3 応用自然地理学，地球の保護と保全

A3-1 ジオ＝ダイバーシティ

地域多様性，景観生態学，地生態学，景観学，ランドスケープ

人類の活動が増大するにつれて，地球環境問題や資源問題が大きくクローズアップされる時代になった．地球環境の多様であることの重要性を認識しなければ人類は生き残れないかもしれない．生物多様性やジオ＝ダイバーシティ（geodiversity）の概念はこのような中で注目されてきた．ただし，生物多様性（biodiversity）や，ジオ＝ダイバーシティ，地域多様性に結びつく概念は，多くの学術分野では古くから存在した．景観生態学や，地生態学，景観学，風景論，「ランドスケープ」などである．以下ではこのような関連する概念を解説する[1]．

●ジオ＝ダイバーシティ

ジオ＝ダイバーシティ（ジオ多様性）とは，初期の提唱者であるグレイ[2]によれば「地質学的（岩石，鉱物，化石の）特徴，地形学的（地表面形態，地形プロセスの）特徴，および土壌の性質・特徴の自然な分布様態（多様性）」であり，「これらの異なる要素の構成，相互関係，属性，解釈，系（システム）を含むもの」と定義される．ここでいうジオとは，地質・地形のジオに土壌が加わったものである．したがって，このジオを日本語に翻訳するときに，まず地質多様性，地形多様性，土壌多様性などの語が提案されたが，これらは包括的多様性を意味せず分野限定的なので，かわりに，地学的多様性，地圏多様性，非生物多様性，地多様性，土地的多様性などが提案されたが合意は得られていない．したがってジオ＝ダイバーシティが用いられている．

グレイは，ジオ＝ダイバーシティの役割と有効性について次の6項をあげる．
① 非生物的自然を評価すべきという論拠になる．
② 地球科学の重要性を示す．
③ 非生物的自然の保全を推進する根拠を与える．
④ 地球科学における統合概念を与える．
⑤ 自然環境保全における統合概念を与える．
⑥ 統合的・持続的土地管理における地球科学の役割を促進する．

このようにグレイによるジオ＝ダイバーシティの概念は，ほぼ地球科学的・地学的観点に限定されるようである．

一方，地理学者は，ジオをギリシャ語の土地，地理，地球などの意味，あるいは，ガイア（Gaia：大地，ギリシャ神話に登場する大地の女神による）[▶A1-5]という広い意味にとらえ，ジオを人類活動もふくめた地域の総体としてとらえようと主張している．この考え方は，地域多様性の考えへとつながるが，一方，グレイがあげたジオ＝ダイバーシティの価値には，文化的価値として富士山があげられていたり，美的価値には「歴史を通してみられる自然と芸術の関係」があげられていたりするから，必ずしも，地理学の考え方と矛盾するものではない．

明らかに，ジオ＝ダイバーシティは生物多様性を意識してつくられた概念である．生物多様性を維持するための国際条約「生物の多様性に関する条約」（1993年発効）では，すべての生物の多様性，種間の多様性および生態系の多様性を守るとされているが，明らかに，生物の遺伝子（未知のものも含む）の保全と利用を保証する内容になっている．同じように，ジオ＝ダイバーシティも鉱物・エネルギー資源の経済的価値を守ることを意識している．石油や天然ガス，レアアースなどの獲得合戦が国際問題になる近年の状況では無視できない側面である．

●地域多様性

地理学界で主張されている地域多様性（regional diversity）とは，地球史・人類史を通じて形成された地域固有の生態システムや地域ごとの文化や社会の個性のことである．地理学では古くから地域特性とよばれてきた．人類による環境への働きかけ（環境改変）や，人間活動の拡大，そしてグローバリゼーションなどによって地域の特色が画一化されており，「地域多様性」概念の重要性を広く社会にアピールしている．生物多様性の中にすでに取り入れられている生物地域多様性を，人類を含めた概念にまで拡大するものである．

●景観生態学

景観生態学（landscape ecology）とは，ドイツの地理学者トロール（Carl Troll）[3]によって1939年に提唱された地域を研究対象とした生態学と地理学をあわせた研究分野である．自然環境の生態学的な諸特性と土地的な諸特性の潜在的な価値を評価し，土地利用に役立てることを目的とする応用科学として発展した．研究対象は，人間活動の影響が少ない自然地域とともに，人間活動の影響が多く反映している居住地域を含む．したがって，自然科学の枠を超えるさまざまな方面からアプローチする総合的な科学である．

●地生態学

地生態学（geoecology）とは，地形・土壌・水文，気候などの土地的因子と植生などとの相互作用や因果関係を把握し研究する分野である．地域の生態系に対する診断的研究のみではなく，予測的研究も行われる．環境・自然保護などの分野における社会貢献が期待されている．1960年代には景観生態学の研究が世界の地理学界へと広まり，さらに地理学に隣接する分野へと広まった．このような状況を見てトロールは「景観生態学」を国際語とするために，翻訳しやすい用語として「地生態学」に改めた．地理学分野では「地生態学」が多く使われるようになったが，生態学・造園学などの分野では「景観生態学」が使われている．

●景観学と風景論

風景（landscape）は，もとは「風景画」を意味していて，これは画家がある視点を選んで空間を解釈するという意味であった．明治期の風景論では，16世紀の西欧風景画に基づいた日本の風景の解釈や評価が論じられ，風景論が，フンボルトの「自然画」を通じて自然地理学の重要な分野と考えられたこともあった．

ドイツではLandschaftに地域の全体像という概念が与えられ，それが1920年代に日本に導入されたとき景観という訳語が与えられた．この場合の景観には地域という意味が含まれる．

1930年代には辻村太郎が景観地理学の重要性を唱え[4]，景観概念を人文地理学に組み込もうとして，当時の日本の地理学界に賛否を含めた大きな議論を呼び起こした．辻村の景観には地域の意味は含まれておらず，風景を示している．

現在では，景観はさまざまな分野で，さまざまの使われ方をしている．都市工学や建築学の分野では，都市空間や造園空間，建築群の構造や表現の意味で使われる．社会工学の分野では国土・地域計画論や地域開発のプランに対して使われる．あるいは景観資源学といった使われ方もする．歴史学分野では，文書以外の目に見える歴史事実を，地表に刻まれた歴史＝歴史景観とすることが多い．社会学でも，地域の可視的な部分を，生活全体をとらえる景観学などとすることがある．自然保護や保全生物学の分野でも，原風景（景観）の保全と再生のような使われ方をする．

●ランドスケープ

建築・都市工学・造園などの分野では，ランドスケープ（landscape）を上記の景観や風景とはまったく異なった意味で用いている．景観を構成する諸要素の中で，その土地における，資源，環境，歴史などの要素が構築する政治的，経済的，社会的シンボルや，空間，または，そのシンボル群や空間がつくる都市や構造物そのものとしてとらえる．また，土地がもつ諸要素を基盤にして，都市空間や造園空間，建築群（町並みなど）を設計，構築することをランドスケープ＝アーキテクチャーという．

ランドスケープという語が導入された経緯は，明治時代にlandscape architectureという語を日本に導入する際に「造園」と翻訳したため，日本的な造園と，翻訳した「造園」という言語がもつ意味とのズレを意識して，本来のランドスケープ＝アーキテクチャーの意味で使用する際に「ランドスケープ」というカナのまま使われるようになったといわれている．

従来の自然科学や社会科学は，自然現象や社会現象の普遍性や一般性を追求するものと考えられ，多様性（個別性）の認識や評価は芸術や文学・歴史で行うものとされてきた．しかし，そのような考えでは，地球自然や人類社会の複雑な現実に対応できないのは明らかである．したがって，多様性を扱う諸分野が重視されているのである．

[岩田修二]

●文献

1) 特集：ジオダイバーシティ：日本におけるその保全と研究の必要性，地球環境，10（2），（社）国際環境研究協会，2005
2) グレイ，M.：ジオダイバーシティ：地球科学における新たなパラダイム，地球環境，10（2）：127-134，（社）国際環境研究協会，2005
3) Troll, C.: Luftbildplan und ökologische Bodenforschung, *Zeitschrift der Gesellschaft für Erdkunde zu Berlin*, pp.241-298, 1939
4) 辻村太郎：景観地理學講話，地人書館，1937

A3-1 ●ジオ＝ダイバーシティ　25

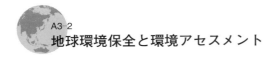

A3-2 地球環境保全と環境アセスメント

●環境問題から地球環境保全へ

　人間が生活すれば，そこには必ず何らかの自然破壊と，ゴミや汚水などの環境汚染が生じる．しかし人口が少ない場合，自然破壊の影響はわずかで，ゴミなどは周囲の土壌や水に吸収され分解されたから，環境問題（environmental issues）の発生するのは都市や鉱山の周辺にほぼ限られていた．

　環境問題が世界的に顕在化してくるのは，産業革命以後のことである．工業国では科学技術の進歩や鉱工業の進展，都市人口の増大などによって，工場などからの排水や排気，ゴミが増加し，水や空気，土壌を汚染した．また森林破壊や野生動物の乱獲も進んだ．そしてそれは20世紀に入ってますます激しくなった．例えば工業都市や大都市では工場排水や大気汚染のために，喘息などがふえ，平均寿命が非汚染地域に比べて低下していたほどである．大気汚染（air pollution）は，ロンドンや四日市，川崎，ロサンゼルス，メキシコシティなど多くの都市で，光化学スモッグを引き起こした．工場からの有害な排水が原因となって水俣病やイタイイタイ病のような悲惨な事件も起こった．

　しかし21世紀に入ると，ナイジェリアや中国など一部の発展途上国を除いて，このような極端な環境汚染は影を潜め，先進国を中心とする多くの国々において，大気や水はかなりきれいになってきた[1]．農薬の散布，清掃工場でのゴミの焼却，食品添加物や有機溶剤などによる汚染はあるものの，大気質や水質はかつてに比べ著しく改善された．そしてそれに代わって登場したのが地球環境問題である．

　地球環境問題（global environmental issues）は，主に先進国において人々の生活が贅沢になったために，資源やエネルギーの大量消費が生じ，それが原因となって起こった問題である．地球温暖化やオゾン層の破壊，砂漠化などが含まれるが，原因も影響も国境を越え，文字通りグローバルに広がっているのが特徴である．

　地球環境問題はその性格により，以下のように大きく4つに分けることができる．

① 発展途上国を中心とする原料資源の輸出国で主に発生する問題
- 過放牧，塩類集積などによって起こる砂漠化
- 森林の伐採や過度の焼畑，動物の乱獲によって生じる野生生物の減少と生物多様性の低下
- 魚類などの乱獲や海洋の汚染によって生じた海洋生態系の劣化
- 木材輸出や耕地化などのための森林伐採に伴う熱帯林の破壊

② 都市やスラムで発生する問題
- 大気や水の汚染などの従来型の公害
- ゴミの放棄や石油の漏れ，過剰くみ上げによる河川水や湖沼水，地下水などの汚染・枯渇

③ 工業製品の廃棄やガスの漏出に伴う問題
- 大量の産業廃棄物の発生
- フロンの漏出によるオゾン層の破壊

④ エネルギーの大量使用に伴う問題
- CO_2の増加による地球温暖化とそれに伴う海面上昇や自然災害の発生
- NO_xなどの増加による酸性雨の発生

　現在ではこれにチェルノブイリや福島第一原発の事故などによる放射性物質の拡散と，大地や海洋の放射能汚染が地球規模の問題になりつつある．

　地球環境問題が顕在化するのは1980年代からである．酸性雨やオゾン層の破壊がその走りで，1990年代に入ると地球温暖化が主役になり，現在まで続いている．このうちオゾン層の破壊はフロンの生産規制により，ほぼ落ち着いたが，他の問題はまだ解決できずにいる．CO_2の排出規制は，国際会議で議論されるが，先進国と発展途上国の対立により，なかなか合意に達することができないでいる．現在の技術ではエネルギー消費を縮減させることしか手がないが，生活水準を下げることにつながるため，実際に行うことはなかなか難しい．

　地球温暖化（global warming）に関しては，近年，「地球は温暖化してはいるが，予想ほどひどくはない」，「温暖化はCO_2の増加が主たる原因ではなく，太陽活動の盛衰の方が重要である」という反論が地質学者などから出され，論争が始まっている[2〜6]．IPCCの未来予測［▶ A3-5, A3-6］についても過大ではないかという疑問の声がある．またここ数十年以内に石油が枯渇して，必然的にCO_2の発生が減少するだろうという意見もある．温暖化の防止には全世界で数百兆円という膨大な費用がかかることが予想され，CO_2原因説の再度の検証を求める意見もある．

　なお気象庁のデータによれば，2014年から2015年にかけて世界の気温は過去最高を記録した．ただこれを含めても過去100年間の世界の平均気温の上昇は0.71℃となっていて，2007年のIPCC第4次報告書の今世紀末までの上昇予測1.1〜6.4℃よりはるかに小さ

図1　三面張りの川（東京・多摩ニュータウンを流れる大栗川）

図2　長良川河口堰
必要かどうかをめぐって議論になったが，反対を押し切って建設された．

い．2013年の第5次報告書では，上昇の予測は0.3～4.8℃とかなりトーンダウンしているが，実際の気温上昇に比べて予測は明らかに過大である．なお2016年11月には，国連が主導して新たな枠組み「パリ協定」が発効し，産業革命期からの上昇を2℃未満に抑えることが今後の目標になった．

生物多様性（biodiversity）については，2010年に名古屋で開催された生物多様性条約締約国会議（COP10）で，①遺伝資源の採取・利用と利益配分に関する国際的な枠組みの策定，②生物多様性が失われる速度を減少させるための目標の策定，が議論された．会議では資源を提供する国と利用する国が対立したが，日本が示した議長案を締約国が受け入れ，最終日に「名古屋議定書」として採択された．

● 環境アセスメント

日本では1960年代以降，経済の高度成長に伴って，水や空気の汚染が進んだが，同時に道路や鉄道，空港，ニュータウンなどの建設工事が各地で始まり，台地や丘陵地を中心に大規模な自然改変が全国で行われるようになった．また河川では三面張り，二面張りの護岸工事や大型ダムの建設が進み，自然河川は次々に姿を消した．山奥の沢沿いでも無数の砂防ダムが建設された．海岸でも次々に護岸工事が進み，干潟や潟も干拓や埋め立てにより，全国的に減少した．ブナ林など原生林の伐採も進んだ．自然保護派の市民や一部の研究者はこうした開発に反対したが，運動の成果が現れたのは，尾瀬ヶ原のダム建設がストップしたケースなど，数えるほどしかない．1980年代には，日本の公共事業費は，国土面積が25倍あるアメリカの2倍に達し，西ヨーロッパ各国の公共事業費を併せた額よりも多いという，驚くべき事態も生じた．「土建国家日本」と揶揄されたのもこの頃で，日本列島はほとんどコンクリート列島と化してしまった．

しかし日本ほど極端でないにしろ，世界各国で自然破壊が進んだため，1980年代から1990年代にかけて，大規模な自然破壊を伴う開発に対する反省が始まり，持続的な発展を求める気運が世界的に高まってきた．そして自然環境に著しい影響を及ぼす可能性がある場合，その事業の実施前に影響を予測し，必要な保全対策を明らかにするという，環境影響評価，いわゆる環境アセスメント（environmental impact assessment）が各国で法制化されるようになった．日本では1984年に環境影響評価実施要項が閣議決定され，1997年に環境影響評価法，いわゆる環境アセスメント法が公布された．

日本の環境アセスメントは，アセスメントの必要があるかどうかを判断するスクリーニングという手順から始まる．あるとされた場合は，調査の項目や方法を決めるスコーピングに移り，住民や専門家，自治体などに意見を聞いた上で，現地調査に入る．調査項目は物理環境や生物が主で，当初の水や大気の汚染から生物と基盤環境に中心が移ってきた．ただダムや原発のような，国家が推進母体になっている場合，アセスメントは実質的に機能しないことが多く，その点の改善が今後の大きな課題である．　　　　[小泉武栄]

● 文献
1) ビョルン・ロンボルグ，山形浩生訳：環境危機をあおってはいけない，文藝春秋，2003
2) 赤祖父俊一：正しく知る地球温暖化―誤った地球温暖化論に惑わされないために―，誠文堂新光社，2008
3) 広瀬隆：二酸化炭素温暖化説の崩壊，集英社，2010
4) 深井有：気候変動とエネルギー問題―CO_2温暖化論争を超えて―，中央公論社，2011
5) 丸山茂徳：「地球温暖化論」に騙されるな，講談社，2008

A3-3 自然保護と教育
天然記念物，国立公園，世界自然遺産，ジオパーク

　人類の遺産として残すべき貴重な自然はいうまでもなく，身のまわりの何でもない自然も，人類の生存にとって欠くことのできない重要な存在である．それらの自然を破壊から守り保全することは現代のわれわれにとって重要な責務である．そのため，自然保護運動や環境保全活動が盛んである．自然保護は，自然の教育と深く結びついている．自然への深い理解が自然保護の思想をはぐくむ．自然の保護と教育を盛んにするための装置として，特別名勝・天然記念物・自然公園（国立公園など）・自然遺産・ジオパークなどが，国際機関（UNESCOなど）や，国，地方自治体などによって制定されている．そこでは，ビジターセンターでの展示や，野外での説明板，ガイドによる解説などのほかに，自然保護や環境保全の活動を体験することなど，さまざまな教育活動が行われる．そのような場所を訪れ，教育活動に参加し，自然保護（nature conservation）・環境保全（environmental conservation）に貢献する旅行・観光をエコツーリズム，ジオツーリズムとよび，近年，盛んになってきた．

●自然保護運動，環境保全運動

　外国ではイギリスのナショナルトラスト運動，アメリカ合衆国のシエラクラブの活動など19世紀から自然保護運動が市民活動として行われてきた．日本では明治時代後期に登山家の小島烏水が上高地の自然保護を新聞紙上で訴えた例がある．第二次大戦後の日本では，1960～70年代には産業による環境悪化（公害）が顕在化し，各地で公害反対運動が起こった．一方，自然や景観を守るためには，次に述べる天然記念物や国立公園の制定が古くから行われ，上高地や尾瀬ヶ原でのダム建設反対運動などもあったが，市民による自然保護運動が全国的に脚光を浴びたのは，1971年に，市民団体の反対運動をきっかけに初代環境庁長官が決断し，尾瀬ヶ原の林道建設工事中止が決まったことであった．その後，自然保護運動や環境保全活動は盛んになるが，一方では，企業や官公庁の国土開発や企業活動の目的で自然を改変する動きは止まらない．

●名勝と天然記念物

　名勝（a place of scenic beauty）とは，景色のよい土地（庭園，橋梁，峡谷，海浜，山岳など）のことであるが，法律や行政では，国と地方公共団体が指定したものをいう．天然記念物とは，保護・保全が法律や条例で定められた動物，植物，地質・鉱物とそれらをふくむ地域のことである．どちらも文化庁所管の文化財で「文化財保護法」によって保護されている．名勝の中で特に重要なものは特別名勝に指定されている（2015年10月1日現在36件が特別名勝に指定）．たとえば，十和田湖および奥入瀬渓流，上高地，佐賀県虹の松原，富士山などの地形名勝，東京都小石川後楽園，金沢市兼六園などの人工物が含まれる．

　国指定の天然記念物（natural monument）は2016年3月現在1021件指定されている．このうち75件が，特別重要とされる特別天然記念物に指定され，地質鉱物では，山口県秋芳洞，岐阜県根尾谷断層，島根県大根島の熔岩隧道など17件が指定されている．自然地域（地形）そのものが指定されているといえる天然保護区域では，7件が特別天然記念物に指定され，上高地，尾瀬ヶ原が有名である．都道府県や市町村，特別区においても，各地方自治体の文化財保護条例に基づいた天然記念物が指定されており，各教育委員会が編集している文化財目録などで確認することができる．

●国立公園

　市民が利用できるように管理された公園（園地・自然地）の中で景観や動植物を保護するために国が指定した自然公園が，国立公園（national park），国定公園である．

　国立公園は，自然公園法（1957年制定）に基づいて，日本を代表する自然の風景地を保護し利用の促進を図る目的で環境大臣が指定する．2015年3月現在，北海道から沖縄県まで32か所の国立公園が存在する．2011年の東日本大震災を機に，三陸の国立・県立公園などを統合して三陸復興国立公園ができた．近年は，国立公園の統合・分割・新設などが行われている．アメリカ合衆国やニュージーランドの国立公園はすべて国有地であるのに対して，日本の国立公園では，国有地は総面積の約60％にすぎず，国有地以外では，土地利用の制限，一定行為の禁止または制限などの地域指定によって国立公園としての管理・運営が行われている．国立公園内のゾーニング（区域分け）では特別保護地区で最も厳しい規制が行われている．しかし，国立公園の管理が環境省に一元化されていないこと，自然公園法の目的が，景観の保護と利用の促

進という矛盾するものであることのために，国立公園内での自然の保護は十分とはいえない場合が多い．ただし，自然公園法は2009年に改正され「生物の多様性を守る」という内容が付け加わったが，利用の促進との矛盾はいっそう深まったといえよう．諸外国の多くでは，国立公園局などの単一の機関がすべての管理を行っている．しかし，日本では環境省のほかに，林野庁や国土交通省が実権をにぎるタテ割り行政がまかりとおっている．環境省が管理する国立公園に対して，国定公園は，都道府県に管理が委託される．ほかに都道府県が指定し管理する都道府県立自然公園も存在する．

●世界自然遺産

1972年のユネスコ総会で採択された世界遺産条約（世界の文化遺産及び自然遺産の保護に関する条約）に基づいて，世界遺産リストに登録された自然遺産のこと．後世に残すべき顕著な価値をもつ地形や生物，景観などが登録される．地域で登録の目的は保護である．登録のためには，人類が共有すべき顕著な普遍的価値をもつことが強調される．地域の担当政府機関が候補地の推薦・暫定リストを提出し，国際自然保護連合（IUCN）が現地調査によって報告し，ユネスコ世界遺産センターが登録推薦を判定し，世界遺産委員会での最終審議をへて正式登録となる．登録済みの世界自然遺産（World Natural Heritage）は以下のカテゴリーに分けられている（括弧内は場所の例）．

Ia：厳正保護地域（ゴフ島野生生物保護区　イギリス領）

Ib：原生自然地域（白神山地　日本）

II：国立公園（イエローストーン　アメリカ合衆国）

III：天然記念物（黄龍の景観と歴史地域　中国）

IV：種と生息地管理地域（エオリア諸島　イタリア）

V：景観保護地域（グレートバリアリーフ　オーストラリア）

VI：資源保護地域（ンゴロンゴロ保全地域　タンザニア）

ほかにカテゴリーに割り当てられていない地物（アグテレクカルストとスロバキアカルストの洞窟群　ハンガリー・スロバキア）などがある．世界自然遺産に指定されたために観光客が殺到し，生物の絶滅の危機や環境の悪化が発生し，本来の目的とは逆の事態になったガラパゴス諸島の例（危機遺産）もある．

日本の世界自然遺産は知床（北海道，2005年登録）白神山地（東北，1993年），屋久島（鹿児島，1993年），小笠原諸島（東京都，2011年）である．

●ジオパーク

ジオパーク（geopark）とは，科学的にも，人類の遺産としても価値がある地球科学的あるいは地理学的な現象や，もの，場所を含む自然公園の一種である．地学的現象だけではなく歴史的，人文社会的現象も含まれる．ジオパークは日本語の正式名称であるが「大地の公園」と訳されている．そこでは，大地の現象を保護・保全し，地球科学・地理学の普及・教育をはかり，さらに大地を観光の対象とするジオツーリズムを通じて地域社会の活性化を目指す．2001年6月以来，ユネスコの支援の下にジオパーク運動が世界各国で推進されている．2004年には世界ジオパークネットワークが設立され，現在では120地域以上のジオパークが参加基準を満たす世界ジオパークとして加盟をされている．それに対して日本ジオパークは，日本ジオパーク委員会が認定する国内版のジオパークである．全国の33地域が日本ジオパークネットワークに加盟しており，洞爺湖有珠山，アポイ岳，糸魚川，隠岐，島原半島，山陰海岸，室戸，阿蘇は世界ジオパークに加盟を認定された（2016年9月現在）．

世界自然遺産とジオパークとの違いは，世界遺産の目的は保護・保全にあるが，ジオパークは，保護・保全と教育，地域振興（ジオツーリズム）を並行して行うことを目的としている点である．

●エコツーリズムとジオツーリズム

上に述べた各種の公園や遺産をふくむ，すぐれた自然環境や価値ある地域で，教育や環境保護を意識して行う旅行や観光をエコツーリズム（ecotourism）やジオツーリズム（geotourism）とよび，近年盛んになっている．大都市の旅行業者が企画する団体観光ではなく，地元が企画し，その場所に参加者が直接集合する着地型観光は，持続的地域振興の一つとして注目されている．そのようなエコツーリズムやジオツーリズムを自然保護運動や環境保全活動の目玉にしようという動きが始まっている． ［岩田修二］

●文献

1) 特集：日本における世界自然遺産への取り組み：研究・教育と実践．地球環境，13（1），（社）国際環境研究協会，2008
2) 特集ジオパーク．地理，53（9）：26-57，2008
3) 特集号：ジオパークと地域振興．地学雑誌，120（5），2011

A3-4 地図とGIS

●地理学における地図の重要性

地図（map, chart）は地理学の本質といえる．地理の「理」は模様を意味し，地図は地表の模様を表現するからである．英語のgeographyも，地表のグラフィック，すなわち地図を意味すると解釈できる．

地図は古代から，情報の共有や伝達のためにつくられ，石や粘土板に刻まれ，パピルスや布に描かれた．また，地図投影法や測量法の開発を通じて，正確な地図が作成可能になった．さらに印刷技術の発展により，高品質の地図が広く流通するようになった［▶A1-1］．

地図のうち一般図（general map，汎用の地図）は，国の機関が整備していることが多く，日本では国土地理院が地形図や地勢図を発行している．一般図は地理学の野外調査や室内作業に広く活用されている．また，地質図，土地利用図，植生図といった特定の要素に注目した主題図（thematic map）も，官庁や法人によって整備されており，研究などに活用されている．

地図は研究の基礎データとなるが，研究の成果として作成される主題図もある．たとえば，等値線や段彩などを用いて，数値で表される現象の分布を示した地図や，ある基準で現象を分類し，その類型の分布を示した分類図がある．地図は，地理学の研究の全段階で重要な役割を果たしている．

地図の内容をうまく伝達するためには，適切な表現を使う必要がある．地図の表現法については単純な一般論はなく，地図の種類や内容に応じて変わる．したがって，多様な表現法を試行錯誤しつつ，適切な地図をつくることが望ましい．このためには，手間のかかる手作業ではなく，コンピュータを用いて地図を作成することが重要である．

●GISの登場と発展

地図は長期にわたり，紙などに直接手で描くか，手作業による原図を用いた印刷により作成されてきた．しかし20世紀の中ごろに，コンピュータによる地図の作成が始まった．今日では印刷を行わず，コンピュータの画面上やプロジェクタで投影した地図表示が最終版になる場合も多い．コンピュータとデジタル・データを用いて地図を作成し，地図に関連した地理学的な解析を行うシステムがGIS（Geographic Information Systems，地理情報システム）である．コンピュータとGISの発展は，地図を取り巻く状況を大きく変えた．

電子信号のみで計算を行うコンピュータは1930年代に登場し，1950年代には合衆国空軍が，コンピュータを用いてSAGE（Semi Automatic Ground Environment）とよばれる航空機の監視・追跡システムを開発した．SAGEはレーダからの情報を他の地理情報と組み合わせて表示できた．これを見たワシントン大学の若い地理学者たちは，同様のシステムを研究に取り入れる可能性を模索しはじめた．当時，人文地理学における「計量革命」が進行しつつあり，それに先立ち，ホートン（Horton）やストレーラ（Strahler）らが，地形図の分析に基づく自然地理学の定量化を進めていた．このため，コンピュータを用いて地図を扱う必要性が高まっていた．

1960年代にはコンピュータを用いた地図作成が始まった．ハーバード大学のコンピュータグラフィックス空間分析研究所は，メインフレーム・コンピュータ，ラインプリンタ，XYプロッタを用いて地図をつくるソフトウエアを開発した．作成された地図は単純で，デザインや詳細さの点では既存の印刷地図に及ばなかったが，後の発展につながる実験であった．また，カナダのロジャー・トムリンソンは，現在のGISの基礎となる概念や手法を提唱し，それを実装した「カナダGIS」を開発した．目的は資源・環境管理であり，カナダ政府やIBMからの支援も得た．カナダGISは画期的であったが，当時のコンピュータの性能では，実用的な運用は困難であった．

上記したハーバード大学の研究所は，1970年代にオデッセイとよばれる総合的なGISを開発した．その成果を踏まえて，1980年代初頭に米国のESRI社がArcInfoを開発し，商用GISとして販売した．そのころまでにはコンピュータの小型化と高性能化も進み，1980年代中ごろには机一つ程度のスペースで，GISが運用可能になった．

1990年代には一般のパーソナルコンピュータ（PC）も高速化した．また，オペレーション・システムのGUI（Graphical User Interface）化が進み，地図などの画像表示や操作性が向上した．このため，PC上で動く商用GISが広く流通するようになった．この頃から，地理学の多数の研究者がGISを使うようになった．現在では大学でGISの講義や実習が広く行われており，GISは地理学の基本的な素養の一つとなっている．

● GIS の地図作成機能

　GIS は一般図と主題図の作成にともに利用されている．国土地理院などによる一般図の作成は，旧来のアナログ的な製版・印刷の技法から，デジタル・データと GIS を用いる方法にすでに移行した．このような変化により，①地図作成用のデータや，作成した地図の版の管理が容易になる，②地図の表現法が統一される，③地図の更新が容易となる，といった利点が生じた．

　一方，地理学の研究においては，GIS により地図の作成時の柔軟性が増したことが重要である．特定の目的をもつ主題図を作成する際には，多様な地理情報の中から何を表示するかが重要である．GIS は，実世界の情報をレイヤー（layer）に分けて管理している（図1）．たとえば標高，植生，水域，道路網などが別々のレイヤーになっており，そのうちどれを重ね合わせて地図を作成するかを自由に選択できる．また，地図の表現方法の試行錯誤が容易であるため，情報を視覚的に伝達しやすい地図をつくることもできる．

● GIS を用いた自然地理学の分析

　GIS は地図の作成のみならず，地理的現象の定量的な分析にも広く活用されている．以下，自然地理学の諸分野における代表的な活用例を記す．

　地形学では，GIS とデジタル標高モデル（DEM：digital elevation model）を用いた地形解析が活発である．DEM は国土地理院などの国家機関が整備しており，SRTM，ASTER-GDEM といった全球をカバーする DEM も無償でダウンロードできる．多くの GIS には，DEM から傾斜や曲率などの基本的な地形量を計算したり，水系や流域を自動抽出する機能が搭載されている．また，統計指標に基づいて地形を自動的に分類したり，DEM を植生や降水量などの情報と組み合わせて侵食量の分布を予測する研究も行われている．

　水文学では，DEM による水系や流域の判定を活用して分布型の流出モデルを作成し，水の流出過程を面的に評価する研究が行われている．また，各地で観測された水質のデータを GIS に入力し，その分布と上流域の土地利用などと対応づけることにより，水質の規定要因を論じた研究も行われている．

　気候学では，限られた観測点で計測された気温や降水量を GIS に入力し，それを統計学的な手法によって補間（interpolation）し，面的な気候分布図を作成している．

　DEM を併用して地形の効果を加味することも可能である．DEM の併用は，日射量分布の推定や大気汚染のシミュレーションなどでも行われている．さらに

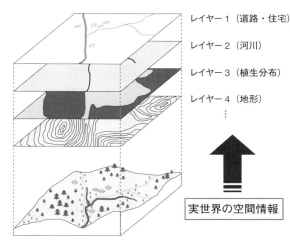

図 1　GIS におけるレイヤーとオーバーレイの概念

土地利用データを併用し，都市のヒートアイランドやクールアイランドの特徴や成因を論じた研究も行われている．

　植生地理学の分野では，DEM などから地表の水分条件や日射量を推定し，それと植生分布との関係を論じている．広域における炭素貯蔵量や森林の生産性の評価にも GIS が活用されている．さらに，複数の時期の植生分布図を用いて植生の時系列変化を定量的に把握する際にも，GIS が有効である．

　土壌地理学の分野では，厚さや pH といった土壌の諸特性と，DEM から求めた地形特性との関連が検討されている．また，種々の土壌の分布を断続的な線で分けるのではなく，漸移するものとして確率論的に表示するために，GIS が利用されている．

　さらに自然景観や自然災害の分析といった，自然地理学の応用的な分野の検討にも，GIS が広く活用されている．　　　　　　　　　　　　　　　　　　[小口　高]

● 文献
1) Longley, P. A. *et al*.: Geographical Information Systems and Science, 3rd ed., Wiley, 2010

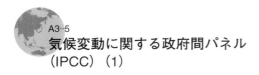

A3-5
気候変動に関する政府間パネル (IPCC) (1)

● 組織

　気候変動に関する政府間パネル（以下，IPCC：Intergovernmental Panel on Climate Change）は気候変動を評価する先導的な機関であり，世界に対し，現在の気候変化の実態とその環境や社会経済への潜在的な影響について科学的な知見を提供するために，1988年に国連環境計画（UNEP：United Nations Environment Programme）と世界気象機関（WMO：World Meteorological Organization）によって設立された．IPCCは国連やWMOに加盟しているすべての国・地域に対して開かれており，その目的は，各国の政府から推薦された科学者の参加のもと，地球温暖化等気候変動（climatic change）に関する科学的・技術的・社会経済的な評価を行い，得られた知見を政策決定者を始め，広く一般に利用してもらうことにある．この活動の功績により2007年にノーベル平和賞を受けた．

　IPCCには政府関係者だけでなく，関連分野の科学者などの専門家も参加している．参加者は増え続けており，例えば科学者の例では，第4次評価報告書の場合，130か国を超える国の450名を超える代表執筆者のほか800名を超える執筆協力者，2500名を超える専門家の査読を経て作成されている．

● 活動

　IPCCは1990年に気候変動に関する第一次報告書（FAR）を作成した．この報告書は，気候変動が政策的に扱われるべき重要なものであることを科学的な証拠によって明らかにしたもので，地球温暖化（global warming）を進展させず，また，気候変動の影響に対処することが重要であることを指摘した．その後，IPCCは気候変動に関する包括的な報告書を連続的に刊行し，1995年に刊行された第2次報告書（SAR）では1997年の京都議定書採択に向けた情報を提供した．この後，2001年に第3次報告書（TAR）を経て2007年には第4次報告書（AR4）を刊行し，その時点における気候変動，地球温暖化に関する最新の知見と同時に気候変動の影響に関する警告を提供しつづけている．現在は第5次報告書が刊行されている．

● 作業部会

　第一作業部会（WG1）：気候システムや気候変動の科学的な知見を評価することを目的とする．対象とする項目は大気中の温室効果気体の変化，これまでに観測された気候の変化，将来の気候変化予測のほか，気候変化の原因などを含む．

　第二作業部会（WG2）：気候変動に対する社会経済や自然システム（生態系）の脆弱性について評価することを目的とする．気候変動の正・負の影響のほか，適応についても評価する．評価は水資源，生態系などの項目別に行われるほか，アフリカ，アジアなどの地域ごとにも行われる．

　第三作業部会（WG3）：温室効果気体の排出量抑制や大気中の温室効果気体の除去など，気候変動の緩和策について評価する．エネルギー，輸送，農業など経済セクター別に短期・長期的な見通しで，さまざまな緩和手法のコストや利点について検討する．

　その他：上記3つの作業部会のほか，温室効果気体の排出量を計算・報告するための国際的な合意された手法を開発するTFI（Task Force on National Greenhouse Gas Inventories），気候モデルグループと影響評価グループ間データの交換を容易にするためのTGICA（Task Group on Data and Scenario Support for Impacts and Climate Analysis）の2つのタスクフォースがある．

● 第4次評価報告書（AR4）の概要

　AR4では近年の気候変化（climatic change）ならびに将来の気候変化に関して，以下のようにとりまとめている．

　1）近年の気候変化

　a）全球平均地表面付近の温度　過去100年間（1906～2005年）の全球平均地表面付近の温度は0.74（0.56～0.92）℃上昇した．この値はTARにおいて100年あたり（1901～2000年）に示された0.6（0.4～0.8）℃よりも大きい．気温の上昇傾向は近年特に大きく，最近50年間の上昇傾向（10年あたり0.13℃）は過去100年間の傾向の約2倍に達する（図1a）．

　b）降水量　陸域のほとんどにおいて1900～2005年にかけて降水量に長期変化傾向が観測された．南北アメリカの東部，欧州北部，アジア北部と中部で降水量は増加し，サヘル地域，地中海地域，アフリカ南部や南アジアの一部は乾燥化した．1970年代以降，特に熱帯や亜熱帯地域ではより広い地域で厳しく長い干ばつが観測された．

　c）全球平均海面水位　20世紀を通じた全球平均海面水位の上昇は0.17（0.12～0.22）mと見積もられ

る．TAR の評価（0.1〜0.2 m 上昇）とほぼ一致するが，推定の精度は上がった．1993〜2003 年にかけての上昇率（3.1 mm/年）は 1961〜2003 年にかけての上昇率（1.8 mm/年）を大きく上回るが，これが長期的な変動なのか，あるいは 10 年規模の変動なのかはまだ不明である（図 1b）．

2）将来の気候変化に関する予測

AR4 では TAR と同様に気候変化予測は複数の温室効果気体の排出シナリオ（SRES シナリオ）に基づいている．ここでは 6 つのシナリオを用いており，A1 シナリオ（高成長型社会シナリオ），A2 シナリオ（多元化社会シナリオ），B1 シナリオ（持続発展型社会シナリオ＝環境の保全と経済の発展を地球規模で両立），B2 シナリオ（地域共存型社会シナリオ）の 4 分類のうち，A1 シナリオは A1FI（化石エネルギー源を重視），A1T（非化石エネルギー源を重視），A1B（各エネルギー源のバランスを重視）の 3 つに分けている．

a）全球平均地表面付近の温度 1980〜1999 年と比較した 21 世紀末（2090〜2099 年）の全球平均地表面付近の温度の変化について，最も小さい見積り値となった B1 シナリオでは 1.8（1.1〜2.9）℃ の上昇，最も大きい A1FI シナリオでは 4.0（2.4〜6.4）℃ の上昇を予測している．

21 世紀に予想される気温上昇の地理的分布は，シナリオには依存せず，過去数 10 年間に観測された分布とほぼ一致している．気温上昇は北半球高緯度陸域において最大となり，南極海や北大西洋の一部で最小になると予想される．

b）降水量 降水量は，高緯度では増加する．一方，ほとんどの亜熱帯域においては減少する．これは，観測された分布の最近の変化傾向を継続するものである．また，熱帯の多降水量地域や熱帯太平洋での増加が予測される．

c）全球平均海面水位 全球平均地表面付近の温度と同様，1980〜1999 年と比較した 21 世紀末（2090〜2099 年）の変化について，最も小さい見積り値となった B1 シナリオでは 0.18〜0.38 m の上昇，最も大きい A1FI シナリオについては 0.26〜0.59 m の上昇を予測している．

A1B シナリオを用いた場合は 2100 年までに 0.21〜0.48 m の上昇予測であるが，2100 年時点で放射強制力を安定させた場合でも，熱膨張のみで 2300 年までに（1980〜1999 年と比較して）0.3〜0.8 m の海面上昇がもたらされる．すなわち，深層への熱の輸送に時間を要するため，熱膨張はその後数世紀にわたって継続する．

［加藤央之］

● 文献
1) IPCC (2007): Climate Change 2007: The Physical Science Basis. Contribution of Working Group I to the Fourth Assessment Report of the Intergovernmental Panel on Climate Change. Solomon, S. *et al.* (eds.). 996p., Cambridge University Press.

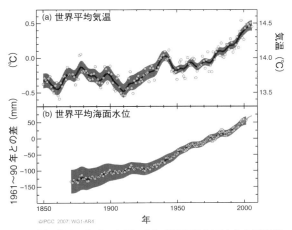

図 1 (a) 世界平均地上気温，(b) 世界平均海面水位の観測値の変化．すべての変化は 1961〜1990 年の平均からの差．滑らかな曲線は 10 年平均値，丸印は各年の値をそれぞれ示す．陰影部は既知の不確実性の包括的な分析から推定された不確実性の幅．(Summary for Policymakers, IPCC (2007) の気象庁要約より引用：http://www.data.kishou.go.jp/climate/cpdinfo/ipcc/ar4/ipcc_ar4_wg1_spm_jpn.pdf)

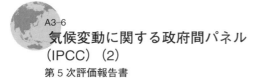

気候変動に関する政府間パネル（IPCC）（2）
第5次評価報告書

● 組織

前項目では，気候変動に関する政府間パネル（IPCC）について，その設立の経緯など概要を解説するとともに，2007年に刊行された第4次評価報告書（AR4）の概要を紹介した．本項目では2013年に刊行された第5次評価報告書（AR5）[1]）についてその概要をAR4と比較しながら紹介する．

● 近年の気候変化

1）全球表面付近の全球平均温度

全球表面付近（地上付近の気温や海面付近の海水温）において観測された温度上昇について，AR5では133年間（1880～2012年）で0.85℃と計算している（図1）．AR4では100年間（1906～2005年）で0.74℃であり，計算された期間が若干異なるが，AR4とAR5で示された昇温率は同程度である．ユーラシア大陸の中高緯度や南米大陸の西部を除く中部における昇温が大きいことがわかる（図2）．

AR4では20世紀半ばより観測されている全球表面付近の平均温度の上昇の大部分は，観測されている人為起源の温室効果気体の濃度増加に起因することが非常に確からしい（very likely）と説明している．これに対し，AR5では，大気中の二酸化炭素濃度の人為的な増加によって観測されている温暖化が生じたことは極めて確からしい（extremely likely）としている．AR5では，観測された温度上昇が人為的な温室効果気体の放出に起因することをより明確に，より断定的に主張している．

2）降水量

AR5では近年の降水量変化について北半球の高緯度で平均して1901年から増加しているとしているが，ほかの緯度帯では増加や減少の長期傾向が見られるものの，特に1951年より以前で信頼性の高い知見が得られていないとしている．

3）全球平均海面水位

AR4では，全球平均海面水位が1961年から2003年までの間に平均で年に1.8 mmの速さで上昇し，1993年から2003年は早まり，年に3.1 mmであったと指摘している．一方，AR5では，海面水位は1901年から2010年までは年に1.7 mm，1971年から2010年までは年に2.0 mm，1993年から2010年までは年に3.2 mmの速さで上昇したと説明している．上昇速度が計算されている期間が異なるので厳密な比較ができないが，観測された海面水位の変動に関してはAR4とAR5との間に大きな違いはないと見るべきだろう．

● 将来の気候変化の予測

1）AR5での温室効果気体の排出シナリオ

前項目でふれたように，AR4では気候変化を予測する際の根拠となる，温室効果気体の将来の排出シナリオとして，SRES（special report on emissions scenarios）が採用され，2100年までの予測が行われた．それに対して，AR5ではRCP（representative concentration pathways）とよばれる排出シナリオに基づき，2100年までの将来予測が行われた．RCPは多様な社会経済シナリオの策定が可能なように工夫されており，温室効果気体の人為的排出量の多い順に，RCP8.5（政策的な温暖化対策を行わない．SRESのA1よりも温室効果気体の排出量が多い），RCP6（SRESのA1Bにおおよそ相当），RCP4.5（SRESのB1におおよそ相当），RCP2.6（すべてのSRESシナリオより温室効果気体の排出量が少ない）の4種類が用意されている．

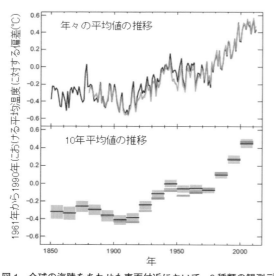

図1 全球の海陸をあわせた表面付近において，3種類の観測データから計算された1961年から1990年の平均温度に対する1850年から2012年までの温度偏差の推移[1]）
上図と下図はそれぞれ年々の平均値の推移と10年平均値の推移（灰色の影は不確実性）を示す．

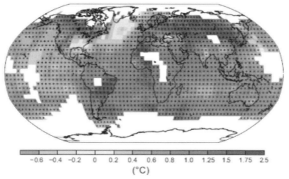

図2 1901年から2012年までの表面付近の温度変化の全球分布[1]
図1のグレーの線で示した変化を直線回帰して計算した．信頼性の低い地域は計算しておらず，白く示されている一方で，信頼性の高い地域には「＋」の記号が付けられている．

2）全球平均温度

AR4では全球の表面付近の温度は1980年から1999年の平均に対して2100年には1.8℃〜3.6℃上昇すると予測されていた．一方，AR5の予測では1986年から2005年の平均に対して2100年には1.0℃〜3.7℃上昇するとしている．AR5とAR4との温暖化予測に関して実質的な差はないといえる．

3）降水量

AR5では乾燥と湿潤の地域的な対比や，乾季と雨季の強弱が大きくなることを指摘している．例えば，RCP8.5シナリオに従った21世紀末の予測として，高緯度帯や太平洋の赤道域では年平均降水量が増加する一方で，中緯度においては亜熱帯の乾燥域で降水量は減少するが，湿潤域では降水量が増えるだろうと予測している．また，中緯度の陸域や湿潤な熱帯域では，降水量が極端に多い降水の頻度が増えることが予測されている．

4）海面水位

全球平均海面水位に関しては，AR4では21世紀末頃には20世紀末より0.18〜0.38 mの上昇（SRESのB1），0.26〜0.59 m（SRESのA1FI）の上昇と予測されている．これに対して，AR5では2000年頃に対して2100年頃には0.26〜0.55 mの上昇（RCP2.6），0.45〜0.82 mの上昇（RCP8.5）と予測されており，AR4と比較して上昇量が大きくなっている．

5）AR5のAR4からの進歩

AR5で予測された温暖化はAR4と同程度であった．しかし，ここで留意しなければならない点は，2007年のAR4が刊行されてから2013年のAR5が刊行されるまでの6年間に，気候モデルと計算機は大きく進歩したことである．予測された温暖化が結果として同程度であっても，AR5での予測の信頼性や価値はAR4のそれより高いと見るべきだろう．また，排出シナリオのRCPも現実の社会の変化に沿うように工夫されている点も見逃せない．RCPは，気候モデルの専門家のほか，生態学者や社会科学者が協力して策定した，詳細かつ現実的で，画期的なものであった．今後もさらに進化した現実性の高いシナリオを用意すべく，自然科学者と社会科学者が有機的に連携することが期待される．

なお，IPCCのウェブサイトによれば，AR5の次の第6次評価報告書（AR6）は2022年の前半に刊行されることが計画されているとのことである．

［鈴木力英］

●文献
1) IPCC: *Summary for Policymakers*. In: *Climate Change 2013: The Physical Science Basis. Contribution of Working Group I to the Fifth Assessment Report of the Intergovernmental Panel on Climate Change*, Stocker, T. F. *et al.* eds., Cambridge University Press, 2013.

B ●気候

B1 気候学の歴史と気候学の研究法

● 気候概念とその歴史

気象が瞬間的・個別具体的大気現象なのに対し，気候（Climate）［▶B2-1］は抽象的な概念であり，さまざまな立場から定義が可能であるが，ここでは気候を「1年を周期として繰り返される最も出現確率の高い大気の総合状態」と定義する．ここでいう「総合」には，気温・日射・降水・風など個々の要素に分けないという意味もあるが，気候を大気とこれに接する海洋・陸面・雪氷・植被・人間などからなる「システム」として扱うという意味が込められている．気候学が（自然）地理学の中に存在する理由もここにある．

私たちの暮らしは，冬の朝の冷え込みや夏の日中の酷暑，あるいは夕立・霧・降雪など瞬間の気象にも大きく影響されるが，衣食住などを考えると，1日・1年の平均値（あるいは高頻度値）や変動幅からなる気候の影響を受けている．ここで気象と気候の使い分けの例をあげるならば，夏のある日に仕事で名古屋を訪れた人が，電光掲示を見て「33℃か，これは暑いな」と感じたとする．これはまさに気象であって具体的事実であるが，迎えにきた地元の人に「名古屋の暑さはこんなものではない」といわれたとすると，その「名古屋の暑さ」なるものが気候である．

これをデータで表現するためには，まず長年のデータを収集し，月日や時刻別に母集団を決め，その中で平均や度数分布や標準偏差を求めたり，時には極値を示したり，基準値以上の継続時間や積算値を計算したりする必要がある．気候はある意味で統計そのものといえるが，同時に私たちの暮らしと密接な関係をもっており，その関係性から逆に統計方法を検討することも必要である．

古代ギリシャやローマにおいて「気候」は，天文学や測地学の知識と深く結び付き，緯度あるいは傾斜（太陽の高度角）を表すギリシャ語の "κλινειν"（クリマータ）を語源とする言葉（概念）であるとされる．他方，中国では農耕生活に欠かすことのできない季節に対する認識が進み，二十四節気七十二候［▶B2-4，B9-1］が完成し，これが気候という言葉（概念）になったとされる．

気候の概念として，ヨーロッパにおいては緯度すなわち地域差が，中国においては季節推移が据えられたのは，おそらく偶然ではない．ヨーロッパすなわち大陸西岸においては，北緯20～30度に顕著な乾燥気候が存在し，南北方向への移動によって森林から草原，草原から砂漠へと景観的にも大きな変化を経験する．これに比べ中国すなわち大陸東岸においては，乾燥気候が欠如し，温度条件によって構成種は異なるものの基本的には森林で覆われている一方，夏季と冬季の気温差は大陸西岸に比べて大きく，季節のメリハリがはっきりしている．このような大陸東岸と西岸の気候の相違が言葉（概念）の差となって顕れたとみることができよう．

● 気候の空間・時間スケール

気象学では，大気現象の空間（サイズ）と時間（寿命）との比例関係について，かなり以前からその整理が行われていた（図1）［▶B2-4］．建物の角などで落ち葉をクルクル回転させる小さなつむじ風は10秒ほどの寿命しかない．それが竜巻になると激しい鉛直運動を伴い，数十軒の家屋が無残な被害を受けるが，多くは数分の寿命で被災幅も数100 mを超えることは少ない．また夏の夕立の多くは数kmの範囲で20～30分程度は続くであろう．これら単独の積雲以下の現象はミクロスケールに分類される．

台風は組織化され渦を巻いた巨大な積乱雲からなるが，この渦巻きは地球の自転の影響を受けている．発生期にはメソ（meso）αスケールに分類されるが，成熟期にはマクロスケールに分類できる規模となる．温帯地域の高・低気圧は，西から東へと移動しながら，数日から数週間の寿命をもつ．モンスーンになる

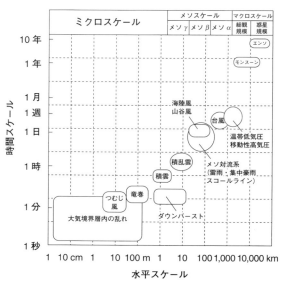

図1　大気現象の空間・時間スケール[5]

とその成因に深くかかわる大陸や大洋の大きさにスケールが拡大されるが，その時間スケールはズバリ1年ということなる．巨大な台風や高気圧・低気圧以上の現象はマクロスケールに分類される．

両者の間にメソスケールが存在する．このスケールの擾乱としてわが国では梅雨末期の集中豪雨，冬季の豪雪など激甚な災害を招く現象が知られており，水平規模に比べ鉛直規模が大きく，激しい鉛直運動を伴うことが特徴である．しかしメソスケールに分類されるのは何も激しい現象ばかりではなく，海陸風や山谷風のような穏やかな現象もメソスケールに含まれる．海陸風は海面と陸面，山谷風は平野（谷垣）と山地における熱的性質の差異によって生じ，昼夜で風向が逆転する循環である．したがって時間スケールは1日に限定されるが，空間スケールは駆動する地形の規模によって広狭がある［▶ B2-4］．

熱帯地域には温帯地域にみられるような数日周期の激しい変動はほとんどみられない．まずは日変化が目立ち，あとは1〜2カ月周期の変動（たとえばMJO）や緩慢な年変化（雨季と乾季の交替）があるが，これに加えて海洋とリンクした数年を周期とする変動（たとえばENSO）が存在する．ENSOは1万kmを超す文字どおりグローバルな現象であり，2年から6年の周期性をもって推移する．

気候は長期間にわたる積み重ねであるが，期間を長くとるに従い気候変動が含まれてくるので，WMOでは30年を1つの基準期間と定めている．したがって気候とはしばしば平年値（30年平均値）を求めることと短絡されるが，研究対象として考えた場合に重要なのはむしろ標本数である．1年に1回の現象や1個しか得られない統計値であれば30年間が必要であるが，もっと頻繁に生起する現象ならば，30年の歳月は必要ではない．

したがって気候における時間スケール区分は，基本的には図1においてそれぞれの大気現象を時間軸に沿って2目盛ほど長くして数十回の事例を対象に用いればよい．1日を周期とする海陸風を研究する場合，ひと夏を対象にすれば10を超える事例は得られるはずである．

ただし総観規模になると季節に大きく依存するため，年による差異が大きく数年で安定した結果を得ることは難しい．さらに数年の周期性を有するENSOを気候学的に扱う場合には30年でも足りない．30年を超える期間を対象とすることは，必然的に気候の変動を扱うことになる．気候変動研究では数年から数億年に至るさまざまなタイムスケールで，原因を含めた解析が必要である．

気候の空間スケールに関しては，吉野[8]による区分がある（表1，図2）．吉野に限らず，多くの研究者が気候を大気候，中気候，小気候，微気候の4段階程度に区分している．

大気候については高・低気圧以上の，すなわちマクロスケールの大気現象が積み重なったものとすることで問題はない．寒気と暖気の境目である前線を重ね合わせると前線帯が措定でき，それは気団の境目であり，熱帯や温帯などの気候地域の境界でもある．ただし微気候と小気候の差異は明瞭ではなく，これは一括して，ミクロ気候とするのがよい．ミクロ気候とは，「高気圧下の均質な空気塊に覆われても，地面の状態によって気候の差が生じる領域」とみなすことができる．その観点に立てば，都市気候もミクロ気候に入れられるべきである．

メソ気候（中気候）の内容も前章で述べたメソスケールの大気現象とはやや異なる．地域性にこだわる気候学では，台風・集中豪雨・豪雪など激甚な現象であっても，1つ1つの現象が対象ではなく，地形や地表被覆などの影響によって生じる「現象の地域性」を主

表1 気候の尺度と対応する現象

気候	水平的広がり	垂直的広がり	気候現象の例
ミクロ気候（小気候）	1 cm〜10 km	1 cm〜1 km	接地逆転・都市気候
メソ気候（中気候）	1 km〜200 km	1 m〜6 km	山地・盆地・平野の気候
マクロ気候（大気候）	200 km〜4万 km	1 m〜120 km	季節風・ENSO

（吉野[8]などを改変）

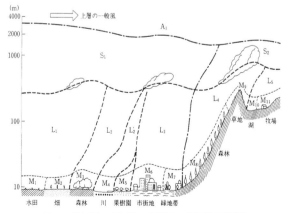

図2 微気候・小気候・中気候・大気候の概観[8]
M_1〜M_{11}は微気候，L_1〜L_5は小気候（L_1は耕地の気候，L_2は森林の気候，L'_2は湖，川の気候，L_3は都市の気候，L_4は斜面の気候，L_5は盆地の気候），S_1〜S_2は中気候（S_1は平野の気候，S_2は山地の気候），A_1は大気候．高さはおよそを示すもので厳密ではない．

B1 ●気候学の歴史と気候学の研究法

たる対象とする．

データの収集方法に関しても，空間スケールは大きな意味をもってくる．マクロ気候が既存の観測点のデータや，それから合成された再解析データを存分に利用できるのに対して，ミクロ気候は自らの手で観測することが可能であり，必須でもある．メソ気候は既存の観測点も自前の観測も及ばない，データ取得の困難な分野であったが，レーダーの利用など技術の進展が著しく，今後の展開が期待できる分野である．

●気候学の歴史

気候は私たちの暮らしと密接な関係をもち，古代から特に農業生産や海上交通において，その関係性は大変重要であったと考えられる．古代ギリシャにおいて，ヘロドトス（Herodotus）はその著『歴史』（紀元前440年）の中で，ギリシャやその近隣地域の気候をかなり詳細に記述している．またアリストテレス（Aristoteles）が北国と南国の人間の性格を比較して，気候が及ぼす影響を論じたことは広く知られている．

古代中国では，前述のように古くから季節に対する理解が進んでいた．動植物の観察結果が古文書に記録され，これは現代において気候変動資料として有用である．紀元前11世紀頃には二十四節気ができ，その後改良が加えられ，暦として農業生産に貢献した．また古代ローマにおいては風の研究が盛んで，地中海ばかりか北アフリカやインドへの航路が開かれていた．時代が下って「大航海時代」以降，世界各地で風の知識が集積され，ハレー（Halley, E.）やハドレー（Hadley, G.）の大気大循環の研究として結実する．

このような実生活に結びついた気象・気候の理解に対し，近代科学としての気候学の成立は他の科学よりも遅れ，19世紀の終盤まで待たねばならない．測器を用いた気象観測は個別には17世紀から実施されていたが，観測法の統一，国際協力体制の整備など，その組織的展開は1880年頃となるからである．

ワイコフ（Wyckoff, 1842～1916）は観測資料の集積を背景に『世界の気候』を刊行し，ハーン（Hann, J. F. von, 1839～1921）は気候学を体系化しようとした．またケッペン（Köppen, W. P., 1846～1940）は世界の気候分類と気候区分を行った．ガイガー（Geiger, R., 1894～1981）は1920年代に小気候学の先鞭をつけた．

わが国で気候学の父ともいうべきは福井英一郎である．福井は1938年に『気候学』を著わし，1949年に東京教育大学の気候学講座の教授となり，多数の気候学研究者を育成した．第二次世界大戦を機に上層気象資料が整備され，地上の気候データを平均値的・静態

的にとらえることから，気候を成因的・動態的に解明する動きが強まった．1950年代から1960年代にかけて，福井を中心に気候学研究者が集い，気候区分・気候変動・都市気候などで総合研究が実施されるとともに，方法論に関する議論も活発化した．それらの成果は，福井英一郎編[1,2]の教科書や関口武編[3]の論文集で知ることができる．県スケールでは，1960年代の「研究時報（気象庁発行）」に掲載されている研究が貴重である．

1980年代に入るころから日本気象学会でも気候のセクションが充実し，気候変動やモンスーン研究などで気象学・気候学研究者の相互交流が活発化した．都市気候では建築学会との交流が進んだ．地理学の海外研究はブラジル，アンデス，アフリカなどですでに1960年代から実施されていたが，気候学独自の海外研究は吉野正敏によるボラ（bora）の研究が嚆矢で，以後年々活発に推進されている．

現在，注目を集めている地球温暖化や都市気候などでも，気候学はその豊富な研究蓄積から活発な貢献が期待されている．いずれの問題も人間活動の関与が大きく，エネルギーの使用形態や土地利用形態と密接に連携する問題である．これまで大気の外側（境界条件），そして特に人間活動に注目してきた気候学の方法論が，現象の解明ばかりか対応策の面でも重要な役割を果たしうるからである．

●気候学の研究法

統計的方法

気象・気候データの基本は複数地点（あるいは複数要素）の時系列データである．一般に時系列にはさまざまな周期成分が含まれており，周期性を検討し，移動平均などのフィルタリングをすることで有意な変動を検出することが可能である．また利用するデータがすでに日平均や月平均といった操作が行われていることも多く，その妥当性の検討も必要である．時系列の範囲内で増加（減少）しているか否かも重要な視点であり，その統計法も検討されてきた．

時系列を停め，あるいは特定の事例を抽出して分布図を描くことも気候学の常套手段である．海水温や積雪深など大気にとっての境界条件を限定して合成図を描き（コンポジット解析），一定の傾向を示せばそれらを気候変動の要因とみなすことができる．

複数地点（あるいは複数要素）の時系列データでは互いの相関関係が重要である．多数地点のデータを扱う場合，1970年ごろから主成分分析などの多変量解析手法が汎用されるようになった．多数地点のデータから少数の成分が抽出されるので，変動要因と変動構

造の解明に役立つからである．

観測的方法（ミクロ気候）

既存の気象観測データが使えないメソスケール以下の気候を解明するためには，自ら観測する必要がある．気象観測機器は一般に高価であり，長期の記録装置を必要とし，観測地点を確保することが困難であるなど種々の障害が伴うものの，オリジナルな観測データのもつ意味は大きい．

定点観測を実施する場合，時間分解能は問題ないが，空間代表性の吟味が必要である．前述したとおり，気象には種々の空間スケールがあり，とらえようとする現象と要素により空間代表性は異なる．ヒートアイランド研究などでよく使われる自動車による移動観測では，逆に空間解像度は問題ないが，観測実施時の代表性が問われるので，定点観測を併用することが必要である．

気候を表現する事物を利用することで，測器を用いずに気候を調査することも可能である．植生分布はマクロ気候と対応がよく，芽ぶきや開花などの植物季節，偏形樹や防風林などの気候景観はミクロ気候を明らかにすることに役立つ．

総観気候学

総観とは一緒に(Syn)観る(-opt)という意味で，気象観測値を1枚の図上に落とす天気図に由来し，第二次世界大戦で米軍の作戦行動から発達したといわれる．天気図に描かれる低気圧・前線・高気圧・上層風などに注目し，地域の天気分布との関係を調べることは天気予報の基礎であるが，その知識を用いて天気の集積としての天候・気候を研究する方法である．ブロッキングなど偏西風蛇行に伴うグローバルスケールの現象から，卓越風による地方スケールの風や降水分布に至るまでその適用範囲は広い．

また前線帯や気団を利用して，季節推移や気候分布を解明する手法を「動気候学」とよぶ．熱帯気団・寒帯気団などに厳密な基準がないため，研究方法として確立したとはいえないものの，前線帯や気団は気候の総合的把握に役立つ重要な概念である．

物理的方法

気候の成り立ちとして，太陽放射に始まって地表面の熱収支・水収支はきわめて重要な物理過程である．熱収支はヒートアイランドなどの都市気候，海陸風などの局地循環，冬季モンスーンやヤマセの気団変質などの研究で重要な役割を担ってきた．水収支もまた水資源確保などの実用的側面や気候変動の影響評価などの面で重要である．

1960年代後半から活発化した大気大循環の数値シミュレーション研究は，こうした物理過程を計算機の中で描出し，変数の一部を変えて影響を評価することで，地球温暖化予測などに多くの知見をもたらした［▶ B2-5］．空間解像度の点で課題はあったが，近年ではマクロスケールの結果に基づいてメソやミクロを解析するダウンスケーリングの研究が進みつつある［▶ B7-5］．しかしこうしたモデリング結果と観測値との整合性が依然として課題として残されている．

気候分類・気候区分

気候の分類・区分には自然地理学を構成する他の分野（地形・植生・土壌など）にはない困難がつきまとう．それは気候が多数の構成要素からなり，季節変化し，空間的にかなり連続的である（線を引きにくい）ことなどによる．そのため，気候要素を組み合わせた指数を利用する（ランク（Lang, R.）・ソーンスウエイト（Thornthwaite, C. W.）・関口武など），気候を表現する植生の状態を指標に用いる（ケッペン）などの工夫がなされてきた．また気団や前線帯や天気界といった天気・天候の不連続に着目した区分（フローン（Flohn, H.）・アリソフ（Alissow, B. P.）・鈴木秀夫など）も試みられてきた［▶ B9-3〜B9-5］．

気候の分類・区分には，気候をどのように認識しているかという「哲学」が問われると同時に，その有用性に対して工夫が求められている．またそれを用いて気候学の新たな課題が発見できたり，気候学を展開していく題材にもなりうる．気候学の研究法の1つとして掲げた所以である．

[境田清隆]

●文献

1) 福井英一郎編：気候学，古今書院，1962
2) 福井英一郎編：自然地理学I，朝倉書店，1966
3) 関口武：現代気候学論説，東京堂出版，1969
4) 吉野正敏ほか編著：最近の気候学研究特集，気象研究ノート，第98号，1968
5) 小倉義光：一般気象学，第2版，東京大学出版会，1999
6) 吉野正敏：気候学の歴史，古今書院，2007
7) Orlanski, I.：A rational subdivision of scales for atmospheric process, *Bull. Amer. Meteor. Soc.*, 56: 527-530, 1975
8) 吉野正敏：小気候，地人書館，1961

B2 気候の成り立ち

B2-1 気候の成り立ちと大気の構造

●気候の成り立ち

気候とは簡単には大気の総合状態といい [▶B1], これに接する海洋・陸面・雪氷・植被・人間などとの相互作用からなるシステムとも定義される. システムを駆動させているほぼ唯一のエネルギーが太陽放射エネルギーである. 一方地球-大気系は吸収したエネルギーと同量のエネルギーを赤外放射で放出し, システム全体で熱的にバランスしている. しかし, 地球は球形なので吸収する太陽エネルギー量は赤道域で多く, 極に向かって少なくなり, 緯度別には放出した赤外放射エネルギーとは同じではない. 赤道域で吸収エネルギー量が多く, 極域で少ない. 赤道域での過剰な放射エネルギーを熱エネルギーに変換して, 吸収が少ない極域に輸送し, 赤外放出することによってシステム全体の熱的バランスを維持していることになる (図1). この熱輸送に重要な役割をしているのが水である [▶C2-2]. システム内を循環している二大要素が熱と水で, これらが循環することでさまざまな気候が生まれる.

●地球の大気

地球をとりまき, 地球とともに回転している空気の層を大気という. この場合の地球とは大地・海洋面以下を意味し, 気候学では地球-大気系という. 大気を含めて地球という場合は, 惑星としての地球を意味している. なお, 大気といえば通常は地球の大気を意味すると考えてよいが, 近年他の惑星大気の研究も進み, 地球型惑星の大気と木星型惑星の大気の存在が明らかになっている.

地球大気の起源は地球の誕生と進化の歴史に深くかかわっている. 地球誕生時の原始大気からもろもろの過程を経て, 地球の冷却とともに水蒸気は雨となって地上に原始海洋をつくり, 二酸化炭素が海に溶けて, 次第に窒素を主成分とする大気がつくられた. そして今から約30数億年前に海に生物が誕生したことで光合成による酸素がつくりだされ, 約5億年前ごろには現在みられる大気の組成が形成され, 3億年ほど前に現在に近い大気となった. この現在の大気は1000万年程度の時間スケールで安定に保たれている[2]. 以上の経過は大気と地表面 (水圏, 岩石圏, 生物圏など) との相互作用の進化によって達成されたもので, 現在の大気が安定的であるのは地表面との相互作用の結果でもある.

●地球大気の組成

地球大気は多くの気体成分からなる混合気体である. 主成分は体積比で約78%の窒素 (N_2) と約21%の酸素 (O_2) で, 他は微量成分アルゴン (Ar) やネオン (Ne) などである. 大気の組成と各成分比 (体積比) は表1に示した. 時間的にも空間的にも濃度が変動しないものと変動するものとに分類される.

表1には変動しない成分に分類されている二酸化炭素 (炭酸ガス CO_2) は, 近年の人間活動の影響で長期的に増加傾向にあることはよく知られており, 地球の温暖化とも関係して大きな問題である. 関連して酸素濃度の減少も問題視されている.

水蒸気 (H_2O) は時間的にも空間的にも大きく変動し, 日々の天気と関係するので特別な存在である. 水蒸気を除いた大気を乾燥大気という. 地球大気の主成分の割合は, 水蒸気やオゾン, 汚染大気を除いて高度約100kmまでは一定である. つまり, 大気の厚さは約100kmとすることもできる.

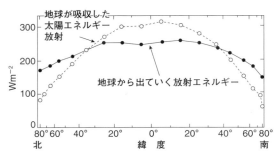

図1 地球が吸収する, および地球から放出されるエネルギー (人工衛星観測による値)[1]

表1 地球大気の組成[2]

濃度の変わらないもの (体積比)	
窒素 (N_2)	78.084%
酸素 (O_2)	20.944
アルゴン (Ar)	0.934
二酸化炭素 (CO_2)	0.035% 以上
ネオン (Ne)	0.00182
ヘリウム (He)	0.000524
メタン (CH_4)	0.00015
クリプトン (Kr)	0.000114
水素 (H_2)	0.00005
キセノン (Xe)	0.0000087

濃度の変わるもの (体積比)	
水蒸気 (H_2O)	0〜3%
一酸化炭素 (CO)	100ppm 以下
亜硫酸ガス (SO_2)	0〜1ppm
二酸化窒素 (NO_2)	0〜0.2ppm
オゾン (O_3)	0〜10ppm

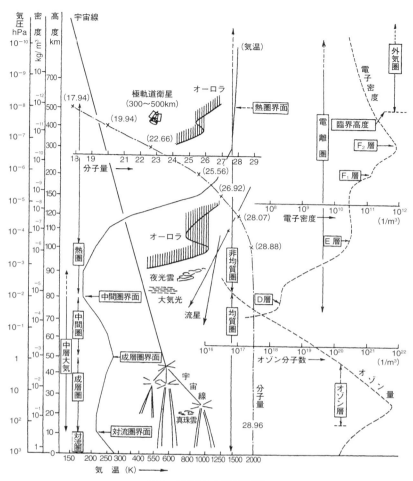

図2 地球大気の鉛直構造[3]

●大気の鉛直構造

前項で述べた大気の厚さ約 100 km と述べたが，さらに上空においても大気は存在し，徐々に希薄になる．地上 600 km くらいまではさまざまな物理化学現象が生起しており，超高層物理学の課題である．

大気の鉛直構造を示したのが図2である．大気の温度，つまり気温は地表面から平均的には高度約 11 km までは 100 m につき約 0.65℃ の割合で低下する．この層は地表面で吸収された太陽放射エネルギーが乱流や対流で上方へ輸送され，気温の垂直分布が形成されるので対流圏という．日々の天気現象が生じている層でもある．

対流圏の上の約 11～50 km 層では気温は上層にいくほど高く，安定な成層をしていると考えられたので成層圏という（近年では突然昇温などの現象が知られている）．その上の約 50～80 km では再び気温は高さとともに低下し，この層を中間圏という．さらに上空では大気はますます薄くなり，生じている物理現象で熱圏とか電離圏に区分される．その他詳しい鉛直構造を図2に示した．対流圏と成層圏との境界を圏界面という．対流の及ぶ上方の境界面の意味であり，対流活動は極側と赤道側では異なる．中緯度より極側を寒帯圏界面または極圏界面といい，地上約 8 km，赤道側では熱帯圏界面といい地上約 17 km である．成層圏の上方境界面は成層圏界面と各層の上方境界面も定義されており，気候学で使用されている圏界面は厳密には対流圏界面と呼ぶべきものである．　　［山下脩二］

●文献

1) Vonder Haar, T. H. and Suomi, V. E.: Measurements of the earth's radiation budget from satellite during a fiver-year period, 1. Extended time and space means, *J. Atmos. Sci*., 28: 305-314, 1971 [レヴェンソン，T./原田朗訳：新しい気候の科学．晶文社．1995]
2) 浅井冨雄ほか：基礎気象学．朝倉書店，2000
3) 日本気象学会教育と普及委員会編：教養の気象学．朝倉書店．1980

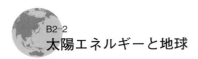

B2-2 太陽エネルギーと地球

●放射特性

電磁場の振動によって真空中や物質中を輸送されるエネルギーを放射といい，波長特性を有している．つまり，伝播性の波で，波長の長い方から電波（ラジオ波，テレビ波，ラジオゾンデ，マイクロ波など），赤外線，可視光線，紫外線，X線，γ線などである．個々の波長領域を示したのが図1である．

大気現象において扱う波長域は約 0.1～100 μm であり，人間の眼が感じることのできる可視領域は 0.36 μm（紫）から 0.75 μm（赤）であるが，人によって多少異なっている．

エネルギーをもつ物体，つまり絶対温度が零度（−273.2℃）以上の物体は，すべて放射を出している．ある温度で単位時間に単位表面積から可能な最大量を放出する物質を黒体または完全放射体といい，その放射量と波長との関係はプランクの法則で表される．完全放射体からの放射スペクトル分布は，図2のように1本の曲線（プランク曲線という）で示すことができる．この曲線の形は非常に高い代表性があるので，表面温度 6000 K（太陽の表面温度を想定）と 300 K（地球の表面温度を想定）の完全放射体からの放射エネルギーからのスペクトル分布を同一の図で，目盛を変えて表すことができる．ただ，図の目盛から容易に判断できるように，両者の全放射量は著しく異なっている[1]．

それぞれの物体から放出されているエネルギーの総量は，プランク曲線で囲まれている面積に比例し，波長について積分して得られる．物体の表面温度を T_s とし，放出しているエネルギーを F とすると次のように表され，ステファン・ボルツマンの法則という．

$$F \propto \sigma T_S^4 \tag{1}$$

ここで，σ はステファン・ボルツマンの定数で，$5.67 \times 10^{-8}\, W m^{-2} K^{-4}$ である．

物体が完全放射体でない場合は表面の放射率（ε）を入れて次式となる．

$$F = \varepsilon \sigma T_S^4 \tag{2}$$

すべての放射を吸収し，反射や透過もしない理想的な完全放射体の放射率は1である．重要なことはすべての物体はその表面温度の4乗に比例するエネルギーを放出していることである．

この曲線の特徴は，短い波長の領域から増加し，ある波長のところで最大強度となり，それより長い波長のところは徐々に減衰し，限りなく零に近い値となることである．エネルギー強度が最大になる波長は放射している波長域の中央ではなく，より短い波長側に変位している．このことは，放射体の温度が増加するとプランク曲線は左方のより短い波長域に移動し，最大エネルギーを出している波長（λ_{max}）も移動することを示している．これをウィーンの変位則といい，次式で表される．

$$\lambda_{max} T_S = 2.898 \times 10^{-8} \tag{3}$$

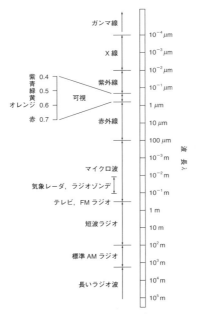

図1　電磁スペクトル[1]

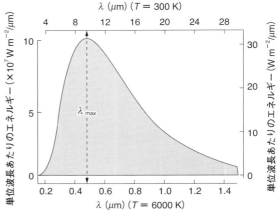

図2　完全放射体からの放射エネルギーのスペクトル分布[1]
(a) 温度 6000 K の場合（左側の鉛直軸と下辺の水平軸），(b) 温度 300 K の場合（右側の鉛直軸と上辺の水平軸）．λ_{max}：単位波長あたりのエネルギー出力が最大となる波長．

ここで，λ_{max} は m で表される．

●太陽エネルギー

太陽は地球から平均して約 1.5×10^8 km のところにある恒星で，太陽系の中心である．半径は 6.96×10^5 km（地球の 109.3 倍），質量 1.989×10^{23} g（地球の 33.2946 倍），平均密度 1.41×10^6 g/m³，表面温度約 6000 K，中心部の温度は 1500 万℃ である．

太陽と地球の平均距離を 1 天文単位といい，地球は非常に円に近い楕円軌道で太陽のまわりを公転している．今地球を直径 1 m の球とすると，太陽は 12 km 先の 110 m の球に相当する．地球の大きさに比べて太陽光は非常に長い距離を通ってくる．このため地球にとって太陽光は平行光線とみなせる．地球の大気外において平均的な地球軌道距離で太陽光に直角な面で受ける太陽エネルギーは一定と考えられ，1365 Wm⁻² で，太陽定数という．しかし，近年人工衛星により，わずかな変化が観測されている．

太陽放射エネルギーの波長域は，おおよそ 0.15（紫外）～3.0（近赤外）にあり，そのピークは式3で，表面温度を 6000 K とすると 0.48 μm となる．地球や大気の放射エネルギーの波長域は同様に 10 μm 前後で最大となり（表面温度 300 K とすると 9.6 μm），4 μm から約 100 μm の範囲にある．そこで太陽と地球という放射体の出す放射エネルギーを 4 μm で区切って区別する．4 μm 以下の放射エネルギーを短波長放射，以上を長波長放射と定義するとそれぞれの 99％ を含む．つまり，太陽放射エネルギーは短波長放射，地球や大気が出している放射エネルギーは長波長放射とほぼ同義語となっている．

●地球の放射平衡温度

地球は太陽からの放射エネルギー（短波長放射）の一部を吸収し，吸収したのと同じ量の放射エネルギー（長波長放射）を放出して全体として熱的にバランスしている．以上を式で示すと式4になる．

地球は半径 r の面積に降り注ぐ太陽エネルギーを球の面積で受けていることになるので，太陽定数を I_0，地球の半径を r，地球のアルベド（太陽エネルギーを反射する割合）を A とすると，吸収する太陽エネルギー量は $(1-A)I_0 \pi r^2$ となる．地球の惑星としての表面温度を T_E とすると，地球が宇宙空間に放出している全放射エネルギーはステファン・ボルツマンの法則より $\sigma T_E^4 4\pi r^2$ となる．太陽以外の天体から来るエネルギーは小さく無視できる．人類が使用しているエネルギーはとりあえず考慮せずに，地球が熱的にバランスしていると仮定すると，両者は等しくなり，

$$(1-A)I_0 \pi r^2 = \sigma T_E^4 4\pi r^2 \qquad (4)$$

が成り立つ．地球のアルベド 0.3 と前述の定数を代入して，T_E を求めると約 255 K（-18℃）となる．この値が放射エネルギーのみで成り立つ温度，つまり放射平衡温度[3]で，惑星としての地球の基本的温度である．

[山下脩二]

●文献

1) Oke, T. R.: Boundary Layer Climate, 2nd ed., Methuen & Co.Ltd., 1987 ［オーク，T. R./斎藤直輔・新田尚共訳：境界層の気候，朝倉書店，1981］
2) 水越允治・山下脩二：気候学入門，古今書院，1985
3) 廣田勇：大気大循環と気候，東京大学出版会，1979

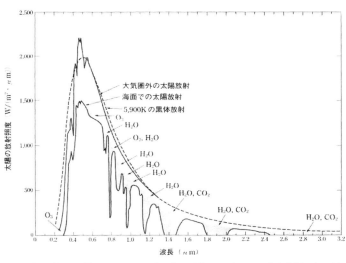

図3　大気圏外および海面において，太陽光に垂直な 1 m² の面に注ぐ太陽エネルギー[1]

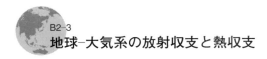

B2-3 地球-大気系の放射収支と熱収支

●地球-大気系のエネルギーシステム

地球の大気上限に入射した太陽エネルギーが地球-大気系内でどのようなエネルギーの流れをしているかをシステムとして把握することが必要である。システムを通るエネルギーの流れを考える上で重要なこととして、エネルギーは決してつくり出されたり、なくなることはない。ただエネルギーの形態が別の形に変換されるだけである。すなわち、熱力学第一法則（エネルギー保存則）が成り立っている。次の図1に示した関係を考えてみる。

システムのエネルギー状態に変化がない場合は、エネルギーの入力とエネルギーの出力は等しくなる。しかしこの場合、システムにエネルギー的変化が起こらなかったことを示しているが、システム内のエネルギーの形態が変化していることはある。また入力したエネルギーと出力されたエネルギーが同一の形態をしているとは限らない。

地球-大気系内では放射，熱，運動，位置の四つの重要なエネルギーの形態が存在し，絶え間なくひとつの形から別の形へと変換されている。気候を考えるうえで重要なことは，十分長い期間をとれば，上述の等式の関係は成り立つが，短期間では成り立つとは限らない。つまりシステム内のエネルギー貯蔵量が変化する。式で表すと次のようになる。

エネルギーの入力＝
エネルギーの出力＋エネルギー貯蔵量の変化

以上の関係を示したのが図2のシステム図である。
地球-大気系にとってほとんど唯一の入力が太陽の放射エネルギーである。実際には，宇宙からのさまざまなエネルギーや地球内部からの熱流，人間が解放しているエネルギーなども存在するが，年平均でみた場合，人間が解放しているエネルギーを除いていずれも非常に小さく，地球-大気系の熱収支を考える場合無視できると考えられる。大気上限に到達した太陽放射エネルギーは一部は反射し，残りは大気中で吸収されるか，または透過されるかである。これらの関係は

$$t + \alpha + a = 1$$

ここで，t：大気の透過率，α：反射率，a：吸収率で，いずれも0と1の間の無次元数である。

図2で特徴的なことは，入力である太陽放射エネルギーがまず制御因子（r）によって宇宙空間に戻されるものとシステム内に貯蔵されるものとに分岐されることである。Y（yes）とN（no）という弁の働きをする制御装置によって，エネルギーの一部はシステム内部に貯蔵される。このような入力と出力の流れの方向が明確なシステムをカスケードといい，地球-大気系のエネルギーシステムは，カスケーディングシステムである。なお，地球-大気系内のエネルギーの伝達には伝導，対流，放射の三つの様式がある。

●地球-大気系の年平均エネルギー収支

大気上限に入った太陽放射エネルギー（短波長放射）の大気中での反射，吸収，透過や，大気や地球表面の放射エネルギー（長波長放射）の模式図を示したのが図3である。

太陽からの入力 K_{EX} は大気で宇宙空間に反射されるもの $K\uparrow_{(A)}$，大気に吸収されるもの $K^*_{(A)}$，地表面に到達し吸収されるもの $K^*_{(E)}$，地表面で反射し宇宙空間に出ていくもの $K\uparrow_{(E)}$ に分岐する。

一方地球-大気系全体として，換言すれば惑星としての地球は吸収した量と同じ量の放射エネルギー $L^*_{(E-A)}$ を宇宙空間に放出している。また，大気は地表面に向けて下向き長波長放射 $L\downarrow_{(E)}$ と宇宙空間へ上向き放射をしている。地表面はその温度の4乗に比例した上向き長波長放射 $L\uparrow_{(E)}$ を放出している。

宇宙空間，大気，地球のそれぞれの放射収支は次式のようになる。

図1 システムを通るエネルギー流[1]

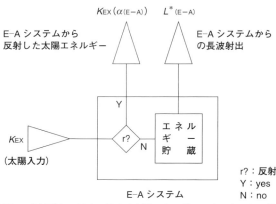

図2 全地球システムに対する太陽エネルギー・カスケードの簡単な表示[1]

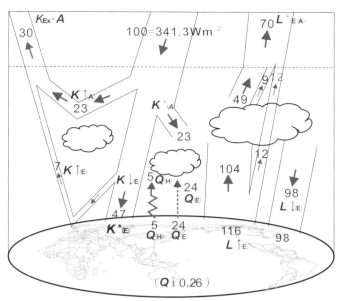

図3 地球の熱収支の年平均（2000年3月〜2004年4月の平均, Wm^{-2}）[2]
大気上限の太陽エネルギーに対する％に著者が変換．矢印の幅はエネルギー量に比例した流れを図式的に示した．

大気上限 ＝ $K_{EX} - (K\uparrow_{(E)} + L^*_{(E-A)})$
大　　気 ＝ $K^*_{(A)} + L^*_{(A)}$
地　　球 ＝ $K^*_{(E)} + L^*_{(E)}$

ここで，大気上限における太陽の入射エネルギーの年平均値341.3 Wm^{-2}を100％として，各成分を％で示した．大気上限では入射エネルギー100に対し，反射で30，長波長の出放射で70が宇宙空間に放出され，プラスマイナスはゼロとなり，エネルギー的にはバランスしている．大気は主として空気分子や雲，温室効果ガスからなり，それらの短波長放射の吸収（$K^*_{(A)}$＝23）と長波長放射の正味の収支（$L^*_{(A)}$＝104－(98＋49＋9)＝－52）で，全体では－29となる．

地球は，短波長の吸収（$K^*_{(E)}$＝＋47）と長波長の収支（$L^*_{(E)} = L\downarrow_{(E)} - L\uparrow_{(E)}$＝98－116＝－18）で，合わせて＋29となる．

大気と地球との放射エネルギーのアンバランスの解消は，顕熱と潜熱による対流によって行われる．顕熱は熱の移動が温度変化に現れるもので，熱的対流によって大気中に輸送される（Q_H＝5）．潜熱は水が蒸発し，大気中に水蒸気が運ばれて輸送される熱（Q_E＝24）である．地球が吸収するエネルギーはごくわずかであり，地球−大気系の放射収支，熱収支を扱う場合は無視できるが，図3では（$Q^*\downarrow$）＝0.26で，植物の光合成などに使われる量である．

なお，大気は上層ほど薄くなるので地表面への下向き長波長放射量が上向きよりも多くなる．また，大気は入射した太陽エネルギーの半分を透過させるが，地表面が放出した長波長放射量の約90％を吸収するので，大気は短波長に対しては透明，長波長に対しては不透明という．

［山下脩二］

●文献
1) Oke, T. R.: Boundary Layer Climate, 2nd ed., Methuen & Co.Ltd., 1987 ［オーク，T. R./斎藤直輔・新田尚共訳：境界層の気候．朝倉書店，1981］
2) Trenberth, K. E., *et al*.: Earth's global energy budget. *Bull. Amer. Meteor Soc.*, 90（3）: 311–323, 2009

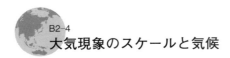
大気現象のスケールと気候

●気候と大気現象のスケール

　本項において，気候は地球における太陽エネルギー入射量の緯度差が，散逸・再放出を通じて解消される大気中の全過程とする．これは，大気大循環に相当する．地球表面が受ける太陽エネルギーには1日周期，その緯度差には1年周期の明瞭な変化がある．前者は自転，後者は公転に対応する．

　「大気現象のスケール」を「気候」と対置するにあたり，「大気現象のスケール」という問題の意味を確認する．地球大気にはスケールの異なるさまざまな現象が重層的に生じており，そのなかから特定の現象が関心の対象となる際に，この問題が設定される．大気現象を支配する方程式系は複雑なので，対象とする現象の支配項を，当該現象の時空間的特徴を介して確定する．この作業をスケールアナリシス（scale analysis）という．それに基づき，近似方程式系を導き，当該現象を理解する．これが，地球大気中の諸現象を物理法則にしたがって説明する気象学が「大気現象のスケール」という認識を必要とした理由である．なお，すべての運動の支配方程式系が同時に解けたとしても，それは現実を再現したことにはなるものの，事態が解明されたとはいえない．

　日本の気象関係者の多くは，WCRP（世界気候研究計画）まで，気候を応用気象学・気象統計学の対象，ないしはアーカイブ（archive）と同義とみなす立場をとっていた．他方，天気予報には電子計算機が導入され，数値予報が実現する．しかし，決定論的予報はカオス（chaos）の限界に達し，数値予報のコストパフォーマンスは低下した．世界の大気科学界は，地球大気・地球流体研究レジームを維持するために電子計算機資源の継続的増強を必要とし，気候研究にその活路を求めた．これは前世紀が4分の3ほど過ぎてからの出来事である．地球温暖化問題が気候問題の主要課題となった結果，この思惑は達成され，かつての天気予報＝気象学時代の諸問題は次々に解決されている．ただし，算定基準を温暖化問題に限れば，コストパフォーマンスは再び低下している．ハードウェア，アルゴリズムによる対応はなされているが，地球温暖化問題が唯一の気候問題という視点からの脱却が必要である．

　今後は，天気予報学的気象学，気象学的気候学の議論においてインプリシットに処理されてきた，地球上に棲息する人間の社会，人間の活動と大気現象の関係という，自然地理学が当初より目標としてきたが果たしえなかった課題，数値モデル化しえない課題が気候学の対象として残る．このことは，比較的単純な問題については一定レベルの解決が得られたので，単純ではない問題に取り組むということと，社会の複雑化にともない物理的説明の要求レベルも高まり，電子計算機を使用して解くという，かつてはシステム論，最近は複雑系として普及しているアプローチの大気科学版であるといえる［▶B1］．

●基本的時間的スケール・空間的スケール

　時間は均質に流れているが，地球大気が問題なので，太陽系の1惑星である地球がかかわる時間単位においては，冒頭で述べたとおり1日と1年が特別な意味をもつ．自転に対応する1日において，太陽光が照射する範囲では昼間は日が当たり夜は当たらない．春分と秋分以外は夏側半球の極周辺に夜のない，反対側には昼のない緯度帯が存在する．日が当たる間は地表面に熱が加えられ，日が当たらないときは赤外線の放出が卓越し地表面は冷却される．

　地球が太陽のまわりをまわる公転期間である1年について，黄道が天の赤道と交わる（太陽の赤緯が0°，地軸の傾く方向が太陽方向と直交する）春・秋分時には南北両半球ほぼ均等に日射を受ける．黄道の赤緯が負となる期間は，南半球が夏となり北半球との受熱量の差は北半球の冬至に最大となる．春分を過ぎると黄道の赤緯が正になり，夏半球は北半球となる．このように進行する日射量の緯度差の1年間の変化は大気大循環とその季節変化をもたらす．

　これら以外の時間区切りには，月（約30日），季節（約90日）がある．また定気法太陰太陽暦では，太陽が黄経上の進行15度（約半月），その3分の1の5度（約5日）を，それぞれ二十四節気七十二候とし，時間区切りとする［▶B9-1］．

　空間スケールについて，地球物理学的に絶対的な意義があるのは，地球全体を1つとする全球スケール，季節とコリオリの力が逆になる半球スケールである［▶B1］．相対的に問題となるスケールとしては，大洋・大陸など比較的等質で広い地域，大気の流動の障碍となる山脈がある．大気現象の空間的スケールは，水平的スケールで代表させる．なぜなら鉛直方向では，地球大気の約99％が厚さ50 kmに，約90％が16 kmに納まり，日射による対流の及ぶ範囲は，赤道域で約16 km，極域で約9 kmに過ぎない．これらの

数値は地球半径約 6400 km に比べれば，圧倒的に小さい．したがって，小さな現象は等方的になれるが，大きな現象は扁平でしかありえない，ということになる．

気象学的・気候学的に意味をもつ，人間活動を反映したスケールとして，シノプティック（総観）スケール（synoptic scale）がある．人類が，日常的に総観図（天気図，synoptic chart）を用いて天気予報を行いはじめた当時の，通信技術を反映している．あるいは，当時の大気科学の空間スケール認識の限界を示しているが，数日〜10 日の天気の変化である天候に相当するので慣例的に今でも用いられている．

●大気現象の時空間スケールの実際

さまざまな大気現象の空間スケール（規模または振幅）と時間スケール（寿命または周期）との関係は，大気乱流（10〜100 m/1〜10 秒）から超長波（10⁴ km/10⁶ 秒 ≒ 15 日）まで，ほぼ 10 m/秒の線上にのる［▶ B1］．また，それら諸現象は不連続的に分布している．このような現実は地球大気の物理的特性と地球大気中のエネルギーの流れにより確率論的に決まっているのであろう．

空間的なスケールの区分は，まず大小規模を区別し，後からその中間を設定するという常識に従う．まず，マクロ（macro）とミクロ（micro）があり，中間規模がメソ（meso）である．時間スケールの区分は 10 m/秒の関係と，現象の不連続性から決めることができる．ここに，前述のシノプティック（synoptic）スケールを加えることが普通に行われる．これに関し，Orlanski[2] は，シノプティックスケールが大中小の区分とは異なる観点からの区分であることを指摘するとともに各スケールでの支配的物理量を表の形で示している．また，中間規模部分の時空間的分離が不十分とし，気象災害との関連から α〜δ の再区分を行い，さらに国や研究者によるメソ領域の範囲・再区分の違いを述べている．この領域は，大気現象が等方性から扁平性に移行することと，人間活動との関連が高いことから重要である［▶ B1］．

●人間の棲息・居住・生活環境としての気候

地球大気中の諸現象に対する人類の関心の根拠は，気象要素の変動が人間の生存や活動に影響を与えるからである．地球大気の状態は気候のほか，天気・天候などの言葉で表現される．天気は 1 時間，天候は日を単位とした平均値の時間的変化で表しうる．気候は数年（またはそれ以上）単位の平均値およびその時間的変化である．

日・月平均値は年周期を構成する気候要素と認識されており，年平均値とともにそれらの 30 年平均値は平年値とされる．平年値は，平均状態を表すという暗黙の前提がある．ただし，これは，空間的スケールでいえばシノプティックスケールの現象を対象にした話であり，30 年は，その時間的スケール数日〜10 日の約 10³ 倍である．より小さい時空間スケールについて平均状態を求めるために必要な平均時間も，乱流熱輸送の場合，周期の 1000 倍程度であろう[1]．以上は連続的波動現象の場合である．ダウンバーストや竜巻のような孤立的現象であれば観測事例が 1000 程度も集積されれば，シノプティックスケール現象に対して得てきたデータ密度と同じ程度の密度で情報が得られる．いずれのスケールでも，物理的議論の徹底に必要なだけのデータセットを得ることは不可能である．これは，現象の物理的問題ではなく，人類のデータ取得・処理・認識能力の問題である．

空間的スケールは地球表面積以上にはならず，時間的スケールは地球誕生以降の 46 億年が上限である．なお，過去数十万年は氷床コア・海底コアの分析，それ以前は生物化石を利用すれば，相当長期間についての平均値が取得できるのでその蓄積がなされつつある．

ここで，問題は人間活動の時間スケールである．個人の日常生活であれば 1 日，1 週間，1 年という区切りがほぼ世界的に成立している．社会の構造やシステムであれば，数年〜数十年の時間スケールを主として考えればよい．それぞれ前述の天気・天候，気候に対応しよう．

［田宮兵衞］

●文献
1) 田宮兵衞：気候変動における季節の意味と季節の実態，河村武編，気候変動の実態，pp.20-34，古今書院，1980
2) Orlanski, Isidoro: A rational subdivision of scales for atmospheric processes, *Bull. Amer. Meteor. Soc.*, 56: 527-530, 1975

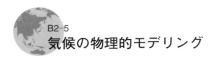
B2-5 気候の物理的モデリング

●単純なモデルと複雑なモデル

気候システム［▶B8-1］について，物理法則に基づく数値モデルがつくられている．考える物理過程の種類が多いほど，また，それぞれの物理変数の値を空間的・時間的に細かく区別するほど，モデルは複雑になる．空間的な東西，南北，鉛直の3つの座標軸上の数量の分布のうち n 個を明示的に表現するものを n 次元モデルとよぶ．

単純な構造のモデルの例として，0次元エネルギー収支モデルがある．物理過程はエネルギー保存の法則だけを扱う．空間的不均一性を無視して，気候システム全体の温度とエネルギーをひとつの数値で代表させる．時間だけを独立変数とする常微分方程式になり，定常状態に限れば代数方程式になる．

このような単純なモデルでは，方程式の一般解または非常に多数の数値解が得られ，モデルの中で起こることを知りつくすことができる．他方，結果と観測事実との対比は定性的なものになる．

複雑な構造のモデルの例として，大気と海洋それぞれの「大循環モデル」とよばれるものがある（後述「大循環モデルの基本構成」の項参照）．

大循環モデルに現実的な境界条件を与えて計算して得られた値は観測値と定量的に対応づけることができる．ただし，大気や海洋を有限の大きさの升目に分けているので，升目よりも大きな空間スケールの情報だけが表現可能である．

複雑な構造のモデルでは，一般解は得られず，数値解の個数も計算機の能力の制約があるのであまり多くできないから，モデル内の因果関係を知りつくすことはできない．しかし，現実には働いている外部要因を与えるのをやめる，因果連鎖を断ち切る，などの実験的な方法で因果関係にせまることができる．地球科学での実物による実験は空間スケールの小さい素過程に限られる．全球規模あるいは地域規模での実験はモデルによる数値実験で代用される．

●地球温暖化の認識とモデル

大気中の温室効果気体，特に二酸化炭素の濃度の増加による気候変化の定量的評価は，Manabe and Wetherald の「放射対流平衡モデル」とよばれる鉛直1次元モデルによってなされた[1]（それ以前の0次元モデルによる研究では定まらなかった）．大気を水平には一様とみなし鉛直には層を分けて，電磁波と対流による鉛直方向のエネルギー伝達を考慮し，エネルギー保存則に基づいて各層の温度を求めた．モデル内の温度分布は時間とともに変化しうるが，数か月の時間スケールで定常状態に近づく．二酸化炭素濃度が300 ppm の場合とその2倍の場合の定常状態をそれぞれ求め比較して論じた．

その後，Manabe and Wetherald は3次元の大気大循環モデルによって同様な設定の数値実験を行った[2]．その結果は，全球平均した温度に注目すれば，鉛直1次元モデルと同様であった．

理論の道具である鉛直1次元モデルと実験装置である3次元モデルの結果が基本的に一致したので，二酸化炭素濃度の全球規模の気候への効果に関する科学者の共通見解が定まった．

●大循環モデルの基本構成

大気・海洋を，気候システムとして扱う．化学組成の変化は直接扱わないが，水の質量移動は扱う必要があるので，大気は水蒸気と「乾燥大気」，海洋は水と「塩」のそれぞれ2成分系として扱う．

以下，大気モデルについて述べるが海洋モデルの考えかたも基本的に同じである．基礎となる物理法則は質量保存，エネルギー保存，運動方程式，状態方程式である．大気や海洋を流体として扱う．分子レベルの現象は平均化し，局所熱力学平衡（同じ局所にある分子どうしは同じ温度を共有する）を仮定する．粒子追跡ではなく地球上に固定された場所の物理量の変化を計算することを基本とする．流体力学でいうオイラー的扱いである．物理量は3次元空間中の位置と時間軸上の時刻の関数として扱う．

基本方程式は偏微分方程式になる．そのままでは解けないので，離散化して数値解（特解の近似値）を求める．離散化には格子点での値を計算する差分法と直交関数展開によるスペクトル法がある．スペクトル法でも局所的な物理過程は格子で計算する．

大規模（大気では水平スケール数百 km 以上）の運動については，鉛直方向の運動方程式を静水圧のつりあいでおきかえる近似がよく使われる．鉛直速度は水平速度に従属的に決まると考える．中小規模現象には非静水圧の扱いが必要であり，最近は全球モデルでも非静水圧のものがつくられはじめている．

格子よりも細かいスケールの現象は直接物理法則に基づく表現ができず，部品として経験式に基づくモデルが使われる．これをパラメータ化とよぶ．次のよう

な物理過程にパラメータ化が使われている.

- 放射吸収・射出・散乱
- 乱流輸送（地表に近い大気境界層中）
- 雲物理（雲粒の形成・併合，降水過程）
- 対流（静水圧モデルの場合に必要）

モデルの予報変数は，速度，温度，圧力，水蒸気や雲水の混合比に関する変数である．初期値として予報変数のある1時刻のすべての空間位置での値が与えられ，境界条件として，海面水温，太陽からくる放射，CO_2濃度などが与えられると，時間を短いステップ（たとえば10分）ごとに区切って順に次の時刻の値を求めることを続ける形で，予報変数の時間発展をシミュレートできる.

●大循環モデルの使われかた

数値天気予報型

大気大循環モデルは数値天気予報モデルと同じものといってよい．毎日の天気予報では，観測値に基づいて初期値をつくる．現実には観測が完全でないので，その前からの予報値と観測値とを組み合わせて初期値をつくる．この作業は，モデルを連続的に動かしてその中に観測値を取りこんでいくと考えることもでき，「データ同化」とよばれるようになった.

気候の研究でも，現実の特定の日の初期条件から始めた実験と，その後の観測値を含めたデータ同化による実況とを比較する仕事が多く行われる.

定常応答問題

境界条件として時間変化しない強制作用を与え，そのもとでの統計的定常状態を求める．初期値はなんでもよいはずである．ただし大循環モデルは非線形なので，定常解が多重であり時間発展の落ち着く先が初期値に依存することもありうる.

たとえばManabe and Wetherald の1975年の論文[2]は大気のみで季節変化を省略した実験だが，非現実的な高温と低温の2種類の初期値からそれぞれ約800日計算し，最後の100日の平均値をみた.

古気候に関しては，最終氷期極大期（約2万年前）および完新世中期（約6000年前）について，氷床・温室効果気体濃度・地球の軌道要素などの外部条件に対する定常応答がよく調べられている.

理想化された強制作用への過渡応答問題

境界条件として与えられた強制作用を変化させると，気候システムには定常状態で近似できない過渡的な応答が生じる．過渡応答に注目した実験は多様である．まず，強制作用を理想化した形で与える場合がある．たとえば大気海洋結合大循環モデルで次のような強制作用を与えた実験が行われた.

- CO_2濃度を突然4倍にする.
- CO_2濃度を複利で毎年1%ずつふやす.

検出と原因特定のための実験

地球温暖化がすでに起きているか，原因は人為起源の温室効果気体の増加と特定できるか，という問題に答えるために過渡応答型の実験が行われる.

まず過去の現実をなるべく正確に復元推定した強制作用を与え，結果の特徴を観測事実と比較する．次に，強制作用の要因の種類をしぼって与え，結果の特徴を観測事実と比較する.

たとえばIPCC第4次評価報告書の第1作業部会の巻[3]の図9.5[4]で紹介されたStottほかの研究[5]では，20世紀後半の自然要因（太陽と火山）だけを与えた場合と，人為要因（温室効果気体とエアロゾル）も与えた場合の実験を行い，結果を実況と比較している.

将来シナリオ実験

将来の気候変化をなるべく正確に予測したいという欲求や，CO_2排出抑制策をとった場合に気候変化がどう違ってくるかを知りたいという欲求に答えるためにも過渡応答型の実験が行われる.

人間社会の将来予測は困難なので，複数の社会シナリオを考えてそれぞれについて排出量が推計された．その排出量シナリオを炭素循環モデルに与えて濃度を計算し，その濃度を気候モデルに与える方法で多くの数値実験が行われた（これはIPCC第4次報告書に採用された研究の手順で，第5次向けに進められている手順は少し異なる[▶A3-6]）．最近は気候モデルに炭素循環を組みこんだ地球システムモデルに排出量を与える形の実験も行われている.

[増田耕一]

●文献

1) Manabe, S. and Wetherald, R. T.: Thermal equilibrium of the atmosphere with a given distribution of relative humidity. *J. Atmos. Sci.*, 24: 241–259, 1967

2) Manabe, S. and Wetherald, R. T.: The effects of doubling CO_2 concentration on the climate of a general circulation model. *J. Atmos. Sci.*, 32: 3–15, 1975

3) IPCC: Climate Change 2007: The Physical Science Basis. Contribution of Working Group I to the Fourth Assessment Report of the Intergovernmental Panel on Climate Change. Solomon, S. et al. (eds.). Cambridge University Press, 2007

4) IPCC Fourth Assessment Report: Climate Change 2007: Working Group I: The Physical Science Basis, Figure 9.5. (http://www.ipcc.ch/publications_and_data/ar4/wg1/en/figure-9-5.html)

5) Stott, P. A. *et al.*: Transient climate simulations with the HadGEM1 model: causes of past warming and future climate change. *J. Climate*, 19: 2763–2782, 2006

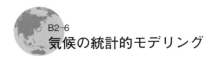
B2-6 気候の統計的モデリング

●ダウンスケーリング

地域気候変化予測に用いるダウンスケーリングには力学的モデルを用いる方法と，統計的な方法（統計モデル）がある．力学的なダウンスケーリングは，大気海洋結合モデル（AOGCM）のデータを境界条件に用い，より高解像度の気候モデルによって地域気候を再現/予測するものである［▶B7-5］．これらは，境界条件に用いたモデルと同様な構造をしているため，首尾一貫した物理過程が再現されるという長所をもつ一方，計算コストがかかるという短所もある．

一方，統計ダウンスケーリングは，観測データをもとに大スケールの現象と小スケールの現象を結びつけ，この関係式を用いてAOGCMの大スケールデータから，小スケールのデータを推定する手法である．この手法は計算コストがかからないという長所や，気象モデルでは再現されないさまざまな量（例えば農業生産量）も直接予測することができるという長所をもっている一方，関係式を作成するのに比較的長期的な質のそろったデータを必要とするほか，関係式の時間的な普遍性は必ずしも保証されない．実際には，こうした手法の複合的な利用によってダウンスケーリングが行われている．

●統計ダウンスケーリング手法

統計ダウンスケーリングは大スケールの気象変数（説明変数：predictor）と地域スケールの気象変数（目的変数：predictand）を結びつける手法（図1）で，①回帰モデルを用いるもの，②気象パターン分類に基づくもの，③ウェザージェネレーターを用いるもの，などがある．これらは複合的に用いられることもある．統計ダウンスケーリングは，空間的に詳細なスケールのデータを得ることのほか，時間的にも短いスケールのデータを得ることを目的としても適用される．しかし，これらの手法は，同一の気象変数（パターン）の間の関係に適用されるだけでなく，異なる気象要素の間でも適用は可能であり，また，目的変数として例えば熱射病による死亡率やスキーシーズンといった要素を直接予測する例もある．さらに，直接的な変数の予測ではなく，例えば気温や降水量，風などの確率分布（極端な現象の頻度）を求める研究も行われている．

回帰モデルによる方法

大規模場の気象変数の時系列と地域規模場の気象変数の時系列の間で回帰式を構築して利用する手法である．最も簡単な方法としては1つの説明変数（例えばある地点の上空500 hPaの気温の観測値）と1つの目的変数（その地点の気温の観測値）を単回帰で結びつけるものである．この関係式が得られれば，説明変数としてAOGCMの上空500 hPaの気温データを用いて地上の気温を推定することができる．すなわち，粗い空間解像度の気象情報から局地的な（対象地点の）気象情報を得ることができる．ただし，将来の予測にあたってはAOGCMのもつバイアスを考慮しなければならないため，あらかじめ観測期間と同一期間に対

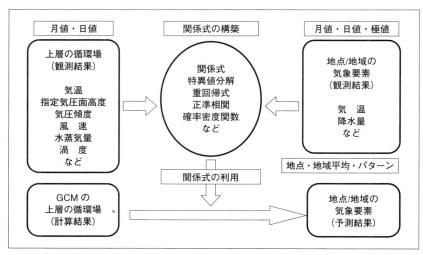

図1　統計ダウンスケーリングの概念図

するモデルの再現値を用いて，このバイアスを補正しておく方法が考えられる．

この手法を拡張すれば複数の説明変数（例えばある地点周辺の上空 500 hPa の気温の複数地点の観測値）から 1 つの目的変数を求める方法が考えられる．これは統計的には重回帰分析を用いた方法となる．また，説明変数として上空の複数の地点の直接の観測値ではなく，それらの卓越分布パターンをとり，その卓越指数（あるいは卓越指数の組み合わせ）と地上の目的変数との関係を回帰式で求めることもできる．この場合には主成分分析により卓越分布パターンを求め，その 1 つの卓越指数（主成分スコア）または複数の卓越指数の組み合わせと目的変数との関係を求める．さらに，上空の卓越パターン（あるいはパターンの組み合わせ）と地上のパターン（あるいはパターンの組み合わせ）との間の回帰式を導く方法も考えられている．この場合は説明変数または目的変数それぞれの主成分スコアの組み合わせの関係を導くことに相当し，統計的には正準相関解析，または特異値解析を用いる手法となる．

気象パターン分類による方法

気象パターン分類（weather classification）を用いる手法では，総観的な気象概念に基づき，特定の大気状態を地域気象変量と関連づける．まず，大気の総観場（気象場：あるいは天気図）を客観的にパターン分類し，次に地点あるいは地域平均の気象観測データとパターン別の条件つき確率分布関数などにより統計的に関連づける．総観場としては，気象要素の主成分パターンの組み合わせなどを利用する場合もあり，またパターン分類にはクラスター分析などが利用される．

この手法では例えば 500 hPa の高度場をいくつかにパターン分類し，パターン別に地上観測地点の降水量と関連づけるなどの解析が行われる．日降水量などは大規模場の気象パターンの影響を強く受けているため，本手法の適用が可能となる．

ウェザージェネレーターによる方法

ウェザージェネレーター（weather generator：気象発生モデル）は，粗い時間解像度のデータ（月別値など）から，より短い時間解像度のデータ（日別値や時間値）を疑似的に生成する場合などに利用される．ここではより短時間での気象変数の時系列は前日の降水などによる条件づけに基づき，マルコフ連鎖的に推定される（乱数発生的に作成する）ため，実際の時系列とは一致しないが，生起確率は統計的に妥当性をもって，より粗い解像度の時間データ（説明変数）と関連づけられている．

この手法による解析では，上層の気象場の月平均値の将来変化などから，経験的な仮定に基づいて降水の日値の時系列を計算し，そのデータの統計的な特徴（例えば極値）を明らかにする例もある．

●統計ダウンスケーリング手法の検証

統計ダウンスケーリングはさまざまな地域に適用されるだけでなく，手法相互の比較の研究やアンサンブルシミュレーション結果を用いた不確実性の検討も行われている．統計ダウンスケーリング手法自体の妥当性を検証する方法としては，利用可能な過去の気象データのうち，半分を用いて関係式を構築し，残りの半分を評価に用いることが行われている．

統計ダウンスケーリングでは，過去のデータによって得られた関係式が将来の気候状態でも利用できるかという問題があるが，将来の変動は過去の変動の範囲を上回る可能性がある（関係式を外挿して求める）ため，その検証は難しい．このため，直接的な数値の予測を行うだけではなく，確率的な変動の幅も合わせて求めることが効果的である．

IPCC 第 3 次報告書以降，多くの統計ダウンスケーリングが行われたが，どの手法が最も妥当かは検討の対象や対象地域により異なる．また，地域気候モデルと統計ダウンスケーリングの結果については，いくつかの相互比較研究が行われてきた結果，両手法にはそれぞれ長所，短所があるので相互補完して使用することが望ましいと考えられる．

［加藤央之］

●文献

1) Wilby, R. L., *et al.*: Guidelines for use of climate scenarios developed from statistical downscaling methods. Supporting Material of the Intergovernmental Panel on Climate Change, pp.1–27, 2004
〈http://www.ipcc-data.org/guidelines/dgm_no2_vl_09_2004. pdf〉

B3 気候の基本的要素

B3-1 気候要素と気候因子

●気候要素

　気候は大気現象の総合状態と簡潔に定義したとしても，複雑な大気現象を総合することは簡単ではない．そこで近代科学の分析的な方法と同じように，気候を構成している要素に分けて要素ごとの特性を把握し，それらを総合することで気候をより客観的に把握することが可能となる．この個々の要素を気候要素（climatic element）といい，気圧，気温，降水量，風（風向・風速），日射，日照，湿度，雲量，視程，蒸発（蒸発散）などである．

　他方，大気の物理現象を気象といい，ある特定の時点において観測される気圧，気温，降水量，風（風向・風速）などはその特徴（性質）を示す個々の要素であり，同様に気象要素という．つまり，気象要素に，平均，積算，頻度，最高値や最低値，それらの変動性などの気候的（統計的）処理を施したものが気候要素である．歴史的には主にカナダなどイギリス圏において統計という用語は気候と同意語として使われていた．しかし，現在気候と気象を対立概念としてとらえるべきではなく，広い意味では気候は気象に含まれるが，気候の意味するところは平均的な状態，高い出現頻度，典型的な状態またはそれらの変動性などである．

　なお，平均が高出現頻度を示すとは限らないことも留意しておく必要がある．例えば，移動性高気圧に覆われよく晴れた晴天日には朝晩は冷え込むが日中は気温が上昇する．この場合の日平均気温は午前9時ごろの気温になるが，実際にこの値が出現する時間は短い．また近年，極端現象といわれる現象の出現が注目されている．それは降水量などの不連続量に多くみられるが，頻度は小さくても，極端な大雨など人間生活に多大な影響を与えるので，極端現象として把握されるようになった．

　個々の気候要素は互いに独立しているわけではなく，相互に関連している．気候を理解する上で重要な気候要素は，熱を代表する気温と水を代表する降水量であり，気候の二大要素という．地図帳などには月別値を使った雨温図やハイサーグラフが使われているのはこの理由による．熱や水を運ぶのが風であり，もう1つの重要な気候要素である．気圧は大気現象と直接的に関係し，気候を形成する重要な要素であるが，台風の接近時などを除けば日常意識することは多くない．

　自然地理学においては，気候は常に大地と結合し，人間（生活）とのかかわりをもつ概念であるとの主張がある．しかし，極端なことをいえば，地球そのものがすでにエクメーネと考えられるので，地球上の現象で人類に関係しないものはないといっても過言ではない．そのことにあまりこだわる必要はないと考えられる．それよりも気象要素をどのように処理して意味のある気候要素を求め，気候図を作成するかが重要である．

　通常気候値を求めるのに30年間が採用され，平年値という用語で用いられている．30年の取り方は西暦の末尾が1の位から始まる30年を採用し，10年毎に改定するのが国際的な取り決めである．例えば，現時点では1981～2010年の30年間が用いられている．しかし，世界にはこの間のデータが完備してない国や地域も多く存在するので，その場合はデータがある1971～2000年などの30年間が使われる．30年間の根拠は必ずしも明確ではないが，人間の一生（活動的な寿命）から判断したとする説が一般的である．

　30年はあくまでも1つの目安であり，考えている事象ないし目的に応じて統計期間を決めることが必要である．例えば，日々の天気予報で，平年に比べて暖かいとか寒いとかの判断の場合は，人間にとっての都合であり前述の30年間を基準にすることはある意味合理的である．しかし，地球上の生物にとって基準はさまざまであり，事象・目的に応じて異なる．

　なお，気候要素の個々についての気候学的説明はそれぞれの項目を参照されたい．

●気候因子

　気候や気候要素の地域性を支配する地理的な要因を気候因子（climatic factor）という．主要な気候因子には，地球上の位置（緯度・経度），水陸分布（配置），海流，海抜高度，地形，地表被覆，人工改変（都市化）などがある．当然のことながら，これらの因子は同じように影響するのではなく，問題にしている気候や気候要素の空間的スケールによって重要度は異なってくる．

　緯度はすべての気候要素にとって重要である．地球-大気系の活動を支える根源的なエネルギー源である太陽放射量は本質的に緯度によって異なる．地球の気候の緯度による差は熱帯・温帯・寒帯などを持ち出すまでもなく明白であり，地球規模の気候（大気候）に地域差をもたらす基本的な気候因子である．

　水陸分布，言い換えると海洋と大陸は，同緯度上で

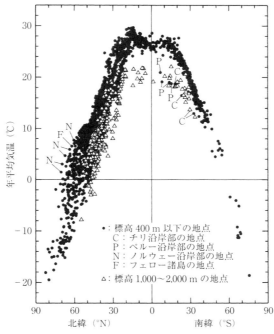

図1 緯度と年平均気温との関係[1]

も大陸内部は夏に高温，冬に低温，海洋上では反対になり，対応して気圧分布も夏に大陸内部は低圧部となり，海洋上が高圧部となるなどの違いがある．年較差を比較すると，一般に海洋上で小さく（海洋気候），大陸上で大きい（大陸気候）という差が生まれる．また，海岸からの距離は海岸気候と内陸気候を作り出す気候因子であるが，水陸の配置に含めることもある．

海流が気候に影響を及ぼしていることも古くから知られており，ヨーロッパの北西岸やノルウェーの海岸地方は緯度のわりには温暖な冬季の気候は北大西洋海流の影響によるということは古くから知られている．また，チリやペルーの太平洋岸は緯度のわりに低温で少雨なのも寒流のペルー（フンボルト）海流の影響である．沿岸を流れる海流が暖流であるか，寒流であるかで沿岸部の気候は異なる．もちろん海流は熱の運搬をも担っており，大気大循環とも直接関係し，地球規模の気候をも左右している．最近の気候変動とも関連して，海流を含めた海の役割の重要性が増大している．

海抜高度や地形なども気候の地域差を生み出している重要な因子である．気温は高さとともに低下するが，季節や場所，その時の天気によっても異なる．平均的な断熱減率は0.65℃/100 mが一般的である．空気が飽和していない場合の乾燥断熱減率は約1℃/100 mとなる．地形は，さまざまな空間スケールで及ぼす影響も異なる．山地の風上側と風下側，斜面の向きによる日向と日陰など小気候現象を生ぜしめる要因でもある．山脈は日々の天気を分ける天気界をつくり，それが集中するところが気候界となる．

世界の気候図（気候要素の分布図）で等値線が最も複雑な形をしているのは降水量分布図である．しかし，大陸と大山脈の配置からかなりの程度理解できる．海抜高度や大地形の配置などが気候因子として働いていることは明白である．

以上の因子はそれぞれ独立に影響を与えるのではなく相互に複合して個々の気候要素に影響を与えている．高橋は緯度と年平均気温との関係として非常に興味深い図を作成している（図1）[1]．この図から緯度との関係だけでなく，海流や高度の影響をも読み取ることができる．観測点は標高が400 m以下と1000〜2000 mの地点を区別しており，標高差による気温の差が読み取れる．また前述したペルー海流の影響を受けているチリやペルーの沿岸部（図中のCとPの記号）の緯度の割には低温であることも示されている．さらにヨーロッパの大西洋沿岸地域（図中のNとFの記号）の高緯度の割には高温であり，北大西洋海流（暖流）の影響を読み取ることができる． [山下脩二]

●文献
1) 高橋日出男・小泉武栄編著：自然地理学概論, 朝倉書店, 2008
2) 福井栄一郎：気候学概論, 朝倉書店, 1961
3) 水越允治・山下脩二：気候学入門, 古今書院, 1985

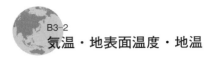

B3-2 気温・地表面温度・地温

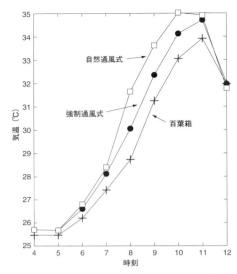

図1 測定用シェルターの違いによる気温変化の比較[2]
東京都立大学（現：首都大学東京）理学部露場における観測（1994 年 8 月）．強制通風シェルターに比べて，自然通風式シェルターは日中の気温が高く測定される．百葉箱は熱容量が大きいため，気温変化が遅れて現れる．

●気温

気温（air temperature）とは大気の温度である．気圧，風，湿度とならび，気象学では大気の状態を知るための基本的な状態量である．気温の単位は，国際単位系で定められた熱力学温度の基本単位の K（ケルビン）が用いられるほか，世界気象機関（WMO：World Meteorological Organization）や日本ではセルシウス度（摂氏：℃）が使われている．英米などでは，ファーレンハイト度（華氏：°F）も用いられる．

地球規模の気温は，海洋・大陸の分布や太陽放射の緯度方向の変化と関係する．月平均，年平均気温の地理的分布は，降水量と組み合わせて気候区分の指標として用いられる．また，地上気温の長期変化は地球環境変化の基本情報であり，産業革命以降の人間活動に由来する二酸化炭素（CO_2），メタン（CH_4），亜酸化窒素（N_2O），オゾン（O_3）などの温室効果気体による地球規模の長期的な気温の上昇傾向を地球温暖化（global warming）という．

地上気温を解釈する場合，気温の観測方法に伴う誤差に留意する必要がある．地上気温観測は，WMO の基準では地上 1.25～2 m の間に設置するとされており[1]，日本の気象庁では地上 1.5 m を基準の測定高度としている．気温の測定精度は第一に使用される測器の分解能に依存し，通常 0.1℃ の分解能で測定・記録されることが多い．一方，気温の観測値には大気の乱流がもたらす変動と，測器の読み取り誤差による変動を内在するため，潜在的に測定誤差を含んでいる．また，気温を正確に測定する際には，日中は強い太陽放射（日射）に起因する加熱，夜間は天空と地表面との長波放射量の差（放射冷却）に起因する冷却があるため，適切な放射除けと，周辺大気となじむための通風が必要となる[2]．百葉箱内の自然通風による水銀温度計の測定では，晴天微風条件の場合に周囲よりも高温な空気がよどみ，百葉箱自体も暖められるため最高気温が高く測定される（図1）．そのため，現在では強制通風装置付きの金属シェルター内の電気抵抗式温度計による測定が基準となっている．

また，気温は測定高度によって代表する大気状態の空間スケールが変化する．地上気温の場合，近傍の地形や周辺環境（植生・人工物・水域などの分布）による熱収支の複合的な結果として現れ，観測地点周辺の環境変化の影響を強く受ける．観測地点周辺が都市化によって人工物が増えると，地表面粗度の増大に伴う風速の減少によって大気との熱交換が抑制され，日中では周辺の地表面温度の上昇に伴い気温は高くなる．また，人工物による熱容量の増加や人口排熱の増大，植生の減少に伴う蒸発散量（潜熱）の減少などは，いずれも気温を高くさせる要因となる．したがって，長期的な地上気温の変化を議論する際には，都市化による気温変化成分の増幅を分離して扱う必要がある．

●地表面温度

地表面は大気と地物が接する面であり，日射や大気からの放射を吸収・反射すると同時に，大気との間で熱や物質の交換を行う境界面である．その地物の表面温度を地表面温度（surface temperature）という．地表面温度は土壌粒子や植生の葉面などの微細な変化から広域の土地被覆状態の違いによる変化まで，さまざまな空間スケールでのむらが大きく，地表面熱収支や大気現象との関係を知る上では，空間平均した温度をとらえる必要がある．地表面温度の空間分布は，赤外放射温度計，熱画像式赤外放射温度計（サーモグラフィ），人工衛星からの熱赤外画像によって測定される．

地表面の温度は以下の熱収支式に従って変化する．

$$R = H + lE + G + \varepsilon \sigma T_s^4 \qquad (1)$$
$$R = (1-\alpha)S + \varepsilon L \qquad (2)$$

R は入力放射量であり，S は全天日射量，L は大気放

射量，α は地表面の日射の反射率（アルベド），ε は地表面の長波（赤外）放射の射出率，σ はステファンボルツマンの定数である．入力放射量（R）が顕熱（H），潜熱（lE），地中（および地表面の地物への）伝導熱（G），そして地表面温度（T_s）に相当する放射量へと分配される．したがって，第一には入力放射量の大きさを決める日射量と，地物のアルベドが地表面温度を決定づける．積雪，氷などの白い表面はアルベドが高く，日射の大部分を反射するため，入力放射が小さく，表面温度は上昇しにくい．一方，土壌・植生面などアルベドが低い表面は放射をよく吸収し，表面温度を上昇させる．入力放射が大きい場合の地表面温度は，地表面の地物からの蒸発の程度と，その下の土壌・物質の熱的特性（熱伝導率と熱容量）に強く依存する（図2）．湿潤な土壌面や水面，植生面では，水の蒸発，植物による蒸散によって潜熱輸送が活発になることから，日中の地表面温度の上昇は抑えられる．また，地物の熱的特性は植生・土壌・雪氷・人工物などによって大きく異なり，それが地物への伝導熱量の違いとなって地表面温度に影響する．土壌面では土壌水分量が重要な因子となり，乾燥－湿潤土壌において地表面温度は大きく変化する．

● 地温

土壌や地盤の内部の温度を地温（ground temperature）という．地表付近の地温は，地表面での熱収支に基づいた熱伝導による加熱・冷却に加え，土壌や地盤中の含水率に基づく水の相変化（潜熱の吸収と放出）によって，複合的に変動する．地表面温度を基準にすると，地温は深度が増すほど温度変化の振幅は指数的に小さくなり，その位相は深さに比例して遅れていく．地温の日変化の振幅は，50 cm 深程度で近似的に無視できる．また，年変化の振幅は 10 m 深程度で無視できるようになり，その場所の年平均気温の目安となる．地表面付近の地中の熱流量は 1 年以上の長期平均では 0 に近い．一方で，数百 m 以深の地温では，地熱からの継続的な伝導熱の寄与が無視できない．

地温の変化は，長期の環境変化の監視に有用であり，地表面が凍結・融解する季節凍土や永久凍土の分布域にあたる寒冷圏では，観測の重要性が高い（図3）．旧ソ連の諸国では独自の仕様によって 3.25 m 深までの地温が定常観測として実施されている．また，気候変化に伴う永久凍土の長期変化の解明のため，環北極の永久凍土地帯では，数十 m～100 m 深に及ぶ地温の観測点が設置されている．

[飯島慈裕]

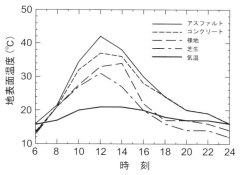

図2 各種地表面状態による地表面温度（1993 年 9 月：近藤[3]の図 4.6 をもとに作成）
晴天日の地表面温度の日変化の比較．アスファルト面は黒くアルベドが小さいので，コンクリート面より上昇している．芝生は蒸発散が盛んで昇温しにくい．

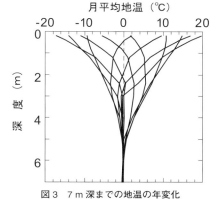

図3 7 m 深までの地温の年変化
モンゴルの草地での 1 年間の月平均地温の観測例．6 m 深で年変化の振幅がなくなり，地温はほぼ 0℃ を示す（永久凍土）．

● 文献
1) World Meteorological Organization: Guide to Meteorological Instruments and Methods of Observation, 6th ed., 1996
2) 牛山素行編：身近な気象・気候調査の基礎，古今書院，2000
3) 近藤純正：地表面に近い大気の科学，東京大学出版会，2000

雲・霧・降水と湿度

空中には，水が温度や存在する水分の多少に応じて，気体，液体，固体の形で存在する．大気中には，水は主に気体である水蒸気の形で含まれ，大気中の水分状態を量的に表す指標が湿度である．大気が含むことのできる水蒸気は温度によって変化し，気体としての水と液体としての水が平衡状態になり，これ以上大気が水蒸気を含むことのできない状態を，大気が水蒸気で飽和しているという．水蒸気で飽和している大気が冷却されると，過剰となった水蒸気は水滴や氷晶に変わる．空中に水滴や氷晶が浮かんでいる状態が雲であり，それが地表面に近いところに位置すると霧となる．さらに，これらの水滴や氷晶が成長して大きくなり，降下して地表面に達すると降水となる．

● 湿度

湿度とは，大気中の水分状態を量的に表す指標で，大気中に含まれる水蒸気の量を表すものと，大気がどの程度湿っているかを表すものがある．

大気中に含まれる水蒸気の量を表す指標としては，水蒸気圧，露点温度，混合比などがある．水蒸気圧とは，大気中の水蒸気の圧力（分圧）である．露点温度とは，水蒸気を含む大気の温度を下げていったとき，大気中の水蒸気が飽和に達する温度である．混合比とは，大気中に含まれる水蒸気の質量と水蒸気を除いた残りの乾燥大気の質量の比である．

大気がどの程度湿っているかを表す指標としては，相対湿度，湿数などがあり，相対湿度が一般によく利用される．相対湿度とは，観測された水蒸気圧とそのときの気温における飽和水蒸気圧の比（％）である．乾湿温度計を利用した観測においては，乾球温度と湿球温度の差から，表または図を用いて相対湿度を算出するのが一般的である．湿数とは，観測された大気の温度とその大気の露点温度の差である．湿数が小さいと，相対湿度が高く，大気は湿っている．

● 雲

雲は，水滴や氷晶が大気中に目に見える状態で浮かんでいる現象である．水滴は，大気が冷却され大気中の水蒸気が凝結して生成される．氷晶は，水滴が冷却されたり，水蒸気が昇華したりして，生成される．

雲ができるためには，大気中の水蒸気が飽和状態にあること，そして水蒸気が水滴や氷晶になるための核（凝結核）があることが必要である．

大気中の水蒸気が飽和状態になるのは，一般に大気が上昇して断熱冷却により冷やされる場合である．上昇気流が起きるのは，対流によるもの，前線にともなうもの，収束によるもの，山岳などの地形によるものなどがある．

対流は，上層に寒気，下層に暖気がある場合に起こり，積雲や積乱雲などが形成される．これらの雲は，対流性の雲ともよばれ，夏に発達する積乱雲がその典型である．前線にともなう雲においては，寒冷前線付近と温暖前線付近で，形成される雲に違いがある．寒冷前線付近では，暖気の下に寒気がもぐりこむため，強い上昇気流が起こり，積雲系の雲が発達する．これに対し，温暖前線付近では，寒気の上を暖気がゆっくり昇っていくため，上昇気流は寒冷前線付近と比べて弱く，層雲系の雲が発達する．収束による雲は，低気圧や台風のように，低圧部の中心に向かって大気が集まることによって上昇気流が起き，形成される．山岳に向かって風が吹くと，風上側の斜面では，大気が地形によって強制的に上昇させられる．そのため，断熱冷却により，大気中の水蒸気が凝結し，雲が発達する．

凝結核になるのは，個体や液体の微粒子（エアロゾル粒子）である．エアロゾル粒子の起源として，陸上からのものとしては，土壌粒子や人間活動によって大気中に排出される汚染粒子などがある．海から出てくるものとしては海塩粒子があり，海上における雲の発達に重要な役割を果たしている．

雲は雲形によって国際的に10種に分類されている（表1）．高さによって大きく上層雲，中層雲，下層雲の3種類に分類され，さらにその中で，積雲系の雲と層雲系の雲に分類される．また，それらと別に垂直に発達し，雲底は下層にあるが雲頂は中層から上層に達する対流性の積雲，積乱雲がある．この分類以外では，航空機によって形成される飛行機雲があり，気候変動との関係が指摘されている．

● 霧

霧とは，大気中の水蒸気が凝結し，ごく小さな水滴または氷晶となって地表面付近の大気中に浮かんでいる状態であり，水平方向の視程が1 km未満になる現象である．霧が発生するには，大気中の水蒸気が飽和し，凝結することが必要である．大気中の水蒸気が飽和するには，大きくわけて2つの原因がある．1つめは，大気が冷却される場合である．2つめは，大気中

表 1　雲の分類[3]

名称	記号	特徴	出現高度 (km)	
巻雲	Ci	白色で陰影のない繊維状の雲	極地方　3〜8 温帯地方 5〜13 熱帯地方 6〜18	上層
巻積雲	Cc	粒のような雲塊の集まり		
巻層雲	Cs	薄いベール状で暈ができる		
高積雲	Ac	丸味のある塊やロール状で陰影がある	極地方　2〜4 温帯地方 2〜7 熱帯地方 2〜8	中層
高層雲	As	灰色で，むらのない一様な外観をしている．太陽はすりガラスを通して見るようにぼんやり見える		
乱層雲	Ns	灰色または暗灰色で，連続的な降水をともなう	雲頂は中層，上層に達する	下層
層積雲	Sc	灰色または白っぽい色の大きな雲塊．陰影がある	地面付近〜2	
層雲	St	霧雨や細かい雨を降らせる一様に灰色の雲	地面付近〜0.5	
積雲	Cu	くっきりした輪郭をもち，頭部は塔状またはドーム状．雲底は平ら	ふつう雲底は下層にあるが，雲頂は中層，上層に達する	垂直に発達
積乱雲	Cb	巨大な塔のような雲で，雲頂はひろがって，カナトコ状か羽毛状になることが多い		

に過度の水蒸気が供給される場合である．

大気が冷却されて発生する霧には，放射霧，移流霧，混合霧，山霧などがある．放射霧は，風が弱い晴天時に，地表面が放射冷却によって冷やされ発生する．冷気がたまりやすい盆地では，風の弱い晴天時の明け方に放射霧がよく発生する．移流霧は，暖かい大気がより冷たい地表面や海面上を吹走することによって冷却され発生する．寒流である千島海流の流れる北海道から東北地方の太平洋岸では，南から暖かい大気が吹走してくると移流霧がよく発生する．混合霧は，大気がより冷たい大気塊と接触して冷却され発生する．蒸気霧ともいう．山霧は，大気が斜面にそって上昇し，断熱冷却されて発生する．山霧は特定の高度帯で発生することが多く，その高度帯に生育する森林を雲霧林とよぶ [▶ F6-5]．特に，貿易風帯の逆転層下に発達する雲霧林の生育には，霧による水分の供給が重要な役割を果たしている．

一方，加湿によるものとしては，前線霧や川霧などがある．前線霧は，前線の通過によって湿った大気中に暖かい降水から蒸発した水蒸気が供給され，地表付近の大気が過飽和になり，過剰となった水蒸気が水滴になることによって発生する．川霧は，川の水面からの蒸発によって大気中に水蒸気が供給され，その大気が冷却されることによって，川に沿って発生する．

●降水

降水とは，大気中の水蒸気が凝結し，液体または固体となって降下し，地上まで達したものをいう．降水は，地上に到達した形態によって，雨，雪，みぞれ，ひょう，あられなどに区分される．雨と雪が最も一般的な形態である．一般に，降水をもたらす雲の中には過冷却の水滴と氷晶が混在しており，それらが大きな氷晶に成長し，降下して雨や雪となる．

降水の分布は，降水をもたらす雲の分布に依存するので，気温に比べ局地性が大きい．特に積雲系の雲は，1つ1つの雲の水平スケールが層雲系の雲にくらべ小さいので，積雲系の雲による降水は局地性が大きい．さらに，降水分布は，雲の発達が地形に大きく影響されることから，地形の複雑な山地およびその周辺地域ではいっそう局地性が大きくなる．そのため，降水の観測においては，観測点を密に配置することが必要となる．

多量の水蒸気を含んだ海洋からの気流に対し風上側に位置する山地斜面では，局地的に多降水となる．多降水地域として知られるインドのチェラプンジ（Cherrapunji）や南インド洋のレユニオン（Reunion）島などは，このような地域に位置する．また，日本でも，低気圧や台風による東風や南東風に対して風上側に位置する海岸付近の山地の東や南東斜面で，局地的に降水が多くなる．

降水の観測には，一般に転倒ます型雨量計が使用される．一定の降水量に相当する降水がますにたまるごとに，ますが左右に転倒し，その転倒した回数で降水量を計測する．固体の降水については，加熱して水にして計測する．ただし雪については，降水量として観測するほかに，降雪深や積雪深を cm 単位で計測する．降雪深とはある期間（たとえば1日）に新たに積もった雪の深さであり，積雪深は観測時点で地面に積もっている雪の深さである．　　　　　　　　[江口　卓]

●文献

1) 小倉義光：一般気象学［第2版］，東京大学出版会，1999
2) 高橋日出男・小泉武栄編著：自然地理学概論，朝倉書店，2008
3) 中村和郎：雲と風を読む，岩波書店，2007
4) 日本気象学会編：気象科学事典，東京書籍，1998
5) 吉野正敏ほか編：気候学・気象学辞典，二宮書店，1985

B3-3 ●雲・霧・降水と湿度

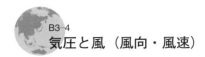
B3-4 気圧と風（風向・風速）

●気圧

　気圧とは，大気の圧力のことで，hPa（ヘクトパスカル）という単位で表す．大気の圧力は，上に積み重なっている空気の質量に比例する．地表面では標高の高いところにいくほど，大気中では上層にいけばいくほど，気圧は低くなる．気圧差は大気の運動を引き起こす要因の1つであり，大気の運動は風となって観測される．大気の運動は，さまざまな大気現象を引き起こす源であるので，気圧の高低の分布を明らかにすることは，大気現象を把握するうえで重要である．そこで，気圧の高低の分布を表現する地図として，天気図が作成され，大気の運動を解析するのに利用される．天気図には，地表面の気圧分布を表した地上天気図と，上層の気圧分布を表した高層天気図とがある．

　地上天気図では，地表面で観測された気圧をもとに等圧線を引き，気圧の分布を表現する（図1）．気圧は標高の高い地点で観測すると低くなるので，気圧（現地気圧）をある標高の気圧に換算して，等圧線を引く．この換算を海面更正といい，換算された気圧を海面気圧という．換算される標高は国際的には「平均海面」とされており，日本では東京湾の平均海面が用いられている．等圧線が閉曲線となり，周囲より気圧の高いところが高気圧，気圧の低いところが低気圧である．

　一方，大気の動きを解析するためには，地形や地上の摩擦の影響を強く受ける地上天気図だけでは不十分であり，上層を含めた3次元的な大気の構造を明らかにする必要がある．それには，高層天気図が利用される．高層天気図では，地上天気図における等圧線のかわりに，ある等圧面（等しい気圧の所を結んだ面）における等しい高度のところを結んだ等高度線が引かれる（図2）．高層天気図において等圧面高度の低いところは，気圧の低いところに対応している．

　等圧面高度は極から赤道に向かって高くなり，気圧は高くなる傾向にある．そのため，等高度線が極側に張り出しているところは東西の同じ緯度のところより相対的に気圧が高いので，気圧の尾根（リッジ，ridge）という．これに対し，等高度線が赤道側に張り出しているところは東西の同じ緯度のところより相対的に気圧が低いので，気圧の谷（トラフ，trough）という．

　対流圏の高層天気図としては指定面として，850 hPa，700 hPa，500 hPa，300 hPa などの各等圧面の天気図が作成される．日本付近でのこれら等圧面のおおよその高度は，1500 m，3000 m，5500 m，9000 m である．850 hPa 面天気図は，対流圏下層を代表する天気図で，地表に近い大気の動きや前線の解析などに利用される．500 hPa 面天気図は対流圏中層を代表する天気図で，中・高緯度では偏西風波動に伴う気圧の谷や尾根の解析を通じて，地上の高低気圧の発生やその移動の解析などに利用される．300 hPa 面天気図は対流圏上層を代表する天気図で，ジェット気流など強風軸の解析や亜熱帯高気圧の解析などに利用される．

●風（風向・風速）

　風とは，大気の地表面に対する相対的な動きのことである．一般に，大気は気圧の高いところから気圧の低いところへ，気圧差によって動き始める．このように，気圧差によって大気に働く力を気圧傾度力とい

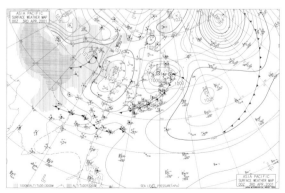

図1　地上天気図（2001年4月3日午前9時）
気象庁提供．

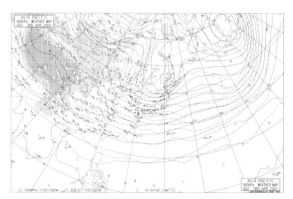

図2　高層天気図（500 hPa 面：2001年4月3日午前9時）
気象庁提供．実線が60 mおきに描いた等高度線．破線が3℃おきに描いた等温線．

う．気圧傾度力によって，大気は運動を始めるが，大気が運動を始めると，その大気の動きに対し，地球が自転していることによって働く見かけの力であるコリオリの力（転向力）がはたらく．また，地面に近いところでは，地表面による摩擦力がこれに加わる．

地上の摩擦の影響が無視でき，より単純な上層における大気の流れについてはじめにみてみたい．図3aにおいて，上を北，下を南と仮定すると，気圧の高い南側と気圧の低い北側の間に気圧差による力（気圧傾度力）が働き，空気は南から北へと動き始める．この動きに対して，地球が自転していることによる見かけの力であるコリオリの力が，空気塊の進む方向に対して，北半球では右側へと働き，最終的に気圧傾度力とコリオリの力がつりあう状態になる．このため，この図においては，風は西風となる．このような風を地衡風（geostrophic wind）という．

北半球では，上層の風は，気圧の高いところを右側にみながら，等高度線に平行に吹く．これに対し，南半球では，大気の運動方向に対し左側へコリオリの力が働き，上層の風は，気圧の高いところを左側にみながら，等高度線に平行に吹く．南北で考えるより，極側か赤道側かで考えたほうがよい．つまり，極側が高圧で赤道側へ大気が動こうとする場合，風は東風となる．これに対し，赤道側が高圧で極側へ大気が動こうとする場合，風は西風となる．

地表付近では，摩擦力が働く．摩擦力は，風速を小さくするだけでなく，風向を変化させる働きもする．摩擦力は実際に風の吹く方向の反対方向に働くので，コリオリの力と摩擦力の合力が，気圧傾度力とつりあうように風は吹く（図3b）．そのため，風は高圧部から低圧部に等圧線に斜交するかたちで吹く．地上風が等圧線と交差する角度は，摩擦の小さな海上では15～30°と小さいが，陸上では30～45°と大きく，摩擦が大きくなるほど，斜交する角度が大きくなる．

地上における風の観測は，地面から10 mの高さで行うことが標準となっている．風には，風の息とよばれるように風速の強弱があるとともに，風向も絶えず変化しているので，観測時刻の前10分間の平均をとってその時刻の風向と風速とする．これに対し，瞬間風向・瞬間風速とは，ある時刻における瞬間の風向・風速のことである．現在，気象庁では，0.25秒間隔の風速計の測定値を3秒間平均した値（測定値12個の平均値）を瞬間風速としている．最大風速とは10分間の平均風速の一定期間（たとえば1日）における最大値であるのに対し，最大瞬間風速とは，瞬間風速の一定期間における最大値であり，一般に10分間の平均風速の1.5倍から3倍近い値になる．

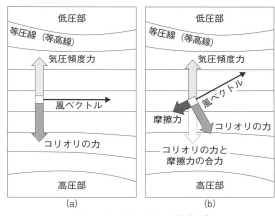

図3　地上風と上層風の模式図[2]
(a) 摩擦を考えない地衡風（上層風）と (b) 摩擦がある場合の風（地上風）の吹き方．

風向とは，風の吹いてくる向きをいい．北風とは北から吹いてくる風である．地上風の風向は，主として北を基準に16方位であらわす．これに対し，上層風の風向は，一般に，北から時計まわりに角度（0～360°：北は360°）で表す．

風速は，地上の場合も上層の場合も，気圧傾度力が大きくなると，大きくなる．天気図でみると，地上の場合では等圧線が，高層の場合では等高度線が込んでいるところは，気圧傾度力が大きく，風が強い．

［江口　卓］

●文献
1) 小倉義光：一般気象学［第2版］，東京大学出版会，1999
2) 髙橋日出男・小泉武栄編著：自然地理学概論，朝倉書店，2008
3) 中村和郎：雲と風を読む，岩波書店，2007
4) 新田尚ほか編：気象ハンドブック（第3版），朝倉書店，2005

B3-5 日照と日射

●日照

遮蔽物の影をつくるのに十分な日射そのものまたはその日射がある状態を日照とよび，直径約 10 cm の透明ガラス玉で直達日射を集光するキャンベル日照計の記録紙上に焼焦跡が生じる直達日射強度 120 Wm^{-2} を閾値とする WMO 日照定義が定められている．気象庁現業では，明治中ごろ〜1986 年ごろは小穴をあけた円筒内青写真感光紙上の像長を計測するジョルダン式日照計を用いてきたが，現在は WMO 日照定義に合致する回転式日照計および太陽追尾式日照計（官署）または太陽電池式日照計（アメダス）を用いている．また，直達日射計の連続観測記録から日照時間を求めることも可能である．ジョルダン日照計はキャンベル日照計（WMO 日照定義）に比べて約 10% 高感度とされるので，1986 年ごろ以前のデータも用いて長期的傾向を検討する際には器差補正の実施が不可欠である．

日射が 120 Wm^{-2} 以上の直達日射強度を含んでいる時間の日積算値 N を日照時間とよぶ．日出〜日没の時間 N_0 は地表面へ日射が到達可能な時間の日積算値を意味するので，可照時間とよばれる．北緯 ϕ 地点における太陽赤緯 δ の日の可照時間 N_0 は $(24/\pi)\cos^{-1}(-\tan\phi\tan\delta)$ なので，年間の最大日可照時間は赤道（$\phi=0$）の 12 時間が最短で，極点（$\phi=\pi/2$）の 6 か月が最長である．ヨーロッパでは最大日可照時間が等しい地域をクリマ clima（ギリシャ語）とよび，赤道から北極に 24 個のクリマータ climata（clima の複数形）が存在すると考えていた．clima（climata）の英語形が climate（climates）であり，これが今日の気候の語源である．可照時間 N_0 に対する日照時間 N の比 N/N_0 を日照率とよぶ．

●日射

日射は，太陽核内の水素-ヘリウム変換（核融合）により生じる天文学的太陽光度 3.839×10^{26} W が太陽光球表面から輝度温度 5800 K の黒体放射として宇宙空間に向かって等方的に射出される全電磁波放射の総称である．天文学的太陽光度の 99.9% は波長 0.15〜4.0 μm の範囲にあって，波長 0.5 μm 付近にエネルギーのピークがあり，半分以上が近赤外線で残りのほとんどが可視光線であり，ほかにごく微量の紫外線が含まれる [▶ B2-2]．

太陽を中心とする同心球の表面積は太陽からの距離の 2 乗に比例して増加するので，太陽から 1 億 4960 万 km 離れた地球に届く単位面積あたりの電磁波エネルギーは天文学的太陽光度を平均地心太陽距離を半径とする球の表面積で割った 1367 Wm^{-2} となる．このエネルギーフラックス密度は太陽定数とよばれ，I_0 と表記される．

大気が存在しない場合の北緯 ϕ の地点における太陽赤緯 δ の日の水平地表面全天日射フラックス密度 $K_0\downarrow$ は，下式のように表すことができる．

$$K_0\downarrow = I_0 \left(\frac{r}{r^*}\right)^{-2} \sin\alpha$$
$$= I_0 \left(\frac{r}{r^*}\right)^{-2} (\sin\phi\sin\delta + \cos\phi\cos\delta\cos h)$$

ここで，r/r^*：天文単位での地心太陽距離，α：太陽高度，h：時角である．太陽赤緯 δ，地心太陽距離の 2 乗の逆数 $(r/r^*)^{-2}$ および均時差 E_q は，元旦からの通し日数 d_n から定まる $\theta_0 = 2\pi(d_n-1)/365$ を用いると，

$\delta = 0.006918 - 0.399912\cos\theta_0 + 0.070257\sin\theta_0$
$\quad - 0.006758\cos 2\theta_0 + 0.000907\sin 2\theta_0$
$\quad - 0.002697\cos 3\theta_0 + 0.001480\sin 3\theta_0$

$\left(\dfrac{r}{r^*}\right)^{-2} = 1.000110 + 0.034221\cos\theta_0 + 0.001280\sin\theta_0$
$\quad + 0.000719\cos 2\theta_0 + 0.000077\sin 2\theta_0$

$E_q = 0.000075 + 0.001868\cos\theta_0 - 0.032077\sin\theta_0$
$\quad - 0.014615\cos 2\theta_0 - 0.040849\sin 2\theta_0$

であり，日本標準時間 JST から太陽の時角 h は

$h = (\mathrm{JST}-12)\pi/12 + $ 東経 135° からの経度差 $+ E_q$

である．日没時角 H は可照時間の $\pi/24$ 倍なので，$K_0\downarrow$ を h に関して $-H$ から H まで積分すれば日積算全天日射量 $\sum K_0\downarrow$ は以下のように求まる．

$$\sum K_0\downarrow = \frac{I_0}{\pi}\left(\frac{r}{r^*}\right)^{-2}(H\sin\phi\sin\delta + \cos\phi\cos\delta\sin H)$$

図 1 は地球放射収支実験に用いられた 3 つの衛星（ERBS および NOAA 9，10 号）により観測された大気外全天日射量の緯度分布の年変化であるが，ほぼ同様の結果を上記の計算方法で得ることができる．北極線・南極線（66.6° 緯線）より高緯度では，極夜となる冬季には日射が全くなくなる一方，終日日が沈まない夏季には 500 Wm^{-2} を上回る平均日射量となる．これに対して，赤道に近い熱帯地方の平均日射量は年間を通じてほぼ一定の約 400 Wm^{-2} で推移し，明瞭な季節変化を生じない．北半球より南半球の方が夏季の日

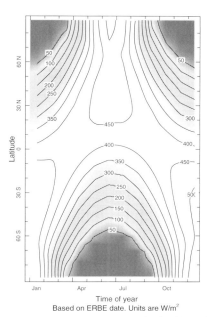

図1 Earth Radiation Budget Experiment（地球放射収支実験）による1985年以降の衛星観測により得られた大気外全天日射量の緯度−季節アイソプレス（http://www.ic.arizona.edu/ic/conniew/geog43010/43010wk5W.ppt より）

射量が大きいのは，北半球の夏に地心太陽距離が最大となるためである．地軸の傾く方向は歳差運動により約25800年周期で変動するので，約12900年前後には地軸の傾いている方向が逆となり，地心太陽距離が最小となる北半球の夏の方が全天日射量が大きくなる．この全天日射量の長期的変動が気候変動の原因の1つになることが知られている．

実際の地球には大気が存在するので，大気外全天日射フラックス密度 $K_0\!\!\downarrow$ は散乱・吸収の影響を受けた後に地表面に到達する．散乱・吸収の影響を受けることなく太陽方向から直接入射する成分を直達日射，太陽の方向以外から入射する成分を散乱日射とよぶ．完全快晴時の場合，地上の直達日射フラックス密度 $K_{dir}\!\!\downarrow$ は，Lambert–Beerの法則により，

$$K_{dir}\!\!\downarrow = I_0 \left(\frac{r}{r^*}\right)^{-2} (\sin\phi\sin\delta + \cos\phi\cos\delta\cos h)e^{-\tau_{m_r}}$$

と表され，散乱全天日射フラックス密度 $K_{diff}\!\!\downarrow$ は，

$$K_{diff}\!\!\downarrow = I_0 \left(\frac{r}{r^*}\right)^{-2} (\sin\phi\sin\delta + \cos\phi\cos\delta\cos h) \times$$
$$\left[1 - e^{-\tau_{m_r}} - \frac{0.28}{1 + 6.43(\sin\phi\sin\delta + \cos\phi\cos\delta\cos h)}\right]$$

と表される．ここで，τ_{m_r}：大気路程 m_r のときの大気の光学的厚さ，$e^{-\tau_{m_r}}$：大気透過率，$I_0(r/r^*)^{-2}e^{-\tau_{m_r}}$：直達日射強度であり，これらも $(\sin\phi\sin\delta + \cos\phi\cos\delta\cos h)$ の関数である．以上のことから，地表面全天日射フラックス密度 $K\!\!\downarrow$ は，地表面と大気の間の多重反射を考慮に入れると，

$$K\!\!\downarrow = I_0 \left(\frac{r}{r^*}\right)^{-2} (\sin\phi\sin\delta + \cos\phi\cos\delta\cos h) \times$$
$$\left[1 - \frac{0.28}{1 + 6.43(\sin\phi\sin\delta + \cos\phi\cos\delta\cos h)}\right] \left(\frac{1}{1 - \alpha_g\alpha_R^*}\right)$$

と表されるので，分母の $(\sin\phi\sin\delta + \cos\phi\cos\delta\cos h)$ を平均太陽高度の時角 h^* で近似できるならば，日積算全天日射量は，

$$\sum K\!\!\downarrow = \frac{I_0}{\pi} \left(\frac{r}{r^*}\right)^{-2} (H\sin\phi\sin\delta + \cos\phi\cos\delta\sin H) \times$$
$$\left[1 - \frac{0.28}{1 + 6.43(\sin\phi\sin\delta + \cos\phi\cos\delta\cos h^*)}\right] \left(\frac{1}{1 - \alpha_g\alpha_R^*}\right)$$

と表される．ここで，α_g：地表面アルベド，α_R^*：大気の平均レイリー・アルベド（$\fallingdotseq 0.0685$）である．新雪面のように著しく地表面アルベドが大きい場合には，地表面と大気の間の多重反射により全天日射量が著しく増大する．大気透過率が減少すると，直達日射量は減少する一方，散乱日射量は増加するため，全天日射量への影響は比較的小さい．このため，完全快晴日の日積算全天日射量は，太陽赤緯 δ と当該地点の緯度 ϕ および地表面アルベド α_g が既知であればかなりの高精度で計算による推定が可能である．

●日射と日照の関係

日照率 N/N_0 と全天日射量には線形関係が存在することが知られている．例えば，農業環境技術研究所はweb公開している植物生育予測・病害発生予察モデル（http://cse.naro.affrc.go.jp/ketanaka/model/）中において，アメダスで観測される日照時間 $N(h)$ を用いて，以下のような推定式を推奨している．

$\sum K\!\!\downarrow / \sum K_0\!\!\downarrow = 0.244 + 0.511(N/N_0)$, $0 < N/N_0 < 1$

この式によれば，完全快晴 $N/N_0 = 1$ の場合には $\sum K\!\!\downarrow / \sum K_0\!\!\downarrow = 0.755$ となり，切片が0.244なので完全曇天 $N/N_0 = 0$ の場合には $\sum K\!\!\downarrow / \sum K_0\!\!\downarrow = 0.244$ に近づくことが示唆されるが，同サイトでは完全曇天 $N/N_0 = 0$ の場合には $\sum K\!\!\downarrow / \sum K_0\!\!\downarrow = 0.118$ とされている．

［中川清隆］

●文献
1) Paltridge, G. W. and Platt, C. M. R.: *Radiative Prodesses in Meteorology and Climatology*, 318p., Elsevier Scientific Publishing Company, 1976

B4 大気大循環

B4-1 大気と海洋の大循環とグローバル気候

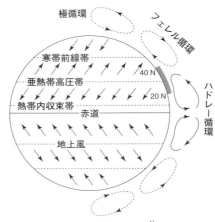

図2　3細胞モデル[1]

●温度と熱からみた大気循環

　地球大気の運動は，低緯度と高緯度の温度差を解消する形で駆動されている．緯度40°より高緯度側では，地球が吸収する太陽放射よりも，地球から放出される熱放射量の方が大きく，低緯度側では逆である．緯度によるエネルギーの過不足は，大気大循環と海洋大循環によって補われ，年間を通して全球で平均すると，正味の熱収支はゼロになる［▶B2-1］．

　緯度による温度の違いは，北半球では南高北低の気圧勾配を生み出す．気圧傾度力は転向力とバランスし，西から東へと風が吹く．これが偏西風である（図1）．日々の偏西風は蛇行しており，この中で低気圧や高気圧などの総観規模擾乱が生成と消滅を繰り返しながら，全体として西から東へと移動する．この過程は，温度差に起因する位置エネルギーが運動エネルギーに変換されているとも解釈でき，フェレル（Ferrel）循環の実態でもある（図2）．

　熱帯では積雲対流活動が活発である．仔細にみると，太平洋では赤道から少し離れた北側に，帯状に降水域が分布している（図1）．これを熱帯内収束帯（Intertropical Convergence Zone：ITCZ）とよぶ．熱帯域で上昇した空気塊は，中緯度で下降し，ハドレー（Hadley）循環とよばれる子午面方向の鉛直循環を形成する（図2）．中緯度では，下降気流により地表付近の気圧が上昇し，亜熱帯高圧帯が形成される．対流圏の下層の熱帯域では，高気圧から吹き出した風が東から西へと吹く．この風が偏東風（貿易風）である．

　気候学では気温やそれとバランスして吹く風，すなわち循環場に着目してきた歴史的経緯がある．一方，気候力学の進展は，温度 T の時間微分量である熱 Q を，時間方向に再び積分することで，大気大循環を考察することを可能にした．

$$\frac{\partial T}{\partial t} = Q \quad \Leftrightarrow \quad \int Q dt = T \tag{1}$$

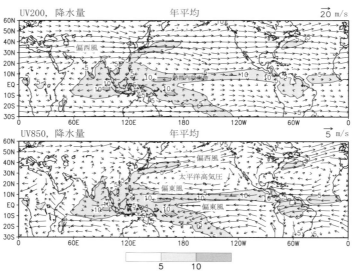

図1　年平均の降水量（実線）と循環場（著者作成）
対流圏上層の風（200 hPa）を上段に，対流圏下部（850 hPa）の風を下段に示す．

上式の左側は，熱力学方程式を簡略的に示したものである．この式は，温度の時間微分量が熱であり，反対に熱の時間積分が温度になることを意味している．T と Q を同じ土俵で考察するには，Q を時間方向に積分すればよい．これを「大気の熱源応答」という．浅水方程式に周期的な連続熱源を与えて解析的に解を求めた Matsuno[2] と，孤立熱源を与えて数値的に解いた Gill[3] の名前を冠し，Matsuno-Gill パターンとよぶ（図3）．図4に夏の対流圏中上層の平均気温と非断熱加熱 Q_1 の空間分布を示す．極大域に着目すると，気温のピークはチベット高原の南側に位置しているのに対し，Q_1 の極大は熱帯にみられる．Ose[4] は Q_1 を大気大循環モデルに与えて時間積分し，気温の極大がチベット高原の南方を中心に再現されることを示した．

　ハドレー循環は，帯状方向に平均した見方であるが，実際の気候は，東西方向に一様ではない．例えば，日本を含む中緯度の気候は湿潤であるが，同じ緯度帯の中央アジアや北アフリカは，乾燥気候に区分される．この東西方向の非対称性は，熱容量の異なる海陸分布に起因するモンスーン（monsoon）[▶B4-2]に求めることが可能である．アジア大陸周辺では，夏になると日射によって陸上の気温が周辺の海洋よりも高くなり，この温度勾配がモンスーン循環の駆動源となる．アジア大陸の南東側では，暖かいインド洋上で多くの水蒸気を含んだ気流が収束し，多量の雨が降る．降水活動は潜熱解放を介して大気を加熱する．大気中に熱源が注入されると，Matsuno-Gill 型の熱源応答によって，熱源のやや北西側に低気圧性の循環が，その更に北西側に下降流域が作り出される（図3）．Rodwell and Hoskins[5] は，南アジア域での非断熱加熱に起因する補償下降流が，先に述べた中央アジア以西の乾燥帯の成因であることを数値実験によって示した．

● 海洋表層の循環

　海洋の大循環は，風応力による風成循環と，海水の密度差に起因する熱塩循環とに大別される．前者は海流に代表される吹送流を引き起こし（図5），後者は近年注目されている数千年スケールの深層循環を生み出す．ここでは大気大循環に関係した，主温度躍層（数百 m）以浅における海水の運動を考える．

　風が一定の状態で吹き続けている場合，浴槽などの小さな空間スケールでは，水は風下側に動くだけであるが，大規模な空間スケールになると，コリオリの力によって図6aのような流れになる．この流れを，エクマン流とよぶ．北（南）半球では風の吹く方向に対して右（左）手45°傾いた方向に表面の海水が運ばれる．さらにエクマンは，水の渦動粘性が一定で，海水の運度が海底の影響を受けないと仮定した場合，表層より下の海水が渦動粘性による摩擦によって引きずられ，その海水も転向力によってさらに右にずれることを示した．この流れはエクマン螺旋（Ekman spiral）とよばれ，海水を鉛直方向に積分した海水の流れをエクマン輸送という．エクマン輸送は風応力と転向力が釣り合った状態にあり，その向きは，風の方向に対し北半球では右手直角，南半球では左手直角になる（図6b）．エクマン輸送量は風応力に比例するが，転向力の大きさには反比例する．この関係は海水の密度を ρ，風応力を $\tau(\tau_x, \tau_y)$，コリオリパラメータを f とすれば

$$-\rho f V_e = \tau_x, \quad \rho f U_e = \tau_y \tag{2}$$

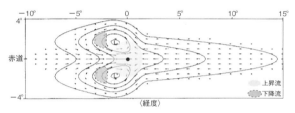

図3　赤道上の原点（黒丸）に熱源を与えたときに線形モデルから得られた大気下層の気圧（等値線）と風のパターン（Gill[3] に加筆）

陰影は鉛直流を示す．実際の熱源は経度方向に±2度の範囲で与え，中心から $\varepsilon=0.1$ を与えて振幅を減衰させている．

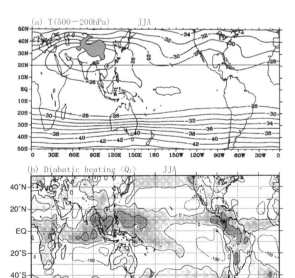

図4　夏（6月〜8月）における (a) 対流圏中上層（500 hPa〜200 hPa 平均）の平均気温（℃）と (b) 非断熱加熱（W/m²）

(a) は Li and Yanai[6] に基づき 3000 m 以上のチベット高原を陰影で示す，(b) は Yanai and Tomita[7] から転載．

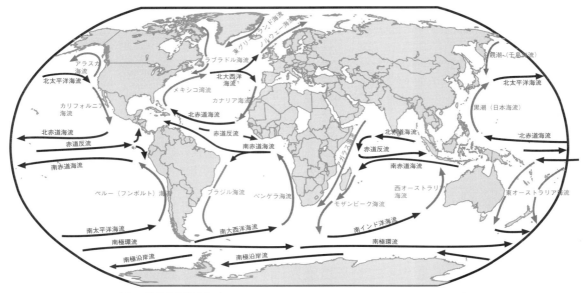

図5 海流の空間分布 (http://www.physicalgeography.ne/fundamentals/8g-1.html)

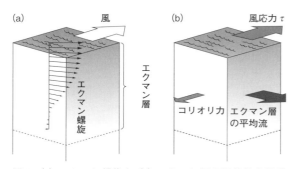

図6 (a) エクマン螺旋と (b) エクマン層の平均的な運動
(Ocean circulation, 2007; Open University)[8]
風応力と転向力がバランスし、北半球では風の吹く方向に対して直角右向きにエクマン輸送が引き起こされる.

のように表される. つまりエクマン輸送は

$$U_e = \frac{\tau_y}{\rho f}, \quad V_e = -\frac{\tau_x}{\rho f} \tag{3}$$

と記述することができる.

●海洋の鉛直運動

実際のエクマン輸送は、海面から数十mまでの深さにとどまるが、赤道や海岸でエクマン輸送が生じると、鉛直方向の海水の運動が引き起こされる. 太平洋の東側は北太平洋高気圧の東端に位置するため、北半球では北風、南半球では南風が卓越している. このため南北アメリカ大陸の西岸沖では、ともに西向きのエクマン輸送が引き起こされる. つまり表層付近の暖かい海水が沖の方向へ運ばれるので、沿岸付近の上層の海水は足りなくなり、それを補償するために下層から

冷たい海水が湧き上がってくる. この流れのことを湧昇という（図7）. 沿岸域での湧昇は、後述する赤道湧昇と区別するため、沿岸湧昇とよぶ場合が多い. 先に述べたペルー沖の湧昇が有名であるが、アフリカ東岸のソマリア半島沖では、北半球の夏季には南風によって強い湧昇が引き起こされている [▶ B4-2].

次に海上を吹く風が水平方向に一定ではなく、回転している場合を考える. 図8は北半球において低気圧性の大気循環があったときのエクマン輸送を模式的に示したものである. 風の向きに対してエクマン輸送は直角右向きとなるので、エクマン層全体の海水は低気圧性循環の外側に排出される. この海洋上層での海水の発散を補うために、下層から冷たい水が湧き上がり、温度躍層の深度が上昇する. この鉛直流速w_eのことをエクマンパンピング流速という. w_eはエクマン輸送の水平発散量と釣り合うので、(3)式を用いると

$$W_e = {}_{\text{div}}(U_e, V_e) = \frac{\partial}{\partial x}\left(\frac{\tau_y}{\rho f}\right) - \frac{\partial}{\partial y}\left(\frac{\tau_x}{\rho f}\right) = {}_{\text{curl}}\left(\frac{\vec{\tau}}{\rho f}\right) \tag{4}$$

となる. 高気圧性の循環が卓越している場合には、表層付近の海水は循環内に収束し、温度躍層を押し下げる. 海面水温に着目すると、北半球で高気圧性の循環が卓越しているときは水温が上昇し、低気圧性循環の場合は低下する.

最後に、エクマン層より下に押し込められた海水の運動を考える. 海岸から遠く離れた海洋内部領域では、惑星渦度の移流と、水柱の伸縮により渦度の変化がつり合う「スベルドラップの関係」が成り立つ.

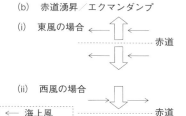
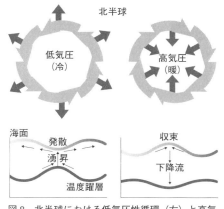

図7 (a) 沿岸湧昇と (b) 赤道湧昇を示す模式図（著者作成）
細矢印は海上風ベクトル，大きい矢印はエクマン輸送を示す．

図8 北半球における低気圧性循環（左）と高気圧性循環（右）によって駆動されるエクマン流（上段），海面および温度躍層の変化（下段）（著者作成）

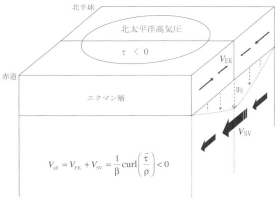

図9 海面での風応力によって引き起こされるスベルドラップ輸送（東北大学の花輪公雄先生のプリントをもとに著者作成）
北半球に存在する太平洋高気圧によってエクマン収束が起こり，エクマン層より下部の内部領域に向かう鉛直流が引き起こされ，渦位を保存するように南向きの流れが生じる．

$$V_{all} = V_{EK} + V_{SV} = \frac{1}{\beta}\mathrm{curl}\left(\frac{\vec{\tau}}{\rho}\right) \tag{5}$$

(5) 式において，V_{EK} はエクマン輸送，V_{SV} はスベルドラップ輸送である．図9に示すように，高気圧性の循環下ではエクマン収束に伴う下向きのエクマンパンピング流速が生じるので，エクマン層の海水が下層へ押し込まれることになる．下向きのエクマンパンピング流速によって押しつぶされた水柱は，渦位の保存則を考えると，南に動くと同時に，この輸送量を補償する北向きの流れが海洋の東岸と西岸に沿って要請される．沿岸では摩擦による渦度が生成されるが，東岸では絶対渦度が保存されないため，北向きの流れは西岸に集中する．これを西岸境界流とよぶ．日本の南方を北上する黒潮は，北太平洋高気圧の風応力に起因する南向きの海水を補償する沿岸流の一部である．

［植田宏昭］

●文献
1) 田中博：偏西風の気象学（気象ブックス 16），成山堂書店，2007
2) Matsuno, T.: Quasi-geostrophic motions in the equatorial area, *J. Meteor. Soc. Japan*, 44: 24-42, 1966
3) Gill, A. E.: Some simple solution for heat-induced tropical circulation, *Quart. J. Roy. Meteor. Soc.*, 106: 447-462, 1980
4) Ose, T.: Seasonal change of Asian summer monsoon circulation and its heat source, *J. Meteor. Soc. Japan.*, 76 (6): 1045-1063, 1998
5) Rodwell, M. J. and Hoskins, B. J.: Monsoons and the dynamics of deserts, *Quart. J. Roy. Meteor. Soc.*, 122: 1385-1404, 1996
6) Li, C. and Yanai, M.: The onset and interannual variability of the Asian summer monsoon in relation to land-sea thermal contrast, *J. Climate*, 9: 358-375, 1996
7) Yanai, M. and Tomita, T.: Seasonal and interannual variability of atmospheric heat sources and moisture sinks as determined from NCEP-NCAR reanalysis, *J. Climate*, 11: 463-482, 1998
8) The Open University: *Ocean Circulation*, Butterworth-heinemann, 2001

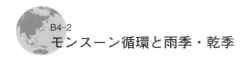

B4-2 モンスーン循環と雨季・乾季

●モンスーン地域と風系の季節変化

モンスーン（monsoon）は，インド洋を航海する船乗りたちが，半年ごとに風向が反転する卓越風をアラビア語の季節を意味するmausimとよんでいたことに由来する．その点でモンスーンは日本語の季節風に対応するが，単に風だけはなく，風系の変化に伴う季節的な降水現象（雨季乾季）を含む概念である．

図1は，1月と7月における風向の定常性と両月の卓越風向の差異に基づくモンスーン地域[1]であり，このうちアフリカからアジアやオセアニアの一部に至る熱帯・亜熱帯域が，現在ほぼ共通的に認識されるモンスーン地域の範囲にあたる．図2aと図3は，それぞれ北半球の夏季（6〜9月）と冬季（12〜2月）におけるアジアを中心とした長年平均の下層風系（図2aは850 hPa，図3は地上10 m）を示している．熱帯アジアのモンスーン地域には，夏季は海洋から大陸へ向かう南西〜西風（南西モンスーン）が，冬季には大陸から海洋へ向かう北東風（北東モンスーン）が卓越する．この風系変化は，ユーラシア大陸とインド洋や太平洋との間で，大気の加熱や冷却の分布が季節的に変化し，夏季と冬季とで大陸上と海洋上の気圧の大小関係が逆転することによる．

●夏季と冬季のモンスーン循環

夏季（図2a）の熱帯アジアに卓越する南西モンスーンは，南インド洋の亜熱帯高気圧（マスカレーン高気圧）から吹き出す南東貿易風を起源とし，赤道を越えてコリオリ力の関係から風向を転じたものである．赤道を越える風系はインド洋西部で風速が大きく，アラビア海西部ではアフリカ大陸東部の山地の影響を受け，900〜850 hPaに風速の極大をもつ下層ジェット（ソマリジェット）を形成する．インド北部から南シナ海では，南西モンスーンが低気圧性の曲率をもち南東風や南風に転向している．ここはモンスーントラフとよばれる低圧帯（図2a 太破線）であり，東側は北太平洋の熱帯収束帯（ITCZ：Intertropical Convergence Zone）に，西側は高温な西アジアやサハラ砂漠の熱的低気圧に連続する．

モンスーントラフ付近では，南西モンスーンが輸送してきた水蒸気の収束が大きく，一般に対流活動が活発で，凝結時の潜熱による大気加熱が大きい．またヒ

図1 ラメージ（Ramage）によるモンスーン地域の分布[1]

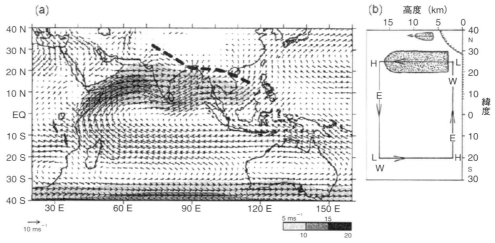

図2 （a）長年平均（1979〜1995）した夏季（6〜9月）における850 hPa風系場（Annamalai et al.[2]を一部改変）と（b）夏季モンスーン循環の高度-緯度断面模式図[3]
（a）の太破線はモンスーントラフの概略位置を表す（著者記入）．（b）のEとWはそれぞれ東風と西風を，HとLはそれぞれ高気圧と低気圧を表す．

66　B4 ●大気大循環

マラヤ・チベット山塊では，潜熱の寄与とともに日射を受けた地表面からの顕熱による大気加熱がある．加熱に起因する強い上昇流（図2b）は，インド北部やヒマラヤ・チベット山塊付近の対流圏上層にチベット高気圧を形成し [▶B5-1]，その南側には南向きの気圧傾度に対応する熱帯偏東風ジェット気流が現れる．東風の風速はインド南部付近で最大となるため，その東側の加速域では上層発散に伴う上昇流が，西側の減速域では上層収束に伴う下降流が，特に強風軸の北側で期待される．実際に中国華南やインドシナ半島では多雨である一方，西側の西アジアからサハラ砂漠にかけては夏季モンスーンの時期に著しく乾燥する．熱帯偏東風ジェット気流は，この緯度帯における気候の東西差を強める役割をしている．赤道を越えて南半球に流入した上層の空気は，南半球中緯度で西風の亜熱帯ジェット気流を形成し，そこで下降して南インド洋の亜熱帯高気圧を維持する．熱帯アジアにおける夏季のモンスーン循環は，南半球熱帯域のハドレーセルが，北半球側に大きくはみ出した状態とも考えることができ，これをモンスーンハドレーセルとよぶことがある．

これに対して冬季（図3）の北東モンスーンは，ユーラシア大陸上の大気冷却によって形成された寒気の吹き出しととらえることができる．すなわち，大陸上のシベリア高気圧と北太平洋上のアリューシャン低気圧による北西季節風の一部が，低緯度で北東風に転向し，海上で水蒸気供給などの気団変質を受けつつフィリピンやインドシナ半島などの風上側に冬雨をもたらす．このような気圧配置が卓越するのは，この時期に日本付近が定常的な偏西風のトラフとなるためで，それにはヒマラヤ・チベット山塊の力学的影響や海陸分布に起因する冷熱源分布がかかわっている．また，ユーラシア大陸上の強い寒気の形成には，ヒマラヤ・チベット山塊などによる寒気の堰き止め効果が重要とされている．大陸から海洋へ向かう北東モンスーンは，ベンガル湾やアラビア海にも認められ，インド南東部に局所的な冬雨地域を形成する．赤道を越えて南半球に流入した北東モンスーンは，西寄りの風に転向し，ITCZで南半球の南東貿易風と収束する．オーストラリア北部の南半球夏季モンスーンや熱帯のハドレー循環には，この北東モンスーンによる影響も示唆される．

● 雨季と乾季

モンスーン地域の大半では，高日季（夏季）のモンスーンによって雨季がもたらされ，低日季（冬季）のモンスーンの時期には乾季となる．風系や循環場の季節変化に注目した場合，広大なモンスーン地域における雨季の進行を統一的に把握することは難しい．気候学的な雨季の開始と終了の時期として，長年平均による半旬降水量の季節推移をもとに，降水量がある基準を上回る期間を雨季と考え，その開始と終了の半旬を充てる場合がある．広域的にみれば，高緯度側ほど雨季の開始が遅く，終了が早いが，インドシナ半島内陸部やアッサム地方では周囲より雨季の開始が早い[5]などの地域性が示されている．熱帯域には対流活動の活発域の東進を伴う数十日周期の変動（MJO：Madden Julian Oscillation）が存在する．北インド洋ではこの変動が北側への進行成分も有するため，活発な対流域が赤道付近から周期的に北上する．これに伴ってインド付近では雨季が開始したり，雨季の季節内変動として降水量の多いモンスーンの活発期（active phase）と降水量の少ない休止期（break phase）が現れる．

［高橋日出男］

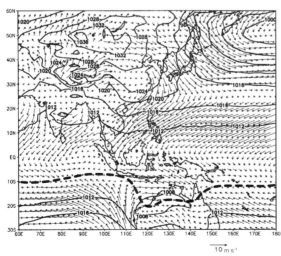

図3 長年平均（1979/80～1994/95）した冬季（12～2月）の地上風系と海面気圧の分布（Zhang et al.[4]）を一部改変）
太破線は ITCZ の概略位置を表す（著者記入）．

● 文献

1) Ramage, C. S.: Monsoon Meteorology, Academic Press, 1971
2) Annamalai, H. et al.: The mean evolution and variability of the Asian summer monsoon: Comparison of ECMWF and NCEP-NCAR reanalyses. Mon. Wea. Rev., 127: 1157–1186, 1999
3) 村上多喜雄：モンスーン概論，川村隆一編，モンスーン研究の最前線，気象研究ノート，204：1-40, 2003
4) Zhang, Y. et al.: Climatology and interannual variation of the East Asian winter monsoon: Results from the 1979-95 NCEP/NCAR reanalysis, Mon. Wea. Rev., 125: 2605–2619, 1997
5) 松本淳：東南アジアのモンスーン気候概説，松本淳編，東南アジアのモンスーン気候学，気象研究ノート，202：57-84, 2002

B4-3 エルニーニョとラニーニャ

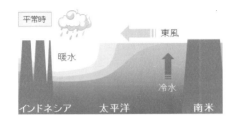

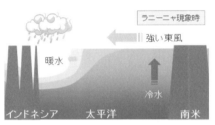

図1 エルニーニョ/ラニーニャ現象に伴う太平洋熱帯域の大気と海洋の変動[1]

●エルニーニョ現象とラニーニャ現象

エルニーニョ（El Niño）およびラニーニャ（La Niña）は，それぞれスペイン語で神の子である男子および女子の意味をもつ，対になる言葉である．そもそも自然地理学・気候気象学的には，エルニーニョとは，毎年クリスマスの時期に起こる，南半球の熱帯東太平洋において深海からの湧昇が弱まり，一時的に海面水温が上昇することに由来していた．しかし数年に一度，中東部太平洋の海面水温の上昇と東風（貿易風）の弱まりが継続することが見出され，単なる季節現象と区別する意味で「エルニーニョ現象」と名づけた．ここから，同様に数年に一度起こりかつ持続性のある，東太平洋の湧昇の強化と貿易風が強まった状態を「ラニーニャ現象」というようにもなった（図1）．気象庁の統計[1]によると，1949～2010年においてエルニーニョ（ラニーニャ）現象は14（14）回発生している．

● ENSOとは

図1からもわかるように，エルニーニョ/ラニーニャ現象は海洋だけで発生するものではなく，大気の循環とも密接に関係している．エルニーニョ（ラニーニャ）現象により東太平洋で海面水温が上昇（下降）すると，そこでの海面気圧は低く（高く）なり，逆に西太平洋・インドネシア付近で海面水温が下降（上昇）することから，そこでの海面気圧は高く（低く）なる，というシーソーのような変動をしている．これは，エルニーニョ/ラニーニャ現象という語が定着する以前より，南方振動（Southern Oscillation）[▶ B4-4] とよばれていた現象である．このため，この南方振動とエルニーニョ/ラニーニャ現象を大気と海洋の一連の変動と見なした，エルニーニョ・南方振動（ENSO：エンソ）という言葉も用いられる．

●エルニーニョ/ラニーニャ現象と世界・日本の天候

これまでに数多くの統計的な研究がなされているが，代表的なものはロッペレウスキら（Rapelewski and Halpert[2]）と小柴[3]のものである．ここからいえることは，エルニーニョおよびラニーニャ現象時の異常天候は，それぞれ反対となる傾向をもつことである．図2は気象庁[1]がまとめたエルニーニョ現象発生時の12～2月（北半球冬季）の天候の特徴であり，日本～東南アジア，北米北部ならびにオーストラリア西部などでの高温と，北日本～アラスカにかけて，ならびにペルシャ湾岸地域での少雨の傾向を示す．

日本の天候との関係については，図3に示す．これによるとエルニーニョ年には冷夏になりやすい．しかしラニーニャ年では，北日本を除いて必ずしも暑夏となるわけではない．いくつかの研究をまとめると，日本の天候には西太平洋の海面水温や対流活動との関連はみられるが，夏冬ともオホーツク海高気圧やシベリア高気圧など中高緯度の変動とも関連している．したがって日本の天候を，エルニーニョ/ラニーニャ現象だけから決めつけるのは危険である[4]．

●エルニーニョ/ラニーニャ現象と台風

1954～87年を対象とした以前の研究では，エルニーニョ（ラニーニャ）年には，台風は平年よりも南東寄りの太平洋中部（フィリピン東海上）で発生しやすいこと，また夏期にはフィリピン（日本）に接近しやすく，秋期には転向（西進）して日本（フィリピン）に向かいやすいことが示されていた[5]．最近ではエルニーニョ年/ラニーニャ年における本土への台風接近

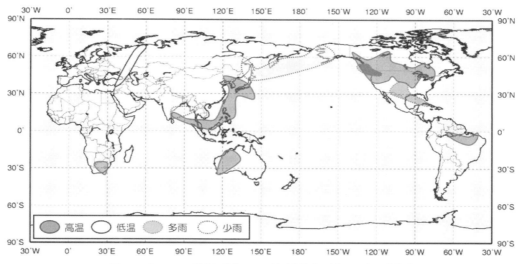

図2 エルニーニョ現象に伴う12～2月（北半球の冬）の天候の特徴[1]
1979年3月～2009年2月におけるエルニーニョ現象発生年とエルニーニョ現象・ラニーニャ現象ともに発生していない年とで比較し、検定の結果、危険率10%未満で有意な差のあった地域をまとめて分布図に示す。また灰色は観測データのない領域、薄い灰色は気温もしくは降水量のいずれかの観測データのない領域を表す。

数は平年に比べて有意な差はない[6]とされており、天候と同じく、エルニーニョ（ラニーニャ）と台風活動との関係を直接的に結びつけるのは危険である。

● エルニーニョ/ラニーニャ現象と地球温暖化

日本の天候の変化には、エルニーニョ/ラニーニャ現象以外の中高緯度の要因、例えば北極振動（AO：Arctic Oscillation, 極域と中緯度で地上気圧偏差が逆となる）やその他の10年スケールの変動、および温室効果ガスの増大による地球温暖化の影響［▶ B8-6］

が含まれてくる。

エルニーニョ/ラニーニャ現象の季節スケールでの予測は近年その精度が格段に向上しており、気象庁における季節予報でもすでに実用化されている。いっぽうで地球温暖化とエルニーニョ/ラニーニャ現象との関係はいまだに不明である。世界の多くの機関が行っている温暖化予測モデルの結果では、温暖化でエルニーニョやそれに似た現象が頻発する、としているが、温暖化でラニーニャ的傾向が頻発する、との結果を出しているモデルも存在する。今後は、気候モデルの温暖化予測結果を、過去の気候システムの現象とつきあわせた、より地域的に信頼性の高いエルニーニョ/ラニーニャ予測が求められる。

[西森基貴]

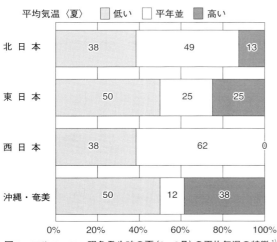

図3 エルニーニョ現象発生時の夏（6～8月）の平均気温の特徴[1]
統計期間は1979年3月～2009年2月で、棒グラフ上の数字は出現率を示す。

● 文献
1) 気象庁：エルニーニョ/ラニーニャ現象, 2010 [http://www.data.jma.go.jp/gmd/cpd/elnino/index.html]
2) Ropelewski, C. F. and Halpert, M. S.: Precipitation patterns associated with the high index phase of the Southern Oscillation, J. Climate., 2: 268-284, 1989
3) 小柴厚：エルニーニョ・ラニーニャ現象期間の世界の気温と降水量の統計的特徴, 研究時報, 49: 143-149, 1997
4) 西森基貴：日本における冷夏・暑夏の出現特性に関する解析, 天気, 46: 269-280, 1999
5) 西森基貴・吉野正敏：ENSO現象と台風の発生・発達・経路との関係, 地理学評論, 63A: 530-540, 1990
6) 気象庁：異常気象レポート2005, 近年における世界の異常気象と気候変動～その実態と見通し～（VII）, 2005

B4-4 テレコネクション

テレコネクション (teleconnection) とは，遠く離れた複数の地域間で，気温や気圧などの気象要素に統計的に有意な相関がみられる現象を指し，遠隔結合，遠隔伝播ともよばれている．地理的に固定される傾向が強いため，テレコネクションパターンの持続は，異常気象や気象災害の原因となりやすい．

オーストラリア北部のダーウィンと南太平洋のタヒチにおける地上気圧の変動は互いに逆位相であることが古くから知られており，それは南方振動 (Southern Oscillation) とよばれ，低緯度地域での代表的なテレコネクションである．後になって実は，エルニーニョ現象によって海水温が数度上昇すると，積雲対流活動が活発化し，太平洋東部では気圧が低下，西部では気圧が上昇し，ラニーニャ現象が発生するとその逆の傾向になるという現象をとらえていたことがわかった．このため，エルニーニョ現象と南方振動は，1つの大気海洋結合現象の海洋側と大気側の変化をそれぞれ見ているにすぎないという考えから，両者を略してENSO（エンソ）とよぶ場合が多い [▶ B4-3]．

一方，北半球中緯度地域で卓越するテレコネクションパターンの解釈に，球面上の定在ロスビー波束（波群）の伝播という概念が適用されてから，中緯度地域の異常気象や気候変動の研究は大きく進展した（図1）．寒候季に出現する特に有名なテレコネクションパターンは，太平洋/北アメリカ（PNA）パターン（Pacific-North American pattern）と北大西洋振動（NAO：North Atlantic Oscillation）である．PNAはエルニーニョ現象と関連して出現すると，カリフォルニアなどの北アメリカ西岸で暖冬・多雨，北アメリカ南東部のフロリダ半島周辺で寒冬・大雪などの極端な気象をもたらす場合があり，ENSOがロスビー波束の伝播を介して中緯度の天候に大きな影響を与える1つの好例である．また，北大西洋で卓越するNAOはヨーロッパや北アメリカ東岸部の冬季の異常天候の一因となっている．最近では，低緯度地域のENSOに対比させて，高緯度地域の北極振動（Arctic Oscillation）が注目されているが，1つの独立した物理現象として解釈すべきか，あるいは，NAOとPNAが重なりあったみかけの振動をみているのか，議論がある．

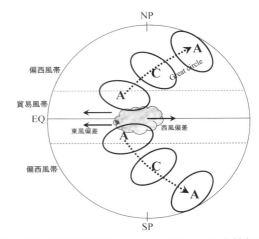

図1　熱帯対流活動が励起源となって，大円コースで伝播する定在ロスビー波束
対流圏上層の大気の応答の様子を示す．図中の"A"，"C"は高気圧，低気圧偏差を示す．

● 日本に影響を与えるテレコネクション

次に，日本の異常気象や気象災害をもたらすテレコネクションについて述べる．日本は東アジアモンスーン地域に位置しており，東アジア近傍には寒帯前線ジェットと亜熱帯ジェット（アジアジェット）の2種類のジェット気流が存在している．これらのジェットが導波管として作用すると，ジェットに沿って定在ロスビー波束が効率的に伝播する．上流から導波管を伝って定在ロスビー波束が伝播してくると，冬季および夏季の東アジアモンスーン循環は大きな影響を受ける．つまり，定在ロスビー波の群速度は東向きであるため，2つのジェットの近傍に位置している日本に極端な気象をもたらす要因は，主として西方からやってくると解釈できる．

北半球冬季では，アジアジェットが南下するため，熱帯対流活動の直接的影響を受けやすい．それはENSOの遠隔影響を受けやすくなることを意味する．平成18年豪雪を例にあげると，12月の統計から，2005年は過去50年間で最大のモンスーン強度に達しており，寒帯前線ジェットを導波管とする寒帯ルートとアジアジェットを導波管とする亜熱帯ルートのロスビー波束が複合した結果，極端なモンスーンの強化が生じたことが指摘されている．特に，亜熱帯ルートのロスビー波束が顕著であった．豪雪時はラニーニャ的な状態で，フィリピン海・南シナ海付近で活発な熱帯対流活動が生じ，それが熱源となって，亜熱帯ルートのロスビー波束を励起したと考えられる．

夏季においては，寒帯前線ジェットに沿うテレコネクションで，オホーツク海高気圧が異常に発達する場合がある．異常持続によって，ヤマセとよばれる冷涼

な北東気流が北日本の太平洋沿岸地域に流れ込み，1993年のような深刻な冷害を発生させる．アジアジェットに沿うテレコネクションは，シルクロードパターンともよばれ[1]，小笠原高気圧を強めることで1994年のような猛暑を引き起こす．また，冬季との大きな相違点は，夏季には3つめの導波管が存在することである．アジア大陸の地表面加熱に起因する大陸規模の熱的低気圧の南東縁に沿って形成される梅雨季・盛夏季特有の導波管であり，便宜的に，モンスーン下層ジェットとよぶ．その導波管を伝わるPacific–Japan (PJ) パターン[2]とよばれる現象がみられる．これら3種類のテレコネクションは単独あるいは複合して出現し，特に複合した場合，日本は極端な冷夏や猛暑を経験しやすい．

●台風や爆弾低気圧が励起するテレコネクション

最後に，総観規模擾乱がテレコネクションを引き起こす事例を紹介する．PJパターンはフィリピン付近の積雲対流活動を励起源とするテレコネクションであり，季節内変動や年々変動スケールにおいてその挙動が調べられてきたが，近年，多量の潜熱解放によって対流圏上層で強い発散場を伴っている台風が定在ロスビー波の励起源となって，PJ的なパターンを形成することが指摘されている（図2）．台風熱源がテレコネクション・パターンを励起することで，日本東方で北太平洋高気圧が局所的に強化されると，台風に伴う低圧部との間で東西気圧傾度が増大する．その結果として，低緯度域からの暖湿気流が促進され，太平洋沿岸地域で大雨が生じやすくなる．台風が日本から遠く離れた海域にあっても，台風が南からの水蒸気供給を促すことで，梅雨前線や秋雨前線を活発化させるという説明がよくなされるが，南からの水蒸気供給という現象に，実は台風がPJパターンの励起を通して日本東方の高気圧を遠隔的に強化するという重要なプロセスが隠されている．

中緯度の擾乱に目を転じてみよう．急速に発達する温帯低気圧（以下，爆弾低気圧とよぶ）は台風に匹敵する暴風波浪や大雨・大雪などをもたらし大規模気象・海象災害の発生要因となっており，熱帯起源の台風と中緯度起源の爆弾低気圧は双璧をなす総観規模擾乱である．爆弾低気圧は，台風と同様に対流圏上層で強い発散場を伴っているため，定在ロスビー波の励起源となりえるポテンシャルを持っている．図3は日本近海で発達した爆弾低気圧が励起源となり，北太平洋を南東方向に横切るロスビー波束が形成される様子を示したものである．このような波列が卓越すると，中緯度から対流圏上層の高渦位アノマリーがハワイ諸

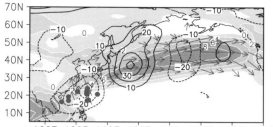

図2　台風が励起するPJパターンの発達の様子[3]
850 hPa高度偏差は黒の等値線，台風は黒丸で示す．陰影は850 hPa面の西風風速（気候平均）である．

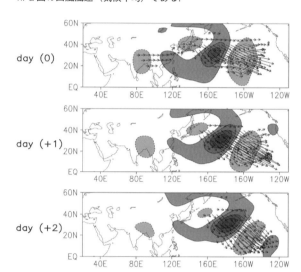

図3　爆弾低気圧が励起するテレコネクションの様子
200 hPa流線関数偏差は陰影，200 hPa波活動度フラックスはベクトルで示す[4]．

島付近に移流され，下層の低気圧とカップリングすることで，しばしばハワイは冬の嵐（コナストーム）に見舞われる．遠く離れた爆弾低気圧が数日後にハワイに冬の嵐をもたらす現象は，定在ロスビー波束の伝播という確かな物理的背景をもった，テレコネクションの1つの好例である．

[川村隆一]

●文献
1) Enomoto, T. *et al.*: The formation mechanism of the Bonin high in August, *Quart. J. Roy. Meteor. Soc.*, 129: 157–178, 2003
2) Nitta, T.: Convective activities in the tropical western Pacific and their impact on the Northern Hemisphere summer circulation, *J. Meteor. Soc. Japan*, 65: 373–390, 1987
3) Yamada, K. and Kawamura, R.: Dynamical link between typhoon activity and the PJ teleconnection pattern from early summer to autumn as revealed by the JRA–25 reanalysis, *SOLA*, 3: 65–68, 2007
4) Yoshiike, S. and Kawamura, R.: Influence of wintertime large-scale circulation on the explosively developing cyclones over the western North Pacific and their downstream effects, *J. Geophys. Res.*, 114: D13110, 2009

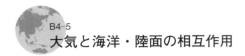

大気と海洋・陸面の相互作用

大気海洋相互作用や大気陸面相互作用のプロセスは，境界層のスケールからラージスケールまでさまざまな時空間スケールにまたがっており，ここでは，ラージスケールの現象について述べる．

● 大気海洋相互作用

熱帯域におけるラージスケールの大気海洋相互作用の代表的な現象は ENSO 現象である．熱帯太平洋で卓越する ENSO 現象については，別項 [▶ B4-3] で詳しく解説があるので，本項目ではインド洋の大気海洋相互作用について解説する．

熱帯インド洋において太平洋のエルニーニョ現象と類似したメカニズムで生じる大気海洋変動の存在が前世紀末に見出されている[4]．この現象はインド洋ダイポールモード（Indian Ocean dipole mode：IOD）とよばれており，熱帯インド洋の東部と西部で海水温偏差が逆位相で変動する．海水温の変化に伴って，活発な積雲対流活動が東西方向に移動し，アフリカ東部に極端な大雨をもたらす要因の一つになっている．このような海水温偏差の東西非対称構造は北半球の秋季に最も顕著であり，その後冬季にかけて衰退する．海洋内部でも赤道に沿った水温躍層の深さに東西非対称偏差がみられ，エルニーニョ・ラニーニャ現象と同様に IOD には海洋内部の赤道波が重要な役割を果たしていることが知られている．

一方，IOD とは全く異なる大気海洋変動の存在も報告されている[1]．風・蒸発・海面水温（wind-evaporation-SST：WES）フィードバックとよばれている現象で，元々は東部熱帯太平洋の熱帯内収束帯（ITCZ）がなぜ恒常的に北半球側に位置しているのかを説明するための仮説であった[5]．図1を用いて簡潔に解説する．冬季から春季にかけて熱帯インド洋上では一部の海域を除き東風が卓越している．例えばラニーニャ現象に伴い，北半球側に位置するフィリピン海・南シナ海で積雲対流活動の活発化が生じると，南北非対称の赤道ロスビー波が励起される．北半球側で西風偏差が西方へ拡大すると，東風が弱化し弱風域が広がる．海面からの蒸発が抑制され海水温は上昇し，高海水温域では対流が活発化する．赤道を挟んで局所的に南北鉛直循環が強まることで，南半球側では東風

偏差が卓越し，東風をさらに強める．その結果，蒸発量が増加して海水温は低下する．蒸発量の赤道非対称が海水温偏差の赤道非対称構造を主に作り出している．大気海洋相互作用によって海水温偏差の赤道非対称構造がさらに西へ拡大し，熱帯インド洋全域に拡がる．WES が励起される必要条件は基本場が東風でなければならないので，夏季インドモンスーンが開始すると風向の反転が生じ，WES は消滅する．

このように，熱帯インド洋では少なくとも2種類の大気海洋結合現象（IOD と WES）が存在する．IOD は東西非対称の構造をもち，北半球夏季から秋季にかけて卓越し，海洋内部の力学が重要である．対照的に，WES は赤道非対称の構造をもち，北半球冬季から春季に卓越し，海面熱収支が重要である．互いに全く対照的な現象であるが，両者ともに ENSO 現象との従属性，独立性に関して議論がある．

● 大気陸面相互作用

地表面が植生で覆われているのか，積雪に覆われているのか，あるいは裸地になっているのかによって，地表面熱収支は大きく異なるため，大気への影響の与え方も複雑である．雪面は裸地や植生に覆われた地表面よりも太陽光を反射するので，放射収支に影響を与える．このような効果をアルベド効果とよんでいる．アルベドは反射された放射量と入射放射量との比を表し，積雪も新雪ではアルベドは 0.9 程度であるが，汚れた雪になると 0.6 以下に低下する．大陸上の積雪が大気に及ぼす影響には，アルベド効果など，さまざま

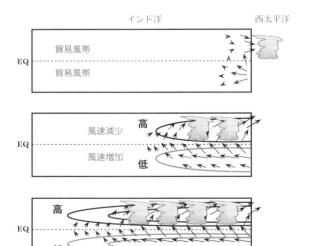

図1 風-蒸発-海面水温（WES）フィードバックによって発達するインド洋の大気海洋相互作用の模式図（Xie[6] を参考にして作成；川村[3] より引用）

図中の "高"，"低" は海面水温偏差を示す．

な効果があるが，特に，融雪期に融雪水が土壌水分を増加させ，春季から夏季にかけての地表面加熱を抑制する効果が指摘されている．抑制効果はアジア大陸とインド洋間の温度傾度の反転を遅らせ，結果的にインドモンスーンの弱化をもたらす可能性が古くからいわれてきた．最近の陸面モデルの研究では，地表面からの蒸発と流出により通常は1か月程度で減衰する土壌水分偏差が，大気のフィードバックを考慮すると，3か月程度に偏差が持続可能であることが明らかになっている．このようなフィードバックが有効に働くとすれば，融雪後3か月間は大気に影響を与え続ける可能性が考えられる．しかしながら，チベット高原を含むユーラシアの積雪が多ければ，その後の夏季インドモンスーンが弱くなるという仮説は未だ検証されていない．

積雪のない低緯度の地域では，植生の有無や種類（草地や森林）によって，地表面と大気との間の熱・水蒸気交換が大きく変わりうる．たとえば，サヘルのような半乾燥地域で家畜の過放牧や森林の伐採で植生が破壊されると，地表面熱収支は大きく変わる．森林はアルベドが0.05〜0.20程度であるが，草地は0.15〜0.25，砂漠に至っては0.20〜0.45程度まで増加する．つまり，植生が破壊され裸地に近い状態になると，アルベドが増加し，正味の放射収支が変化する．また，植生が破壊されると，植生によって維持されていた土壌の侵食が進むことで，降水があっても土壌水分の増加に寄与せずに表面流出が卓越する．結果的に，土壌水分の減少は蒸発散の抑制をもたらし，地表面から大気へ輸送される潜熱フラックスが減少する．アルベドの増加は地表面温度を低下させる方向に働くが，逆に潜熱フラックスの減少は地表面温度を上昇させる方向に働く．互いに相反する作用であるが，半乾燥地域では元々蒸発散量は少ないため，相対的にアルベドの増加の影響が大きい．つまり，正味では地表面温度は低下する．いったん，人為的な植生破壊が生じると，裸地と周囲の森林との間で温度差が生じることで，裸地上空で下降，森林上空で上昇する熱的局地循環が形成される．このような局地循環は裸地での降水量減少をもたらすため，正のフィードバックの卓越によってさらなる乾燥化が進行する恐れがある．

次に，半乾燥地域の対極にある湿潤モンスーン地域について考えてみよう．モンスーン地域の森林伐採による影響評価を想定して，例として，インドシナ半島の植生（樹林）をすべて農耕地（麦畑）にした場合の，夏季の降水量やモンスーン循環の変化を示す．図2に大循環モデルを用いたインドシナ半島の植生改変実験の結果を示す．現在植生実験と植生改変実験の結

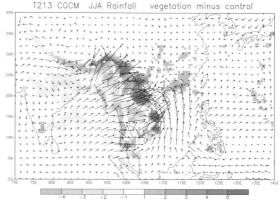

図2 夏季（JJA）平均の降水量（mm day^{-1}）と地上風分布の気候値の差（植生改変実験と現在植生実験の差）[2]

果を比較することで，植生改変の影響を評価できる．図には示していないが，麦畑に植生を改変したインドシナ半島の地上気温には，夏季では高温化がもたらされている．また，大気下層では乾燥化が生じていた．高温化と乾燥化の要因は主として潜熱フラックスの減少によるものであり，アルベド増加による影響は相対的に小さい．図2では，インドシナ半島の東部で降水量増加，西部で減少する東西非対称の分布がみられる．地表面気温の高温化に伴い地表面気圧も低下し，ベンガル湾からインドシナ半島にかけてモンスーン西風が強まる一方，南シナ海上では海陸間で東西気圧傾度が大きくなり南風成分が強化される．両者による下層の水蒸気収束が半島東部で生じている．半島西部では森林伐採によって地表面粗度が減少することで，ベンガル湾からの水蒸気が流入しても半島西部では水蒸気収束が抑制され，収束しないまま内陸部へ水蒸気が進入しやすくなる．これらの複合効果が降水量分布の東西非対称の要因であると考えられる． ［川村隆一］

● 文献
1) Kawamura, R., *et al*.: Role of equatorially asymmetric sea surface temperature anomalies in the Indian Ocean in the Asian summer monsoon and El Nino-Southern Oscillation coupling, *J. Geophys. Res*., 106: 4681-4693, 2001
2) 川村隆一：モンスーン循環の形成とその変動プロセス―大気海洋相互作用と大気陸面相互作用から謎を解く―，天気，54: 199-202, 2007
3) 川村隆一：大気海洋相互作用からみた気候変動．地学雑誌，117: 1063-1076, 2008
4) Saji, N. H., *et al*.: A dipole mode in the tropacal Indian Ocean, *Nature*, 401: 360-363, 1999
5) Xie, S.-P. and Philander, S. G. H.: A coupled ocean-atmosphere model of relevance to the ITCZ in the eastern Pacific, *Tellus*, 46A: 340-350, 1994
6) Xie, S.-P.: Westward propagation of latitudinal asymmetry in a coupled ocean-atomosphere model, *J. Atmos. Sci*., 51: 3236-3250, 1996

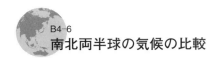
B4-6
南北両半球の気候の比較

　南北両半球の気候に影響を与える大地形の違いは，以下のようにまとめられる．
①北半球では陸地の占める面積が相対的に広く，チベット・ヒマラヤ山塊が低緯度に張り出している．それに対して，南半球では海洋の面積が非常に広い．
②北半球の高緯度は北極海なのに対し，南半球では70°S以南がほぼ南極大陸で占められている．
　以下では，これらが南北両半球の気候に与える影響について述べる．

● 地上気圧

　図1は，1月と7月の海面気圧を示したものである．ユーラシア大陸は1月に高圧部，7月に低圧部になり，気圧の季節変化が大きい．これには，チベット・ヒマラヤ山塊が，1月には寒気の南下を阻止し，7月には大気の加熱役になっていることが効いている[1]．これに比べて，北アメリカ大陸で1月に高気圧が，7月に低気圧が，それぞれそれほど発達しないのは，ロッキー山脈が南北に連なっているためと考えられる[2]．なお，1月にはアリューシャン列島やアイスランド付近で低気圧が発達するため，これらの海域では1月と7月の気圧差が大きい．
　一方，南半球の中～低緯度では，1月，7月ともに高気圧が30°S付近に帯状に位置しており，これらの地域では気圧の季節変化が小さい．これは海洋の面積が大きく，北半球ほど大陸と海洋のコントラストが強くないためである[2]．

● 上層風

　図2は，1月と7月の500 hPa面における東西風の風速を示したものである．ジェット気流（jet stream）は冬季に強くなり，1月には風速の大きい領域が日本付近とアメリカ合衆国東部にみられる（図2a）．特に1月の日本付近は，チベット・ヒマラヤ山塊の北側と南側を吹走するジェット気流がここで合流するため，世界の中で最も風速が大きい地域となっている[1]．一方，1月の南半球では45°S付近に風速の強い領域が

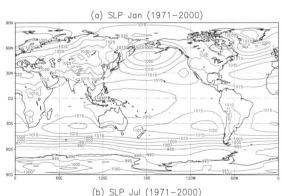

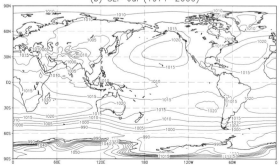

図1　1月（a）と7月（b）の海面気圧（単位：hPa，1971～2000年の平均値）
　　NCEP/NCAR再解析データ[5]により著者作成．

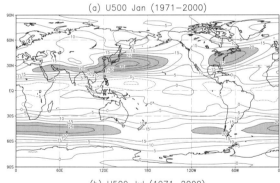

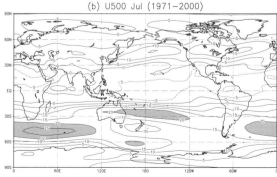

図2　1月（a）と7月（b）の500 hPaの風速の東西成分（単位：m/s，1971～2000年の平均値）
実線は西風，点線は東風の領域であり，風速20 m/s以上の領域は灰色で示されている．NCEP/NCAR再解析データ[5]により著者作成．

みられる．

 7月の500 hPaの東西風速で注目すべき点は，1月の45°S付近でみられた風速の強い領域が7月にもみられることである．しかも，風速は1月，7月ともに20 m/s以上で季節変化が小さい．7月にはこの強い西風の領域が，ニュージーランド付近で南北に分かれる．一方，この時期の北半球では，アジアにおける強風域がチベット・ヒマラヤ山塊の北に移動しており，季節による位置の違いが大きい．そして，7月の風速は1月に比べると小さくなっている．

● 亜熱帯収束帯

 図3は，6月と1月の降水量分布を示したものである（図3a）．東アジアにみられる梅雨前線帯とよく似た性質をもつ降水帯が南半球にもあり，これらは亜熱帯収束帯とよばれる[3,4]．具体的には，図3bの南太平洋にみられる多雨域（南太平洋収束帯，SPCZ：South Pacific Convergence Zone）と，アマゾンから南大西洋にかけてみられる多雨域（南大西洋収束帯，SACZ：South Atlantic Convergence Zone）である［▶B5-2］．

 亜熱帯収束帯には共通点があり，それらは強い水蒸気の収束，前線の強化，対流不安定で特徴づけられる[3]．そして，亜熱帯収束帯が成立するための条件として，①亜熱帯ジェットが緯度30°〜35°にあること，②下層の極向き気流が亜熱帯高気圧の西縁で卓越すること，の2つがあげられている[4]．一方，梅雨前線帯は季節的に南北移動するが，南半球の亜熱帯収束帯はそうではないなど，三者の間には相違点もみられる．

［松山　洋］

● 文献

1) 杉谷隆・平井幸弘・松本淳：風景のなかの自然地理 改訂版，古今書院，2005
2) 吉野正敏：気候学，大明堂，1978
3) Kodama, Y.: Large-scale common features of subtropical precipitation zones (the Baiu frontal zone, the SPCZ, and the SACZ), Part I: Characteristics of subtropical frontal zones, *J. Meteor. Soc. Japan*, 70: 813–836, 1992
4) Kodama, Y.: Large-scale common features of subtropical convergence zones (the Baiu frontal zone, the SPCZ, and the SACZ), Part II: Conditions of the circulations for generating the STCZs, *J. Meteor. Soc. Japan*, 71: 581–610, 1993
5) Kalnay, E. and co-authors: The NCEP/NCAR 40-year reanalysis project, *Bull. Amer. Meteor. Soc.*, 77: 437–471, 1996
6) Xie, P. and Arkin, P. A. Global precipitation: A 17-year monthly analysis based on gauge observations, satellite estimates, and numerical model outputs, *Bull. Amer. Meteor. Soc.*, 78: 2539–2558, 1997

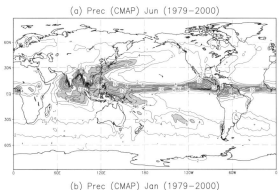

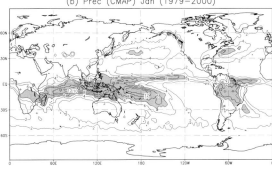

図3　6月（a）と1月（b）の降水量分布図（単位：mm/day，1979〜2000年の平均値）
4 mm/day以上の領域は灰色で示されている．CMAP[6]により著者作成．

B4-7 成層圏循環と対流圏との関係

　対流圏の上面を（対流）圏界面といい，その高度は対流圏の対流活動の活発度に応じて，低緯度で高く約17 km，中緯度で約12 km，高緯度で低く約8 kmである．対流圏界面は対流圏における気温の極小域にあたる．その上が成層圏で，高度約20 kmまではほぼ等温層で，20～50 kmは上ほど昇温する．成層圏のオゾン層は，太陽からの紫外線により電離した酸素原子と酸素分子が結合したオゾンの密度の高い気層で，温室効果により地球の気温をほどよく保つ．太陽からの紫外線はオゾン層で吸収され下ほど弱まるので，オゾン密度最大の17～28 kmより上の50 km付近（成層圏界面）に気温の極大が現れる．

●成層圏の循環

　成層圏でも大規模な循環が起きている．対流圏の熱帯内収束帯で上昇した気流の一部は，圏界面を超えて成層圏に入る．成層圏を中・高緯度へ移動し，中・高緯度で成層圏下部へ下降する南北循環が生じており，このような循環をブリューワー・ドブソン循環（図1）という．この循環は冬半球で顕著である一方，夏半球では下層だけの小規模なものとなる．

　この循環で低緯度成層圏にて生成されたオゾンが高緯度成層圏へ運ばれる．冬半球の高緯度帯には極夜渦（冬半球の極を取り巻く寒冷な低気圧）が形成され，成層圏中層には極夜ジェット（極夜渦周辺の強い西風）が吹く．特に北半球では大地形の影響で南北波動が卓越する．一方，夏半球では成層圏中層・上層に極高気圧が現れ，赤道上の同高度と比べ高温となるとともに，極圏を取り巻いて中緯度で東風が吹く．北半球の夏には成層圏下部から対流圏上部に及ぶチベット高気圧［▶ 5-1］）が形成される．

　冬半球側の極域成層圏の約 -78℃ 以下の領域には極成層圏雲（PSC：polar-stratospheric clouds）が形成される．この雲が春になって日射を受けて昇華するさい，オゾンが破壊される．南半球側には大陸が少ない関係で，極夜渦が発達し，低温となり，PSCが発生しやすい．そのため，オゾン層の破壊も北半球より南半球で先行した．

　成層圏では冬の後半～春に気温が数日間のうちに数10℃も急上昇することがあり，「成層圏突然昇温」とよばれる．数回にわたって20℃程度の昇温が繰り返されることもある．通常の西風が東風に変わるものを大昇温，東風へ変化しないものを小昇温と区別する場合もある．4月ごろに起こるものは最終昇温とよばれ，高度30～50 kmでは暖候季の循環，つまり極高気圧の循環に変化する．突然昇温の成因は，対流圏の大規模な低気圧活動を伴うプラネタリー波による西向き運動量の成層圏への輸送と熱の極向き輸送による[2]．「38豪雪」の1963年の突然昇温がメカニズム解明のきっかけとなった．

●成層圏準2年周期振動（QBO）

　熱帯成層圏では，準2年周期振動（QBO：Quasi-Biennial Oscillation）が卓越している．熱帯成層圏では，1883年8月のインドネシア・クラカタウ（Krakatau）火山（6°S, 105°E）大噴火時に東風，1908年のアフリカ・ヴィクトリア湖の気球観測で西風が観測されたが，その半世紀後ようやく，熱帯成層圏QBOが確認された．

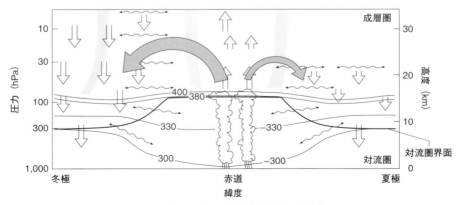

図1　成層圏の南北循環と対流圏との関連[1]
低緯度で上昇，中高緯度で下降，冬半球で強化の循環がみられる．

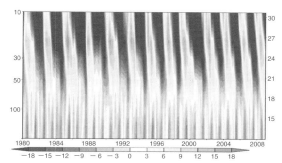

図2 1980～2009年における成層圏QBOの時空間構造[4]
東風と西風が10～18か月ごとに交代し下方へ移ってくる.
西風：明灰色. 東風：暗灰色. 横軸：年. 縦軸：左は気圧 [hPa],
右は高度 [km].

熱帯成層圏QBO[3]は，高度（気圧）およそ40 km（3 hPa）から17 km（90 hPa）にかけて徐々に，東西風が約1 km/月の速度で上層から下層へ下降（内部重力波は上方へ伝播）する現象で，周期は平均28か月だが，20～36か月と幅がある（図2）．南北半球緯度12°の範囲内で顕著である．

最大振幅は26 km（20 hPa）付近にみられ，比較的東風の方が強く，最大風速は40～50 m/sに達する．

初夏に東風（E）フェイズへ移行した年，例えば，1994，1998，2010年には，チベット高気圧が東方へ強く張り出し，その影響を受けた日本では猛暑になった．一方，西風（W）フェイズ時には偏西風を蛇行させ，ひいてはブロッキングパターンに移行しやすく，オホーツク海高気圧の出現や，シベリアから寒冷渦の南東進を導き，冷夏傾向となる．近年の冷夏は全て70 hPaを指標としてWフェイズ時に発生している．その典型例が1993年で，成層圏下層にて西風が卓越するなか，日本を含む北半球中緯度帯で大冷夏となった．

● QBOの気候への影響

QBOのフェイズ別の気候への影響についての研究は今後の課題であるが，ここではアジアにおける暖候季に降水量への影響について取り上げる．QBO-E年とW年を比較して，7月（図3a），8月（図3b），9月（図3c）に，どちらが多雨傾向になるかを識別することが可能である．　　　　　　　　　　［山川修治］

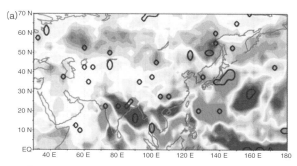

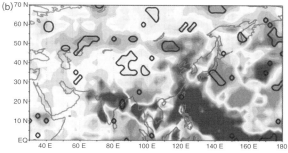

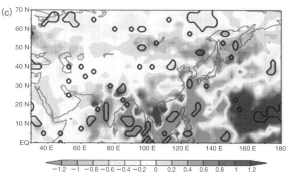

図3 QBOの東風（E）年から西風（W）年を引いた (a) 7月，(b) 8月，(c) 9月における降水量の偏差分布[4]
50 hPaにおける3～5月のQBOに着目し，アジアの暖候季各月について平年偏差で示す．E年に多雨：明灰色．W年に多雨：暗灰色．有意水準95 %以上に太線を施している．
(a) 7月：E年で多雨となる地域として，インド北部・北東部があげられる．中央アジアでは，チベット高気圧に伴う少雨域がWNW-ESEに連なり，その西方，東欧にかけて，E年に少雨傾向となる．長江流域から日本列島にかけては，E年で少雨，W年で多雨が卓越し，梅雨前線の活動度への影響を示唆する．
(b) 8月：E年の東日本と中国北西部で少雨・干ばつ傾向がみられ，ハドレー循環の強化を示す．それら少雨域間の120°E付近，台湾南東方から台湾に伸びる主に台風の通過によるとみられる多雨帯が存在する．45～55°N帯にはユーラシア寒帯前線帯に伴う多降水域がみられる．W年には東日本・北日本で多雨・豪雨傾向が認められる．
(c) 9月：E年にマリアナ近海で多雨傾向があり，台風の活発化を示唆する．W年には，東南アジア周辺，東シナ海，日本付近にかけて多雨傾向で，台風が南シナ海，太平洋西部から，北東進しやすいことを暗示するほか，インド洋東部，アラビア海・ベンガル湾のサイクロン・熱帯擾乱も活発化する．

● 文献
1) 塩谷雅人：熱帯大気と物質の循環．宮原三郎編，オゾンのゆくえ―気候変動とのかかわりをさぐる，クバプロ，2004
2) Matsuno, T.: A dynamical model of the stratospheric sudden warming, *J. Atmos. Sci.*, 28: 1479-1494, 1971
3) 山川修治：季節～数十年スケールからみた気候システム変動．地学雑誌，114: 460-484, 2005
4) 井上誠・山川修治：成層圏QBOに伴うグローバル降水特性．地学雑誌，119: 441-450, 2010

B5 総観気候

B5-1 高・低気圧システム

1月と7月の世界の地上気圧配置と風系図（図1）によって，それぞれの地域の気候に影響を与える高・低気圧の分布状況をとらえ，主要な高・低気圧の特徴について記す．

●高気圧

地上天気図もしくは高層天気図において，周辺より気圧の高い部分を高気圧とよぶ．主に北半球の各地域を代表する高気圧についてみてみよう．

1) **シベリア高気圧**（Siberian High）：寒候季，特に冬季において，シベリア南東部ないしモンゴル付近に中心をもつ寒冷な高気圧で，1月の中心示度は平均1034 hPaである．寒気が放射冷却で蓄積することにより形成されるので，厚さ2～3 kmの背の低い高気圧である．乾燥した大陸性寒帯気団を伴い，最盛期にはユーラシア大陸のほぼ全域を覆う．東アジアでは北西季節風，東南アジア・南アジアでは北東季節風とともに寒波をもたらす．形成条件として，①チベット・ヒマラヤ山塊による寒気のせき止め，②盆地状地形における夜間の放射冷却，③暖かい西太平洋・南シナ海での上昇流を補う下降流，④ユーラシア大陸北東部における時計回りの循環に伴う北極寒気団の極東への供給，があげられる［▶ B4-2］．

2) **チベット高気圧**（Tibetan High）：暖候季，特に夏季において，チベット高原の上空，成層圏下部にあたる高度15～16 kmに中心をもち，高度8～20 kmで発達し，東西1万5千～2万kmも張り出す巨大な高気圧で，中心が2つないし3つに分かれることもあ

る．周囲に比べ温暖な空気に支配され，対流圏の亜熱帯高気圧と重なり合うと，暖気の下降によって地表に猛暑をもたらす．発生条件として，①インドモンスーン（季節風）がヒマラヤ山脈を上昇するさいの運動量集積と潜熱放出，②チベット・ヒマラヤ山塊の熱源（顕熱），③暖かいインド洋での上昇流を補う下降流，があげられる．

3) **北太平洋高気圧**（North Pacific High）：亜熱帯高圧帯の一部をなし，北太平洋北東部に中心をもつ海洋性の温暖な高気圧で，気圧の峰（リッジ）は中心からWSWへ伸びる．夏に発達して北上し，中心は35°N，150°W付近で平均1024 hPaになり，その西縁部が日本付近に張り出し，暑夏をもたらす．冬には弱化して南下する．ENSO［▶ B4-3］に伴って変動し，海水温の高い海域の北東側で発達する．

4) **小笠原高気圧**（Ogasawara High）：夏季に北太平洋高気圧の西縁部において独立的に発達する高気圧．毎年夏季に強まり，日本に盛夏をもたらすが，ラニーニャ年には発達し暑夏に繋がる反面，エルニーニョ年には不明瞭で冷夏に繋がることもある．

5) **アゾレス高気圧**（Azores High）：亜熱帯高圧帯の一部をなし，北大西洋東部のアゾレス諸島付近に中心をもつ海洋性の温暖な高気圧で，北大西洋高気圧ともいう．冬に南下，夏に発達・北上して西欧方面へ張り出す．この高気圧に年間通して覆われるサハラは砂漠地帯となっている．北大西洋振動（NAO）［▶ B4-4］が正フェイズ時に発達する．

6) **バミューダ高気圧**（Bermuda High）：夏季にアゾレス高気圧の西縁部において独立的に発達する高気圧で，小笠原高気圧と北太平洋高気圧の関係に類似する．北大西洋西部のバミューダ諸島付近に中心をもつ海洋性の温暖な高気圧．夏に発達・北上し，北米へ張り出すが，それが継続すると干ばつになる．

7) **オホーツク海高気圧**（Okhotsk High）：オホーツク海に中心をもつ，海洋性の冷湿な高気圧．梅雨季に

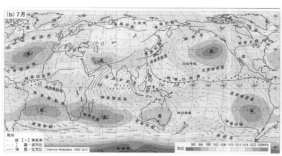

図1　世界の1月（a）と7月（b）の気圧配置と風系図[1]
季節を代表する1月・7月のパターンから卓越する気候特性を理解できる．

出現頻度が高まる．成因としては，①オホーツク海の海水温が低いこと（素因），②対流圏中層の60°N，140°E付近にブロッキング高気圧，つまり極東リッジが入る（誘因）とその数日後に発達しやすいことがあげられる．③春にアラル海付近の残雪が多いこと，④半年前2月ごろのNAO正フェイズとの有意な相関，⑤太平洋10年規模振動（PDO：Pacific Decadal Oscillation）[▶B4-4]の夏フェイズ時の6月と8月に発達しやすいこと，が指摘されている．盛夏季にも卓越する年には，日本に冷夏・冷害を招く．

8）ボーフォート高気圧（Beaufort High）：北極海のカナダ沖を中心として発達する寒冷な高気圧で，冬は寒気をシベリア方面やカナダ方面へ供給する．2007，2012年夏をはじめ，この高気圧性循環が卓越し，東シベリア海方面の海氷が時計回りにシベリア北方沖を通り，北大西洋方面へ移動するような場合に海氷面積の縮小が著しい．

●低気圧

通常の温帯低気圧は，南北両気団の温度差が大きいことがエネルギー源になって発生・発達する．北半球では反時計回り，南半球では時計回りに収束し，上昇流を伴うので，曇雨天になる．上空ほど気圧の谷（トラフ）の部分が西にシフトしている状態（傾圧構造）で発達する．トラフの東側では暖気移流があり，大気が膨張し上昇流を引き起こす．日本付近で発生する大部分の低気圧や地中海低気圧）はその構造をもつ代表的な存在といえる．

1）アリューシャン低気圧（Aleutian Low；AL）：冬の北太平洋からアリューシャン列島付近で発達する低気圧．シベリア高気圧から吹き出す寒波，北西の季節風は，ALないしその中心から南西に伸びる寒冷前線へ向かう．発生要因としては，①暖水の広がる北太平洋南西部で発生・発達した低気圧が北東進し停滞すること，②チベット・ヒマラヤ山塊東方に位置する対流圏中層トラフの東側にあたり寒暖両気団の接触を生じやすいことがあげられる．また，発達して停滞する要因としては，対流圏中層の極東域に現れる定常的な深いトラフに対応することが指摘される．ALはPDOが正フェイズのときに東偏発達する傾向にある．

2）アイスランド低気圧（Icelandic Low；IL）：冬の大西洋北部，アイスランド付近で発達する低気圧．冬にカナダで発達する高気圧から吹き出す寒波は，ILないしその中心から南西に伸びる寒冷前線へ向かう．発生要因としては，①暖水の広がる北大西洋南西部やメキシコ湾で発生・発達した低気圧が北東進し停滞すること，②アゾレス高気圧が強いときに発達する傾向

にあり，そのNAO正フェイズ時にはIL南側の偏西風が強まり，ヨーロッパに比較的暖かい冬，比較的凌ぎやすい夏をもたらす．冬の後半には，ILとALが一方が強いと一方は弱いという関係を繰り返す状況となり，IL-ALシーソーといわれる．

3）地中海低気圧（Mediterranean Low）：地中海付近に中心をもつ低気圧で，冬季に出現頻度が高まり，地中海沿岸に冬雨気候をもたらす．NAO負フェイズのときに出現しやすく，この低気圧活動が活発になると，その北側のヨーロッパで偏西風が弱まり地中海低気圧に向かって北方から寒気が南下し，寒冬傾向となり，南欧や中東でも降雪をみる場合がある．

4）モンスーン低気圧（monsoon low，— depression）：インド北部で夏に発達する低気圧．熱帯インド洋からの大量の水蒸気を含む南西モンスーンがベンガル湾北部で反時計回りに回転しつつ積乱雲群を組織化した低気圧で，ヒマラヤ山脈の南縁部を西北西へ向かって進む．ヒマラヤ山脈に沿って上昇流を引き起こし，インド北部を中心に大雨となる．雲発生時に潜熱が放出されるため上昇流が一段と強まり，モンスーン循環の発達につながる．この低気圧の上空にチベット高気圧が形成される[▶B4-2]．

5）寒冷渦（cold vortex）：地上から上空にかけてほぼ同一地点に中心があり（順圧構造：バロトロピック（barotropic）構造），対流圏中・上層に寒気を伴う低気圧で，寒冷低気圧ともいう．中心付近の対流圏では寒気だが，その上層の成層圏では暖気（周囲より高温な空気）があり，そのため対流圏では低温でありながら低気圧構造が保たれる．極渦のトラフが分離し形成されるため，切離低気圧（cut-off low）ともよばれる．上空に寒気を伴うため，寒冷渦周辺の大気は不安定で，特に中心の南東側では，上空の寒気と南西方や南東方からの下層の暖気が接触するため，雷雨・突風，竜巻・降雹[▶G3-7]が起きやすい．

6）コンマ状低気圧（comma-shaped low）：冬季に主低気圧の西方約1500 km付近で，性質の異なる気塊の境界にて形成される低気圧．コンマ状の雲塊を伴い，雷雨や降雹を引き起こしやすい．　　　［山川修治］

●文献
1）気候影響利用研究会編：日本の気候I，二宮書店，2002

B5-1 ●高・低気圧システム　　79

B5-2 前線・梅雨前線・秋雨前線のシステム

●前線について

大気の立体構造を考えた場合，性質の異なる2つの気団の境界は面をなすが，これを前線面（前面）といい，前線面が地表面や天気図解析を行う等圧面などとなす交線を前線とよぶ．通常，前線は寒気団と暖気団との間に位置しており，空気に密度差があるため両気団は直ちに混合せず，～100 kmの水平幅で温度傾度の大きい遷移帯を形成する（図1）．この遷移帯を気象学的前線帯とよぶことがあり，天気図上の前線は遷移帯の南縁に沿って解析される．隣り合った寒気と暖気は，その密度差によって相対的に寒気が暖気の下側へ，暖気が寒気の上側へと運動し，前線面は水平面に対して1/100以下の緩やかな傾きで寒気側に傾斜する．この過程は，空気のもつ位置エネルギーの一部（有効位置エネルギー）が運動エネルギーに変換されることに相当し，水平方向の大きな温度傾度（傾圧性）が温帯低気圧の発達にとって重要な役割を果たしていることを意味している．ただし，水平方向の温度傾度と風の鉛直シアとの間に，コリオリ力と関連する温度風平衡の関係を保とうとするため，空気の運動が発生し前線面は水平にはならない．

前線付近の温度傾度は，空気の運動によって時間的に変化する．時間経過とともに温度傾度が大きくなる状態をフロントジェネシス（frontogenesis）といい，温度傾度が小さくなる状態をフロントリシス（frontolysis）という．ある面（等圧面）におけるフロントジェネシスの状態として，図2のように低温側と高温側からの空気が合流・収束する場合（a）や，風に水平シアがある場合（b）などがあり，これらはいずれも図中のy軸方向の温度傾度が増大することになる．

●前線の分類

前線は，前線を形成する気団の運動によって分類することができる．北半球において前線上に温帯低気圧が発生し北東方向へ移動する場合を考えると，低気圧

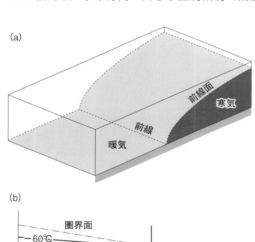

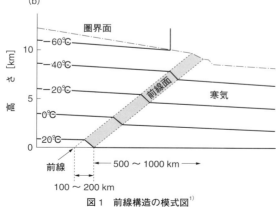

図1 前線構造の模式図[1]
(a) 前線の概念図，(b) 前線を横切る鉛直断面の気温分布模式図．

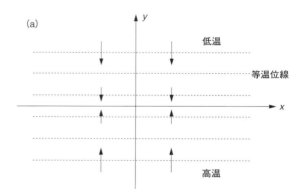

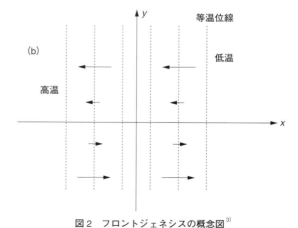

図2 フロントジェネシスの概念図[3]
(a) 合流・収束による場合，(b) 水平シアによる場合．破線は等温位線を，矢印は風向風速を表す．

前方の前線は暖気が寒気を押しのけつつ進行し，後方では逆に寒気が暖気を押しのけつつ進行する．前者を温暖前線，後者を寒冷前線という．寒冷前線が温暖前線に追いつき，その際に温暖前線の寒気と寒冷前線の寒気との間に温度差がある場合には閉塞前線となる．また，暖気と寒気の進行速度がともに小さく，顕著な動きを示さない場合を停滞前線という．さらに，前線面に沿った暖気と寒気の相対的な動きから，温暖前線や寒冷前線についてアナフロント（anafront：アナ型）とカタフロント（katafront：カタ型）に分類することがある．アナフロントは，前線面上を暖気がはい上がる場合で滑昇前線ともよばれ，発達した対流雲や強い降水を伴うことが多い．一方，カタフロントは滑降前線ともいい，前線面上を暖気が下降するような前線で，一般に雲の発達は活発でなく，降水を伴うことも少ない．両者の差異は，前線の移動速度や上空の風の状態，前線付近の上昇流の強さなどによっており，事例ごとの前線構造はきわめて多様性に富んでいる．

● 気候学的前線帯

　天気図上に解析された前線の位置を集計すると，特定の場所に前線出現の高頻度帯が認められる．上述の気象学的前線帯に対して，これを気候学的前線帯ということがあるが，以下では単に前線帯と称する．前線帯は気団の境界の気候学的な位置を表すと考えられることから，アリソフ（B. P. Alissow）はこのような気団論的観点から気候区分を行っている［▶ B9-3］．地球上の気団は，高緯度側から低緯度側に向かって，極（北極／南極）気団，寒帯気団，熱帯気団，および赤道気団に大別される．これに対応する前線（帯）として，極気団と寒帯気団との境界を極（北極／南極）前線（帯），寒帯気団と熱帯気団との境界を寒帯前線（帯）とよんでいる．かつては熱帯気団と赤道気団との境界を赤道前線（帯）もしくは熱帯前線（帯）とすることもあったが，赤道に近くコリオリ力の寄与が小さい（温度風平衡が成立しがたい）ことなど，中高緯度の前線とは大きく性質が異なるため前線の名称は使用されなくなった．現在では，南北両半球の亜熱帯高気圧（中緯度高圧帯）から赤道側へ吹き出す貿易風の収束する場所として，熱帯内収束帯（ITCZ：intertropical convergence zone）を考えることが通常である．

　図3は吉村[5]が集計した北半球1月の前線出現頻度分布であり，ここにはPetterssen[7]が示した北半球冬季における主要前線帯（①太平洋寒帯前線帯，②大西洋寒帯前線帯，③地中海前線帯，④太平洋北極前線帯，⑤大西洋北極前線帯）がよく表現されている．極

図3　北半球1月の前線出現頻度分布（％）（吉村[5]に加筆）
北半球冬季の主要前線帯：①太平洋寒帯前線帯，②大西洋寒帯前線帯，③地中海前線帯，④太平洋北極前線帯，⑤大西洋北極前線帯．

前線帯，寒帯前線帯とも，連続的に地球を周回しているわけではなく，フロントリシスをもたらす発散の卓越する高気圧性循環の圏内や，気団の消長が顕著で前線発現位置の集中性が低い場所では不明瞭となる．なお，夏季にはユーラシア大陸上の北緯50〜60°付近においてユーラシア寒帯前線帯が認められる．

● ジェット気流と前線

　図4は1月のある日における東経140°に沿った東西風速成分と温度の南北断面を表している[2]．北緯30°付近の地上から，上空に向かって北側に傾斜した温度の南北傾度の大きい領域（太線）が認められ，ここが寒帯前線に相当する．2つの等圧面に挟まれた気層の層厚（thickness）は，気層の平均温度が高い（空気密度小）と大きくなるので，寒帯前線の暖気側（低緯度側）では寒気側（高緯度側）に比べて層厚の大きい気層が積み重なっている（図5）．したがって，高緯度側から低緯度側へ向かう気圧傾度（等圧面の傾き）が上空で大きくなり，このような温度風の関係によって西風風速が上空ほど大きくなる．このため寒帯前線上空の対流圏界面（図4の二重線）付近には，寒帯前線ジェット気流とよばれる西風風速の極大が現れる．一方，北緯30°付近の上空に存在する西風風速の極大は，ハドレー循環や，中緯度の擾乱による角運動量の集積に起因して形成された亜熱帯ジェット気流である．ここでは，力学的につくられた強い西風に対応して，温度風平衡が成立するように南北の温度傾度が対流圏上層に形成されている（図4の太破線）．これを亜熱帯前線（subtropical front）とよぶが，一般に亜熱帯前線は対流圏下層に明瞭な温度傾度を有する前

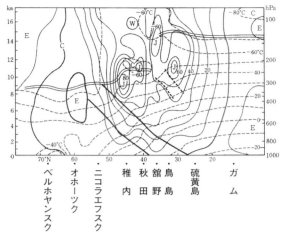

図4　1958年1月26日9時（日本時間）の東経140°に沿った東西風速成分と温度の南北断面（高橋[2]に加筆）
細い実線は等風速線，破線は温度，二重線は対流圏界面，太い実線と破線は気象学的前線帯を表す．

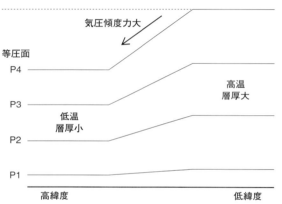

図5　等圧面間の層厚と温度および気圧傾度との関係

線としては認められない．ただし，緯度30°付近に現れ，顕著な降水帯を形成する南太平洋収束帯（SPCZ：South Pacific Convergence Zone），南大西洋収束帯（SACZ：South Atlantic Convergence Zone），ならびに次に述べる梅雨前線は，上層に亜熱帯ジェット気流を伴った亜熱帯前線の特徴を有している［▶B4-6］．

●梅雨前線

梅雨前線は，衛星画像で見ると中国大陸内部から日本東方の北太平洋域へ連なる数千kmの雲帯に対応した準定常的な前線であり，5月上中旬から7月中下旬にかけて停滞と北上を繰り返しつつ中国，朝鮮半島，日本など東アジアに顕著な雨季（それぞれMeiyu, Changma, Baiu）をもたらす．以下では，気団や循環場（図6）の特徴をふまえつつ梅雨前線を概観する．

日本付近より東方においては，南側の海洋性熱帯気団（小笠原気団）と北側の海洋性寒帯気団（オホーツク海気団）との間に梅雨前線が存在し，梅雨前線付近の南北温度傾度は比較的に大きい．このため，冬から夏にかけて北上する間に，一時的に日本付近で停滞した寒帯前線を梅雨前線と考える立場がある．しかし，地上の前線の出現位置を観察すると，3月下旬から4月上旬（いわゆる菜種梅雨）ころの日本南岸の前線帯よりも，沖縄地方に梅雨をもたらす5月の梅雨前線帯はより南側に位置している．この間の4月から5月には，移動性の高気圧と低気圧が交互に通過するが，次第に低気圧通過後に前線が亜熱帯ジェット気流の南側にあたる北緯25°付近に停滞するようになる．

その後5月後半になると，中国大陸では南北の温度傾度が急激に消失する．これは北緯40°付近の半乾燥地域（華北や黄土高原）が高温となるためで，中国大陸上の傾圧帯（ユーラシア寒帯前線帯）は北緯50°付近に大きく北上する．一方で，低緯度側から熱帯アジアモンスーンの赤道気団あるいは太平洋高気圧西縁の海洋性熱帯気団として，下層に多量に水蒸気を含み対流不安定性の大きい空気が流入するようになる．これによって，対流雲群の発生・発達や，亜熱帯ジェット気流南側下層の強風帯（下層ジェット）の形成などを通して，鉛直循環を伴う亜熱帯前線としての構造が成立する．北側には地表面からの加熱を受けて変質した大陸性熱帯気団が存在するため，前線南北の温度傾度は一般に小さく，水蒸気量の南北傾度が大きい．下層の梅雨前線は水蒸気量を考慮した相当温位傾度の極大帯として解析され，日本付近の梅雨前線はこれの延長上にあたっている．

日本においても下層ジェットに伴う多量の水蒸気輸送（湿舌）による大雨の発生がしばしばあり，梅雨前線は東アジア全体としても亜熱帯前線として認識できる．ただし，上述のように梅雨前線の性質は東と西とで異なっており，これが雨の降り方にみられる東日本（陰性的）と西日本（陽性的）との差異や，中国大陸から東進してくる対流雲群の変質に関係している．また，梅雨前線の活動には，寒帯前線ジェット気流（寒帯前線）上を移動する擾乱や，準定常的な梅雨トラフ・梅雨リッジなど高緯度側の循環による影響もあり，大きく南下した寒帯前線上の擾乱によって降水が発生する場合もある．なお，かつては梅雨前線の形成に関するオホーツク海高気圧の寄与が重要視された．しかし，オホーツク海高気圧は，循環場の季節推移の過程で梅雨前線と同時現象的に現れる現象と認識され

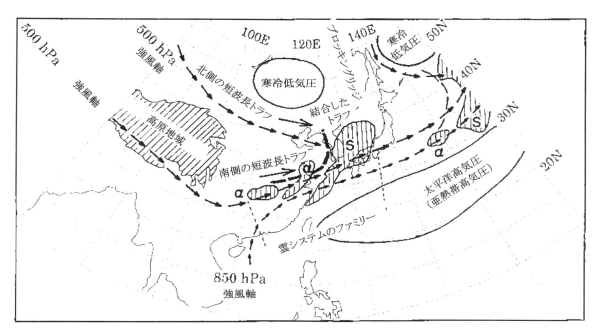

図6　東アジアの梅雨に関する循環場模式図[6]

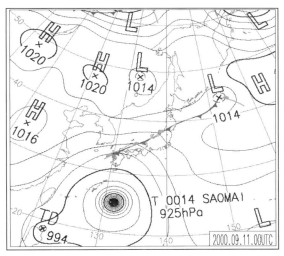

図7　秋雨前線と台風による集中豪雨時（東海豪雨）の天気図
　　　（2000年9月11日）

るようになり，日本付近の気温分布や傾圧性に影響を与えるものの，梅雨前線の形成に対する本質的な関与は小さいと考えられるようになった．

●秋雨前線

　秋雨は，盛夏期に北上した前線帯が，日本付近をしだいに南下する9月から10月前半にかけて現れる雨の多い季節である．この時期には熱帯アジアモンスーン域からの赤道気団はすでに後退局面にあり，秋雨前線は亜熱帯前線としての性質は示さず，冷えつつある大陸上の寒帯気団と海洋性熱帯気団との間に形成される寒帯前線とみなされる．秋雨季の降水量は，北日本から東日本では通常梅雨季よりも多いが，西日本では梅雨に比べて秋雨は明瞭ではなく，水蒸気の流入が少なくなる中国大陸上ではほとんど雨季として認識されない．

　秋雨季の降水は，秋雨前線単独でもたらされる場合も多いが，南方からの熱帯擾乱の接近に伴い，熱帯擾乱東側を吹く南よりの風によって秋雨前線に多量の水蒸気が供給される場合に顕著な大雨となることがある（図7）．また，熱帯擾乱の温帯低気圧化に際し，周囲から引き込む寒気（乾気）と暖湿気との間に前線が形成されることも多い．

[高橋日出男]

●文献

1) 白木正規：百万人の天気教室，8訂版，成山堂，2007
2) 高橋浩一郎：総観気象学，岩波書店，1969
3) 二宮洸三：気象の基礎知識，オーム社，2008
4) 山岸米二郎：天気予報のための前線の知識，オーム社，2007
5) 吉村稔：北半球の前線帯の年変化，地理学評論，40: 393–408, 1967
6) Ninomiya, K. and Shibagaki, Y.: Multi-Scale features of the Meiyu-Baiu front and associated precipitation systems. J. Meteor. Soc. Japan, 85B: 103–122, 2007
7) Petterssen, S.: Weather Analysis and Forecasting, 2nd ed., Vol. 1 Motion and Motion Systems, McGraw-Hill, 1956

B5-3 台風のシステム

●名称と定義

熱帯および亜熱帯域の海洋上で発生する低気圧を一般に熱帯低気圧（tropical cyclone）とよんでいる．これは激しい降雨を伴う活発な対流雲の集団（熱帯擾乱）が発達したものである．熱帯低気圧は，発達の強さや発生した地域によって名称が異なる（表1）．日本の気象庁により台風とよばれている熱帯低気圧は，最大風速が17.2 m/s（34ノット）以上となった熱帯低気圧にあたる．

気象庁での熱帯低気圧は，WMOが定める10分間平均の最大風速によって分類されているが，米国の合同台風警報センター（JTWC：Joint Typhoon Warning Center）では，1分間平均の最大風速が用いられており，両者の分類が必ずしも一致しないことには注意が必要である．

●熱帯低気圧の発生と発達

熱帯低気圧の発生は少なくとも26℃程度以上の高い海面水温を必要とする．それは，熱帯低気圧が雲の形成時に放出される潜熱によってエネルギーを得ていることに関連しているからであり，陸上では発生しない．26℃以上の海面水温をもつ領域は，低緯度の限られた地域に分布するため，台風にまで発達する熱帯低気圧もこの領域に限られる（図1）．

こうした領域の暖水上には大気循環システムとして熱帯内収束帯（ITCZ）や偏東風が存在し [▶B4-1]，ITCZの一部あるいは偏東風内の大気波動（偏東風波動）内で対流が生じることが熱帯低気圧発生のきっかけとなる．高度に伴う風向，風速の変化が小さく（鉛直シアが小さく），風速が小さな場も熱帯低気圧の発生には必要である．これらが大きい場合には，熱帯低気圧の発達に必要な深い対流の形成が妨げられるためである．いったん，地表付近に低気圧の中心が形成されると，低気圧の中心に向かって暖かく湿った大気が集まり，低気圧の中心部で上昇するようになる．上昇した空気は断熱膨張し，冷却され，含まれる水蒸気が凝結し雲粒を形成する．その際に解放される莫大な潜熱がまわりの空気を加熱し，ますます上昇気流を強める．このことが，地上の中心気圧をいっそう低下させ，中心部に向かう風の収束を強化させ，ますます下層からの湿潤な大気を上昇させる結果となる．このような熱帯低気圧の中心部における積乱雲群が，数百kmスケールの台風などの熱帯低気圧と相互に作用し合い，発達を促進し合うメカニズムをシスク（第二種条件つき不安定，CISK：conditional instability of the second kind）とよんでおり，熱帯低気圧の発達において重要な役割をもっている．

一般に熱帯低気圧は発達に必要な条件が失われる中緯度に達すると急速に勢力を弱めるが，その後，温帯低気圧となって再発達する事例も多く存在する．

表1 熱帯低気圧の分類

気象庁の分類	最大風速（10分平均）		国際分類（WMO）	米国（シンプソン・スケール） 最大風速は1分平均	
	風速(knot)	風速(m/s)		カテゴリ	時速(km/h)
熱帯低気圧*	≦33	≦17.2	Tropical Depression		
台風	34–47	17.2–24.5	Tropical Storm		
	48–63	24.6–32.6	Severe Tropical Storm	1	119–153
強い台風	64–84	32.7–43.7	Typhoon or Hurricane	2	154–177
非常に強い台風	85–104	43.7–54		3	178–209
				4	210–249
猛烈な台風	≧105	≧54		5	≧250

*本文中で用いている熱帯低気圧とは異なることに注意

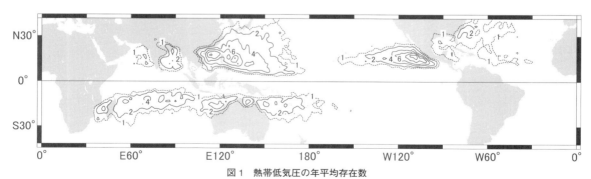

図1 熱帯低気圧の年平均存在数
Joint Typhoon Warning Center Best Track Data（1971〜2000）を使用．1時間ごとに存在位置を時間内挿し，緯度・経度2°ごとに集計．

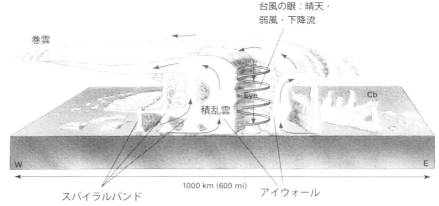

図2 台風の構造（Anderson and Strahler[3]の図に日本語訳を入れたもの）

●構造的特徴

　水平方向に一様な温度分布をもち，降水分布，風速，雲の分布も台風の中心に対して軸対象で，等圧線の形もほぼ円形を成しており，冷気と暖気の境界である前線［▶B5-2］を伴う温帯低気圧とは本質的に異なった構造をもつ．熱帯低気圧内［▶B5-1］の空気は，地表近くの層で渦巻状に収束しており，莫大な量の暖かく湿潤な空気によって駆動される．この空気は，台風の眼のまわりを取り巻く背の高い積乱雲の壁（アイウォール，eye wall）やそれをらせん状に取り巻く帯状の降雨域（スパイラルバンド，spiral band）を構成する（図2）．

　台風などの発達した熱帯低気圧は，その中心に直径20〜200 km程度の眼をもつが，ここでは下降気流が卓越し，気温が高く，弱風で晴天となっている．風速は，一般に眼の周囲のアイウォールで最も大きく，中心から遠ざかるにつれ小さくなるが，中心から離れたところで最大となるものも存在する．眼の周囲の空気塊には遠心力も強く働くため，台風中心に向かう風が生じることはない．降水もアイウォールに沿って最も強い．

　アイウォールやスパイラルバンド中の積乱雲の中には，ホットタワー（hot tower）とよばれる熱帯域においては高さ14〜18 kmにも達する雲が生じている．ホットタワーは，大量の潜熱解放に起因して生じ，特に背の高い雲であることから命名されており，熱帯低気圧の発達に強く関与している．

●中心位置と移動・分布

　台風の中心は，中心の考え方により，気圧中心として海面更正気圧が最低となる位置とする方法，大気下層の渦度が最大となる位置としての渦度中心，風速場の中心としての風中心とする方法などによって決定される．これらの方法で決定された中心位置は厳密には異なるが，実用上問題になることはない．一般には気圧の中心が台風の中心として用いられることが多いが，海洋上など地上観測点の少ない場所で，気圧観測が十分でない場合，風速分布やそのほかの気象要素から中心位置を決定する．この際，衛星画像からの情報は重要な役割を果たしている．

　台風の移動速度は，台風の中心の移動速度として定義される．台風の移動は，これを含む大規模場の風系（指向流）によりおよそ決められている．貿易風の中では一般に西方に移動し，偏西風帯に入れば東方へ移動する．これらが弱い地域では，β効果による移動（北半球では北ないし北西方向，南半球では南ないし南西方向）や台風自体が周囲の循環場を変化させる影響が無視できなくなり，移動も複雑なものとなる．こうした指向流の強弱及び偏東風と偏西風の中間に位置する亜熱帯高気圧の季節的な位置や強さは，台風の移動経路の季節性をもたらしている．

［森島　済］

●文献

1) 朝倉正ほか編：新版気象ハンドブック，朝倉書店，1995
2) 日本気象学会編：気象科学事典，東京書籍，1998
3) Anderson, B. T. and Strahler, A.: Visualizing Weather and Climate, Wiley, 2008
4) World Meteorological Organization: Climate into the 21th Century, Cambridge University Press, 2003

B5-4 リージョナル気候と気圧場

●地域気候と気圧場

気圧場（気圧配置）は気温・降水量その他様々な気候要素の分布を説明するうえで，重要な手掛かりとなる．これまでに東アジアを対象とした気圧配置の分類法が検討され，この方法に基づく気圧配置ごよみが作成されている．これらの気圧配置ごよみはさらに，季節的な出現頻度の特性に着目して例えば暖冬年や寒冬年の地域気象の解析に用いたり，あるいは特定パターンの年々変動を調べることにより気候変動の議論にも利用されている．

最近の地球温暖化の研究においても，こうした気圧配置分類（あるいは気象場の分類：weather classification）の概念は地域レベルでの気象要素の分布を説明するために統計ダウンスケーリングの一手法として用いられている．これまでの手法は主として主観的な分類に基づいているが，主成分分析やクラスター分析などの多変量解析を用いた客観的な手法も考えられており，今後の気候変動に伴う気象パターンの変化の研究において利用されることが期待される．

●気圧配置ごよみ

これまでさまざまな研究において利用されてきた東アジアの気圧配置型（天気図型）の分類は下記のような定義に基づく[1]．

- Ⅰ：西高東低型（冬型）
- Ⅱ：気圧の谷型
    - a 低気圧が北海道または樺太付近を東進
    - b 低気圧が日本海を北東進
    - c 低気圧が台湾から日本の太平洋岸を北東〜東北東進
    - d 2つ玉低気圧，または日本海と太平洋岸に低圧部
- Ⅲ：移動性高気圧型
    - a 日本の北方または北部を東進
    - b 日本列島上，主として本州上を東進
    - c 帯状高気圧
    - d 日本の太平洋岸または南方を東進
- Ⅳ：前線型
    - a 日本列島上を東西に走る主として停滞性の前線
    - b 太平洋岸または日本南方をほぼ東西方向に走る主として停滞性の前線
- Ⅴ 南高北低型（夏型：原則として北太平洋高気圧が日本列島を支配）
- Ⅵ 台風型
    - a 台風が南九州より南方の海上にある場合
    - b 台風が本州およびその接岸地帯にある場合
    - c 台風が北日本にある場合
- Ⅶ 移行型・中間型（例えば，Ⅲa〜Ⅱd）
- Ⅷ 結合型（例えば，Ⅱa + Ⅱc）

●天気分類パターンの出現特性

一例として上記の分類法に基づく1981〜2000年までの20年間の天気図分類パターンの出現特性を以下に示す．全日数7304日のうち，単独型（Ⅰ〜Ⅵ型）はほぼ半数の3871日，複合型（Ⅶ型）は2871日，移行型（Ⅷ型）は562日である．パターンとしてわかりやすい単独型の出現頻度を図1，図2に示す．

単独型のうち最も頻度の多いのがⅠ型（冬型）で単独型の22％を占める．この型に分類されるのは主として12月〜2月である．なお，複合型や移行型も含めた全日数に対し，冬型が関連する日（Ⅰ型，Ⅰ + Ⅱaなど，Ⅰ型が含まれる日）の割合も約20％であり，1年のうちの2カ月半が冬型関連の天気図と判断されている．一方，夏型の代表であるⅤ型（南高北低型）の頻度は単独型の6％と少なく，主として7月，8月に出現する．なお，全日数に対する夏型関連の割合は9％で，1年のうちの約1か月が夏型関連の天気図と判断されている．

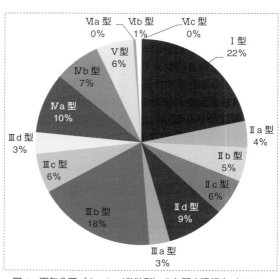

図1 天気分類パターン（単独型）の年間出現頻度（1981〜2000年のデータ）[3]

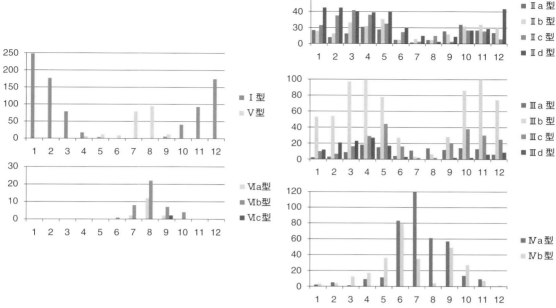

図2 天気分類パターン（単独型）の月別出現頻度（1981～2000年のデータ）[3]

単独型のうち，気圧の谷型（II型）は全体の24%を占め，合計数では秋から冬に増加し，春にピークを迎える．しかし，低気圧の通過経路によって出現頻度は異なる．気圧の谷型の中では複数の低気圧が存在するIId型が最も多く，IIc型，IIb型，IIa型の順になるが，これについでIIa＋IIc型も多い．なお，全日数に対する低気圧関連の日の割合は39%で，1年のうちの4割は低気圧の存在する天気図型と判断されている．

単独型のうち，移動性高気圧型（III型）は全体の31%を占めるが，この中の6割は本州上を東へ進むIIIb型である．移動性高気圧型の合計数では10月～11月と3月～5月にピークがあり，冬の出現傾向が低気圧の出現傾向と異なっている．なお，全日数に対する移動性高気圧関連の日の割合は39%で，低気圧関連の場合と同じく1年のうちの4割は移動性高気圧の存在する天気図型と判断されている．

単独型のうち，前線型（IV型）は全体の17%を占める．前線の位置により出現する季節が異なり，本州上（IVa型）では7月，日本の南海上（IVb型）では6月と9月にそれぞれピークを持つ．なお，全日数に対する前線関連の日の割合は30%で，1年のうちの3割は日本付近に前線の存在する天気図型と判断されている．

単独型のうち，台風型（VI型）の出現頻度は全体の1.5%程度であり，8月に出現のピークが存在する．ただし，全日数に対する台風関連の日の割合は6%であり，年間の天気図に台風が関連するのは平均20日前後と判断されている．

［加藤央之］

●文献
1) 吉野正敏：気候学，大明堂，1978
2) Yoshino, M. M. and Kai, K.: Pressure pattern calendar of East Asia, 1941-1970, and its climatological summary, 71p., Climatological Notes, 16: 1-71, 1974
3) 気候影響利用研究会：日本の気候I，二宮書店，2002

B6 境界層の気候 / 中小スケールの気候

B6-1 メソスケールの地上風

●一般的特徴

一般に地上風はその成因から以下の2つの成分に大別できる.

① 海陸風（land and sea breeze）や山谷風（mountain and valler wind）のように地表面の昼夜の加熱・冷却に伴って生じる地上風.

② 総観規模の高低気圧などの気圧配置に従って形成される気圧傾度（総観規模の気圧傾度）によって生じる地上風.

実際の地表風は主にこの二つの成因による風の成分が混じりあっており，各地の気候を特徴づけている．なお，本項では日本列島を例として記述することとする．

総観規模の気圧傾度によって生じる地上風成分

図1に総観規模の気圧傾度と，それによって生じる地上風成分の関係を示した．海陸風や山谷風成分は除去されている．総観規模の気圧傾度によって生じる地上風成分は，気圧傾度に比例するよう大きくなり，1 hPa/100 km で 1.2 m/s（6時）と 1.9 m/s（15時），2 hPa/100 km では 3.2 m/s（6時）と 4.0 m/s（15時）となる．

総観場の気圧傾度によって生じる風成分は6時よりも15時の方が強い．これは6時と比較して15時は太陽によって地表が温められることに伴い，境界層が不安定となり，上空からの風の運動量が地上まで伝わりやすくなるためである．

海陸風成分

静穏な晴天時，一般に沿岸域では日中は海風，夜間は陸風が，山岳域では日中は谷風，夜間は山風が出現する．しかし，総観規模の気圧傾度が大きくなるに従って，海陸風や山谷風は出現しにくくなる．図2に日本の沿岸における海陸風成分の例を示す．総観規模の気圧傾度がゼロの場合は，海風と陸風成分の風速はそれぞれ 1.6 m/s と 0.7 m/s である．この風速は全国，全季節平均なので，場所や気象条件によって風速は異なるだろう．総観規模の気圧傾度が 1.5 hPa/100 km 以上になると6時と14時の差がなくなる．すなわち，海陸風はもはや出現しない．

●地上風分布

実際の地上風分布について，中部日本を例にあげて説明する．代表例として，冬型気圧配置時と，暖候季晴天時日中の地上風分布を取り上げる．

冬型気圧配置時の地上風分布

日本は冬季，西高東低の気圧配置となることが多い．大陸の高気圧から低温な季節風が日本の東海上にある低圧部へと吹きぬける．こういった総観場での平均的な地上風分布を図3に示す．西高東低の気圧傾度に伴う地上風成分が卓越しており，海陸風や山谷風成分はほとんど認められない．日中と比べて，夜間は全体的に風速が小さくなる．西寄りの風は，日本海側では降雪をもたらす一方で，太平洋側では晴天となり，5 m/s 程度の寒風が吹く地域が多くなる．関東地方ではこの強風を「空っ風」と呼ぶ．

相模湾から房総半島にかけて，若狭湾から伊勢湾，駿河湾と吹いてきた西風と，関東北部の山地から南下してきた北風がぶつかり合い，「房総不連続線」とよばれる局地不連続線が形成される．このほか，日本には石狩不連続線，北陸不連続線，山陰不連続線などの

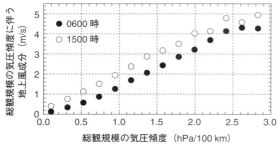

図1 総観規模の気圧傾度（100 km あたりの気圧差）と，総観規模の気圧傾度によって生じた地上風成分の風速（Suzuki[4]より改変）

6時（●）と15時（○）について示す．風のデータは日本全国の沿岸に位置するアメダスの観測値を使用した．

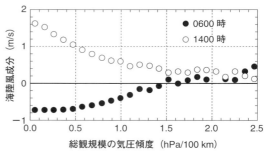

図2 総観規模の気圧傾度（100 km あたりの気圧差）と，海陸風成分の風速（Suzuki[4]より改変）

6時（●）と14時（○）について示す．海風と陸風成分の風速はそれぞれ正と負の値で示されている．風のデータは1983年から1987年の日本全国の沿岸に位置するアメダスの観測値を使用した．

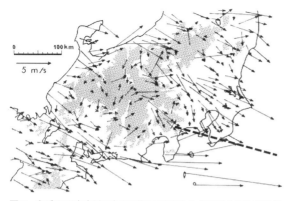

図3 冬季の西高東低の気圧配置下で現れる中部日本における地上風分布（Suzuki[3]に加筆）
太い鎖線は房総不連続線を示す．標高600 m 以上の地域に影をつけた．

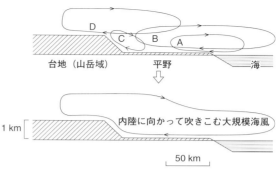

図5 関東地方において，暖候季の晴天日日中に現れる大規模海風の模式図[2]
図中の記号の意味は以下の通り．A：昼夜の加熱冷却により生じる海風，B：海陸の日平均気温の違いにより生じる海からの風，C：谷風，D：平地台地風．

2) Kurita, H., *et al*.: Combination of local wind systems under light gradient wind conditions and its contribution to the long-range transport of air pollutants, *J. Appl. Meteoro.*, 29: 331-348, 1990
3) Suzuki, R.: The influence of daytime heating and nocturnal cooling on surface airflow patterns over central Japan, *Int. J. Climatol*, 11: 297-313, 1991
4) Suzuki, R.: Surface geostrophic and observed winds in the coastal zone of Japan, *J. Meteor. Soc. Japan*, 72: 81-90, 1994

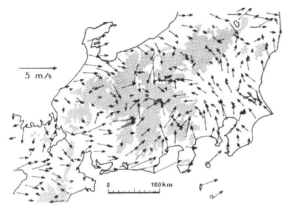

図4 中部日本において，暖候季の晴れた日中に頻繁に現れる地上風分布[3]
標高600 m 以上の地域に影をつけた．

局地不連続線が出現することが知られている．

暖候季の晴天時日中における地上風分布

総観規模の気圧傾度が小さい晴天時，日中の午後に沿岸では海風，山岳域では谷風が発達する．図4に示すように，沿岸では3 m/s 程度の海風がみられる．山岳域では，風は山麓から山岳域へと吹き込み，諏訪盆地付近に収束している．総観規模の気圧傾度による地上風成分はほとんど認められない．

関東平野においては，沿岸の海風は内陸まで進入し，山岳域に至る一続きの風を形成している．これは，図5に示すように，通常の海風，谷風のほか，山岳域と平野といった広域での地形のコントラストが引き起こす平地台地風などが結合した地上風であり，「大規模海風」とよばれる[1]．　　　　　　　　　　［鈴木力英］

●引用文献
1) 近藤裕昭：大規模海風，天気，37: 541-542, 1990

B6-2
海陸風と山谷風

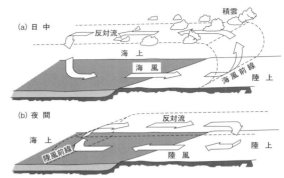

図1 発達した海風循環 (a) と陸風循環 (b) の模式図 (Oke[3] の図を改変)

一般に地上付近の風はその吹く原因から次の2つに大別できる.
- 海陸風や山谷風のように地表面の昼夜の加熱・冷却に伴って生じる地上風.
- 総観規模の高低気圧などの気圧配置に従って形成される気圧傾度（総観規模の気圧傾度）によって生じる地上風. 例えば冬の季節風や台風に伴う風.

日本では，総観規模の気圧傾度が小さく後者の風成分が弱く，かつ晴天で昼夜の地表面の加熱・冷却が大きい場合，沿岸域では日中に海風，夜間に陸風，山岳部では日中に谷風，夜間に山風が吹くことが多い.

● 海陸風

晴天の日中，沿岸付近では海面も陸面も日射によって同様に加熱される．加熱された陸面ではそこに接する空気も陸面上からの顕熱によって加熱され気温が上昇する．しかし，海では日射による熱が海水の動きによって表面付近から深部へと運ばれてしまうので温度が上がりにくく，同時に海面に接する空気もあまり昇温しない．このため，陸上の空気の方が海上の空気よりも気温の上昇量が大きくなる．気温上昇の大きな陸上の空気は海上よりも熱膨張が大きいので，上空では陸から海へ，地上・海上付近では海から陸へと吹く風が起こる．この地上・海上付近で海から陸へと吹く風のことを海風とよぶ.

海風の構造を図1に模式的に示した．地上・海上付近では海風が吹いており，強い場合は風速が5〜6 m/s程度に達し，内陸側に数十km進入する．一方，地上から数百m上空では海風の反対流（陸から海への風，反流ということもある）が吹いている．海風は上空の反対流と一続きとなっており，これを海風循環とよぶ．海風が陸上に進入する最先端は海風前線とよばれ，上昇気流とともに上空には積雲が発達することが多い.

地表面と海表面が冷却を受ける晴天下の夜間は日中の逆であり，陸上よりも海上の方で相対的に気温が高くなり，地上・海上付近では陸から海へと陸風が吹く．上空では陸風の反対流（海から陸への風）が吹く．海風と同様に一続きの循環を形成し陸風循環とよばれる．海風循環と比較して陸風循環は一般に規模も風速も小さく，陸風の風速は1〜2 m/s程度である．海風と陸風を合わせて，海陸風と呼ぶ．日本における陸風から海風への平均的な交代時刻は日の出後およそ3時間半後，海風から陸風への交代時刻は日没後30〜60分後である.

図2に日本の沿岸を11の地域に分け，1日のうちに海陸風の交替が起こった頻度（%）を示した[1]．すべての地域で寒候期よりも暖候期で頻度が高い．これは，冬季に日本付近は西高東低の気圧配置となり，総観規模の気圧傾度に伴う風が強くなり，海陸風が出現しにくいからである．北海道の太平洋沿岸，オホーツク海沿岸，三陸太平洋沿岸，福島〜関東太平洋沿岸，中部〜東北地方日本海沿岸などでは6・7月の頻度が低い．これは，梅雨の影響で雲量が増大し，日中は日射量の減少，夜間は放射冷却が抑制されて海陸風を出現させるだけの昼夜の加熱・冷却が起こりにくいことが原因と考えられる．国内で最も海陸風交替の頻度が高いのが四国の太平洋沿岸で，5月には60%以上に達する．全国平均でみると，海陸風交替の頻度は最大が9月の約39%，最小が1月の約16%である.

● 山谷風と斜面下降風・上昇風

総観規模の気圧傾度が小さい晴天の日中，山岳部では谷風が吹く．谷風について説明するために，まず斜面上昇風に触れる．斜面が日射によって加熱されると，斜面に接する空気は加熱され昇温する．ところが，その斜面と同高度の斜面から離れた空気は加熱されないので，斜面に接し昇温した空気は離れた場所の空気よりも膨張し軽くなり上昇しようとする．加熱された斜面上では一般的にこのような上昇気流が起ころうとするので，斜面全体で斜面を昇るような斜面上昇風が起こる.

図3にこの斜面上昇風と谷風について模式的に示した．午前9時ごろは斜面が日射によって加熱され，

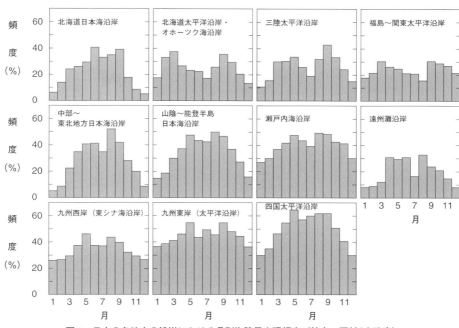

図2　日本の各地方の沿岸における月別海陸風出現頻度（鈴木・河村[1]を改変）
沿岸に位置するアメダス観測所の1983～1987年における風のデータを用い，夜間に陸から，日中に海からの風向を記録した日の頻度を統計した．

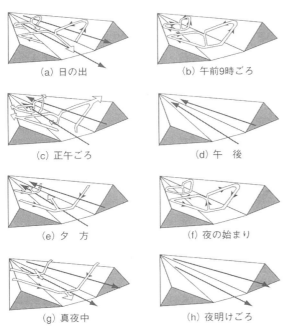

図3　山風，谷風，斜面下降風，斜面上昇風の一日の変化の模式図（Defant[2]の図を改変）
白抜きの矢印は斜面上昇風と斜面下降風を，黒線の矢印が山風と谷風を示す．

谷の左右の斜面で斜面上昇風が起こっている．時刻が正午ごろとなると，発達した斜面上昇風にともない麓から山へと谷の中を昇るような谷風が出現する．午後になると，この谷風が両脇の斜面を含め谷の中を広く覆う．夕方から夜になると，放射冷却によって斜面の温度が下がり，そこに接する空気も冷却され，今度は斜面下降風が出現する．真夜中になると斜面下降風に伴って，谷の中を山から麓へと吹き下りる山風が出現する．山風と谷風を合わせて，山谷風とよぶ．

［鈴木力英］

●文献
1) 鈴木力英・河村武：日本における海陸風の季節性・地域性．平成4年度科学研究費補助金一般研究（C）「地理的因子が局地風系に与える影響の研究」（03640378：研究代表者：河村武），pp.4-13, 1993
2) Defant, F.: Local winds, Malone, T. ed., *Compendium of Meteorology*, 655-672, 1951
3) Oke, T. R.: Boundary Layer Climates, 2nd ed., Routledge, 1987

B6-3 冷気湖と冷気流

●冷気湖

　盆地や谷など周辺が囲まれた地形内では，夜間の放射冷却によって盆地の底や斜面から冷却が進行し，冷却された空気が地形内に層状に溜まり，非常に安定した冷気層（逆転層）が形成される（図1）．冷気が湖のように溜まることから，この現象を冷気湖（cold air poolまたはcold air lake）という．

　冷気湖の形成には，まず地表面での放射冷却過程を考える必要がある．静穏な晴天夜間を想定すると，夕方の日没前には日射量が減少し，地表面上の正味放射量は正（地表面に入射）から負（地表面から放出）へと転じ，地表面から放射冷却が始まる．熱収支の点からみると，地表面の冷却の一方は熱伝導によって地中を冷却し，一方は気温との差から生じる地表面との顕熱交換によって地表面上の大気を冷却する．そのほかに，潜熱交換として大気中の水蒸気が地表面で凝結（結露）・凍結（霜）する．静穏時には風速がごく弱く，大気との熱交換が非常に小さくなるため，放射冷却で失われる熱の大部分は地中伝導熱となり，地面の冷却が進行する．

　放射冷却の強さは，その時点の放射収支，すなわち夜間の場合は大気と地表面との間の長波（赤外）放射のみで決まる．晴天時には，雲や水蒸気からの長波放射の射出がない分だけ，大気放射量は少なくなり，長波放射収支は地表から大気に向かう熱が失われる方向に50～100 Wm^{-2}近い大きさとなる．大気中に水蒸気量が少なく，上空大気の気温が低いほど大気放射量が小さくなるため，寒候季の晴天夜間では，潜在的に放射冷却が強くなる条件となる．

　夕方から夜半にかけての地表面温度は，はじめ急激に下がり，その後緩やかに低下する．それは，地表面温度の低下によって，地表面からの長波放射収支が小さくなり，放射冷却が時間経過とともに弱くなることに加えて，はじめは地表面付近の放射冷却が進行し，温度勾配による地中方向への熱伝導が地表面付近に限られているのに対して，時間の経過とともに地中への熱伝導が増大するためである．したがって，下方への熱伝導が小さい新雪や乾燥した土壌，植生の葉面などでは，表面の温度低下が著しく大きくなる一方，大気を冷やす下向きの顕熱が増えることになり，夜を通して発達した冷気層が形成されやすくなる．逆に，湿潤な地表面や水域などでは高い熱伝導率と熱容量のため，冷却は地中方向に伝わりやすく，かつ冷却は緩やかに進むため，大気の冷却は弱まる．

　盆地や谷地形内の冷気湖の発達では，地形に関係した冷気の堆積過程が重要になる．盆地や谷の形状・比高による斜面の面積と，盆地地形の大気の体積の割合によって，地形内の冷却の強さが決まる（図2）．斜面上では，地表面の放射冷却による冷気流が形成されるのに加え，冷気流自体が地表面との熱交換を促し，大気の冷却を進めるため，効率的に地形内に冷気が形成・堆積される．一方，斜面の上部から尾根部にかけては，冷気の流出に伴い上空から相対的に暖かな空気

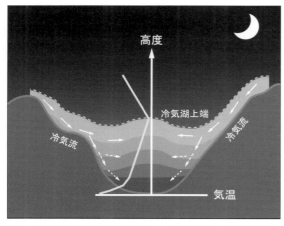

図1　冷気湖の構造の模式図（Whiteman[2]の図11.6を加筆・修正）
斜面下降流が盆地底の強い冷気層の上に堆積し，冷気湖は厚みを増していく．盆地の周辺の尾根の高さまで冷気湖が発達する．盆地斜面上部は冷気の流下によって相対的な暖気に覆われ，斜面温暖帯を形成する．

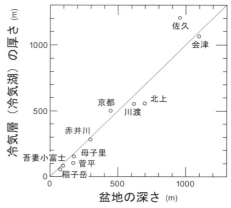

図2　冷気湖と盆地スケールとの関係（近藤[1]の図6.16に加筆）
晴天夜間に形成される盆地冷気層（冷気湖）の厚さは，盆地の深さにほぼ等しい高度まで発達する．深い盆地ほど斜面も多く，盆地内の大気全体の冷却量も大きくなる．

92　B6 ●境界層の気候 / 中小スケールの気候

が補償的に流れ込むことによって，温暖帯とよばれる高温層が現れる [▶B6-4]．したがって，冷気湖内では冷気流に起因した循環系が存在する（図1）．

盆地地形内の気温の鉛直分布の観測によって，気温（温位）の鉛直分布が安定から中立に変化する高度をもって，冷気湖の厚さを判断することができる．盆地の地形スケールにかかわらず，晴天静穏夜間の冷気湖の厚さは周辺の平均的な尾根の高さまで発達することが知られている（図2）[1]．

● 冷気流

起伏のある地形内の斜面や谷では，1日のうち朝・夕2回に斜面方向に風向の逆転を伴う日変化する風が発達する．このうち，地表面の放射冷却に伴って夕方から発達する斜面を流下する風を斜面下降流（down slope wind），または冷気流（cold air flow）という．

山地や丘陵の斜面上の放射冷却で形成された冷気は，同高度の周辺大気との温度差から斜面下方へと流下する．すなわち冷気流は密度流であり，斜面傾斜で重力的に流下するが，その流線は冷気層内の等温位線にほぼしたがうことになる．そのため，夕方からの冷却開始時には盆地底や谷底に流下していた冷気は，時間の経過とともに，その冷気層の上へと堆積していく．これは，盆地底では静穏状態が持続することで，より強い放射冷却が進行し，斜面上方の相対的に暖かい（温位の高い）冷気流が流下できなくなるためである．

冷気流の鉛直構造は，冷却・堆積して流下する空気が地表面付近に限られるため，他の局地循環風に比べ

ると気層は高さ方向には発達しない（図3）．風速の強さは冷気層の温度傾度の大きさと，斜面傾斜や斜面長，斜面上の地表面粗度が関係する．一般的な山地斜面では，地表面近傍では摩擦のため風速が弱く，地上数mの高さに風速の極大をもち，最大で風速5 m/s程度である．例外的に強い冷気流は，南極の氷床斜面を吹くカタバ風（Katabatic wind）で，その厚さは200～300 mに達し，風速は10 m/sを超える．

山風（mountain wind, down valley wind）とよばれる，谷に沿った風も冷気流に含まれる場合がある．しかし，冷気流は斜面傾斜に伴う密度流であるのに対して，山風はそれら斜面下降流の集積した流れというより，谷地形内に蓄積された冷気層内の（高）気圧と，谷口から出た平野部の同高度の（低）気圧との差による気圧傾度力によって吹走する風である[2][▶B6-2]．

冷気流の特徴として，古くから風速の間欠性が指摘されている．冷気流の風速の増減は気温変化と対応している事例が多い．その時間間隔は数分から数時間程度と幅広い．間欠性の原因は諸説あり，斜面上の地形や土地被覆形態の複雑性に起因する冷気の堆積と流出の周期による変動，斜面上の冷気層（安定気層）内で生じる上下方向の自由振動の周期に対応する変動，堆積した冷気湖内の冷気層の波動的な動きに影響を受けた変動，などが考えられている[3]．

冷気湖や冷気流の形成は，霜害との関係から農業気象学的にも重要な大気現象である．茶などの農作物の霜害は，静穏条件での微地形内での冷気の堆積と持続が原因であるため，防霜ファンによる冷気の拡散が有効な対策となっている．その意味で冷気流は，夜間冷却が発達する中で風による大気との熱交換によって植物体自体からの放射冷却による表面温度の低下を抑制し，その結果，結露・霜の形成を抑える効果が逆に認められるとする指摘もある．

[飯島慈裕]

● 文献
1) 近藤純正：地表面に近い大気の科学，東京大学出版会，2000
2) Whiteman, C. D.: Mountain Meteorology Fundamentals and Applications, Oxford University Press, 2000
3) 森牧人：冷気流―冷気湖システムの動力学的過程について，局地気象研究会講演会論文集，13: 1-12, 1997

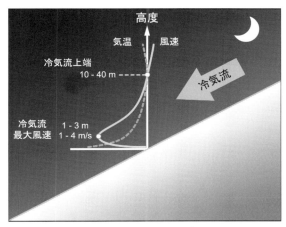

図3 冷気流の構造の模式図（Whiteman[2]の図11.18を加筆・修正）
気温と風速の典型的な鉛直構造を示す．冷気は地表面の放射冷却によって形成されるため，地表面付近にたまり斜面下方へ流下するが，地表面は摩擦があるため地上数mに風速の極大が現れる．

B6-4 接地・上層逆転層と山腹温暖帯／斜面の温暖帯

●気温の逆転

気温の逆転とは，鉛直方向の気温分布において，上層の気温が下層に比べて高い安定成層状態を指し，その状態の気層を逆転層（inversion layer）という．逆転層が形成されるには，①地表面の放射冷却によって冷気層が形成されることによる接地逆転（surface inversion, ground inversion），②上空の高気圧などによる大気の沈降流にともなう沈降逆転（subsidence inversion），③冷気の上に暖気が移流するか，暖気の下に冷気が移流することによる移流（前線）逆転（frontal inversion），の要因がある．沈降逆転と移流（前線）逆転は地表面が直接関与しない現象であるため，接地逆転との対比で上層逆転（upper inversion）という．

●接地逆転層

接地逆転は地表面の放射冷却に伴う接地境界層内の大気の冷却によって形成され，起伏のある地形内では，斜面からの冷気の堆積（冷気湖）も寄与する［▶B6-3］．一般に晴天静穏で大気が乾燥した夜間によく発達する（図1）．雲量が多い，または大気中の水蒸気量が多い場合は下向きの大気放射量が増え，地表面の長波放射収支が小さく，すなわち放射冷却が弱くなるため発達が弱い．また風が強い場合は大気との顕熱交換の増大によって冷気の拡散が進むため発達は抑制される．これらの大気条件に加えて，土壌の乾湿状態や，積雪・植生の有無などの地表面状態の熱伝導や熱容量の特性によって接地逆転の発達に差が現れる．

接地逆転層（surface inversion layer）の発達高度は，夜間の長さが限られている中緯度の平野部では数百m程度であり，日中には日射による地表面の加熱に伴い逆転層は解消される．一方，極夜やそれに近い高緯度地域では接地逆転層は冬季に長期間持続し，その高度は2000～3000 mに達する．接地逆転層は，安定で空気の対流・拡散が著しく抑制されるため，地上で排出される煤煙などの汚染物質は逆転層内に滞留する．したがって，高緯度の都市では冬季に接地逆転が長期に継続し，大気汚染公害を引き起こす主因となっている．

●上層逆転層

高気圧圏内では，自由大気の沈降流が卓越するため，断熱圧縮により沈降性の逆転層が発達する．沈降流の卓越する上層大気では乾燥断熱減率に近い気温の鉛直構造を示し，低温位の下層大気との間に明瞭な逆転層を形成する．これを上層逆転層（upper inversion layer）という．上空から温暖・乾燥な大気が沈降するため，境界層と自由大気との間には温位（気温）差に加え，明瞭な湿度差を伴うことが多い（図2）．

定常的に存在する亜熱帯高気圧では沈降流が強く，かつ長期間持続するため，低湿な海洋上との間に明瞭な逆転層を伴う．これはちょうど貿易風帯に定常的に現れるため，古くから貿易風逆転とよばれている．春から夏に発達するオホーツク海高気圧も，同様な構造をもち，海洋上の対流圏下層に逆転層が形成される．これらの海洋上では下層雲（海霧）が高頻度で現れ，

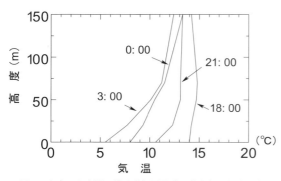

図1　夕方から夜間の接地逆転層発達に伴う気温鉛直分布
八ヶ岳連峰・稲子岳凹地での晴天静穏時の観測例（1997年8月1日）．日没ごろ（18時）にはほぼ等温であるが，地表面での放射冷却と冷気の堆積に伴い，接地逆転層が夜間を通じて発達する．

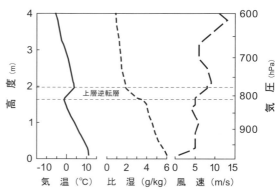

図2　上層逆転の例　気温・湿度・風速の鉛直分布
ロシア・ヤクーツクにおける観測例（2000年9月1日12 UTC）．高度1600 mから2000 mにかけて上層逆転が発達している．上層逆転層を境に，上空では水蒸気量（比湿）が急減し風速が強くなる．

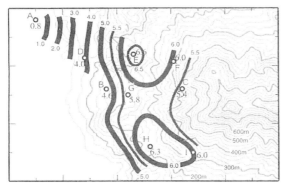

図3 筑波山西麓での斜面温暖帯[4]
2002年11月の斜面温暖帯出現日の午前3時の平均値による気温分布．等値線の太線は1℃，細線は0.5℃の単位を示す．標高200〜300 mに他標高より相対的に暖かい斜面温暖帯が出現している．

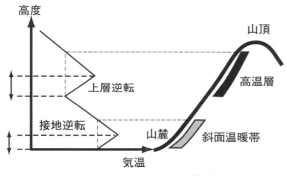

図4 高温層形成の模式図（田中ほか[3]に基づき作成）
山麓斜面下部では冷気流の流下によって上空の相対的な暖気に覆われる斜面温暖帯が形成される．高温層は高気圧下の沈降流による断熱昇温によって，より広域に現れる．

その雲頂面での放射冷却によって逆転層がさらに発達する．

高気圧に覆われた晴天条件での上層逆転は，地表面上に発達する大気境界層と上空の自由大気を隔てる境界に相当する．境界層上端にできる積雲の高度も，この位置に対応する．

●斜面温暖帯・山腹温暖帯

地表面付近の接地逆転層（冷気湖）の発達によって山地斜面上部に現れる温暖層を斜面温暖帯（thermal belt）とよぶ．斜面温暖帯は，地表面（植生や土壌）の放射冷却によって地表面付近の大気で生成される冷たい空気（冷気）の挙動と大きく関係する．盆地底のように冷気の滞留しやすい場所では，著しい気温の低下を招く一方，山の中腹では，冷気の斜面下方への流下（冷気流）が活発で，加えて冷気流の流下によって，その空気を補償する上空からのより暖かい大気の移流による循環系が成立するため，気温の低下は小さい．また，冷気流は放射冷却される地表面との顕熱交換を伴い，地表面温度の低下を抑制する．したがって，気温，地表面温度ともに相対的に温暖な領域が，斜面の特定の位置に帯状に形成される（図3）．

理論的には冷気流が最も強まる斜面位置で温暖帯が現れると考えられ，その位置は，盆地地形を仮定すると盆地底と周囲の山岳がなす尾根との比高の約3/4の斜面上にあたる[1]．しかし，気候学的には上空の自由大気と接地逆転層（冷気湖）の発達高度との関係で決まり，甲府盆地，福島盆地，筑波山麓の観測例では，盆地底から100〜300 mの高さ（周囲の比高の約1/4）に温暖帯が現れる[2]（図3）．

斜面温暖帯は農業上では古くから認識されており，日本の筑波山では斜面温暖帯にあたる山麓斜面において柑橘類が栽培されるほか，モンゴルでは牧畜の冬営地が山腹斜面上に設定されるなど，斜面温暖帯は気候資源としても活用されている．

上層逆転の高度は中緯度では1〜2 kmに位置することが多い．したがって，上層逆転が標高1000 m以上の山岳にかかるとき，山岳の周辺気温や，地表面温度が層状に急激に上昇する現象が現れることがある．日本では中部山岳の八ヶ岳での現象例が知られている[3]．移動性高気圧に覆われ，上空大気の沈降流が強い晴天夜間に，通常の接地逆転による斜面温暖帯のさらに上部に，夜間冷却の時間発展とは異なった高温層が現れる（図4）．その層の上下では明瞭な湿度と風速の変化を伴う．

[飯島慈裕]

●文献
1) 近藤純正：地表面に近い大気の科学，東京大学出版会，2000
2) 吉野正敏：新版 小気候，地人書館，1986
3) 田中博春ほか：八ヶ岳南麓における高標高気温逆転現象，地学雑誌，109: 703-718, 2000
4) 堀正岳ほか：筑波山西側斜面における斜面温暖帯の発生頻度と時間変化特性，地理学評論，79: 26-38, 2006

B6-5 局地風(1)
世界と日本の局地風

●世界の局地風

世界の各地に，その地域特有の風が吹き，農業をはじめ人々の生活に大きな影響をおよぼしている．局地風は以下の3つに大別できる．①特定の気圧配置や気圧傾度による広域の風，②山岳の影響で風下に生じる強風，③熱的な不均衡により生じる局地循環．①の場合は，モンスーンや貿易風など大規模な場が広域に強風や降雨，降雪などをもたらす．②の場合は，成層状態や気団の性質，谷などの地形が強風としての性質を多様化させ，フェーン，ボラ [▶B6-6] などの乾燥や低温の強風，峡谷などによるジェット効果の強風，山岳波の風下での吹き下ろしによる強風などが形成される．③の場合は，山谷風や海陸風などの日変化を伴う局地風を発達させる．局地風は世界中で固有の名称がつけられている．世界の主要な局地風については吉野・野口[1)]にまとめられているので，ここではそれ以外の34事例についてOliver[3)]より抜粋し，巻末資料2に示す．

●日本の局地風

日本にも多くの局地風があるが，これは山地が多く地形の影響を受けやすいこと，中緯度の偏西風帯に位置すること，季節風が明瞭なことなど，局地風が発現しやすい，いくつもの要因があることによる．特に前述の②による強風が多く発現し，農業をはじめ人々の生活に影響を及ぼしている．日本の局地風は，暖候季に北高型の気圧配置もしくは日本海の低気圧通過により吹く東よりの風（ヤマセ，生保内だし，清川だし，荒川だし，胎内だしなど），寒候季に北西季節風下で吹く西よりの風（関東の空っ風，筑波おろし，六甲おろしなど），春や秋の静穏な天候下で形成された冷気の流出による強風（肱川あらしなど）に大別できる．日本の局地風については，吉野・野口[1)]にまとめられているが，それらを一部修正および整理したものを資料表2に示す．次に，2つの局地風を代表例としてその成因について解説する．

●ヤマセ

ヤマセは，北にオホーツク海高気圧，日本の南岸に前線や低気圧が存在する北高型の気圧配置で吹走する．暖候期には，オホーツク海～ベーリング海にかけて，低温で成層状態の安定した海洋性寒帯気団（Pm気団）が形成される．ヤマセは，それに北極からの寒気の移流が重なって，低温の北東風となって北日本に吹き付ける風のことをいう．寒気は親潮の上を流れ，はじめは安定成層だが，東北地方に近づく頃には海水面温度が上昇し，下層に混合層が，混合層内には霧や下層雲が形成されるようになる．北東気流の沈降成分により，その高さは1000～1500 m程度に抑えられ，寒気の上端には逆転層が形成される．陸地に到達したヤマセは，下層雲とそれによる雨や霧をともなって吹走し，寡照と低温をもたらす（図1）．北日本の冷害はヤマセによってもたらされることが多く [▶G3-5]，東北地方の農民は昔から，ヤマセをケカジ（飢饉）をもたらす風として恐れてきた．ヤマセによる寒気は，それが強い場合は山脈を越えて北日本全域に低温をもたらすが，一般的には寒気は山地を越えずに迂回し，日本海側には上層の高温位の気塊が吹きおりる．そして，ドライ・フェーン [▶B6-6] となって日本海側に晴天をもたらす場合が多い．このような場合，日本海側では適度な風と乾燥により，農作物への病害の発生が抑えられる．コメの食味が向上する，などプラスの効果もある．秋田県仙北市の生保内では，ヤマセにともなって仙岩峠を吹き抜ける東風を「生保内だし」とよび，「宝風」とも称している．風の成因は同一だが，人々の生活に及ぼす影響は山脈の東西で大きく異なる例である．

●清川だし

山形県庄内地方の清川だしは，多くはヤマセと同時に，北高型の気圧配置で発生するが，しばしばその強風による農業被害をもたらすため，気象学分野でも農学分野でも研究の材料になることが多い．特徴的な局地風は，物理モデルを用いた数値実験の格好の研究材料であるが，検証に用いる観測データは十分でない場

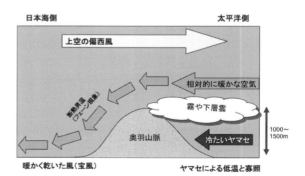

図1 ヤマセの東西方向の鉛直断面を模式的に示す．

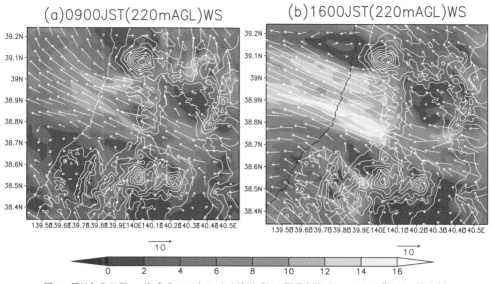

図2 局地気象モデル（気象庁 NHM）による清川ダシの再現実験（Sasaki ほか[5]より一部改変）
(a) 2004年8月30日午前9時，(b) 同午後4時，計算に用いた高さは220 m．

合が多い．その点で，以下紹介する清川だし観測では，ドップラーライダーによる観測と気象モデルによる数値シミュレーションを合わせることで，その立体的な広がりを把握することができた[4,5]．

図2には局地気象モデルによる清川だしの再現実験結果を示す．図2aに示した午前9時には谷からの強風の吹走が明瞭であるのに対して，図2bに示した午前4時には広範囲の山越えの強風が強調されている．再現した観測は1日だが，気圧配置の変化にともない，気圧は徐々に減少し，気温は上昇していた．すなわち，午前中の清川ダシは谷地形の影響を強く反映したボラ（bora）的な性質をもち，午後では山越えのフェーン的な性質をもつようになったと考えられる．すなわち，地形の影響を強く受ける局地風の場合，寒気の蓄積や上層の安定層，気圧傾度などで，その性質は一元的にならない可能性がある．強風被害など，現場での影響を評価する際には注意を要する．

局地風，特に強風は，人々の生活への影響が大きく，観測と数値シミュレーションの両面からその発生メカニズムを解明すると同時に，今後の地球温暖化でその発生頻度がどのように変動するのか，予測的な研究も進めていく必要がある．　　　　　　　［菅野洋光］

●文献
1) 吉野正敏・野口泰生：局地風，気象学気候学辞典，二宮書店，1985
2) 吉野正敏：小気候，地人書館，1986
3) Oliver, J. E.: Local winds, the Encyclopedia of Climatology, Van Nostrand Reinhold Company, 1987
4) Ishii, S. and Co-author: The temporal evolution and spatial structure of the local easterly wind "Kiyokawa-dashi" in Japan PART 1: Coherent Doppler Lidar observations, *J. Met. Soc. Japan*, 85: 797-813, 2007
5) Sasaki, K. and Co-author: The temporal evolution and spatial structure of the local easterly wind "Kiyokawa-dashi" in Japan PART II: numerical simulations, *J. Meteor. Soc. Japan*, 88: 161-181, 2010

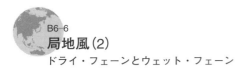

B6-6 局地風(2)
ドライ・フェーンとウェット・フェーン

● 世界各地のフェーン

　地中海沿岸地方と北海沿岸地方を分けるアルプス山脈を越えて吹く山越え気流はフェーンとよばれる．イタリア側からドイツ側に山越え気流が発生する場合はサウス・フェーンとよばれ，逆に，ドイツ側からイタリア側に山越え気流が発生する場合はノース・フェーンとよばれる．

　山岳部から谷間や平野に向かうきわめて乾燥した温暖な斜面下降流が発生し，この気流が流入した谷間や平野の気温が当該気流流入以前に比べて著しく高温・乾燥になる類似の局地風は世界各地に存在している．例えば，北米のロッキー山脈東麓ではチヌーク (chinook)，ニュージーランド南島のニュージーランドアルプス東麓ではカンタベリー西風 (Canterbury northwester)，南アフリカではバーグ風 (berg wind)，南米のアンデス山脈東麓ではゾンダ風 (zonda)，アンデス山脈西麓ではペルーチェ (puelche)，南カリフォルニアではサンタナ (Santa Ana)，日本ではだしが知られている．これらの風は共通して，気流が山頂高度付近の対流圏中層から風下側山麓へ向かって断熱下降する際に出現するフェーン効果を伴っているため，個々の局地風名とは別に，中央ヨーロッパでの呼称と同様にフェーンと総称される場合が多い．ただし，気象条件によっては，旧ユーゴスラビアのボラや日本のおろしのように，山麓の気温が当該気流流入以前に比べて，逆に低温になる場合もある．このような特徴をもつ局地風は，ボラと総称される．

　日本では，低気圧が日本海を東進する際に発生する日本海沿岸地域でのフェーンが有名である．夏に発生すれば酷暑をもたらし，晩冬〜初春に発生すれば融雪洪水をもたらす．夏季の関東平野北西部の猛暑も，太平洋高気圧の中心が日本の南東海上にある場合には秩父山系越えの南西風フェーン，太平洋高気圧の中心が日本海西部まで張り出した場合には越後山脈越えの北西風フェーンの寄与が大きい．

● ウェット・フェーンとドライ・フェーン

　フェーンのメカニズムを学術的に最初に提唱したHann[1]は，地形面に沿って山地風上側斜面を滑昇して山頂上空に至った山越え気流が地面に沿って風下側斜面を滑降するとし，山地風上側斜面を滑昇する際に顕著な上昇気流となって持ち上げ凝結高度を超えるために雲粒子・雨滴の生成に伴って除湿されつつ放出される潜熱により加熱され，山頂上空に至った空気塊は高温位飽和空気となり，風下斜面では山頂上空の温位と水蒸気量を保存したまま降下してくるため，山麓部では顕著な高温乾燥の強風となる，とする熱力学的フェーン理論を提唱した．この学説は，日本では古くから紹介され（例えば岡田[2]），日本人のフェーン（現象）観の骨格となっている．熱力学的フェーンが発生するためには風上側斜面における凝結・降水に伴う潜熱の発生が不可欠なので，このタイプのフェーンはウェット・フェーン (wet foehn) とよばれる（図1上参照）．

　Ficker[3]は，フェーン最中のパイバル観測結果に基づいて，風上側斜面と風下側斜面とで対称的な流跡線を描かない山越え気流の存在を明らかにし，山頂高度より上層の高温位空気塊が何らかの力学的な理由により断熱的に下降して風下側山麓地上部に至るだけでフェーンが発生し，その際には風上側斜面において降水現象を伴う必要がないことを示した．

　風下側斜面で顕著なフェーン現象が発生しているのに風上側斜面で降水現象が全く発生していないタイプのフェーンはドライ・フェーン (dry foehn) とよばれる．風上側気層の静的安定度が大きく，風速が小さい場合に，風上側斜面と風下側斜面とで非対称な流跡線となりドライ・フェーンとなりやすい（図1下）．

　ウェット・フェーンにしてもドライ・フェーンにしても山頂の高温位気塊が山麓の低温位気塊の中に吹き込みフェーン現象が出現するためには，浮力の影響を上回る強い力学的効果が必要である．小倉[4]によると，気流が山頂を通過する際に山頂風下側に発生する山岳波は，後述のスコラ—パラメータ L に比べて，山岳地形面の起伏が相対的に急な場合には山頂に対して風上側と風下側とで波形が対称な減衰型山岳波となるのに対して，山岳地形面の起伏が相対的に緩やかな場合には山頂の両側で非対称な波形で波面が上流に向かって傾いた伝播型山岳波となる．後者の場合，上昇気流部では流線の間隔が広くなるのに対して下降気流部では狭くなるため，風下側斜面に沿う強い下降流が形成されて安定成層の中に高温位空気塊が流れ込み，これが山麓地上部にまで達するとフェーン現象が出現する．

● フェーンの振る舞いと安定度および風速との関係

　気流が障害物に遭遇した場合の振る舞いは，θ：温位，g：重力加速度，U：風速，$d\theta/dz$：静的安定度で構成される次式

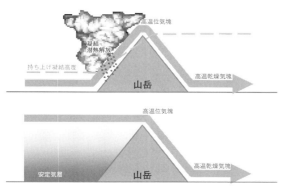

図1 ウェット・フェーン（上）とドライ・フェーン（下）の模式図

両フェーンとも山頂部の高温位気塊が温位を保ったまま風下斜面山麓に吹き込みフェーンとなる．ドライ・フェーンの場合，山岳にギャップ（割れ目）があるとその部分を通って風上斜面下層の低温位気塊が風下斜面山麓にギャップ流として流入してくる．

$$L = \sqrt{\frac{g}{\theta U^2}\frac{d\theta}{dz}}$$

で定義されるスコラーパラメータ L の値に基づいて，大きく3つに大別できる．すなわち，①障害物の背が低くて，気流の静的安定度 $d\theta/dz$ が小さくて風速 U が大きい（L が小さい）場合には，障害物を乗り越えて通過．②障害物の背が高くて，気流の静的安定度 $d\theta/dz$ が大きくて風速 U が小さい（L が大きい）場合には，障害物を乗り越えることが困難なので，障害物の両端を迂回，ないしは障害物の中のギャップ（割れ目）を通過．③障害物の背が高くて，水平方向への広がりも大きい場合には，気流は完全にブロックされてしまい，障害物の背後に回らない．

日本海の気団が脊梁山脈を越えて関東平野に流入する場合，日本海の気団からみれば，中部・南東北地方の山岳は障害物としてはスケールが小さいので，上記の③の状態になることはなく，L の大小に応じて②または①の状態になり，いずれの場合にも，関東平野北西部にフェーン効果をもたらす．

L が大きいドライ・フェーンの際には，風上側斜面の気流は障害物の両端を迂回したり，障害物の中のギャップを通過しようとする．日本海側から関東平野への山越え気流の場合，新潟平野（信濃川-魚野川の谷）→三国峠→関東平野北西部へのルートが典型的なギャップとなる．このギャップが存在しなければ，関東平野北西部に流れ込んでくる日本海側からの山越え気流はすべて上層の高温位気塊であるが，標高の低いギャップ内は日本海側下層の低温位気塊が通り抜け，三国峠を越えたギャップ流は，関東平野に浸入するに従って高度が低下するために加速されるとともに，谷幅が

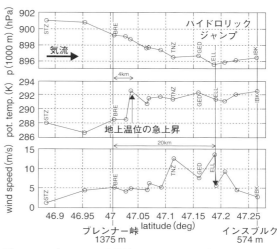

図2 アルプス・Wipp 谷縦断面において 1999 年 10 月 20 日正午に観測されたドライ・フェーンにおける地上気圧（100 m 高度更正），温位，風速の分布（Gohm and Mayr[5]に加筆）

広がるために，冷気流による顕著な地上発散場を形成する．この地上発散場によりその直上の下層大気中に形成される下降気流が山頂高度より上層に流れ込んでいる風上側斜面上端の高温位気塊を地上まで断熱加熱しながら降下させて顕著なフェーン現象をもたらす．

図2は，アルプス・Wipp 谷の中のブレンナー峠を越えてオーストリア・インスブルクに吹き込むドライ・サウス・フェーンの観測事例である．峠付近は風上側の冷気が吹走してほぼ一定低温位であるが，峠から4km付近で突然温位が4℃程度跳ね上がり，その後はほぼ一定の温位を保って流下し，風速は十数 km 流下して跳ね上がっている．約 20 km 下流で気圧が最低となり，温位と風速が突然低下しており，ハイドロリックジャンプ（hydroulic jump）が発生していることが示唆される．

[中川清隆]

●文献
1) Hann, J.: Der Föhn in den österreichischen Alpen, *Zeitschrift der österreichischen Gesellschaft für Meteorologie*, 2（19）: 433-445, 1867
2) 岡田武松：気象学下巻．岩波書店．1935
3) Ficker, H.: Der Einfluss der Alpen auf Fallgebiete des Luftdruckes und die Entstehung von Depressionen über dem Mittelmeer, *Meteorologische Zeitschrift*, 55: 350-363, 1920
4) 小倉義光：メソ気象の基礎理論．東京大学出版会．1997
5) Gohm, A. and Mayr, G. J.: Applying single-layer shallow-water theory to gap flows in the Brenner pass region, 10th Conf. on Mountain Meteorology and MAP Meeting 2002, American Meteorological Society, pp.323-325, 2002
6) 荒川正一：局地風のいろいろ．2訂版．157p.，城山堂書店．2004
7) 荒川正一：gap wind について．天気．53: 161-166., 2006

B7 都市気候

B7-1 都市化に伴う気候環境の変化

●都市化と都市気候の形成

　人口の流入とともに都市の機能は高度化し，それはまた都市への人口集中を加速させた．科学技術等の進歩と相まって，人間は高度化する都市機能を支えるべくエネルギーの消費を増大させ，土地利用の高度な集約化を目指して自然の環境を改変し人工的な環境を創出した．このような都市化にかかわる環境改変は人間が意図して行ったものであるが，これに伴って「不注意（inadvertent）」による意図しない変化が環境に発生した．その1つの典型例として，ヒートアイランド（heat island）現象 [▶ B7-2] に代表される都市気候があげられる．一般に都市気候は，都市が存在するために発現する都市特有の気候と定義される[6]．したがって，本来は同一の場所について都市の有無に対応した差異を考える必要があるが，観測的・解析的に都市気候をとらえる場合には，都市とその周辺域（非都市域）との比較によって現実の都市気候の特徴が把握される．

　図1は，都市化に伴う都市気候（特にヒートアイランド現象など温熱環境にかかわる現象）の形成過程を示しており，左から右に向かって，都市化といういわば社会的現象の要素を，都市気候の形成過程にかかわる物理量・物理過程に順次置換している．ここでは都市化の要素を，人口集中，地表面の人工物化，および生活空間の水平的・垂直的拡大に大きく分けている．それぞれは相互に関連し影響の過程は複雑であるが，これらは①エネルギー消費の増大，②地表面の構成物質の変化，および③地表面形状の変化をもたらす．以下では都市化の現れである①～③が都市の気候環境を変化させるプロセスの概要について，地表面の放射・熱収支の観点から考える．なお，地表面における放射・熱収支式は，表層における熱の溜まりを無視すると次式（1）で表現される．

$$R_n = H + lE + G \qquad (1)$$

ただし，R_n：正味放射量，H：顕熱フラックス，lE：潜熱フラックス（l：蒸発の潜熱，E：蒸発量），G：伝導熱である．ここで，正味放射量 R_n は，下向きと上向きの短波放射量（$S\downarrow$（日射）と$S\uparrow$（反射））および長波放射量（$L\downarrow$ と $L\uparrow$）によって，$R_n = (S\downarrow - S\uparrow) + (L\downarrow - L\uparrow) = S + L$ と表される（S と L は，それぞれ正味の短波放射量と長波放射量を表す）．

①エネルギー消費の増大

　事務所や商業・工業施設，住宅などにおける電気機器類の使用，交通機関などのエンジン・モーターなど，エネルギーの変換や熱交換，燃焼に伴う人工的な熱の発生が増大し，また化石燃料などの燃焼時には大気汚染物質が発生する．発生した熱は大気に付加され，大気汚染物質は上空で $S\downarrow$ の一部を吸収するが，一方で $L\downarrow$ を増大させる．

②地表面の構成物質の変化

　コンクリートなどによって都市表面が人工物化する

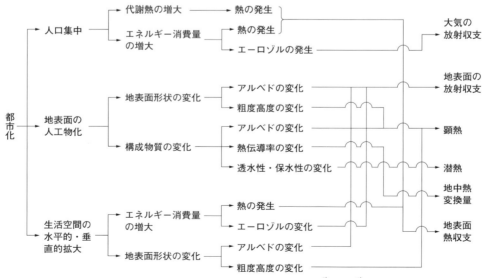

図1　都市化に伴う都市気候（温熱環境）の形成過程（西沢[3]に山下[6]が加筆修正）

ことにより，表面の透水性・保水性は著しく失われ，表面からの水の蒸発がきわめて抑制された状態（lE の減少）となる．また，コンクリートは，水分を含んでいる土壌と比べて熱伝導率が大きい．そのため，日中に表面構成物の内部に多くの熱を蓄え，夜間には表面に向かって蓄えた熱を伝えることになる（G の増加）．

③ 地表面形状の変化

図2は，東京都区部における4階以上（a）および16階以上（b）の建築物数の近年における推移を表している．4階以上（a）の中高層建築物数は最近30年間で約3倍に増加している．4階以上の建築物数の増加割合は1990年ごろ以降小さくなっているが，一方で16階以上（b）の高層建築物数は大きく増加して

いる．都市化に伴うこのような建築物の密集化・高層化によって，地上から見ると建築物が天空を遮るようになり，全天に占める空の割合（天空率）は減少する．天球上の同一部分から地上に到達する $L\downarrow$ は，天空からの場合（大気放射）と比べて，そこが建築物壁面である場合の方が壁面がより高温なため一般に大きい．したがって，天空率が小さくなると，地表面が正味で失う長波放射量が減少することになる．一方，短波放射量については，建築物壁面や地表面との間に生じる多重反射と表面積の増加により，$S\downarrow$（日射）のうち $S\uparrow$（反射）によって失われる割合（アルベド：$\alpha = S\uparrow / S\downarrow$）が減少する．このことは，日中に地表面が正味で獲得する短波放射量の増加を意味する．

以上の①〜③と地表面の放射・熱収支式（1）をふ

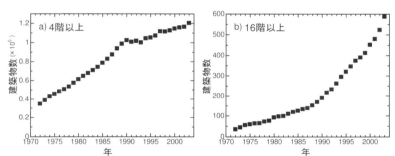

図2 東京都区部における4階以上（a）および16階以上（b）の建築物数推移（1972〜2003年）（高橋ほか[5]による．資料：東京消防庁統計書）

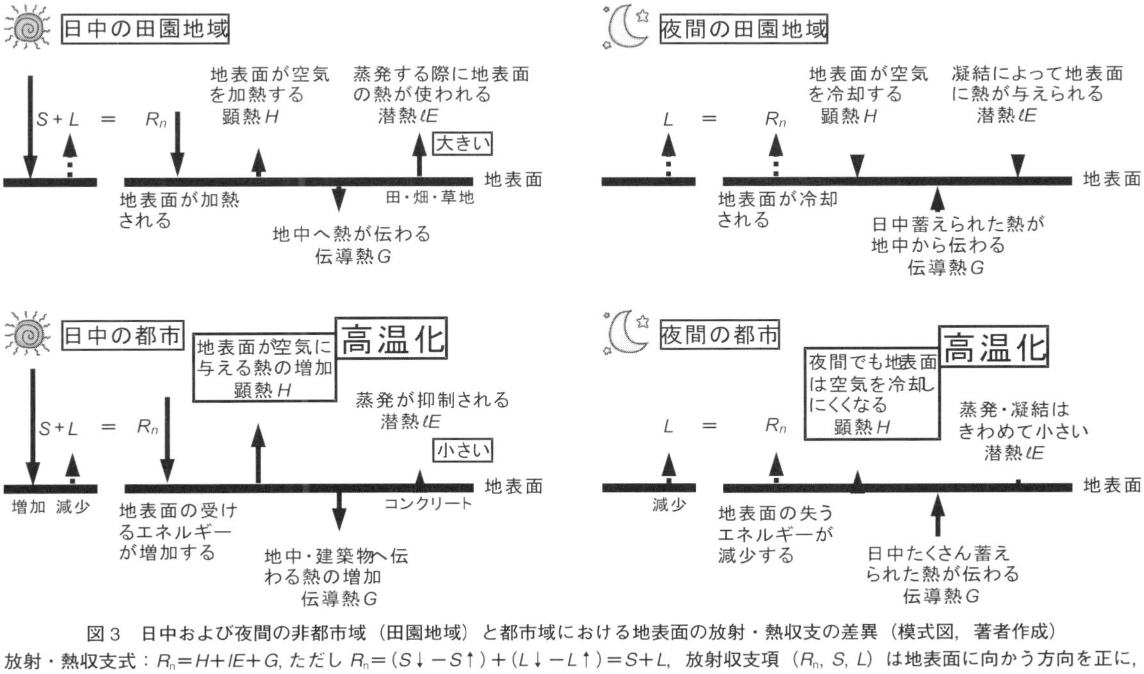

図3 日中および夜間の非都市域（田園地域）と都市域における地表面の放射・熱収支の差異（模式図，著者作成）
放射・熱収支式：$R_n = H + lE + G$，ただし $R_n = (S\downarrow - S\uparrow) + (L\downarrow - L\uparrow) = S + L$，放射収支項（$R_n, S, L$）は地表面に向かう方向を正に，熱収支項（$H, lE, G$）は地表面から出る方向を正に取っている．

まえて，図3に非都市域（田園地域）と都市域における放射・熱収支の差異を模式的に示した．都市化に伴う地表面の放射（$S+L=R_n$）および熱（$H, \ell E, G$）に関する各項の変化は，図中の囲みで示したように，結果的に日中の地表面から大気に向かう顕熱フラックス H を増加させ，夜間には放射冷却による地表面温度の低下を抑制して都市大気の保温に寄与すると考えられる．

また，建築物の増加・高層化による地表面粗度の増大は，都市域における風速の減少をもたらし，移流による熱の損失を抑制する．その一方で，空気の鉛直混合を発生させて，田園地域であれば晴天弱風の夜間に形成される逆転層を機械的に破壊することも，特に小規模都市の高温に寄与している可能性が考えられる．都市の高温に与える①〜③の寄与の大きさについては十分な理解が得られていないが，近年の研究では②や③を重視する結果が多い．

●空間スケールごとにみた都市の気候環境

以下では都市特有の環境に伴って現れる気候・気象現象について，空間スケールごとに例をあげて概観する．

①街路スケール

都市の主要街路沿いには，中高層の建築物が建ち並び，都市特有の景観である都市キャニオン（urban canyon）が形成されている．キャニオンの走向と交わるように風が吹く場合，キャニオン内（街路上の空間）の風下側で下降流，風上側で上昇流となる渦が形成され，交通量が多い街路であれば大気汚染物質の分布や拡散に大きな影響を与える．

また，高層建築物周辺では，いわゆるビル風が発生することがあり，思わぬ強風による転倒や家屋への被害などが発生し，訴訟に至ったケースもある．

②街区スケール

都市内の緑地や公園，河川などの水体は，自然に近い表面を残す点で都市内部における非都市的空間とみなされる．夏季を中心として周囲の市街地よりも低温になりがちで，クールアイランド（cool island）の形成 [▶ B7-2] や，周辺100 m程度の範囲に暑熱の緩和効果をもたらすことが期待される．

③都市スケール

都市化された領域（都市域）とその周辺域との比較から，ヒートアイランド現象など都市の特徴的な気候環境を，気候要素の差異や分布として認識できる．Landsberg[2] は，主としてアメリカの大工業都市における資料をもとに，都市の内外で認められる気候差をまとめている（表1）．先述した気温以外の気候要素

表1 大工業都市（アメリカ）に認められる郊外との気候差[2]

要素	郊外との比較
汚染物質	
凝結核	10倍以上増加
微粒子	10倍以上増加
ガス混合物	5〜25倍増加
太陽放射	
日射量（総量）	0〜20%減少
紫外線（冬季）	30%減少
〃（夏季）	5%減少
日照時間	5〜15%減少
雲量	
雲	5〜10%増加
霧（冬季）	100%増加
〃（夏季）	30%増加
降水量	
総量	5〜15%増加
日降水量5mm以下の日数	10%増加
降雪（市内）	5〜10%減少
〃（市の風下）	10%増加
雷雨	10〜15%増加
温度	
年平均	0.5〜3.0℃高い
冬季の最低気温（平均）	1〜2℃高い
夏季の最高気温（平均）	1〜3℃高い
相対湿度	
年平均	6%減少
冬季平均	2%減少
夏季平均	8%減少
風速	
年平均	20〜30%減少
極値	10〜20%減少
静穏	5〜20%増加

について，以下に若干補足する．

雲量や微雨日数の増加は，大気汚染物質の一部が凝結核として作用することや，都市域特有の風系（ヒートアイランド循環）による影響 [▶ B7-4] と考えられる．ただし，現在では先進工業国の多くの都市で SO_x や NO_x などの大気汚染物質濃度が低下しており，都心域での日射量の増加も指摘されている．雷雨の増加は，都市型水害の頻発と関連して近年注目され，都市の高温や大きな地表面粗度などとの関係が指摘されるものの未解明の部分が多い [▶ B7-3]．多くの都市において相対湿度の経年的な低下傾向（図4）が認められ，霧日数も顕著に減少している．気温の関数である飽和水蒸気圧と実際の水蒸気圧との比で与えられる相対湿度の経年変化には，都市化に伴う昇温の影響とともに，不透水面の増加による蒸発量の減少ならびに化石燃料の燃焼や空調機（クーリングタワーなど）から発生する水蒸気がかかわっていると考えられる．

なお，大都市においては複数の核（副都心など）が都市構造の中に存在する．リモートセンシングによる表面温度にはそれらが確認されるが，地上観測ではきわめて高密度の観測が必要であることから，気候要素

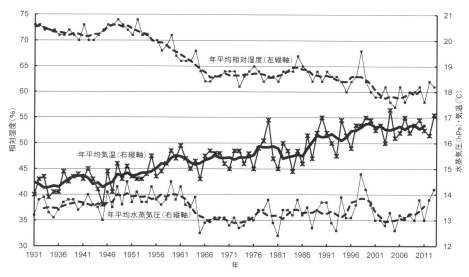

図4 東京（大手町）における年平均気温（℃）および年平均の相対湿度（％）と水蒸気圧（hPa）の経年変化（気象庁資料により著者作成）
太線および太破線は5年間移動平均を表す．

の地上での分布として大都市内部の局地差が十分に明らかにされているとはいえない．

④平野スケール

東京など沿岸部に位置している都市では，局地循環を形成する海陸風との間に相互作用を考える必要がある．たとえば，都市域では海風から陸風への交代時刻が非都市域の沿岸部と比べて遅れる傾向がある．これにはヒートアイランド現象によって陸側（都市域）の高温が持続することや，大きい地表面粗度の影響が考えられている．大気汚染物質の発生源が沿岸部にある場合，日中の海風によって汚染物質は内陸側に輸送される．関東平野における光化学オキシダント濃度のピークは，東京都心では午後の比較的早い時間に現れるが，北関東では夕方となる．また，1900年，1950年および1985年当時の土地利用に基づいて関東平野における風系の数値シミュレーション［▶B7-5］を行ったKusaka et al.[1]は，南寄りの風として相模湾や東京湾から進入する海風の海風前線が，高温で地表面粗度が大きい都市域の拡大により，近年では東京都区部の北側（風下側）で停滞する傾向にあることを指摘している．

［高橋日出男］

● 文献
1) Kusaka, H. et al.: The effects of land use alteration on the sea breeze and daytime heat island in the Tokyo Metropolitan area. *J. Meteor. Soc. Japan*, 78: 405-420, 2000
2) Landsberg, H.E.: The Urban Climate. International Geophysics Series, Vol., 28, Academic Press, 1981
3) 西沢利栄：熱汚染．三省堂，1977
4) Oke, T. R.: Boundary Layer Climate, 2nd ed., Routledge, 1987
5) 高橋日出男ほか：東京都区部における強雨頻度分布と建築物高度の空間構造との関係．地学雑誌，120：359-381, 2011
6) 山下脩二：都市の気候環境．吉野正敏・山下脩二編，都市環境学事典，pp.1-57．朝倉書店，1998

B7-2 ヒートアイランドとクールアイランド

●ヒートアイランドとヒートアイランド強度

　都市気候の中でも最も顕著な現象の1つがヒートアイランド（heat island）である．ヒートアイランドとは熱の島と訳されることもあるが，都市域がその周辺部よりも高温になる現象をいい，かつては都市温度といった．都市域と周辺部の等温線が海に浮かぶ島の等高線のアナロジーからヒートアイランドとよばれ，現在は一般的に使われている．ヒートアイランドの研究は古く，すでに1833年にハワード（L. Howard）[1]がロンドンの観測データから明らかにしている．

　ヒートアイランドは当初，冬季の静穏な日の最低気温出現時刻ごろに最も顕著になる現象として研究されてきた．都市の発展に伴ってヒートアイランドもより顕著になる．つまり，冬季の静穏な夜間に出現する現象から，コンクリートやアスファルトなどの熱容量の大きい物質を多用するようになり，日中吸収した太陽エネルギーを夜間に放出することにより温度が下がりにくくなるため夏季の夜に出現する貯熱型のヒートアイランドへと進む．さらに太陽エネルギーを吸収すると同時に人間活動によるエネルギー使用量の増大に伴う熱の排出，特に日中の冷房による熱放出による昼間の熱汚染型のヒートアイランドを出現させることになる．日本のような夏季の高温多湿の気候下で，さらに人間活動により高温化するということは生活環境が著しく悪化するだけでなく，熱中症などさまざまな健康障害の原因となるとともに，エネルギー使用量の増大とも重なって近年大きな社会問題となっている．

　以上のようなヒートアイランドをより数量的な取り扱いを可能にするための指標としてヒートアイランド強度がある．都市の中心部と周辺部の最大気温差と定義され，次式で表される．

$$\Delta T = T_u - T_r$$

ここで，T_u：都市域における最も高い気温，T_r：周辺部での最も低い気温である．**図1**は，東京のヒートアイランド強度の日変化とその季節変化を示している．冬の夜間ばかりでなく，夏の日中にも，ヒートアイランド強度が正となっており，熱汚染型のヒートアイランドが発達していると考えられる．

●ヒートアイランドの特徴と都市の規模

　ヒートアイランドの水平的特徴として，等温線が都市の周辺部で密になり，都市内部では比較的疎になることが指摘されてきた．オーク（T. R. Oke）[2]は，縁辺部の温度が急変するところをクリフ（cliff），都市域の比較的なだらかに昇温するところをプラトー（plateau），中心部の特に高温のところをアーバンピーク（urban peak），と定義した．世界の多くの都市ではおおよそこのような傾向を示すと考えられるが，日本の多くの都市では縁辺部のクリフは必ずしも明瞭ではない．それは，日本では都市的な土地利用がスプロール的に拡大するためと考えられる．また，日中は対流活動により大気が不安定化するため夜間ほど明瞭にはならない．これらのことは**図2**にも現れている．夜間はアーバンピークが都心部にみられ，高温域は放射状に広がる都市域に沿って伸びている．一方，日中はスポット的な高温域はあるが，ヒートアイランドは不明瞭となる．

　ヒートアイランド強度は都市の規模と密接な関係があることは容易に想像できるが，都市の規模をどう表現するかは簡単ではない．都市気候学の観点から考えると，最も単純な指数である人口を用いることが多い．これは都市域の人間活動がだいたい人口に比例すると考えられるからである．当然この場合は，1つの都市に形成されるヒートアイランドを意味しており，ヒートアイランドの内部構造は問題にしていない．以上の考え方のもとで，都市内外の最大気温差 ΔT（通常ヒートアイランド強度と同一とみなせる）と人口（P）

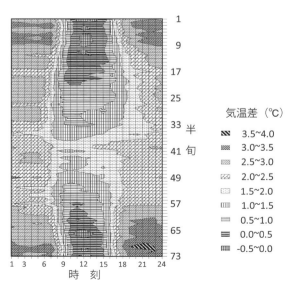

図1　東京のヒートアイランド強度の日変化・季節変化（気象庁資料により作成）
1981～2010年を対象に勝浦と秩父の平均値との差で表現した．

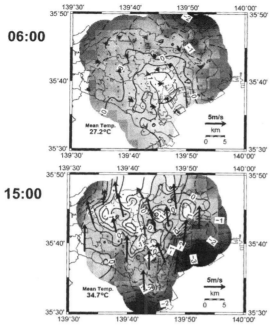

図2 夏季典型日における東京の気温分布と風系[3]
2004年7月7日〜9日の3日間の平均.

との関係を求めたのもオークである．彼はカナダのモントリオールを中心としたセントローレンス川低地に散在する10の都市の観測値から次の経験式を得た．

$$\Delta T = 1.93 \log P + 4.76$$

オークはこの考え方が世界の都市に適用できるとして，北米とヨーロッパの都市について各々求めた．日本では福岡[4]が1980年代以前の従来型の都市について調べて，人口約30万人で傾向線が変化することを指摘した．その後賛否議論が起きたが，日本の都市構造が劇的に変化し，欧米型の人工構築物が多くなるとともに，興味関心の中心がメカニズムやヒートアイランドの緩和の対策へと移った．一方，熱帯の都市については，バラつきが多く，オークが示したような整然とした傾向線は得られていない．また極圏では，逆転層や地形などの特殊条件から小都市でも非常に大きなヒートアイランド強度を示すことがある．つまり，上記の人口との関係は中緯度温帯に立地する都市についてのみ成り立つといえよう．

その後オークはヒートアイランド強度と天空率との関係を大洋州の都市を加えて求めた．結果はより綺麗な一本の傾向線で示された．ということは，人口よりも都市の幾何学的構造がより強く効いているということにほかならない．

● ヒートアイランド強度の経年変化

ヒートアイランド強度を上記のように定義すれば，その経年変化を求めることで都市の発展の影響を明らかにすることができる．すでに荒川や福井の先駆的研究がある．しかし，都市を取り巻く周辺部の自然環境は単純な場合は少なく，さらに都市域でも低層ビルから高層ビルまで混在しており，観測点の代表性を定義することも困難である．近年，東京などの大都市でのヒートアイランドの社会的な重要性が認識されるようになり，かなり詳細な観測網が展開されるようになった．その結果，面的な経年的変化の考察も可能になっている．

ヒートアイランドが喫緊の行政的課題となったのは，夏の暑さ対策として電力消費量の増大という経済的な問題と熱中症の増加という健康的な問題が複合して生じているためである．まず気候学的な関心として夏の夜の最低気温が25℃を下回らない熱帯夜が東京や大阪で顕著に増加したことである（熱帯の夜は冬であるという言い方があるように，熱帯の冬は一部低湿地帯を除けば暑熱ではなく，日本のみで通用する用語である）．

夏の日中は暑いのが当然で，かつては夕方の打ち水でほっと一息する夕涼みを楽しんだが，OA機器などの近代的設備の導入を契機に室内の空調・冷房が進み，それに引きずられるようにして人も快適な温湿度環境を望むようになった．夏季の昼間における人工環境がオフィスから一般家庭にまで蔓延し，より一層のエネルギー消費を必要とし，結果として屋外に熱を放出した．これらの日中の高温化は，夏日や真夏日，猛暑日の増大で表現される．東京の場合を示したのが図3である．1980年ごろからの増大は顕著であるが，特に1990年代以降の増加が著しい．冷夏の年は当然のことながら少なくなる一方，北太平洋高気圧に安定的に覆われる年はベースになる気温が全体的に高くなるので，その上にヒートアイランド効果が重なってより高温が発生する．

なお近年，熊谷や越谷など関東平野内陸部で猛暑が多発している．もともと熊谷などは最高気温が高く出現することで知られていたが，内陸部での高温化は関東山地を回り込んで吹き下ろすフェーンによる場合が多いという．詳しい研究が福岡・中川[5]によってまとめられている．

● ヒートアイランドの構造と形成要因

ヒートアイランドの形成要因を，夜間と昼間に分けて示したのが図4である．歴史的には冬季の夜間から夏季の昼間に出現する現象へと社会的な関心は変化したが，エネルギー問題ともからみ特に日本ではその傾向が強い．形成要因についてはすでにオーク[2]の教

科書で指摘されていることだが，①人工排熱，②市街化（植生の減少）による蒸発散の減少，③キャノピーの熱収支変化（日射の吸収，建物外壁からの赤外放射，蓄熱効果），④大気汚染による温室効果，⑤力学的混合による逆転層の破壊と要約できる．これらの形成要因について詳しい議論を展開しているのが中川[7]であり，藤部[6]が検討課題とした夜間のヒートアイランドに対する大気汚染による温室効果と力学的混合による逆転層破壊も形成要因の1つであるという．結果として，検討課題とされた④と⑤も黒の矢印で示してある．

ヒートアイランドの構造として従来最も一般的に例示されてきたのがオーク[2]に代表される都市大気の模式図である．一般風がある場合，都市大気は風下側に流され，プルーム（plume）を形成し，都市境界層上部に対流雲ができる．静穏の場合，都市大気はドームを形成し，中心部で上昇し縁辺部で下降流となる非常に弱い都市循環（urban circulation）とよばれる循環流が形成される．また，周辺部から都市域に下層の郊外風とよばれる非常に弱い気流も形成される．以上は中心部が都市の中心市街地で郊外に向かって都市的土地利用が徐々に減少する単純な都市構造を仮想したもので，実際の都市は立地する場所も含めて非常に複雑である．

●クールアイランド

クールアイランド（cool island）とは，ヒートアイランドの対語のような語感を与えるが，実際はヒートアイランドの中にできる低温域であり，クールスポットというよび方もしばしばされる．都市域内の公園などの緑地や水域は周辺部に比べて低温になる．例えば，東京の新宿御苑や皇居などがよく知られている．図5は首都大学東京を中心としたグループが実測した例である．クールアイランド強度を定義し，冷気のにじみ出しを証明している．スポットのクールアイランドを線的に繋げて郊外の新鮮な空気を都市域内に取り込んでヒートアイランドの緩和（大気汚染物質の除去も）しようと考えたのが風の道である．結局，壁面緑化や屋上緑化も含めてヒートアイランドを緩和する手段である．近年の夏季のヒートアイランド効果による更なる高温化を解決しようとする工学的な取り組みが盛んであるが，自然地理学的には短絡的な目的に傾斜することは避けるべきで，50～100年後を見据えて取り組むことが重要である．

●ヒートアイランド研究の今後

ヒートアイランドに代表される都市気候を考える場

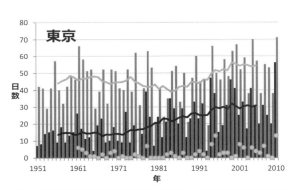

図3　東京における階級別日数の経年変化（気象庁資料により作成）

黒色：熱帯夜日数，灰色：真夏日日数，曲線は11年移動平均．○は猛暑日日数を示す（1961年～）．

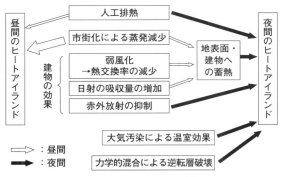

図4　ヒートアイランドの形成要因
（藤部[6]の模式図を中川[7]の見解で修正）

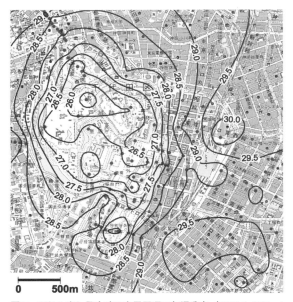

図5　にじみ出し発生時の皇居周辺の気温分布（2008.8.10.3～4時）[8]

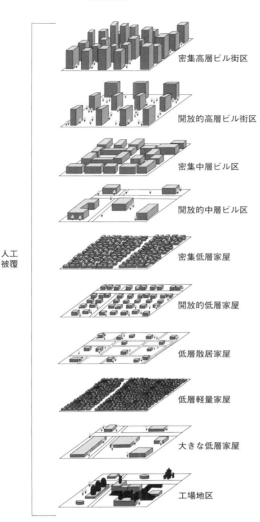
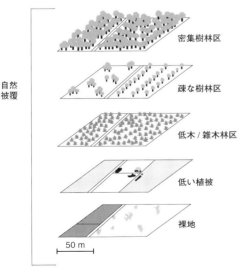

図6 局地気候区のための土地分類システム[9]

合，土地利用を含めた都市内外のメタデータの把握が重要である．そのようなデータをもとに類型化を試みているのが，オークのグループ[10]である．しかし，日本やアジアの都市は欧米の都市に比べて空間的な規則性が乏しいので類型化は一層困難が予想される．

オークらは放射，熱，水，表面幾何特性を考慮して都市域とその周辺に9種類の局地気候区を設定し，ヒートアイランド研究の基本に据えるよう提案している．新市街地コア，旧市街地コア，住宅密集地，工業地域，ブロックス，広い低層建物，一般住宅地（樹木やスペースも），低所得者住宅街（湿地／乾燥地），空地（湿地／乾燥地／雪）の9種類である．図6はステュワートとオーク（Stewart and Oke[9]）が示したものである．これらは基本的には100 m スケールで地表面の均質空間を抽出することであり，欧米の規則的な都市では容易であろうが，日本をはじめとするアジアの都市では簡単ではない．基本的な発想は福井[11]と同じであり，異なる土地利用の熱収支的合成が必要で今後の課題である．

[山添 謙]

●文献

1) Howard, L.: Seven Lectures on Meteorology, 138 + xlvii, Ponterfract METEOROGY, 1837
2) Oke, T.R.: Boundary Layer Climates, Methuen & Co. Ltd, 1978（オーク，T. R.／斎藤直輔・新田尚共訳：境界層の気候，朝倉書店，1981）
3) Takahashi, K. *et al.*: Influence of the urban heat island phenomenon in Tokyo on the local wind system at nighttime in summer, *Journal of Geography*, 120 (2), 341-258, 2011
4) 福岡義隆：都市の規模とヒートアイランド，地理，28 (12), 34-42, 1983
5) 福岡義隆・中川清隆：内陸都市はなぜ暑くなるか？，成山堂書店，2010
6) 藤部文昭：都市のヒートアイランド，天気，54, 9-12, 2007
7) 中川清隆：わが国における都市ヒートアイランド形成要因，とくに都市ヒートアイランド強度形成要因に関する研究の動向，地学雑誌，120 (2), 255-284, 2010
8) 成田健一・菅原広史：都市内緑地の冷気のにじみ出し現象，地学雑誌，120 (2), 411-425, 2011
9) Stewart, I. and Oke T.R.: Local climate zones for urban temperature studies, *Bull. Amer. Meteor.* Soc., 93: 1879-1900, 2012
10) Stewart, I. and Oke T.R.: Newly developed "thermal climate zone" for defining and measuring urban heat island magnitude in the canopy layer. T.R. Oke symposium and Eighth Symposium on Urban Environment, Jan. 11-15, Phoenix, AZ., 2009
11) 福井英一郎：都市における気温分布と緑地，都市問題，47 (7), 699-705, 1956
12) 吉野正敏・山下脩二編：都市環境学事典，朝倉書店，1998

B7-3
都市の降水

●都市における降水研究

降水の発生には，水蒸気やそれを凝結させる凝結核，大気中の水蒸気量を飽和させる上昇気流の存在などが重要である．都市気候の存在は古くから知られ，降水発生の条件が都市と郊外で異なる可能性を捉えるため，これまで都市とその周辺を対象として降水発生に関して多くの研究がなされている．人間活動が収斂している都市は，大気汚染物質の排出量が多い領域でもある．大気汚染物質のうち吸湿性のエアロゾルは，大気中の水蒸気を凝結させる核になり得る．凝結核と水蒸気量は，一方的に凝結核が増大すれば降水強度が増大する一次回帰の関係にあるわけではない．実際，日本で大気汚染が深刻であった高度経済成長期以前で，東京都心部で降水量としては小さい微雨（0.1 mm ≦日降水量＜1 mm）の増大傾向が指摘されている[1]．

一方で，都市で強雨が発生しやすいとの報告もある．1970年代に，アメリカの内陸に位置するセントルイスを中心とした領域で大規模な都市気候調査プロジェクト（METROMEX：Metropolitan Meteorological Experiment）が実施され，これは都市の存在や人間活動が強雨発生にかかわる可能性が示された研究として評価される．セントルイス（人口約60万人）は，周囲が比較的平坦で複雑地形に囲まれていない．その市街地と周辺を対象にレーダー，落雷探知機，さらに高密度（4 km間隔）で雨量計を設置し都市における降水の特徴をつかんでいる．METROMEXの成果として，対象期間（1971～1975年）の夏季において強雨（51 mm/h以上）の発生頻度分布は，上空の西寄りの風に対する風下域（都市の東側）に極大が存在することが示されている（図1）[2]．これは，落雷頻度の大きい領域にも対応している．

観測資料が蓄積してきた近年では，強雨頻度の経年変化に関する研究も活発におこなわれている．関東地方は日本で最大の平野で，都心が位置することから多くの研究がなされ，降水発現頻度の増大傾向が示されている[3,4]．ただし，降水頻度の年々変化に増加傾向がみられるというわけではなく，累年値（例えば10年平均）や総降水量に占める強雨の割合という形で示されることが多い．したがって，強雨頻度自体の増加というより雨の降り方が変化していると解釈されるこ

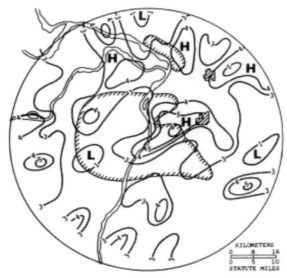

図1 アメリカのセントルイスにおける51mm/h以上の降水発生頻度（1971～1975年）[2]
斜線の枠は都市域で，HおよびLは高頻度域および低頻度域をそれぞれ示す．

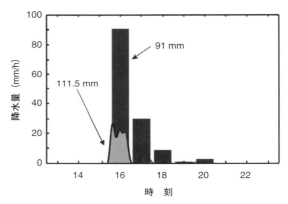

図2 練馬のアメダスにおける降水量の時間変化（1999年7月21日）
棒グラフ（黒色）は時間降水量，折れ線グラフは10分間降水量を示し，灰色で示した領域が最大の時間降水量である．

とが多い．さらに，増大傾向は都心で限定的なものではなく，都心を中心とした南関東一帯で認められることが多い．

●都市の強雨

練馬豪雨（1999年）や杉並豪雨（2005年）は，東京の都心域で強雨が発生した代表事例である．図2は，1999年7月21日に短時間強雨が発生した練馬（アメダス）における降水量の時間変化を示す．練馬では突如として16時に90 mmを超える猛烈な時間降水量が記録された．10分間の降水量は20 mm/min前

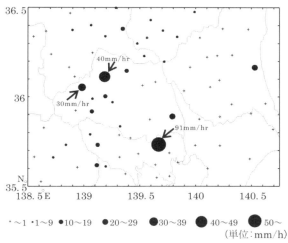

図3 アメダス雨量（1999年7月21日16時）

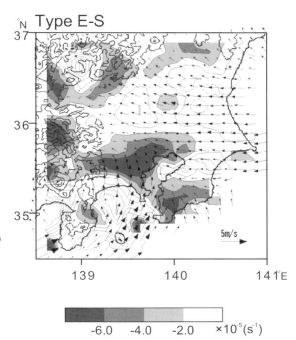

図4 地上風系場と発散量分布[5]

発散量Dの分布は$2×10^{-5}(s^{-1})$間隔の等値線で表した．収束量の大きい領域（$D=-2×10^{-5}(s^{-1})$）に影をつけて示した．

後で推移し，最大で111.5 mm/hを観測し，都心域では死者が出るなどの災害が生じた．アメダスでの16時の時間降水量では，30 mm/h以上の強雨域が東京都心部や埼玉県北西部に存在している（図3）．強雨域はアメダス観測地点間隔（約17 km）を2地点以上またがっておらず，強雨域の空間スケールは小さく（数km～）局所的である．

都心ではこのような突発的な短時間の局地的強雨が度々発生し，鹿島灘からの東よりの風と相模湾からの南よりの風が内陸に進入している場合（Type E-S）[5]に多くみられる．練馬豪雨（1999年）や杉並豪雨（2005年）のような代表的強雨事例は強雨発生に至る大気の3次元構造が解析されている[6,7]．杉並豪雨の場合，秩父山地からの風の進入も認められているが，共通していることは，地表面において進入経路の異なる海よりの風によって形成される顕著な収束域が東京都心域を中心に認められることである（例えば図4）．

●降水に対する都市の影響

都市において大気が加熱されることにより下層で気圧が低下する．したがって，都市と郊外の間における空気の運動にかかわる気圧傾度が増大し，それに伴って郊外風（都市周辺から都心に向かって吹く風）が都市に進入し，上昇気流が形成される可能性が考えられている．また，高層建築による熱交換の減少は，風が都市域を吹走する際の都市建造物の地表面摩擦による風速の弱化を意味し，これによっても風が収束し降水発生にかかわる上昇気流の形成を助長する可能性もある．

都市の降水はヒートアイランドが形成されやすい日における熱雷的な降水のみならず，広域で曇雨天となる界雷および熱界雷的な降水によってももたらされる．また，強雨発生前に高温域が形成されていたとしても，高温域が強雨発生に結びつく低圧部に関連することやそれによって生じる強い上昇気流の発生との関連性を実証する必要がある．都市で発生する強雨の研究は事例解析によるものが多く，今後，多数の事例から強雨発生と都市の局地循環との関係を捉える必要がある．

［澤田康徳］

●文献

1) 吉野正敏：東京都区内における雨の分布と微雨日数の増加．天気特別号，日本気象学会創立75周年記念論文集，121-125，1957
2) Changnon Jr., S. A.: Urban effects on severe local storms at St. Louis, *J. Appl. Meteor.*, 17: 578-586, 1978
3) 藤部文昭：東京における降水の空間偏差と経年変化の実態―都市効果についての検討―．天気45: 7-18, 1998
4) 河野武：気候変動の実態．古今書院，1980
5) 澤田康徳・高橋日出男：夏季の東京都心部における対流性降水の降水強度と気温場および地上風系場．地理学評論，80: 70-86, 2007
6) Seko, H. *et al.*: Evolution and air flow structure of a Kanto thunderstorm on 21 July 1999 (the Nerima heavy rainfall event), *J. Meteor. Soc. Japan*, 85: 455-477, 2007
7) 河野沙恵子ほか：2005年8月15日に東京23区西部で短時間強雨をもたらした雷雲の解析．天気，55: 38-42, 2008
8) 藤部文昭：都市の気候変動と異常気象．朝倉書店，2012

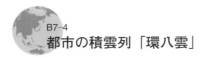

B7-4 都市の積雲列「環八雲」

●環八雲の定義と成因

環八雲とは東京都区部の西側を南北に走る環状八号線付近上空に出現する積雲列（図1）のことをいう。関東地方が高気圧におおわれた穏やかな日の午後に出現する確率が高い。小さな積雲が枕を並べたようにつながり、全体として1つまたは複数の積雲列を構成する。雲底高度は低く、1000 m前後である[1]。最近のライダー観測によると、環八雲は都市混合層上端に出現することがわかった[2]。環八雲は東京在住の塚本治弘氏が長年の写真撮影から発見したものである[3]。

1980年代、環八雲の成因については、いくつか疑問な点があった。まず、大きな山脈もなくほぼ平らな南関東の平野に、なぜ列状の環八雲が出現するのだろうか。第二に、環八雲はなぜ都心部ではなく、周辺の環八通り沿いにあらわれるのか。当初、環八通りを走行する自動車の排気ガスが上昇して、直接、環八雲を形成するとの説が有力であった。しかし、詳細な解析が進むと、南関東における東京都市圏のヒートアイランドと海陸風が重要な役割を果たしていることがわかった[1]。

●環八雲の気候学的特徴

出現日の気圧配置型

環八雲は統計的にどのくらいの頻度で出現し、どのような気圧配置のもとで出現するのだろうか。図1の環八雲が観測された1989年8月21日は、太平洋高気圧が日本付近にはり出し、典型的な夏型の気圧配置であった。この日は海陸風が発達し、日中は南寄りの海風が卓越した。他の環八雲出現日についても類似の気圧配置が出現することが多い。1989～93年の観測記録を日本付近の気圧配置型ごよみで分類すると、環八雲は日本付近が太平洋高気圧や移動性高気圧に覆われている日に多く出現している。

気温偏差の分布

環八雲出現日の気温分布の特徴を明らかにするため、図2に3時と15時の気温分布図を示す。図中の破線は環状八号線、ハッチをかけた領域は高温域を示す。これをみると、未明から明け方にかけては都心部の旧都庁前や文京区に典型的なヒートアイランドが存在する（図2a）。都心と郊外との気温差は、約2℃である。9時になると都心部のヒートアイランドが弱くなる。午後になると、環状八号線沿いの久我山付近にヒートアイランドが現れる。15時には久我山の気温が34.3℃に達し、周囲との気温差が約3℃の非常に顕著なヒートアイランドが形成されている（図2b）。また、環状八号線沿いでは練馬北で33℃、それ以外では足立で33.6℃を記録している。18時になると久

図1 1989年8月21日15時ごろの環八雲（朝日新聞社提供、甲斐ほか[1]に加筆）。

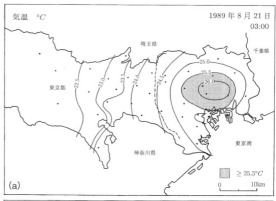

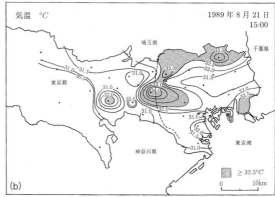

図2 気温分布（1989年8月21日3時と15時）[1]
点線は環状八号線、ハッチをかけた領域は高温域を示す。

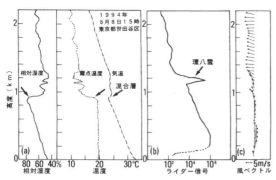

図3 環八雲のライダー・ラジオゾンデ同時観測[2]
(a) 相対湿度，露天温度，気温，(b) ライダー信号，(c) 風ベクトル．

図4 環八雲のモデル（「ニュートン」1994年8月号115pより）[1]

我山周辺の気温は都心部よりも低くなり，環状八号線沿いのヒートアイランドは消滅する．同時に，都心部に再び弱いヒートアイランドが現れる．21時，24時と時間が経過するにしたがって都心部のヒートアイランドが徐々に発達する．郊外との気温差は，約2℃である．

このように，典型的な環八雲が発生した1989年8月21日には，夜間は都心部で周囲との気温差が約2℃のヒートアイランドが形成されるが，日中は環状八号線沿いの久我山を中心とする気温差が約3℃の顕著なヒートアイランドが形成される．日中，都心よりも環状八号線沿いが高温になることは特筆すべき点である（都心は海風により冷却される）[1]．

地上風の分布と収束帯

風の特徴をまとめると，環八雲出現日は全般に南風成分が卓越する．このことは，一般風が弱く，海陸風などの局地循環が発達することを意味している．日中，相模湾からは南南西寄りの海風が吹き，東京湾からは南南東寄りの海風が吹く．これらが環状八号線沿いで合流して海風の収束帯が形成されるため，この付近では上昇気流が生じ，雲が形成されやすい状態になっている．地上風の収束・発散を調べると，夜間から早朝にかけて都心にあった収束帯が日中は環八通り付近に移動する．

鉛直構造

1994年8月，東京都世田谷区で観測された環八雲の鉛直構造を図3に示す．図中の矢印は大気混合層高度と環八雲の高度を示す．この図より，高度約900 mに成長した大気混合層の上，高度約1100 mに環八雲（積雲）が存在する．地上付近から高度約900 mまでの露点温度がほぼ一定なので，大気混合層内では対流により水蒸気，エアロゾル（大気汚染物質，海塩粒子など）などが十分に混合される．高度900〜1000 mに気温逆転層がある．この高度では，相対湿度が80％くらいあり，雲が形成されやすい状態にある．このとき，風は混合層内では南風，雲の上の高度1300 m以上の自由大気では一般風の東風が卓越した．

●環八雲のモデル

環八雲の発生には，海陸風とヒートアイランドが重要な役割を果たしている．都市気候学的解析と立体観測の成果をまとめたものが，図4に示す環八雲のモデルである．すなわち，①地形の関係で，環八通り上空は日中，東京湾と相模湾からそれぞれ吹く海風が集まる場所にあたり，上昇気流が発生しやすい．②都市化の影響で局地的に気温が上昇するヒートアイランド現象が環八通り付近で出現し，熱対流が発生しやすい．③海風の収束域では，雲の凝結核となるエアロゾル（大気汚染物質など）と水蒸気が集まりやすい．Kandaほか[4]は，数値モデルを用いて，環八雲を再現している．

[甲斐憲次]

●文献

1) 甲斐憲次ほか：東京環状八号線道路付近の上空に発生する雲（環八雲）の事例解析—1989年8月21日の例—，天気，42: 417-428, 1995
2) 甲斐憲次ほか：1994年8月東京都世田谷区上空で観測された積雲列（環八雲）について—速報—，天気，42: 715-719, 1995
3) 塚本治弘：ヒートアイランド現象と雲—1989年夏の観測から—，気象，34: 8-11, 1990
4) Kanda, M., et al.: Numerical study on cloud lines over an urban street in Tokyo, Boundary Layer Meteor., 98: 251-273, 2001

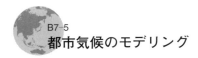

B7-5 都市気候のモデリング

●都市気候モデルの必要性

都市の地表面はアスファルトやコンクリートなどで覆われているため，郊外に比べて蒸発量は減少し，熱慣性は大きくなる．また，都市の地表面はキャニオン（凸凹）構造をもつため，運動量や放射収支にも大きな影響を及ぼしている．このほかにも人工排熱，地表面の非一様性など，都市は郊外と異なる特徴をもっている．数値モデルで都市気候を予測・再現するためには，このようなさまざまな都市効果をモデルに反映させる必要がある．

●平板都市モデル

領域気象モデル（メソモデル）は都市のヒートアイランド現象を予測・再現するモデルとして広く使われてきた．領域気象モデルでは，地表面熱収支式に接地層の式や土壌の式を連立させて解くことによって，地表面温度・地表面フラックスが計算される．したがって，これらの式を計算する際に使われる地表面のパラメータと土壌のパラメータ（粗度，アルベド，熱慣性など）を都市用に調整すれば，都市の効果をモデルに反映させることができる．このような方法で都市を表現する地表面モデルは平板都市モデル（slab urban model）とよばれている．

●都市キャノピーモデル

領域気象モデルで都市を表現するもう 1 つの地表面モデルとして都市キャノピーモデル（urban canopy model）があげられる．都市キャノピーモデルは，建物群による平均風速の変化や放射環境の変化などがより物理的に考慮されている．都市キャノピーモデルは，一般的に単層都市キャノピーモデル（単層モデル）[1]と多層都市キャノピーモデル（多層モデル）[2]に分けられる．

単層モデルでは，キャノピー層内の風が解析的に計算される．ただし，気温についてはキャノピー層内の代表値だけが計算される．建物の屋根面・壁面・道路面が受け取る入力放射量は，建物と道路間の放射の反射や影を考慮して計算される．放射計算の後，屋根面・壁面・道路面の表面および内部の温度と，これらの面からのフラックスが計算され，その面積重み平均値が最終的に都市から大気に向かう地表面フラックスとなる（図1）．ヒートアイランド現象を対象とした場合，単層モデルは平板モデルにくらべてより現実的な振る舞いをすること，その再現性は，多層モデルに近いことが確認されている[1]．多層モデルは，建物を鉛直方向に解像し，各層において壁面の熱収支が計算される点が特徴的である．このモデルからは，平板モデルや単層モデルでは得られないキャノピー層内の気温や風の鉛直分布を得ることができる．そのため，地上気温に対する建物形状の効果を他のモデルに比べてより物理的に評価できる．

●都市気候の長期シミュレーション

計算機能力と数値モデルの向上により，近年，ある季節や年間を通した長期シミュレーション[3]が実施されるようになってきた．このような地域気候の長期シミュレーションは，力学的ダウンスケーリングともよばれている[4]．図2および図3は，力学的ダウンスケーリング実験の結果である．8月平均気温の水平分布とある地点における気温の出現頻度が良好に再現されていることがわかる．最近では，地球温暖化予測実験からの力学的ダウンスケーリング実験（将来の都市気候予測実験）も行われはじめている[5]．

●都市と降水の関係

近年，都市の対流性降水の研究も行われるようになってきた．一般的に，都市が降水に与える影響は周囲の山岳や海に比べてずっと小さい．そのため，降水シミュレーションの結果がたとえ都市がある場合とない場合で異なっていたとしても，カオス性をみている可能性がある[6]．実験結果の信頼性の向上のためには，都市降水の問題にもアンサンブル予測手法を適用した

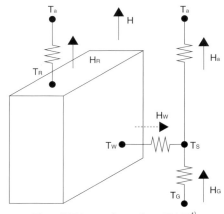

図1　単層キャノピーモデルの概念図[1]
H は顕熱フラックス，T は温度を意味する．

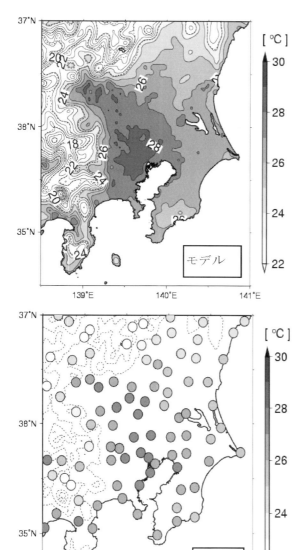

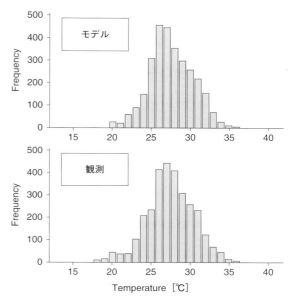

図3 東京における4年間における8月の気温の頻度分布 (2004〜2007年)[4]
上図は領域気候モデルWRFによるシミュレーションの結果，下図はアメダス観測値．

図2 2004〜2007年の4年間の8月平均気温[4]
上図は領域気候モデルWRFによるシミュレーション結果，下図はアメダス観測値．

気候実験を取り入れる必要があるだろう．都市と降水の関係については，慎重に実験を重ねていく必要がある．

[日下博幸]

●文献

1) Kusaka, H. *et al.*: A simple single-layer urban canopy model for atmospheric models, Comparison with multi-layer and slab models, *Bound. -Layer Meteor.*, 101: 329–358, 2001
2) Ikeda, R., and Kusaka, H.: Proposing the Simplification of the Multilayer Urban Canopy Model Intercomparison Study of Four Models, *J. Appl. Meteor. Climatol.*, 49: 902–919, 2010
3) Kusaka, H. *et al.*: Numerical simulation of urban heat island effect by the WRF model with 4-km grid Increment: An intercomparison study between the urban canopy model and slab model, *J. Meteor. Soc. Japan*, 90B: 33–45, 2012
4) 日下博幸・原政之：温暖化のダウンスケーリング，甲斐憲次編，二つの温暖化，成山堂書店，2012
5) Kusaka, H. *et al.*: Urban climate projection by the WRF model at 3-km horizontal grid incremet: Dynamical downscaling and predicting heat stress in the 2070's August for Tokyo, Osaka, and Nagoya metropolies, *J. Meteor. Soc. Japan*, 90B: 47–63, 2012
6) Kusaka, H. *et al.*: The chink in the armor: questioning the reliability of conventional sensitivity experiments in determining urban effects on precipitation patterns. Proc. 7th International Conference for Urban Climate, 2009

B8　気候変化・気候変動と地球温暖化

B8-1 気候の変化の要因

●気候システムの考えかた

　気候の定義をひととおりに定めるのはむずかしいが，気候の代表変数として，気温や降水量のような大気に関する物理量の1か月くらいの時間スケールでの平均状態をとることは妥当だろう．

　しかし，大気のもつエネルギーが変化する時間スケールは約1か月である．これに対して海洋は熱容量が大きく，時間スケールは表層で数十年，深層で約1000年の時間スケールである．雪氷は相変化によって正味で負のエネルギーを貯蔵し，南極やグリーンランドの大陸氷床は1万年から10万年，小規模な山岳氷河は数千年程度の時間スケールをもつ．

　そこで，大気，海洋，雪氷が相互にエネルギーや水や力をやりとりしている「気候システム」（climate system）を考える必要が指摘された[1]．陸水，植生，土壌などを総称した意味での「陸面」も気候システムの構成要素に数えられるようになった．大気中の水蒸気や海洋中の塩分は気候システム内の変数とし，その他の化学成分はシステム外とされることが多い．生物については，陸上植物の蒸散機能など，エネルギーや水の循環の観点から最小限のプロセスだけを考慮する．

　気候に加えて生物地球化学サイクルや生態系を内部に取りこんだシステムを考えることもあり，「地球システム」（earth system），「地球表層システム」（earth surface system）とよばれる．

●気候変化の内因と外因

　気候の変化の原因は，気候システムの外部にもありうるし，気候システムの内部で自発的に変動が起こることもありうる．ただし，両者は全く独立ではない．たとえば，もともとある周期の振動を自発的におこしうるシステムに，それに近い周期の外力が加われば，共鳴を起こすことがある．実際に見られる気候変化はおそらく外因と内因の両方がからみあったものだろう．

●フィードバック

　システムに関連する重要な概念として，フィードバック（feedback）がある．ある量が変化した影響が，他の量の変化を通して，もとの量にもどってくることがある．それが，最初の変化を強める方向に働く場合を，正のフィードバック，弱める方向に働く場合を，負のフィードバックという．たとえば，気候システムには，気温が上がると地球から出ていく放射がふえて気温を下げるように働くという基本的な負のフィードバックがある．

●全球規模気候変化の要因─放射収支を軸として

　ここではまず全球規模（グローバル）の気候の変化について考える．気候システム全体としてその外部との相互作用を考えると，質量の出入りは無視でき，エネルギーの出入りは放射（電磁波）のみである．そこで，気候変化の要因としては，これらの放射の出入りを制御する要因が主だと考えられる．
　まず，地球に届く太陽放射の変化には，
　(a)　太陽から出る放射の強さの変化．[後述「太陽光度の変化」の段落を参照．]
　(b)　太陽と地球の幾何学的配置に伴う変化．[▶ A2-2]
　(c)　太陽と地球の間に存在する物質による吸収の変化．実態がわかっていないので議論は省略する．
　また，地球が太陽放射を吸収する割合の変化として
　(d)　表面の反射率（アルベド）の変化．[後述「雪氷アルベドフィードバック」の段落を参照．]
　(e)　大気中のエアロゾル（固体・液体微粒子）の変化．[▶ B8-3]
が考えられる．
　地球上の物体が出す地球放射を変化させることによって大気や地表面の温度を変化させる要因には，
　(f)　大気中の地球放射を吸収・射出する成分（温室効果物質）の変化．[▶ B8-3]
がある．また (e) はこの働きももつ．

　このほか，気候変化の要因として重要と思われるものを順不同に列挙する．気候システムにとっての外因として，海陸分布の変化，山などの地形の変化，内因として，海と大気とのエネルギー交換効率の変化，海洋の深層の循環速度や循環形態の変化，氷床のダイナミックス [▶ A2-2] があげられる．

●太陽光度の変化

　太陽光度（太陽が時間あたりに出しているエネルギー総量）が大きければ，地球に入るエネルギーが多いので，地球の温度が高くなり，出す地球放射も大きくなってつりあう．B8-3「温室効果と日傘効果」で述べる水蒸気のフィードバックを含む数値モデルによれば，太陽光度が1% 多いときの定常状態では，全球平均地上気温は約2K高くなる．

太陽光度は，1978年以後の人工衛星による連続観測によれば，太陽黒点と同じ約11年周期で，光度自体の1000分の1程度の変動があり，黒点が多いときに光度が大きい．黒点自体はまわりよりも出す放射量が小さいのだが，黒点が多い時期は太陽表面の明るい部分（白斑という）も多く，太陽表面の対流が活発であると考えられている[2]．

他方，物理に基づく恒星の理論によれば，太陽光度は地球形成以来現在までに約30%増加した．

この中間の時間スケールでの太陽光度の変化は定量的にはよくわかっていない．太陽活動の指標としては，西暦1600年ごろ以後については，黒点数の観測値がある．また過去数千年の期間については，木の年輪や湖の堆積物から推定した炭素14発生量や氷床に含まれたベリリウム10のデータが使われる．これらの放射性核種は銀河宇宙線によってできるが，太陽磁場が強いと宇宙線が地球に達することが妨げられるので，これらの核種の発生は少なくなる．ただし地球磁場の変動の影響も受ける．

●太陽活動の気候への影響のしくみ

太陽光度の影響：太陽黒点が見られなかった時期の太陽光度は，現代よりも0.08%から0.25%小さかったと推定される．それを気候モデル［▶ B2-5］に与えて計算すると，全球平均地上気温は現代よりも0.1℃から0.3℃低い[3]．

紫外線による成層圏の変動：太陽放射のうち成層圏オゾンに吸収される紫外線のエネルギー量は，黒点周期に伴って変動し，極大と極小との差が平均値の約4%に及ぶ[2]．成層圏の気温が変わるので，対流圏から成層圏に向かう大気の大規模な力学的な波の伝わりかたが変わり，対流圏の温度の地理的分布に影響を与える．

電磁場・エアロゾル・雲を介した変動：雲凝結核となるエアロゾル粒子がふえれば，雲粒が小さくなり，表面積と大気中滞在時間の両方の効果で太陽光反射がふえて，寒冷化に働くと考えられる．

特に，太陽磁場が弱いと地球大気に届く宇宙線がふえて硫酸などのエアロゾル粒子が形成されるという説がある．しかし形成された直径1 nm程度の粒子が直径100 nm程度の雲凝結核に成長するしくみはまだ説明されていない．

●雪氷アルベドフィードバック

物体が太陽放射を反射する率をアルベドという．地表面のアルベドは，海と陸，あるいは植生と裸地との間でも必ずしも無視できない違いがあるが，これを最も大きく変えるのは雪氷である．雪氷は水面や土壌・植生よりもアルベドが大きいので太陽放射吸収を減らして温度を下げるように働く．このしくみは，H_2Oが存在し，それが氷と液体の水の両方の状態をとりうる温度範囲で，温度変化に対して正のフィードバックとなる．

●ローカルな気候の変化

ローカルな気候変化は全球規模の気候変化がなくても起こりうる．

そのしくみのひとつは，気候システム内のエネルギーの再分配である．気候システム全体のエネルギー総量は変わらなくても，たとえば，エネルギーが日本付近で減ってアラスカ付近でふえるような変化が起これば，日本では寒冷化，アラスカでは温暖化が起こるかもしれない．

もうひとつは，ローカルな原因である．たとえば都市のヒートアイランド現象は土地被覆改変による地表面エネルギー交換の変化および人工廃熱によって起こる．それらの効果は，全球規模で平均したエネルギー収支にとっては小さい．たとえば，2005年現在の人工廃熱の全球平均は $+0.028$ W/m^2 と見積もられており[4]，これは地表に吸収される太陽放射に対して4桁小さい．したがって，全球規模の気候変化を論じる際には省略されるが，ローカルな気候変化にとっては重要である．

［増田耕一］

●文献

1) National Research Council, U. S. Committee for Global Atmospheric Research Program: Understanding Climatic Change, National Academy of Sciences, 1975
2) Gray, L. J., *et al.*: Solar influence on climate, *Reviews of Geophysics*, 48, RG4001, 2010
3) Feulner, G. and Rahmstorf, S.: On the effect of a new grand minimum of solar activity on the future climate on Earth, *Geophys. Res. Lett.*, 37, L05707, 2010
4) Flanner, M. G.: Integrating anthropogenic heat flux with global climate models, *Geophys. Res Lett.*, 36, L02801, 2009

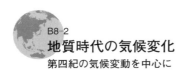

B8-2 地質時代の気候変化
第四紀の気候変動を中心に

● 地質時代の気候変動を解く鍵——プロキシ

　気象測器による観測データのない時代の気候変動を知るため，古くからさまざまな方法が動員されてきた．なかでも微化石を含む動植物化石を利用した方法は長く主流を占め，これらは示相化石として重視されてきた．一方，1950年代から開発されてきた酸素同位体比を利用した気候復元の手法は，深海底コアに含まれる有孔虫の殻に適用されたのに始まり，近年ではグリーンランドや南極大陸の氷床コアに適用され，長期にわたる連続記録を与えるものとして地質時代の気候変化の基準となっている．これらをベースにして，海底コアではさまざまな微化石，IRD（氷山が運搬した粗粒な粒子）や地球化学的示標が，氷床コアでは氷中の気泡に閉じ込められた過去の大気の組成などが組み合わせられ，大陸内部や沿岸域ではレス（loess），湖沼堆積物，沿岸堆積物から動植物化石や地球化学的示標などに基づいて古気候が検討され，地球の主要地域をカバーする気候変動像が導かれてきた．以上のような古気候を推定するために用いられる方法はプロキシ（proxy）とよばれ，観測機器のない時代の古気候復元にとって必要不可欠なものである．

● 酸素同位体比変化とミランコビッチ・サイクル

　カリブ海の深海底コアに含まれる有孔虫化石の殻の炭酸カルシウムの酸素同位体比を測定する方法はエミリアニ[1]によって最初に試みられ，現在では過去550万年間の同位体変化のスタンダードとされるデータが報告されている（図1）．

　これは，海水（H_2O）の酸素には^{16}O以外に^{18}Oなどの同位体があり，水が蒸発するとき水蒸気には^{16}Oが多くなり，^{18}Oは水に残りやすいという原理に基づく．氷期には蒸発した水蒸気が氷床に大量に蓄積されるため，氷床には^{16}Oが集まり海洋には^{18}Oが多く残る．一方，間氷期には氷床が融解して^{16}Oの多い水が海洋に流れ込むため，^{18}Oの率は低くなる．海水中に生息する有孔虫の殻の同位体比は海水の同位体比と平衡である．したがって，氷床量と海水量の関係で決まる氷期・間氷期の変化は有孔虫の殻に同位体比として記録される．通常この比を^{16}Oに対する^{18}Oの割合で示し，$\delta^{18}O$として表記する．

　一方，ミランコビッチは，地球の軌道要素が周期的に変動することから，地球の気候は，約10万年周期の地球の公転軌道の離心率の変化，約4万年周期の地軸の傾きの変化，約2万年周期の歳差運動（地軸の首振り運動）の変化の3つの要素によって決まると提唱した［▶A2-2］．実際に酸素同位体変化から詳しく求められた気候変動カーブは以上の3つの要素を反映しており，地球レベルの気候変動に対して軌道要素の変動が大きな影響を与えることは基本的な認識となっている．その影響の与え方については次項に述べる．

● 第四紀の始まりと気候変動

　2009年6月に第四紀の始まりについて新たな定義がなされた[4]．その始まりの年代は以前より約80万年古くなり，258万年前とされた．新定義に基づく第四紀の気候像として大事なことは，「現在につながる第四紀の地球の気候変動を支配する仕組みがこの段階で整った」ことである．その1つは両極氷床システムの確立である．南極大陸の氷床は古くから存在したが，第四紀にはこれに加え北半球にも広大な大陸氷床が形成された．それは258万年前に突然にではなく，300万年前から250万年前ごろにかけて起こった．そのきっかけを与えた要因はミランコビッチ・サイクルである．北半球高緯度の夏の日射量が低下すると，これをきっかけに，冬季に降った雪は夏季も解けずに残り，これが積み重なって氷床が発達する．氷床の発達は地球を寒くし，さらに氷床を発達させる，という正のフィードバックメカニズムが働く．これは氷期・間氷期が繰り返された第四紀の気候変動メカニズムの基本にある．

　この時期に北半球の大規模な大陸氷床を形成した2つ目の要因はパナマ地峡の形成である．現在，北米大

表1　地質時代の気候復元に用いられる代表的なプロキシ

微化石	
有孔虫，放散虫，貝形虫 花粉，珪藻，石灰質ナンノプランクトン	深海底コア，沿岸堆積物 深海底コア，湖沼・湿原堆積物
植物珪酸体	土壌
大型化石	
地球化学的指標	
酸素同位体比（$\delta^{18}O$） CO_2，δD，CH_4，ダスト アルケノン古水温，Mg/Ca，他	深海底コア，アイスコア，石筍 アイスコア 深海底コア
TOC	湖沼堆積物
その他	
樹木年輪 帯磁率 漂流岩屑（IRD）	レス，堆積物一般 深海底コア

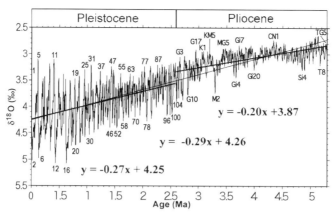

図1 過去550万年間の酸素同位体比変化とその傾向の変化（地球の主な海洋で採取された57本のコアから平均してもとめたデータ[2]に基づく）[3] 気候変化の傾向を示す直線（左から更新世，更新世-鮮新世，鮮新世）の比較を示す．

陸と南米大陸はパナマ地峡でつながっている．その大西洋側と太平洋側の深海底コアの研究は，300万〜250万年前ごろの大きな環境変動を示した．大西洋と太平洋は Central American Seaway とよばれる海峡で接続していたが，プレートの運動のもとでパナマ地峡が形成され，大西洋と太平洋は隔てられた．その結果，地峡の東側に温暖な海水が集積し，さらにメキシコ湾流として北大西洋の奥深く熱帯の熱を輸送するようになった[5]．これが極域に大量の水蒸気をもたらし，雪を降らせ，氷床の本格的形成につながったと考えられる．太平洋では石灰質ナンノプランクトン化石に基づいてこの時期に寒冷種が中緯度にまで分布を広げた[6]．

大陸内部では氷期・間氷期サイクルと連動すると考えられるレス-古土壌シーケンスが注目されてきた．中国の黄土高原ではレスの堆積開始はちょうどガウス／マツヤマ古地磁気境界にあるとされ，新たな第四紀の開始期と一致する．以後，氷期にレスが堆積し，間氷期には土壌形成が進み，黄土高原に厚さ200〜300mものレス・古土壌堆積物を形成した．レスでは帯磁率は低く，土壌では帯磁率が高くなることから，帯磁率の変動は海洋の酸素同位体比の変化とよく合っていることがわかり，大陸内部での第四紀を通じての氷期・間氷期サイクルが明らかになった．レスの形成には内陸部の乾燥化が必要で，チベット・ヒマラヤの隆起によってインド洋からの水分供給が断たれたことが関係していると思われる．

● 第四紀の気候変動の仕組み

以上に述べたことはそのまま，第四紀の気候変動の仕組みそのものである．すなわち，地球の軌道要素の周期的変動に基づく北半球高緯度の日射量変化が気候変動のトリガーとなって，氷期や間氷期へのスイッチが入ると，両極の大陸氷床がキーとなって正のフィードバックメカニズムが進行していく．この過程の説明には，大陸氷床コアから得られた知見が大いに役立つ．図2は，南極ボストーク氷床コアの分析によって得られた結果を示すもので，重水素（δD），CO_2や図には示されないがメタン，氷の酸素同位体比の変動は深海底コアの有孔虫による酸素同位体比変化ときわめてよく類似する．氷期が進行する過程でいえば，雪氷の広がりがアルベド（地表の反射率）を大きくして日射量を減少させ，冷却した海水のCO_2吸収率は高くなって大気中のCO_2は減少する．逆に，間氷期が

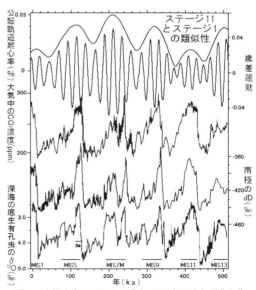

図2 南極氷床コアによる過去50万年の古気候復元[7]

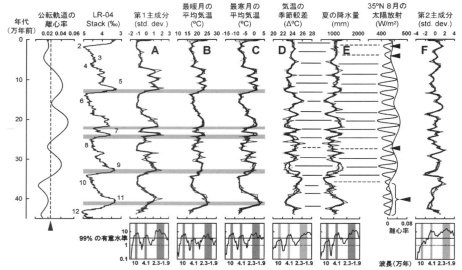

図3 琵琶湖における花粉データを用いた気候の定量的復元の結果[8]
左から，公転軌道の離心率，LR-04同位体比，A：花粉化石群集の第1主成分，B：最暖月の平均気温（太平洋の気団の温度指標），C：最寒月の平均気温（シベリアの気団の温度指標），D：気温の年較差（B−C），E：4月から9月までの積算降水量（夏モンスーンの強度の指標），35°N 8月の太陽放射，F：第2主成分．

進行する過程では，大陸氷床の融解が進行し，アルベドは低下し，海水が暖められるとCO_2の溶解度は低下して大気中のCO_2濃度が高まり，温暖化が進み，海面は上昇し，メタンが増えてさらに温暖化を増長する．これらの過程で海洋の深層循環が南北の熱交換に大きな役割を果たしている．図2の最上部にある地球軌道要素の変動がきれいにタイムキーパーの役割を果たしていることが読み取れる．

● 更新世中期以降の気候変動の特徴

図1に示す氷期・間氷期のサイクルを見ると，80万年前頃までは4万年周期が卓越するが，その後は10万年周期が卓越する．氷期から間氷期への変わり目（ターミネーションという）は急激な温暖化で特徴づけられる．一般に温暖化のピークの後，段階的に寒冷化するので，同位体カーブはノコギリの歯のような形となる．氷期・間氷期の年平均気温の差は8〜10℃に及ぶが，低緯度ではその差は小さくなる．

各間氷期・氷期にはMIS（marine oxygen isotope stage, 海洋酸素同位体比ステージ）番号が決められている．1.17万年より後の現在の間氷期（完新世）はMIS1，12.8万年前の間氷期はMIS5と奇数番号がつけられ，MIS5のはじめの温暖ピーク，MIS5eを最終間氷期とする．最終氷期の最後の最寒冷期MIS2など氷期は偶数で示す（図1）．

現在進行する地球温暖化の中で，MIS5eや約40万年前のMIS11の温暖期は非常に温暖であったことが分かり，その推移や条件の検討が注目されている．MIS11には地球軌道要素の公転軌道が円に近く，歳差運動のパターンと共にMIS1と類似する（図2）．

琵琶湖の湖底コアは過去40万年間の植生変遷を連続的に示した[8]．花粉データに基づいてモダンアナログ法により定量的に復元された気候変動を図3に示すが，深海コアや氷床コアで得られた結果と整合するばかりでなく，最暖月・最寒月の平均気温，気温の季節較差，夏の降水量など具体的な気候要素について検討できる点は画期的な意味をもつ．

グリーンランドの氷床コアにおいて，最終氷期にはダンスガード−オシュガー（D–O：Dansgaard-Oeshger）イベントとよばれる，周期3000年〜500年の急激な気候変動が認められ[9,10]．北大西洋の深海底コアでも，極域に棲む浮遊性有孔虫 *Neogloboqudrina pachyderma* の増減やIRDとも対比されて注目を集めた[11]．その後南極の氷床コアや南半球の海底コアなどでも確認され，グローバルな気候変動と考えられるようになった．この変動もターミネーションと同様に急激な温暖化を伴っていた．その変動の幅は年平均気温で4℃から8℃に相当する．このD–Oイベントは，中国のレス堆積物の帯磁率や粒度変化，日本海コア中の明暗縞，野尻湖や高野層などの湖底堆積物の全有機炭素量や花粉分析結果にも認めることができる．

● ヤンガードリアス事件（アガシー湖決壊説と隕石説）

最終氷期末，1万9000年前ごろから，特に1万

5000年前ごろから地球は明瞭に温暖化に転じ，ベーリング（Behring）・アレレード（Adelaide）の温暖期を迎える．この温暖期は突然の寒冷期に移行した．グリーンランドの氷床コアに基づき，1万2800〜1万1700年前の1100年間，きわめて寒冷な気候が支配した．これをヤンガードリアス（Younger-Dryas）事件，"寒の戻り"ともいう．

北米大陸では，最終氷期末にはローレンタイド（Laurentide）氷床の融解に由来する大量の淡水がアガシー湖など広大な湖沼を形成していたが，その大規模な決壊などにより淡水が大量に大西洋に流れ込み，北大西洋の海水の上に淡水に富む表層を形成した可能性が強い．密度の小さな表層水が形成されると，深層水沈み込みの場である北大西洋で沈み込みが発生しにくい状況となり，南北の熱交換がストップした可能性がある．その結果北大西洋が非常に寒冷な条件におかれることとなり，それが地球レベルに波及したという考えである．この考えに対し，最近注目されているのが隕石落下説である[12]．1万2900年前に北米大陸に落下した隕石の影響によって急激な寒冷化が生じ，またアメリカ大陸で知られていた大型動物の短期間での絶滅が説明できるとされる．

●完新世の気候変化

最終氷期から完新世への急激な温暖化は上記のヤンガードリアス事件の終了した1万1700年前に始まる．この温度上昇は50年に8℃の変化ともいわれるように極めて急速に進んだ．その後の完新世には大きな変動はなく，その前半はヒプシサーマル（Hypsithermal）とよばれる温暖期，4000年〜はネオグラシエーション（Neoglaciation），10〜12世紀には中世温暖期（Medieval Warm Period），15〜19世紀には小氷期（Little Ice Age）とよばれる変動があった．

完新世の始まりの国際的模式地はグリーンランド氷床コアにおかれ，その年代は1万1700年b2kとすることが2008年に決定された［b2kは，AD2000年より何年前かを意味する］[13]．その模式地はグリーンランド中央部のアイスコア，NGRIP2の深度1492.45 mである．これは物理化学的パラメーターに基づく気候変動を基準としており，生物層序との関連のつきやすい副模式地が5か所設定された．年縞に基づく詳細な花粉分析により定量的古気候復元が進められている日本の水月湖コア[14]はその副模式地の1つに選定されている．

完新世に1500年サイクルの気候変動があり，太陽活動の周期とよく合うという考えは北大西洋のコアと樹木年輪に基づいて提案され[15]，ボンドサイクル，1000/2000サイクルともよばれる．その後，石灰岩洞窟の石筍とグリーンランドアイスコアから得られた酸素同位体比変動とがよく重なることが示され，完新世に1000年周期の気候変動があったとされた[16]．このような1000年・2000年周期の気候変化はD-Oイベントも含め，太陽活動の強弱で説明できる可能性が強まり注目されている．

［遠藤邦彦］

●文献

1) Emiliani, C.: Pleistocene temperatures, *Jour. Geol.*, 63: 538-575, 1955
2) Lisiecki, L. E. and Raymo, M. E.: A Pliocene-Pleistocene stack of 57 globally distributed benthic $\delta^{18}O$ records, *Paleoceanography*, 20: PA1003, 1-17, 2005
3) 大場忠道：第四紀の始まりの世界的な気候寒冷化とは何か？―酸素同位体比変動から，第四紀研究，49: 275-281, 2010
4) 遠藤邦彦・奥村晃史：第四紀の新たな定義：その経緯と意義についての解説，第四紀研究，49: 69-77, 2010
5) Bartoli, G. *et al.*: Final closure of Panama and the onset of northern hemisphere glaciation, *Earth and Planetary Science Letters*, 237: 33-44, 2005
6) 佐藤時幸：パナマ地峡の成立と世界的な寒冷化―第四紀の新しい定義と関連して―，第四紀研究，49: 283-292, 2010
7) Petit, J. R. *et al.*: Climate and atmospheric history of the past 420,000 years from the Vostok ice core, Antarctica, *Nature*, 399: 429-436, 1999
8) 中川毅ほか：琵琶湖の堆積物を用いたモンスーン変動の復元―ミランコビッチ＝クズバッハ仮説の矛盾と克服，第四紀研究，48: 207-225, 2009
9) Dansgaard, W. *et al.*: The abrupt termination of the Younger Dryas climate event, *Nature*, 339: 532-534, 1989
10) Dansgaard, W. *et al.*: Evidence for general instability of past climate from a 250-kyr ice-core record, *Nature*, 364: 218-220, 1993
11) Bond, G. *et al.*: Correlations between climate records from North Atlantic sediments and Greenland ice, *Nature*, 365: 143-147, 1993
12) Firestone, E. B. *et al.*: Evidence for an extraterrestrial impact 12,900 years ago that contributed to the megafaunal extinctions and the Younger Dryas cooling, *Proceedings of National Academy of Sciences*, 104: 41, 16016-16021, 2007
13) Walker, M. *et al.*: Formal definition and dating of the GSSP （Global Stratotype Section and Point） for the base of the Holocene using the Greenland NGRIP ice core, and selected auxiliary records, *Journal of Quaternary Science*, 24: 3-17, 2009
14) Nakagawa, T. *et al.*: Pollen/event stratigraphy of the varved sediment of Lake Suigetsu, central Japan from 15,701 to 10,217 SG vyr BP （Suigetsu varve years before present）: Description, interpretation, and correlation with other regions, *Quaternary Science Reviews*, 24: 1691-1701, 2005
15) Bond, G. *et al.*: Persistent solar influence on North Atlantic climate during the Holocene, *Science*, 294: 2130-2136, 2001
16) Wang, Y. *et al.*: The Holocene Asian Monsoon: Links to Solar Changes and North Atlantic Climate, *Science*, 308: 854-857, 2005

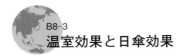
温室効果と日傘効果

●地球大気のもつ基本的な温室効果

地球の全球平均地上気温は，地球が受け取る太陽放射と宇宙空間に出て行く地球放射との収支がつりあった放射平衡温度（地球の出す放射の代表温度）[▶B2-2]よりも高い．この温度差は基本的に，地球の大気が，太陽放射に対しては透明に近いにもかかわらず，地球放射を吸収しまた射出する能力をもっているために生じる．大気のこの働きを「温室効果」（greenhouse effect）とよぶ．

地球放射は波長 10 μm 前後の赤外線を主とする．気体分子がこの波長域の電磁波を吸収・射出するしくみは，分子の振動または回転に伴うものである[1]．電磁波は振動数に比例（波長に反比例）する量のエネルギーをもつ粒子（光子）の集まりでもある．分子はいくつかのエネルギーレベルの異なった振動モードをもち，そのエネルギーレベルの差に対応する光子を吸収・射出する．ところが窒素（N_2），酸素（O_2）などの2原子分子やアルゴン（Ar）などの1原子分子は有効な振動モードをもっていない．地球放射の吸収・射出に効くのは，水蒸気（H_2O），二酸化炭素（CO_2），オゾン（O_3），メタン（CH_4），一酸化二窒素（N_2O），フロン類（$CC_{l3}F$ ほか）などの3原子以上の分子である．これらの物質を「温室効果気体」とよぶ．

●温室効果気体濃度の変化に伴う気候の変化

太陽放射に対して地球大気は，成層圏のオゾンが紫外線の大部分を吸収するのを別とすると，透明に近い．太陽放射の吸収の大部分は地表面で起こる．大気下層（対流圏）は，下にある地表面から地球放射および潜熱・顕熱の乱流輸送によってエネルギーが供給されるので，対流が起きやすく，鉛直温度勾配は断熱勾配に近い状態に維持されている．

このような対流圏の存在を前提として温室効果気体の増加が気候に及ぼす影響を考えてみる（図1）[2]．まず気候が，地球が吸収する太陽放射と宇宙空間に出ていく地球放射とがつりあった定常状態にあるとする．出ていく地球放射は，実際は大気からの放射と海面や陸面からのものを含むが，模式的に，外から赤外線の目で見ると気温が放射平衡温度に一致する高さ（B）が見えると考える．温室効果気体濃度が増加すると，

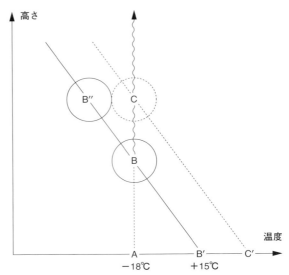

図1　温室効果に伴う対流圏の気温の変化の模式図（真鍋，1985[2]に加筆）

大気は赤外線に対してより不透明になる．外から見える高さが B″ となったとすると，出ていく地球放射は地球が受け取る太陽放射よりも少ないので，気温が C まで上昇して新たな定常状態に落ち着く．対流で決まる鉛直温度勾配が変わらないとすれば，地上気温は B′ から C′ まで上がる．

大気が含みうる飽和水蒸気量は温度が高いほど大きい．実際の水蒸気量も，水蒸気が海から供給される結果，温度が高いほど，ほぼ飽和水蒸気量に比例して大きくなる（つまり相対湿度が一定）と考えられる．したがって水蒸気の温室効果は，なんらかの原因で気温の変化が生じた際にそれを強化する正のフィードバックとして働く．

●エアロゾルとその放射に対する効果

エアロゾル（「エーロゾル」「エアロソル」という語形も使われる）とは気体中に固体や液体の粒子が浮遊している状態，あるいはその粒子をさす．雲も本来は氷や水の粒子からなるエアロゾルであるが，気象・気候の話題では別扱いにする．エアロゾルの粒径は 0.003 μm から 100 μm におよぶが，放射収支を通じて気候に及ぼす影響にとっては粒径 2 μm 以下の微小粒子が重要である[3]．粒子には，硫酸液滴，硫酸アンモニウム，硝酸アンモニウム，海塩粒子，一部の有機物などの太陽光に対してほとんど透明なもの（ここでは仮に「白い粒子」とよぶ）と，すす（黒色炭素）や土壌粒子などの太陽光を吸収するもの（「黒い粒子」とよぶ）がある[3,4]．

エアロゾル粒子は太陽光を散乱する．それが地表に

及ぼすおもな効果は直達日射が減ることである．地表に達する散乱日射はふえるが，合計の全天日射にもいくらかの減少をもたらす．

大気層の放射収支には，理想的に透明な粒子は影響を及ぼさないが，太陽光を吸収する粒子はその存在するところの大気に対する熱源をもたらす．

大気と地表を合わせた地球のエネルギー収支には，散乱の効果は太陽放射のうち反射となる割合をふやすので収入を減らす．これを「日傘効果」（parasol effect）とよぶ．白い粒子はこの効果が大きい．他方，吸収の効果は収入をふやす．黒い粒子はこの効果が大きい[1]．

エアロゾル粒子は地球放射の波長帯の電磁波も吸収・射出する．白い粒子であっても，地球放射の波長帯では吸収率・射出率が1に近いものが多い．したがって，エアロゾルは大気の温室効果に寄与する．

エアロゾル粒子のうちでも硫酸液滴などは，雲粒ができる際の凝結核となる．凝結核が多いと，雲水量が同じであっても粒子の数が多くなり，断面積の合計が大きくなるため，太陽放射の反射がふえることになる（これを第1種間接効果ということがある）．また，小さい雲粒のほうが長時間にわたって大気中にとどまりやすいことも，太陽放射の反射をふやすように働く（第2種間接効果といわれる）[1,4]．

火山噴火はさまざまなエアロゾルをもたらすが，火山灰などの粗大粒子の影響は近距離にとどまる．全球規模の気候に影響をもたらすのは，火山から気体として噴出した二酸化硫黄（SO_2）が大気中で反応してできた硫酸液滴が主である．粒子はしだいに落下するが，1年から2年にわたって成層圏にとどまる．硫酸エアロゾルの量は必ずしもマグマ噴出でみた噴火の規模と対応しない[5]．

●放射に対する雲の効果

雲もほかの白いエアロゾルと同様に，散乱によってエネルギー収入を減らす効果と，温室効果とをもつ．どちらが大きいかは，雲水量，粒径，雲頂・雲底の温度などによる．現在の気候のもとで，雲は正味でエネルギー収入を減らす働きをしている[1]．

●二酸化炭素濃度に対する気候の定常応答

Manabe and Wetherald は 1967 年の論文で，大気を水平には一様とみなし鉛直には細かく区切った鉛直1次元モデルで，大気各層のもつエネルギーが放射吸収・射出と対流によって変化するとし，定常状態を求めた[1,2][▶ B2-5]．ただし水蒸気については相対湿度が変わらないと仮定し，雲については変化がないと仮定した．CO_2 濃度が高いほど成層圏の気温は低くなるが，対流圏の気温は高くなり，CO_2 濃度が2倍になると地上気温は約 2.3℃ 高くなった．以後の研究で得られた CO_2 倍増に対する定常状態の全球平均地上気温の差は，1.5℃ から 5℃ くらいの間でさまざまな値をとるが，この幅は主に雲がどのように変化するかについての不確かさによる．

●産業革命以後の気候変化の要因

産業革命以来の人間活動は，大気中の CO_2，CH_4，N_2O，フロンなどの温室効果気体濃度を増加させた．これは気候を温暖化させる効果をもつ．他方，人間活動はエアロゾルも増加させた．そのうち少なくとも石炭や石油の燃焼に由来する硫酸液滴は気候を寒冷化させる効果をもつ．エアロゾルおよび雲の時空間分布は温室効果気体よりも不均一であり，評価がむずかしい．IPCC 第4次統合報告書[6] の図 2.4 によれば，エアロゾルの効果の不確かさは大きいが，直接効果と第1種間接効果を合わせて人為起源の温室効果強化の約半分を打ち消しているとみられる[▶ A3-5]．　　[増田耕一]

●文献

1) 浅野正二：大気放射学の基礎，朝倉書店，2010
2) 真鍋淑郎：二酸化炭素と気候変化．科学，55: 84–92, 1985
3) 笠原三紀夫・東野達編：エアロゾルの大気環境影響，京都大学学術出版会，2007
4) 中島映至・早坂忠裕編：エアロゾルの気候と大気環境への影響．気象研究ノート，218，2008
5) 岩坂泰信：火山噴火と気候．天気，60: 803–809, 2013
6) 気候変動に関する政府間パネル：IPCC 地球温暖化第四次レポート，中央法規出版，2009

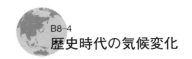

B8-4 歴史時代の気候変化

気候学における「歴史時代」とは「人間が書いた気候記録がある時代」と考えられている．しかしその始まりは，エジプトや中国などでは比較的早く紀元前3000年ごろ，日本は紀元後500年ごろと遅れているため，明確には定義できない[1]．歴史時代の気候は，歴史文書記録や樹木年輪などの代替資料（プロキシ，proxy）の分析によって，高時間分解能でグローバルスケールの気候復元が可能となってきた［▶ B8-2］．

●歴史時代の気候復元手法

欧米の一部を除いて世界的に気象データが得られるようになったのは，19世紀後半から20世紀前半以降（観測時代）であるため，それ以前の気候変化を知るには，代替資料を利用して，気候を復元する必要がある．歴史時代の気候復元に利用される代替資料として，日記・文書，樹木年輪，花粉，サンゴ年輪，氷床コアなどがあり，主なものを以下に述べる．また近年は，代替資料のほかに，公式気象観測開始以前の気象観測記録の存在も明らかになっている．

表1　歴史時代の各地の気候（Brooksの原表に吉野加筆）[7]

年 西紀前は目盛を縮小	アジア	北アメリカ西部	ヨーロッパ	アフリカ	日本
2000—					冷湿
1900—	カスピ海水位低下中	乾燥化	氷河の急速な後退		暖干
1800—		多雨	寒冷，多雨，氷河前進，西部，乾燥		冷湿
1700—					寒冷
1600—	カスピ海水位+5m，多雨 中国；乾燥	多雨化	氷河の急前進 大陸性気候	乾燥化	暖
1500—		乾燥	海洋性気候 氷河後退	雨量最大 多雨	寒冷湿潤
1400—			乾燥化		
1300—	多雨，雨増加	多雨	氷河前進	多雨	温暖
1200—	乾燥，カスピ海水位-4.5m	乾燥	荒天多し，多雨	非常に乾燥	
1100—	中国；乾燥	乾燥 非常に多雨	多雨，寒くなる		温暖
1000—	カスピ海水位+9.5m	やや乾燥化	乾燥化	乾燥化	
900—	中国；多雨	雨多くなる		多雨化	
800—	多雨	乾燥期終る	雨多くなる 乾燥，温暖	乾燥 乾燥化	
700—		乾燥化			
600—	雨増加	やや雨多くなる	やや乾燥	多雨	
500—	乾燥		乾燥化	多雨 多雨	やや冷
400—	カスピ海水位-5m	乾燥		多雨化	
300—	乾燥				
200—		乾燥			
100—			多雨		冷
A.D. 0	多雨 現在よりやや雨多し，寒冷化，湿	現在と同じ やや温暖	やや乾燥 現在と同じ 寒冷化，多雨	乾燥化 ナイル高水位	
B.C. 500	乾燥 （民族移動あり）		乾燥強化 （民族移動あり）	多雨	寒冷湿潤
1000—	乾燥	やや寒冷	乾燥，多雨し		
1500—	乾燥極大		乾燥	乾燥， ナイル干上る	
2000—					
2500—					
3000—	乾燥化	温暖			
3500—	中国；米作北へ				
4000—	湿，暖			多雨	温暖

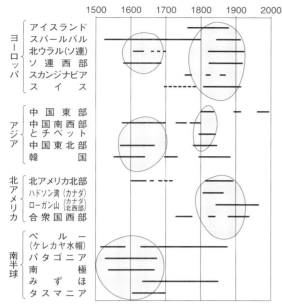

図1 小氷期における寒冷期出現の地域差(Bradley and Jones の原図より松本作成)[9]
実線部は寒冷期を，点線部は寒冷な年が比較的出現しやすかった時期を，また実線で囲ったアミかけ部分は各地域の主要な寒冷期を示す．

日記・文書

個人や寺社，機関の役人が書きしるした多くの日記や文書には，「晴れ」，「雨」といった日々の天候の情報が含まれている．天候の記録は定性的ではあるが，夏季の降雨率（降雨日数/全期間日数）や冬季の降雪率（降雪日数/降雨日数）がそれぞれ夏季・冬季の平均気温と相関が高いことを利用して，当時の気温を定量的に推定することができる[2]．ほかにも，気象災害や生物季節（桜の開花時期など），湖沼の結氷日，農作物の収穫量・価格などの情報から過去の気候が推定できる．日本においては，日記の天候記録がデータベース[3]や書籍[4]にまとめられ，気候復元に利用されている．

樹木年輪

樹木年輪の幅や細胞の密度，セルロースの酸素同位体比は，年輪形成時の周辺の気温や降水量の影響を受けることから，年輪が形成された当時の樹木の周辺環境が推定できる．

花粉

湖沼底などの堆積物に含まれる花粉からは，年縞形成時の周辺の植生環境が復元可能である．そのため，復元された植生環境から間接的に当時の気候を推定することができる．

古気象観測記録

公式気象観測が開始される以前に気象測器を用いて観測を行った記録が各国に残されている．古い記録は17世紀にまでさかのぼり，西欧諸国の多くの地点で18世紀以降の記録が残されている[5]．

日本で気象庁による公式気象観測が開始されたのは1875年であるが，1820年代ごろから長崎の出島や東京，大阪，1860年代ごろからは横浜，神戸，函館などでの観測記録がある[6]．

歴史時代の気候変化[7]

気候の変化は，世界的に一様な傾向としてみられる場合と，時間差や地域差，短期の変動をともなう場合がある．特に歴史時代の時間スケールでは，後者の傾向が強い．

約6000年前を中心とした時期は，ヒプシサーマル(Hypsithermal)と呼ばれ，現在よりも気温が2～6℃ほど高い温暖かつ湿潤な時期であった．海面水位が上昇し，日本では海岸線が内陸に進入したため「縄文海進」といわれている．その後，短期変動や地域的な変化があったものの，紀元後400年ごろまで徐々に寒冷化が進んだ．日本では，246～732年に寒冷な時期があったといわれており「古墳寒冷期」とよばれている[7]．8～13世紀には，再び温暖な気候となり「気候小最適期(little climatic optimum)」とよばれる．1400年代～1850年代は，「小氷期(little ice age)」といわれる．現在より平均気温で0.5～1.5℃程度低温な時代であった．小氷期については，さまざまな代替資料による多くの復元結果があり，その開始・終了時期は地域によって異なるが，17世紀と19世紀に寒冷であった地域が多い[8,9]．日本でも寒冷な天候によって農作物の収穫量が減少し，飢饉が頻発していた時期にあたる．この寒冷な気候は，太陽活動の低下と頻繁な大規模火山噴火によるものと考えられている[9]．

[財城真寿美]

●文献

1) 吉野正敏：歴史時代の気候変動に関する研究の展望，地学雑誌，116: 836-850, 2007.
2) 三上岳彦：文書記録と観測データから読み取る気候変動，野上道男編，環境理学，pp.124-160，古今書院，2006
3) 吉村稔：歴史天候データベースオン・ザ・ウェブについて，天気，54: 191-194, 2007
4) 水越允治編：古記録による13世紀の天候記録，東京堂出版，2010
5) Jones, P. D. and Bradley, R.: Climatic variations in the longest instrumental records, Bradley R. and Jones P.D. eds., Climate since A. D. 1500, pp.246-268, Routledge, 1995
6) Zaiki, M. et al.: Recovery of 19th century Tokyo/Osaka meteorological data in Japan, International Journal of Climatology, 26: 399-423, 2006
7) 吉野正敏：気候学，大明堂，1978
8) 坂口豊：日本の先史・歴史時代の気候，自然，5月号，18-36, 1984
9) 松本淳：世界各地の小氷期，地理，37(2): 31-36, 1992

B8-5 観測時代の気候

気候学での「観測時代」とは，測器による気象観測が系統的かつ定時的に実施され，月平均気温や月降水量のような気候データを広域的に取得できる時代と定義される．

気候データとして最も長い月平均気温の観測記録は，英国中部の1659年からのものである[1]．月降水量については同じく英国のキュー（Kew）観測所の1697年以来のものが最も長期間のデータである[2]．韓国のソウルにおいても"Chukwookee"（測雨器）とよばれる雨量計によって雨量観測が1778年から1904年まで行われていた[3]．これらのデータは，気候が長期的にどのように変化してきたかを知るには有用である．しかし，より広域的あるいはグローバルな気候の変化を知るためには稠密な観測網に基づく月平均気温などの気候データが必要である．19世紀中ごろには観測所の数は増加したが，20世紀中ごろ以降と比較すると観測所の数は著しく少ない．また，熱帯地方では気候データを利用可能な観測所の数は観測時代を通して少ない．海洋上の気候変化を把握するために船舶による気象通報のデータが使用されているが，19世紀後半から1910年代には相対的に少なく，主要航路から離れた海域の情報は少ない．さらに2回の世界大戦中の観測データも少ない．観測時代においては，過去の気候を数量的に把握することができるが，その歴史はたかだか100〜150年にすぎない．現在，全球月平均気温と全球陸域月降水量のグリッドデータはそれぞれ1850年以降と1900年以降の気候データを用いて作成されている．

●気温の変化

英国気象局ハドレーセンター（Hadley center）と英国イーストアングリア大学（University of East Anglia）気候研究所が作成した全球地上気温データセット HadCRUT3[4] に基づく年平均気温偏差の時系列を図1aに示す．全球平均気温は，数年から数十年周期の変動を繰り返しながら，長期的に上昇している．記録のある1850年から2009年のうち，高温である上位10年（高い順に，1998，2005，2003，2002，2009，2004，2006，2007，2001，1997の各年）に2000年代の8年が含まれている[5]．

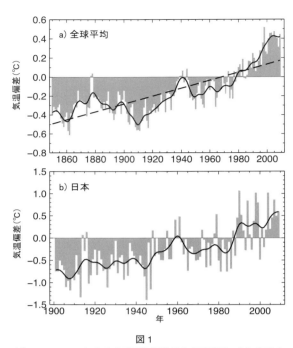

図1

(a) HadCRUT3による全球平均気温偏差の時系列．(b) 気象庁の選択した17地点の平均気温偏差の時系列．平年値は1961〜1990年で定義し，滑らかな曲線は十年規模変動を示す．(a)の破線は長期変化傾向を示す．

気候変動に関する政府間パネル（IPCC）の第4次評価報告書[6][▶A3-5]によると，過去100年間（1906〜2005年）の全球平均気温の長期変化傾向は 0.74℃±0.18℃である．また，全球平均気温は，特に1950年ごろから上昇しており，過去50年間の長期変化傾向は 1.28℃±0.3℃ で，過去100年間の昇温率のほぼ2倍である．陸域の地上気温は，両半球とも海洋よりも高い昇温率である．1979年から2005年の気温上昇量は，陸域が10年あたり約0.27℃であるのに対し，海洋では約0.13℃と，陸域での昇温が顕著に早いことを示している．過去30年間の昇温は，地球上の多くの地域で観測されており，北半球高緯度地域で最も大きい．また，昇温率は北半球冬季ならびに春季に顕著である．北極では，1920年代中頃から1950年代初頭にかけて現在と同程度の温暖期が比較的長く続いたが，その温暖な地域の広がりは現在の昇温傾向の空間分布と異なっていた．気温の極端現象の長期的変化傾向は，中緯度地域では日最低気温が0℃以下の日数が広く減少し，極端な高温現象（日最高気温または日最低気温の上位10%）の増加と極端な低温現象（日最高気温または日最低気温の下位10%）の減少が観測された．

気象庁は日本の気温の長期的変化傾向をみるため，観測データの均質性が長期間維持され，都市化などに

よる環境変化が比較的少ない17地点の1898年以降のデータを用いて解析を行っている[7]．長期的な傾向として，日本の気温は100年あたり1.13℃（統計期間は1898年から2009年）の割合で昇温している（図1b）．なお，気象庁はこのデータでは都市化の影響は完全に除去されていないとしている．日本の気温は1980年代後半から急激に上昇しており，1990年以降に顕著な高温現象が集中して出現している．

●降水の変化

1900年から2009年までの全球陸域平均の年降水量偏差をみると，年平均気温とは異なり，増加あるいは減少といった長期変化傾向はみられず，数十年周期の変動が観測されている（図2a）．これは降水量の変動に地域的な差異が著しいことを反映している．地域別にみると，北米東部，南米南部，アマゾンの一部，ヨーロッパ北部，北部アジア，中央アジアでは降水量の増加傾向である．一方，サヘル，地中海，アフリカ南部，南アジアで年降水量が減少傾向である．その他の地域では，年降水量に明瞭な変動傾向は見いだされていない．

降水の極端現象について日雨量データをもちいて評価した結果によると，多くの陸域では1950年以降には，年降水量が減少している地域であっても，大雨の頻度が増加している可能性が高いとされている．ただし，降水の極端現象を評価するために利用可能な品質管理を施した日雨量データセットの整備は東南アジアやアフリカ諸国などの開発途上国では非常に遅れている．気候変動の実態解明に使用するため，紙媒体のまま保存されている観測記録をデジタル化するデータ・レスキュー（deta rescue）活動が世界気象機関や各国の気象現業機関・研究機関により活発に行われている．

日本では，気象庁が観測データの均質性が長期間継続している51地点のデータを用いて降水量変動の評価を行っている[7]．年降水量は1920年代以前と1950年代に降水が多い時期が見いだされる（図2b）．1970年代以降は年降水量の年々変動が顕著になってきている．大雨の指標として日降水量が100 mm以上である日数をとると，長期変化傾向としては10年あたり0.02日であるが，直線的に増加しているわけではない．日降水量が100 mm以上である日数は，1940年代以前と1970年代〜1980年代に相対的に少なく，1940年代〜1950年代と1990年代以降に相対的に多い．

[遠藤伸彦]

●文献

1) Manley, G.: Central England temperatures: Monthly means 1659 to 1973, *Quart. J. Roy. Meteor. Soc.*, 100: 389–405, 1974
2) Wales-Smith, B. G.: Monthly and annual totals of rainfall representative of Kew, Surrey, from 1679–1970, *Meteor. Mag.*, 100: 345–362, 1971
3) 朝鮮総督府観測所：朝鮮古代観測記録調査報告，1917
4) Brohan, P. *et al.*: Uncertainty estimates in regional and global observed temperature changes: a new dataset from 1850, *J. Geophys. Res.*, 111, D12106, doi:10.1029/2005 JD006548, 2006
5) WMO: WMO statement on the status of the global climate in 2009, 2010
6) IPCC (2007): Climate Change 2007: The Physical Science Basis. Contribution of Working Group I to the Fourth Assessment Report of the Intergovernmental Panel on Climate Change. Solomon, S. *et al.* (eds.), Cambridge University Press.
7) 気象庁：気候変動監視レポート2009, 2010

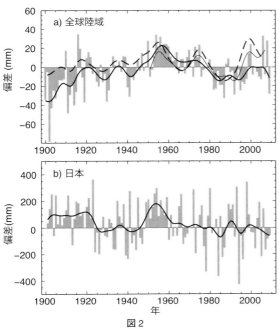

図2

(a) 全球陸域の年降水量偏差の時系列．棒と太実線はGHCNデータ，破線はCRUデータ，細実線はGPCCデータである．(b) 気象庁の選択した51地点の平均降水量偏差．いずれも平年値は1971〜2000年で定義し，滑らかな曲線は11年移動平均を示す．

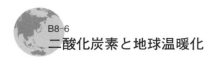
B8-6 二酸化炭素と地球温暖化

●大気中の二酸化炭素濃度の変化

大気中の二酸化炭素濃度は，ふつう体積 ppm で表現されるが，これは大気の分子 100 万個のうち何個が CO_2 分子であるかを意味する．その連続的なモニター観測は国際地球観測年（IGY：International Geophysical Year）であった 1958 年から続けられており，濃度は当初の約 315 ppm から 2012 年の約 393 ppm まで増加した．それ以前にも直接観測はあるが，都市などの人為的排出源の影響を受けず広域を代表するとみなせる観測値は少ない．IGY よりも前，過去 80 万年の主要な情報源は南極氷床の氷サンプルに気泡の形で閉じこめられた空気中の二酸化炭素濃度である．それによれば，大気中の二酸化炭素濃度は，約 8000 年前から西暦 1800 年ごろまで，約 280 ppm でほぼ一定（±10 ppm 程度の変動を含む）だった（図 1）．

●二酸化炭素の収支

二酸化炭素は植物の光合成に使われ，それでつくられた有機物が呼吸その他の過程で分解される際に大気にもどる．この出入りには日変化，年変化，年々変動があるが，数十年をならしてみれば，約 8000 年前以後産業革命前までは出入りがほぼつりあっていたと考えられている（農業などの土地利用に伴う炭素収支の人為的改変は，次に述べる 20 世紀の化石燃料の消費に伴う改変に比べれば規模が小さい）．

産業革命以後に石炭・石油などの化石燃料の燃焼によって大気に排出された二酸化炭素の量は詳しく見積もられている．大気中の二酸化炭素の増加量はその約 60% にあたる．残りの炭素は海または陸になんらかの形で蓄積されるはずである．

陸では，おもに熱帯で，森林伐採・農地開拓などの土地利用改変による人為的排出があるが，中高緯度では，光合成の資源となる二酸化炭素の増加も一因となって，植生および土壌有機物を合わせた陸上の炭素貯留が増加しており，正味の出入りはあまり大きくない．ただし，今後温暖化が続けば，光合成の効率は植物の最適温度を超えると下がるが，分解速度は温度とともに速まるので，自然の陸上生態系が二酸化炭素排出源に転じる可能性が高い．

海水に溶けた炭素（溶存炭素）は二酸化炭素・炭酸・炭酸水素イオン・炭酸イオンの形をとりその内わけは化学平衡で決まっている．生物はその一部を取りこみ，有機物および炭酸カルシウムなどの炭酸塩をつくる．その一部は海底に堆積していく．海洋と大気との炭素交換量は，大気中と表面海水中との二酸化炭素分圧の差，および風速によって変動する．表面海水中の二酸化炭素分圧は，水温，海水の鉛直混合や湧昇，生物活動などによって変動する[2]．

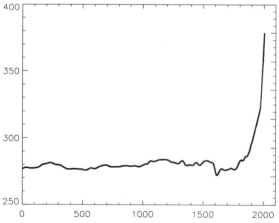

図 1　西暦 0～2005 年の大気中の二酸化炭素濃度（単位 ppm）氷の分析と直接観測をつないだ（IPCC 第 4 次第 1 部会報告書[1] FAQ2.1 図 1 より）．

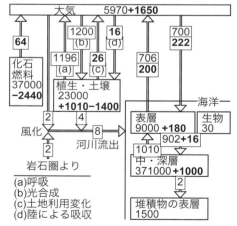

図 2　1990 年代の全球の炭素循環（IPCC 第 4 次第 1 部会報告書[1] 図 7.3 による）

箱内の数値は炭素の貯留量で単位は億 t，矢印の数字は炭素の流れの量で年あたり億 t（二酸化炭素としての量はその 44/12 倍）．産業革命前の状態を細字で，1990 年代の状態の産業革命前からのずれを太字で示す．流れの量の数値は一般に ±20% 以上の不確かさをもつが，値が小さい項目を含む収支を合わせるために多めの桁数をもつ数値を示したところもある．

●長期的な炭素のゆくえ

化石燃料消費による二酸化炭素排出が止まったとして，それ以後の炭素循環の変化について Archer[3] の炭素循環モデル計算に基づく模式的整理に従って述べる．排出された総量を 100 とすると 60 が当初は大気中にある．そのうち 35 は溶存炭素を多く含む海水が深層に混合していくことによって時定数 300 年で減っていく．15 は炭酸カルシウムが沈殿していくことに伴って時定数 5000 年で減っていく．残りの 10 はカルシウムを含むケイ酸塩からなる岩石の風化反応に伴って時定数 40 万年で減っていく．

●地球温暖化の認識の発達

現在，21 世紀末ごろまでの全球規模の気候の変化は，二酸化炭素濃度の増加に伴う温室効果の強化による全球平均地上気温の上昇を含む変化が支配的になるという見通しが得られている．この変化が「地球温暖化」ともよばれる．

地球温暖化の認識は次のように発達してきた．まず気候が地質時代の間に大きく変化したことが認識された．特に第四紀の氷期が注目された．そして，エネルギー保存の法則を基礎とする理論的考察が発達し，全地球規模の気候変化の要因は B8-1 項で述べたものにしぼられてきた．

1970 年ごろ，将来数十年の気候変化の見通しへの関心が高まったが，火山および人為起源のエアロゾル，温室効果気体，太陽活動のいずれが重要かはよくわからなかった．その頃から気候の物理的モデリング [▶ B2-5] が発達して定量的評価が行えるようになり，その分野の専門家の間では 1970 年代末ごろに二酸化炭素が最も重要という共通認識が得られた．1980 年代には，気候・生態学・農業などにわたる学際的研究によって，温暖化が生態系や人間社会に悪影響をもたらす可能性があることが指摘された[4]．それを受けて 1988 年に国連が気候変動に関する政府間パネル（IPCC）を発足させた．

IPCC は数年ごとに評価報告書を作成している．2013-14 年に第 5 次評価報告書が発表されているが本稿執筆にはその前の第 4 次報告書を参照した [▶ A3-5]．

●気候変化の検出と原因特定

2007 年に出された IPCC 第 4 次統合報告書[5] には，「20 世紀半ば以降に観測された世界平均気温の上昇のほとんどは，人為起源の温室効果ガス濃度の観測された増加による可能性が非常に高い」という認識が示された．これは「気候変化の検出と原因特定」とよばれる 1990 年代から発達した分野の研究成果である．この報告書の図 SPM.4 のもとになった研究[6] を例に，仕事の流れを説明する．

まず，19 世紀後半以後の観測に基づく全球平均地上気温の時系列データを得る．これには，地上気温と海面水温の観測値を収集，整理，品質管理し，観測条件の変化を可能な限り補正した各地点の時系列データを得る．それを空間分布を考慮して集計して，全球や大陸規模の平均値を得る．

他方，気候モデル（大気海洋結合大循環モデル [▶ B2-5]）に外因として現実的な 19 世紀後半以後の数量を与えた数値実験（「20 世紀気候再現実験」とよばれる）を行う．外因のうち自然起源のものとしては太陽からくるエネルギー量の変化と火山起源のエアロゾル，人為起源のものとして温室効果気体とエアロゾルが考慮された．また，このうち自然起源のものだけを与えた実験も行う．

多数のモデルによる計算結果を総合すると，自然起源・人為起源の両方の外因を入れた実験では，観測に基づく全球平均地上気温がその不確かさの範囲でよく再現された．他方，自然起源の外因だけを入れた場合は 20 世紀後半の不一致が大きく，観測にみられる 1970 年ごろからの温度上昇が再現されない．このことから，少なくとも 1970 年ごろ以後の温暖化が主に人為起源の外因によるものであることが強く推定される．ここでエアロゾルは正味で寒冷化の働きをしているので，温暖化の働きをしているのは温室効果気体である．

ただし，この実験で与えた過去のエアロゾルの量や放射特性および 1978 年よりも前の太陽放射強度については大きな不確かさがある．

また，気候モデルの実験結果には，外因による変化のほかに，気候システム内部変動と思われる年々変動や十年規模変動も含まれており，その起こりかたの時系列は現実の変動と対応しない．数値実験の側は多数の実験例を平均することによって内部変動は打ち消されると期待できるが，現実は 1 つしかないので，原因特定にはむずかしさが内在する．

この分野の最近の研究は地域ごとの気候変化の原因特定に重点が置かれているが，「気候の変化の要因」[▶ B8-1] で述べたように，これは全球規模の気候変化の原因特定よりもむずかしい課題である．

●気候変化の予測型シミュレーション

政策決定の参考として気候の将来予測が求められる．しかし，気候変化は，気候システム（大気・水圏）だけでなく，生物地球化学サイクル（特に炭素循

B8-6 ●二酸化炭素と地球温暖化　127

環),生態系,人間社会を含むシステムの変動のふるまいである.特に人間活動による温室効果気体排出量は今後の政策にも依存する.したがって厳密な意味での予測はできない.

しかしこの内で気候システムについては物理法則に基づくモデルが発達してきたので,これを活用した予測型シミュレーションが行われている.ここでは,IPCC 第4次報告書[1,5]に採用された21世紀末までの予測型シミュレーションの手順を紹介する.なお,その後 IPCC 第5次報告書に向けて進められた研究では,これとは違って,濃度シナリオから出発する手順がとられている.

まず社会科学的考察により世界の人口や産業活動のシナリオを複数用意し,それぞれについて温室効果気体の排出量を推算する(図3の①).この排出量を全球規模の生物地球化学サイクルの数値モデルに与えて,大気中の温室効果気体の濃度(全球代表値)②を求める.この濃度を気候モデル(大気海洋結合大循環モデル)に与えて,時空間分布をもつ気温・降水量その他の気候変数の値③を得る.この段階は世界の多数の機関が参加し,複数の気候モデルで同じ実験条件の計算が行われた.この計算で得られた気候変数の値が,気候変化の生態系や人間社会への影響の評価④に広く使われた(ただし全球規模の気候モデルの空間分解能は影響評価で期待されるものよりも粗いので,読みかえが必要であり,そのためにダウンスケーリングと総称される手法の開発も進められている).

IPCC 第4次報告書で採用された主要な濃度シナリオの二酸化炭素濃度を図4の左側に示す.これらのシナリオでは排出を抑制する政策は明示的に考慮されなかった.その後,排出量シナリオとして排出の抑制を含むものも使われるようになった.

また気候モデルに生物地球化学サイクルを組みこんだ地球環境システムモデルにより大気中の濃度をも変数としたシミュレーション(図3でいえば②と③を統合)も多数行われるようになっている.

● 予測される温暖化

IPCC 第4次報告書[1,5]では,21世紀末の全球平均地上気温の可能性の高い範囲を,1980〜99年を基準とした偏差として +1.1℃ から +6.4℃ までと見積もっている.この幅の約半分は想定した排出量シナリオ間の違いからくるものであり,残りの半分は気候モデル間の感度の違い(主に雲の変化のしかたの違い)からくるものである(図4).

変化は空間的に一様ではなく,北半球高緯度の陸上で特に大きくなるが,ほとんどの地域で符号は正であ

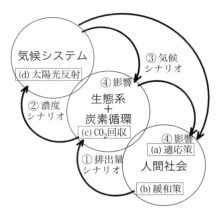

図3 気候変化予測型シミュレーションの手順および地球温暖化の対策を説明するための図

る.現実の気候変動は,この変化傾向に年々変動や十年規模変動が重なったものである.各地で現在極端な高温と考えられている値が頻繁に現れると予想される.

● 水循環の変化

温暖化に伴って大気が含む水蒸気量はふえる.全球平均の降水量・蒸発量もふえるが,水蒸気量の増加ほど急激ではなく,大気中の水蒸気の平均滞在時間は多少のびる.しかし,ローカル・短時間の降水強度は,水蒸気量の増加に伴ってふえることができるので,降水は空間的・時間的にますます集中すると予想される.降水の多いところでは豪雨の頻度がふえ,降水の少ないところでは降水はふえずに蒸発がふえて陸上の水不足が強化される可能性がある.

赤道付近と温帯で上昇流・降水極大,亜熱帯で下降流・降水極小という気候帯の基本構造は変わらず,ただ上昇・下降ともに強化される見通しである.したがって亜熱帯は乾燥に向かう可能性が高い.ただしモンスーン地域は例外となりうる.

モンスーンについては,温暖化が進行する過程では,陸のほうが速く温度が上がるために夏のモンスーンは強化され冬のモンスーンは弱まると期待される.ただし予測の不確かさは大きい.

● 海水準上昇

20世紀の温暖化に伴って海水準は約 20 cm 上がったが,この約半分は海水の熱膨張,約半分は山岳氷河の融解による海水質量の増加によると考えられている.今後温暖化が続けばグリーンランドと南極の氷床の融解も海面上昇に寄与するが,その速さについては不確かさが大きい.IPCC 第4次報告書[1,5]は21世紀末までに 18〜59 cm という数値を示した.ただし,

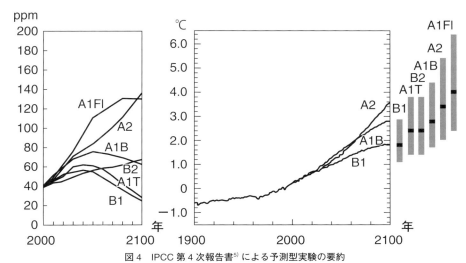

図4 IPCC 第4次報告書[5] による予測型実験の要約
左：濃度シナリオの二酸化炭素濃度．中：多数の気候モデルによる結果を総合した全球平均地上気温の1980〜99 年からの差．20 世紀気候再現実験と 21 世紀のシナリオ A2，A1B，B1 の結果．右：2090〜99年の全球平均地上気温．各濃度シナリオに対する最良推定値と可能性の高い予測幅．

氷床の流動が速まることによって融解が速まるプロセスを表現した数値実験の結果がまだ利用可能でなかったため，そのプロセスが除外されていることに注意が必要である．

● 海洋の酸性化

大気中の二酸化炭素濃度がふえることの帰結として，海水の炭酸関係の各種イオンの濃度が変わり，海水の pH（水素イオン濃度）が酸性側にずれる．これは炭酸カルシウムの殻をつくる海洋生物にとっての困難を増すことになる．

● 地球温暖化の対策

地球温暖化による損害を防ぐ方法としては，二酸化炭素排出抑制など原因を減らす方法（「緩和策(mitigation)」とよばれる．図3の(b)）が本筋である．しかしいくらかの気候変化は避けられないので，人間社会がそれに適応すること（「適応策(adaptation)」，(a)）も必要である．それらの方法で効果が不十分な場合に意図的に気候に介入する提案もあり「気候工学（geoengineering）」[7,8]とよばれることがある．これには大気中から二酸化炭素を回収すること(c)と，エアロゾルの散布あるいは他の方法で太陽光の反射をふやすこと(d)が含まれる．気候工学の実施に関する世界規模の合意形成は緩和策・適応策の場合よりもさらにむずかしい問題である．なお，太陽光反射のような方法では温暖化を打ち消せたとしても海洋酸性化の問題は残る．

[増田耕一]

● 文献
1) IPCC, Climate Change 2007 : Physical Science Basis, Cambridge University Press, 2007
2) 気象庁：海洋の温室効果ガスの知識（http://www.data.jma.go.jp/gmd/kaiyou/db/co2/knowledge/）
3) Archer, D.: The Long Thaw, Princeton University Press, 2009
4) Bolin, B. et al., : The Greenhouse Effect, Climatic Change and Ecosystems, Wiley, 1986
5) 気候変動に関する政府間パネル：IPCC 地球温暖化第四次レポート，中央法規出版，2009
6) Stott, P. A. et al.: Transient climate simulations with the HadGEM1 model: causes of past warming and future climate change. J. Climate, 19: 2763-2782, 2006
7) 杉山昌広：気候工学入門，日刊工業新聞社，2011
8) 増田耕一：気候工学，ペトロテック（石油学会），38: 473-477, 2015

B9 季節・気候区分・気候景観

B9-1 二十四節気七十二候

「二十四節気七十二候」とは，古代中国で考案された季節の表現方法である．1太陽年（約365日）を周期とする太陽の黄道上の動きを，春分点（黄経0°）を起点として15°ずつの24分点に分けた「二十四節気」，さらに節気と節気の間を3等分して一候（初候），二候（次候），三候（末候）とした「七十二候」からなる[1]．「気候」という言葉は，二十四節気七十二候に由来すると考えられている[2]．

当時の中国で使用されていた月の運行にもとづく太陰暦は，1年が約354日のため，太陽の南中高度の変化（約365日）との間にずれが生じ，農作業の指標としては不都合であった[3]．そこで，1太陽年を「春分」・「夏至」・「秋分」・「冬至」（二至二分）で4等区分することが考案され，二至二分を中心とする季節の境界として「立春」・「立夏」・「立秋」・「立冬」（四立）が考案された．そして，これら8つの節気を等分したのが二十四節気である．

それぞれの節気と候には，その時期の自然の特徴をあらわす名称がつけられている（巻末資料参照）．その名称は，暦が考案された中国の黄河中流域の自然現象（日照時間の長短，気温，気象，農事，動植物の変化など）を対象としていた．そのため，二十四節気は，日本の気候には必ずしもあてはまらないといわれている．一方，七十二候は中国で何度も改訂され，日本でも江戸時代に渋川春海らの暦学者らによって，日本独自の気候や動植物の変化にあうように改訂された「本朝七十二候」が貞享暦として発表された[1,3,4]．近年日本では，明治初期の官暦に掲載された七十二候が一般に使用されている．また日本独自に，雑節（節分・彼岸・社日・八十八夜・入梅・半夏生・土用・二百十日・二百二十日）が細かな季節変化をあらわす日として設けられ，農事の目安として用いられてきた．

二十四節気は「立春」（2月4日ごろ）から始まる．「立春」の後，日本海などで低気圧が発達し，初めて吹く南寄りの強風を春一番という．

「春分」（spring equinox, vernal equinox）は，太陽が春分点を通過する時刻をいい，これを含む日（3月21日ごろ）をさす．また，この日を中日に，前後3日を含めた7日間を春の彼岸といい，先祖供養の仏事などが行われる．

「穀雨」（4月20日ごろ）は，穀物を育てる長雨が降り，種まきの時期であることを意味する．この時期，本州付近では菜の花が咲き，本州沿岸に停滞する前線によって長雨がもたらされる．これを菜種梅雨や春霖という．そして，立春から数えて88日目の夜を雑節の八十八夜という．この日は農の吉日で，種籾まきや茶摘みなどの，農作業の目安とされてきた．しかし，この時期になっても，遅霜が発生することがあり，農作物に被害が出ることもある．

「夏至」（summer solstice）は，太陽が黄経90°を通る時刻で，これを含む日（6月21日ごろ）をさす．北半球では，この日に最も太陽高度が高くなり，昼の時間が最も長くなるが，日本のほとんどの地域は，梅雨にあたり，日照の長さを感じる日は意外に少ない．かつては，「夏至」から数えて11日目を雑節の半夏生といい，この日までに田植えを終えて，休息を取る日とされていた．七十二候の一つ「半夏生」からつくられた暦日で，現在は黄経100°の点を太陽が通過する日（7月2日ごろ）となっている．

「大暑」（7月23日ごろ）は，1年のうちで最も暑い時期とされる．

「立秋」（8月7日ごろ）の時期の日本は，真夏の暑い盛りであるが，二十四節気では秋を迎える．この「立秋」から「秋分」（9月23日ごろ）までの暑さを残暑という．

「処暑」（8月23日ごろ）の時期は，雑節の二百十日（立春から数えて210日目）にあたり，台風がやってくる日とされている．なお本州に接近・上陸する台風の最頻月は8～9月である．

「秋分」（autumnal equinox）は，太陽が黄経180°の秋分点を通過する時刻，および日をいう．春の彼岸と同様に，この日を中日として7日間が秋の彼岸である．

「立冬」（11月7日ごろ）から冬とされ，「冬至」（winter solstice）は黄経270°を通る時刻で，これを含む日（12月22日ごろ）をさす．北半球では，この日に太陽の南中高度が最も低くなり，1年のうちで最も夜が長く，昼が短くなる．民間では，小豆粥や南瓜を食べ，柚子風呂に入る風習がある．

そして1年で最も寒い時期とされる「大寒」（1月20日ごろ）が，二十四節気の1年を締めくくる．また，「大寒」の最終日であり，次の新しい1年が始まる「立春」の前日が，雑節の節分である．節分は季節を分けることを意味しており，かつては，各季節の始まりの日（「立春」・「立夏」・「立秋」・「立冬」）の前日すべてを節分としていた．

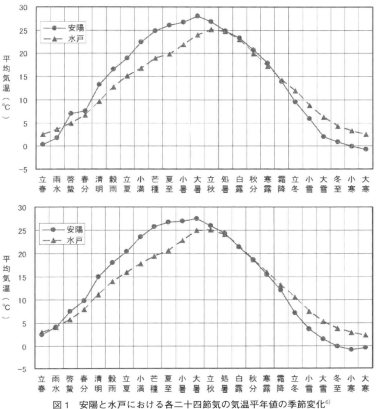

図1　安陽と水戸における各二十四節気の気温平年値の季節変化[6]
上：各二十四節気は節入りの日のみを表すとした場合の日平均気温.
下：各二十四節気は，その入りの日から次の節入りの日の前日までの期間を表すとした場合の5日平均.

　二十四節気は，中国で考案された当時の表現が日本でもそのまま使用されているため，日本の季節進行とずれているといわれている[4,5]．実際に，ほぼ同緯度にある中国黄河流域の安陽と日本の水戸の季節変化を，二十四節気の節入りの日の日平均気温の平年値で比較した場合，安陽では「大寒」に最も低く，「大暑」に最も高くなり，二十四節気の季節変化にあてはまる．一方で，水戸では，「大寒」から「立春」にかけて最も低温，そして「立秋」に最も高くなり，黄河流域と日本の季節変化には差があることが実証されている（図1）[6]．しかしながら，各節気の期間（節入りの日から次の節入りの日の前日までの期間）で平均した気温の平年値で比較した場合には，安陽では「小寒」に最も低く，「大暑」に最も高くなる．そして，水戸では「大寒」に最も低く，「大暑」から「立秋」にかけて最も高くなる．このことは，二十四節気を期間平均としてとらえると，日本の季節変化と二十四節気が表す気温の変化とはそれほど大きな差がないことを意味している[6]．

[財城真寿美]

●文献
1）倉嶋厚：日本の気候，古今書院，pp.42-51，2002
2）吉野正敏・福岡義隆編：環境気候学，東京大学出版会，pp.5-9，2003
3）岡田芳朗ほか：暦を知る事典，東京堂出版，pp.2-46，2006
4）環境デザイン研究所：ニッポンの二十四節気・七十二候，誠文堂新光社，2008
5）NHK放送文化研究所編：NHK気象・災害ハンドブック，NHK出版，pp.109，2005
6）石原幸司：二十四節気は本当に日本の季節変化とずれている？，天気，55：45-49，2008

B9-2 気圧配置型による季節と季節区分

　季節を区分するにあたり，気温や降水量など日々の気候要素の推移が使われる．世界各地にはそれぞれ特有の季節が存在する．春夏秋冬の四季が明瞭に現れるのは中緯度の地域である．基本的に地軸が公転面に対して23.4°傾いているため，太陽放射が1年周期で変化することが季節を生ずる原因となる．
　ここでは日本の季節を六季に分け，気圧配置型[1)][▶B5-4]に主眼を置いて述べる．

●日本の六季

　春季：移動性高気圧型の頻度が30%[2)]を超す2月末ないし3月初めから，梅雨季の始まる6月上旬までが春季にあたる．数日おきに低気圧が日本付近を通過し，荒天をもたらす．日本海低気圧（図1）が急激に発達しながら北東進するときには強い南風が吹き，日本海側でフェーン現象[▶B6-6]による乾熱風を引き起こす．
　5月ごろになると，移動性高気圧が帯状に覆い，五月晴れとなる日が増えるが，夜間は地面付近の熱が放射冷却により奪われ，地表が低温となる接地逆転層[)][▶B6-4]を生じ，遅霜（晩霜）によって茶の新芽などを枯らす霜害が発生することもある．

　梅雨季：5月10日ごろから南西諸島付近で梅雨前線の活動がみられるようになる．それから1か月ほど遅れて，6月5〜10日ごろには日本列島南岸で梅雨前線が活発化して，南から北へ順次入梅となる．気圧配置では前線型が30%を超す時期にあたる．梅雨季前半には日本南岸から華南方面で梅雨前線が活動を強め，北太平洋高気圧の西縁部を巡る暖湿流が入るとともに，インド洋方面からの南西モンスーン暖湿流も加わって，多量の降水がもたらされる．
　年によって異なるが，オホーツク海高気圧[▶B5-1]）が現れ，北高型（北に高気圧，南に低気圧）の気圧配置となり，北日本の太平洋側に冷湿な北東気流「ヤマセ」[▶G3-5]が吹き込み，低温・多湿・日照不足，東日本では梅雨寒になるのに対し，西日本や北日本の日本海側では比較的高温となる．
　6月下旬〜7月上旬は，梅雨前線が西部で1000kmほど北へシフトし，日本海から長江の北側へ移動することが多くなる（図2）．梅雨前線の北に上空の寒気を伴う低気圧，寒冷渦が移動してくると，大気が不安定化し，前線付近で豪雨になることがある．
　通常の前線がその北側に強雨域を伴うのとは異なり，梅雨前線は，北へ尖ったキンク部分の南側の不安定域で積乱雲が発達する場合や，前線にほぼ平行して次々に生じ東進するバックビルディング型の積乱雲が形成されるときに，集中豪雨となる．

　夏季：北太平洋高気圧が勢力を増し北上すると，梅雨前線が北へ移動し，南高北低型の気圧配置が30%

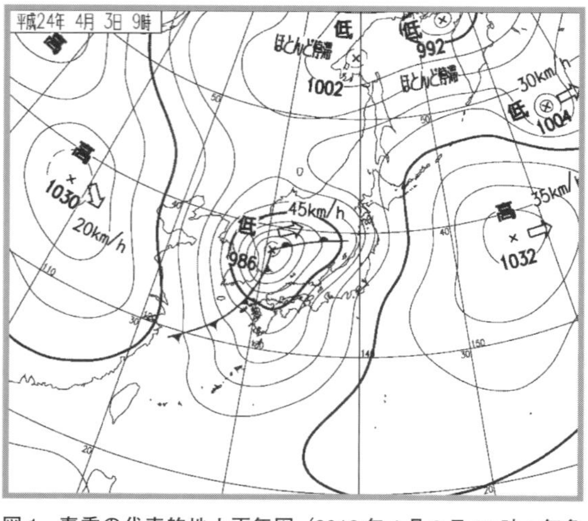

図1　春季の代表的地上天気図（2012年4月3日09時；気象庁）
移動性高気圧にはさまれ，急発達しつつある日本海低気圧に向かう強い南風により日本海側でフェーン現象が起き，金沢では25.4℃を記録した．

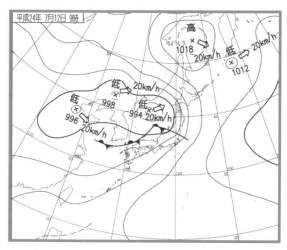

図2　梅雨季の代表的地上天気図（2012年7月12日09時；気象庁）
梅雨前線が日本列島上に停滞し，北方からは寒冷渦が南下，南方から張り出す北太平洋高気圧の西縁部で湿舌が入った九州北部で豪雨が降った．

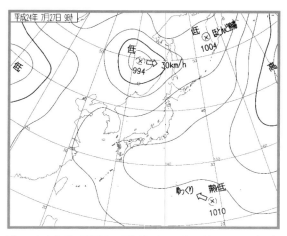

図3 南高北低の夏型地上天気図（2012年7月27日09時；気象庁）
北太平洋高気圧から西方に伸びるリッジが北上し，背の高い高気圧に覆われた日本列島は暑くなる．

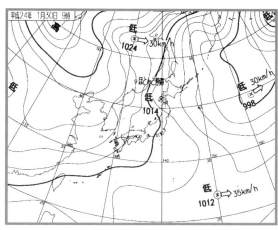

図4 西高東低冬型気圧配置の地上天気図（2012年1月30日09時；気象庁）
日本列島の北西にシベリア高気圧，北東にアリューシャン低気圧があり，日本付近に北西季節風が吹く．

以上に卓越し，梅雨明け，盛夏季を迎える（図3）．500 hPaの5880 gpm等高度線の北上と梅雨明けはよく一致する．盛夏季でも北方から寒冷渦や前線が南下すると，大気は不安定化して雷雨になる．

夏の南アジアを支配する上空のチベット高気圧の東部が日本上空へ張り出すと，北太平洋高気圧と上下重なり猛暑になる．北太平洋高気圧が弱まると，台風がその西縁部を巡って北上してくる場合がある［▶B5-1］．

秋雨・台風季：北太平洋高気圧が次第に勢力を縮小して東へ後退すると，大陸から秋雨前線［▶B5-2］や移動性高気圧が日本付近を通過するようになり，夏が終わる．気圧配置型では気圧の谷型（北日本のみを除く）と前線型と台風型の合計頻度30%超えが目安となる．年々の差異が大きいが，8月下旬ないし9月上旬に始まる．台風が日本付近を北東進すると，そのあと秋雨前線が日本付近に停滞しやすい．

日本に接近・上陸する台風は，9月中・下旬にピークを迎える．南西諸島付近に台風があり，日本付近に前線が停滞している場合には，両者の相互作用により東日本の太平洋側で大雨が降りやすい．その代表的な事例が2000年9月中旬の「東海豪雨」で，数日間に600 mmを超える記録的な降水量が観測された．

秋季：10月中旬から11月にかけては，徐々に冷やされた大陸から，寒冷な空気を伴って日本付近を通過する移動性高気圧の頻度が30%を超え，日本付近の30〜45°Nでは帯状高圧帯に覆われ，次第に秋晴れが続くようになる．晩秋季には，シベリア高気圧の南部で生まれた移動性高気圧が日本列島を通過し，放射冷却で霜害をもたらすこともある．数日ごとに移動性高気圧後面のトラフに低気圧が生じ，発達しながら日本付近を通過する．晩秋季から初冬季にかけての移動性高気圧に覆われた穏やかな晴天日を小春日和とよぶ．

冬季：11月下旬から12月上旬にかけてにかけて，シベリア高気圧が発達し，冬型気圧配置の頻度が30%を超えて，西高東低型の冬季を迎える．アリューシャン低気圧も発達して冬季モンスーン，北西季節風が吹走する．500 hPa（約5.5 km）で−36℃以下の寒気が到来すると日本海側で大雪のおそれがでてくる．気圧傾度が急であれば山雪型に，緩めば里雪型になる．一方，太平洋側では晴天の日が多い（図4）［▶B5-1］．

2月のシベリア高気圧は盛衰を繰り返しつつ次第に衰弱傾向となるため，日本南岸や日本海を発達しながら北東進する低気圧が増え，南岸低気圧通過時に太平洋側では時には積雪をみる．三寒四温とよばれる寒暖のリズムが現れ，一進一退で春へと移行する．

ENSOなどにより多少異なるが，以上のような1年周期の天候推移が基本的には毎年繰り返される．

［山川修治］

●文献
1) 山川修治・吉野正敏：気圧配置ごよみ（1981〜2000年），気候影響利用研究会編，日本の気候 I，二宮書店，2002
2) 山川修治：東アジアにおける卓越気圧配置型の季節推移からみた近年の気候変動，地理評，61（5）：381-403，1988

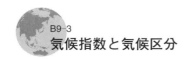

B9-3 気候指数と気候区分

気候指数とは，気候要素の組み合わせ，あるいはこれらを用いた計算によって得られるものである．気候指数を求める目的は，似通った気候がみられる場所をまとめ，意味をもった1つの地域にすること（気候区分）にあり，これは，地域を理解するための基礎的な情報を提供することにつながる．気候区分には，成因的気候区分（気候を特徴づける原因に注目するもの）と，結果的気候区分（観測された気候要素をもとに区分するもの）の2つがある．

●ソーンスウェイトの気候指数と気候区分

可能蒸発散量

ソーンスウェイト（C. W. Thornthwaite）は，1948年に蒸発と蒸散を組み合わせた蒸発散という概念を提唱し，毎月の可能蒸発散量（蒸発散位ともよばれる）を月平均気温のみから推定する経験式を提案した[1]．彼は，アメリカ合衆国各地の農業試験場において，水不足が起こらないよう十分に水が供給されたときの毎月の蒸発散量，すなわち，圃場で必要とされる水の量の最小値を可能蒸発散量とみなした[2]．

可能蒸発散量（PE，単位：cm/月）は，以下の式（1）〜（3）で求められる．具体的には，式（2），（3），（1）の順に解く．ここで Ta_n は月平均気温（℃）であり，n は1〜12の値をとる．

$$PE = 1.6 \left(\frac{10 Ta\_n}{I} \right)^a \quad (1)$$

$$I = \sum_{n=1}^{12} \left(\frac{Ta\_n}{S} \right)^{1.514} \quad (2)$$

$$a = (0.675\,I^3 - 77.1\,I^2 + 17920\,I + 492390) \times 10^{-6} \quad (3)$$

式（1）〜（3）は月平均気温が0〜26.5℃の範囲で有効であり，月平均気温が26.5℃以上のときは表1[1]の値を用いる．また，月平均気温が0℃以下の月の可能蒸発散量は0 mm/月とする．このようにして得られた可能蒸発散量は，昼の長さが12時間である日が30日間ある月の値なので，表2[1]の係数を乗じて各月の値とする．なお，表1，2ともに離散的な値のため，適用に際しては適宜内挿を行う．

このようにして得られた可能蒸発散量は，アメリカ合衆国の観測値から経験的に導かれたものなので，世界の他地域に適用する際には注意が必要である．日本の場合，冬から春にかけて過小評価，夏から秋にかけて過大評価となる[3]．また，熱帯では，気温よりも他の気象要素が蒸発散にとって重要なため，ソーンスウェイト法で得られた可能蒸発散量はかなりの誤差を含む[3]．

東京における水収支計算の例

このようにして得られた可能蒸発散量を元に，1971〜2000年の東京における水収支計算を行った（表3）．土壌水分量の初期値は通常100 mmとするが，この値を300 mmとする場合もある[4]．

東京では，8月を除いて降水量の方が可能蒸発散量よりも多い．このような場合，実蒸発散量＝可能蒸発散量となり，降水量－実蒸発散量は水過剰量となる．8月は可能蒸発散量の方が降水量よりも多いが，この場合，土壌水分量が減少して降水量と可能蒸発散量の差を補い，やはり実蒸発散量＝可能蒸発散量となる．なお，このような状況が続くとき，土壌水分量が0 mmになるまで可能蒸発散量と降水量の差を補う計算

表1 月平均気温が26.5℃以上の月の可能蒸発散量[1]

月平均気温（℃）	26.5	27.0	27.5	28.0	28.5	29.0	29.5
可能蒸発散量(cm/月)	13.50	13.95	14.37	14.78	15.17	15.54	15.89
月平均気温（℃）	30.0	30.5	31.0	31.5	32.0	32.5	33.0
可能蒸発散量(cm/月)	16.21	16.52	16.80	17.07	17.31	17.53	17.72
月平均気温（℃）	33.5	34.0	34.5	35.0	36.0	37.0	38.0
可能蒸発散量(cm/月)	17.90	18.05	18.18	18.29	18.43	18.49	18.50

表2 昼の長さが12時間である日が30日ある月の可能蒸発散量を，各月の値に補正するための係数（Thornthwaite[1]の表を簡略化）

緯度	1月	2月	3月	4月	5月	6月	7月	8月	9月	10月	11月	12月
50°N	0.74	0.78	1.02	1.15	1.33	1.36	1.37	1.25	1.06	0.92	0.76	0.70
45°N	0.80	0.81	1.02	1.13	1.28	1.29	1.31	1.21	1.04	0.94	0.79	0.75
40°N	0.84	0.83	1.03	1.11	1.24	1.25	1.27	1.18	1.04	0.96	0.83	0.81
35°N	0.87	0.85	1.03	1.09	1.21	1.21	1.23	1.16	1.03	0.97	0.86	0.85
30°N	0.90	0.87	1.03	1.08	1.18	1.17	1.20	1.14	1.03	0.98	0.89	0.88
25°N	0.93	0.89	1.03	1.06	1.15	1.14	1.17	1.12	1.02	0.99	0.91	0.91
20°N	0.95	0.90	1.03	1.05	1.13	1.11	1.14	1.11	1.02	1.00	0.93	0.94
15°N	0.97	0.91	1.03	1.04	1.11	1.08	1.12	1.08	1.02	1.01	0.95	0.97
10°N	1.00	0.91	1.03	1.03	1.08	1.06	1.08	1.07	1.02	1.02	0.98	0.99
5°N	1.02	0.93	1.03	1.02	1.06	1.03	1.06	1.05	1.01	1.03	0.99	1.02
0°N	1.04	0.94	1.04	1.01	1.04	1.01	1.04	1.04	1.01	1.04	1.01	1.04
5°S	1.06	0.95	1.04	1.00	1.02	0.99	1.02	1.03	1.00	1.05	1.03	1.06
10°S	1.08	0.97	1.05	0.99	1.01	0.96	1.00	1.01	1.00	1.06	1.05	1.10
15°S	1.12	0.98	1.05	0.98	0.98	0.94	0.97	1.00	1.00	1.07	1.07	1.12
20°S	1.14	1.00	1.05	0.97	0.96	0.91	0.95	0.99	1.00	1.08	1.09	1.15
25°S	1.17	1.01	1.05	0.96	0.94	0.88	0.93	0.98	1.00	1.10	1.11	1.18
30°S	1.20	1.03	1.06	0.95	0.92	0.85	0.90	0.96	1.00	1.12	1.14	1.21
35°S	1.23	1.04	1.06	0.94	0.89	0.82	0.87	0.94	1.00	1.13	1.17	1.25
40°S	1.27	1.06	1.07	0.93	0.86	0.78	0.84	0.92	1.00	1.15	1.20	1.29
45°S	1.31	1.09	1.07	0.92	0.83	0.73	0.80	0.91	0.99	1.17	1.24	1.34
50°S	1.37	1.12	1.08	0.89	0.77	0.67	0.74	0.88	0.99	1.19	1.29	1.41

原論文[1]では，25°N〜50°Nの1°ごとのデータが示されている．また，50°S〜40°Sは2°ごとのデータが示されている．そのため，45°Sのデータは，44°Sと46°Sのデータを内挿して求めた．

方法[2,5]と，土壌水分量とその初期値との比に応じて蒸発抑制がかかり，実蒸発散量を減少させる方法[6]がある．

9月の東京では，再び，降水量が可能蒸発散量よりも多くなる．両者の差95.3 mmは，まず8月に減少した土壌水分量7.1 mmを補塡するのに回り，余った88.2 mmが水過剰量となる．

水収支計算とソーンスウェイトの気候区分

次に，表3において水過剰量の年合計値，水不足量の年合計値，年間の可能蒸発散量から，以下の3つの指数を求める．

$$湿潤係数 (I_h) = \frac{水過剰量の年合計値}{年間の可能蒸発散量} \times 100 \quad (4)$$

$$乾燥係数 (I_d) = \frac{水不足量の年合計値}{年間の可能蒸発散量} \times 100 \quad (5)$$

$$湿潤指数 (I_m) = I_h - 0.6 \times I_d \quad (6)$$

上記の東京の例では，$I_h = 72.3$，$I_d = 0.0$，$I_m = 72.3$と

なる．さらに，年間の可能蒸発散量は851.4 mm，6〜8月の可能蒸発散量の合計が年間の可能蒸発散量に占める割合は51%となる．ソーンスウェイトの気候区分は，これらの数値と表4〜7[1,7]を照合することによってなされる．結果として，東京の気候は［B_3, B'_2, r, b'_4］と表現される（中カッコ内の記号の並びは表4〜7の順である）．1931〜1960年における東京の水収支計算[5]では［B_4, B'_2, r, b'_3］であったから，東京では乾燥化が進むとともに，夏季の高温化がより顕著になったといえる．

ソーンスウェイトの気候区分は，このように複雑な計算に基づいて行われるため，本節で説明した方法が使われることはあまりない．しかしながら，気候区分の前段階で計算される可能蒸発散量と水収支の計算は，現在でも頻繁に利用されている[2]．これは，月平均気温と月降水量は，気象データのうち最も入手しやすいものの1つであるからといえる．

表3 東京（35°38.3′N, 139°51.8E）における水収支計算の例（1971〜2000年の平均値）

	気温 ℃	可能蒸発散量 mm/月 or mm/年	実蒸発散量 mm/月 or mm/年	降水量 mm/月 or mm/年	土壌水分量の変化 mm/月	土壌水分量 mm	水過剰量 mm	水不足量 mm
						100.0		
1月	5.8	9.0	9.0	48.6	0.0	100.0	39.6	0.0
2月	6.1	9.6	9.6	60.2	0.0	100.0	50.6	0.0
3月	8.9	21.9	21.9	114.5	0.0	100.0	92.6	0.0
4月	14.4	52.6	52.6	130.3	0.0	100.0	77.7	0.0
5月	18.7	90.4	90.4	128.0	0.0	100.0	37.6	0.0
6月	21.8	117.6	117.6	164.9	0.0	100.0	47.3	0.0
7月	25.4	154.8	154.8	161.5	0.0	100.0	6.7	0.0
8月	27.1	162.2	162.2	155.1	−7.1	92.9	0.0	0.0
9月	23.5	113.2	113.2	208.5	7.1	100.0	88.2	0.0
10月	18.2	69.2	69.2	163.1	0.0	100.0	93.9	0.0
11月	13.0	34.7	34.7	92.5	0.0	100.0	57.8	0.0
12月	8.4	16.3	16.3	39.6	0.0	100.0	23.3	0.0
年	15.9	851.4	851.4	1,466.7			615.4	0.0

表4 湿潤指数（I_m）による気候区分[1,7]

I_m		記号	気候型
100	〜	A	完湿潤
80	〜 100	B_4	湿潤
60	〜 80	B_3	湿潤
40	〜 60	B_2	湿潤
20	〜 40	B_1	湿潤
0	〜 20	C_2	亜湿潤
−20	〜 0	C_1	亜乾燥
−40	〜 −20	D	半乾燥
−60	〜 −40	E	乾燥

表5 年間の可能蒸発散量による気候区分[1,7]

可能蒸発散量（mm/年）		記号	気候型
1,140	〜	A′	熱帯
997	〜 1,140	B'_4	温帯
855	〜 997	B'_3	〃
712	〜 855	B'_2	〃
570	〜 712	B'_1	〃
427	〜 570	C'_2	冷帯
285	〜 427	C'_1	〃
142	〜 285	D′	ツンドラ
	〜 142	E′	氷雪

表6 乾燥係数 I_d(A, B_{1-3}, C2気候の時）または湿潤係数 I_h(C_1, D, E気候のとき）による気候区分[1,7]

I_d		記号	気候型
0.0	〜 16.7	r	水不足が小さいかまたは存在しない
16.7	〜 33.3（夏）	s	夏の水不足が中位である
16.7	〜 33.3（冬）	w	冬の水不足が中位である
33.3	〜（夏）	s_2	夏の水不足が顕著である
33.3	〜（冬）	w_2	冬の水不足が顕著である

I_h		記号	気候型
0	〜 10	d	水過剰が小さいかまたは存在しない
10	〜 20（夏）	s	夏の水過剰が中位である
10	〜 20（冬）	w	冬の水過剰が中位である
20	〜（夏）	s_2	夏の水過剰が顕著である
20	〜（冬）	w_2	冬の水過剰が顕著である

表7 夏3か月間（6〜8月）の可能蒸発散量が年間の可能蒸発散量に占める割合に基づく気候区分[1,7]

割合（%）		気候型
	〜 48.0	a′
48.0	〜 51.9	b'_4
51.9	〜 56.3	b'_3
56.3	〜 61.6	b'_2
61.6	〜 68.0	b'_1
68.0	〜 76.3	c'_2
76.3	〜 88.0	c'_1
88.0	〜	d′

● フローンの気候区分

 フローン（H. Flohn）の気候区分は，成因的気候区分の代表的なものの1つである．

 例えば7月のインド付近では，南半球側で吹いている南東貿易風が赤道を越えると転向して南西風（赤道西風）になり，インドではこの南西風によって多量の降水がみられる．一方，1月のインドでは北〜北東風が吹いており，これが赤道を越えると転向して北西風になる．さらに，7月と1月を比較すると，7月は全体的に風系が北上している．

 フローンは，世界の風系を赤道西風，貿易風，偏西風，極東風に分け，季節によって風向が逆転する地域があることに注目した[8]．そして，季節によって卓越する風の組み合わせによって，世界を以下の7つの地域に分類した．

 1：1年中赤道西風の影響を受ける地域（TT）

 2：太陽高度が高い時期は赤道西風の影響を，太陽高度が低い時期は貿易風の影響を，それぞれ受ける地域（TP）

 3：1年中貿易風の影響を受ける地域（PP）

 4：太陽高度が高い時期は貿易風の影響を，太陽高度が低い時期は偏西風の影響を，それぞれ受ける地域（PW）

 5：1年中偏西風の影響を受ける地域（WW）

 6：太陽高度が高い時期は偏西風の影響を，太陽高度が低い時期は極東風の影響を，それぞれ受ける地域（WE）

 7：1年中極東風の影響を受ける地域（EE）

 これらを図化したものが図1[8]になる．図1では上記の7区分に加えて，降雨の特性と気圧についても考慮されている[5]．

● アリソフの気候区分

 アリソフ（B. P. Alissow）の気候区分も，成因的気候区分の一つである．世界の風系の季節的な北上・南下は，気団（広い範囲にわたってほぼ一様な温度や湿度をもつ大気の塊）の北上・南下を伴う．アリソフは，世界の大気を高温多湿な赤道気団，高温乾燥の熱帯気団，冷涼湿潤な寒帯気団，寒冷な極気団の4つに分けた[9]．そして，これらが7月に北上，1月に南下することに注目し（図2），季節によって覆われる気団の組み合わせによって，世界を以下の7つの地域に

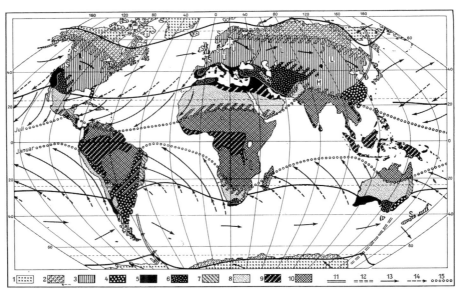

図1　フローンの気候区分図[8, 10]

1：寒帯気候帯（EE），2：亜寒帯気候帯（WEもしくはEW），3：惑星的前線帯気候帯（WW）のうちS＝海洋性気候，L＝大陸性気候，Ü＝両者間の移行気候，4：惑星的前線帯気候帯（WW）のうち夏湿潤東岸気候，5：亜熱帯気候帯（PW）のうちある程度の冬雨がみられる地域，6：亜熱帯気候帯（PW）のうち弱い春雨（内陸型）がみられる地域，7：貿易風気候帯（PP）のうち湿潤東岸地域，8：貿易風気候帯（PP）のうち乾燥西岸・内陸地域，9：熱帯気候帯（TT）のうち恒常的に湿潤な地域，10：熱帯気候帯（TP）のうち太陽高度が高い時期が雨季の地域，11：低温の高層トラフが生じやすい場所，12：低温の高層トラフが生じやすいと推定される場所，13：通年吹走する気流（貿易風はきわめて恒常的，それ以外は非恒常的），14：夏季に吹走距離がのびる貿易風，15：1月および7月の熱帯収束帯の位置，H：特殊な高地気候．

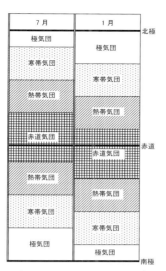

図2 アリソフの気候区分の概念図（福井の図[7]を元に著者作成）

分類した.

1：1年中赤道気団の影響を受ける地域

2：太陽高度が高い時期は赤道気団の影響を，太陽高度が低いときは熱帯気団の影響を，それぞれ受ける地域

3：1年中熱帯気団の影響を受ける地域

4：太陽高度が高い時期は熱帯気団の影響を，太陽高度が低いときは寒帯気団の影響を，それぞれ受ける地域

5：1年中寒帯気団の影響を受ける地域

6：太陽高度が高い時期は寒帯気団の影響を，太陽高度が低いときは極気団の影響を，それぞれ受ける地域

7：1年中極気団の影響を受ける地域

これらを図化したものが図3[9]である．この7つの気候帯だけでは大陸の東西の気候差を表現できないが，大陸と海洋の違い，および大陸の東岸と西岸の違いによって，この気候帯がさらに細分される場合もある[9].

[松山　洋]

●文献

1) Thornthwaite, C. W.: An approach toward a rational classification of climate, *The Geographical Review*, 38: 55–94, 1948
2) 新井正：地域分析のための熱・水収支水文学，古今書院，2004
3) 榧根勇：水文学，大明堂，1980
4) Thornthwaite, C. W. and Mather, J. R.: The water balance, *Publications in Climatology*, 8: 1–86, 1955
5) 吉野正敏：気候学，大明堂，1978
6) 榧根勇：水と気象，朝倉書店，1989
7) 福井英一郎編：自然地理学 I，朝倉書店，1966
8) Flohn, H.: Zur Frage der Einteilung der Klimazonen, *Erdkunde*, 11: 161–175, 1957
9) Allissow, B. P.: Die Klimate der Erde（Ohne das Gebiet der Udssr）. Deutscher Verlag der Wissenshaften: Berlin, 1954
10) 矢澤大二：気候地域論考，古今書院，1989
11) 鈴木秀夫：風土の構造，大明堂，1975

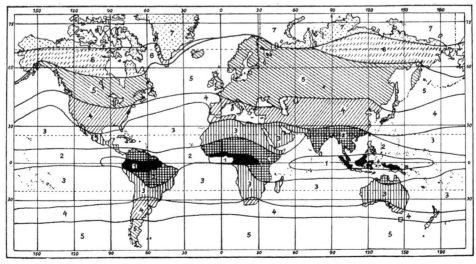

図3　アリソフの気候区分図[9, 5]

凡例の番号は，本文中のそれらと対応する.
1：赤道気団地帯，2：赤道季節風地帯，3：熱帯気団地帯，4：亜熱帯気団地帯，5：中緯度気団地帯，6：亜極気団地帯，7：極気団地帯．日本の大部分が属する4の気候区が亜熱帯気団地帯であることについては異論もある[11].

B9-4 日本の気候区分

●気候区分

地球の表面を類似した気候がみられる地域に区分したものを気候区分という [▶B9-3]．南北に長くて季節風の影響が強く，地形も複雑な日本における気候区分には，19世紀末以来多くの試みがなされてきた．20世紀の前半には，諸外国で考案されたグローバルな気候区分手法を，日本の稠密な観測資料に適用した気候区分がなされた．気候区分の手法には，大別すると経験的方法と，成因的・発生論的方法とがある．歴史的には前者が先に発達し，数も多い．各手法にはそれぞれ長所・短所があり，利用する目的に応じて使い分けることが必要である．本項では，日本独自の手法を採用した気候区分を各手法から2つずつ取り上げる．

●経験的手法による日本の気候区分

関口[1]による気候区分

気候は一般に，複数の気候要素の統計値によって総合的に表現される．関口[1]は，①気候の熱的状態を表す指標として気温，②大気中の水の状態を示す指標として雨（降水量），③天気状態を示す指標として日照時間，④気候の乾湿を示す指標としてソーンスウェイトの手法によって算出される水分過剰量，を採用した．まず，上記それぞれに関して，気象庁の127か所の地方気象台・測候所の月別平均値データを用い，1年間の総量や平均値および月平均値の年変化型を考慮して，隣接する2地点の年変化型が似ているか否かを12か月の値の相関係数を計算して決定した．気候区境界は，相関が統計学的に認められないところに引いた．こうして作成された4要素ごとの気候区分図を集約し，気温については年平均気温と日較差の年変化型，降水については年降水量と降水日数の年変化型，天気については年間総日照時数と日照率の年変化型，気候の乾湿については水分過剰量の年変化型の8項目を記号で列記した．そして，これらの記号列の類似度の高いものを，各要素の年変化型を主，絶対量の差を副として分類し，最終的な気候区の設定を行い，地域間における違いが不明瞭な地域には漸移地域を設定した（図1）．

吉野[2]による気候区分

吉野[2]は，日本列島を5段階のスケールで区分した．大区分の境界指標として，照葉樹林帯の北限に相当する温量指数180度線，霜の頻発域の境界に相当する1月の月最低平均気温0℃，日本海側の多雪地域と

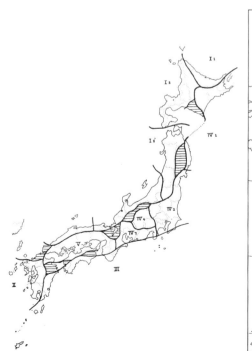

図1 関口[1]による日本の気候区分（横線部は漸移地域）

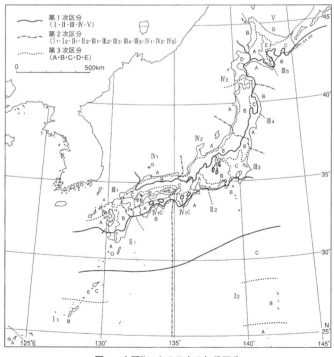

図2 吉野[2]による日本の気候区分

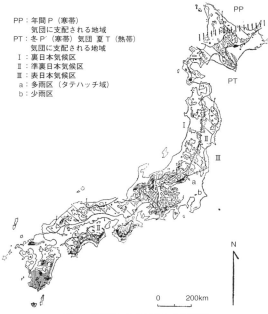

図3 鈴木[3]による日本の気候区分

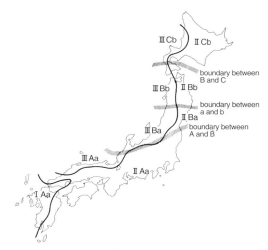

図4 前島[4]による日本の気候区分

太平洋側の少雪地域を分ける平均最深積雪深50 cm,寒冷地域の限界として,月平均気温0℃以下の月が4か月以上の各等値線を採用,さらに主に気温と降水量の平均値や極値によって,中区分・小区分をした区分図を示した(図2).

● 成因的手法による日本の気候区分

鈴木[3]による気候区分

経験的手法による気候区分では,関口[1]のように漸移地域を設けるのはむしろ例外的で,通常は吉野[2]のように気候要素の平均値の等値線によって区界が引かれる.しかしながら,この区分に使われる等値線の値が,気候区界としての不連続を意味することはない.連続体である大気現象の中に不連続性を認識することは,一般的に困難である.ただし日々の天気図上に出現する前線や,降水域と無降水域といった天気界は,ある時点における大気の不連続性を,ある程度示している.旧ソ連の気候学者のアリソフ(B. P. Alissow)は,グローバルスケールでの気候区分において,前線帯の冬と夏の位置を指標とした区分図を示した[▶B9-3].

鈴木[3]は,日本の気候区分の大区分境界として,アリソフにならい,寒帯前線帯の位置を採用し,天気図上に出現した8月の前線頻度分布を基に,北海道北部に数十km程度の幅をもった漸移帯として示した.気候の中区分区界線は,2000地点を越える観測点の日降水量分布図を基に,日本列島が冬型気圧配置になった際に,必ず降水がある裏日本気候区,必ず降水がない表日本気候区,降水の有無が日によって変化する準裏日本気候区,とに区分した.さらに小区分として,大雨が頻発する地域を多雨区として図示した(図3).

前島[4]による気候区分

日本列島はアジアモンスーンの影響を強く受けており,中緯度地域にありながら,初夏の梅雨,初秋の秋雨(秋霖),冬の季節風によって,各地に降水量が多い季節がもたらされ,これらの季節の開始・終了の変化が急激に起こる.前島[4]は,このような日本の降水の不連続的な季節変化に注目した気候区分を行った.上記3つの季節中で降水量が最も多いかを,気象庁の地方気象台・測候所の日平均降水量の増減から判定した自然季節の期間から求めて,3つの降水区,I(梅雨),II(秋霖・台風区),III(北西季節風区)を設定し,さらに梅雨と秋霖現象の発現状況の相違を組み合わせて,日本を9つの中気候区に区分した.梅雨現象について,Aは明瞭な地域,Bは後期のみ明瞭な地域,Cは全般に不明瞭な地域,秋霖現象の前線活動が,aは後期に,bは前期に活発な地域をそれぞれ示す(図4).

[松本 淳]

● 文献

1) 関口武:日本の気候区分,東京教育大学地理学研究報告,3:65-78,1959
2) 吉野正敏:日本の気候地域区分,災害の研究,12:39-59,1981
3) 鈴木秀夫:日本の気候区分,地理学評論,35:205-211,1962
4) Maejima, I.: Natural season and weather singnlarity in Japan. *Geagnaphical Reports Tokyo Metropolitan University*, 2:77-103, 1967

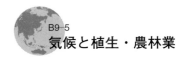
B9-5 気候と植生・農林業

●植生・農作物と積算温度

植物の生長には，ある程度連続した期間に基準となる温度以上の条件になることが必要である．この基準となる温度は自然植生や作物の種類によりさまざまであるが，基準値以上の気温を積算して一定の積算値に達する温度環境でその植物が生育可能という考えに基づき，19世紀中ごろに積算温度の概念が示された．一般に，基準となる温度を0℃とした場合の積算値を積算温度とよび，基準温度を5℃や10℃とした場合の積算値を有効積算温度（effective cumulative temperature, effective accumulated temperature）とよぶ．現在では，世界中の多様な気候条件のもとで，自然植生や栽培可能な作物の分布と積算温度や有効積算温度との関係が示されている．これらの指標の値は基準温度の決め方で異なるが，例えば10℃を基準とした場合の有効積算温度と正味放射量との間に密接な関係があること[1,2]，また蒸発散位とも関係があること[3]が知られている．

有効積算温度のなかで，吉良[4]の指数は，月平均気温が5℃を超える月について，5℃を差し引いた残りを積算した値で，温量指数（WI：warmth index，暖かさの指数）とよばれ，次式で表すことができる．

$$WI = \sum (T_i - 5)$$

ここで，T_iはi月の月平均気温（℃）を表す．温量指数と植生帯の関係をみると，温量指数が240以上の地帯が熱帯降雨林帯，180以上が亜熱帯降雨林帯，85以上が照葉樹林帯，45以上が夏緑広葉樹林帯，15以上が針葉樹林帯，0以上がツンドラ帯，0以下が氷雪（植物がない地帯）とよく対応することが知られている．また，吉良は，温量指数と同様の考え方で月平均気温が5℃以下の月についてそれらの月の平均気温から5℃を減じた値を積算した寒さの指数CI（coldness index）をつくった．

作物の栽培限界の指標として，日平均気温10℃以上の期間の有効積算温度がしばしば利用される．各種作物の生育に必要な有効積算気温を図1に示す．この表から，例えば麦類とイネは全く異なる温度環境のもとで栽培されていることがわかる．ただし作物の栽培環境として，降水量の季節性や土壌条件なども重要であるため，詳細にはこれらを含めた農業地帯区分を考える必要がある．

●ブディコの気候分類

地球表面に到達した太陽エネルギーはさまざまな形態のエネルギーに再配分され，生態系に利用される．このことから20世紀中ごろになると，熱収支や水収支に関係する要素を用いた気候指標の研究が進み，降

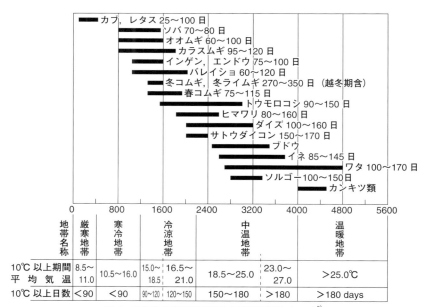

図1　各作物の収穫に必要な有効積算気温（ET$_{10}$）[5]
日数は栽培期間を示す．

水量，正味放射量，蒸発量などの相互の関係が明らかになった．旧ソ連の気候学者ブディコ（Budyko, M. I.）らを中心に研究が行われた．それによると，降水量に対する年間蒸発量の比 E/r と年間降水量が完全に蒸発するために必要な熱量に対する正味放射量の比 $R/(l\cdot r)$，すなわち放射乾燥度との間に次の関係が示された．

$$\frac{E}{r} = \phi\left(\frac{R}{l\cdot r}\right)$$

ここで，R は年積算正味放射量，l は蒸発潜熱量，r は年降水量，ϕ は関数である．上記の関係は，ある地点において，放射乾燥度の減少と降水量に対する蒸発量の比の減少が対応して発現することを示している．Budyko[1,2] は右辺の $R/(l\cdot r)$ 項を放射乾燥度とよび，世界の植生帯と密接に関係することを示した（図2）．すなわち，ツンドラ帯は放射乾燥度の最低値（1/3）に，森林帯は 1/3～1.0 に，草原は 1.0～2.0 に，半砂漠は 2.0～3.0 に，砂漠は 3.0 以上にそれぞれ相当することを明らかにした．

● ケッペンの気候分類

オーストリアの気候学者ケッペン（W. Köppen）は，世界の気候を，5つの主要な植生に応じた5つの気候帯に区別した．現在よく知られている気候分類（図3）は1918年に発表されたものである．気候帯を大文字で示す．Aは寒冷な季節がない熱帯気候，Bは乾燥気候，Cは冬季が温暖な温帯気候，Dは冬季が寒冷な亜寒帯（冷帯）気候，Eは暖候期がない寒帯気候を示す．これらの気候は，降雨が発現する季節あるいは乾燥や寒さの程度に応じて f, s, w, m, S, W, T, E などを組み合わせて詳細な気候型に区分する．このうち，Fは乾期がない場合，Sは乾季が夏の場合，Wは乾季が冬の場合を表す．このほか，SとWは，乾燥気候（B）を半乾燥のステップ気候（BS，草原気候ともいう）か，乾燥状態が卓越する砂漠気候

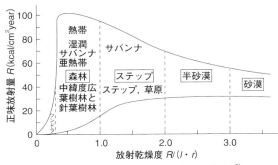

図2　ブディコの放射乾燥指数（放射乾燥度）[5] （$R/(l\cdot r)$）と純放射との関係による世界の植生帯の分類．

（BW）かを再区分する場合に用いる．TとFは，寒帯気候（E）をツンドラ気候（ET）と永久凍結気候（EF，雪氷気候ともいう）に区分する場合に用いる．世界の気候の気候型として，AsとDsの組み合わせは存在しないことが知られている．

A　熱帯気候

最寒月の平均気温が18℃以上である．月平均気温18℃以下では，熱帯性の植物は生長が抑制される．加えて，降水量が少ない条件が重なると生育そのものが不可能になる．A気候は3つの気候型に分けられる．

Af（熱帯雨林気候）：最も乾燥する月の降水量が少なくとも60 mmの場合である．この気候では気温が高く降水量が多く，同時に両要素の季節変化が非常に小さい．

Aw（サバナ気候（熱帯原野気候））：太陽高度が低い期間あるいは冬季に乾燥する．明瞭な降水量の季節変動があり，少なくとも1か月間は60 mm以下となる．気温の季節変化はAfと似ている．

Am（熱帯季節風気候）：mは元来，中間を意味し，短い乾期があるが年間降水量は非常に多い．土壌は年間を通して湿潤な状態にあり，雨林が分布する．AmはAfとAwの中間の気候で，年降水量はAfと類似，降水量の季節分布はAwと類似の気候である．AwとAmは，$a = 3.94 - r/25$，の関係を使い区別する．ここで，r は年降水量，a は最も乾燥した月の降水量である（単位はインチ）．最も乾燥した月の降水量が，上式に年降水量の観測結果を代入して求めた a より大きければ，その地点の気候はAm，小さければAwである．

B　乾燥気候

降水量より蒸発量が多く地下水を維持するに十分な水がないため，この気候の地域では水脈が持続されない．植物が地下水をどれだけ利用できるかは気温に依存する蒸発量に左右されることから，降水量のみでB気候の基準を決めることはできない．暑い夏の降雨は，同じ量の冷涼な冬の降雨と比較して利用効率は低い．したがって，年平均気温と年降水量だけでなく最大降水量が現れる季節も含めて細分類する．B気候には，乾燥地域あるいは砂漠を示すBWと，半乾燥地域あるいはステップを示すBSの2つに細分類される．

BW（砂漠気候）：乾燥地域や砂漠に卓越する気候．
BS（草原気候またはステップ気候）：BWより湿潤で，半乾燥地域あるいはステップに卓越する気候．

C　温帯気候

湿潤で温暖な気候を示し，最寒月の平均気温が

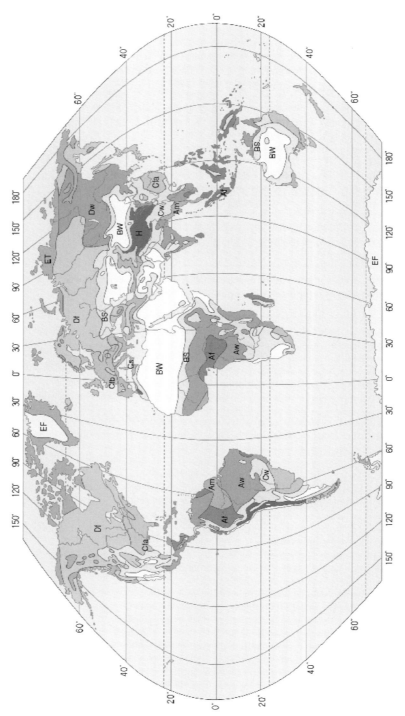

図3 ケッペンの気候分類図

Af：熱帯雨林気候	Cf：温帯多雨気候	ET：ツンドラ気候
Aw：サバナ気候（熱帯原野気候）	Cw：温帯夏雨気候	EF：氷雪気候または永久凍結気候
Am：熱帯季節風気候	Cs：地中海気候	
BW：砂漠気候	Df：亜寒帯（冷帯）多雨気候	
BS：草原気候またはステップ気候	Dw：亜寒帯（冷帯）夏雨気候	

18℃ 以下で−3℃ 以上，また最暖月の平均気温は10℃ 以上である．最寒月の低温側を規定する−3℃ は，地上が凍結しまた 1 か月以上積雪が続く状態とほぼ同等で，この条件より高温側が C 気候の地帯になる．3 つの特徴的な降雨体制（f，w，s）で細区分する．

Cf（温帯多雨気候）：明瞭な乾期がなく，降水量が最大の月と最小の月の差は，w と s より小さい．また，最も降水量が少ない月でも 30 mm 以上になる．

Cw（温帯夏雨気候）：夏に降水量が最大になる月の降水量が冬の最も少ない月の降水量と比較して 10 倍以上になる．これに代わり，冬の 6 か月間の積算降水量が年降水量の 70% 以上になる条件を用いることもある．Cw 気候は次の代表的な 2 地域がある．①低緯度の高標高地域で，Aw 気候が標高の効果で相対的に低温に移行した気候に対応している．②東南アジアの温暖な中緯度モンスーンの地域で，特にインドの北部や中国南部が該当する．

Cs（地中海気候）：冬の最も降水量が多い月の降水量が夏の最も降水量が少ない月と比べて 3 倍以上になる．これに代わる定義として，冬の 6 か月間の積算降水量が年降水量の 70% 以上になる条件を用いることもある．また，夏の最も乾燥した月の降水量は 30 mm より少ない．

D　亜寒帯気候（冷帯気候）

最寒月の平均気温が−3℃ 未満で，最暖月の平均気温が 10℃ 以上となる．寒冷で雪に覆われ森林がある．最暖月の平均気温が 10℃ の条件は，D 気候の極側における森林限界と一致する．D 気候は地表が凍結し数か月間雪に覆われ，乾期のない Df と冬に乾期が現れる Dw に細区分する．

Df（亜寒帯（冷帯）多雨気候）：　湿潤な冬のある寒冷な気候．

Dw（亜寒帯（冷帯）夏雨気候）：　乾燥した冬のある寒冷な気候で，冬期間にシベリア高気圧がよく発達する北東アジアのみに分布する．

E　寒帯気候

最暖月の月平均気温が 10℃ 未満で，極地域に分布する．高緯度地方では，気温が一度氷点より非常に低下し地表が凍結すると，植物は寒さを獲得することで生存の場を広げるといった異なる特性を示す．むしろ，暖かさが生育程度や期間を制約する条件になる．このため，E 気候の極側の境界を決める場合は最暖月の等温線を用いる．ET と EF に細区分する．

ET（ツンドラ気候）：最暖月の平均気温が 10℃ 未満で 0℃ 以上となり，短い生育期間と貧弱な植生に覆われる．

EF（氷雪気候または永久凍結気候）：最暖月の平均気温が 0℃ 以下となる永久凍結気候で，永続的に氷床・氷河・氷帽に覆われ，植生がない．　　　［林　陽生］

●文献

1）エム・イ・ブディコ／内嶋善兵衛，岩切敏訳：気候と生命（上），東京大学出版会，1973
2）エム・イ・ブディコ／内嶋善兵衛，岩切敏訳：気候と生命（下），東京大学出版会，1973
3）Trewartha, G. T.: An Introduction to Climate, McGraw-Hill, 1968
4）吉良竜夫：農業地理学の基礎としての東亜の気候区分，京都帝国大学農学部園芸学研究室，1-23，1945
5）農業気象ハンドブック編集委員会編：新編 農業気象ハンドブック，養賢堂，1977
6）吉野正敏：気候学の歴史，古今書院，2007
7）日本地誌研究所編：地理学辞典，二宮書店，1973
8）和達清夫監修：新版 気象の事典，東京堂出版，1974

B9-6 気候景観：偏形樹・防風林・屋敷林

●気候景観

気候景観（climatic landscape）は，三澤勝衛の風土の研究を受け継いで，矢澤大二が提唱した概念である．矢澤はこれを「気候特性の表現体と考えた場合の自然・人文景観の総称」と規定し[1]，その例として，偏形樹（風）・瓦屋根の地衣類（湿度）・降霜（気温）・サクラの開花（積算温度）・防風林（風）・家屋形態や構造（風や積雪）・作物の栽培形式（気温）などをあげた．その他，植生分布や森林限界（気温・風・積雪）など多くの事象[2]が，これに該当する．

以上の例からわかるように，気候景観の景観は，地理学などにおける地域を意味する景観とは重ならず，景観要素もしくは相観[3]に近い．すなわち，気候に対する反応が，地表や植物あるいは人間の生活や生産活動などの外観や形態および分布状況に比較的明瞭に認められるとき，それらの事象を指す語として気候景観が認識され，また使われてきたといえる．

矢澤は，この気候景観を気候の指標と位置づけ，それを用いて中小規模の気候の詳細な分布が描けることを論じた[1]．特に気象観測資料の少ない地域では，気候景観が気候要素のより詳しい分布を推定する唯一の手段という場合も多い．この理由から，気候景観を用いた研究が現在も多く行われている．

気候景観のこうした優位性を生かし活用するには，その形成要因（表現している気候要素やその性質）を知り，形成過程を明らかにする必要がある[2,4]．気候要素などについては，既存の気候資料との対照などによってある程度までは知れる．一方，形成過程については，その気候景観と気候要因以外の自然要因あるいは社会経済的要因との結びつきやそれらの作用を分析し，それに基づいて気候要素の景観形成への寄与の度合いを評価しなければならない．この評価がどこまでできるかによって，その気候景観がどの程度定量的な指標となりうるかが決まることになる．

なお，以上のような位置づけとは別に，気候景観を，それにとって重要で意味のある（影響の大きい）気候環境を知る手がかりと位置づけることもできる．つまり気候景観を主体とし，その環境を評価する立場であり，今後に期待される分野といえる[2]．

●偏形樹

樹幹は垂直だが片側の枝が欠けるか反対側に曲がっている樹や，樹幹と樹冠が一方になびくように傾いている樹を，偏形樹（wind-shaped tree）とよぶ．自然的な気候景観の代表例といえる．これは，ある季節の，特定の性質（伴う降水の有無・気温の高低・乾湿）をもつ風に反応して形成されたもので，樹幹・樹冠の傾きや枝の曲折の方向は風向を示し，傾きや曲折状態の度合い（偏形度）は風の強弱に関係すると考えてよい．偏形の形態からは，Ⅰ・Ⅱ・Ⅲの3つの型に分類される（図1）[2,5]．Ⅰ型は，落葉樹で一般に成長期の風による．Ⅱ型は，亜高山帯などの針葉樹に現れ，積雪期の風による（下方の枝葉は，積雪面下にあるために風の影響を受けず四方に発達している）．Ⅲ型は，多様な樹種にみられ，多くは成長期の風によるが，寒候季の卓越風による例もある．Ⅰ・Ⅱ折衷型もあり，型の判定は難しい場合も多い．

これを風の指標とする場合，偏形に関与した風の季節（時期）や性質をまず特定する必要がある．この検討は，型を参考にしながらも，偏形からの推定風と既存の風資料あるいは風の現地観測結果との対照に基づいて，厳密に行わなければならない[2,4]．

図2は，現地での地上風観測を実施し，それを上層風と関連づけてⅡ型の偏形要因を分析した事例である．その結果，南北両斜面の偏形は，いずれも冬の低温で乾燥した卓越風の風向を示していることが判明し，また，偏形の形成は乾燥害によることも推定された[6]．

一方，偏形度からは，風の強弱の概要が知れるにとどまっている．Ⅱ型の場合，偏形度は，風の強さだけでなく，他の大気・積雪・土壌の条件や群落遷移・樹齢にもかかわるからである．偏形度と風の強さとの関係を定量的に知るには，各因子との関連や効果の分析が不可欠だが，これは今後の課題となろう．Ⅰ・Ⅲ型では，より進んで偏形度から風速を推定する試みもあるが，方法的には未確立段階といえる[4]．

●防風林・屋敷林

耕地や家屋を，種々の風から防ぐ目的で仕立てられた林が防風林（shelter belt, wind break）であり，人

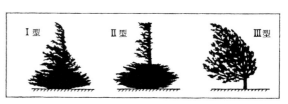

図1　偏形形態のタイプ分類[2]

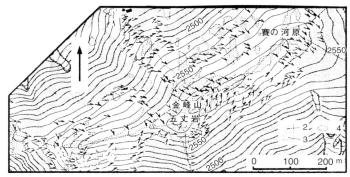

図2 オオシラビソの偏形樹（II型）より推定した地上風分布（金峰山山頂付近）（Ogawa[6]を一部省略し改変）
矢印：推定した風向および風の強さ（3段階）．2：亜高山針葉樹林帯，3：ハイマツ帯，4：岩塊．

文的な気候景観の代表的なものである．

耕地に仕立てられたものは，耕地防風林とよばれる．防砂林・防霧林を兼ねたものもある．防風林の場合，耕地区画や海岸線に沿っているものがほとんどで，これを風の指標として扱う場合，これから推定される風向は，後述の屋敷林と比べると大まかなものであることが多い．より広域を対象にする場合は，単位面積または単位長さあたりの防風林面積を防風林密度とし，その分布から相対的に風の強い地域を推定することが行われている[1]．

一方，家屋のまわりに仕立てられたものが宅地防風林で，とくに農家の場合は，屋敷林または屋敷森とよばれる．各地特有の樹種と形態をもち，イグネ・カイニュウ・築地松など種々の呼び名がある．防風のほか，防火や防水，温度調節に役立ち，落葉・落枝は堆肥や燃料に利用されてきた．

防風機能としては，冬の風雪やおろし・局地風，あるいは台風の風を防ぐ場合がほとんどである．このため，屋敷林が示す風の季節や性質は比較的とらえやすい．一般に，家屋の一方向ないし三方向に仕立てられており，この方向から，防ぎたい風の風向を推定し，それにより，その風の中・小規模の風向分布を描くことが行われてきた．風の強さについては，集落ごとに防風林をもつ家屋の割合（防風林密度）を求め，その値の大きい集落は風が相対的に強いと見なす事例が多い（図3）．ただ，この値は，風の強さだけでなく，集落の新旧や屋敷林の伐採の有無，各家の経済状況など，人間の側の問題にも左右される．密度を扱う際は，資料調査や聞き取り調査などでこれらの要因のかかわりを吟味しておく必要がある．

なお近年，耕地防風林は農業機械の大型化の影響で，また屋敷林は生活環境の変化やサッシの普及などにより，いずれも減少傾向にある．　　　［小川　肇］

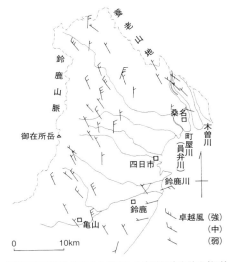

図3 防風林帯方向と密度から推定した卓越風向と強さ（伊勢平野）[7]
冬の季節風の局地的特性を示す．

●文献
1) 矢沢大二：気候景観，古今書院，1953
2) 青山高義・小川肇・岡秀一・梅本亨編：日本の気候景観―風と樹木　風と集落―増補版，古今書院，2009
3) 田村百代：地理学における「景観」と「相観」―わが国地理学界での混乱―，立正大学地理学教室創設60周年記念会編，地域の探求，pp.421-430，古今書院，1985
4) 小川肇：偏形樹の調査，西澤利栄編，気候のフィールド調査法，pp.34-38，古今書院，2005
5) Yoshino, M. M.: Studies on wind-shaped trees: their classification, distribution and significance as a climatic indicator, *Climatological Notes*, 12: 1-52, 1973
6) Ogawa, H.: Climatic causes of wind-shaped fir trees around the summit of Mt. Kinpusan in the Chichibu Mountains, Central Japan, *Geographical Reports of Tokyo Metropolitan University*, 26: 147-165, 1991
7) 水越允治・平林誠およびその協力者：伊勢平野における冬の季節風の地域的特性―宅地防風林からみた―，三重大学教育学部研究紀要，25: 79-91, 1974

B9-7 雪に関する気候景観と雪形

雪が関与してできる気候景観およびその構成要素は多岐にわたる。自然景観に関するものとしては雪田植生などの植生分布、雪圧による樹木の偏形、積雪分布そのものなどがあり、文化景観としては家屋の形態、雪囲い、家屋の配置および集落の形態（雁木など）、防雪林などがある[1]。他にも例えば雪国の鉄道や道路には、暖地にはみられない防雪対策がきめ細やかに施されている。

●雪と森林植生

山地の積雪が雪崩となって地表を侵食してできる地形に雪崩道と筋状地形などがある。これらの地形は典型的な気候景観だが、別項［▶D7-6］に詳しいのでここでは省略し、植生に注目する。

積雪は自重で容易に変形するが、その際のクリープとグライドおよび沈降により、植生は大きな変形を受ける（図1）。この写真のスギは谷沿いの緩斜面に植林されたものだが、根元からまず斜面沿いに下方に1mほど伸び、そこから起き上がって直立している。また右写真のシャクナゲの葉の間に見える苔の生えた石のようなものは、森林限界付近のいわゆる偽高山帯のダケカンバの根元である。この付近の冬季積雪は少なくとも10mに達する。

このように森林斜面の樹木や群落は、積雪の変形移動による応力および荷重によって根曲がり・倒伏を示す。また、急斜面で雪崩が多発する部分は雪崩道となって森林は成立しない（図2）。一方、雪崩の発生頻度が低い斜面では、森林が部分的になぎ払われている様子もよく観察される。

●雪と家屋・集落

雪国では、屋根の積雪荷重による建物の破損倒壊を防ぐために、雪が溜まらないようにする（自然落下式・人力除雪・自動融雪式）か、頑丈な構造の耐雪荷重式にする必要がある。これに対応した構造が住宅や公共施設などの建造物に認められる。

町の街路には、雁木（北陸）・こみせ（東北）という屋根付きの歩道空間が江戸期に成立し現在も残存しているほか、住宅に関しては明治期あたりからの中門造り・船枻（せがい）造りを経て、昭和期以降には屋根雪処理を重視した克雪住宅や高床式住宅が普及した[2]。また、屋根の積雪は滑落すると下にいる人間が危険であり、軒下などの構造物を破損することもあるため、屋根の材質を問わず様々な雪止め具が工夫されている（図3）。なお住宅屋根の雪止め具は、東京の平野部など、まれにしか雪が降らない地域でも一般的である。

いわゆる豪雪地域では、防雪施設が無雪期に目立つ。図4はその例で、高位置に設置された消火栓と集落脇の雪崩道が明瞭な崖の雪崩防止柵である。

●雪と道路交通

業務として列車の運行がほぼ一元管理される鉄道とは異なり、道路交通では不特定多数の一般利用者による各種車両の運行を確保しなければならない。よって景観の要素としての道路には、降雪・積雪の対策によって暖地にはみられない変形が加わる。

図2　雪崩道で欠如する森林（富山県立山）

図1　積雪で変形した樹幹
（左）釣り針状に根曲がりしたスギ（山形県小国）、（右）太くねじれて石のように見えるダケカンバ（鳥海山中腹）。

図3　屋根表面の雪止めの例
（左）木古内駅の跨線橋の屋根（北海道木古内町）、（右）観光ホテルの屋根（オーストリア・チロル）。

図4 消火栓と雪崩予防柵
(左)土台を高くした消火栓(福島県只見),(中)パイプで高くした消火栓(オーストリア・インスブルック),(右)雪崩道の予防柵(同左チロル).

図5 道路沿いの防雪施設
(左)崖の雪崩予防柵と着雪防止に傾けてあるチェーン着脱場の標識(長野県小谷),(右)長く続く吹払い柵と道路端を示す矢印型の視線誘導標識(北海道十勝).

図6 雪形の例(丸で囲った部分)
(左)山形県八幡町から見た鳥海山の「種まき爺さん」,(右)長野県白馬村から見た五龍岳の「御菱」.

　山地など急勾配の区間の前後には,滑り止めのタイヤチェーンを安全に着脱できる駐停車スペースが設置され,その標識にも着雪で視認性が悪化することを防ぐ工夫がみられる(図5左).また冬季に強風となる地域では,地吹雪による視程不良や風上側の微地形による吹き溜まりを防ぐために,いろいろなタイプの防雪柵を設置して雪を道路の両脇に分散させている(図5右).

● 雪国の伝統文化としての雪形

　雪形とは,融雪期の山の積雪分布を麓の平野部から眺め,その一部を何かの姿に見立てて命名し,農事暦と関連づけて伝承することにより,その狭い地域で毎年認識可能となる白黒(積雪面と地面)の模様のことである.日本では,山地に近い平野部で,かつ水田主体の稲作農業が古くから卓越する多雪地域に多くの雪形が伝承されている.

　山肌の雪の模様を何かに見立てる,という行為自体は特殊なことではないし,ときにはそれが山名となることも自然の成り行きである.しかし,それが農事暦と結び付いて多様な展開をみせた例は,日本以外にはないようである.毎年の天候の差が大きい日本では,暦どおりに農作業を行うことは難しく,その年々の季節進行に合わせる必要があることから,雪形が重要な民俗知となったのであろう.

　図6に雪形の例を示したが,左は鳥海山の「種まき爺さん」が左(西)を向いて屈んでいるところであり,農作業とのかかわりが想定できる.また右は五龍岳に現れる武田氏の家紋「御菱」として有名なもので視認しやすいが,農事暦とのかかわりは不明である.このように,現在「雪形」とされているものの中には,単なる「絵合わせ」によるものが混在しているようである.

　実際の観察による雪形の認定はかなり難しい.民俗学者の専門的な調査によっても,同じ山の同じ積雪の模様が,場所によって見え方が異なるために名称が異なることがあるばかりか,伝承のみで位置が確認できないことがあるとも指摘されている[3].　　　[梅本　亨]

● 文献
1) 青山高義ほか編:日本の気候景観—風と樹 風と集落—(増補版),古今書院,2009
2) 深澤大輔:雪と暮らし(住まい),日本雪氷学会監修,雪と氷の事典,朝倉書店,pp.627-634,2005
3) 斎藤義信:図説雪形,高志書院,1997

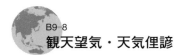

B9-8 観天望気・天気俚諺

●観天望気

　観天望気は，さまざまな大気現象の目視観察によって現在の天気を認識し，観察者が経験や知識に基づいて，数時間から数日間以内の短期的な天気予測を行うことである．投げた下駄の裏表による天気占いや，「猫が顔を洗うから雨になる」というような天気と直接関係のない言い伝えに頼ることとは違う準科学的な予測行為である．今の日本のように，ほぼリアルタイムの詳しい気象観測データや，1時間単位で更新される地域レベルの天気予報が得られる情報取得環境では，われわれが都市的な日常生活を営む限り，その重要性は失われている．しかし，登山やマリンスポーツなど野外のレクリエーション活動中や，居住地が大雨や強風によって何らかの災害を被る可能性があるような場合には重要な天気予測技術となる．

　観天望気による天気予測と専門家による天気予報との大きな違いの1つは，その空間スケールが小さいことである．それは原則として天気を観察する「視野」に相当する地域に限定される．また，その地域のローカルな特性も問題となるため，山地か平野か，あるいは内陸か海岸かといった気候条件の認識が予測時に重要となる．

　観天望気には2つのレベルがある．1つ目は，ある地域の天気変化を熟知した観察者が，地形や季節をふまえて天気の変化を予測するものである．その地方に天気変化の前兆現象に関する言い伝えがあれば，それを経験則として利用することもできる．2つ目は，大気現象に認められる気象学的な規則性に対応する時系列的変化（天気変化）を，任意の地点において短期的な観察から予測するものである．この場合，原則として気象観測機器は使わない．

　現代では日常的に観天望気を行うことはないが，局地的かつ短期的な観天望気を行う際の観察事項は**表1**のようなものとなる．風の特に風向変化は最も基本的な観天望気の要素だが，風向の表現は八方位で十分である．台風や低気圧の通過時には，接近中の気圧の谷の前面では基本的に南風，通過後の後面では北風というようにかなり規則的な変化を示す．また，風の強さに正確を期したい場合には，樹木の揺れ具合などから判定できる13段階の気象庁風力階級（またはビュー

表1　観天望気の観察事項

現象		観察事項の例
風	風速	目測または気象庁などの風力階級
	風向	樹木のなびきなど地物観察
雲	種類	10種雲形など
	場所	山などの地形との位置関係
	変化	発生・消滅，種類・形態変化，移動
水象	種類	雨，雪，霰，雹，霧，霜
	程度	降水強度など
	変化	起時，継続時間など
光象	種類	特に暈
電気象	種類	雷電（電光・雷鳴）

フォート風力階級，Beaufort scale）があるが，目視判定は実際には困難である．観天望気ではもっと簡単に，街路樹の枝が少し揺れたら5 m/s，大枝が揺れ動いたら10 m/s，樹木全体が揺れたら20 m/s程度の風速と考えればよい．これ以上の風速になると街路樹は倒れ，重量物も飛ばされるので，市街地での屋外行動が危険な状態となる．

　雲の観察は風と並ぶ重要な項目である．気象学では雲が細かく分類されており，観天望気には不向きである．大分類の10種雲形（巻雲・巻積雲・巻層雲・高積雲・高層雲・乱層雲・層積雲・層雲・積雲・積乱雲）は基本的［▶ B3-3］で，温帯低気圧が近づいて晴から雨（好天から悪天）に変わる際に，理想的な変化として順に巻層雲・高層雲・乱層雲（温暖前線の雨）・層積雲（雨）・積乱雲（寒冷前線の雨）が観察できることがある．巻層雲は薄いベール状で，太陽は透けて輝き周囲に暈がかかる．更に高層雲の段階になると太陽はぼやけた白い円盤のように見えるため，観天望気では悪天の前兆と見なせる．他に寒冷前線に伴う壁状または土手状の雲堤や，強風の前兆となるレンズ雲の出現は有名である．大きな積乱雲の頂部の鉄床（かなとこ）雲の底によく現れる乳房雲は認めやすいが，これが視認できる観察者の位置は，積乱雲の下降気流による突風（ガストフロント，gust front）に遭遇しやすい場所でもある．

　観天望気で妥当な予測結果を得るためには，少なくとも過去1週間程度の天気変化を記録あるいは記憶しておく必要がある．その際には上記の風と雲のほかに，**表1**に示した水象（降水現象），光象（大気光学的現象），電気象（雷雲に伴う現象）に注目することになろう．

●観天望気と天気俚諺

　観天望気は誰にでもできるが，その知識や技術が伝

承され，その地域の伝統文化であるいわゆる民俗知識となるためには，住民の生業との深いかかわりが必要である．したがって，農民や漁民・猟師など天気・天候と深くかかわる生業をもつ人々がその担い手であろう．すなわち，観天望気による経験が言い伝えられたものが天気俚諺となる[1]．このような天気俚諺（天気に関することわざ）を集めた最古の書物は，アリストテレスの同僚で後継者でもあったテオフラストスが，学生を動員して編集したともいわれる『天気の前兆について（英語では On Weather Signs)』であり[2]，その内容や表現は，ギリシャ以外の中緯度帯のものとよく似ている．今でも世界各地の天気変化に富む地域では，農漁村などに多くの天気俚諺が伝えられているであろう．その例として英語圏で一般的なものを二つ紹介する[3]：

- Red sky at morning, sailor take warning;
  Red sky at night, sailor's delight.
- Ring around the moon, rain by noon;
  Ring around the sun, rain before night is done.

いずれも意味は自明であろう．もちろん「赤い空」は朝焼け・夕焼けを，「輪」は暈を表している．対句形式で単純な韻を踏んでいるため口に出しやすい．

日本の天気俚諺については地方ごとの民俗資料にあたるべきだが，概観するにはコンパクトな辞典[4]があって便利である．これには日本各地の天気俚諺が豊富に収録されている（表2）．「秩父の山に雲があると翌日は雨」というのは，埼玉県の平野部から西に見える秩父山地（標高は 1000 m 程度）の上部が雲に隠れるほど雲底高度が下がってきて雨天間近であるという状況であろう．また，「風とお客は夜とまる」は，冬型気圧配置時に夜間の冷却で接地逆転層ができ，空っ風はその上を吹走するようになるためである．これらは，埼玉の平野部に約 30 年間住んだ筆者の経験とよく一致している．

天気俚諺とされるものには，永年の観天望気とは関係のないものも多い．例えば，「クモが高い場所に巣を張ると大雨」とか，冒頭に記した「猫が顔を洗う（毛づくろい）と雨になる」という類いである．洪水で低い場所のクモの巣は流されたのだろうし，猫は毎日何度も顔を洗う．また，植物のフェノロジーを前兆とする長期予報相当の天気俚諺も多数あるが，いずれも観天望気とは無関係な根拠のないものである．

●現代の観天望気と天気俚諺

かつて観天望気は日常の生活の知恵の1つであった．今日では，農業や漁業活動はもとより都市的な生活においても，気象情報が充実し，その取得が容易な

通信環境が達成されている．これを有効活用するためには，天気に関する気象学的知識と，地域の気候に関する地理学的知識の更なる普及が必須である．気象予報士に世間の関心が集まったり，ケーブルテレビに天気予報専門チャンネルが存在することをみれば，気象や気候に対する一般的な興味が失われたわけではないことが明らかである．「スカイツリーの先端が雲に隠れたら傘を持て」というような天気俚諺が今後も発生するにちがいない． ［梅本　亨］

●文献
1) 廣田勇：気象のことば 科学のこころ，成山堂書店，pp.51–57, 2007
2) Taub, L.: Ancient Meteorology, pp.26–27, Routledge, London, 2003
3) Williams, J. T.: The History of Weather, NovaScience Publishers, pp.143–154, New York, 1999
4) 大後美保編：天気予知ことわざ辞典，東京堂出版，1984

表2　天気俚諺の例[4]

予知内容	天気俚諺の例	地域
雨天	富士山が笠をかぶれば近いうちに雨 秩父の山に雲があると翌日は雨 秋，八ヶ岳の雲が北になびくと雨 月傘あるときは雨近し	山梨 埼玉 長野 福岡
雷雨	稲妻が北西にあれば雨 雷光北西方は雨降る	長野 佐賀
降雪	西風終日あれば雪となる 冬の南は雪さそう 南やませで雪をつれる	福井 関東 鳥取
曇天	辰巳の風が吹くと曇りとなる 箱根に雲がかかると午後は曇り	長野 神奈川
晴天	秋北春南は天気よし 雲が西から南へ進めば晴 夏の朝曇り日傘持て 秋北に鎌を研げ 霧の濃い日は天気 ぎおんごちは雨降らず	長野 愛知 鳥取 高知 福井 鹿児島
強風	雲がさがれば風が吹く 那須山に雲がかかれば風 日暮の雲焼け明日の風 やまじがえしの西こわい 風とお客は夜とまる	長野 栃木 宮城 愛媛 群馬

文献 4) から抜粋したものを予知内容別に再配列した．

C ●水文

C1 水文学の歴史と方法論

●水の逆循環説

水文学（hydrology）は水循環［▶C2-2］の科学である．水は生物の存在に不可欠な物質であり，神話時代から人々は水の循環について考えてきた．しかしその認識は土地の自然環境の影響を強く受けていた．地中海気候の石灰岩地帯に生きた古代ギリシャの哲学者プラトン（Platon）は，水循環にはたす降水の役割を重視しておらず，泉は地下の巨大な貯水池から流れ出し，川や海の水は再びこの貯水池へ戻ってくると考えた．アリストテレス（Aristoteles）も，地下の巨大な貯水池の存在は否定したが，降水は川水の一部でしかありえないと主張した．砂漠で生まれた『旧約聖書』の示唆する水循環は，「川の源である泉は，地下を通って塩分の除去された海水が湧き出したもので，降水だけで川は養えない」という逆循環説だった．

水に関して多くの観察記録を残した天才レオナルド・ダ・ヴィンチ（Leonardo da Vinci）も，蒸発→凝結→降水→流出という循環系の存在を明確に指摘してはいたが，同時に逆循環説も認めていた．聖書と古代の哲学者という2つの権威に寄りかかって中世後期の自然神学者が描き出した水循環像は，「海から蒸発した空気は山中の洞窟で冷やされて水に変わる．海水はまた地下の洞窟へ流入して陸の下まで運ばれ，その過程で塩分が除去される．これらの水が泉や川の源であり，降水はその一部でしかありえない」というもので，それ以外は異端とされた．デカルトが関心を示した17世紀の一流の学者キルヒャー（Kircher）の水循環も，地下の巨大貯水池と逆循環説の組み合わせにすぎなかった．逆循環説の最大の難点だった海水を高所まで上昇させるメカニズムとしては，海水が地獄の火で蒸気になり地中を上昇して凝結するという説，地下水循環を人体の血液循環に類比する説，潮汐の作用による海中の巨大渦巻き説などが空想された．一方，湿潤地域であるインドの『リグ・ヴェーダ』などの聖典では，「地下水の源は地中に浸み込んだ雨であり，それが泉として湧き出す」と正しく認識していた．中国の水文地誌書『水経注』には，まだ明確な水循環についての認識は認められないが，「泉は川に注ぐ，川の水は山から来る」という記述があり，水の逆循環は考えていない．しかし残念ながら，水文学が夜明けを迎えたのは水循環を正しく理解していた湿潤な東洋においてではなかった．

●水文学の夜明け

西洋でも17世紀後半に，ペロー（Pierre Perrault）はセーヌ川源流部で降水量を測定し，それが河川流量よりも多いことを知った．マリオット（E. Mariotte）はセーヌ川の河川流量を測定し，この川の流出量は降水量よりもはるかに少ないことを明らかにした．ハーレー（Edmond Halley）は蒸発皿で蒸発量を測定し，それが地中海へ流入する河川流量の3倍もあると計算した．これらの観測によって水の逆循環説は否定されることになったが，水循環が神の叡智を証明する絶好の材料であることに変わりはなく，西洋社会で水循環と神学との結びつきは19世紀中ごろまで続いた．推測ではなく観測に基づく水文学の夜明けは，上述のペローが1674年に匿名で発表した著書『泉の起源について』であると考えられており，1974年にパリでUNESCO・IAHS（国際水文科学協会）・WMO（世界気象機関）三者の共催で「科学的水文学300年祭」が行われた．付言すると，IUGG（国際測地学・地球物理学連合，1919年～）の内部に，河川，湖沼，氷河，地下水などの陸水（les eaux continentales）の研究部会を創設するための特別委員会が設立されたのは1922年であった．その組織名は1923年にIASH（International Association of Scientific Hydrology）となり，1971年のモスクワ総会でIAHS（International Association of Hydrological Sciences）に変更された．パリの記念祭のタイトルにある「科学的水文学」は，水文学が科学としてまだ十分認知されていなかったことの証でもある．以後IAHSは「物理的基礎をもつプロセス志向の水文学」を合言葉に，科学としての水文学の確立を全世界の水文学者に訴え続けてきた．

●近代科学としての水文学

近代科学は理論の構築と観測による検証を両輪に進歩してきた．近代科学としての水文学でも方法論は同じである．水文学の前史を構成する学問分野としては，理論面では水理学（ベルヌーイの定理，シェジー式，ハーゲン-ポワズイユの公式，マニング式，ダルシー式，ガイベン-ヘルツベルク式など）や気象学（ダルトン式，ペンマン式など）を，観測面では陸水学・河川学・湖沼学・地下水学などの自然地理学（physical geography）の諸分野をあげることができよう．しかし，これら諸分野の間には水循環による相互のつながりはなかった．1960年代までの水文学でも，水循環という中心概念は明確にされておらず，研究の

中心は降水量や洪水流量など水文量の周期分析や確率推計と，降雨-流出解析であり，土木工学の補助科学の域を出ていなかった．一方，観測面であげた自然地理学の諸分野の研究は，野外調査による観測事実の個別記述が中心であって，水文プロセスの理論面の研究は不十分だった．地上と地下の水の流動は水理学の，また地表水体としての湖沼や河川の実態は自然地理学の研究対象であったが，眼に見える実体ではない水の循環に関心を示す研究者は少なかった．日本では1963年に東京教育大学（現筑波大学）の理学部地学科地理学専攻に水収支論講座が理系完全講座として併設され，理系の水文学研究はまず水収支研究として開始された．だが水収支は水循環の結果の数的表現にすぎない．理系・工学系・農学系を問わず，水文学研究の中心は次第に水循環へ移った．

科学に対する社会の最大の期待は現象の予測であろう．古くから行われてきた雨乞い儀式や，紀元前3000年ごろまで遡るナイロメーターによるナイル川の水位観測などは，いかに人々が古くから旱ばつや洪水に苦しめられてきたかを物語っている．ニュートン力学の成功は物体の運動の予測を大きく前進させたが，切れ目のない複雑系である水循環の予測は容易には実現しなかった．しかし1970年代以降，水循環のプロセス研究の進行と並行して，デジタル・コンピュータの技術が急速に進み，水循環の数学モデル化とシミュレーションによる予測の可能性が次第に高まってきた．また，水循環のトレーサーとしての同位体技術の導入によって，特に地下水の循環についてはその可視化が可能になり，水文学は独立した科学としての地位を徐々に固めてきた．

水問題解決への水文学の応用を目的に進められてきたUNESCOの国際事業，IHD（国際水文学十年計画，1965〜1974）とIHP（国際水文学計画，1975〜現在）は，最終的には水量と水質両面の水資源管理を目指しており，この事業の進行につれて水文学も飛躍的に進歩した．このような流れの中で，国際的学術誌として *Journal of Hydrology*（1963年〜），*Water Resources Research*（1965年〜），*Hydrological Processes*（1986年〜）など水文学の専門雑誌が次々と刊行された．日本でも日本水文科学会が1987年6月に，また水文・水資源学会が1988年2月に設立され，それぞれ学会誌を発行してきた．以上のような歴史を重ねた結果，21世紀初頭に至って，水文学は近代科学として認知されうるレベルまできた．

●環境の世紀の水文学

しかし水は，自然科学の研究対象であるだけではなく，人間と環境にとっても不可欠な物質である．環境の世紀といわれる21世紀を迎えて，水文学には近代科学の枠をこえた新たな役割が課せられることになった．

水循環は負のエントロピーの供給システムでもある．数式で物理的に定義すると，エントロピーは負の情報と同じになる．つまり負のエントロピーは情報でもある．水利用の本質は，水のもつ負のエントロピーを利用して産業活動や日常生活など人間活動によって発生したエントロピー（廃熱や汚染物など）を除去することである．水はまた，自然界を循環する過程でエネルギーを運んで気候を形成し，生物を育てて生態系を維持し，土砂を輸送して地形を変化させる．換言すれば，水循環の作用によって自然環境がつくられる．さらに水は情報でもあり，文化を育む源である．人間が関与して変化させた水循環は，水利施設や水景観などを含めて，すべて地域の文化と考えることができる．水循環に関する科学的知識は，初期には水資源[▶ C5-1]の量の確保に利用され，次に水質の改善に利用された．水循環の定量的情報の提供という基本的目的をほぼ達成した水文学にこれから期待される役割は，負のエントロピー源および情報源としての水循環，自然環境の形成作用を担う水循環，さらに文化の源としての水循環に注目して，水循環情報を有効に活用し，自然の水循環システムの中へ治水・利水・親水システムなど水循環にかかわる人工システムを，景観にも配慮して，永続的に，うまく，はめこむ方法をさがすことであろう．

近代科学は要素還元主義とデカルト的二元論を基礎にして，研究対象の合理的・客観的認識を目標に発達してきたため，水文学でも，価値の問題がかかわる環境や景観や文化はこれまで研究対象外に置かれる傾向があった．しかし水循環を変化させれば，環境や景観や文化も変化する．水文学者には，今後これらの問題にも積極的に取り組み，新たな地平を切り開いていく努力が求められる． ［榧根　勇］

●文献

1) 榧根勇：水文学，大明堂，1980
2) Anonymous: Hydrology in Ancient India, National Institute of Hydrology, India, 1990
3) Biswas, A. K.: History of Hydrology, North-Holland Publishing, 1970
4) Brutsaert, W./杉田倫明訳：水文学，共立出版，2008

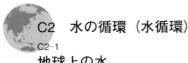

C2 水の循環（水循環）

C2-1 地球上の水
世界の水収支

地球が「水の惑星」とよばれるように，水は生命を支える最も重要な物質であるとともに，地球の環境を構成し，維持している最も重要な要素である．地球上にどれだけの水が存在し，その水がどのように分布し，さらに移動しているかは，われわれの生存，持続性を支える基本情報である．

● 世界の水収支

地球上の水は，さまざまなかたちで存在（賦存）している．これまでに多くの推定値が報告されてきているが，若干のばらつきがある．ここでは国連の諸機関が協力したShiklomanov[1]のデータを引用して解説するが，Oki and Kanae[2]なども参考になる．

Shiklomanov[1]のデータをとりまとめた表1に示すように，地球上には$1386×10^6$ km^{3}の水が存在するが，その96.5%は海洋にあり，海水（sea water）である．地下水や湖沼にも塩水（汽水 brackish water や鹹水 brine）が多量に存在し，淡水（fresh water）は$35×10^6$ km^{3}と全貯留量のわずか2.53%でしかない．

このわずかな淡水もその68.7%は氷雪として，極地や山岳の限られた地域（陸地の10.9%）に偏在している．特に南極大陸にその86.2%，淡水の61.7%が氷床として存在している．

永久凍土層中の氷は，北半球のツンドラ地帯を中心に広く分布し，貯留量は意外と多く，湖沼水よりも多い．地球温暖化の影響による融解は，水文プロセス，さらには水循環にまで影響する可能性がある．

地下水は陸地のほとんどの地域（陸地の90.7%）に存在し，氷雪に相当する総量を有するが，淡水としては半分以下の30.1%となってしまうものの，より身近に遍在しているともいえる．

湖沼水，河川水はわれわれが通常利用している水資源であるが，その賦存量は必ずしも多くない．特に河川水はわずか0.0002%にすぎない．表1では，分布面積は流域面積となっているが，河川は流域の水を集めて排水するシステムとして重要である．

大気中の水，水蒸気は地球上の水の0.001%，淡水の0.04%でしかないが，地球を水の惑星，すなわち後述する水循環を可能にしている最も重要な水体である．

このほか，存在量と輸送量は非常に少ないが，マグマ水はマグマプロセスや地球規模の物質・エネルギー循環，あるいは身近には温泉の形成などに重要な役割を果たしている．

以上は，地球全体の賦存量で，実際には地球上に偏在あるいは散在しているが，これらの水体は互いに連結しており，貯留量だけでなく，それらを結ぶパス

表1　地球上の水の分布

地球の表面積は$510×10^6$ km^{2}で，海面積と陸面積はそれぞれ$361.3×10^6$ km^{2}と$148.7×10^6$ km^{2}である．平均滞留時間＝貯留量/輸送量であるが，詳細は［▶C2-4］を参照されたい．分布と貯留量に大きな偏りがあり，複雑な水文プロセス，水問題が発生する．

貯水体		分布面積 (×10^3 km^2)	貯留量 (×10^3 km^3)	全貯留量に対する割合 (%)	淡水に対する割合 (%)	平均滞留時間 (年)	輸送量 (×10^3 km^3/年)
海洋		361300	1338000	96.5	—	2500	535
氷雪	山岳氷河 極氷	16227	24064	1.74	68.7	1600 9700	15.0 2.48
永久凍土層中の氷		21000	300	0.022	0.86		
地下水 うち淡水		134800	23400 10530	1.7 0.76	— 30.1	1400	16.7
土壌水		82000	16.5	0.001	0.05	1	16.5
湖沼水 うち淡水		2059 1236	176.4 91	0.013 0.007	— 0.26	17	10.4
湿地の水		2683	11.5	0.0008	0.03	5	5.8
河川水		148800	2.12	0.0002	0.006	0.05	45.5
生物中の水		510000	1.12	0.0001	0.003		
大気中の水		510000	12.9	0.001	0.04	0.02	589
合計 うち淡水			1385984 35029	100 2.53	— 100		

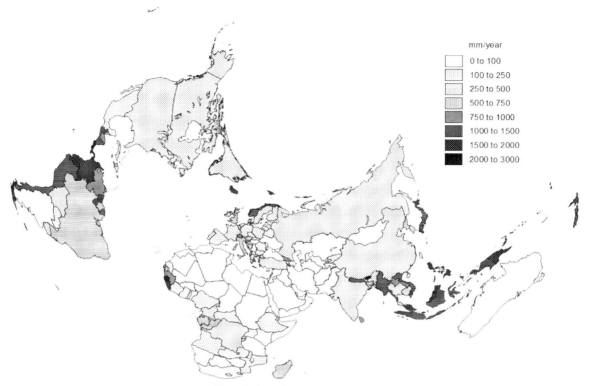

図1　国別の再生可能水資源量の分布
FAOのデータベース（aquastat）より作成したが，FAO[3]はデータは若干古いが，より細かい凡例で分布を示している．基本的には，降水量から蒸発散量を差し引いた量（流出量）と考えてよく，水量が年間100 mm以下の白抜きで示した地域が広く分布しているのが，「水の惑星」での水問題の複雑さ，困難さを示している．

（経路）とそのフラックス（流束）が実際の分布，そしてそこで生起する水文現象を特徴づけることになり，次項の水循環［▶ C2-2］が重要になる．

● 再生可能水資源量

図1はFAOが提供しているデータベースをもとに作成した国別の再生可能水資源量（Internal Renewable Water Resources）の分布である．これは自国での降水量から蒸発散量を差し引いた水量（河川および地下水流出量）に相当すると考えてよく，正積図で示したので，地球上の水のより実質的な地理的分布をみることができる．定義，算定方法などの詳細については，FAO[3]を参照されたい．これらの分布は気候，海陸分布などとよく対応している．もちろん，ロシア，カナダ，アメリカ，中国など広大な国では，国内での分布の幅が大きいことを理解しておく必要はある．また，量の評価には人口の多少も関係してくる．

アフリカは赤道付近の若干の国を除いて水が少なく，乾いた大陸となっており，これに連続する西アジア，中央アジア，そしてオーストラリアも乾燥した地域である．南アメリカはアマゾンを含め水の豊かな大陸となっている．中国は全体では十分でないが，南部は水が豊かであるので，東南アジア，東アジアは水が世界で最も豊かな地域であるといえる．

これらをみると，地球上の水の分布の偏在性が再確認でき，水を十分に利用できる国・地域が限られていることが理解できる．

［田瀬則雄］

● 文献

1) Shiklomanov, I.A.: Assessment of water resources and water availability in the world, WMO, 1997
2) Oki, T. and Kanae, S.: Global hydrological cycles and world water resources, *Science*, 313: 1068-1072, 2006
3) FAO: Review of world water resources by country, Water Reports 23, 110p., 2003
4) 杉田倫明・田中正編著：水文科学，共立出版，2009
5) http://www.fao.org/nr/water/aquastat/water_res/index.stm

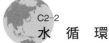

C2-2
水 循 環
水の特異な性質 / 水循環システム / 循環場，流動場，貯留場

地球上の水は，静的に分布しているのではなく，動的，すなわち常に循環している．これが地球を「水の惑星」としている所以である．この水循環（water cycle, hydrological cycle, hydrologic cycle）が水文学（hydrology），水文科学（hydrological sciences）の最も重要な概念である[1]．この水循環を駆動しているのは，太陽からのエネルギーと重力（近似的には地形と置き換えられる）であるが，それを可能にしているのは水のさまざまの特異な物性である．

●水循環とその役割

水（H_2O）と似かよった物質（H_2S, H_2Se, H_2Te など）から推定される水の氷点（融点）と沸点は，−90℃と−80℃くらいであるが，実際には0℃と100℃であり，液体として存在できる範囲が100℃と広く，地球上には液体（通常の水），固体（氷），気体（水蒸気），三態あるいは三相の水が存在している．水の比熱，気化熱，融解熱，熱伝導率，浸透圧は特に大きく，熱膨張率，水蒸気の密度などは特に小さい．また，飽和水蒸気圧はかなり小さく，液体の水は4℃で密度が最大になるが固体の氷の密度は小さい．水蒸気を含んだ空気の密度は小さくなる，など水の循環を可能とする性質を備えている（表1）．これらの特徴は，極性分子となっている水分子間の水素結合からきている．また，さまざまな物質を大量に溶かすことができるのも特徴で，水循環の過程で物質の溶解・除去・運搬など重要な役割を果たすことになる．

図1はStrahler & Strahler[2]の水循環図に加筆したものであるが，循環の輪が理解しやすい図である．水循環の起点は，海面や湖沼などの水面を中心とした地球表面からの蒸発（＋蒸散）である．液体の水から気体の水蒸気となる過程で，不純物を蒸留し，多量の潜熱を獲得し，大気循環（対流）にのって上空（高緯度）へ運ばれる．水蒸気を含んでいる空気は密度がより軽くなり，いっそう上空へ運ばれやすくなる．重力に抗して水を上空へ運ぶプロセスと水を浄化するプロセスにより，水循環が可能となり，水は更新性資源あるいは再生可能資源（renewable resources）となる．

上空での断熱膨張による温度低下で，露点に達し，凝結し，降水（雨，雪，雹など）となり，海面や地表面へ降下する．地表面に到達した降水は，主に重力に支配されて，別項で解説されている様々な水文プロセスを経て，最終的に海へ戻り，水循環が完結する．この水循環の一連のプロセスの中で広大な海（総量と水面積）の存在が，水蒸気の供給と（不純）物質の貯留の場として機能し，水循環の持続を可能としている．特に，亜熱帯の海域は低緯度および高緯度両地域への水蒸気の供給源となっており，高緯度へは水蒸気とともに潜熱となったエネルギーが運搬される．

このような水循環プロセスが定量的，科学的に理解されはじめたのは「水文学の歴史と方法論」［▶C1］で述べられたように，17世紀後半以降であるが，ギリシャ時代からの認識の歴史についてはBrutsaert[3]に

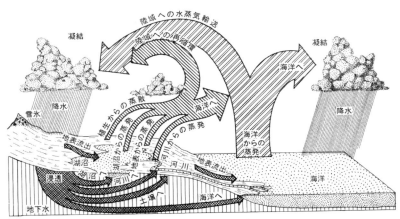

図1 水循環（Strahler & Strahler[2]に加筆改変）
海洋と大気との間での，蒸発と降水のやりとりが地球上の水の輸送量のほとんどをしめるが，一部が陸上へも輸送され，降水として地表へもたらされ，一部は蒸発と蒸散により大気へ戻るが，地表および地下で様々な水文プロセスを生起させ，最終的に海洋へもどる．水の量的な循環だけでなく，蒸発による脱塩機能が組み込まれていることも重要である．

詳しい．

●水の総量と輸送量

図2は地球上の水の総量と輸送量の概数をC2-1の表1のデータをもとに椛根[4]の図に示したものである．また，表2に陸地，海洋，そして全球の降水量（P），蒸発散量（E），そして陸地からの海洋への流出量（R）を水高（m/年）で示した[5]．まず，貯留量と輸送量（移動量）の関係をみると，「地球上の水」[▶C2-1]で述べたように96.5%と圧倒的に多い海洋と0.001%しかない大気中の水蒸気との間の交換・輸送が水循環を支えていることが理解できる．この移動・輸送を維持するために水蒸気は，平均滞留時間[▶C2-4]が8日程度で，年間45回入れ替わっている．表2のように全球では降水量と蒸発量は等しく，ほぼ年間1100 mmであるが，海洋では，蒸発量が降水量を上回り，逆に陸域全体では，降水量が蒸発散量に勝る．その差は陸域から河川や地下水流出として補給される．海洋での蒸発量は陸地の3倍もあり，水陸の分布を勘案しても海洋からの蒸発の重要性が理解できる．陸域での降水量と蒸発散量の差が，それぞれの地域の環境において複雑な水文プロセスをもたらすこととなる．陸域での降水の起源がどの程度海洋からの水蒸気の供給によるのか，陸域内での再循環（降水→蒸発散→再降水）がどの程度寄与しているのかについては，陸域の規模に依存することになるが，大陸規模で考えると，ユーラシア大陸のチベット高原やモンゴルなどでは80%以上が再循環水という報告もある[6]．

河川を通しての輸送量は$45.5×10^3$ km³/年と海洋で蒸発する水量の9%足らずであるが，陸域における集水・排水ネットワーク，流域という単位としての機能は重要で，集水して定まった水路を流れる河川は，われわれが利用できる水資源として最も価値があるといえる．貯留量が小さいわりには，輸送量が大きく，滞留時間は17日と短いので，洪水や渇水など不安定となる可能性も内在している．

河川に対し，地下水は貯留量が多いが，その輸送量は河川の36%程度であり，フラックスとしては小さく，あるいは速度は遅く，一般にその滞留時間は長く，河川へ流出したり，直接海洋へ流出する．貯留量が多く，滞留時間が長いことは，水循環の中で安定性を与えるバッファーの役割も担っていると考えてもよい．C2-1の表1では平均滞留時間を1400年としているが，地球全体でということで，身近な浅層地下水は数年～数百年のオーダーである．

淡水資源で最も量の多い氷雪は，南極，グリーンランド，そして高標高の山岳などの辺地に存在する．滞

表1　水の特異な物性

特に大きいもの	かなり大きいもの	かなり小さいもの	特に小さいもの
比熱 気化熱 融解熱 熱伝導率 表面張力 浸透圧	密度	飽和水蒸気圧	水蒸気の密度 熱膨張率 圧縮率 音の吸収定数 光の屈折率

水は地球上では非常に特異な物質であり，地球および生命の進化はこれらの物性をもつ水と密接に関係していると考えられる．

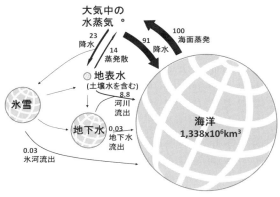

図2　地球上の水の総量と輸送量

貯留量は地球の大きさでそれぞれ表し，輸送量は$100=517×10^3$ km³/年として，矢印の幅で表している．大気中の水蒸気の総量はきわめて少ないが，海洋，地表面との蒸発・蒸散，降水としての交換は圧倒的で，これが水の循環を支えることとなる．

表2　世界の水収支の推定値（m/年）[5]

陸地 ($1.49×10^8$ km²)			海洋 ($3.61×10^8$ km²)		全球
P	R	E	P	E	$P=E$
0.80	0.315	0.485	1.27	1.40	1.13

陸地と海洋の面積比率は3：7であるが，降水量や蒸発量はその比率ではなく，海洋の役割がはるかに大きい．

留時間が非常に長いなど，水循環では目立たない存在であるが，数万年以上のタイムスケールではその貯留量（体積）の変動は大きく，氷期・間氷期など地球全体の気候，環境の変動と密接に関係している．また，水資源としては魅力的であるが，オアシスでの水源などを除くと，利用の難しい水源であるといえる．

このような見方をしてくると，水循環は地球規模での概念といってよい．地球上での水の循環は，シームレスな1つの閉じた系の中で再生・循環しているとみなせ，ある地域は，全地球的な水循環のパスのなかの一過程で，上流と下流の関係，あるいは別項の「涵養域-流動域-流出域」といった構成が基本的に存在す

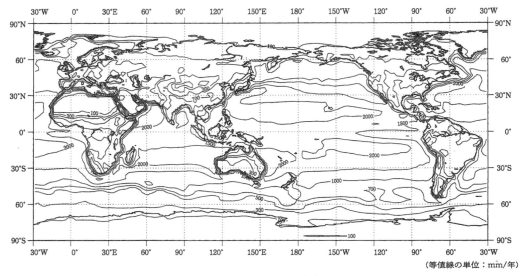

図3　世界の降水量分布[7]　（等値線の単位：mm/年）

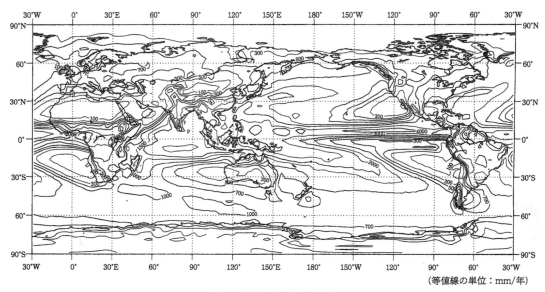

図4　世界の蒸発散量分布[7]　（等値線の単位：mm/年）

る．すなわち，地球規模の水循環は，地球上での水の流れを時空間的に決定あるいは制限している（図3，図4）．見方を変えると，ある地域，ある期間に安定的な水の供給を，当然変動やゆらぎはあるものの，保証しているといえ，循環という概念が当てはまるのである．ただし，水循環の経路（パス），流量（フラックス），そしてその時間配分は地球上で普遍的でなく，偏在し，異なっている．これは1年を基本単位として，降水量の分布（図3）が示すように，一定の時空間的分布をもってほぼ規則的に継続しているが，そこには大きなゆらぎをともなっており，さまざまな水文プロセス，水問題，災害などが発生することになる．さらにそれぞれの地域や流域などでは，地形・地質・植被などの場の条件，土地利用や利水・排水などの人為的な活動なども加わり，水循環は複雑な様相を呈する．

● 水循環プロセス

　図5はある地域の水循環を模式的に示したものである．水循環というよりも水循環の中の水文プロセスを示すと考えた方がよい．流域の水循環，都市の水循

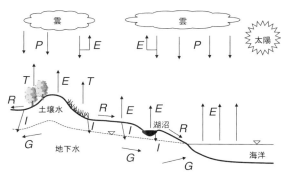

図5 水循環における水文プロセス(Viessman et al.[8]を改変)
ここで,P:降水,E:蒸発,T:蒸散,R:流出,I:浸透,G:地下水流出である.地球規模で行われている水循環であるが,われわれの主たる関心はその過程で陸面付近(大気,地表,地下)において発生する各種の水文プロセスである.

環,あるいは健全な水循環などの用語がよく使用されているが,これは必ずしも正しい表現ではない.代替として水循環系という用語を使用していることが多い.たとえば,利根川流域を考えてみても,流域の中で水循環(再循環)はほとんど起こっていない.すなわち,入力である降水の起源となる水蒸気のほとんどは流域外から流入してくると考えられ,流域内で蒸発・蒸散して再び流域内で降水となる割合は非常に少なく,利根川の流量は太平洋へ流れ去っていく.これらの場合の水循環(システム)は,水収支,水利用(再利用,反復利用など)という意味合いが強く,水を効率よく上手に利用するというニュアンスである.このような意味で,水代謝(システム)という用語を使用することもある[8,9].また,循環という用語にエコというイメージを期待している面もある.

図5に示された降水,蒸発,蒸散,(地表)流出,浸透,地下水流出が水循環を構成する主な水文プロセス,素過程(elementary process)になる.さらにこれらの構成要素・プロセスを細分化してシステム的に示したのが図6である.これらはそれぞれの地域により構成,個々の要素・プロセスの重要度が異なる.さらに,これらに人工的な利水・排水システムや人為活動の影響が加わり,水循環システムが構成され,量的,質的特徴を示すことになる.

この水循環は,大量の水の輸送とともに,特に低緯度からの水蒸気の輸送により,地球上の熱収支の緯度や水陸配置による過不足を均一化する役割を果たしている[4].また,土砂や栄養塩類,あるいは有害化学物質の地球規模,流域規模での拡散,循環の担い手ともなっている.

[田瀬則雄]

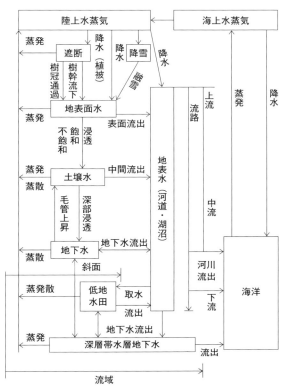

図6 水循環システムと水文プロセス[11]
水循環システムにおける各種水文プロセスをシステム的に表現したもので,より詳細なプロセスと要素が組み込まれている.水田が組み込まれているのは日本を想定していると考えられるが,半乾燥地域などの他地域では要素,プロセスが異なり,人工的な要素も組み込む必要がある場合もある.

●文献
1) 杉田倫明・田中正編著:水文科学,共立出版,2009
2) Strahler, A. and Strahler, A.: Introducing Physical Geography, Wiley, 1999
3) Brutsaert, W./杉田倫明訳:水文学,共立出版,2008
4) 榧根勇:水と気象,朝倉書店,1989
5) Korzun, V. I., et al. eds: World Water Balance and Water Resources of the Earth. USSR National Committee for the International Hydrological Decade. UNESCO Press, 1978
6) Yoshimura, K., et al.: Colored moisture analysis estimates of variation in 1998 Asian monsoon water sources, J. Meteor. Soc. Japan, 82-5, 1315-1329, 2004
7) 国立天文台編:理科年表,丸善,2013
8) Viessman, W. Jr. et al.: Introduction to Hydrology, Intext Educational Publishers, 1972
9) 松尾友矩:都市・地域水代謝システムの現状と課題,水環境学会誌,24-7, 2-6, 2001
10) 丹保憲仁・丸山俊朗:水文大循環と地域水代謝,技報堂出版,2003
11) 池淵周一・椎葉充晴・宝馨・立川康人:エース水文学,朝倉書店,2006

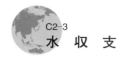
C2-3 水収支

地球全体は閉じた系で，水は有限で保存されている物質であるが，一般にわれわれが対象とする地域は，水については開いた系となっている．すなわち，対象とする地域（水文地域とよぶ）では，常に周辺からの水の流入と周辺への水の流出があり，その結果として水文地域内の水の貯留量の変化がおこっている．

一般に質量保存則は，あるシステムについて，入力（Input）と出力（Output）の差が貯留（S）の変化として次のように表される．

$$\text{Input} - \text{Output} = \frac{dS}{dt}$$

水の質量保存則，すなわち水収支式（hydrological equation）も，ある期間の積分値として表現するのが一般である．この水文期間として，日，月，年，灌漑期・非灌漑期，乾季・雨季などが考えられる．

●水収支式

図1のような水文地域を考え，変数・要素を以下のように定義する．すなわち，P：降水量，R：地表流量（河川流量），E：蒸発量，T：蒸散量，I：浸透量（河川からの浸透量を含む），ΔS：貯留変化量，G：地下水流量，ET：蒸発散量とし，添え字は i：流入，o：流出，s：地表，g：地下を示し，R_gを湧出量とすると，水収支式は次のように表現できる．

地表面では，
$$P + R_i - R_o + R_g - E_s - T_s - I = \Delta S_g$$
地下では，
$$I + G_i - G_o - R_g - E_g - T_g = \Delta S_g$$
とそれぞれなり，この2つを合わせると水文地域としては
$$P - (R_o - R_i) - (E_s + E_g) - (T_s + T_g) - (G_o - G_i) = \Delta(S_g + S_g)$$
と表せる．ここで地表流量と地下水流量を正味とし，蒸発量，蒸散量，貯留量は地表と地下を加算すると
$$P - R - G - E - T = \Delta S$$
と表現できる．さらに，蒸発と蒸散を合わせて蒸発散とし，水文期間として年間などある程度長い期間を考えると貯留量の変化は無視できるようになる．
$$P - R - \text{ET} = \Delta S = 0$$
この式が，水収支（water balance）の基本となるが，変数・要素は，水文地域の特徴により変化するとともに，プロセスを反映して細分化されることもある．また，必要に応じて人工的な水の動き・要素が加わることになる．

水文地域としては，国，地域，都市などの行政単位，扇状地や平野などの地形単位，あるいは森林，畑地，水田など土地利用別の単位で行うことも多いが，最も代表的な水文地域は流域である．また，水文期間としては，時間単位を短くするほど水の動き，動態をとらえることができるが，データの取得は難しくなる．逆に長くとると細かい情報は隠れてしまうので，水収支を把握する目的にあったスケールとなる．水文地域が大きくなれば，情報は限られてくるので，水文期間も長くとることになる．一般には，水文地域の特徴を把握する場合，地球の諸現象の基本単位である年（あるいは水年，water year）が水文期間として選択されることが普通であるが，雨季や乾季，灌漑期と非灌漑期など大きな変動がみられる場合は分割して行うことも多い．

水収支は最終的に一枚の図や表で表されることが多いが，ある水文地域の水収支の各要素を精度よく求めることは容易でない．長年の測定，観測値や実態調査結果などは，必ずしも入手できないので，理論式・経験式，あるいは原単位法による推定，またそれらの残差として求めることも多い．したがって，水収支の図や表を読み取るときは，仮定，算定方法，データソースなどを確認する必要がある．

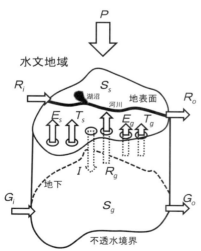

図1　水収支を構成する要素
ある地域を設定したときの水収支を構成する要素は，地域によりその寄与度が異なり，ある場合には無視でき，ここでは示されていない人為的な要素が重要である場合もある．

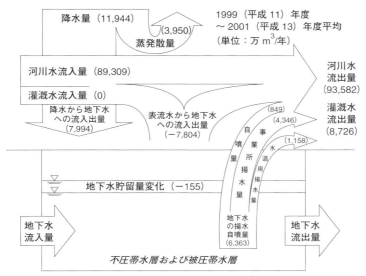

図2 神奈川県足柄平野の水収支[1]
上流からの河川流入量が大きな割合を占めているが，地下水との交流の中で地下水が積極的に利用されている．ただしこの交流の詳細なプロセスについてはこの図からは読み取れない．

● 平野の水収支

水収支の一例として，図2に神奈川県の足柄平野の水収支を示した[1]．足柄平野は富士山や箱根火山に囲まれた酒匂川流域（流域面積582 km^2）の下流部に位置する扇状地性の平野である．水収支の対象である水文地域の面積は67.38 km^2 である．上流域からの河川水の流入と透水性のよい帯水層により，豊富な地下水が存在し，自噴井を含めて，大量の地下水が利用されている．水収支は1999～2001年の3年間の平均として算出している．降水量は4地点のアメダスデータ，蒸発量は小田原の月平均気温を用いてソーンスウェイト法，河川流量は神奈川県企業庁が観測している本流の上下流と主要2支流でのデータ，地下水揚水量は利用状況調査，自噴量については既存研究に基づき推定，地下水貯留量変化は地下水位の変動量に有効間隙率を乗じて算出している．

図中の数値は絶対量で示してあり，他の地域などとの比較が難しいので，水高（mm/年）で表すと，降水量は1773 mm/年，蒸発量は586 mm/年，河川流入量は1万3255 mm/年となり，上流からの河川流入量が足柄平野の水収支を支配している．灌漑水としての流入はないが，取水された灌漑水の一部が流域外へ輸送されている．

地下水貯留量は23 mm/年の減少となる．評価が難しい地下水流入量・流出量が算定されていないが，残差として正味の地下水流入量（$G = G_i - G_o$）を求めると5963万 m^3/年，885 mm/年となる．この後行われた2002年度についての地下水シミュレーションの結果[2]では，相模湾へ流出するG_oが約4900万 m^3/年，周辺から流入してくる地下水量が1億2900万 m^3/年と推定されており，ほぼ妥当な値となっている．

このほか，世界（大陸）の水収支[3]，日本の水収支[4]，大阪市の水収支[5]，流域の水収支[6]，扇状地の水収支[7]あるいは新井[8]に多くの例が紹介されているので，参照されたい．

[田瀬則雄]

● 文献
1) 宮下雄次：足柄平野の地下水収支解析結果（1999～2001年度），神奈川県温泉地学研究所報告，35：53-62, 2003
2) 足柄上地区地下水調査研究会：足柄上地区地下水適正揚水量シミュレーション解析業務委託報告書，2004
3) L'vovich, M. I.: World water resources and their future, Translated by American Geophysical Union, 1979
4) 国土交通省土地・水資源局水資源部：平成22年版日本の水資源，2010
5) 村岡浩爾：都市・地域の水循環，丹保憲仁・丸山俊朗編，水文大循環と地域水代謝，pp.131-148，技法堂出版，2003
6) 末次忠司ほか：都市河川流域における水・熱循環の統合モデルの開発，土木研究所資料第3713号，建設省土木研究所，2000
7) 庄川扇状地水環境検討委員会：流域における健全な水循環系の構築に向けて―富山県庄川扇状地―統括報告書概要版，2004
8) 新井正：地域分析のための熱・水収支水文学，古今書院，2004

C2-4 滞留時間と水の年代（年齢）

●水の滞留時間と年代

滞留時間（residence time）とは，水循環の過程において水の分子がある水文システムの中を通過するのに要する平均時間である．完全混合・定常状態下にあるシステムでは，システム中の水の総量を一定時間内に流入（あるいは流出）する水量で除することにより求められる．

滞留時間と年代あるいは年齢（age）という用語は区別されることなく使用される場合もあるが，厳密には水の分子が水文システムの入口を通過してから出口に達するまでの経過時間が滞留時間である．一方，年代は，システムの入口を通過してから人工的に設けられたある試料採取ポイント（地下水の場合，たとえば井戸）にたどり着くまでにかかった時間とされる[1]．人間にたとえると，滞留時間は"寿命"であり，年代はその人のある時点における"齢"と考えればよい．

水の滞留時間の概略値を**表1**に示す[1]．海水，氷河，湖沼水，河川水，大気中の水蒸気については両文献で似通った概略値が得られているが，いずれの場合でも水体の規模や自然条件による地域差が大きい．また，部分循環湖のように，化学躍層を境に同一の水体内部に滞留時間が明瞭に異なる水が存在するというケースも生じる [▶ C4-3]．

特に地下水の滞留時間は，表1の例に限らず，気候，地理的位置，深度，帯水層の水理特性をはじめとした場の自然条件に依存して差異が著しい．湿潤地域の浅層地下水の滞留時間が数年〜数十年程度であるのに対し，乾燥地域の深層地下水では1万年以上という報告例が多い．

地下水は安定した水資源として世界中で広く利用されているが，資源としての持続可能な利用にあたっては滞留時間を正確に求めておく必要がある．このため，滞留時間に関する従来の研究はとりわけ地下水を対象として盛んに行われてきた．ここでは，地下水の滞留時間や年代（以後，年代と総称する）の推定法について以下に概説する．

●地下水の年代推定法

水理計算による方法と環境トレーサー [▶ C4-1] を用いる方法の2つがある．前者では動水勾配，透水係数，有効間隙率に基づき，ダルシー則を利用して地下水の流速を求める．求めた流速で流動距離を除した値が地下水の年代となり，このようにして得られた年代は水理学的年代（hydraulic age）と称される．後者は時間変動特性をもって自然界に分布する物質をトレーサーにして地下水の年代を決定する方法である．トレーサーとしては安定同位体，放射性同位体，不活性ガスなどが用いられる．これらのうち同位体を用いて得られた年代は同位体年代（isotopic age）とよばれる．いずれも，地下水中に溶存したトレーサーが水分子と同一の振る舞いをすることを前提としている．各トレーサーの適用可能な年代範囲を図1に示す．日単位から1億年程度まで幅広い範囲をカバーするさまざまなトレーサーが提案されている[2,3] [▶ C4-1]．

浅層地下水や湧水といった流動性に富む若い年代の地下水（〜50年程度）の研究は，トリチウム（^{3}H）がトレーサーとして利用できるようになってから飛躍的に進んだ．半減期12.3年でヘリウム3（^{3}He）に壊

表1 地球上の水の滞留時間の推定例[1]

	Langmuir（1997）	Freeze and Cherry (1979)
海水	3550 年	〜4000 年
氷冠・氷河	数十〜数千年	10〜1000 年
湖沼水・貯水池の水	10 年	〜10 年
地下水	1700 年	2 週間〜1 万年
河川水	14 日	〜14 日
大気（水蒸気）	11 日	〜10 日
生物体中の水		〜7 日
低湿地の水		1〜10 年
土壌水		14 日〜1 年

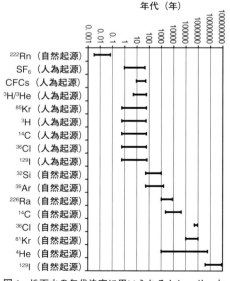

図1 地下水の年代決定に用いられるトレーサーとその適用可能な年代範囲[2,3]

変する放射性核種である ^3H は，1950〜60年代の水爆実験によって，降水中の濃度がピーク時には天然レベル（3〜5 TU程度）より3オーダー上昇した．ちなみに，TUとはTritium Unitの略であり，1TUは水素原子 10^{18} 個中にトリチウム原子が1つ含まれることを意味している．このピークやその後の降水中の ^3H 濃度の時間変化に基づき，完全混合モデルやピストン流モデルなどの地下水流動モデルを適用した上で年代決定が行われる．現在では降水中の ^3H 濃度が核実験前のレベルにまで低下し，また時間的な変動が少なくなったため，今後は ^3H を用いた詳細な年代決定は難しいと思われる．しかし，地下水中に ^3H が検出されるかどうかで，核実験開始以降の降水によって涵養された水が含まれているか否かを判断しうるため，依然として重要なトレーサーであることに変わりはない．また，^3H の壊変によって地下水中に蓄積される娘核種 ^3He の濃度を測定し，親核種 ^3H の濃度と組み合わせることによって一義的に年代を推定する $^3H/^3He$ 法も開発されている．本手法は，半年から50〜60年程度の地下水の年代決定に最適な手法として注目される．さらに，最近では，工業活動に起因して大気中に放出された不活性ガスであるクロロフルオロカーボン類（CFCs）や六フッ化硫黄（SF_6），また核実験起源の放射性塩素36（^{36}Cl）をトレーサーとした手法も同様の若い地下水の年代決定法として利用されている[3,4]．

数千年〜数万年程度の年代の地下水に対しては半減期5730年の放射性炭素14（^{14}C）が広く用いられ，広域流動系に従う地下水や砂漠の停滞性深層地下水の起源・涵養プロセスの研究に多大な貢献をした．^{14}Cによる水の年代決定に際しては，地下水流動中に生じる炭酸塩鉱物の溶解・沈殿，深部起源二酸化炭素の寄与などによる炭素成分の付加・除去に起因する ^{14}C 濃度の変化が大きな誤差要因となる．この影響を除くために，炭素安定同位体比（$^{13}C/^{12}C$）の測定値などに基づき，さまざまな補正を行う必要がある[4]．

一方，放射性廃棄物の地層処分や CO_2 の地中貯留問題と関係し，近年，^{14}C が検出されないような非常に古い地下水（数万〜数十万年以上）に適用可能なトレーサーへの関心が急速に高まっている．自然起源の ^{36}Cl やヘリウム4（^4He）などがこの対象となり，100万年〜1000万年スケールでの地下水の年代決定や超長期の地下水環境の安定性評価のために利用されている．^{36}Cl（半減期30万1000年）ではその放射壊変に基づく方法に加えて，周辺岩盤の放射平衡 $^{36}Cl/Cl$ 比と地下水中の $^{36}Cl/Cl$ 比の関係から地下水年代（200万年程度）を推定する手法も提案されている[5]．^4He については，地下水の流動・貯留中に蓄積された非大

気起源の ^4He の量（岩石中のウラン・トリウム系列核種の壊変により生成）を年代の指標として利用する．放射性同位体を用いる他の手法と異なり，年代とともに濃度が増加するため，非常に古い地下水の年代決定に威力を発揮する[4,6]．ただし，^4He は特にヘリウムの起源について（帯水層外からの ^4He の供給など），また ^{36}Cl も塩素の起源や地下での ^{36}Cl の生成について十分検討した上で適用する必要がある．

いずれの手法でも，地下水年代はさまざまな仮定に基づいた上で決定される．したがって，複数のトレーサーを用いて結果のクロスチェックを行うことが望ましい．また，水理学的年代との整合性や地質学的に矛盾がないかどうかの検討が不可欠である．同時に，結果の解釈や利用にも注意が必要である．地下水の年代は，無数の水分子あるいは水分子と挙動をともにする溶存物質の年代の平均値を表したものである．起源の異なる地下水が混合する場合やショートカット・システムでは，たとえば毎秒100リットルの流量を有する湧水においてそのうちの99リットルは1万年，残りの1リットルが1年の年代を有するという例もありえる．この場合，地下水年代は約9900年と求められる．地下水資源の保全問題に関してはこの年代値に基づいて検討を進めてもよかろう．しかし，汚染物質の到達予測では決定的な誤りを犯すおそれがある．年代値の解釈や利用の際には，システム中の水の起源・混合形態についての十分な知識と検討が必要となる．

［安原正也］

●文献
1) Kazemi, G.A. *et al.* (eds.): Groundwater Age, John Wiley & Sons, 2006
2) Ekwurzel, B.: Dating groundwater with isotopes, *Southwest Hydrology*, 2（1）：16-18, 2003
3) 浅井和由ほか：トレーサーを用いた若い地下水の年代推定法—火山地域の湧水へのCFCs年代推定法の適用—，日本水文科学会誌，39：67-78, 2010
4) 風早康平ほか：同位体・希ガストレーサーによる地下水研究の現状と新展開，日本水文科学会誌，37：221-252, 2007
5) 馬原保典ほか：化石海水の同定法の提案—太平洋炭鉱における地下水水質・同位体分布と地下水年代評価—，地下水学会誌，48：17-33, 2006
6) Morikawa, N. *et al.*: Estimation of groundwater residence time in a geologically active region by coupling ^4He concentration with helium isotopic ratios, *Geophys. Res. Lett.*, 32: L02406, doi: 10.1029/2004GL021501, 2005

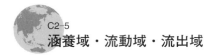
C2-5
涵養域・流動域・流出域

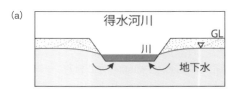

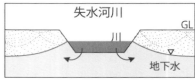

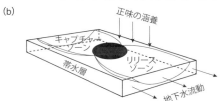

図1 得水河川と失水河川（a），およびキャプチャーゾーンとリリースゾーン（b）（Nield et al[1]を改変）

　水循環における各水域での涵養域（recharge area）・流動域（transmission area）・流出域（discharge area）は，それぞれの水域である大気中の水蒸気，海水，土壌水や地下水などの地中水，河川水や湖などの地表水，雪氷など，個々の水文システム内への流出入と動態を表す地域区分概念として用いられる．1つの閉じた水域システムにおいて，水収支的に正となる地域を涵養域，負となる地域を流出域，システム内のみで流動して水収支的に出入りのない地域を流動域という．またある水域システムAから水域システムBへ水が流出するような場合，システムAからの流出域は，システムBへの涵養域となり，互いが水循環で連結することになる．ここではそれぞれの水域システムにおける涵養域・流動域・流出域を概説したあと，水循環全体としての涵養域・流動域・流出域の地域区分概念を概説する．

●地表水における涵養域・流動域・流出域

　地表水における涵養域・流動域・流出域の地域区分概念は，河川水・湖水などの地表水の水域や流動システムが，地下水や海水などの他の水域システムと接するときに対象となる．河川水の場合，明確な涵養域・流動域・流出域の概念は存在しないが，水循環の中でその概念を広くとらえると，河川流域全体が河川水の涵養域ということもできる．一方，河川水の流出域は，沿岸などでは流域境界が明確でないことから，通常は議論の対象とあまりならない．また，河川水と地下水との関係からは，河川を中心にみた場合，河川への涵養である「得水河川（地下水が河川を涵養）」と，河川からの流出である「失水河川（河川から地下水へ流出）」と定義できる（図1a）．ただし失水河川の場合，川と地下水が連続しておらず，不連続で漏水している場合もある．

　一方，湖沼水などの地表水に関しては，湖や池が接する"他の水域システムへの影響"という概念から，キャプチャーゾーン・リリースゾーン（図1b）の考え方がある．キャプチャーゾーン・リリースゾーンは，ある地域に流入する水の範囲（キャプチャーゾーン）とその地域から流出する範囲（リリースゾーン）を3次元的にとらえる考え方である[1]．汚染物質がどの範囲から入り込むか，また汚染物質がどの範囲に影響を及ぼすかといった問題などに対して，影響範囲をゾーンニングする上で，キャプチャーゾーンとリリースゾーンの概念が用いられる．涵養域・流出域が水平2次元的な地域区分であるのに対し，このキャプチャーゾーン・リリースゾーンは3次元の影響範囲でとらえるところが異なる．またこのキャプチャーゾーン・リリースゾーンは，地表水体の大きさ，周辺地下水体の深さ，地下水流動量，正味の地下水涵養量などによって決定される[1]．

●地下水流動系と地下水涵養域・流出域

　地下水流動系（groundwater flow system）は，地下水流域の中で，地下水涵養‒流動‒流出という一連の現象を地下水流動システムとしてとらえる概念をいう．地下水収支と地下水流動プロセスの両者を含む概念として，地下水学の基本をなす概念といえる．地形の起伏に応じた地下水面形状が与えられた場合，地下水流動系は広域流動系（または地域流動系）・中間流動系・局地流動系の3つの層構造をなすことが理論的に示されている[2,3]（図2）．広域流動系は，地下水流動系の中で最も流動範囲が広く，流動深度が深い流動系をさし，流域最上流部である主分水界の地下水涵養域から，流域最下流部である主谷部の地下水流出域を1つの流動システムでつなぐ役割をもつ．また中間流動系は，地下水流動系の中で，広域流動系と局地流動系の中間に位置し，地下水涵養域と流出域が1つあるい

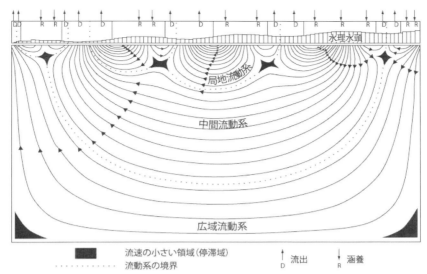

図2 地下水流動系と涵養域・流出域 (Tóth[2]およびEngelen and Kloosterman[3]を改変)

は複数の独立した流動系をなす．広域流動系より浅く，局地流動系よりも深い地下水流動系を構成する．局地流動系は，地下水流動系の中で，最も流動範囲が狭く，流動深度が浅い流動系をさし，局地的な高地と低地がそれぞれ1対の涵養域と流出域をなし，山－谷の地形に応じた地下水涵養・流動・流出の流動が完結する範囲をさす．このように地下水流動系が，広域流動系・中間流動系・局地流動系の階層構造をもつことは，同じ地点においても，深さにより地下水流動方向や大きさが異なることを示している．

地下水の涵養域と流出域は対をなす地域区分であり，地下水面を横切る鉛直方向の地下水流動成分が下向きである地域が涵養域，上向きである地域が流出域である．涵養域－流出域の概念は，地表面を基本にした水平2次元的な地域を基にしている．広域・中間・局地の各地下水流動系に応じて，地下水涵養域は主尾根部や局地的な尾根部に分布し，地下水流出域は主谷部や局地的な谷部に分布する．

地下水の涵養域と流出域は，鉛直方向の地下水流動成分と関係することから，地表面上の土地利用との関連性も，地下水涵養量や地下水汚染との関係で重要となる．例えば涵養域に汚染源となる可能性のある施設を配置することは，汚染物質を地下に涵養する可能性があることからは好ましくなく，また地下水涵養を促す施設も，地下水涵養－流動－流出の地下水流動系を考慮した配置が望ましい．一方，地下水流出域は，地下水システムから地表システムに水が流出する地域であり，沿岸や干潟などへの栄養塩や汚染物質などの流出との関係が重要になる．

●水循環における涵養域・流動域・流出域

水循環における各水域の涵養域・流動域・流出域は，人が住む地表面における水平2次元の地域区分である．地表に存在する人間が，水循環の涵養域・流動域・流出域を変える要因として，土地利用や植生の改変がある．地表面での水と熱の分配比を決める土地利用や植生を変えることは，大気や地下，地表水や海への水循環における涵養域・流動域・流出域を変えることにつながる．また越境水なども境界を越えた流域への涵養と流域外への流出とみることができる．ある水域システムへの涵養とシステム内での流動域，システムから外への流出域は，それぞれ隣接する他の水域システムとのつながりを表している[4]．循環でつながる各水域システムの一部を変えると，他のシステムの水の流動に影響が及ぶだけではなく，水の流動に伴う物質輸送や熱輸送も変えることから，涵養域や流出域は，"システムどうしを循環でつなぐ窓"であることを理解し，その改変には慎重に取り扱うことが重要である．

[谷口真人]

●文献

1) Nield, S. P. *et al.*: A framework for quantitative analysis of surface water–groundwater interaction: Flow geometry in a vertical section, *Water Resour. Res.*, 30 (8): 2461–2475, 1994
2) Tóth, J.: A theoretical analysis of groundwater flow in small basins, *J. Geophys. Res.*, 68: 4795–4812, 1963
3) Engelen, G. B. and Kloosterman, F. K.: Hydrological System Analysis, Methods and Applications, Kluwer Academic Publishers, Dordrecht, 1996
4) 谷口真人：アジアの地下環境，学報社，2010

C3 水の分布形態と特性

C3-1 河川と流域（水系網）

●河川とは

河川（river）とは，降水が最終的には海や湖へ注いでいる流水の通路の部分である流路のことをいい，それらの水を集める範囲（または排水させる範囲）のことを集水域（catchment area）あるいは流域（drainage basin）とよんでいる．そして，隣り合った流域の境界を分水界または流域界（divide, watershed）という．河川の流域には，河口に対する流域もあれば，川の途中の一地点に対する流域もあり，どのような形をしていても流域は必ず分水界で囲まれていて，最下流端で閉じた形となっている．

水源から発した小さな流れ（stream）がいくつも集まって大きな川になる．平面的にみれば，あたかも樹木や葉脈のような形になぞらえることができる．そして，逆に河口から上流に向かって遡ると，流路は枝分かれしてしだいに小さな川となり，ついには水源に達する．つまり，河口を木の根に例えれば，木の幹に当たるのが幹川または本流であり，枝に当たるのが支流であり，先細った枝の先端の梢が水源に相当する．このように河川は共通の出口をもった流路の集まりであり，1つのシステムを構成している．

世界中には数え切れないほどの多くの川が存在している．川を流れる水量を流量（discharge）といい，通常，川の横断面を単位時間に通過する水量（m^3/s）として表される．世界全体では河川水として，一年間に海へ流出する水量は約4.0万 km^{3}であり，河道に一時的に貯留されている水量が1700 km^{3}と見積もられているため，1年間には二十数回入れ替わっていることになる．

世界の大河で，流域面積と河道貯留量・流出量が最大なのはアマゾン川で（表1），面積は705万 km^{2}と日本の国土の約18倍の広さであり，河道貯留量は約1000 km^{3}と世界の河川貯留量の半分以上を占め，河口近くでの流量は20万 m^3/sを超えている．アマゾン川本流の水源はアンデス山脈にあるが，河口から3500 km あまり遡ったペルーのイキトスの標高が106 mであり，中・下流域はきわめて平坦で緩やかな流れである．そして，雨期と乾期では河川の水位に大きな差があり，雨期にはジャングルが水没する．また，アマゾン川支流のネグロ川は，上流部でカシキアレとよばれる天然の運河で隣の流域であるオリノコ川と通じており（図1），分水界が形成されてないという不思議な現象がある．これに対して，日本の河川は国土の地形や気候を反映して，総じて短くて急流であることが特徴である．

●水系と水系網

同一の流域に属し，共通の河口をもっているすべての流路を総称して水系（drainage system）という．地形図から水系の部分だけを抜き出して，その平面図に表したものを水系図（map of drainage net）あるいは水系網（drainage net）という．流路の幅を無視するとすべての川を線で表現できる利点がある．水系図をつくる目的は，水系網のもっている線分の数・長さ・配列状態などの特徴を知ることにあり，それには水系網のもっているヒエラルヒー的性質に着目して，流路を等級化することから行われる．等級化についてはいくつか考案されているが，最もよく使われているのがホートン（R. E. Horton）が提唱し，ストレーラー（A. N. Strahler）が改良した水流次数（stream order）による方式である．栃木県西部の水系図（図2）では水流の最高次数は8次である．これら2つの支流を含む利根川はわが国最大の流域であるので，その次数は9次か10次と予測される．それでは，世界最大の流域であるアマゾン川では何次水流になるかについては，次のホートンの法則から導かれる．

●ホートンの法則

水系網のもっている性質を基本法則としてまとめたのが「ホートンの法則」とよばれる水流の諸法則である．ホートンが1945年に発表した研究（論文中で述べた水系網の構成に関する法則）が定量的地形学（quantitative geomorphology）の先駆けとなり，以後，多くの地形学者によってホートンの法則の追試・

表1 世界の大河と日本の河川（国立天文台[1]などより作成）

順位	河川名	流域面積(km^2)	長さ(km)	流量(km^3/s)
1	アマゾン川	7,050,000	6,300	204,450
2	コンゴ川	3,690,000	4,370	34,686
3	ミシシッピ川	3,248,000	6,200	8,770
4	ラプラタ川	3,104,000	4,700	18,934
5	ナイル川	3,007,000	6,690	3,007
1	利根川	16,840	322	256
2	石狩川	14,330	268	113
3	信濃川	11,900	367	518
4	北上川	10,150	249	390
5	十勝川	9,010	156	71

世界の大河と日本の河川，流域面積順に上位5河川について一覧表に表したもので，長さ（流路延長）と流量（年平均流量）についても掲載したが，一部に不明な点もある．

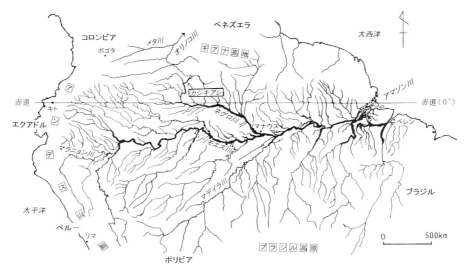

図1 アマゾン川の水系図（Rzóska[4]）を加筆修正）

アマゾン川の簡略的な水系図で，一部にオリノコ川の水系図を含んでいる．アマゾン川はペルーのアンデス山脈に源を発するが，ブラジル国境まではマラニョン川とよばれ，ネグロ川との合流点まではソリモエス川といい，それから下流がアマゾン川である．カシキアレは長さが約300 kmもあり，オリノコ川の水量の1/5がネグロ川へと流れている．

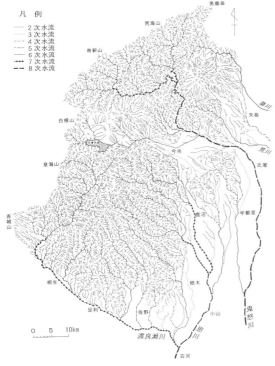

図2 栃木県西部の水系図[2]）

5万分の1地形図をもとに作成した渡良瀬川や鬼怒川などの水系図で，本数の多い1次水流を除いて，2次水流以上について描いたものである．

実証・修正・敷衍など数々の研究が行われた．ホートン自身が考えたのは，水流の数・長さ・勾配がそれぞれ次数との間に幾何級数的な関係があることを一般式に表したものであり，その後に次数ごとの流域面積と起伏量（後に落差）との関係の2つが加わり，5つの法則として確立した．これら帰納的な研究とは別に，演繹的な手法であるモデルを用いた理論的研究も行われていて，それらからは分岐比は4.0，長さ比が2.0，面積比が4.5という理論値が得られている．しかしながら，現実の流域は侵食輪廻の成長過程にあり，これら理論値よりもそれぞれはやや大きな値となる方が多いようである．また，流量（Q）と流域面積（A）との間には，経験的に「$Q=jA^m$」という関係式が成り立つとされ，jやmは定数で，Qを年平均流量とすると$m=1$となるという．さて，アマゾン川の最高次数であるが，面積比は4.5のベキ乗で大きくなり，一応，利根川を10次水流とすると，アマゾン川では14次水流となる．

[島野安雄]

●文献
1) 国立天文台編：環境年表，丸善，pp.125-126, 2009
2) 島野安雄：栃木県西・北部の渡良瀬川・鬼怒川流域における水系網特性，文星紀要，9: 21-43, 1998
3) 高山茂美：河川地形，pp.1-74，共立出版，1974
4) Rzóska, J.: On the Nature of Rivers, dr. W. Junk bv The Hague, p.7, 1978

C3-2 湖沼

●定義と湖盆の成因

　湖沼は，自然の営力によって地表に形成された窪地を占める水体で，流水としての性格の強い河川とはそのあり方を異にする．内陸に位置する場合に加え，かつての内湾が砂州・砂嘴や沿岸州によって外海から切り離されて形成された汽水域も湖に含まれる．湖（lake）は埋積によって次第に水深を減じ，シャジクモ・クロモなどの沈水植物が繁茂している浅い水体を沼（marsh）と定義する[1]．深さ5～6 mが湖と沼との区別の目安である．一方，池（pond）は，人工的につくられた溜池や貯水池を指す語句であるが，実際の地名には湖と沼の区別を含め，定義とは一致しない例が多い．

　湖の成因には，火山活動・構造運動・侵食作用・堆積作用などがあげられる．特に，火山活動によって形成された火口湖・火口原湖・カルデラ湖は，日本の湖の分布，ならびに湖水の化学的性質の面で重要な地位を占めている．火山活動に由来する湖盆の形成には，溶岩や泥流などの火山噴出物によって河川がせき止められて生じる場合もある．構造運動によって形成された湖としては断層によるものが代表的で，大湖が多い．湖盆の形成にかかわる侵食作用は，氷食・溶食・風食による営力に大別される．

　図1は，日本における湖沼の分布を示したものである．湖のほとんどが東日本に分布する事実は，日本の湖の成因の多くが火山起源であることを何よりもよく暗示している．表面水温の年最高値が4℃以上，年最低値が4℃未満を示す温帯湖（temperate lake）では，全層4℃となる春季と秋季に鉛直方向の循環が起こる．これに対し，表面水温が4℃以下になることのない熱帯湖（tropical lake）では冬季に湖水が循環し，琵琶湖と芦ノ湖を結ぶ線がその北限となっている（図1）．

●湖水の流動と水温

　湖水の基本的な運動に，湖流，静振（seiche），波がある．湖流は風に伴う吹送流が主要なものであり，風速の1～5％に相当する流速をもつ流れが湖の表面に発生する．

　湖水の停滞と循環は鉛直方向の密度勾配に支配され，水の密度は，淡水湖においては水温のみの関数と

図1　日本の湖沼の分布[2]

して取り扱って差し支えないが，汽水湖（brackish lake）や塩湖（saline lake）では，溶存成分が重要な役割を果たす．湖に融雪水や洪水後の濁水が流入する場合，また多くの汽水湖では，湖水と流入水との間の密度差が大きいため，密度流に伴う縦断面内の環流が生じる．河川水や塩水の湖への流入深度は，湖水と流入水の密度の大小関係によって決定される．

　温帯湖・熱帯湖の夏季における水温の垂直分布は，図2に示すとおり，水温躍層によって特徴づけられる．水温躍層は風に伴って生じる表層水の乱れが及ぶ下限にあたり，湖の吹送距離によってその深度がほぼ決定される．躍層が発達する深度では鉛直安定度が大きく，溶存酸素やpHについても垂直分布に大きな違いが認められる．汽水湖や塩湖においては，溶存成分濃度が湖水の密度に大きく作用するため，中温層や中冷層，乱温層が形成されることがある．

●溶存酸素，pH，水色，透明度

　湖水中の溶存酸素（DO）は，光合成と呼吸，ならびに有機物の分解に左右される．図3は，夏季における溶存酸素とpHの垂直分布を示したものである．富栄養湖（eutrophic lake）の表層では光合成が活発なため，溶存酸素が過飽和となるのに対し，深層では有機物の分解に酸素が消費され，飽和度は小さくなる．湖底付近には無酸素に近い状態が形成されている．これに対し，貧栄養湖（oligotrophic lake）では湖の生産力が小さく，深水層における酸素の消費が少ないため，溶存酸素の垂直分布には大きな差がなく，全層ほぼ飽和に近い状態が維持される．したがって，

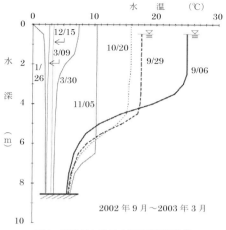

図2 涌池における水温の季節変化[3]

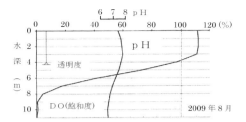

図3 精進湖におけるDO・pHの垂直分布（大石，未発表）

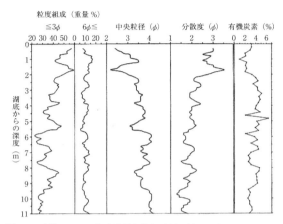

図4 三方湖における湖底堆積物柱状試料の粒度と有機炭素濃度の分布[2]

溶存酸素は富栄養化の過程を知る1つの指標となる．

一方，汽水湖においては，湖水の循環が表層のみに限られ，部分循環湖となる場合があり，深層に厚い無酸素層が形成され，硫酸還元に伴う硫化水素が高濃度に観測される．

日本の湖はカルシウム濃度が比較的低いために湖水の緩衝作用が小さく，pHの変化の大きいことが特色である．

湖の水色は透明度の大きな貧栄養湖では藍色に近い色を示すのに対し，富栄養化が進むにつれて緑から黄色となる．泥炭地の腐植栄養湖（destrophic lake）の水色は茶褐色を示すことがある．透明度の約2倍の深度は栄養生成層と栄養分解層の境界である補償深度（compensation depth）にあたり，湖の生産の面で重要な意味を持っている．透明度の経年変化はまた，富栄養化（eutrophication）の過程を検証する上において有効な指標となる．

● 湖底堆積物

湖底堆積物はその起源によって，湖の外部から主として流入河川によってもたらされる外来性のものと，湖内部の生産による自生性のものに大別される．有機質の堆積物は，珪藻やプランクトンの遺骸を主とする骸泥，泥炭地の湖沼にみられる腐植泥，火山湖や汽水湖のように底層が無酸素となる湖にみられる腐泥に分けられる．

湖底堆積物は，陸上や海底の堆積物と比較し，静かな堆積環境の下で生成されるため，堆積後の二次的な改変を被りにくい利点を有しており，柱状試料の粒度分析や花粉分析に基づき解明される古環境の復元にとって重要である（図4）．

● 富栄養化

湖沼は本来が遷移の過程にあるが，近年における水質の変化や透明度の低下は，湖の自浄能力を上回る過剰な栄養塩の流入により引き起こされた人為的な富栄養化である面が大きい．湖の富栄養化や湖盆が埋積される速度は，流域の自然および人文特性に大きく左右される．湖面の面積に対する湖の流域面積の大きさは湖盆の成因によって異なり，富栄養化の進行と深くかかわっている．

富栄養化の進行を抑制する対策としては，生活排水・工業排水の処理に加え，非特定汚染源（non-point source）である農業排水や土壌侵食の抑制が課題であり，湖沼に対する適正な管理手法を確立することの必要性が指摘される．

一方，地球温暖化に伴う表層水温の上昇は鉛直方向の循環を阻害する要因となっており，深層水における溶存酸素の低下が認められている．

　　　　　　　　　　　　　　　　　　　　［森　和紀］

● 文献
1) 日本陸水学会編：陸水の事典，講談社，2006
2) 森和紀・佐藤芳徳：図説　日本の湖，朝倉書店，2015
3) 大八木英夫：涌池における湖水の理化学的特性とその形成機構，日本水文科学会誌，35（2）：65-80，2005

C3-3 地下水，湧水，土壌水，地中水

地面より下の地層中の間隙および岩石の亀裂や空洞を飽和して，重力によって移動している水，あるいは移動しうる水を地下水（groundwater）と定義している．地層形成時に地下深部の地層中の間隙に閉じ込められた状態で存在し地質時代の相当長期間にわたり大気との接触のない化石水（化石海水，fossil water），同生水（connate water），マグマに由来する岩しょう水（magma water, virgin water），土壌粒子表面に分子間力で吸着している吸着水，鉱物中の結晶として封入されている結晶水など，地下に存在するものの通常の水循環には関与しない水は，広義の地下水に含まれる場合もあるが，通常は地下水とはよばれない．

地表面より下にあって重力で移動しうる水は，より厳密には地中水（subsurface water）とよばれ，地下水面より下に存在する地下水と，それより上にある土壌水（soil water）に区別されている．図1に示すように，地下水面の上に存在し間隙がほぼ飽和状態にある土壌水帯は飽和毛管水帯あるいは毛管水縁とよばれ，その間隙水圧（水柱高表記した場合に圧力水頭（Ψ_w）とよばれている）は大気圧よりも低く負圧状態になっており，同じ飽和状態の間隙でも地下水面下で間隙水圧が正圧の地下水帯とは，水の挙動が大きく異なっている．したがって土壌水帯には，その間隙が完全に水で飽和していない不飽和帯と飽和している毛管水縁とが共存していることになり，飽和帯のすべてが必ずしも地下水帯には該当しないことがある点は，注意しておく必要がある．

● 地下水の分類

地中に井戸を掘削するとある深さで井戸の孔内に水面が現れる．井戸中に最初に現れた水面を空間的に連ねた仮想面を自由地下水面あるいは地下水面（water table）とよぶ．地下水面では，地下水の圧力が大気圧とバランスしている．

地下水面を有する地下水を自由地下水または不圧地下水といい，不圧地下水を帯びている地層を不圧帯水層とよぶ．ここで帯水層（aquifer）とは，地下水をもっていてこれを容易に伝達できる地層の総称で，固結の進んでいない砂や礫，砂岩がこれに相当する．石灰岩，安山岩や玄武岩など固結した岩盤であっても空隙や亀裂・節理などが発達する場合には，帯水層になりうる．

不圧帯水層中に掘削された井戸の孔内水位は，地下水の涵養域においては井戸深度が増大するとともに孔内水位が低下し地下水面より低くなるが，地下水の流出域においては，逆に掘削深度の増大に伴って井戸の孔内水位は次第に増加し地下水面よりも高くなる特徴がある（図2）．これは，不圧帯水層内に垂直方向成分をもつ地下水流動が存在するために発生する現象で，このため扇状地の末端部などの地下水流出域においては，明確な粘土層などの加圧層の存在がなくとも深度が深い不圧帯水層からの井戸の孔内水位は地表面よりも高くなる自噴井戸がみられることもある．また，不圧地下水の地下水面と地表面とが切りあって存在する所では不圧地下水が地上に現れることになり，湧水が形成される．台地末端の河川源流部や段丘崖下の湧水は，これらに該当する．不圧地下水は一般に浅い深度で現れるため浅層地下水とよばれることもあるが，火山ローム層や火砕流の台地などにおいては，深度10～20 m近くにならないと不圧地下水が現れない場合もあり，浅層地下水という定義には該当しないケースもあるため，学術用語としては的確ではない．

シルト層や粘土層といった水の透水性が相対的に低

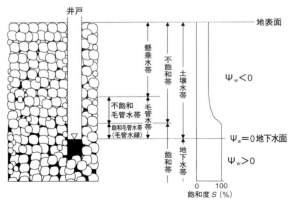

図1　地中水のあり方とその区分[1]

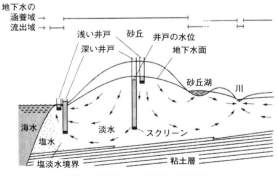

図2　不圧地下水の流動模式図[2]

図3 被圧地下水の自噴の様子（熊本市の下江津湖脇の自噴井戸．深度約30mで被圧水頭は地表面＋1m程度ある）

い地層は，一般に半透水層とか難透水層とよばれ，地下水を賦存する地下水帯水層と区分されている．これらの透水性の低い地層の下位に地下水帯水層が存在する場合，上位の透水性の悪い地層を加圧層とよび，その下位の地下水帯水層中の地下水は大気圧以上に加圧されている場合が多い．このような加圧された状態の地下水は被圧地下水とよばれ，それらを構成する帯水層を被圧帯水層と定義し，前述の不圧地下水と区別している．被圧帯水層に井戸をうがつと井戸の孔内水位は上位の加圧層の下面よりもかなり高い位置にまで上昇し，場合によっては地表面よりも高い位置まで上昇して自噴井戸を形成することもある（図3）．

被圧帯水層を貫く井戸の孔内水位は（被圧）地下水頭（水理水頭ともよばれる）とよばれ，これらをもとにした水頭分布図を被圧地下水頭分布図とか地下水ポテンシャル分布図と称し，不圧地下水に対する地下水面図と同様に地下水の広域的な流動把握に用いられている．被圧地下水は，一般には相対的に深い深度に存在することから，深層地下水とよばれることもあるが，前述の浅層地下水と同様に不圧地下水でも深いもの，被圧地下水でも浅いものもあるため深度に応じた区分は定義上の正確性に欠け望ましくない．

不圧帯水層の上位の不飽和帯の一部が粘土化してその上に宙水が形成されることがある．宙水も定義上は一種の不圧地下水であるが，その下位にある主要な不圧地下水（宙水に対して本水とよばれることもある）とは区別されて定義されることが多い．東京近郊の武蔵野台地や相模原台地などの火山性ローム台地で不圧地下水が非常に深く存在するような地域では，宙水は相対的に浅い深度で地下水が得られることから，最初に人々が定着し街道の主要宿場町として発達し水に関係した地名がついた（大沼，淵野辺，溝口など）という地下水利用の歴史的背景とのつながりも興味深い．図4に以上述べてきた地下水の様子を模式化して示す．

[嶋田　純]

●文献
1) 杉田倫明・田中正編著：水文科学，共立出版，2009
2) 榧根勇：地下水と地形の科学，講談社学術文庫，2013
3) 榧根勇：水文学，大明堂，1980
4) 地下水ハンドブック編集委員会編：地下水ハンドブック，建設産業調査会，1979
5) 山本荘毅：新版地下水調査法，古今書院，1983
6) 山本荘毅編：地下水学用語辞典，古今書院，1986
7) 山本荘毅：地下水水文学，共立出版，1992

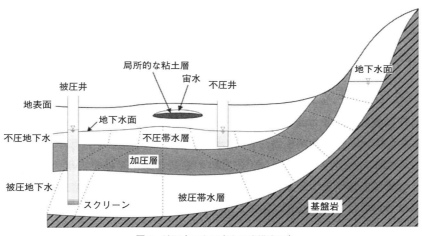

図4 地下水のあり方を示す模式図[1)]

C3-4 氷河，雪氷

●氷河とは

地球は，水 H_2O が，固体（雪氷）・液体（水）・気体（水蒸気）という三相で共存できる太陽系で唯一の惑星である．その地球の表層に存在する水の97%は海洋にあり，残りの水の2%は固体の雪氷として存在する．われわれ人類が普段利用している河川や湖沼の水，および地下水が占める割合は，わずか1%にすぎない［▶C2-1］．

地球上で水が固体の状態である雪氷として存在する領域を雪氷圏という．雪氷圏（cryosphere）は，氷河（glacier），氷床（ice sheet），積雪，海氷，永久凍土（permafrost）で構成され，季節的に変化するが，全地球面積の30〜50%を占めている．

雪氷圏のうち，恒常的に雪や氷に覆われた地域が氷河や氷床である．氷河とは，「重力によって長期間にわたり連続して流動する雪と氷からなる集合体」と定義される．大陸規模の氷河については，その形状から特別に氷床とよぶ．氷河は数十mから数百mの厚さをもち，面積数 km^2 から数千 km^2 の大きさをもつ．これに対し，氷床は最大3000mの厚さに達し，面積は数百万 km^2 の規模である．IPCC[2]の概算によれば，地球上には1万6070個以上の氷河が存在し，氷床は南極氷床とグリーンランド氷床の2つのみが存在する（図1）．過去の氷期には，これらの氷河・氷床の面積と数は拡大し，北米やヨーロッパなどにも氷床が形成されたことがわかっている．

●氷河の形成と流動

氷河の形成について，山地に発達する氷河を例にとって考えてみよう．山地では，標高が上がるに従って気温が低下し，ある高さをもった山地では夏においても降雪をみる．降った雪は，標高が高くなればなるほど，融けずにそのまま積雪として残る割合が多くなる．こうして，山の高いところでは，積雪が融けずに越年し，毎年厚みを増していく．その結果，積雪の下層の雪は上に載った雪の重み（上載荷重）で圧密が進み，次第に密度を増し，ついには $1\,m^3$ あたり830 kg の重さを越える．この密度になると，通気性がなくなり，この状態を氷とよぶ．

このようにして，年々蓄積して厚みを増した氷体には，上載荷重と斜面の角度によって決まる剪断応力が働きはじめる．雪や氷は固体であるが，応力によって変形する．その変形の割合が応力のべき乗に比例することから，氷は粘弾性体あるいは塑性体とよばれる．剪断応力は斜面にのった氷体の深いところほど大きく働くので，深いところの氷ほど大きく変形し，この変形は表面に向かって徐々に小さくなっていく．この変形が累積することにより，厚く堆積した氷体の表面は時間とともに斜面下方に移動する．これが塑性流動である．また，流動は氷体とその下の基盤との間でも生じている．これは，主として融雪・融氷水が境界の摩

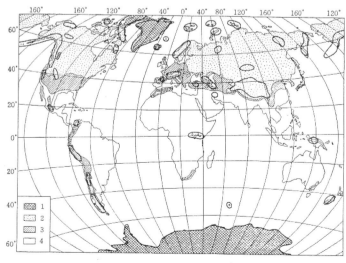

図1 氷河が分布する地域[1]

氷河は小さくて図示できないので，氷河の存在する地域を太線で囲んでいる．1：陸上の多年性氷雪（南極氷床とグリーンランド氷床），2：いつも冬の積雪で覆われる地域，3：ときどき冬の積雪で覆われる地域，4：季節的積雪のない地域．

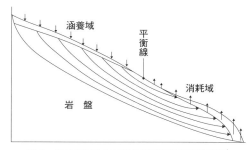

図2　氷河上端から末端までの縦断面の模式図[3]
矢印は氷河表面での年間の雪氷収支の正（下向き），負（上向き）と氷河内部の流線.

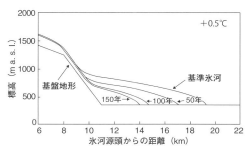

図3　気候変化に伴う氷河の応答過程の数値実験結果[4]
パタゴニア，ソレール氷河をモデル（基準氷河）とし，年平均気温が0.5℃上昇したとき，50年後，100年後，150年後の氷河縦断面プロファイルを示す．150年後にはほぼ定常状態に達する．

擦を小さくすることで生じる流動であり，塑性流動と区別して底面流動という．底面流動の中には氷体の底部に存在する未固結堆積物が剪断応力によって変形する成分も含まれている．

厚みを増した氷体は，斜面下方に流動することによって気温の高い領域に規模を拡大する．その結果，このような領域では，より活発な融解が起こるようになり，ついにはすべての氷体が融け去ってしまう高さに至る．このようにして形成され，持続的に存在する雪と氷の混合体を氷河とよぶ．

つまり，氷河は上流域に1年を通して雪と氷の蓄積が卓越する領域をもち，下流域に消耗が卓越する領域をもつ流動する雪氷体と言い換えることもできる．前者は涵養域とよばれ，後者は消耗域，そして両地域の境界は，1年の終わりに涵養と消耗が等しくなる地帯として平衡線とよばれている（図2）．

● 氷河の質量収支

涵養域から消耗域に向かっては，傾斜に起因する氷河の変形によって，常に流動が生じているが，氷河の形状は，毎年ほぼ一定の形を保っているようにみえる．これは，主として氷河表面において，新たな雪が氷河に供給されつつ，氷河から融解や昇華，ときには崩壊によって雪氷が取り除かれるからである．このように，氷河における雪氷の質量加入と放出を総合して氷河質量収支とよぶ．氷河の質量を決める主たる要因は降雪と融雪であるが，これらは明瞭な季節変化を示すので，通常，氷河質量収支は，暦上で決められる1年間か，氷河の質量が最小となる時期をもって区切られる1年間によって1収支年が定義される．

氷河の涵養を構成する要素には，直接的な涵養として降雪と昇華凝結があり，間接的には風や雪崩による雪の再堆積があげられる．また氷河表面で融解した水が氷河から流れ去らずに，氷河内部で再凍結する過程は内部涵養とよばれる．

氷河の消耗は，大きく分けて融解，昇華蒸発，風による削剥，力学的破壊によって氷河末端がそれに接する海や湖に分離するカービング（氷山分離）がある．

● 氷河の変動

ヨーロッパアルプスの氷河は，古くから絵画に描かれており，氷河の形状が現在とはちがっていたことがわかる．氷河質量収支は気象条件によって変化するため，氷河質量収支によって決まる氷河形態も，詳細に観察すれば，毎年変化する．その結果，氷河内の氷の変形を引き起こす力学的状態も変化し，氷河底面における底面流動も変化する．氷河質量収支が前年を下回る状態が継続すれば氷河は縮小し，その逆の場合は拡大する．このようにして，氷河の形状は気候状態を第一の外部要因として変化する（図3）．

このような氷河の性質により，氷河は気象観測点が少ない遠隔地や高所における敏感な気候センサーといわれてきた．また，乾燥地域に発達する氷河は，流域の河川の水源となっていることから，氷河の変動は河川の流量変化を引き起こし，流域に住む人々の生活を大きく変化させる力をもっている．21世紀初頭の現在，世界各地の氷河は縮小傾向を示しており，全球的な気候の温暖化を伝えるとともに，氷河を水資源として利用している地域においては，人間社会への影響が危惧されつつある．

［白岩孝行］

● 文献
1) 樋口敬二：日本の雪渓―世界の氷河の中での位置―，科学，47: 429-436, 1977
2) IPCC: Climate Change 2001: The Scientific Basis, Houghton, J. T. et al. eds., Cambridge University Press, 2001
3) 上田豊：氷河の形成，渡辺興亜ほか編，雪と氷の事典，pp.288-299，朝倉書店，2005
4) 成瀬廉二：氷河の流動，渡辺興亜ほか編，雪と氷の事典，pp.301-317，朝倉書店，2005

C3-5 大気, 海洋

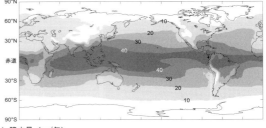
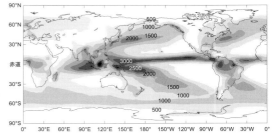

図1 年平均可降水量（a）と年降水量（b）の全球分布
NOAA-CIRES Climate Diagnostics Center 提供の NCEP/NCAR 再解析データおよび NASA Goddard Space Flight Center 提供の Global Precipitation Climatology Project（GPCP）Ver.2 データを用いて作図（ともに 1979～2005 年の平均）．

●大気・海洋と地球水循環システム

"水の惑星"とも称される地球上の水の約 96.5% は海洋として存在しており，陸域に貯留された水量は残りの 3.5% 程度である．一方，大気中に存在する水はさらに少なく，総水量の 0.001% にすぎない[1]．しかしながら，これらの水は互いに独立しているわけではなく，全体として 1 つの地球水循環システムを構成している．大気・陸域・海洋の各サブシステムを通過する水量で比較すると，大気のそれは陸域のおよそ 5 倍に達し，海洋さえも上回る［▶ C2-1, C2-2］．

ストックをフローで除算すると平均滞留時間が求まる［▶ C2-4］．海水の平均滞留時間は約 2660 年ととても長く，陸水（氷雪や深層地下水を含む）の平均滞留時間は 400 年程度である．これに対し，大気中の水の滞留時間は約 8 日ときわめて短い．こうした循環速度の違いは，大気-陸域-海洋間の相互作用を考える上で重要である．大気水循環は，このようにタイムスケールが短く，陸域の水循環に対して短周期の変動をもたらすが，陸域や海洋との水交換を通じて長周期の変動成分も付加される．

●大気中の水

大気中の水分は，水蒸気・雲粒・氷晶・降水粒子（雨・雪・あられ・ひょう・みぞれなど）といったさまざまな形態で存在するが，そのほとんど（約 96%）は水蒸気である．

単位底面積の大気柱に含まれる水蒸気の総量を可降水量（precipitable water）という．可降水量の全球平均値はおよそ 30 mm であるが，熱帯では 60 mm におよぶこともある．大気による水蒸気保持容量の上限（すなわち飽和水蒸気圧）は温度に依存するため，可降水量の地理的分布パターン（図 1a）は緯度方向の変化が顕著である．しかしながら，降水量の分布パターン（図 1b）は必ずしも可降水量の分布パターンとは一致しない．例えば，熱帯内収束帯（北緯 10°～南緯 10°）やアジアモンスーン域では可降水量・降水量ともに多いが，亜熱帯（緯度 20°～30°）の海域東部では可降水量は比較的多いのに降水量は少ない．逆に，極前線帯（緯度 40°～60°）の可降水量は亜熱帯よりも少ないが，熱帯に準ずる規模の多雨域が形成される．

こうした観測事実は，対流を引き起こす大気安定度や水蒸気を輸送する風系のほうが水蒸気の量そのものよりも降水の発生・持続において重要であることを物語っている．換言すれば，大気中の水はあくまでストックよりもフローとしての側面が重要ということである．比較的狭く（400～500 km 以下）かつ長大な（数千 km）水蒸気の輸送経路を，近年では陸域の河川になぞらえて"大気河川"とよぶことがある[2]．日本列島南岸から北米西岸に向けて伸びる多雨域は時期によってその位置を変えるが，世界でも有数の規模を誇る大気河川のうねりとみることができる．

●海洋の水

大気とは対照的に，海洋の場合はストックとしての存在感が圧倒的に大きい．地球上の海水の量を海域ごとにみてみると，太平洋（とその付属海；以下，同様）が 53.4% で最も多く，大西洋が 24.6%，インド洋が 21.0% と続き，北極海が 1.0% を占める[3]．面積で比較してもこれらの割合はさほど変わらない．

一方，河川による淡水流入量は大西洋で最も多く（1 万 9800 km^3；44%），太平洋への流入量（1 万 4100 km^3；32%）を大きく上回る．また，北極海への流入量（5100 km^3；11.5%）はインド洋への流入量（5600 km^3；12.5%）にほぼ匹敵する[4]．

河川は海洋に淡水を供給するだけでなく，陸域起源の栄養塩や微量元素をも供給する．このため河口付近や内湾は基礎生産力が高い．しかしながら，一般に外洋の水質組成はきわめて一様であり，主要イオンの相対濃度はどの海域でもほぼ同じである（表1）．

河川水との主な相違点は，Na^+ と Cl^- が抜きんでて多いことと，他のイオンと比較してケイ素濃度が相対的に低いことである．水1kgに溶けているイオンの総量（g）をその水の塩分（‰）というが，**表1**の数値からわかるように，海水の塩分は一般に35‰程度である．水温を20℃とすれば，このような海水の比重は1.0251となる．水温が上がると比重は小さくなり（25℃で1.0237），水温が下がれば比重は大きくなる（15℃で1.0263）．

海洋の表層は日射によって暖められ，しかも風波による攪拌や冬季の冷却に伴う対流によって100〜200m程度の深さまで上下の海水がよく混合している．一方，深層（1000m程度以深）には低温で比重の大きな深層水が存在する．両者の間は水温の鉛直勾配が大きく，温度躍層（サーモクライン，thermocline）とよばれる．高緯度の一部の海域（北大西洋と南極の周囲）では海水面が冷却されて安定成層が崩れ，表層水の沈み込みが起こる．海氷が形成される際の海水中の塩分濃縮は，比重の増加を通じて表層水の沈み込みを助長する．北大西洋で沈み込んだ水は大西洋の深海を南下し，南極周囲で沈み込んだ水と合流して東向きに流れ，インド洋や太平洋の一部で湧昇する．また，深層水の流れを補償するものとして，太平洋・インド洋から北大西洋に向かう表層水の流れも存在する[6]．こうした循環系は熱塩循環（thermohaline circulation）あるいは深層大循環とよばれ，数千年〜数十万年スケールでの気候変動や水循環（特に大陸氷床の融解）との関連性が指摘されている［▶ B8-2］． ［山中 勤］

● 文献
1) Shiklomanov, I. A. ed.：Comprehensive Assessment of the Freshwater Resources of the World, 88p., WMO, 1997
2) Ralph, F. M. and Dettinger, M. D.：Storms, floods and the science of atmospheric rivers, EOS, Transactions, *AGU*, 92（32）：265-266, 2011
3) Shiklomanov, I. A. and Rodda, J. eds.：World Water Resources at the Beginning of the 21st Century, Cambridge University Press, 2003
4) UNESCO：World Water Balance and Water Resources of the Earth, UNESCO, 1978
5) J. アンドリューズ・P. ブリンブルコム・T. ジッケルズ・P. リス／渡辺正訳：地球環境化学入門，シュプリンガー・フェアラーク東京，1997
6) Broecker, W. S.：The biggest chill, *Natural History Magazine*, 97：74-82, 1987

表1 平均的な河川水と海水の化学組成[5]
（mg L^{-1} への単位換算は筆者による）

	mmol L^{-1}		mg L^{-1}	
	河川水	海水	河川水	海水
Na$^+$	0.23	470	5.3	10805
Mg^{2+}	0.14	53	3.4	1288
K$^+$	0.03	10	0.9	301
Ca^{2+}	0.33	10	13.2	401
HCO$_3^-$	0.85	2	51.9	122
SO$_4^{2-}$	0.09	28	8.6	2690
Cl$^-$	0.16	550	5.7	19499
Si	0.16	0.1	4.5	2.8

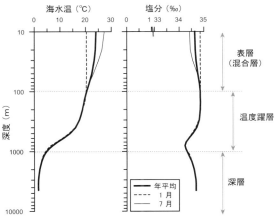

図2 北太平洋亜熱帯域（北緯30°，東経135°付近）における海水温および塩分の鉛直分布の一例
日本海洋データセンター提供の水温・塩分統計を用いて作図．

C4 水文プロセス

C4-1 環境トレーサー

水文プロセスの解明のために用いられるトレーサー（追跡子，tracer）は，人為由来と自然由来のものに分けられる．人為的トレーサーには，水の動き（流速や流向）を追跡するために人工的に対象となる系に投入・添加される物質（対象とする系のバックグラウンド濃度に比べて有意に高い濃度に人工的に調整された食塩，色素，放射性および安定同位体など）のようないわゆる人工トレーサーと，意図的ではなく人間活動の結果として広く環境に放出された物質で，全球的な時経列変化の情報がトレーサーの入力情報として利用できるような，トリチウム，フロンおよび代替フロン類，^{85}Kr，^{40}Ar などの半人工的なトレーサーがある．これに対し自然的トレーサーは，自然界に元来存在している物質で，水循環プロセスの中で，水の容態変化に伴う変化や酸化・還元反応に伴う変化が，結果的に水の挙動や水に溶存する物質の流動に伴う化学的な挙動を追跡できる特性を利用したものである．環境トレーサー（environmental tracer）とは，この自然的トレーサーと人間活動に伴って放出された半人工的なトレーサーの双方を指しており，水文学においては，涵養源や供給源の判定，水文プロセスの解明，年代測定等の解明に専ら用いられており，表1に示すようなものがある．

● 若い地下水の滞留時間測定用トレーサー
トリチウム（^{3}H，T）

トリチウム（tritium）は，半減期（half-life）12.3 年で β 崩壊する水素の放射性同位体で，天然では大気上層の成層圏で宇宙線により窒素原子から生成され，成層圏に降下して酸素原子と結合して水分子（トリチウム水，HTO）を形成し，降水として地球上の水循環に加わる．その存在量は天然レベルで 10 T.U.（トリチウム単位，1 T.U. は水素原子 10^{18} 個あたりにトリチウム原子 1 個が含まれる場合の濃度として定義されており，T.R.（トリチウム比）とよぶ場合もあるが同義．放射能単位との換算は，1 T.U. = 0.118 Bq/kg water）程度である．このように元来，大気中のトリチウム濃度は宇宙線による生成のみであったが，1952 年以降大気中における熱核爆発実験によって大量の人工トリチウムが大気中，特に成層圏に放出され，天然の平衡状態は崩れ，その濃度は一時的に急激に高まり 1963～64 年のピーク時には，天然濃度の 50～100 倍に相当する 1000 T.U. を超える値が現れた．その後，大気中における熱核爆発実験の停止にともない濃度は年々減少し，1990 年以降は，ほぼ天然レベルの 5～10 T.U. に戻っている（図1）．この濃度変化をトレーサーとして利用した水文循環モデルを構築することにより水体の流動機構や滞留時間解明の試みが盛んに行われ，降水中のトリチウム濃度変化が有効に利用されてきたが，1990 年以降の濃度の天然レベル化によりその追跡能が低減してきている．

表1 水文学で利用される環境トレーサー[1]

元素物質	安定放射性（半減期）	主な起源	主な利用
^{2}H.D	安定		涵養源・プロセス・年代測定
^{3}H	12.3 年	核実験・宇宙線	年代測定
^{3}He	安定	^{3}H 崩壊・原子力産業	供給源・年代測定
^{4}He	安定	α 崩壊	供給源・年代測定
^{13}C	安定		供給源・プロセス
^{14}C	5,730 年	宇宙線・核実験	年代測定
^{15}N	安定		供給源・プロセス
^{18}O	安定		供給源・プロセス・年代測定
^{34}S	安定		供給源・プロセス
^{36}Cl	301,000 年	宇宙線・核実験・核反応	年代測定
^{39}Ar	269 年	宇宙線	年代測定
^{40}Ar	安定	原子力産業	年代測定
^{81}Kr	210,000 年	宇宙線	年代測定
^{85}Kr	10.76 年	原子力産業	年代測定
^{87}Sr	安定		供給源・プロセス
^{129}I	1.57×10^{7} 年	宇宙線	年代測定
^{222}Rn	3.82 日	^{226}Ra 崩壊	プロセス
^{238}U	4.47×10^{9} 年	始原性	年代測定
^{232}Th	1.40×10^{9} 年	始原性	年代測定
フロンガス	その他	人為起源	年代測定
SF_{6}	その他	人為起源	年代測定

トリチウム濃度 C_0 の降水が涵養されてそのまま τ 時間帯水層中に留まっていた場合，放射性減衰により地下水中のトリチウム濃度 (C) は，
$$C = C_0 \exp(-\lambda\tau) \quad (1)$$
で表すことができる．ここで，λ は崩壊定数で半減期 (12.3 年) から決まる定数である．地下水が単一水路状の帯水層を混合，分散，拡散することなく流下する場合 (ピストン流) (1) 式により滞留時間 τ が計算できる．このほか，浅層地下水あるいは比較的浅い湖沼のような水体の滞留時間を評価するためのモデルとして完全混合モデル (指数関数モデル) や被圧地下水のように涵養域が限定され，帯水層中の地下水流動に伴うある程度の分散・拡散を考慮する拡散流モデルが提案されている．また同一地下水試料についてトリチウム濃度とトリチウムが崩壊して生成された ^{3}He を同時に測定することにより 1 回のサンプリングのみで地下水年代を決定する方法も提案されている[2,3]．トリチウムによる滞留時間評価の限界は，その半減期から 50 年程度とされている．

クリプトン 85 (^{85}Kr)

クリプトン (Kr) は 6 つの安定同位体と 2 つの放射性同位体をもつ．そのうち ^{85}Kr は半減期 10.76 年で β 崩壊する放射性同位体で，天然状態では大気中でトリチウムと同じように宇宙線により安定同位体である ^{84}Kr から生成されるほか，地殻内の U，Th 系列の核分裂により極微量生成されている．これに対し，核実験や核燃料の再処理により人工的に生成された ^{85}Kr は上記の天然レベルの 10^6 倍の濃度オーダーをもち，1950 年以降急速に大気中の ^{85}Kr 濃度を高めて現在に至っている (図 1)．トリチウムが減衰傾向にあるのに対し，^{85}Kr は濃度上昇傾向にあるため，トリチウムにかわる若い地下水 (30 年程度まで) の滞留時間評価のための放射性環境同位体として注目されるようになってきている．帯水層中には生成源をもたないこと，安定同位体 Kr に対する比として測定されることにより，涵養時の気温や溶解度とは無関係になるため，地下水中の ^{85}Kr 濃度測定結果と大気中の濃度変化とを直接対比するだけで滞留時間の評価が可能である[5,6]．急速な濃度増加傾向は非常に若い (1～5 年程度) 地下水の存在する指標として利用できる可能性があり，トリチウムをはじめとする他の方法によって評価された滞留時間との整合性も極めてよい．

ラドン (^{222}Rn)

ラドン (^{222}Rn) は，^{238}U を親核種とするウラン系列の中で ^{226}Ra の娘核種で 3.8 日の半減期をもち α 崩壊する放射性同位体である．不活性ガスで比較的よく水に溶解し，かつ流動過程での化学反応はほとんど無視

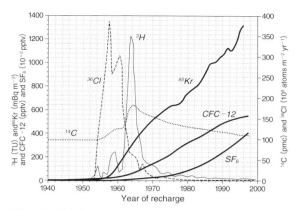

図 1 地下水年代トレーサーとして利用される環境トレーサーの環境中での濃度変化[4]

できるため，数日から数か月という短い期間での採水地点周辺の詳細な地下水流動に関する情報が導き出せる特性をもっている．親核種であるウランは地層ごとに固有の値をもっており，その放射性崩壊で生成されたラドンの一部は地層周辺の地下水に移行する．したがって，地下水中のラドン濃度は地層ごとに固有の値をもち，同じ帯水層では流動している地下水の濃度は停滞している場合の 1/3 程度になるといわれている．また，地表水では，大気中に拡散するためラドン濃度はほとんど 0 である．この濃度の違いを利用して地表水への地下水の浸出，地下水への地表水の浸入，帯水層内での地下水流動の変化の追跡，海底地下水湧出の評価などに用いられている．

フロン化合物 (CFCs)

トリチウムにかわる若い滞留時間の環境トレーサーの 1 つに CFCs (chlorofluorocarbons，フロン化合物) が提案され，欧米を中心に適用事例が積み重ねられつつある[7]．CFCs はアンモニアや二酸化硫黄に替わる冷媒として米国で人工的に生産された物質で，1931 年に CFC-12 (CCl_2F_2) が生産されて以降，1936 年に CFC-11 (CCl_3F)，その後 CFC-113 ($C_2Cl_3F_3$) と相次いで生産が開始された．CFCs は非常に安定な化合物であるとともに，毒性が低くまた不燃性でかつ冷媒としても優れているという性質から広く用いられてきた．CFC-11，CFC-12 は主としてエアコンや冷蔵庫の冷媒，スプレー缶の噴射剤，発泡剤の原料，また溶剤として用いられ，CFC-113 は主に半導体工場などで洗浄の用途に用いられてきた．CFCs は生産と同時に大気中にも放出され，生産量の増加とともにその大気中濃度も上昇してきた．その使用形態によって生産から大気中に放出されるまでの期間は異なるが，大気中濃度は生産開始以降ほぼ増加しつづけてきた (図 1)．

成層圏内のオゾン層破壊寄与物質かつ温暖化物質で

もある CFCs は，1987 年のモントリオール議定書発効以降先進国を中心にその生産・使用が制限されたが，主に発泡剤や冷蔵庫など工業製品に封入されたまま大量に残っている CFCs からの穏やかな発散と化学的安定性に起因して CFCs そのものが大気中で長い寿命をもつために，現在も比較的高い大気中濃度を保っている．対象地域における大気中の CFCs 濃度の長期変動データを利用して地下水中の CFCs 濃度を大気中のそれと比較することにより，任意の地点における地下水の涵養年代推定が可能になる．ここで，推定涵養温度・圧力のもとに不飽和帯の空気と溶解平衡状態に達しているとして涵養時の地下水中の CFCs 濃度を仮定している．

1990 年代後半から CFCs が濃度低下しはじめているので，濃度上昇傾向にある代替フロン化合物である SF6 を CFCs と同様に若い地下水年代トレーサーとして利用することが注目されている．

●古い地下水の滞留時間測定法

炭素 14（^{14}C）

地下水中で溶存炭酸ガスあるいは溶存炭酸イオンとして存在する炭素原子中に含まれる放射性炭素（^{14}C）を用いた滞留時間測定は，相対的に長い半減期（5730 年）の特性を利用して，比較的古い地下水の年齢評価トレーサーとしてよく用いられている．この測定法の基本は，地下水中の炭酸塩の起源を涵養地域の土壌中における植物や土壌微生物などの生物活動によって補足された大気中の炭酸ガスに由来すると考えるもので，この大気中の炭酸ガスに含まれる ^{14}C は，天然状態ではトリチウムと同じく大気上層で宇宙線起源の中性子により窒素から生成されほぼ一定の濃度を保っていた．しかし 1950 年以降の大気中の核実験により人工的に生成された ^{14}C は，一時期天然レベルの 2 倍以上に達し，その後大気中の核実験の中止とともに減衰し，現在ではほぼ天然レベル近くにまで戻っている（図 1）．地下水中の ^{14}C 濃度を用いた滞留時間測定ではトリチウムと異なり通常数百年〜数万年昔に涵養された地下水を対象とするため，浅層不圧地下水系から若い地下水の混入がないかぎり，上記した 1950 年以降の人工核実験による大気中の ^{14}C 濃度変化は無視することができる．この種の若い地下水の混入状況は，同時にトリチウム濃度などの測定を行うことにより評価ができる．

今，帯水層中の母岩からの炭酸塩の供給が無視できる場合，地下水中に含まれる ^{14}C 濃度を測定することにより，涵養時の ^{14}C 濃度（C_0），地下水の帯水層中の滞留時間（τ），地下水試料中の ^{14}C 濃度（C）と半

減期（5730 年）から決まる崩壊定数（λ）を設定することで，前述の放射性減衰の式（1）から滞留時間 τ を算定することができる．

ここで，涵養時の ^{14}C 濃度として用いられる大気中の ^{14}C 濃度は，過去から 1950 年まで常に一定値をとっていたわけではなく大きく変動していたことがわかっているが，多くの場合 1950 年における大気中の濃度（100 pmc）が過去においても不変であったと仮定して評価するためある程度の誤差が入ることを認めざるをえない．また，もう 1 つの誤差要因として考えられるものに，涵養域あるいは帯水層中の母岩を起源とする dead carbon（非常に古い炭酸塩系の岩石では ^{14}C が放射性減衰のためにほとんど含まれていない）混入量の評価がある．上記の放射性減衰式ではこの dead carbon の影響はないものとして滞留時間評価を行ったものであるが，dead carbon が存在する場合には上記の推定結果による滞留時間は過大評価，すなわち実際の滞留時間よりも古い結果となる．さまざまな dead carbon の補正法が提案されているが[8]，それぞれに必要とするパラメータの取得方法・仮定が一長一短で，現在，十分満足ゆくような確定的な補正方法はない．このように多くの問題はあるものの，現実的には数百年〜数万年オーダーの地下水滞留時間を評価する手法としては，完成度の高い方法として認められており，その後に提案される他の滞留時間測定手法の検証データとして用いられるケースが多い．

塩素 36（^{36}Cl）

^{36}Cl は ^{14}C に比べてはるかに長い半減期（3.01×10^5 年）で β 崩壊する放射性同位体で，地球化学的にも安定で，地下水中には多量の Cl$^-$ イオンが溶存しているので，^{14}C では検知できない数十万年〜100 万年オーダーの古い地下水の年代測定法として微量のサンプルでも分析可能な加速器質量分析システム（AMS）の実用化とともに近年注目されるようになってきた[9]．

自然界における ^{36}Cl の供給源は，①大気における宇宙線による ^{40}Ar からの破砕反応による生成，②同じく宇宙線による ^{36}Ar の中性子反応による生成，③地表面および海洋表面における宇宙線による K，Ca からの破砕反応による生成，④海洋表面および地表面における宇宙線による ^{35}Cl の中性子反応による生成，⑤地層中における U，Th 系列の鉱物から発生する中性子による ^{35}Cl からの生成などがあり，これに加えて人工的な核実験に伴う生成が 1960 年代以降加わっている．自然発生 ^{36}Cl には，①〜④の宇宙線による生成と⑤の地層起源のものに二分でき，前者の発生量は，緯度（30〜40° 付近の中緯度で大きい）および海岸からの距離特性を考慮することにより涵養域での地

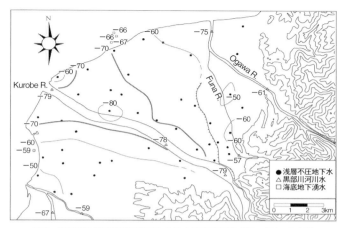

図2 黒部川扇状地浅層地下水中の水素安定同位体比（‰）分布[12]
集水域標高が1500～2000mにおよぶ黒部川の軽い同位体比（－78～－79‰）の影響が河川近傍の地下水に現れており，扇状地面標高（0～100m程度）の降水を起源とする相対的に重い同位体比（－50‰程度）との混合の様子が明確に示されている．沿岸沖の海底湧水もその同位体比から扇状地の浅層地下水が起源であると判定された．

下水への入力量としての $^{36}Cl/Cl$ 比が推定可能である．また $^{36}Cl/Cl$ 比を用いることで蒸発などによる水分濃縮効果を無視でき，安定したCl涵養条件が確保されている．

●安定同位体（Dと ^{18}O）

水分子を構成する水素と酸素の原子には質量数の異なる同位体が存在し，安定同位体である質量数2の水素原子（重水素：D）と質量数18の酸素原子（重酸素： ^{18}O）は，それぞれ $HD^{16}O$（0.032％）， $H_2^{18}O$（0.20％）として水分子を構成し陸水中に含まれている．これらの同位体水分子は化学的には水そのものと同じ挙動をし，溶存物質のように周辺物質との化学反応を起こさないため，水文循環における水の動きを把握するうえで理想的なトレーサーとして利用できる．

降水中の水素・酸素の安定同位体比は，同位体分別効果のために降水が形成されたときの温度の影響を大きく受けることが知られている．この結果，降水中の安定同位体比変化には，季節変動，緯度による変動，高度による変動がみられ，この特性が地下水涵養域の推定などの水の起源指標として利用されている（図2）．水素・酸素安定同位体比は水循環における起源判定の機能をもったトレーサーで，地下水涵養起源判定に加えて，降雨−流出機構の成分分離や降水水蒸気起源の判定などを含めた水文プロセス解明ツールとして広範囲に利用されている．最近では蒸発散過程における蒸散量の分離や植物体の吸水深度の判定などにも応用されている[10]．

以上のトレーサーのほか，希ガスなどについては風早ほか[11]などを参照するとよい．また，それぞれの測定法，分析法については，文献を参照されたい．

［嶋田　純］

●文献
1) 田瀬則雄：水文学における環境同位体の利用．化学工業，67：97-99, 2003
2) 馬原保典：地下水年代決定法の検討（その2）—トリチウム・ヘリウム-3測定法の原位置への適用性—．電力中央研究所報告 U90050, 1990
3) Ekwurzel, B., et al.: Dating of shallow groundwater: Comparison of the transient tracers $^3H/^3He$, chlorofluorocarbons, and ^{85}Kr, Water Resour. Res., 30: 1693-1708, 1994
4) Cook, P. G. and Herczag, A. L. Eds: Environmental Tracers in Subsurface Hydrology, Kluwer, 2000
5) Ohota, T. et al., M.: Separation of dissolved Kr from a water sample by means of a hollw fiber membrane, Jour. Hydrology, 376: 152-158, 2009
6) Momoshima, N., et al.: An improved method for ^{85}Kr analysis by liquid scintillation counting and its application to atmospheric ^{85}Kr determination, Journal of Environmental Radioactivity, 101: 615-621, 2010
7) Plummer, L. N. and Busenberg, E.: IAEA Guidebook on the use of chlorofluorocarbons in hydrology 2004 edition, Technical Report Series, No.438, 2006
8) Clark, I. and Fritz, P.: Environmental Isotopes in Hydrogeology, Lewis Pub., 1997
9) Bentley, H. W. et al.: Chlorine 36 in the terrestrial environment, in Handbook of Environmental Isotope Geochemistry, 2, 427-480, Elsevier, 1986
10) 山中勤：水蒸気の同位体を利用した大気境界層研究．気象研究ノート．No.220: 61-78, 2009
11) 風早康平ほか：同位体・希ガストレーサーによる地下水研究の現状と新展開．日本水文科学会誌，37（4）：221-252, 2007
12) 嶋田純・後藤純治：環境同位体に基づく扇状地の地下水流動特性．黒部市地下水流量等調査業務報告書，149-177, 2004

C4-2 降雨の分配
降雨と遮断

●森林による遮断過程

森林に降った降雨（林外雨，gross rainfall，GR）の多くは樹木の葉や枝の集合体（林冠）にいったん付着する．これを遮断（interception）とよぶ．図1に森林による遮断過程の模式図を示した．遮断された雨水の一部は，葉や枝から滴り落ち，滴下雨（drip）として林内の地面（林床面，forest floor）に到達する．林冠に一度も接触せずに林床面まで到達した雨水を直達雨（direct rainfall）とよび，林床面まで到達する雨滴は滴下雨と直達雨を併せた樹冠通過雨（throughfall，TF）となる．一方，葉から枝，幹の表面を伝って林床面まで樹幹流（stemflow，SF）として流下する雨水も存在する．しかしながら，遮断された雨水のすべてが樹冠通過雨もしくは樹幹流として林床面まで到達することはなく，一部は大気へ蒸発する．この蒸発現象を遮断蒸発（evaporation of intercepted rainfall）や遮断損失（interception loss，I）とよぶ．このように林外雨は林冠を通過する間に，樹冠通過雨，樹幹流，遮断損失へと分配（redistribution）され，次式の関係が成立する．

$$I = GR - (TF + SF) \qquad (1)$$

なお，地表面上に森林以外の物体が存在する場合，例えば，草原や農作物，ビルや家屋などの人工建造物によっても，森林による遮断と同様の水文現象が生じるものの，その計測例は非常に少ない．したがって，水文現象で遮断を取り扱う場合のほとんどは森林を対象としている．また，降雪時にも遮断現象は生じ，降雨時と同様に重要な水文プロセスであるが[2]，ここでは降雨時の遮断現象について述べることとする．

●遮断損失量の計測方法

一般的に遮断損失量は，林外雨量，樹冠通過雨量および樹幹流量をそれぞれ個別に計測し，式（1）に基づいて評価される．林外雨は転倒マス型雨量計などを用いて開空地で計測されることが多い．一方，雨水が林冠を通過するとき，ある特定の地点に集中して滴下することが知られている[1]．これは，葉や枝の角度などによって，雨水が林冠内のある特定の部位に集まりやすいためと考えられる．このため，滴下雨を含む樹冠通過雨の空間不均質性は非常に高く，林床上のある地点では林外雨量よりも多い樹冠通過雨量が計測されることも多い[1]．したがって，遮断損失量を適切に評価するためには計測の対象となる森林の平均的な樹冠通過雨量を求める必要がある．計測対象とする林分（stand）の面積や立木密度などにも依存するが，少なくとも20個以上の転倒マス型雨量計あるいは貯水型雨量計が必要となる[1]．あるいは，同等の受水面積をもつ樋で樹冠通過雨を集水する場合もある．なお，樹冠通過雨量の計測に転倒マス型雨量計もしくは貯留型雨量計を用いる場合には，適切な平均値を得るために必要な雨量計の個数を統計学に基づいて検討することが可能である[1]．

樹幹流については，まず，幹に巻きつけたウレタンマットなどで流下してくる雨水を集水し，タンクに貯水するか，転倒マス型流量計で計量を行う．なお，関東地方のスギ人工林で樹幹流量を14個体について計測した例によると（図2），個体ごとの樹幹流の最大値は最小値の14倍にも相当するが，林床面から1.3 mの高さにおける幹の直径（胸高直径，diameter at

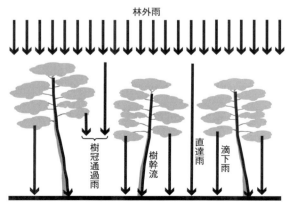

図1　林冠による降雨の分配過程の模式図[1]

図2　筑波森林水文試験地のスギ壮齢林における樹幹流の計測例[3] 樹冠通過雨の計測には樋および貯留型雨量計を用いている．

表 1 温帯における遮断損失量の計測事例[1]

気候帯	森林のタイプ	主要な樹種	立木密度 (trees/ha)	樹冠通過雨率 TF/GR (%)	樹幹流率 SF/GR (%)	遮断率 I/GR (%)	出典
温帯							
	広葉樹林						
		クヌギ	350	72.4	2.5	24.0	Toba and Ohta（2005）
		マテバシイ	—	29.7	50.2	20.1	佐藤ほか（2002）
		ベアーオーク（scrub oak）	1411	82.0	0.54	17.4	Bryant *et al.*（2005）
	針葉樹林						
		アカマツ	1444	82.3	5.2	13.0	Toba and Ohta（2005）
		アカマツ	355	82.6	3.3	14.0	Toba and Ohta（2005）
		アカマツ	2700	82.0	1.0	17.0	Iida *et al.*（2005a）
		スギ	513	79.0	5.7	15.8	田中ほか（2005）
		ヒノキ	923	74.0	10.9	14.4	田中ほか（2005）
		タエダマツ（loblolly pine），ショートリーフパイン（shortleaf pine）	371	77.2	0.54	22.3	Bryant *et al.*（2005）
		ロングリーフパイン（longleaf pine）	2050	80.5	2.0	17.6	Bryant *et al.*（2005）
	混交林						
		アカマツ・ハンノキなど	1678	80.4	2.7	17.0	Toba and Ohta（2005）
		コナラ・サカキなど	2852	78.7	3.0	18.0	Toba and Ohta（2005）
		アカマツ・シラカシなど	4580	82.0	9.0	9.0	Iida *et al.*（2005a）
		コナラ・アカマツなど	5070	66.6	9.9	23.6	Park *et al.*（2000）*
		コナラ・オオバヤシャブシなど	1873	82.5	5.0	12.5	Park *et al.*（2000）*
		ホワイトオーク（white oak），ショートリーフパイン（shortleaf pine），タエダマツ（loblolly pine）	711	80.9	0.54	18.6	Bryant *et al.*（2005）
亜寒帯							
	針葉樹林						
		アカマツ	1492	64.3	0.028	36.0	Toba and Ohta（2005）
		カラマツ	840	71.3	0.003	29.0	Toba and Ohta（2005）

*夏季と冬季に分けてデータを表示しているため，再集計を行った.

breast height: DBH）と各個体の樹幹流量は高い相関を有している[3]．森林の平均的な樹幹流量を評価するためには，各樹木のDBHをあらかじめ計測し，代表性を確保するように測定木を決定する必要がある．なお，これらの計測方法の詳細については飯田[1]を参考にするとよい.

●遮断損失量の計測事例

温帯林においてこれまでに行われた遮断損失量の観測結果から，林外雨量に対する樹冠通過雨量および樹幹流量の割合（樹冠通過雨率および樹幹流率）はそれぞれ70～80％，0～10％，林外雨量に対する遮断損失量の割合（遮断率，interception ratio）は10～30％の範囲となる場合が多い（表1）．国内の代表的植生であるスギ林およびヒノキ林の遮断率は10～30％である[4]．一方，世界の森林面積のうち最も大きい割合を占める熱帯林の遮断率は，いくつかの例外を除いて10～20％である[5]．他方，亜寒帯であるシベリアの針葉樹林の遮断率は概ね30～40％であり，他の気候帯と比較して大きい傾向にある.

遮断損失量は，降雨中と降雨後に発生した成分の和であると考えることができる．降雨中の正味放射量（net radiation）は小さいため，降雨中に発生する濡れた林冠からの蒸発の強度は飽差（vapor pressure deficit）と風速に依存するものと考えられる．また，降雨中の蒸発量はその強度を降雨継続時間で積分したものであるから，降雨継続時間が長いほど大きくなる．以上のことを考慮すると，亜寒帯の飽差は他の気候帯よりも大きいことが，亜寒帯の高い遮断率の要因の1つである可能性がある．また，亜寒帯の降雨強度は低く，ひと雨の総量に比して降雨時間が長いこともその一因であろう．　　　　　　　　　　　［飯田真一］

●文献

1) 飯田真一：植生による降雨の分配．杉田倫明・田中正編著，水文科学，共立出版，2009
2) Lundberg, A. and Halldin, S.: Snow interception evaporation: review of measurement techniques, processes, and models, *Theoretical and Applied Climatology*, 70: 117-133, 2001
3) 飯田真一ほか：筑波森林水文試験地のスギ林分における樹幹流量の個体間差．関東森林研究，61: 207-210, 2010
4) 田中延亮ほか：袋山沢試験流域のスギ・ヒノキ壮齢林における樹冠通過雨量，樹幹流下量，樹冠遮断量．東京大学農学部演習林報告，103: 197-240, 2005
5) 蔵治光一郎・田中延亮：世界の熱帯林における樹冠遮断研究．日本林学会誌，85: 18-28, 2003

C4-3 蒸発と蒸散

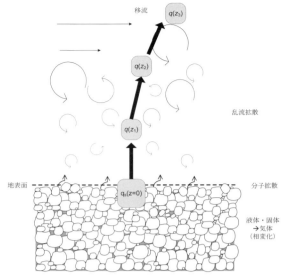

図1　蒸発のメカニズム
現象を単純化するため地表面を土壌として，灰色が土壌水分である．植生面であれば，土壌空隙を気孔と置き換える．q_s は地表面 $z=0$ の比湿，q は大気中 $z=z_1$, z_2, z_3 における比湿である．

●定義とメカニズム

一般に，液体が気化して気体に相変化する現象を蒸発（evaporation），逆に水蒸気が液体に相変化する現象は凝結とよばれる．固相から気相への直接の相変化は，昇華である．また，逆方向の相変化も昇華とよぶ場合がある．一方，水文現象としての蒸発は，地表面から大気への水の相変化を伴う輸送を意味する．しばしば，凝結（量）は負の蒸発（量）として，蒸発に含めて扱われる．同様に，昇華も区別せず蒸発に含める場合が多い．ここで，地表面とは必ずしも土壌面（地面）を表すわけではなく，植生面，水面，雪面など大気とその下の物質の境界面のことである．また，「面」と言いながら，実際にはある厚さを有する層を表す場合が多い．たとえば植生面はキャノピー層を上からみれば，仮想的に面と考えることが出来るが，相変化はキャノピー層全体で生じている．植物を介した蒸発を蒸散（transpiration）とよぶ．また，蒸発と蒸散を合わせて蒸発散（evapotranspiration）ということもあるが，蒸散も蒸発の一種であると考え，あえて区別しない場合もある．

蒸発や蒸散が地表面で生じ続けるには，液体または固体から水蒸気への相変化とともに，水蒸気を蒸発が生じた場所から運び去る輸送プロセスが重要である（図1）．相変化した水蒸気は，まず分子拡散により地表面近傍で水蒸気濃度の低い上方へと輸送される．地表面から離れると，分子拡散に加えて乱流拡散が加わることで水蒸気はより効率的に大気上方へと運び去られる．さらに水平流（風）による移流により水平方向にも水蒸気が運ばれることで，液相と気相が平衡に達することなく蒸発が生じ続けるのである．

●蒸発とエネルギー

蒸発は水循環および水収支の一部であると同時に，エネルギー輸送や熱収支にもかかわっている．気化には液相から水分子を逃れさせる運動エネルギーが必要であり，これが気化熱または蒸発の潜熱で，熱収支式 $R_n - L_e E - H - G = 0$（R_n：正味放射量，H：顕熱フラックス，G：地中熱流量）の中では $L_e E$：潜熱フラックス（latent heat flux）（E：蒸発量，L_e：気化熱（凝結熱）または昇華の潜熱）として扱われる．湿潤地域では，正味放射量の内で蒸発に用いられるエネルギーの占める割合 $L_e E / R_n$ が日中 70〜90% 近くなり，蒸発が熱収支の中に果たす役割が大きい．

●大気陸面相互作用

蒸発によりエネルギーが使われると，相対的に顕熱フラックスが小さくなるため，その地域の気温上昇は蒸発がないときに比較して低く抑えられる．乾燥地域の気温が高い一因は蒸発が少ないためである．また，打ち水の直接的な効果の1つも同じ原理で生じる．このような，地表面の状態が大気の状態に影響を及ぼすこと，また逆に大気が陸面の状態に影響を及ぼすことやその原因を大気陸面相互作用とよぶ．

●蒸発量の推定と大気陸面相互作用

蒸発量を推定する場合，可能蒸発量（potential evaporation）を算出し，これにある係数を乗じることで実際の蒸発量を推定する場合が多い．ここでは，可能蒸発量と実蒸発量の比例関係が仮定されている．ところが，大気陸面相互作用を考慮すると，これは必ずしも正しくない．補完関係[1,2]の考え方によれば蒸発量 E と可能蒸発量 E_p の間にはその増減が反対となる $E + E_p = 2 E_{po}$ が成り立つはずだという（図2）．E_{po} は土壌が十分湿っているときの可能蒸発量である．土壌が乾燥すると実際の E は減少する．このとき，蒸発に使われるはずだった潜熱が不要になるが，これが

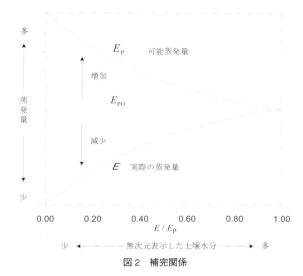

図2 補完関係

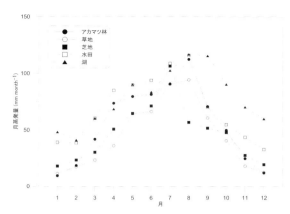

図3 つくば市およびその周辺のさまざまな土地被覆上で観測された蒸発量の季節変化

アカマツ林と草地は筑波大学陸域環境センターでの観測値，湖は霞ヶ浦湖心での観測値[6]，水田は農業環境技術研究所のつくば市真瀬サイト[7]，芝地は気象研究所での観測値[8]．

顕熱として大気を加熱するのに使われるとすれば，気温は上昇するはずである．すると可能蒸発量 E_p は蒸発量の減少とは逆に，増加することになる．この考えを取り入れた蒸発量の推定方法も提案されている[3]．

● 蒸発量分布とその季節変化

地球全体の年平均蒸発量は約 1000 mm，陸域平均では 500 mm 程度である[4]．しかし，さまざまな要因で，地球上のある地点の蒸発量は，地球全体の平均からは大きくずれる場合が多い．

地球上の蒸発量の分布は概ね日射量分布で決まる．地球全体の緯度平均で年蒸発量をみると，±30°で概略 1200〜1500 mm 程度，30〜60°では 400〜1200 mm 程度，60〜90°では＜400 mm である[5]．しかし，海洋での蒸発量分布と比較すると，陸域の蒸発量分布はより複雑である［▶ C2-2］．これは，陸域では地表面状態（水面，砂漠，草原，森林，…）や標高，気候帯の違いによる乾燥度合いなどが蒸発に与える影響が非常に大きいためである．結果として，同緯度でも蒸発量のばらつきが非常に大きいのが陸域の蒸発量分布の特徴である．

日本国内の年蒸発量の分布としては，森林に対して北日本（500〜700 mm），関東から西日本（700〜1100 mm），湖では北日本（400〜700 mm），西日本で（700〜1000 mm）という値が示されている[5]．

土地被覆が異なることによる同一地域の蒸発量の違いを図3に示す．年蒸発量が多いのは水田（1025 mm）で，これに湖（948 mm），森林（740 mm），芝地（568 mm），草地（535 mm）が続く．季節変化は，夏多く，冬少ないという変化傾向は概略一致する．しかし，湖では月蒸発量の最大値と最小値の差が小さく，最大値の出現が他の土地被覆より遅れ，冬期でも他と比べて多い蒸発量が維持されている．これは湖水の熱貯留の効果である．

［杉田倫明］

● 文献

1) Bouchet, R. J.: Evapotranspiration réelle, évapotranspiration potentielle, et production agricole, *Ann. Agron.*, 14, 743-824, 1963
2) 杉田倫明・田中正編：水文科学，共立出版，2009
3) Sugita, M. *et al.*: Complementary relationship with a convective boundary layer model to estimate regional evaporation, *Wat. Resour. Res.*, 37, 353-365, 2001
4) Brutsaert, W.（杉田倫明訳）：水文学，共立出版，2008
5) 近藤純正：水環境の気象学，朝倉書店，1994
6) Sugita, M. *et al.*: Evaporation from Lake Kasumigaura: annual totals and variability in time and space, *Hydrol. Res Lett.*, 8, 103-107, 2014
7) 小野圭介：渦相関法による水田生態系の二酸化炭素および水蒸気フラックスの動態解明，筑波大学大学院生命環境科学研究科博士論文，2008
8) 藪崎志穂ほか：陸域環境研究センターにおける蒸発散量推定法の検討，筑波大学陸域環境研究センター報告，6，45-51，2005

C4-4 浸透と降下浸透

●地表面における水の配分

地表面付近に到達した降水のその後の経路は，樹木や草本などの植生によって複数に分かれる（図1）．樹木の枝や葉からなる樹冠に到達した降雨（林外雨）の一部分は，蒸発し水蒸気として直接大気中に戻る（遮断蒸発：interception loss）が，土壌中の水を植物が根から吸水し，葉から大気中に戻す蒸散（transpiration）と，地表面から大気に直接蒸発する分とを合わせると，年平均でおよそ林外雨の10～20%程度が大気中に戻り，残りが林内雨（throughfall）や樹幹流（stemflow）として地表面に到達する［▶C4-2, C4-3］．地表面に到達した水は，土壌中に浸透（infiltration）するか，地表流（overlandflow）となり地表面上を流下するかのいずれかのプロセスをとる．

●浸透

水が地表面から土壌中に侵入する現象を，浸透（infiltration）という．分野によっては，"浸潤"などの用語を用いる．水が地表面にどの程度浸透するかを表すパラメータが，浸透能（infiltration capacity）である．浸透能は，土壌の種類によって，また土壌の水分状態などによって異なるが，一般には，降雨初期において浸透能は高く（初期浸透能），その後速やかに低下し，一定値に収斂（終期浸透能）する（図2）．いま降雨強度が一定である条件を仮定すると，雨の降り始めから浸透能が降雨強度を上回っている間は，すべての降雨は浸透するが，浸透能が降雨強度を下回ると，余剰降雨は浸透しきれずに地表面を地表流として流下する．このようにして発生する地表流を，ホートン地表流（浸透能超過型地表流）とよぶ．従来，温帯湿潤地域の森林植生のある山地斜面では，地表面の浸透能はほとんどの場合降雨強度を上回るので，ホートン地表流が発生することはまれであるといわれてきた．しかしながら近年，樹木の状態によっては森林斜面でもホートン地表流が発生する事例が観測されている．

●土壌水の流れ

地表面に浸透した水が土壌中を深部に向かって移動する現象を，降下浸透（percolation）という．土壌水の降下浸透プロセスは，多孔体中の流れとして表され，不飽和流も飽和流もともにポテンシャル流として記述できる．土壌水にはさまざまな力が作用しているが，なかでも最も重要な力が毛管力（capillary force）と重力である．これらの力を受けている土壌水のエネルギーポテンシャル ϕ_t は，式（1）で表される．

$$\phi_t = \phi_g + \phi_m + \phi_o + \phi_a + \cdots \quad (1)$$

ここで，ϕ_g は重力ポテンシャル，ϕ_m はマトリックポテンシャル，ϕ_o は浸透ポテンシャル，ϕ_a は空気ポテンシャルである．一般に土壌空気の影響は，無視されることが多いが，最近その影響が重要視されるようになってきている．また，浸透ポテンシャルは濃度の高い溶質が土壌水を形成している場合，根と土壌間の交換作用などで重要になる場合もある．ここでは条件の簡便化のために両者のポテンシャルを無視しうると仮定すると，$\phi_p = \phi_m$ とおけ，式（1）は以下のように表

Pg：林外雨, Tf：樹冠通過雨, Cd：樹冠滴下雨,
Sf：樹幹流, Ev：遮断蒸発, Tr：蒸散, Ab：吸水,
Eg：地面蒸発, If：浸透, Of：地表流, Pc：降下浸透,
Gr：地下水涵養, Bi：岩盤浸透, Gd：地下水流出

図1　地表面付近における水の配分プロセスを示す模式図[1]

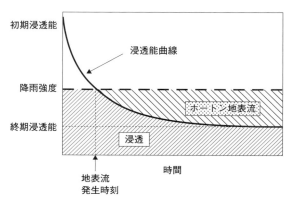

図2　浸透能と降雨強度の時間変化，およびホートン地表流の発生を示す模式図[1]

される．

$$\phi = \phi_t - \phi_o = \phi_g + \phi_p \qquad (2)$$

ここで，ϕ は水理ポテンシャルである．ϕ の次元は単位質量あたりのエネルギー［L^2T^{-2}］なので，実用上あまり便利ではない．そこで，式（2）を重力加速度 g で除すと，式（3）のようになる．

$$\frac{\phi}{g} = h = z + \Psi \qquad (3)$$

ここで，h は水理水頭（hydraulinc head），z は重力水頭（位置水頭），Ψ は圧力水頭とよばれる．これらの次元は［L］となり，長さの単位（cm H_2O，m H_2O など）で示すことが可能になる．土壌水は，水理水頭の高いところから低いところに向かって流動する．重力水頭は基準面からの高さ，圧力水頭は土壌水の負圧を測定することが可能なマノメーターにより実測可能である．すなわち，任意の複数深度における圧力水頭の測定ができれば，その地点における土壌水の流動方向を知ることができるのである．土壌水と地下水の境界面である地下水面上では，圧力水頭は 0 cm H_2O である．一方，土壌水では $\Psi<0$ cm H_2O，地下水では $\Psi>0$ cm H_2O である．

図3に，土壌水の水理水頭における深度分布の時間変化を，アイソプレス図として示した．これは，火山岩からなる山地森林流域において，深度0.1 mから1.5 mまでの複数深度における圧力水頭を，30分間隔で約1か月間観測したデータをもとに作成された図である．基準面は，深度1.5 mである．この図をみると，8月31日の降雨後，水理水頭の高い部分が土壌の浅い深度から約1mの深さに向かって降下浸透する様子がみられる一方，浅い深度においては水理水頭の低い部分が生じ，9月8日前後から水理水頭値が－100 cm H_2O，－50 cm H_2O，－30 cm H_2O である等値線が各々，深度20 cm，50 cm，60 cm程度まで下降している現象が認められる．土壌水は水理水頭の高いところから低いところに向かって動くので，9月6日から12日にかけては，深度1 mより浅い部分では鉛直上向きの流れが，深度1 mより深い部分では下向きの流れが生じていたことが示されている．すなわち，深度1 mを境に土壌水の鉛直方向の流れが反対になっており，この境界深度のことを，土壌水の流れが上下に発散する境界面という意味から，発散ゼロフラックス面（Divergent Zero Flux Plane．図中ではD-ZFPと表示）と称する．一方，8月29日から31日にかけての降雨に対し，深度20 cmより浅い部分では降下浸透にともなう下向きの流れが，また深い部分ではそれ以前の蒸発散過程のなごりにより，上向きの流れが生じている．すなわちこの時期，深度20 cm

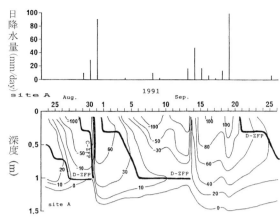

図3 山地森林流域の土壌水における深度1.5 mまでの水理水頭（cm H_2O：基準面は深度1.5 m）の変化と日降水量の変化（辻村原図）
図中の矢印は，土壌水の流れの方向を示す．

付近では下向きと上向きの流れが収束しているため，この境界深度のことを収束ゼロフラックス面（Covergent Zero Flux Plane：C-ZFP）という．収束ゼロフラックス面は，土壌水の降下浸透にともない8月30日から31日にかけて下降していき，最終的に発散ゼロフラックス面のある深度において消滅する．

このように土壌水は，降雨にともなう降下浸透と，蒸発散にともなう上向きの流れを生じながら，地下水への涵養と大気への水供給を行う役割を果たしているのである．

［辻村真貴］

●文献
1）辻村真貴：液体としての水循環プロセス，松岡憲知ほか編，地球環境学―地球環境を調査・分析・診断するための30章，pp.37-39，古今書院，2007
2）辻村真貴：源流域の地下水，谷口真人編：地下水流動―モンスーンアジアの資源と循環，pp.25-44，共立出版，2011

C4-5 流　出
水流発生機構，河川流出，降雨流出プロセス

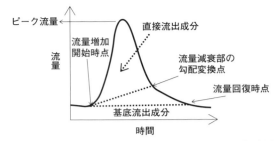

図1　洪水ハイドログラフの流出成分における構成要素（辻村原図）

●水流発生機構

「流域に雨が降ったら，どのような経路を経てどのくらいの雨水が川へ流れ出るか？」という流域の水流発生機構（streamflow generation mechanism），または降雨流出プロセス（rainfall-runoff process）に関する研究は，現在においてもなお水文学の中心課題であり，大きく以下のように整理される．(a) 降雨流出水の起源，(b) 降雨から流出に至る経路とその量，(c) 流出に至るまでの時間，(d) 流出を発生させるメカニズム．これらは，降雨に対し流出が応答する際，その流出をもたらす水が，どこを起源として，どこを通過し，どの位の時間を経て，そしてどのようにもたらされるか，という問いに言い換えることができる．これにともなうさまざまな水文プロセスにより，流出量の時空間分布が異なってくるのである．降雨にともなう出水時の河川流出のことを洪水流出，そしてその時のハイドログラフ（hydrograph）のことを洪水ハイドログラフ，または降雨流出ハイドログラフとよぶ．

●洪水流出成分の構成要素

洪水ハイドログラフの成分を検討することは，降雨流出プロセスを理解する上での基本である．（図1）．流量の増加開始時点から引いた水平線の上下で，直接流出成分と基底流出成分に分離する方法，あるいは流量増加開始時点と流量減衰部におけるハイドログラフの勾配変換点を結んだ線分で両者を区分する方法などがある．こうした方法は従来，流出解析のために便宜的に行われた分離法で，物理的な根拠があるわけではない．これに対し，洪水流出水の構成成分を，水の溶存成分や同位体組成などをトレーサーとして分離する方法は，1970年代以降水文学の研究において盛んに行われ，従来の手法とは異なる知見が得られるようになった［▶ C4-1］．

図2に示すように，いま降雨時に任意の河川断面を通過する流出水が，降雨によって新たに流域に付加された成分（新しい水，event water）と降雨以前から流域に貯留されていた地下水成分（古い水，pre-event water）とから構成されているとすると，

$$Q_t = Q_n + Q_o, \quad C_t Q_t = C_n Q_n + C_o Q_o \quad (1)$$

という物質収支式で表される．ここで，Q は流量，C

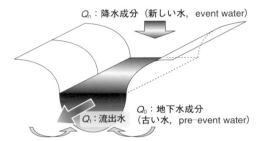

図2　トレーサーによる洪水ハイドログラフの成分分離の考え方を示す模式図[2]

はトレーサー濃度，添え字の t, n, o はそれぞれ総流出水，新しい水成分，古い水成分を示す．式（1）を連立させることにより，

$$Q_o = \frac{C_t - C_n}{C_o - C_n} Q_t \quad (2)$$

が得られる．n を降水により，o を地下水あるいは基底流出時の河川水により代表させることができれば，Q_n，Q_o 以外の各項を実測することにより，総流出水に占める古い水成分の割合を推定することが可能である．ただし，この収支式により流出成分を分離するには，対象とするシステムにおいていくつかの条件が満たされている必要がある[1,2]．

安定同位体をトレーサーとして用い，洪水流出成分を分離した一例を図3に示した．長野県の伊那谷にある堆積岩と花崗岩からなる2つの山地源流域の降雨流出特性を比較したものである．両流域とも降雨条件はほぼ同じで，斜面土層厚はいずれも1m未満ときわめて薄い．花崗岩流域では降雨に対する流出応答はきわめて速やかで，流量は雨量に対応して増減している．一方堆積岩流域では，降雨ピークに対し流量ピークは半日程度遅れ，また流量ピークは花崗岩のそれよりも高くなっている．同時に観測された酸素安定同位体比（$\delta^{18}O$）の値をみると，堆積岩流域では，降雨期間中を通じ河川水の安定同位体比は降水のそれによる影響を全く受けていないのに対し，花崗岩流域におけるそれは降水の影響を受け，洪水流出に占める降水成

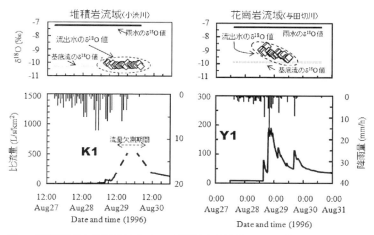

図3 堆積岩流域と花崗岩流域において観測された降雨イベント時における，降雨流出特性と流出成分特性，および酸素安定同位体による洪水流出の検討[3]

分の割合は最大で45%程度に上った．これらの事実と，土層厚がきわめて薄いこと，また流域面積は5ha程度と小さいことなどから，堆積岩流域の降雨に対する流出の遅れ現象は，流出に対する基盤岩地下水の影響であると判断された．山地源流域における降雨に対する流出応答の遅れ現象は，従来斜面土層中の側方浸透流の寄与によると考えられてきたが，基盤岩地下水が流出に及ぼす影響も大きいことが近年指摘されている．

● 降雨流出プロセス

降雨流出プロセスにおいては，地下水の流出が特に重要である．山地斜面の河道近傍においては，降雨があると降下浸透により毛管水縁が速やかに正圧化し，地下水面が地表面と一致することにより，河道近傍に地下水の高まり（地下水嶺：groundwater ridge）が形成される．地下水嶺の尾根付近では，動水勾配が顕著に大きくなることから，地下水流速が大きくなり，洪水流出への地下水成分の寄与を高めることになる．さらに斜面下部において地形面と地下水面が一致している部分では，ここに到達した降雨が浸透できずに，地表流として斜面を流下し河川に流入する．これを飽和地表流（saturation overland flow）とよぶ．飽和地表流の発生域は，地下水の流出域であり地表流の発生場でもあることから，直接洪水流出に寄与する流出寄与域（source area）である．このような流域寄与域は，降雨の規模や降雨プロセスの進行状況により，拡大，縮小を動的に繰り返し，それにともない洪水ハイドログラフの特性が変化する（流出寄与域変動概念：variable source area concept）．

一般に土壌中のダルシー流のみでは，洪水ハイドログラフを量的に説明できないことが従来から指摘されてきた．これに対し，山地や丘陵地斜面の脚部などでは，径数cmから数十cm程度のパイプ状の粗大孔隙がみられ，降雨時にはこのパイプから多量の水や土砂が流出する現象が報告され，パイプが降雨流出に大きな影響を及ぼすことが指摘されるようになっている．

パイプが流出に対して有効に機能するためには，地中の水分条件が整う必要，すなわちパイプ周辺における土壌水の圧力水頭が正圧（≧0 cm H_2O）である必要がある．内田[4]は，堆積岩からなる0次谷で観測されたパイプ流量とピーク雨量の関係を検討し，パイプ流量は，ピーク雨量だけではなく，降雨前における流域の湿潤度合いにも依存することを示唆している．特に降雨前10日間の雨量が少ない比較的乾燥条件で発生した降雨では，パイプからの流出がほとんど生じないイベントが多いのに対し，降雨前の雨量が多い湿潤条件での降雨においては，顕著に高いパイプ流出が観測された．

降雨流出プロセスは，降雨条件のみならず，対象流域の地質，土層構造，植生，気候など，場の条件により大きく異なるため，その解明のためにはこれからも地道なフィールド観測が重要である．　　　　［辻村真貴］

● 文献
1) 辻村真貴：環境同位体を用いた降雨流出の研究．恩田裕一他編，水文地形学．pp.79–87．古今書院．1996
2) 辻村真貴：地表水の循環．杉田倫明・田中正編，水文科学．p.167–196．共立出版．2009
3) Onda, Y. et al.: Runoff generation mechanisms in high-relief mountainous watersheds with different underlying geology, *Journal of Hydrology*, 331: 659–673.
4) 内田太郎ほか：谷頭凹地におけるパイプ流の流出機構：京都大学芦生演習林内トヒノ谷流域におけるパイプ流量，水温，土壌間隙水圧の観測．地形．23: 627–645, 2002

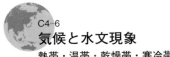

C4-6 気候と水文現象
熱帯・温帯・乾燥帯・寒冷帯（冷帯と寒帯）

地球上には多種多様な水文現象が存在する。水文現象は，水の源としての降水や大気状態（気象）と，降水の受け手としての植生・土地利用や地形・地質（地象）との相互作用の結果である。本項では，各気候帯における特徴的な気象と地象を踏まえつつ，それぞれの気候帯で特徴的な水文現象について述べる。なお，本項ではケッペンの気候区分［▶B9-5］を念頭におく。

●熱帯

熱帯では降水量が豊富であり，植物の生長に対して水律速にはならない。熱帯雨林気候（Af）では常に，そして熱帯モンスーン気候（Am）やサバナ気候（Aw）ではある期間を除いて，降水量が可能蒸発散量（potential evapotranspiration）を上回っている。

熱帯では，雨季にシャワー性の降雨が場所によっては毎日のように起こる。他の気候帯に比べて強い降雨強度（rainfall intensity）であるがゆえに，植生の密閉度に応じた多様な水文現象がみられる。

Afでは樹冠（あるいは林冠；canopy）が幾層にも分かれて生い茂り，降雨の一部は樹冠に遮られて遮断蒸発によって大気に戻る。樹冠の密閉度が大きいため，樹幹流は概して少ない。遮断蒸発から免れた降雨は樹冠通過雨として林床に到達する［▶F3-1］。

地表面熱収支を概説すると，正味放射の約8割は潜熱フラックス（以下，潜熱）として大気に輸送され，残りが樹体貯熱量変化や地中伝導熱，顕熱フラックス（以下，顕熱）に費やされる。

AmやAwでは，Afに比べて植生が密閉しておらず，一部に灌木林が広がる。したがって樹冠遮断は小さく，降雨の大部分が地表に到達する。土壌の発達も貧弱であるため，直接流出や表面流出（地表流）が発生しやすい。Amでは乾季であっても大きく潜熱が減少しないことがある。これは森林の根系が地下深くまで達するため，比較的容易に，地下深くから根により吸水（root water uptake）できるためである［▶F3-2］。

●温帯

温暖湿潤気候（あるいは湿潤亜熱帯気候；Cfa）は夏に高温多湿，冬に低温少雨となる気候である。夏の気温と降水量はAfに匹敵する程度であり，東アジアの梅雨のような雨季には集中豪雨やシャワー性の降雨がある。よって温暖湿潤気候の水文現象は熱帯のそれに類似する。気温と降水量に明瞭な季節変化があるため，潜在植生は落葉樹や常緑樹，あるいはそれらの混交林になっている場合が多い。人為による伐採などを経た二次林（secondary forest）では概して中・下層に常緑樹，上層に落葉樹になっている場合が多く，林分は多層構造を有する。そのため降雨は比較的容易に遮断される。熱収支の季節変化に着目すると，冬季に落葉樹が落葉すると顕熱が卓越するのを除いて，年間を通して潜熱が卓越する［▶F3-4］。

西岸海洋性気候（Cfb，Cfc）では年間を通して降水量は少なく低湿な気候である。冬季には低温になるため，顕熱と潜熱は年間を通して拮抗する。Cfaとは異なり，潜在植生は落葉性の単層林となっている場合が多い。

地中海性気候（Cs）は夏季に高温少雨となるため地表面熱収支の季節変化に特徴がみられる。夏季に正味放射が最大となる点はCf気候と同様であるが，冬季から夏季への移行期は雨季から乾季への移行期でもあるため，夏季の初期には潜熱が卓越し，夏季後半からは顕熱が卓越するようになる。その後の冬季（雨季）には潜熱が卓越する。夏季（乾季）の可能蒸発散量は実蒸発散量を上回り，乾燥帯と同様の水文気候を呈する。潜在植生は常緑性の単層林となっている場合が多い。

●乾燥帯

乾燥帯（あるいは乾燥気候）では，日単位以上の時間スケールにおいて可能蒸発散量が降水量を常に上回っている。すなわち乾燥気候では，常に実蒸発散量よりも可能蒸発散量の方が大きい。この気候帯の正味放射に占める潜熱の割合は非常に小さく，ほとんどが顕熱や地中伝導熱として費やされる［▶F3-3］。

砂漠気候（Bw）の年降水量は非常に少ないため，そこに生起する水文現象も非常に限られる。一年の大半を亜熱帯高圧帯に覆われるため擾乱による降雨イベントはほとんどなく，降雨は局地性の対流性降水によるものがほとんどである。気温の日較差が大きいため，夜間から早朝にかけて地表面近傍で結露することがある。ここに生きる昆虫などは，このような結露水を利用することが多い。

ステップ気候（Bs）では，対流性降水や擾乱による降雨の頻度が多くなる。アフリカ大陸のように熱帯と乾燥帯が隣り合わせで広大に広がっている場合，雨季にもたらされた降雨が地下に浸透しきれず，地表流

表 1 　各気候帯における特徴的な水文現象，および年蒸発散量 / 年降水量

気候帯	特徴的な水文現象	年蒸発散量 / 年降水量
熱帯	遮断蒸発，樹冠通過雨，深部の根による吸水，蒸散，地表流	0.2（森林草地）〜0.5（森林）
温帯	遮断蒸発，樹冠通過雨，樹幹流，蒸散，地表流	0.3（森林草地）〜0.7（森林）
乾燥帯	ワジ（水無河川），地表流，季節性湿地，結露	0.8（灌　木）〜1.0（砂漠）
寒冷帯	融雪，アイスジャム，凍土，凍土内不凍結水（タリク）	0.4（ツンドラ）〜1.0（森林）

年蒸発散量 / 年降水量は，大槻[1] や de Blij *et al.*[2] を参考にした概算値．
C4-9 の表 1 や図 2 も参照のこと．

として国境を越えてくることがある．例えばアンゴラからナミビアに向けて流れる地表水は，ナミビア側で季節性の湿地帯を形成する．河川は，雨季には水流があるものの，乾季には水流が生じないワジ（水無河川，wadi）となる場合が多い．地下に着目した場合，ある一つの帯水層が国境をまたいで存在する場合，それを越境帯水層（transboundary aquifer）とよぶ．越境帯水層は，越境河川あるいは国際河川と並び，国の政治システムなど人為の枠組みを横断した形での健全な水資源確保や水環境保全に向けた研究対象となりつつある．越境帯水層は，アフリカ大陸，南米大陸，ユーラシア大陸西部に多く存在している．

●寒冷帯

湿潤大陸性気候（Dfa，Dfb，Dwa，Dwb）やタイガ気候（Dfc，Dfd，Dwc，Dwd）での気温の年較差は大きい．また比較的少量の年降水量によって植生が維持されている．温暖期には降水量よりも可能蒸発散量の方が大きい．この時期，融雪水や融解した土壌水を利用して植生は生長する．したがって，意外にも温暖期には降水量よりも実蒸発散量の方が大きくなる．なお，温暖期に植生によって利用される土壌水は，その直前の冬にもたらされた降雪が融けて土壌中を浸透したものだけでなく，前年の温暖な季節にもたらされた降雨が降下浸透して土壌中に蓄えられたものも含まれている．東シベリアの年降水量は 250〜500 mm 程度と非常に少ないが，それにもかかわらず地表層に土壌水を保持できタイガを形成できる理由は，下層に不透水層としての永久凍土が存在するためである．なお，永久凍土内には凍土内不凍結水（タリク）が存在する場合がある．北半球高緯度域を北極海に向かって流れる河川は，融雪期にアイスジャム洪水を生じる．

タイガ気候では，年降水量の 75〜85% 程度が蒸発散量として大気に戻る．タイガの熱収支を概観すると，温暖な季節であっても低緯度域に比べて気温が低いため飽和水蒸気圧が小さく，正味放射の 7 割近くは顕熱によって大気に輸送される．潜熱は，温暖な季節の最盛期から後期にピークをもつ［▶ F3-5］．

ツンドラ気候（ET）や極気候（EF）では，一年のうちで気温が 0℃ 以上になる期間が非常に短い．中・低緯度で使用可能な雨量計はそのままでは使えず，降雪の捕足率が低いなどの技術的問題があり，かつ人口が非常に疎らなため，空間的に密に降雪量データを得るのが非常に困難である．ET では融解・凍結によって生じた構造土が多くみられる．融雪期の水流によって侵食も生じるが，土壌の融解深（thawing depth）が小さいため，深くまで侵食されることはまれである．

EF では正味放射が正の時期と負の時期が（期間と放射量とも）拮抗する．年間を通じて顕熱は負（大気から雪面への熱輸送）であり，潜熱は正（雪面から大気への熱輸送）となっている．

以上，それぞれの気候帯で特徴的な水文現象を表1にまとめた．表1には，参考として年降水量に占める年蒸発散量の割合（年蒸発散量 / 年降水量）の概算値も示した．この値は，同じ気候帯でも植被や土地利用によって大きく異なる．　　　　　　[檜山哲哉]

●文献

1) 大槻恭一：中国の緑化政策と水資源問題の葛藤．森林水文学編集委員会編，森林水文学—森林の水のゆくえを科学する—．森北出版，pp. 283-308, 2007
2) de Blij, H.J. *et al.*: Physical Geography: The Global Environment（3rd ed），Oxford Univ. Press, 2004
3) Priestly, C. H. B. and Taylor, R. J.: On the assessment of surface heat flux and evaporation using large-scale parameters, *Monthly Weather Review*, 100: 81-92, 1972

C4-6 ●気候と水文現象　　187

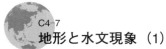

C4-7 地形と水文現象 (1)
山地，扇状地，台地，砂丘，カルスト/火山体，海岸

降水により陸域地表面に到達した水は，高低差に応じて地表あるいは地下を流れ，最終的に海洋へと流出する．陸域における水循環特性を支配する重要な要素である地形は，それを構成する地質条件なども関連し，特有の流動場を形成している．ここでは，特定の地形に対応して作り出される水文システムとそれにより出現する各地形特有の水文現象について述べる．

●山地

山地では地形的要因により上昇気流が発生しやすく，一般的に平野部に比べ降水量が多い．温帯湿潤地域である日本では，ホートン地表流は発生せず，山体斜面に達した降水はいったん地下に浸透したのち，側方流として斜面下部へ向かい地表へ流出する．豪雨時に表層土中の飽和帯が斜面上部まで拡大すると，斜面が不安定化して崩壊を引き起こす．近年では，より深層の岩盤の亀裂まで浸透した地下水が，降雨時の流出へ大きく関与することが示唆されており，深層崩壊や地すべりを引き起こす要因として注目されている．

固結した岩盤からなる山地の透水性は，節理や亀裂・破砕帯などの二次的な間隙によって規定される．岩盤自体の透水性は低いが，割れ目や空洞が連結して発達する場合には，良好な帯水層となる場合もある．トンネル工事の際に断層破砕帯にあたり，地下水が大量に湧出する事例がよく報告されている．このような岩盤における地下水の流れは，ダルシー則に当てはまらない挙動を示す場合もある．しかし，風化が進み亀裂系が連続している花崗岩などからなる山地では，山頂部を涵養域とし周辺部を流出域とする地下水流動系が発達する[1] (図1)．

勾配が大きい山地河川では，降水に対する応答が早く流出率が高いうえに，洪水時における水位変化も著しい．このような特徴は，治水のみならず利水面においてもマイナスとなる．河川の流路長も短い日本では，河川水としての滞留時間が短く，山地域にもたらされた多量の降水も，自然状態では短期間に海洋へ流出してしまう．そのため河川上流域には，治水・利水さらに発電などを目的に，多数のダムが建設されており，形成されたダム湖は，山地域のみならず流域全体の水文システムに大きな影響を与えている．

●扇状地

扇状地堆積物は粗粒の砂礫からなるために透水性が大きく，平水時には涸れ川（水無川，wadi）となっている場合も多いが，洪水時には荒れ川と化し，洪水や土石流被害をもたらすことも多い．恒常水流があっても，かなりの水量が扇頂から扇央部にかけて伏流し，地下水を涵養することになる．しかし，扇状地全体を対象とした場合，河川からの涵養量は一般的に考えられているほど多くない．扇状地地下水の多くは，降水や灌漑水による扇状地面上からの浸透によるもので，線的な涵養源である河川の影響はその近傍に限られる．

標準的な扇状地は，扇頂涵養帯，扇央不圧水帯，扇央被圧水帯，扇端湧泉帯に区分することができ[2] (図2)，各地帯特有の水文特性と，それに関連した独特の土地利用形態がみられる．扇頂部でも不圧地下水が得られるが，地下水面は深い．

扇央付近では，地表流が乏しいうえに地下水面が深く，地下水位の季節変動も大きい傾向にある．水が得にくいため，桑畑・果樹園，近年では新興住宅地としての利用が多くみられる．扇端部に近づくにつれて地下水面は浅くなり，それが地表面と交差する扇端部に

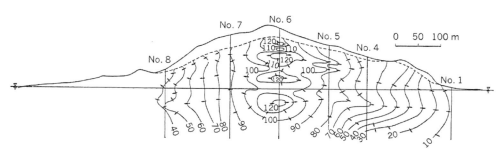

図1 基盤の中の地下水のポテンシャル分布[1]
瀬戸内海にある花崗岩でできた小島における実測結果．島の中心部で高く，周辺に向かって低くなり，地形に応じたポテンシャル分布を示している．図中の矢印は地下水の流動方向を示す．

は，湧泉帯が形成される．水を得やすいため，古くから集落や水田などが立地する．扇央から扇端にかけて，扇状地砂礫層中に粘土層などの難透水層が挟まれている場合には，被圧地下水が得られる．また，扇状地における地下水は，より透水性に優れた砂礫層が埋積する旧河道を水みちとして，選択的に流動することが知られている．

● 台　地

自然状態における地下水の涵養源は，台地面上に降る降水が主体となるが，地形的に連続する場合には，山地や丘陵部からの流入水も大きな役割を果たす．また，人為的な涵養源として，水田・畑地における灌漑水や，都市化の顕著な地域では，上下水道管からの漏水が，台地地下水の涵養に重要な役割を果たしているケースもある．

一般に台地において不圧地下水は，安定で連続性の認められる本水と，不安定で断続的な宙水に区分される．そのため，地下水面の形状は地表面の形態とは無関係に，地下水堆が生じ複雑になることもあるが，隆起扇状地の場合，大局的には台地面とほぼ同様の勾配で傾斜する．下総台地（海成段丘面）の場合には，周囲に発達する開析谷に向かい地下水は流れ，谷戸（谷津・谷地）とよばれる谷頭部で流出する．武蔵野台地には，多摩川が北側から現在の南側に流路を変える過程で，大きく台地を削りとった名残である段丘崖（崖線）が発達している．帯水層となる砂礫層が崖の表面に露出しているため，崖線に沿って地下水が湧泉として流出する箇所が多数認められる（図3）．

● 砂　丘

日本の大規模な砂丘はすべて海岸砂丘であり，比高数m～数十mにおよぶ数条の砂丘列が，海岸線と平行に存在していることが多い．砂丘を構成する砂は細～中砂で粒径がそろっており，一般的に透水性が高く良好な帯水層となりうる．また，砂丘における地下水の涵養源は，基本的に降水であるため，不透水層の位置にもよるが，地下水の賦存量は砂丘の規模に比例する．砂丘の浅層地下水は自由地下水であり，地下水面は砂丘の頂部で高く縁辺部で低くなる．地形に対応して地下水面に高低差が生じると，それに応じて地下水のポテンシャル分布にも高低差が生じ，地下水は流動するため，砂丘の縁辺部で地下水は流出することになる．そのため，砂丘間の低地は湧泉の影響により湿地化しており，水田として利用されることもある．また湧出量が多い場合には，砂丘湖が形成される．新潟平野では，かつて多数の砂丘間湿地が存在していたが，砂丘地における開発の進行に伴う，地下水揚水量の増加や人工排水の影響により，ほとんど消滅してしまっている[4]．

● カルスト/火山体

地下に洞窟系が発達するカルスト地域や，透水性の高い地質から構成される火山体では，地表にもたらされた降水の多くは，直ちに地下へと浸透する．したがって，カルスト台地や火山体斜面では，豪雨時を除き地表流をみることができない．この両地形場はその水文地質特性とも関連して，地下水涵養量が多く地表河川よりも地下水系が発達し，周辺部はその流出口である大規模な湧泉が発達する．

カルスト地域の地表には，ドリーネなど数多くの凹地がみられる．その底には地下の洞窟系と連結する吸い込み穴が存在し，雨水はそれを通じて地下水系へと浸透する．十分に発達した地下水系では，他の洞窟地下水系と合流しながら地下河川として流下し，末端部に開口した洞窟や湧泉から地上へと流出する．カルスト地域では，地形的分水界による明確な流域区分は適用できず[5]（図4），色素や食塩などを使ったトレーサ

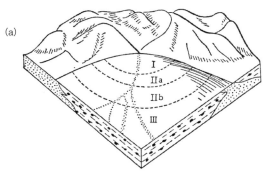
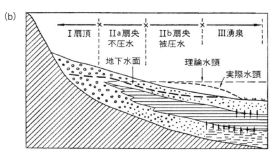

図2　扇状地の模式的構造[2]

(a) は俯瞰図，(b) は水文地質構造を示した断面図である．標準的な扇状地は，水のあり方などに基づき，I：扇頂涵養帯，IIa：扇央不圧水帯，IIb：扇央被圧水帯，III：扇端湧泉帯に区分される．

一法や水収支および水質を用いた検討により，流域の推定が行われる．

南西諸島には，第四紀の隆起サンゴ礁からなる多孔質で透水性に優れた琉球石灰岩が広く分布している．それに覆われた台地面上に地表河川はみられないが，基盤である泥岩質の島尻層群との境界部には，暗川とよばれる地下河川が発達する．段丘崖に境界部が露出する場所には湧泉がみられ，古くから貴重な水資源として活用されている．

透水性の高い地層から構成される火山体では，地表水がほとんどみられない一方で，その内部には地下水として多量の水が貯留されており，天然の地下ダムとしての機能を果たしている．その山麓には湧泉帯が形成され，良質で豊富な水量を誇る湧泉が多数存在している．また，その特性を反映して，第四紀火山を流域にもつ河川の渇水比流量が，中・古生層や花崗岩からなる流域をもつ河川に比べ数倍大きく，洪水流量は逆に低いことが知られている．

火山体の地下水は，基盤の凹地（谷部）を覆うより新期の噴出物中を選択的に流れる傾向があり，富士山の南東麓では，旧河床に沿って流下した三島溶岩流が水みちとなり，その末端部で湧出する地下水により柿田川や三島湧水群が形成されている．

火山体では，地下水の涵養・流動域が広範囲に及ぶ一方で，それが山麓で集中的に湧出するという水文過程がみられ，大規模な湧泉が山麓を取り巻くように分布する．南八ヶ岳にみられる標高1000 m付近と1500 m付近の湧泉帯は，それぞれ1700〜2100 mの中腹斜

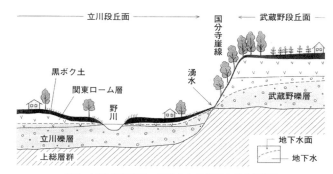

図3　国分寺崖線沿いにみられる湧泉の湧出機構[3]
帯水層である砂礫層が崖に露出し，地下水面が地表に表れる場所に湧泉がみられる．都市化に伴い地表面からの浸透量が減少し，地下水面が低下すると，湧泉の枯渇につながる場合も多い．近年では，その対応策として雨水浸透ますの設置が積極的に進められている．

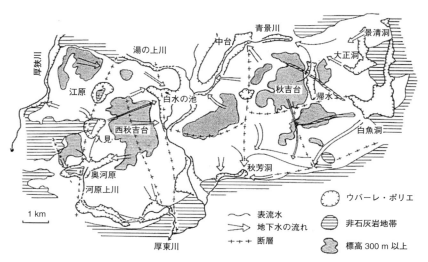

図4　秋吉台の地形と地下水の流れ[5]
秋吉台では地形とは無関係に，北東（図右下）部の白魚洞から流入し，秋芳洞へ向かう流れが主要な水系となっている．これに台地中心部からの支流が加わり，洞内の大きな地下河川となることが推定される．

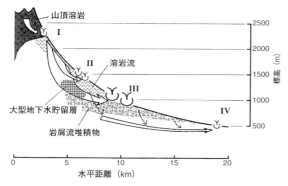

図5 八ヶ岳南東斜面の地下水流動模式図[6]
高度別にI〜IVの4つの湧水帯がみられ，それぞれを流出域とする流動系が推定されている．特に1000 m帯の湧泉は，規模が大きく山体内部に貯留された地下水の主要な流出域となっている．

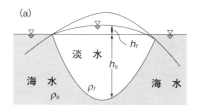

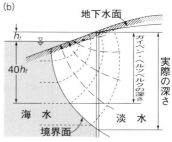

図6 理論的（a）および現実（b）の塩淡水境界面[2]
ガイベン・ヘルツベルクの法則によると，静水圧条件下（a）では海水と淡水の密度（ρ_s, ρ_f）の違いにより，海水面上における淡水の厚さ（h_f）の約40倍の深度（h_s）まで，淡水が海面下に存在することになる．しかし現実（b）には，地下水流動の影響によって塩淡水境界面は，通常より沖合および海底地下深く押し出される．

面で涵養されている．1000 m帯の湧泉は，1500 m帯のそれに比べ湧水量が多く，平均滞留時間も長いことから，山体内部に貯留層を伴う大規模な流動系の流出域であることが指摘されている[6]（図5）．

● 海 岸

山地からさまざまな地形場を流下してきた陸水は，最終的に河川水や地下水として海洋に流出する．淡水と海水の境界となる沿岸域では，両者の密度差に応じて，海水が淡水の下に潜り込むかたちで接している．海にそそぐ河川では，河口での水面は海面とほぼ同じ高さになる．それゆえ河床は海面よりも低くなるため，河川水の下に塩水が楔状に入り込み溯上する．

また，大都市が立地する海岸平野は，地下水利用が盛んに行われる場所であるため，過剰揚水に伴うポテンシャルの低下により塩水侵入（saltwater intrusion）が起こり，地下水の塩水化（salinigation）を招くことが多い．海岸では淡水と海水の密度差が原因で，陸地の地下水の下へ塩水が楔状に侵入するので「塩水くさび」とよばれ，海洋島の場合にはその形態から「淡水レンズ」ともよばれる．塩淡水境界面（fresh water-salt water interface）までの深さや形状については，静水圧的平衡が成り立つ場合，基本的には次式で示されるガイベン・ヘルツベルクの法則（Ghyben-Herzberg's law）によって説明される（図6a）．

$$h_s = \frac{\rho_f}{\rho_s - \rho_f} \cdot h_f = \alpha h_f$$

$$\alpha = \frac{\rho_f}{\rho_s - \rho_f}$$

ここで，$\rho_s = 1.025$，$\rho_f = 1.000$とすれば，$h_s = 40$となる．しかし現実には，降雨-浸透-流動-流出という一連の水文過程によって形成される地下水流動系により，塩淡水境界は通常沖合および海底地下深く押し出されている（図6b）．

地下水流動の活発な地域では，塩淡水境界が沖合に張り出し，海底湧出地下水がみられることや，層状に堆積した海岸域ではそれぞれの帯水層で塩水くさびが発達し，下位層順の方がより沖合に張り出すことなどが明らかにされている[7]．さらに，透水性の高い地層からなる沿岸部の火山体や臨海扇状地の沖合には，陸上の地下水流動系と連動する淡水性の海底湧水がみられる．

[鈴木秀和]

● 文献
1) Shimada, J. *et al.*: Role of groundwater in the bedrock for underground oil storage, Proc. of Rockstore 80, *Subsurface Space*, 1: 393-400
2) 山本荘毅：新版地下水調査法，古今書院，1983
3) 中村和郎・小池一之・武内和彦：日本の自然 地域編3 関東，岩波書店，1994
4) 榧根勇：地下水と地形の科学：水文学入門，講談社，2013
5) 新井正：地域分析のための熱・水収支水文学，古今書院，2004
6) 風早康平・安原正也：湧水の水素同位体比からみた八ヶ岳の地下水涵養・流動過程，ハイドロロジー（日本水文科学会誌），24: 107-120, 1994
7) 谷口真人：地下水と地表水・海水との相互作用，7. 海水と地下水の相互作用，地下水学会誌，43: 189-199, 2001

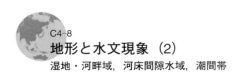

C4-8 地形と水文現象（2）
湿地・河畔域，河床間隙水域，潮間帯

水辺は，陸上生物にとって必要な水が存在するため，生物の憩いの場となる場合が多く，水生生物を含めると生物多様性も高く，生態系の宝庫となっている．また，一口に水辺といっても，地形的には上流の山地流域から下流の河口域まで多様性に富んでいる．一方，水文学的（水循環としての見方）には，水辺は地表水と地下水の境界であり，流動方向から2つに分類できる（図1）．すなわち，(a) 地表水が地下水に流出する場合（失水河川／地下水漏水型）と，(b) 地下水が地表水に流出する場合（得水河川／地下水流出型）とである．図1では，(a) を河川に比べて周囲の地形面が低い，いわゆる天井川のような形状で，(b) を周囲の地形面が河川より高い形状で，区別して示している．ただし，地形断面が (b) の場合でも，河川周囲の地下水面が (a) の状況は存在する．例えば，地下水涵養量の少ない乾燥地域の河川（ワジなど）や地下の透水性が高い火山地域の河川などでよくみられる．

特に，地下水流出型で，地表水周辺の地表面が平坦な場合（例えば低地など），地下水面と地表面が接するエリアが広くなる，いわゆる湿地の景観がみられる．日本では，水が豊富なため，水田などに利用されてきた．また，河道周辺の場合には氾濫原となるため，森林が残され河畔林という景観がみられる場合もある．このような場所は，水文学的には地下水流出域であるため，そこに降った降水が地下に浸み込むことができずそのまま流出する，飽和地表流の流出域となる[1]．また，地形学的には，斜面上部で生産された土砂が堆積する環境であり[2]，若い土壌となる．さらに，生物地球化学的には，地下水流出域に相当することから還元環境が形成されやすく，酸化物質の還元反応が進む．例えば，硝酸性窒素の脱窒などがあげられる．ここでは，特に，湿地のような景観に注目して整理する．主に，河道周辺の河畔域，河床間隙水域，沿岸域の潮間帯（いわゆる干潟）について取り上げる．

●湿地，河畔域

下流域の景観で，典型的な湿地環境は，河畔地である．河畔域（ライパリアンゾーン，riparian zone）は，前述したように，地形的には河道周辺の氾濫原である．景観的には，氾濫にともなう肥沃な堆積土を利用した古くからの農業地域であったり（ナイル川下流域やチグリス・ユーフラテス川下流域など），氾濫を防ぐために森林が残された河畔林域であったり，さまざまである．しかし，人口の多い日本の関東平野や大阪平野に代表されるような巨大都市の立地する下流域では，しっかりとした堤防によって旧来の氾濫原と分断されている場合もあるが，その多くは堤防内に氾濫用の河岸を含んでいる．いずれの場合も，河川が増水した際には水没する環境にあり，また河岸中の地下水面も地表面近くまで達していて，河岸中の植物に直接地下水が利用されている．特に河畔林の場合には，森林による大量の吸水にともない地下水面が低下し，河川水が地下水に流入し，河川中の栄養塩が森林に利用されることもある．また，森林がもたらす落葉が河道内生物に直接利用されることもあり，陸域-水域間の水物質循環相互作用がみられる．

一方で，周囲の地下水は，地形的に低い河道に向かって流動してくるが，河畔域付近では地形勾配が小さく流動速度が小さくなり，また有機物が堆積している場合が多いため還元環境が形成されやすく，脱窒反応などが生じやすい．

●河床間隙水域・河岸域

従来は，前述（図1）したように，河川水と地下水（周辺間隙水を含む）は，一方向的な定常流が仮定さ

(a) 地表水→地下水型

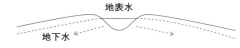

(b) 地下水→地表水型

図1 水辺のイメージとしての河川と地下水の関係（実線：地表面，地表水面，点線：地下水面）

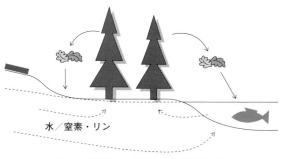

図2 河畔林における水・物質循環概要

れていた．しかし，実態は，河畔域よりさらに河道に近い部分（河床間隙水域）で常時河川水との交換が行われている．このように常時水が入れ替わる場は，ハイポレーイックゾーン（hyporheic zone）と定義される．例えば，河床形状が波打っているような場合には，その中に河川水が容易に出入りすることができる．また，河川が蛇行している場合には，河道の内側に堆砂帯が形成されるが，主に透水性が高い堆積物が堆積する場合も多く，図3に示すように河川水が堆砂帯に流入し再び河川に流出することも各地で観測されている．

上述の河道近傍における水の出入りという現象は，巨視的に河川流量を評価するという点では，無視しうるものである．しかし，河床堆積物や河岸堆砂帯が豊富な栄養塩を保持している場合が多く，その溶出に関与する現象としては重要である．すなわち，河川生態系の保持にとって重要な現象である可能性がある．また，一般に河岸および河床間隙水中は貧酸素（還元）環境にあるため，汚濁河川水中における硝酸性窒素の浄化に関与するという点でも重要な現象である．

●潮間帯（干潟）・感潮域

沿岸域における地表水（海水）と地下水の交流場は，潮間帯（干潟）である．もう少し広い意味で，海水と淡水の混合場（例えば，河口域で河川水中に海水が入り込むエリアのこと）は，従来から感潮域（tidal zone）とよばれている．これらの混合は，海側におおよそ半日周期の潮汐による水位変動が存在することに起因する．特に，干満差が大きい海域や地形勾配の緩い沿岸域では，感潮域の範囲は広くなり，塩水と淡水との混合の影響も大きくなる．例えば，日本列島沿岸では，外洋の日本海で約50 cm程度であるのに対して，内湾の瀬戸内海で最大約4 m，有明海では約7 mにも達する．また，海外では黄海のソウル近郊沿岸では約10 mにも達する地域もある．

潮間帯は，干潮時と満潮時の海岸線に挟まれたエリアであり，海水と淡水が混合するとともに酸化環境から還元環境まで混在するため，物質循環も多様であり，生態学的にも多様性が高い（図4）．

水の流れ場は，図4に示したように，海水面の低下する干潮時には地下水が流出し，一方で水位が上昇する満潮時には海水が地下水に侵入する．一般に，海水は酸化的で，地下水は還元的であるため，酸化的な海水と還元的な地下水の混合場となる．そのため，海水中の富栄養成分（硝酸性窒素など）が潮間帯で浄化されるという事例も報告されている．一方で，豊富な栄養分（リンなど）が海水再循環によって海水に供給

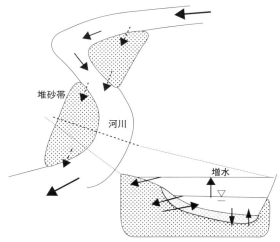

図3 河川水と河岸地下水及び河床間隙水との交換
断面図上の薄いハッチは比較的新しい河床堆積物で，濃いハッチは相対的に古い堆積物を表す．

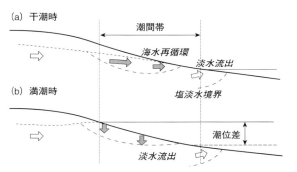

図4 潮間帯周辺における海水−地下水交換の概要
潮間帯は（a）干潮時と（b）満潮時の海岸線の間．

される場になっているという報告も多い．ただし，地質媒体の物理化学特性によっては例外もみとめられる．例えば，きわめて透水性の大きな地質（例えば溶岩や石灰岩）の場合（済州島や沖縄など）には酸化的な地下水となり，また，富栄養な海域（大阪湾など）においては貧酸素な海水となる．

［小野寺真一］

●文献
1) 田中正：水文地形学，恩田裕一ほか編，水文地形学，pp. 58-63，古今書院，1996
2) 恩田裕一ほか編：水文地形学，古今書院，1996

C4-9 植被・土地利用と水文現象
森林・草原・砂漠・都市・水田・畑地の水文現象

地表被覆を大別する方法にはさまざまある．例えば，森林や人工建造物などのように地表面から高く複雑に構成要素が存在する地表被覆，裸地や草地などのように構成要素が比較的低く単純な地表被覆などである．本項では水文現象と地表被覆の関係性に着目するため，人間の手が比較的大きく入らない地表被覆とそうでない（人間の手が入る）地表被覆，という分類を採用する．したがって前者を「植被（潜在的地表被覆）」とし，後者を「都市・農耕地（人為的地表被覆）」とする．前者には森林，草原，砂漠が分類され，後者には都市，水田，畑地が分類される．以下に，それぞれに特徴的な水文現象を概説する．

● 植被（潜在的地表被覆，あるいは自然植生）

ここでは自然植生を丈（地表面からの植生高）によって森林と草原（草地）に大別する．サバナやステップなどにみられる灌木林はその中間系として取り扱う．

森林では，ある任意の時間内にもたらされる降雨（林外雨）の一部が樹冠などにより遮断され，残りが樹幹流と樹冠通過雨とに分かれる．遮断，樹幹流，樹冠通過雨への量的な配分は，降雨強度と樹冠・樹幹の形状によって決まる．遮断された一部の水は遮断蒸発により大気に戻る［▶ C4-2］．

遮断蒸発は，当然ながら丈の短い草地植生でも生じる．自然植生においては，蒸発散とは遮断による蒸発と蒸散との和である．蒸散とは，植生の根・茎・葉を通して，気孔から水が気化する現象である．

北半球高緯度域に生育する針葉樹林帯（北方林帯あるいはタイガ）では，年降水量の半分〜1/3程度が冬季に降雪としてもたらされる．降雪は樹冠や樹幹，枝葉に一部付着し，大気中の水蒸気が凝固して付着した氷（樹氷）とともに春季や融雪期まで樹体に存在する．樹体に付着した雪や氷の一部は融雪期ごろになると一部が昇華し大気に戻る．残りは林床に落下し，積雪に混ざる．林床面あるいは地表面上の積雪は，やはり融雪期ごろになると一部が昇華し，残りは融雪水として地表面上を流れ，河川に流出する（融雪流出）．この融雪流出は，河川流量の時系列変化（ハイドログラフ）において急激なピークを形成する．融雪によらない温暖な時期や他の気候帯では，降雨に伴う比較的速やかな河川への流出を直接流出（あるいは表面流出）という．

降水量のうち，遮断蒸発，昇華，表面流出から免れた水は土壌に浸透する．浸透した水はほぼ鉛直的に土壌（あるいは不飽和帯）を降下浸透し，飽和帯に達する．飽和帯は地下水帯とほぼ同義である．地下水帯に達した水は，基岩（bed rock）や不透水層（あるいは加圧層；confining bed）の形状に沿って，ほぼ水平的に地下水流出（groundwater discharge）する．地下水流出は，基底流出（base flow）と同義である．

植被あるいは自然植生を気候学的に区分する方法の1つとして，Budykoによる放射乾燥度（RDI）がある［▶ B9-5］．RDIは降水量をすべて蒸発させるのに必要なエネルギー量と正味放射量との比であり，次式で表される．

$$\mathrm{RDI} = \frac{R_n}{LP}$$

ここでR_nは年（積算）正味放射量，Lは水の気化熱（蒸発潜熱），Pは年（積算）降水量である．なお，R_nの定義についてはB2-3を参照されたい．RDI>1では年降水量が年正味放射量によってすべて大気に戻る（蒸発する）ことになり，植物にとっては乾燥条件下にあることを示している．RDI<1の条件では年降水量をすべて蒸発させるだけの年正味放射量がないため，水余剰量が生じる．

図1には，RDIと正味放射量による気候区分とともに，年間の水収支に占める流出高（年間の流出量を流域面積で除し，水柱高で表したもの）が示されている．年流出高は，年降水量から年蒸発散量を差し引いた値にほぼ等しい．図1からわかるように，ツンドラを除くRDI<1の領域では年流出高が大きい．また森林に着目した場合，寒帯林では年流出高がサバナや草原と同程度である一方，温暖な気候帯の森林ほど年流出高が大きくなることがわかる．一方，草原や草地など丈の短い植被では，概して年流出高は小さくな

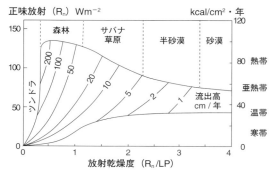

図1　放射乾燥度（RDI）と正味放射による気候区分と流出高[1]

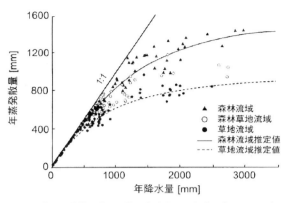

図2 世界の森林・草地流域の年降水量と年蒸発散量の関係[2]

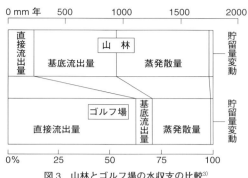

図3 山林とゴルフ場の水収支の比較[3]

　森林と草地の降水量に占める蒸発散量の違いに着目しよう．年降水量と年蒸発散量を植被ごとにプロットしたものが図2に示してある．年降水量が500 mm以下の乾燥・半乾燥地域では年降水量と年蒸発散量がほぼ1：1のラインにのり，水余剰量が生じない．年降水量が500 mm以上になると1：1のラインから外れて年蒸発散量が頭打ちになってくる．その度合いは，森林で覆われた流域と草地で占められた流域で異なり，森林流域の方が草地流域よりも年降水量に対する年蒸発散量の割合が大きい．「緑のダム」とよばれる森林ではあるが，年間あたりの水収支でみた場合，水余剰量は森林の方が小さい結果となっている．したがって森林が「緑のダム」といわれる理由は，リターなどによって形成された厚い土壌が直接流出を抑え，時間をかけて徐々に河川に排水する形態（地下水流出・基底流出）に転化させる機能を有するためである．森林のこのような形態での水源涵養機能は，降水量が比較的多く急流河川の多い日本のような気候・地形条件下で成り立つ．

　植被や土地利用の変化は，その流域の水収支を変化させる．図3は，山地のゴルフ場開発で水収支がどのように変わったのかを示した図である[3]．山林では年降水量に占める基底流出量と蒸発散量の割合が大きいが，ゴルフ場の造成によって，年降水量の6割が直接流出となり，基底流出はわずか5％にまで減少した．

　砂漠など，乾燥気候に特有の裸地における水文現象についてはC4-6で概説したのでここでは省略する．

● 都市・農耕地（人為的地表被覆）

　わが国では人口の集中と産業の集積に代表される都市化の進展によって，森林など自然条件下での雨水浸透域が減少し，建築物や道路などの不浸透域が拡大した．そのため都市における雨水浸透・貯留と保水・遊水機能が低下し，平常時における河川流量の低下や，都市域の地下水位低下が発生している．逆に河川増水時には洪水流出量が増加し，渇水と洪水が両極端現象として生じた[4]．2004（平成16）年5月には「特定都市河川浸水被害対策法」が施行され，河川管理者による雨水貯留浸透施設の整備が義務づけられた．その結果，河川改修や雨水貯留浸透施設の設置など，総合治水対策が実施されるようになった[5]．

　都市における雨水浸透・貯留と保水機能を回復させるために，2004年以降，道路などの舗装面の一部に雨水浸透マスを設けることが義務づけられた．その結果，強雨時，都市における舗装面上などの表面流出が減少し，地中に浸透する水量の割合が増えた．これは強雨時の河川の洪水流出量を減らし地下水流出量の割合を増加させることに貢献している．ただし，時間雨量50 mm以上の豪雨時には排水管（下水管）の排水用量が限界を超えるため，そのような豪雨時に浸水被害や洪水出水被害を招くケースがみられる．これを内水氾濫（overland flooding）という．2010年の梅雨期，2011年の台風通過時に東日本から西日本にかけて発生した集中豪雨では，都市域を中心に道路の冠水被害に見舞われた．今後は，時間雨量100mm程度の豪雨にも耐えられるような排水施設整備が望まれる．

　都市における水収支の概念図を図4の右図に示す．比較のために，自然植生条件下での水収支の概念図を，図4の左図に併せて示した．都市化した土地での水循環を自然条件下のそれに回復させるということは，雨水浸透マスを設けて浸透量の割合を回復させること（図5）である．

　アジアを特徴づける農耕地として水田がある．水田では生育期に何度か湛水されるため水田面からの蒸発散量が多く，加えて地下への浸透量も多いために多量の水を必要とする．世界の水田面積は約1億5120万haであり，その90％がアジアに存在する．灌漑様式別に水田面積の割合をみると，人為的に水量を調整で

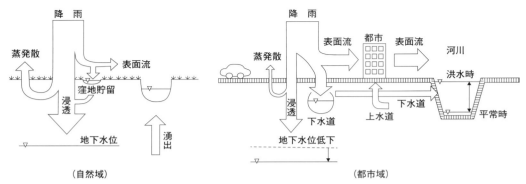

図4 都市化により生じる水循環変化[4]

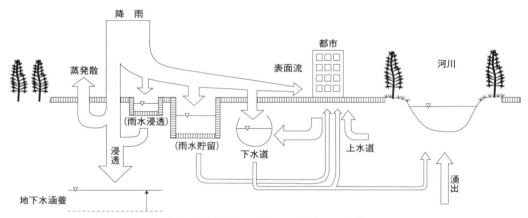

図5 雨水浸透施設設置による水循環の回復[4]

表1 植被,土地利用ごとに特徴的な水文現象,および年蒸発散量/年降水量

	土地利用	特徴的な水文現象	年蒸発散量/年降水量
潜在的地表被覆	森 林	遮断蒸発,樹幹流,樹冠通過雨,根による吸水,蒸散,樹氷,昇華,融雪,地下水流出	0.5(熱帯)〜0.8(乾燥帯)
	草 原	蒸発散,地表流,昇華,融雪,地下水流出	0.2(熱帯)〜0.7(乾燥帯)
	砂 漠	地表流,結露,ワジ(水無河川)	1.0
人為的地表被覆	都 市	内水氾濫,地表流,決壊洪水	0.1〜0.2(ただし推定値)
	水 田	灌漑,蒸発散,浸透	0.3〜1.0
	畑 地	蒸発散,地表流,浸透	0.3〜0.6

年蒸発散量/年降水量は,大槻[2]やde Blij et al.[7]を参考にした概算値.C4-6の表1も参照のこと.

きる「灌漑水田」が33%,降雨のみに依存する「陸稲田」が12%,洪水時の河川からの自然流入水に依存する「低位天水田」が27%,雨季に氾濫湛水地帯でイネを栽培する「洪水水田」および海岸部で潮汐に連動して上昇した水位により河川から流れ込む水に依存する「感潮取水水田」の合計が8%,となっている.灌漑水田の93%はアジアに存在し,その3分の2は中国とインドにある.

ここで,灌漑とは農地への水の人為的な供給のすべてを指すわけではなく,人工の水路や施設を建設して水源から農地に水を導くことをいう.その規模は大小さまざまあり,農地がある流域でなく水資源の豊富な別の流域から導水する「流域変更」を伴う灌漑もある.

日本の水田の水収支を図6に示す.水田での作物生産,すなわち稲作に必要な水量を水田用水量という.図6に示すように,水田では多量の水が蒸発散し,浸透することから多量の水が必要となる.水田用

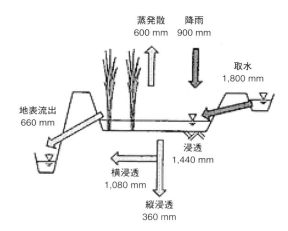

図6 日本の水田の水収支[6]

水量には，送配水中に蒸発や浸透で失われる水のみならず，水田以外で必要な水が含まれることがある[6]．すなわち，水田からの排水が他の用水として再利用され，灌漑地区からの排水がその下流で反復的に利用されることがある．したがって，ある地域全体として必要な水量は少なくなる場合もある．例えば，琵琶湖の湖東にみられたような水田の存在する里山生態系では，山林—水田—河川（湖）といった一連の水利用システムが形成され，生物多様性の保全にとっても重要な役割を担っている．

それぞれの植被，土地利用で特徴的な水文現象を表1にまとめた．表1には，参考として年降水量に占める年蒸発散量の割合（年蒸発散量/年降水量）の概算値も示した．この値は，対象とする植被や土地が存在する気候帯によって大きく異なるため，あくまでも概算値であることに注意されたい．

物質循環に目を向けた場合，農耕地では施肥により人為的な親生物元素（窒素・リン・カリウムなど）の面源負荷が行われる．その結果，土壌水や地下水を経由して河川に過剰な物質供給がなされ，農耕地の下流ほど河川や湖沼は富栄養状態となる．加えて都市は河川の最下流部に立地することが多いため，河川最下流部における水質は一般的に富栄養状態になっている．

アジアのように比較的湿潤な気候帯では降水量から蒸発散量を差し引いた水余剰量が確保でき，作物の生育に耐え得る程度の土壌水分が保てれば持続的な農業活動を展開することができる．しかしながら，世界的には年降水量が500 mm程度のいわゆる半乾燥地域に多くの大規模農業地帯が存在する．例えばアメリカのプレーリーやグレートプレーンズなどの大平原地帯では大陸規模な帯水層（例えばオガララ帯水層）から地下水の汲み上げによって非常に大規模な灌漑農業が行われている．地下水を汲み上げて地表にスプリンクラー（センターピポット方式）で散水することによって，大豆やトウモロコシなどの輪作が可能になっている．スプリンクラーは円を描きながら散水するため，畑は四角ではなく円状になる．オガララ帯水層の面積は日本列島の約1.2倍の規模である．この帯水層中の地下水は過去数万年前の氷期に蓄えられたものであり，滞留時間が非常に長い地下水である．人為による大規模灌漑の過剰な汲み上げによって帯水層中の地下水は徐々に枯渇しつつあり，大きな環境問題になっている．

［檜山哲哉］

● 文献

1) 新井正：地域分析のための熱・水収支水文学，古今書院，2004
2) 大槻恭一：中国の緑化政策と水資源問題の葛藤，森林水文学編集委員会編，森林水文学—森林の水のゆくえを科学する—，pp.283-308，森北出版，2007
3) 福嶌義宏：森と土と水，全国大学演習林協議会 編 森へゆこう—大学の森へのいざない—，丸善，pp. 54-62, 1996
4) 雨水貯留浸透技術協会編：『都市の水循環再生構想策定マニュアル』ならびに『モデル6流域水循環再生構想』について—その1（背景と検討推進体制）—，雨水技術資料，29: 119-131, 1998
5) 社団法人雨水貯留浸透技術協会編：増補改訂・雨水浸透施設技術指針［案］調査・計画編，2006
6) 渡邉紹裕：農業と水循環システム，清水裕之・檜山哲哉・河村則行 編，水の環境学—人との関わりから考える—，名古屋大学出版会，pp. 155-169, 2011
7) de Blij, H.J. et al.: Physical Geography: The Global Environment (3rd ed), Oxford Univ. Press, 2004
8) 蔵治光一郎・保屋野初子：緑のダム—森林・河川・水環境・防災，築地書館，2004
9) 杉田倫明・田中正編：水文科学，共立出版，2009
10) Brutsaert, W./ 杉田倫明訳：水文学（Hydrology: An Introduction），共立出版，2008
11) Budyko, M. I./ 内嶋善兵衛・岩切敏訳：気候と生命（上，下），東京大学出版会，1973
12) Iida, S. et al.: Change of interception process due to the succession from Japanese red pine to evergreen oak, Journal of Hydrology, 315: 154-166, 2005
13) Zhang, L. et al.: Response of mean annual evapotranspiration to vegetation changes at catchment scale, Water Resources Research, 37: 701-708, 2001

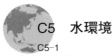

C5 水環境

C5-1 水資源
循環速度，水利用，再利用

● 水資源とその特性

　水資源（water resources）は人間生活や生産活動に利用可能な水であり，土地資源，鉱産資源とともに重要な天然資源である．地球上に存在する水の 97.5% は海水で，淡水は 2.5% である．淡水の大半は氷雪であり，水資源となるのは地表水（河川水と湖沼水）と地下水である．それぞれは存在量だけでなく，自然補給（涵養），循環速度，滞留時間にもとづき評価される．河川水は存在量こそ少ないが，循環速度の速い更新性資源（renewable resources）である．湖沼水は滞留時間が長く，汚染による水資源の質的劣化や湖沼の縮小などが問題となっている．地下水については，地表水と活発に交流する不圧地下水が更新性資源であるのに対して，被圧地下水は涵養域も涵養量も限られ採取すれば枯渇する鉱産資源に類似する．このほか，地域や用途は限定されるが，雨水，海水，下水処理水も利用の対象となっている．

　水は自然の水循環の中で更新される豊富な資源であるが，その分布は時間的，空間的に偏在する．さらに，水は自然環境の構成要素かつ形成要因であり，人間活動のあらゆる場面に深くかかわり生活文化を育む基盤でもある．こうした水の有する総合性を踏まえ，水利用にかかわる課題や問題をとらえる必要がある．

● 日本の水資源と水利用

　水資源指標として降水量や流出量をとりあげて，日本における 1 人あたり年降水量は砂漠の国より少ないといった記述がみられる．水問題の本質に迫るには，こうした数値の比較ではなく，水循環と水収支という基本概念のもと，大量の水に支えられて人間活動が行われている現実を知る必要がある [▶ C2-2, C2-3]．

　日本は年間を通してほとんど水不足の生じない湿潤温帯に位置し，その水収支は図 1 のように表される．平均年降水量は 1690 mm で，610 mm が蒸発散によって大気中に戻り，残りの 1080 mm が河川を経て海に流出する．このうち 680 mm は洪水として流出し，400 mm は地下水を涵養し徐々に河川に流出する（約 1 mm/日，約 1 m³/sec・100 km²）．前者の直接流出を制御する行為が「治水」であり，後者の基底流出（地下水流出）を人間活動に利用する行為が「利水」であ

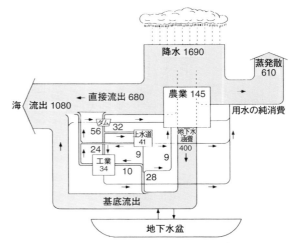

図 1　日本の水収支（単位：mm/年）[1]

楢根[2] の図を，『日本の水資源』（平成 16 年版，国土交通省）の数値にもとづいて修正した．安定した水資源と考えられるのは基底流出（地下水流出）であり，日本では 400 mm と推定される．

る．地域の水資源量（基底流出）と考えられるのが渇水流量（355 日流量）であり，日本海側の多雪地域と南九州・伊豆など多雨の火山地域で大きく，瀬戸内・関東など少雨で保水性の乏しい地域では小さい．

　農業の水使用量（取水量）は 546 億 m³（水高 145 mm），工業 128 億 m³（34 mm），都市・生活 157 億 m³（41 mm）と推定される．地域別には，東北・関東内陸・山陰などでは農業用水の利用が中心で，東海・山陽・四国では工業用水，関東臨海・近畿臨海では都市用水の利用が活発である．日本の水問題は，すでに農業を中心とした高度な水利用体系が築かれていたところに，大量の水を必要とする工業・都市が急激に発展したことに起因する．

● 水利用の意義と水資源問題

　水資源の危機はいつの時代にも話題となるが，水利用の意義を踏まえない論議は無用の混乱を生む．

　生命や社会など生きているすべての系においては，生命の代謝や種々の社会現象によって発生する廃物や廃熱を系外に捨てる必要があり，この汚れを運搬するのが水である．水利用の課題は，自然の水循環系の中に調和的な人工の水循環系をつくり，これを適正に管理することである．

　農業における水利用の浪費性が指摘された時，菅原[4] は「日本のような湿潤地域では農業はほとんど水を消費しない」という卓見を示した．乾燥地域での農業は今まで水のなかった土地に灌漑して植物を育てることであり，灌漑すれば蒸散が増加し確実に水を消費する．一方，日本での農業は森林や草地を水田や畑に

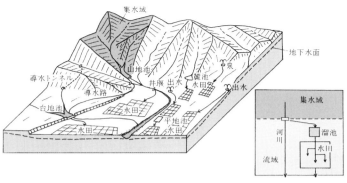

図2 讃岐平野の灌漑システムの概念図[3]

讃岐平野では大小無数の溜池に河川水を貯え，井戸や出水（泉）により地下水を併用し高度な水利社会を形成した．満濃池など大規模な溜池は自然流域だけでなく，隣接河川からの導水に水源の多くを依存する．土地利用変化は水需要の変化と水文環境の改変を招く．

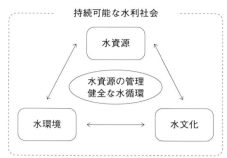

図3 持続可能な水利社会と水資源の管理・健全な水循環

水は資源，環境，文化として人間生活のあらゆる場面で関係している．持続可能な水利社会の構築には，水資源の保全・管理と健全な水循環が不可欠である．

変えることであり，農業以前にも草木からの蒸散はあったので農業による水の消費は蒸発散の増加分だけである．水にかかわる諸問題は，その地域の水文特性（乾燥，湿潤）を踏まえ論じることが重要である．

● 地域の水循環と持続可能な水利社会

日本各地では，地域の水文特性を活かした水利用がなされてきた．河川水の豊かな地域では河川に堰を設けて，また地下水の豊かな地域では泉や井戸により利用してきた．例えば，讃岐平野では大小無数のため池（現在も1万4000を数える）を築き河川水を貯え，井戸や出水（泉）によって地下水を併用することで高度な水利社会を形成した（図2）．大規模なため池が自然流域からの集水だけでなく，隣接河川からの導水に水源の多くを依存することは知られていないし，ため池を流域（水源）と水田（受益地）を繋ぐ場と捉える視点は希薄である．

戦後日本の歩みを振りかえれば，水と人間の関係と課題には大きな変化があった[5]．1950年代は大水害が頻発し洪水対策を最優先する「治水」の時代であったが，1960年代の高度成長期には水需要が増大し水不足が発生する「利水」の時代となった．1970年代には水需要も停滞し，水環境の再生への関心が高まり環境庁「名水百選」選定（1985年）[▶ C5-4]に象徴される「水環境」の時代を迎えた．資源，環境，文化は水と人間にかかわる概念となり，さらに豊かな水を次世代に残すため持続的利用という考えも加わったが，その実現には健全な水循環が不可欠と考えられている（図3）．

特に，地下水を主水源とする地域では，地表での人間活動が地下水の資源的価値に直ちに悪影響を及ぼすことから，地下水を地域共有の資産と位置づけ保全・

枯渇時（2010.12.4）　　湧出時（2011.12.3）

図4 琴平町榎井・春日神社の出水

管理すべきと強く意識されるようになった．沖縄県宮古島，熊本県熊本地域，福井県大野市，神奈川県秦野市などでは，市民・行政・産業・研究者等の参画のもと独自の条例制定など，先駆的に取り組んでいる．河川水に依存する地域では水資源開発が主な施策であったが，今後は水供給拡大策ではなく，地域内の地表水と地下水，地域外からの水の有効的・統合的な利用が課題となろう．

[新見 治]

● 文献

1) 中村和郎ほか編：日本の地誌1．日本総論Ⅰ（自然編），朝倉書店，2005
2) 楳根勇：水を知り，自然を知る．日本の科学と技術，No.187, 16-20, 1977
3) 中村和郎ほか編：日本の自然 地域編6 中国四国，岩波書店，1995
4) 菅原正巳：水文十話，水利科学研究所，1985
5) 高橋裕：都市と水，岩波書店，1988
6) 市川正巳編：水文学，朝倉書店，1990

C5-2
水質形成と水質基準
軟水, 硬水, 酸性河川・酸性湖 / 温泉, 自然の浄化作用

　水はさまざまなものを溶かし込むことができるすぐれた溶媒であり, 溶解している物質や量によって水の性質は変化する[1]. また, 水の温度, 密度, pH, 電気伝導度などもさまざまな条件で変化する. 広義の水質とは, 水のもつ理化学的, 生物学的性質すべてのことをいうが, 化学的あるいは生物学的な指標をもって水質とする場合も多い.

　水中の物質は, 分子, イオン, コロイドなどの状態で存在する. 一般的な陸水の中に存在する電解質は, 水中では陽イオン（正イオン）または陰イオン（負イオン）となっており, 溶液全体では正負のイオン量はつり合い電気的に中性となっている. これらの主要な成分は, 陽イオンで Na^+, K^+, Ca^{2+}, Mg^{2+}, 陰イオンで Cl^-, SO_4^{2-}, HCO_3^- などであり表1に河川についてのデータを示す[2].

●主要化学成分

　地球上の水は循環しているが, 海や湖などから蒸発するときに溶解している物質はもとの水体に取り残され, 純水に近くなる. しかし, 海水の飛沫や大気中の浮遊物質のために降水は純水ではない. 降水中の化学成分組成は, NaClが主であることが多く, 河川水や地下水となって地表や地中を流動するうちに, その成分組成が変化する. 陽イオンについてみると, Na^+ は降水中にわずかに含まれており流動する過程で地層などから溶け込む. また, 人間活動によってもその量は増加する. Ca^{2+} と Mg^{2+} は主に地層から溶出する割合が高い. 負イオンについては, Cl^- や SO_4^{2-} は海水によるもののほかに人間活動や地層起源である. HCO_3^- は地層と地中の炭酸ガスとの反応によって生成される割合が高く, 特に石灰岩地域の地下水成分には Ca^{2+} や HCO_3^- が多い. このように河川水や地下水の水質は, その地域の地質や地層との接触時間, 人間活動などで変化し, 言い換えればそれに関するさまざまな情報を有しているといえる.

●軟水と硬水

　日本の河川水や地下水は軟水が多いとよくいわれる. 水が硬いとか軟らかいとは, 水を飲んだときに口の中に広がる感触をそのまま表したものだが, これは水中のイオン量に起因している. 軟水と硬水の区別には硬度（hardness）が用いられる. 硬度の表し方は国によって異なっており, 日本では Ca^{2+} と Mg^{2+} の量を $CaCO_3$ 量に置き換えた値を硬度としている. 硬度100以下を軟水, 100あるいは300以上を硬水ということがあるが明確ではなく, 硬水と軟水の厳密な区分境界はない. 硬度はその地域の地質などによって変化し, 河川水の場合は降水量などによっても変化する. 日本で軟水が多い理由は, 流域での滞留時間が比較的短いこと, 石灰岩地域が少なく, また石灰岩地域においても Ca^{2+} や Mg^{2+} 成分が十分に溶け込まないうちに流出してしまうことなどがあげられる. 硬度の地域的な特徴は, その地域の食文化や生活に大きな影響がある.

表1　日本の河川の平均化学組成 (mg/l) (半谷・小倉[2] を一部改変)

地方名	Ca^{2+}	Mg^{2+}	Na^+	K^+	HCO_3^-	SO_4^{2-}	Cl^-	SiO_2	Fe	蒸発残査
北海道地方 22 河川平均	8.3	2.3	9.2	1.45	33.9	10.7	9.0	23.6	0.50	87.9
東北地方 35 河川平均	7.7	1.9	7.3	1.06	19.9	17.6	7.9	21.5	0.49	79.1
関東地方 11 河川平均	12.7	2.9	7.3	1.43	42.4	15.9	6.1	23.1	0.23	93.5
中部地方 42 河川平均	8.9	1.7	4.8	1.05	30.1	7.7	3.9	13.7	0.14	62.0
近畿地方 28 河川平均	7.6	1.3	5.5	1.04	27.4	7.4	5.3	12.1	0.11	56.8
中国地方 25 河川平均	6.7	1.1	6.5	0.94	27.2	4.4	6.6	14.1	0.05	56.7
四国地方 19 河川平均	10.6	1.3	3.8	0.66	37.2	5.7	2.4	9.8	0.01	57.0
九州地方 43 河川平均	10.0	2.7	8.6	1.84	40.9	13.1	4.6	32.2	0.13	106.0
日本全国 225 河川平均	8.8	1.9	6.7	1.19	31.0	10.6	5.8	19.0	0.24	74.8

これは小林 (1960) による 1942～1959 年の測定結果であり, 比較的汚染の小さいときの値である.

例えば，軟水は炊飯や茶，日本料理のだしをとることに適しているとされ，硬水は肉を使う料理などに適しているとされている．また，酒造においても，清酒は一般的にやや硬度の高い水が適しているとされるが，軟水を用いた清酒は淡麗な味になる．

ミネラルウォーターは，文字どおりの意味からすればミネラル分（鉱物質）を含む水となる．ほとんどすべての陸水にミネラル分は含まれているから，その定義や分類は自然科学的であるというより，食品としての扱いとなる．農林水産省によるミネラルウォーター類(容器入り飲料水)の品質表示ガイドラインでは，原水の種類や処理方法によってナチュラルウォーター，ナチュラルミネラルウォーター，ミネラルウォーター，ボトルドウォーターの4種類に分類されている[3]．

● 陸水の pH

陸水は pH によっても分類される．pH は7が中性であり，天然の陸水は中性付近であるが，さまざまな理由で酸性であったりアルカリ性であったりする．降水の pH は人為的な影響がない場合においても pH 5.6 付近とやや酸性であり，近年は化石燃料の燃焼によって生じる窒素酸化物や硫黄酸化物のために，より酸性になっている．しかし，地表面に到達後は速やかに中和されることが多く，例えば一般的な河川水における pH は，やや酸性から中性の値を取ることが多い．しかし，河川水で強酸性を示す場合もある．群馬県の吾妻川は，草津温泉の強酸性の温泉水が流出する湯川を支流にもつことなどにより酸性河川（acid river）であったが，石灰乳を投入する中和事業が始められ酸性度が緩和している．また，秋田県の玉川温泉水が流入する玉川も酸性河川であり，玉川の水を田沢湖に導き中和することが試みられたが，逆に田沢湖が酸性化した．そのため，改めて石灰を用いた中和事業が始められた．そのほか，鉱山廃水により酸性化した河川もある．なお，須川，酢川などの名称から酸性河川であることを推測することもできる．

天然の湖において，湖水が酸性となる理由は主に2つある．1つは火山や温泉に起因するもので，群馬県白根山の湯釜や福島県蔵王の御釜などがこれにあたり，pH は1～2と強酸性である．これらの湖は，世界でも有数の強い酸性の湖である．もう1つは水中の植物体の腐植によるもので，腐植栄養湖ともいわれる．これは，志賀高原の小湖沼などが該当し，泥炭地などにもみられる．湖水の pH は4～5で，それほど強い酸性ではない．また，酸性雨 [▶ H-2] により酸性化した湖沼もみられる．これまで日本での報告は多くないが，世界的にみると，スウェーデンやフィンラ

表2　温泉法による温泉の定義（総務省法令データ[4]による．一部改変）

1. 温度（温泉源から採取されるときの温度とする）25℃ 以上
2. 物質（下記に掲げるもののうち，いずれか1つ）

物質名	含有量 [mg/kg]
溶存物質（ガス性のものを除く）	総量 1,000 以上
遊離炭酸（CO_2）	250 〃
リチウムイオン（Li^+）	1 〃
ストロンチウムイオン（Sr^{2+}）	10 〃
バリウムイオン（Ba^{2+}）	5 〃
フェロ又はフェリイオン（Fe^{2+}, Fe^{3+}）	10 〃
第1マンガンイオン（Mn^{2+}）	10 〃
水素イオン（H^+）	1 〃
臭素イオン（Br^-）	5 〃
ヨウ素イオン（I^-）	1 〃
ふっ素イオン（F^-）	2 〃
ヒドロひ酸イオン（$HAsO_4^{2-}$）	1.3 〃
メタ亜ひ酸（$HAsO_2$）	1 〃
総硫黄（S）($HS^- + S_2O_3^{2-} + H_2S$ に対応するもの)	1 〃
メタホウ酸（HBO_2）	5 〃
メタケイ酸（H_2SiO_3）	50 〃
重炭酸ソーダ（$NaHCO_3$）	340 〃
ラドン（Rn）	20×10^{-10} キュリー単位 〃
ラジウム塩（Ra として）	10^{-8} 〃

ンドなど北欧において酸性化した湖が多数報告されている．これらの湖では魚類が死滅するなど大きな環境問題となっており，石灰乳を空中から散布するなどの対策がとられている．また，石灰岩が卓越する地域や乾燥地域ではアルカリ性の湖もあるが，日本では強いアルカリ性の湖はほとんどみられない．

● 温　泉

温泉（hot spring）とは，温泉法によれば，地中から湧出する温水，鉱水及び水蒸気その他のガス（炭化水素を主成分とする天然ガスを除く）で，表2に掲げる温度または物質を有するものをいうと定められている[4]．したがって，泉源における温度が 25℃ 以上であるか，表2中の物質いずれか一つを規定量以上含んでいれば温泉とみなすことができ，日本には多数の温泉が分布する[5]．日本では温度が 25℃ であれば温泉であるが，世界各国では基準がまちまちで 25℃ 以下でも温泉と認められているところもある．また，環境省による鉱泉分析法指針では，源泉から採取されるときの温度が 25℃ 以上か，あるいは特定の物質いずれか1つを規定量以上含む場合を鉱泉とし，25℃ 未満を冷鉱泉，25℃ 以上を温泉（低温泉，温泉，高温泉）としている[6]．鉱泉のうち，含まれる物質の量などにより，特に治療の目的に用いることができるものを療養泉としている．療養泉の規定は，温泉法に定められた物質や量とは少し異なっている．

温泉の熱源は，火山性のものと非火山性のものがあ

C5-2 ●水質形成と水質基準　　201

表3　河川の環境基準（環境省環境基準[7]，一部改変）

生活環境の保全に関する環境基準
河川（湖沼を除く）

類型 項目	利用目的の適応性	基準値				
		水素イオン濃度 (pH)	生物化学的酸素要求量 (BOD)	浮遊物質量 (SS)	溶存酸素量 (DO)	大腸菌群数
AA	水道1級 自然環境保全およびA以下の欄に掲げるもの	6.5 以上 8.5 以下	1mg/l 以下	25mg/l 以下	7.5 mg/l 以上	50MPN/100 ml 以下
A	水道2級 水産1級 水浴 およびB以下の欄に掲げるもの	6.5 以上 8.5 以下	2mg/l 以下	25mg/l 以下	7.5 mg/l 以上	1000MPN/100 ml 以下
B	水道3級 水産2級 およびC以下の欄に掲げるもの	6.5 以上 8.5 以下	3mg/l 以下	25mg/l 以下	5 mg/l 以上	5000MPN/100 ml 以下
C	水産3級 工業用水1級 およびD以下の欄に掲げるもの	6.5 以上 8.5 以下	5mg/l 以下	50mg/l 以下	5 mg/l 以上	―
D	工業用水2級 農業用水 およびEの欄に掲げるもの	6.0 以上 8.5 以下	8mg/l 以下	100mg/l 以下	2 mg/l 以上	―
E	工業用水3級 環境保全	6.0 以上 8.5 以下	10mg/l 以下	ゴミ等の浮遊が認められないこと	2 mg/l 以上	―

1. 基準値は，日間平均値とする（湖沼，海域もこれに準ずる）．
2. 農業用利水点については，水素イオン濃度 6.0 以上 7.5 以下，溶存酸素量 5mg/l^{-3} 以上とする（湖沼もこれに準ずる）．
3. 自然環境保全：自然探勝などの環境保全
4. 水道1級：濾過などによる簡易な浄水操作を行うもの
   水道2級：沈殿濾過などによる通常の浄水操作を行うもの
   水道3級：前処理などを伴う高度の浄水操作を行うもの
5. 水産1級：ヤマメ，イワナなど貧腐水性水域の水産生物用ならびに水産2級および水産3級の水産生物用
   水産2級：サケ科魚類およびアユなど貧腐水性水域の水産生物用および水産3級の水産生物用
   水産3級：コイ，フナなど中腐水性水域の水産生物用
6. 工業用水1級：沈殿などによる通常の浄水操作を行うもの
   工業用水2級：薬品注入などによる高度の浄水操作を行うもの
   工業用水3級：特殊の浄水操作を行うもの
7. 環境保全：国民の日常生活（沿岸の遊歩などを含む）において不快感を生じない限度

る．火山性の温泉は，地下のマグマなどによって地下水が加熱されたことによっている．世界中の温泉の多くは火山性である．非火山性の温泉は，近くに火山がない場所に湧出しているもので，火山がなくても地下に熱源となる岩体などがあるものや深いボーリングによって得られた地下水で地温により加熱されているものなどである．地温勾配は，地域によって変化するが平均的にみると約3℃/100 m であるため，1000 m 以上掘って地下水に到達すれば，単純に考えれば水温は約30℃上昇することになる．

　温泉をその中に含まれる溶存物質によって分類すると，温度が25℃以上で溶存物質が規定量以下の温泉は単純温泉とよばれる．溶存物質が多く含まれ療養効果が高いとされる温泉は名湯とよばれるが，単純温泉でも名湯とされている温泉は少なくない．温泉に含まれる溶存物質の量や特徴は，一般的な地下水と同じように周辺の火山などの地質や地下での滞留時間によっ

て決まる．

　溶解している化学成分から分類すると，Ca^{2+}，Mg^{2+} と HCO_3^- が多いものは重炭酸土類泉とよばれ，Na^+ と HCO_3^- が多いものは重曹泉とよばれる．特に重曹は強アルカリと弱酸が結びついた塩であるためアルカリ度が強い．Na^+ と Cl^- が多いものは，食塩泉とよばれ海岸部の温泉に多い．また，内陸部にある食塩泉も過去の海水が閉じこめられたものや海底に堆積した地層の影響を受けているものが少なくない．食塩泉は，皮膚に残った塩分により保温効果があるといわれる．SO_4^{2-} が多いものは硫酸塩泉，硫黄分や硫化水素が含まれるものはそれぞれ硫黄泉，硫化水素泉とよばれ，火山の影響を受けているものが多い．鉄分が多いものは鉄泉とよばれる．水中で還元状態の鉄はほとんどの場合2価で，水色は透明であるが，空気に触れると酸化されて3価の鉄となり褐色の沈殿物を生じる．その他に遊離炭酸が多い単純炭酸泉，ラドンなどが含

まれる放射能泉などがある.

●水質基準

水を利用したり水とかかわりのある生活を営んでいく上では，一定の水質基準（water quality standards）が必要となる．現在，法律などで定められている水質に関する主な基準は2つある．1つは環境に関するもので，環境基本法により大気汚染や土壌汚染などの基準とともに定められている[7]．もう1つは水道水質に関する基準で水道法に基づいて定められている．環境に関する基準は，生活環境の保全に関する環境基準（environmental standards）として，河川や湖沼について水域の利用目的や水質汚濁の状況を考慮して決められている．基準の適用については，水道，水産，工業，環境保全などの利用目的に応じて，河川が6類型，湖沼が4類型の水域類型指定が行われている．河川における測定項目は，水素イオン濃度（pH），生物化学的酸素要求量（BOD），浮遊物質量（SS），溶存酸素量（DO），大腸菌群数の6項目で，それぞれ類型別に基準値が設定されている（表3）．

湖沼については，天然湖沼及び貯水量が1,000万m^3以上であり，かつ，水の滞留時間が4日以上である人工湖が対象とされており，測定項目は河川における項目のうち，生物化学的酸素要求量を化学的酸素要求量（COD）に置き換えた6項目となっている．また，湖沼の水域類型における基準値は，河川の値とは異なっている．河川や湖沼の各地点における環境基準の達成状況にかかわる評価については，年間の測定値のうち，75%以上のデータが基準値を満足しているものを達成地点としている．

水道とは，水道法により「導管及びその他の工作物により，水を人の飲用に適する水として供給する施設の総体をいう」とされている．同じく水道法に基づく水質基準は，水質基準に関する厚生労働省令により定められている．水道水はこの基準に適合するものでなければならず，健康関連項目及び生活上支障関連項目，計51項目の基準値が設けられている（2015年現在）[8]．また，評価値が暫定的であったり，検出レベルは高くないものの，水道水質管理上注意喚起すべき項目として，水質管理目標設定項目26項目の目標値が定められている．

さらに，毒性評価が定まらないことや浄水中の存在量が不明であることなどから水質基準項目などに分類できず，今後，必要な情報・知見を収集すべき47項目が要検討項目とされ目標値が決められている．これらの基準値や項目は，2003（平成15）年に大幅な改正が行われた後も，毎年改正されている．取水された水道用の原水は，これらの基準に適合するように浄水される．浄水施設は，沈殿地，濾過池，消毒設備などであり，最後に塩素処理されて各家庭などに給水される．水道法に基づく措置として，給水栓における水中に遊離残留塩素で0.1 mg/l以上，結合残留塩素で0.4 mg/l以上あることが義務づけられている．消毒過程で塩素剤が用いられている理由としては，消毒力が強く消毒効果に残留性があること，塩素剤の定量が容易で安価であることなどがあげられる.

●自浄作用

河川や湖沼に流入したいわゆる汚染物質は，時間の経過とともに徐々にその濃度が減少し，もとの水質に戻ることが多い．この現象を自浄作用（self-purification）とよんでいる[9]．自浄作用には物理的作用，化学的作用，生物的作用がある．物理的作用は，希釈，拡散，沈殿などにより，水中の汚染物質濃度が見かけ上減少することで，濃度は低下しても汚染物質の総量はほとんど変化しないことが多い．化学的作用は，酸化，還元，凝集などによって，汚染物質が無害なものに変化したり沈殿したりすることである．生物的作用は，汚染物質が生物によって吸収されたり分解されたりすることで，特にバクテリアなどの微生物が有機汚染物を分解し，水質浄化につながるとされている．また，藻類や水生植物によっても窒素やリンが吸収除去されることが指摘されている． ［佐藤芳徳］

●文献

1) 山本荘毅編：陸水，共立出版，1968
2) 半谷高久・小倉紀雄：水質調査法 第3版，丸善，1995
3) 久保田昌治・岡崎稔・奥田俊洋ほか編：水の総合辞典，丸善，2009
4) 総務省法令データ（http://law.e-gov.go.jp/htmldata/S23/S23HO125.html）
5) 金原啓司：日本温泉・鉱泉分布図及び一覧（第2版，CD-ROM版），産業技術総合研究所地質調査総合センター，2005
6) 環境省鉱泉分析法指針（http://www.env.go.jp/nature/onsen/docs/shishin_bunseki/01.pdf）
7) 環境省環境基準（http://www.env.go.jp/kijun/）
8) 厚生労働省水道水質基準（http://www.mhlw.go.jp/topics/bukyoku/kenkou/suido/kijun/index.html）
9) 宗宮功編著：自然の浄化機構，技報堂出版，1990

水質汚染
水質汚濁，汚染源，汚染物質

水質汚染あるいは水質汚濁（water pollution or contamination）は，広義では自然界由来の有害物質なども含むが，これは水質形成の特殊な場合と考え，ここでは人為起源の物質などによる人間をはじめとする生命，社会活動，あるいは生態系への悪影響，支障などとする．なお，環境基準や水道水基準を超過した場合を汚染と限定する場合もあるが，ここではより広く考えることとする．

水質汚染は人間の生産活動，社会活動にともなって意図的，非意図的に環境へ排出される物質などによりもたらされることになるが，活動の内容と状況，汚染や環境への対応・考え方などにより，様相が異なってくる．表1にこの半世紀ほどのわが国における水質問題にかかわる行政対応の歴史を示した．法の制定，改定などはそれまでの数年から10年くらい前の課題，問題点を反映しているといってよい．わが国は世界的に対応が遅れていた時期や事項もあったが，開発途上国などへは貴重な経験と模範となる対応・対策を提供できるようになっている．

● 汚染物質と汚染源

環境中へ排出あるいは放出され，汚染の原因となる物質など（pollutant あるいは contaminant）として，環境基準や水道水基準で指定されているが，汚染物質は大きくは無機物と有機物に分けられる．前者には鉛やカドミウムなどの重金属，シアン，（栄養）塩類などがあり，後者には BOD や COD を指標としている有機物（一般に CH_2O と記載される）のほか，農薬，トリクロロエチレンなどの揮発性有機塩素化合物（VCOC），油類，合成洗剤，内分泌攪乱化学物質（環境ホルモン），残留性有機汚染物質（POPs），ダイオキシン類など多様である．このほか，病原性微生物，放射能，あるいは熱なども重大な汚染となる．

問題となる汚染物質などは環境基準，水道水基準などで定められているが，頻繁に改定されるので，環境省と厚生労働省のHPを参照していただきたい．世界保健機構（WHO）はより広範な物質などについて基準などを設定している．なお，排水基準については，各自治体が上乗せ，横出しでより厳しい基準および対象を設定している．

表1 わが国の水質汚染関連年表

1955	神通川イタイイタイ病報道
1956	水俣病発見
1958	水質保全法・工場排水規制法（旧水質二法）制定
	下水道法制定
1967	公害対策基本法制定
1970	公害対策基本法等の改正
	水質汚濁防止法制定
	農用地の土壌の汚染防止等に関する法律制定
1971	環境庁発足
1972	水質汚濁防止法の改正（無過失賠償責任の導入）
1973	瀬戸内海環境保全臨時措置法制定
	化学物質の審査および製造等の規制に関する法律制定
1978	瀬戸内海環境保全特別措置法制定
	水質汚濁防止法の改正（水質総量規制の制度化）
1979	滋賀県琵琶湖の富栄養化の防止に関する条例制定
1980	第1次COD総量規制
1981	茨城県霞ヶ浦の富栄養化の防止に関する条例制定
1982	湖沼における窒素，リンの環境基準設定
1984	湖沼水質保全特別措置法制定
1985	湖沼に係る窒素，リンの規制基準設定
1989	トリクロロエチレン，テトラクロロエチレンに係る規制基準設定
	水質汚濁防止法の改正（地下水汚染の未然防止等を制度化）
1990	水質汚濁防止法の改正（生活排水対策の制度化）
	ゴルフ場で使用される農薬による水質汚濁の防止に係る暫定指針告示
1991	土壌の汚染に係る環境基準の設定
1993	水質環境基準健康項目の拡充等（水道水基準の大改定）
	環境基本法制定
	海域における窒素，リンの環境基準設定
1994	土壌環境基準項目の拡充
1996	水質汚濁防止法の改正（地下水汚染浄化対策，事故時の油による汚染対策を制度化）
1997	地下水の水質汚濁に係る環境基準設定
1998	水質環境基準健康項目の拡充（水道水基準の拡充）
1999	ダイオキシン類対策特別措置法
	家畜排せつ物の管理の適正化及び利用の促進に関する法律
	特定化学物質の環境への排出量の把握等及び管理の改善の促進に関する法律
2001	環境省発足
2002	有明海及び八代海を再生するための特別措置に関する法律制定
	第5次COD，窒素，リン総量規制
2003	水質環境基準生活環境項目の拡充（水生生物保全の観点からの環境基準）
2005	湖沼水質保全特別措置法の改正（流出水対策，湖辺の環境保護対策の導入）
2006	水生生物の保全に係る水質基準の類型指定と排水基準の設定
2009	地下水の水質汚濁に係る環境基準の改定
2011	水質汚濁防止法の改正（排出水測定記録の保存義務等）
2014	水循環基本法

日本水環境学会[1]をもとに編集加筆．

汚染の原因となる可能性のある物質などを排出あるいは負荷する場所が汚染源である．汚染源は点源（point source）と面源（non-point source）あるいは特定汚染源と非特定汚染源に分けられる．なお，点源負荷，面源負荷とよぶこともある．点源あるいは特定

汚染源は，工場・事業所など汚染源が特定できるもので，経済発展途上や排水規制以前では主要な汚染源となる．下水道などが整備されると，下水処理場が大きな点源となってくる．面源あるいは非特定汚染源は，市街地，農地，林地など発生源が面的に広がっていて，特定しづらく，多くは降雨にともない水域・水体へ負荷されるものである．一般家庭は点源であるが，日本では規制対象となっていないので，点源としての対策が難しい．

なお，自然由来としては，鉛，ヒ素，ホウ素などがあげられるが[2]，ヒ素による汚染はバングラデシュなど世界中で大きな問題となっている[3]．

汚染源と汚染物質は，時代を反映しながら移り変わってきた．日本においては，足尾鉱毒事件，神通川イタイイタイ病など鉱山関連の問題，不衛生による水系伝染病，経済成長・産業の発展にともなう工場排水（水俣病など），都市化にともなう生活雑排水，便利に使用されている化学物質の氾濫などである．表1からは，規制対象，対象物質，施策・対策などの変遷をたどることができる．

●水体別の状況と対策

汚染の状況は水体あるいは水域の違いにより大きく異なる．水質汚濁防止法によって定められる公共用水域とは，公共利用のための水域や水路のことで，河川，湖沼，港湾，沿岸海域，公共溝渠，灌漑用水路，その他公共の用に供される水域や水路である．下水道は含まれず，私有物とみなされている地下水は公共用水域ではない．また，湖沼・内湾・内海など水の出入りが少ない水域を閉鎖性水域とよび，注意が払われている．

図1に環境基準の生活環境項目である公共用水域でのBODまたはCODと湖沼における全窒素と全リンの達成状況の推移を示した．河川については1970年代の50%強の状態から現在は90%以上の達成率を示し，下水道整備などの効果がみられるが，生活排水が流入する都市の中小河川では進んでいないところもある．海域については，横ばい状況が継続し，改善の兆しはみられない．特に東京湾，伊勢湾，大阪湾，瀬戸内海などの内湾・内海では総量規制なども行われているが，達成率は悪く，下水処理場からの処理排水の改善（高度処理）が必要である．同様に閉鎖性水域である湖沼は，長年湖沼水質保全特別措置法などにより対策しているが，近年CODについては50%と若干上昇したものの依然として低く，全窒素においては10%前後ときわめて厳しい状況にある．

環境基準の健康項目（27の有害物質）については，

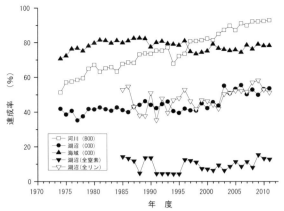

図1　公共用水域における水質基準達成率の推移
環境省平成22年度公共用水域水質測定結果[4]より作図．

99%以上の達成率であり，公共用水域ではほとんど問題とならない状況となっている．

地下水汚染は1980年代にトリクロロエチレンなどによる汚染が全国的なレベルで顕在化したことから，それまでの水系伝染病やメッキ工場からのシアンや六価クロム以外の有害化学物質が注目されてきた[5]．古くからの汚染物質である硝酸性窒素についても，茶畑での過剰施肥や家畜排せつ物の不適正処理などと関連して深刻な問題となっている．地下水の場合，浄化の困難さ，対策の効果が現れるまでに時間がかかるなど課題は多い．

［田瀬則雄］

●文献

1) 日本水環境学会編：日本の水環境行政改訂版，288p., ぎょうせい，2009
2) 日本地下水学会：地下水・土壌汚染の基礎から応用―汚染物質の動態と調査・対策技術―，313p., 理工図書，2006
3) 山村尊房：飲料水のヒ素問題に関する世界的関心とWHOの対応．地下水学会誌，42 (4)：315-328, 2000
4) 環境省平成22年度公共用水域水質測定結果（http://www.env.go.jp/water/suiiki/h22/full.pdf）
5) 田瀬則雄：わが国における地下水汚染の現状と課題．安全工学，51 (5)：290-296, 2012

C5-4
名水百選の自然地理学
伝統的水利用システム

わが国は「瑞穂の国」といわれ，古くから水に恵まれており，全国各地には"名水"とよばれる水が数多く存在している．さて"名水"とは，どんな水のことなのであろうか．名水百選の選定基準はあるが，名水としての定義は存在してない．一般的には，名水とはある一定の地域や全国的に"名前の知られた良質の水，あるいはおいしい水"を指すと考えられるが，わからない点も多い．一応，おいしい水に関しては，厚生省のおいしい水研究会による一定の基準が示されているが，飲むときの状況や個人差などもあるために一概には決められない．

さて，名水百選とは1985（昭和60）年に当時の環境庁により選定されたもので，その基準は①水質水量，周辺環境，親水性の観点からみて水質良好であること，②地域住民による保全活動があることの2点が必須条件であった．しかし，選定された名水の中には，飲んでも"おいしくない水"や飲用注意という立て看板のある地点もあったりした．それから23年後の2008（平成20）年に新たな名水百選が環境省から発表された．名水百選が2つあり混乱するので，ここでは昭和60年に選定されたものを「昭和の名水百選」，平成20年に選ばれた方を「平成の名水百選」とよぶことにする．

昭和の名水百選では，全国各地の市町村から推薦された784か所の中から選定され，47都道府県については少なくとも1か所は選ばれていた．次の平成の名水百選では，すでに選ばれた昭和の名水百選は除かれていて，宮城・栃木・大阪・佐賀・長崎の1府4県を除く42都道府県から推薦された162地点の中から100か所が選定された．名水の種別についてみると，昭和の名水百選では湧水が全体の約3/4を占め，井戸水や自噴井などを含めた地下水が約8割を占めてい

て，残りの約2割が渓流水や河川水および用水であった．これに対して，平成の名水百選では，湧水や井戸水などの地下水は少し減って約7割，河川や用水が3割強と増えていた．

名水百選や海外の水の水質に関して，主要溶存成分について比較してみた（表1）．水質タイプに関してはいずれも Ca-HCO$_3$ 型を示しよく似ていた．溶存成分量については，昭和と平成の名水百選はあまり変わりがないが，海外の水はおよそ2倍の濃度となっている．この表1のように平均値で示すとそれぞれの特長は失われてしまい，平均化された水質組成の状況になってしまうが，個々の名水の水質にはそれぞれの地域の地形や岩石・地質条件を反映した特徴が現れている．なお，硬度（米国式の CaCO$_3$ 濃度で表示）については，日本の水は 100 mg/L 以下が9割を示しているが，海外の水は 50 mg/L 以下の地点もあれば，200 mg/L 以上の地点もあって幅がかなり広く，よくいわれているように日本の水は軟水であり，海外の水はやはり硬度が高い傾向にある．

ところで，名水百選は合計で200か所が選ばれているが，そもそも日本全国にはどれほどの数の名水が存在するのであろうか．一応，日本各地で一般に名前の知られた湧水・井戸水・自噴井や渓流水などの名水の数は3000か所を超えて存在している．また，全国的には名前を知られていないが，その地域に限れば名前や存在が認識されている"湧水"の数はおよそ4万か所ほどあると見積もられている[3]．すなわち，環境庁（省）によって選ばれた計200か所のみが名水というのではなく，名水百選に選ばれた以外の優れた名水は，まだまだ数多く存在しているということでもある．

名水としての水利用の中には，地域の特性を生かし工夫したものもみられる．岐阜県の郡上八幡では盆地状の地形を背景に，高低差を活用して水循環系の考えを人工的に組み入れた水の利用が行われている．その1つが山からの清水を導水してきて，「水舟」形式による使い分けの利用である（図1）．利用された水は池から側溝や用水路へと流れ出て街中を巡り，カワドとよばれる洗い場で使われ，やがては川へ戻るというもの

表1　昭和・平成の名水百選と海外の水の水質データ（島野[1]，藪崎・島野[2]，などより作成）

種別（地点数）	EC (μS/cm)	水温 (℃)	PH	HCO$_3^-$ (mg/L)	Cl$^-$ (mg/L)	SO$_4^{2-}$ (mg/L)	NO$_3^-$ (mg/L)	Na$^+$ (mg/L)	K$^+$ (mg/L)	Ca^{2+} (mg/L)	Mg^{2+} (mg/L)	SiO$_2$ (mg/L)	計 (mg/L)	硬度 (mg/L)
昭和の名水百選 (100)	138.5	15.1	6.7	47.9	7.7	9.6	4.4	7.3	2.0	12.9	3.1	26.2	121.1	45.0
平成の名水百選 (80)	151.7	15.7	7.1	50.7	8.7	14.1	7.2	8.0	1.7	14.7	4.1	29.4	138.7	53.6
海外の水 (40)	338.0	17.4	7.3	123.7	19.3	28.6	2.5	17.5	2.4	31.1	9.8	24.8	259.7	117.9

昭和の名水百選は 100 か所すべて，平成の名水百選は 80 か所，海外の水は 7 か国 12 地域 40 か所の水のそれぞれの平均値を示す．

206　　C5 ●水環境

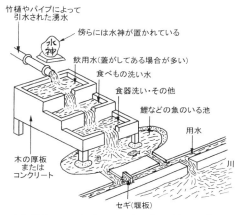

図1 水舟形式による水利用のモデル（旧八幡町のパンフレットに加筆修正）．水舟は3段または4段になっているものが多く，上から順に使い分けが行われている．

図3 浜の川水源
島原市の浜の川水源では，湧水の水源から引水された2つの流れは平面的に回されて，やがて用水路へと流れ出ている．

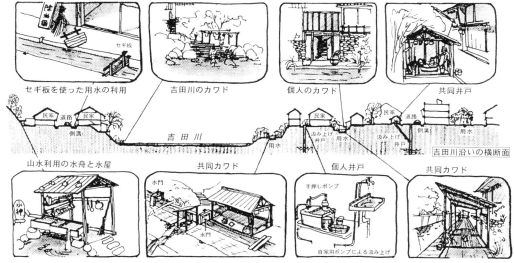

図2 郡上八幡での水利用の模式図（渡部[4]を加筆修正）
街中を流れる長良川支流の吉田川の横断面図で，山からの湧水や井戸水を汲み上げて使い，湧水や川の水を側溝や用水路に流してカワドで利用することなど，水の循環系を組み込んだ人工的な水利用を行っている．

である（図2）．同様な水の使い分けを行っているところは日本各地や海外にも多くあり，長崎県島原市の浜の川水源（図3）や岩手県盛岡市の大慈清水，中国の雲南省麗江の三眼井などがよく知られている．こうした水利用のシステムは，地域の伝統とともに開発され歩んできたもので，上水道が完備された今でも市民に利用されており，保全・保護されるべきものである．

名水百選を介してわが国の最近の水環境をめぐる状況をみると，健全な水循環がもたらす恩恵と人間社会の営みとの共生や，水のある暮らしや風景の復権が求められ，望ましい水環境を保全・維持してゆくことがますます重要になってきている．これには地域住民な

どが主体的かつ持続的に水環境の保全活動にかかわってゆくことが望まれている．　　　　　　［島野安雄］

●文献
1) 島野安雄：地下水水質科学の基礎10・名水の水質，地下水学会誌，40: 329-345, 1998
2) 藪崎志穂・島野安雄：平成の名水百選の水質特性，地下水学会誌，51: 127-139, 2009
3) 島野安雄：富士山の周辺地域に分布する湧水の水文化学的研究，文星紀要，20: 19-38, 2009
4) 渡部一二：生きている水路，pp.35-42，東海大学出版会，1984

D ●地形

D1 地形の基礎的概念

D1-1 地形学の歴史

　地球表面のもつ種々の多様な形態的特徴，その分布，分類，成因，さらに将来の変化，を研究するのが地形学（geomorphology）で，大陸や海溝・海洋底という大地形から砂堆や漣痕などのごく小規模なものまでが対象となる．初期においては地球上の地形の記載と分類から始まり，やがて成因や変化過程が論じられるようになった．現代においては陸上地形だけでなく海底地形，さらに地球だけでなく月面のインパクトクレーターなど，衛星や惑星一般の表面形態も研究の対象となっている．

　地形学の対象は多岐にわたり，多くの概念と方法論を包括する[1]．対象となる地形の特徴あるいは成因にもとづき地形学は，火山地形（学），変動地形（学），海岸地形（学），河川地形（学），氷河地形（学），地形学の応用分野である応用地形（学），地形の数値解析を主とする計量あるいは理論地形（学）など，さらに細分が可能である．地形学はヨーロッパや日本では一般に地理学の一分科とされるが，現代のアメリカでは地球科学の一分野となっている場合が多い．

　地形学の発展は，近代的な地形図の作成と不可分である．地形図が未整備の段階では，定性的なスケッチや写真が地形の記載方法であったが，等高線を用いた地形図は地形の定量的記載法そのもので，地形計測［▶ D1-7］による計量的処理を可能にする．地形図上に等高線で表現される局所的な地形は軍事的に重要で，等高線で表現された地形の判読技術が求められた．一方で農学における土壌評価の問題も，地形図に即した地形分類［▶ D1-3］の一環として追求されてきた．特に日本では明治10年代に大縮尺地形図の作成に着手，明治末には平板測量によるほぼ全土の1/5万が，昭和40年代には1/2.5万が完成し，日本における地形研究に大きく貢献した．また地震国日本では，震災復旧測量で基準点の再測が行われ，地殻変動に関する貴重なデータが得られてきた．

　地形の実態を示す空中写真はかつて軍事目的の偵察用として利用が始まったが，日本では第二次世界大戦後に研究用としての利用が可能となった．空中写真は地形図の作成のみならず，立体視［▶ D1-6］による判読により地形研究の重要な手段となるが，これについてもデジタル化が進んでいる．各種の衛星画像［▶ D1-6］も現在では全地球を対象として利用できる．

●地形学の確立：地形とその変化に関する記述は古代から存在し，例えばヘロドトス（Herodotus）によるナイル河の三角州に関するそれは，沖積作用による地形の形成過程を的確に記述したものである．しかしながら近代的学問としての地形学の萌芽は，地質学とほぼ時を同じくして18世紀末に遡る．

　近代地形学の歴史は初期において地質学のそれと重なる．近代的地質学はハットン（James Hutton）に始まるが，プレイフェア（John Playfair）はハットンの斉一変化説の理解者であった．地形は次第に変化する現象の例であり，プレイフェアのいう水流の協和的合流は，そのようなシステムにおけるバランスの表現である．現代に繋がる地質年代論の基礎をつくったライエル（Charles Lyell）の著書『地質学原理』[2]には，地形の形成と変化にかかわる例が述べられている．

　ギルバート（Grove Karl Gilbert）は，アメリカにおける西部探検を背景とする地形学的発見時代に重要な貢献を行った[3]．特に河川の凹状の縦断面形を流量と勾配に関係した侵食力に対応させ，例外としての分水界の凸形形状についても論じたが，これらはその後の営力論のひとつの原点となった．このようにして，種々の地形の分布と分類を主な問題とした初期の地形学においても，侵食営力に固有の地形が生じることは知られていった．この点は農業用水路の保持に関するレジーム理論とも関係し，水流の特性や気候条件との関連から，1920年代以降の主にヨーロッパにおける営力論的な見方を生む素地ともなり，さらに1950年代のフランスを中心とする気候地形学につながった．気候は世界の地形分類［▶ D1-8］における分類基準のひとつとなる．

　地形学に関する重要な貢献の多くはベルリン大学地理学教室［▶ A1-3］で生まれ，地形学の最初の成書といえるものは同所のA. ペンク（Albrecht Penck）によって1894年に出版された[4]．さらに1912年にはデービス（William Morris Davis）の著書[5]が，1919年にマハチェック（F. Machatschek）の『Geomorphologie（地形学）』[6]が，1924年にはW. ペンク（Walter Penck）の著書[7]が出版され，日本でも1923年に辻村太郎の『地形学』[8]が出版されている．この時期に地形学は確立したといえるが，特にデービスの貢献は重要で，地形学の歴史についても彼を境に2つに分ける場合がある[9]．

●侵食輪廻：北米大陸で種々の地形に接していたデービスは，地形を変化させる営力とプロセスや地質構造（組織）による差異を認めつつも地形の空間的分布を，隆起した平坦な原地形から一連の侵食過程を示す次地形を経て終地形である準平原に至る非可逆的時系列に

図1 デービスの『地形の説明的記載』第2版（1924年出版）の扉
本文内容は1912年の第1版と同一だが，第2版の序言として，ステージと年代の関係など当時議論となった点に関するかなり長い補足と説明が加えられている．

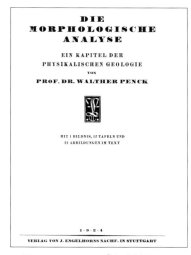

図2 W. ペンクの『地形分析』の扉
物理地学の1章と記された副題は著者の意気込みを感じさせるものであり，夭折した息子に対する父親A. ペンクによる切々たる序言が添えられている．

読み替えた．これはダーウィン（Charles Darwin）の影響を受けた地形の進化論といえる．彼は原地形を原初期とし，さらに次地形を人の一生に例えて幼年期・壮年期・老年期に分け，準平原を終末期として（終末準平原），地形の多様性を発達のステージによって説明した．

この過程をデービスは当初「地理学的輪廻（geographical cycle）」と表現したが，侵食作用による地形変化過程という意味で，後にこれは「侵食輪廻（cycle of erosion）」とよばれるようになり，地形学における体系化とブロックダイアグラムの利用など地形の説明的記載法が確立した．この考えと手法に基づく地形研究は，日本を含む世界の各地で行われた．

しかし彼は，河川による侵食を正規のものとし，火山活動や気候変化を「事変」という副次的な事象として位置づけた．さらに，広域にわたる平坦な地表面の成因が陸上における侵食・堆積なのか海域における平坦化作用なのかという問題も当時存在したし，地殻変動がごく短い時間で終わるとするデービスの考えは，この当時は必ずしも明確ではなかった気候変化とともに，のちに問題を残した．

●**地形分析**：W. ペンクは，継続的に作用する地殻変動と侵食作用の間の動的平衡状態の多様性に対応させて，地形の多様性の説明を試みた．そのために，数学モデル（差分方程式）を導入して斜面形の分析を行い，その手法を「地形分析」とよんだ．これは次の時代の地形の数理解析につながる道であり，1930年代には乾燥地域の岩屑斜面の発達過程 [▶ D4-2] とそれに覆われた岩盤斜面の形状が常微分方程式を用いて求められた．数学モデルを用いた研究は，1960年代以降のコンピュータの発達により爆発的に増加するが，その先駆けとしての意義は大きい．

しかし彼の目的は，むしろ南米アンデスという変動帯における地殻変動の性質の解明にあり，その考えは日本のような変動帯において受け入れられた．さらに彼は乾燥地域のインゼルベルク地形 [▶ D-8] を対象としたので，彼が示した平行後退という斜面発達の様式はデービスのいう従順化減傾斜と大きく異なり，論争を引き起こした．しかし1950年代以降になって，物質の透水性と気候条件によっていずれもが生じることが示され，問題はほぼ解決した．

ただし彼の，加速的隆起と凸型斜面，定速隆起と直線的斜面，減速的隆起と凹型斜面という地殻変動のタイプと斜面形の対応性，さらには原初準平原についてはなお議論の余地があるが，地形学に動的平衡という概念を導入した功績は大きい．なおW. ペンクは，ヨーロッパにおける氷河と河岸段丘の関係を研究した父A. ペンクと区別して小ペンクとよばれることがある．

●**大陸漂移**：地球上の海陸分布（水平分布）は地理学的発見時代（大航海時代）を経て明らかとなり，高度または深度分布（垂直分布）も20世紀初頭までには明らかにされた [▶ A2-3]．前者における大陸の対応する海岸線の類似性と，後者における面積高度曲線の特性から得られた単元としての大陸と海洋の認識が出発点となり，ケッペンによる仮想大陸上の気候帯の分布と当時概要が知られていた各大陸の地質系統ならびに地質構造の特徴を結び付けることによって，ウェゲナー（Alfred Wegener）の大陸漂移説[10]が生まれた．

これは，地理的分布の特徴が自然地理学の他分野，特に気候学の研究成果と相まって大地形の成因論に至った例として重要である．地体構造は，世界の地形分類において重要な尺度となる．

この考えでは，水平移動する大陸の前面にはシワとしての褶曲山脈と海溝が形成される．当時は山脈の成因が地向斜造山による上下運動で説明されていたので時の地質学者の反対に遭ったが，現代のプレートテクトニクス［▶ A2-3，D2-1］の母体となる重要な地形学的研究であった．第二次世界大戦後に明らかにされた海底地形や地磁気異常と全地球規模の観測網による震源決定から，1950年代末にはプレートテクトニクスが確立した．大地形のみならず火山地形を含めた広義の変動地形を考える上で，プレートテクトニクスの枠組みを無視することはできなくなっている．

●気候地形学と地形発達：古くヨーロッパアルプスに端を発した段丘面の研究は，第四紀の気候変化と海水準変動の関係を明らかにした．また一方で気候条件に依存したプロセスの特性に対応する地形として，気候地形学の考えが1950年代以降ヨーロッパで重視されるようになった．それに関連する高山地域における氷食地形の研究の進捗とともに，地形面の形成順序と形成年代について多くの知見が得られ，第四紀学あるいは地形発達史とよばれる分野［▶ D1-2，D1-9］が確立した．現在それを支えるのは放射性同位体や火山灰を用いた年代測定法であるが，氷河地域における氷縞粘土が絶対年数を知る唯一の方法であった昔と違って，地形の形成年代や変化速度について多くの知見が得られている．

気候変動に伴う海水準の変動は，河川縦断面形の変化とそれに対応した河岸段丘の形成をもたらすと同時に，特に後氷期における気候の温暖多雨化は河川上流域における浸食を加速させ，下流部における沖積地の発達をもたらす．これにより山地斜面の傾斜変換線（遷急線）の形成が説明され，その下方の急斜面である後氷期開析地形は地形学の応用分野のテーマである斜面崩壊などの土砂災害の発生に関与するので，空中写真上で明瞭に検出される遷急線や関連する微地形の意義が災害防止という観点から注目されている．河川下流部においても空中写真を用いた微地形の判読や地形分類が注目されるようになったが，これらの地形については前後関係の判別が可能であるので，地形発達史の立場でのまとめが可能である．

●風化論：岩石の風化によって特徴的な地形が生まれるので，それは古くから地形学の研究対象であった．風化作用は一方で岩石の強度低下をもたらし，崩壊や各種の侵食を促すので，侵食力の強さを規定する斜面

勾配や集水面積と風化帯は一定の関係をもつ．地形とそれをつくる物質の関係は，今なお地形学の本質的なテーマである．

とくに斜面勾配と風化帯の関係については，風化帯の形成はデービス流の非可逆過程として，斜面上で見られる風化断面の特徴は風化物質と侵食力の動的平衡というペンク流の考えで，理解することができる[11]．これは，近代地形学における2つの柱であるデービスとW. ペンクの思想を，地形とそれをつくる物質の関係へと拡大したものであり，風化に関して注目に値する重要な考えである．

この問題の解明には，風化作用の諸側面をまず知る必要がある．また現地では，岩石の強度と風化度の定量的評価のために岩石物性の測定が不可欠となる．この分野の研究は，地形のロックコントロール［▶ D3-1］の観点から日本で特に1970年代から盛んに行われ，地形学と工学分野とのつながりは強くなったが，風化速度はしばしば侵食速度を介して測定されるという問題がある．

●地形計測とDEM解析：地形図に対し一定の作業を施して地形の特性を数値あるいは分布図として求める地形計測法は19世紀末に始まるが，1930年代に入って体系的に行われ，接（切）峰面・起伏量・平均傾斜・谷密度などが求められ，それらの相互関係が議論された．現在では等高線地形図に基づくかつての地形計測法から，コンピュータの発達により格子点の標高値からなるDEM［▶ D1-7］を用いた処理が，1970年代以降における地形計測の主要な分析手法となっている．わが国ではDEMは，250 m経緯度メッシュに始まり現在では平面直角座標で2 m間隔程度のものまで入手が可能である．ブロックダイアグラムもコンピュータにより自動作成され，数値空間情報としての地形学的データはとりわけGIS［▶ A3-5］による処理になじむが，近年における画像処理技術の進歩がそれを支えている．

●実験地形学と数理解析：地形変化は物質移動と密接に関係しているが，地形変化にかかわる諸量の測定や実験により，地形の特性と物質移動量（マス・フラックス）の関係が求められた．これは営力論の発展でもあり，1960年代以降に盛んになったが，実験地形学あるいは理論地形学とよばれることがある．さらに各種測定・測量の精密化と法則の定立によりモデルが構築されているが，その多くはマス・フラックスを空間微分して得られる広義の拡散方程式であり[12]，それに基づいて地形変化過程のコンピュータ・シミュレーションも行われている．個々のプロセスに対する法則の追求と同時に，それの効果について規模と頻度に関す

る議論も1960年代以降行われている.

湿潤地域の地形には河川が深く関係するが,水系の特徴の把握はホートンによる水流次数の導入[13]により大きく進歩した.現在では,特に水系網の特徴について高度な数学的分析がのちに試みられ[14],それは地形のもつフラクタル構造に深く関係することが明らかになっている.河床勾配と河床礫のサイズが関係する河川縦断面形 [▶ D5-1] については古くから研究されてきたが,それの説明のためにエントロピー概念も導入され,またこの分野は水理公式との関連が深く,それの地形学への応用が行われ[15],実験地形学推進のひとつの原動力となった.

●現代の発展と応用:地形学の基礎となる地形の測量法については,平板測量から空中写真測量へと変化し,さらに人工衛星を用いたGPS(全地球測位システム)による位置決定が可能となった.加えて,レーザープロファイラー(LiDAR)を用いた詳細な地形図がつくられ,従来の手法では不明瞭であった微地形の詳細が明らかになり,微細な活断層地形,土砂移動現象の詳細,火山噴出物の個別形態,人工改変地形,について新たな観点を提供しつつある.

斜面崩壊や地すべりなどマスムーブメント [▶ D4-3] やそれによる土砂災害の実態把握,あるいは水害の場合は空中写真判読による低地の微地形区分が重要となるが,この分野でも空中写真判読に代わる詳細地形図の利用で可能となった.近年においては人工改変地形が重要視されているが,中には山地の地形発達に対する見方に根本的変化をもたらしうるものもある.

活断層 [▶ D2-2] の問題では,空中写真判読によって変位地形やリニアメントの検出が行われるが,トレンチ調査と相まって変動帯の断層地形研究に大きな発展がもたらされ,活断層の活動周期についても議論できるようになった.この分野でも,地形判読のみならず地盤の変位変状の計測に詳細DEMや人工衛星の干渉画像(SAR)が用いられるようになっている.

火山地形は,侵食を被る前の原地形がまず研究対象となり,噴火様式や噴出物の性質と規模によって分類され,火山における噴出物の性質の経時的変化は,反応原理 [▶ D2-4] に基づいて理解されてきた.日本の成層火山 [▶ D2-5] については,侵食による原地形の破壊の程度が火山体形成後の時間に依存することが示された.ハワイ諸島における火山体の沈下量と開析度の違いは,マントル内のホットスポット [▶ D2-1, D2-4] からの移動距離に対応し,プレートテクトニクスの一環として理解できる.噴火直後の噴出物の侵食過程や,大規模噴火による火山体の破壊,大規模火砕流で生じた地形,個々の噴出物の形状,などについ

いても詳細なデータが蓄積されている.

絶対年代の測定は近年の地形学の全分野に大きな進歩をもたらしたが,現地あるいは実験で測定可能な時間スケールとはなお大差がある.しかしながら,[14]C法やK-Ar法では測定が難しくかつ地形学や火山灰層序学で重要な10万年オーダーの時間に対してジルコンを用いた飛跡法や宇宙線照射生成核種が用いられるようになり,特に後者は侵食作用の継続時間の評価に利用できるので,今後の発展が期待される.

この間において日本では,特に変動地形や地形発達史の分野において顕著な発達がみられたが[16,17],岩石の風化と地形の問題[18]については今後の課題は多い.さらにその一方で地形の研究は,成因論・年代論・速度論・メカニズム論を軸としつつも,地形学の実用化を意図した成因的地形分類法の精密化[19]を含め,個別的なテーマへと多様化する感がある.　　　[平野昌繁]

●文献

1) Fairbridge, R. W.(ed.): Encyclopedia of Geomorphology, Dowden, Hutchinson & Ross, 1968
2) Lyell,C. The principles of geology, vol. 1·2·3, John Murray, 1831·32·33
3) Gilbert, G. K.: Geology of Henry Mountains, U. S. Geogr. Geol. Survey Rep., 1877
4) Penck, A.: Morphologie der Erdoberfläche, Bd.I, Stuttgart, 1894
5) Davis, W. M.: Die erklärende Beschreibung der Landformen, B. G. Teubner, 1912
6) Machatschek, F.: Geomorphologie, 129p., B. G. Teubner, 1919
7) Penck, W.: Die morphologische Analyse, J. Engelhorns Nachaf., 1924
8) 辻村太郎:地形学,古今書院,1923
9) Chorley, R. J., et al.: The history of the study of landforms or the development of geomorphology, volume 1 (geomorphology before Davis), Methuen 1963
10) Wegener, A.: Entstehung der Kontinente und Ozeane(4te Aufl.), Friedr. Vieweg & Sohn, 1929
11) Ruxton, B. P. and Berry, L.: Weathering of granite and associated erosional features in Hong Kong, Bull. Geol. Soc. Amer., 68: 1263-1292, 1957
12) Culling, W. E. H.: Analytical theory of erosion, Jour. Geol., vol. 68, 336-344, 1960
13) Horton, R. E.:Erosional development of streams and their drainage basins; Hydrophysical approach to quantitative morphology, Bull. Geol. Soc. Amer., 56, 275-370, 1945
14) 徳永英二:豊平川の排水網構成とHortonの第一法則の検討.北海道大学地球物理学研究報告.15:1-19, 1966
15) Leopold, L. B., Wolman, M. G. and Miller, J. P.: Fluvial processes in geomorphology, Freeman, 1964
16) 吉川虎雄ほか:新編日本地形論,東京大学出版会,1973
17) 貝塚爽平:発達史地形学,東京大学出版会,1998
18) Yatsu, E.: The Nature of Weathering, Sozosha, 1988
19) 鈴木隆介:地形図読図入門(第1巻),古今書院,1997

D1-2 地形学研究法
発達史地形学，プロセス地形学，気候地形学

● 発達史地形学とプロセス地形学

　地形は地球表面の形態で地球上のどこにでもあり，地球のさまざまな自然環境（空間）と地球史（時間）のなかで働いている（きた）諸作用（プロセス）の最終生成現象である．地形の成因についての研究には，地形形成の歴史をたどって現在を説明する立場（発達史地形学，historical geomorphology）と地形形成メカニズムを追求する立場（プロセス地形学，process geomorphology）がある．地形の成り立ち，性質を理解するための見方・考え方を，貝塚[1]は図1のように示した．

　図1のAは地形そのものを意味する．Bの地形図や空中写真，数値地図，いろいろな画像は特定の範囲（地域）の地形分布を示すとみることができ，具体的な地形の形態分類や分布の記載，系統的分類の実務（研究）が地形分類図や地形誌といえよう（C）．Dが発達史地形学とプロセス地形学の領域で，発達史地形学はより総合的・歴史的であり（Dの右上方向），プロセス地形学（営力論）はより分析的・現在的となる（Dの左下方向）．発達史研究の進展・深化にとって営力研究は必要でその研究成果を包括して，より精緻な総合化へ向かうことになる．一方，分析的・原理的な性格を有する営力研究そのものは発達史研究を包括できない．

　これとはまったく異なる地形学研究の考え[2]がある．それによれば，地形研究の中核をなすのが，プロセスと地形をつくっている物質の物性（構成物質）に関する研究すなわちオルソ地形学であり，地形研究に対して指針を与えるような理論的研究がメタ地形学である．これら2つのカテゴリー以外の地形研究はパラ地形学とよばれる．"地形はプロセスと地形構成物質との関数を時間で積分したもの"[3]という考えの中には，オルソ地形学の基本理念が入っている．このような考え方では，プロセス地形学はほぼオルソ地形学に対応し，発達史地形学はパラ地形学に含められる．

　地形研究にはいくつかの原則，概念が導入されてきた．①現在の地形は，地球の表層物質に働いてきた内作用，外作用の総和としての形態で，地球史の最終生産物である．②地形変化の要因は，地形構成物質，形成プロセス，時間，形成環境である．③地形の大小によって変化をもたらす要因が異なり，要する時間が違う．すなわち地形によって構成物質，形成プロセス，形成時代（時間）が違う．④地球上の多様な構成物質と地形形成環境と形成プロセスが，地域と時代（時期および時間）によって特徴ある地形を産み出す．⑤現在の形成プロセスの研究は，過去の地形変化を理解する「鍵」である．これらの諸概念に発達史地形学，プロセス地形学の立場やアプローチする際の切り口がいくつも含まれていると理解することが肝要であろう．

　なお"地域の地形誌は地形研究の出発点であり，終点でもある"と貝塚は強調した[1]．図のCの領域にあたる．

● 気候地形学

　地形構成物質に加えて植生が違うと，侵食速度は10〜1000倍も異なるので，地球規模の地形形成環境として気候-植生が重要である．多くの地形研究者が作成した世界の気候地形帯区分図はいずれも気候-植生の分布図であるともいえる．しかし，地形の発達に要する時間はおよそ10^7〜10^3年（さらに短期間）で，しかも主として地形の規模によって長短が著しい．第四紀だけでなく第三紀さらにそれ以前の地質時代の気候や植生を地形形成環境として読み替えることも容易ではない．Büdel[4]が示した5つの気候地形帯は，現在と地史的過去の地形形成環境を併せる試みであった．その気候地形学（climatic geomorphology）の体系は気候地形と気候発生論的地形から構成されるという考えである．これに対して現在の気候-植生に基づく現在の気候地形帯の数は8〜13と多くなる．図2[5]は現在の外的地形プロセスよる気候地形区分の例である．

　このような地形に対する気候の影響と地形構成物質（地質構造と岩質）の関係については，スケール（地形地域）で説明可能である．すなわち，10^6〜10^7 km^{2}では気候の違いが，10^4〜10^3 km^2（日本列島規模ない

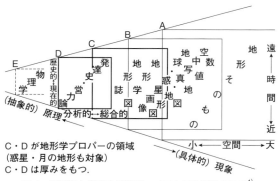

図1　地形学と発達史地形学，プロセス地形学の体系[1]

C・Dが地形学プロパーの領域
（惑星・月の地形も対象）
C・Dは厚みをもつ．

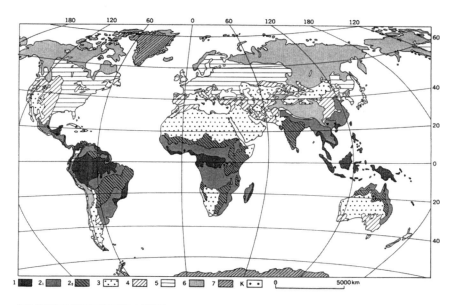

図2 現在の外的地形プロセスによる気候地形区分[1,5]

しそれより小範囲）では地形構成物質の違いが地形を最もよく説明する．10^2 km^2 以下の狭い範囲では，働いているプロセスが主な要因である．

気候地形学の考えは，ヨーロッパ諸国の植民地主義・探検にかかわって，地球上のさまざまな地形景観に遭遇した19世紀末に端緒がある．湿潤・温帯の地形変化サイクル以外を"アクシデント"（たとえば，乾燥地形サイクル）と規定したデービスこそが気候地形学の創始者だとみなすこともある．気候地形学は1940～60年代にドイツ，フランスで盛んであったが，地形プロセスの速さと強さ，気候示標の不適切性，地史上の気候変動など多くの問題・疑問が出され，20世紀後半には，湿潤熱帯や周氷河環境地域の研究を除けば，勢いを失う傾向があった．近年は，地球温暖化問題と関わって，気候－地形の関係について新たな関心が向けられるようになってきた．　　　　[平川一臣]

●文献
1) 貝塚爽平：発達史地形学，東京大学出版会，1998
2) Yatsu, E.: To make geomorphology more scientific, 地形, 13: 87–124, 1992
3) Gregory, K. J.: The Nature of Physical Geography. Arnold, 1985
4) Büdel, J.: Klima-Geomorphologie. 304s., Borntraeger. 1977
5) Hagedorn, J. und Poser, H.: Räumliche Ordnung der rezenten geomorphologischen Prozesse und Prozeskombinationen auf der Erde, Abhandlungen der Akademie der Wissenschaften in Göttingen, Mathematisch-Physikalische Klasse, 3, Heft 29, 426–439, 1974

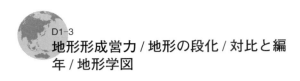

D1-3
地形形成営力 / 地形の段化 / 対比と編年 / 地形学図

● 地形形成営力

　地形は，長い間に徐々に，また時に急激に変化する．現在見られる地形は，そのような変化の積み重ねによって形成されたものである．地形を変化させ，新しい地形を形成させる作用（地形形成作用）を引き起こすものを地形形成営力（geomorphic agent）または単に地形営力という．

　地形形成営力は，地形をつくる物質を移動させるものにほかならない．それは，地殻内部に原因のある内的営力（内力）と，地殻外か地殻のごく表層に原因のある外的営力（外力）とに分けられる．内的営力としては，テクトニックな地殻変動（隆起・沈降，断層変位など）と火山活動（マグマの移動とそれに付随する現象）があげられる．外的営力としては，地表面上の流水（降雨時の面的な表流水，河川，潮流など），地下水，波浪によって動く水，氷河，風として動く大気，生物など，侵食・運搬・堆積作用を働かせるものがあげられる．重力はあらゆる地形変化に共通に働くものであるが，一部の地すべりや落石のようにその現象の原因として重力の意義が特に大きい場合には，重力を他の営力と並べて扱うこともある．

　実際の地形は，内的営力と外的営力の両方が働いて形成されている．島弧，山脈，平野，火山体などの大地形は主に内的営力の作用によってできた地形であり，その内部の河谷，自然堤防，砂丘など，より小規模な地形は，主に外的営力による作用によってできた地形である．単純化していえば，内的営力は地形の概形をつくり，外的営力はそれを修飾して細かい起伏をつくるものということができる．

● 地形の段化

　地形形成営力の作用によって地形は変化していく．ある地形形成営力（の組み合わせ）がある1つの地形をつくる場合，営力の状態が大きく変わらずに継続すると，形成される地形はある程度の広がりをもつようになる．このようなものは1つの地形面としてとらえられる．たとえば，河川により河谷を埋める堆積作用がある程度の期間継続してできた連続性のある谷底平野面は，1つの地形面である．このとき何らかの環境変化が発生し，この河川の堆積作用が弱まり下方侵食作用が強まると，河床はより低い位置に移動し，新しい河谷の地形ができはじめる．一方，もとの谷底平野面は，河川の侵食作用による破壊を受けるようになる．すなわち，環境変化を境に破壊される段階となった地形面と，その下方の新しく成長する段階の地形面とが区別されるようになる（古い地形面を堆積物で覆って新しい地形面が形成される場合もあるが，この場合古い地形面はこの場所ではもはや地表の地形ではない）．典型的な例は，河成（河岸）や海成（海岸）の段丘地形である．環境変化が起こるたびに新しい地形面の形成が始まるので，地形面を認識し区分することは，地形形成の歴史（地形発達史）とそれをもたらした環境変化の歴史を知るための第一歩である．

　発達史地形学では，地形の諸性質やその変化の法則を解明し，今後地形がどのように変化していくかを考える方法として，現在それぞれの地域でみられる地形が実際にどのような過程を経て現在の姿に至ったのかを解き明かす [▶ D1-2]．このためには，まず対象地域の地形面の存在とその範囲を認識し，地図化して示すことができるようにすることが必要である．これを地形の段化という．

● 対比と編年

　発達史地形学の研究では，各地形面の形成時期を明らかにして，すなわち地形の編年を行って，地形変化の歴史を組み立てる（図1，表1）．このためには，すべての地形面について精度のよい絶対年代が直接得られることが理想的であるが，現実には間接的な推定を行うことが避けられない．的確に推定するためには，ある地形面と別のある地形面が，必要とする時間解像度において同時期に形成されたものである（対比される）ことを明らかにしたり，またはどちらが古くどちらが新しいかを判断したりしなければならない．

　地形の形成順序については，①一続きの地形面は同時に，または比較的短期間に連続的に形成された，②侵食によってできた地形や，変位・変形によってできた地形は，その侵食や変位・変形を受けている地形より新しい，③堆積物に覆われた地形より，覆った堆積物（からなる地形）の方が新しい，という基本法則[2]によって考察する．この法則は論理的に当たり前のことをいっているにすぎないが，実際には侵食作用を受けて壊されているかどうか，あるいは覆った/覆われたの関係がどちらであるか，などの判定が容易ではない場合があり，慎重な検討が求められる．

　地形面の対比を行うには，通常次のような点に着目する[3]．①対比しようとする地形面どうしで，高度や他の地形面との比高，平面形や分布形態，開析の程度

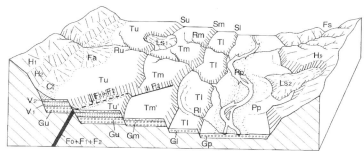

図1　新旧の地形の模式図[1)]
図中の記号の凡例を表1に示す．

といった形態的な特徴が共通または連続しているか，②対比しようとする地形面が堆積作用によって形成されたものである場合で，両地形面を構成する堆積物の層相，厚さ，年代などの特徴が共通または連続しているか，③対比しようとする地形面の上に載る風成堆積物や人類遺跡，地形面構成物質の風化の程度などが共通であるか，④上記の各項目その他の特徴から，形成期の地形形成環境（高海面期，寒冷期など）が共通していると判断できるか．これらのうち，②および③の方法の一つとして，広域に降下した火山灰を用いる方法［▶火山灰編年法；D2-6参照］があり，わが国では大きな成果をあげている．

●地形学図

ある地域にどのような地形があるかを地図として示したものを地形学図（geomorphological map）または地形分類図という．地形学図は，次のような目的のために作成される[3)]．①ある地域の地形の姿の記述（地形誌）のため．②地形の研究の手段またはその成果として．③地形と関係のある各種の土地の自然的性質を調べたり，土地の開発利用，土地の保全，防災など，地形学の応用に役立てたりするため．

地形学図の内容や表現方法はその目的や調査方法，対象地域の特性によりさまざまである．国土地理院が公開している1:25,000土地条件図・沿岸海域土地条件図・火山土地条件図，および1:25,000治水地形分類図，国土調査法に基づき主に都道府県が作成した1:50,000地形分類図，国土交通省の河川事務所が地形学者に依頼して作成した1:25,000水害地形分類図などは，調査地域のすべての地点を何らかの地形に分類して土地を区分するタイプの地形学図である．一方，実際の地形を対象とした研究論文・調査報告書中の地形学図は，その研究・調査で注目する地形を中心とし，その他の地形は示さないか，ごく簡略に示すに留める

表1　相対年代による地形編年表の例

地形面の形成時代	河川過程（本流）	地殻変動と火山活動	その他の地形の形成
Pp:現成の谷底侵食低地面	Gp:側刻 下刻		Ls$_2$:地すべり Sl:下位段丘崖
Tl:下位段丘面	Gl:側刻		Sm:中位段丘崖
	下刻	F$_2$:断層運動 V$_2$:火山灰降下	Ls$_1$:地すべり？
Tm:中位段丘面	Gm:側刻		Su:上位段丘崖
	下刻	F$_1$:断層運動 V$_1$:火山灰降下	Fa:扇状地？ Ct:崖錐
Tu:上位段丘面	Gu:側刻		H$_2$:丘陵斜面
	下刻	F$_0$:断層運動	Fs:断層鞍部 H$_1$:丘陵斜面

図1の模式図の地形発達史について，下方から上方ほど新しい時代の事件が並べられている．図1の凡例を兼ねている．下刻（＝谷底侵食低地の離水・段丘化）の原因はこの地区の調査資料だけでは解らない．Gは礫層．

のが普通である．国土地理院が公開している1:25,000都市圏活断層図，独立行政法人防災科学技術研究所が公開している1:50,000地すべり地形分布図もこのタイプの地形学図である．

［熊木洋太］

●文献
1) 鈴木隆介：建設技術者のための地形図読図入門　第1巻　読図の基礎，古今書院，1997
2) 貝塚爽平：発達史地形学，東京大学出版会，1998
3) 熊木洋太ほか編著：技術者のための地形学入門，山海堂，1995

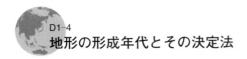
D1-4 地形の形成年代とその決定法

●地形の形成年代

地形の形成年代は対象とする地形が完成した年代であり，侵食されたりあるいは変形されたりする直前の年代である．地形の形成年代は，数億年もかかって形成された海底プレートや大山脈から数分〜数日間という短時間で形成された断層崖，地すべり，崩落地形，小規模な沖積錐，崖錐までさまざまである．また個々の地形ごとにさまざまな形成年代を有する地形もあり単一の数値で表現できない地形もある．以下いくつかの小地形の形成年代について述べる．

河成地形

扇状地の場合は扇状地面が下刻により侵食される直前の時期，すなわち堆積完了時がこれに該当する．三角州の場合は侵食基準面の変化（隆起や海水準の低下）により頂置面が侵食される直前の時期にあたる [▶ D5-4]．

河成段丘の場合は段丘面の完成時期，すなわち離水直後の時期とみなせる．自然堤防の完成時期は氾濫による越流がもはや発生しなくなった時期，すなわち河道の安定期，または下刻が開始される直前の年代である [▶ D5-3]．

海岸地形

海成段丘は河成段丘と同様に離水時期（または堆積末期）の堆積物の年代をもって地形の形成年代とする [▶ D6-2]．

海食崖，ベンチ，ノッチなどは侵食地形であるため，年代を直接決定できる試料が得にくく，形成年代の決定が困難な場合がある．上記の地形が離水していれば，離水時期をもって形成時期とみなすことができよう．ビーチロックや砂丘の年代は，再堆積物を測定試料とすることが多く，地形形成年代の決定には注意を要する．

氷河地形

氷河地形の場合も，これまでに記述した地形の完成時期をもって決定することができる．

圏谷，U字谷，ホルン（氷食尖峰），鋸歯状山稜，針状峰，岩峰，ヌナタク，氷河瘤，峡湾（フィヨルド），懸谷，切断山脚，谷柵，氷河臼，羊背岩，三日月痕，擦痕などの氷食地形は氷河が消滅した時期をもって形成年代とする．一方，モレーン（氷堆石丘），アウトウォッシュプレイン（融氷水流平野），エスカー，サ（ザ）ンダー，ドラムリン，ケーム，湖底平野，気候段丘などは堆積完了時をもって形成年代とみなすことができる [▶ D7-5]．

石灰岩地形

石灰岩地形の形成には長時間かかるため，侵食開始時期や堆積完了時期を認定するのはかなり困難である．しかし近年各種の年代決定法により，石筍，鍾乳石，石灰華幕，石灰華段丘などの地形形成年代が決定されるようになってきた．

変動地形

断層崖を横断するトレンチの堆積物の年代から断層崖の形成時期や活断層の再来周期を決定できる [▶ D2-2]．加速器（AMS）^{14}C 年代測定法を使用すれば後期完新世以降の場合 20 年程度の誤差範囲で再来周期を決定できる．また断層面からの湧水の放射性物質を連続的に計測することにより，地下で生じている微少な地殻変動または岩盤の圧縮変動を検知することができ，地震予知に貢献できるといわれている．

●各種の年代測定法とその応用

地形の年代（数値年代）を決定する具体的な方法（年代測定法，dating）について，山地や丘陵を除く地形の研究でよく使用されてきたカリウム–アルゴン（^{40}K–^{40}Ar）法，炭素14（^{14}C）年代測定法，ウランシリーズ（^{230}Th–^{234}U）法，ベリリウム10（^{10}Be）法，ESR（電子スピン共鳴）法および光ルミネッセンス法をとりあげ，順次その原理の概要と応用例を紹介する．各年代決定法の詳細については参考文献[1〜4]を一読されることをお勧めする．

カリウム–アルゴン（^{40}K–^{40}Ar）法

原理：　岩石や鉱物中に普遍的に含まれているカリウム（^{40}K）と放射性起源のアルゴン（^{40}Ar）の量比にもとづき年代が決定される．^{40}K の半減期は 12.5 億年であるため地球誕生時から 10 ka 程度までの広範囲の年代を決定できる．

応用：　溶岩流の年代，火山の形成年代や地形発達．

炭素14（^{14}C）年代測定法

原理：　宇宙線の一部を構成する中性子が大気の主要構成元素となっている窒素（^{14}N）と衝突し放射性炭素（^{14}C）が生成される．^{14}C は 5730 年の半減期を経て β 線および電子ニュートリノを放出して窒素になる．このため試料の放出する β 線または ^{14}C の原子量を測定することにより約 7 万年前までの年代を決定できる．^{14}C は酸素と結合して二酸化炭素となり大気の大循環によって拡散し生物体内に取り入れられるた

め，その生物の死亡または有機物の成因と知りたい年代の因果関係が成立していればきわめて有効な年代決定法である．

応用： 扇状地，河成段丘，自然堤防，後背湿地，海成段丘，砂嘴，砂州，浜堤，砂丘，ビーチロック，サンゴ礁地形，海水準変動にともなう地形，活断層，火山地形，地滑り，モレーン，氷河や氷床，石筍，鍾乳石，石灰華段丘などの地形形成年代．

ウランシリーズ（^{230}Th–^{234}U）法

原理： 海洋生物は海水に溶解しているウラン同位体（^{238}U，^{235}U，^{234}U）を体内に取り込むが，トリウム同位体（^{232}Th，^{230}Th）はほとんど取り込まない．^{234}Uの壊変によって^{230}Thが生成されるので，$^{230}Th/^{234}U$を測定することにより年代決定が可能である．

応用： サンゴ礁地形や変動地形の年代決定．

ベリリウム 10（^{10}Be）法

原理： ^{10}Beは宇宙線が窒素や酸素と衝突した際の破砕反応により生成され，半減期150万年でβ壊変する．宇宙線による岩石表面の^{10}Be生成率と地表からの深度による^{10}Be（または$^{10}Be/^9Be$）の変化から岩石・岩盤の地表面露出年代を知ることができる．

応用： 海成段丘や氷河地形の年代決定．

ESR（電子スピン共鳴）法

原理： 自然界に存在するウラン系列やトリウム系列および^{40}Kなどの壊変時や宇宙線の照射により鉱物中に生じた放射損傷量（総被曝線量）は経過時間に比例して増加する．この被曝線量をマイクロ波吸収により不対電子量として検出し，年間線量との比から10^3年〜10^7年までの年代を決定できる．

応用： 貝，サンゴ，骨，鍾乳石，石筍，石灰華段丘，火山灰，火砕流，火山岩などの年代決定．

光ルミネッセンス法

原理： 堆積物中の鉱物（石英や長石など）は宇宙線などの被曝により自然放射線量を蓄積している．これらの鉱物に適当な波長の光を照射すると微弱な光（ルミネッセンス：蛍光）を発する．その強さは鉱物の被曝線量に比例するため，光の強さから放射線量を算出し数十年〜数十万年前までの年代を決定することができる．この年代測定法では試料の採取と保管および測定時に外部から光が当たらないように留意する必要がある．

応用： 堆積地形や発掘試料の年代決定．

●年代の解釈と測定誤差

測定値の意味するもの

各種の年代決定法は物理・化学的な見地から確立された十分な原理にもとづいており，測定値の信頼性は高い．しかし測定値そのものが研究者の必要としている地形の形成年代と密接に関連しているかどうかは別問題である．測定値そのものが直接知りたい年代でない場合，研究者の推察が入る．このため研究者の年代観により真の地形形成年代と乖離する場合が生ずる．

たとえば河成段丘の形成年代は離水時期をもって代表させることを前に述べた．しかしその時期を直接決定できる年代測定用の試料が得られる確率はきわめて低い．これまでの研究では，段丘堆積物の年代をもってその段丘の形成年代とみなしている場合が大部分である．しかし^{14}C年代を使用した場合その年代は試料とした生物の死亡年代または有機物の起源にかかわる年代であり，地形形成年代とは本来無関係である．年代測定試料を覆う堆積物が試料と同時の堆積物かどうかの判断が必要となる．さらに段丘面を覆う風成堆積物（テフラ）の年代から段丘の形成年代を推定する場合，離水時期と風成堆積物の堆積年代との時間隙の推定が誤差を生ずる原因となる．このような問題点は従来十分に議論されてこなかったが，年代測定の精度が向上すれば，それに対応した精度の議論が行われるべきであり今後この種の研究成果が期待される．

測定誤差

知りたい地形の形成年代を推定する際に見過ごせない測定誤差について^{14}C年代を事例として説明する．^{14}C年代測定ではβ線測定法ではβ壊変がランダム現象であるため，測定に時間を要する．また測定値には通常標準偏差をつけて信頼性を表記する．通常この数値は標準偏差の1δに相当する年代である．たとえば^{14}C年代は5430 ± 50 BPのように表記されるが，その確率は約68％である．68％では低すぎるというのであれば2δの年代範囲で考えればよい．その確率は約95％である．ただしこの数値は単に測定値に関する統計誤差であって，試料そのものの固有誤差（たとえば消失した年輪）や，化学実験やβ線（あるいは^{14}C）の計測時の誤差など実験室で生ずるおそれのある誤差は一切含まれていないことを注意しなければならない．

［小元久仁夫］

●文献

1) Geyh, M. A. and Schleicher, H.: Absolute Age Determination, 503p., Springer-Verlag, Berlin, Heidelberg, New York, London, Paris, Tokyo, Hong Kong, Barcelona, 1990
2) 海洋出版株式会社：高精度年代決定法法とその応用—第四紀を中心として—，月刊地球 号外．26: 1–239, 1999
3) 兼岡一郎：年代測定概論．東京大学出版会，1998
4) 日本第四紀学会編：デジタルブック最新第四紀学．2009

D1-5 堆積物の分析

堆積物（sediment, deposit）にはそれが成立するに至った過程の環境や条件など，さらには堆積後の条件のもとで加わったさまざまな情報が含まれる．通常，堆積物自体がもつ構造や，その物理的・化学的性質に基づくものと，生物遺骸や生活痕など生物に由来するものとがある．

● 粒度と堆積構造

運搬され堆積する粒子のサイズは流れのエネルギーの大きさを反映する．このため，粒度分析は最も一般的に用いられる堆積物の分析法である．分析結果はさまざまなパラメーターで表現され，平均粒径や粒径中央値，最大粒径などは堆積環境のもつエネルギーの大きさの，淘汰度は流れの安定性の指標となる．

リップル（漣痕）やラミナも流速や流向を示すため堆積環境の推定に有効である．流れの方向に対して非対称な形態をもつ流れ型リップルは一方向の流れを示し，対称に近い波型リップルは波によって形成されたことを示す．流れ型には，メガリップルや風による風紋もある．

ハンモック状斜交層理は浅海堆積物によくみられる堆積構造で，ストーム時の波浪によって形成される．

以上のほか，粒子のオリエンテーション，礫のインブリケーション（覆瓦構造）も流向を反映する．

● 生痕化石

生物の巣穴など生活の痕跡を意味する生痕化石は，自生（現地性）の環境を示すものとして重要である．貝類，カニ，アナジャコ，ヒメスナホリムシなどの巣穴，這い跡，足跡など多様なものがある．ただし生物種の特定が難しい場合がある．

● 貝類群集

貝類の化石も，生息環境による棲み分けを基礎として（図1），古環境の復元，海進・海退の検討などにしばしば用いられる．化石の採取に先立って，その生息姿勢，自生か他生（異地性）かの判断が重要となる．貝化石密集層の場合，流れによって運ばれた掃き寄せ型か，砂が流れ去った吹き抜け型か，自生の礁かの区別が重要である．

● 有孔虫

海水から汽水域に棲む原生動物で，多くは1 mm以下で，海水中を浮遊して生活する浮遊性有孔虫と，河口部から深海底まで底質に付着，あるいは潜って生活する底生有孔虫に分けられる．主に石灰質の殻をつくるが，一部は砂質の殻をもつ．浮遊性有孔虫は暖流（黒潮）や寒流（親潮）の盛衰を知るなど，底生有孔虫は沿岸～内湾の環境，海面変動などさまざまな環境変動の指標として用いられている．有孔虫の殻の酸素同位体比に基づく古気候変動カーブでは，近年は底生

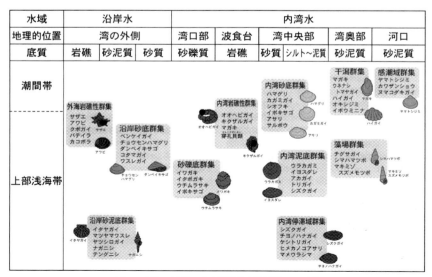

図1 内湾，沿岸の生息環境と貝類群集の区分[1]

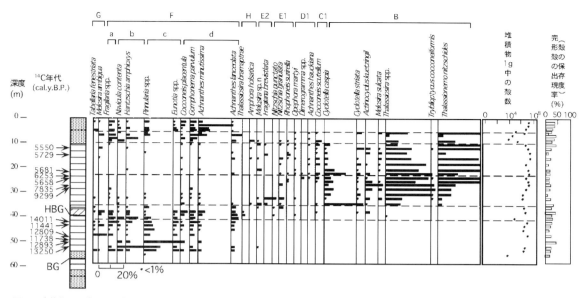

図2 珪藻化石群集に基づく縄文海進時の内湾環境の変化—埼玉県三郷市花和田コア（小杉[2]に基づく．年代表記は cal.y.BP に変更）B〜G は環境指標種群（B：内湾，C1：海水藻場，D1：海水砂質干潟，E1：海水泥質干潟，E2：汽水泥質干潟，H：河口，F：淡水底生，G：淡水浮遊性．F については，a：止水性，b：陸生，c：好酸性，d：好流水性に細分）．

有孔虫が用いられることが多い．

● 珪　藻

　淡水から海水に生息する珪藻は 0.01〜0.1 mm ほどの微小な藻類で，光合成をする植物プランクトンの代表的存在であり，珪酸体の殻をもつため比較的よく地層中に保存される．浮遊性，底生，付着性の生態的特性に分けられ，種類ごとに多様な水域に適応して生息する．それを整理した環境指標種群に基づき，海陸の変化，塩濃度変化，海進海退，湖面変動，水質汚濁など多様な古環境復元に役立つ（図2）．

● 花　粉

　花粉の多くは 10〜20 μm と小さいが，強靭な外膜をもち，地層中によく保存されることから，植生の復元や古気候の推定に用いられる．花粉の同定は多くは属レベルまでにとどまるため，種実を含め大型植物遺体を併用することも少なくない．

　最終氷期から完新世への大きな気候変動の中で，植生も大きく移動した．例えば現在サハリンの北部に分布するグイマツは最終氷期には北海道から東北北部に南下していたとされ，その北海道中央部との年平均気温の差は約 6℃ となる[3]．

　近年，花粉分析結果から表層花粉データセットに基づいて定量的に気候を推定するモダンアナログ法が注目されている[4]．

● その他の手法とまとめ

　古環境・古気候の復元のために微化石を利用する手法として，以上のほか貝形虫，放散虫，ナンノプランクトン，植物珪酸体なども用いられる．さらに，樹木年輪や石筍も重要なデータを提供している．レス，湖沼堆積物，その他の堆積物に対して帯磁率が気候変動の一つの指標として用いられ，環境磁気学という分野が確立されている．

　以上の第四紀に関わる化石や同位体分析については『デジタルブック最新第四紀学』[5]を，主な分析手法については『第四紀試料分析法』[6]を参照されたい．

[遠藤邦彦]

● 文献
1) 松島義章：完新世における温暖種が示す対馬海流の脈動．第四紀研究，49 (1): 1-10, 2010
2) 小杉正人：珪藻化石群からみた最終氷期以降の東京湾の変遷史．三郷市史，自然編，pp.112-193, 1992
3) 五十嵐八枝子：北海道とサハリンにおける植生と気候の変遷史—花粉から植物の興亡と移動の歴史を探る．第四紀研究．49 (5): 241-253, 2010
4) Nakagawa, T., et al.: Quantitative pollen-based climate reconstruction in central Japan: Application to surface and Late Quaternary spectra, *Quaternary Science Reviews*, 21: 2099-2113, 2002
5) 日本第四紀学会編：デジタルブック最新第四紀学．概説と CD. 2010
6) 日本第四紀学会編：第四紀試料分析法．東京大学出版会，1993

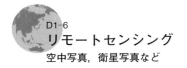

D1-6 リモートセンシング
空中写真，衛星写真など

●リモートセンシングとは

リモートセンシング（remote sensing：RS）とは，離れたところから非接触で観察対象物を計測・分析する技術体系の総称である．自然地理学においては，空中写真や人工衛星のデータから学問的に意味のある情報を抽出する方法をRSとよび，特にこれらのデータを用いて地表面の計測・判読を行うことにより研究の基礎となるデータを取得してきた．

●空中写真

空中写真（aerial photograph）は，第二次世界大戦以降最も広く用いられている地形データで，現在刊行されている国土地理院の地形図も空中写真測量によって作成された．その方法は測量学の教科書[1]に詳しいが，対象地域について視点の異なる2枚の空中写真（ステレオペアの空中写真）を鉛直下向きに撮影し，その幾何学的な関係から2枚の写真中の同一地点の地理座標を求めるのが基本的な方法である．現在では，デジタル化された空中写真を，コンピュータ画面上で偏光メガネを用いて作業者が立体的に見ながら計測および図化作業をすることができる．デジタル写真測量システムにより計測作業が行われている．また，2010年頃から急速に普及した小型無人航空機（UAV，通称：ドローン）を用いた測量は，UAVに搭載したデジタルカメラから撮影した空中写真による，多数のステレオペア画像を用いて三次元形状モデルを構築することを可能にしたSfM多視点ステレオ写真測量（Structure-from-Motion Multi-View Stereo Photogrammetry，SfM-MVSなどと略される）という技術であり，これまでの写真測量の基本原理を発展させたものである．

ステレオペア空中写真中の同一地点を自動的に決めることができれば，地表面座標を抽出する作業は自動化できる．画像解析からステレオペア写真内における同一地点を決定する技術をイメージマッチングとよぶ．得られる地形データの精度は空中写真の品質とイメージマッチングの精度で決まる．写真の歪みなどは一切なく，イメージマッチングが最も理想的に行われていると仮定するとき，高さ方向の精度限界（Δh）は，視差差の計測による標高計測と同じ原理により，

$$\Delta h = \frac{H}{b}\Delta G \qquad (1)$$

となる．ここでHは撮影地点の高度（対地標高），bはステレオペアの写真の各中心点間の距離（基線長），ΔGはデジタル化された空中写真の地上解像度である．すなわち，一般的な1/10000空中写真を20 μm（1270 dpi）で電子化したときの高さ精度の限界は0.5 m程度である．

現実の写真計測においては，このような理想的な計測を行うことは難しい．また，人工物や植生に起因する凹凸の処理方法については研究段階であり，データの精度や質は作業技術者によるところが大きい．しかし，過去の空中写真による地形データの取得は，すでに消失した地形を復元する唯一の方法であり，今後も重要である．

空中写真の利用におけるもう1つの重要な点は，このデータが植生や土地利用といった地表面の状態を記録していることである．人間は空中写真の実体視によってその土地の定性的に重要な情報を読みとることができる．これを写真判読（photographic interpretation）とよぶ．写真判読は，段丘，地すべり，活断層，平野の微地形などを詳細に検討する際に広く行われているが，その結果は解釈であることに留意する必要がある．すなわち，写真判読は調査者の知識や経験にもとづいたもので，写真測量以上に調査者によって結果が異なることがある．しかし，地形の正確な理解のためには，地形種の認定やその空間的広がりなど，数値化できない情報を的確に把握する必要があり，写真判読はそのための有効な手段の1つである．

●衛星写真等（電磁波を用いたRS）

衛星写真と一般によばれているデータは，人工衛星から観測した電磁波のデータをコンピュータにより合成した画像である[2,3]．電磁波を用いたRSによって取得されるデータには，その取得方法により受動型センサデータと能動型センサデータがある．センサとはデータ取得装置で，空中写真におけるカメラに相当する．これらのセンサを搭載する航空機や人工衛星をプラットフォームとよぶ．得られるデータの特性は両者の組み合わせで決まる．

受動型センサは，太陽から射出された電磁波が地表面に反射した電磁波と地表面から発せられている電磁波の特性を，センサの設計によって決められた観測波長ごとにその性質を計測するものであり，一般には可視光～赤外域の分光反射強度を計測する．代表的なものはLandsat8（プラットフォーム）/OLI（センサ），SPOT5/HRVIR，Terra/ASTER，ALOS/AVNIR-2な

どである.

人工衛星 RS のデータ特性を検討するには，空間・時間・スペクトルの３つの解像度に注目するとわかりやすい.　まず空間解像度とは，地表面物体の識別能力である.　2009 年に打ち上げられたアメリカの商用衛星 WorldView-2 は，空中写真に匹敵する約 46 cm の空間解像度をもつ.

次に時間解像度とは，同一地点のデータ取得頻度である.　人工衛星の軌道は，気象衛星などに用いられている静止軌道と，地域スケールでのモニタリングに用いられている太陽同期準回帰軌道に大別される.　静止衛星の時間解像度は高いが，軌道高度が高いことなどから空間解像度 1 km 程度である.　太陽同期準回帰軌道をもつ衛星の周期は，Landsat で 16 日，ALOS で 46 日と時間解像度としては高くないが，軌道高度が低いため空間解像度を高くすることができる.

最後にスペクトル解像度とは，電磁波の分光波長分解能のことである.　多くの波長帯域（チャンネル）ごとの分光反射強度を観測できるセンサほど利用可能性が高い.　一般に衛星写真とよばれているのは，コンピュータ上での色表現の基本三要素の赤（R），緑（G），青（B）に対して，観測波長帯域のうち３つの反射強度を当てはめて作成した合成画像であり，その当てはめ方により True color 画像，False color 画像などがある.

このような受動型センサのデータは，直接地形を計測しているわけではない.　しかし広域的に得られる空中写真のような画像は，地勢を的確に把握できる.　また，可視光以外の分光反射強度も観測しているため，水域，植生，地質などの判読には空中写真よりも有用である.

さらに，受動型センサデータから地形データを取得するために，SPOT や ASTER では，通常の衛星直下方向のデータ取得機能に加えて，同一箇所を斜め方向からデータ取得することができる.　これにより空中写真測量と同様の原理で標高計測が可能となる.　2009 年，ASTER 画像からこの原理を用いた全球地形データ ASTER GDEM が整備された.

次に能動型センサとは，センサから地表に向かって照射した電磁波の反射波を観測するセンサである.　能動型センサは，照射する電磁波の波長により，合成開口レーダ（SAR）方式とレーザー方式（LIDAR）に区分される.

SAR 方式では，マイクロ波（波長 1 mm〜1 m の電磁波）を用いる.　マイクロ波は雲を透過する.　したがって，天候や昼夜を問わず地表面を観測することができる.　地表面に反射したマイクロ波の後方散乱特性，偏波特性，位相などを観測している.　この方式による観測成果の１つが，2000 年のスペースシャトルによる地形データ SRTM の作成である.　また，SAR では位相を計測しているので，同じ場所の二時期のデータの位相差を取ることにより観測波長よりも小さい地形変化を検出できる.　この技術は SAR の干渉処理技術とよばれており，地震や火山活動にともなう地殻変動の解析などに広く用いられるようになった.

LIDAR は，可視光〜近赤外域の電磁波を用いる能動型センサである.　2000 年ごろから，航空機搭載の LIDAR センサによる高解像・高精度の DEM を利用できるようになってきた.　このデータは，加工されていない状態のデータのレベルにおいては，地表面上の空間解像度で数十 cm 程度の解像度をもつ測量点の集合である.　航空機 LIDAR データを用いることにより，これまで表現できなかった詳細な地形表現が可能で，今後ますます活用されるようになっていくであろう.

［田中　靖］

●文献
1) 中村英夫・清水英範：測量学，技報堂出版，2000
2) 日本リモートセンシング研究会編：図解リモートセンシング，日本測量協会，2004
3) 飯坂譲二監修／日本写真測量学会編：合成開口レーダ画像ハンドブック，朝倉書店，1998

D

地形

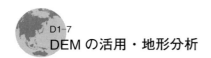

DEMの活用・地形分析

　DEM（Digital Elevation Model）とは，コンピュータを用いて地形を表示・解析することを主な目的として，一定のルールにもとづいてデータ化された数値標高データである．DEMと関連する用語に，デジタル化された地形データの総称としてDTM（Digital Terrain Model），露出した地表面と樹冠上のような地表面を覆う物体の上部を連ねた標高データとしてのDSM（Digital Surface Model），測量などによって得られた地表面上の座標を三角網としてつないだTIN（Triangulated Irregular Network）などがあるが，ここでは格子状に縦横一定間隔で標高を記録したデータのことをDEMとよぶことにする．

　DEMを活用することで，地形の定量的な扱いが容易になる．具体的にはまず，段彩や等高線による地形の表示や，ヒプソグラフ（面積高度曲線）の作成により，地域の地形概要を示すことができる．また，注目点に近接する標高値との関係から，局所領域の勾配，斜面方位，曲率，起伏量，高度分散量などの地形量を計算し，関連する現象との関係性を検討することができる．さらにDEMから地形を陰影表示すると，等高線など従来の地形表現方法では不可能な詳細な地形を可視化することができる（図1）．

　次に，水系の視点からの地形分析が効率的になる．地上に降った雨は，DEMから計算される最大傾斜方向に流れていくと仮定し，そのベクトル方向をつないでいくことにより水系網が求められる．いうまでもなく実際のDEMによる水系計算では，凹地や平坦地などで最大傾斜ベクトルが実際の水系網のようにつながらず，問題が起こる箇所が出てくる．これを解決するために，洪水法，乱数法などの対処法がある．水系網を構築することができれば，流域の定義（任意の場所の流域の決定）や流域面積の計算を行うことができる．DEMの各点における流域面積を表示した流域面積図などは，DEMがなければ事実上作成は不可能であろう．

　さらにDEMは，山地の体積やダム貯水量の計算，景色の見通し（「開度」ともよばれる），斜面安定解析の基礎データ，地形の波長解析，異なる時期のDEMの差分を取ることによる地形変化の抽出，地形シミュレーションの初期条件など，地形を定量的に扱うのに必須の存在である．また地形の研究以外にも，衛星画像のオルソ化や重力などの地球物理的データの標高補正，鳥瞰図作成など，地形とかかわるあらゆる分野において重要なデータとして広く活用されている．

　このようにDEMには多くの活用方法があるが，その中でも特に頻繁に取り上げられる勾配，曲率，陰影表示について，その基本的な考え方を計算方法とともに説明する．

　勾配は斜面上での重力の分力を決める最も基本的な物理量である．DEMを用いた地形計測が行えない時代には，地形の険しさを表現するための代替指標として起伏量図や高度分散量図の作成が行われ，これらの値の地形学的な意味についての研究が進展した．しかし，勾配の評価を行うのに十分な解像度をもつ50 m程度よりも詳細なDEMがあるときには，直接勾配を用いた方が便利である．勾配Iは標高zの変化率（無次元量）であり，以下のように定義される[1,2]．

$$I = \nabla z = \tan^{-1}\sqrt{\left(\frac{dz}{dx}\right)^2 + \left(\frac{dz}{dy}\right)^2} \quad (1)$$

ここで，DEMから式（1）のdz/dxとdz/dyをどのように求めるかが問題となる．DEMの注目点（z_5）とその周囲八方向の標高値を

z_1	z_2	z_3
z_4	z_5	z_6
z_7	z_8	z_9

とするとき，八方向すべての標高値を考慮するときには，

$$\frac{dz}{dx} = \frac{1}{6dx}\{(z_3-z_1)+(z_6-z_4)+(z_9-z_7)\},$$
$$\frac{dz}{dy} = \frac{1}{6dy}\{(z_7-z_1)+(z_8-z_2)+(z_9-z_3)\} \quad (2)$$

で近似する．dx, dyはx方向およびy方向の格子点間距離である．dz/dxとdz/dyは，注目点の右側と下側の二方向だけを参照して，

$$\frac{dz}{dx} = \frac{z_6-z_5}{dx}, \quad \frac{dz}{dy} = \frac{z_8-z_5}{dy} \quad (3)$$

上下左右の四方向を参照して，

$$\frac{dz}{dx} = \frac{z_6-z_4}{2dx}, \quad \frac{dz}{dy} = \frac{z_8-z_2}{2dy} \quad (4)$$

ととることもある．

　曲率は勾配の変化率，すなわち標高の二次微分値であり，土層の移動による地形変化などを考える上で重要な地形計測量で，L^{-1}の次元をもつ．曲率（curvature）のほかに，ラプラシアン（Laplacian）というよび方もあるが，地形学における意味は同じであ

図1 航空機レーザ測量による2m DEM を陰影・鳥瞰表示した例．新潟県長岡市山古志．データは国土地理院提供．

る．また，曲率を扱う際にしばしば正負の符号の意味が問題になることがあるが，ここでは上に向かって凹型（谷型）を正の値，凸型（尾根型）を負の値としてその計算方法を整理する[2,3]．

DEM の注目点（z_5）とその周囲四方向の標高値による曲率 C_4 は，

$$C_4 = \nabla^2 z = \frac{z_6 + z_4 - 2z_5}{dx^2} + \frac{z_8 + z_2 - 2z_5}{dy^2} \quad (5)$$

周囲八方向の標高値による曲率 C_8 は，

$$C_8 = \nabla^2 z$$
$$= \frac{2(z_2 + z_4 + z_6 + z_8) + (z_1 + z_3 + z_7 + z_9) - 12z_5}{4d^2} \quad (6)$$

で近似できる．ただし，$d = dx = dy$ である．さらに曲率は，斜面の最大傾斜方向に平行な断面の曲率（profile curvature, C_{pr}）と直角な断面の曲率（plan curvature, C_{pl}）に区分され，それぞれ，

$$C_{pr} = 2\frac{DG^2 + EH^2 + FGH}{G^2 + H^2} \quad (7)$$

$$C_{pl} = -2\frac{DH^2 + EG^2 - FGH}{G^2 + H^2} \quad (8)$$

で求められる．ここで，

$$D = \frac{\frac{z_4 + z_6}{2} - z_5}{d^2}, \quad E = \frac{\frac{z_2 + z_8}{2} - z_5}{d^2},$$

$$F = \frac{-z_1 + z_3 + z_7 - z_9}{4d^2}$$

$$G = \frac{-z_4 + z_6}{2d}, \quad H = \frac{z_2 - z_8}{2d} \quad (9)$$

である．

陰影図は，斜面の法線ベクトルと太陽光線ベクトルの余弦をとることで得られる地形表現の方法である[1]．この表示方法は，等高線など従来の地形表現の方法では不可能な詳細な地形を表示するのに適しており，航空機レーザ測量などによる高解像度 DEM が一般的になってきた現在では不可欠なものとなっている（図1）．

得られる陰影図は光源の位置により変化するが，北が上の地図の時には方位角 315°，高度角 45° とするのが一般的である．これは，光源が図の左上方向にあるとき人間の目が最も自然な立体感を得ることができると言われていることの応用で，高等学校などで使用されている地図帳の地形陰影も，この方法で表現されている．

［田中　靖］

●文献
1) 村井俊治：空間情報工学，日本測量協会，2002
2) Moore, I. D., *et al*.: Digital Terrain Modelling: A Review of Hydrological, Geomorphological, and Biological Applications, *Hydrological Processes*, 5: 3-30, 1991
3) Burrough, P. A. and McDonnell, R. A. Principles of Geographical Information Systems, Oxford University Press, 1998

D1-8
地形の分類と地形の規模

小惑星や隕石の衝突（外来営力）によって形成されるクレーター（現在地球上で140個ほど発見されている）を除くと，地表にみられる種々の地形は内的営力と外的営力との相互作用によって形成され，変化していく．現在，地表には，その形成に長年月を要する地形から短時間に形成される地形まで，形成時間に幅がある．同時に，プレートの動きなど地球規模の変動に伴って形成される大地形から，雨滴のつくる微細地形まで規模や成因もさまざまである．地形は，地形形成の主原因（成因的分類）や個々の地形の広がり（空間的規模）とによって分類（landform classification）される．

●成因からみた地形の分類

1 内的営力による形成作用が際立つ地形 [▶ D2]

1-1 地殻変動によって形成される地形：変動地形
→断層地形，褶曲地形，曲隆・曲降地形，傾動地形など，および，貫入岩体（周囲より低密度の岩体）のつくるドーム地形（岩塩ドームなど）など

1-2 火山活動によって形成される地形：火山地形
→大規模な火砕流台地・熔岩台地，楯状火山，成層火山，カルデラや小規模な各種の単成火山（熔岩ドーム，爆裂火口，マールなど）まで

2 外的営力による形成作用が際立つ地形 [▶ D3〜D8]（表1）[1]

2-1 主に重力の作用（マスムーブメント）によっ

て形成される地形
→種々の崩壊地形，地すべり地形など

2-2 流水（河川）の作用で形成される地形：河成地形
→種々の谷地形（V字谷，積載谷，先行谷など）や堆積地形（埋積谷・谷底平野，扇状地，三角州：構成層は海成層を含む，河成段丘など）

2-3 海水（湖水）の作用で形成される地形：海成（湖成）地形
→海岸・湖岸平野，海食崖，海成・湖成段丘，砂州や砂嘴，浜堤など

2-4 主に地下水の作用で形成される地形：カルスト地形
→ポリエ，ウバーレ，ドリーネ，カレンフェルト，鍾乳洞と種々の鍾乳石

2-5 生物のつくる地形：サンゴ礁海岸やマングローブ海岸
→卓礁，裾礁，堡礁，環礁など

2-6 凍結・融解作用の卓越する地域に生じる地形：周氷河地形
→種々の構造土や種々の岩塊地形，周氷河性斜面など

2-7 積雪（雪崩）のつくる地形
→筋状地形，アバランチ・シュート，アバランチ・ボルダー・タンなど

2-8 氷の作用で形成される地形：氷河（氷成）地形
→カール，U字谷，種々のモレーン（堆石），エスカー，ドラムリン，氷河湖など

2-8 空気の流れ（風）によって生じる地形：風成地形
→風食凹地，種々の砂丘

2-9 乾燥地域に発達する地形：乾燥地形
→砂漠，砂丘，ペディメント・ペディプレーン，バハ

表1　種々の外的営力とそれらの侵食作用[1]

外的営力の種類	浸食作用の形式	営力のみによる侵食作用		岩屑（道具）の加わった侵食作用
		化学的作用（溶解）	機械的作用（物質移動）	移動物質による地表の侵食
降雨（雨水流）	雨食	溶食	雨滴の侵食 雨洗・布状洗	
河川水流	河食	溶食	水流による持ち上げと洗掘（キャビテーション）	磨耗・磨食（削磨）
地下水流	——	溶食		
海水の流れ（波浪・潮流など）	海食	溶食	種々の水力学的作用	磨食（削磨）
氷河流（氷床移動）	氷食	溶食（氷河下の融氷水）	氷河破砕（もぎとり・掘り起こし）吹き払い	削磨（擦痕の形成など）
風	風食	——		風による削磨（サンドブラスト）

表2 規模による地形の分類[2]

地形の規模	最小地形のひろがり	地形の特性を発現させる主要因の例*	例（地形型）	地形形成に要する年代（年）
巨大地形	100 km	地殻の厚さ，プレート運動	楯状地，中央海嶺，深海平原	10^8–10^7
大地形	10 km	地殻運動（大規模な）	島弧，海溝	10^7–10^6
中地形	1 km	地殻変動，地質構造，火山活動	山地，丘陵，台地，低地，成層火山	10^6–10^5
小地形	100 m	気候（外作用），岩質，噴火	段丘，扇状地，三角州	10^5–10^3
微地形	10 m	気候，岩質，土壌	河床，自然堤防	10^3–10^1
微細地形	1 m	小気候，土壌，生物	砂堆，構造土	$<10^1$

＊構成物質により，地域によるちがいが大きい.

ダ，プラヤなど

2-10 地質構造や岩質などの差を反映した侵食地形：組織地形

→背斜・向斜山稜，背斜・向斜谷，ホグバック，ケスタ，メサ，ビュート

3 外来営力によって形成される地形

3-1 衝突クレーター

●空間的規模からみた分類

地球上には大陸と海洋あるいは山脈と平原というような大規模な地形から，海浜にみられるバームや汀段などの小規模な地形まで，さまざまな規模の地形が存在する．一般に，規模の大きい地形ほど形成に要する時間は長く，小規模なものほど短時間に形成される．しかし，地形の広がりや規模はほぼ連続して変化するので，岩石‒造岩鉱物‒分子‒原子といった明確な区分はない．したがって，地形を空間的規模から分類する場合，それぞれの境界は不明確なものとなる．一般には，巨大地形・大地形・中地形・小地形・微地形・微細地形などと区分される（**表2**）[2]ことが多い．そして，巨大地形ほどプレートの運動などグローバルなテクトニクスによって形成され，地球全体の大地形の分布，すなわち，陸と海の分布や山脈と平原・盆地の形成に大きく寄与している[3].

陸上にみられる世界の大地形は地質構造に支配され，造山運動を受けた後に平坦化された楯状地・卓状地，山地の地形をとどめる古生代（古期）造山帯，および中・新生代（新期）造山帯に大別される．また，それぞれの地形が表現される地図の縮尺や等高（深）線間隔は以下のようになる．巨大地形：1/1000万以上，1000 m，大地形：1/1000万～1/200万，200～5000 m，中地形：1/100万～1/20万，50～100 m，小地形：5万～1万，5～20 m，微地形：1/5000以下，0.2～2 m，および微細地形：1/100，0.1 m.

［小池一之］

●文献

1) 小池一之ほか：地表環境の地学—地形と土壌—，東海大学出版会，1994

2) 貝塚爽平：発達史地形学，東京大学出版会，1998

3) 貝塚爽平ほか：写真と図でみる地形学，東京大学出版会，1985

第四紀

●第四紀という時代

ICSU（国際科学会議，International Council for Science）のメンバーである IUGS（国際地質科学連合）は，2009 年 6 月に第四紀の新しい定義を批准した．それによれば，第四紀の開始年代は従来の定義より約 80 万年遡った約 260 万年前（2.58 Ma；1 Ma は百万年前）となった．これは，北半球に氷床が発達しはじめ，世界的な寒冷化が明らかとなった時期とされ，また，古地磁気層序のガウス／松山境界に一致する[1]．

第四紀（Quaternary Period）はさらに，古い方の更新世（Pleistocene）と最新の完新世（Holocene）に区分される．完新世は最後の氷床拡大期が終わった「後氷期」であり，その開始はグリーンランドの氷床コアを用いた年代で 11700 年前（西暦 2000 年から遡った年代）とされることになった（日本第四紀学会）．

従来の地質年代区分は生物の進化をもとに決定されてきた．第四紀の場合は人類がその指標であり，従来は Homo 属の登場と繁栄の時代として設定された．しかし，最新の第四紀の定義は生物の進化以外の要素も加えられ，人類の拡散と繁栄の背景となった気候変化に注目した区分となった．

改めて第四紀とはどのような時代かを要約すると，Homo 属が進化・拡散するとともに，北半球に氷床が発達した時代であり，氷床の拡大・縮小にともなう海水準変化がみられ，生物化石，レス，層序などの対比，そして新しい手法である海底コアや氷床コアの分析を通して，氷期・間氷期という地球規模の環境変化が明らかにされてきた時代である（図 1）．

●氷期・間氷期サイクルと酸素同位体比ステージ

氷河時代発見の舞台となった北ヨーロッパ平原やアルプス山麓では，過去の氷河が残した地形や堆積物の研究を通じて氷河の消長が明らかにされた．北ヨーロッパ平原はスカンジナビア氷床の，アルプス山麓では山岳氷河の拡大範囲が示された．それとともに，どちらの地域でも新期モレーンの外側に旧期モレーンが複数認められることにより，氷河の拡大と縮小がくり返されたことも明らかとなった．同様の研究は北アメリカのローレンタイド氷床についてもすすめられ，ヨー

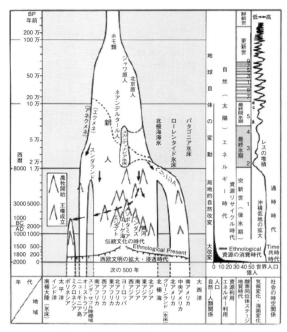

図 1　第四紀の自然史・人類史の変遷[1]

ロッパとの対比により，4 回以上の氷期・間氷期サイクルが示された[1〜5]．

さらに，氷河地形以外にもレスや花粉分析，堆積物の層序などにより，氷期・間氷期のくり返しは 10 回以上にのぼること，さらに，海底コアの分析によりその下限が，そして氷床コアの分析により最新の数サイクルの詳細な変動が明らかにされてきた[2〜4]．

個々の氷期・間氷期の呼び方も，ローカルな名称としてのヴュルムやヴァイクセル，最終氷期や最終間氷期はともかく，より古い時代のものは，海洋酸素同位体比ステージ（marine oxygen isotope stage）の番号が用いられるようになった．これは海底コアの有孔虫化石の炭酸カルシウム中に含まれる酸素同位体比（^{18}O と ^{16}O の比）変化曲線において，現在（後氷期）をステージ 1 とし，寒冷期に偶数，温暖期に奇数の番号を与えたものである（図 2）．例えば最終氷期は MIS 2，最終間氷期は MIS 5.5（MIS 5e）という具合である．

●氷期・間氷期サイクルと地形変化

氷期と間氷期の違いを示す地形は，気候の変動幅の大きな中〜高緯度地域や，海面変動の影響が明らかな海岸地域を中心に研究がすすめられた．

前者では高緯度あるいは高山地域の氷河の消長にかかわるモレーンなどの分布がまず注目され，また，アルプス北麓では氷河のアウトウォッシュ段丘の識別が

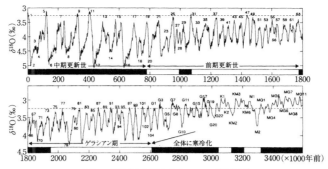

図2 酸素同位体変化とステージ番号[5]

すすんだ．ただし，氷河地形の場合は氷河の拡大によりそれ以前の地形が破壊されるため，最大拡大時とその後の縮小過程の痕跡が主な手がかりとなる．このほか，陸域では植生被覆の変化や周氷河作用などによる地表・斜面プロセスの変化，河川流量や蒸発量の変化による河床変化や内陸湖沼の拡大縮小，レスや黄土などの風成堆積物の堆積と古土壌の形成過程などが第四紀にかかわる地形研究で注目されてきた．

氷床の発達にともない，海水準が低下するという指摘は早くからあり，その低下量も大陸棚の深度などから100 m以上という値が示された．海面変化にかかわる地形としては，上述の大陸棚をはじめ，海成段丘，サンゴ礁，デルタやエスチュアリー，リアス海岸，フィヨルド，沖積層下の埋没地形などさまざまであるが，サンゴ礁段丘や海成段丘の発達と海面変化については多くの研究がある．

カリブ海のバルバドス島，パプアニューギニアのフオン半島，琉球列島のサンゴ礁段丘では，サンゴのウラン系列年代測定により12.5万年，10万年，8万年という年代値が示された．そしてこれらは南関東など日本列島各地でテフロクロノロジーから導かれた海成段丘の年代観とも調和的であり，それぞれ酸素同位体ステージ（MIS）5e, 5c, 5aに対応すると考えられる．さらに，それ以前の間氷期であるステージ7, 9, 11などに対応するサンゴ礁段丘・海成段丘や，完新世の高海水準期（ステージ1）の海成段丘などの年代も得られている[6,7]．

最終間氷期（MIS 5e）の海成段丘面高度が各地域で異なるのは，それぞれの地域の地殻変動の差を反映していると考えられる．また，海成段丘の高度と年代により，その地域の平均隆起速度を求めることも行われた．こうして，多段の海成段丘の発達は，土地の等速的な隆起と氷河性海面変化の和によるものであるという考えが受けいれられるようになった（図3）．

周囲を海に囲まれ，地殻変動の激しい日本列島で

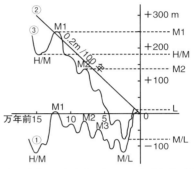

図3 海面変化と地殻変動の和による海成段丘の形成[8]
①海面変化，②地殻変動の積算値，③地盤の海抜高度の変化．M1, M2, Lは海成段丘，H/M, M/Lはそれぞれ H面群，M面群，L面群形成期の間の海面低下期を示す．

は，氷期・間氷期サイクルによる海面変化にかかわる地形が海岸付近に多く認められる．海成段丘のほかにも，最終氷期以降の海面変化と臨海沖積平野の発達や，沖積層下の埋没谷や埋没段丘などについても多くの研究がある[6]．

[久保純子]

● 文献
1) 日本第四紀学会編：デジタルブック最新第四紀学，CD-ROM，2009
2) J. インブリー・K. P. インブリー/小泉格訳：氷河時代の謎をとく，岩波現代選書，1982
3) 成瀬洋：第四紀，岩波書店，1982
4) 町田洋ほか編著：第四紀学，朝倉書店，2003
5) 日本第四紀学会・町田洋・岩田修二・小野昭：地球史が語る近未来の環境，東京大学出版会，2007
6) 米倉伸之ほか編：日本の地形1 総説，349p., 東京大学出版会，2001
7) 小池一之・町田洋編：日本の海成段丘アトラスおよびCD-ROM，東京大学出版会，2001
8) 太田陽子ほか編：日本の地形6 近畿・中国・四国，東京大学出版会，2004
9) 日本第四紀学会（http://quaternary.jp/index.html）

D2 内的営力のつくる地形

D2-1
プレート運動と地球の大地形
楯状地・卓状地・構造平野と新・古期造山帯/火山帯/地震分布

46億年前に誕生した地球にはマグマオーシャン時代を経て海洋が形成された．地球上にみられる最古の岩石が約40億年前の年代を示すことから，このころすでにプレートテクトニクス（plate tectonics）が働きだしたと考えられる．地球表面は，その70%を占める海洋とその間に分布する大陸や島から成り立っている．海洋底には，海嶺，海盆，海溝，縁海などが，大陸には，山脈・山地，高地・台地，平野・盆地などが配列する．これらの地形全体の配列特色の概形をつくる主営力は内的作用である．世界のプレートの分布とプレートの動きが，現在みられる大地形の配列を特色づける最も重要な要因である．

●プレートの分布と地形区分

地震波速度の低速度層を境にして，その上の地殻と最上部マントルがリソスフェア（厚さ70～100 km）で，十数枚に分かれる板（プレート）のかたちで地球表面を覆っている（図1）．プレートは剛体として働き，中央海嶺で生まれた海洋プレートは海溝でマントルへ沈み込む運動を続けている．それぞれのプレートはあまり変形せず，それぞれ異なった速度（最大10 cm/年）で水平運動を続けている．個々のプレート内部は比較的平坦で，点在するホットスポットを除けば，現在は火成活動がみられず地殻変動も不活発な安定地域となっている．絶えず更新される海盆などの海洋底と楯状地（shield）・卓状地（先カンブリア代の造山帯）や古期（古生代）造山帯などが含まれる．これに対し，プレートの境界は，海溝や断層で縁され，起伏が大きく山脈となっている場合が多く，現在，地殻変動や火成活動・地震活動が活発な変動帯となっている．これには，①海洋中央海嶺やリフトバレーなどの拡がる境界，②島弧-海溝系や大陸間山系などの狭まる境界，および，③海洋や陸地の断裂帯—トランスフォーム断層系—などのずれる境界，とに分けられ，さ

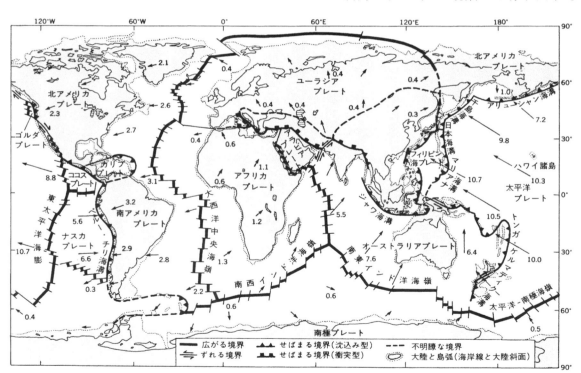

図1 世界のプレートの分布[1]

矢印はホットスポットを不動と見なした運動速度（cm/年）である．図中のゴルダプレートはファンデフーカプレートとよばれることが多い．最近のプレート運動学の成果は，アフリカプレートを中央地溝帯でヌビア，ソマリアの2プレートに，オーストラリアプレートをインド，オーストラリアの2プレートにそれぞれ分割し，さらに，ユーラシアプレート南西部は，アムールプレート，南シナプレート，スンダランドプレートに分割され，合計18の存在が提示されている[2]．さらに，多くのマイクロプレートの存在が指摘されている．

まざまな特色ある大地形がつくられる（図2）．地球上にみられる陸地は，おおよそ，楯状地（地表面積の19.7%），卓状地（44.9%），古期（古生代）造山帯（16.4%），新期（中・新生代）造山帯（19.0%）に大別される（図3，表1）．

● 楯状地

先カンブリア代に激しい造山運動を受けた変成岩や火成岩類より構成されるが，古生代以降は陸地が緩慢に昇降―造陸運動―しながら侵食されてほぼ平坦になった陸地である．大陸の中央部に楯状に分布し，それを取り巻いて古期～新期造山（変動）帯が分布することが多いので，この名がつけられた．シベリアのアンガラランド，バルト楯状地，ローレンシア（カナダ）楯状地や，古生代末頃より分裂しはじめたゴンドワナ大陸の中にみられるギアナ，ブラジル，アフリカの各楯状地やインド，オーストラリア西部，南極大陸などである（図3）．

● 卓状地

楯状地が海面近くまで削剥を受けると，海面上昇または陸地の沈降によって海進が起こり海底に没して海成層（主に中・古生層）に覆われる．このような陸地が卓状地である．シベリア卓状地，ロシア卓状地，グレートプレーンズ，大鑽井盆地などである（図3）．

● 古期造山（変動）帯

ローレンシア大陸の増大をもたらしたカレドニア－アパラチア造山運動（4億5000万年前）とローレンシアとゴンドワナの2大陸の衝突によって，地球上の大部分を1つの超大陸＝パンゲアとパンサラッサ海（新・古テーチス海は内海）に変化させたバリスカン（ヘルシニア）造山運動（終了期・2億5000万年前）と古生代に進行した二度の造山運動で形成された土地

（山脈）は古期造山帯とよばれる．前者の造山運動時はノルウェー・スコットランドを経てアパラチアに続く山脈が形成された大西洋が拡大する前の一続きの造山帯である．ヨーロッパ大陸は，バルト楯状地・ロシア卓状地を核として，北西側にカレドニア造山（変動）帯，南にバリスカン（ヘルシニア）造山（変動）帯，さらにその南にアルプス造山（変動）帯が発達する（図4）．

古期造山帯では，いったん侵食を受けたのち「衝突」の余波を受けて断層地塁山地として再生した例がある．インドが衝突した背後に成長したアルタイ・天山山脈などで，天山では7000mの高度に侵食面―準平原―が残存するといわれている．衝突の影響は活動する横ずれ断層で境され，マイクロプレート群の存在が予想される．また，古期造山帯では，その後の地殻変動はゆっくりと進むので，侵食作用によって，アパラチアのような古い変動構造を反映した組織地形がつくられやすい［▶ D3-5］．

● 新期造山（変動）帯

現在進行中の変動帯はいずれもプレート境界に位置

表1　地球上にみられる大地形とそれぞれの面積

	面積 (10^6 km^2)	大陸または海洋底全体に対する%	地表全体に対する%
大陸	149	100	29.1
先カンブリア楯状地	29.4	19.7	1.8
卓状地（台地）	66.9	44.9	13.1
古期造山帯（原生代末～古生代）	24.4	16.4	4.8
新期造山帯（中生代末～現在）	28.3	19	5.5
海面下の大陸（大陸棚と大陸斜面）	55.4		10.9
海洋底	306.5	100	60

貝塚ほか[4]を簡略化．

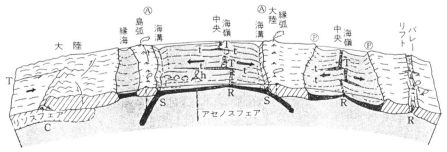

図2　プレートテクトニクスに関連する大地形[3]

斜線：大陸プレート，黒色：海洋プレート，網：海底，R：広がるプレート境界，S：狭まるプレート境界（沈み込み型），C：狭まる境界（衝突型），T：ずれる境界，t：断裂帯，h：ホットスポット，Ⓐ：活動的大陸縁辺，Ⓟ：受動的大陸縁辺

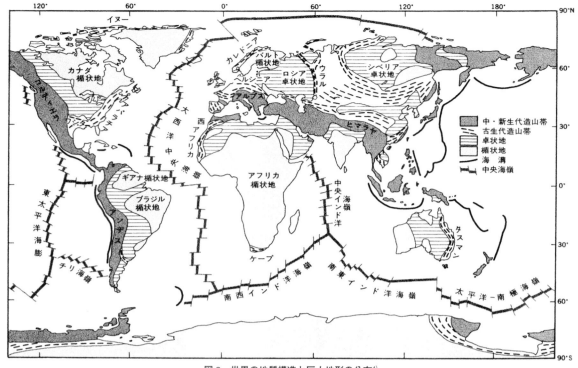

図3 世界の地質構造と巨大地形の分布[4]

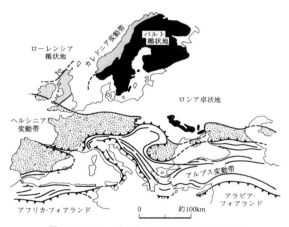

図4 ヨーロッパ大陸にみられる大地形区分[5]
アルプス造山帯に付した三角印の向きは衝上または押しかぶせ褶曲の方向を示す.

し,山脈をつくるのは主に狭まる変動帯である.超大陸パンゲアは徐々に分裂・移動し,インドがアジア大陸に衝突してヒマラヤ造山運動が,アフリカがヨーロッパに衝突してアルプス造山運動,あわせて,アルプス・ヒマラヤ造山帯が形成されている.これに対し,太平洋の両岸では海洋プレートの沈み込みに伴う造山運動が進行した.南西～北太平洋では島弧-海溝系,南アメリカのアンデス山系を含む沈み込み帯は弧状列島を伴わないので,大陸縁弧-海溝系とよばれる(図2).

西太平洋では島弧の形成や島弧どうしの衝突(本州弧と伊豆・小笠原弧など)がみられるようになった.

● 世界における地震と火山の分布

活発な変動を続けるプレート境界を特徴づけるのは地震と火山の分布である.地震は楯状地や卓状地の内部でも希に発生するが,プレート境界,特に狭まる境界で頻発する.広がる境界やずれる境界で発生する地震の震源深度は比較的浅い(深さ100 kmを越す地震の発生は皆無に近い)のに対し,狭まる境界では深さ500 kmを越す深発地震もみられ,プレート(スラブ)の沈み込み限界が上部マントル下限までであることを示している.

人間社会に被害をもたらす地震は,沈み込み帯(背後の島弧や大陸に発達する活断層も含む)ずれる境界に発達する長大なトランスフォーム断層で発生する.海洋プレートが沈み込む海溝部では時にM9を越す巨大地震が発生する.東北地方太平洋沖地震(2011年,M9)時には,三陸から磐城海岸に,2万人弱の死者・行方不明者を伴う津波が襲い,海岸に立地する原子力発電所に多大の被害を与えた.スマトラ沖地震(2004年,M9.0～9.4)に伴う津波はインド洋全域の海岸を襲った.チリ南部沖で発生した地震(1960年,

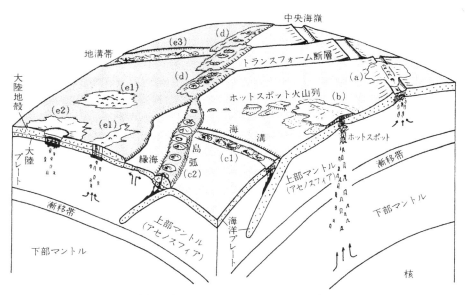

図 5 プレートと火山の活動を示す模式図[6]
(a) 海嶺火山, (b) ホットスポット火山, (c) 島弧火山 (c1：伸長場, c2：圧縮場), (d) 大陸縁沈み込み帯の火山, (e) 大陸内火山 (e1：熔岩原, e2：バイアス型カルデラ, e3：地溝帯内の火山)

M9.4) が引き起こした津波は日本でも北海道から九州までの太平洋岸に到達した (最大波高 8.1 m).

地球上 (海底も含む) にみられる火山は, プレート境界, 次いで, ホットスポットに分布する (図 5).

まず, 広がる境界である海洋中央海嶺の拡大軸である割れ目から噴出する海底火山 (図 5 中の a) で, 流動性の高い玄武岩質の熔岩を大量に噴出して新しい海洋プレートを絶えず生み出している. 海底に流出した熔岩は枕状熔岩となる. ホットスポット上につくられる火山 (b) はマントル内からわき上がる玄武岩質マグマのつくる緩傾斜の楯状火山である. ホットスポットの位置はほぼ固定されているので, プレートの移動に伴って前に噴出した火山が移動し, 次の火山が次々に形成されて火山列がつくられる.

狭まる境界は地球上で活発な火山活動が進行する地帯である. 島弧の火山 (c) は爆発的な噴火が特徴で, 安山岩～デイサイト質の熔岩や火砕流を噴出し, 成層火山やカルデラ火山をつくる. 張力の働く地溝内 (c1) の火山も多く, 両側からプレートが沈み込む圧縮場にも噴出する (c2). 大陸縁弧上の火山 (d) も島弧の火山とよく似た成層火山やカルデラ火山をつくる. 大陸内で活動する火山 (e) は一般に活動期間が長く (数百万～1000 万年), 広大な熔岩原 (e1) やバイアス型カルデラを形成する (e2). トランスフォーム断層上に大陸地殻が乗り上げたメキシコ中央地溝帯では, 地溝内に多数の火山が噴出する (e3)[6].

[小池一之]

● 文献
1) 貝塚爽平：世界の変動地形と地質構造, 貝塚爽平編, 世界の地形, 東京大学出版会. pp.3-15, 1997
2) 新妻信明：プレートテクトニクス―その展開と日本列島―. 共立出版, 2007
3) 貝塚爽平：序説：変動地形研究, 米倉伸之・岡田篤正・森山昭雄編, 変動地形とテクトニクス, pp.1-17, 古今書院, 1990
4) 貝塚爽平ほか：写真と図でみる地形学, 東京大学出版会, 1985
5) 小池一之ほか：地表環境の地学―地形と土壌―, 東海大学出版会, 1994
6) 守屋以智雄：火山を読む 自然環境の読み方 1. 岩波書店, 1992

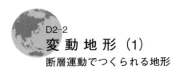

変動地形 (1)
断層運動でつくられる地形

●断層運動・活断層

　プレート運動や火山活動など，さまざまな要因によって生じる応力の影響により，地殻内の弱線に沿って急激なすべりが生じることを断層運動（faulting）とよび，すべりの境界（面）を断層（面），その地表との交線を断層線とよぶ．岩盤内の急激なすべりは地震波を生じるため，断層運動に伴う地震波の生成は地震活動そのものである．

　断層面はさまざまな傾斜をもつ．断層面が鉛直ではなく傾斜をもっている場合，そこに圧縮性応力が働けば断層面の上側の岩盤（上盤）が，断層面の下側の岩盤（下盤）の上に乗り上げる（図1）．このような断層（運動）を逆断層（運動）とよぶ．引張性応力の場合には逆に，上盤がずり下がる．このような場合には正断層とよぶ．一方，地表で観察した際，応力方向に対して断層線が斜交する場合，断層線に沿って横向きのずれが生じる．断層線の向こう側の岩盤が左右のいずれに動くかによって，左ずれ/右ずれの用語が用いられる．逆断層や正断層などのように岩盤が上下方向に変位する場合を縦ずれ，水平方向にずれる場合を横ずれとよぶこともあり，両者の成分をもつ断層もある．

　このように断層運動は，ある地域に働く応力を知る上で重要であり，特にその時間的変遷がわかるため，変動地形学や構造地質学の重要な研究テーマとなる．また，断層運動により後述する断層変位地形が形成され，その累積は，山地・低地などの中地形の形成にも大きく寄与することは地形発達史研究において重要である．現在とほぼ同様の応力状態であった過去（第四紀後期）から繰り返し活動し，今後も活動する可能性が否定できない断層を，特に「活断層（active fault）」とよぶ[1,2]．

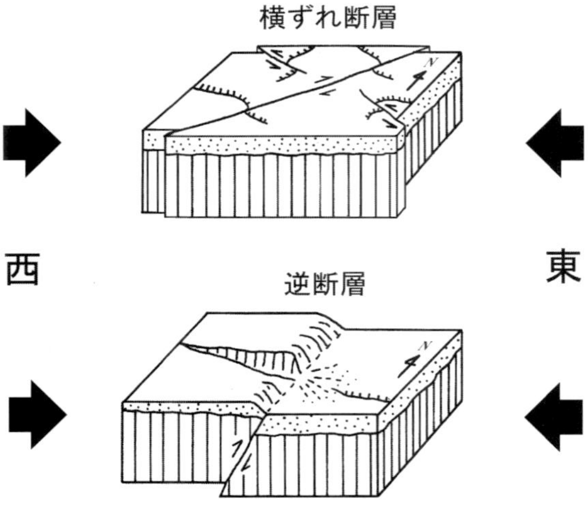

　活断層は，将来における地震の原因となることから，地震防災上も重要度が高く，地震発生予測や断層直上の被害軽減においても注目が集まっている．また，活断層は陸域のみならず海域にも分布し，海底地形の形成に影響を及ぼしている．2011年東北地方太平洋沖地震においては，海溝型地震の際に海溝付近の海底活断層に変位が現れた可能性が高く，内陸地震のみならず海溝型地震を予測する上でも活断層に注目することの重要性が指摘されている[3]．

●断層変位地形

　断層運動の規模が比較的大きい（地震規模で概ねM6.5程度以上）場合，地表にも断層が出現することが多い．1891年濃尾地震をはじめ多くの内陸部の地震の際，地表地震断層が観察された[4]．地表地震断層は明瞭な崖や谷の屈曲などをつくる場合があり，これらは断層変位地形のわかりやすい例である．

　断層変位地形とは，過去の地震時に生じた断層変位に伴う地形や，それが累積した地形のことである．図2は，活断層の動きに伴って形成される，縦ずれ断層地形と横ずれ断層地形の典型例を示している．図2(a)においては，沖積面や段丘面を切断する低断層崖（C）の延長上に山地前縁の急崖があり，活断層が活動を長時間継続することにより山地・低地の分化をもたらしたと解釈される．三角末端面（B）は断層崖が開析されてできたものとして注目される．一方，図2(b)においては，系統的な河川の屈曲，M-M′のような段丘崖の横ずれ，尾根の横ずれや下流側における閉塞丘（I）や堰き止め池（Q）が横ずれを証拠づける地形として注目される．また断層線沿いには横ずれに伴う鞍部（F）や凹地（D，G）が生じやすい．

　断層変位地形は必ずしも形態的に明瞭なものばかりではない．図2(a)のAに示すように，深部では断層変位が生じても，地表付近で変位が減衰して地表には撓曲しか形成されない場合も多い．横ずれについても，鍵型の屈曲ではなく，緩やかな形状の屈曲を生じる場合も多い．一般に，撓曲に移化する深度（断層面上端深度）は，地表の撓曲の幅と相関があり，ほぼ同じオーダーである．地形的に認定される撓曲（や谷の

図1　応力と断層

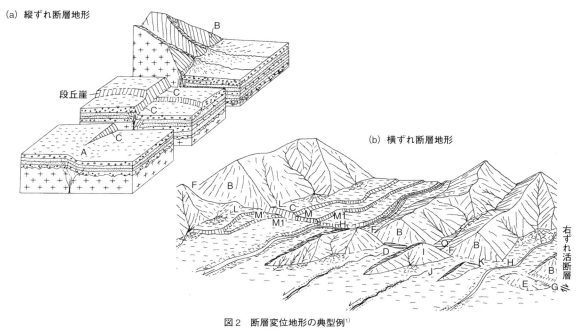

図2 断層変位地形の典型例[1]
A：撓曲崖，B：三角末端面，C：低断層崖，D：断層池，E：ふくらみ，F：断層鞍部，G：池溝，H：横ずれ谷，
I：閉塞丘，J：截頭谷，K：風隙，L–L'：山麓線のくいちがい，M–M'：段丘崖（M，M'）のくいちがい，
Q：堰止め性の池

屈曲）の幅は一般に数百m程度以下であることから，断層面上端の深度はきわめて浅いことになり，撓曲や緩やかな谷の屈曲は断層変位地形として重要なものであることは確実である．なお，断層線は必ずしも直線的とはかぎらない．断層面が低角な場合には断層線は大きく屈曲しやすいことも要注意である．

褶曲・傾動運動による地形［▶ D2-3］も，断層運動と密接に関連するため，断層変位地形（変動地形）としてとらえる必要がある．また，活断層が沿岸海域に位置する場合には，海底に変位地形を形成すると同時に海岸地形にも影響を及ぼし，海成段丘面の分布高度に地域差を生じたり，地震性隆起の痕跡として隆起ベンチなどの海岸地形を形成することがある．

● 変動地形学的活断層認定法

断層変位地形に基づいて活断層を認定することを変動地形学的活断層認定法とよび，近年の活断層地図作成の主流となっている．一方，土木地質学の分野では，地形の線状配列（リニアメント）を抽出して，それらが活断層であるか否かを地質学的に調査して決めるという方法もある．両者は判断の論理において相違があり，同様の結論が得られる場合もあるが，結論が異なる場合も多い．

リニアメント調査法では，リニアメントの明瞭度をランクづけして活断層の確実度と対応させようとする

が，そもそも断層変位地形は必ずしも明瞭であるとはかぎらず，直線的であるともかぎらない．

変動地形学的認定法において最も重要なことは，当該地域の地形発達史を組み立てた場合，注目する地形が確実に断層変位地形といえるかどうかを判断することである[5]．すなわち，①同一地形面の切断，②逆傾斜・増傾斜等の傾斜異常，③断層線を挟む両地域の系統的なずれ，に注目する．また，④注目する地形の向きや連続性から，侵食・堆積などの外的営力によって形成されたか否か，⑤断層変位地形が合理的に連続しているかどうか，などを総合的に判断する．リニアメントが形態的に明瞭か否かと，断層変位の証拠として明瞭か否かは異なる概念である．

［鈴木康弘］

● 文献

1) 活断層研究会：新編日本の活断層，東京大学出版会，1991
2) 池田安隆ほか：活断層とは何か，東京大学出版会，1996
3) Nakata, T., et al.: Active Faults along Japan Trench and Source Faults of Large Earthquakes, Proceedings of the International Symposium on Engineering Lessons Learned from the 2011 Great East Japan Earthquake., 2012
4) 村松郁英ほか：濃尾地震と根尾谷断層帯，東京大学出版会，2002
5) 渡辺満久・鈴木康弘：活断層地形判読，古今書院，1999

変動地形（2）
褶曲・傾動運動でつくられる地形

●活褶曲

地層が波状に変形する動的な運動もしくはその静的な構造を褶曲（fold）とよぶ．同様な用語として曲動（曲隆，曲降）があるが，褶曲は側方圧縮により起こるのに対して，曲動は比較的広範に及ぶ地殻の上下方向の運動によって起こるものとして成因論的に区別される．曲動は例えば関東平野やスカンジナビア半島にみられるように，波長数十 km 以上であるのに対して，褶曲の波長は数 km 以下であるものも多い．

活褶曲（active fold）は，第四紀においても変形が継続する褶曲であり，活断層とともに活構造の概念を構成する．1940 年代以降に大塚弥之助，杉村新により，第三紀の地層と同様に河成段丘面が変形していることや，水準点の変動から見出され[1]，その後，中村一明，太田陽子をはじめ多くの研究者により検討された[2]．

波状変形は地震時以外の定常的変形によるものと理解されやすい．しかし，日本で顕著な活褶曲は，地下に伏在する断層との関係が密接であり，研究史的にも早い段階で断層の存在や地震活動との関連が指摘されてきたことは重要である．

活褶曲は，北海道〜中部の日本海沿岸地域（天塩，石狩低地帯，羽越地域および中部日本の南部フォッサマグナ）で顕著である．ここでは新第三紀堆積岩が厚く，短波長で著しく褶曲し，第四紀の地層や河成もしくは海成の段丘面も同様の変形を被っている．

活褶曲の隆起部と沈降部をそれぞれ活背斜と活向斜とよび，地表トレースを活背斜軸，活向斜軸とよぶ．これらの褶曲軸は，東北日本弧の走向（ほぼ南北）であり，東西方向の圧縮応力に対応している．

●褶曲・傾動の形成メカニズムとその意義

日本で注目される活褶曲の波長は数 km 以下（場合によっては数百 m）であり，波長の短い褶曲ほど変形の速さが大きい．こうした褶曲の波長は上部地殻の厚さに比べて著しく短く，その変形形状を見ると，翼部（背斜から向斜に移り変わる部分）における地層の傾斜が東西両翼で大きく異なり，非対称性を示すことが多い．翼部の幅が数百 m 程度ときわめて狭く，地層が著しく急傾斜し，場合によっては逆転することもある．こうした特徴的な変形は，比較的浅い場所に断層が伏在し，これに制約されて形成されたとしなければ説明できない．上部地殻全体が断層を伴わずに褶曲すれば，その幅は上部地殻の厚さ相当以下には原理的になりえないからである．

海成の上部中新統や下部鮮新統は褶曲構造とは無関係にほぼ同様の層厚をもつことが多いことから，褶曲の活動開始は鮮新–更新世以降と考えられる．図 1 は杉村新が河成段丘面の活褶曲を指摘した小国川に沿う地形・地質断面であり，段丘面の変形を再検討したものである[3]．複数の著しい褶曲には活動の時代的変遷があり，盆地中央よりの褶曲ほど活動時期が新しい．こうした変動は，断層の移動発生をその要因として考

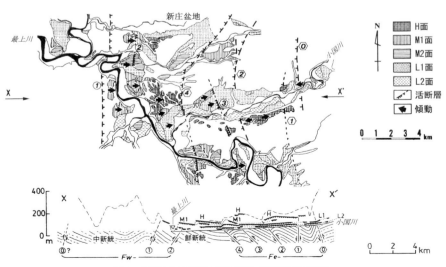

図1　山形県小国川沿いの活構造（鈴木[3]を簡略化）

慮しなければ説明が難しい.

東北日本の日本海沿岸地域は，新第三紀における日本海拡大期において正断層が数多く形成された後，第四紀以降に圧縮応力場に転じたため，古い断層面に沿って逆断層運動が生じた．活褶曲を生成する伏在断層の成因はこのようなインバージョンテクトニクスによって説明されることが多い[4].

一方，比較的広範囲が一様な方向に傾く現象を傾動（tilting）とよぶことがある．成因を特定せず，現象そのものを指す用語である．傾動の成因は，断層運動に伴う変形のモデル計算結果と照合して議論され，次の2つのケースがみられる．①比較的低角の逆断層の上盤側における断層線から遠ざかる方向への傾動．②比較的深い位置に伏在する逆断層の直上における下盤方向への傾動．①の比較的大規模な例としては，養老断層など逆断層によって形成された傾動山地の山稜にみられるが，数百から数km以下の規模の段丘面に認められる場合もある．②は撓曲として認定されるべきものであるが，伏在断層の上端が深く，変形が緩やかな場合には傾動として表記される場合もある．傾動は必ずしも活褶曲地域に限る現象ではないが，活褶曲地域において多くみられる.

●活褶曲と地震

新潟県信濃川流域は典型的な活褶曲地域であり，新潟平野南部の長岡〜小千谷周辺や，十日町盆地周辺では多くの活褶曲研究が行われてきた（図2）[5]．研究の草創期においては，段丘面の変形に注目した変動地形学的な活褶曲認定は他分野からはなかなか認められ難かった．褶曲に付随する層面すべりなどの断層は比較的早く1970年代には認定されたが，活褶曲の急な翼部にその成因としての活断層を積極的に認定するようになったのは，都市圏活断層図「十日町」「小千谷」（国土地理院，2001）や池田ほか[4]以降である.

2004年新潟県中越地震は，この地域内（六日町盆地北部）に発生した．震源域周辺の既存活断層に関する情報が十分に普及していなかったため，活断層の空白域で起きた地震としてとらえられることも多かった．しかし，渡辺満久ほかは「都市圏活断層図」において，六日町盆地西縁断層と小平尾断層を認定しており，この断層沿いで小規模な断層変位が生じた．これらの断層のやや深部で大きめの変位が生じたとすれば，魚野川沿いの水準点変動や余震分布が統一的に説明できる．またトレンチ調査によって，今回の地震断層が過去にメートルオーダーの変位を起こしていることが明らかにされ，中越地震は，既存の活断層が起こした比較的小規模な地震であるという理解に至った.

一方，日本海東部の海域も活褶曲地域であり，1980年代以降，多くの調査が行われた．2006年中越沖地震はこの海域において発生したが，既存の活断層認定が十分でなかったため，震源断層の所在を巡る議論が混乱した．原発の設置許可申請時に行われた音波探査記録によれば，急な翼部をもつ活褶曲や，低角逆断層に伴う傾動や撓曲が確認されるものの，断層面そのものは一部の測線を除けばみえないという理由で海底活断層の認定が遅れた．中越地震と中越沖地震は，いずれも不十分な活断層認定が防災対策を遅らせる一因にもなり，活褶曲地域における活断層認定の重要性を強く指摘した．

　　　　　　　　　　　　　　　　　　　［鈴木康弘］

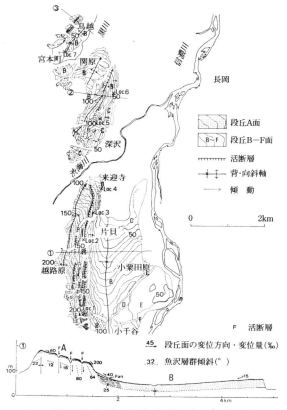

図2　新潟県信濃川中下流域の活褶曲（Ota[5]を簡略化）

●文献

1) 杉村新：褶曲運動による地表の変形について，地震研究所彙報．30: 163-178, 1952
2) 中村一明・太田陽子：活褶曲—研究史と問題点—．第四紀研究．7: 200-211, 1968
3) 鈴木康弘：新庄盆地・山形盆地の活構造と盆地発達過程．地理学評論．61A: 332-349, 1988
4) 池田安隆ほか編：第四紀逆断層アトラス．東京大学出版会．2002
5) Ota, Y.: Crustal movement in the late Quaternary considered from the deformed terrace plains in Northeastern Japan, *Japanese Journal of Geology and Geography*, 40: 41-61, 1969

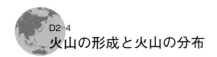
D2-4 火山の形成と火山の分布

●火山の形成

火山は，地球内部で岩石が完全あるいは部分的に融解した状態にあるマグマが浮力により上昇し，地表面に達することにより形成される．噴火時に地表に到達したマグマは，液体の場合は溶岩流として，固体の場合はテフラ（火山砕屑物）とよばれる破片状の物質としてもたらされる．多くの場合，新たに地表面に物質が追加されるため，火口付近を中心に凸型の地形が形成される．一方で，瞬時に多量のマグマが噴出することによる地下部分の物質欠損や，爆発的噴火により，凹型の地形が形成されることもある．いずれも特徴的な火山地形が形成される [▶D2-5].

●世界の火山分布

地球上の火山は偏って分布する．これは地下でマグマが形成される条件をもつ場所が限られるためである．ほとんどの火山は，収束境界（狭まる境界）ないしは発散境界（広がる境界）であるプレート境界付近とホットスポットとよばれる場所に存在する [▶D2-1].

プレートの沈み込みの場である収束境界では，島弧・陸弧などの火山弧が発達し，火山は帯状に分布する．発散境界では中央海嶺と呼ばれる大規模な火山性の海底の山脈が形成され，玄武岩質マグマが大洋底に噴出する場となっている．

ホットスポットの火山は，プレート境界の火山に比べてより深い地球深部で発生するマグマに起源をもち，マントル内あるいはコア・マントル境界から上昇するマントルプルームに密接にかかわると考えられている．ホットスポットによる火山は地球上のいたる場所に存在する．代表的な例としてハワイ，イエローストーンなどが知られている．

●日本の火山分布

環太平洋火山帯に位置する日本列島において火山が多いのは，太平洋側に存在するプレートの収束境界による．すなわち太平洋沖の海溝・トラフでの太平洋プレートやフィリピン海プレートの沈み込みによる．日本列島をはじめとする火山弧では，火山は規則性をもって分布する．日本列島では海溝・トラフからそれらとほぼ平行に，日本海側に200～300 km離れた場所に位置する火山前線（volcanic front）を境に，その日本海側のみに火山が分布する．また，火山の密度や火山噴出物の生産量は，火山フロント上で最大値を示す．火山フロントの地下110 km付近では，海洋プレート上部が含む水によるマントルの溶解温度低下と，

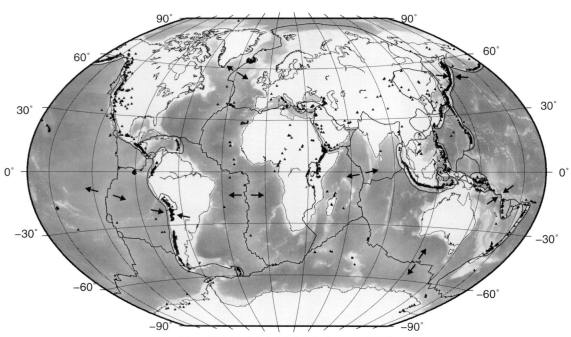

図1 世界のおもな火山の分布とプレートの配置[1]
矢印はプレート境界におけるプレートの相対運動の方向を示す．

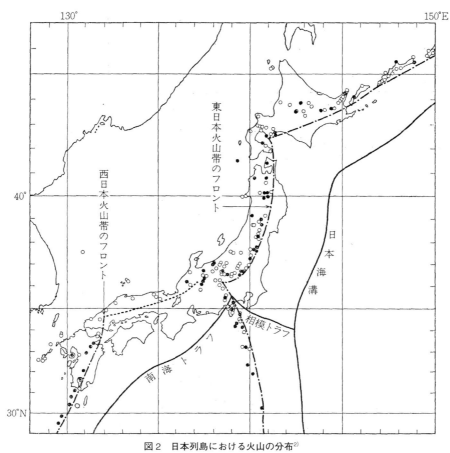

図2 日本列島における火山の分布[2]
原図では黒丸は活火山，白丸はその他の第四紀火山とあるが，現在，第四紀火山の定義が変わり，その数は多くなっている．また新たに認定された第四紀火山も多数ある．

付近の温度・圧力条件により，マントルの部分溶融がはじまる．これがマグマのもととなり，その地表付近で火山が生じる．

　なお，火山フロントよりも日本海側にも火山が集中する列が認められるため，それらを区分するためにかつては那須火山帯や鳥海火山帯などの名称が用いられていたが，最近では細分せずに東日本火山帯と西日本火山帯に大まかに区分されることが多い．一方，最近では，東北地方でクラスターとよばれる火山が集中する地域が南北方向に不連続に表れることが指摘され，ホットフィンガー[3]とよばれる地下の高温部の存在で説明されている．　　　　　　　　　　　[鈴木毅彦]

●文献
1) マウロ・ロッシほか著：世界の火山百科図鑑，柊風舎，2008
2) 笠原慶一・杉村新編：岩波講座地球科学10 変動する地球I—現在および第四紀—，pp.159-180，岩波書店，2009
3) Tamura, Y. et al. H.: Hot fingers in the mantle wedge: new insights into magma genesis in subduction zones, Earth and Planetary Science Letters, 197, Issues 1-2: 197-105, 2002

D2-5 火山の分類

火山を分類する際の視点には，火山体の地形，噴火履歴などさまざまなものがあり，それぞれに応じた分類法がある．また研究の進展とともに，かつての分類法が大幅に見直されたり，ほとんど用いられなくなった場合も多い．以下，代表的な火山の分類を示す．

●火山地形による分類

地球上の多くの火山では，噴火を観察する機会は限られている．しかし火山体の地形は常時みることができ，しかも個々にユニークな特徴をもつ．このため，火山体の地形に基づく火山の分類法は，火山の分類法の中では最も一般的なものの1つである．

火山地形は，火道の形状に左右され，火道の形がおおよそ円筒形であるものを中心火山，ほぼ垂直な板状なものを割れ目火山と区分される[1]．この2通りの大区分の中でさらに地形に応じて火山が分類される．噴出物の累積による地形的な高まりからなる火山では，噴出物の種類と性質，特に溶岩流の粘性に大きく依存する．粘性の低い溶岩流の流出を主とし，火山砕屑物が少ないハワイ諸島では，マウナロア火山などなだらかな斜面からなるハワイ型盾状火山が発達する．火山砕屑物が多く溶岩流流出も伴う日本列島の火山では，多くの場合，富士火山など円錐形の成層火山となる．カルデラやマールなどの凹型の火山は，噴火時の爆発力や噴出物の量，マグマと水の接触の有無などに依存して形成される．なお，コニーデ，トロイデ，アスピーテなどのシュナイダーによる古典的な火山分類は，マールを除き現在はほとんど使用されていない．

●噴火履歴・発達過程による分類

表には火山の区分例だけでなく，火山を構成する火山体の種類も示されている．成層火山では，溶岩流やスコリア丘などさまざまな地形の火山体から構成される場合が多い．これはその火山が複数の噴火履歴をもつためであり，このような火山は複成火山

表1 火山ないしは火山体の分類[1]

		単成火山	複成火山
中心火山		爆裂火口 マール 火（山）砕（屑）丘 火山灰丘 軽石丘 スコリア丘 溶岩流 溶岩ドーム（円頂丘） 火山岩尖（尖塔） アイスランド型盾状火山	成層火山 カルデラ火山（単成のものもありうる） 火砕流台地（単成のものもありうる） ハワイ型盾状火山
割れ目火山など		地割れ火口 スパターランパート 火口列 双子山	溶岩台地（単成のものもありうる） 単成火山群

カルデラ火山を複成火山に追加するなど，中村[1]を一部改変した．

図1　代表的な円錐形の成層火山である富士山

図2 発達過程から分類される日本の火山とその分布[3]

(polygenetic volcano) と区分される．一方，単一あるいはわずかな数の火山体からなる火山の場合，単一の噴火で形成されることがあり，このような火山は単成火山 (monogenetic volcano) と区分される．このように噴火の履歴で区分する方法もある．なお，成層火山など複成火山の山腹上に単成火山が複数認められることが多く，これらは側火山（寄生火山）とよばれる．

火山体の分類に加えて長期的な発達過程から日本列島の火山を区分した例もある[2,3]．それによれば，円錐形の成層火山や小カルデラの発達を主とするA型火山，大規模な火砕流の流出と大型のカルデラ形成を伴うB型火山，単一の噴火で形成されるC型火山に大区分される．このうちA型火山は，第1期から第4期の発達過程を示すことから，第1・2期の発達段階にある火山を前期型成層火山，第3・4期の段階にある火山を後期型成層火山とし，第3・4期から活動を開始した火山を小型カルデラないしは複成溶岩ドーム群火山に細分される．またB型火山をその活動年代から，第四紀後半のカルデラ火山，第四紀前半のカルデラ火山に，C型火山をスコリア丘火山あるいは溶岩ドーム火山にそれぞれ細分される．

● 火山活動による分類

過去に発生した噴火の履歴や現在の活動状況によっても火山は分類されている．その代表例は，活火山と分類される比較的活動度の高い火山である．日本では2003年に気象庁により活火山の定義が見直され，現在では，過去1万年間に噴火履歴のある火山および現在活発な噴気活動にある火山をさす．かつては過去2000年間に噴火したもの，あるいは活発な噴気活動が認められるものが活火山と定義されていた．

活火山以外の火山は第四紀火山とよばれることが多い．その理由は，おおむね第四紀以前に活動を停止した火山は侵食により原形が失われている場合が多いことや，今後活動する可能性が低いとみられることからである．しかしあまり厳密な定義ではない．これは火山の侵食程度は気候条件などにより大きく変わることや，噴火間隔は火山により大きく異なり，将来の噴火の予想は困難であるからである．

なお，かつて頻繁に使用されていた活火山・休火山・死火山という分類法は，定義が明確な活火山を除き現在ほとんど用いられていない．

[鈴木毅彦]

● 文献
1) 中村一明：火山の構造および噴火と地震の関係，火山，20: 229-240, 1975
2) 守屋以智雄：日本の火山地形，東京大学出版会，1983
3) 米倉伸之ほか編：日本の地形1総説，東京大学出版会，2001

D2-6 火山灰・火山灰編年
テフロクロノロジー

● テフラ

　火山灰という用語の使われ方として2とおりの場合がある．1つは固体かつ破片状の火山性物質のすべて，すなわち火山砕屑物をよぶ場合であり，このような場合，テフラ (tephra) という古代ギリシャ語に起源をもつ語 (灰という意味) が用いられる．火山灰という語のこのような用法は日常的であり，爆発的な噴火でもたらされる噴出物は，粒径・形状などを問わずに単に火山灰とよばれることが多い．

　上記のような広い意味に対し，火山地質学で火山灰と呼ばれるものは，テフラの中で粒径が2 mm以下の細粒な粒子に限定される．なお，2～64 mmのものは火山礫 (lappili)，64 mm以上のものは火山岩塊とよばれる．また，火山灰を主として固結して生じた岩石は凝灰岩 (tuff) とよばれる．

　テフラを構成する粒子は，噴火時のマグマに由来する本質物，噴火時のマグマとは直接関係ないが古い時代の溶岩などが爆発で破砕された類質物，火山とは無関係な基盤岩などが噴火時の爆発で破砕された異質物からなる．それらの量比は噴火ごとに，また火口からの距離や方向により変化するが，多くの場合，本質物が最も多い．本質物はマグマの化学組成に応じて軽石質からスコリア質に連続的に変化する．

　テフラは爆発的な噴火によりもたらされ，運搬プロセスから降下テフラ (降下火砕堆積物)，火砕流堆積物，火砕サージ堆積物に区分される．一方で，テフラはその堆積環境でも区分され，降下テフラで乾陸上に堆積したものは風送陸上堆積型 (AA型) テフラ，同じく海底，湖底，河床などのように水底に堆積したも

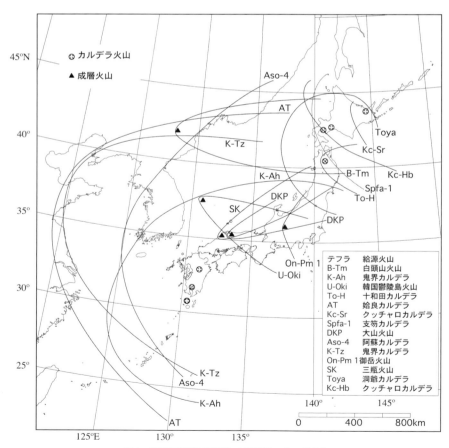

図1　後期更新世に噴出した広域テフラの分布[2]

町田・新井[1]，Eden et al.[3] などに基づき作成された図であるが，海底テフラの研究により各テフラの分布はさらに広がると思われる．

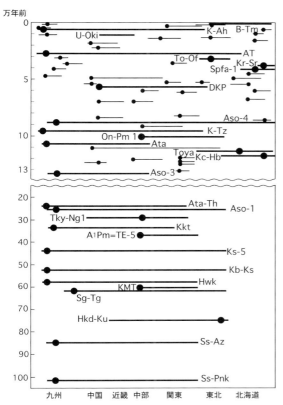

図2 日本列島に分布する最近100万年間に噴出した代表的なテフラの分布と年代[2]

●はテフラをもたらした給源火山の位置を示す．この他にも多数のテフラが知られているが，広域に分布するものを示した．テフラ名および給源火山は図1ないしは文献を参照のこと．

のは風送水底堆積型（AW型）テフラとよばれる．関東ローム層中などに含まれているテフラは前者に該当する．また，テフラは，河川・波浪などの作用により移動して再堆積する場合があり，再堆積（二次的）テフラとなる．

●火山灰編年学

再堆積テフラを除けばテフラは噴火後，速やかに堆積するので，その存在は地質学的に同時間面を示すことになる．この性質を利用して，地形や地層の形成年代をはじめ，過去におきた種々の事象の時間的前後関係を明らかにすることが可能となる．このような手法を用いた編年法を火山灰編年（テフロクロノロジー tephrochronology）とよぶ．日本列島など第四紀火山が多数分布する地域においては，火山灰編年が第四紀の研究で多用されており，多くの編年手法の中でもきわめて高い年代精度をもつ．その適用可能な分野は広く，地形学，層序学，考古学，火山学などさまざまな分野において利用されている．このような視点からみると，火山灰編年に有用なテフラは広域に分布するものである．そのようなテフラをもたらす火山噴火様式の主たるものは，プリニー式噴火と，広範囲に火山灰の降下をもたらす大規模火砕流である．図1に示されたテフラの中で給源火山から特定の方向に分布するもの（偏西風の風向を示す）は前者によるもので，給源火山を広く取り囲むように分布するものは後者の例である．

火山灰編年は個々のテフラの特性を把握し，各地域でそれらの正確な同定を行うことで実現する．このため野外においては，岩相を記載することは基本である．岩相から判断される運搬・堆積過程，層厚，本質物や岩片の粒径，色調，発泡度，堆積構造，風化度などがその対象となる．一方でこれらは火口からの距離，堆積条件，風化度などに依存するので，それ以外の特性も必要になる．それらは岩石学，鉱物学的手法により得ることができる記載岩石学的特徴であり，その種類は多岐にわたる．現在テフラ同定によく用いられているものとして，斑晶鉱物組成，斑晶鉱物や火山ガラスの屈折率や化学組成が代表的なものである．

日本列島周辺に分布するテフラは1950年代ごろより研究が進められ，現在では過去400万年間に噴出したテフラや，日本列島全域を覆う規模の広域テフラとよばれる大規模な噴火に由来するテフラの存在が知られている[1,2]．特に大規模な噴火により形成されたテフラとして，3.0万年前に南九州の姶良カルデラよりもたらされた姶良Tnテフラ（略称でAT），8.5万〜9.0万年前に九州の阿蘇カルデラよりもたらされた阿蘇4テフラ（略称でAso-4）がよく知られている．なかでも後者は給源火山からはるかに離れた北海道東部においても層厚10cm程度で認められる．これらはいずれも大規模火砕流に伴うもたらされた降下火山灰である．

［鈴木毅彦］

●文献
1) 町田洋・新井房夫：新編 火山灰アトラス 日本列島とその周辺，東京大学出版会，2003
2) 日本第四紀学会50周年電子出版編集委員会編：テフラと火山灰編年，デジタルブック最新第四紀学，日本第四紀学会，2009
3) Eden, D. N., *et al*.: Volcanic glass found in Late Quaternary Chinese loess: A pointer for future studies? *Quaternary International*, 34-36, 107-111, 1996

D3 風化および組織地形

D3-1 物理的風化作用とそれがつくる地形

図1 泥岩の乾湿風化（スレーキング）
左：泥岩露頭表面における乾湿風化（スレーキング），右：泥岩（下部）の乾湿風化（スレーキング）による細片化.

●物理的風化作用

物理的風化作用（physical weathering）は，機械的風化作用ともよばれ，温度変化や氷・塩類の結晶化などにより岩石が徐々に細かく破砕（disintegration）されていくプロセスであり，以下の5つに区分される．

除荷作用：荷重が取り去られたために生ずる風化．たとえば，花崗岩ドームの表面にみられるシーティング節理や，氷食谷において，谷氷河が後退することにより（すなわち，それまで作用していた荷重が除去されることにより），岩盤表層に地面に平行なシーティング節理などが形成されるのは，この作用によると考えられている．ただし，荷重の解放（残留応力の解放）によって節理が形成されるという説明を，岩石が応力緩和の性質をもつことから疑問視する意見もある．

日射風化（熱風化）：日射による加熱がもたらす膨張と，放射冷却がもたらす収縮が繰り返すことによって岩石が破砕されること．熱風化ともいう．

乾湿風化：主に泥岩・頁岩などは，吸水による膨張と乾燥（脱水）による収縮を繰り返すことにより細片化される（図1）．スレーキングともいう．乾湿風化速度は，岩石の強度には依存しない．岩石中に含まれる粘土鉱物としてモンモリロナイト（スメクタイト）の含有量が多いものは，その吸水による膨潤圧が大きくなるため，より乾湿風化が速いと考えられている．また，岩石中の間隙径が小さいものは，膨潤圧が有効に作用することから乾湿風化速度が大きい．

塩類風化：塩類によって岩石が細片化する作用をいう．岩石破壊の主要なメカニズムとしては，①岩石中に形成された塩類の熱膨張による圧力，②塩類の水和作用によって生じる圧力，③溶液から塩類が結晶成長するときに生ずる圧力，の3つが考えられている．この中では③が最も重要なものであろう．

凍結破砕：岩石が凍結により破砕すること．水は凍結して氷になると体積が9%膨張する．この膨張圧が岩石を破壊すると考えられているが，最近は岩石空隙内の水－氷平衡の熱力学的破壊が重要であるという考えもある．

以上のように，物理的風化は，作用の繰り返しにより岩石が徐々に破砕されることから，一種の疲労破壊と考えられる．

●物理的風化作用がつくる地形の例

花崗岩ドームに発達するシーティング節理

韓国・ソウルの北方郊外にある北漢山には，シーティング節理が発達している．これらのシートは外側から剥離しているように観察される．宇宙線生成放射性核種である ^{10}Be と ^{26}Al を用いた岩石露出年代の計測により，より厚いシートほど，それが剥離するのに要する時間が長いことと，約1 mの厚さのシートが剥離するのに約1.8万年を要することが明らかになった．

乾湿風化がつくる波食棚上の微起伏：鬼の洗濯板

三浦半島の荒崎や宮崎・青島では波食棚が形成され，その波食棚上は通称「鬼の洗濯板」とよばれる波状岩によって構成されている．荒崎においては，凸部が凝灰岩，凹部が泥岩からなっている．一方，青島においては，凸部が砂岩，凹部が泥岩からなっている（図2）．岩石の強度を調べてみると，荒崎の凸部を形成する凝灰岩は凹部を形成する泥岩より強度が小さく，凹凸は岩石強度からは説明できない．波食棚上の凹凸は，潮間帯にある泥岩が，潮の干満の繰り返しによる乾湿風化で細片化し，それを波が運搬・除去する結果形成されたものである．凸部をつくる凝灰岩や砂岩には乾湿風化の特性はない．

乾湿風化がつくるフードー

カナダ・アルバータのバッドランドにはフードーとよばれるキノコ状（上部の傘と下部の柱）の地形が存在する．傘の部分（キャップロック）は乾湿風化しにくい細粒砂岩からなり，柱部は乾湿風化し易い細粒砂岩とシルト岩から構成されている．すなわちフードーの形成には岩質による乾湿風化特性の差が大きく影響していると考えられる．

塩類風化によるタフォニの形成

岩石海岸や乾燥した内陸部の岩盤表面には，タフォニ（tafoni）とよばれる窪みがみられることが多い（図3）．

このタフォニは，塩類風化の結果形成されたと考え

図2 青島から日南海岸にかけての波食棚（凸部は砂岩，凹部は泥岩からなる）

泥岩がスレーキングで細片化されており，それらは波により運搬・除去される．

られている．岩石海岸のタフォニの形成に関与する塩の供給源は，もちろん海水飛沫である．離水した海成段丘の段丘崖に取り込まれた海水飛沫が乾燥することにより塩が結晶化する．一般にNaClの結晶圧（破壊力）はそれほど大きくはないといわれているが，数百年，数千年という長時間の作用によりタフォニがつくられる．

田切谷壁下部にノッチを発達させる塩類風化と凍結破砕

浅間火山南麓の軽石流堆積面を開析する谷（田切とよばれる箱形の横断形をもつ谷）の谷壁斜面の基部には，谷底から1.5 mほどの高さまでのところに，谷底面と平行に連続した窪み地形が続く（図4）．これをノッチとよぶ．ノッチの部分はノッチ上部に比較して含水比が高い．これは，地下水が谷壁を構成する軽石流堆積物自身の毛細管現象で吸い上げられていることによる（すなわちノッチのゾーンと毛管水縁の高さとが一致している）．

南面する谷壁では，春先の乾燥期に塩類の析出が盛んに起こっている（図5）．この塩類析出（すなわち塩類風化）が谷壁面を破壊し，徐々にノッチの奥行きを増大させている．塩の供給源としては，高い濃度の硫酸成分や塩素成分をもつ地下水にあると考えられる．

一方，北面する谷壁では，冬季に凍結層が徐々に壁面から壁内に成長していく．一冬の凍結深は20〜30 cmほどになる．それが春に融解する．このような凍結と融解が数年くり返されると，凍結深相当の厚さの壁面が脆弱化し剥離することになり，ノッチを成長させる．

凍結破砕による岩盤剥離がつくる崖錐地形

寒冷地において，急崖の壁面で凍結破砕によって生産された岩屑が剥落することがあるが，そのような岩屑が集積することにより崖の基部に崖錐が形成される［▶ D4-2］．　　　　　　　　　　　　　　［松倉公憲］

図3 佐渡・長手岬の凝灰岩からなる海岸でみられるタフォニ

図4 浅間軽石流堆積物からなる谷壁下部にみられるノッチ

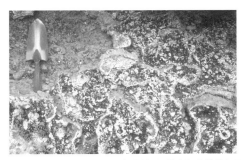

図5 ノッチ表面にみられる白色粉末結晶（塩類）と乾燥クラック

● 文献
1) 松倉公憲：地形変化の科学，朝倉書店，pp.11-23, 35-56, 2008

D3-2 化学的風化作用と関連地形

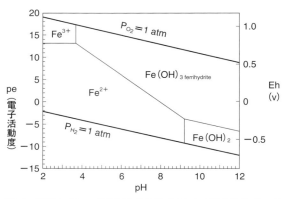

図1 温度25℃, 1気圧における鉄イオンと水酸化鉄の Eh-pH ダイヤグラム (Drever[1]より)

● 化学的風化作用とは

化学的風化 (chemical weathering) は, 地表および地表近くの岩石・鉱物が大気または水, あるいは両者の共同作用により化学的に変質することをいう. その際, 粘土鉱物などの二次生成鉱物が生成されることが多い. 大気, 地表水の化学組成 (水・酸素・炭酸ガス・窒素酸化物などの含有量), pH, Eh, 温度, 溶液 (水)-固体 (岩石) 比などが主要な規制条件となり, 風化程度の大きさと速度を左右する. 具体的な化学的風化作用としては, ①溶解, ②酸化還元, ③水和, および④加水分解などがある.

● 化学的風化作用の種類

溶解 (dissolution)

一般には, 溶質が溶媒に溶けて均一混合溶液となる現象を指すが, 地学現象として扱うときには, 岩石が水と接して起こる反応 (水-岩石相互作用) の初期段階をいうことが多い. 実際には流水または固体粒子のまわりの水の薄層の中で起こる. 酸を含む水は溶解能力が高く, 炭酸塩鉱物は炭酸ガスを含む水に比較的よく溶解する. 溶解の程度には温度依存性もある. ほとんど方解石 ($CaCO_3$) からなる石灰岩の場合,
$CaCO_3(s) + H_2O(l) + CO_2(aq) \rightarrow Ca^{2+}(aq) + 2HCO_3^{-1}(aq)$
という化学式で表される. これは, 方解石と二酸化炭素が溶存する水とが接触すると, カルシウムイオンと重炭酸イオンになることを示している. このような, すべてきれいに溶解してしまう現象を "一致溶解" といい, 残留物が残る場合を "不一致溶解" という. カルスト地形は溶解による地形の典型例である.

酸化還元 (oxidation and reduction)

化学的風化によって反応物から生成物が生ずる過程において, 原子やイオンあるいは化合物間で電子の授受がある反応のことをいう. 複数電荷をとる鉄, マンガン, 硫黄などは特に重要な系とされ, 熱力学的データをもとに作成された Eh-pH 図により鉱物の安定性や元素の易動度が論じられている. たとえば, 鉄は還元的条件で二価鉄イオンとして溶存し移動するが, 酸化的条件では三価鉄の化合物 ($Fe(OH)_3$ など) が安定で移動しにくい (図1).

また, 風化土中の酸素が除去されると, 鉄やマンガンは土中で還元されることもある.

水和 (hydration)

ある化学種に水が付加する現象のことをいう. 水を溶媒とするときの溶媒和 (溶質分子もしくは溶質が電離して生じたイオンと溶媒分子とが, 静電気力や水素結合などによって結びつき, 溶質が溶媒中に拡散する現象) と, 共有結合により水分子が化合物と結合する場合とがある. イオンの水和は電荷の大きさと符号, イオンの大きさにより変化する. 固体結晶として安定な水和した水を結晶水と呼び, 水分子が他の分子と結合して生成した分子化合物を水和物 (たとえば, $MgSO_4 \cdot 6H_2O$ など), OH として結晶中に取り込まれた水を構造水とよぶ. 粘土鉱物の多くはこの構造水を多く含み, 酸化鉄は水と反応して加水酸化鉄 (FeO(OH)) や水酸化鉄 ($Fe(OH)_3$) に変わる. 水和は発熱反応であり, 鉱物や火山ガラスが水和した場合, しばしば体積膨張を起こし, 水和部分に歪みが生じ, 薄層 (すなわち水和層) として認識されることが多い.

加水分解 (hydrolysis)

物質と水とが反応し, その物質が分解され別の物質が生成する反応. このとき水は生成物に H と OH とに分割されて取り込まれる. たとえば, 正長石 ($KAlSi_3O_8$) が加水分解することにより粘土鉱物のカオリナイト ($Al_2Si_2O_5(OH)_4$) が生成される.
$2KAlSi_3O_8 + 2H_2O \rightarrow Al_2Si_2O_5(OH)_4 + K_2O + 4SiO_2$

その他の作用

金属原子に他の原子団 (配位子) が結合して形成された一つの原子集団が元素の溶解性やイオン挙動を変化させ, 土壌中の元素の移動性を増大させることが多いとされるキレート化 (chelation) も, 広義の化学的風化作用として分類されることがある. また, 炭酸塩化作用 (carbonitization) は, 珪酸塩から炭酸塩が形成される過程を意味する. これらの作用はいずれも, 狭義の化学的風化作用には含めない方がよい.

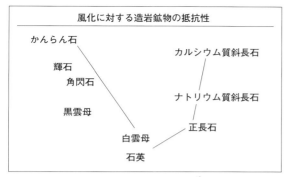

図2 Goldichの風化系列[2]
下方の鉱物ほど,安定度が増す.

● 元素の易動度と風化系列

岩石が化学的風化を受けたときの元素の溶出の程度を易動度（mobility）という．概して，アルカリ金属やアルカリ土類金属で易動度が高く，Ca, Na, K, Mg, Si の順に減少し，AlやFe, Tiで低いとされている．この順位は接触する水のpHや温度，岩石の鉱物組成によっても変化するが，一般的には，化学組成を反映した造岩鉱物の安定度は図2のように示される．これは，マグマからの晶出温度が高いものほど小さく，有色鉱物では黒雲母・角閃石・かんらん石の順に小さくなるというボーエンの原理の逆の系列に相当する．

● 風化環境

風化の進行程度は環境条件により異なる．図3は風化帯と気候区分との関係を，代表的な粘土鉱物の種類とともに概念的に示したものである．

①一般に乾燥地域では水が不足するため化学的風化はわずかしか進行せず，日射風化などの物理的風化が卓越する．②熱帯湿潤気候下では溶脱が激しく，風化は絶えずアルカリ性下で行われ，珪酸すら溶脱されて鉄やアルミニウムの酸化物・水酸化物が残留するラテライト化作用が卓越する．③温帯湿潤気候下ではアルカリ等が溶脱し，アルミニウム珪酸塩（粘土）が残留する，珪酸塩風化（silicate weathering）が卓越する．関東ロームとよばれているものは，主としてこのような風化で降下火砕物質から生成した粘土層である．また，④寒冷帯など，蒸発が降水を下回って腐植酸が生成しやすい環境下では，鉄・アルミニウムが溶脱されて珪酸が残留し，ポドゾルを生成する．⑤高緯度では低温のため反応速度が遅く，岩石が結氷していればほとんど化学的風化は起こらない．

[小口千明]

● 文献

1) Drever J. I. : The Geochemistry of Natural Waters, 3rd ed., Prentice Hall, 1997
2) Goldich, S. S.: A study in rock weathering,. *J. Geol.*, 46: 17-58, 1938
3) Strakhov, N. M.: Principles of Lithogenesis, vol.1. Oliver & Boyd, London, 1967
4) Velde, B.: Origin and Mineralogy of Clays, Clays and the Environment, Springer, 1995

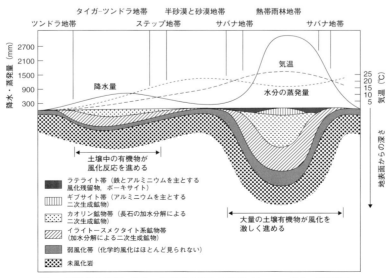

図3 風化帯と緯度—植生—気候区分帯との関係（Strakhov[3]を一部修正）

D3-3
カルスト地形
溶解のメカニズムと地表に現れた各種カルスト地形

●溶解

石灰岩や，ドロマイト，大理石，などは炭酸塩岩とよばれる．化学組成が主として$CaCO_3$，$MgCO_3$などからなっているためである．炭酸塩岩は二酸化炭素の混入した水に溶解する．自然状態では，雨水，土壌中の水，地下水にふれたりすると炭酸塩岩は溶解し，地表には起伏に富んだ地形を形成する．一方地下には鍾乳洞［▶D3-4］が形成されることになる．地表と地下の一連の地形をカルスト地形（karst landforms）とよぶ．

●世界のカルスト地域

世界の炭酸塩岩の面積は正確には不明であるが，地表の陸地面積の約12%であろうと推定されている．しかし，最新のおおよその見積りは，地表の20〜25%であると報告されている[1]．日本における石灰岩の地表面に占める面積は，0.44%にすぎない[2]．世界的に最も広い分布を示す炭酸塩岩は，古生代から中生代にかけて拡大した暖かい海（テーテイス海）のサンゴ，有孔虫，石灰藻などの堆積物からなるものである．イギリス，ヨーロッパ，中近東からチベット高原，華南にかけて，堆積した炭酸塩岩が広く分布する．第三紀の石灰岩は，カリブ海諸国や，東南アジアに広く分布する．第四紀の石灰岩はサンゴ礁が隆起した地域に広く分布する．

カルストの名称の発祥地はスロベニアのクラス（Kras）地方である．クロアチア語ではクルシュ（Krš）といわれる．19世紀にウィーン学派によって国際的にKarstとして紹介されたことから，この地方でみられる石灰岩の溶食地形を意味する言葉として，学術的に使用され始めた．

●カルスト地形

溶食作用によって発生した地形をカルスト地形と呼ぶが，$CaCO_3$に雨水がふれると溶解をおこす．化学式は以下のとおりである．

$CaCO_3$（方解石）＋H_2CO_3（二酸化炭素の混入した水）$\rightleftharpoons CaHCO_3^+ + HCO_3^-$

左辺から右辺への変化は，溶解をしているときであり，右辺から左辺への変化はカルシウムが結晶しているときである．すなわち，炭酸塩岩は条件によっては溶解をおこし，また条件が変わることによって反対に溶けていたカルシウムが再び結晶して固化する．溶解を早めるためには，水の中に二酸化炭素（CO_2）が多く混入する条件がととのえばよいことになり，高い圧力がかかるか，または水温を高めればより多くのCO_2が溶け込むことになる．したがって，溶ける速度が大きくなるのは，岩石の中のような圧力のかかった環境か，または温かい雨が降る熱帯，または極度にCO_2が水中に溶け込むような有機物の混入した湿った土壌にふれているときである．一方，結晶固化を起こす場合は，カルシウムが十分に溶解した水に対して急に圧力が変化し，低圧な環境に変わればよい．

地表では，カルスト地域を流下してきた河川が，急流や滝に達すると，流速が速くなり，カルシウムを飽

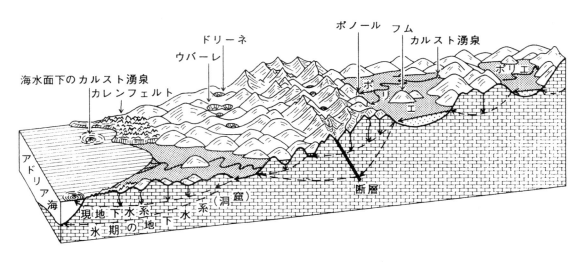

図1　アドリア海岸からディナルアルプスまでの地域の地表と地下におけるカルスト地形（漆原和子原図）

和に近い状態で溶かした河川水に飛沫が生じ，圧力が急減するので，溶かしきれなくなったカルシウムが再結晶することになる．したがって，急流や滝には，カルシウムの結晶が石灰華として付着した地形が形成される．地表では，シアノバクテリアが共存するので，バクテリアの遺骸の小さい孔が空いた石灰華ができる．これをトゥファ（tufa）とよんでいる．トゥファが幾段もダムをつくり，美しい湖状の段々をつくることがある．規模の大きいクロアチアのプリティビツェや中国の黄竜や，九寨（さい）溝は有名である．また，大理石の地域に温泉が湧き出し，その水が流下している急傾斜地に，真っ白なトゥファダムが多数形成されることがある．その例はトルコのパムッカレで，古代から有名な温泉場として利用されてきた．ただし地表を流下する飽和に近いカルシウムを溶解した流水がつくるトゥファダムとよく似た地形を洞窟の中でつくることがあるが，洞内では，シアノバクテリアがその形成に関与しないため，きわめてかたい石灰華段丘をつくる．これはトゥファではないので注意されたい．

以上のように，石灰岩地域に降る雨により，カルシウムを溶かした流水が河川を流下し，急流では結晶化したカルシウムが地形をつくる．また，地下に浸透した水は石灰岩を溶かす一方，洞窟内では種々のカルシウムの結晶形態を形成する．このように，地表と地下では，一つの系として一連のカルスト地形が同時に形成されている．

●地表に見られる主な凸地形

炭酸塩岩のうち，$MgCO_3$ の多く混入するドロマイトと，蒸発岩である石膏は地表のカルスト地形の形態が主として $CaCO_3$ からなる石灰岩のそれと若干異なる．しかし一般的にカルスト地形の地表において顕著に見られる形態は，凹凸の著しい地形であり，共通している．地表で集水した水が突然地下に吸い込まれることがある．また地表に露出している石灰岩の表面に雨水が流下したとき，より効果的に溶解を起こした部分に溝状の凹地が形成される．これをリレンカレンという．リレンカレンの形成速度の実験結果は羽田を参照されたい[3]．石灰岩の溶食が進行すると，凸地形が目立つようになる．地表から 1〜5 m ほど突出した石灰岩の塊の地形をピナクルとよぶ（その表面にはリレンカレンが形成されていることが多い）．隆起する地域であったり，降雨が効果的に溶食を起こす熱帯においては巨大なピナクルをつくることもある．中国の石林や華南，ボルネオ島のムルには比高が 50 m を越えるピナクルもあり，頂上部は剣のように切り立つ．

熱帯では，溶食が効果的に進行すると，広い面積に円錐形の凸地形を残すことがある．これは円錐カルストとよばれる．一方，凸地形が塔のようにそそり立ち，その比高が約 30〜50 m を超えるときは，タワーカルストとよばれている．

●地表にみられる主な凹地形

炭酸塩岩の不均質な溶け方をして凹地ができたり，集水する場所では，まわりよりよく溶けるので，凹地ができる．炭酸塩岩表面にできる深さが数 cm から 50 cm 以下の小凹地をカメニツァという．凹地形には吸い込み穴を伴った擂鉢状のドリーネ（doline），複数のドリーネがひとつの凹地へと形を拡大したウバーレがある．ポリエは平野を意味し，必ずカルスト湧泉から湧き出て，ポリエの中を流れる地表の河川があり，それを吸い込むポノールが存在する．季節的にポノールで十分に排水できないときは，ポリエ底に一時的に湖が発生する．スロベニアのツェルクニシュコイエゼロが規模も大きく，ポリエのシステムがよく観察できる．地表と地下のカルスト地域の水系のシステムを図1に示した．このモデルはアドリア海の海岸に見られる，内陸のポリエから海岸に至るカルスト地形と水系を示すものである．

熱帯地域では円錐カルストが形成されて，円錐に囲まれた凹地に吸い込み穴が形成され，地下に水を排水しているときは，凹地部は星型で，底が平坦ではなく，凹型になっている．このときは，この星型の凹地をコックピットとよぶ．しかし，凹地にはやがて土壌の堆積が起こり，コックピットの底は平坦になる．東南アジアでは，こうした凹地の吸い込み穴が機能しなくなると，水田をつくったり，底部に水を溜めて用水池として利用する．

[漆原和子]

●文献

1) Ford, D. and William, P.: Karst, Hydrogeology and Geomorphology, Wiley, 2007
2) 漆原和子編：カルスト　その環境と人びとのかかわり，大明堂，1996
3) 羽田麻美：リレンカレンの発達過程に及ぼす温度の影響—石膏ブロックを用いた室内実験—，地形，31（1）: 1-16, 2010

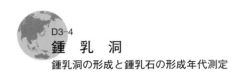

鍾乳洞
鍾乳洞の形成と鍾乳石の形成年代測定

炭酸塩岩とよばれる石灰岩，大理石やドロマイトは$CaCO_3$を大量に含む．また蒸発岩の1つには石膏($CaSO_4$)がある．これらの岩石の共通する特色は二酸化炭素を含む水と接触するとカルシウムの溶解を起こす点である[▶D3-3]．地下で発生するカルスト地形には，鍾乳洞(cave)に代表される溶食地形と，空隙の中に再結晶を起こした鍾乳石(speleothem)がつくる種々の形態および，石灰華のつくる地形などがある．

石灰岩やドロマイトの地域では，多くの大型の鍾乳洞が形成され，二次生成物である鍾乳石も大型のものをつくる．石膏の地域にある洞窟は，一般には網状に発達し，二次生成物のつくる地形はきわめてまれである．

●**地下水系とカルスト地形**

炭酸塩岩の中へ浸透した二酸化炭素が混入した水は，圧力を受けた状態で岩石の割れ目の中へ入り，排水される．このとき，石灰岩を溶解する．地表から地下水面までの循環帯(vadose zone)では，炭酸塩岩の中の空隙を時には空気が占め，時には水が占める．二酸化炭素を含んだ水が溶解し，空隙が拡大し，その中を空気が占めるとき，炭酸塩岩中の水に溶けているカルシウムが圧力を減じた空間で結晶し，つらら石や石筍などの鍾乳石が洞内にできる．壁面にそって，カーテンやベーコンと名づけられる幕状の鍾乳石も形成される．

地下水面より下部は，飽和帯(phreatic zone)とよばれているが，ここでは岩石中の空隙をすべて水が占めている．この飽和帯の水も緩慢であるが流動するので溶解が発生する．その場合の岩石表面の溶食形態は循環帯とは全く異なり，スムーズな溶食表面をもつ独特の形状を示す．

飽和帯のカルスト地形は潜水すると観察することは可能であるが，圧力が強いためにきわめて危険であり，多くの研究者が命をおとしている．ただし，基準面の変化により飽和帯が循環帯に変わったときに，飽和帯におけるスムーズな溶食面をもつ溶食形態を観察することができる．

地下水面の表面近くでは，二酸化炭素を含んだ水が飽和帯の石灰岩の天井を部分的に強く溶解し，ソリュ

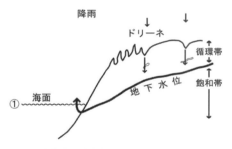

(1) 初期段階
　台地上にドリーネが形成
　地下水位に規定された地下川の流下

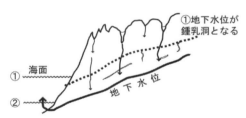

(2) 海面低下に伴う地下水位の低下
　①の時代の地下水は水平洞として
　とりのこされ，鍾乳洞の形成が始まる．

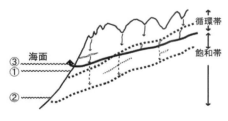

(3) 海面の上昇期
　飽和帯の中に旧洞窟(鍾乳洞)が
　とりのこされる．

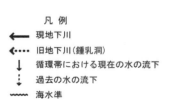

図1．基準面が変化した場合の洞窟の形成モデル

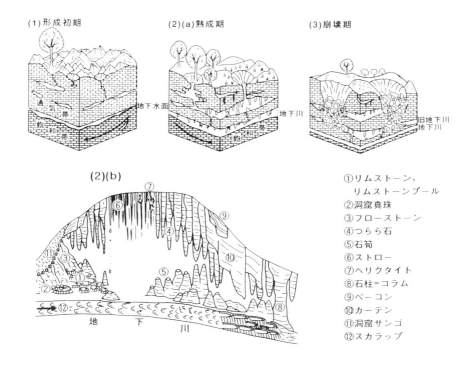

図2 鍾乳洞形成から崩壊への単純化したモデルと，鍾乳洞内の地形[2]

ーションベルとよばれるベルの形に溶食された凹地を天井につくることがある．また地下水流の表面は傾斜をもつので流下するとき，河床面にスカラップをつくる．これは流下する水が触れる側壁にも形成される．スカラップのサイズと流速には一定の関係があり，一般に流速が速いとスカラップは小さく，流速が遅いと大きくなる[1]．アメリカ合衆国のマンモスケイブには長軸が5 mにも達する巨大なスカラップが存在する．

● 基準面の変化と地下のカルスト地形

気候変化や，地殻変動による基準面の変化が起こることによって，地下水面の変動が発生する．隆起や，海水面の低下が発生すると，それまでの地下水面が低下することになる．この場合，水平洞が2段になり，古い水平洞は通常かわく．しかし降雨が強い場合，地表から水が多量に浸透すると，一時的にこの古い洞窟にも水が流れ，アクティブになり，低位の水平洞へと排水する垂直洞ができて，地下の2つの水系をつなぐ．図1にこのモデルを示した．このように，地下水位の変化を洞窟系の変化として調べることができ，鍾乳石の年代測定をすることによって，洞窟の編年も行われている．

鍾乳石の年代測定はウラニウムシリーズによる年代測定が多くの成果をあげている．たとえば南大東島のポイント7の洞窟では石筍のウラニウムシリーズの年代測定によって約10万年前に鍾乳石が成長しはじめ，その後の最終氷期の海面の低下にむけて，鍾乳石が成長をしつづけたことが判明した．現在は，海面低下期の洞窟と鍾乳石の大部分は海面下にある．しかし^{14}Cは鍾乳石の年代測定には有効な手段ではない．一方，鍾乳洞内の堆積物中に含まれる人骨，動物の骨などの^{14}Cによる年代測定は多用されている．鍾乳洞が形成されてから，かわいた状態に至って，その後堆積物が流入し，遺物を取り込むことがある．また鍾乳洞が氷期の人々の居住空間になったこともあり，フランスには動物の油を燃やした煤で描いた詳細な洞窟内の壁画が残されている．ただし，観光客が多く入ることによる壁画の傷みが激しく，保護のため閉鎖された洞窟もある（例：アルタミラ）．

図2には，鍾乳洞が形成され，発達し，崩壊に至るまでの過程を示した[2]．鍾乳洞内に形成される種々の地形もモデル化して示した．①，②，③と地下水位の低下が続き，複数の洞窟が形成される熟成期には，洞内に多くの二次生成物がつくられ，多様な地形が形成される．

[漆原和子]

● 文献
1) 漆原和子ほか：福島県入水鍾乳洞におけるスカラップの形成環境．洞窟学雑誌，22: 71-80, 1997
2) 漆原和子編：カルスト　その環境と人びとのかかわり．大明堂，1996

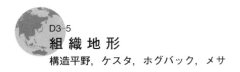

D3-5
組織地形
構造平野，ケスタ，ホグバック，メサ

図1　宮崎県青島周辺に発達する「洗濯岩」（著者撮影）

地表に分布する種々の岩石は，温度変化（凍結・融解作用も含む）によって物理的または機械的に破壊（物理的風化）されるとともに，大気中や地下の水，酸素，二酸化炭素や生物の働きによって化学的に分解（化学的風化）される．こうして，抵抗力の弱い岩石・鉱物や岩石中の断層・節理などの割れ目にそって風化が進み，次いで，氷河，表流水，地下水，波や風などによって風化生成物や岩片が除去され，組織地形（structural landforms）が形成される．

●節理や断層，岩質の差を反映する組織地形

節理が密に発達し風化強度の異なる鉱物よりなる花崗岩は，地下水の浸透による化学的風化を受け岩全体が深層風化（マサ化）されることが多い．しかし，節理間隔が広く風化が遅れる部分は岩塊として残存し，コア・ストーンやトアとなって地表に突出する．また，深成岩類はその組成の変化に応じ，節理の発達度合や風化に対する抵抗力が著しく異なることがある．阿武隈山地北西部の船引周辺では，花崗閃緑岩はよく深層風化を受けマサ化し，なだらかな丘陵性の地形をつくるが，斑糲岩は丘陵から突出した残丘状の地形をつくっている[1]．

岩石の「かたさ」は，供試体の物性で示されるが，野外での侵食に対しては岩体としての「物性」が重要である．岩片としては「かたい」性質をもつ火山岩類は，節理や割れ目がよく発達し，岩片は岩体から容易に剥離されて移動する．空隙の多い地層（未固結の砂礫層など）は，波によって簡単に侵食され海食崖をつくるが，透水性が高いため平坦な地表では谷が発達しにくく，台地状の地形となりやすい．また，物理的に強い石灰岩は，二酸化炭素を含む水によって溶食を受けカルスト地形を発達させる［▶D3-3参照］．

青島周辺に発達する波食棚［▶D6-4］は，傾斜する砂岩と泥岩の互層をきって発達する．ここでは，吸水性のよい泥岩は潮間帯で膨張・収縮を繰り返して小岩片となり，泥岩部分が凹部に砂岩部分が凸部となって全体として洗濯板状の地形をつくる（図1，▶D3-1）．

断層運動を直接反映した断層崖や断層谷は変動地形［▶D2］である．断層に沿って発達する弱線（破砕帯）にそって侵食が進むと断層線崖や断層線谷が形成される．現在，凍結破砕作用が顕著な日本アルプスの高山帯の稜線では，節理が密に発達するところが鞍部に，相対的に粗い部分が峰になっている．

●地層の傾斜と組織地形

堆積岩の互層の場合，弱い地層は削剥されやすく強い地層が残存する．水平な地層が広く分布する卓状地では残された地層の表面はかなり平らで構造平野となる．残された地層の上面は，侵食が進むとベンチとなり，さらに縮小し，メサやビュートへと変化する．地層が傾斜する場合，ケスタ（cuesta），ホグバックとなる（図2）．ノッティンガムからリンカーン（イングランド中東部）には広い構造平野が発達する．ここでは，石炭紀の石灰岩からなるピーク地方から東へ北海へ至る地形断面をえがくと，石炭紀から白亜紀までの地層が北海（東方）へ向かってわずかに傾斜し，砂岩や石灰岩部分がより強い抵抗を示し，ケスタ地形をつくっている（図3）[1]．

●褶曲構造を反映した組織地形

若い褶曲山地は変動地形で，活構造としての背斜山稜と向斜谷からなっている．褶曲活動が終わり開析が進むにつれ，背斜山稜が削剥されて向斜谷が埋められる．さらに背斜構造を削って背斜谷が，逆に向斜谷の侵食が進まずに地形が逆転して向斜山稜となることもある．抵抗力の異なる互層が褶曲してから侵食されると，複雑な山稜と谷からなる地形がつくられる．褶曲軸が直線状のときは，平行する長い山稜と谷が，ドーム構造や盆地構造の所では，同心円状の谷と山稜がつくられる．

アパラチア山脈をつくる古生代の堆積岩は厚さ3000 mに達し，複雑な褶曲変形を受けている．この山脈に発達する山稜と谷の地形は，砂岩（珪岩）〜礫岩がそれらの間に挟まれる厚い頁岩にくらべ，川の侵

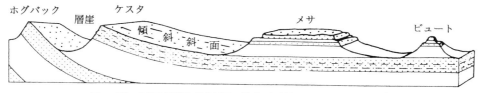

図2 種々の侵食形態と構成地層の構造や傾斜との関係を示す模式図[1]

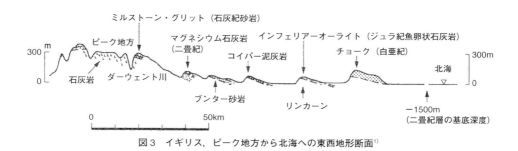

図3 イギリス,ピーク地方から北海への東西地形断面[1]

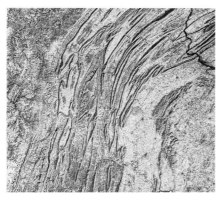

図4 アパラチア山脈のランドサット画像(ランドサット2号,1981年1月31日撮影)

食に対し著しく強いためにつくられたものである.ハリスバーグ北西部でランドサット画像中(図4)に示される山稜は連続して追跡できる.これら一連の山稜は,ツスカロラ砂岩(シルル紀)のつくるもので,画像北半部の大部分の山稜を構成している(図5).

[小池一之]

● 文献
1) 小池一之ほか:地表環境の地学—地形と土壌—,東海大学出版会,1994
2) 貝塚爽平ほか:写真と図でみる地形学,東京大学出版会,1985

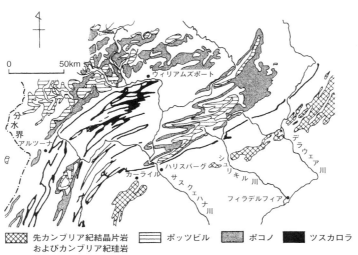

図5 アパラチア山脈の山稜を構成する珪質砂岩〜礫岩の分布(小池編図)[2]

D3-6 岩質の差や節理・断層の分布を反映する組織地形

●積極的抵抗性と消極的抵抗性

岩石や地層などの岩質（または，岩石物性）の差や節理・断層など不連続面の分布状況の差が，削剥に対する抵抗性に相対的な差を生じることとなり，異なった形態的特徴をもつ組織地形（または，差別削剥地形，differentially denudated landforms）が形成される．地形を変化させる外力（以下，地形営力とよぶ）に対する岩石や地層の抵抗力は積極的抵抗性（positive resistance）と消極的抵抗性（negative resistance）に大別される[1]．積極的抵抗性とは，例えば，破壊強度，硬度，非変形性，岩屑の粒径・重量，化学的安定性などであり，地形営力が加わったときに変形を生じないよう立ち向かう性質である．いわゆる硬岩と軟岩はこの積極的抵抗性による性質に基づいて区別したものといえる．一方，消極的抵抗性とは，例えば，水に対する透水性や地殻変動に対する塑性変形性などであり，地形営力を吸収してその影響力を受け流す性質である．

●岩質の差を反映した組織地形

丘陵の削剥地形

軟岩の互層が厚く分布する丘陵や山地では，岩質の差や節理・断層などの分布状況を反映して，それぞれの地層ごとに固有の組織地形が形成されることがある．形成年代が同程度の丘陵を考えた場合，地形営力（例えば，降雨量，積雪深度，凍結融解の日数など）や削剥作用の継続時間に大局的な差はないと想定されるので，地層ごとに地形の差異を形成する最も重要な要素は岩質の差と見なすことができる．例えば，北海道北部の宗谷丘陵，秋田県の七座丘陵および千葉県の房総丘陵の3地域を比較すると，起伏量や水系・谷密度などの急変線は地層の境界と一致するが，岩質と地形の特徴は必ずしも一致しない（図1）．例えば，頁岩や泥岩の丘陵は，宗谷丘陵では他の地層のものと比べて低谷密度の円頂丘陵（丸い尾根頂とゆるやかな山腹斜面をもつ丘陵）で，尾根と谷底の比高が比較的大きいが，逆に房総丘陵では高谷密度の尖頂丘陵（尖りのある尾根頂と小礫の多い山腹斜面をもつ丘陵）で，比高は比較的小さい．また，低固結の礫質岩や砂質岩の丘陵は，宗谷丘陵では高谷密度の尖頂丘陵で，

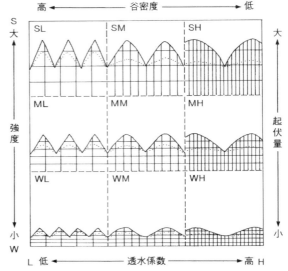

図1 岩石の強度（積極的抵抗性）と透水係数（消極的抵抗性）の組み合わせからみた丘陵の削剥地形（起伏量と谷密度の組み合わせの区分）の概念図[2]
一般的に，透水係数が高く，力学的強度が大きい丘陵は谷密度が低く，起伏量（比高）が大きい地形となる．逆に，透水係数が低く，力学的強度が小さい丘陵は谷密度が高く，起伏量（比高）が小さい地形となる．

比高は小さいが，逆に房総丘陵では低谷密度の円頂丘陵で，比高は大きい．

このように，丘陵の地形を特徴づける谷密度や起伏量に代表される地形量の違いは，岩質の違いでは説明できず，その地形形成の制約条件を以下のように解釈することができる．

谷密度を特徴づけるのは一定長さの水路の形成であるが，個々の水路の形成は基盤岩石の透水性に制約されるため，谷密度をはじめ流域面積や流路長など水路に関連する地形量は透水性に制約されることとなる．これに対して，丘陵の起伏は削剥による尾根と谷底の低下速度の差の関数と考えることができる．ここで尾根の低下は主として集団移動（マスムーブメント）に起因するが，これは力学的強度と透水性の両者に制約される．一方，谷底の下刻は基盤岩石の力学的強度に制約され，さらにその強度は飽和含水状態で著しく低下することから，その飽和含水状態の発生頻度に影響を与える透水性にも制約される．よって，流域起伏や流域粗度数などの起伏に関連する地形量は，力学的強度や透水性などの積極的・消極的抵抗性の両者に制約されるものと考えられる．

このように丘陵を構成する地層ごとの組織地形の差異は単に岩質の違いだけで説明されるのではなく，力学的強度に代表される積極的抵抗性と透水性に代表される消極的抵抗性の組み合わせによって系統的に説明

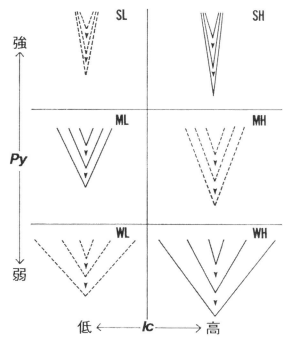

図2 海成段丘を下刻する開析谷の横断形の経時的変化の様式と基盤岩石の強度（P_y）および透水性（I_c）との関係を表す模式図[3]
谷の深さは力学的強度でなく透水性の影響を強く受けており，谷の横断形状の差異は基盤岩石の力学的強度と透水性の組み合わせによって制約されている．

することができる（図1）．すなわち，一般に透水性が高く，強度の大きい地山では比高が大きく，谷密度の低い丘陵となり，逆に透水性が低く，強度の小さい地山では比高が小さく，谷密度が高い丘陵となる．

開析谷の発達過程

上で述べたような概念は段丘や丘陵における開析谷（dissected valley）の横断形状の発達過程でも確認することができる（図2）．例えば，海成侵食段丘を下刻する開析谷の谷壁斜面は，岩石の力学的強度が大きい場合には徐々に急傾斜となるように発達していくが，逆に強度が小さいと緩傾斜となるように発達していく．また，谷の深さは力学的強度とは無相関であるが，透水性が大きいほどより深く発達する傾向がある．したがって，高透水性の岩石が分布する段丘では低透水性の段丘よりも開析谷が急速に深く発達する．

石灰岩台地

石灰岩で構成された山地ではその特徴的な岩質に制約された地形がしばしばみられる．石灰岩は砕屑性の軟岩よりも一般に大きな強度（圧縮強度でいえば数10〜200 MPa程度）を有しているが，空気中の二酸化炭素が溶け込んだ雨水や表流水そして地下水によって化学的に溶解するため，節理や断層に沿って溶食が地下深部にまで進み，鍾乳洞などの地下空洞が数多く形成される［▶D3-3, 4参照］．そのため，山地全体としては透水性が非常に高く，地表水や湧出水による侵食もほとんど起こらないので，極端に谷密度の低い地形が形成される．また，石灰岩は風化による表土層が形成され難く，力学的削剥に対する積極的抵抗性が強いため集団移動も少ない．このようなことから，石灰岩は，その周囲よりも相対的に高い石灰岩台地（例：山口県秋吉台など）や石灰岩尾根（例：愛媛・高知県境の五段城など）を形成することが多い．　　［八戸昭一］

●文献
1) 鈴木隆介：建設技術者のための地形図読図入門，第3巻 段丘・丘陵・山地，古今書院，2000
2) Suzuki, T., *et al*.: Effects of rock strength and permeability on hill morphology, *Transactions of the Japanese Geomorphological Union*, 17: 107–121, 1985
3) 田中幸哉：北海道噴火湾沿岸地域における海成段丘面開析谷の横断形発達過程，地形，11（2）: 97–115, 1990

D4 マスムーブメント

D4-1 マスムーブメントの定義・分類とメカニズム

●斜面

　傾斜した地表面は「斜面」とよばれ，マスムーブメントの生起する場でもある．斜面の最大傾斜方向の垂直断面形は，上に凸の凸形斜面，直線の等斉斜面，下に凸の凹形斜面の3種に分類され，等高線の平面形による水平断面形は，尾根型斜面（発散斜面あるいは散水斜面とも），直線斜面，谷型斜面（収斂斜面あるいは集水斜面とも）の3種に分類される．これらの垂直・水平断面形を組み合わせることにより，9種の斜面型となる（たとえば，凸形尾根型斜面，等斉直線斜面，凹形谷型斜面など）．斜面の縦断形の削剥による経時的変化は斜面発達とよばれ，減傾斜しながら変化する場合を減傾斜後退（従順化ともいう），傾斜が変化しないまま斜面が後退する場合を平行後退という．

●マスムーブメントの定義と分類

　重力の作用のみで斜面物質が移動するものをマスムーブメント（mass movement），あるいはマスウェイスティング（mass wasting）とよぶ．マスムーブメントには多種多様な物質（岩石と土の種類も多様）が関係していることから，必然的にその動きの様式も多様となる．これらのマスムーブメントを分類する場合には，①動きの速度とメカニズム，②物質のタイプ，③動き（変形）の様式，④移動体の形状，⑤物質の含水比，などの基準で分類する．このように分類基準の多様さのために，どれを重要と考えるかによって分類が異なったものとなる．わが国では，一般にマスムーブメントは「地すべり」と「山崩れ」（「崩壊」とよばれることもある）に二分されてきたという経緯がある．地すべりと山崩れの区分については，表1に示したが，動きがゆっくりで継続性または反復性のあるものを「地すべり」とよび，短時間で運動が終了するものを山崩れとよんでいる．鈴木[1]は運動様式のみから，8つのタイプに区分している：(a) 匍行，(b) 落石，(c) 崩落，(d) 地すべり，(e) 土石流，(f) 陥没，(g) 地盤沈下，(h) 荷重沈下．なお，匍行には単に重力のみによる talus creep のようなものから，凍結融解が関与する匍行もある．そして後者のプロセスが含水比の高いところで起こると，それはソリフラクションとよばれたり mudflow とよばれる．また，(c) の「崩落」であるが，一般的には急勾配（50°以上）な斜面で起こる現象を「崖崩れ」，それ以下の勾配の場合を「山崩れ（崩壊）」とよぶことがある．

●マスムーブメントの素因と誘因

マスムーブメントの素因

　マスムーブメントの素因としては，地形，地質，土壌，植生などがある．たとえば，地形としては，地表傾斜，崖高，地表水の集水性（凹型斜面）などの要因が，マスムーブメントの発生にとって重要である．1つの例としては，水系の最上流端である0次谷で豪雨による崩壊が多く発生するが，これは水の集水性と関係する．一方，地震による崩壊は，尾根部で起こりやすい．また，森林伐採や森林火災後に表層崩壊が多発する．

　地質（斜面物質の物性）がマスムーブメントの様式と大きくかかわっていることは表1でも示されている．すなわち，マサ土（花崗岩や花崗閃緑岩の風化土）やシラス，レスなどの砂質土においては崩壊（山崩れ）が主に発生し，粘性土（泥岩やハンレイ岩，蛇紋岩などの風化土）では地すべりが多く発生する．

マスムーブメントの誘因

　マスムーブメントの主な誘因としては，降雨，融雪などの浸透水の作用，地震，火山活動などがある．

　降雨：最も影響力の大きい誘因は降雨，融雪などの浸透水の作用である．雨水が土中に浸透するときに生ずる現象としては2つある．1つは浸透水により土や岩石の含水比を増やし，そのせん断強度を低下させる

表1　山崩れと地すべりの相違点[2]

	山崩れ（崩壊）	地すべり
斜面の破壊様式	脆性破壊	塑性変形
移動様式	土塊は乱れることなく原形を保ちつつ動く	土塊は攪乱されて瞬時に移動
移動速度	瞬時に高速で滑落	0.01〜10 mm/日の緩速
素因（斜面物質）	砂質土（マサ，シラスなど）：塑性の性質小さい	粘性土（塑性の性質大）
斜面勾配	急勾配斜面（30°以上）	緩勾配斜面（5〜20°）
誘因	台風や集中豪雨などの降雨強度の大きい雨，地震など	地下水位の上昇など
特質	免疫性の獲得	動きが継続する，また再発性が高い
兆候	兆候を見つけにくい	斜面に亀裂，隆起，陥没などの地形変化あり

ものであり，もう1つは浸透水が地下水に加わり，地下水位を上昇させることにより斜面の安定度を低下させるものである．

地震：地震によってマスムーブメントが発生した例としては，1848（嘉永元）年の善光寺地震（M7.4）や1891年（明治24）年の濃尾地震（M7.9～8.4）などがあり，前者では4万か所以上，後者では1万か所以上の山崩れがあったとされている．また今市地震や十勝沖地震，伊豆大島近海地震などでは，火山灰，軽石，スコリアなどの堆積物中で発生した多数の地すべりが報告されている．

火山活動：火山活動は，直接的にマスムーブメントを惹起する．磐梯山の明治噴火やセントヘレンズの噴火による山体崩壊である．火山地域における災害で最も人的被害が大きかったのが，島原半島の雲仙火山群東端にある眉山が1792（寛政4）年5月21日に崩壊した「眉山崩れ」である．眉山の東半分を崩壊させた土砂が山麓の集落を押しつぶし，さらに数km高速で流動し有明海に押し出し，現在九十九島とよばれる多数の岩屑丘（流れ山）を形成させた．土砂の押し出しは同時に津波を発生させ，その津波は対岸の肥後（熊本県）の集落を襲った．俗に言う「島原大変肥後迷惑」である．死者不明者はあわせて実に1万5000人もあったといわれている．

● **マスムーブメントの発生要因と力学**

斜面変動を力学的にみると，斜面での駆動力 F_D が斜面物質の抵抗力 F_R より大きくなったときに起こると考えてよい．$F_D>F_R$ となるケースはせん断力が増加する場合と，せん断抵抗力が減少する場合がある．前者の例としては，侵食によって斜面勾配が増加したり，あるいは下刻によって斜面の高さが増加することなどがあげられる．また，地震による震動がせん断力を大きくする．後者の例の代表的なものとしては，降雨に伴う斜面物質の強度低下や，風化による強度低下がある．

図1に示すような，最も単純なせん断破壊が斜面で起こる場合のことを想定してみよう．潜在破壊面（もし破壊するとしたらそこで破壊が起こる面）を平面的なものと仮定し，そこでの駆動力と抵抗力のバランスを考える（この場合，破壊の幅は斜面の上下であまり変わりがないと仮定することにより，奥行き方向には単位幅を考えている）．斜面での駆動力の主なものは潜在崩壊面より上部の斜面物質の重量である．斜面物質はいつも鉛直下方に重さ W の力が作用している．そこで，その斜面方向の分力 $W\sin\beta$ が，駆動力 F_D（以後 T と表す）ということになる．一方，斜面

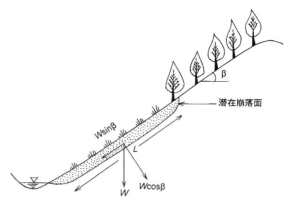

図1　斜面における力のつりあい

物質の抵抗力（以後 S と表す）は，潜在破壊面上でのせん断抵抗力である．岩石や土のせん断強度（τ）は，粘着力（c）とせん断抵抗角（ϕ：内部摩擦角ともよばれる）の2つの成分からなり，$\tau=c+\sigma\tan\phi$（クーロンの式とよばれる）のように表される．このせん断強度は単位面積あたりの力（応力）に相当するので，潜在崩壊面の長さを L とすると，崩壊面全体でのせん断抵抗力 S は，$S=(c+\sigma\tan\phi)L$ となる．ここで垂直応力 σ をもたらすのは，潜在崩壊面に垂直な方向の W の分力，すなわち $W\cos\beta$ である．ただし σ は応力であるので，これを潜在崩壊面の面積 L で割った値，すなわち $\sigma=W\cos\beta\times(1/L)$ となるので，これを上式の σ に代入すると，せん断抵抗力は，$S=cL+W\cos\beta\tan\phi$ となる．S と T の比は，安全率とよばれ，F_s で表される．すなわち，

$$F_s = \frac{S}{T} = \frac{cL+W\cos\beta\tan\phi}{W\sin\beta}$$

となる．抵抗力 S が駆動力 T より大きければ安全率は1以上となり，斜面は安全（安定斜面）とみなされる．一方，抵抗力が駆動力より小さい場合は安全率が1以下となり，斜面は危険（不安定斜面）とみなされる．安全率が1のときが安定・不安定の限界（臨界点）となり，マスムーブメントが起こるかどうかの，あるいは地形変化が生起するかどうかの閾値となる．

[松倉公憲]

● **文献**
1) 鈴木隆介：建設技術者のための地形図読図入門，古今書院，1997-2004
2) 松倉公憲：山崩れ・地すべりの力学，筑波大学出版会，2008

D4-2
落石と匍行
安息角と崖錐の発達，クリープ

●落石と崖錐斜面

急崖あるいは free face（露岩面）から主に風化により生産された岩屑が，その基部に堆積してつくる地形が崖錐である（図1）．崖錐斜面は米語では talus slope, talus cone（半円錐状の場合）とよばれ，英語では scree slope とよばれる．崖錐斜面の勾配は 30〜40°の範囲にあり，岩屑の安息角に近い角度を示す場合が多い．

崖錐斜面では，斜面上部から下部に向って粒径の増大がみられる．小さい岩屑粒子は転動の過程ですぐに崖錐表面の礫の噛み合わせがつくる凹凸にはまりこみやすいのに対し，大きな礫はそのような凹凸に関係なく転動し，その運動エネルギーが大きいことと相まって，斜面の下方まで転動することになる．このような礫の分級作用は grain size grading, fall sorting とよばれている．

●落石の原因と落石量

落石の主要な原因として，凍結融解作用による岩盤剥離によるものがある [▶ D3-1]．最近はデータロガーなどの技術の進歩に伴い，岩盤内部温度の長期的計測などが行われるようになってきており，この方面の研究も定量的な扱いがなされるようになってきた．

落石による露岩面の後退速度に関する定量的把握という点で最も重要な貢献をしたのは Rapp の仕事であろう[1]．彼のスピッツベルゲンの研究においては，空中写真の利用に加えて，山岳氷河のモレーンの岩屑や崖錐に集積した物質の量を地形計測することにより落石量が計算された．またラップランドの Kärkevagge においては，崖錐斜面に金網が設置され，新鮮な落石が捕捉された．そこでは，大部分の落石は春に起こるが，その季節には多くの崖下には積雪が残っているので，雪面にある岩屑の量を計測することにより，新しい落石の量をかなり高い精度で見積もることが可能になる．このような方法による 1952〜60 年にかけての観測から，Kärkevagge における落石による岩壁の後退量は，最大で 0.15 mm/ 年，最小で 0.04 mm/ 年と見積もられた．

●岩盤クリープ

硬い岩盤でも自重で撓むことがある．このような「応力一定のもとでの歪みの増大」をクリープ（creep）という．図2 は，山梨県雨畑川でみられる岩盤クリープの例である．この岩石は劈開面をもつ古第三紀の瀬戸川層群とよばれる粘板岩であり，深部ではほぼ垂直に立っている．それが道路沿いの露頭では，ある深さのところから表層が川に向って折れ曲がったキンクバンドが形成されている．垂直に立った劈開面において，斜面物質の自重から発生する応力が急傾斜な斜面下方へ向って作用しており，それが長期間作用し続けた結果として形成されたものである．

山体全体が変形する大規模な岩盤クリープの存在はサギング（sagging）とよばれる．たとえば，重力（山体の自重）によって山体が周辺にはらみ出すように変形し，山体の頂上付近に正断層が生じ，その結果，二重山稜（あるいは多重山稜）や線状凹地あるいは山向き小崖が形成される．

●ソリフラクションと土壌匍行
ソリフラクション

斜面物質の流動はソリフラクション（solifluction）とよばれる [▶ D7-5]．特に凍土に関連したソリフラクションをジェリフラクション（gelifluction）とよぶ

図1　福島県・磐梯山のカルデラ壁の基部にみられる崖錐斜面

図2　山梨県雨畑川流域にみられる岩盤クリープの例

表1 ソリフラクションによる移動速度の測定例[2]

場所	勾配（度）	移動速度（cm/年）	文献
(A) 北極			
Spitsbergen	3〜4	1.0〜3.0	Jahn (1960)
Spitsbergen	7〜15	5.0〜12.0	Jahn (1961)
Svalbard	2〜25		Akerman (1993)
East Greenland		0.9〜3.7	Washburn (1967)
BanksIsland, NWR, Canada	3	1.5〜2.0	French (1974)
	<10	0.6	Egginton and French (1985)
(B) 亜北極			
Kärkevagge, Sweden	15	4.0	Rapp (1960)
Tarna area, Sweden	5	0.9〜1.8	Rudberg (1962)
Norra Storfjell, Sweden	5	0.9〜3.8	Rudberg (1964)
Okstindan, Norway	5〜17	1.0〜6.0	Harris (1972)
Garry Island, NWT, Canada	1〜7	0.4〜1.0	Mackay (1971)
Ruby Range, YT, Canada	14〜18	0.6〜3.5	Price (1973)
(C) 高山			
French Alps		1.0	Pissart (1964)
Colorado Rockies		0.4〜4.3	Benedict (1970)
Swiss Alps		0.02〜0.1	Gamper (1983)

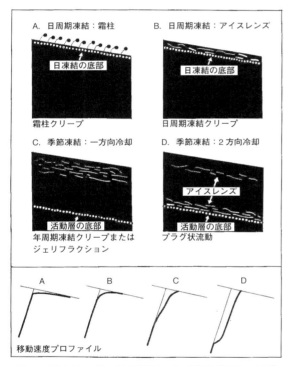

図3 霜柱クリープとソリフラクションの速度プロファイル[3]

ことがある．ジェリフラクションと密接に関連したプロセスとして，凍結匍行（frost creep）がある．これは「土壌が凍結-融解サイクルを通じて地表面に対して垂直方向に膨張し，ついでほぼ鉛直に近い方向に沈下するときに生じる正味の斜面下方への移動」と定義される．

ソリフラクションの移動速度は，野外での直接的な観測によって得られている（表1）．たとえば，地表面での移動は，ペンキなどで印をつけた礫を地表においてペンキラインの変形・移動を観測したり，棒を地面に突出させその移動を計測することによって知ることができる．また深さ方向の移動速度の計測は，変形されやすいプラスチックなどを埋めたり，ひずみゲージを貼った板を埋めたりして計測される．

ソリフラクションは，土壌水が浸透しにくい場所で，しかも析出したアイスレンズの融解により過剰な水分が供給され（過剰間隙水圧の発生），土壌のせん断強度が低下するような場所で発生する．したがって，ソリフラクションは含水比が液性限界に近いか，あるいはそれを越えたときに生じることが示されている．一方，土壌匍行はジェリフラクションに比較すると，より緩慢なプロセスである．土壌匍行による年間の移動量は深さとともに減少し，凍結-融解の頻度，斜面勾配，凍上に有効な土壌水分および土壌の凍上性などに依存している．土壌匍行を含めたソリフラクションの移動速度プロファイルは，図3のように日周期か年周期の凍結融解か，活動層基底にアイスレンズが形成されるか否かなどで異なってくる[3]．

［松倉公憲］

●文献
1) Rapp, A.: Talus slopes and mountain walls at Tempelfjorden, Spitsbergen, *Norsk Polarinstitutt Skrifter*, 119: 1-96, 1960a/ Rapp, A.: Recent developments of mountain slope in Kärkevagge and surroundings, northern Scandinavia, *Geografiska Annaler*, 42: 71-200, 1960b
2) French, H. M.: The Periglacial Environment, John Wiley & Sons, Chichester, 2007
3) Matsuoka, N.: Solifluction rates, processes and landforms: A global review, *Earth-Science Revies*, 55: 107-134, 2001

D4-3 斜面崩壊

　斜面や山体をなす岩体あるいは土層内で，剪断力が剪断強度を上回ると，岩体あるいは土層が移動を始める．岩体や土層がもとの位置からこのように離脱して斜面下方へ秒速数 m 以上の高速で移動する現象を崩壊という．これに対し，長期にわたり斜面下方へ低速移動を繰り返す現象を地すべりという．主として表土層が崩れる場合を表層崩壊（shallow landslide）といい，基岩の深くまで崩れる場合を深層崩壊（deep-seated landslide）という．深層崩壊は流れ盤で起きやすい．流れ盤の層理面に沿う崩壊を層すべりということもある．移動土砂が斜面脚部に停止して，崖錐あるいは崩積土塊による堆積地形を形成する場合（図1）と，脚部には一部分しか停止せず，主要部分は長距離移動する場合がある．駆動力が摩擦抵抗力を上回る場合には，移動体は加速し，加えて谷地形が続くなど，条件がそろうと高速を持続して遠くまで到達する．後者の場合，多量の水と混合して一体となり，谷筋に沿って流れ下るものを土石流という．一方，水で全体が飽和してはいない状態で，必ずしも谷筋に沿うことなく移動する現象を岩なだれ，あるいは岩屑なだれという．層すべりは規模が大きくなりやすい．崩壊土砂が河川を堰き止めてできる地形を地すべりダム（landslide dam）という．この場合，ダムが湛水したのち決壊して洪水や土石流となり，二次的に下流へ深刻な被害が及ぶことがある[1]．

●素因と誘因

　斜面崩壊の誘因は，降雨や地震あるいは火山噴火などである．誘因が必ずしも特定できない場合もある．素因の複合や，小さな誘因の積分効果で，斜面が不安定化して崩壊に至るケースである[2]．落石や岩盤崩落ではこのようなケースが多い．降雨による崩壊は，表面流を集水しやすい凹型斜面で起こることが多いが，それ以外にも，地下水を集めやすい地質構造など，斜面の不安定化要因をかかえるところで，それらの要因が複合して起こることもある．地震の場合には，崩壊は凸型斜面でも起こる．地震波エネルギーが斜面凸部へ収斂し，斜面がより強く揺れることが一因である．
　崩壊の素因としては，このほか流れ盤，断層，河川流による斜面脚部の侵食，切土による増傾斜や脚部支持力の低下，風化などがあげられることが多い[1,2]．
　地震による崩壊は，地震動とともに，前触れなしに起こるが，それ以外では，崩壊前に斜面が変形するので，さまざまな前兆が現れる[1]．事前に斜面変状が見つかって，伸縮計を設置して変形が監視されるようになると，歪み速度の時間変化から崩壊時刻が精確に予測されることもある[1]．前兆現象は，崩壊規模が大きいほど，より早くから現れ，かつ多岐にわたる．

●崩壊地形

　斜面崩壊があると，図1に示すようなスプーン状の地形が残る．わが国のように温暖多湿な気候条件下では，崩壊の規模が小さい場合には，短い年月のうちに判別しにくくなる．しかし，体積が数百万 m^3 を越えるような，規模の大きな崩壊の場合には，滑落崖や崩積土塊，段丘地形，地すべりダムなど，明瞭な地形として永く残る．そして，その後の崩壊や地形変化に影響を及ぼしつづける．

事例

　図1に示す崩壊は，岡山県総社市下倉の採石場で起きた．崩壊の数時間前に落石が目立つようになり，落石の頻度が徐々に増していって主崩壊を迎えた[2]．斜面には複数の断層が伏在していて，それらに囲まれる部分を中心に主崩壊は起きた．移動体の体積80万 m^3 のこの主崩壊は 23 秒間で完結したことと，主崩壊による地盤震動は，崩壊地から 200 km 離れたところまで Hi-net の地震計で検出可能であったことが，震動波形の解析から明らかにされた．主崩壊の後，滑落崖の周縁部が不安定化して，余崩壊とでも称すべき小崩壊や崩落が 2 週間以上にわたって続いた[2]．

●土石流

　岩屑と，水が混じり合って一体となり，重力の作用

図1　総社市下倉で 2001 年 3 月 12 日に起きた崩壊
手前の平地は高梁川の河川敷．

で谷筋を流れ下る現象を土石流（debris flow）という．泥主体の場合は泥流（mud flow）ということもある．土石流と掃流の間の遷移的な流れを土砂流（hyperconcentrated stream flow）という．火山で起こる土石流，泥流，土砂流を総称してラハール（lahar）ともいう．中国では泥石流という．

　岩なだれや岩屑なだれを指して，岩屑流あるいは土石流と称している文献が見うけられることがあるが，それは適切ではない．流れ（flow）は，その内部のあらゆる場所で不可逆的なせん断変形が生じている状態を指すが，岩なだれや岩屑なだれでは，そのようにはなっていない．元の地山の構造を宿す大きなブロックをそこここに抱え込みながら移動している．

● 発生と流動

　土石流は，斜面崩壊や，急な出水による谷底土層の侵食，噴火にともなう火口湖の決壊，氷雪の急激な融解や氷河湖下流端のモレーンダムの決壊，地すべりダムの決壊などで起こる．崩壊が土石流に転化する条件は，崩土が飽和を上回る水量を獲得することと，崩土着地点の傾斜が大きいことである．土石流は，谷筋の表土や巨礫のほか樹木を巻き込み，流量を増しながら流れ下ることが多い．流れ先端へ質量と巨礫，流木などが集中し，段波状のサージ（surge）をなす（図2）．土石流自体の材料特性や流路の水理条件に依存して，サージには乱泥流型，石礫型，粘性型など，多様なタイプが認められる[3]．サージの構造は先頭部から尾部にかけて漸移する．すなわち，岩屑の体積濃度は先頭部で大きく，60%を超え，水深が大きくて，岩屑と水がよく混合しているが，後続部では濃度と水深が減少し，土砂流となっていることが多い．谷の出口で，土石流の先端流速は$1 \sim 10$ m/s，ピーク流量は数十〜数百 m^3/s 程度である．サージは一波で終わることもあるが，複数回繰り返して現れることも多い．また，流路湾曲部では，攻撃斜面，すなわち流路湾曲の外側斜面への"せり上がり"がみられる．これを土石流のスーパーエレベイション（superelevation）という[4]．

● 土石流による地形と災害

　土石流は緩斜面に至り，氾濫堆積する．そして谷出口に沖積錐［▶D5-4］を形成する．したがって，沖積錐を調べると，土石流災害の潜在危険度や危険範囲を推し量ることができる．わが国では2000年以降，このような調査を経て，土石流に関して土砂災害警戒区域が指定されるようになっているが，豪雨下で警報発令や避難勧告，避難指示，実際の避難が適切になさ

図2　焼岳東斜面峠沢を流れ下る土石流
先端流速は 3.8 m/s，ピーク流量は 100 m^3/s，大岩塊の差し渡しは 3 m．

れず，人的被害を招く例が後を絶たない．地震による崩壊で土石流が起こる場合には，避難情報は期待できない．しかし，土石流は轟音と地盤振動を発しながら流れ下るので，これに気付いて難を逃れる例はあるが，多くない．

事例

　長野と新潟の県境に位置する蒲原沢では，1996年12月に崩壊が起き，崩土が土石流となって流れ下った．姫川との合流点およびその近傍で，前年の7月豪雨で起きた土砂災害の復旧工事にあたっていた関係者のうちの23名が巻き込まれ，14名が亡くなり，9名が重傷を負った．崩壊は，前日の50 mm ほどの雨に，気温上昇に伴う融雪水が加わり，岩盤中で間隙水圧が上昇して，前年の豪雨で崩壊した斜面に隣接する，不安定化した斜面が崩れたことによった．滑落崖の直下が急傾斜で，かつ多量の水と混ざり合い，そのまま土石流化した．

［諏訪　浩］

● 文献

1) 藤田崇編著：地すべりと地質学，238p., 古今書院，2002
2) Suwa, H., Mizuno, T., Suzuki, S., Yamamoto, Y. and Ito, K.: Sequential processes in a landslide hazard at a slate quarry in Okayama, Japan, *Natural Hazards*, 45（2）: 321-331, 2008
3) 高橋保：土石流の機構と対策，近未来社，2004
4) Suwa, H., Okano, K. and Kanno, T.: Forty years of debris-flow monitoring at Kamikamihorizawa Creek, Mount Yakedake, Japan, Proc. 5th Inter. Conf. Debris-Flow Hazards, ed. by R. Genevois *et al*., Italian Journal of Engineering Geology and Environment-Book, Casa Editrice Universita La Sapienza, Rome, Italy, 605-613, 2011

D5 河成の地形

D5-1 河川プロセス・河床縦断面形の発達
岩屑の運搬・堆積・遷急点

河川の地表プロセスとしての作用には大別して，侵食・運搬・堆積の3種類がある．大局的にみれば，河川の上流域で侵食が卓越し，侵食された土砂は運搬され，下流域で堆積することで，山地から低地への物質輸送の役割を果たしている．しかし局所的には，河川におけるどの場所においても，侵食・運搬・堆積それぞれの作用が働いており，これらのプロセスにより河川地形は常に変化を続けている．

侵食・運搬・堆積のプロセスは物理的作用または化学的作用のいずれによっても生じる．化学的作用については風化，カルスト地形の項目に譲り [▶D-3]，以下は物理的作用について解説する．

●侵食・運搬・堆積のメカニズム

河床が未固結の厚い堆積物からなる河川を広義に沖積河川（alluvial river）という．沖積河川において，未固結の岩屑に対する侵食・運搬・堆積の生じる条件は，主に流速と粒径に支配される（図1）[1]．最も侵食の生じやすいのは粒径0.1～0.5 mmの主に細粒砂であり，これより粗粒な物質は粒径が増すほど侵食されにくくなる．一方，シルト・粘土などの細粒な物質は，堆積した状態では粒子間の粘着力によって逆に侵食されにくくなるが，一度侵食されると堆積もしにくく，流速が十分に低下するまで長く運搬されつづける．堆積は，粒子の沈降速度に応じて生じる．

岩屑の運搬様式には，浮遊した物質を輸送する浮流と，河床付近の物質移動である掃流とがある．掃流には，岩屑が回転を伴わずに河床を離れず移動する滑動，回転して河床を離れず移動する転動，河床から断続的に離れて移動する跳動，という3つの形式がある．こうした河床の物質を動かそうとする流水による力が掃流力（τ）であり，河床勾配（S），径深（R），水の密度（ρ），重力加速度（g）を用いて

$$\tau = \rho g R S \qquad (1)$$

と表される．掃流により河床の物質が動き出すときの掃流力を限界掃流力（τ_c）という．

●岩盤河川の侵食プロセス

河床に岩盤が露出した河川を岩盤河川という．岩盤河川では侵食が卓越し，山地や台地の開析過程において重要な役割をもつ．河川地形学における主な研究対象は長く沖積河川であったが，1990年代ごろから岩盤河川も広く注目されはじめた[2]．

岩盤河川の侵食プロセスには，運搬される岩屑の河床との接触による摩耗，岩盤の割れ目から剥離されるプラッキング，高速の流水下の局所的な圧力低下とその復元により岩盤が破壊されるキャビテーション（空洞現象）などがある．摩耗の強弱は岩屑の量に依存し，岩屑量が少量では侵食も少ないが，岩屑量が河川の運搬能力以上に多いと，かえって岩盤が覆い隠され侵食が生じない．すなわち，河川の掃流力に見合った適度な量の岩屑が運搬される場合に，最も強い摩耗が生じる．プラッキングは岩盤に層理面や節理面などの割れ目が多い場合に起こりやすい．空洞現象はダムの放水口や滝など，流速が特に大きい場所に限って生じるまれな現象である．

●河床縦断面形と遷急点

河川侵食は，その作用する方向によって区分され，縦断方向には下刻，平面（横）方向には側刻とよばれる．また，河谷の最上流部における谷頭侵食や滝の後退侵食など，上流方向へ伝搬する侵食もある．

下刻および堆積の結果として形作られる河床縦断面は，一般に下に凸の形状を示す．滑らかな河床縦断面形は河川が動的平衡状態にあることを示しているとされ，しばしば指数関数やべき関数などで近似される[3]．河床縦断面形をこうした数学的関数で近似する方法は，段丘面や埋積層から過去の縦断面形を推定するためにも用いられ，復元された縦断面と現河床との比高は，現河床・過去の河床とも平衡状態であったという仮定に基づき，隆起速度や侵食速度の推定などにも用いられる[4]．

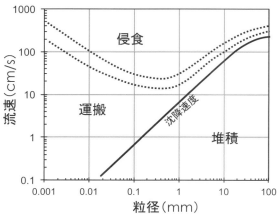

図1 流速と粒径にもとづく粒子の侵食・運搬・堆積の生じる境界条件[1]

下に凸の河床縦断面形において，河床勾配は上流から下流へ減少する傾向がある．河床勾配（S）は流域面積（A）の関数で表され，
$$S = k_s A^{-\theta}$$
となる[5]．ここで k_s，θ はともに定数であり，それぞれ縦断面形の steepness index（急勾配度），concavity index（凹度）とよばれる．これらは実際の河床縦断面から計測可能であり，特に θ を固定した場合の k_s の値はその場の隆起速度と相関をもつとされる．

また，特に岩盤河川の侵食過程において，流域面積（A）を流量に対応させ，その下刻速度（E）を
$$E = k A^m S^n$$
と表すことがある[6]．ここで k, m, n はそれぞれ定数であり，$m > 0$，$n > 0$，また平衡状態を仮定すると $m/n = \theta$ となる．河川の侵食力を右辺で表すこの式（stream power law）は，河川縦断面形に関する近年の研究で広く使われている．

一方，自然界には一概に滑らかとみなせない河床縦断面形も多く認められる．河川縦断面形において，河床勾配が特定の地点または区間で不連続に急変する現象を河川縦断形異常とよび，なかでも河床勾配が上流から下流へ不連続に急増する地点を遷急点（knickpoint）とよぶ．また，遷急点に続く急勾配区間を含めて遷急区間（knickzone）ともいう．

遷急点の多くは侵食地形であり，その成因には，侵食基準面の変化にともなう侵食復活，河床を横切る強抵抗性岩による差別侵食，崩落・地すべり移動体・熔岩流などによる堰き止め，活断層の変動変位，水理的要因などがある．

侵食地形としての遷急点は，一般にその形状を保持しながら侵食して上流に移動（後退）する．こうした遷急点の後退は，侵食基準面の低下などによる河川の下刻が上流へ波及する際の最先端となり，河川縦断面形が新たな動的平衡状態へ移行する過程の先駆的な地形変化となりうる．たとえば，北米大陸北東部の米国とカナダの国境に位置するナイアガラフォールズ（図2）は，氷床消失後の約1万年間における平均後退速度は約1 m/y であり，また最近数百年間の測量記録からは最大で2 m/y の後退速度が報告されている．ただしナイアガラフォールズは，20世紀に入ってから，水力発電のための河川流量の減少や滝の形状変化により，後退速度は年間数 cm 程度と遅くなっている．さらに極端な例としては，1999年，台湾中西部の921集集地震の断層崖に生じた岩盤の遷急点は，年間数十 m から数百 m といったオーダーの急激な後退速度で侵食を続けている．

こうした岩盤河川における遷急点の後退速度は，基

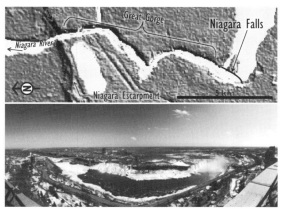

図2　北米大陸北東部，ナイアガラフォールズ
初期位置はナイアガラ川と，氷食により形成された Niagara Escarpment との交叉点であり，滝の後退によって約 11 km の峡谷が形成された[7]．

本的に河川の侵食力と岩盤の抵抗力とに規定され，計測可能なパラメータを用いて定式化される[7]．また，遷急点は河川縦断面形の発達においても無視できない要素であるから，単純な下刻作用だけではない，遷急点侵食の挙動を組み込んだ岩盤河川の発達モデルも提唱されてきている．

［早川裕弌］

●文献
1) Hjulström, F.: Studies of the morphological activity of rivers as illustrated by the river Fyris, *Bull. Geol. Inst. Uppsala*, 25: 221–527, 1935
2) Tinkler, K. J. and Wohl, E. E.: Rivers Over Rock: Fluvial Processes in Bedrock Channels, American Geophysical Union, 1998
3) 野上道男：河川縦断面形の発達過程に関する数学モデルと多摩川の段丘形成のシミュレーション，地理学評論，54: 86–101, 1981
4) 吉山昭・柳田誠：河成地形面の比高分布からみた地殻変動，地学雑誌，104：809–826，1995
5) Flint, J. J.: Stream gradient as a function of order, magnitude, and discharge, *Water Resources Research*, 10: 969–973, 1974
6) Howard, A. D. and Kerby, G.: Channel changes in badlands, *GSA Bulletin*, 94: 739–752, 1983
7) Hayakawa, Y., S. and Matsukura, Y.: Factors influencing the recession rate of Niagara Falls since the 19th century, *Geomorphology*, 110: 212–216, 2009

D5-2 山間部の河成地形
峡谷・早瀬・滝・谷底平野

氷食が卓越する寒冷地や高山を除けば、山地の地形形成における河川侵食の役割は大きく、河川の作用が山地の起伏を形成する第一の要因となる。すなわち、河川による下刻（deepening）が谷底の標高を低下させ、山地の大部分を占める斜面はそれを追ったマスムーブメントにより変化する。また、山稜も谷頭侵食に伴う崩壊により低下する。

●峡 谷

峡谷は、山地または台地における侵食による典型的な河成地形のひとつであり、特に急速な下刻が生じた際や、硬質な岩盤が垂直または急勾配の谷壁を保持する場合などに形成されることがある。峡谷の横断面形は概ねV字または箱型となり、谷幅は狭く、谷底平野（後述）をもたない。大陸地域においては、北米中西部のグランドキャニオンのように、台地における開析谷として大規模な峡谷が形成される。一方、島嶼の山間部のような場所では、急峻な斜面が密になることから、比較的小規模な峡谷が形成される。

大規模なものから小規模なものまで、峡谷はしばしば景勝地として観光の対象となる。また、日本を含め治水、利水の活発に行われる地域では、ダム・貯水池の設置に適した場所として利用されることも多い（例：黒部峡谷）。

峡谷の形成過程としては、一様な下刻作用により峡谷全体の河床が低下するものと、後述のように遷急点（滝）が後退することにより下流から上流へ下刻が進行するものとがある。特に後者の場合、現在も遷急点が峡谷内部もしくは最上流端に残っている場合も多く、峡谷の形成過程は遷急点の侵食プロセスと併せて議論される。

峡谷の平面形状は、直線的である場合と蛇行している場合とがあり、後者は穿入蛇行（incised meander）とよばれる。これは下刻と側刻とが並行して作用することで形成され（生育蛇行）、平野における自由蛇行とは明確に区別される。日本の山地にも多くみられ、房総半島や赤石山脈、紀伊半島や中国・四国地方などに多い[1]。穿入蛇行の度合いは主に地質や気候に支配され、岩盤強度が低いほど、また豪雨頻度が高いほど蛇行度は大きくなり（図1）、穿入蛇行の攻撃斜面で

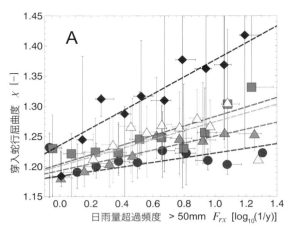

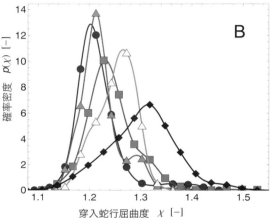

図1 日本列島における地質区分ごとの豪雨頻度と穿入蛇行度との関係（◆付加体堆積物、■堆積岩類、△深成岩類、▲酸性火山岩類、●塩基性火山岩類）
いずれの岩質でも、豪雨が多いほど峡谷の穿入蛇行も大きい[2]。

はより頻繁に斜面崩壊が生じやすい。

峡谷区間における河床勾配は、峡谷でない区間と比べ急であることが多く、その場合、峡谷全体を一つの遷急区間（局所的に急勾配となる河床の区間）としてみなすことができる。また、早瀬や滝が峡谷に含有されることも多い。小規模な遷急区間の位置や形状は、岩盤強度や割れ目密度など局所的な岩石物性に依存することもあるが[3]、中・大規模なものは地殻変動や海水準変動、あるいは水流の侵食力など水理的要因に支配されることも多い[4]。

●早瀬・滝

早瀬は遷急区間の一種であり、小規模で、比較的緩やかな勾配のものを指す。沖積河川においては、ある一定の間隔で早瀬と淵とが交互に出現する瀬–淵（riffle–pool）構造として形成されることがある。同様に、礫床河川や岩盤河川における早瀬は、ステップ–

プール構造をなすことがある．ステップ-プールの形成は主に流水の作用によるものであるため，跳流など水理的要素を反映しており，またステップの比高やステップ間の距離は主に河床勾配に依存して変化する．

より急勾配で明瞭な遷急区間は，遷急点や滝とよばれる．滝は，河床を横断する崖もしくは急斜面，あるいは岩盤からなる遷急点とも定義される．滝の成因には，侵食基準面の急激な低下にともなう落差の発生，局所的に強度の大きい岩盤が挟在することによる差別侵食，溶岩や地すべり移動体などによる堰き止めもしくは流路変更，溶岩や溶結凝灰岩などの火山噴出物の末端における崖への河川流の落下，不規則な水流による局地的な河床の洗掘など，いくつか考えられている．侵食基準面の変化には，氷河の消失による氷河性懸谷の表出や，本流河川の下刻に取り残された支流河川の出口における懸谷の形成によるもの，河川を横断する活断層の垂直変位によるもの，岩石海岸における海岸侵食と海食崖の後退によるものなどがある．また，穿入蛇行河川の人為的な短絡（房総半島の「川廻し」や中越地方の「瀬替え」）により滝が生じることもある．複合的な要因で形成される滝も多々あるため，それぞれの滝についてその成因を特定することは容易でない．たとえば侵食基準面の低下や火山活動にともなって形成される滝は比較的多く認定されるが，断層変位によって形成される滝はごくまれである（例：台湾，集集地震の車籠埔断層）．

石灰華などの成長する滝や差別侵食による滝を除けば，多くの滝は侵食されて後退する．滝の後退速度は下刻速度や側壁の崖の後退速度と比べて速いため，滝が後退した後，その下流側には滝の高さに相当する深さをもつ峡谷が形成されることが多い．北米北東部のナイアガラフォールズはこの典型例である［▶D5-1］．

下刻作用が弱まり河床の急速な低下が収まるか，あるいは滝の後退が過ぎた後に，峡谷における急勾配な谷壁斜面は，マスムーブメントを繰り返して後退する．その際，減傾斜を伴うことも多く，結果として谷幅が拡大するとともに，谷壁斜面も緩傾斜となる．滝が後退して形成された峡谷の場合は，谷壁斜面の形成時期が上流から下流へ，滝から離れるほど古くなるため，斜面勾配もそれに従って緩やかになる．立山の称名滝とそれに続く称名川の峡谷ではこれが顕著にみられる（図2）．

● 谷底平野

谷幅が広がると，侵食や堆積によって谷底に平坦地が形成されることがあり，これは谷底平野とよばれ

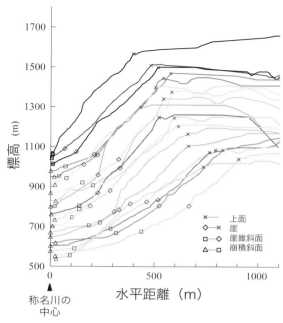

図2 称名川における称名滝からの谷底沿いの距離に従った，谷壁斜面の後退と減傾斜の進行[5]

る．河川の側刻作用により形成される谷底平野については，断続的な下刻作用のため過去の谷底平野が侵食段丘として残されることがある．堆積による谷底平野は，横ずれ断層に挟まれたプルアパートベースンなどの堆積場や，地すべり移動体や溶岩流などによる堰き止めによって生じるケースなどがある．堰き止め部には遷急点が形成されることも多く，この場合，遷急点の上端がそれより上流域の侵食基準面となり，上流域では下刻が進行せずに堆積や側刻が卓越する．信州の上高地は火山活動による堰き止めで形成された，高標高地帯における谷底平野である．

［早川裕弌］

● 文献

1) 河内伸夫：中国山地の穿入蛇行．地理学評論，49: 43-53, 1976
2) Stark, C. P., et al.: The climatic signature of incised river meanders, Science, 327: 1497-1501, 2010
3) Wohl, E. E.: Controls on bedrock channel incision along Nahal Paran, Israel, Earth Surface Processes and Landforms, 19: 1-13, 1994
4) Hayakawa, Y. S. and Oguchi, T.: GIS analysis of fluvial knickzone distribution in Japanese mountain watersheds, Geomorphology, 111: 22-37, 2009
5) Obanawa, H. et al.: Rates of slope decline, talus growth and cliff retreat along the Shomyo River in central Japan: A space-time substitution approach, Geografiska Annaler, 91: 269-278, 2009

D5-3 河成（岸）段丘

●河成（岸）段丘の用語定義

　河成（岸）段丘（fluvial terrace）は，河谷沿いに分布する階段状地形であり，過去の河原・氾濫原が河床低下によって，高所に取り残されたものである．ちなみに，海成段丘は過去の砂浜や波食台が離水して高所に取り残された地形である．河成段丘と河岸段丘の用語はほぼ同義語であるが，河成段丘は河川の作用で形成された段丘，河岸段丘は河川沿いに分布する段丘という意味で用いられる．しかし，三角州起源の段丘ではどこまでが海成で，どこからが河成か区別は困難である．「河成」と「河岸」は状況に応じて使い分けられているようである．広い平野においては，河成段丘は台地をつくることがある．台地は河谷沿いの階段状地形でないが河成段丘を含むことが多い．

●河成段丘の地形要素

　河成段丘は段丘崖と段丘崖に挟まれた段丘面からなる階段状の地形である（図1）．河成の段丘面は過去の河原なのでほぼ平坦であるが，縦断方向には1〜10/1000程度の勾配をもつ．段丘崖には後面段丘崖と前面段丘崖がある[1]．後面段丘崖は段丘面の背後にある急斜面で，段丘面と同時に当時の河川の侵食によって形成された地形である．一方，前面段丘崖はその段丘面を段丘化させた河川侵食によってつくられた急斜面で，段丘面より若い地形である．現在の河川に面している場合には，前面段丘崖は現在形成中の地形である．また，段丘面の上には段丘開析谷が発達する．段丘開析谷は，段丘面が段丘化した直後から形成がはじまり，時間とともに水系が発達してゆく．段丘開析谷の発達程度は相対的な段丘面の形成年代の指標となる．

●河成段丘の成因

　静岡県安倍川や富山県常願寺川などでは突発的な大崩壊が河谷を埋めて，広い氾濫原が出現し，引き続き起こった下刻によって河成段丘が形成された．このように多量の土砂が河床を埋積して堆積段丘を形成する事例は，短時間でわかりやすい段丘形成過程である．

　山間盆地を除いて，河成段丘を形成する河床高度の低下と上昇は，主に氷河性海面変動とそれに関連した気候変化によって起こると考えられている．第四紀には約10万年周期の氷河性海面変動があって，氷期には海退，間氷期には海進が繰り返し起こった．下流部では海面変化によって河川の侵食基準面である海面は上下し，河床低下や埋積が起こった．

●河成段丘の地理的な分布

　日本列島の地形分類ごとの統計[2]では台地の面積は全国の11%を占める．この数字は海成段丘のほかに火砕流台地を含むが，段丘は日本のポピュラーな地形であることがわかる．

　日本列島における河成段丘の分布をみると，北海道，東北地方，関東地方，中部地方のある程度以上の大きさの河川には，低位段丘から高位段丘までよく発達する．河成段丘が発達するためには，ある程度以上の流域面積と，土砂を供給するための急峻で標高が高い山地が必要なようである．東北日本には最終氷期に周氷河地帯になった高山の分布条件も含めて，このような条件の河川が多い．近畿地方を中心に中国・四国地方では，丘陵地帯や分水界に高位段丘が広く発達することがしばしばある．これは大阪層群などの更新世前〜中期における堆積盆地の存在とその後の隆起過程（六甲変動[3]などとよばれる）に深く関連すると思われる．また，吉備高原などに代表される隆起準平原では河成段丘はほとんどみられない．

　九州地方には多くのカルデラ火山が分布し，大規模な火砕流，たとえば入戸火砕流（約2万7000年前）や阿蘇4火砕流（約8万5000〜9万年前）などがつくる火砕流台地が広く発達する．各河川はこれらの火砕流台地を掘り込んで段丘を形成している．入戸火砕流や阿蘇4火砕流は多くの地点で分水界を乗り越え，隣接する水系に流れ込み段丘となっている．

●河成段丘の堆積物

　河成段丘を構成する地層は過去の氾濫原堆積物であり，多くの場合はこぶし大〜人頭大の大きさの亜角礫から亜円礫である．これを段丘礫層（terrace deposit）あるいは段丘堆積物，段丘構成層とよぶ．河床勾配が小さい区間では砂，シルトがみられる．

　時代の古い段丘礫層は風化を受けている．著しく風化した礫層はカマやスコップで切ることが可能であり，クサリ礫（くさり礫）とよばれる．

　侵食段丘は河川の側方侵食（側刻）によって段丘面が形成された地形を指す．侵食段丘の段丘礫層は厚さが薄く，基底面は平滑である．この薄い礫層はベニアともよばれる．一方，堆積作用で形成される段丘もある．これは堆積段丘（fill-top段丘，砂礫堆積段丘）と

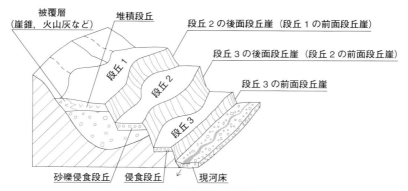

図1 河成段丘の模式図
堆積段丘とそれを侵食して形成された砂礫侵食段丘と侵食段丘．地形要素として段丘面，背面段丘崖，前面段丘崖，段丘開析谷も図示．

よばれる．基底には埋没谷があり，段丘礫層の厚さは数十mに達することがある．堆積段丘はその後の下刻過程でしばしば侵食段丘を伴う．これは谷壁が砂礫からできているので，側方侵食が容易であることがその一因である．この場合の侵食段丘は，堆積段丘の砂礫を侵食して形成されるので，砂礫侵食段丘（fill-strath terrace）とよばれる（図1）．

● 河成段丘の編年

河成段丘の対比・編年は地形的な連続性と火山灰層序，^{14}C年代によって行われるのが主流である[4]．また，古土壌や礫の風化程度も段丘編年の手段となる．しかし，個々の手法で推定される年代は，手法上の限界や誤差によって必ずしも正しくないことがある．古くから定性的に使われている低位段丘，中位段丘，高位段丘という概念は地形，地質，火山灰層序などを総合的に吟味して用いられている．一般に下流部の河成段丘は海面安定期や高海面期に応じて堆積，側刻を行い段丘面が形成され，海面低下に応じて段丘化が起こる．武蔵野面（M1，M2面）や立川面（Tc1面）はその例である．

これに対し，中流部では最終氷期に形成された広い堆積段丘が発達することが多い．多摩川中流部の青梅市では，青柳面（約1万年前に段丘化）の下には厚さ40mの段丘礫層があって，その中部にはHk-TP（東京パミス）を挟む[5]．ここでは最終氷期を通して砂礫が堆積し，後氷期に入って約50mの下刻が起こっている．青梅では両岸に広がる段丘を現在の河川が狭く深く掘り込んでいる．最終氷期には幅広い河床ができ，後氷期には狭く深い谷へと劇的に変化している．河床縦断形に注目すると最終氷期の堆積段丘は直線的な縦断形をもち，それを掘り込む後氷期の河床は上に凹で曲率が大きい縦断形である．

同様の現象は北海道，東北，関東，中部の諸河川と近畿と四国の一部の河川で報告されている．最終氷期の堆積段丘の成因について，供給土砂量の増加説と降水量の減少説とがあり，議論の決着はついていない．

● まとめ

日本列島の河川は氷河性海面変動と気候変動に支配され下流部を中心として沖積層を堆積させ，中・下流部に河成段丘を形成してきた．日本列島の多くの地点は継続的な隆起傾向にあるため，古い時代の段丘堆積物ほど高所に位置し河成段丘群をつくっている．

河成段丘の研究からは過去の河川の作用や侵食速度などを推定でき，あるいは地形発達史や古環境，地殻変動を考える重要な資料となる．また，河成段丘の縦断形や勾配，幅，段丘堆積物の粒径や層相は過去の河川の化石ともいえる．これまでにも多くの研究が行われてきたが，今後の課題も多い．

［柳田　誠］

● 文献

1) 鈴木隆介：第11章 段丘，建設技術者のための地形図読図入門，第3巻 段丘・丘陵・山地，pp.555-650，古今書院，2000
2) 統計局ホームページ：日本統計年鑑，都道府県，地形・傾斜度別面積，2011（http://www.stat.go.jp/data/nenkan/zuhyou/y0108000.xls）（2011年9月3日閲覧）
3) 藤田和夫：日本の山地形成論，地質学と地形学の間，蒼樹書房，1983
4) 町田洋：大磯丘陵から下総台地までの第四系，日本地質学会編，日本地方地質誌3関東地方，朝倉書店，pp.299-315，2008
5) 高木信行：多摩川の段丘地形とその形成過程，第四紀研究，28: 399-411，1990

D5-4
扇状地，自然堤防と後背湿地

●扇状地

河川が山地から平地にでたところ（谷口）で，それまで運搬されていた粗粒土砂（砂礫）が堆積してできた扇形（半円錐形状）地形が扇状地である．正式名称は沖積扇状地（alluvial fan）であるが，扇状地とふつうよばれる．扇状地は，河川によってだけではなく，大きな礫が運搬される土石流［▶ D4-3］によってもできる．土石流により形成される小さな扇形地形（長さ約 1 km 以下，傾斜約 5〜15°）は，沖積錐（alluvial cone）とよばれ，扇状地と区別されることもある．ただし，土石流と河川の両者が関与してできた小規模扇状地が多数あり，沖積錐と小規模扇状地とを区分するのは一般に困難である．

土石流は平地にでると，勾配の減少により運搬力が低下し，粗粒土砂を堆積させる．このような土石流が主に関与してできた扇状地は，甲府盆地南部などにある．一方，黒部川扇状地（長さ 12 km，傾斜 0.6°）や木曽川扇状地（長さ 14 km，傾斜 0.14°）のような大規模河川がつくる扇状地の谷口付近では，山地側よりも扇状地側の河床勾配がしばしば急になっている．このことは，大規模扇状地での粗粒土砂の主な堆積原因が河床勾配の急減によるものではないことを意味している．平地では川幅の増大や河水の浸透によって水深が浅くなり，河床との摩擦力が強まり，流速・運搬力の低下で堆積が進行すると考えられている．粗粒土砂の堆積で河道付近が高まると，大洪水時にその河道以外の低い部分へ河道が移動する．谷口を扇の要として河道が何回も左右に移動すると，粗粒土砂が扇状に堆積して扇状地となる．このような河道の移動は，水害や土砂災害をもたらす．移動させないように堤防を築くと，堤防内に土砂が堆積して，まわりの土地より河道が高くなって天井川となる．

扇状地は粗粒土砂によって形成されているので，粗粒土砂の生産が盛んである乾燥地域，寒冷地域，変動帯では，扇状地ができやすい[1]．変動帯である日本列島には，数多くの扇状地があり，面積 2 km² 以上の扇状地をもつ河川が 490 ある[2]．そのなかで，温暖な完新世に形成された扇状地は 277 である（図1）．一方，全体的に寒冷な更新世では，残りの 213 扇状地のほか，完新世に形成された 277 扇状地のうち大部分が更新世にも扇状地を形成している．更新世は完新世にくらべ時間的に長いので多くの扇状地を形成しているとも解釈できるが，そのことを考慮しても，更新世，特に後期更新世の寒冷期には扇状地が形成されやすかったといえる．中央日本に数多くの扇状地が分布しているのは，急勾配河川が多く，粗粒土砂の供給が多いことにも起因しているが，後期更新世の寒冷期に山岳地帯が森林のない周氷河環境下となり，粗粒土砂の生産が多くなったことも関与している．一方で，そのような寒冷期でも山岳地帯の一部しか周氷河環境下にならなかった西日本では，粗粒土砂の生産が少なかったために，扇状地が少ない．

段丘化した各扇状地面を合わせた面積では，日本で最大の扇状地は多摩川扇状地（576 km²）である．完新世に形成された扇状地では，鬼怒川扇状地（282 km²）が最大であるが，両側を段丘に挟まれた細長い扇状地となっている．それにつぐ，庄川扇状地（131 km²）や手取川扇状地（117 km²）は，きれいな扇形を示す．大きな扇状地では傾斜が一般に緩くなる．傾斜が（0.11° = 2 m/km）より緩くなると，日本では扇状地の形態的特徴を示さなくなる[2]．

世界的には大規模な扇形地形として，四国（1.8万 km²）と同規模あるいはそれより大きい巨大扇状地が知られている．ネパールからインドにかけてのコシ（Kosi）川扇状地（面積 1.1 万 km²，傾斜 0.044° = 0.77 m/km），ボツワナのオカバンゴ（Okavango）扇状地（面積 2.5 万 km²，傾斜 0.014° = 0.24 m/km）などである．ただし，巨大扇状地が沖積扇状地であるのかどうかは，議論のあるところである[1]．

扇状地は，上流側から下流側にかけて扇頂，扇央，扇端と区分される．扇状地上の河川は一般に網状流路をなし，洪水時には流路は一本になることもある．扇状地では，扇頂付近で水流があっても，扇央では浸透により地下水位が下がり，伏流していることが多い．このため，扇央部分では水の確保が自然状態では難しいので，灌漑用水路がない場合には，水田ではなく果樹園・畑としての利用が一般的である．伏流した水流は，扇端付近で湧水することが多い．その湧水などを利用して，扇端より下流側では水田耕作が一般に盛んである．その扇端湧水帯や谷口付近では，水が得やすいので，扇端集落や谷口集落が発達する．

●自然堤防と後背湿地

扇状地の部分で粗粒土砂（砂礫）が堆積してしまうので，それより下流側では，河川の運搬物質は砂と泥（シルトと粘土）となり，流路は，川幅が狭く，水深の深い河道がS字状に大きくうねる蛇行流路（曲流）

図1 日本の扇状地の分布[3]
面積2 km² 以上，平均傾斜2 m/km 以上の490扇状地を示した．扇状地は，中央日本に多く，西日本では少ない．

となる．砂と泥を運搬する蛇行河川では，河道から横方向にあふれ出た洪水流は，流速と水深が急速に減少して，運搬力が弱まり，泥にくらべ粗くて重い砂が河道岸に堆積する．厚さ数 cm から数十 cm の砂が河岸に何回も堆積すると，河道に並行した帯状の高まりをつくる．この高まりを自然堤防（natural levee）という．河道から見て自然堤防の先には，細粒の泥からなる低湿な後背湿地（back marsh）ができる．

平野上流側の扇状地と下流側の三角州との間では，自然堤防，後背湿地，蛇行流路がよく発達する．このような自然堤防がよく発達する部分の名称として，自然堤防地帯，氾濫原，曲流平野，蛇行原などがある．

大河川の自然堤防では，幅や長さが一般に大きい．木曽川では，幅500 m 前後の自然堤防が約20 km 続く．自然堤防と河道の標高差（比高）は，下流ほど小さくなる傾向があるものの，河川規模とは必ずしも対応しない．比高2〜3 m の自然堤防をもつ河川が多いなかで，四万十川や北上川では比高7 m もの自然堤防が発達する[4]．

蛇行流路では，流路の屈曲が著しくなって，上流側と下流側の流路が接合することがある．接合すると，流水のない蛇行跡地ができる．その跡地に水が溜まると，その形から三日月湖あるいは牛角湖とよばれる．

細長い弧状の湖沼ができる．

自然堤防が発達するところでは，堤防が破壊されたとき，あるいは堤防を乗り越えたときの洪水流により，細長く深く削られることがある．そのような凹地に水が溜まると，落堀（おっぽり）とよばれる池ができる．また，大河川の河原の砂が卓越風に運ばれて，川沿いに堆積して微高地ができることがある．これを河畔砂丘といい，利根川の旧河道沿いや木曽川左岸でみられる．これらの河畔砂丘は，自然堤防よりも一般に粗い砂により構成され，また比高も大きくなることが多い[5]．

自然堤防は，砂から構成される微高地であるため，水はけがよく，畑・果樹園としての利用のほか，集落も発達する．一方，後背湿地は泥から構成される低湿地なので，水分保持がよく水田として利用される．

［斉藤享治］

●文献
1) 斉藤享治：世界の扇状地，古今書院，2006
2) 斉藤享治：日本の扇状地，古今書院，1988
3) Saito, K. : Effectiveness of a dynamic equilibrium model for alluvial fans in the Japanese Islands and Taiwan Island, *Journal of Saitama University, Faculty of Education*（埼玉大学教育学部），42 (1)：33-48，1993
4) 籠瀬良明：自然堤防，古今書院，1975
5) 海津正倫：沖積低地の古環境学，古今書院，1994

三角州
沖積層の内部構造・シーケンス層序

●三角州の地形

　三角州は河川が海や湖などに注ぐ場所に河川から排出された土砂が堆積して形成された地形である．その地形的特徴はきわめて低平で，河口から水域に向けて排出された河川運搬物質が河口前方に堆積するために水路がその両側に向けて分流し，派川が形成される．派川と派川とにはさまれた土地の平面形がギリシャ文字の Δ に似ていることからギリシャの歴史家ヘロドトスによってデルタ (delta) とよばれるようになった．

　典型的な三角州（デルタ）の地形上の共通点は，地表にほとんど起伏がなく，全域がきわめて低平であるという点である．メコンデルタではほぼ全域が海抜3 m 以下であり，チャオプラヤデルタやガンジスデルタでも海岸から約 100 km 内陸までの地域が 3 m 以下の土地になっている．地表面の傾斜もきわめて緩く，メコンデルタやチャオプラヤデルタ，ガンジスデルタの南半部では 3～5/10 万あるいはそれ以下の勾配を示している[3]．これに対して，日本の沖積低地では三角州の勾配が 1/5000～1/1 万程度，氾濫原のそれが 1/1000～1/2000 程度である．

　離水したばかりの三角州の表面は潮間帯の堆積面にあたっていて水路の部分を除いてほとんど平らである．しかしながら，河川の氾濫によって上流からの砂泥がその上に堆積しはじめると，河道沿いに自然堤防が形成され，デルタ上に河成の微地形が形成される．成される．

　三角州の平面形態は陸域からの物質供給と堆積場である海域の営力とのバランスによって決まる．海域の営力が相対的に弱い三角州では，水域に向けて河道がのびて顕著な鳥趾状三角州が形成されるほか，明瞭なローブが水域に向けて発達する突出三角州もみられる．これに対して波や沿岸流の影響の強い堆積場では海域あるいは湖水域に供給された土砂が海岸線方向に移動する．河口から排出された土砂量が多い場合には河口の突出した平面形をもつカスプ状三角州が発達する．また，排出土砂量と海域の営力とのバランスがうまく釣り合うと円弧状の平面形をなす円弧状三角州が形成される．典型的な鳥趾状三角州としてはミシシッピ川デルタ，突状三角州や尖状三角州としてはローヌデルタ，エブロデルタやティベレデルタ，円弧状三角州としてはニジェールデルタやナイルデルタなどがあげられる（図1）．

●三角州の構造

　三角州の構造は河川によって運搬されてきた土砂が海や湖に向けて堆積した水中堆積の部分と，表層に薄く堆積した陸上堆積の部分とに区分され，水中堆積の部分は河口から排出された土砂が前進的に海底を埋め立てて形成された前置層とよばれる砂質堆積物からなる部分と，その沖側に堆積した泥質堆積物からなる底置層の部分とに分けられる．また，三角州の離水した部分では頂置層とよばれる陸上堆積の堆積物が堆積す

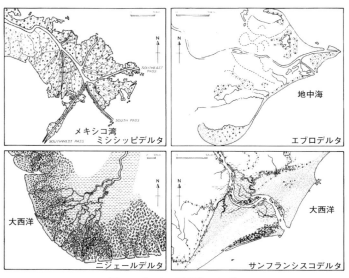

図1　デルタの平面形タイプ[1]

る．このような三角州の構造は比較的粗粒な堆積物からなる三角州で典型的にみられ，ギルバートタイプの三角州構造として知られている．

わが国の三角州でも，堆積物が比較的粗粒であるため，堆積物の違いがはっきりしていて，東京低地や濃尾平野などでは，表層に薄く堆積した氾濫原堆積物の下に，前置層に相当する厚さ5～10mほどの貝化石を含む砂層がみられ，その下に20～30m程度の厚さの海棲の貝化石を多量に含む軟弱な泥層が堆積している．これらの貝化石を含む砂層や泥層の分布は，現在の海岸線よりはるか内陸にまでおよび，過去に平野の奥まで海が広がっていたことがわかる．このような海岸線の変化は第四紀末期の海水準変動と深くかかわっており，現成の三角州を構成する堆積物は最終氷期の最大海面低下期以降，海水準の上昇に伴って拡大した入り江や内湾を埋め立てる形で堆積した厚い泥質堆積物と，それをおおう砂質の前置層堆積物，そして海水準変動がほぼ安定してから堆積した氾濫原堆積物からなる薄い陸成層によって構成されている．

近年，海水準変動と地層の形成に関してシーケンス層序学的な理解が進んでいる[2,4]．三角州の形成過程における堆積体をシーケンス層序学的にみると，最終氷期の低海水準期に形成された谷や当時の浅海底をオンラップして三角州構成層の中・下部が海進期堆積体として堆積し，さらに，三角州の前置斜面を構成する地層が斜面下向き方向にダウンラップして堆積することにより高海水準期堆積体が形成され，三角州上面にはトップラップして陸成の頂置層が堆積する（図2）．

●三角州の自然環境

日本や世界の三角州の多くは，完新世中期頃に拡大した入江や内湾を埋め立てながら海側へ向けて前進を始める．以後，数千年にわたる堆積作用の結果，沖積低地や三角州は拡大し，新たに形成された土地での人々の生活が始まる．

東南アジアや南アジアでは三角州の先端部に大規模な潮汐平野が発達し，顕著なマングローブ林が広く分布していたが，近年，エビの養殖池などの大規模な開発によって消失しているところも多く，大きな環境問題になっている．わが国でも三角州の前面に干潟が広く発達していたが，多くの地域では干拓地や埋め立て地として改変され，自然のまま残る例は少ない．さらに地下水の汲みあげによって地盤沈下したところもある．

さらに，多くの三角州では土地がきわめて低平で軟弱な堆積物よりなるため，自然環境の変化に対して極めて脆弱で，台風やサイクロンなどによる高潮災害などによって顕著な海岸侵食を受けるほか，河道の変化による土地の消失や新たな陸地の形成など大規模な地形変化を受けることも多い．また，近年懸念されている地球規模の温暖化に伴う海水準上昇によって土地自体が水没する危険性もはらんでいる[5]．　　　　［海津正倫］

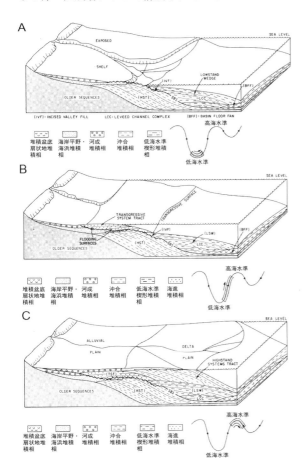

図2　シーケンス層序学の考えに基づくデルタの構造（A：低海水準期，B：海進期，C：高海水準期）[2]

●文献

1) Bird, E.: Coastal Geomorphology, 2nd ed., John Wiley & Sons Ltd., 2008
2) Haq, B. U.: Sequence stratigraphy, sea-level change, and significance for the deep sea, in Macdonald, D. I. M. ed., Sedimentation, Tectonics and Eustasy, Sea-level Changes at Active Margins, Special Publication, *International Association of Sedimentologists*, 12: 3-39, 1991
3) 堀和明・斎藤文紀：大河川デルタの地形と堆積物，地学雑誌，112: 337-359, 2003
4) 日本地質学会：シーケンス層序学―新しい地層観を目指して―，地質学論集，45: 249, 1995
5) 海津正倫：アジアのデルタにおける海面上昇の影響，海津正倫・平井幸弘編，海面上昇とアジアの海岸，pp.16-34, 古今書院，2001

D6 海成・海底・湖の地形

D6-1 波浪と津波のプロセス

水面の上下運動は波と総称される．波は運動の周期によって短周期波と長周期波とに大別される．境界の周期は約30秒で，短周期波の代表が，通常，海でみられる波，つまり波浪である．長周期波には津波（tsunami）や高潮と，より周期の長い潮汐などが含まれる．

● 波　浪

波浪は海面上を吹く風からエネルギーをもらって発生・発達する．風が吹いている領域を風域といい，風域内で発達した波は風波とよばれる．風波が風域から出た波をうねりという．平面的にみた場合，風波の峰は不連続であるのに対して，うねりの峰は連続性がよく直線的である．波峰に直交した断面でみると，風波の波形は非常に不規則で険しいが，うねりは規則的でなめらかである．時間的にみると風波の周期は短くうねりは長い．その境界は10秒前後といわれるが，固定した値ではない．風波が強風時にみられるのに対して，うねりは静穏時に出現する波で，太平洋沿岸での土用波（はるか洋上の台風に起因する風波が伝播してきたもの）はその好例である．

基本的な波浪の諸元は波高 H，波長 L（図1）と周期 T である．波形の尖りぐあいの指標，波形勾配は H/L で表される．波形の伝播速さ（波速）C は $C=L/T$．実際の波は不規則であるため，その波高や周期には統計処理された代表値（有義波高や有義波周期など）が用いられる[1]．

波浪の性質は水域の深さ—水深 h —に大きく依存するが，波にとって「浅い・深い」は絶対的な水深ではなく，相対水深 h/L である．この値により深水域，中間水深域，浅水域の3つに区分され（図1），そこでの波をそれぞれ深海波（沖波），中間水深波，浅海波（長波）とよぶ．深海波の波長と波速は周期のみで決まり，水粒子の運動は円軌道を描きながら水深とともに指数関数的に減少し，水底まで達しない．中間水深波では，波長，波速ともに周期と水深に関係し，水粒子の運動は楕円軌道で，水深とともにその大きさを減じ，水底では往復運動となる．浅海波の波長は周期と水深で，波速は水深のみで決まる．水面付近の水粒子は楕円軌道を描き，水底でも楕円の長径と等しい往

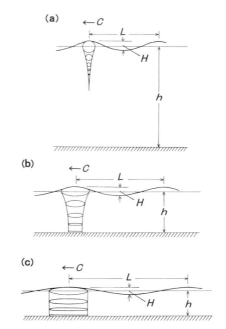

図1　各水域における波と水粒子の運動
(a) 深海波（$h/L \geqq 1/2$），(b) 中間水深波（$1/20 < h/L < 1/2$），(c) 浅海波（$h/L \leqq 1/20$）．

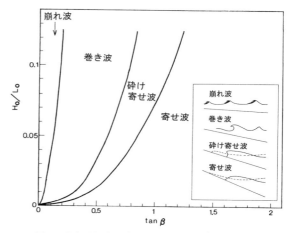

図2　砕波型式（挿図）とその出現条件[2]（砂村原図）

復運動をする．

波浪が沖から岸へ進行してくると，水深が減少するため，波長は短くなり，波高は増大する．その結果，ある水深で波は砕ける．砕波（wave breaking）には4種類の型式があり，それらは沖波の波形勾配 H_0/L_0 と海底勾配 $\tan\beta$ で決まる（図2）．①崩れ波（尖った波頂から気泡を発生させながら波形が徐々に崩れていく波），②巻き波（空気を巻き込むように波頂が前傾する波），③砕け寄せ波（前傾しはじめた波形が一気に崩れて岸に打ち寄せる波），④寄せ波（大きな波形の

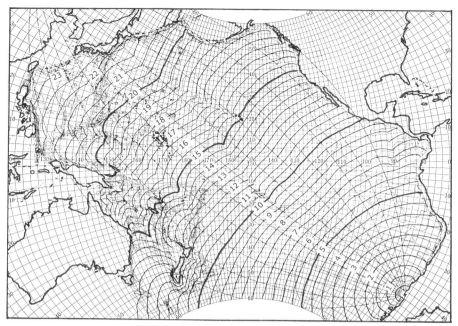

図3　1960年のチリ津波（第1波）の伝播図[3]
地震発生から30分ごとに描いた波峰線（数字は発生からの時間）．

崩れを示さずに岸にはい上がる波）．

● 津　波

　津波は，①地震による海底の地形変化（ほとんどが海底断層），②火山島の爆発による山体崩壊（例：1883年インドネシア・クラカタウ島），③地震に起因する山体崩壊土砂の海への突入（例：1792年雲仙岳眉山，1958年アラスカ・リツヤ湾奥）などが原因で引起される長周期の波で，周期は短いもので10分内外，長いもので1時間程度である．日本の沿岸より600 km以内の海域で発生した津波を近地津波，それ以上遠方で発生したものを遠地津波とよぶ．津波の原因は①が圧倒的に多い．

　海底断層が生じたとき，その鉛直変位量とほぼ同量の水位変化が直上の海面に生じる．正断層の場合は海面に凹部が，逆断層の場合は凸部ができ，このような水位変化が周囲に伝播する．海岸に襲来したときの第1波は，前者の場合では引きで，後者の場合では押しで始まると考えられているが，同じ波源をもつ津波であっても襲来場所により異なることがある．通常，津波は複数回襲来するが，第1波が必ずしも最大の波ではない．

　津波の伝播速度は $C=\sqrt{gh}$ で与えられる（$g=$重力加速度，$h=$水深）ので，深い海ほど早く伝播する．太平洋上（平均水深 $h=4000$ m）の津波の速さは約720 km/hr（$C=\sqrt{9.8\text{ m/s}^2 \times 4000\text{ m}} \approx 200$ m/s）である．洋上の波長 L は，周期 T を10分としても120 km（$L=CT=200$ m/s×10 min＝120000 m）にも達し，相対水深 h/L は0.03（＜1/20）であるから浅海波（図1c）であり，津波にとっては，太平洋は「浅い」水域であることがわかる．水粒子の運動は水底まで達する（図1c）ので，津波の挙動は海底地形に大きく影響される．図3に，代表的遠地津波である1960年のチリ津波の伝播の状況を示す．津波が日本に到達するまで約22時間半かかっており，水深に応じて屈折しながら進行していることがわかる．

　海岸付近での津波の挙動は水深のみならず海岸地形にも大きく左右される．一般に，V字型湾の場合は，湾口での津波の高さ（波高）に対する湾奥での高さ（遡上高さ）の比は3～4，U字型湾では2程度，遠浅で袋状あるいは細長い湾では約1/2である，といわれている．わが国における過去最大の津波の高さ（遡上高）は，2011年東北地方太平洋沖地震津波による宮古市重茂姉吉での40.5 mである［▶G1-3］．

［砂村継夫］

● 文献

1) 合田良実：海岸・港湾，彰国社，1998
2) Okazaki, S. and Sunamura, T.: Re-examination of breaker-type classification on uniformly inclined laboratory beaches, *Journal of Coastal Research*, 7: 559–564, 1991
3) 広野卓蔵：津波の概説，和達清夫編，津波・高潮・海洋災害，pp.1-15，共立出版，1970

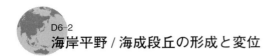

D6-2
海岸平野／海成段丘の形成と変位

● 海岸平野の地形と堆積物

　海岸平野（coastal plain）には構造平野としての性格の強い大規模な海岸平野（帯状海岸平野を含む）をよぶ場合と，砂堤列やバリアーと潟湖によって特徴づけられる新しい堆積物によって構成される低地をよぶ場合とがある．前者は北米東海岸に典型的にみられるような非常に規模の大きな平野で，平野の構成要素としては丘陵や台地をも含んでいる．

　本項で扱う後者の海岸平野は浅海底の離水によって形成された海岸平野で，チェニアー平野，砂堤列平野，浜堤列平野，浜堤列海岸平野などさまざまなよび方がなされている．これらの海岸平野は海岸線の方向に帯状にのびる砂堤列やそれらの間に存在する堤間低地によって特徴づけられる．個々の浜堤は百～数百m程度の幅をもつことが多く，比高2～3m程度で海岸線に沿う方向に延びている．また，それらの浜堤を覆って砂丘が形成されていることもある．浜堤は砂浜海岸の後浜に暴浪時などに海浜砂が打ち上げられて堆積して形成されたもので，海岸線が前進するとそれまでに形成されていた浜堤の前面に新たな浜堤ができる．このようなことの繰り返しによって海岸平野が海側に向けて拡大し，数多くの浜堤列からなる海岸平野が形成される（図1）．

　個々の浜堤の間には堤間低地が形成され，swale（スウェイル）とよばれている．この部分は土地が低く，浜堤が砂質堆積物からなるのに対して泥質堆積物や有機質堆積物からなることが多いため，わが国などでは浜堤の部分に集落が立地したり畑が形成されたりしているのに対し，この部分では早くから水田として利用されてきた．また，海岸平野の一部に過去の入り江や浅海域の名残である潟湖が存在することもある．

　海岸平野の形成は最終氷期以降の海水準変動と密接な関係をもっており，最終氷期最大海面低下期以降の海進によって拡大した海域の縁辺部が，完新世中期の高海面期以降あるいは海進速度が鈍化して海水準がほぼ安定して以降の時期に徐々に離水することによって形成された．平野の堆積物は海進期のやや水深の大きな状態で堆積した厚い海成の泥層の上に浜堤列を構成する砂層が堆積している場合が多いが，アメリカ合衆国のメキシコ湾沿岸の海岸平野では泥質層の上にチェニアーとよばれる砂堆の帯が細長く分布している．

● 海成段丘

　浅海底や海岸平野が相対的に隆起すると現在の海面や沖積面より高度の高い面となり，段丘が形成される．海岸付近に発達する段丘は一般に海岸段丘とよばれるが，地形面の形成営力の点からは海の営力によってつくられた平坦面が隆起あるいは海水準の低下によって高い位置に分布するものは海成段丘とよばれる．

　海成段丘の地形は平坦な段丘面とその周縁の段丘崖とによって特徴づけられ，その規模や高度，広がりは多様である[1]．海成段丘が広く分布する平野ではそれらの段丘は根釧台地，三本木原台地，常総台地，熱田台地などのように台地とよばれることが多い（図2）．これらの台地の縁辺部にはその前面にひろがる低地に向けて段丘を刻む小規模な谷が形成されていて谷底平野が発達している．関東地方や東北地方などではこのような谷を谷地あるいは谷戸などとよんでいる．

　海成段丘には侵食段丘と堆積段丘があり，堆積段丘の段丘面は海成層の堆積面にあたっていて，広く分布する傾向がある．これらの段丘構成層は砂層や泥層などの海進期および海進高頂期の堆積物からなり，広域に分布する海成段丘の場合には海進期の海成貝化石を含む厚い海成泥層を伴うことが多い．これに対して，山地や丘陵の縁辺部に発達する海成段丘の場合には段丘構成層が砂礫層からなることが多く，礫の多くは海浜礫であるため扁平に円磨されているものが多い．また，これらの場所では侵食段丘もみられ，基盤上に薄

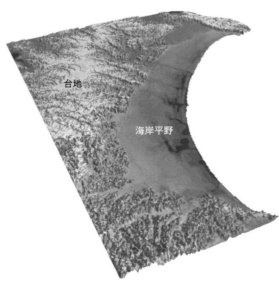

図1　浅海底の離水によって形成された九十九里浜平野（千葉県）

図2 海成段丘が広く分布する三本木原（青森県）

い段丘堆積物しかのせていないものが多い．また，サンゴ礁地域には過去のサンゴ礁が隆起した隆起珊瑚礁段丘がみられ，沖縄県の喜界島のように全島がサンゴ礁段丘からなる島もある．

海成段丘の構成層中にはテフラがはさまれていることがあり，これらのテフラの編年などに基づいて段丘の形成時期が推定されている．わが国における海成段丘の形成時期は関東平野の下末吉面，三河平野の碧海面など最終間氷期 MIS5 の時期に相当するものが多いが，現在の海岸線付近には小規模な完新世段丘が認められる地域も多い．また，渥美半島の天伯原面などさらに古い高海水準期である MIS7 や MIS9 の時期に形成されたものもある．

● 段丘の形成と変位

段丘面内縁の背後の段丘や山地・丘陵との境界線は段丘面が形成されたときの旧汀線を示しており，ある時期の旧汀線高度は本来的にはほぼ等しいと考えられるが，実際には場所毎にさまざまな違いがみられる．このような旧汀線高度の場所による違いは段丘面が形成されて以降の地殻変動累積量の地域的な違いを示しており，旧汀線高度の詳しい分析・検討に基づいて地殻変動による海成段丘の変位量や変位速度が検討されてきた[2]．一般に，隆起地域における海成段丘面の高度はより古いものほど高い位置にあり，時間と高度の間に一定の関係があることが知られている．このことは，地殻変動に累積性があることを示しており，段丘面の隆起の度合いを示す平均変位速度の検討に基づいて地殻変動の活動度が議論されている．このような地殻変動と海成段丘の形成に関しては，地殻変動に伴う隆起と氷河性の海水準変動との複合結果として解釈され，日本の沿岸諸地域のみならず地中海沿岸地域や南米の海岸地域など世界各地で研究が進められ，それぞれの地域における地殻変動の特性が明らかにされている．

わが国の太平洋岸ではプレートの沈み込みに伴う海溝性の地震とそれに関わる地殻変動が顕著であり，房総半島，御前崎，室戸半島，足摺岬などの地域では海溝性の巨大地震が発生するたびに地盤の隆起がみられ，室戸地域では最終氷期の海成面が海抜 200 m もの高さに隆起している（図3）．また，房総半島地域では完新世の海成段丘が顕著に発達しており，縄文海進高頂期の温暖な気候を反映した沼のサンゴ礁は標高 27 m もの高さに隆起しているほか，1703 年の元禄地震に伴って隆起した元禄段丘やその下位の関東地震の際に隆起した最下位の段丘面など過去の地震によって隆起した海成段丘面が良好に認められる．また，各段丘面の分布およびそれらの高度などから，比較的隆起量の小さな大正地震クラスの地震の繰り返しに加えて元禄地震クラスの巨大地震が約 6000 年間に 4 回起こったことなどが明らかにされている．

[海津正倫]

● 文献

1) 小池一之・町田洋編：日本の海成段丘アトラス，東京大学出版会，2001
2) 太田陽子：変動地形を探る I・II，古今書院，1999

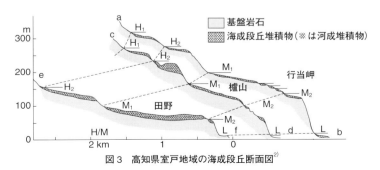

図3 高知県室戸地域の海成段丘断面図[2]

D6-3
砂浜海岸
（可逆変化：ビーチサイクル）砂州・砂嘴

●砂浜海岸の範囲と領域区分

海岸は構成物質の違いにより，砂浜海岸，岩石海岸，サンゴ礁海岸などに分類される．砂浜海岸は文字どおり砂が堆積している海岸であるが，広義には岩石海岸の対語として用いられることもあり，その場合には礫や泥，貝殻片やサンゴの破片などの非固結物質（海浜堆積物）で構成される海浜の総称となる．海浜堆積物の粒径は河川や岩石海岸などの供給源から遠ざかるほど，また水深が増すほど小さくなる傾向にある．堆積物は常に波や海浜流によって動かされるために摩耗して円摩度が高く，また分級作用を受けて淘汰度が高い．

砂浜海岸の岸沖方向の範囲は，暴浪によって堆積物が動く沖側の限界（移動限界水深）から暴浪時の波が遡上する陸側の限界（後浜上限）までである．海岸に進入してきた波は水深の減少に伴い徐々に波高を増し，ついには波高の1.3倍ほどの水深の地点で砕ける．砕波後の波は乱れた水塊の磯波（ボア：bore）となって岸に押し寄せ，最終的に遡上波となって岸に打ち上げる．砂浜海岸はこのような波の状態の変化によって，波が砕ける前の沖浜，波が砕ける砕波帯（波は波高も周期も不規則であるため，砕波は空間的な幅をもった領域で起こる），ボアが進行する磯波帯（サーフゾーン），陸上に這い上がって流れ下る遡上波帯に区分される．ただし，これらの位置や幅は波・潮汐・浅海底の地形の諸条件によって変化するので，厳密に決定することは不可能である．

砂浜海岸は波［▶D6-1］と海浜縦断面形との関連でも区分される．移動限界水深を与える地点から砕波点までが沖浜であり，砕波点の直下には後述するバー（海底砂州）が存在する場合が多い．砕波点から汀線近傍までは外浜であり，ここは磯波帯とほぼ一致する．外浜の岸側端はステップとよばれる水面下の急崖であり，その上端から岸側が常に遡上波の作用下にある前浜（遡上波帯に一致する）になる．その陸側限界地点（通常の波が遡上する陸側限界地点）から暴浪の遡上限界（後浜上限）までを後浜という．後浜上限は砂丘や浜堤の海側端や海食崖の基部，あるいは植生群落の海側端に当たる．

●砂浜海岸の変化と微地形

暴浪によって侵食された汀線付近の砂は浅海域に運ばれ，そこに堆積してバー（海底砂州）を形成する．このバーは静穏時にその形態を保ったまま徐々に岸方向に移動し，ついには陸上に乗り上げてバーム（berm，汀段）という高まりをつくる．したがって，このバーは非恒常的なものであり，最も岸側に発達するのでインナーバーとよばれる．インナーバーの沖側に恒常的なアウターバーが発達する海岸もある．二段以上のアウターバーをもつ海岸を多段バー海岸というが，わが国の外洋性砂浜の多くはその多段バー海岸である．特に日本海に面する砂浜はほとんどが多段バー海岸である．一方，外洋に面していても礫浜の場合には基本的にはインナーバーもアウターバーも発達しない．また，非外洋性の砂浜海岸では暴浪が襲来したときにインナーバーのみが形成される．バーとバーの間，およびバーと汀線の間の細長い窪地をトラフという．

上述のように，暴浪時に形成されたインナーバーは静穏時に岸側に移動し，最終的には陸上に乗り上げてバームとなり，次の暴浪で再び侵食される．このような波浪状況の時間的変化に対応する海浜の可逆的・周期的変化をビーチサイクル（beach cycle）という．ビーチサイクルには，暴浪時と静穏時に対応する storm cycle と，堆積性の波が卓越する夏季と侵食性の波が卓越する冬季の季節的な波浪特性の違いに対応する seasonal cycle がある．インナーバーが存在する海浜（場合）を暴風海浜あるいは冬型海浜，バーが陸上に乗り上げている海浜（場合）を正常海浜あるいは夏型海浜とよぶ．また，波浪特性の時間的変化とは無関係であるが，潮汐サイクルに対応する tidal cycle もビーチサイクルの一つである．この tidal cycle による海浜縦断形の変化は小さい．

ビーチサイクルの中で，各種の微地形が短期間で形成と消滅を繰り返す．堆積過程において，インナーバーは岸方向への移動の途中で屈曲して三日月型砂州か，あるいは離岸流に分断されて不連続砂州となる．いずれの場合もこれらのバーの沿岸方向の周期に対応して汀線が規則的に屈曲するメガカスプが現れる．汀線に到着して陸上部と連結したインナーバーをウェルデッドバーとよび，それが岸に乗り上げると陸上の細長い高まりであるバームが形成される．このとき，バームの前面には沿岸方向に規則性の高い半月形の凹凸が現れる．この地形をビーチカスプとよぶが，その成因についてはさまざまな説が提唱されてはいるものの，まだ定説として確立しているものはない．一方，侵食過程では海浜が平滑化されるので，観察できる顕

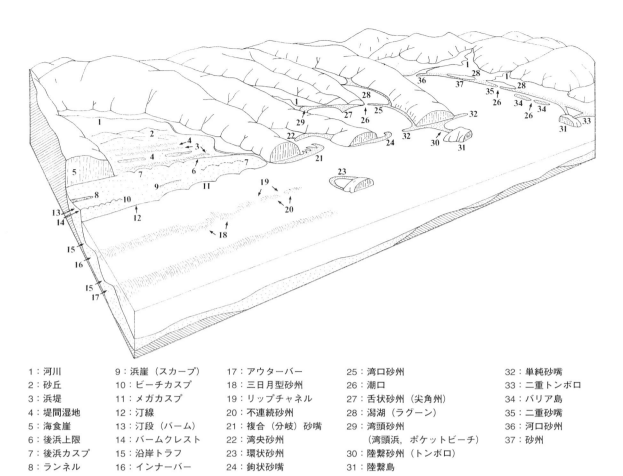

1：河川
2：砂丘
3：浜堤
4：堤間湿地
5：海食崖
6：後浜上限
7：後浜カスプ
8：ランネル
9：浜崖（スカープ）
10：ビーチカスプ
11：メガカスプ
12：汀線
13：汀段（バーム）
14：バームクレスト
15：沿岸トラフ
16：インナーバー
17：アウターバー
18：三日月型砂州
19：リップチャネル
20：不連続砂州
21：複合（分岐）砂嘴
22：湾央砂州
23：環状砂州
24：鉤状砂嘴
25：湾口砂州
26：潮口
27：舌状砂州（尖角州）
28：潟湖（ラグーン）
29：湾頭砂州
　　（湾頭浜，ポケットビーチ）
30：陸繋砂州（トンボロ）
31：陸繋島
32：単純砂嘴
33：二重トンボロ
34：バリア島
35：二重砂州
36：河口砂州
37：砂州

図1　砂浜海岸の地形（原図：武田）

著な地形は少なく，バームが削られて生じた浜崖，不規則に屈曲する汀線形状を有するストームカスプがあげられるのみである．

なお，後浜上限の陸側にみられる細長い砂の微高地である浜堤，および隣り合う浜堤の間の堤間湿地なども海岸地形に含まれることもあるが，これらは現在の海の作用に対応するものではない．

● 砂州と砂嘴

本陸地と平行方向に，あるいは本陸地から突出するように伸びる砂礫の微高地を砂州という．また，一方向への沿岸流が卓越する場合，沿岸漂砂の流下方向に鳥の嘴のように細長く突出する砂嘴が形成されることがある．砂州も砂嘴も必ずしも砂のみで構成されているわけではなく，むしろ礫を主体とする場合も多い．その場合には礫州や礫嘴とよぶべきであるが，一般には，これらをも含めて砂州・砂嘴とよんでいる．砂州と砂嘴には図1に示すようにさまざまな種類があり，それらで外海と隔てられる水体を潟湖（ラグーン）という．砂州や砂嘴の形成・形態には波浪のみならず沿岸漂砂・海水準変動・原地形なども深く関係するので，それらの説明は単純ではない．

砂州は浜堤のような陸上部の細長い微高地，主陸地の沖側に海岸線とほぼ平行に伸びるバリア島，頂部も海面下に没している海底砂州などの砂礫で構成される海面上および海面下のさまざまな形態をもつ細長い高まりの総称として用いられることも多く，きわめて曖昧な用語である．また，単純砂嘴と湾口砂州は形態が酷似しており，単にそれらが湾を閉塞する程度の違いでしかなく，砂州と砂嘴との厳密な区別は明確にされていない．

[武田一郎]

● 文献

1) Komar, P. D.: Beach Processes and Sedimentation, 2nd ed., 544p., Prentice-Hall, Englewood Cliffs, New Jersey, 1998
2) 砂村継夫：海浜地形，本間仁・堀川清司編，海岸環境工学，pp.130–146，東京大学出版会，1985
3) 武田一郎：砂州地形に関する用語と湾口砂州の形成のプロセス，京都教育大学紀要，No.111，79–89，2007

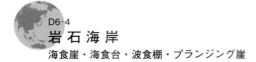

D6-4
岩石海岸
海食崖・海食台・波食棚・プランジング崖

　岩石海岸は構成物質の強度の大小にかかわらず固結した物質からなる海岸をいい，わが国の海岸線の総延長約3万4000 kmの約60％を占め，多くは山地や台地が海と接するようなところに発達する．岩石海岸でみられる主要な地形は，海食崖（coastal cliff），海食台，波食棚とプランジング崖であり（図1），地形変化は侵食のみで非可逆的である．

●海食崖

　波打ち際か，その陸側に発達している急崖または急斜面をいい，波食崖，海崖ともよばれる．海食崖の形成は波浪による侵食（波食）に起因する．石灰岩など炭酸塩を主とする岩石で構成されている海岸では，海水による化学的な侵食作用（溶食）が付加される．海面付近に作用する波食により崖の基部は削られ急勾配となったり，波食窪（ノッチ）とよばれるオーバーハングした凹みが形成されたりして，崖全体が不安定になり上部斜面の崩壊が起こる．その結果，一時的には崖全体の傾斜は緩くなるが，再び基部の波食により崖が不安定となって，斜面崩壊が生じる．このようにサイクリックな過程をたどって海食崖は後退する．

●海食台と波食棚

　海食台（図1a）は，海食崖の基部から緩やかに浅海底に連続する，基盤地形をいい，傾斜波食面ともよばれる．福島県常磐海岸や千葉県屏風ヶ浦に典型的に発達する．愛知県渥美半島南岸のように崖基部の基盤が堆積物で覆われている海食台もある．

　波食棚（図1b）は，海食崖の基部の潮間帯あるいはその付近に形成されるほぼ平らな地形で，平坦波食面ともよばれる．特徴として海側の末端に前面急崖（ニップ）をもつ．この急崖は侵食されて後退することはない[1]．静岡県伊豆半島南岸や和歌山県紀伊半島の沿岸，宮崎県日南海岸などが好例．

　海食台も波食棚も海食崖が後退して形成される地形であるので，これらの地形には種々の侵食微地形がみられる（図1a, b）．

●プランジング崖

　海食崖が傾斜の変換点をもたずに，そのままの角度で海中深く突っ込んでいる地形で（図1c），広義の海食崖に含まれるが，崖面は現在の波食をほとんど受けていないと考えられるので，前述の海食崖と同等に扱うことはできない．プランジング崖は硬岩で構成されている海岸に多くみられる．崖直下の水深は場所により数～数十mに達する．岩手県北山崎や鳥取県長尾鼻などでみられる．

●3種類の地形の形成条件と発達速度

　岩石海岸に発達する典型的な地形は海食台，波食棚とプランジング崖である．これらの地形の形成は波浪の攻撃力と岩石の抵抗力の相対的大きさで決まると考え，前者のパラメーターとして $\rho g H^*$（H^*＝対象とする海岸に襲来する最大級の波の高さ，ρ＝海水の密度，g＝重力の加速度），後者の代表として岩石の圧縮強度 S_c を採用して，各地のデータをプロットした結果を図2に示す．この図から，プランジング崖と波食棚の形成条件は実線（$\rho g H^*/S_c = 0.0017$）で，波食棚と海食台は破線（$\rho g H^*/S_c = 0.013$）でそれぞれ区分されることがわかる．

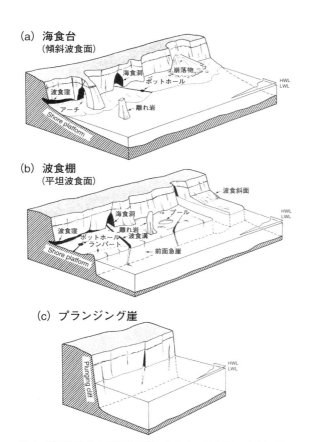

図1　岩石海岸の3種類の地形：海食台，波食棚，プランジング崖[1]

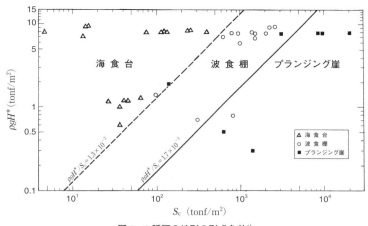

図2 3種類の地形の形成条件[1]

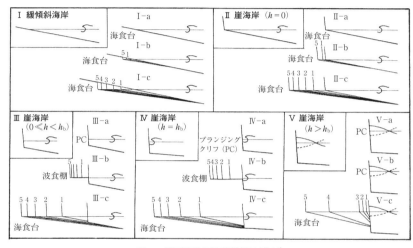

図3 岩石海岸の地形発達モデル[1]
I〜Vは原地形の種類，a，b，cは基盤強度の大中小（a：硬岩，b：中硬岩，c：軟岩），PCはプランジング崖（クリフ），hは崖下の水深，h_bは対象とする海岸に襲来する最大級の波浪の砕波水深，数字は時間の経過を示す．

長期間の海食台発達速度は年平均 0.2〜1.5 m/y で場所により大きく異なる[2]．これに対して波食棚の場合は，場所による相異も小さく平均値は 0.03 m/y[2] となり一桁以上小さい値をしめす．プランジング崖の発達速度は近似的にはゼロである．

●岩石海岸の地形発達

図3は，3段階の基盤強度（a，b，c）をもつ5種類の原地形（I〜V）の海岸から発達する地形の変化を示す．ここでは，相対的海水準変動のない，非溶解性の均質な岩石からなる，潮差が小さくて（約2 m以下）同じような規模の波浪が襲来するような外洋に面した海岸を想定している．

硬岩（a）からなる海岸（I-a〜V-a）では，原地形がそのまま保持される．軟岩（c）の海岸（I-c〜V-c）では，原地形は侵食され海食台が形成される．波食棚が形成されるのは中硬岩（b）の場合で，崖下の水深 h が $0 < h \leqq h_b$（h_b = 砕波水深）である場合に限られる（III-b，IV-b）．いったん形成された波食棚から海食台へと変化することはない．また海食台から波食棚やプランジング崖の地形ができることもない．波食棚形成条件は $0.0017 \leqq \rho g H^*/S_c \leqq 0.013$ である（図2）．

［砂村継夫］

●文献
1) Sunamura, T.: Geomorphology of Rocky Coasts, Wiley, Chichester, 1992
2) Sunamura, T.: Rock control in coastal geomorphic processes, Trans. Japan. Geomorph. Union, 15: 253-272, 1994

D6-5 サンゴ礁海岸とマングローブ海岸

●サンゴ礁海岸

　琉球列島の島々の海岸は浅い海で縁どられ，浅い海と深い海との境界で波が砕ける．この浅い海の正体がサンゴ礁（coral reef）である．サンゴ礁は浅い海に生息する造礁サンゴをはじめとする造礁生物が海底から海面付近まで累積して高まり（礁）をなす地形である[1]（図1）．琉球列島の石垣島では350種以上の造礁サンゴが生育し，そこから北へ向かうと種数が少なくなる．

　わが国のサンゴ礁は種子島以南の琉球列島，小笠原諸島の最寒月の平均表面海水温度が18℃以上の海域に形成され，北限のサンゴ礁となっている．サンゴ礁は他の地形とは異なり，サンゴという生物がつくる地形である．造礁サンゴの生息に適した環境は，水温が25〜29℃，塩分濃度34〜36‰，太陽光が到達できる浅い海底である[2]．サンゴ礁は琉球列島を含めた北緯30°〜南緯30°の海域に形成され，西太平洋，インド洋，カリブ海で発達がよい．

　琉球列島のサンゴ礁はほとんどが島を棚状に取り巻いて発達する裾礁である．裾礁はソシエテ諸島モーレア島などにもみられる．サンゴ礁の形態には，ソシエテ諸島ボラボラ島，オーストラリア北東海岸などにみられる堡礁，南太平洋のビキニ，ムルロアなどにみられる環礁があり，裾礁を含めて大きくこの3つの形態に区分される[3]（図2）．これらのサンゴ礁の3つの形態に気がついたのが進化論を唱えたチャールズ・ダーウィンであった．ダーウィンはまず，火山島を縁どって裾礁が形成され，火山島が徐々に沈降するとサンゴ礁が上方・側方に成長して火山島とサンゴ礁との間に礁湖（ラグーン）をもつ堡礁となり，火山島が海底に沈むとサンゴ礁だけがドーナツ状に取り残された環礁になると考えた．サンゴ礁の形態のでき方を島の沈降によって説明した沈降説である．沈降説は第二次世界大戦後の南太平洋の環礁のサンゴ礁でのボーリング調査によって，その正しさが証明された．火山島をのせた海底のプレートが海溝に移動することによって火山島が沈降することが知られるようになった．

　南大東島・北大東島は島の中央部が凹地，海岸部が高まりをなす地形をなし，サンゴ化石を含む厚さ432m以上の礁石灰岩からなる地層で構成される．島の形態，地層から隆起環礁の島と考えられている．

　裾礁が発達する琉球列島中南部の島々では，海岸から沖側に礁池とよばれる深さ2〜3mの浅い海，その沖側に堤防状の高まりをなす礁嶺，礁嶺の海側の縁で波が砕け，そこから海側は急に深くなる礁斜面となる（図1）．礁池〜礁嶺を礁原とよぶ．礁斜面の水深20m以浅には海岸線と直交して延びる高まり（縁脚）とその間の溝（縁溝）とからなる縁脚−縁溝系がみられる．水深20m以深はさらに急斜面となり，水深40mほどで島棚に移り変わる．このようなサンゴ礁の小地形が海岸線に平行に帯状に配列している．こうした地形の帯状配列は，サンゴ礁の形態が異なる堡礁や環礁にも認められる[3]．

　このような形態をもつ琉球列島のサンゴ礁がどのようなもので構成され，いつどのようにつくられたのかについてボーリング調査，港の水路の断面観察，サンゴの年代測定によって明らかにされつつある．琉球列島のサンゴ礁はミドリイシなどのサンゴが累々と積もり重なってできており，サンゴの年代は海面に近いところほど新しくなる．琉球列島のサンゴ礁は9000〜6000年前の後氷期の海面上昇期にサンゴ礁が上方・

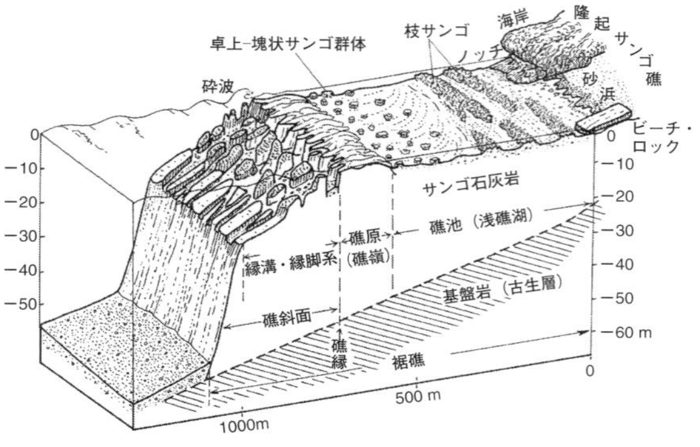

図1　琉球列島与論島におけるサンゴ礁の構成[1]
裾礁が形成され，サンゴ礁にはいくつかの造礁サンゴ，小地形がみられる．

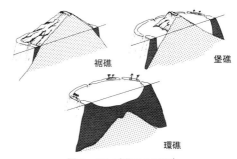

図2　サンゴ礁の3形態[3]
島の沈降によって裾礁から堡礁，環礁へと変わっていく．

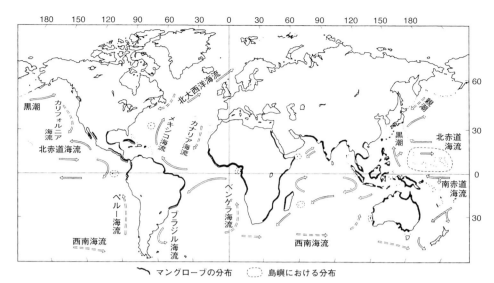

図3 世界のマングローブの分布[5]
赤道周辺の熱帯・亜熱帯の海域，島嶼にマングローブは生育している．

側方へ成長して形成されたものである．

サンゴ礁海岸には白色の海浜も発達する．海浜を構成する砂礫はサンゴ，有孔虫，貝，ウニなどの造礁生物の遺骸が大部分を占める．海浜堆積物が固結したビーチロックの発達がみられるのもサンゴ礁海岸の特徴である．近年，サンゴ礁は埋立などによって消失するものがみられる．

● マングローブ海岸

琉球列島の島々を流れる河川の河口域河岸や海岸の感潮域にも森林植生がみられる．わが国では沖縄島の慶佐次川，石垣島の宮良川，西表島の仲間川，浦内川の森林植生の発達がよい．このように熱帯・亜熱帯の潮汐によって1日のうち，一定時間海水につかる河口や沿岸部の砂泥地に生育する樹木または樹林がマングローブ（mangrove）である[4]．わが国ではマングローブ林を構成する種はメヒルギ，オヒルギ，ヤエヤマヒルギ，ヒルギモドキ，ヒルギダマシ，マヤプシキ，ニッパヤシの7種が知られており，それらは単独であるいは混生して分布帯を形成する[5]．マングローブ林の河川流路・海岸に近いところではヤエヤマヒルギやヒルギダマシが帯状に配列し，そこから陸側にメヒルギ，オヒルギ，ヒルギモドキの順に配列する．

マングローブは南にいくほど種が多くなる．わが国のマングローブ林は北限域に位置し，鹿児島県喜入町ではメヒルギだけのマングローブ林であるが，奄美大島，沖縄島，西表島と南下するにつれて種が増え，西表島では7種のマングローブがみられる．西表島にはわが国のマングローブ林の約73%が分布する．世界的には赤道周辺のほぼ北緯30°〜南緯40°にマングローブが生育し，サンゴ礁の形成域とほぼ重なる海域にマングローブがみられる[5]（図3）．マングローブの樹高は，わが国では7 mほどであるが，熱帯では高くなる傾向がある．

マングローブは生育する地形環境から，①エスチュアリやデルタに生育するタイプ，②砂州や浜堤背後の湿地やラグーンに生育するタイプ，③それら以外の地形環境下にある干潟に成育するタイプ，の3タイプに分類される．わが国のマングローブ林は①のタイプのものが大部分である．沖縄島のマングローブ生育域の下限高度は−5〜16 cmにあり，ほぼ一定である．

マングローブ林の群落配列を規定する環境要因，海水準変動にともなうマングローブ林の動態が解明されつつある．

世界のマングローブ林は近年の開発によってその面積を小さくしつつある．一方，沿岸の防災，修景の観点から，沿岸域，河口域でのマングローブの植栽がなされている．

[前門 晃]

● 文献

1) 貝塚爽平ほか：日本の平野と海岸, pp.109-125, 岩波書店, 1995
2) サンゴ礁地域研究グループ編：熱い自然—サンゴ礁の環境誌, pp.3-65, 古今書院, 1990
3) 小池一之・太田陽子編：変化する日本の海岸, pp.42-56, 古今書院, 1996
4) 土屋誠・宮城康一編：南の島の自然観察, pp.164-174, 東海大学出版会, 1991
5) 中村和郎ほか編：日本の自然地域編8 南の島々, pp.143-145, 岩波書店, 1996

大 陸 棚

　大陸棚（continental shelf）は，大陸（あるいは島）の周縁に分布し，沖に向かって傾斜する起伏の小さい海底で，海岸線をその内縁とし，沖合にある傾斜の変換点を外縁とする棚状の地形である．すなわち，大陸棚の地形は，全体的に沖方向に傾斜しつつ上に凸の縦断形（プロファイル）を呈する，ということになる．傾斜の変換点を示す水深を大陸棚外縁水深，海岸線から大陸棚外縁までの水平距離を大陸棚の幅とよんでいる．

●世界の大陸棚

　大陸棚は，波浪環境が卓越する海域を中心に，南極大陸の周縁やかつて大陸氷河が発達していた高緯度地帯の海域に広く認められる地形で，古くから多くの調査・研究がされている[1]．大陸棚の幅は1000 kmを超えるものもあるが，平均すると約70 kmで，平均傾斜は7′である．外縁水深は地域により差異はあるが，平均するとほぼ140 m内外で世界的にみて一定している．

●わが国の大陸棚のプロファイルと外縁水深

　図1は日本列島周縁各地の大陸棚のプロファイル[2]を示す．大陸棚の地形の規模や傾斜が多岐にわたっており，すべての大陸棚が上に凸のプロファイルを示してはいないことがわかる．地点B，C，N，O，Uなどのプロファイルにはわずかな凹凸がみられるものの全体的にはかなり直線的である．上に凸のプロファイルを示す場合でも複数の傾斜変換点があったり（たとえば，地点G，I，V），単一であっても不明瞭であったりしているため，ピンポイントで決定することに困難を伴うことが多い．大陸棚発達プロセスの中で傾斜の変換点がいつ，どのようにして形成されたのか，また変換点のない場合には，なぜ形成されないのか，などについてはよくわかっていない．これらのことが，変換点の決定に関する研究者間の共通規準の欠如[1]をもたらしていると考えられる．
　岩淵・加藤[3]が求めた大陸棚の分布と外縁水深を図1に示す．大陸棚の幅に大きな場所的差異があることがわかる．外縁水深は120～170 mで，平均140±10 m[3]となる．この平均水深よりも浅い外縁水深をもつ大陸棚は津軽海峡付近，相模湾，駿河湾，富山湾周辺，九州南西部などで，深い場所は北海道北部，東北日本や西南日本の太平洋岸，九州東南部や隠岐以西の海域である．二，三の海域では，通常の大陸棚（120～170 mの外縁水深をもつ）の沖に一段深い棚状の地形（"縁辺台地"[3]とか"深い大陸棚"[1]とよばれている）が発達しており，形成時期は通常の大陸棚面より古いとされている[3]．この地形の外縁水深は，三陸沖で300～500 m，能登半島周辺で400～500 m，山陰沖の海域で300～500 mとなっている．

●大陸棚の起源

　南極や高緯度地域を除く大陸棚の起源は侵食性と堆積性のものとに大別される．前者の大陸棚は，海底基盤が波浪作用により侵食されて形成されたもので，大陸棚の地形は基本的には基盤からなる．特に硬岩からなる岩石海岸の前面によく発達している．後者の堆積性の大陸棚には3つのタイプがある．①大きな河川が運搬してきた堆積物が沖に運ばれ堆積して形成されたもので，波浪環境下の堆積作用が主役をなす．②沖へ運搬されていく堆積物をせき止めるような基盤の高まりがあり，その内側が堆積物で埋められているような場合で大陸棚の形成に地質構造が大きく関与している．③堆積物の自重のため下の基盤が沈降した結果，さらに堆積作用が進行して厚い堆積物でおおわれているタイプである．

●大陸棚の形成プロセス

　世界的にみて外縁水深の平均値が約140 mと一定していることから，大陸棚の形成には世界的な広がりをもつ現象，すなわち氷河性海水準変動が関与していると考えられてきている．日本のように構造運動が活発なところでは，これに加えて局地的な地殻変動を考慮しなければならない．これらの要因以外に，侵食性大陸棚の場合には波浪作用の強弱や基盤の侵食に対する抵抗性などが，堆積性の場合は供給される堆積物の粒径・量や堆積環境などがそれぞれの形成プロセスに大きな影響を及ぼす．どちらの場合にせよ，大陸棚の地形には第四紀後半に何回となく繰り返されてきた海水準の昇降運動（地殻変動がある場合には相対的運動）の歴史が刻み込まれている．現在みる大陸棚の概形は最終氷期極相期（およそ2万年前）までにはすでにできあがっており，この概形が最終氷期以降の海面上昇期とその後の安定期における波浪の作用を受けて変形し現在に至っている．

〔砂村継夫〕

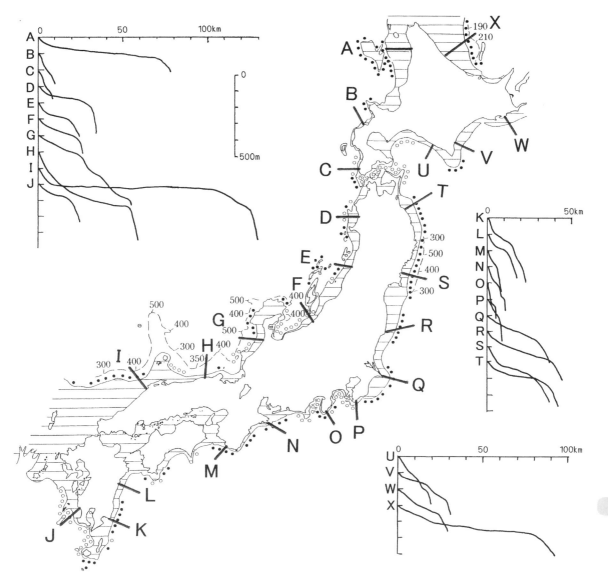

図1　日本周縁の大陸棚の縦断形[2]と外縁水深の分布[3]（砂村原図）
白丸：平均水深（140±10 m）より浅いところ，黒丸：平均水深より深いところ，数字：大陸棚面より深い平坦面の外縁水深値．

● 文献
1) 吉川虎雄：大陸棚―その成り立ちを考える．古今書院，1997
2) 星野通平：日本近海の大陸棚について―とくに，その形成機構と形成時代について―．地理学評論，30: 53–65, 1957
3) 岩淵義郎・加藤茂：第四紀地図の作成過程からみた大陸棚．第四紀研究，26: 217–225, 1988

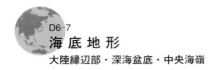

海底地形
大陸縁辺部・深海盆底・中央海嶺

地球の表面は海水をたたえる海洋（大洋：地表面の70.9%）と陸地（大陸）とに分けられる．海洋の底は海面下の大陸（大陸棚 [▶ D6-6] と大陸斜面：地表面の10.9%）と海洋底とから構成される（表1）．そして，海底の大地形は大陸縁辺部，深海盆底，中央海嶺に区分される．深海盆底を構成する海洋地殻（玄武岩）は中央海嶺の山頂部地下の上部マントルで生産され，両側に年数cmほどの速度で拡大されていく．やがて大陸縁辺部に発達する海溝からマントル内に沈み込む．したがって，常に更新される海洋底は大陸の岩石よりはるかに新しく，最も古い西太平洋海底でも2億年ほどである．

● 大陸縁辺部

陸地と海洋との境界部分は地形や地質構造の変化も大きく，海面下の大陸ともよばれる．大陸縁辺部は水深6000mをこす海溝の有無により太平洋型と大西洋型とに区分される．太平洋型大陸縁辺部（図1）は陸側の弧状列島または弧状山脈と海溝によって特徴づけられる．活動的縁辺域ともいわれ，海溝から厚さ100kmほどのリソスフェア（海洋地殻＋最上部マントル）が沈み込み，陸側には最近の地質時代から現在に至るまで地震・火山活動・地殻変動の激しい新期造山帯が連なっている[1]．

海底は陸側から大陸棚，大陸斜面，海溝の順に配列し深海盆底へ移る．大西洋型大陸縁辺部（図2）には海溝が存在せず，現在は活動が不活発な受動的縁辺部である[1]．海底は大陸棚，狭い大陸斜面，コンチネンタルライズが発達し，深海平原へとスムーズに移り変わる．音波探査によれば，コンチネンタルライズは大陸斜面から運搬された厚さ最大8kmに達する海底地すべりや乱泥流堆積物からなる．

上限を大陸棚外縁とする大陸斜面は，太平洋型大陸縁辺部ではより急傾斜の海溝斜面との間に傾斜変換部をもつが，大西洋型大陸縁辺部ではより緩傾斜のコンチネンタルライズへ移行する．大陸斜面は海底谷に刻まれ，海盆・海段（深海平坦面）・海膨などが分布する．三陸沖では水深2500m付近まで緩傾斜で続く大陸斜面は傾斜変換部点を経て急傾斜の海溝陸側斜面となる．さらに，V字谷をなす狭い海溝底を経て海溝海側斜面から深海海盆へと続いている．

● 深海盆底

大陸縁辺部と中央海嶺との間の水深5000mを越す海底で，深海平原・深海海丘・海山・ギョー（平頂海

表1　世界の大陸と海洋の割合（貝塚ほか[1]を簡略化）

	面積 ($10^6 km^2$)	大陸または海洋底全体に対する%	地表全体に対する%
大陸	149	100	29.1
海面下の大陸 　大陸棚と大陸斜面	55.4		10.9
海洋底	306.5	100	60
深海盆	151.3	49.4	29.7
コンチネンタルライズ	19.2	6.3	3.8
海嶺・海膨	118.6	38.7	23.2
その他（島弧・海溝など）	17.2	5.6	3.4

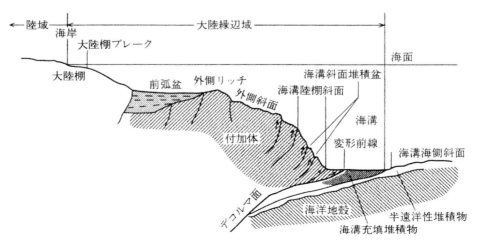

図1　太平洋型大陸縁辺部海底の模式断面図[2]

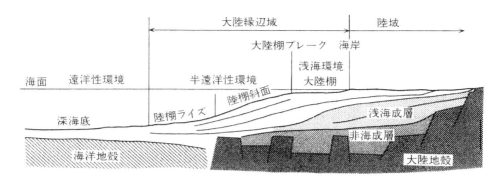

図2 大西洋型大陸縁辺部海底の模式断面図 縦横比は50倍である[2]

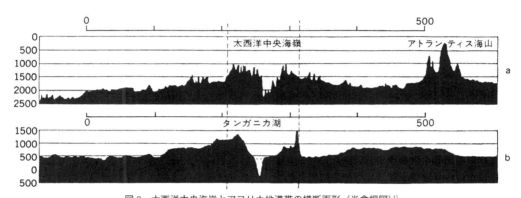

図3 大西洋中央海嶺とアフリカ地溝帯の横断面形（米倉編図）[1]
a：北緯30°に沿う海底地形断面，b：南緯8°に沿う地上地形断面．
縦軸：ファゾム（1000ファゾム≒1830 m），横軸：海里（100海里≒185 km）．

山）などがみられる．大西洋型大陸縁辺部沖合に発達する水深3000～6000 mできわめて平坦な深海底は，深海平原とよばれ，元来起伏のあった海底が陸地から供給された堆積物で平坦化された．堆積物の埋積が進まない中央海嶺よりの海底は深海海丘地域となる．海丘は深海底から孤立した円錐形の高まりで，比高1000 mの高まりが海丘，1000 m以上が海山とよばれ，海洋底に不規則に散在することが多い．直線状に分布するのを海山列（seamount chain），やや密集するものを海山群とよぶ．海丘・海山はホットスポット上に形成された海底火山を起源とすると考えられる．太平洋には海山列が多く分布する[3]．

● 中央海嶺

中央海嶺（mid-ocean ridge）は広がるプレート境界に形成される海底山脈で，全世界の海洋に連続して分布する．総延長は8万kmに達し，底辺の幅が1500 kmをこす．中央海嶺の横断形はほぼ対称で，山頂部に幅30～50 km，深さ1000 mをこす中軸谷がみられる．中軸谷両側の斜面は断層崖で，東アフリカ地溝帯の地形とよく似ている（図3）．

中央海嶺軸直下からは絶えずマントル物質がわき上がり，玄武岩質の新しい海洋地殻を誕生させている．したがって，中央海嶺の山頂部では浅い地震活動が活発である．また，中軸谷には新しい堆積物の流入はみられず，新鮮な玄武岩質の岩石が露出する．中軸谷に沿っては多数の断層や割れ目が観察され，熱水の噴出にともない特有の生物群が生息している．中央海嶺は中軸谷を発達させる海嶺型と中軸谷の不明瞭な海膨型に分類される．両者の差異は海嶺の拡大速度に支配され，拡大速度が速いと海膨型となる．海膨型の代表例は東太平洋海膨で，海嶺形は大西洋中央海嶺である．

[小池一之]

● 文献

1) 貝塚爽平ほか：写真と図でみる地形学，東京大学出版会，1985．
2) 平朝彦ほか：地殻の進化（新装版地球惑星科学9），岩波書店，2011
3) 平朝彦：地球史の探求（地質学3），岩波書店，2007

D6-8 成因からみた湖の分類／湖岸・湖底の地形

●成因からみた湖の分類

湖沼とは「陸地に囲まれた凹地に貯まった静止した水塊」と定義されるので，湖沼の成因とはすなわち凹地＝湖盆の成因である．一般的に水をたたえる湖盆の形成は，氷河による侵食（氷河湖）や堆積作用（モレーン湖），火山活動に伴う噴火口・カルデラ形成（火口湖（crater lake）・カルデラ湖）や噴出物による堰き止め（火山性堰止湖），構造運動（地殻変動）による断層変位（構造湖（tectonic lake）：地溝湖，断層角盆地湖など），河川の侵食・堆積作用（落堀，三日月湖，支谷閉塞湖など），海・沿岸流による閉塞作用（海跡湖・潟湖・ラグーン）などがある．地すべり・土石流による堰き止め，カルスト地域の溶食，隕石の衝突なども湖盆の成因となる．

世界的に規模の大きい湖沼は，氷河性または構造運動によって生じた湖沼で，面積上位20位のうち氷河性が10，構造湖が9となっている．これに対し約3万3000 kmの海岸線に囲まれ，120あまりの成層火山と大カルデラ火山が10以上分布する日本では，海・沿岸流による閉塞作用や火山活動に伴う凹地や堰き止めによって生じた湖沼が多い[1]．面積上位50湖沼のうち海跡湖が半数以上で，カルデラ湖が10を占める（図1）．以下，日本で一般的な火口・カルデラ湖，海跡湖，そして日本最大の湖である琵琶湖を含む構造湖について述べる．

火口・カルデラ湖

火山の噴火口やカルデラに水をたたえて生じた湖．通常の爆裂火口は，直径が1〜2 kmを越えないので，小さい火口湖では湖盆の平面形態は，北海道の倶多楽湖のように単純な円形に近い．山頂部の陥没や，爆発，侵食によって形成される直径約2 kmを越えるカルデラ床に生じたカルデラ湖は，円形，楕円形，勾玉状を呈し，洞爺湖や屈斜路湖のように中央火口丘が島となって湖中に存在する場合もある．いずれも，湖盆の断面形はすり鉢のように湖岸から急に深くなり最深部は平坦で，湖水面積に対して最大深度が大きい．

田沢湖（最大深度423.4 m）は日本で最も深い湖で，世界的にも淡水湖の中で9番目に深いカルデラ湖である．十和田湖は，古期カルデラ湖（外湖）誕生後に中央火口丘が形成され，そこに新期カルデラ湖（中湖）が生じた二重式カルデラ湖である．概ね水深70〜100 mの外湖に対し，中湖は水深300 m以上（最大深度326.8 m）と深い．

海跡湖

かつての海域が，砂州や砂嘴のほか砂丘や浜堤，デルタの発達などによって，外海と隔てられて生じた湖．潟湖，潟ともいう．一般に1か所または数か所の狭い湖口によって外海と通じており，ここから海水が湖内に出入りする．日本では，霞ヶ浦やサロマ湖，中海，宍道湖など比較的面積の大きい湖沼が多いが，湖盆は平坦なお盆状で，面積に対して湖底の深さはきわ

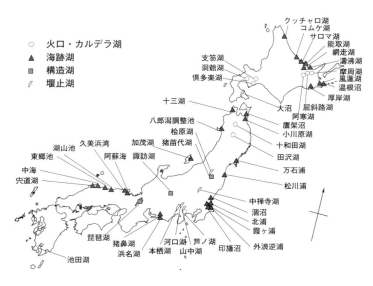

図1　成因別にみた日本の主な湖沼の分布
原則として面積4 km² 以上の湖沼，平井[1]・『理科年表 平成22年』（丸善，2009）による．

めて浅い．人工的な浚渫凹地や湖底水道を除く一般的な湖盆の最大深度は，干拓以前の八郎潟（日本で琵琶湖に次ぐ面積2位）で4.7 m，霞ヶ浦（現在，面積2位）で7.3 m，宍道湖で6.0 mと非常に浅い．日本の海跡湖では小川原湖の24.4 mが最大で，サロマ湖の19.6 mがそれに次ぐ．

しかし平坦な湖底の堆積物の下には，最大深度20〜60 m以上の最終氷期最盛期につくられた埋没谷や，深度5〜40 mに立川期に造られた埋没河成段丘が存在する．すなわち海跡湖の湖盆は，氷期における河谷および河成段丘が原型となっており，最終氷期最盛期以降の海進によって，それらの地形が埋積されて現在の湖盆が形づくられた[2]．したがって，現在の海跡湖の深さの大小は，氷期につくられた埋没谷および埋没河成段丘面のもともとの深さと，その後これらを埋積した堆積物の量を反映している．

構造湖

大規模な構造運動や，褶曲・曲降，断層などの地域的な地殻変動などによって，形成された凹地に水がたまって生じた湖．面積・深度ともに大きい湖沼が多い．世界最深のバイカル湖（最大水深1741 m）や，東アフリカのタンガニーカ湖（同1471 m），また日本で面積最大の琵琶湖（同103.8 m）や諏訪湖などは断層運動によるもので，面積世界3位の中央アフリカのビクトリア湖や南アメリカのチチカカ湖は曲降によるものとされる．

理科年表などで海跡湖とされている湖沼でも，例えば小川原湖南部は東西に延びる盆状の向斜軸による相対的な沈降部と推定され，また網走湖・能取湖の東岸には西落ちの網走湖東方断層群が知られている．これらの湖沼の成因や地形発達については，地域的な地殻変動も深くかかわっていることが示唆される．一般に個々の湖沼の多くは，一種類の地形形成作用によって生じたものではなく，複数の要因がかかわっている場合が多い．したがって，成因によって湖沼を分類することは，便宜的なものと考えたほうがよい．

●湖岸・湖底の地形

湖沼の湖岸では，海岸と同様に波浪および沿岸流の侵食・堆積作用によって，陸上には湖岸低地が，沿岸には湖棚とよばれるそれぞれ平坦な地形が形成される．一般に湖棚は，海跡湖で幅200〜300 mと広く，その沖合いは湖棚崖とよばれる斜面になっている．湖盆中央の湖底平原と湖棚崖の間には，緩傾斜の湖底斜面がみられる．火口・カルデラ湖では，湖岸低地や湖棚はほとんど発達せず，火口・カルデラ壁の急斜面が湖底斜面を経て湖底平原まで続いている場合が多い．

このほか，湖底には湖底谷（湖底水道）とよばれる谷状の地形が存在することもある．これは，氷河湖で氷河からの多量の懸濁物を含む冷水や，汽水湖で満潮時に湖内に向かって流入する海水など，湖水より密度の大きい流入水によって湖底が侵食されたもの，あるいは過去の湖水位の低下時に陸上で形成された河谷が，その後の湖水位の上昇で沈水したものとされる．

湖成段丘と沈水湖棚

湖岸低地の背後には，現在の湖水面よりも数m以上高い湖成段丘が，また現成の湖棚の沖合いには，水深数mの沈水した平坦面が認められることも多い．これらは，いずれも過去の湖岸線付近に形成された湖岸低地や湖棚地形が，湖水位の低下または上昇によって，離水または沈水した地形である．湖水位が変動した要因として，内陸の出口のない湖沼では過去の気候変化，流出河川のある湖沼ではその河川の河床低下や河道の閉塞など，また海跡湖では海水準の変動などがあげられる．

気候変化による例としては，氷期に出現・拡大した多雨湖の証拠としての湖成段丘が，アメリカ合衆国ユタ州のボンネビル湖やシリアの古パルミラ湖などで知られている．また日本の海跡湖の多くの湖岸・沿岸には，標高1〜2 mと同2〜5 mの2段の湖成段丘が，そして現成の湖棚の沖合いの水深1.5〜3 mに，沈水した平坦面が認められる．これらの地形は，完新世の縄文海進最盛期以降の海水準の変動に対応して形成された，湖棚や流入河川の三角州の頂置面が，その後離水または沈水したものとされる[2]．

三角州と潮汐三角州

一般に湖では，海に比べて波浪や沿岸流の作用が弱く，特に海跡湖では湖盆が浅く流れ込む河川の規模が比較的大きいために，流入河川の河口部には，かつての網走湖や十三湖のように鳥趾状，円弧状三角州がよく発達する[▶ D5-5]．また，湖と外海とをつなぐ湖口付近には，潮汐流によって湖側に上げ潮潮汐三角州が，また外海側に下げ潮潮汐三角州が形成される．ただし後者は前者に比べ，波浪や沿岸流による侵食で，小さいか認めがたい場合も多い．小川原湖，十三湖，旧八郎潟，中海などでは，湖口付近の水深0.5〜1.5 mに半径1〜1.5 kmの上げ潮潮汐三角州が形成されている．

［平井幸弘］

●文献

1) 平井幸弘：湖沼の風景，中村和夫ほか編，日本の地誌1 日本総論I（自然編），朝倉書店，pp163-169，2005
2) 平井幸弘：湖の環境学，古今書院，1995

D7 氷河・周氷河地形

D7-1 山岳氷河の地形
氷河の地形形成作用

　山岳地域の相対的凹所（谷頭部や谷中）に生成され流下する氷河，すなわち山岳地形に制約されて存在する氷河は山岳氷河とよばれる．

●氷河への岩屑の取り込みと運搬経路

　谷氷河や圏谷氷河は，凹所に形成され谷間を流動する．そのため，氷床・氷帽とは異なり，落石・斜面崩壊や雪崩により周囲の斜面から大量の岩屑が氷河上に供給される（図1）．氷河上に供給された岩屑は，消耗域では氷河上を，涵養域では氷河内に取り込まれて運搬される．氷河基底部が融点にある氷河（基底融解氷河 warm-based glacier）では，氷河内に取り込まれた岩屑の一部はやがて氷河基底部に達する．また，流動する氷河の底では，後述するように基盤からの削剥が生じ，岩屑が取り込まれる．このようにして氷河基底部には岩屑の集積した汚れ層（氷河基底氷 debris-rich basal ice）が生成される［▶C3-4］．

　氷河上や氷河内を運搬される岩屑は，多くの場合，氷河に取り込まれた時の状態を保持したまま運搬されるため角礫および砂・泥からなる．一方，氷河基底部を運搬される岩屑は，岩屑どうし，あるいは基盤と岩屑との間で削磨や破砕が生じるため，礫の角が取れ，粘土質のマトリックスが生成される．

●氷河の侵食作用と微地形・小地形

　基底融解氷河では，底面滑りに伴って基底氷に含まれる岩屑と基盤との間で削磨作用（abrasion）が生じ，ツルツルに磨き上げられた氷食岩盤が形成される．岩盤上には，氷河流動方向と平行な擦痕（striae, striation）や条溝（groove）が残されることも多い．一方，基底氷中の礫にはファセット（facet）や擦痕が生じ，氷食礫・擦痕礫が生成される．

　氷河底に存在する岩盤の突起の強度が，氷河基底部で生じる剪断応力よりも小さい場合には，突起は氷河によって侵食される．このような侵食作用を剥ぎ取り作用（プラッキング plucking）とよぶ．一方，突起の強度が十分大きい場合には，突起の上流側で圧力融解が，下流側で復氷が生じる．その結果，突起の上流側では削磨作用が生じて滑らかな氷食岩盤が，下流側では剥ぎ取り作用が生じてゴツゴツした急斜面が形成される．このようにして形成された非対称形の突起は羊背岩・羊状岩（ロッシュムトネー，ルントヘッカー），一方，削磨作用により全面を磨かれた大型の突起は鯨背岩（whale back）とよばれる．

●山岳氷河によって形成される氷食地形

　山岳氷河の侵食作用によって形成される地形の代表は，圏谷（カール cirque）と氷食谷（glaciated valley, trough：U字谷 U-shaped valley）である．圏谷は，稜線直下の谷頭部に形成され，馬蹄形の平面形を呈する急峻な圏谷壁と，圏谷壁に囲まれた平坦あるいは緩傾斜な圏谷底の組み合わせからなる．圏谷底ではしばしば過下刻が生じ，下流端に谷柵（上流側に逆傾斜面を有する凸部，riegel）が形成され，氷河融解後に圏谷底湖が生じる場合も多い．

　圏谷よりも下流に氷河が拡大すると，氷河基底部で流速に応じた差別的な侵食が生じ，U字形の横断形を呈する氷食谷が形成される（図2）．氷食谷の源頭（圏谷底の直下，あるいは分水界となる稜線の直下）は，氷食谷壁から続く急斜面となっていることが多い．支流氷河の合流に伴う侵食力の増大や，侵食抵抗性の低い岩石の存在によって，過下刻の生じる場所には岩石盆地（rock basins）が形成され，その下流端には谷柵が生じる．そのため，氷食谷の縦断形は階段状

図1　氷河への岩屑の取り込みと運搬経路[1]
B：氷河基底部，E：氷河内部，S：氷河表面．

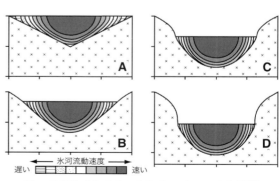

図2　V字谷（A）からU字谷（C・D）への変化過程[2]

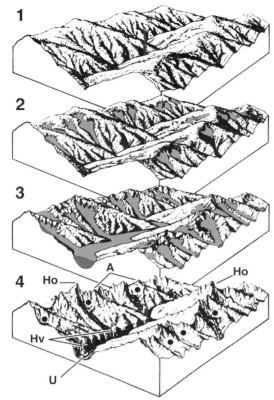

図3 氷食山地の形成過程を示す模式図[3]
1：氷食前の河食山地，2：圏谷氷河の形成，3：谷氷河の発達，4：氷河解氷後の地形．A：アレート，Ho：氷食尖峰，Hv：懸谷，U：U字谷，●：圏谷．

を呈することが多く（氷食谷階段），解氷後には岩石盆地が湛水して氷河湖が形成される．また，支流の氷河が本流の氷河に合流する場所では，氷厚の相違に応じて谷底に段差が生じ，懸谷（懸垂谷，hanging valley）が形成され，解氷後に落差の大きな滝が出現する（図3）．

圏谷壁・氷食谷壁の下部は，氷河作用により滑らかに研磨されるが，氷河の上方に露出した斜面・山稜では凍結破砕作用やマスムーブメントが生じ，ホルン（氷食尖峰 horn）やアレート（鋸歯状山稜）が形成される（図3）．一方，氷厚の増大に伴い，山稜が氷河に覆われて氷河作用を受けると，尾根全体が丸味を帯びた氷食鈍頂山稜が形成される．

● 山岳氷河によって形成される堆積地形

氷河によって運搬された岩屑は，氷河の末端や側方に堆積し，堆石（堤）（モレーン moraine）を形成する（図4）．氷舌端に形成されたものを端堆石（堤）（terminal moraine；終堆石 end moraine），氷河側方に形成されたものを側堆石（堤）（lateral

図4 北極圏カナダ，エルズミア島に分布する谷氷河の氷舌端
氷舌を取り囲むように端堆石堤が形成されている．ただし，この堆石は小氷期の氷核堆石（ice-cored moraine）で，表層の岩屑層の下には氷河氷が存在する．

side moraine）とよぶ．氷河により直接運搬され，氷河から直接放出されて生じた堆積物はティル（till）とよばれる．端堆石・側堆石を構成するティルは，氷河内・氷河上を運搬された岩屑からなる場合が多いが，氷河底を運搬された岩屑からなる場合もある．前者は氷河表面ティル（supraglacial till：巨礫を多く含む無層理・無淘汰の角礫層からなる堆積物），後者は氷河底ティル（subglacial till：亜円・亜角礫と粘土分に富んだマトリックスからなる固くしまった堆積物）とよばれる．氷河が融解すると，氷河底や氷河内，氷河上に取り込まれていた岩屑がその場にシート状に堆積し，底堆石（グラウンドモレーン ground moraine）が形成される．氷食谷中に形成された底堆石は，解氷後の河川により下刻され段丘化していることが多い．その構成層は，典型的な場合，下位に氷河底ティル，上位に氷河表面ティルの2層構造をなす．

氷河の下流側には融氷流水（アウトウォッシュ outwash）により多量の岩屑が運搬され，河谷の埋積が生じる．融氷流水堆積物（outwash deposits, fluvio-glacial deposits）によって形成された谷底平野はバリートレイン（valley train），扇状地や堆積平野はアウトウォッシュ平野（outwash plain）とよばれる．

［長谷川裕彦］

● 文献
1) Reheis, M. J.: Source, transportation and deposition of debris on Arapaho Glacier, Front Range, Colorado, U. S. A., *Journal of Glaciology*, 14: 407-420, 1975
2) Harbor, J. M.: Numerical modelling of the development of U-shaped valleys by glacial erosion, *Geological Society of America Bulletin*, 104: 1364-1375, 1992
3) Flint, R. F.: Glacial and Quaternary Geology, Wiley, 1971
4) 小疇尚研究室編：山に学ぶ—歩いて観て考える山の自然，古今書院，2005

D7-2
氷床の地形
氷床の地形形成作用と氷期の地形

●氷床の形態

　大陸規模の地域を覆う氷河を氷床とよぶ．現在，氷床（ice sheet）とよべるのは南極氷床とグリーンランド氷床のみだが，最終氷期には多くの氷床が存在した．その規模からいえば，氷床の形態も地形と考えるべきだろう．

　一般的に，氷床の表面形態は基盤岩の起伏とは無関係に餅盤状を呈する．現在の南極氷床を例にすると，氷体は，直径約 4000 km のほぼ円形をなし，中央部の氷床表面標高は 4000 m を超える．全体の平均高度は約 2150 m で，縦横比はおよそ 1 対 1800 となり，まさに薄いシートをなしているといえる．

●氷河性アイソスタシー

　南極氷床の総体積は 2540 km³ に達する．この膨大な氷の質量によって，地殻は数百 m もマントル中へ押し下げられている．特に，西南極氷床は，海水準下で基盤岩に着底しているため「海洋着底型氷床（marine-based icesheet）」とよばれている．

　このような，氷の荷重変化に対応して地殻が上下し，粘性的に移動するマントルとの間に均衡を保つ現象を「氷河性アイソスタシー」とよぶ．

●接地線

　周囲を海洋と接する氷床では，氷が氷床縁から海洋へと流出しても氷床本体とは切り離されずに海水に浮いたまま定着することがある．氷が海に浮かびはじめる地点を連ねたものを接地線（grounding line）というが，接地線より外側の浮遊部は棚氷や浮氷舌とよばれ，内側は接地氷床とよばれる．接地線は必ずしも海水準にあるとは限らず，海面下にある場合も多い．これは，接地氷床による侵食作用が海水準下まで及ぶことを意味する．たとえば，氷床の海水準下接地部で氷食谷が形成され，それが解氷後に沈水するとフィヨルドとなる．氷床縁沖の海底には海底沈水谷とよばれる谷が刻まれていることもある．

　見かけ上の海岸線は棚氷縁であるが，海面変化との関係で氷床全体の収支を把握するには，接地線より内側の接地氷床の表面収支を正とし，接地線より外側の氷が浮上・分離してからの流出量を負として，それらの和としてとらえる必要がある．

●寒冷氷河と氷底湖

　極域の寒冷環境下では，氷体温度が 1 年中氷点下の寒冷氷河が発達する．氷床周辺部の氷厚が比較的薄い範囲では，氷床表面の低気温が十分に氷体を冷却し，氷床底面でも融点以下の氷温に保たれた寒冷氷河となる．このような寒冷氷河は基盤岩に凍結し，氷食作用を全く起こさないか著しく低下させるため，明瞭な氷食地形が形成されず，氷床に被覆される前の古い基盤地形が保存される．

　一方，氷床中央部では，数千 m におよぶ氷厚によって，地中からもたらされる地殻熱が大気中に直接伝達されることが妨げられており，たとえ氷体表面が氷点下数十℃ であっても，底面ではそれより高い氷温に保たれる．さらに，底面付近の圧力融解点は氷体荷重によって 0℃ 以下になっており，これらが，液体の H_2O が存在できる好条件となる．

　実際，南極氷床下には 100 個を超える湖が存在している．それらの中でも，氷床下 4000 m に存在するボストーク湖は，約 1 万 5700 km² の面積を誇る．直接観察が不可能な氷底湖も，直上の氷床表面が比較的平坦になることから，その存在を推定できる．また，ア

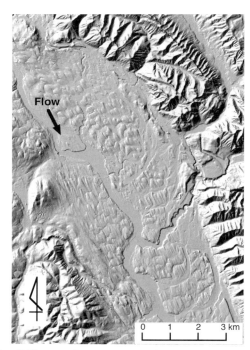

図1　陰影 DEM 画像に示されるカナダ・ロッキー山脈西山麓の谷に分布するドラムリン群の面的分布
谷底に無数に分布している流線形状の丘がドラムリン．矢印はドラムリン形成時の氷床の流動方向を示す．

図2 カルガリー郊外に分布する巨大エスカー（頂稜に立っている人がスケール）

図3 コルディレラ氷床から伸びていた Okanagan 氷舌末端付近に残された迷子石
ワシントン州 Watervill 台地にあり，地元では Yeager Rock と呼ばれている．迷子石の下には氷床底ティルが残存している．

イスレーダーなどの物理探査によっても確認できる．氷底湖の起源については，氷体の成長・融解過程と密接に関係しているため一概にはいえないが，あらかじめ存在していた湖の上に氷体が前進（あるいは成長）したという説や，氷体の下で融解が起こって水が溜まったとする説などが考えられている．最近では，氷底湖が氷床下で移動していることや，氷流底面を通じて湖水が排出される可能性も指摘されている．

このように，氷床厚の位置的差異によって底面温度環境は一様ではなく，同一の氷床にあっても，その位置によって異なる地形営力が働いている．

● 氷床の氷河作用と地形・堆積物

衰退しつつある氷床の縁辺部や氷床が消滅してしまった地域では，氷床底の氷河作用で発達した地形や堆積物をみることができる．そのような氷床底地形は，一見，解氷後にみられる環境にはそぐわない分布を示す場合が多い．これらを地形発達史的に理解するには，それらを形成したかつての地形営力が，氷床流動による動力学場，氷床荷重に由来する圧力水頭場，さらには底面の凍結融解条件に由来する環境下で作用していたことを考慮する必要がある．

たとえば「スルーバレー」とよばれる谷は，明瞭な分水界をもたずに一定方向に連続し，氷床の流動方向が基盤地形よりも氷床表面の最大傾斜方向に規定されていたことを反映している．また，カナダ・北欧・スコットランドなどにみられる湖沼群は，面的氷食作用による下刻で形成されたものであるが，それらの湖盆や湖岸線の分布は，形成当時の氷床表面傾斜や氷底温度，あるいは氷底水にかかる氷床の被圧に規定されており，解氷後の現在，流域中の最高最低地点で規定される流路パターンとは整合しない．さらに，ドラムリンフィールドとよばれる流線形地形の面的分布（図1）や，ときには数百 km にわたって連続するエスカー（図2）は，大地形の起伏を乗り越えて一定方向に連続する．これは，形成時の氷床底の圧力水頭場を反映しているためである．

氷床が運搬・堆積した岩屑は中心部から放射状に拡散的に分布する．そのため，解氷後には，氷床堆積物に地域周辺の地質とは異質の岩屑が含まれる場合がある．それらの中でも比較的大きな礫を「迷子石」とよび（図3），その分布を本来の産出地へと追跡することによって，氷床の拡大方向を復元できる．氷期の概念が確立する以前は，迷子石は流氷や伝説の洪水によって遠くまで運ばれたと考えられていた．一方，最終氷期末期に氷床周縁に形成された巨大な湖が決壊したことが北米やシベリアで確認されており，その洪水によっても巨礫が遠隔地まで運搬されている．これらの異地性の礫は別の意味で，洪水起源（氷床周縁湖の決壊洪水）の迷子石とよばれている．

［澤柿教伸］

● 文献
1) Riffenburgh, B. (Ed): Encyclopedia of the Antarctic (vol.1 & vol.2), Taylor & Francis Group, LLC, 2007
2) 岩田修二：氷河地形学，東京大学出版会，2011

D7-3 氷河変動と地形
世界と日本の氷期と間氷期の地形

過去260万年間の第四紀に繰り返されてきた氷期・間氷期の変動は，地球上の大陸氷床［▶D7-2］の盛衰によって特徴づけられるものである．大陸氷床の盛衰は，海水準の変動とともにグレイシャルハイドロアイソスタシーによる固体地球の変形をともなうことで，世界各地の海面変化と地形形成，その発達史に大きな影響を与えてきた．

第四紀の最終氷期に存在，あるいは存在した可能性が指摘されている氷床には以下があげられる（数字はCLIMAP最小モデルおよび最大モデル[1]に基づく最終氷期極相期（Last Glacial Maximum）における氷床量相当海面変動の最小値と最大値[2]：単位はm）（図1）．
〈最終氷期に存在して現在は融解した氷床〉
- 北アメリカ氷床（77〜92m）：ローレンタイド氷床（LA），コルディエラ氷床（CO），イニューシアン氷床（IN）
- ユーラシア氷床（20〜34m）：フェノスカンジア氷床（SC），イギリス氷床（BR），バレンツ海氷床（BA），カラ海氷床（KA）
- その他の氷床（5〜6m）：アイスランド氷帽，パタゴニア氷床，アンデス氷帽，チベット氷帽

〈最終氷期から現在まで存在する氷床〉
- グリーンランド氷床（GR）（1〜6.5m）
- 南極氷床（24.5〜24.5m）：西南極氷床（WA），東南極氷床（EA）

特に最終氷期以降から現在に至る，最後の氷期・間氷期サイクルで生じたさまざまな現象は現在の地球上各地の地形に大きな痕跡を残している．1回の氷期・間氷期サイクルでは，以下の現象が地球上の地形形成に大きな影響を与える．

〈氷期の現象〉
a. 大陸氷床が存在した地域における，氷河による侵食・堆積作用
b. 氷床の荷重による地殻変動（グレイシャルアイソスタシー）
c. 海水量の減少と，大陸氷床から遠い地域における侵食基準面の低下（河床勾配増加）

〈間氷期・後氷期の現象〉
d. 氷床融解に伴う地殻変動（グレイシャルアイソスタシー）
e. 海水量の増加と，侵食基準面の変化（河床勾配減少）
f. 海水の荷重による地殻変動（ハイドロアイソスタシー）

図2には，これらの現象の時間的な変化と大陸氷床からの距離の違いによる地形変化の違いを模式的に示した．①最終氷期極相期には，大陸氷床に近い地域では氷床の拡大によって侵食・堆積作用が生じるとともに，氷床の荷重によってリソスフェアの下のアセノスフェアの移動が生じ，大陸氷床中央部では沈降，その周辺部では隆起によってバルジが生じる．また，海水量が減少することで，大陸氷床から遠い地域では侵食基準面が低下して河床勾配が急になり，陸化した内湾や大陸棚に延長する．②北半球氷床がほぼ融解後，大陸氷床に近い地域では氷床の融解によって，アセノスフェアの再移動が生じて，氷床が存在した場所での隆起，周辺部のバルジでの沈降が生じる．海水量が増

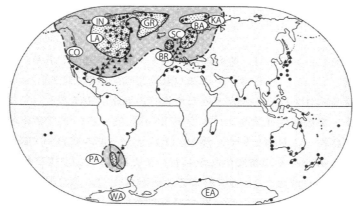

図1　後氷期の海面が現在より高かった地域・低かった地域と氷床によるアイソスタティックな変動との関係[3]
●：2500〜5000年前の海棲貝化石が現海面上にある場所，▲：2500〜5000年前の陸成泥炭が現海面下にある場所．砂目は最終氷期に氷床があり，後氷期にアイソスタティックに隆起した地域．

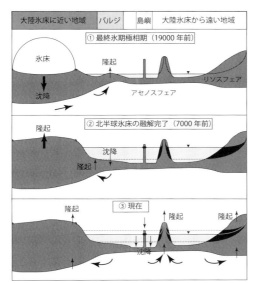

図2 氷期から間氷期における氷床変動とグレイシャルハイドロアイソスタシーにともなう地形変化の模式図

加することで，大陸氷床から遠い地域では侵食基準面が上昇して内湾や溺れ谷が広がり，河床（黒い曲線）勾配が緩やかになる．河川や海浜から堆積物が供給される河口部には，土砂が堆積して河成低地（沖積平野）や海成低地（海岸平野）が形成され（黒塗りの部分），土砂が供給されない場所では溺れ谷となる．③海水量の増加による海水の荷重で大洋底下のアセノスフェアが移動して，大洋底が沈降する．流動したアセノスフェアは，大陸の縁辺や日本列島スケールの大きさの島の下に移動して隆起させるが，小さな島では，大洋底の沈降とともに一緒に沈降する．そのため，大陸縁辺や日本列島では相対的に海面が低下するので，基準面が低下して河床勾配が変化する（白い破線），河川や海浜から堆積物が供給される河口部では引き続き沖積層が形成される．

海洋酸素同位体ステージ5e以降，大陸氷床の盛衰にともなって海面は細かな変動を繰り返しながら最終氷期極相期に最も低下した．このような海面変化に対応して，海岸地域では，高海面期の海成の地形面や堆積物が，日本国内において広く認められる（図3）．また，日本やアジアの山岳氷河は，海洋酸素同位体ステージ2よりも4に拡大規模が大きく，大陸氷床の最拡大期と一致しない．これは降雪の供給源となる日本海の海況の変化が降水量を通じて日本列島の山岳氷河の発達に影響を与えたためとも考えられるが，太陽放射の変化の影響を直接反映しているとも考えられる．また，氷期には，東北日本の上・中流域の山間部では，上流に山岳氷河が形成されない地域でも，森林限界の低下による周氷河地域の拡大で，礫層が堆積し，亜間氷期や完新世に下刻を受けて段丘化している．

［三浦英樹］

●文献

1) Denton, G. H. and Hughes, T. J. (eds.): The Lsst Great Ice Sheets, Wiley Interscience, 1981
2) Clark, P. C. and Mix, A. C.: Ice sheets and sea level of the Last Glacial Maximum, *Quaternary Science Reviews*, 21: 1–7, 2002
3) Walcott, R. I.: Past sea levels, eustasy and deformation of the Earth, *Quaternary Research*, 3: 39–55, 1972

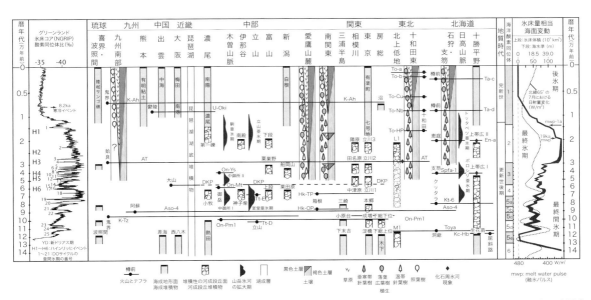

図3 最終間氷期以降のグローバルな氷床量相当海面変動およびグリーンランド氷床コアの変動と同じタイムスケールでみた日本国内の地形面と自然地理学的現象の編年図

D7-4 永久凍土
土壌凍結・地下水，凍結-融解作用による地形形成

永久凍土（permafrost）は寒冷な高緯度地域や山岳地域に分布し，その面積は地球上の陸域の約14%，北半球の陸域に限れば約25%に及ぶ．永久凍土は，2年以上にわたって0℃以下の温度状態にある土壌や岩盤，およびそれらに含まれる氷と定義される（図1）．その氷は地中にある点で，氷河や越年雪渓と区別される．高緯度の寒冷な気候環境に由来する永久凍土とは別に，中〜低緯度（低地には永久凍土がない）において高度による低温条件に由来する永久凍土を山岳永久凍土とよぶ．これら永久凍土の分布域（永久凍土帯）の周囲には，冬季に凍土が形成され，夏季に融解する季節凍土帯が広範囲に分布する．

●高緯度地域の永久凍土

永久凍土の大部分は北極域に分布する．高緯度地域の永久凍土帯は分布する面積の割合によって，連続（90〜100%），不連続（50〜90%），点在（0〜50%）の3タイプに区分され，北極点を中心とした同心円状に分布する（図2）．

連続的永久凍土帯では，永久凍土が水平方向にほぼ連続して分布する．高木を欠き，背の低い低木や草本が優占するツンドラは主に連続的永久凍土帯に成立する．

不連続，および点在的永久凍土帯では，斜面方位や断熱効果の高い有機土壌層の厚さなどの局地的な条件によって，低温となる場所にのみ永久凍土が分布する．連続帯南部〜点在帯にはトウヒやカラマツの針葉樹林が成立する．降水量が乾燥地帯なみに少ない内陸部でも，永久凍土層が不透水層となり活動層を湿潤に保つため，針葉樹林が成立する．

永久凍土の厚さは北極海沿岸で最大となり，東シベリアでは1000mを超えるが，必ずしも気温と一致するものではない．氷期を含めた完新世の長期間にわたり永久凍土が分布する東シベリアに比べて，氷期に大陸氷床に覆われていた西シベリアでは，永久凍土が後氷期に入ってから発達したために薄く，またその分布地域も北側に偏っている（図2）．さらに北極海の海底には，海水準が低かった氷期に陸地であった場所に形成された永久凍土が残存し，海底永久凍土とよばれる．

●山岳永久凍土

山岳永久凍土帯では，標高・斜面方位・斜面傾斜や積雪・氷河の有無が狭い範囲で変化するため，高緯度地域に比べて永久凍土の水平方向の連続性が悪い．そ

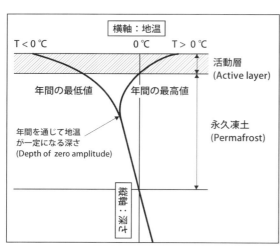

図1 永久凍土の模式地温断面
年間を通して0℃よりも低い温度状態にある部分が永久凍土である．その上には，夏季の融解と冬季の凍結を繰り返す領域があり，活動層（active layer）と定義される．ある一定の深さに達すると，地温の季節変化がなくなる．この深さにおける温度は，永久凍土の安定性を判断するうえで重要な指標となる．

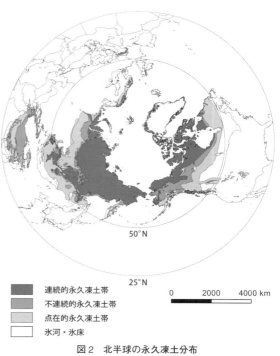

図2 北半球の永久凍土分布
Brown et al.[1]のGISデータを編集．

のため，気温条件が高緯度の永久凍土帯と等しくても，山岳永久凍土の分布を連続帯，不連続帯に区分することには異論がある．また，チベット高原の山岳永久凍土は，例外的に連続性がよいため，山岳永久凍土とは分けて考える場合もある[2]．

わが国では，富士山，大雪山，および飛騨山脈立山に永久凍土が確認されており，それぞれで分布する要因が異なっている．富士山山頂の年平均気温は連続的永久凍土帯に近い−6℃前後で，気温条件は永久凍土の存在を確約する．しかし，透水性のよい火山砂礫層中には多量の降雨が深部まで熱をもたらすため，富士山では永久凍土がほぼ岩盤内にしか存在しないと予想される[3]．国内で永久凍土が最も広がる大雪山では，冬季の卓越風によって雪がほとんど積もらない稜線部の風衝地に主に永久凍土が分布する[4]．立山の内蔵助カールで確認された局所的な永久凍土は，初冬から秋口まで積雪が存在する吹きだまり斜面において，夏の日射や降雨がもたらす熱は残雪の融解で消費され凍土に及ばないため，凍結期が短期間ながら存在しているものである[5]．

● 域外永久凍土

気候的な山岳永久凍土の下限高度よりも低いところに局地的な永久凍土が生じることがある．このような永久凍土の分布には，気温傾度に沿う成帯性がないので，域外永久凍土あるいは非成帯永久凍土と分類される．域外永久凍土は，地下に冷気を蓄積しやすい洞穴や岩塊斜面に形成され，夏〜秋に冷風を吹き出す「風穴」を伴うことが多く[6]，その周囲にはミズゴケや高山植物など，低い地温条件に支えられた植生が成立することがある．そのような永久凍土はヨーロッパアルプスなど中緯度山岳地域の崖錐や洞穴に多数の報告があり，国内では富士山麓の溶岩洞穴，北海道の十勝三股，別別火山群，鹿ノ子ダム周辺の崖錐や岩塊斜面に存在が確認されている．風穴を伴う岩塊斜面は国内各地に分布しており[7]，今後も地温観測が進めば永久凍土が見つかる可能性がある．

● サーモカルスト

含氷率が高い凍土や地下氷が融解すると，氷が失われたことによって沈下が生じる．このような過程や，結果として生じる地形のことをサーモカルストとよぶ．気候変動でも生じるが，森林火災や森林伐採などの攪乱によって地表面の熱収支が乱されることでも発生する．シベリアには，アラスとよばれるサーモカルストによって形成された円形の凹地が多数分布する（図3）．アラスに堆積した湖沼堆積物の基底年代は完

図3　東シベリア，ヤクーツク近郊のアラス

新世初頭であることが多く，当時，シベリアの気温が現在よりも高くなってアラスが形成されたと考えられている．また永久凍土帯における地すべりや海岸侵食などもサーモカルストと連動している場合が多い．

● 過去の永久凍土分布

アイスウェッジポリゴン［▶D7-5］など，永久凍土の分布範囲にのみ出現する地形の痕跡から，過去の永久凍土分布を復元することができる．アルプス以北の欧州平野部では，そのような化石地形が広く認められている．日本でも北海道東部および北部では，化石アイスウェッジ（氷楔）の断面構造が記載され，その一帯が最終氷期後半に少なくとも不連続永久凍土帯であったと推定されている[8]．北海道では，活動層の凍結融解に伴う攪乱構造と考えられるインボリューション（成層した土層が波状に乱された構造）も各地で記載されているが，成因の特定が困難なため，永久凍土との関係は不明である．

［澤田結基・池田　敦］

● 文献

1) Brown, J. et al.: Circum-Arctic Map of Permafrost and Ground-ice Conditions, Ver. 2., National Snow and Ice Data Center, 2002
2) French, H. M.: The Periglacial Environment, 3rd ed., Wiley, 2007
3) 池田敦ほか：富士山高標高域における浅部地温の通年観測―永久凍土急激融解説の評価も含めて―．地学雑誌，121：306-331，2012
4) Ishikawa, M.: Spatial mountain permafrost modelling in the Daisetsu Mountains, northern Japan, Phillips, M. et al. (eds.) Permafrost: Proceedings of the 8th International Conference on Permafrost, Balkema: 473-478, 2003
5) 福井幸太郎：立山の山岳永久凍土の形成維持機構．雪氷，66：187-195，2004
6) 澤田結基ほか：北海道中央部，西ヌプカウシヌプリにおける岩塊斜面の永久凍土環境．地学雑誌，111：555-563，2003
7) 清水長正・澤田結基（編）：日本の風穴．古今書院，2015
8) 三浦英樹・平川一臣：北海道北・東部における化石凍結割れ目構造の起源．地学雑誌，104：189-224，1995

D7-5 周氷河地形

氷河に覆われていない寒冷環境の広がりを示すために，永久凍土帯とは別に，周氷河帯という概念がある．周氷河とは寒冷環境に特有の非氷河性の地表プロセスを包括する用語であり[1]，主に地盤の凍結に関連した地形を「周氷河地形（periglacial landforms）」として特徴づけるために用いられている．

地盤の諸特性（傾斜，粒度組成，含水率など）と，0℃を上下する地温変化の振幅・周期に応じ，地中の氷層の発達パターンが異なり，その氷層の拡大・縮小あるいは変形に伴って土層や岩盤が変形した結果，多様な周氷河地形が生じる[2]．季節凍土層中では氷層の発生が季節的で地表付近（概ね3 m以内）に限られるのに対し，永久凍土層中の氷層は多年生で数十 m深まで達しうる．そのため永久凍土帯では変形しうる地盤が厚く，特有の大型な周氷河地形が生じる．一方，活動層や季節凍土層中では凍結と融解の繰り返し（凍結融解）が主に地形を変化させる[3]．

代表的な3形態の周氷河地形（凍結丘，構造土，舌状地形：図1）に関して，それぞれ特徴的な形成環境と形成プロセスが明らかになっており，それらの地形がその場の土層構造や温度・水分条件の指標となる．他に別項のサーモカルスト［▶D7-4］による凹地（群）も特徴的な周氷河地形といえよう．

●凍結丘：パルサとピンゴ

身近な凍結現象として霜柱があげられるが，それが地中に盤状に発達したものがアイスレンズである．霜柱やアイスレンズのようにシルト質・粘土質の土層内で温度勾配に沿って成長する氷が析出氷で，析出氷の発達に伴い地表面が持ち上がる現象を凍上とよぶ．

なかでも析出氷が多年にわたり成長することでパルサとよばれる凍結丘が生じる（図1a）．パルサとは高さ数十 cm～数 m，径100 m以下の楕円形の凍結丘で，泥炭地に発達するものを指す（泥炭地以外ではリサルサとして区別される）．地表面の微起伏が積雪深分布を不均一にし，積雪の薄いところにおいて凍結が促進されパルサが生じる．泥炭層は熱伝導率が凍結時に高く融解時に低く，地中の凍結を促進し融解を抑制するため，析出氷起源の凍結丘は泥炭地に多い．パルサは不連続的永久凍土帯の指標地形であり，日本でも大雪山に存在する[4]．

ピンゴは一般に高さ10～60 m，径100 m以上の円錐または鏡餅状の凍結丘（図1b）で，永久凍土層の内部あるいは底面において被圧された地下水が地表面を押し上げながら塊状の氷として成長することで形成される．連続的永久凍土帯の低湿地においては，湖沼下の融解層が湖水の乾燥あるいは排水に伴いまわりから徐々に凍結していくことで未凍結の地下水が被圧され閉鎖型ピンゴが形成される．一方，主に不連続的永久凍土帯の丘陵地の谷底で，斜面中を流下する地下水が谷底の永久凍土底面で被圧状態となって開放型ピンゴを発達させる．

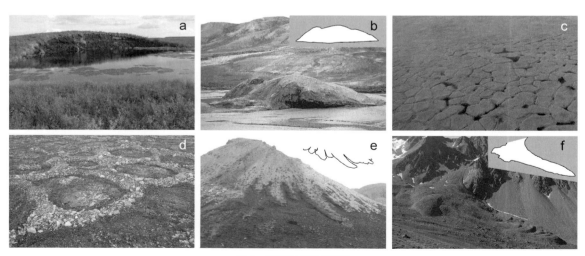

図1 代表的な周氷河地形
(a) パルサ，(b) 開放型ピンゴ，(c) アイスウェッジポリゴン，(d) 淘汰円形土，(e) ソリフラクションローブ，(f) 岩石氷河．

● 構造土

凍結プロセスによって地表面で幾何パターンをなす地形は構造土と総称される．

連続的永久凍土帯を特徴付ける大規模な構造土がアイスウェッジポリゴンである（図1c）．アイスウェッジとは，氷点下における急激な気温低下によって凍土が収縮し形成された割れ目に，気温が融点を上回る時期に水が浸透し地下で凍結することで形成される氷の楔である．それらは同じ場所で凍結割れ目が繰り返し生じることで発達し，15〜40 m の間隔をとり多角形状に配列しアイスウェッジポリゴンを構成する．

その他の構造土は活動層および季節凍土層内の凍結融解にともなう土層の擾乱により生じると考えられ，幾何パターンの線分間の距離は数cm〜数mである．特に異なる粒径をもつ土粒子間で凍結融解時の凍上量や沈下量に差ができることで，淘汰構造土とよばれる細粒分と粗粒分がふるい分けられた網状や筋状の地形が形成される（図1d）．

● 舌状地形：ソリフラクションローブと岩石氷河

ソリフラクション（solifluction）とは，細粒土層の斜面表面と直交する方向への凍上と鉛直方向への沈下の繰り返し（尺取り虫状の動き）と，融解時に飽和した土層の緩やかな流動を併せて示す用語である．そのプロセスは，凍上性を有する土層が水平方向に比較的一様な場合，斜面表層全体をシート状に流動させ，土層構造が不均一な場合，流動しやすい部分が舌状に伸びソリフラクションローブ（図1e）を形成する．その移動層厚は，永久凍土帯では活動層厚に，それ以外の地域では最大凍結深に制約され，移動部末端の高さは概ね3 m以内である．

一方，岩石氷河は角礫に覆われた長さ数十 m から数km，厚さ数十mの舌状地形である（図1f）．岩屑層内の越年氷が斜面下方へ変形することにより形成される．氷の起源について永久凍土か氷河かという論争があるが，多数を占める崖錐から連続的に伸びる岩石氷河については非氷河性のプロセスで発達したと考えられている[5]．現在，永久凍土を有しない化石岩石氷河は日本アルプスにも多くあり，おそらく晩氷期の永久凍土環境を示唆している[6]．

ちなみに充塡物を欠く礫層内部は，冷やされやすく暖まりにくいため，活動層が巨礫層からなる岩石氷河が前進することで，山岳永久凍土帯の下限高度がしばしば明瞭に低下する．

● 周氷河作用と山地地形

凍結融解による岩盤の風化（凍結破砕・凍結風化）

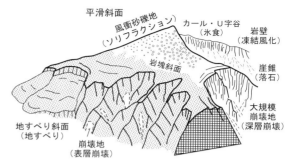

図2 日本の高山地形の模式図
括弧内に各斜面の主な形成プロセスを示した．

が寒冷地における重要な土砂生産プロセスであり，寒冷な山地の景観をときに大きく特徴づける．凍結風化が必ずしも寒冷地特有の地形に結びつくわけではないが，急傾斜地であれば崖錐の発達に，それより傾斜が緩ければ平滑な岩屑斜面の形成に寄与する．例えば日本においては，森林限界が低下した氷期に，山岳地の広範囲で現在より凍結風化が卓越し土砂生産量が増し，おそらく流水の侵食・運搬能力の低下と相まって，稜線部に平滑斜面が形成されたと考えられている．その概念は，図2に示したような異なる斜面形状の組合せが，表層構成物と年代試料を踏まえ検討されることで提示された[7]．ただし，平滑斜面のなかでも岩塊斜面や岩塊流とよばれる巨礫層は「氷期の強力な周氷河作用」により生じたとされていたが，そのプロセスの詳細（温度・水分条件，土砂移動様式など）は，現在の極域などでも実証されておらず，不明である．

［池田　敦・澤田結基］

● 文献

1) French, H. M.: The Periglacial Environment, 3rd ed., Wiley, 2007
2) 松岡憲知・池田敦：周氷河地形プロセス研究最前線，地学雑誌，121：269-305，2012
3) Matsuoka, N.: Solifluction rates, processes and landforms: a global review, Earth-Science Reviews, 55: 107-134, 2001
4) 曽根敏雄：北海道，大雪山平ヶ岳南方湿原のパルサの内部構造，地学雑誌，111：546-554，2002
5) 池田敦：岩石氷河の成因，雪氷，75：325-342，2013
6) 池田敦・西井稜子：赤石山脈三峰岳周辺の岩石氷河の^{14}C年代，第四紀研究，50：309-317，2011
7) 高田将志：北アルプス薬師岳周辺の周氷河性平滑斜面，地学雑誌，101：594-614，1992

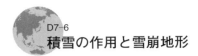
D7-6 積雪の作用と雪崩地形

●雪食作用

積雪の地形形成作用を雪食作用という．雪食作用には積雪が移動することで生じる侵食作用と，残雪の存在によって生じる侵食作用とがある．

積雪の移動現象には，積雪が地表面でゆっくりと滑動するグライド（glide）と，積雪層の内部変形であるクリープ（creep）がある．また急速な崩落現象である雪崩は，積雪全体が地表面で滑る全層雪崩（底雪崩）と，滑り面が積雪層内にある表層雪崩に分けられる．クリープや表層雪崩は，植生の破壊を通じて間接的に地形を造り変える役割をもつが，地形営力として重要なのはグライドと全層雪崩である．

残雪の作用としては雪窪をつくるような複合的プロセス，ニベーション（nivation）がその代表である．

雪食作用は北半球の周極地域から，スカンジナビア，アルプス，カフカス，ロッキー，アンデス，オーストラリアなどから報告例がある．しかし雪食作用の及ぶ領域は未知である．

●グライド侵食

グライドによる侵食には，移動雪圧で生じる植生の引き抜き跡を起点とした雪食崩壊地の形成，硬化した積雪ブロックによる表土の削り取り，積雪底面における岩片の引きずりによる岩盤の削磨などがあり，その侵食様式は地表面の性状に応じてさまざまである．グライド侵食で生じる岩盤上の擦痕は氷食擦痕に酷似するため，1930年代の「氷河論争期」にはたびたび引き合いに出された．グライド侵食は，植生の破壊を通して進行することが多いため，多雪地における森林保全の観点から林学の分野でも問題にされてきた．

●雪崩地形

雪崩地形はアバランチ・シュート（avalanche chute）や筋状地形[1]のような侵食地形と，アバランチ・ボールダー・タン（avalanche boulder tongue）[2]などの堆積地形に分けられる．

アバランチ・シュート

アバランチ・シュート（図1-②）は，全層侵食によって斜面に刻まれた浅いU字形～半円形の横断面形の雪崩道で，雪崩侵食が他の地形形成作用より卓越することによって形成される．只見川上流域における調査[3]によると，その規模は横幅10～80 m，走路長150～700 m，傾斜は35～50°の範囲にほぼ限られ，40°前後に集中する．稜線から谷底まで削ぎ落としたように直線的な縦断面形を呈するので，アバランチ・シュートが並列すると，屏風を立て懸けたような雪崩斜面となる．尖鋭な尾根と直線的な斜面で構成された地形は，わが国の多雪地帯の景観の特徴である．

筋状地形

雪崩侵食と水食が競合する斜面は，雪崩斜面のような直線的な縦断形を呈するものの，低木やかん木に覆われ，流水が掘り込んだ幅と深さが数mの溝（一次谷）がいく筋も走る斜面となる．これを筋状地形という（図1-①）．溝の形成が主に雪崩によるとする説と，融雪水や降雨によるとする説がある．アバランチ・シュートと筋状地形の分布は，北海道から北陸地方の日本海側の多雪山地を中心にほぼ重なる．

雪崩堆積物

急斜面下に形成された沖積錐や崖錐などの堆積物の平面形が，雪崩の作用によって細長い舌状に変形した堆積地形をアバランチ・ボールダー・タン（以下「雪崩堆積物」とよぶ）という（図2）．

図1　侵食力の強弱と雪崩地形
雪崩の侵食作用は①より②が強い．雪崩作用の強弱は植生からも判断できる．
①筋状地形（越後山脈・荒沢岳東麓（新潟県），2009年8月撮影）．
②アバランチ・シュート（妙高火山群北方・権現岳（新潟県），2002年4月撮影）．

図2　スピッツベルゲン島・ラインダーレンの雪崩堆積物
（1988年7月撮影）
台地を刻む谷の出口に6個の雪崩堆積物が並んでいる．小規模なものは崖錐に，大規模なものは沖積錐に類似する．台地とU字谷の谷底との比高は約900mである．

図3　雪崩堆積物表面の微地形（スピッツベルゲン島）
① avalanche debris tail（1992年8月撮影）：人物の立つ位置に固定された巨礫があり，そこから手前に長さ5mほどの礫の高まりが，雪崩の流下する方向に延びている．
② 巨礫の上に乗った雪崩デブリ（1988年7月撮影）．

図4　大雪山・小泉岳北東斜面の雪窪（1996年8月下旬撮影）
残雪が消失した後の雪窪．雪窪内は周囲の凸型斜面と対照的な凹型の斜面となっている．

雪崩堆積物は沖積錐に似てコンケーブな縦断面形をもつが，両端と末端に大きい礫が散らばること，また沖積錐の表面全体に掘れ溝（gully）や泥流堤（mudflow levee）が発達するのに対し，多少の凹凸はあるものの，ブルドーザーが押し下ったように概して平らである点で異なる[4]．

しかし各堆積物の間には中間的地形があって，その区別は容易ではない．ただし avalanche debris tail[2]（図3-①）のような微地形や，巨礫の上に細粒物質が不安定に乗る（図3-②）など，雪崩堆積物にしかみられない特徴は，その堆積物が少なからず雪崩の作用を受けている証拠である．

無淘汰の角礫で構成される点は崖錐に類似するが，崖錐の傾斜はより急で，縦断面が直線的であるので区別できる．横断面形は沖積錐や崖錐のように扇形～円弧状の等高線で示されるような膨らみに乏しく扁平である．平面形は縦長で舌状に延び，その末端が対岸斜面にまで這い上がることもある．

雪崩堆積物はスピッツベルゲン島，スカンジナビア，ロッキー，アルプス山脈などのU字谷の谷壁斜面下部に形成されている．わが国ではアバランチ・シュートは発達するものの，V字谷が堆積物をためる受け皿とならず，また融雪水や暖候季の増水で堆積物が残りにくいため，堆積地形は形成されにくい．しかし2010年，わが国では初めて赤石山脈間ノ岳の農鳥沢の氷食谷で雪崩堆積物が発見された．

● 雪　窪

雪田や雪渓などの長期残雪は，低温，多湿，恒温という独特の環境を生み出し，土壌形成や植生分布だけでなく地形形成にも深くかかわっている．わが国では，おおむね8月上旬以降に残雪が消失する場所は残雪砂礫地となる．残雪砂礫地では，物理的・化学的な風化・運搬作用によって周囲の地表面より速く侵食が進むため，凹地形が形成される．これを雪窪とか残雪凹地とよぶ（図4）．

雪窪形成に関わる作用には，凍結破砕，酸化・水和作用・溶解などの風化作用と，ジェリフラクション（gelifluction）や融雪水による土砂運搬，積雪のグライド，消雪後の降雨による侵食・運搬作用などがある．これらの諸作用が複合し，消雪の進行に伴って時間的，空間的にシフトしながら雪窪の形成にかかわっているとみられる．

雪窪の多くは吹き溜り雪が生じる稜線の風下側に形成されるので，風上側の周氷河斜面との間の稜線は非対称山稜となる．

[下川和夫]

● 文献
1) 関口辰夫：全層雪崩発生斜面における筋状地形の特徴，雪氷，56: 145-157, 1994
2) Rapp, A.: Avalanche boulder tongues in Lappland, Geogr. Ann., 41: 34-48, 1959
3) 下川和夫：只見川上流域の雪崩地形，地理学評論，53: 171-188, 1980
4) 小疇尚研究室編：山に学ぶ，古今書院，2005

D8 風のつくる地形および乾燥地形

D8-1 砂丘と風食地形

砂丘（dune）の形成にかかわる要因として風と砂の供給がある．シルトや粘土粒子はバラバラになりにくく，一般に動きにくい．乾燥した砂は4〜5 m/sのごくありふれた風で動きだすので，実際には乾燥した動きやすい砂が用意されていることが，風による移動が生じる最も重要な条件となる．通常，海岸，氾濫原，風衝地，砂漠などが該当する．

波や流水によって水分を保持しやすいシルト・粘土分が取り去られると，動きやすい砂が堆積する．きわめて乾燥した砂漠域では，洪水によって運ばれた土砂はすぐに乾燥し，風で巻き上げられ（ダストストーム，サンドストーム），風による運搬中に砂とシルトは選り分けられ，砂は近くに砂丘として堆積し，シルト分はダストとなって遠方まで運搬され，日本列島にもしばしば黄砂として到来する．

図1は粒子が運搬される風速と粒径の関係を示すもので，砂とシルトでは動き方に大きな差がある．縦軸の風速は地表における風速であるせん断速度で示されるが，日ごろ体感する地表から離れた高さでの風速（m/s）を対応させて示す．図の左側では，砂粒子が地表を跳躍するか，転動して移動する限界の線（限界風速）が示され，この線の下側では粒子は堆積する．一方，図の中央〜下のシルトの領域では，斜めの破線が懸濁運搬の領域を示す．破線は複数描かれているが，U_f/U^*の値による．U_fは粒子の落下速度，U^*は摩擦速度で，U_f/U^*が0.1の破線より右側の領域では，舞い上がった粒子の落下速度よりも運搬される速度の方がずっと大きいため非常に遠距離まで運搬される遠距離懸濁輸送の領域となる．U_f/U^*が0.1と0.7の間は，比較的落下速度が大きくなるため遠距離には到達しない短距離懸濁輸送の領域である[1]．破線が斜めであるのは，風が強いほど粗い粒子でも懸濁状態で運搬されることを意味する．

● 砂丘の形態

地球上にはタクラマカン砂漠をはじめ各大陸にドゥラやLinear Duneとよばれる巨大な縦列砂丘が存在する．比高は数十m〜百数十m，長さは数km〜数百kmにも達する．

現在全体が移動しているものはなく，頂上部のみか，表面を覆う小規模な砂丘が移動するかで，固定されていることも多い．このためドゥラ本体の形成期や形成条件は議論になってきたが，最終氷期（MIS2など）に形成された例が多く明らかにされた[2]．風向の方向に発達することは砂丘内部の堆積構造によって確認される．非常に乾燥し風が強まっていた可能性が高い．日本のように多くの砂丘が海岸の砂州，浜堤を母体に発達する地域では，横列砂丘が一般的であるが，津軽半島などは縦列砂丘が卓越する．

バルハン砂丘：一般に砂の供給が限定的であるところではバルハン砂丘が形成される．砂丘の基本形とされ，風上側に緩斜部，風下側に急斜部をもち，両側に翼部を突き出す（図2）．

パラボラ型砂丘：植生などで固定された砂丘の一角が人為作用や動物の活動などによって破壊されると，風食が一気に進んで凹地が形成され，同時に風下側にパラボラ形（U字形）の砂丘が形成されて，風下側に前進する（図3）．これが長く延びて縦列砂丘に発達したのが津軽半島の例である．

星形砂丘：砂の供給が十分にあり，複数の方向の風が存在する場合に形成され，最も大型のピラミッド形の形態を示す．3〜4の放射状の尾根をもち，高いものは300 mにも達する．

植生コーン：灌木がまばらに存在すると，植生のまわりに砂がトラップされて小丘を形成，植生コーン（タマリックスコーン，アラブではネブカ）となる．

● 砂丘と土壌（クロスナ層）

砂丘の表面や内部に土壌層がみられることがある．砂丘が固定され，草本を主とする植生が覆い，土壌を形成する．砂丘形成が復活して砂丘砂に覆われ埋没土壌となり，クロスナ層とよばれる．日本の海岸砂丘では3000〜2000年前に厚さ20〜40 cmの顕著な黒色土壌（旧期クロスナ層）が生成された[4,5]．新期クロスナ層は薄く数層が認められる．

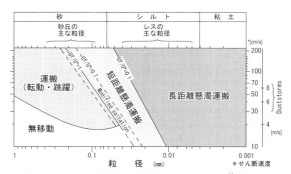

図1 風による砕屑粒子の運搬（Tsoar and Pye[1]を修正）

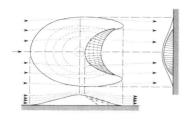

図2 バルハン砂丘の基本形（上）とバルハン砂丘群（下）[3]
矢印は風向を示す．

近年GPR（地下レーダー）の活用から砂丘の内部構造が解明されるようになった[6]．

● 風食地形

礫砂漠（ハマダ，レグ）：表面を礫で覆われた砂漠は通常風食の場を表す．ハマダの語はこうした礫砂漠や岩盤が露出した岩石砂漠を総称する．礫は表面から浅い範囲に集中し，その下位の礫混じり砂層の砂が風によって吹き飛ばされ，礫が表面に残ったラグ堆積物と考えられる．礫で敷き詰められた表面をデザートペイブメントという．礫の集積には大量の砂が吹き払われる必要がある．その結果，地表は広範囲にわたり低下する．こうした風食をデフレーションとよぶ．一方，礫が集積すると風食は急速に衰え，土地の低下は小さいとする説もある．礫砂漠には風食を受けた礫，三稜石・風稜石がみられる．

ヤルダン：風食地形（wind erosion landforms）の典型．ヤルダンは，風による侵食の結果生じる，風向に沿って伸びる高まりと凹みである．ヤルダンの分布地域は砂丘の近くにあることが多い．強風が卓越する地域で，砂が移動して地表面を侵食する結果生じ，砂が侵食の道具となる．砂が豊富にあれば砂丘となるが，砂の供給が限定されている場合に生じる．小規模なものは比高1m以内，長さ数mの凹凸に富む地形で，古い湖底堆積物からなる場合が多い．大規模なものはメガヤルダンとよばれ，長さ数kmにも及ぶ．

［遠藤邦彦］

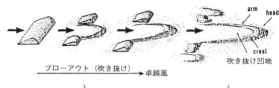

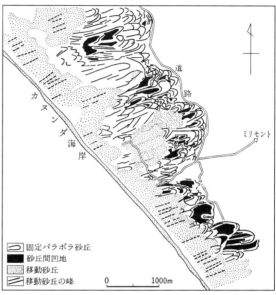

図3 パラボラ型砂丘，そのでき方（上）[3]とオーストラリア海岸のパラボラ砂丘群（下）[7]

● 文献

1) Tsoar, H. and Pye.K.: Dust transport and the question of desert loess formation, *Sedimentology*, 34: 139–154, 1987
2) Fitzsimmons, K. E, *et al*.: The timing of linear dune activity in the Strzelecki and Tirari Deserts, Australia, *Quaternary Science Reviews*, 26, 2598–2616, 2007
3) Mabbutt, J.A.: Desert Landforms, Australian National University Press, 1977
4) Endo, K.: Coastal sand dunes in Japan. 日本大学文理学部自然科学研究所紀要，No.21，37–54, 1986
5) 遠藤邦彦：日本の沖積層—未来と過去を結ぶ最新の地層—．冨山房インターナショナル，2015
6) Tamura, T. *et al*.: Building of shore-oblique transverse dune ridges revealed by ground-penetrating radar and optical dating over the last 500 years on Tottori coast, *Japan Sea. Geomorphology*, 132, 153–166, 2012
7) Suzuki, H., *et al*.: Studies on the Holocene and recent climate fluctuations in Australia and New Zealand, 東京大学地理学教室，1982

D8-2 ペディメント

●ペディメントとは

ペディメント（pediment）は，山地や急崖の前面に発達する侵食性の緩斜面で，特に半乾燥～乾燥地域に広くみられる地形である．表面は薄い堆積物におおわれることが普通であるが，岩盤が露出している場合もある．インゼルベルク（inselberg）とよばれる残丘がみられることも多い．縦断方向の断面はわずかに上に凹形で，傾斜は0.5°から11°くらいまで，多くは2°から4°程度とされる[1]．山地あるいは急崖との境界はピードモントジャンクション（piedmont junction）とよばれる傾斜急変部をなし，下流側は扇状地がつくるバハダ（bajada）とよばれる堆積面に続いていることが多い（図1）．侵食域と堆積域の間に位置する移動域の地形とされ，山地・急崖と平野が接するところに発達する．

●ベイズン・アンド・レンジ地方のペディメント

アメリカ合衆国西部，カリフォルニア州，ネバダ州，アリゾナ州にまたがるベイズン・アンド・レンジ地方の南部は，半乾燥～乾燥気候下に構造性の山地と盆地が連続しており，ペディメントが多く分布していることで知られている．この地方では，島状に分布する侵食が進んだ地塁山塊の周囲にペディメントの発達が顕著である．ペディメントの先にはバハダが広がり，閉鎖された盆地底となるプラヤ（playa）に続いている（図2）．空から見ると，ペディメント，バハダ，プラヤからなる平坦面の中から突き出ている山地

が恐竜の背のように見える（図3）．

大規模な急崖の多いコロラド高原やロッキー山脈の前縁部などにもペディメントの発達がみられる．また，アメリカ合衆国以外にも，半乾燥～乾燥地域に限らず世界中に多くのペディメントが分布していることが知られている．

●ペディメント問題

ペディメントは早くから注目を集めた地形であるが，その定義や成因をめぐって「ペディメント問題」とよばれる論争が長く続いてきた．現在でも明快な統一的見解があるとは言い難い．今のところ，定義にかかわるペディメントの成因についての見解は，①側方侵食説，②平行後退説，③被覆物支配説の3つに分けられる[4]．①は流水の側方侵食によって平滑な緩斜面が形成されるという考え，②は，急斜面が風化と流水の作用で後退し，その前面に流水による運搬斜面としてのペディメントが形成されるという考えである．ペディメントの名称をはじめて用い，布状洪水による侵食・運搬の重要性を強調したMcGee[5]の説明も②である．③には，カリフォルニア州南部モハベ砂漠における岩石ペディメントの成因に関するOberlander[6]の見解が該当する．Oberlanderは，ここでは主に新第三紀以前の比較的湿潤な時期に被覆層下で基盤岩の風化が進行し，その後の乾燥化によって風化が抑制されるとともに被覆層が侵食されて，基盤岩からなる緩斜面が露出したと考えた．最近のペディメント形成に関する数値シミュレーションでも，基盤岩の風化と流水による風化物質除去の間の平衡状態が前提とされることが多いが，これも③の立場に立っているといえる．また，被覆物の役割も形成過程も異なるが，ユタ州からコロラド州につづくブッククリフ（Book Cliffs）沿いに発達する"堆積物被覆ペディメント"の形成も，③のカテゴリーに入るであろう[3]．ここでは，土石流

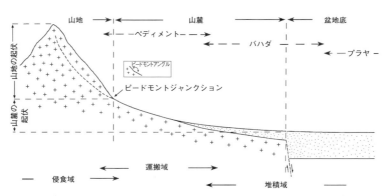

図1　ペディメントとその周辺の模式的な地形縦断面図（Dohrenwend[1]およびMabbutt[2]を編集・改変）

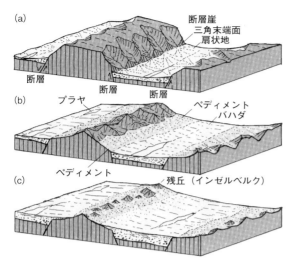

図2 ベイズン・アンド・レンジ地方に見られる地塁山地—地溝盆地の地形とペディメント（大内・貝塚[3]による）

図3 ベイズン・アンド・レンジ地方の一部を空から見たところ　中央に開析された地塁山地が見え、その周囲にペディメント、バハダが広がっている．インゼルベルクやプラヤも見える．（1996年大内撮影）

堆積物が軟岩の侵食面を保護している．

　諸説を総合する形で，各種作用の強度や地質条件の違いで異なる種類のペディメントが形成されると説明することも可能である．花崗岩のように風化によっていきなり粒状になりやすい岩石からなる山地斜面が後退する場合には，明確なピードモントジャンクションをもつ岩石ペディメントが形成されるし，軟岩の上に侵食に強い岩石がのっている急崖が後退する場合には，堆積物被覆ペディメントが形成される．また，ベイズン・アンド・レンジ地方においては，新第三紀以降地殻が安定していたことがペディメントの発達に重要であったとされている[1]．これは，ペディメントが乾燥地域に限られた地形ではないとしても，日本のように地殻変動の激しい所には発達しにくいことを示唆している．

● ペディメントの定義

　ペディメントをめぐる論争が長引いた一因は，ペディメントという言葉が形成過程の異なるいろいろな地形について使われてきたことにある．この観点から，山地と山麓を構成する岩石に差がなく山麓で岩盤が露出するような侵食緩斜面のみをペディメントと定義すべきという意見がある[6]．しかし，ペディメントという用語はすでに長い間幅広く使われてきており，ここでより厳密に限定・定義することがさらなる混乱を招く可能性もある．また，実際には山麓の地形が侵食によるものか堆積によるものかの判断も難しいことが多く，厳密に定義しても問題の所在が多少ずれるだけとも考えられる．流水の堆積作用によって形成される山麓の地形を扇状地，侵食作用によって形成される地形をペディメントとし，両者を堆積物の厚さや側方侵食の関与の度合いなどで区別することも試みられている[7]．しかし，場所による条件の変化が大きい山麓地形の形成過程は，個々の事例について多方面から詳しく調査してはじめて明らかになる性質のもので，一般的な区分が当てはまるとはかぎらない．堆積物の薄い扇状地も被覆堆積物の厚いペディメントもありえると考えられる．地域的な条件も考慮する必要があるだろう．例えば，扇状地が多く分布する日本で，堆積物が薄い"扇状地"をペディメントとよんだり，堆積物被覆ペディメントが連なるブッククリフ沿いで，堆積物の厚い部分を扇状地とよんだりすることにはやはり違和感がある．「山麓あるいは急崖前面に広がる緩傾斜の地形で，主に侵食作用によって形成されたもの」をペディメントの一般的な定義とし，個々の難しい事例についてはより詳しい調査と地域の条件によって判断することが現実的ではないだろうか．　　　［大内俊二］

● 文献

1) Dohrenwend, J. C.: Pediments in arid environments, in Abrahams, A. D., and Parsons, A. J. (eds.), Geomorphology in Arid Environments, pp.321–353, Chapman and Hall, 1994
2) Mabbutt, J. A.: Desert Landforms, Australian National University Press, Canberra, 1977
3) 大内俊二・貝塚爽平：合衆国西部のペディメントと構造ベンチ，貝塚爽平編，世界の地形，pp.121–134，東京大学出版会，1997
4) 赤城祥彦：乾燥地域の地形，佐藤久・町田洋編，地形学，pp.125–152，朝倉書店，1990
5) McGee, W. J.: Sheetflood erosion, Geological Society of America Bulletin, 8: 87–112, 1897
6) Oberlander, T. M.: Landscape inheritance and the pediment problem in the Mojave desert of southern California, American Journal of Science, 274: 849–875, 1974
7) 斉藤享治：世界の扇状地，古今書院，2006

D8-3
バハダとプラヤ
乾燥地域の地形

●乾燥地域の盆地

乾燥地域の地形というと，砂丘などの乾燥気候に特有な地形を連想しがちである．しかし，実際の乾燥地域の大地形は，湿潤地域などと同様に，山地，盆地，平野などで構成されている．乾燥地域の盆地は，周囲の山地にもたらされた降水が地下を経て供給される場所であるため，オアシスが立地しやすい．一方で周囲を山地に囲まれているために乾燥の程度がきわめて高く，湧水や地下水が得られない場合には，農耕や居住が困難な場所でもある．

乾燥地域の盆地の中には多様な地形がみられる．規模が相対的に小さいものには，砂丘 [▶D8-1] や涸れ谷（ワジ）がある．一方，面的な広がりをもつ代表的な地形は，山麓部のバハダと，盆地底のプラヤである．

●バハダ

バハダ（bajada）は，乾燥地域の山麓部にみられる，側方に連なった扇状地群（合流扇状地）である．断層などによって規制された，直線的な山麓線に直交する複数の河川が，山地側から流入しているために生じる．連なる扇状地の数は数個～数十個であり，その全体的な形状から，エプロン（apron）と形容されることもある．バハダを構成する扇状地の傾斜は，一般に1～5°である．

バハダは元々，スペイン語で下り坂を意味する語であり，扇状地の上面の傾斜を表現している．この語はアリゾナ州の扇状地群に対して最初に用いられた[1]．その後，合衆国南西部のベイズン・アンド・レンジ地域などの乾燥地域に分布する扇状地群に対して用いられてきた．

乾燥した場所に，流水が作る地形である扇状地が多数存在することは一見逆説的であるが，実際には乾燥地域は扇状地の発達に適している．通常時には降水が少なく，大きな地形変化は生じないが，数十年～数百年に1回といった頻度で，短時間ながら非常に激しい雨が降ることがある．この際には，植生や土壌がほとんどない山地の斜面の上を水が一気に流れ下り，谷底を流れる川の水位を押し上げる．その結果，流水による土砂の活発な運搬が生じ，土砂が山麓に到達すると

図1　ASTER衛星画像に基づくデスバレーの鳥瞰図（NASAによる）．
（http://www.nasa.gov/topics/earth/features/20090629.html）
山麓の扇状地群であるバハダ，その表面の流路網，盆地底のプラヤ，およびプラヤに析出した塩類を判読できる．

急速に堆積するため，扇状地が形成される．

このような河川の作用による地形変化は，風や風化による地形変化よりも速度がきわめて大きいため，頻度が小さくても地形を作る主な要因になる．また，降雨が少ないために，一度扇状地に堆積した粗粒な土砂が，流水によって再移動する機会が少なく，元の扇状地の形状が長期にわたって保存されやすい．

バハダの表面には，砂礫が多量にみられ，表面を水が流れた際につくられた河道の跡（一般に網状流路）がみられる．また，それぞれの扇状地の中に，相対的に高い形成年代の古い面と，低く新しい面がみられることもある．この場合，古い面ほど面を構成する礫の表面に砂漠ワニス（desert varnish）が発達しているために，より暗色に見える場合がある．

植生の被覆が少ない乾燥地域では，地形や堆積物を観察しやすい．このこともあり，1970年代までの扇状地の地形学・地質学的研究は，合衆国南西部などの乾燥地域で主に行われた[2]．日本を含む湿潤地域の扇状地の研究が進んだのは，主に1980年代以降である．

バハダと形態的に類似した地形として，乾燥地域の山地斜面の直下に発達する緩斜面であるペディメントがある．ペディメントはバハダとは異なり，侵食によって形成されるため，地表付近には基盤岩が露出するか，薄い堆積物がみられるのみである．ペディメントを開析する河川が，その下方に扇状地を形成すること

もある．このような場合，両者が見かけ上，一連の緩斜面のように見えることがある．また，扇状地やペディメントの内部で堆積物の厚さが変わるため，両者の厳密な区分は難しいことがある．

●プラヤ

バハダの下方に位置する平坦な盆地底をプラヤ（playa）とよぶ．流入する河川は複数あるが，流出する河川はないのが普通である．これは乾燥のために，流入した水の大半が蒸発や地下への浸透によって失われるためである．このような内陸流域であるため，一部のプラヤは海面下に位置している．たとえばデスバレーのプラヤの最低点は，海抜－86 mである．プラヤは世界各地の乾燥地域に分布しており，中東，北アフリカ，インド，オーストラリア，合衆国南西部，メキシコなどで典型例がみられ，ブラジルなどでも類似の例がみられる．

乾燥によって水が蒸発する際には，水中の塩分が析出して地表に残される．このため，プラヤの地表には塩類が集積しており，周囲のバハダや斜面に比べて，より白色を呈している．プラヤの一部には塩分濃度が高い水が湛水し，塩湖を形成していることもある．塩湖は，降雨や地下水によって涵養され，雨季と乾季がある場合には規模が季節によって変化する．プラヤの語はスペイン語で岸を意味するが，これは塩湖の存在と関連している．アラビア語のサブハ（Sabkha）も，プラヤとほぼ同義の語として，国際的に用いられてきた[3]．

プラヤにある塩湖の中には，最終氷期にはより大規模であったものが含まれる．たとえば最終氷期のデスバレーには，水深が150 mを超える湖が存在し，その水質は淡水に近かったと考えられている．過去の湖の水深や湖岸線の分布は，湖岸段丘の分布や堆積物の調査から復元できる．当時の湖の拡大の原因は，降水量の増加や，気温の低下にともなう蒸発量の低下と考えられている．

塩湖は鉱産資源の産地としても重要である．塩化ナトリウムや石膏が最も一般的な資源であるが，ウラン，リチウム，ゼオライトといった鉱物も集積している．乾燥のために居住が困難な場所であるにもかかわらず，鉱物を採取・精製する産業が立地している場所もある．

プラヤの表面は非常に平坦であり，傾斜は一般に1°未満である．周囲のバハダとは明瞭な傾斜変換線で区別される．これは前記した，バハダを構成する粗粒物質がほとんど再移動しないことと関連する．合衆国南西部のバハダとプラヤの傾斜の違いと，日本の扇状地とその下方の低地の傾斜との違いを比較すると，前者が明らかに大きい[4]．日本の場合には，扇状地から下方への土砂移動が活発であるが，乾燥地域では不活発なためである．

プラヤは，粘土，シルト，および細粒の砂で構成されている．流水によって上流域から供給された細粒物質と，風成の粒子を起源とする．地表は乾燥時には堅くなるが，湿っているときには柔らかくなる．プラヤを交通路として利用する場合には，地表の乾湿の状態に注意する必要がある．乾燥時には地形が平坦なこともあり，プラヤを飛行場や，車の高速運転のテストコースとして利用することも可能である．

プラヤの表面には，乾燥時に生じた割れ目に沿って塩分が析出するなどして，独特の模様（ポリゴンや筋の列）が見られることがある．また，プラヤから風によって吹き上げられた細粒物質が，砂丘を形成している場所もある．

［小口　高］

●文献

1) Tolman, C. E.: Erosion and deposition in the southern Arizona bolson region, *Journal of Geology*, 17: 136–163, 1909
2) Bull, W. B.: The alluvial fan environment, *Progress in Physical Geography*, 1: 222–270, 1977
3) Briere, P. R.: Playa, playa lake, sabkha: proposed definition of old terms, *Journal of Arid Environemnts*, 45: 1–7, 2002
4) Hashimoto, A., *et al*.: GIS analysis of depositional slope change at alluvial-fan toes in Japan and the American Southwest, *Geomorphology*, 100: 120–130, 2008

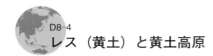
レス（黄土）と黄土高原

●世界のレス分布

風で運ばれる細粒物質を風成塵，地表に堆積して層をなすものをレス（黄土）とよぶ．レス（loess）はシルト（2〜20 μm）を主体とする風成堆積物で，主に石英，長石，雲母，粘土鉱物からなり，レスの給源地に石灰岩が分布する場合はカルシウムを多く含む．レスの分布面積は全陸地の約10％を占めるほか，海洋底にも広く分布している（図1）．

レスの主な給源は氷河と砂漠である．氷河による岩盤の研磨作用で生じた岩粉が風で運ばれ，堆積する．砂漠では沖積地，山麓，内陸湖岸に堆積した細粒物質が風成塵の材料になるが，砂丘地でも砂粒の塩類風化，風成砂どうしの衝突によって生じたシルトが風成塵になる．このほか山岳地域では凍結破砕，急流河川での破砕によるシルト生産が活発である．特に氷期や完新世冷涼期の周氷河気候地域では凍結破砕作用が活発で多量のシルトが生産され，さらに砂漠の多くも拡大し，風成塵を運ぶ偏西風や貿易風が強くなったために世界各地にレスが堆積した[1]．

●レス・風成塵の堆積期

19世紀末から北西ヨーロッパや北米でレス-古土壌の編年研究が始まり，1930年代には世界のレス分布域がほぼ把握された．1960年代以降はレスの古地磁気分析や，深海底コアによる古気候復元の研究成果が導入され，飛躍的にレス研究が進展するようになった．1980年代に入ると，グリーンランド氷床コアに含まれる風成塵が気候変動に敏感に反応する物質であることが実証され，南極でEPICAによってドームCで掘削された過去80万年間の氷床コアは，氷期の風成塵量が間氷期よりも最大25倍も増加したことを示した[2]．

北半球の氷期が始まった第四紀初頭以降，4.1万年周期で氷期-間氷期が繰り返すようになり，ユーラシアでは黄土高原，タジキスタン，ドニエプル川中・下流域で氷期にレスが堆積するようになった．しかし，当時は氷期が短く，気温低下もそれほどではなかったために氷河や砂漠の規模が小さく，そこから供給される風成塵量も少なく，レスの分布域は限定的であった．90万年前以降になると10万年周期で気候が変動するようになり，しかも氷期の気温が著しく低下したため，拡大した氷河や砂漠から供給される風成塵が増加し，世界的にレス分布範囲が拡大した．

●黄土高原の黄土

アジア大陸中央部に分布するタクラマカン，モンゴルゴビなどの砂漠から運ばれた風成塵が厚く堆積した標高1000〜2000 mの高原が黄土高原である（図2）．西は青海省日月山地，東は太行山脈，南は秦嶺山脈，北は万里の長城で限られる．黄土の厚さは50〜200 mが大部分であるが，高原中央部や蘭州では厚さ300 mと推定されている．黄土高原の地形は，卓状の塬（ユアン），平坦面がわずかに残った梁（リアン），尾根が

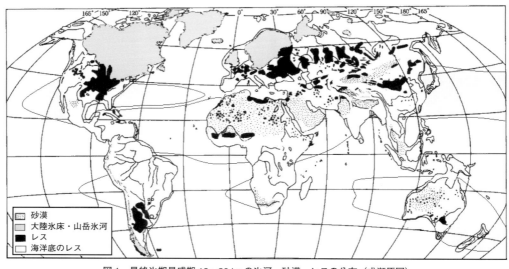

図1　最終氷期最盛期18〜20 kaの氷河，砂漠，レスの分布（成瀬原図）

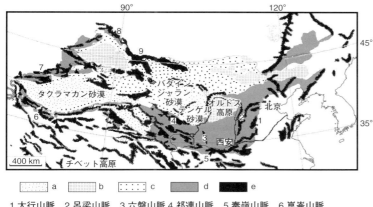

1 太行山脈　2 呂梁山脈　3 六盤山脈　4 祁連山脈　5 秦嶺山脈　6 崑崙山脈
7 天山山脈　8 アルタイ山脈　9 ゴビアルタイ山脈

a 砂砂漠　b 固定砂砂漠　c 礫砂漠　d 黄土　e 山地・山脈

図2　黄土分布[3]

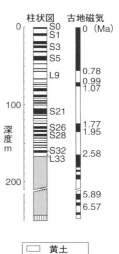

図3　黄土柱状図（L：黄土，S：古土壌）[5]

丸みを帯びた峁（マオ）が基本形である．

黄土高原は夏季モンスーン域の辺縁部にあたり，年降水量は310～550 mm，その70%が6～9月の夏季に集中する．蒸発量はこれを上回る800～900 mmで，乾燥気候に属する．年平均気温は9～14℃，蘭州の平均気温は1月が-5℃，8月は22℃である．

中国黄土は1877年にリヒトホーフェン[4]によって風成堆積物とされ，20世紀に入ると，黄土は全新世（次生）黄土，馬蘭黄土L1，離石黄土S1～L15，午城黄土WS-1～WL-3に分類されるようになった．

2000年代には深海底コアに記録された酸素同位体比曲線と洛川・宝鶏に堆積する33層の黄土と32層の古土壌との対比，黄土-古土壌の帯磁率変動と太陽放射量変動の関係，モンスーン変動の復元研究などが進むようになった．

中国黄土の堆積開始は700万年前に遡り，まず紅色粘土が堆積し，第四紀開始期の258万年前から黄土-古土壌の堆積・生成が繰り返すようになった．全新世黄土は数千年前，馬蘭黄土は1.1万～10万年前，上部離石黄土は10万～50万年前，下部離石黄土は50万～120万年前，最下部の午城黄土は120万～258万年前に対比されている（図3）[5].

● 黄土の侵食

風積層である黄土は侵食を受けやすく，風や流水による侵食作用によって，沖溝（ガリー），黄土橋，黄土漏斗，黄土洞，黄土柱，階地（段丘）が発達する．黄土台地の縁では垂直崖が形成され，降雨時に崖崩れが頻発する．黄河流域には活断層も多く分布し，地震活動によって大規模な地すべりが発生することがあ

る．侵食された黄土は濁流となって黄河に流入し，黄河中下流域に堆積する．

養分に富む黄土は完新世黒墟土を生成し，農耕文化を育んだ．現在は森林が少ない黄土地帯も，殷代あたりまでは山西省と陝西省の大部分が森林地帯で，アジアゾウなどの大型動物が生息していた．その後の森林後退は，気候変化や農耕・放牧など過剰な土地利用によって進んだとされる．土壌流失は肥沃な表土の喪失，保水能力の喪失が地域経済の衰退につながったほか，堆砂でダムや運河が埋まり，川が流れにくくなるなど治水上の問題にも波及している．さらに高原の耕地化は風食を促し，黄砂の発生源にもなっている．1994年，砂漠化や土壌侵食の進行を食い止めるため，黄土高原の水土保持プロジェクトが始まり，植林事業や持続可能な牧畜や農耕事業などが進められ，樹木や草地が戻り，農業が復活するなどの成果がみられる．

［成瀬敏郎］

● 文献

1) 成瀬敏郎：風成塵とレス，朝倉書店，2007
2) EPICA Community Members: Eight glacial cycles from an Antarctic ice core, *Nature*, 429: 623–628, 2004
3) Yang, X and Scuderi, L. A.: Hydrological and climatic changes in deserts of China since the late Pleistocene, *Quaternary Research*, 73: 1–9, 2010
4) Richthofen, F. von: China.1, Berlin, 1817
5) Sun, D. H., John, S., An, Z., Cheng, M. and Yue, L.: Magnetostratigraphy and paleoclimatic interpretation of continuous 7.2 Ma late Cenozoic eolian sediments from the Chinese Loess Plateau, *Geophysical Research Letters*, 25: 85–88, 1998

E ● 土壌

E1　土壌の生成

E1-1　土壌地理学の歴史

●人と土壌のかかわり

　人類が本格的に土を耕して農作物を育て食料を得ようとしたのは，新石器時代以降である．西アフリカのサバンナ農耕，中近東の地中海農耕，東南アジアの根栽農耕文化，アメリカ大陸の新大陸農耕文化などがそれである．棒や石鍬で耕作するなかで，土壌の肥沃度を維持する方法を考え出したと思われる．紀元前3000年ごろにはすでにメソポタミアで農耕に金属器を使用し，生産性をあげていった．チグリス・ユーフラテス川，インダス川，黄河はいずれも灌漑農業であった．チグリス・ユーフラテス川流域では特に森林伐採，過放牧による土壌侵食，灌漑の失敗による塩類土壌の拡大を引き起こした．

　地中海沿岸は天水農業であり，灌漑農業ができなかった．さらに傾斜地が多いために，森林を伐採して作った急傾斜地の農地から土壌流出が起こった．土壌流出を防ぐために，フェニキア人たちは紀元前1500年には石垣で土留めをつくった．また紀元前6世紀には，ギリシャでは傾斜地での穀物栽培から，オリーブやブドウなどの栽培へ切り替えることが推奨された．そして土地利用も秋に小麦をまき，次年6月に刈り取ると，ヒツジとヤギを放牧する二圃式農法が採用された．また家畜の糞尿が有効な肥料として，地力回復に利用された．

　古代ギリシャでは，自然哲学者たちは，四元素説の中で，土を不変の重要な元素の1つとして扱い，土は冷と乾の環境を示す元素であると考えた．紀元前4～3世紀には作物の収量や土地条件に応じて土地を区分した．同じころ中国でも色や粒度組成で土壌を区分し，生産性による土壌分類が行われはじめていた．

　ローマ時代は，地中海域での森林伐採が本格化し，奴隷による農業によって土壌肥沃度が低下し，土壌侵食が本格化した．こうした中で，複数の農書が出版された．中世には，西ヨーロッパで耕地の拡大がおこり，開墾した土地と肥沃土を保ち，効率よく利用するために，8世紀後半には三圃式農法が考え出された．ウシからウマへの犂の利用も行われ，深く耕やすことができるようになっていく．17世紀には輪栽式農法が考え出され，農業生産性は上昇した．また，植民地政策で成功を収めたオランダは，東南アジアから土壌を船底に積んで持ち帰ったとされている．1200年頃から風車を用いて排水をし，1600～1625年には3万2000haが干拓された[1]．干拓した土地に初めはヒツジを放牧し，その後塩分が抜けた段階でウシを放牧した．さらに家畜の糞尿の染みた敷ワラ（プラッケン：[▶E3-3]）を加え，時には船積みに植民地である東南アジアの土壌を客土し，耕地化していった．こうした経験から，「神は人をつくり，人は土地をつくる」という格言が生まれた．

●土壌地理学の確立

　近代科学の発展とともに，土壌の生成，分類，分布についての科学的体系づけが確立していく．19世紀半ばに土壌生成分類学（pedology）または土壌地理学（soil geography）とよばれる科学が確立したといってよい．その過程の中で，主に2つの視点がみられる．1つは，ドイツの有機化学，農芸化学の確立を果たしたリービッヒ（Liebig）の視点で，「化学的見地から土壌をみる」立場である．2つ目は，地質学的視点から「岩石の細かく破砕されたものに有機物を伴ったもの」としてとらえる立場である．2つ目の視点にたつドイツのラマン（Ramann）は「動物や植物の遺骸を伴った，化学変化を受けた岩石の風化物」という結論に達した．

　1つ目の視点は，土壌地理学の基礎を築くことになった．ドクチャエフ（V. V. Dokuchaev）は，1877年から1878年に発生したウクライナの大干ばつの調査をするため，チェルノーゼム地帯をおとずれた．その後，1882年から1886年に，さらに北方のタイガ林のポドゾル地帯での調査もおこなった．その結果「土壌の特性は気候や植生と関連していて，大スケールでは，気候帯，植生帯と対比できる地理的な広がりをもつ地帯として描くことができる」との結論にたっした．ドクチャエフは，土壌を生成因子の総合的な作用のあらわれであり，土壌断面にその特色があらわれると考えた．かつその分布にも規則性があることを見いだしたという点から土壌地理学の父とよばれる．

　一方，アメリカでは1892年にヒルガード（E. W. Hilgard）が気候と土壌特性の関連性に注目し，乾燥型土壌と，湿潤型土壌の分類を発表している．アメリカでは，ヒルガードの考えは，マーバット（C. F. Marbut）に引き継がれることになる．何度かの土壌の分類の改訂を試み，最終的に成熟土壌に重点をおいた土壌分類を確立した．その中で，植生，気候ばかりでなく，地形の影響も重視した．1930年代にアメリカの中西部は干ばつに悩まされ，ダストボール（黄塵）とよばれる土壌の風食が発生した．このことによ

って，1935年土壌保全局が設立され，アメリカでの本格的土壌調査が行われていく．アメリカの土壌分類は，1949年に最終的に修正され，マーバットの分類を補正したものである．大きく3つに分類した，すなわち，成帯性土壌（成帯土壌，zonal soil），成帯内性土壌（間帯土壌），非成帯性土壌（非成帯性）である．その中で成帯性土壌は生成因子のうち，気候–植生の影響を反映した性質をもつものであるとしている．成帯性土壌は広い地域または地帯に出現し，地理的な特徴によってのみ限定される[4]と紹介されている．

このアメリカ農務省（USDA）による土壌分類は，戦後日本にもたらされ，連合国総司令部天然資源局の手で日本予察土壌図（25万分の1）が作成された．この土壌分類と分布に関する成果はその後の日本の土壌地理学界に大きく影響することになった．日本の土壌図作成にあたって，日本特有の火山灰土に対してAndosoilsの名称が付され，日本の名称である黒ぼく土の名称が取り入れられなかった．イギリスではブリッジス（E. Bridges）が「世界の土壌」の中で土壌地理学の1つの視点を示していて，土壌生成のための土壌中の水の動きに注目し，世界の土壌の分布を地理的に説明している．特に生成因子のうち気候を土壌中の水の動きと，土壌生成作用に結びつけ，物質の移動，集積で論じている点は注目に値する．

●今日用いられている土壌分類と土壌図

アメリカ合衆国のUSDA土壌分類法は，1975年に最終章が示された．しかし，その後も改訂を重ねている．特徴層位に基づいて10分類したものであり，さらに細分される．10分類は，エンティソル（Entisol），ヴァーティソル（Vertisol），インセプティソル（Inceptisoil），アリディソル（Aridisol），モリソル（Molisol），スポドソル（Spodosol），アルフィソル（Alfisol），アルティソル（Ultisol），オキシソル（Oxisol），ヒストソル（Histosol）である．

FAO/UNESCOは1974年に土壌分類と土壌図（500万分の1）を発表した．この分類では，できるだけ既存の土壌の名称を用いたので，土壌図は世界的に広く利用されている．土壌図と説明書はUNESCO本部で購入することができる．土壌図に用いられている土壌型は26である．特に後進国などでは土壌学的記述にはこの分類が多用されている．26は以下のとおりである．フルビソル（Fluvisols），レゴソル（Regosols），アレノソル（Arenosols），グライソル（Gleysols），レンジナ（Rendzinas），ランカー（Rankers），アンドソル（Andosols），ヴァーティソル（Vertisols），イェルモソル（Yermosols），ゼロソル（Xerosols），ソロンチャーク（Solonchaks），ソロネッツ（Solonetz），プラノソル（Planosols），カスタノゼム（Castano），チェルノーゼム（Chernozems），ファエオゼム（Phaezems），カンビソル（Cambisols），グレイゼム（Greyzem），ルビソル（Luvisols），ポトゾルビソル（Podzoluvisols），ポドゾル（Podzols），アクリソル（Acrisols），ニトソル（Nitosols），フェラソル（Ferralsols），ヒストソル（Histosols），リソゾル（Lithosols）．

その後の分類については，E2–1のWRBの土壌群を見てほしい．

日本における土壌分類は，日本に広域に分布する土壌を対照としたものに農林省林業試験場（1976）の林野土壌の分類，経済企画庁国土調査課（1970）の国土調査20万分の1の土地分類図（土壌図）の分類，ペトロジスト懇談会（1986）の日本の統一的土壌分類・命名体系一次試案がある．これらの分類に基づいた土壌図は，土壌の生成，分類ののち，その分布を図化したものである．したがってペトロジーも土壌地理学もほぼ同じ視点にたって土壌をとらえようとしていると考える．しいていうなら，土壌地理学は世界的な土壌型の分布上の特色に重点をおいて考察しているといえるであろう．

[漆原和子]

●参考文献

1) 浅海重夫：大学テキスト土壌地理学，古今書院，2001
2) E. ブリッジス/永塚鎮男・漆原和子訳：大学テキスト 世界の土壌，古今書院，2004
3) 大羽裕・永塚鎮男：土壌生成分類学，養賢堂，1988
4) 小山正忠：土壌学，大明堂，1976

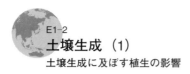

土壌生成（1）
土壌生成に及ぼす植生の影響

土壌とは，岩石を構成する鉱物が風化により粉々になったもの（無機物）と植物が光合成により生産し，生物の活動により供給されるもの（有機物）とが混ざり合った複合物である．土壌の生成には，大気-生物-土壌間の物質循環の要となる植物の存在が重要である．また，土壌の生成は，時間と空間のスケールにより，短期・地域的と長期・広域的の2つの場合に分けてとらえられる．

●植生遷移と土壌生成

まず，短期・地域的な土壌生成（soil formation, pedogenesis）は植生遷移［▶F2-2］にともなう特定地域で数百年レベルの事象として生じる．火山噴火により新しい溶岩原が形成された場合をモデルに説明する．一般にできたての溶岩の表面は，風雨の影響を直接受け，乾燥しやすく，栄養も乏しいため，地衣類やコケ類という厳しい環境に耐えられる特定の生物グループが出現する．岩の隙間に砂がたまりはじめると，発芽や成長に十分な光を必要とする陽生の草本や低木が進出してくる．植物は光合成により，根から吸い上げる水と葉の気孔から吸収する二酸化炭素を材料に，太陽からの光エネルギーを用いて有機物を合成する．この有機物からなる植物体が枯れると地表に有機物が供給され，それを分解する小動物（トビムシ，ダニ，ミミズなどの土壌動物）や微生物（バクテリアなど）が棲みつくようになる．これらの土壌中の生物は有機物を分解することで自らの生命活動を成り立たせる一方，最終的に有機物を植物が再利用できる無機物の形に戻すので，ここに物質の循環が始まる．

植物の成長に必要な水と二酸化炭素以外の栄養素のうち，鉄，マグネシウム，カリウム，カルシウムなどは，もともと基岩の鉱物の中に含まれていたものが風化作用により土壌中に溶け出して供給されつづける．また，もともと岩石中の含有量が少ないリンは，土壌中では水に溶けにくいリン酸となって溶脱されにくいので，一度土壌中に出たものは植物と土壌の間を循環しながら土壌中に蓄積していく．一方，炭素とならんで生物の体づくりに欠かせない窒素は，大気中に大量にあるが岩石中にはほとんど含まれないので，岩石の風化からは土壌中に供給されない．窒素は主に窒素固定菌とよばれるバクテリアの働きにより大気中の窒素が固定されて土壌中の無機態窒素（アンモニアや硝酸など）となるのである．窒素固定菌の中にはマメ科植物の根に共生する根粒バクテリアとよばれる種類もあり，この場合は生産された無機態窒素が直接植物の根に供給される．こうして時間がたつとともに岩石の風化物と植物から供給される有機物とが混ざり合い，植物の栄養となる無機物も蓄積されていき，発達した土壌が生成される．

植生遷移は途中で陽生植物から耐陰性をもつ陰生植物へと構成種の交代が起こり，最終的には組成・構造の一定した極相林となって安定する．極相林になると土壌動物や菌類（カビ・キノコ），微生物も以前のものとは交代して，極相林の環境に適した内容となる．菌類の中には植物の根に共生して菌根（細根のまわりを菌糸が覆う構造物）をつくり植物の栄養吸収を助ける種類もある（菌根菌という）．植物の根からは各種の酸や有機物が漏れ出て周囲のバクテリアなどの栄養になることもある．このように植物の根とさまざまな動物，菌類，微生物が関係をもちながらつくり上げる土壌中の世界を根圏とよぶ．

有機物が分解する過程で一部が黒色で分解されにくい独特の高分子有機化合物に組み替えられる．これを

図1　植生遷移と土壌生成

腐植とよび，腐植化が進むと土壌はやや酸性に傾く．また，土壌生物の消化管の中で有機物と土の粒子が混ぜ合わされ固められ糞として排泄されるので，土壌はかき混ぜられると同時に団粒構造が生じてくる．団粒構造をもつ土壌は土壌中にさまざまな大きさの孔隙を作り出し，土壌に適度な透水性，通気性，保水性をもたらす．以上のように土壌生成には，生物が環境に働きかけてその内容を変える面（環境形成作用という）と変化した環境に対応して生物自身もまた変わっていく面とがある．

● 植生帯と土壌生成

次に，長期・広域的な土壌生成についてみる．植生遷移はふつう数百年オーダーで起こる事象なので，地表の植生が極相に達して安定しても，その下ではさらに土壌の層位分化が続く．世界的なスケールでみると地表を覆う植生にはさまざまなタイプがあり植生帯（バイオーム）とよばれる．植生帯（vegetation zone）は，熱帯多雨林，亜熱帯多雨林，照葉樹林，夏緑樹林，常緑針葉樹林，雨緑樹林，硬葉樹林などの森林，サバンナやステップなどの草原，ツンドラや砂漠のような荒原の3つに大別される [▶ I-2]．これらの植生帯はほぼ同スケールの環境条件（主に気温と降水量）に対応しており，土壌タイプとも対応関係がみられる．植生タイプが異なれば，供給される有機物の量や質が大きく異なり，形成される土壌の内容も当然異なる．また，もともとの基岩の性質，古さ（生成からの時間），気候条件や土壌生物の内容などにより，岩石の風化のされ方や有機物の分解のあり方，土壌中での栄養素の分布の仕方なども違ってくる．このような長年月・広域的にさまざまな要因が総合された形で形成され，植生帯ごとにおおよそ対応した土壌の類型を成帯性土壌という [▶ E2-1]．

いくつか具体例をみてみよう．熱帯多雨林の成立する湿潤熱帯は高温多湿なため，土壌の材料となる岩石の風化と供給された栄養素の洗脱が急速に進むので，栄養素の流出した後に残る酸化鉄，酸化アルミニウム，石英などを主体とする貧栄養な土壌となる．熱帯土壌の特徴である強い赤色は酸化鉄の含有量の多さによる．加えて，熱帯林を擁する南米やアフリカは非常に古い大陸であり，土壌の母材となる岩石は長年月にわたり風化されつづけてきたので，老朽化した状態にある（ただし，火山活動による材料の若返りを受けたアジアの熱帯林は別）．さて，こうした土壌条件の上に成り立つ熱帯多雨林では，栄養素の大半は地上の植物体の中に蓄積されている．地表に落ちた葉・枝，倒木などの有機物は，高温多湿な条件の中ですばやく分解されてすぐに植物に取り込まれるので，土壌はきわめて貧栄養の状態に維持される．わずかに残る栄養素も地表近くに集中するので，熱帯多雨林の植物の根は一般に浅く張っている．高い幹を浅い根で支えるために一部の樹木では巨大な板根を発達させる．

一方，亜寒帯の針葉樹林が発達する地域は，氷河期に氷河に運ばれたり，寒冷な風によって運ばれたりした堆積物，あるいは氷河が退いた後に地表に現れた，風化をあまり受けていない若い岩盤からなっている．また，針葉樹林では寒冷な気候のため落葉・落枝の分解が遅く地表に厚く積もったままとなる．そのため，土壌の表層では塩基や鉄を失った灰色の漂白層がみられ，その下に表層から移動してきた腐植，鉄，アルミニウムなどが集積した暗褐色の層が明瞭に現れて，ポドゾルという独特の土壌を形成する．さらに，半乾燥気候下に成立するステップ（温帯草原）では，チェルノーゼム（黒土）とよばれる栄養素に富む肥沃な土壌が形成される．この母材はレスとよばれる石灰質の風成堆積物であり，栄養素の供給力も保持力も大きい．その上に成立した草原が多量の有機物を供給して黒色の厚い腐植層を形成し，土壌生物の活発な活動により安定な団粒構造がつくられるため，農業生産には最適の土壌となっている．

日本列島は造山帯に位置しており地形・地質が複雑で不安定であるため，土壌断面が長時間にわたって発達する条件を欠いている．また，ヨーロッパやアメリカの温帯に比べて温暖かつ雨量が多いので土壌材料の風化と養分の洗脱が進んでおり，全体として土壌は酸性に傾き肥沃度は低い．照葉樹林や夏緑樹林の成立する山地では，落葉・落枝が分解された腐植や酸化鉄などが地表から深部へ徐々に浸透する褐色森林土とよばれる土壌が多い．また，火山灰に由来する独特の性質を有する黒色の土壌が台地上などにみられ，黒ぼくとよばれている．

[清水善和]

● 参考文献

1) 日本林業技術協会編：土の100不思議．東京書籍，1990
2) 久馬一剛：土とは何だろうか？．京都大学学術出版会，2005
3) 金子信博：土壌生態学入門．東海大学出版会，2007

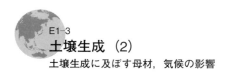

土壌生成（2）
土壌生成に及ぼす母材，気候の影響

●土壌生成と母材

土壌生成（soil formation）の初期段階では，土壌特性と母材とは密接に関連する．しかし，土壌生成作用が安定した自然環境下で，長期にわたり進行すると，その自然環境に対応した土壌特性をもつようになる．したがって，母材の影響は次第に小さくなる．

土壌母材には岩石ばかりでなく，火山灰やレスや中国の黄土や砂丘砂も含まれる．火山灰は，火山の噴火した際の硫化ガスなどの影響により，強酸性の環境下で土壌生成が進行する．また，火山灰そのものに活性アルミニウムが存在するなど，母材の影響が長く持続し，日本では黒ぼく土を生成する．

砂丘砂を母材とする場合も，海岸の浜堤や砂丘では砂粒が風で動く．したがって，植被が部分的に進入してもなお，風成砂によって覆われることがある．砂丘砂は粗く，砂丘の表層が植被で覆われ，土壌断面の特性が出現するまでに他の母材よりもはるかに長期間を必要とする．したがって，未熟土壌であるレゴソルの期間が長く持続する．

ヨーロッパでは氷河によって運ばれた細粒物質が風で再堆積したレスを母材とする土壌がある．東欧からウクライナに広く分布する．その後の草本から供給された豊富な有機物が混じり，豊かなA層位が生成されて，チェルノーゼムとよばれる肥沃な土壌となる．

岩石の風化物質が母材となる場合，とりわけ酸性岩と塩基性岩の母材の場合，生成された土壌は長期にわたって母材の影響を示すことが知られている．酸性岩の一例として花崗岩をあげる．風化物質は，花崗岩の造岩鉱物である石英，長石，雲母からなるため，土壌生成の初期段階では砂土を生成する．時間の経過とともに，長石や雲母は風化の速度が速く，粘土化するが，石英は風化に対してきわめて強い．このため砂の粒子として石英が長期にわたり土壌中に残る．このため「水はけのよい土壌」の特性を持続することになる．成熟すると，酸性の土壌となる．一方，塩基性岩である玄武岩を例にとると，玄武岩の地域は他の母材の地域よりも赤色味の強い，粘土含量の高い土壌を生成する．岩石の特性としてSiO_2の含有比率が小さく，鉄やマンガンなどの含有比率が高くなる．このため初期段階の土壌は弱酸性か中性に近く，肥沃である．か

つ，粘土の比率も高いために，保水力も高い．

岩石の中で高い塩基含有率を示すものの中に蛇紋岩がある．蛇紋岩は風化し，有機物の多い層位であるA層位が形成される頃に地すべりを起こしやすい特性がある．その理由は蛇紋岩の中の鉱物である蛇紋石が風化の過程の中で滑石となり，モンモリロナイトが形成されるからであるとされている．日本では，蛇紋岩の地域はそれほど広くはなく，尾根状の地形か，早池峰山，夕張岳，八方尾根などの様に山陵としてそそり立っている場合が多い．この地域の土壌は中性で，塩基を好む植物が生育することでも知られている．したがって，酸性土壌の多い日本の中では貴重な植物が分布するため，めずらしい草本の盗掘が頻々と発生し，問題となっている．

石灰岩は溶食作用によって岩石が溶解した後，残渣が残る．この残渣が土壌の母材となる．しかし，この残渣は粒子が細かく，かつ溶解によって生じたカルシウムイオンが豊かであり，中性から弱アルカリ性を示す．このため，有機物が長くA層位に留まり，薄い黒色の土壌が石灰岩の上に生成される．この土壌をポーランドの農民がレンジナと名づけた．肥沃なため，石ころだらけの石灰岩の地域でも，このレンジナがあると農地として耕作することができる．中国では有機肥料のかわりに，レンジナを運搬してきて，他の土壌へ客土をする．熟成すると，重粘質の赤色の土壌を生成する．

●土壌生成と気候

土壌生成過程の初期段階では，強く母材の影響を受ける．しかし時間の経過とともに土壌は熟成作用（ripening）を受ける．結果的に土壌断面はA，B，C層位を形成する．熟成作用は物理的熟成作用，化学的熟成作用，生物学的熟成作用に分けられる．物理的熟成作用は，含水量，容積，コンシステンシーの変化として現れ，土壌の構造が変化する．化学的熟成作用では，陽イオンの挙動，鉄やマンガンやアルミニウムなどの酸化や還元が続行し，B層位の特性が現れる．生物学的熟成作用は植物根の影響や，微生物による有機物の分解作用などであり，土壌の熟成に大きく関与する．このようにして，土壌生成作用の初期段階から次第にその土地における自然環境とバランスのとれた土壌断面をもつ土壌が生成される．

この熟成作用にかかわる自然環境のうち，気候と植生が大きく関与し，かつ2つの要素は地域差を有する．土壌断面の特性を引き起こす重要な要素は，土壌中の水分がどのように挙動するのかが大きな決め手となる．降水量が蒸発散量を上回る場合は，水分は土壌

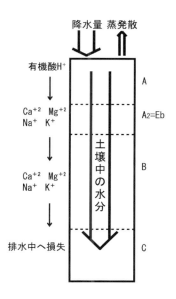

図1 溶脱作用のモデル（漆原原図）

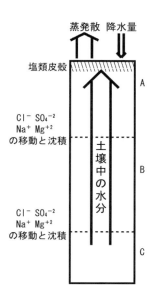

図2 塩類化作用のモデル（漆原原図）

断面中を下降する．したがって，陽イオンの多くは土壌断面中を下方に向かって動く．一方，蒸発散量が降水量を上回ると，水分は土壌断面中を表層に向けて動く．陽イオンが表層に向けて動いた結果，表層付近で結晶化する．

ツンドラ地域や冷帯のように低温で多湿な環境にある場合や，温帯で湿潤なのか，温帯で乾燥する季節があるのか，熱帯で乾燥するのか，熱帯で湿潤なのかで土壌特性は異なる．土壌中の水の挙動はそれぞれの土壌特性を変える．主要な湿潤地域の作用には次のようなものがある．温帯の湿潤な地域における洗脱作用，溶脱作用，冷帯の湿潤な地域ではポドゾル化作用が卓越する．溶脱作用は図1にモデルを示した．一方，乾燥が暖候季に起こる場合は石灰集積作用や，赤色化作用が卓越する．地中海性気候下では，地中海性赤色土が生成される．熱帯での湿潤な地域では鉄・アルミナ富化作用がある．すなわち，フェラルソルが形成される．土壌の生成速度が速いため，可溶性のイオンは早くに土壌から失われ，安定した鉄や，アルミニウムが多く残存する．このような土壌は植被を失って長期に太陽にさらされると，不可逆的に酸化がおこり，ラテライト皮殻をつくる．また，乾季を伴う熱帯では緯度を問わず，乾燥の度合いがきわめて強い場合，塩類化作用（図2を参照）が発生する．半乾燥地域で農業利用上，灌漑を誤ると，人為的に塩類集積を起こし，不毛の地にしてしまう．歴史的にも，また現在の開発でも例は多い．

基本的に土壌中の水の挙動によって，土壌特性が決定されるため，熟成した土壌はその特性が気候帯，植生帯と一致する．したがって，このような土壌を成帯性土壌（zonal soil）とよぶ．

［漆原和子］

●参考文献
1) E. M. ブリッジス/永塚鎮男・漆原和子訳：大学テキスト 世界の土壌，古今書院，2004

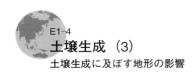

E1-4 土壌生成（3）
土壌生成に及ぼす地形の影響

土壌生成作用に大きく影響を及ぼす地形は，地形学的分類に基づく地形面の違いではない．むしろ地表面の形状，地表面の起伏，斜面の向き，高度差といったものである．土壌生成作用にとって最も重要な要素は，土壌断面中を土壌水分がどのように挙動するかである．

●地表面の起伏

地表面の凹凸によって生じる排水の不均等は，土壌特性を大きく変える．凹地は一般的に集水域となり，浸透する水は土壌断面の中をA層位からB層位へ，そしてC層位へと移動する．土壌の粒度組成の違いによって，溶解したイオンの地下水への流出の速さが異なる．粒径の粗い砂を多く含む砂土は地下水位への流下の速度は速い．しかし粘土含有率の高い重埴土の場合は保水力が高く，地下水位への土壌水分の流下の速度も遅い．

降雨が効率よく排水される地形として，陵線の分水域があげられる．ここでは土壌中の水分は速い速度で分水界付近の両側へ排水される．したがって陵線は常により乾燥した条件におかれ，乾性の土壌が生成される．

石灰岩地形のうち，すり鉢状の溶食地形であるドリーネ（doline）では，降水は凹地部の吸込み穴に向けて集水し，かつ土壌中を浸透した水分は下降する．ドリーネ上部の石灰岩が露出しているところでは，降水が速い速度で流下するため，溶食は発生するが，十分な土壌層の発達は起こりにくい．結果的にカルシウムイオンが多く含まれ，有機物の混じる黒色のレンジナが形成される．しかし，ドリーネ底の集水が行われるところでは岩石に土壌が接した部分では，早い溶食作用がおこるので十分な土壌が発達する．このため，粘土含量の高い赤褐色〜赤色のB層位を伴う土壌が生成される．図1にドリーネの土壌中の水分の動きを示した．ドリーネ底には地中海性気候下ではテラロッサ，または地中海性赤色土とよばれる重埴土の土壌が生成される．日本では石灰岩を母材とする赤色の重埴土と，他の岩石を母材とする土壌と区分した．石灰岩母材の重埴土は暗赤色土とよばれている．湿潤なために，地中海性赤色土より酸性が強く，置換性陽イオンもより低い値を示す．両者は見かけは似ているが，両地域の気候の違いを反映していて，土壌特性は異なる．

●斜面の方位と土壌特性

北半球では，自然環境は北向き斜面は湿潤で低温であり，南向き斜面ではより乾燥し高温である．この違いは，生成される土壌の特性の違いを引き起こす．また，斜面の方位によって同一の土壌型は分布高度差を引き起こす．日本では，八甲田山の1000 m付近のブナ林下で，ポドゾル性土が西向き斜面に分布し，南向き斜面は褐色森林土が分布する．これは，西向き斜面はより冷涼多湿であるという自然条件を反映しているとされている．

●南向き斜面と北向き斜面における地形・植生・土壌特性の違い

北緯約45°度付近のルーマニアの南カルパチア山脈北側に分布するチンドレル山地は，山頂部はボラスク準平原面とよばれ，森林限界より上部の草地からなる．ここはヒツジの移牧のための夏の宿営地として利用されている．北向き斜面では，山頂部の草地からハイマツ帯にかけてムゴマツ（*Pinus mugo*）が現れる．最終氷期の二重のカールがみられ，上のカールを369番とよび，低い方には368番カールが分布し，Iezerul Micとよばれる小氷河湖がある．それぞれの植生の変化と土壌は密接に関連していて，368番カールの底はレゴソルでわずかにムゴマツが進入する．しかし，ムゴマツが密生するところは山岳ポドゾルである．そして*Picea abies*が分布する地帯は酸性褐色森林土となる．図2に北向き斜面と南向き斜面のモデル図を示した．また，山頂からみた北向き斜面への景観は図3に示した．

南向き斜面は，人為によって草地を拡大し，ヒツジの放牧に用いてきた．しかし，社会主義体制の崩壊とEU加盟とともにヒツジの放牧頭数が減り，自然植生

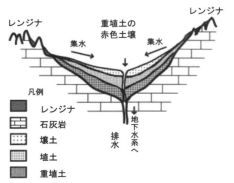

図1 石灰岩の溶食地形ドリーネの断面に見られる集水と土壌の分布（漆原和子原図）

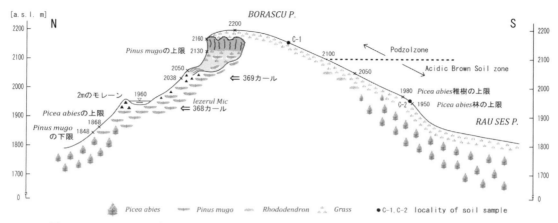

図2 ルーマニア，カルパチア山地における斜面の向きの違いによる土壌と植生の高度分布（漆原和子原図）

図3 ボラスク準平原上の369番カールとIezerul Mic（368番カール）から北の低地に続く準平原を望んだ景観（2177 m a.s.l.）

に復帰しつつある．南向き斜面は2100 m付近から，シャクナゲ，クロマメの木などが入り，1950 mにはヨーロッパトウヒ（*Picea abies*）の進入がみられ，より低位は純林となる．南向き斜面では2100 m付近が山岳ポドゾルと酸性褐色森林土との境界である．ヨーロッパトウヒの森林の上部の高度差は南向き斜面で1950 m，北向き斜面では1850 m付近であり，両植生の高度差は約100 mである．ポドゾル土壌の出現する下限高度は，南向き斜面で2100 mであり，北向き斜面で1960 mである．ポドゾル土壌の出現する高度は約200 mの高度差がある．なお，南向き斜面には最終氷期のカールは全く分布していない．北～北西か，または東向き斜面にのみ分布する．

● カテナ

わずかな起伏によって土壌中の水分の動きが異なることがある．たとえ，1 m以下の凹地であっても，そこに土壌中の水分が集中し，保水される時間が長くなる．凹地には湿性条件下で形成されるグライ土壌が分布し，わずかな微高地であってもそこには乾性の土壌が形成される．このように土壌の存在する位置と生成される土壌との間には相互に関連性がある．これをカテナ（Catena）とよぶ．スピッツベルゲンでは急傾斜地にソリフラクション物質が堆積し，傾斜が緩やかになると北極グライ土が分布し，そこには多角形土が分布するという土壌カテナの例が報告されている．

［漆原和子］

● 参考文献
1) 漆原和子ほか：ルーマニア南カルパチア山脈チンドレル山地における植生の変化からみたヒツジの移牧の変容，地理学評論，88（2）：102-117，2015

E1-5 土壌断面とその特性

土壌 (soil) とは，地殻の表層において，岩石（母材）・気候・生物・地形・時間・人為といった土壌生成因子の総合的な相互作用によって生成する岩石圏の変化生成物であり，多少とも腐植・水・空気・生物を含み，かつ肥沃度をもった，独立の有機-無機自然体として定義される[1]．この歴史的自然体としての土壌を土壌体という．土壌体を特徴づける一番のものが土壌断面形態である．

土壌に 1 m ほどの穴を掘り，でてきた断面のことを土壌断面 (soil profile) といい，断面内の層を土壌層位という．土壌層位には，図1のような層がある．この土壌層の色や移り変わり，硬さ，根のはりぐあい，土壌の集合体（ペッド）の形（土壌構造）などで土壌断面形態が特徴づけされる．また，土壌層位には，表1に示したように，主層位と添字によって表記される[2]．土壌層位のはっきりとしているポドゾルの土壌断面写真を図2に示した．厚い O 層，溶脱層である E 層，腐植の集積層である Bh 層がはっきりしている．

表1　土壌層位の主層位と日本で用いられる添字

主層位 (master horizon)	H：水面下に堆積した泥炭層 O：堆積腐植層 A：表層の腐植の集積した層 E：溶脱層 B：A, E, O または H 層の下にある集積層 C：岩石の風化層 G：グライ層 R：基岩の層
添字 （主層位内の付随的特徴を，添字をつけて表示する）	a：よく分解した有機質層 b：埋没生成層位 c：結核，ノジュールの集積 e：分解が中程度の有機質物質 g：グライ化，斑紋の存在 h：有機物の集積 I：あまり分解していない有機質物質 m：固結，または固化 p：耕耘 r：強還元 s：三二酸化物の移動集積 t：ケイ酸塩粘土の集積 w：構造の発達 ir：斑鉄の集積 mn：マンガン斑・結核の集積

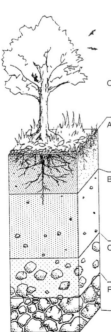

図1　土壌の層位[3]

図2　ポドゾル性土の土壌断面
埼玉県十文字峠の亜高山帯針葉樹林下の土壌．表層 O 層直下に灰白色の E 層があり，その下に黒色の Bh 層がみられる．

表2 主な土壌の層位配列

大群	層位配列
造成土	A1/A2/AC/C1/C2/C3
泥炭土	Ha/He/Hi1/Hi2/Hi3/Hi4
ポドゾル性土	Oi/Oe/Oa/E/Bh/Bs/C
黒ぼく土	Oi/Ah1/Ah2/Ah3/AB/Bw1/Bw2/BC/C
暗赤色土	Oi/Oea/A/Bw/Bt/BC/C
沖積土	Ap/Bg1/Bg2/Bg3/Gr1
停滞水成土	Ag/Bg1/Bg2/Bg3/BC
赤・黄色土	Oi/A/Bt1/Bt2/C
褐色森林土	Oi/Oea/A/Bw/BC/C
未熟土	AC1/C2/C3

　上記の土壌生成因子の違いが土壌断面形態の違いとなって現れ，土壌断面形態の違いが土壌の分類の基礎となっている．土壌断面を詳しく観察することで，その場所の土壌がどのようにしてできてきたのか（生成），また，どのような土壌であるのか（分類）が理解できるのである．

　表2に主な土壌の層位配列を示した．この表のように，土壌断面形態の違いが，層位配列の違いとして認識することができるのである．

　土壌の諸性質（一般理化学性）は土壌によって異なるが，一般的に，土壌のA層の土壌有機物量，とくに土壌有機炭素量や全窒素量，孔隙率は高く，また，それらの性質は土壌B層以下では低くなっている．土壌の肥沃度を決定しているのは，A層の厚さとA層中の有機物含量である．一般に土壌の有機物含量が高い場合は，土色は暗色から黒色を呈しているため，土色が黒いほど肥沃であるといえよう．日本に分布している黒ぼく土や中央アジアステップに分布しているチェルノーゼムは肥沃な土壌の代表的なものであるといえるが，これらの土壌のA層は厚く，また黒いのが特徴となっている．図3にモンゴルステップの土壌生成因子と土壌の諸性質との関係についての模式図を示した．モンゴルでは，チェルノーゼムの分布域よりも降水量が少ないため，WRB（世界土壌照合基準：[▶ E2-1]）の分類では，カスタノーゼムと呼ばれる土壌が分布している．モンゴルでは，北から南にかけて降水量が低下し，それに伴い，植生帯が森林，森林ステップ，ステップ，ゴビステップ，ゴビ砂漠と推移している．土壌も植生帯に応じて，下層土にカルシック層（Bk層）とよばれる炭酸カルシウムの集積層が土壌の深いところから徐々に浅いところに出現するようになる．さらに，降水量が減少するに従って，より溶解度の大きな塩類が炭酸塩集積層に増加する．また，降水量の減少とともに，pH・ECの上昇，水溶性イオン量の増加，有機炭素含量が低下する．

[田村憲司]

●文献
1) 大羽裕・永塚鎭男：土壌生成分類学, pp.11-12, 養賢堂, 1988
2) 日本ペドロジー学会編：土壌調査ハンドブック改訂版, 博友社, 1996
3) 中村徹編：草原の科学への招待, pp.34-37, 筑波大学出版会, 2007

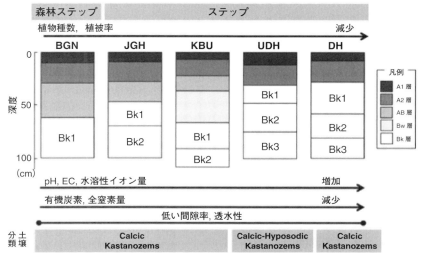

図3　モンゴルステップの土壌（生成因子と土壌諸性質[3]）

E2　土壌の分布

E2-1 世界の土壌分布
成帯性土壌／非成帯性土壌

世界には，表1のような土壌がある．この表は，現在全世界で用いられている統一的な基準で土壌資源を包括した世界土壌照合基準（World Reference Base for Soil Resources）略してWRBといわれる土壌分類システムの最上位のカテゴリーである照合土壌群（Reference Soil Groups）を示したものである．WRBは，FAOの1/500万の世界土壌図[1]を引き継ぐもので，FAO，UNESCO，UNEPおよび国際土壌科学会（ISSS：International Soil Science Society）からなるIRB（国際照合基準，International Reference Base）ワーキンググループによってまとめられ，1998年の国際土壌科学会議（モンペリエ）において公表された．WRBでは，現在，32種の土壌（参照土壌群）がある．世界土壌の分布帯（土壌帯）が気候・植生などの土壌生成因子の分布帯（気候帯や植生帯）に対応した土壌を成帯性土壌というが，WRBでは，成帯性土壌としては，クリオソルが極域に分布し，ポドゾル，アルベルビソル，ルビソル，アンブリソルが湿潤温帯に，プリンソソル，フェラルソル，アリソル，ニティソル，アクリソル，リキシソルが湿潤温帯に分布している．半乾燥地の草原には，チェルノーゼム，カスタノーゼム，ファエオゼムが分布しており，乾燥地には，ソロンチャック，ソロネッツ，ジプシソル，デュリソル，カルシソルが分布している．母材や地形，水分状況に影響を受けた土壌を成帯内性土壌というが，成帯内性土壌としては，アンドソル，ヴァーティソル，ヒストソル，プラノソル，スタグノソル，フルビソル，グライソル，カンビソルがあり，居所的に分布している．また，未熟な土壌や土層の薄い土壌を非成帯性土壌というが，非成帯性土壌として，レゴソル，アレノソル，レプトソルがあり，人為的影響の強い土壌として，アンスロゾル，テクノソルがある．図1に世界土壌図[3]を示した．

［田村憲司］

表1　世界の土壌

参照土壌群	土壌の性質
ヒストソル（Histosols）	有機質物質，主に泥炭で構成されている土壌
アンスロゾル（Anthrosols）	人為作用により形成された土壌
テクノソル（Technosols）	人工物が含まれている造成土壌
クリオソル（Cruosols）	永久凍土層をもつ土壌
レプトソル（Leptosols）	土層が薄い土壌
ヴァーティソル（Vertisols）	膨潤収縮性の粘土鉱物からなる土壌
フルビソル（Fulvisols）	沖積物質からなる土壌
ソロネッツ（Solonetz）	ナトリウム塩の集積した土壌
ソロンチャック（Solonchaks）	表層に塩類が集積した土壌
グライソル（Gleysols）	表層近くまで水で飽和している還元的な状態の土壌
アンドソル（Andosols）	火山灰などの火山放出物を母材とした土壌
ポドゾル（Podzols）	ポドゾル化作用による鉄，アルミニウム，腐植の溶脱，集積層がある土壌
プリンソソル（Plinthosols）	下層にプリンサイトをもつ土壌
ニティソル（Nitisols）	暗赤色の木の実状の構造の粘土質土壌
フェラルソル（Ferralsols）	強く風化を受けた熱帯の鉄質土壌
プラノソル（Planosols）	停滞水グライ化作用を受けた粘土質土壌
スタグノソル（Stagnosols）	部分的に還元的な状態にある疑似グライ化作用を受けた土壌
チェルノーゼム（Chernozems）	黒色の厚いA層と炭酸カルシウムの集積した下層をもつ土壌
カスタノーゼム（Kastanozems）	暗色の厚いA層と炭酸カルシウムの集積した下層をもつ土壌
ファエオゼム（Phaeozems）	暗色の厚いA層をもつ土壌
ジプシソル（Gypsisols）	石こうの集積層をもつ土壌
デュリソル（Durisols）	ケイ酸の集積層をもつ土壌
カルシソル（Calcisols）	炭酸カルシウムの集積層をもつ土壌
アルベルビソル（Albeluvisols）	粘土に富む次表層に漂白層が貫通している土壌
アリソル（Alisols）	交換性アルミニウムに富む粘土の集積層をもつ土壌
アクリソル（Acrisols）	低活性粘土の集積した塩基飽和度の低い土壌
ルビソル（Luvisols）	活性の高い粘土集積層をもつ土壌
リキシソル（Lixisols）	低活性粘土の集積した塩基飽和度の高い土壌
アンブリソル（Umbrisols）	有機物に富む暗色の厚いA層をもつ土壌
アレノソル（Arenosols）	発達の未熟な砂質土壌
カンビソル（Cambisols）	中度に発達したBw層をもつ土壌
レゴソル（Regosols）	未熟な土壌

世界土壌照合基準（WRB）の参照土壌群[2]．

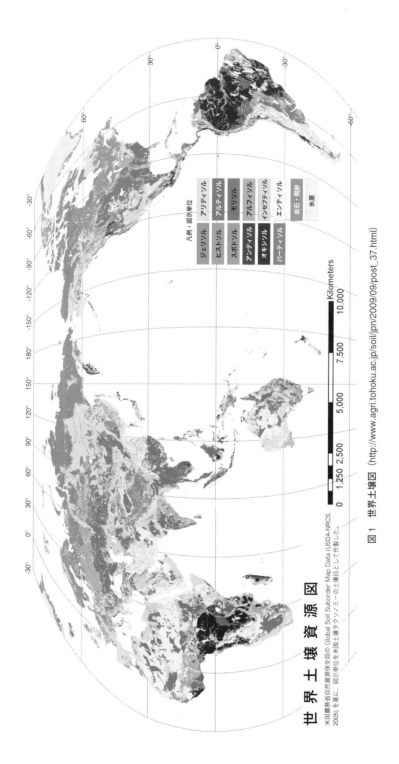

図1 世界土壌図 (http://www.agri.tohoku.ac.jp/soil/jpn/2009/09/post_37.html)

●文献

1) FAO-Unesco-ISRIC: Soil Map of the World, Reversed Legend. Reprinted with corrections, World Soil Resources Report no.60. pp.119, Food and Agriculture Organization of the United Nations, 1990
2) ISSS-AISS-IBG, ISRIC and FAO: World Reference Base for Soil Resources, World Soil Resources Reports, 103, FAO, 2006
3) Bridges, E. M. *et al.* (ed.): World Reference Base for Soil Resources-Atras, Acco Leuven/Amersfoort, 1999

E2-2 日本の土壌分布

日本は湿潤気候のため，降水量が多く，土壌中の塩類が降水によって溶脱作用を受けて，地下水や河川へ流出してしまうので，土壌が酸性になっている．気候は寒冷な亜寒帯あるいは亜高山帯から温暖な亜熱帯性気候であるため，その気候帯に対応して植生帯が分布し，その植生帯と土壌帯が対応している．気候・植生帯に対応した土壌を成帯性土壌という．成帯性土壌に対し，母材や地形，さらに水の影響を強く受けている土壌を成帯内性土壌という．成帯内性土壌には，火山灰を母材とした黒ぼく土や低地に広く分布している水田土などの沖積土がある．黒ぼく土については，E3-1に詳しく記述しているので，参照されたい．本項では，日本に分布している成帯性土壌と低地に広く分布している成帯内性土壌である水田土について述べる．

日本では，最新の土壌分類体系である「日本の統一的土壌分類体系 第二次案」[1]による最上位のカテゴリーである土壌大群が10種類認められている（**表1**）．

本州中部の1500 m以高の山岳地帯の亜高山帯や北海道北部の亜寒帯の常緑針葉樹林下には，ポドゾル性土が分布している．亜高山帯針葉樹林の林床には，寒冷な気候のため分解があまり進まない落葉，落枝あるいはコケ類（蘚苔類）の遺体などが厚く堆積している．厚いO層（層位名については，[▶E1-5]）からは，有機酸のような低分子の酸性物質が生産され，降水とともに下方へ移動し，土壌の下層に集積させる．

ブナ林などの冷温帯落葉広葉樹林下には，褐色森林土が分布している．この褐色森林土は日本に分布する土壌の50%以上を占めているため，日本を代表する土壌であるといえる．土壌断面は，下層にいくにつれて土色が明るくなり，B層は褐色になっている．層と層の境目がはっきりしないのが特徴となっている．

西日本の暖温帯気候のもとでは，照葉樹林とよばれる常緑広葉樹が優占している森林がみられる．この照葉樹林下には，黄褐色森林土が分布している．褐色森林土よりもO層やA層が薄く，A層中の有機物含量も少ない．また，B層の土色が褐色森林土よりも淡く，黄褐色あるいは明褐色になっている．湿潤温帯気候下では，遊離鉄によって褐色の非晶質酸化鉄が生じ，乾燥と湿潤の繰り返しにより，徐々に結晶質のゲータイトに変化していく．気候が温暖であればあるほど，結晶化が進行していく．日本の褐色森林土は，西欧の酸性褐色森林土に相当する．ただ，西欧では年代の古い土壌が広く分布し，粘土の移動集積がみられる土壌（レシベ土），あるいはポドゾル化した土壌に推移している．

南西諸島には，イタジイ，イスノキ，タイミンタチバナなどの亜熱帯性の常緑樹が優占している亜熱帯性常緑広葉樹林が広がっている．この林の下には赤黄色土が分布している．気温が高く，リターがすぐに分解するため，赤黄色土のO層は非常に薄い．B層の土色は，加水酸化鉄が部分的に脱水して赤色化が進行しているため，黄色から赤色になっている．土壌の風化も進んでいるため，粘土含量が多く，重埴土となっている．

日本には，上記の森林土壌のほかに，低地には沖積

表1 日本の土壌（日本の統一的土壌分類体系第二次案の土壌大群と土壌群およびその特徴）[1,2]

土壌大群	土壌群	特徴
造成土大群（Man-made soils）	人工母材土，盛土造成土	人為的に造成された土壌
泥炭土大群（Peat soils）	高位泥炭土，中位泥炭土，低位泥炭土	泥炭物質からなる土壌
ポドゾル性土大群（Podozolic soils）	ポドゾル性土	ポドゾル化作用を受けた土壌
黒ぼく土大群（Kuroboku soils）	未熟黒ぼく土，グライ黒ぼく土，多湿黒ぼく土，褐色黒ぼく土，非アロフェン黒ぼく土，アロフェン黒ぼく土	火山灰を母材とした土壌
暗赤色土大群（Dark-Red soils）	表層暗赤石灰質土，赤褐色石灰質土，黄褐色石灰質土，暗赤色マグネシウム土	石灰質，あるいは玄武岩質の土壌
沖積土大群（Fluvic soils）	集積水田土，灰色化水田土，グライ沖積土，灰色沖積土，褐色沖積土	沖積物質からなる低地の土壌
停滞水成土大群（Stagnic soils）	停滞水グライ土，疑似グライ土	台地の水はけが悪い立地の土壌
赤黄色土大群（Red-Yellow soils）	粘土集積赤黄色土，風化変質赤黄色土	B層が赤色ないし黄色の亜熱帯気候下に分布する土壌
褐色森林土大群（Brown Forest soils）	黄褐色森林土，普通褐色森林土	表層が暗褐色ないし黒色で，下層が褐色の森林下で発達する土壌
未熟土大群（Regosols）	火山放出物未熟土，砂質土，固結岩屑土，非枯渇岩屑土	未熟な土壌

表2　日本で卓越する基礎的土壌生成作用[3]

基礎的土壌生成作用	内容
初成土壌生成作用（Initial soil formation）	土壌生成過程のごく初期段階の過程
土壌熟成作用（Soil ripening）	水面下に堆積した沖積層や泥炭が排水されるにしたがって，物理的，化学的，生物学的に変化を受けること．
粘土化作用（Argillation）	土壌中において，一次鉱物が分解されて，新たにアルミノケイ酸塩質の結晶性粘土鉱物や非晶質粘土が生成される過程．
褐色化作用（Braunification）	化学的風化作用によって，ケイ酸塩鉱物や酸化物鉱物から遊離した鉄イオンが酸素や水と結合して，加水酸化鉄となり，土壌断面を褐色に着色する過程．
グライ化作用（Gleization）	土壌層内が水で飽和して過湿状態になり，酸素不足になると，還元状態となる．その結果，Fe（III）やMn（III, IV）は還元されて，Fe（II）やMn（II）に変化し，多量に生成された第一鉄化合物によって土壌層が青緑灰色に着色される過程．
疑似グライ化作用（Pseudogleization）	停滞水によって，土壌孔隙が一時的に飽和されて還元状態になるが，停滞水の消失によって，孔隙中に空気が入り，酸化状態となるような酸化と還元が季節的に反復する条件下で，斑鉄やマンガン斑のまだら模様が土壌断面に形成される過程
塩基溶脱作用（Leaching of bases）	降水量が蒸発散量を上まわる洗浄型の水分環境下では，雨水によって土壌中の可溶性の塩類が地下へと溶脱される．このように土壌中のカリウムやナトリウムなどのアルカリ元素やカルシウム，マグネシウムなどのアルカリ土類などが溶脱する過程．
ポドゾル化作用（Podzolization）	強酸性の水溶性低分子有機酸等を含む土壌水の下方への移動とともに，塩基類や，鉄，アルミニウムが有機—金属錯体（キレート化合物）となって下方に移動・集積する過程．
腐植化作用（Humification）	動植物遺体が土壌生物によって消費されてできる代謝産物を出発物質として，土壌中で腐植が再合成されていく過程をいい，さらに腐植が安定化して多量に集積する過程を腐植集積作用という．
泥炭集積作用（Peat accumulation）	地下水面が地表近くにあるため嫌気的な状況になり，有機物の分解が阻害され，分解不完全の植物遺体が湿地に集積する過程．
水成漂白作用（Wet bleaching）	水田などのような土壌表層が水で満たされて，有機物が分解され，嫌気状態となり，鉄やマンガンが還元され2価になり，溶脱されて，漂白層を形成する過程．

土が，台地には火山灰を母材とした黒ぼく土が，湿原には泥炭土が分布している．低地の水田地帯には，人工灌漑水の影響を受けた集積水田土，あるいはグライ水田土が分布している．また，低地の地下水位が高いところでは，地下水位が浅いところから順に，グライ沖積土，灰色沖積土，褐色沖積土が分布している．以上の低地に分布している土壌は地下水，あるいは灌漑水の影響を受けて，鉄が還元化し2価になって青みを帯びた層を形成（グライ化，gleization）したり，鉄やマンガンの斑紋や結核が出現している層が形成されたりする．表2に，日本で卓越する基礎的土壌生成作用をまとめた[3]．　　　　　　　　　［田村憲司］

● 文献
1) 日本ペドロジー学会編：日本の統一的土壌分類体系—第二次案（2002）—，博友社，2003
2) 菅野均志ほか：1/100万 日本土壌図（1990）の読み替えによる日本の統一的土壌分類体系—第二次案（2002）—の土壌大群名を図示単位とした日本土壌図，ペドロジスト，52: 129–133, 2008
3) 大羽裕・永塚鎮男：土壌生成分類学，農芸化学全書，養賢堂，1988

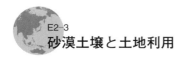
砂漠土壌と土地利用

●砂漠土壌

砂漠土壌（desert soil）の種類と分布：熱帯から温帯にかけては，基本的に降水量が減少するにつれ，植生・地表景観は森林，草原，砂漠（植被率は数％以下）へと変化する．成帯（広域）的には，草原から砂漠への変化に対応して，地表面付近への植物遺体（落葉・落枝などの有機物）の供給量が減少し，土壌は黒色土，褐色土，栗色土・灰色土へと変化する．砂漠気候下ではいわゆる腐植層が形成されにくく，砂漠土壌は一般には未熟（非成帯）土壌である．砂漠は，一般に年降水量 200 mm 未満と少ないため，土壌中の水溶性が高い塩類（Cl や Ca・Na・K・Mg などの塩化物）はあまり深い層準まで浸透しない．反対に，激しい蒸発作用により，土壌中や地下水中の可溶性塩類が毛管現象に伴って地表付近に集積・晶出し，塩類皮殻（砂漠皮殻）を形成する．成帯内的には，地形的因子との関連で，窪地や浅い凹地では，残存水量が減少するにつれ，Ca・Na・K・Mg などの塩化物から，水への溶存度がさらに大きい Cl の塩化物が増すことになる．

ソロンチャック：乾燥ないし半乾燥地域の地下水位が高い排水不良地，あるいは塩湖の干上がった跡などに生成され，可溶性塩類が地表付近に集積し，灰白色塩類皮殻の下位に灰色の土層が続く[1]．

ソロネッツ：ソロンチャック土が，人為的灌漑などにより，脱塩化されてできる．過剰の塩分は下層に洗脱（洗浄）され，炭酸塩・重炭酸塩が増えて強アルカリ性を呈する[1]．

ソロチ：ソロネッツからさらに洗脱が進むと，炭酸塩が土壌断面から除去されて，表層に SiO_2 に富む漂白層ができ，下層土に鉄やアルミの酸化物が集積して，ポドゾル土に似た断面構造となる[1]．

塩類集積：排水不良地では粘土が集積しやすく，乾季には多角形（亀甲型）の割れ目ができる（タキル土）．それが継続すると，地下水の蒸発が盛んな割れ目沿いは塩類が集積し，周囲よりも盛り上がることになる．さらに長期間継続すると 50 cm 以上も高くなることもあり（例えば，旧ロプノール）．地表景観が大きく変化する．一方，地表面に明瞭な割れ目を伴わない地下水の蒸発では，地表面に凹凸が生じるものの，明瞭なパターンは現れにくい．

なお，砂漠の降水は，一般に，不規則な場合が多い．その一方で，降水が無い時には，強い日射にさらされる．その結果，降水後しばらくの期間，植物が生育することがある．

●土地利用

オアシス：オアシス（oasis）は砂漠にあって常に水（河川水や湧水）が得られるところで，人々がその水を利用して砂漠土壌などで農耕などを行っている．歴史的には，中国では漢代以降，新疆や内モンゴルの砂漠で，土壌が発達した乾燥地域に屯田開発（日本における明治の屯田兵開発を想定したい）が展開された．そこでは，中国中原・関中地域の農法が適用された．また，「代田法」，「区田法（おうでんほう）」などの耐乾・耐寒の農法も利用されたとされる．区田法による耕地跡は，Google Earth の高解像度画像では，直径数 m 以下の穴が密集した「蜂の巣状土地パターン」（図1）として認識される．

灌漑方法：世界的には，地表灌漑が広く利用されており，畝間灌漑（作物が栽培されている畝と畝の間に水を流す），ボーダー灌漑（低い畔で耕地を複数の幅広い帯状に区切って水路とする），水盤灌漑（耕地をいくつかの部分に畔で囲み，その中に水を流し込む）などがある．前二者は下流端が開放されていて利用効率が悪い（かけ流し法）．その他，水を流す管に小さな穴を開け，そこから少量の水滴を落とす，小規模な滴下灌漑（点滴灌漑），反対に機械化による大規模なセンターピボット灌漑がある．センターピボット灌漑は，砂漠土壌などが分布する，世界各地の乾燥・半乾燥地域で広く利用されており，その様子は Googel Earth 画像などで容易に確認できる．

近年の変化：光（気温）に恵まれた砂漠の平坦地（扇状地，河畔低地，三角州など）では，大規模な河川灌漑により，大規模な農業が砂漠土壌分布地域に展開されている．外来河川では，上流側での多量の灌漑用水の取得が下流側地域における一層の乾燥化を促進する．アラル海縮小の主因の1つがシル・ダリヤ（シル川）やアム・ダリヤ（アム川）からの大量の農業用灌漑用水の取水であることは，有名である．中国内陸部の黒河流域では，半乾燥地域から乾燥地域にかけての中流域における耕地の拡大が下流域における砂漠化を促進し，「生態移民」政策が適用されつつある[2]．中国では，「西部大開発」との関連から，河川からの灌漑用水取得に制限が加えられた結果，地下水への依存が増大し，新たな環境問題が発生しつつある．さらに，それが国際河川の場合，国際問題に発展している．

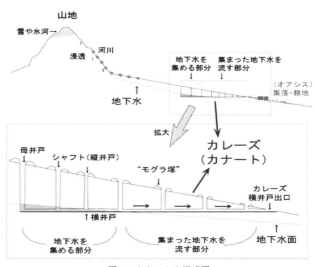

図1 区田法耕地跡 (QuickBird画像)

図2 カナートの模式図

カナート：アフリカから中央アジアにかけての乾燥地域には，地下式の灌漑水路がみられる．北アフリカでは"フォガラ"，イランなどの中東地域では"カナート"，アフガニスタン・パキスタンでは"カナート"，中国語では"坎儿井"とよばれる（以下，カナート，qanat）．いずれも，自然的・社会的に河川から水を直接引くことができない条件の厳しいところに多い．イランでは3000年前ごろから始まったとされる．

掘られる場所は扇状地が多い．形態は基本的に共通し，水が流れる横井戸と，横井戸の掘削や補修時の土砂搬出，換気用の縦井戸から構成される（図2）．

最上流部の縦井戸は母井戸とよばれ，"帯水層"に達する深さまで掘削される．帯水層に達した部分の縦井戸と一部の横井戸には，周囲から地下水が集まる．集まった地下水は横井戸を通って，下流側のオアシス・耕地へ流下する．

地下水面が低下すれば母井戸が深くなり，結果としてカナートは上流側へ延ばされる．現在イランのヤズドには，深さが300mに達する母井戸，長さ80kmに達するカナートが存在する．80kmのものは，両側の斜面から地下水や降水が集中してくる，Basin and Range地形の細長い谷底部に掘削されている．また，中国のトルファンでは，上流側へ傾斜に対して斜めに横井戸を延ばした結果「逆J字形」の平面形を呈するものが増えている．ときおり，扇頂に母井戸が掘削されたカナートの模式断面図を目にする．それは，機械力導入後の状況を示すものとみることが必要である．

カナートの利点と課題：乾燥地域では河川水量の季節による変動が大きいのに対して，地下水の利用で，安定した水量を得ることができる．地下の横井戸で水を運ぶため，漏水による減少はあるものの，激しい蒸発作用を免れることができる．また，自然に集まってくる地下水を使用するため，継続的な有効利用が可能である．

近年，機械掘削と漏水対策の施工による新たなカナートが増えている半面，電動式ポンプの導入や一部の地域では石油掘削などにより，地下水位が大幅に低下した結果（50m以上低下した例もある），使用不能となったものが多い[3]．残念ながら，歴史的地域景観遺産としての価値が増加している．

砂漠は，地表面を構成する粒子などのサイズにより，岩石砂漠，礫砂漠，砂砂漠，泥（塩）砂漠に分類される．岩石砂漠では，植被などがなく地質（母材）がむき出しとなっているため，各種の鉱産資源開発が実施されている．半面，鉱害などの新たな環境問題（日本の足尾鉱毒事件などに類似）が発生している．また，各種技術の進歩により，広大なタクラマカン砂漠などの砂砂漠では，石油・天然ガス掘削が盛んに実施されている．その他，塩湖周辺などでは，塩田による製塩が実施されている例がある．

[相馬秀廣]

●文献
1) 松井健：土壌地理学序説，築地書館，1988
2) 小長谷有紀ほか編：中国の環境政策—生態移民—，昭和堂，2005
3) 木本凱夫ほか：中国新疆の水源「カレーズ」，三重大学生物資源紀要，6: 109-151, 1991

E3 その他

E3-1 特異な母材と成帯内性土壌（黒ぼく土）

　火山山麓など広域に火山放出物が堆積しているところでは，土壌は，火山放出物を母材とした土壌であることが非常に多い．火山放出物を母材としている土壌の中で，細粒火山灰を母材としている土壌が黒ぼく土といわれる土壌である．黒ぼく土の生成が，母材としての火山灰の影響が強いため，成帯内性土壌の一つとなっている．

　黒ぼく土（kuroboku soil）は，日本の統一的土壌分類体系（第二次案）[1]では，黒ぼく土大群に位置づけられており，その中心概念として，「火山放出物を主な母材とし，層位分化がみられる土壌，または活性アルミニウム，鉄が多量に存在する土壌」[1]としている．世界の土壌分類（WRB）[2]では，Andosols に位置づけられていて，概念は，黒ぼく土とほぼ同じである．その名称は，Andosoil に起因し，日本語の暗土がその語源であるといわれている[3]．黒ぼく土大群は，下位のカテゴリーである以下の6つの土壌群である未熟黒ぼく土，グライ黒ぼく土，多湿黒ぼく土，褐色黒ぼく土，非アロフェン黒ぼく土，アロフェン黒ぼく土からなる[1]．表1に黒ぼく土の土壌群と亜群および特徴を示した．

　黒ぼく土は，世界の火山帯とその分布がほぼ一致し，日本のほか，環太平洋の国々（カナダ，アメリカ合衆国（ハワイ諸島や太平洋側），チリ，ニュージーランド，インドネシア，ロシア（極東地域））やイタリアなどに分布している．日本では，黒ぼく土の分布面積は，北海道（17.7％），東北（22.6％），関東（28.2％），中部（9.2％），近畿（3.1％），中国（7.0％），四国（6.2％），九州（20.8％）となっている[3]．

　黒ぼく土は，植生によって大きく断面形態が異なる．一般に知られている黒くて厚いA層（層位名については[▶E1-5]）をもつ黒ぼく土（典型アロフェン黒ぼく土，あるいは典型非アロフェン黒ぼく土）は，草原下で発達したといわれている．日本は，湿潤温帯気候であるので，風衝地やガレ場，高山帯などの特殊な環境以外では，植生遷移が進行すると森林になる．草原として成立維持されるためには，刈り取り，放牧，火入れなどの人為的な活動が関与しているといわれている．黒ぼく土が分布している火山灰地帯は，かつては牧野として利用されていたところが多く，ス

表1　黒ぼく土の土壌群の特徴とその亜群[1]

土壌群	特徴	土壌亜群
未熟黒ぼく土	粗粒質（砂質）でガラス質火山灰や軽石，スコリアからなる	湿性 埋没腐植質 典型
グライ黒ぼく土	グライ層をもつ	泥炭質 厚層多腐植質 非アロフェン質 典型
多湿黒ぼく土	地下水湿性特徴をもつ	泥炭質 厚層多腐植質 非アロフェン質 典型
褐色黒ぼく土	有機物含量は高いが厚い真っ黒なA層をもたない	厚層 非アロフェン質 埋没腐植質 典型
非アロフェン黒ぼく土	アロフェン・イモゴライトを含まず強酸性である	水田化 厚層多腐植質 淡色 埋没腐植質 典型
アロフェン黒ぼく土	アロフェン・イモゴライトを含む	水田化 厚層多腐植質 淡色 埋没腐植質 典型

スキなどのイネ科草本が優占していた．ススキは生産力が高く，毎年，多量の有機物を土壌中に供給することによって，黒くて厚いA層が特徴的な黒ぼく土が生成されるのである．それに対して，森林下で発達した黒ぼく土には，厚い黒色のA層がなく，断面形態は，褐色森林土に似ている．上記の分類では，褐色黒ぼく土に分類される．ニュージーランドの火山灰土壌はこのタイプがほとんどであるが，一部，ポリネシア人のニュージーランド大移住により，森林が改変されたところでは，黒色の厚いA層の黒ぼく土の生成が開始することも報告されている[4]．森林では，その生産量の地下部配分費が10〜20％である[5]のに対し，ススキ草原では，41％にも達する[6]．このことからも草原生態系では，多量の有機物が土壌中に供給されていることを示していて，黒ぼく土の多量な土壌腐植の起源となっている．

　黒ぼく土の特異的な理化学的特徴としては，仮比重が小さく，養分の保持の指標となる陽イオン交換容量が高く，酸性を示し，リン酸の固定能が高いことがあげられる．また，有機物量が多いこともその特徴である．黒ぼく土のA層は，とても厚く黒色を呈している（図1）．その厚さは1m以上にも達することがある．この黒色の原因物質は土壌中の有機物である土壌腐植とよばれるもので，植物遺体の微生物による分解

代謝産物である．土壌有機物量も非常に多く，炭素として，20%以上にも達する場合がある．このような多量な有機物の集積は，火山灰土壌中にたくさん含まれる遊離のアルミニウムが腐植と結びついて，アルミニウム-腐植複合体を形成する．この複合体は，難分解性のため微生物に分解されずに，土壌中に集積していく．アルミニウム含量が多ければ多いほど，多量に有機物が集積することができる（図2）．黒ぼく土の炭素集積量は，泥炭土などの有機質土壌をのぞけば，世界トップの土壌であるといってよい．ステップに分布する肥沃度が非常に高い黒土といわれるチェルノーゼムでさえ，2～3%の有機炭素含有量であることからも理解されるであろう．

日本の草原は，どのくらい長く維持されてきたのだろうか？ 黒ぼく土中の腐植の年代を^{14}Cの年代測定から算出した研究によると，2000～1万年の推定値が得られている．数千年の長い間，草原が維持されつづけてきた理由については，まだ，明らかとなっていない．ただ，草原が長く維持されつづけないと，黒ぼく土の真っ黒な厚いA層ができないことは，黒ぼく土A層中の植物珪酸体（プラントオパール）分析から明らかとなっている[7]．黒ぼく土の生成にはススキのほかにササ属の優占する群落下にも発達する．ササ属の2～3の種は，日本の冷温帯から亜寒帯にかけて広く分布し，林床植生の優占種となっているだけでなく，草原の群落をも形成している．佐瀬ら[9,10]は，プラントオパール分析などから黒ぼく土生成におけるササ群落の役割について論じている．

［田村憲司］

図1　黒ぼく土の土壌断面（菅平高原）

●文献
1) 日本ペドロジー学会第四次土壌分類・命名委員会編：日本の統一的土壌分類体系—第二次案—（2002），博友社，2003
2) Bridges, E. M. et al. (ed.)：World Reference Base for Soil Resources-Atlas, Acco Leuven/Amersfoort, Belgium, 1998
3) 日本土壌肥料学会編：火山灰土—生成・性質・分類—，1983
4) 細野衛・佐瀬隆：黒ボク土生成試論，第四紀，29: 1-9, 1997
5) 只木良也：森の生態，共立出版，1971
6) Iwaki, H. et al.: Studies on the productivity and nutrient element circulation in Kirigamine grassland, Central Japan II, Seasonal change in standing crop, Bot. Mag. Tokyo, 77: 447-457, 1964
7) 大羽裕・永塚鎭男：土壌生成分類学，養賢堂，pp.263-274, 1988
8) 田村憲司：気候温暖化による土壌の垂直成帯性と土壌有機炭素集積量の動態変化の解析，科学研究費補助金研究成果報告書，2003
9) 佐瀬隆ほか：富士山麓および天城山麓の火山灰土壌の植物珪酸体分析，ペドロジスト，29: 1-28, 1985
10) 佐瀬隆ほか：愛鷹山南麓域における黒ボク土層生成史—最終氷期以降における黒ボク土層生成開始時期の解読—，地球科学，60: 147-163, 2006

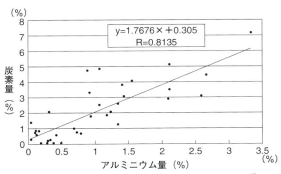

図2　黒ぼく土中のアルミニウム量と炭素量との関係[8]

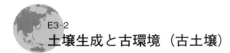

E3-2 土壌生成と古環境（古土壌）

土壌の生成には，一般に数百年から数十万年という長い年月を要すると考えられており，土壌断面には過去から現在に至る気候や植生の変遷が刻銘に記録されている．したがって，土壌生成過程の解明は，古環境の復元につながるとともに，長期的な地球環境の将来予測につながる有用な情報を提供できる．

●古土壌とは？

更新世以前に形成された土壌を古土壌とよぶのに対して，現在（完新世）の自然環境下で形成された土壌を現世土壌（recent soil）とよんでいる．古土壌（paleosol）は，大きく2つに区分され，すなわち，火山灰のような被覆層を欠き，地表に露出しているレリック土壌と，火山噴出物など新しい堆積物に覆われた埋没古土壌に大別される．これらの古土壌は，示相化石，層位学的鍵層，年代指示者として役立つ可能性を秘めている．

表1に古土壌に関連のある用語をまとめた．

●古赤色土

西南日本の丘陵地帯や更新世段丘上には赤色土が広く分布している．かつてこれらの赤色土は，現在の気候条件下で生成しているものと考えられていたが，新潟県下で見い出された赤色土が，地質時代の温暖期に生成した古土壌の残存物（レリック）である可能性が指摘された[2]．その後，筑後平野周辺の更新世段丘上に分布する古赤色土もレリックであることを実証した[3]．また，これらの古赤色土の生成環境を年平均気温20℃前後，年降水量1500〜3000 mm（現在程度），年積算気温（日平均気温10℃以上の年積算値）＞5000℃，亜熱帯湿潤気候で，植生は常緑広葉樹林（タブ，シイ，カシ，イスノキ）で特徴づけられるものと推定した[3]．

わが国の古赤色土は，生成時期の違いによって古期古赤色土（八女台地古土壌）と新期古赤色土（三方原古土壌）に分けられ，前者は，およそ12万〜13万年前を中心とする最終間氷期最盛期（下末吉期）に生成したもので，「くさり礫」を伴い，北海道から九州にかけて全国的に高位段丘上に分布する．一方，後者は最終氷期内の亜間氷期に生成したものであると考えら

表1 古土壌に関する用語（松井健による）[1]

用語	説明
古土壌 paleosol	更新世以前に形成された土壌．現在の自然環境下に生成した土壌（recent soil）に対応する．埋没していることも地表に露出していることもある
化石土壌 fossil soil	新しい被覆層下に埋没し，地表の自然環境から遮断されるため，土壌生成作用が中断し，生物の化石のように地層中に保存された古土壌を指す
レリック土壌 relict soil	地表に露出し，生物圏内にとどまっていながら，生成時の特徴を残している古土壌．現在まで続いている地表の自然環境とは異なった条件下で生成した古土壌が地表に残存するもの
埋没土壌 buried soil	新しい堆積物（飛砂・火山灰・氾濫土砂・山崩れ・地滑り・氷河堆積物・溶岩流など）に埋没した土壌．古土壌とは限らない
再露出土壌 exhumed soil	埋没土壌の被覆物が削剥されて地表に再露出した土壌．古土壌とは限らない
多元土壌 polygenic soil	異なった自然環境（土壌生成因子）の影響を，時を隔てて重複して受けた土壌．気候・植生変化の影響が同一の土壌断面に重複して反映している土壌．レリック土壌の大半はこれに属する
単元土壌 monogenic soil	同一の自然環境下でできた土壌．現世土壌（recent soil）および埋没古土壌（化石土壌）の大半はこれに属する
複合土壌 composite soil	二つ以上の母材にわたって土壌断面が発達しているもの．多元土壌の場合もある．火山灰や沖積層の母材に多い

れており，その分布は西中国，南四国，北九州，東海地方の一部の中位段丘上に限られ，風化程度が弱く，規模も小さい[4]．

日本に分布する埋没古赤色土の生成年代の特定に関しては，これまでにいくつか研究があるが，特に最近では，火山灰編年学（テフロクロノロジー）を用いて，九州南部に分布する古赤色土の生成時期の解明を試み，34万年前から20万〜25万年前までの時期に生成したものと推定されている[5]．一方，レリック赤色土については，年代推定の方法が確立されておらず，今後の研究課題である．

●暗色帯，ブラックバンド，埋没腐植層

火山灰土壌中には，しばしば過去の表層が埋没しており，これらを暗色帯，ブラックバンド，埋没腐植層とよんでいる．これら埋没腐植層中には，植物珪酸体（プラントオパール）や花粉が保存されており，古環境や古植生の復元に活用されている．

植物珪酸体とは，植物の細胞内にガラスの主成分である珪酸（SiO_2）が蓄積したもので，植物が枯れた後も微化石となり，土壌中に半永久的に残る．最近で

は，南九州都城盆地の累積性黒ぼく土断面において植物珪酸体の分析結果と炭素・窒素安定同位体の自然存在比（δ^{13}C値，δ^{14}N値）を比較し，過去約2万5000年から現在までの植生変遷と気候変化が明らかにされた．特に，現地で"クロニガ"とよばれている埋没腐植層における土壌有機物の給源植物種は，C3植物のメダケ属が主体であることが明らかとなった[6]．

一方，花粉分析は，湖沼や湿原などの堆積物（泥炭土）を対象として古くから行われ，森林や草原などの古植生の復元および古気候の推定などに応用されている．その一例として長野県北部の飯山盆地周辺山地の泥炭層について放射性炭素年代測定，テフラの同定および花粉分析の結果を総合的に考察し，最終氷期以降の古植生の復元を行い，森林植生の変遷が明らかにされている[7]．

● 化石構造土：十勝坊主

北海道十勝平野には，周氷河地形の1つである十勝坊主とよばれる化石構造土が分布している．この成因は，過去の寒冷期に永久凍土層上部の火山灰土壌が凍結と融解を繰り返すうちに，ドーム状に盛り上がった形になったためと考えられている．昭和25年（1950年），十勝平野で初めて発見され，十勝坊主と命名された[8]．その断面内部や表面には噴出年代の異なる火山灰が含まれており，今からおよそ2000年〜4000年前の寒冷期に生成されたと考えられている．また，欧米でも同様な地形がみられ，アースハンモック（芝塚）とよばれている．したがって，これらは地質学，第四紀学および土壌学上，貴重なものである．なお，帯広畜産大学構内の十勝坊主は，1974（昭和49）年12月に北海道の天然記念物に指定された．

● 北海道の重粘土

北海道北部の台地や丘陵上には，農業開発上問題の多い重粘土がかなり広範囲にわたって分布しており，その主流を占める疑似グライ土の生成過程は古気候と密接な関係にある．一般に，疑似グライ土の下層土は，難透水層であり，淡灰色の基質と黄褐色の斑鉄や黒褐色のマンガン斑からなる「大理石紋様」を示し，緻密な柱状と板状の複合構造を示す．柱状構造は間氷期に内湾や湖沼に堆積した細粒物質が，氷期の海面低下によって段丘化し，干陸後の脱水により生じた収縮亀裂によって生じ，一方，板状構造は寒冷期の凍結によって発達すると考えられている．したがって，重粘土（疑似グライ土）の発達には，過去の段丘化に伴う脱水収縮と寒冷な気候下での凍結の影響を考える必要がある[9]．

● レス-古土壌サイクル

日本列島には，アジア大陸起源の風成塵・レス（loess）が広く堆積しており，現世土壌や古土壌の母材として重要であることが認識されている．日本では1980年代にこれら風成塵・レスの研究が盛んに行われるようになった．すなわち，寒冷・乾燥な氷期には風成塵・レスの堆積が多くなり，一方，温暖・湿潤な間氷期や後氷期には，風成塵・レスの堆積が少なくなり，風化作用や土壌生成作用が進行するため，レス-古土壌のサイクルが形成される．近年，レス-古土壌サイクルの研究が進むにつれて，わが国の土壌中の2：1型鉱物の一部が風成塵に由来すること，非アロフェン質黒ぼく土が風成塵の影響をかなり強く受けていることが指摘されている．また，南西諸島の琉球石灰岩台地上の島尻マージ（暗赤色土）などの土壌が最終氷期から完新世にかけて，中国大陸や陸化した大陸棚から飛来した風成塵の影響を強く受けていることが明らかにされている[10]．

［前島勇治］

● 文献
1) 羽鳥謙三・柴崎達雄編：第四紀，地球科学講座 第11巻，pp.193-203，共立出版，1971
2) 大政正隆ほか：新潟県の赤色土壌，日本林学会誌，37: 140-142, 1955
3) 松井健・加藤芳朗：日本の赤色土壌の生成時期・生成環境に関する二，三の考察，第四紀研究，2: 161-179, 1962
4) 松井健：赤色土に関する覚え書き，森林立地，XVI: 5-10, 1974
5) 赤木功ほか：九州南部に分布する中・後期更新世テフラに含まれる強磁性鉱物の化学組成―テフロクロノロジーの古赤色土生成年代推定への適用―，ペドロジスト，45: 23-31, 2001
6) 井上弦ほか：都城盆地の累積性黒ボク土における炭素・窒素安定同位体自然存在比の変遷―植物珪酸体による植生変遷との対応，第四紀研究，40: 307-318, 2001
7) 関口千穂：飯山盆地周辺山地における最終氷期以降の植生変遷，第四紀研究，40: 1-17, 2001
8) 山田忍：野地坊主と十勝坊主について，土壌肥料学会誌，30: 49-52, 1959
9) 北川芳男ほか：北海道の特徴的土壌，URBAN KUBOTA，24: 30-33, 1985
10) 成瀬敏郎・井上克弘：大陸よりの使者―古環境を語る風成塵―，サンゴ礁地域研究グループ編，日本のサンゴ礁地域 1 熱い自然，pp.248-267，古今書院，1990

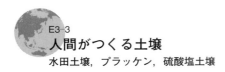

E3-3 人間がつくる土壌
水田土壌，プラッケン，硫酸塩土壌

●モンスーンアジアに集中する水田

世界の耕地面積は約14億haにおよび，人間の生存に必要不可欠な主要食用穀物であるイネ，ムギ，トウモロコシの栽培面積は6.7億haに達する．このうち22％を超える1.5億haは水田として利用されている．また水稲生産量は主要食用穀物の生産量23.5億tに対し28％を占める6.5億tに達する（2007年度）．

水稲栽培はモンスーン気候に属する地域に集中する．この地域には日本を含む東アジア東縁部，東南アジア，南アジア，台湾，フィリピン，マレーシア，インドネシアを包括し，モンスーンアジアとよばれている．モンスーンアジアの地形，気候の特徴はメコン川，ガンジス川など多数の大河川と流域の中流から下流部に分布する沖積平野と河口域に生成したデルタによる広大な低地の存在である．また，水稲栽培には収穫までに少なくとも1000 mm以上の降水を必要とする．この地域ではモンスーンによりもたらされる年間1000 mmを超える降水により灌漑水が得られることから，世界の水稲栽培面積の90％がこの地域に集中する．

日本の水田面積は2009年には167万haまで減少したものの，収量は5 t/haを上まわっている．水田の土壌群別面積は灰色低地土が最も広く，次いで排水不良土壌であるグライ土が占める．東アジア東縁部に位置する日本の気候，地形条件は年間1500 mmを超える降水は得られるものの，モンスーンアジアとは大きく異なる．さらに日本の国土の70％は山地により占められている．日本で水稲栽培に積極的に取り組んだ理由は，広く分布する黒ぼく土と段丘，丘陵に分布する赤黄色土の存在であったと考えられる．これらの土壌反応は酸性でリン酸欠乏を示す養分供給力の低い土壌である．これらの土壌を畑地として利用するには多大な土壌管理を必要とする．これに対して水田利用は自然条件によりもたらされる降雨を灌漑水として利用し，田面を平均化することにより安定な収穫を得ることが可能であった．日本での水田は河川流域に存在する沖積土壌のみならず山間地では棚田として水田利用する．人間の長期にわたる積極的な土壌管理によりもたらされた土地利用形態が水田土壌である．

●水田土壌の特徴と利点

水田土壌（paddy soil）は3〜6カ月は田面水が存在する．この条件下で発達する嫌気条件が物質動態に畑土壌との大きな差異をもたらす．田面水により大気からの酸素の供給が遮断され，田面水中の溶存酸素により，表面酸化層が生成される．土壌中の酸素は消失し，二酸化マンガン，酸化鉄が微生物により利用され土壌の還元状態が発達する．作土層の還元の発達に伴い鉄，マンガンの酸化物はMn^{2+}，Fe^{2+}に還元され土壌溶液の移動により鋤床層以下の酸化的下層土に集積する（図1）．

日本のほとんどの土壌は酸性であるが，灌水条件下では還元反応の進行とともに，水素イオンが消費されpHは中性に近づく．pHの上昇により，リン酸鉄，リン酸アルミニウムなどの難溶性化合物の溶解度が上昇する（pHの1上昇により溶解度は10倍増加する）．さらに還元的条件下では土壌有機物は蓄積され，窒素含量も増加する．また，水田土壌では窒素の生物

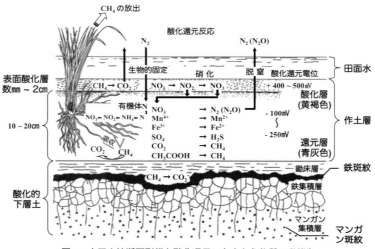

図1 水田土壌断面形態と酸化還元にともなう物質の動態[1]

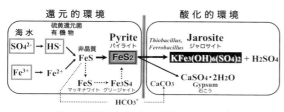

図2 酸性硫酸塩土壌の生成と土壌環境[2]

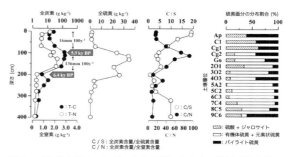

図3 ベトナム領メコンデルタ北西部に存在する酸性硫酸土壌の化学性[3]

的固定量は嫌気性窒素固定菌であるクロストリジウムやシアノバクテリアの活動により30～40 kg/haに達する．灌漑水に溶存するK, Ca, Mg, Siにより1作の水稲栽培に必要以上の養分が供給される．水田は一定期間湛水条件下におかれることから畑地に比べ，①連作障害が発生しにくい，②灌漑水から養分の供給が期待できる，③地力消耗が少ない，④窒素の流亡が少ない，⑤土壌侵食の危険性がないなどの利点をもつ．一方，有機酸，硫酸還元により生成するH_2Sによる生育障害，水田からのCH_4の発生は地球規模の発生量の約10％を占める．水稲体内を経由するCH_4の大気への放出などの欠点はあるものの，土壌管理，栽培管理および水管理など人間の積極的関与により抑制出来る可能性をもつ．

● 北西ヨーロッパに存在する人造土壌"プラッケン"

水田稲作を主要農業形態とするモンスーンアジアに対し，ヨーロッパの畑作地域ではプラッケン(plaggen)とよばれる人為的な土壌管理法が存在する．プラッケンの特徴は人為的な長期間の継続的な有機物（堆厩肥など）施用により表層が50 cmまたはそれ以上の厚さをもつ土壌である．プラッケン土壌はデンマーク，北西ドイツ，ベルギー，オランダなどの砂浜低地に存在する．この土壌管理方法は青銅器時代後期（紀元前2500年ごろ）にまで遡ることができるが，19世紀後半に化成肥料の製造が開始されるとともにこの土壌管理方法は途絶えた．

● 酸性硫酸塩土壌

酸性硫酸塩土壌は硫酸に由来するpH4以下の強酸性の土壌であり，全世界に2400万ha存在するとされる．先進国では大規模干拓，農地造成および建設事業により強酸性が発現し，問題土壌として取り上げられる事例が多い．一方，東南アジア大陸，島嶼部では酸性硫酸塩土壌生成要因であるSO_4^{2-}と有機物の供給は，スンダ海に面したマングローブ林の汽水環境下に備えられていた．

汽水環境下での酸性硫酸塩土壌の生成には硫黄および有機物の供給が強く関係している．堆積物中の硫黄は還元型となり，主にパイライトとして存在する．パイライトは酸化的風化に伴いさまざまな形態に変化し，最終的に硫酸を生成する（図2）．pH3～4を示すことから重金属類の溶脱，Al過剰症の発現，過剰の鉄，アルミニウムによるリン酸固定．さらに水稲栽培では鉄過剰症の発現など，さまざまな障害が発生する．

メコンデルタ北西部の年間降水量は1700～2000 mmを示し，その90％が5～11月の雨季に集中する．8～10月にはメコンデルタ北部では水位が上昇し120万～190万haが水深0.5 m～4.0 mの冠水状態となる．このような地質と気候条件の下で160万haの酸性硫酸塩土壌と118万haの沖積土壌が存在する．メコンデルタ北西部の主用河川であるバサック河西部における土壌と母材の分布をとらえるために土壌の理化学性と硫黄の存在形態を検討した．^{14}C年代測定により，サルフュリック層の生成年代は5.9～6.4 kyBPを示し，0～100 cmの生成速度は16 mm/100年であるが，サルフュリック層では136 mm/100年を示し，堆積速度がきわめて速いことが特徴であった．また，パイライト生成に貢献した植物は主にC3植物であるマングローブである．潜在的酸度の高い層位ではパイライト含量，全炭素含量ともに多く，海面水準の変動に対応する埋没表層であったことが示された（図3）．

［隅田裕明］

● 文献

1) 久馬一剛編：最新土壌学，朝倉書店，2001
2) Dixon, J.B. and Weed, S.B.: Minerals in Soil Environments, Soil Science Society of America, 1977
3) Sumida H. *et al*: Sultur composition of Acid Sulfate Soils distributed in the Mekong Delta, *Vietnam, Pedologist*, **55**: 449-457, 2012
4) 久馬一剛：土とはなんだろうか？, pp.119-151, 京都大学学術出版会, 2005
5) 三枝正彦・木村眞人：土壌サイエンス入門, pp.63-84, 文永堂, 2005
6) Sasaki, S. *et al*.: Development of new bioremediation systems of acid sulfate soil for agriculture and forestry, pp.65-76, Shoukadoh, 2008

E3-4 土壌侵食・土地荒廃・土壌汚染

図1 沖縄県のパイナップル畑における土壌侵食
山腹斜面にパイナップル畑が造成され、畑の法面の侵食が激しく、侵食された土砂は最終的には海まで到達する。

近年、主に人間の社会経済的な諸活動の活発化・広範囲化とともに、水食と風食による土壌侵食、塩類集積や砂漠化などによる土地荒廃（ある土地の土壌に本来的に備わっている諸機能が極端に低下すること）、そして、重金属や難分解性の人工有機化合物による土壌汚染が世界各地で進行している。厄介なのは、このような土壌の諸問題が、現代の地球気候変動下で、加速されていることである。

●土壌侵食

本来、土壌侵食（soil erosion）は自然に起きる。つまり、ある土地で、自然の侵食速度（平均して、1年間に深さ1 mm以内）を上回る土壌損失が認められた場合に、土壌侵食とよぶことが多い。土壌侵食には、大別して、水の営力による水食（その規模と性状により、面状（シート）浸食、細流（リル）浸食、そしてガリー浸食）および風の営力による風食がある。最近、黄砂[1]の飛来が目立つが、これも中国内陸部での風食に起因するといわれる。土壌侵食の大きな原因として、土地利用変化がある（開墾（畑）による植生変化や傾斜地の大規模開発など）。沖縄県での森林伐採に伴う農地の大規模開発による赤土流出は、典型的な水食の例であり、サンゴ礁などの海洋生態系に甚大な影響を及ぼしている。パイナップル畑などの造成により、もともと受食性が高い沖縄県の赤土は、降雨エネルギーの増加とともに、面状浸食から次第に大きな規模のリル・ガリー浸食へと拡大していく[2]（図1）。

アメリカ農務省は、水食予測式（universal soil loss equation: USLE）を開発し、水食防止に役に立てている。その式は、$A = R \times K \times L \times S \times P \times C$ で示される。ここで、A は流出土量（t/ha）であり、R、K、L、S、P および C は、それぞれ、降雨係数（MJ・mm/ha・h）、土壌係数（t・h/MJ・mm）、斜面長係数、傾斜係数、保全（工法）係数および作物（植生）係数である。この式からも理解されるように、水食土量は、土壌表面へ到達する雨滴エネルギーと雨量が少なく、土壌の受食性を低下させる土壌粒子の団粒形成が促進され、斜面長がなるべく短く斜度ができるだけ小さい場所で、年間を通して裸地状態とならない適切な土壌管理（作物や被覆物で土壌表面を覆うマルチングや等高線栽培など）が行なわれるほど、軽減される。

一方、風食では、一定の風力下で、土壌粒子の比重、土壌粒子の結合力と団粒の大きさ、表土の乾燥度および植生の被覆度に大きく影響される。現在、世界の半乾燥地域で大問題となっている草原の砂漠化は、土壌の風食に起因し、飼育家畜頭数の増加による草原植生の退化が要因となっている場合が多い。

●土地荒廃

土地荒廃といえば、すぐに思い浮かぶのが砂漠化であろう。1977年のケニア・ナイロビで開催された「国連砂漠化会議」では、砂漠化を「主として不適切な人間活動に起因する乾燥地域（乾燥・半乾燥・乾性半湿潤地域）における土地荒廃」と定義したが、その後、1994年に、「気候変動および人間活動などさまざまな要因に起因する乾燥地域における土地荒廃」と再定義し、土地荒廃を「降雨依存（天水）農地、灌漑農地、放牧地、牧草地および森林などの生物的または経済的生産性と複雑性の低下あるいは損失である」とした。そして、土地荒廃の中で、砂漠化要因の約90%を占めるとされる人為的要因には、草地における過放牧、農地の過耕作、過剰な森林伐採、地下水の過剰揚水などがある。いずれの場合にも、土壌としては、土壌侵食や塩類集積が顕在化し、土地荒廃が進行する場合が多い。

塩類集積とは、文字どおり、$NaCl$、$CaSO_4$、Na_2CO_3 などの塩類が土壌中に集積することである。自然界でもこの現象は認められ、乾燥地に分布する塩類土（Saline soils）がこれに相当する。WRBでは、主にソロンチャックとして分類されている[3]（図2）。

一般に、塩類が土壌表面にまで集積するためには、土壌中の水の移動が、基本的に下方から上方に向かう必要がある。つまり、年降水量よりも蒸発散量が大き

図2 多量の塩類が表面に集積した典型的ソロンチャック
アメリカの中央ネバダの乾燥地の景観．ソロンチャクに特有の塩性植物だけが生育している．

く上回ることが必要で，土壌中の水は連続的に毛管移動により上方へと移動する．この条件に多くの乾燥地が当てはまる．しかし，土壌に塩類が集積するためには，塩類の給源が必要である．塩類は灌漑水として揚水される地下水に含まれることが多く，その地下水は塩類に富む岩石の溶解あるいは海水の浸入の影響を大きく受けて，浅層不圧地下水を形成している場合が多い．ところで，灌漑農業では，二次的な土壌の塩類化（secondary salinization）によって，しばしば農地が放棄される．これは，塩類濃度が比較的高い灌漑水が農地に大量に供給されると，水の排出割合の減少と地下水位の上昇（土壌表面までの物理的距離の減少）が生じ，灌漑する以前より，塩類の土壌中の上方への可動性が高くなるためと考えられる．この場合，特に塩類の中でナトリウム塩が多くなると，土壌のpHが8.5以上に上昇し，普通の作物はなかなか生育できない．いったん，塩類が土壌に集積すると，除塩は困難であり，農地放棄に繋がる農地が，毎年，世界の灌漑農業地帯で増加している．

● 土壌汚染

土壌汚染が最も長期間に影響を受けるのは，おそらく重金属および難分解性の人工有機化合物による場合であろう．わが国でも，過去に，富山県神通川流域のカドミウム汚染，渡良瀬川流域の銅汚染，宮崎県土呂久町の六価クロム汚染，最近では，茨城県神栖町のヒ素汚染など，人間への深刻な健康被害をもたらしてきた．鉱山の廃鉱砕由来あるいは精錬過程の排水中に含まれる重金属が汚染源である場合が多い．重金属は，土壌中で分解しないために，汚染修復には多くの時間と費用を要し，現実的には，汚染土壌（土地）を除去するのではなく，非汚染土による客土（30 cm程度）が行われてきた．1994年に土壌環境基準の改訂，2002年に土壌汚染対策法の公布，2008年にその一部改正が行われた経緯からも理解されるように，重金属汚染は土地取引上も大きな社会問題となっている．最近では，植物・微生物を用いた修復技術（バイオレメディエーション）および酸化還元や電極を用いた工学的手法が用いられる場合も多い．バイオレメディエーションでは，修復に長時間（期間）を要することが多いのが難点であるが，重金属汚染では，5 mg/kg程度であれば，数年間でも修復成果が上がる場合もある．

一方，有機塩素・リン系の農薬，半導体や衣類のクリーニングで使用される洗浄液などに含まれる人工有機化合物（トリクロロエチレンなど）は，土壌汚染のみならず地下水汚染も生じる場合があり，これら特定の人工有機化合物の使用が禁止されてきた．しかし，過去に土壌などの環境中に放出された難分解性化合物（PCB，DDT，ドリン剤など）は，POPs（Persistent Organic Pollutants）とよばれ，ゴミ焼却場が発生源とされるダイオキシンとともに，作物吸収を通した人体被害を防止するために，現在でもそれらの環境中での挙動に関する多くの研究が行われている．このほか，大量に使用されてきた化学肥料中の窒素に由来する地下水汚染があり，特に畜産が盛んな地域で多いことが明らかにされており，作物栽培での減肥料が盛んに推奨されている．

[東　照雄]

● 文献
1) 成瀬敏郎著：世界の黄砂・風成塵，築地書館，2007
2) ヒレル，D/岩田進午・内嶋善兵衛監訳：土壌環境物理学 III，農林統計協会，2001
3) World Soil Reference Base for Soil Resources, FAO/IUSS/ISRIC, 2006

F ●植生

F1 植生地理学の歴史

●探検博物学から生まれた植生地理学

ヨーロッパでは,15世紀から17世紀にかけて世界各地に探検航海が行われ,大航海時代とよばれたが,それに続く18,19世紀は,博物学の時代となり,イギリスやフランスの探検航海には博物学者が同行することが多くなった.クック(Cook, J.)の南太平洋探検に同行したバンクス(Banks, J.),フィッツロイ(FitzRoy, R.)の南米沿岸での探検航海に同行したダーウィン(Darwin, C. R.),ロス(Ross, J. C.)の南極圏探検に加わったフッカー(Hooker, J. D.)は,その代表的な存在である.またリンネ(Linné, C.)は,植物調査のために弟子たちを世界各地に送り出した.アレキサンダー・フォン・フンボルト(Alexander von Humboldt)は,5年にわたる南米探検を行い,ウォーレス(Wallace, A. R.)やベイツ(Bates, H. W.)は南米やインドネシア付近の島々で昆虫や植物の採集を行った.南米やアフリカ,オセアニア,インド,東南アジア,東アジアなど,ヨーロッパ人にとっての未知の領域を,彼らは大変な苦労をして探検し,時には命と引き替えに多くの知見をもたらした[1,2].

なかでも重要な発見は,地球上では,熱帯雨林や亜寒帯針葉樹林というように,同じタイプの植物群が大きな広がりをもって分布していることであった.樹木にはこんもりしたもの,針葉樹のように円錐形のもの,丈が低く,根際から細かく枝分かれする低木などさまざまなタイプがあるが,種は異なっても同一タイプの生活型をもつ植物が広域にわたって,あるいは帯状に広がっているということは,それまで知られていなかった.

彼らが眼を見張ったのは,熱帯雨林の景観である.60 mを超えるような高さをもつ超高木を筆頭に,いくつもの層に分かれる高木層があり,繁茂した葉が日光を遮断するため,林床には弱い光がわずかにもれるだけである.植物はすべて常緑で,著しく種数が多い.一方,博物学者たちの故郷ヨーロッパには,ミズナラやシナノキなどからなる落葉広葉樹の森があり,そこでは樹木は枝を大きく広げ,夏には葉が茂るものの,冬には葉は落ちてしまう.林内には低木が散在し,春ともなれば,夥しい数の花々が咲き乱れる.しかしこの森には常緑の広葉樹はない.スカンディナビアやロシア,カナダなど北の国々を訪ねた博物学者は,亜寒帯針葉樹林に出会い,さらに北方ではツンドラを眼にすることになった.またアメリカ中西部やアルゼンチンでは果てしない草原が広がり,アフリカではサバンナと砂漠を観察することができた.

フンボルトはエクアドルの高山に登って垂直分布帯の存在に気づき,それが気温の低下に対応するのだと見抜いた.そして熱帯の高山では赤道から極までの水平的な植生帯が,凝縮された形で垂直に配列するのだと考えた(図1).

フランスの植物学者ドゥ・カンドル(de Candolle, A. P.)は,パリの博物館で世界各地の博物学者がもたらした膨大な標本を調べているうちに,地球に同じタイプの植物からなる「植物群系」が存在することに気づいた.先に述べた熱帯雨林や亜寒帯針葉樹林などがそれにあたる.彼はさらにその分布が気候,特に気温と降水量に大きく支配されている,ということに気がつき,植物群系の分布を図に示した.これが初めての世界植生図で,私たちが地図帳でよく見る図の原型である.

ドゥ・カンドルをはじめとする植物学者の著作は,当時,仕事を始めたばかりの気候学者にも大きな影響を与えた.気候学者は世界の気候を分類しようと研究を始めていたが,気候は眼に見えないため,手がかりさえ得られなかった.またヨーロッパのいくつかの国で気象観測が始まってまもないという状態では,世界各地の気象データの収集など望むべくもなかった.

そうした中で,気候学者が採用したのは,植物群系の分布図はその土地の気候を反映しているのだという,ドゥ・カンドルの考え方である.そしてこれを実際に気候区分に用いたのが,気候学者ケッペン(Köppen, W. P.)であった.彼は,植物学者によって設定された,熱帯雨林,砂漠,温帯落葉広葉樹林,亜

図1　アンデス垂直分布帯[3]
左側に相観による垂直分布帯,右側の断面には主要な植物の名称が記載されている.

寒帯針葉樹林，ツンドラの5つの植物群系を，熱帯，砂漠，温帯，亜寒帯（冷帯），寒帯の気候の代表とみなし，それぞれを気候型のA，B，C，D，Eとした．また地中海地域の植物群系やサバンナの植物群系，ステップの植物群系など低次の植物群系は，主要な気候型の亜区分として採用した．

ケッペンは世界の植生図と当時のわずかな気候データを基に，植物群系の境界線が何によって決まっているかを探った．たとえば熱帯植物の北限が，最寒月の平均気温18℃の線に一致していることを見出し，それを熱帯気候の限界として採用した．また樹木の生育を不可能にする温度限界や降水量の限界を探り，それを気候区分に取り込むなど，植生分布の限界に一致する気候条件を次々に見出し，それを気候区分に適用した．これが「ケッペンの気候区分」の基本的な考え方である．これは，気候区分ではなく植生区分とみなす考えもあるが，十分実用に堪えたし，人間の生活とのかかわりを考えれば，むしろ便利なものといえた．

● 群落の分類と植物社会学

植生区分は研究の進展とともに，次第に植物群落を対象としたものに移行する．たとえば温帯の落葉広葉樹林をみても，その内部にはブナ林，サワグルミ林などさまざまの群落が存在しているし，それぞれがさらにまたいくつもの群落に分けられる．群落を認識し分類するという作業は1890年代から20世紀の初めにかけて，北欧やドイツ，フランス，アメリカなどでほぼ同時期に始まった．ただし群落をどのような視点から分類するかについては，意見が大きく分かれた．1つは群落の種類組成に基づくもので，スイス人フラオー（Flahault, C. H. M.）やチューリヒのシュレーター（Schröter, C. J.）がその中心であった．もう1つは相観や優占種に基づくもので，デンマークのヴァーミング（Warming, E.）やドイツのドゥルーデ（Drude,

O.），アメリカのクレメンツ（Clements, F. E.）やカウルズ（Cowles, H. C.）らによって主張された．しかし群落の単位や呼び方については，両者は大きく異なり，さらに研究者によっても違うなど，混乱がみられたため，1910年の国際植物学会で前者を群集（association），後者を群系（formation）とよぶことに決め，群落分類の基礎が定着した．しかし群集派は，群集の分け方をめぐってさらに，チューリヒ・モンペリエ学派とウプサラ学派に分かれることになった．チューリヒ・モンペリエ学派は，その後，ブラウン・ブロンケ（Braun-Blanquet）やチュクセン（Tuexen, R.）によって発展させられ，現代においては「植物社会学」とよばれるようになっている．植物社会学は日本では鈴木時夫や宮脇昭，奥富清らによって導入され，一時は日本全国で植生図が作成されるなど広く普及し，植生学会も発足した．しかし近年ではかつての勢いはなくなり，研究の中身も群集の分類に特化する傾向をみせている．

● 地生態学の登場

植物社会学は，群集の分類学であるため，「なぜそこにその群落が分布するのか」といった，分布の成因を明らかにする力は乏しい．そこでこの欠点を補うために現れたのが地生態学（geoecology）である．これは基盤環境としての地形・地質の役割を重視するもので，これによってこれまで解明が不十分だった植生分布と環境とのつながりを明らかにすることができるようになってきた．地生態学では，さらに植物を餌にして生活している動物群集（たとえば昆虫など）の分布も植生に上乗せする形で取りあげることが可能であり，自然全体の総合的な把握に近づいている．しかし分野間をつなぐ広い視野と直感力が必要なため，研究者が少ないのが難点となっている．　　　　　[小泉武栄]

● 文献
1) 西村三郎：未知の生物を求めて，平凡社，1987
2) 西村三郎：リンネとその使徒たち，人文書院，1989
3) 手塚章編：続・地理学の古典，古今書院，1997
4) マターニュ, P./門脇仁訳：エコロジーの歴史，緑風出版，2006

図2　フラオー（左）とヴァーミング（右）
群落の分類を始めた2人の植物学者．フラオーは種類組成による分類，ヴァーミングは相観による分類を提唱した．

F2 植生と環境

F2-1 植生の分布を決める条件

●気候的条件（気温，風，積雪）

気温

植生の分布に最も影響を与える条件は降水量と気温である．日本列島においては，どこにおいても森林の成立に十分な雨が降るため，特に気温が植生の分布を決める最大の要因となっている．

植物は，必要とする生育期間（1年のうち光合成が可能な期間）や，高温や乾燥に対する耐性，光合成の適温域，開芽に要する低温量，葉や冬芽の耐凍性，水分の通導特性などが種によって異なり，それぞれ生存に適した温度領域が存在する．このため，主に緯度と標高に応じた気温の分布に対応して，植生帯が形成される．

日本の植生帯は，極相において優占する樹木の生活型によって，常緑広葉樹林帯，落葉広葉樹林帯，常緑針葉樹林帯，高山植生帯の4つに分けられる（図1）．これらの植生帯の分布は主に，生育期間，夏の暑さ，冬の寒さ，の3条件によって決まっている．生育期間と夏の暑さの指標としては，「暖かさの指数」（WI; warmth index）が用いられ，植生帯とよく対応する（表1）．暖かさの指数は，植物の成長に必要な限界の気温を5℃と考え，月平均気温5℃以上の月を選び出し，各月の平均気温から5℃を引いて積算した数値である．冬の寒さについては，「寒さの指数」（CI; coldness index）が指標として使われる．寒さの指数は月平均気温5℃以下の月を選び出し，5℃から各月の平均気温を引いて積算し，マイナスをつけた数値である．

生育期間と葉の寿命の関係に注目するコスト-ベネフィット仮説によると，寒くなるにしたがって，植生が常緑→落葉→常緑と変化する理由は以下のように説明される．常緑広葉樹は，葉の寿命が1年以上あるが，葉の製造コストが大きく，光合成速度が小さく，さらに光合成ができない冬も葉の維持コストを要する．このため生育期間の長い暖温帯では有利であるが，生育期間が短い冷温帯では，葉のコストを上回る光合成生産を行うことが難しくなり生存に不利となる．

落葉広葉樹は，葉の寿命が短いが，葉の製造コストが小さいうえに，光合成速度が大きいので，短い生育期間であっても葉のコストを回収するだけの生産を行うことができる．また生育に不適な冬季は落葉することによって葉の維持コストを減らすことができるので，冷温帯では有利である．しかし，亜寒帯では，生育期間がさらに短く，多くの落葉広葉樹はひと夏の光合成では葉のコストを回収することができず，生存に不利となる．一方，亜寒帯性の常緑針葉樹は，葉の寿命が数年以上と長い．年間の生育期間が短くても，同じ葉を何年間も使うことによって葉のコストを上回る生産を行うことができるため，亜寒帯では有利になる．

風

樹木が強い風に吹かれると，枝が折れたり，葉が傷ついて傷口から水分が失われたりする．日本の上空では冬に強い偏西風が吹くため，山岳では風が植生に与える影響は大きい．日本の高山植生帯の下部は，気温から考えると常緑針葉樹林が成立するはずだが，冬季の強い季節風が一因となって高木の生育が妨げられた結果，高山植生となっている．また海岸も強風が吹く場所であり，強風と塩分に適応したトベラなどからなる低木林が成立する．

積雪

太平洋側と日本海側の積雪量の違いは，植生に違いを生み出している．斜面上の積雪が自重で滑り落ちる積雪グライドは，その圧力によって植生に対して物理的破壊作用として働く．このため，日本海側の多量の

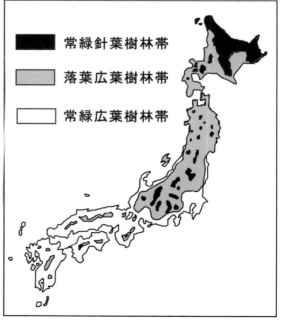

図1 日本の植生帯（沼田・岩瀬[1]を一部改変）
高山植生などは図示していない．

表1 群系による日本の植生帯（亜熱帯林を除く）．日本の植生帯は気温に応じて分布し，寒くなるにしたがって生活型は常緑→落葉→常緑と変化する．

植生帯	対応する気候帯 （垂直帯）	暖かさの指数	目安となる 年平均気温	目安となる生育 期間 （月平均気温 10℃以上の継 続期間）	代表的な優占種
常緑広葉樹林帯	暖温帯（丘陵帯）	85〜180	13℃以上	7〜9カ月	スダジイ，タブノキ，アカガシ，クスノキ
落葉広葉樹林帯	冷温帯（山地帯）	45〜85	6℃〜13℃	4〜7カ月	ブナ，ミズナラ
常緑針葉樹林帯	亜寒帯（亜高山帯）	15〜45	6℃以下	1〜4カ月	シラビソ，オオシラビソ，コメツガ，エゾマツ，トドマツ
高山植生帯	寒帯（高山帯）	0〜15			ハイマツ

積雪は，ブナなどの雪圧に強い樹種の優占に有利に働いている．さらに，最も積雪量の多い地域では，高木が生育できずに低木やササから構成される偽高山帯が成立する．一方，積雪は，保温，保湿効果をもつため，ヒメアオキ，ユキツバキなど雪に埋もれることのできる常緑低木（日本海要素）を出現させた．逆に，太平洋側の冬季の乾燥は山火事の発生を促進し，山火事に適応した先駆的な性格をもつコナラ，ミズナラ，クリなどの拡大を助長した可能性がある．

局所的な例では，雪崩の多い斜面には，倒伏する樹形をとることができるダケカンバが樹林を形成する．また，積雪期間が長く，夏のかなり遅い時期まで雪が残る高山や亜高山の雪田周辺では短い生育期間に適応した雪田植物群落が形成される．山岳の尾根では，冬の季節風に対する方位によって，斜面ごとに積雪量の差異が生じ，その結果，植生に違いが見られることが少なくない．

●土地的条件

地形は，日照，風あたり，土砂の移動，土壌特性，撹乱特性などを通して，局所的な植生分布を決定する．例えば，尾根は風あたりが強く，土壌養分が乏しいうえに乾燥するため，これらの条件に耐えうるモミやツガなどの針葉樹林が成立する．土石流が発生しやすい渓谷では，土石流がもたらす撹乱に適応したサワグルミやシオジなどが樹林を形成する．蛇紋岩地域は土壌中に重金属などを多く含み，その土壌条件に耐えうるアカマツやヒノキなどの特有の植物が群落をつくる［▶ F6-1，F6-2，F6-6］．

●生物的条件

気候や地形などの物理的な条件だけでなく，植物間の競争や，他の生物との相互作用も植生分布に影響を与える．特に，樹木の種間競争は，共存や排除を通して植生分布に大きく関与する．

また，病原菌，食害者（昆虫など），送粉者や種子散布者（昆虫や鳥），共生菌などの生物は，植物の個体維持や繁殖の成否を左右し，植生分布に影響を与える．

人間による植生への影響も非常に大きい．日本列島は，過去数千年にわたって，耕地，採草地，薪炭林，農用林，人工林などとして利用され，人為的な影響をまったく受けていない植生はほとんど存在しない．

●歴史的条件

ある地域に植生が分布するには，過去に他の地域から移動し，かつ存続することが必要である．九州の山地の上部は気候的には亜寒帯であるが，常緑針葉樹林が存在しない．これは最終氷期までは存在した常緑針葉樹林が，縄文時代の温暖化など何らかの歴史的理由で消滅したためである．また東北地方などでは，晩氷期〜後氷期初頭の多雪化によって針葉樹林が激減したため，後氷期における亜高山帯への森林の拡大が遅れ，地域によっては現在も森林が覆うに至っていない．このように，過去に局所的に絶滅した種は，生育適地が回復しても分布を回復するには長い時間がかかる．このように，歴史的な理由によって，植生分布が生育適地と一致しないことがありうる．　　　［渡辺一夫］

●文献
1) 沼田眞・岩瀬徹：図説 日本の植生，朝倉書店，1975
2) 福嶋司・岩瀬徹：図説 日本の植生，朝倉書店，2005

F2-2 遷移と極相
遷移, 気候的極相・土地的極相, 先駆種, 陽樹と陰樹

●遷移

遷移とは，ある場所の生物群の種の構成が，時間の経過とともに変化していく現象である．植生の遷移は，植生のない状態から，コケや地衣類の段階，草本の段階，低木の段階，陽樹の段階を経て，最終的には陰樹が優占する極相といわれる状態に達する．極相にまで至らない陽樹までの段階を途中相という．

遷移（succession）には，溶岩が流れた跡地のように土壌がない状態から始まる一次遷移と，山火事の跡地や伐採跡地などのように，土壌が残っている状態から始まる二次遷移に分けられ，両者は異なった経路や速度で進む．一次遷移の場合は，まったく新たな植物が他の土地から侵入するが，二次遷移では，土壌中に埋土種子や萌芽可能な根が生き残っているなど，過去にその土地に生きていた生物の影響を強く受ける．

桜島の溶岩流における一次遷移の例では，コケ・地衣類→草本→低木類→クロマツ（陽樹）→タブノキ・アラカシ（陰樹）といった順に遷移している．一般に，土壌と土壌に含まれる生物を欠く一次遷移は，二次遷移よりも遅く進行する．暖温帯の一次遷移では完全な極相に達するまでは数百年〜1000年程度を要すると考えられている．暖温帯のシイ林やカシ林を伐採した後の二次遷移の場合，陽樹からなるコナラ林やアカマツ林となり，遷移が進むと再びシイ林やカシ林（極相）に戻る．ただし，シイ類やカシ類が伐採されても，萌芽によって，途中相を経ずに再び極相のシイ類やカシ類の森に戻る場合がある．

●気候的極相

植生の分布には気候が最も強い影響を与えるため，気候に応じて発達した極相が広い範囲で認められる．これを気候的極相（climatic climax）という．気候的極相の例としては，暖温帯ではシイ林・カシ林・タブノキ林，冷温帯ではブナ林，ミズナラ林，亜寒帯ではシラビソ林・コメツガ林があげられる（表1）．

極相とは，もはや種の構成が変化せず，優占種が安定して更新（世代交代）を繰り返す状態，つまりこれ以上遷移が進行しない状態である．森林内では，寿命，病虫害，風倒などで高木が倒れるため，林冠に高木1〜数本分の空隙（林冠ギャップ）が生じ，局所的に明るい環境が生まれる．この林冠ギャップで極相種の後継樹が育ち，世代を交代していく．しかし，現実の森林では広い範囲にわたって極相が存在することはまれである．その理由の1つとして，撹乱があげられる．撹乱は，生態系や群集の構造に変化を与える規模で植生がなくなる現象であり，台風による風倒，山火事，斜面崩壊，人為的伐採などによって起こる．現実の極相林では，局所的に撹乱が起こるため，モザイク状にさまざまな遷移の段階の場所が存在しうる．また，撹乱の頻度が高い場所や，周囲から極相種の種子の供給がない場所では，極相に遷移するまでに長い時間がかかる場合がある．

表1 植生帯ごとの気候的極相と途中相の代表種．常緑樹は陰樹が多いため，常緑広葉樹林帯と常緑針葉樹林帯で，気候的極相種になりやすい．落葉樹は陽樹が多いため，途中相で優占しやすい．

植生帯	対応する気候帯	途中相の代表種	気候的極相の代表種
常緑広葉樹林帯	暖温帯	マツ類，アカメガシワ，コナラ，シデ類	シイ類，カシ類，タブノキ
落葉広葉樹林帯	冷温帯	シラカバ，アカマツ	ブナ，ミズナラ
常緑針葉樹林帯	亜寒帯	カラマツ，ダケカンバ	コメツガ，シラビソ，オオシラビソ，エゾマツ，トドマツ

●土地的極相

同一の気候下であっても，土地条件（地形，地質，土壌など）によって気候的極相種以外の種が優占することがある．たとえば，土壌養分が欠乏・乾燥し，風あたりも強い尾根では，気候的極相種のかわりに，遷移初期に現れる種であるアカマツの樹林が維持されることがある．また，湿地では，やはり途中相の種であるハンノキ林が維持される．このような状態を土地的極相という（表2）．土地的極相は，土地条件が厳しいため気候的極相種が優占できず，かわりにその環境に耐えられる途中相の種が優占している状態である．土地的極相のうち，地形に起因するものを地形的極相という．

●先駆種

遷移の初期において裸地に定着する植物を先駆種あるいは先駆植物という．先駆種は次のような性質をもつ傾向がある．①小さな軽い種子を大量に風で散布して裸地に定着する．あるいは，休眠能力のある種子を鳥が森林内に散布し，裸地が形成されると発芽する．②弱光下では生育できない．③実生や稚樹は，強光を

表2　土地的極相の例

土地的極相種	地形・地質	土地条件
アカマツ, ヒノキ, クロベ	尾根や崖	乾燥, 貧栄養, 風衝
サワグルミ, シオジ, カツラ	渓谷	土石流, 洪水流
ハンノキ, ヤチダモ	湿地	過湿
トベラ, シャリンバイ, ウバメガシ	海岸	塩分, 強風, 急傾斜
アカマツ, クロベ, アカエゾマツ	蛇紋岩地	土壌中の重金属

利用し速く成長する. つまり陽樹である. ④寿命が短く, 種子初産齢が低い. ⑤窒素固定菌と共生し, 土壌養分の乏しい土地にも定着できる. 以上の性質は, 裸地で生育するのに適しており, 撹乱に適応した能力だといえる.

極相種は, 遷移後期に現れる種である. 極相種は次のような傾向をもつ. ①栄養が豊富な大型の種子をつけ, 森林内での実生の生長に有利であるが, 種子の散布能力はあまり高くない. ②成長は遅いが, 実生や稚樹の耐陰性が高い陰樹であり, 実生や稚樹がギャップの形成まで林床で待機することができる. ③強光下では乾燥や光阻害のために生育が悪くなることがある. ④種子初産齢は高いが, 寿命が長く, 樹高が大きくなる. また萌芽力が強い. 以上の性質は, 森林の中で更新するのに適している.

●陽樹と陰樹

樹木は光の利用の仕方によって, 陽樹（intolerant tree）と陰樹（shade bearing tree）に分けられる. 陽樹は, 実生や稚樹が日当たりのよい場所で育つ樹木である. 光飽和点（これ以上光を強くしても光合成速度は増加しないときの光の強さ）と光補償点（呼吸速度と光合成速度が等しくなるときの光の強さ. これ以下の光の強さでは植物は生育できない）が高いことが特徴である. 陽樹は, 強光下では光合成速度が大きいので旺盛な成長をみせるが, 弱光下では光合成能力が衰え, 生育できなくなる.

陰樹は実生や稚樹が日陰でも育つ樹木である. 陰樹の光飽和点と光補償点はともに低い. 陰樹は強光下では, 光合成速度をそれほど大きくできないので, 速く育つことはできない. 一方, 弱光下であっても光合成速度よりも呼吸速度を小さく抑えられるので, 生存することができる.

基本的には, 先駆種の樹木は陽樹であり, 極相種の樹木は陰樹である. 陽樹の例としては, アカマツ, カラマツ, アカメガシワ, カラスザンショウ, コナラ,

シラカバなどがあり, 陰樹の例としては, タブノキ, シイ類, カシ類, ブナ, モミ, シラビソ, コメツガなどがある. 一般に落葉樹は陽樹, 常緑樹は陰樹であることが多い.

●遷移を引き起こす原因

遷移を引き起こす原因としては, 次の2つが考えられる. 1つは, 樹種ごとの生活様式の違いである. 裸地においては, 種子の散布能力が高く, 初期成長が速いほうが定着に有利であるため, これらの生活様式をもつ先駆種がまず定着し森林をつくる. その後, 先駆種の樹冠下では, 耐陰性の強い極相種の稚樹が徐々に定着しゆっくりと育っていく. しかし耐陰性の弱い先駆種の後継樹は林内に定着できない. 時間の経過とともに, 寿命の短い先駆種の高木が減り, 極相種の稚樹がその後を埋めるように高木となり優占していく. つまり競争力は弱いが定着が速い種と, 定着は遅いが競争力が強い種が存在するため, 優占種が交代するのである.

もう1つの遷移の原因は環境形成作用である. 裸地においては, 土壌養分の欠乏, 乾燥, 強光による葉の光阻害などが起こり, 極相種の生育には不利なことが多い. しかし先駆種は窒素固定菌と共生したり, 落葉が容易に分解するため, 先駆種の定着から時間が経過するとともに土壌養分が増えていく. また, 先駆種が樹林を形成すると, 過剰な光や乾燥を防ぐ適度な日陰が作られる. こうして極相種の生育に適した環境が形成されることによって, 遷移が進行する. [渡辺一夫]

●文献

1) 中静透：森のスケッチ, 東海大学出版会, 2004
2) 菊池多賀夫：地形植生誌, 東京大学出版会, 2001
3) 矢野悟道：日本の植生―侵略と撹乱の生態学, 東海大学出版会, 1988
4) 山中二男：日本の森林植生　補訂版, 築地書館, 1979

F2-2 ●遷移と極相

F3 世界の植生分布

F3-1 熱帯雨林

赤道を中心とする高温多雨な地域に成立した森林を熱帯雨林（tropical rainforest），あるいは熱帯多雨林，熱帯降雨林とよんでいる．ケッペンの気候区分では熱帯気候は最寒月の気温が18℃以上と定義されているが，典型的な熱帯雨林は年平均気温25℃以上，降水量が2500 mmを超える地域に成立している．東南アジア，パプア・ニューギニア，南米のアマゾン川流域，アフリカのコンゴ川流域，西アフリカの海岸部などが主要な分布地域である．

赤道付近では太陽が1年を通じてほぼ真上からさすため，昼と夜の長さはほぼ等しく，年間を通じて高温で，1日の気温変化の方が日平均気温の年較差よりも大きい．樹木は常緑で生長が速く，年輪のないのが特色となっている．森では高さ30 m程度に樹冠層ができ，さらにその上に高さ50 mくらいの超高木が突出している（図1）．超高木はまれに70 mから100 mもの高さに達することもある．極端な高さと重量を支えるために，樹木は約4割が板根をもっている．樹冠の下には2〜3の林層ができ，樹木の幹や枝にはランの仲間やシダ類が着生し，つる植物も多い．

熱帯雨林は季節変化に乏しく，1年中湿潤な環境下にあるとされている．しかしそういう場所はむしろ少なく，降水量に季節変化があるため，わずかでも乾季のあるのが普通である．毎月ある程度の雨は降るが，月100 mm以下と雨の少ない時期があり，それが乾季になるのである．樹木には乾季に開花するものが多い．雨が少ないため，昆虫の活動時間が長く，花粉の媒介に都合がいいからである．

林冠はさまざまの植物の果実やナッツ類が実り，花の蜜や蜂蜜にも恵まれた場所となっていて，何種類ものサルやナマケモノなどの哺乳類，鳥類，昆虫類など多くの生き物たちのすみかとなっている．ときには大蛇もみられ，ホエザルや鳥の鳴き声，昆虫の羽音などが飛び交う，にぎやかで豊かな生態系が生じている．林床にはアリやシロアリが動き回り，それをアリクイや鳥類が捕食している．また林内にある川や沼地や湿地には，さまざまの魚やワニ，ヘビ，カエルなどが生息している．

ただ熱帯雨林の林床は低木や草本が乏しく，意外にすっきりしている．これは何層もの林層によって林床に届く日光が限られ，植物が生育しにくいためである．一方，人為や火災，洪水などによって森林が攪乱を受けた場合，そこには樹木やつるが繁茂し，雑然とした様相を呈するようになる．これがジャングルである．

海岸や河口の汽水域にはマングローブ林ができ，河川沿いの低地には湿地林が成立している．山地地域には，日本の照葉樹林によく似た熱帯山地降雨林や熱帯亜高山降雨林が分布する（図2）．

● **熱帯雨林で生物多様性の高い理由**

熱帯雨林は生物多様性（biodiversity）が著しく高いのが特色となっている．たとえばサラワクのフタバガキ林での調査によれば，10 haあたり樹木だけで700種を超える．温帯林ではせいぜい100種，寒帯林では数種なので，大変な豊かさである．昆虫ではそれがさらに極端で，ペルーの熱帯雨林では，マメ科の1本の木から26属43種のアリが採取された．これはイギリス全土のアリの種数に匹敵する[3]．アリ以外にも甲虫などさまざまの昆虫が採取されたので，この木に生息していた昆虫の数は160種にのぼり，このうち約100種は新種であった．樹種が5万種あると仮定し，

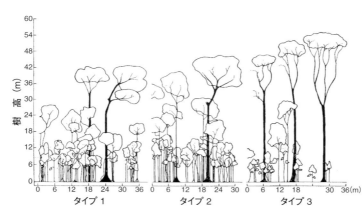

タイプ1：混合湿地林
タイプ2：アラン林
タイプ3：アラン-ブンガ林

図1　北ボルネオ・サラワクの熱帯雨林断面[1]

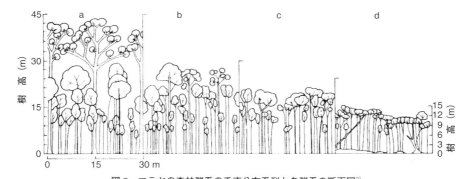

図2 マラヤの森林群系の垂直分布系列と各群系の断面図[2]
a：低地フタバガキ林（低地常緑降雨林，海抜150m），b：上部フタバガキ林（低山地降雨林，780m），c：カシ類照葉樹林（低山地降雨林，1500m），d：山地エリカ林（上部山地降雨林，1800m）

この例を基に熱帯雨林に生息する昆虫の種数を推定すると3000万という途方もない数に達する．熱帯雨林ではこれまで命名されている昆虫はわずか3％程度にすぎず，森林破壊が進んでいるため，調査が進まないうちに絶滅する種が多数にのぼるとみられている．

熱帯雨林で生物多様性が高い理由として，次のような仮説が提案されている．その1つは熱帯雨林では温度と水は生長の阻害要因にはならず，強風や火災，乾燥，崩壊などの撹乱も少ないために，種の淘汰が進まず，樹種どうしの競争が厳しくなる．その結果，微小な環境の違いに対応したり，生活史戦略を変化させたりする方向に進化が進み，それによって種の多様性が高くなったというものである．この説には，熱帯雨林の植物には花粉の媒介や種子の運搬を通じて，特定の昆虫や動物と密な関係を結んだ種が多いため，それが種の多様性をもたらしたという補足意見もある．

一方，撹乱は少ないが，小規模，中規模の撹乱はないわけではないので，ギャップが生じ，それに応じてさまざまな樹種が生育可能になったという説もある．この説では，たとえば強風などで木が倒れたとき，倒木の樹冠の部分，幹の部分，根のはねた部分などによって微細な生育環境の違いが生じ，そうしたわずかな違いに応じて侵入する種が異なるため，生物多様性が増すことになったという．

熱帯雨林では，隣り合った樹木はみかけは似ていてもすべて別の種で，同じ種を見つけ出すこと自体が難しい．この理由を説明するのに近年注目されているのが，病虫害の影響である．雨林では病原菌や昆虫類の活動が活発なため，同一の種の樹木が多数接して生えていると病虫害が蔓延し，共倒れしやすくなる．このため，多くの樹種が，周囲100m程度以内には自らの種子が発芽しないよう，一種の毒素を散布し，同じ種を近隣に生えさせないようにする仕組みができあがった．このために多様性が高くなったという．

●熱帯雨林の開発と破壊

熱帯雨林はかつて熱帯の広い地域に分布していたが，近年，各地で大規模な伐採が進み，東南アジアやアマゾン川流域では森林面積は大きく減少した．伐採の理由は材木やパルプの原料としての利用だが，耕地や牧場にするための伐採も増えている．最近では先進国でマーガリンや石鹸，アイスクリームの製造に用いるコプラの需要が急増したため，ココヤシの栽培が増え，そのために樹木が大量に伐採されるというケースが生じている．伐採によって利益を得る人がいる一方で，跡地が荒廃したり，森に依存しつつ生活してきた先住民や野生動物がすみかを追われたりするという悲劇が各地で起こっている．

焼畑も古くから行われてきた．熱帯雨林の表土は薄く，そこには栄養塩類や有機物はほとんど含まれていない．このため雨林を伐採して乾季にそれを燃やして灰にし，中に含まれていた栄養塩類や有機物を土壌に移して作物を栽培するという農業が生まれた．これが焼畑農業で，2〜3年すると地力が衰えるために，耕作地は放棄される．30年ほどたつと，そこには森林が復活し，再度焼畑が可能になる．しかし近年，人口の増加にともなって焼畑の間隔が狭まったため，土壌が流れて荒れ地化するところが増え，問題になっている．

[小泉武栄]

●文献
1) Anderson, J.R.A.: Ph.D.thesis, Edinburgh University, 1961
2) Robbins, R.G. and Wyatt-Smith, J.: Dry land forest formations and forest types in the Malayan peninsula, The Malayan Forester, 27 (3), 188-216, 1964
3) 石塚和雄編：群落の分布と環境，朝倉書店，1977
4) 井上民二：熱帯雨林の生態学，八坂書房，2001
5) クリッチャー，J.C./幸島司郎訳：熱帯雨林の生態学，どうぶつ社，1992
6) リチャーズ，P.W./植松眞一・吉良竜夫共訳：熱帯多雨林，共立出版，1978

F3-2
サバンナとモンスーン林

　熱帯雨林地域と砂漠の間には熱帯性・亜熱帯性の落葉広葉樹林，あるいは落葉樹が散生する草原が広がる．いずれも顕著な乾季のある地域に成立するが，このうち熱帯雨林に近接するモンスーン気候地域に分布する樹林をモンスーン林（monsoon forest），丈の高いイネ科草原の中に高木が散在するものをサバンナ（savanna）とよんでいる．また砂漠に近いサバンナでは，トゲのある亜高木や低木が草原に点在しているので，これをトゲ林（有刺林）またはトゲ低木林とよぶ．ただし場所によってはトゲ低木もなくなり，草地そのものが茂みとなって散在していることもある．サバンナは気候的には熱帯サバンナ気候に対応する．研究者の中にはモンスーン林とサバンナの間の移行帯としてサバンナ林を入れる人もいる．この場合，乾季の長さに応じて熱帯雨林–モンスーン林–サバンナ林–サバンナといった植生帯の配列が認識できる．図1に熱帯雨林気候，熱帯モンスーン気候，熱帯サバンナ気候の気候ダイアグラムを示した．

　モンスーン林は樹冠が鬱閉する程度の密度で樹木が生育する森林で，雨季にのみ緑になり，乾季には落葉することから雨緑林ともいう．ミャンマー（ビルマ），インド，フィリピンあたりにまとまった分布域をもつ．ブラジル南部やアフリカにも分布するが，面積は小さい．東南アジアのモンスーン林を代表する樹木は有用材として知られているチークで，インド北部ではサラソウジュが特徴的である．

　サバンナはアフリカの熱帯雨林の北と南に最も広く分布する．アフリカ大陸の1/3強がサバンナである．ここにはモンスーン気候地域もあるが，古くから人手が入ってきたため，モンスーン林は存在せず，実質的に熱帯雨林とサバンナが接しているところが多い．アフリカに次ぐ面積をもつのが南米で，アマゾンでは熱帯雨林の南北に広がっている．このうちブラジル高原のサバンナをカンポまたはカンポセラード，コロンビア付近のものをリャノスとよんでいる．その他，オーストラリアとインド，東南アジア，マダガスカルなどに小規模なものが現れる．

　サバンナは乾季の長さによって3つに分けられる．湿潤サバンナでは3〜5か月，乾燥サバンナで6〜7か月，低木林サバンナで8〜10か月乾季が続く．年降水量は湿潤サバンナでは 1200 mm だが，砂漠に近いところではわずか 200 mm 程度にすぎない．

　サバンナの成立には気候条件だけでなく，火災の役割が大きいと考えられている．乾季には自然火災や人為的な火災が何度も発生し，草は燃え，樹木も葉は燃え，幹は焦げて樹皮の厚い落葉広葉樹だけが残ることが多い．人間による火入れを含め，サバンナでは火災による植被の破壊と植物の生育とのバランスによって現在の植生景観が続いていると見なされている．

　このように，サバンナとモンスーン林は景観的にも生態学的にもきわめて幅の広い植生を含んでいる．熱帯雨林との違いは，明瞭な乾季と雨季のあることで，ステップとの違いは，サバンナとモンスーン林は常に温暖なのに対し，温帯にあるステップは夏暑く，冬寒いという点にある．

●動物王国サバンナ

　サバンナは野生動物の王国である．特にアフリカの緩やかに起伏するサバンナには，キリン，シマウマ，ヌーなど，膨大な数の草食動物が生息しており，群れをつくって生活している．それを支えているのはサバンナのイネ科草原やアカシアをはじめとする樹木である．アフリカゾウやクロサイのような大型の草食動物も多い．こうした草食動物を狩っているのがライオンやヒョウ，チーターなどの大型の肉食動物である．ライオンは一家で狩りをし，普通雌ライオンが獲物に襲いかかって仕留める．ヒョウは単独で狩りをする．チーターは最も高速な狩人として知られている．

　狩りをした動物たちが食べ終わると，腐食動物がやってくる．ハイエナやジャッカルである．ただ彼らは待っているだけでなく，肉食動物から捕獲した獲物を奪ったり，敏捷さを駆使して餌をかすめ取ったりすることもあるから，腐食動物といっても腐った肉を食っているわけではない．ハゲタカは「ハゲタカのような奴だ」と形容されるように，悪いイメージがあるが，生態系の中では分解者として重要な役割を果たしている．実際のところハゲタカが降下すると，それを見てすぐに他の腐食動物がやってくるので，それほど餌にありつける機会が多いわけではない．ハゲワシも似たような生活をしている．動物の死体は最後にシデムシやニクバエなどによって処理される．

　サバンナは鳥類も種類が多く，ダチョウ，カンムリヅル，ホロホロチョウ，フラミンゴ，サイチョウ，ハチクイ，ハチドリなどが多数生息している．

　サバンナでは湖沼や湿地が意外に多い（図2）．そこはパピルスなどさまざまな植物が生育する場であり，水生昆虫や魚，カエルなどのすみかにもなってい

338　　F3 ●世界の植生分布

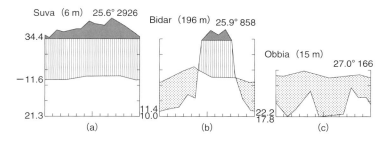

図1 熱帯雨林気候（Suva, ニューギニア），モンスーン気候（Bidar, インド），熱帯サバンナ気候（Obbia, アフリカ）にあたる3地点の気候ダイアグラム[1,2]．図中の数字は平均気温（℃）と降水量（mm）．

図2 雨季直後にできた池と鳥（ナイジェリア北部）

る．そしてこうした小さな生き物を狙ってペリカンやカモメ，アオサギなどがやってくる．ワニやカバ，カメなどのすみかでもある．湖畔に生える樹木は鳥たちの隠れ家になる．また動物たちが飲み水を求めてやってくるため，それを待ち伏せる肉食動物の狩りの場にもなっている．

シロアリの巣は赤褐色で高さ3〜5 mもあるため，サバンナでは目立つ存在である（図3）．シロアリも分解者として重要な役割を果たしている．

● サバンナと人間

野生動物の王国であることから推測されるように，サバンナの潜在的な生産性はきわめて高いものである．しかしサバンナの開発は全般に遅れている．ナイジェリアの北部やセネガルなど，西アフリカの国々でピーナツやミレットを栽培する耕地が広がっているのと，インドやブラジル南部での開発が目立つ程度である．東アフリカのタンザニアやケニアなどが動物王国を維持できたのは，開発の遅れが幸いしたといえそうである．しかし近年，各国で開発志向が高まり，サバンナの森林や草原を切り開いて耕地や牧場に変える動きが広がっている．このため動物たちの生活する原生環境は狭まり，人との間に軋轢が生じるようになっ

図3 シロアリの巣

た．国によっては国立公園や野生生物保護区を設置し，エコツアーを行うことで，野生生物との共存を図っているが，保護区の設置は今までそこで生活していた狩猟民族や，野生動物を捕獲し肉を販売して生活していた人々を締め出すことにつながるため，今度は人間どうしの対立がうまれている．また象牙や角を手に入れるためのゾウやサイなどの密猟も横行するなど，問題は少なくない．人間と野生動物の共存をいかに図るか，人間側の知恵が試されている． ［小泉武栄］

● 文献

1) Walter, H.: Vegetation of the Earth, p.237, Springer, 1973
2) Walter, H. et al.: Climate-Diagram Maps (9 maps and text, p.36), Springer, 1975
3) 石塚和雄編：群落の分布と環境，朝倉書店，1977
4) クリッチャー，J. C./幸島司郎訳：熱帯雨林の生態学，どうぶつ社，1992

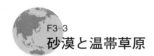
F3-3 砂漠と温帯草原

地球上では樹木の生育可能な温度と降水量があれば，そこには何らかの森林が成立する．しかしある温度を下回れば，いくら降水量があっても森林の成立は困難となり，そこはツンドラや氷河地域となる．一方，温度条件が十分でも降水量が少なければ，やはり森林は成立せず，疎林や草原を経て，半砂漠，砂漠に移行する．図1は温帯・亜寒帯と，熱帯・亜熱帯のそれぞれにおいて，乾湿度の傾度に沿った生活型の分布と群系区分を模式的に示したものである．熱帯・亜熱帯ではサバンナと半砂漠の間にトゲ低木林が分布するが，温帯・亜寒帯ではそれがステップになっている．

図2に乾燥地に成立する植物群落と年平均気温および年降水量との関係を示した[2]．これによれば，年降水量 200 mm 以下では，熱帯，温帯を問わず，砂漠になっていることがわかる．一方，年降水量 200 mm から 1000 mm にかけては，気温の高い熱帯ではトゲ低木林になっているのに，温帯ではプレーリー，ステップ，パンパといった草原が成立し，熱帯のより高温な地域では降水量が 700 mm を超えるあたりから，サバンナに移行している．

●砂 漠

砂漠（desert）とは植物がまばらか，あるいはほとんど存在しない場所を指している．きわめて乾燥した場所に生じるため，ケッペンはこのような場所を気候区分の BW（砂漠気候）に当てた．世界の砂漠地帯は南・北回帰線付近とアジアの内陸部にある．

植物がまったく分布しない場所も砂漠に含まれるが，そういう地域はサハラ砂漠やアタカマ砂漠の一部などごくまれであって，年降水量が 50 mm を下回るような極端な乾燥地域に限定される．そのため，実際は砂漠といっても，耐乾性の強い植物や動物が生存しているのが普通である．逆に植物が比較的多く分布しているところは半砂漠とよび，砂漠と温帯ステップの間や熱帯のトゲ低木林との間に出現する．

砂漠に分布する植物は，サボテン科（アメリカ大陸のみに分布）やユーフォルビア属を代表とする多肉植物や，トウダイグサ科，アカザ科，イネ科など，耐乾性，耐塩性の強い矮低木や草本に限られる．地上部は小さく，根系の発達するのが特色である．ナミブ砂漠の固有種・ウェルウィッチアは最高で2000年ほど生きる長寿の植物として有名である．動物ではトカゲ類やサソリ類が知られているが，北米のガラガラヘビのような大型の動物もいる．

砂漠では数十年に一度，豪雨の起こることがあり，その直後は砂漠も一時的に緑で覆われたり，湖ができたりする．魚類やカエルの中にはこうした一時的な湖のある間に繁殖し，次の雨まで長い眠りにつくものもいる．

砂漠は地理学的な視点からは，岩石砂漠，礫砂漠，

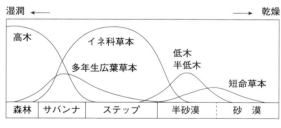

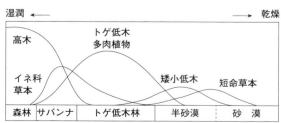

図1 乾湿度の傾度に沿った生活型の分布と群系区分[1]
上：温帯・亜寒帯，下：熱帯・亜熱帯．

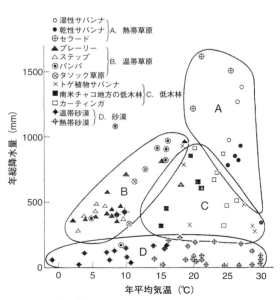

図2 乾燥地の各群落と降水量および気温[2]

砂砂漠，含塩砂漠に分類される．文字どおり，地表を覆う岩や礫，砂（砂丘），塩による区分である．中国では同じような観点からの分類として，岩漠，礫漠，砂漠，土漠といった用語が使われている．

わが国では砂漠というと，砂丘がどこまでも連なる砂砂漠を思い浮かべる人が多いが，砂砂漠は過去（たとえば氷期）に雨による侵食作用が働いて砂が生産され，それが川によって運搬されて堆積した後，風によって吹き飛ばされて砂丘を形成したもので，砂漠の中ではむしろ例外的なものである．

ところで砂漠では，河川は短い雨季にのみ流れるものか，数十年に1回の豪雨の際流れるものかのどちらかであって，恒常的な流れはない．こうした河川（河床）をアラビア語でワジとよんでいる．

砂漠ではオアシスが人間にとって重要である．オアシスには山麓オアシスと泉オアシスがある．山麓オアシスはタクラマカン砂漠のオアシスのように，氷河の解け水などが伏流水となり，それが扇端で出るものである．一方，泉オアシスはシリアのダマスカスのように，山地に降った雨が地下水となって遠く離れた場所に湧き出すものである．サハラ砂漠のタッシリ・ナジェールのオアシスのように，氷期に蓄えられた水が湧き出すケースも少なくない．

なお砂漠は暑いイメージが定着しているが，気温は日較差が大きく，夜間は冷え，結露が生じることがある．またサハラ砂漠では冬場は霜が降りることもある．植物や動物の中にはこうして生じた水分を利用して生活しているものもある．

●温帯草原

草原（grassland）は，熱帯から寒帯まで世界の広い範囲に広がっており，陸地面積の約30%を占める．しかし主要な草原は温帯に広がるステップとプレーリーとパンパである．ユーラシア大陸では，ステップは黒海の北に始まり，中央アジアの砂漠の北側を長く延びてモンゴルの高原に至る．モンゴルからは南に延び，中国の北部に続く．ここはかつての遊牧騎馬民族を育んだ草原の回廊である．またこれとは別にアナトリア高原にも広がる．北米ではグレートプレーンズの西半分のロッキー山脈寄りがステップ，東半分のミシシッピ川に近い部分がプレーリーにあたる．パンパはアルゼンチン北部の平原に広がっている．

図2を改めてみると，温帯草原（temperate grassland）の中では，ステップの主要部分は年平均気温が4～10℃，年平均降水量が400～500 mm程度の，冷涼で乾燥したところに成立している．プレーリーはステップと同じような場所からやや気温が高く，

降水量も多いところに分布している．一方，パンパは年平均気温16～17℃，年降水量が800～1000 mmといった高温で多雨な地域にある．このような環境条件を反映して，ステップでは草の丈が50 cm前後の短茎型（短草型）草原になるのに，プレーリーやパンパでは草丈が1～2 mまで伸びる，長茎型（長草型）草原となる．

土壌はこれに対応して，チェルノーゼムやプレーリー土とよばれる黒色の草原土壌ができるが，氷期のレスを母材としていて，肥沃な土壌を形成することが多い．その理由として，ステップやプレーリーでは降水量が少ないため，水による塩類の溶解作用は弱く，ナトリウム塩は溶脱されるが，カルシウム，マグネシウム塩は土壌内に集積することがあげられる．また草本の分解が遅いため，穀物栽培に向いた厚い腐植層ができやすい．

草原は近年，世界的に開発が進み，減少しつつある．ステップではその多くの地域で，ウシやウマ，ヒツジなどの放牧や遊牧が行われている．アメリカからカナダにかけて広がるレンジとよばれる牧場では，肉牛の飼育が行われ，アメリカのカンザス州やオクラホマ州では，地下水をくみ上げて灌漑に使い，小麦を生産する畑作地域に変えている．また遊牧民の定着化が進んだ中国の内モンゴルなどでは過放牧により草原の衰退が始まっている．

プレーリーの開発も進み，現在ではかつての草原の大部分がトウモロコシや牧草の生産地になっている．ブラジル南部からアルゼンチンにかけて広がるパンパも開拓が進み，肉牛や乳牛の飼育と放牧に利用されている．

温帯草原は，かつて北米のバイソン（野牛）のような大型動物の天国であったが，人間がそこに牛や馬といった家畜を放牧することにより，それまで利用できなかった植物が資源に変わり，利用できるようになった．それは人類全体としては成功といえるだろうが，その間には動物が次々に絶滅に追い込まれ，インディアンなどそれに依存していた先住民も同様の運命に曝された．このことは忘れるべきではないだろう．

[小泉武栄]

●文献

1) 吉良龍夫：陸上生態系―概論―，共立出版，1976
2) 林一六：乾燥地域の植物群落，石塚和雄編，群落の分布と環境，pp.137-169，朝倉書店，1977

温帯林

温帯の降水量の多い地域に成立する森林を温帯林（temperate forest）とよんでいる．ブナやカエデ類のように，秋に紅葉し，冬には落葉する樹種からなる森林が代表的なものである．

わが国では温帯林を落葉広葉樹林からなる冷温帯林と，常緑広葉樹林（照葉樹林）からなる暖温帯林に分けるのが普通である．しかし常緑広葉樹の起源は熱帯にあり，一方，落葉広葉樹は新第三紀に北極周辺の温帯地域に分布していた温帯林を起源とするので両者は大きく異なっている．世界的には暖温帯林は，亜熱帯林の一部とする見解が強い．

実際に，日本の暖温帯林は東南アジアの亜熱帯林と共通する点の多いことが知られている．村田[1]は，日本の暖温帯林は，元々東南アジアの亜熱帯林の北限にあたる森林で，氷期の寒冷気候の影響を受けて多くの種が抜け落ちてしまったものだと考えている．一方，大陸氷河の発達が顕著だった北米では，暖温帯林は何回もの氷期の繰り返しの中で，実質的に滅亡してしまった．そのため暖温帯林そのものが，世界的にみれば，西日本からブータンあたりにかけて分布するだけのかなり特殊な存在になっている．そこで，こうした冷温帯林と暖温帯林を巡る議論は，日本の森林帯についての部分に任せ，ここでは世界の温帯林について述べる．

●なぜ落葉するのか

温帯林の代表は落葉広葉樹林である．ブナ類，ナラ類，カエデ類，シデ類などが代表的な樹種で，トチノキ，カツラ，シナノキなどを含む．

温帯落葉広葉樹は気温の高い夏季を中心とする時期に葉を茂らせて生長し，冬季は低温によるストレスに対応するために葉を落とし，生長を停止する．このため夏緑林とよばれることもある．

落葉広葉樹林は北半球では東北日本と中国東北部，ユーラシア大陸西部，カフカス山脈，北アメリカ大陸東部などに広く分布する．しかし南半球にはこれに対応する樹林は存在しない．これは南半球の中緯度温帯では，陸地が少なく，海が優勢であり，夏冬の気温較差が小さいため，落葉性をもつ樹種は進化しなかったのだと考えられている．

●世界の代表的な温帯林

北半球の温帯林は大きくみると，針広混交林，ブナ林（beech forest），ミズナラ林，それにツガなどの針葉樹林に分けられる．

針広混交林はモミ属やトウヒ属などの針葉樹にミズナラやカエデ属の落葉広葉樹が混じったもので，ユーラシア大陸の亜寒帯林の南方に広く分布するほか，わが国の北海道胴体部の山地にも広い分布域をもつ．北海道胴体部では冷温帯林の主役ともいえるブナが分布しないため，エゾマツ，トドマツといった亜高山性の針葉樹が本来の高度帯よりも低いところまで分布を広げ，落葉広葉樹との混交が起こったと考えられる．

ブナ林は温帯林を代表する森林と考えられており，特にわが国ではその傾向が強い．日本海側を中心に見事なブナ林が存在するからである．しかし近年植生史の研究が進み，日本列島のブナ林は，乾燥していた最終氷期には広い分布域をもたず，完新世に入ってから急速に拡大した森林であることが明らかになってきた．その要因として完新世における日本列島の湿潤化，なかでも日本海側の多雪が大きな役割を果たしたのではないかと考えられている．

ミズナラは，ブナ林の中にもよく現れるが，ブナよりも寒冷で乾燥した気候を好む傾向が強い．中国東北部の山地はその典型で，広い面積がミズナラとダケカンバに覆われる．日本でも東北地方の太平洋側や長野県の中部，南部などでは，ブナよりもはるかに優勢で，ほとんどミズナラの純林のようなところもある．近年，こうした森の成因条件として，山火事と台風などの強風による一斉倒木が注目されている．

西ヨーロッパでも中世に開拓が進む前は，広くミズナラやシナノキの大森林に覆われていたことが知られており，オオカミや野牛などの動物が生息する「森の王国」であった．村は海に浮かぶ島のような存在で，森に入ることができるのは，猟師や樵（きこり）のような専門家と軍隊だけだったという．開拓は山から流れ出てくる河川に沿って行われたが，戦乱や飢饉，疫病の蔓延などがあると，村は再び森に戻り，その記憶が「眠り姫」の伝説になったのだろうと考えられている．ヨーロッパではブナは植林されたものであることが多い．

あまり知られていないが，温帯針葉樹林もある．アメリカ合衆国西部のカリフォルニア州の北部からオレゴン州，ワシントン州を経てカナダのブリティッシュコロンビア州にかけて延びるカスケード山脈には，ダグラスファー（*Pseudotsuga menziesii*）やウエスタンヘムロック（*Tsuga heterophylla*）などの針葉樹からなる大森林が広がる．樹高は70～90 mに達し，世界最大の巨木林地帯である．ダグラスファーとウエスタンヘ

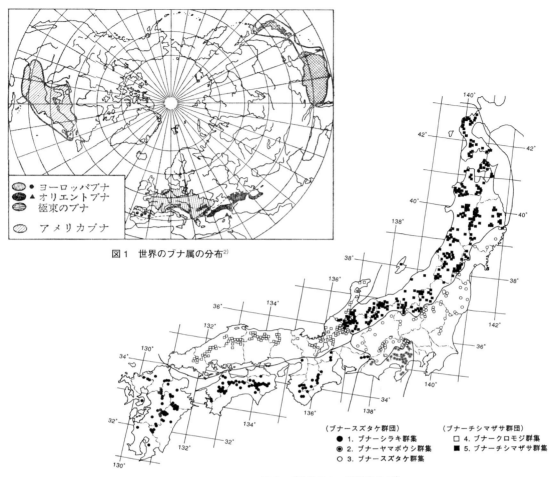

図1 世界のブナ属の分布[2]

図2 ブナ林の5つの型の分布[3]

ムロックは日本に輸入されて，それぞれベイツガ，ベイマツとよばれている．この巨木林は冬は温暖多雨，夏は冷涼で乾燥する気候地域に成立しており，夏は乾燥するが，霧がかかりやすいことと，台風のような強風が吹かないことが，巨木林の成立を可能にしたと考えられている．

またカリフォルニア州のシエラネバダ山脈には，世界最大の巨木であるセコイアやセコイアデンドロンの森がある．こちらはいわば生きた化石のような起源の古い針葉樹林であって，夏，霧のかかりやすい谷間で生き延びてきたものだと考えられている．

日本の冷温帯にも針葉樹が分布する．岩場や乾燥する場所には，ツガ，ヒノキ，アスナロ，コウヤマキなどのレリックの針葉樹林樹が現れる．瘠地や自然的，人為的な撹乱の多い場所にはアカマツが出現する．

● **日本のブナ林について**

福嶋ほか[3]は日本列島のブナ林を5つの型に分けた（図2）．東北日本の日本海側に分布するブナ－チシマザサ群集，西日本の日本海側に分布するブナ－クロモジ群集，それに太平洋側の山地に分布する3つの群集である．このうち後氷期の日本海側の多雪に対応して急速に広がったのが，前の2つの群集で，ブナの占める比率が高く，純林の様相を呈するのが特徴である．一方，太平洋側のブナ林はブナ以外の多くの樹種を含んでいる．最近，太平洋側山地のブナは，200～300年前の，小氷期とよばれる寒冷期の後半に発芽したもので，現在の気候には合っていないレリック的なものではないかという考えが提案され，検証作業が行われている．

［小泉武栄］

● 文献
1) 村田源：日本の照葉樹林帯．日本の生物，2 (5): 21-25, 1988
2) 市川健夫ほか編：日本のブナ帯文化．朝倉書店，1984
3) 福嶋司ほか：日本のブナ林群落の植物社会学的新体系．日本生態学会誌．45: 79-98, 1995

F3-5 亜寒帯林，ツンドラ，氷雪帯

　亜寒帯は森林の成立を可能にする冷涼な夏と6カ月以上続く寒冷な冬をもつ地域を指し，それよりさらに寒冷な地域を寒帯とよんでいる．ケッペンの気候区分によると寒帯は最暖月の平均気温が10℃を下回る地域で，植物の生育期間が短いため，森林はもはや成立不可能だが，最暖月の平均気温が0℃以上に上昇するところでは植物が生育するためツンドラとなる．最暖月の気温が0℃以下の部分では氷河や氷床が発達する．ただしニュージーランド南部やパタゴニアでは，多雪のため，気温が0℃以上でも例外的に氷河が発達している．

●亜寒帯針葉樹林

　北半球の高緯度地域には，針葉樹林が北極を取り囲むように広く分布している．これを亜寒帯針葉樹林(subarctic coniferous forest)，またはタイガ(taiga)とよんでいる．陸地のおよそ12分の1という広大な面積を占める森林である．亜寒帯針葉樹林は，ユーラシア大陸東部と北アメリカ大陸ではおおよそ北緯50°以北に分布するが，相対的に暖かいスカンディナビア半島やロシア西部では北緯60°以北に現れる．この森は主にトウヒ属やモミ属，マツ属の樹木からなり，ところによってはカンバ属，ヤマナラシ属などの広葉樹が優占したり，混交したりする．林相は単純で，しばしば同一の樹種のみからなる単純林を形成する．ただし，東シベリアから中央シベリアにかけての，冬場，特に寒冷で乾燥する地域には，落葉針葉樹であるカラマツ属の樹木が優占する．

　もう少し詳しくみると，北ヨーロッパでは亜寒帯針葉樹林を構成する樹種は乏しく，ヨーロッパアカマツとドイツトウヒが優占する．ウラル山脈より東の西シベリアに入ると，ヨーロッパアカマツにかわってシベリアマツが，ドイツトウヒにかわってシベリアトウヒが優勢になる．また北のツンドラに接するあたりではシベリアカラマツが加わるなど，樹種が増加する．さらに東ではカラマツの種類が増え，東シベリアではもっぱらダフリアカラマツやグイマツを中心とするカラマツ属のみが優占し，トウヒ属やマツ属の針葉樹は窪地や谷底などに局地的にみられるにすぎない状態となる．一方，極東のサハリンから北海道にかけては，モミ属のトドマツが優勢になり，トウヒ属のエゾマツ，アカエゾマツがこれに加わる．

　北アメリカ大陸の亜寒帯針葉樹林は樹種が豊富である．亜寒帯林の中心は五大湖北方にあり，ホワイトシュプルース（トウヒ属）とバルサムモミ（モミ属）が優占し，ブラックシュプルース（トウヒ属）がこれに加わる．西に向かうと樹種は置き替わり，カナダ西部やアラスカではロッジポールパイン（マツ属）やアルパインファー（モミ属）が優占種となる．

　亜寒帯針葉樹林は南半球には分布しない．これは南緯40°から50°にかけては陸地がほとんど分布せず，そのために亜寒帯針葉樹林は発達できなかったのだろうと考えられる．逆に北半球で亜寒帯針葉樹林が生まれたのは，次のような経過があったためと推定される．温暖だった新第三紀中新世には，現在の北極周辺地域（以下，これを周極地域という）にブナやナラ，カエデなどの広葉樹に，トウヒ，モミなどの針葉樹を交える温帯性の森林があった．これを周極第三紀植物群とよんでいる．しかし鮮新世初期の寒冷化に伴って，ブナやカエデ類など温帯性の広葉樹は，周極地域から南下して森林をつくったが，トウヒなど冬の寒さ

図1　亜寒帯針葉樹林（写真奥）と川沿いに生じた草原，中央はビーバーの巣（アラスカ）

図2　氷河をバックにしたツンドラで草を食むジャコウウシ（エルズミア島）

図3 ツンドラポリゴン（エルズミア島）

図4 永久凍土中にできた氷の楔（アイスウェッジ）アラスカ，フェアバンクス郊外．

に強い針葉樹は周極地域に踏み止まり，亜寒帯針葉樹林を形成した．これは，地球史のうえでは新しく出現した広葉樹に追われ，岩場や湿地の周辺のような悪条件の下で生育することを余儀なくされていた針葉樹が，寒冷地という新たな生育の場を確保したものとみることができる．

●永久凍土と湿原

亜寒帯針葉樹林の分布地には永久凍土（permafrost）があるのが普通である．永久凍土の分布地は陸地の14％を占めるから，分布は亜寒帯針葉樹林よりやや広い．永久凍土の分布の中心はシベリアとアラスカにあり，凍土層は最も厚いところでは600mを超える．永久凍土は雨水や雪解け水の地下への浸透を妨げるため，シベリアなど降水量の少ない地域では，永久凍土の存在が亜寒帯針葉樹林の存続を可能にし，逆に森林の存在が永久凍土の存続を可能にしていると考えられる．このことは，森林が伐採されると永久凍土層の上部が溶けて池ができ，その後，水が蒸発して湖底が乾くと，草原になってしまうことからも明らかである．

降水量の多い北ヨーロッパのフィンランドやスウェーデン，ノルウェーあたりでは，氷河が侵食した跡地に，湖や湿原ができやすく，森林と湖沼・湿原が入り混じった風光明媚な風景をつくりだしている．

なお近年，過剰な伐採により熱帯地域の森林資源が枯渇気味になってきたため，それにかわる資源として亜寒帯針葉樹林が注目されはじめている．しかし亜寒帯では生育期間はわずか2～3カ月にすぎず，樹木の生長はきわめて遅いうえ，いったん破壊した森林の再生はきわめて困難である．亜寒帯針葉樹林は地球上に残された最後の森林資源であり，伐採にあたっては細心の注意が必要である．

●ツンドラ

ツンドラ（tundra）は亜寒帯針葉樹林よりさらに北の北極よりに現れる．南極周辺にはこれにあたる植生帯は，実質的に存在しない．ツンドラでは年間を通じて低温なため，高い樹木を欠き，丈の低い草本や，チョウノスケソウ，イワヒゲ，キョクチヤナギなどの矮低木が優占する．ところによってはほとんど植被を欠く場合もある．植被の下には厚い永久凍土があるが，夏は白夜となり，一日中上から日光が注ぐため，永久凍土の表層は数十cm解けて「活動層」とよばれる土層となり，植物はそこに根を下ろして生育している．

動物としては，ジャコウウシ，ホッキョクギツネ，ライチョウなどが生息するほか，夏にはトナカイ（カリブー）や渡り鳥がやってくる．

ツンドラはきわめて厳しい環境だが，20世紀に入ってからは，アラスカなどで石油の採掘などの生産活動が行われるようになり，環境破壊が懸念される．

●氷河地域

氷河地域はツンドラよりさらに極地よりに現れ，南極とグリーンランドの大陸氷河はその代表的なものである．ただ北極には海が広がっているため，氷河は存在せず，氷海となっている．アザラシやそれを餌にしているホッキョクグマなどごく限られた生き物しか生息していない．しかし近年，厚い氷河でのボーリング調査が進み，過去の詳細な気候変化の実態が明らかになるなど，地球環境の研究には欠かせないところとなっている．

［小泉武栄］

●文献
1) 石塚和雄編：群落の分布と環境，朝倉書店，1977
2) 林一六：植生地理学，大明堂，1990

F4 日本の植生分布
F4-1 暖温帯林・亜熱帯林

● 常緑広葉樹林の分布

暖温帯林（warm-temperate forest）・亜熱帯林（subtropical forest）がみられるのは、東北地方以南の海沿いの低地から九州・沖縄地方にかけてである。暖かさの指数が85〜240の温暖な気候下に成立する暖温帯林・亜熱帯林は、本来はシイ類やカシ類など、いわゆる照葉樹と呼ばれる常緑広葉樹が優占する森林である。しかし、古くから伐採などの人為的撹乱を受けてきたため、原生状態の森林は島嶼部などにわずかにみられるのみで、二次林やスギ、ヒノキなどの植林に置きかわっているところが多い。

一口に常緑広葉樹といっても、森林を構成する種は地域によって異なっている。常緑広葉樹林の構成種の数は一義的には最寒月の気温によって規定されており、九州南部では約400種であるのに対し、関東南部では約200種、東北地方では100種に満たない[1]。

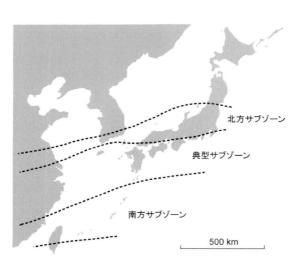

照葉樹林帯の区分	本書の植生帯との対応		優占種
北方サブゾーン	暖温帯	（北部）	カシ類（アカガシ、ウラジロガシ、アラカシ、シラカシ）
典型サブゾーン		（南部）	シイ類（スダジイ、コジイ）、タブノキ
南方サブゾーン	亜熱帯		スダジイ、オキナワウラジロガシ

図1　照葉樹林帯のサブゾーンと優占種（原田・磯谷[2]を一部改変して作成）

このように多様な常緑広葉樹林は、主に林冠層の優占種に着目することにより、北方サブゾーン、典型サブゾーン、南方サブゾーンの3つに区分される[2]。そのうち前二者が暖温帯林（暖温帯北部と南部）、後一者が亜熱帯林に相当する（図1）。

暖温帯にあたる2つのサブゾーンでは、二次林において相観の違いが顕著となる。暖温帯南部（典型サブゾーン）ではシイ類やカシ類の萌芽林がみられ、二次林においても常緑広葉樹が優占するのに対し、暖温帯北部（北方サブゾーン）では常緑広葉樹が二次林の林冠層を構成することは少なく、コナラの優占する落葉広葉樹林やアカマツ林が成立している[2]。

● 暖温帯林

暖温帯林における常緑広葉樹の優占種を低地-山地（海岸-内陸）の軸でみてみると、低地ではスダジイ、コジイ、タブノキの優占するシイ-タブノキ林が分布し、内陸の丘陵地・山地ではアカガシやウラジロガシなどカシ類の優占する森林が分布する。また、海岸に面した風の強い場所には、ウバメガシやトベラなどが優占する低木林が形成される[3]。シイ-タブノキ林の分布域では、より湿潤な場所や、より潮風の影響が強い場所で、タブノキ林が形成される。

都市近郊の落葉広葉樹が優占する二次林では、近年になって常緑広葉樹の拡大が報告されている。例えば京都東山の丘陵地の植生は、アカマツ、コナラ、クヌギなどから構成される二次林であったが、1960年ころからシイ（コジイとスダジイ）が分布を拡大しはじめた（図2）。この背景には木炭生産の減少や、柴や下草の利用の減少があり、森林に対する人為干渉が停止した後に、社寺林などに生育していたシイが種子供給源となって急速にシイ林の拡大が起きた。シイ林化した場所の隣接地区でも亜高木層以下にはシイが生育しており、今後シイ林への移行が進むと考えられる[4]。

● 亜熱帯林

亜熱帯林は屋久島低地以南の、暖かさの指数がおよそ170より大きく、最寒月の月平均気温が10℃以上の地域にみられる[5]。スダジイやタブノキが優占する点は暖温帯林と類似するが、海岸部のマングローブ林や、見上げる高さにまで成長する木生シダ、板根を発達させるオキナワウラジロガシ、多数の気根を垂らすガジュマルなど、暖温帯とは異なる植生景観や生活型が観察される（図3）。

奄美諸島は温暖・多雨な環境で亜熱帯林が発達する。しかしそれにもかかわらず、ここに分布する固有

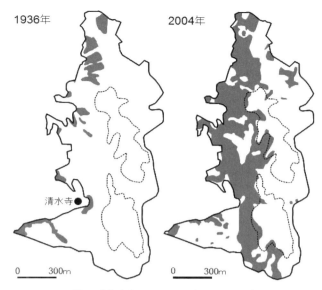

図2 京都東山におけるシイ林分布の変化[4]
破線は200mの等高線.

図3 沖縄本島慶佐次川河口部のマングローブ林（左）と奄美大島のヒカゲヘゴ（右）
水辺にヤエヤマヒルギの支柱根が見える.

種や隔離分布種には，アマミカジカエデ，シマウリカエデ，オオシマウツギなど，多くの落葉広葉樹が含まれている[6]．これらの落葉樹は人為的・自然的撹乱を受けた場所，すなわち台風や伐採などで植生が破壊された跡地や，河川沿い，急傾斜地などにみられる．この理由は次のように推測されている．氷期において，現在は長江流域を中心に分布する東アジアの暖温帯落葉樹林の分布域は南下しており，かつ東シナ海の大部分が陸化していたと考えられる．この時期に，落葉樹が奄美諸島へ侵入し，それらが後氷期に亜熱帯気候に適応・分化した．その末裔が，現在奄美諸島にみられる落葉広葉樹の中核をなすようになった[6]．[高岡貞夫]

●文献
1) 服部保ほか：照葉樹林フロラの特徴と絶滅のおそれのある照葉樹林構成種の現状, ランドスケープ研究, 65: 609-614, 2002
2) 原田洋・磯谷達宏：現代日本生物誌6 マツとシイ―森の栄枯盛衰―, pp.79-137, 岩波書店, 2000
3) 福嶋司・岩瀬徹：図説 日本の植生, pp.30-33, 朝倉書店, 2005
4) 奥田賢ほか：京都市東山における過去70年間のシイ林の拡大過程, 森林立地, 49: 19-26, 2007
5) 福嶋司・岩瀬徹：図説 日本の植生, pp.20-21, 朝倉書店, 2005
6) 堀田満：九州南部から南西諸島地域での植物の進化―隔離と分断の生物地理―, 分類, 3: 77-94, 2003

F4-2 冷温帯林

●冷温帯林のタイプと分布

冷温帯林（cool temperate forest）は主に本州以南の山地帯や北海道に分布し，落葉広葉樹（夏緑広葉樹）が優占する．葉は植物にとって光合成を行う重要な器官であるが，呼吸消費や水分消費が最も大きい器官でもあるので，低温や乾燥の厳しい環境におかれる冬季に葉を落として冬芽状態で過ごす落葉広葉樹が，冷温帯林の主要な構成種となっている[1]．

暖かさの指数45〜85の範囲が冷温帯林の領域に対応するが，冷温帯の森林にはいくつかのタイプがあり，これらの分布には温量条件以外の要因も深くかかわっている．日本の冷温帯林の主要な分布域である東北地方から北海道にかけての地域では，イヌブナ林，コナラ林，ブナ林，ミズナラ林，トドマツ−ミズナラ林の5つの森林タイプが認められ，そのほかに尾根筋などには局所的にツガ林，モミ林が出現する[2]．これら5つの森林タイプのうち，東北地方では日本海側の全域でブナ林が卓越するのに対して，太平洋側ではブナの優占度が低く，ブナ林のかわりに山地上部にはミズナラ林，下部にイヌブナ林とコナラ林が見られる（F5-3で述べる上部温帯林と下部温帯林）．また北海道では渡島半島にブナ林が，胆振・日高地方にコナラ林がみられるものの，広く優占するのはミズナラ林とトドマツ−ミズナラ林である（表1）．

従来は冷温帯の代表的な極相林がブナ林であり，コナラ林やミズナラ林は二次林と解釈されることが多かった．しかし，北東アジア大陸部に成立する植生との関係でみると，ブナ林は多雪環境下に成立する特殊な存在であり，むしろコナラ林やミズナラ林のほうが基本的な植生構成要素とみなすことができる[2,3]．さらに，これまであまり着目されてこなかったシデ類の優占林も重要であると考えられる．

トドマツ−ミズナラ林は冷温帯から亜寒帯への移行的性格をもつ森林として扱われることがあり，北方針広混交林とよばれる．亜寒帯に分布の中心があるトドマツが，ブナの分布しない北海道低山の暖かさの指数55付近まで分布し，ミズナラ，シナノキ，カエデ類など冷温帯の落葉広葉樹と混交林を形成している．

●冷温帯林の背腹性

上でも述べたが，冷温帯では森林の構成種や構造に太平洋側と日本海側の間で明瞭な違いがあることがよく知られている．この違いの背景には，冷温帯林構成種の多雪環境に対する耐性の違いがある[4]．高木層・亜高木層を構成する種は，その出現パターンと積雪深との関係でみると，3つのグループに分けられる（図1）．すなわち，少雪地から多雪地まで広く分布するが多雪地で優占度が低下するミズナラ，ハウチワカエデ，ホオノキなどのグループ1，少雪地では高い優占度を示すが多雪地には出現しないイヌブナ，ミズメ，シナノキ，クマシデなどのグループ2，そして多雪になる地域ほど優占度が増大するブナがグループ3となる．

ブナは他の種に比べて雪圧に対する耐性に優れており，きわめて高い雪圧のもとでも直立樹形を維持できる．また多雪環境下のほうが，ブナの種子が哺乳動物による捕食や乾燥害によって失われる割合が低くなる．雪をめぐるこれらの要因が複合して，日本海側ではブナが優占する純林状の森林が形成され（図2），太平洋側ではブナのほかに多様な広葉樹が混交する森

表1 日本にみられる主な冷温帯林の分布域

主な森林	日本			北東アジア			
	東北南部	東北北部	北海道南部	北海道北部	朝鮮半島	中国東北地方	沿海州	サハリン
イヌブナ林	○	○	−	−	−	−	−	−
コナラ林	○	○	○	−	○	○	−	−
ブナ林	○	○	○	−	−	−	−	−
ミズナラ（モンゴリナラ）林	○	○	○	○	○	○	○	△
トドマツ−ミズナラ（モンゴリナラ）林	−	−	○	○	○	○	○	△

○：分布する　△：局所的に分布　−：分布しない．沖津[2]より作成．

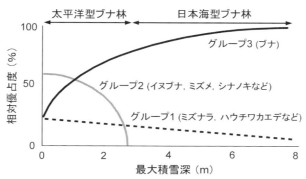

図1 ブナ林構成種の出現パターンと積雪深（本間[4]より作成）

図2 檜枝岐川上流域のブナ林

林が形成されている．

一方，このような積雪の生理生態的な影響だけでなく，太平洋側地域で山火事を含む人為的撹乱が古くから植生に影響を与えてきたことも背腹性（dorsiventality）の成因として指摘されている[5]．原生状態に近い森林が日本海側や高標高地域に限られることや，大規模な撹乱に依存するコナラ，クリ，シデ類が優占する森林が太平洋側に成立していることは，このことを示唆している．

● 冷温帯林に出現する常緑広葉樹

日本海側の冷温帯林の林床にはユキツバキ，ヒメアオキ，エゾユズリハなど，匍匐樹形をとる常緑低木がみられる（表2）．これらは暖温帯林に分布するヤブツバキ，アオキ，ユズリハなど，直立樹形をなす樹木の変種あるいは近縁の種であり，太平洋側の冷温帯林にはみられない．これらの常緑広葉樹は，匍匐樹形をとることで雪圧に耐え，一方で冬の低温・乾燥環境から雪によって保護されながら生活できるために，暖温帯より寒冷な冷温帯林内に分布を拡大できたものと考えられている．[▶ F3-4]　　　　　　　　　　［高岡貞夫］

表2　寡雪地に分布する常緑広葉樹と多雪地に分布する近縁種

寡雪地	多雪地
ヤブツバキ	ユキツバキ
アオキ	ヒメアオキ
ユズリハ	エゾユズリハ
ミヤマシキミ	ツルミヤマシキミ
モチノキ	ヒメモチ
イヌツゲ	ハイイヌツゲ

● 文献

1) 四手井綱英・斎藤新一郎：落葉広葉樹図譜 冬の樹木学，共立出版，1978
2) 沖津進：北日本の主要な森林の北東アジアにおける植生地理学的位置づけ，国士舘大学地理学報告，9: 1-10, 2000
3) 野嵜玲児・奥富清：東日本における中間温帯性自然林の地理的分布とその森林帯的位置づけ，日本生態学会誌，40: 57-69, 1990
4) 本間航介：ブナ林背腹性の形成要因，植生史研究，11: 45-52, 2003
5) 中静透：冷温帯林の背腹性と中間温帯論，植生史研究，11: 39-44, 2003

F4-3 亜寒帯林

●亜寒帯林のタイプと分布

亜寒帯林（subarctic forest）は主に本州以北の山地上部に分布し，森林を構成するのは主に常緑針葉樹である．針状の葉は冬の乾燥や強風に強く，また広葉樹より葉面積指数（単位土地面積あたりの葉面積）が高いので，針葉樹は生育期間が短い亜寒帯において効率よく成長できる．

日本の亜寒帯林には，シラビソ-オオシラビソ林，エゾマツ-トドマツ林，アカエゾマツ林，ダケカンバ林などがある．これらのうち，アカエゾマツ林は主として北海道の蛇紋岩分布域や砂丘上，湿原上に分布し，土地的極相の性質をもつ［▶F6-1］．本州には早池峰山に隔離分布するが，ここも蛇紋岩分布地域である．

アカエゾマツ林以外の亜寒帯常緑針葉樹林は，四国の石鎚山および本州中部以北の，暖かさの指数が15〜45となる地域に分布するが，本州・四国の森林と北海道の森林とでは，植生地理学的な位置づけが異なる[1]．本州・四国ではオオシラビソ，シラビソ（四国ではシコクシラベ），コメツガ，トウヒなどが主要構成種であるシラビソ-オオシラビソ林が発達している．これらの樹種は北海道および北東アジアの大陸域には分布せず，本州に固有の樹種である（表1）．一方，

表1　日本にみられる主な亜寒帯林の分布域

主な森林	日本 東北南部	日本 東北北部	日本 北海道南部	日本 北海道北部	北東アジア 朝鮮半島	北東アジア 中国東北地方	北東アジア 沿海州	北東アジア サハリン	北東アジア カムチャッカ半島
シラビソ-オオシラビソ林	○	○	—	—	—	—	—	—	—
エゾマツ-トドマツ林	—	—	○	○	○	○	○	○	○
アカエゾマツ林	—	△	○	○	—	—	—	△	—
ダケカンバ林	○	○	○	○	○	○	○	○	○

○：分布する　△：局所的に分布　—：分布しない．沖津[2]を改変．

図1　中央アルプスの亜高山帯中部における森林
シラビソ，コメツガなどからなる常緑針葉樹林に，落葉広葉樹ダケカンバが混交している．

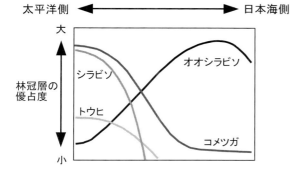

図2 亜寒帯林の背腹性（梶本ほか[5]より作成）
林床型はおよその出現傾向の配列を示す．

北海道ではエゾマツとトドマツが主要構成種となるエゾマツ-トドマツ林が分布する．本州・四国にみられないこれらの樹種は，北東アジアの大陸域に広く分布する[1,2]．いいかえれば，エゾマツ-トドマツ林は北東アジアにおける代表的な常緑針葉樹林であるのに対し，シラビソ-オオシラビソ林は本州・四国地域にのみにみられる固有性を帯びた森林である．

日本の亜寒帯の常緑針葉樹林にはダケカンバが単木的に混交するのがふつうであるが（図1），本州・北海道の森林限界に近い高標高域のうち特に冬季季節風の風下側になる斜面には，ダケカンバが純林状の森林を形成している．また，低地であっても北海道根室地方においては，同様のダケカンバ林がみられる[3,4]．このダケカンバ林は，山火事跡地に成立する遷移途上の森林とは異なり，積雪の多い海洋性気候の地域に発達する亜寒帯林の1つのタイプと位置づけられる．

● 亜寒帯林の背腹性

本州にみられる常緑針葉樹林においては，冷温帯林と同様に太平洋側と日本海側との背腹性が認められる[5]．林冠を構成する針葉樹を比較すると，太平洋側ではコメツガとシラビソが優占するほかトウヒが混生するが，オオシラビソの分布は限られる．それに対して，日本海側ではシラビソやトウヒが欠落し，オオシラビソが優占する．太平洋側から日本海側に向かうにつれてコメツガの優占度が低下する一方で，オオシラビソは優占度を増していく（図2）．

また，針葉樹林の林床植生は土壌の発達具合などの土地的条件に大きく影響を受けるが，それでも一定の背腹性が認められる．林床植生はホソバミズゴケやタチハイゴケ，イワダレゴケなどからなるコケ型，カニコウモリ，シラネワラビ，ミヤマタニタデなどからなる草本型，チマキザサやチシマザサが優占するササ型に大別されるが，太平洋側ではコケ型が卓越するのに対して，日本海側に向かうにつれて草本型やササ型が広がるようになり，日本海側ではササ型が発達する．

● 最終氷期以降の優占種の変化

本州の亜寒帯林にみられる針葉樹の中には，チョウセンゴヨウやトウヒ属バラモミ節の樹木のように，最終氷期に低地に広く分布していたと考えられるにもかかわらず，現在は分布量が少なく岩礫地のような限られた場所にしか分布しない針葉樹がある．一方，現在は日本海側を中心に広く分布するオオシラビソが，氷期においては決して優勢ではなかった．このように，最終氷期の亜寒帯林と現在の亜寒帯林とでは，構成種に大きな違いが認められる．

本州におけるバラモミ節4種（イラモミ，ヤツガタケトウヒ，ヒメバラモミ，アカエゾマツ）の分布の特徴を検討した研究[6]によると，これらは亜寒帯と冷温帯の境界域，すなわち暖かさの指数45付近に分布の中心があるが，年平均最深積雪深が150 cmを超える地域にはほとんど見られない．これら4種は，亜寒帯の優占種であるオオシラビソ・シラビソと，山地帯の優占種であるブナがともに優占林を形成しない，寡雪山地の暖かさの指数45付近の狭い領域において，主に岩礫地や岩尾根に生育している．バラモミ節樹木は，晩氷期以降に温暖化と多雪化が進むなかで，オオシラビソやブナに生育地を奪われる形で衰退したと考えられる．

[高岡貞夫]

● 文献
1) 福嶋司編：植生管理学，pp.23-27，朝倉書店，2005
2) 沖津進：北日本の主要な森林の北東アジアにおける植生地理学的位置づけ．国士舘大学地理学報告，9: 1-10, 2000
3) Watanabe, S.: The subarctic summer green forest zone in northeastern Asia, *Bulletin of Yokohama Phytosociological Society Japan*, 16: 101-111, 1979
4) 沖津進：本州中部山岳森林限界付近に分布するダケカンバ林の更新．千葉大学園芸学部学術報告，45: 1-6, 1992
5) 梶本卓也ほか編：雪山の生態学—東北の山と森から，pp.74-88，東海大学出版会，2002
6) 野手啓行ほか：日本のトウヒ属バラモミ節樹木の現在の分布と最終氷期以後の分布変遷．植生史研究，6: 3-13, 1998

F5 垂直分布帯

F5-1 高山帯

●森林限界とハイマツ帯

　標高の高い山の山頂付近には森林植生が成立しない領域があり，低木林や草原からなる植生が成立している．日本では，この下限に当たる森林限界（forest limit）を高山帯（alpine zone）と亜高山帯の境界とすることが多い．森林限界高度は斜面の形状や斜面方位によって異なるが，平均的な標高は北海道で1200 m，東北日本で1500 m，中部日本で2300 mであり，富士山や南アルプスの山々の中には2700 m前後となるところがある[1]．

　日本の高山帯にはハイマツの匍匐低木林が広く分布する（図1）．ハイマツは暖かさの指数が15よりも大きな領域にも分布すること，ハイマツ群落の生産力が森林群落のそれに匹敵すること，ハイマツ群落の林床に出現する植物は必ずしも高山要素ではないことなどから，ハイマツの優占する領域は亜高山帯上部の植生として位置づけられ，ハイマツ帯とよばれることがある[2]．

　ハイマツは，富士山など噴火活動の新しい火山を除くと日本の山地の森林限界以上に普遍的にみられ，かつ山頂付近まで分布している．ハイマツが部分的に占めていない場所には高山要素の植物もみられるが，それらの高山植物が垂直分布帯を形成しているとはみなしがたく，日本の高山には，高山植物群落は存在するが高山植物からなる植生帯は存在しないということに

なる[2]．しかし，ここではハイマツ群落も含めて，高山の景観を呈する森林限界以上の領域の植生を高山帯植生として記述する．

　ハイマツ帯は，多雪，強風，土壌未発達などの要因で森林限界が下方におし下げられ，温量的には森林が成立するはずの標高域内にできた森林欠落域を占めている．移行帯を挟まずに，森林限界を境に森林とハイマツ群落が明瞭に入れ代わるのが，日本の森林限界の特徴であるが，これは陽樹的性質をもつハイマツが森林限界より下方に生育できないことや，氷期に形成された土壌未発達な斜面（周氷河性岩塊斜面）の下限が森林限界の位置を規定している場合があること[3]が原因である．

　日本の高山は強風・多雪環境にあるので，積雪深の空間的な不均質性が，ハイマツやその他の植物の分布を決める要因として重要である．積雪は冬季には低温や乾燥による害から植物を保護する一方で，雪崩や雪圧によって植物を物理的に破壊したり，消雪の遅れにより生育期間を短縮してしまう．また，融雪水は土壌の水分条件を左右し，排水条件の悪いところでは過湿な環境をつくることもある．ハイマツは積雪深がおよそ30～300 cmの場所に群落をつくるが[4]，積雪が少なすぎる場所や多すぎる場所にはハイマツは分布できず，そこにはハイマツ群落以外のさまざまな高山植物群落が形成される（図2）．

●植物群落の分布と立地環境

　高山帯における群落と立地環境の関係については，小泉[5]をはじめとする一連の研究で明らかにされてきた．たとえば冬季季節風に対して風上側斜面の稜線近くでは，風衝によって積雪深が小さく，コメバツガザクラ，イワウメ，ガンコウランなどからなる風衝矮性低木群落がみられる．さらに強く風衝を受け積雪のほとんどない稜線沿いには，カヤツリグサ科やイネ科の植物を中心とする風衝草原群落がみられる．稜線沿い

図1　乗鞍岳の斜面を覆うハイマツ
白くみえるのは8月上旬の残雪．消雪が遅れるところは草本植生や裸地になっている．

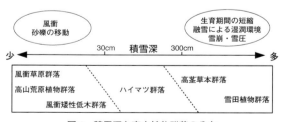

図2　積雪深と高山植物群落の分布
ハイマツ群落は積雪深がおよそ30～300 cmの場所を占める．この図では積雪深の軸に沿って群落を配列したが，実際の各群落の分布は積雪深だけで規定されているわけではなく，地形形成作用や地表構成物質の特性がかかわっている．

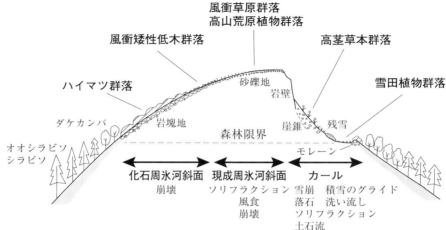

図3 日本アルプスの山頂付近における地形と植生の配列
稜線の西側は周氷河斜面が，東側は氷食によるカールなどの地形が形成され，非対称山稜がみられる．（小泉・清水[6]により作成）

の砂礫地には，周氷河作用によって砂礫の移動が生じるところがあり，タカネスミレやコマクサなど，砂礫の移動に耐えうる植物が高山荒原植物群落を形成している（図3）．

一方，冬季季節風に対して風下側になる斜面では，風上側で吹き払われた雪がたまるため，一般に積雪深は大きくなる．風下側斜面のうち，融雪水など水分の供給が十分にあり養分条件もよいところには，シナノキンバイやハクサンフウロ，コバイケイソウなどの背丈が50 cmを超えるような植物からなる高茎草本群落が形成される．また消雪が遅れる場所では雪田植物群落が形成されるが，そのうち消雪後も湿潤な環境の場所にはイワイチョウ，ショウジョウスゲ，ハクサンコザクラなどが，消雪後に乾燥する場所にはアオノツガザクラやガンコウランなどの矮性低木が生育する．

高山植物は，融雪が進むとともに次々と開花する．高茎草本群落や雪田植物群落がカール底や溶岩台地上などに広く咲き乱れる様子は「お花畑」と称される．

このように，積雪深は高山植物群落の基本的な空間配置や開葉・開花時期などのフェノロジーを決める重要な因子であるが，稜線付近で働くさまざまな地形形成作用や，場所によって地表面構成物質が異なることも，植生景観の形成にかかわっている．

また，群落立地と地形との関係をみる場合には，氷河地形や周氷河地形など，寒冷環境下で形成される地形が注目されてきたが，重力変形地形の影響も見逃せない[7]．地すべりに伴って形成されるマウンドや凹地，小崖などの地形は，積雪分布や，地表流・地下水流の流れを規定し，雪田草原や湿原，湖沼などを出現させて，高山の多様な景観の形成に一役買っている[8]．

[高岡貞夫]

●文献
1) 岡秀一：わが国山岳地域における森林限界高度の規定要因について，地学雑誌，100，673-696，1991
2) 沖津進：ハイマツ群落の生態と日本の高山帯の位置づけ，地理学評論，57A: 791-802，1984
3) 清水長正・鈴木由告：秩父山地金峰山における周氷河性岩塊斜面と森林限界の関係について，地学雑誌，103: 286-294，1994
4) 沖津進・伊藤浩司：ハイマツ群落の動生態学的研究，環境科学：北海道大学大学院環境科学研究科紀要，6: 151-184，1983
5) 小泉武栄：木曽駒ヶ岳高山帯の自然景観—とくに植生と構造土について—，日本生態学会誌，24: 78-91，1974
6) 小泉武栄・清水長正編：山の自然学入門，古今書院，1992
7) Kariya, Y. et al.: Effects of landslides on landscape evolution in alpine zone of Mount Shirouma-dake, northern Japanese Alps, Geographical Reports of Tokyo Metropolitan University, 44: 63-70, 2009
8) 高岡貞夫ほか：北アルプス北部における高山湖沼の成因と分布に対する地すべりの影響，地学雑誌，121: 402-410, 2012

F5-2 亜高山帯

●亜高山帯優占種の垂直分布

日本の山地の亜高山帯（subalpine zone）には，主に常緑針葉樹から構成される森林植生が発達している．たとえば関東地方周辺の山地では，およそ1700 mより高い標高域が亜高山帯となっており，針葉樹の優占種にはオオシラビソ，シラビソ，コメツガ，トウヒなどがある．

本州の亜高山帯における森林では，これら4種の出現の仕方が標高や地域によって異なり，優占する針葉樹に着目することによって，亜高山帯植生をいくつかの領域に分けることができる．まず太平洋側の地域では，亜高山帯の上部と下部とで組成が異なり，下部ではコメツガが優占する領域（コメツガ亜帯）となっている．亜高山帯の上部はオオシラビソとシラビソが優占する領域となっているが，そのうち，より標高の低い領域ではシラビソの優占する森林が形成され（シラビソ亜帯），その上方にはオオシラビソとシラビソの混生する森林がみられる（図1）．一方，日本海側の地域では亜高山帯の全域にわたってオオシラビソが優占する．シラビソはみられず，コメツガの分布は岩がちな尾根などに限定される．

このような優占種の違いが生じるのは，各樹種の気温や積雪に対する耐性の違いによると考えられる[1]．すなわち，主要4種の針葉樹のうち，オオシラビソを除く3種は，コメツガ，トウヒ，シラビソの順に分布下限高度が高くなっており，これらの分布の下限が気温によって規定されている．またオオシラビソの分布には積雪が大きく関与しており，標高の低いところでも一定の積雪深が保証される日本海側では亜高山帯の広い標高域にわたって優占するのに対し，太平洋側では積雪深が大きくなる場所が高標高域に限られるために，オオシラビソの分布量が増えるのは亜高山帯の最上部となっている．日本海側ではシラビソとトウヒは欠落するが，コメツガは岩塊斜面など，局所的に積雪の少なくなる立地に生育している．

●偽高山帯

鳥海山，月山，飯豊山などの東北地方の一部の山地や，巻機山，谷川岳などの越後山地，北アルプスの北部などでは，常緑針葉樹林が亜高山帯の標高域に発達せず，一部の斜面に局所的に分布するか，あるいは針葉樹が高木林を形成できずに低木の小林分として散在する（図2）．そのような場所で針葉樹林のかわりに分布するのは，ミネカエデ，ナナカマド，ミヤマナラ，チシマザサなどの優占する低木林である．また，雪が遅くまで残る斜面には雪田草原や湿原もみられる．このような植生は，亜高山帯の標高域にありながら高山帯における植生の相観に類似することから，偽高山帯（pseudoalpine zone）とよばれる（図3）．

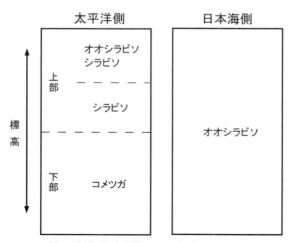

図1　本州の亜高山帯における標高別の優占種

図中の3種のほかに，中部日本の太平洋側山地ではトウヒが主要樹種に加わるほか，ヤツガタケトウヒ，イラモミ，チョウセンゴヨウなどが出現する．

図2　山ごとの亜高山帯針葉樹林の発達程度
（梶本ほか[3]により作成）

図3 飯豊山にみられる偽高山帯植生

図4 武尊山の亜高山帯にみられる，オオシラビソとダケカンバの混交林

飯豊山において偽高山帯植生の種組成を検討した研究[2]によると，標高1500〜1900 mで優勢な植物群落では，ナナカマドやミネカエデなど，常緑針葉樹以外の種も高木・亜高木層から欠けることが多く，それらの樹種は低木林を構成している．このような低木林には，チシマザサ，クロウスゴ，ウラジロハナヒリノキ，ハリブキ，シラネワラビ，イワカガミなど，亜高山帯針葉樹林の構成種と共通する種が出現する．日本海側の山地では本来オオシラビソが優占する針葉樹林が形成されるが，そのような森林からオオシラビソだけを除いた植生が偽高山帯を占めていることになる．偽高山帯植生は，相観的には亜高山帯に発達する常緑針葉樹林と著しく異なるが，種組成からみると特異な存在ではないことがわかる．

偽高山帯がみられる山は多雪地に多いが，その成因を現在の多雪環境だけですべて説明できるわけではない．緩斜面の広がり具合の山ごとの違いや，氷期以降の気候変化，フロラの変遷などと関連づけて成因が議論されている[3]．

● ダケカンバ帯

常緑針葉樹（evergreen coniferous forest）の優占する日本の亜高山帯の森林において，しばしば林冠層に出現する落葉広葉樹がダケカンバである（図4）．ダケカンバは針葉樹林内に単木的に混交するが，標高が増すにつれて優占度が高まり，森林限界付近では純林状の林をつくることがある（図5）．このようなダケカンバ林は北海道の主要な山岳で普遍的にみられるほか，カムチャッカ半島や沿海州地域などに広く分布することから，撹乱や局地的な環境要因で形成される二次的・土地的な植生ではなく，成帯性を有する植生としてダケカンバ帯とよばれる[4]．

北海道の山地では，ダケカンバ帯の上限や下限の高度は特定の暖かさの指数と一致するわけではなく，温

図5 北アルプス南部の森林限界付近に発達するダケカンバ優占林
斜面下方では針葉樹と混交するダケカンバが，森林限界付近で純林状になり，ハイマツ低木林に接続する．

量条件以外の環境条件で成帯性が規定されていることがわかる．ダケカンバは亜高山帯の他の高木樹種に比べて樹形に可塑性があり，また積極的に萌芽更新を行うので，雪圧や風衝によって他の樹種が高木としての生活型を維持していくことが困難になる山地上部においても成林できるのだと考えられている[4]．

[高岡貞夫]

● 文献

1) 逢沢峰昭・梶幹男：中部日本における亜高山性針葉樹の分布様式，東京大学農学部演習林報告．110: 27-70, 2003
2) Kikuchi, T.: Vegetation of Mt. Iide, *Ecological Review*, 18: 65-91, 1975
3) 梶本卓也ほか編：雪山の生態学—東北の山と森から，pp.170-191，東海大学出版会，2002
4) 伊藤浩司編：北海道の植生，pp.168-198，北海道大学図書刊行会，1987

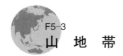

F5-3 山地帯

●山地帯植生の構造

 日本の山地帯（montane zone）には，ブナ，イヌブナ，ミズナラ，コナラ，シデ類，カエデ類など落葉広葉樹が主要構成種となる森林植生が発達している．山地帯植生の分布する標高は中部日本でおよそ800〜1700 mであるが，北に向かって分布域の標高は低下し，東北地方北部では低地から分布域になる．丘陵帯の植生と同様に，古くから人為的撹乱を受けてきたところも多いと考えられる．

 日本の山地帯にはブナが優占種となる森林があり，丘陵帯の上部にはカシ類が優占する森林が発達しているが，本州の内陸部などには，ブナ林（beech forest）とカシ林の双方を欠く地域がある．カシ林の分布上限は寒さの指数が-10で規定されるので，この高度と，ブナ林の下限となる暖かさの指数が85となる高度とが一致する山地では，カシ林からブナ林へ移行するが，寒さの指数が-10の高度が，暖かさの指数85の高度よりかなり低くなる山地では，ブナもカシも分布しない標高域が生じる（図1）．そこにはイヌブナ，コナラ，ツガ，モミなどを優占種とする林が成立しており，山地帯（冷温帯）と丘陵帯（暖温帯）の移行部に位置するので，中間温帯林とよばれてきた．

 この中間温帯林を含む山地帯植生の種組成と分布を広域的に調査した野嵜・奥富[2]は，中間温帯林の位置づけを再検討する中で，東日本における山地帯全体の植生構造について，次のように説明している．すなわち，北海道や本州の内陸部などを中心とする，より大陸的な気候環境にある地域では，山地帯（冷温帯）の植生は上部温帯林と下部温帯林とに分けられ（図2），従来中間温帯林とされてきたものは下部温帯林に相当する．上部温帯林には北海道の低地に成立する針広混交林や，北上山地などのミズナラ林，中部地方のウラジロモミやミズナラからなる混交林などが含まれる．

 上部温帯林と下部温帯林の境界高度は，北上山地で400〜600 m，阿武隈山地で700〜900 m，関東南部で1200〜1400 mであり，暖かさの指数はおよそ60に相当し，暖かさの指数45〜85を分布域とする山地帯（冷温帯）のほぼ中央付近に位置する［▶F4-2］．

 しかし，多量の積雪はこれらの森林の成立に阻害的に働く．日本海側の地域ではブナ林が優勢となり，上部温帯林・下部温帯林は認められない．太平洋側のブナ林が分布する地域では，上部温帯林と下部温帯林の存在は不明瞭になるが，ブナ林内に出現する樹種が，標高の違いによって上部温帯林の主要構成種から下部

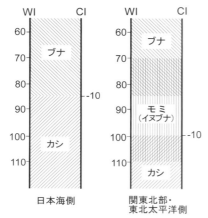

図1 暖かさの指数85付近における植生の垂直分布[1]
WIは暖かさの指数の軸，CIは寒さの指数の軸を表す．

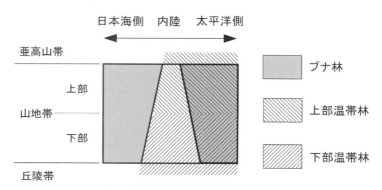

図2 東日本における山地帯の植生構造[2]
中部地方から北海道南部にかけての地域における植生構造を模式化したもの．

表1 関東地方周辺のブナ林における林冠木と後継樹の本数比

調査地域		林床のササ	林冠構成種	林冠木の本数（1haあたり）	後継樹の本数比（後継樹/林冠木）
日本海側	ブナ平	チシマザサ	ブナ ブナ以外	167 4	6.8 116.7
	カヤノ平	チマキザサ	ブナ ブナ以外	163 1	6.6 238.9
太平洋側	八溝山	ミヤコザサ・スズタケ	ブナ ブナ以外	74 29	0.4 9.7
	三頭山	出現せず	ブナ ブナ以外	67 98	1.1 8.5
	加入道山	出現せず	ブナ ブナ以外	78 33	0.1 6.5
	天城山	スズタケ	ブナ ブナ以外	72 40	0.0 7.6

島野・沖津[4]による．胸高直径30 cm以上の幹を林冠木，10 cm未満の幹を後継樹として比を求めている．

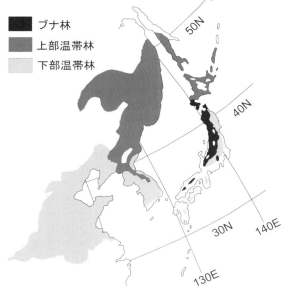

図3 東アジアにおける落葉広葉樹林の分布[3]

温帯林の主要構成種に変わることが観察され，このことは上部温帯林と下部温帯林が潜在的な植生帯として太平洋側の地域に存在することを示している[2]．

日本ではブナ林が山地帯植生の代表として注目されてきたが，東アジアに成立する植生との比較でみると，上述の上部温帯林と下部温帯林こそが大陸域の森林と深いつながりをもつものであり，ブナ林は多雪地域である日本に特有な森林であるといえる（図3）．

● ブナ林の更新の地域的な違い

上述のように，山地帯のブナを優占種とする森林は，その種構成が太平洋側地域と日本海側地域の間で明瞭な違いがあることがよく知られている．日本海側地域でブナが純林状に林を形成しているのに対し，太平洋側ではブナの優占度が相対的に低くなり，ブナ以外の落葉広葉樹が林冠層に混交する．しかし日本海側と太平洋側のブナ林は，単にブナの優占度が異なるというだけでなく，更新の状態もかなり異なっており，太平洋側地域のブナ林は，ブナの後継樹に乏しいという特徴がある．

関東周辺のブナ林の比較研究[4]によると，日本海側のブナ林では林冠木がほぼブナで構成され，ブナの後継樹は林冠木の7倍程度存在するのに対し，太平洋側のブナ林では，いずれも現在の林相を維持するにはブナの後継樹が少なすぎる（表1）．このままでは，将来ブナの優占度は低下し，さまざまな落葉広葉樹が優占する森林に変化していくと予想されている．

このように，林冠層を構成するブナの大径木が存在するにもかかわらず後継樹が十分に存在しないという群落構造を説明するためには，気候の変化など，ブナの生育に関わる環境要因そのものが変化した可能性についても考える必要がある．

［高岡貞夫］

● 文献
1) 吉良竜夫ほか：日本の植生，科学，46: 235-247, 1976
2) 野嵜玲児・奥富清：東日本における中間温帯性自然林の地理的分布とその森林帯的位置づけ，日本生態学会誌，40: 57-69, 1990
3) Nakashizuka, T. and Iida, S.: Composition, dynamics and disturbance regime of temperate deciduous forests in Monsoon Asia, Vegetatio, 121: 23-30, 1995
4) 島野光司・沖津進：関東周辺におけるブナ自然林の更新，日本生態学会誌，44: 283-291, 1994

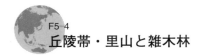
丘陵帯・里山と雑木林

●丘陵帯と暖温帯

日本における植生の垂直分布帯のうち、最も低い部分を丘陵帯とよぶ。自然植生ではアラカシやアカガシ、ウラジロガシ、スダジイ、クスノキ、タブ、ヤブツバキなどからなる常緑広葉樹が卓越する。構成する樹木の葉が光沢を帯びていることから、照葉樹林 (laural forest) ともよばれる。丘陵帯の上限は九州では海抜 1000 m 程度にあるが、中部日本では海抜 600～800 m に低下し、東北地方南部の海岸で北限に達する。

気候学上の暖温帯にあたり、暖かさの指数 (WI) 85～180 の範囲を占める。なお太平洋側の山地では、丘陵帯の上部に夏高温だが冬寒い地域が生じることがあり (寒さの指数 -10 以下の地域)、そこでは照葉樹の生育が困難になるため、かわりにモミやツガなどが優勢になる。この森を「中間温帯林」とか「モミ・ツガ林」とよぶ。内陸ではウラジロモミが生育することが多い [▶ F4-1]。

丘陵帯にあたる照葉樹林は世界的にみても特異な植生帯で、西日本から中国南部を経てブータン、ネパールまでの、ごく狭い範囲にしか分布していない。北米にもかつては照葉樹林が存在したが、繰り返し訪れた氷期の寒さに耐えきれず、フロリダ半島に残る一部の樹種を除いて滅びてしまった。宮崎県の綾町や東京の高尾山などに残された照葉樹林は、世界的にみてもきわめて貴重なものである。

ただ丘陵帯は、日本では古くから人間の居住地域となり、森林の伐採や耕地への転換などの開発が進んだ。現在では、都市や耕地、あるいは雑木林や松林になっているところが多い。本来の照葉樹林は、古くからある社寺林や房総半島、伊豆半島、南九州などの一部にわずかだけ残る状況になっている。

なお歴史的にみると、丘陵地を中心とする森林の破壊が顕著になるのは、1500年くらい前からである。このころから、宮殿や寺社、城、町屋などの建設や製鉄、製塩、製陶、あるいは燃料用にと、畿内や瀬戸内、東海地方を中心に森林の伐採が進み、跡に松林や雑木林、草山、禿山などが残された。江戸時代には森林はさらに減少するが、里山の持続的な利用が工夫されるようになり、森林破壊も小康状態となった。その後、日本の森は明治維新直後、太平洋戦争時に危機的な状況を迎えるが、戦後、国土緑化運動により、ようやく緑が回復し、緑の蓄積は史上最大とみなされるようになっている[1,2]。

●里山と雑木林

里山 (satoyama) といえば、東日本では雑木林、西日本では松林におおわれた丘陵地を思い浮かべる人が多い。東日本の場合、自然観察会では、かつては樹木を15年から20年に1回程度伐採し、それを薪炭や肥料などに利用していたが、1960年代以降、燃料が薪炭から石油、ガスに転換する燃料革命の進展と人手不足のために、樹木の伐採や下草刈りが行われなくなり、森林の荒廃が進んでさまざまの問題が生じている、云々といった類の説明がされることが多い。それは確かにそのとおりなのだが、これだけでは里山のもつ機能の何分の1かをみているにすぎない。

里山本来の役割は、下方につづく田んぼにきちんと水を供給することである[3,4]。日本では夏、太平洋高気圧に広くおおわれるため、雨が降りにくく、田んぼではしばしば水不足が生じる。そこである程度の広さの流域に森林を確保し、水をなんとか供給できるよう

図1 カタクリ
春植物の代表、氷期の生きた化石である。

図2 里山の農家と屋敷林

にしたのが里山である．したがって森はつねに雑木林である必要はなく，スギ林などであってもかまわない．

1960年代までの里山に対する認識は，半人工林的な雑木林が，ゆるやかに起伏する地形の上に広がっている，というものであった．このため原生的な自然の研究を好む生態学者などの関心を惹かず，研究者はほとんどいなかった．

里山の自然についての研究が始まったのは1970年代のことである．1960年代から大都市近郊ではニュータウンの建設が始まり，里山が大規模な開発の対象になりはじめた．このため，雑木林の破壊・減少を憂える立場の市民は，開発に反対しようとしたが，当時，里山の雑木林は，ごく月並みなもので，自然にたいした価値はないと考えられていたために，反対運動は開発に対する歯止めにはならなかった．しかし大規模な開発が各地で進められるうちに，自然保護側と，開発を進める側の双方の研究者が里山の調査を始め，その実態が次第に明らかになってきた．調査の先鞭をつけたのは，田村俊和，菊池多賀夫らのグループである．彼らは仙台周辺の丘陵地を対象にして地形分類を行い，地形単位に応じた植物の分布がみられることを見いだした[5]．一方，松井健，武内和彦らは多摩丘陵で調査を始めた．

四手井[6]は，燃料革命によって里山が利用されなくなり，そこの自然が荒れはじめている，手入れが必要だと警告したが，当時はまだ一般の関心を引くまでには至らなかった．

1988年，守山弘は里山についての新たな視点を提示する[7]．それは里山には，カタクリ，カンアオイ，ギフチョウ，ミドリシジミ類などのレリックが多く分布しているということである．守山は，縄文時代から人が森林に火入れなどを行ってきたことが，多様な種を存続させてきたのだろうと推定した．こうして雑木林に新たな価値が見いだされることになった．守山はまた日本人の原風景としての里山ということも強調した．

1990年代にはいると里山ブームが起こる．そのきっかけになったのは，今森光彦の『里山物語』である[8]．彼は里山における生物の営みをきれいな写真で紹介し，それはNHKで放映されて，人々に里山の自然の素晴らしさを認識させた．また石井[9]は，里山がギフチョウ，オオムラサキ，ゴマダラチョウ，ヒカゲチョウ類など日本の在来種の多くの保存の場となっているということを明らかにし，里山をつぶすと，在来型のチョウの大半が絶滅してしまうと指摘した．こうして里山ブームは自然保護運動とも結びつくことになった．

田端[3]は，里山の概念を拡張し，雑木林や松林を「里山林」としたうえで，本来の里山は里山林と水田，ため池，湧水，湿地，用水路，茅場などがセットになった農業景観だと述べた．そこにある水田にはかつてはオモダカ，カヤツリグサ，ウキクサなどが生育し，ゲンゴロウ，タガメ，トンボのヤゴ，タニシ，ドジョウ，ケラなどが生息していた．また湿地にはミゾソバ，サンカクイ，ガマなどが育ち，水路や湿地にはカエルやサンショウウオ，イモリなどの両生類や，メダカ，フナが生息し，ときにはウナギが入ってきた．このような生き物がいれば，それを食べる猛禽類やイタチ，タヌキも生息できる．農薬や除草剤，化学肥料が大量に散布される前の里山は，実に多彩な生物の住処だったのである．

田端はさらに，里山の田んぼの畦に生育している，キキョウ，ワレモコウ，リンドウ，オキナグサ，ゲンノショウコなどは，氷期の日本列島が乾燥した時期に，中国の東北部の草原から伝播し，人の草刈りによって維持されてきた草本だろうと述べた．なお近年では草刈りもなくなり，かわりに除草剤をかけられたりするから，こうした大陸の草原起源の植物は存続が困難になり，残念なことにそのほとんどが絶滅危惧植物になってしまっている．

2000年代に入ると，里山と銘打った書物が次々に刊行された．里山の自然についての評価はますます高まりつつある．しかしその反面，里山の荒廃は進む一方である．雑木林を荒らしてしまえば，生物の多様性は簡単に失われてしまう．人手を加えつつ，いかに多様性を維持するかが今後の課題である．

なお里山の荒廃については，本来の植生である照葉樹林に戻ろうとしている過程の途中であるから，手を加える必要はないという意見もある．生物多様性を維持するのか，あるいは生物多様性は失っても照葉樹林の戻るのを支持するのか，議論が必要である．

[小泉武栄]

●文献
1) 有岡利幸：里山I，法政大学出版会，2004
2) 太田猛彦：森林飽和，NHK出版，2012
3) 田端英雄：里山の自然，保育社，1997
4) 小泉武栄：里山の自然保護，地理，46 (6)：41-62，1996
5) 松井健ほか編：丘陵地の自然環境—その特性と保全—，古今書院，1990
6) 四手井綱英：もりやはやし 日本森林誌，中央公論社，1974
7) 守山弘：自然を守るとはどういうことか，農山漁村文化協会，1988
8) 今森光彦：里山物語，新潮社，1992
9) 石井実：里山の自然をまもる，築地書館，1993

F6 地形・地質と植生

F6-1 蛇紋岩地・石灰岩地の植物

植物や植生の分布に影響を与える特殊な地質には，超塩基性岩（蛇紋岩，かんらん岩），石灰岩，チャート，結晶片岩，凝灰角礫岩などがある．このうち超塩基性岩と石灰岩は特異性が際だっており，地質分布の代表例として取りあげられることが多い．ヨーロッパではこうした岩石の分布域に珍しい植物が分布することは，百数十年前から知られてきた．

●超塩基性岩

超塩基性岩（ultrabasic rock）は珪酸の含有量が45％以下の火成岩を指し，地下のマントル物質に由来すると考えられているかんらん岩や，かんらん岩が蛇紋岩化作用を受けて鉱物中に水を取り込み，変質した蛇紋岩がこれにあたる．いずれも珪酸分が少ないため，黒みを帯びた色をしている．現地では両者が混在して分布するのが普通である．マグネシウムの含有率は30～45％に達し，鉄，クロム，ニッケル，コバルト，マンガンを含むが，カルシウムやリン，カリウムが乏しいという特色がある．含有している重金属には有毒なものが多く，その影響を受けて，レリック（遺存）的な植物や固有種が出現しやすい．また風化しても未熟な土壌しかできず，貧栄養なため，この岩が露出するところでは，植物の生育が阻害され，疎林になったり，低木の藪や草原になったりすることが多い．また広葉樹林が発達せず，ネズコなどの針葉樹林になっていることも少なくない[1]．

超塩基性岩地は日本では30か所あまりに露出している．よく知られている場所として，戸蔦別岳，夕張岳，アポイ岳，早池峰山，至仏山，谷川岳，白馬岳，大江山，三重県の朝熊ヶ岳，四国の東赤石山，白髪山があげられる．その他，小規模な岩体が高知県，徳島県，和歌山県，三重県，愛知県，静岡県などに点在している[2]．

超塩基性岩地に分布するレリックの代表として，北海道の問寒別と至仏山にみられるオゼソウ（図1）が有名である．また夕張岳はユウバリソウやユウパリコザクラなど，固有種の宝庫となっている．アポイ岳にはヒダカソウやアポイアズマギク，アポイカラマツ，アポイクワガタが分布し，海抜400 mからハイマツが出現する．早池峰山にはハヤチネウスユキソウやナ

図1　オゼソウ（至仏山）

ンブトラノオ，ナンブイヌナズナ，ナンブトウウチソウがあり，北海道にしかないアカエゾマツが隔離分布する．至仏山や谷川岳にはホソバヒナウスユキソウ（図2）が分布し，カトウハコベは早池峰山や至仏山に現れる．

北海道の亜高山帯ではトドマツ林，エゾマツ林のかわりにアカエゾマツ林が生じ，至仏山ではオオシラビソ林のかわりにネズコやキタゴヨウからなる林が広がる．早池峰山や至仏山では，氷期にできた岩塊斜面が広く分布しており（図3），そこにはネズコやコメツガ，キタゴヨウ，ハイマツなどの針葉樹の低木林が発達している．その結果，この2つの山では，森林限界が気候から推定される高度より700 mも低下し，その分高山植物の生育する領域が広くなっている[3]．

四国の東赤石山ではブナ帯にあたる高度に，ヒノキやネズコ，ヒメコマツ，ツガ，コメツガからなる針葉樹林ができ，亜高山帯ではウラジロモミが森をつくる[1]．高知県や三重県，愛知県では暖温帯にあたる高度に超塩基性岩が現れているが，そこでは生育のよくないアカマツの疎林ができ，林床にはシモツケ類やツツジ類，ツクバネウツギ類が優占する．またツゲやドウダンツツジの仲間も育つ．海岸ではクロマツとウバメガシが優勢になる．

このように超塩基性岩地には「土地的極相」にあたる群落が発達し，遷移も進まない傾向が顕著である．このほか超塩基性岩地では，海岸の植物が内陸に分布したり，暖地性植物が北上し，寒地や高山の植物が南方や低地に生育したりするというような，分布の逆転がみられる[4]．

●石灰岩地

石灰岩（limestone）は$CaCO_3$を主成分とする岩石の総称で，サンゴ礁やナンノプランクトンといった生

図2　ホソバヒナウスユキソウ（至仏山）

図3　早池峰山の岩塊斜面（上から見下ろしたところ）
岩塊斜面の末端が直線状になっている．

物起源のものが大部分を占めるが，化学的沈殿によって生じたものもある．広義には石灰岩が変成して結晶質になった大理石も含まれる．またほとんどが$CaCO_3$からなるものから50％くらいが不純物のこともあり，それによって生じる土壌も異なってくる．

石灰岩地の土壌は，気候帯によっては特に影響の出ない場合もあり，ヨーロッパのレンジナのように，腐植に富んだ良い土壌ができる場合もある．ヨーロッパブナの分布は，中欧以北ではほぼ石灰質の岩石の地域に限られる．

日本では石灰岩は北海道から沖縄まで広く分布し，総面積は1764km²で国土の0.44％にあたる[5]．主な石灰岩地としては，北海道中頓別，岩手県岩泉などの北上高地，栃木県出流山，埼玉県秩父地方，新潟県青海地域，岡山県阿哲地域，広島県帝釈峡，山口県秋吉台，高知県工石山と別府峡，横倉山，福岡県平尾台，熊本県南部，沖縄本島などがある．また1000m以上の高標高の石灰岩地としては，白馬鑓ヶ岳，南アルプス，三重県藤原岳，徳島県剣岳，愛媛県四国カルスト・天狗高原，宮崎県白岩山などがある．

石灰岩地は基盤が露出してカルスト地形を形成したり，大小の岩塊が点在したり，崖になったりすることが多く，土壌は薄く，乾燥し，痩せているのが普通である．これは，石灰岩は炭酸を含んだ水には溶解するものの，それ以外の場合はきわめて風化しにくいためである．秋吉台や平尾台，四国カルストなどのカルスト地形はその典型といえよう．

石灰岩地では超塩基性岩地ほどではないが，特有の植物が現れたり，逆に欠如したりする．たとえばイチョウシダという常緑のシダは北半球の温帯から亜寒帯に広く分布し，日本でも北海道から九州まで分布するが，その生育地は石灰岩の隙間に限られている[6]．イチョウシダは好石灰岩植物の代表である．一方，チチブミネバリやクロガネシダなどは起源の古い植物が石灰岩地で生き残ったレリックだと考えられており，同じタイプの植物として，オオヒラウスユキソウ（北海道・大平山），トダイハハコ（長野県・戸台），トサボウフウ・ヒナシャジン（四国）などがある[4]．秩父の武甲山固有のチチブイワザクラ，ブコウイワシャジンは，周辺部に生育していた母種が，石灰岩地に入り込んで変種になったものだと推定されている[7]．樹木ではウバメガシやイスノキ，カヤ，ウラジロガシ，アラカシも石灰岩地に多いという[1]．乾燥した露岩地や崖，尾根筋ではアカマツ，ヒノキ，ネズコなどの針葉樹が育ちやすく，その林床ではシモツケ類の低木が見られることが多い．

これに対し，石灰岩を嫌う植物も少なくない．暖温帯の石灰岩地ではいわゆる照葉樹林からまずシイが脱落し，アカガシやツクバネガシも少なく，クリやモミ，ツガもほとんど生育しない．冷温帯では石灰岩を好んだり，嫌ったりする植物は知られていないが，ササがほとんど分布しないのが特色になっている．

［小泉武栄］

●文献
1) 山中二男：日本の森林植生，築地書館，1979
2) 北村四郎：植物の分布と分化〈北村四郎選集Ⅴ〉，保育社，1993
3) 小泉武栄：自然を読み解く山歩き，JTBパブリッシング，2008
4) 石塚和雄：群落の分布と環境，朝倉書店，1974
5) 漆原和子：カルスト—その環境と人びとのかかわり，古今書院，1996
6) 清水建美：石灰岩と植物，自然と生態学者の目，共立出版，1977
7) 永野巌：埼玉四季の植物，埼玉新聞社，1990

F6-2 海岸の植生

　植生分布を規定する最大の因子は気候条件である．しかし同じ気候帯の中にあっても，海岸や湿原，崖などには特異な植物群落が生じる．また蛇紋岩，石灰岩など塩基性の強い岩石の分布地や火山にも特殊な群落が生じる．このような分布をそれぞれ「地質分布」，「地形分布」とよんでいる．

　海岸には，変わった植物が分布しやすい．たとえば亜熱帯性の植物であるヤシやグンバイヒルガオは，果実が海流で運ばれるため，本来の自生地から遠く離れた北方まで分布し，四国，九州の海岸でもみることができる．しかし本州以北では発芽しても枯れてしまうため，分布の拡大はできない．ハマオモトも三浦半島から房総半島あたりが北限となっているが，北方では種子が運ばれても育たないため，その限界は「ハマオモト線」（hamaomoto line）とよばれている．この例のように，海岸に沿う部分は海水に接しているため極端な低温になりにくく，タブノキやヤブツバキ，ヤブニッケイなどの照葉樹が東北地方の海岸沿いを北上したりする．一方，北海道東部では海霧が発生しやすいため，夏の気温が上がらないので，アカエゾマツやトドマツが海岸沿いで南下するという現象が起きている．

　また一般的に海岸は風が強く，それに伴う海水のしぶきや飛砂が植物に大きな影響をあたえる．特に塩分はそれに対する抵抗性をもたない植物の生育を困難にしてしまうため，海岸で生活できる樹木はトベラ，マサキ，クロマツ，ハイネズ，タブノキ，ヤブツバキ，ヤブニッケイ，ヒメユズリハなど，塩分に強い植物に限定される．海食崖の上部斜面には，絶えず海から吹き上げる風によって変形し低木化したトベラやハイネズ，マルバシャリンバイ，ハマヒサカキなどが，バリカンで刈り込まれたような独特の植生景観を作り出している（図1）．

●海岸砂丘や礫浜の植生

　海岸の地形は，侵食地形である磯や海食崖・崖錐と，堆積地形である砂浜，礫浜，砂丘，砂洲，礫洲などに区分される．砂浜の砂は，海食崖の侵食でもたらされたり，川から海に運び出されたりした土砂が，沿岸流などで運ばれ，波や風の作用で堆積したものである．常に波の作用を受けるところには植物は生育しな いが，高潮線より高くなって砂礫が安定してくると，オカヒジキ，ハマアカザなどごく限られた植物がまばらな群落をつくるようになる．飛砂が堆積するようになると，コウボウムギ，ハマヒルガオ，ハマニガナ，ハマエンドウなどが育ちはじめる（図2）．いずれも塩分に強く，長い根茎をもつ多年生の草本で，飛砂で埋められてもそれにうち勝って枝葉を伸ばし，生育する能力をもっている．砂に埋もれた植物を実際に掘ってみると，埋もれた枝葉を何mにもわたって次々に掘りだすことができる．

　砂丘が高くなると，強い風の影響で砂の移動が激しくなり，生育できる植物は限られるが，さらに高くなると砂の供給も減少して砂丘の表面は次第に安定してくる．このような場所にはケカモノハシやハマボウフウが生育し，北日本ではシロヨモギが優勢になる．さらに海岸から離れると，風も弱まり，低木林が成立する．北海道や東北などの北日本ではハマナスが，本州南部，四国，九州の温暖な地方ではハマゴウとハイネズがその代表で，大きな群落をつくることが多い．なおハマナスは氷期のレリックとみられるものが，日本海側では山陰の鳥取海岸まで，太平洋側では鹿島海岸まで分布している．低木林のさらに内側にはクロマツ

図1　海岸の風衝植生（三浦半島荒崎海岸）

図2　砂丘の植生（渥美半島）

林 (black pine forest) が成立する．ただし本州のクロマツ林はほとんどが植林されたものだと考えられている．北海道ではミズナラやカシワが優勢になり，風の影響を受けて低木林になっていることが多い（図3）．

砂丘が汀線に並行して何列も生じ，汀線が海に向かって前進した海岸は全国各地にあるが，内陸側の砂丘にはもはや飛砂が供給されなくなるので，砂丘は安定し，植物は次第に内陸性のものに移り変わっていく．北海道のサロベツ湿原の西側の稚咲内砂丘地帯の場合，海岸に近い砂丘ではエゾカンゾウやハマナスの群落があり，次の2列ではミズナラが優勢だが，その後は次第にトドマツやアカエゾマツ，イタヤカエデ，ハリギリ，コシアブラなどが増えてきて，最後はトドマツの純林になってしまう．また何列もある砂丘間に生じた細長い湖（長沼湖沼群）でも，内陸に向かうにつれて生育する植物が変化し，最後は湿原になった．これも興味深い遷移といえよう．

伊豆半島の大瀬崎では，直径数十 cm の巨礫が堆積した礫洲が発達する．これは南に位置する達磨山の海食崖から崩壊した土砂が沿岸流で運ばれて堆積したもので，高さが 5 m を越すことから縄文海進の時代に形成されたものだと推定される．この礫洲上には，異様な形に変形したビャクシンの巨木が多数生育しており，国の天然記念物に指定されている．

●磯と海食崖と崖錐

磯や海食崖は山地や丘陵地，台地が海に入りこむところに生じる．磯や崖をつくる基盤は固結した砂岩やチャート，溶岩のような硬い岩石から未固結の砂礫層や泥層までさまざまであるが，波による侵食を受けるために，岩盤が露出したり，崖になったりしているのが特色である．

磯や崖の露出した岩盤の隙間や棚にはハマギクやイソギク，シオギク，ノジギク，ツワブキなどのキク科植物とワダン，タイトゴメ，ハマボッス，アゼトウナ，キリンソウ，ハマヒサカキなどが現れる．ただ分布には気候帯を反映した特色があり，たとえば房総半島より西とそれより北では卓越する植物の種類が異なる．また大陸起源の植物とされるダルマギクやミツバイワガサはもっぱら中国地方の日本海に面する岩場に出現する．多少とも土壌のあるような崖地にはトベラ，ハマヒサカキ，マルバシャリンバイ，オオバグミなどの低木とオニヤブソテツ，ラセイタソウなどが現れる．やや安定した崖地にはウバメガシやトベラが多く，クロマツも育つようになる（図4）．

崖の下部には岩屑が堆積して崖錐をつくることが多い．崖錐の植物は北日本ではオオイタドリやアキタブ

図3 カシワの低木林（北海道，稚咲内）

図4 海食崖の植生（渥美半島）

キ，ススキ，ノガリヤス類が優勢であり，西日本ではハチジョウススキ，テリハノイバラ，トベラ，オオバグミ，ラセイタソウ，ヤツデなどが現れる．

●その他の群落

海岸には以上の他，アッケシソウやハママツナを代表とする塩沢地植生や，南西諸島を中心とする亜熱帯の汽水域に生育するマングローブ林（mangrove forest）などがある．マングローブは波の静かな入り江や河口などの潮間帯の泥地と，潮汐の影響を受ける河岸という，特殊な環境に生息する樹木で，よく発達した気根や支柱根をもつ．林内に張り巡らされた気根は高潮時には水面下に没し，干潮時には水面上に現れる．

マングローブ林は熱帯では高さ 30 m を超えるさまざまな種類の高木からなるが，分布の北限に近い日本では，樹種は少なく，オヒルギ，メヒルギ，ヤエヤマヒルギなどをみることができるだけである．

［小泉武栄］

●文献
1) 石塚和雄編：群落の分布と環境，朝倉書店，1977
2) 宮脇昭編著：原色現代科学大事典3 植物，学習研究社，1967

F6-3 火山植生

火山活動によって溶岩や火砕流が噴出したり，火山灰やスコリア，軽石，火山礫，泥流などが厚く堆積すると，そこはまさに一木一草もない荒れた状態になってしまう．しかし時の経過とともにそこには先駆植物が入り込んだり，生き延びた植物が再び芽をふいたりして，次第に群落ができてくる．この火山活動の影響を強く受けて成立した植生を火山植生（volcanic vegetation）とよんでいる．

火山植生に関する研究には，日本でも世界でも，噴火後，ある程度の年数を経過した時点での植生の回復状況を調査したものと，同一の場所において繰り返し調査を行って遷移の進行を把握したというものが多い．

●桜島と富士山の例

桜島ではTagawa[1]が，昭和溶岩（1946年），大正溶岩（1914年），安永溶岩（1779年），文明溶岩（1476年）といった噴出年代の異なる溶岩上の植物を比較して，遷移がどのように進むかを論じている．それによれば，噴火後まもない昭和溶岩では，数種類の地衣類や蘚苔類の他，イタドリやタマシダ，ススキがわずかに生育しているだけだが，50年経過した大正溶岩では，タマシダ，イタドリ，ベニシダ，ススキが優勢になり，他にヒトツバや，マルバウツギ，ヤシャブシ，タブなどの低木が侵入している．安永溶岩では，タマシダやススキは減って，かわりにアラカシやネズミモチ，ナワシログミなどの木本が優勢である．噴火後500年近く経過した文明溶岩では高木の種類が増加し，森の状態になっているが，遷移途中の陽樹が多く，極相と考えられるタブ・スダジイ林になるには，あと数百年はかかるだろうという．

1707年に噴火した富士山の宝永火口の内部では，イタドリやオンタデが不安定な火山砂礫地に群落を形成している（図1）．またごく少数だが，火口を囲む斜面の一部にカラマツが生育を始めている（図2）．第一火口の一角にはミネヤナギやイワオウギ，コタヌキランなどが密生する場所があり，最近の調査で，宝永噴火の際噴出したスコリアがそのまま落下し，溶結してできた安定した土地に成立していることが分かった[2]．噴火後300年かかってようやくここまで遷移が

図1　宝永山のオンタデーイタドリ群落

図2　宝永山の火口内部に生えたカラマツ

進んだわけである．

●火山植生の遷移

火山植生がどんなものになるかは，噴火後の経過時間だけでなく，火山が日本列島のどこにあるかによっても違ってくるし，基質が溶岩か火砕流か，あるいはスコリアか，といった条件によっても大きく違ってくる．たとえば新しい噴火でスコリアや軽石が堆積したところを例にとると，霧島山や阿蘇山など九州の火山では，ミヤマキリシマというツツジ科の低木とコイワカンスゲが最初に侵入し，これに続いてノリウツギやアカマツが生育を始める（図3）．一方，1783年に噴火した浅間山では，コメススキが先駆植物となり（図4），それを追うようにガンコウラン，クロマメノキ，ミネヤナギなどが斜面上方に向かって分布を拡大している．そしてそれにアカマツやダケカンバ，カラマツが順次加わっていく．東北の秋田駒ヶ岳や岩手山では，コマクサやタカネスミレがまず育ち，それをミネヤナギが追いかける．

●日本の火山と火山植生の研究

日本には明治時代以降に活動した火山が多い．ざっとあげてみても，十勝岳，北海道駒ヶ岳，有珠山，秋

図3　ミヤマキリシマ（霧島山）

図5　白山山頂部の無植生地

図4　コメススキ（浅間山）

田駒ヶ岳，安達太良山，磐梯山，日光白根山，那須岳，草津白根山，伊豆大島，三宅島，焼岳，御嶽，雲仙岳，霧島山，桜島などがあるし，江戸時代にまで遡ると，富士山，浅間山，鳥海山，岩手山などがその仲間入りをする．まさに火山列島日本の特色をよく示している．

しかしすでに述べたように，わが国では火山植生に関する研究は乏しく，ほとんどの火山で，「この山は火山ですので，火山植生が分布します」程度の解説しかないのが実態である．たとえば霧島山の韓国山麓にある硫黄山や高千穂峰の周辺には，アカマツのみごとな純林が広がるが，これは江戸時代や明治時代の噴火によっていったん滅びた森林が復活の途上にあるものとみることができる．しかし現地にはそのことを書いた説明はない．

図5に示したのは白山の山頂部を室堂から見上げたものであるが，白くみえる無植生地を，植物生態学者は冬季の強風のせいだと説明していた．しかしここは15〜16世紀の噴火で翠ヶ池から噴出した火砕流が通過したところであり，植物が乏しいのはそのせいである．このことは現在，周辺部から植物が徐々に侵入しつつあることからもわかる．

また2014年9月27日，御嶽山で噴火が起こり，60人を超える方が亡くなり行方不明になった．この山では1979年にも小噴火が起き，このときは2万年ぶりの噴火とされたが，火山植生を調べると，各地で先駆植生の群落や遷移途中の群落が見出され，小規模な水蒸気爆発や溶岩の流出が起こっていたことが推定できた[4]．小噴火のあったことはその後，火山学者の調査でも確認され，火山植生の調査が火山活動の研究にも役立つことを裏づけた．

この事例のように，日本の火山植生については見直しの必要な山が多くある．見直しにあたっては，植生に関する知識と火山の地形・地質に関する知識の両方が必要になるが，これはまさに地生態学の得意とする分野である．若い地理学徒がこうした事例を対象としておおいに活躍することを期待したいと思う．

日本には2016年現在33の国立公園があるが，そのうち火山のないのは，釧路湿原，陸中海岸，秩父多摩甲斐，南アルプス，伊勢志摩，吉野熊野，足摺宇和海，瀬戸内海，ヤンバル，西表，小笠原の11か所にすぎない．残りの22か所にはすべて火山がある．これだけでも火山が日本の自然の中に占める役割の大きさがわかるが，日本の自然の価値を理解する上でも，火山活動と植生のかかわりについて研究を進めることが必要であろう．

［小泉武栄］

●文献
1) Tagawa, H.: A study of the volcanic vegetation in Sakurajima, South-west Japan, I Dynamics of vegetation, *Mem. Fac. Sci. Kyushu Univ., Ser.E*, (Biol.) 3: 165-228, 1964
2) 小泉武栄：観光地の自然学 ジオパークでまなぶ，古今書院，2013
3) 石塚和雄：群落の分布と環境，朝倉書店，1977
4) 小泉武栄：御嶽火山の植生が伝える過去の小噴火の履歴，地理，60 (5)，32-41，2015

F6-4 縞枯れ現象

●縞枯れとは

北八ヶ岳の縞枯山や北横岳，茶臼岳，天狗岳と蓼科山あたりでは，亜高山帯のシラビソやオオシラビソからなる針葉樹林の一部が帯状に枯れ，斜面上に何列も白い縞ができる「縞枯れ現象」(wave regeneration phenomena) が，古くから登山者や植物学者の興味をひいてきた（図1，2）．縞枯山は，縞枯れ現象が顕著にみられることが，山の名前にまでなったものである．

縞枯れは一口にいえば，針葉樹の枯れた帯が，山頂部に向かってゆっくりと上昇する現象である．斜面下方の樹木が枯れると，その上部の森林には日光が入るようになり，風も吹き込むから，土壌が乾燥し，ついに樹木は枯れはじめる（図3）．するとその影響はさらに上の森林に波及する．こうして樹木の枯れる部分は次第に上っていくわけである．

白くみえる部分は，立ったまま枯れた樹木もあり，すでに倒れたものもありと，それこそ白骨累々といった感じである（図3）．ただ白骨化した樹木は直径10～20 cm 程度と意外に細いものが多い．また高さも低く，10 m に満たないものがほとんどである．つまり十分生育しないうちに，縞枯れの波がやってきて，否応なしに枯れてしまったことがわかる．

しかし枯れた樹木の下には無数の幼木が育ちつつあり，時間がたつとこれが生長してふたたび緑の林に戻っていく．そのため植物生態学者の中には，縞枯れは森林更新の1つのタイプにすぎないという人もいる（たとえば木村[1]など）．

●縞枯れの原因

縞枯れはなぜ起こるのだろうか．縞枯れ現象は北八ヶ岳のほかにも，八甲田山，吾妻山，奥日光の山地，志賀高原，関東山地，中央アルプス，南アルプス，紀伊半島の大峰山などから報告されているから，必ずしもまれな現象というわけではない[2]．これまでの研究はもっぱら植物生態学者と気候学者によって行われており，縞枯れが主に南斜面や南西向き斜面に出現することから，南からの強風に原因を求めることが多かっ

図1　縞枯山の縞枯れ（全景）

図2　縞枯れ近景（北横岳）

図3　縞枯れの内部の様子

図4　林床の岩塊斜面（登山道に現れた岩塊・縞枯山）

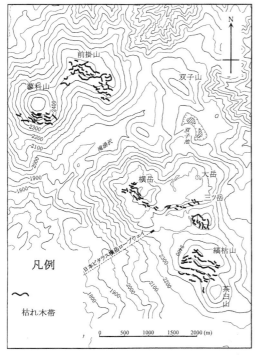

図5 北八ヶ岳における縞枯れ（枯れ木帯）の分布[3]

た（たとえば岡[3]など）．しかし南に向いた斜面にある針葉樹林で常に縞枯れが起こる訳ではなく，強風説の弱点になっている．

地生態学の視点から縞枯れの生じているところをみると，いずれも針葉樹林の林床が，岩がごろごろした岩塊斜面になっているという共通性がある（図4）．岩塊斜面の成因には火山の溶岩が冷えるときにできたもの（北八ヶ岳，八甲田山，奥日光，志賀高原など）と，氷期の寒冷気候の下で岩石が凍結によって破砕されてできたもの（関東山地，南アルプス，大峰山など）があるが，岩の直径は数十cmから1m程度の場合が多い[4]．

土壌層の発達がよくない岩塊斜面では，樹木は岩塊を包むような形に根をはりめぐらせていることが多い．そこに数十年に1回というような猛烈な台風が襲うと，高く生長した木は風によって幹まで大きく揺すぶられ，ついには根が切れてしまう．その結果，樹木は水や養分の供給を受けられなくなり，1，2年のうちに立ち枯れしてしまう．そしてさらに時間がたつと倒れてしまう（図6）．縞枯れをスタートさせるきっかけは，このようなものであろう．縞枯れの間隔は，猛烈な台風の襲来した時間差を示していると考えられる．

関東山地の甲武信ヶ岳などでは，縞枯れの波が波及しても，コメツガだけが白骨化を免れ，大きく生長しているのがみられた．これは本来岩場のような悪条件の場所に生育するコメツガが，根を強く深く張っているために枯死しないですみ，そのためにこれだけが大きく育ったもののようである．

なお伊勢湾台風クラスの猛烈な台風が襲うと，針葉樹は立ち枯れせずに吹き倒され，根こそぎになってしまうことも考えられる．その場合は表土がひっくり返されて地表の撹乱がおこるため，跡地には針葉樹の幼樹ではなく，ダケカンバが生育することになるようである．ところどころに固まってみられるダケカンバの純林はこのようなプロセスで生まれたものであろう．

[小泉武栄]

●文献
1) 木村允：亜高山帯の遷移，沼田眞編，群落の遷移とその機構，pp.21-30，朝倉書店，1977
2) 岡秀一：縞枯れ現象の分布に関する再検討，地学雑誌，92: 119-234, 1983
3) 岡秀一：北八ヶ岳—縞枯れの謎—，青山高義ほか編，日本の気候景観，pp.56-60，古今書院，2000
4) 小泉武栄：山の自然教室，岩波書店，2003

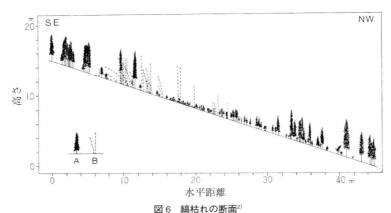

図6 縞枯れの断面[2]
A：オオシラビソの成木，B：枯損木．

F6-5 雲 霧 林

　熱帯の高山や，大洋中の島にあって高くそびえる山岳，あるいは海に面して急にそびえる山や山脈では，ある高度を超えると雲や霧が急にかかりやすくなり，それに伴って湿度が著しく高まるため，幹や枝に着生植物などが付着し，特異な森林ができる．この森林を雲霧林（cloud forest）といい，それに該当する高度帯を雲霧帯（cloud belt）とよんでいる[1]．熱帯の雲霧林では厚く葉を茂らせたドーム状の樹冠をもつ常緑広葉樹が卓越し，すべての幹や枝が蘚苔類やラン，地衣類，シダ類などからなる着生植物の厚く柔らかいマットをまとう．ときにはそれが幹や枝の直径より厚い場合すらある．地表も厚いコケのマットに覆われ，土壌は厚い腐植層をもつ[2]．このような雲霧林はたとえばアフリカのキリマンジャロ山やケニヤ山などの熱帯高山の，海抜2000 mから3000 mほどの高度に発達するほか，スマトラ島，ジャワ島，ボルネオ島，ニューギニア島などの高山，ネパールのマハバーラト山脈，マダガスカル島の東斜面，ハワイ島の貿易風を正面から受ける北東向き斜面などでみられる．チリ南部パタゴニアのアンデス山脈では，南半球で進化した唯一の針葉樹といわれるアラウカリアが温帯の雲霧林を形成する．
　ニュージーランドのサザンアルプスでは，ナンキョクブナの幹や枝にびっしりと蘚苔類のマットで覆われ，文字通りmossy forestの様相を呈する（図1）．これも代表的な雲霧林である．
　日本では屋久島，伊豆七島の御蔵島・八丈島，隠岐（大満寺山），佐渡島の大佐渡山脈などに雲霧林がみられるほか，伊豆半島の天城山，南九州や南四国の山地，紀伊半島南部の山地，小笠原諸島の父島などにも顕著ではないが，雲霧林がある．
　屋久島や御蔵島の雲霧林は熱帯山地の雲霧林に近い典型的なものである．幹や枝は蘚苔類やランなどの着生植物のマットで覆われ，林床にもシダや木生シダ，ヘゴなどが生育していかにも亜熱帯の森であるという雰囲気を醸しだしている．父島でもオオタニワタリのようなめずらしいシダや木生シダがみられる．
　大満寺山や，大佐渡山脈の金北山，ドンデン山あたりも霧がかかりやすく，特に北西斜面の上部に雲霧林が発達する．いずれの場合もスギを主体とする森林となっている．大満寺山は600 mをわずかに超えるだけなので，雲霧林は山頂部にしか存在しないが，大佐渡山脈の場合は600〜800 mほどの高度に現れ，その上は本来の植生帯であるブナ林や強風地に生じる低木林や草原になっている．
　大佐渡山脈の場合，雲霧林の中心部は新潟大学の研究林（演習林）になっており，そこには直径2〜3 mもあるスギの巨木が点在し，圧倒的な迫力をもって迫

図2　佐渡島，新潟大演習林のスギ（全景）

図1　ニュージーランドの雲霧林

図3　佐渡島，新潟大演習林の変形したスギ

図4 立山，弥陀ヶ原のスギ

図5 佐渡島，枝が垂れたスギ

ってくる．巨木は数千本もあり，樹齢は数百年から1000年を超すとみられている（図2, 3）．

ところで同じようなスギの巨木の森を北アルプス立山の弥陀ヶ原でもみることができる．しかし「巨木」と同じ名前でよばれても，弥陀ヶ原と新潟大の演習林では，スギの形が大きく異なっている．弥陀ヶ原では，真っ直ぐに伸び，その後，生長が頭打ちになり，上部が丸くなったような形の木が多い（図4）．一方，新潟大の演習林では，ヨーロッパのおとぎ話に出てくる，森の古木のような奇怪な形をしたものが少なくない．人間を思わせるような形の木もあり，まさに映画『もののけ姫』の世界である（図3, 5）．

このような奇怪な形になる理由として考えられるのが，ここが雲霧林だということである．雲霧林内では湿度が高く，土壌は水分過多の状態になるため，湿った環境には比較的強いブナですら生育が困難になってしまう．したがってブナが実際に分布できるのは，金北山の稜線部などもっと標高の高い所である．一方，スギは湿った環境に強く，雪圧でたわんだ枝や倒れた幹が湿った地面につくと，そこから根が出て新しい個体に育つことができる．このため，高い湿度はスギの

生育にとってむしろ有利に働いている．実際に，たわんで地面に接した枝から生じた，クローンの大木が何本も並んで育っているのが，各地で観察できる．

実は先に述べたおどろおどろしい形をしたスギの巨木は，雪の重みや引っ張りによってたわんだ枝が地面につき，母樹のすぐ側に新しい個体が生育しはじめて，そのうち母樹の古い幹に融合してできたものである．まさに雲霧林だからこそ生じた不思議な樹形といえよう．

伊豆半島の天城山の場合は，雲霧林はこれまでに述べたこととはまた違った役割を果たしている．天城山の雲霧帯にはさまざまな樹齢からなるブナが生育している．つまり同じ森に太いブナも細いブナも生育しているのだが，このことに雲霧帯がかかわっているとみられるのである．

ブナ林でさまざまな樹齢からなるブナが生育している．事情を知らない人は，そんなことはあたりまえではないかというであろう．しかしこのことがあてはまるのは日本海側のブナ林に限られ，太平洋側の山地のブナ林については，あてはまらないというのが，近年の定説になりつつある．太平洋側の山地のブナ林は，200～400年前に生育を始めた大木がほとんどで，跡継ぎとなるはずの若い個体がみられないのが特色なのである．

200～400年前といえば，ヨーロッパではアルプスの氷河が前進したり，テームズ川などが凍りついたりした寒冷な時期にあたり，「小氷期」とよばれているが，日本でも当時は涼しい気候が支配し，太平洋側でも冬場，現在より積雪が多かったと推定されている．太平洋側の山地のブナの大木はこの時期に芽生え，生育したもので，温暖で冬乾燥する現在の気候では，ブナの発芽や生育は困難だとみられる．東京都の高尾山や三頭山，神奈川県の丹沢山地などでは，老齢化したブナの大木が次々に倒れつつあり，跡継ぎが存在しないため，ブナはどんどん減少しつつある．

そうした中で天城山や箱根山では，ブナの幼木や若木が育ちつつあり，先述のようにさまざまな樹齢からなるブナが生育している．これは太平洋側のブナ林としてはまさに例外的といえるのだが，このことは天城山や箱根山に向かって南から風が吹き上げ，雲霧帯をつくっているということに原因が求められよう．ここでは冬も積雪が多く，ブナの発芽や生育を可能にしていると考えられるのである．

［小泉武栄］

●文献
1) 石塚和雄：群落の分布と環境．朝倉書店，1977
2) ブラウン・ブランケ/鈴木時夫訳：植物社会学II．朝倉書店，1971

F6-6 川のつくる植生

　川は普段はおとなしく流れているが，集中豪雨が起こると，暴れはじめる．上流の山地斜面や小さな谷では崩壊が発生し，それによって生じた流木や土砂は，土石流や洪水となって谷底を侵食しながら谷を流れ下る．土石流の中の土石は，一部は途中の河谷内に堆積し，大半は扇状地に広がって堆積する．残りは洪水に運ばれて下流の沖積平野に氾濫し，そこに広い河原を残す．このように川の働きはダイナミックであり，数年，数十年，数百年に1回発生する地形変化に対応して，植生分布が生まれてきた．

●源流の河谷に成立するシオジ・サワグルミ林

　河川の源流部では小さな谷が発達するが，そこがブナ帯にあたる場合，谷の底にはシオジやサワグルミの巨木からなる森が発達することが多い．このうちサワグルミは日本海側の山地で，シオジは太平洋側の山地において優勢になる傾向があるが，両者が同じ山域に分布する場合も少なくない．この2種とカツラ，トチノキ，サワシバは主に沢筋に現れることから，かつては，いずれも谷筋の湿った環境を好む樹種だと考えられてきた．斜面から崩れてきた，湿っぽい崩積土の上に成立する森林だとされていたのである．

　しかし近年の研究で，シオジやサワグルミは，集中豪雨の際に発生した土石流の砂礫が堆積して生じた高まりの上でいち早く発芽する先駆植物であり，それが育って巨木になることが明らかになってきた．そのきっかけになったのは，調査中に実際に起こった集中豪雨である．

　東京檜原村の三頭山にブナ沢という沢がある．これは秋川源流の沢の1つで，長さ2 kmほどの沢に，シオジとサワグルミが住み分けて生育していた．このことに気がついたのは，植物生態学者の鈴木由告だが，住み分けの原因を明らかにするために，赤松直子が彼の指導の下で研究を始めた．基礎データとして，すべてのシオジとサワグルミの樹高や直径を調べ，分布を大縮尺の地形図上に落とした．その直後に，集中豪雨が起こったのである．沢沿いでは多数の崩壊や大きな土石流が発生し，それによってシオジ，サワグルミの大木が次々に引き抜かれ，流木になって流れ下った．その一部は抜けなかった木に引っかかって止まった

（図1）が，一抱えもある大木がいとも簡単に抜けてしまうことに私たちは驚くと同時に，このようにして森林の更新が起こるのだと，森林の分布に対する認識を新たにした[1]．

●河畔林・拠水林・河辺林

　尾瀬ヶ原を至仏山のような高い所から見下ろすと，ところどころ湿原の中に林がうねうねと細長く延びているのがみえる（図2）．この林はカラマツやミズナラ，ダケカンバ，ズミなどからなり，小さな流れに沿って成立している．一般に湿原の内部は酸性が強いため，樹木は生育できないが，流れに沿って樹木が生育できるのは，川沿いには泥炭ではなく，土砂が堆積しているからである．数十年に一度という集中豪雨の際，まわりの山の斜面が崩れ，土砂が原に運ばれる．土砂は川沿いに堆積し，そこに樹木が生育可能な場が生じる．こうしたところに育ったのが，先駆植物であるカラマツやミズナラだったわけである．このような川沿いの森林は，拠水林あるいは河畔林，河辺林とよ

図1　三頭山の流木
豪雨で引き抜かれ，流された木が流されなかったシオジの大木に引っかかっている．

図2　尾瀬ヶ原の拠水林
湿原の中を林が列状に延びている．

ばれている．

同じような河畔林（riparian forest）は上高地や北海道の川などでもみられ，過去の撹乱の間隔を反映して，ハンノキやヤナギ類の樹齢と樹高のそろった林が3〜4段の階段状をなして配列しているのが報告されている（たとえば中村[2〜4]など）．

上高地ではケショウヤナギの河畔林がよく知られている．ケショウヤナギはわが国では上高地と北海道の十勝地方にだけ分布する樹木で，既存の林が洪水で流されてできた跡地にいち早く芽生える性質をもっている．ただ大きな礫がゴロゴロしている場所では生育しにくく，砂地を好んで育つ傾向がある．数十年ごとに大きな洪水で河道が変化することによって群落が維持されてきた．

ただ上高地では，近年の河川工事の進展でケショウヤナギの存続が危惧されている．ケショウヤナギが存続するためには，発芽した幼木が洪水から免れ，数十年間，生長を続ける必要があるが，国土交通省の工事によって河道が固定され，同じ場所で洪水が起きるために，せっかく芽生えた幼木が流されてしまい，大きく生長できなくなったのである．このため現在残っている親木が倒れたら，種子の供給ができなくなり，国の天然記念物ケショウヤナギの群落が絶滅するおそれが出てきた[5]．

なお北アルプスから流出する河川では，河原の砂礫は上流の地質を反映したものになり，それによって，河原に現れる群落に違いが見られる．上流が砂岩・泥岩地域の場合はヤナギ類が分布し，花崗岩地域の場合は礫ばかりのところにハンノキ，砂混じりの場所にアカマツが現れる[6]．

● 河原の植生

川が山から出るところには扇状地ができるが，同時に広い河原もできはじめる．こうした場所は大小の洪水により撹乱される程度によって出現する植物が決まってくる．毎年，洪水の影響を受ける場所はほとんど裸地となり，洪水の起こらない年にのみタデ類やヤナギ類が生育する．洪水の頻度が減少すると，洪水に対して抵抗できるツルヨシやカワラヨモギ，カワラハハコなどが育ち，わずかでも高くなった場所にはススキやチガヤ，ネコヤナギなどが群落をつくる．洪水の影響を受けにくいか，受けてもすぐに減水してしまう高まりにはさまざまのヤナギ類やドロノキ，アカマツなどが分布する．

ただ近年，上流域での砂防ダムや大規模なダムの建設により，土石流や洪水の発生は抑えられ，さらに上流から下流への土砂の移動も抑制されるようになった

図3 多摩川などの上流部で水面に近い基盤にしがみつくように育つナルコスゲ

ため，一部には多摩川のカワラノギクのように群落の存続が危ぶまれるものも生じた．

多摩川のカワラノギクは1970年代には，羽村大橋より上流側の右岸（あきる野市側）の河原に大群落をつくっていたが，その後，個体数が大きく減少し，絶滅が危惧される種となった．しかし2012年夏に発生した洪水で，上流から大量の砂礫が運ばれてきて広い礫河原ができ，その年の秋から冬にかけて大群落が復活した．およそ40年ぶりのことで，洪水による礫河原の更新が種の存続に必要だということが実証された．

● 河岸の岩盤につく植物

多摩川や秋川などの上流部では，水面に近い岩盤にしがみつくように，ナルコスゲの生育しているのがみられる（図3）．この植物はある程度の洪水は受け流す能力をもっており，それがこういった環境での生育を可能としている．

[小泉武栄]

● 文献

1) 赤松直子・青木賢人：東京都秋川源流域におけるシオジ・サワグルミの立地条件，第40回日本生態学会大会講演要旨集，pp.170, 1993
2) 中村太士：河床堆積地の時間的・空間的分布に関する考察．日本林学会誌，72: 99-108, 1990a
3) 中村太士：地表変動と森林の成立についての一考察．生物科学，42 (2): 57-67, 1990b
4) 中村太士：地表変動に伴う森林群集の撹乱様式と更新機構．森林立地学会誌，36 (2): 31-40, 1994
5) 岩田修二：山とつきあう，岩波書店，1997
6) 藤原佳香ほか：河畔に発達するアカマツ林の分布とその規定要因．学芸地理，58: 23-35, 2003
7) 石塚和雄編：群落の分布と環境．朝倉書店，1977

F6-7 湿地・湿原・泥炭地

● 湿　地

　河川沿いや湖沼の周辺，海岸の近く，多雪山地，あるいは湧水の下方などにできる水気の多いジメジメした土地を湿地（marsh）とよんでいる．湿地は排水不良のうえ，湛水しやすいため，泥炭が堆積しているところが少なくない．日本の低地にある湿地は，湖や沼が周囲から流入する土砂や泥炭に埋め立てられていく過程でできやすく，たとえば蛇行河川の旧流路である三日月湖の周囲に典型的な湿地が生じている．海岸沿いの砂丘や砂州に囲まれたラグーンの周辺にもみられる（図1）．川沿いにある自然堤防の背後の凹地に生じた後背湿地も代表的な湿地である．湿地は洪水によって川沿いの土地が削り取られてできた窪みにできることも多い．新潟平野や関東平野のような，縄文海進時に海だった沖積平野の一部には，かつて人の背の立たないほど深い湿地があり，低湿地とよばれてきた[1]．湿地は湛水する部分が広くなると，沼沢とよばれるようになるが，湿地や沼との厳密な区分は困難である．

　湿地は近年，生物多様性の面から注目されており，環境省は2001年，ラムサール条約登録湿地の選定や湿地保全の基礎資料とするために，「日本の重要湿地500」を選定した．この中には山地の高層湿原なども多数含まれているが，サロベツ原野やウトナイ湖（北海道），伊豆沼（宮城県），渡良瀬遊水池（栃木県），見沼代用水（埼玉県），瓢湖（新潟県），中池見湿地（福井県），深泥池（京都府），出水干拓地（鹿児島県），仲間川（沖縄県）など低地の湿原も多く，渡り鳥の中継地として重要な湿地を網羅している．

　世界にはスーダン南部に広大な面積を占めるスッド湿地やボツワナのオカバンゴ湿地帯，ポーランドの湿地帯，フロリダ半島のエバーグレーズ湿地帯，南アメリカのパンタナールなど，大規模な湿地がある．

● 湿　原

　多湿で排水不良の土地に発達した草原を湿原（moorland）または湿性草原と呼ぶ．日本では低地でヨシやガマ，大型のスゲ類，イグサなどが生育し，山地ではショウジョウスゲ，イワイチョウ，ミツガシワ，モウセンゴケ，ミズゴケなどの湿原植物が優占す

図1　海岸砂丘の間にできた細長い湖
北海道・天塩平野の長沼湖沼群．周囲に湿原が広がる．

図2　会津駒ヶ岳山頂部の湿性草原

る（図2）．水分が飽和状態にあり，酸性度が強いため，ハンノキやヤチダモなどを除いて木本の生育は困難で，森林ができない点に特色がある．また低温と水分の過剰でミミズやダニ類など地中生物の活動が妨げられるため，植物遺体の分解が進まず，泥炭となって堆積しているところが多い．

　泥炭の堆積している湿原は，生育している植物の種類や形，水分涵養の様式の違いなどにより，高層湿原，中間湿原，低層湿原の3つに分けられる．高層湿原は主にミズゴケによってつくられる湿原で，地下水面よりも高く盛り上がり，生育に必要な水分は雨や霧，露などによってもたらされる．このため，栄養塩類に乏しく，酸性が強い．生育する植物はヒメシャクナゲ，ツルコケモモ，モウセンゴケなどで，浅く水のたまった凹みにはヤチスゲ，ヤチヤナギ，ホロムイソウ，ミツガシワなどが現れる．尾瀬ヶ原や釧路湿原など，寒冷湿潤な地域に分布する（図3）．

　低層湿原は湖沼や河川沿いに現れる地下水位の高い湿原で，ヨシ，スゲ類，ガマ，イグサ類，ヤナギ類を主な構成種とする．流水や地下水によって水分や栄養

図3　尾瀬ヶ原の高層湿原
微地形を反映した植生分布がみえる．

図4　会津駒ヶ岳の池塘

分が供給されるため，土壌はアルカリ性を呈する．低層湿原の形成に寒冷多湿な気候は必要な条件ではないため，低層湿原は寒冷地でなくても発達しうる．寒冷地の場合，ミズゴケ泥炭が集積した結果，表面は次第に高まって地下水の影響から脱し，ワタスゲ，ヌマガヤ，ミツガシワ，ホロムイソウなどが優勢になってくる．このような湿原を中間湿原とよび，高まりがさらに高くなると，高層湿原に移行する．

泥炭の堆積した湿地には，しばしば池塘とよばれる小湖沼が点在し，美しい景観をつくりだす（図4）．池塘は円形から細長く延びるもの，勾玉状のものなどさまざまな形を示し，大きさも直径数十cmから数m程度のものが多いが，時には100mを超えるものもある．深さは数十cmから数m程度に収まる．池塘は，尾瀬ヶ原のような谷間にできた湿原の場合は，かつての河川の流路跡に集中し，池塘流れの末裔であることを示唆するが，山頂部にできた湿原の場合は，水溜りの湖岸で泥灰の堤防が高くなることで生長するようである．

● 泥炭地

沼沢地や湖沼などの水分過剰な嫌気性環境下では，微生物や地中動物の活動が抑えられるため，枯死した植物遺体の分解が進まず，植物の組織が識別できる黄褐色ないし暗褐色の堆積物ができる．これを泥炭（peat）と呼ぶ．日本ではサロベツ湿原や釧路湿原，尾瀬ヶ原，霧ヶ峰の八島湿原，北海道・東北の高山など，湿潤寒冷な地域で泥炭の堆積が広くみられる．

泥炭を形成する植物は，湿原植物のうち，ミズゴケ，ワタスゲ，ヌマガヤ，ホロムイスゲ，ヤチヤナギ，ツルコケモモ，ヤマドリゼンマイ，ヨシなどだが，時にハンノキやダケカンバ，マツなどの樹木の遺体が堆積して泥炭をつくる場合があり，それを特に森林泥炭とよんでいる．

泥炭は大部分が完新世の産物で，成因としては，湖沼が堆積物によって浅くなり，湖底にヨシなどの抽水植物が繁茂してできる場合と，乾いた土地や森林が沼沢化してできる場合があり，それぞれ陸化型泥炭，沼沢泥炭とよばれている．前者には後氷期の海面上昇によって生じたラグーンや入江が陸化して泥炭地になったものも含まれ，後者には河川の氾濫や排水不良，多雪化，湧水，雲霧などが原因となって生じたものが入る．

泥炭は過去の環境の変化を示す堆積物としてきわめて有効である．たとえば泥炭を構成する植物の変化や，泥炭そのものの分解度の変化から，堆積時の気候や水文条件の変化を読み解くことができる．また泥炭は層中に花粉や胞子，珪藻などを含んでおり，これらを分析することによって，過去の植生や水文環境などを復元することも可能である．

泥炭の堆積速度は年に0.5〜1.5 mmほどだが，低位泥炭地は高位泥炭地よりも堆積速度が大きく，気候の温暖な時期の方が寒いときより大きくなる傾向がある．またツンドラ地帯よりも熱帯地域の方が速い．熱帯では一般に生物による分解が活発なために泥炭の発達はよくないが，分解量を上回る植物遺体の堆積があれば，泥炭は形成されるから，コンゴ盆地やインドネシア，マレー諸島などで厚い泥炭の堆積が生じているところがある．

[小泉武栄]

● 文献
1) 籠瀬良明：低湿地―その開発と変容．古今書院，1972
2) 阪口豊：泥炭地の地学．東京大学出版会，1974

G ● 自然災害

G1 地震災害

G1-1
地震による地変
崩壊・地すべり・山崩れ, 地震断層, 液状化現象

地震とは,地殻（プレート）の移動に伴って,プレート間およびプレート内部で地殻が破壊変形するときに発生する振動現象である．その地殻の振動は短周期・長周期・超長周期の揺れなど多様な振動が同時発生し,地表および地表近傍に伝わった振動（地震動）がさまざまな地変を引き起こす．

山岳地,丘陵地では,山塊崩落（山崩れ），急傾斜地崩壊（崖崩れ），緩傾斜地の地すべりが主な地変である．山塊崩落によって河川が堰き止められ,水域（堰止め湖）が発生し,さらにそれが決壊して土石流を引き起こすこともある．

沖積平野の自然堤防や後背湿地に造成された道路や宅地,海岸や水面の埋め立て地では,地下水位が高く,緩く締まった飽和砂地盤が地震動によって液状化（liquefaction）し,噴砂丘,噴砂孔,さらに上下水道管やマンホールガス管など地下埋設施設が浮き上がったり,家屋や電柱などが沈み込んだりする．この液状化と連動して,地盤およびそこに設置されている構造物が側方流動することもある．

また,砂丘が地震動によって地すべりを起こすこともある．さらに,地震を引き起こした断層運動が地表に達して断層変位が発生することもある．このように,地震動によって地盤・地形の特性に対応して,多様な地変が発生する．

このような地変自体は地形を形成する自然現象であるが,地変によって人間社会にさまざまな損失がもたらされたときに,地変は「災害」となる．山林が山塊として崩落し,財産である木材を失わせ,棚田や段々畑が崩落して耕作ができなくなる．山間の道路が寸断されて集落が孤立し,生活を困難に陥れる．丘陵や斜面地などの地形を改変して築造された宅地造成地では盛土部分と擁壁が崩落したり,谷地形に沿って大規模に埋め立てた造成地が円弧状に滑り出して,ライフライン施設の破壊のみならず住宅が傾斜したり破壊されたりする．沖積平野や埋め立て地で地盤の液状化が発生すると,水田耕地や灌漑・排水施設を破壊し,市街地ではライフライン施設などの地下埋設施設が破壊され,河川堤防や鉄道・道路・岸壁などの構築物が沈下したり側方流動したりする．

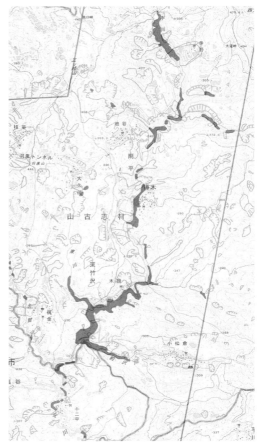

図1 崖崩れによる堰止め湖（2004年11月8日：2週間後, 2万5000分の1基本図, 出典：国土地理院）

●山塊崩落と堰止め湖

日本の地震観測史上2度目の震度7を記録した2004年の新潟県中越地震では,山塊崩落が山間地域の道路を寸断し,多くの孤立集落を発生させた．また山塊崩落に伴って崩落した土石によって芋川流域などでは河道が閉塞され,堰止め湖が形成された（図1）．木籠集落では多くの人家が水没し,高台などへの集落移転を余儀なくされた．

こうした山塊崩落は,1984年の長野県西部地震,1999年の台湾の集集地震（図2）,2008年の岩手宮城内陸地震など,山間地域を震源とする地震で繰り返し発生している．長野県西部地震では御嶽山の8合目で発生した崩落は約10 kmをすべり落ち,王滝川本流を堰き止め,その土砂量は3000万～4000万 m^3 と推計されている．

●液状化と側方流動

土粒子と隙間（間隙）で構成され,地下水位が高く

図2 台湾・仇分二山の山塊崩落と堰止め湖

図3 最大4mの右ずれ断層（1999年コジャエリ地震）

隙間が水で満たされている地盤では，地震によって地震動S波の繰り返しせん断力が外乱となって地盤の安定を破壊し，水が分離され土粒子の沈下が起こる．液状化現象とは，このように地震動によって間隙水と土粒子の安定状態が破壊され，液体状に混ざり合う現象で，液状化した地盤では荷重やせん断力を支えきれずに建物や構築物に多様な被害を引き起こす．

液状化が注目を集めたのは，1964年の新潟地震である．地震後，市内各地でアスファルト舗装の隙間や構築物の周囲から泥水が噴水のように吹き出して市内は泥海と化し，建物は傾斜し，上下水道やガス管などの地下埋設施設が損傷した．信濃川の堤防が河道側に側方流動した痕跡は今でも見ることができる．1995年の兵庫県南部地震でも，神戸市のポートアイランドや六甲アイランドなどの埋め立て地域で液状化と地盤沈下，岸壁の側方流動が発生し，港湾機能が壊滅した．

2011年の東北地方太平洋沖地震（東日本大震災）では茨城県南部や千葉県東京湾岸部に大規模な液状化現象を引き起こした．千葉県浦安市では噴き出した砂が60cmもの厚さになった．

●断層変位と断層崖

浅い活断層地震では，断層の変位が地表に出現することがある．1999年のトルコ・コジャエリ地震では，右ずれ断層によって道路や鉄道，埋設管も最大4mずれた（図3）．1999年の台湾の集集地震を引き起こした車籠埔断層は逆断層で，最大2mの右ずれを伴ない最大8mも隆起した．河川を横断した断層変位は河道に滝をつくり出した（図4）．1891年の濃尾地震を引き起こした高低差6mの根尾谷断層は国の特別天然記念物として保存されている．

断層変位上に立地している建物や構築物は，耐震設計していても，変位によってすべて破壊される．集集地震では石岡ダムが破壊された．

図4 断層変位による橋脚落下と河道に出現した滝（台湾）

●地すべりと盛土崩壊

1978年の宮城県沖地震では，仙台市太白区緑ヶ丘，泉区黒松地区，白石市寿山団地などでは，尾根を削り谷を埋め立てて造成された住宅団地が元の谷地形に沿って大規模な円弧すべりを起こした．寿山団地では幅120m長さ230m，約8万m³の埋め立て土砂がすべった．これらは，元の谷地形に沿って水が集まりやすく，そのことがすべりやすさの遠因と考えられている．仙台市緑ヶ丘地区は2011年の東北地方太平洋沖地震でも再び盛土崩壊を引き起こした．

1995年の兵庫県南部地震では，西宮市仁川地区で，推定土量11万～12万m³の大規模な地すべりが発生し，斜面下の13戸を巻き込み34人が犠牲になった．

2004年の新潟県中越地震では長岡市高町団地の盛土が崩壊し，これを契機に宅地造成規制法が改正された．2007年の新潟県中越沖地震では，砂丘地形端部に宅地造成した柏崎市山本団地地区で砂地盤の地すべりが液状化とともに発生した．改正宅地造成規制法を適用して，宅地の耐震改修事業による造成地の復興が行われた．

[中林一樹]

●参考文献
1) 岡田恒男・土岐憲三編：地震防災の事典，朝倉書店，2000

G1-2 都市域の震災

　都市とは，人口・生活・生産・活動が集積し，それらを支える建築物・インフラ・ライフラインなどが高密度に整備されている場である．都市は独立して存在するのではなく，生活・生産・流通・サービスなど諸機能が都市間・地域間で分担され相互に連携し，その中枢を担っている．強い地震動が都市を襲うと建築物や都市基盤施設の被害にとどまらず，その影響は直接・間接に広域に及び，機能被害を発生させる．都市の多様性・機能性・流動性は，大量かつ集中的に発生する多様な直接被害が波及して，諸機能を麻痺させ，様々な混乱が重層的に発生するなど特徴的な被災様相を呈することから，都市災害といわれる．

●建築物の地震動被害
　日本では，建築物は都市計画法（1968年）と建築基準法（1950年）に規制され建築されている．現在の耐震基準は，宮城県沖地震（1978年）を教訓に1981年に強化された「新耐震基準」に基づいているが，1995年の兵庫県南部地震では，1971年以前，1971～81年，1981年以降の築造によって建築物の全壊率に明らかに差異があり，建物被害の軽減には1981年以前の既存不適格建築物を新耐震基準に適合させる耐震改修の重要性が指摘された．
　福井地震（1948年）で創設された震度7が初めて適用された兵庫県南部地震では，木造住宅密集市街地で全壊率70％を上回るような被害が発生し，約10万5000棟の木造建物の全壊が，全直接死者5500人の約90％の命を奪った．その約2/3が地震後15分以内の死亡と推定され，既存不適格建築物の耐震改修は最も基本的な地震対策であるとして，耐震改修促進法が1995年に制定された．
　鉄筋コンクリート造は，関東大地震（1923年）以降，地震に強い耐震・耐火構造として，都市の重要建築物に採用されてきた．1981年の新耐震基準では柱・梁の増強など粘り強い建物構造を実現する基準に強化された．しかし，兵庫県南部地震ではピロティ構造の建物で1階部分の崩壊や，4階や5階などの中間層の崩壊など，震度7の強い揺れに起因する特徴的な被害が多発したため，耐震技術のみならず免震技術が普及していった．

　鋼材は鉄筋コンクリートよりも自重が軽く強度が大きいため，体育館や工場などの大空間を構築したり，高層ビルの工法で採用され，高さ100 mを超える超高層ビルが大都市を中心に構築されている．また，巨大な石油タンクや橋梁など鋼材を用いた長大な構築物が増え，制震化など都市における長周期地震動対策の重要性が指摘されていたが，2011年の東北地方太平洋沖地震（東日本大震災）では，首都圏のみならず大阪大都市圏でも超高層ビルが大きく震動するなど影響を受けた．

●木造住宅密集市街地での都市火災
　建物の全壊率と地震後の地域での出火率は一定の相関関係にある．地震火災の被害状況は，建物の密集度と季節・曜日・時刻・気象条件によって異なる．冬季の夕方，風の強い日に地震が発生すると大規模な地震火災が発生すると危惧されてきた．
　日本の都市域には，木造密集市街地が広範に存在している．強風下で発生した関東大震災（1923年）では630件あまりの出火で44万7000棟もの建物が焼失し，約10万5000人の死者のうち約7万人が火災によって死亡している．阪神・淡路大震災（兵庫県南部地震による震災の名称）では，1月17日の早朝の地震で，風速は1～4 m/秒と微風であったため，全壊約10万5000棟に対し，285件の出火で約7000棟の建物が焼失した．
　特徴的な出火原因として，停電回復時に全壊建物などから通電火災があり，不明を除く出火原因の約半数を占めた．地震発生から15分以内に30％，2時間以

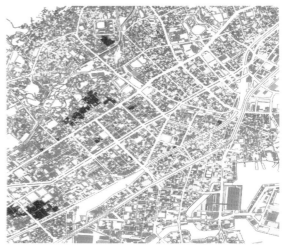

図1　阪神・淡路大震災の市街地の被災状況（出典：日本都市計画学会関西支部・日本建築学会近畿支部，1996）
■焼失，■全壊・大被害，■半壊・中被害，軽微な被害，■無被害．

内に 50％（141 件）が出火した同時多発火災であるう
えに，木造住宅密集市街地では倒壊建物で道路が閉塞
され，断水によって消火栓は使用できず，消防力によ
る消火活動は困難を極めた．延焼火災は，道路・鉄道
40％，空地 23％，耐火造・防火造建物 24％など都市
構造による焼け止りで，消防活動による消火は 14％
であった．

●人的被害

阪神・淡路大震災では，直接死者が 5500 人，関連
死 912 人，不明その他が 22 人であった．その検視報
告によると直接死 5500 人のうち 4900 人弱は自宅倒壊
や家具転倒による圧死・窒息死などで，500 人は火災
跡での焼死体であった．しかも，直接死の 60％ 強は
地震発生から 15 分以内に絶命していた．このことは，
家屋の耐震改修によってしか人命が救われないことを
示した．

同じ震度 7 を記録した新潟県中越地震では，約
3200 棟の全壊で直接死者 16 人，関連死 52 人であっ
た．豪雪地帯の克雪住宅としての強い木構造が，全壊
1000 棟あたりの直接死者数が阪神で 50 人，中越で 5
人という格差を生んだ．しかし，高齢化の進展した中
越地域では全壊 1000 棟あたりの関連死は 16 人，阪神
では 8 人で，都市域においても高齢者が被災すると関
連死が増加することを示した．

●ライフラインの地震動被害

都市の生活および経済活動を支えているライフライ
ン機能は相互に依存し，電力と通信が上水道・下水
道・都市ガスのシステムの稼働と制御を支えている．
ライフラインの被災は，都市での生活や経済活動に大
きな影響をもたらす．

阪神・淡路大震災では，地震直後には 260 万戸が停
電したが 2 時間以内に 100 万戸まで回復し，火災被災
地を除いて 7 日目には応急復旧した．通信でもケーブ
ルの被災が多発し直後 28 万 5000 回線が不通となった
が，3 日目に 20 万回線が回復し，2 週間で応急復旧し
た．上水道は，管路の被害が著しく配水管 1760 か所，
給水管 9 万か所に達し，飲料水と生活用水が失われト
イレも使用不能となった．その応急復旧に約 2 か月を
要した．下水道は管路および処理場・ポンプ場の液状
化などによる被災が都市の衛生状況を危うくした．都
市ガスでは中圧導管 95 か所，低圧導管 2 万 6000 か所
が被災し，86 万戸の供給が停止され，復旧には 3 か
月を要した．阪神・淡路大震災以降の通信技術の発展
は著しく，携帯電話やインターネットの普及によって
都市域での災害では輻輳による通話不能が発生しパケ
ット通信が活用されるようになった．

●交通インフラの被害と都市活動の低下

道路・高速道路・高速鉄道・地下鉄は重要な都市基
盤施設である．兵庫県南部地震は最も交通量の少ない
早朝に発生したので，交通施設が大きな被害を受けた
が通行者などの被害は少なかった．市街地の道路は建
築物の倒壊，幹線街路も沿道建物の倒壊，橋梁・土盛
り部分での落差の発生，高架高速道路の落下や転倒に
よって閉塞された．開削部分が座屈した地下鉄，新幹
線，高速鉄道，新交通システムの高架の崩壊や駅舎の
倒壊など，都市内の交通は完全に麻痺した．地下鉄，
高速鉄道の復旧，人工島への新交通システムの再建に
は 5〜7 か月，阪神高速道路湾岸線は 7 か月半，ハー
バーハイウェイは 19 か月半，横倒しとなった阪神高
速道路神戸線では 20 か月半の期間を要した．

また市街地内の街路も，ライフラインの復旧工事の
ために掘り起こされ，都市域での交通事情の悪化は，
震災がれきの処理，建築施設の復旧，経済活動の回復
にも影響を与えた．

●帰宅困難・脱出困難など混乱の激化

阪神・淡路大震災は早朝で出勤困難を引き起こし
た．しかし，2011 年の東日本大震災では首都圏にお
いて多くの来街者が自宅外で被災し，帰宅の足を奪わ
れ 515 万人が帰宅困難となった．停電による交通信号
の停止は自動車を路上に混乱させ，緊急車輌の通行も
困難にした．中高層・超高層建物ではエレベーターの
停止や閉じ込めなどが多発した．

都市の震災では情報・通信・交通の機能混乱の長期
化が間接被害を増大させ，膨大な経済的損失をもたら
す．都市システムの混乱と崩壊は最も特徴的な都市域
の震災といえよう．特に，東京における首都機能が支
障をきたすとその影響は全国のみならず世界経済にも
及ぶことが危惧されている．都心南部直下地震の被害
想定[1]では交通の混乱等による生産性の低下で 1 年間
で 47 兆円の損失になるとしている．　　　　[中林一樹]

●参考文献
1）中央防災会議：首都直下地震被害想定報告書，2013
2）岡田恒男・土岐憲三編：地震防災の事典，朝倉書店，2000

G1-2 ●都市域の震災　　377

G1-3 津 波

●津波とは

　津波とは，ふつうには海域で起きた規模の大きな地震に伴う海底面の地盤変動（隆起，あるいは沈下）によって引き起こされた海の波をいう．これに加えて，海底や沿岸海域での火山活動や地すべり，核実験，および隕石の落下によって引き起こされた海の波も津波であるが，台風などの気象現象によって引き起こされた風波や高潮は津波とは区別される．

　地震による津波の周期は，一般に5分から数十分程度と長く，周期5秒から10秒程度と短い風波のように，一度海面潮位が上がっても数秒後には水位が下がるような現象ではない．一度高くなった水位は，速い流れを伴いながら，数分以上持続する．また，風波は海面近くだけで水が動く現象であるが，波長の長い津波の場合には，海面から海底まで水の運動が起きている．海岸では多くの場合，津波は波ではなく，速い川の流れ，あるいは洪水のように観察される場合が多い．

●大きな津波を伴う地震の起きる場所

　地球の表面は20枚あまりの「プレート」とよばれる地殻の板で覆われている．大きな津波を引き起こす地震の大部分は，一方のプレートが他方のプレートの下に沈み込むプレート境界付近で起きている．

　図1は，日本列島周辺で，近代に起きた主な津波の震源域を示している．日本列島の関東以北，北海道の太平洋側には海岸線にほぼ平行して，日本海溝が南北に走っている．ここは，東から1年間に約9 cmの速度で西に向かって進む太平洋プレートが，日本列島の東半分を載せる北米プレートの下に潜り込むプレート境界になっている．1896（明治29）年三陸地震はこの境界面のすべりによって起きた地震であるが，それによって発生した津波によって，岩手県三陸町綾里では浸水高さが38 mにも達し，全体で約2万2000人もの死者を生じた．この同じプレート境界面では，北海道の南方沖合で1952年，1968年，および2003年の十勝沖地震，および1958年択捉島南方沖地震，1969年北海道東方沖地震などが起きており，それぞれ被害を伴う津波を伴った．なお，1933年に起きた昭和三陸地震は，やはり大きな津波を引き起こし，約3200人の死者・行方不明者を出したが，この地震は

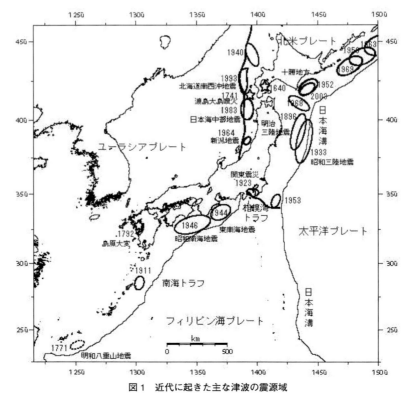

図1　近代に起きた主な津波の震源域

プレート境界のすべりによって起きたものではなく，沈み込んでゆく太平洋プレートがポキンと折れる形で起きた，プレート内部に発生した正断層型の地震であった．

静岡県駿河湾の奥部から，東海地方，紀伊半島・四国から琉球列島の南方沖合には，海岸線にほぼ平行して，南海トラフとよばれる海溝が延びているが，ここは南方から1年に約5cmの速度で北北西方向に進むフィリピン海のプレートが，日本列島の西半分を載せるユーラシアプレートの下に沈み込むところである．この両プレートの境界面の海域では，紀伊半島以東・静岡県遠州沖の海域で東海地震が，紀伊半島以西・四国沖の海域で南海地震がほぼ100年間隔で起きている．南海地震は東海地震にすぐ引き続いて起こる傾向がある．たとえば，もっとも最近に起きた東海地震である1944（昭和19）年東南海地震の約2年後に1946（昭和21）年南海地震が起きた．このペア地震の約90年前，幕末の1854（安政元）年には，安政東海地震（11月4日）の翌日，安政南海地震（11月5日）が起き，両方の地震によって沿岸各地に地震被害とともに大きな津波被害を生じた．

なお，近代の津波ではないが，沖縄県の先島諸島で，1771（明和8）年八重山地震津波が起きており，石垣島・西表島・宮古島で合計1万1757人が溺死したと記録されている．

火山活動に伴う斜面崩壊の津波としては，1741（寛保元）年に北海道渡島大島噴火津波が起きた．また1792（寛政4）年には長崎県島原市の雲仙普賢岳噴火に誘発された眉山の東斜面の崩壊による有明海の津波が起きており，長崎県側と熊本県側の沿岸で合計約1万5000人もの死者を生じた．この災害は「島原大変・肥後迷惑」とよばれた．

●津波の法則

津波の伝わる速度（秒速）cは，水深をD(m)，重力加速度をg（m/秒²）とすると，$c = \sqrt{gD}$で求めることができる．たとえば，深さ4000mの海域ならば，毎秒198mとなる．これは時速712kmであって，「津波は太平洋の深海域を航空機なみの速度で伝わる」ことになる．1960年5月24日と2010年2月26日には南米チリでM9.4とM8.8の巨大地震がそれぞれ起きたが，この2度の地震による津波は，地震発生の約23時間後に日本列島に到達した．このように，震源が日本から遠く離れた場所に起きた巨大地震による津波を「遠地津波」とよぶ．

津波は，①V字形の最奥部，②浅い海域が沖に向かって突き出た場所，③孤島，④岬の先端，特に岬を回り込んだ背後，で高くなる傾向がある．三陸海岸や紀伊半島南東部の熊野海岸で過去の津波の被害が大きくなったのは，これらの海岸がV字湾の連続するリアス式海岸だからである．

●津波の統計法則と津波警報

海域で生じた地震であってもマグニチュード（M）が6.3より小さいと津波は起きない（図2）．また，震源位置が海底下80kmを越える深発地震では通常津波は起きない．Mが7.0を越えると被害を伴う津波（羽鳥の津波規模mが1以上）が起きる可能性がある．Mが7.6を越えると，沿岸に重大な被害をもたらす大津波（mが2以上）が起きる可能性が出てくる．東京大手町の気象庁と，札幌・仙台・大阪・福岡・那覇の各管区気象台では，24時間態勢で日本各地に置かれた地震観測点から常時送られてくる地震記録が監視されている．地震が発生すると，直ちにその地震の震源位置，深さ，マグニチュード（M）の見積りが行われ，津波なし，津波注意，津波，大津波のいずれのケースであるかの判定が行われる．その結果は，直ちにNHKなどの放送局，県市町村に伝えられ，これらを通じて一般市民に広報される．

●津波地震，いわゆる「ぬるぬる地震」

一般的に言えば地震のマグニチュード（M）が小さいと，それによって引き起こされる津波は小さく，逆にMが大きいと，津波の規模も大きくなる．ところが，まれに，地震による揺れが小さいのに，津波が異常に大きい例がある．このような地震は特に「津波地震（tsunami earthquake）」と呼ばれ，図2の黒丸で示した4例がこれに該当する．明治三陸地震（1896年）もこのうちの1つである．このような地震では，震源となった断層面上でのすべりの進行速度が通常の地震より遅い．このため，地震波は少ししか放出されないのに，海底面の最終的な変位量は通常の巨大地震と同程度に大きいため，津波が大きく現れるのである．断層面でのすべりがゆっくり進行することから「ぬるぬる地震」とよばれることがある．

●津波の観測・監視

津波の観測は，「検潮所」とよばれる施設で行われる．これは，海岸に垂直に直径1m程度の観測井戸を掘り，外洋から「導水管」によって井戸内に海水を引き入れ，井戸内に浮かべたブイの上下変動を記録するものである（図3）．

1990年以後，三陸地方などで自治体の津波監視用として，超音波式，あるいは電波式の津波計が設置さ

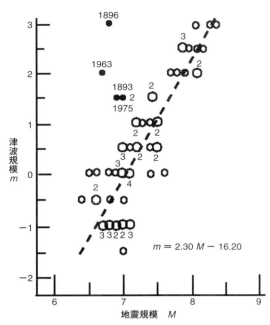

図2 地震規模（マグニチュード M）と羽鳥の津波規模 m の関係[1]

大きな丸は、2個以上のデータが同一点にあることを示す。数字はその個数。黒丸（●）は津波地震で、4桁の数字は発生年。破線は津波地震4例を除いた回帰直線。

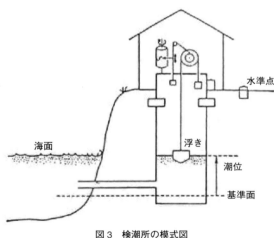

図3 検潮所の模式図

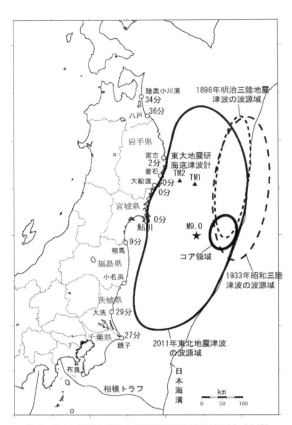

図4 2011年東北地方太平洋沖地震の津波波源域（実線）
海岸線上の白丸（○）は検潮器による津波の観測点で、地震発生から津波の初動到達までの時間を表す。2つの破線の楕円は、1896（明治29）年および1933（昭和8）年三陸地震の津波波源域を示す。太実線の小楕円は、海底が15 m～20 m 隆起したと考えられる「コア領域」を表す。

れるところが増えた。これは港内の水面上に超音波、あるいは電波の発信器を取り付け、それが海面で反射して戻ってくるまでの時間から、発信器から水面までの長さを mm の精度で算出し、津波による水面上下の異常を検出するものである。長年維持が容易であるという特徴がある。

このほか、海岸に津波が到達する前に津波の到来を検知する目的で、カーナビゲーションと同一原理の GPS 装置を備えたブイを沖合海域に設置する方式、および、沖合海底に水圧センサーを設置し、海底ケーブル、あるいは、衛星通信によって、時々刻々とデータを陸に電送する、という方式などが、日本やアメリカなどで実用化されつつある。

● 東北日本太平洋沖地震の津波

2011年3月11日14時46分、宮城県金華山の東方沖を震源とする超巨大地震が起き、「東北日本太平洋沖地震」と命名された。地震の規模を示すマグニチュード（M）は9.0と見積もられ、これは大正関東地震（1923, M7.9）の約40倍の規模に相当する。この地震は、日本列島を載せる北米プレートと、日本海溝のところでその下に沈み込む太平洋プレートの境界面でのすべりによって生じたプレート境界型地震であって、1896（明治29）年6月15日の三陸地震と同じタイプである。この地震に伴って、東北地方の沿岸域では著しい地盤の沈降が起きた。その量は宮城県石巻市で1 m を越えたほか、茨城県北部から岩手県の海岸

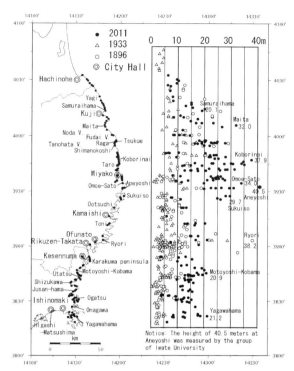

図5 筆者ら（2012年調査）が測定した東日本太平洋沖地震の津波の浸水・遡上高さ（●）

本州最東端姉吉の最高値（40.5 m）のみは，津波調査グループによる値．1896（明治29）年，および1933（昭和8）年三陸地震津波の高さも，○，および△で示した．

にかけて0.5 m以上に達した（国土地理院，2011）．

　この地震の発生後，それまで史上最大と考えられていた1896（明治29）年三陸津波を上回る規模の津波が，東北地方を始め，関東地方，北海道の海岸を襲った．地震発生後，津波第1波到達までの時間は，千葉県の銚子で27分，青森県八戸で36分，宮古，釜石など三陸海岸ではほぼ0〜2分であった．このことから津波の波源域を推定すると図4のようになり，その存在図は東西約200 km，南北約550 kmとなる．図4には明治三陸地震（1896年）および1933（昭和8）年三陸地震の津波波源域も示していた．2011年東北地方太平洋沖地震の津波波源域がいかに大きかったかを理解することができる．この地震では，海底の隆起量が約15 mから20 mに達したと推定される「コア領域」が日本海溝に沿って存在したことが知られている．この地震の津波が大きかったのは，波源域が大きかったためではなく，この海底の隆起量の大きなコア領域があったためである（注：この点，その後より厳密な多数の研究成果が発表されている）．

　この津波による海水到達点の標高（津波の遡上高，あるいは浸水高，以下「津波の高さ」とよぶ）は，地震研究者や海岸工学研究者からなる約50団体によってなされ，合計約6000点について測定された．筆者らの調査（2012年）によって計測された約300カ所の津波の高さを図5に示した．この津波の高さの最高値は，本州最東端に近い宮古市重茂の姉吉集落での40.5 mであった．

　この津波は，1万9139人の死者，行方不明者を出した（2012年2月22日，警察庁発表）．明治・昭和の三陸地震の津波の高さを参考として決められた津波避難場所やハザードマップに示された津波の予想到達線を示す線を参考に避難し，そこで多くの避難者が溺死するという痛ましい例を多数生じた．宮城県気仙沼市杉ノ下高台で犠牲となった93人，北上川の河口から約6 kmの平野にあった石巻市大川小学校の生徒74人の溺死などはこの例である．一方，日頃の津波教訓，「つなみてんでんこ（津波のときは，一人一人自分の判断ですばやく高所に逃げよ）」の周知が功を奏して，釜石市にある14の小中学校では当時当校していた合計約3000人の生徒に1人の死者も出さなかったことは特筆に値する．

　岩手県陸前高田市，宮城県南三陸町，石巻市雄勝地区，女川町，仙台市若林区荒浜地区，名取市閖上地区など，大きな市街地が，ほとんど1軒の家屋も残さず完全に流失するという惨状が出現した．

　この津波に伴って，福島原子力発電所で配電板の浸水によって冷却水の循環装置の稼働が停止し，炉心溶融を引き起こして大量の放射性物質の漏出が生じた．その影響で付近住民が移住を余儀なくされた．また付近で得られた水産物，農産物が汚染されるという事故が生じた．

[都司嘉宣]

●文献
1) 渡辺偉夫：日本被害地震総覧第2版，東京大学出版会，1998

G2 火山災害

G2-1 火山体の崩壊・岩屑流，火砕流，溶岩流，火山泥流

●火山体の崩壊・岩屑流

火山山腹は急斜面で溶岩や火山砕屑物からできているので，他の山地より一般に脆弱で，噴火時に火山体が大きく崩壊することがある．崩壊物質は，高速の地すべりまたは雪崩状に流下する．これは岩屑流（debris flow）や岩屑雪崩とよばれる．地形的特徴として，一般に山腹には馬蹄形の窪地が，山麓にその崩壊物質が堆積し，小丘（流山）などが形成される．1888年の磐梯山の噴火では，水蒸気噴火によって山体の北斜面が崩壊し，岩屑流によって山麓で461人の犠牲者が出た．北アメリカの西部のセントヘレンズ火山では，1980年の噴火に伴う地震により山体が崩壊して岩屑流が発生し，57人が犠牲となった．

●火砕流

噴煙柱や溶岩の崩壊に伴って発生する火砕流（pyroclastic flow）は最も破壊的な噴火で，高温のガスと粉体が高速で流下する．その速度は，小規模なものでおよそ時速50～200 km，大規模な噴煙柱崩壊では理論的に求められたもので時速250～700 kmに及ぶ．火砕流の挙動が詳細に明らかとなったのが，1990～95年の普賢岳の火砕流である．普賢岳山頂付近に高温の溶岩ドームが噴出し，これが崩壊して火砕流を発生した．その流下距離は最大5 km以上に及んだ．火砕流に伴い火砕サージ・熱風が発生し，43人の犠牲者がでた．西インド諸島マルチニック島のサン・ピエールでは，1902年のモンプレー噴火に伴う火砕流によって2万8000人の犠牲者が出た．その速度は時速約40～150 kmで，温度は700～1000℃とされる．日本でも，浅間山の1783年の噴火に伴う鎌原火砕流（または岩屑なだれ）の災害（1500人の犠牲者）など歴史時代にいくつかの火砕流災害が発生している．イタリアのポンペイ遺跡の犠牲者は紀元79年のベスビオ噴火の火砕流に伴う火砕サージによるものとされている．

火砕流よりも低温で横なぐりの爆風噴火であるベースサージは，マグマ水蒸気噴火によって起こる．この噴火は水とマグマの接触によって生じ，より爆発的である．フィリピンのタール火山湖岸の火口で1965年に起こったベースサージの速さは秒速最高30 mであった．火口から4 kmの距離にわたって放射状に流れ，約1300人の犠牲者を出した．日本では1952～53年に明神礁においてベースサージ噴火が発生し，測量船第五海洋丸が遭難したとされる．

●津波災害

海岸付近にある火山の噴火は津波災害を生じやすい．噴火による史上最大の津波災害は，インドネシアのクラカトア火山の噴火（1883年）によるもので，カルデラの形成，または火砕流の海への流入により，周辺の海岸で波高が最大30～40 m，火口から70 km離れた北方の海岸で高さ20 m以上の津波が生じ，3万6000人以上の犠牲者が出た．

日本の歴史時代以降の噴火災害のなかで最大の犠牲者が出たのは，1792年の雲仙眉山の崩壊によるものである．崩壊の引き金は，普賢岳の火山活動にかかわる地震など諸説ある．山体崩壊によって岩屑流が有明海へ流入して津波が発生し有明海周辺の住民約1万5000人が犠牲となった．俗に，「島原大変肥後迷惑」とよばれている．北海道の駒ヶ岳，渡島大島などでは泥流の流入に伴って津波が発生し，多数の犠牲者が記録されている．先史時代においても山体崩壊や海岸付近で大噴火が起こっており，こうした噴火も過去には津波を引き起こしたにちがいない．大規模噴火の鬼界－アカホヤ噴火（約7300年前）では，それに伴う津波の痕跡が認められている．

●溶岩流

溶岩流は，一般に火砕流や泥流などよりもその速度が遅く，また流れる方向も比較的予測をたてやすいため，直接の人的被害は少ない．しかし，高温の溶岩流は農地や集落を破壊し，物的な影響は甚大である．さらに地形を変化させる．1914年の桜島の噴火は溶岩を東西の山麓に流出した．東側の溶岩流は対岸の大隅半島に達したため，桜島はこれと連結し，湾奥の環境

図1 雲仙普賢岳の火砕流（1991年9月15日）に伴う熱風被害を受けた旧大野木場小学校．後景は雲仙普賢岳の溶岩ドーム．

表1 多数の犠牲者を出した噴火

火山名（国・地域名）	噴火年	犠牲者概数（人）	備考
エトナ（イタリア）	1169	15000	爆発的噴火・溶岩流
ケルート（インドネシア）	1586	10000	火山泥流
ベスビオ（イタリア）	1631	3000	爆発的噴火・溶岩流・火山泥流
エトナ（イタリア）	1669	10000	溶岩流
メラピ（インドネシア）	1672	3000	熱雲・火山泥流
アウ（インドネシア）	1711	3200	火山泥流
パパンダヤン（インドネシア）	1722	2957	山体崩壊
渡島大島（日本）	1741	1467 以上	津波
浅間山（日本）	1783	1377	熱雲・洪水
ラカギガル（アイスランド）	1783	10000	大規模溶岩流・火山ガス（餓死も発生）
雲仙岳（日本）	1792	15000	山体崩壊・津波発生
タンボラ（インドネシア）	1815	92000	大規模噴火（餓死・病死も発生）
ガルンガン（インドネシア）	1822	4000 以上	火山泥流
アウ（インドネシア）	1856	2800	火山泥流
クラカトア（インドネシア）	1883	36417	カルデラ形成に伴って津波発生
アウ（インドネシア）	1892	1500	熱雲・火山泥流
モンプレー（西インド諸島）	1902	28000	熱雲
スフリエール（西インド諸島）	1902	1565	熱雲
ケルート（インドネシア）	1919	5000	火山泥流
ラミントン（パプアニューギニア）	1951	3000	爆発的噴火・熱雲
アグン（インドネシア）	1963	2000	熱雲・火山泥流
ネバドデルルイス（コロンビア）	1985	23000	火山泥流

勝井[1]，一部 Sigurdsson *et al.*[2]，Blong[3] などにより補筆，変更.

G

自然災害

を大きく変えた．アイスランドの1783年のラカギガル噴火は史上最大規模の溶岩流（12 km³）を流出した．

● 火山泥流

　火山地域では火山噴出物は水と混合して，泥流がよく発生する．火山泥流はインドネシアではラハールとよばれ，学術的にも一般に使用される．火山泥流は豪雨，火口湖の水の流出，雪や氷の融解によって引き起こされる．

　活動的な火山では，崩壊物質や火山噴出物からなる不安定な堆積物が斜面を覆っているので，豪雨によってこれが泥流となる．活発な噴火のために山腹が無植生となっている桜島ではしばしば泥流が発生する．ニュージーランドのルアペフ火山は1953年に山頂の火口湖が崩壊して泥流が発生した結果，下流で線路が破壊されて列車が転覆し，151人の犠牲者を出した．インドネシア，ジャワ島のケルート火山の1919年の噴火では，火口湖の水の放出により泥流が発生し，5000人以上が犠牲となった．

　火砕流が河谷に流入すると，河川水を取り込んで泥流を発生する．浅間山の1783年の鎌原火砕流や十和田カルデラの915年の毛馬内火砕流は，それぞれ，吾妻川・利根川，米代川で泥流に移り変わっている．もう1つは，火口付近の水塊を取り込む例である．噴火が火口周辺の雪や氷河を溶かして泥流を発生させ，大きな被害をもたらしている．十勝岳の1926年5月の噴火は周辺の雪を溶かし，下流に泥流を発生させ，144人の犠牲者を出した．コロンビアのネバドデルルイス火山の1985年噴火は融雪を引き起こし，下流のアルメロなどの都市住人2万3000人が犠牲となった．

［森脇 広］

● 文献

1) 勝井義雄：噴火災害と噴火予知，横山泉・荒牧重雄・中村一明編，岩波講座地球科学7 火山，pp.83-99，岩波書店，1982
2) Sigurdsson, H. *et al.* eds: Encyclopedia of Volcanoes, Academic Press, 2000
3) Blong, R. J.: Volcanic Hazards, Academic Press, 1984
4) 町田洋・森脇広編：火山噴火と環境・文明，思文閣出版，1994
5) 宇井忠英編：火山噴火と災害，東京大学出版会，1997

G2-1 ● 火山体の崩壊・岩屑流，火砕流，溶岩流，火山泥流

G2-2
火山噴火と火山ガス・降灰

火山噴火 (volcanic eruption) は，地球内部から火山ガス (volcanic gas)，溶岩などの液体，火山灰などの固体からなる火山物質が地表に放出される現象である．噴火は諸条件が複雑に関係して生じるので，噴火の仕方の全体を統一して分類することは難しい．よく使われているのは，非爆発的なハワイ式，ストロンボリ式，爆発的なブルカノ式，プリニー式噴火など，ある典型的な噴火を示す著名な火山の固有名でよぶものである．また火砕流噴火など運搬様式，マグマ水蒸気噴火など噴火環境条件，あるいは側噴火，海底噴火など噴火位置でよぶものなど，噴火にかかわる各種の要素を取り出して名づけられることもあり，噴火のよび名は多種多様である．噴火の度合いは，SiO_2 の含有量に支配される粘性の大小や H_2O，CO_2 の含有量とかかわっている．噴火規模は，噴煙柱高度と組み合わせた噴出物の体積を指標として，0（0.0001 km^3 以下），1（0.0001 km^3〜0.001 km^3）〜8（1000 km^3 以上）など簡単な数値（火山爆発度指数，Volcanic Explosivity Index：VEI）による表し方もよく用いられる．

●火山ガス

火山ガス災害は火山噴火による犠牲者数のなかでは数％ 以下で必ずしも多くはないが，有毒ガスを発生し，危険である．火山ガスの大部分は H_2O からなる．主な有毒ガスは CO_2，SO_2，Rn，H_2S で，さらに HCl，HF，H_2SO_4 などのエアロゾルが形成される．

もっとも多数の犠牲者を出しているのは，CO_2 ガスで，最初の CO_2 災害が記録されたのは，インドネシア，ディエン高原火山群の水蒸気爆発（1979 年）に伴うものである．CO_2 は大気より重いため，山頂の火口から斜面を下った火山ガスにより 149 人が犠牲となった．火山ガスによる最大の惨事は，カメルーン火山線沿いに分布する 2 つの火口湖（マヌーン湖とニオス湖）から放出された CO_2 によってもたらされた．放出の原因は，湖水中にもたらされた崖崩れが湖水中の CO_2 放出の引き金となったこと（マヌーン湖）や，地下から湖水中に供給された CO_2 が過飽和になり，放出されたこと（ニオス湖）などとされる．マヌーン湖では 1984 年に 37 人，ニオス湖では 1986 年に 1746 人以上が犠牲となった．

日本では火山ガスの犠牲者は H_2S ガスによるものが一般的である．この災害は 20 世紀以降少なくとも 10 回起こっている．草津白根山では，1971 年と 1976 年に死亡事故が発生している．

火山ガスは，大気中を広く飛散するので，二次的に大きな災害を引き起こしてきた．1783 年のアイスランドのラカギガル（ラキ）の噴火は，大量の溶岩とともに SO_2，HCl，HF を大気中に放出した．フッ素に汚染された牧草は成長を阻害され，牧草を飼料とする家畜の 50％ 以上が損なわれた．飲料水の汚染，冬季の厳しい天候などが重なって，餓死者・病死者が 1 万人以上に及んだ．これは当時のアイスランドの総人口の約 20％ にあたり，噴火前の人口までに回復するのに 20 年以上を要した．カトマイ噴火（1912 年）では，広域にわたって発生した酸性雨が人々の生活に大きな影響を与えたとされる．

●エアロゾル

火山噴火によって気温低下などの異常気象が生じることが知られている．放出された火山ガスのうち，これにもっとも関係しているのが SO_2 である．SO_2 は成層圏において水蒸気とともに硫酸エアロゾルを形成する．これが噴火後，数年間いろいろな高度にとどまり，太陽の入射のエネルギーを遮ることによって，地表の気温が低下する．したがって，火山噴火にかかわる気温低下の程度は，噴火規模とともに，放出される火山ガスに含まれる SO_2 の量によって影響される．歴史時代の最も大規模な噴火であるタンボラ（1815 年）の噴火は西ヨーロッパにおいて 2.5℃，世界平均で 0.4〜0.7℃ の気温低下を引き起こした．インドネシア，アグンの噴火（1963 年）は，規模は比較的小さかったにもかかわらず，より多量の SO_2 を含んでいたため，気温低下への影響は大きかった．ラカギガル（ラキ）の 1783 年噴火によって発生した火山ガス，火山灰，エアロゾルは，北半球の気温を 1〜2℃ 低下させたという．同年浅間山の噴火もあり，こうした気温低下が世界の生態系や農業，人々の生活に大きな影響を与えたとされる．1982 年のエルチチョンの噴出物も SO_2 を多く含んでおり，異常気象がみられた．フィリピン，ピナツボ火山噴火（1991 年，噴出物の体積約 10 km^3）は，20 世紀以降において世界最大量の SO_2（約 17 メガトン）を成層圏に放出した．これによって 1992〜93 年に北半球において 0.5〜0.6℃ の気温低下が，中〜高緯度地域においてオゾン濃度の低下が認められている．

図1　桜島の噴火と降灰（2010年4月17日）

図2　桜島火山噴火の降灰（2012年5月22日）

● 降灰と被害

　小規模であるが，長期間にわたって被害を与える噴火がある．南九州の桜島は世界でも最も活動的な火山として知られる．この火山は山頂の南岳火口から1955年以降ブルカノ式噴火を8000回以上断続的に行ってきた．噴煙高度2000～3000 mほどで，火山灰（volcanic ash）と火山ガスを噴出する．2006年から側火口の昭和火口から噴火している（図1）．この火口は1946年に溶岩噴火を行った．1985年ごろが最も活発で，その後減少していたが，2009年10月から再度活発化し，その小爆発回数は2010～12年では，毎年800回以上におよぶ．

　この噴火は長期の休止期を挟んで噴火するプリニー式の大噴火（桜島の1914年の噴火など）に比べれば格段に小さいが，火口周辺数km以内は火山弾や火山ガスによって生命が危険にさらされる可能性をもっている．また火口周辺20～30 kmでは日常的に降灰がみられる．低高度の風向きによって，さまざまな方向に降灰するが，冬季には主に東側，夏季には主に西側に飛散する．周辺には鹿児島市などがあり，多くの人々が生活している．山腹は降灰と火山ガスにより無植生となっており，噴出物と山腹の崩壊物質により火山泥流が生じる．桜島山麓で栽培されているビワ・ミカンなどの果樹は降灰の影響を受け，鹿児島市などの周辺住民は，降灰によりさまざまな生活上の被害を受けている（図2）．こうした状態が50年以上にわたって続いてきた．

　降下テフラは火砕流などの他の破壊的な噴火に比べて人命への直接の被害は比較的小さいが，大規模なプリニー式噴火による多量の降下テフラの堆積は，生態系や人々の生活に大きな影響を与えてきた．降下テフラによる犠牲者は全体の要因の中では1600年以降約5％ほどである．それは降下テフラの堆積による建物の崩壊や窒息などによる．ラバウル（パプアニューギニア）の1937年噴火の375人，ディエン火山群（インドネシア）の114人，アグン1963年噴火の163人，サンタマリア1902年噴火の約2000人，エルチチョン153人の大部分，などがこれに起因する犠牲者と見積もられている．1991年のピナツボ火山の噴火において，火山周辺域で200～300人の住民が犠牲となったのは，強い地震，台風の強風に加えて，雨水を含んで重くなった火山灰が堆積したために家屋の屋根が崩壊したことが主因とされる．

［森脇　広］

● 文献

1) Blong, R. J.: Volcanic Hazards, A Sourcebook on The Effect of Eruptions. Academic Press, 1984
2) 貝塚爽平：発達史地形学，東京大学出版会，1998
3) 日下部実：湖水爆発の謎を解く，岡山大学出版会，2010
4) 町田洋・森脇広編：火山噴火と環境・文明，思文閣出版，1994
5) 町田洋・新井房夫：火山灰アトラス，東京大学出版会，2003
6) Moriwaki, H. and Lowe, D. J. eds: 2010: Field Trip Guides (Intraconference) for the INTAV International Field Conference on Tephrochronology, Volcanism, and Human Activity: Kirishima City, Kyushu, Japan, 10-17, May, 2010
7) Newhall, C.G. and Punongbayan, R.S. eds: Fire and Mud: Eruptions and Lahars of Mount Pinatubo, Philippines. Univ of Washington Pr., 1997
8) Sigurdsson, H. et al. eds: Encyclopedia of Volcanoes, Academic Press, 2000
9) 宇井忠英編：火山噴火と災害，東京大学出版会，1997
10) 横山泉ほか編：岩波講座地球科学7　火山，岩波書店，1982

G2-3 大規模噴火と地球環境の激変，文明への影響

●大規模噴火

種々の噴火タイプの中で，人類と自然環境により多大な影響を与えてきたのは，テフラ (tephra) を噴出するような爆発的噴火 (explosive eruption) である．テフラ噴火の規模は，一般に噴出物の体積 (km^3) やこれに基づく簡略な指数 (VEI：火山爆発度指数) で表される．大規模の定義は扱い方によって異なるが，ここでは 100 km^3（VEI7）以上の噴出物体積をもつ最大級の噴火を指すことにする．こうした噴火は大規模な火砕流を発生するので，大規模火砕流噴火，巨大火砕流噴火などともよばれる．

噴火は一般的には長期の休止期をはさんで起こる．こうして起こる一連の火山活動は通常は数年の範囲内で起こる．これは1輪廻の噴火とよばれる．大規模な1輪廻の噴火はいくつかの異なる噴火・運搬様式を含むのが普通である．基本的な噴火・運搬様式には，降下テフラ，火砕流，火砕サージがある．噴火口が水中・湿地などの環境下にある場合，マグマが水と接触し，より爆発的なマグマ水蒸気噴火を起こす．約3万年前の大規模火砕流を生じた姶良カルデラの噴火は最初に大量の降下軽石（大隅降下軽石），次に中規模火砕流（妻屋火砕流），最後に大規模火砕流（入戸火砕流）を生じた．最後の大規模火砕流は広域に飛散する降下火山灰（姶良 Tn 火山灰，略称 AT）を伴い，日本列島を広く覆った（図1）．これら1輪廻の噴火は姶良噴火とよばれている．噴火規模とともに，このような噴火・運搬の様式の違いも人類と自然環境への影響度合いに深く関係する．

給源火口はカルデラ (caldera) とよばれる凹地地形からなる．入戸火砕流を生じた給源カルデラは直径約 20 km にも及ぶ．大規模火砕流噴火を生じたカルデラは一般にこの程度の規模をもつ．火砕流は給源カルデラから放射状に広がり，広大な火砕流台地を形成する．その範囲は給源から 100 km にも及ぶ．第四紀後期における日本で最大規模の火砕流は後期更新世に噴火した阿蘇4火砕流で，給源の阿蘇カルデラから 100 km 以上離れた山口県にまで広がっている．

日本における第四紀の巨大カルデラは主に九州と北海道に集中する．九州では北から中部九州の阿蘇カルデラ，南九州の加久藤カルデラ，姶良カルデラ，阿多

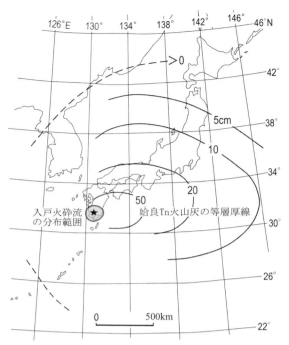

図1　入戸火砕流の分布範囲と姶良 Tn 火山灰（AT）の等層厚線（町田・新井[1)]）を簡略化，星印は給源の姶良カルデラ）

カルデラ，鬼界カルデラが火山フロントに沿って南北に線状に連なり，北海道には支笏，洞爺，阿寒，屈斜路の巨大カルデラが集中する．これらのカルデラの周辺には火砕流台地が広く分布している．

●大規模噴火の頻度

地球環境や人類への影響，将来の大規模噴火を評価するうえで，噴火の頻度を知ることは重要である．一般に噴火は大規模なものほどその休止期間は長い．日本では，12.5万年前以降の後期更新世において，上記の大規模カルデラから9回の大規模火砕流噴火が起こっている（図2）．平均すると約1万4000年に1回の頻度である．九州では過去約30万年間に，平均3万年に1回の割合で生じている．しかし，それらの噴火は等間隔に起こっていない．日本では8万年前から12.5万年前の間に6回生じ，最終間氷期に集中している．大規模火砕流噴火は1つのカルデラから一般に複数回噴火したことがわかっている．第四紀に阿蘇カルデラでは4回，姶良カルデラでは少なくとも3回，阿多カルデラで2回，鬼界カルデラで少なくとも3回の噴火が認められる．日本列島において最新の大規模火砕流噴火は7300年前に南九州の大隅海峡の海底下にある鬼界カルデラで起こり，広域火山灰（鬼界アカホヤ火山灰，略称 K-Ah）を生じた．大規模火砕流噴火

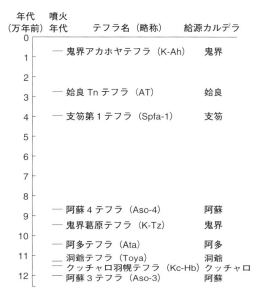

図2 日本における後期更新世の大規模火砕流の編年（町田・新井[1]に基づく）

は，休止期間はきわめて長いが，繰り返し起こっており，将来起こる可能性をもつ．

● 地球環境の激変

　大規模火砕流噴火はさまざまな自然環境を激変させたと推測される．その全体像はまだ十分解明されていないが，痕跡が比較的よく残っている次のような点が注目される．

　大規模火砕流噴火はカルデラ周辺の広大な地域の地形を激変させた．最大100 m以上に及ぶ厚さの火砕流堆積物が瞬時にして周辺の広範な地域を埋積した．これにより低起伏の凹凸地形は平坦化され，広大な火砕流台地が形成された．火砕流台地の形成は以後の地域環境変化に大きな影響を及ぼしてきた．

　歴史時代以降の噴火に伴って，日照不足，気温低下などの気候悪化が記録されている．その影響度合いは，噴火規模のほかに噴出物の化学的な性質もかかわっているが，第四紀において大規模火砕流噴火に伴って発生したエアロゾルが全地球的に気候悪化を引き起こしたことは間違いない．その痕跡はグリーンランド氷床コアの分析などから得られている．第四紀の気候変化という点からみれば，短期の気候悪化であったとみられるが，急激であったと考えられる．各地の自然環境への影響についてはまだ不明な点が多い．

　日本において大規模噴火の人類への影響は，この規模の噴火が先史時代ということもあって十分明らかになっていないが，日本列島最新の大規模噴火である鬼界アカホヤ噴火と始良噴火については研究が進めら

れている．特に，鬼界アカホヤ噴火は縄文時代早期末の土器文化を広域に変化させ，人類の移動を促進したとされる．近年の縄文土器の研究では，さらに深化し，火砕流到達範囲内と範囲外の土器文化の継続性と断絶が議論されている．始良噴火は後期旧石器時代のナイフ文化の時期に生じた．このころ東西の石器文化の地域性が顕在化したとされており，これに始良噴火が関与したことが指摘されている．

　大規模噴火は噴火後の環境と人々に大きな影響を与えてきた．日本列島を広く覆ったK-Ah，ATの火山灰は火山灰土壌の形成に関与している．さらに広大な火砕流台地の形成とその変化は，噴火後，現代にいたる人々の生活に直接間接に影響を与えてきた．南九州で現在みられるシラス台地の概形は，基本的には大規模火砕流堆積直後の河川の急激な侵食によって形成されたと考えられている．シラス災害とよばれるシラス台地斜面の崩壊は集中豪雨の際にはしばしば起こり，大きな社会問題となっている．

［森脇　広］

● 文献

1) 町田洋・新井房夫：新編火山灰アトラス─日本列島とその周辺，東京大学出版会，336p., 2003
2) Machida, H.: Impact of tephra forming eruptions on human beings and the environment, *Global Environmental Research*, 6 (2): 61-68, 2002
3) 町田洋・森脇広編：火山噴火と環境・文明，思文閣出版，1994
4) Moriwaki, H. and Lowe, D. J. eds: 2010: Field Trip Guides (Intraconference) for the INTAV International Field Conference on Tephrochronology, Volcanism, and Human Activity: Kirishima City, Kyushu, Japan, 10-17, May, 2010
5) 横山勝三：シラス学─九州南部の巨大火砕流堆積物─，古今書院，2003

G3 気象・気候災害

G3-1
台風災害
暴風雨・塩風害・高潮

●台風に関する基礎事項

　台風は，北西太平洋の熱帯または亜熱帯で発生した低気圧（熱帯低気圧）のうち，最大風速が約17 m/s（34ノット）以上となったものである．なおハリケーンは北太平洋・北大西洋で，サイクロンはインド洋や南太平洋で発生した激しい熱帯低気圧のことであり，現象としては台風と同様なものである．台風の規模は，「大きさ」と「強さ」の組み合わせで表現される（表1，表2）．たとえば，最大風速40 m/sで風速15 m/s以上の半径が600 kmの場合，「大型で強い台風」となる．なお風速15 m/s以上の範囲を強風域，25 m/s以上の範囲を暴風域という．この定義で明らかなように，台風の規模の表現に用いられる指標は風のみで，気圧や降水量は直接的には関係しない．

　台風の中心が国内のいずれかの気象官署から300 km以内に入った場合を「日本に接近した台風」といい，中心が北海道・本州・四国・九州の海岸線に達した場合を「日本に上陸した台風」という．1971〜2000年の平年値では，年間の台風発生数は26.7，接近数は10.8，上陸数は2.6である．台風に関する定義が現在と同様になり統計開始されたのは1951年である．1951〜2010年の間で，年間最多発生数39（1967），最少発生数14（2010），最多接近数19（1960, 1966, 2004），最少接近数4（1973），最多上陸数10（2004），最少上陸数0（1984, 1986, 2000, 2008）である．月別上陸数の平年値が0.1以上の月は7月（0.5），8月（0.9），9月（0.9），10月（0.1）で，主に夏から秋にかけて日本は台風の影響を受ける．上陸時の中心気圧が最も低かったのは1961年台風18号の925 hPaで，945 hPa以下ならば上位10位以内となる．中心気圧は上陸すると高くなることが一般的なので，たとえば日本列島から数百km以上離れた海上に位置する台風の中心気圧が925 hPaだったとしても，「史上最強の台風」などと表現することは適切でない．

●外力と災害

　気象災害には様々な形態がある．気象庁では気象災害を「大雨，強風，雷などの気象現象によって生じる災害」と定義している．自然災害は激しい外力（hazard）が人間社会に作用して生じるものであり，地震，大雨などの外力自体は災害ではない．したがって，自然災害と原因外力には対応関係がある．気象関係の外力に関し，気象庁で用いている用語に従って整理すると表3のようになる．

　ただし，ここでは，「台風災害」（typhoon damage）を独立した項としているが，災害をもたらす気象現象は大雨や強風であり，大雨や強風をもたらすのは台風の場合もあれば，低気圧や前線の場合もある．台風だけがことさらに人間社会に脅威をもたらす現象でないことに注意が必要である．

●台風と災害

　台風に関連する外力は，強風，竜巻，大雨，高潮などであり，これら外力によって引き起こされる災害は，強風害，塩風害（salt spray damage, salty wind damage），洪水害，浸水害，土砂災害などである．台風が日本に接近，上陸すると，程度の差はあるがこれらの災害がいずれも発生することが一般的である．

　理科年表によると，1951年以降の主要な台風による被害のうち，死者・行方不明者が最も多かったのは

表1　台風の大きさ

大きさ	風速15 m/s以上の半径
（表現しない）	500 km未満
大型（大きい）	500 km以上 800 km未満
超大型（非常に大きい）	800 km以上

表2　台風の強さ

強さ	最大風速
（表現しない）	33 m/s未満
強い	33 m/s以上　44 m/s未満
非常に強い	44 m/s以上　54 m/s未満
猛烈な	54 m/s以上

表3　気象関係の外力と気象災害の関係

外力	気象災害
強風・竜巻	強風害，塩風害，乾風害，竜巻害など
長雨	長雨害
少雨	干害
大雨	洪水害，浸水害，山・がけ崩れ害，土石流害，地すべり害
雪崩	雪崩害
融雪	洪水害，浸水害，たん水害，山・がけ崩れ害，土石流害，地すべり害
着雪	着雪害
大雪	積雪害，雪圧害，雪崩害，着雪害
暖候期の低温	冷害
寒候期の低温	凍結害，凍上害，植物凍結害
夏期の高温	酷暑害
冬期の高温	暖冬害
高潮	浸水（海水）害，塩水

表4 主な台風による被害

現象	死・不(人)	住家(棟)	浸水(棟)
1970年代以前 死者行方不明者上位3位			
1959年台風15号*1	5098	833965	363611
1954年台風15号*2	1761	207542	103533
1958年台風22号*3	1269	16743	521715
1980年代以降 死者行方不明者上位3位			
2004年台風23号	99	19235	54850
1982年台風10号・前線	95	5312	113902
1991年台風19号	62	170447	22965

死・不:死者・行方不明者,住家:住家の全・半壊・一部破損(棟),浸水:住家の床上・床下浸水
*1:伊勢湾台風 *2:洞爺丸台風 *3:狩野川台風

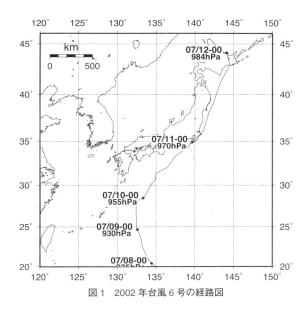

図1 2002年台風6号の経路図

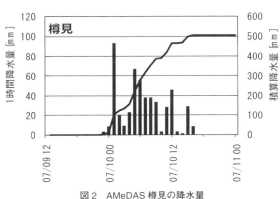

図2 AMeDAS樽見の降水量

から近年までの台風・豪雨災害による被害は一貫して明瞭に減少している.1970年代までは,死者・行方不明者数百人以上,住家被害・浸水家屋数がそれぞれ10万棟以上といった事例はめずらしくなかったが,1980年代以降はほとんどみられない.

雨による被害に比べて風による被害が大きい台風を風台風,逆の場合を雨台風という場合もある.どちらかというと風台風が少数派である.表4中の1954年洞爺丸台風は風台風の典型例で,台風接近中の降水量は多いところでも300mm前後だが,犠牲者のうち1100人以上は強風・高波による国鉄青函連絡船の転覆による犠牲者であるなど,大きな被害を生じている.1991年19号も風台風といえる.

台風の強風による海水の吹き寄せと,気圧低下による海面上昇によって生じる現象が高潮であり,大規模に発生すると広域的な浸水被害を生じる.1951年以降最大の人的被害を生じた1959年伊勢湾台風は台風接近中の伊勢湾付近での降水量は200mm以下で,被害のほとんどは高潮に起因するものである.世界的にみても,2005年にアメリカを襲ったハリケーン・カトリーナ(死者・行方不明者5000人以上)や,1991年のバングラディシュにおけるサイクロン(同約14万人)をはじめ,大きな被害をもたらす台風などの災害は,高潮に起因することが少なくない.

台風接近時には「中心の位置」という情報に目が向けられがちだが,これには注意が必要である.図1は2002年台風6号の経路図,図2は台風接近時の岐阜県・樽見の降水量記録である.樽見で激しい降雨が観測されたのは7月10日未明から朝にかけてであり,この時点で台風の中心はまだ日本のはるか南海上にある.このようなことはめずらしくない.風は台風の中心付近が最も強いが,雨は台風の中心に向かって同心円状に強度を増しているわけではない.衛星画像や気象レーダーなどで雲や降水量の分布をよく確かめることが防災上は非常に重要である.

[牛山素行]

1959年台風15号(伊勢湾台風)の5098人で,1000人以上の事例はいずれも1950年代に発生している(表4).2009年までの時点で,死者・行方不明者が100名以上となった最後の事例は1979年台風20号の111人である.集中豪雨の項でも述べるが,1950年代

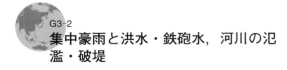

G3-2 集中豪雨と洪水・鉄砲水，河川の氾濫・破堤

●豪雨とは

雨が強く降った場合，これを大雨あるいは豪雨という．集中豪雨（torrential rain, locally heavy rain），ゲリラ豪雨などの言葉もある．これらは広く使われる言葉だが，実は雨の強さの表し方は複雑で明瞭に定義することが難しい．気象庁では1時間雨量20 mm 以上の雨を「強い雨」という（表1）．しかし，1時間雨量 20～30 mm の雨が降っても，それだけで降水終了であれば被害発生はほとんど考えられない．災害との関連で考えると瞬間的な雨の強さだけでは的確に表現ができず，長時間降水量との組み合わせが必要である．たとえば気象庁の大雨警報発表基準は，現在は複雑な方法に変更されたが，2008年までは当該地域で観測された雨量によっていた．基準雨量は1時間，3時間，24時間雨量それぞれについて決められ，いずれかの基準値を超えると予報される（あるいはすでに超えた）場合に注意報・警報が発表された．砂防分野では1時間などの短時間降水量を縦軸，長時間降水量を横軸にとったグラフ（スネーク曲線）をもとに土砂災害の発生危険度を判定する方法が以前から用いられており，現在気象庁・都道府県から発表される「土砂災害警戒情報」も，基本的にこのような考え方で判定されている．

「雨の強さ」は地域によって大きく異なる．2008年までの大雨警報基準はこれを理解するいい資料になる．たとえば香川県・高松地域と，徳島県・海部は直線距離で100 km 程度しか離れていない地域だが，24時間雨量の基準には倍以上の違いがある（表2）．24時間 300 mm の雨は高松では警報基準を大きく越える「大雨」だが，海部では警報基準にも達しない，いわば「普通の雨」となる．

このような特性は，被害発生形態にも現れる．図1は2004年台風23号通過時の降水量分布図だが，量的にみると徳島県南部や高知県西部が「豪雨域」のようにみえる．しかし，被害が集中しているのは，香川県，兵庫県北部，京都府北部などであり（図2），「豪雨域」と一致しない．大雨による災害は，単に「強い雨」が降ったところで発生するのではなく，「その地域にとって強い雨」が記録された際に生じる．したがって，地域性を無視した「1日100 mm 以上が大雨による災害発生の目安」といった解説は不適切である．「その地域にとって強い雨」の簡単な目安は各観測所の既往記録である．たとえば気象庁 AMeDAS 観測所の多くでは30年以上の統計値があるので，その最大値を超える雨が降れば，「当該地域における最近30年間で最も強い雨」となる．

●豪雨による災害

豪雨に起因する代表的な災害は洪水（flood）であり，河川洪水と内水氾濫に大別される．河川洪水は，大雨によってもたらされた水が河道に集まって水位が上昇し，自然に形成された河道内から溢れ（溢水），あるいは人工的な堤防を越え（越水），堤防が決壊する（破堤）などして，河道外（堤内地）に浸水をもたらす現象である．河道内の高水敷を河川水が流れるだけでは洪水とはいわない（図3）．内水氾濫は，浸水が生じた付近に降った雨が河川に排水しきれずにたまり，浸水が生じる現象をいう．

豪雨によってもたらされるもう1つの災害形態が土砂災害（がけ崩れ，土石流，地すべり）であり，これについては別項で詳述する．なお，「鉄砲水」（flash flood）は，主として急激な水位上昇を伴う洪水（flash flood）の呼称として用いられるが，土石流などを指す言葉として使われる場合もあり，注意が必要である．気象，河川，砂防分野の専門用語としては積極的には用いられない．

筆者らの調査[1]による，近年の豪雨災害時（原因気象の区別なく雨による災害すべて）の原因別犠牲者数

表1 雨の強さと降り方（気象庁，抜粋）

1時間雨量（mm）	予報用語	人の受けるイメージ
10以上～20未満	やや強い雨	ザーザーと降る
20以上～30未満	強い雨	どしゃ降り
30以上～50未満	激しい雨	バケツをひっくり返したように降る
50以上～80未満	非常に激しい雨	滝のように降る（ゴーゴーと降り続く）
80以上～	猛烈な雨	息苦しくなるような圧迫感がある．恐怖を感ずる

表2 2008年以前の大雨警報の基準例

基準	香川県高松地域	徳島県海部
1時間雨量	50*	80
3時間雨量	80	130
24時間雨量	160	400

*かつ降り始めからの雨量が100 mm 以上

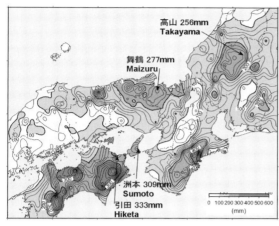

図1　2004年10月20日24時の24時間降水量

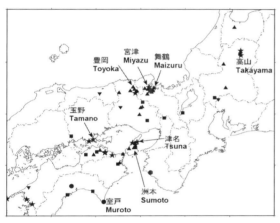

図2　2004年台風23号による死者・行方不明者の発生箇所

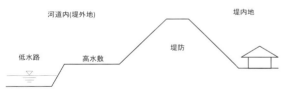

図3　河川関係の主な名称

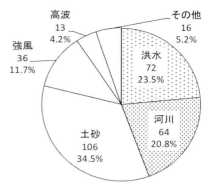

図4　原因外力別犠牲者数（2004～2008年）

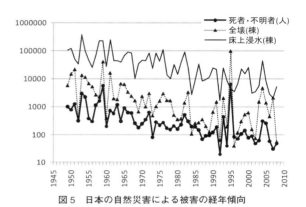

図5　日本の自然災害による被害の経年傾向

を図4に示す．最も多いのが「土砂災害」で，「洪水」が次ぐ．ここでの「洪水」は河道外での犠牲者で，「河川」は河道内の犠牲者（多くは水田などの見回り中に用水路などに転落した者）である．土砂災害では8割が屋内（ほぼ自宅）で遭難しているが，「洪水」では7割が屋外である．「河川」はほぼ全員が屋外の遭難者であり，洪水災害の場合単に自宅にいる人を避難させるだけでは大幅な被害軽減は期待できず，屋外行動中の人に対する対策が重要である．

図5は日本の長期統計系列[2]を用いて作図した地震なども含む自然災害による被害の経年傾向である．大きな被害地震は高頻度に発生しないので，おおむね豪雨などの気象災害を中心とした被害として読んでよい．被害は1950年代以降明瞭に減少傾向にある．近年，特に短時間の豪雨が増加していることがよく指摘されるが，被害については増加という傾向はみられない．しかし2004年のように多数の被害が生じることもあり油断はできない．災害は自然外力（誘因）の激しさだけで発生するのではなく，当該地域がもつさまざまな自然・社会的要因（素因）との組み合わせで発生することを認識せねばならない．

[牛山素行]

●文献
1) 牛山素行・高柳夕芳：2004～2009年の豪雨災害による死者・行方不明者の特徴，自然災害科学，29，355-364，2010
2) 総務省統計局：日本の長期統計系列（http://www.stat.go.jp/data/chouki/）

G3-3
豪雨による山地崩壊，土石流，崖崩れ

　山地崩壊や崖崩れなどの土砂災害の主な誘因としては，降雨，融雪などによる浸透水の作用，地震，火山活動などがあるが，ここでは特に降雨（豪雨）がもたらすものについて述べる．

●近年の豪雨による土砂災害

　表1は，近年の豪雨災害をまとめたものである．この期間の中でも特に1997年から1999年にかけては，土砂災害の発生件数が1100〜1600件と多かった[1]．たとえば表以外にも，1999年には鹿児島県出水市の針原川の土砂災害が起こっており，21人が亡くなっている．2000〜2002年の災害発生件数は500件/年と少なかったが，2003年は約900件であり，2004年における発生件数は2500件を超えている．豪雨による土砂災害の要因は主に梅雨前線と台風である．これらのほかにも近年は異常気象による記録的な集中豪雨によって土砂災害も起きているのが特徴である．表中の降雨特性をみても，多くの災害で日最大雨量が200〜300 mmを超えており，あるいは最大時間雨量が100 mm/時というような猛烈な降雨となっている．

●豪雨による花崗岩山地の表層崩壊

　花崗岩山地では，風化によって表層に「まさ土」が形成され，それが1 m前後の厚さになると豪雨による表層崩壊が発生しやすい．まさ土の表層崩壊は一度の豪雨で高い密度で群発するのが特徴である（図1）．崩壊した土砂が渓流に流入することによって土石流（debris flow, mud-rock flow）に転化し下流の集落を襲うと災害が拡大する．

　県内の大半が花崗岩で覆われている広島県で，戦後発生した降雨によるまさ土斜面の災害をみると，連続雨量が約180 mm以上になるか，あるいは時間雨量が25 mm以上になると大災害が起こっている．また，連続雨量が多いときには時間雨量が少なくても大災害になり，逆に時間雨量が多いときには連続雨量が少なくても大災害にいたることが知られている．すなわち，崩壊の発生には，それまでの累積雨量とその時点での降雨強度の両者が強く関係している．そして，この関係は広島に限らず，多くの花崗岩山地にもあてはまる．

●豪雨によるシラス斜面の表層崩壊

　梅雨前線や台風によって，鹿児島県のシラス分布域では毎年のように崖崩れや表層崩壊が起こっている（図2）．たとえば，表1の最上部の例のように，1993年6〜9月にシラス地帯において斜面崩壊（slope failure）とそれに伴う土石流が多発した．この4か月間に2598 mmもの多量の降水量と時間降雨が100 mmを超える強い降雨があった．図3はこの地域のハイエトグラフと実効雨量（それまでの雨がどれだけ地

表1　近年（1993年〜2004年）の豪雨による土砂災害の例（地盤工学会[2]の第2章の記述をもとに著者作成）

災害名・発生年月	発生した地盤災害の種類	死者＋行方不明者数	豪雨をもたらした要因	降雨特性
鹿児島災害 1993年6月〜9月	崖崩れ，土石流，地すべり（シラス，まさ土斜面）	83人	梅雨前線，台風5・7・9号	7月の降雨量 1054.5 mm 9月の降雨量 532 mm
北関東・南東北災害 1998年8月	斜面崩壊1000か所以上（白河凝灰岩のすべり）	18人	台風4号＋梅雨前線	5日間の総降雨量 1268 mm
広島災害 1999年6月	崖崩れ186か所，土石流139 渓流崩壊1616地点（まさ土斜面）	32人	梅雨前線	最大日雨量 231.5 mm 最大時間雨量 81 mm/h
東海災害 2000年9月	崖崩れ，崩壊，土石流（まさ土斜面）	12人	秋雨前線＋台風14号	最大時間雨量 97 mm/h 最大日雨量 428 mm
熊本災害 2003年7月	土石流，斜面崩壊（安山岩溶岩斜面）	19人	梅雨前線	最大時間雨量 121 mm/h 最大日雨量 381 mm
新潟災害 2004年7月	崩壊，地すべり（泥岩・シルト岩斜面）	15人	梅雨前線	最大時間雨量 62 mm/h 最大日雨量 421 mm
福井災害 2004年7月	崩壊（安山岩・凝灰岩の風化土）	5人	梅雨前線	最大時間雨量 96 mm/h 最大日雨量 283 mm
四国災害 2004年8月	大崩壊（緑色片岩，蛇紋岩の風化岩）	2人	台風10・21号	日雨量 1000 mm超 連続雨量 2000 mm超

図1 1996年6月29日 広島の豪雨災害におけるまさ土の表層崩壊
森林の伐採跡地に崩壊が集中して発生(アジア航測撮影のステレオ写真).

図2 1993年の鹿児島災害におけるシラス斜面の崖崩れ(平之町・照国町)(南九地質株式会社撮影)

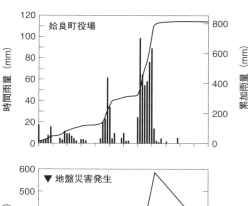
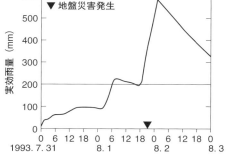

図3 1993年7月31日から8月2日のシラス地帯における災害発生時の降雨状況と実効雨量[3]

中に残存しているかを示した値)の時間的変化を示したものである．降り始めから災害発生までの累積雨量は約 400 mm であり,災害は時間雨量が 100 mm を超える豪雨後,あるいはその数時間後に発生している．また,災害は実効雨量が 200 mm を超える時点で発生している．

●豪雨による土石流

災害の起こる場ではないが,長野県と岐阜県の県境にある焼岳において,京都大学防災研究所を中心にここ40年にわたって土石流観測が行われてきた．焼岳においては,年平均3〜4回の土石流が発生する．焼岳の山体は火山砕屑物からなり,冬季〜春季の凍結・融解により渓床の側壁から土砂が供給されたり,側壁の崩壊により土砂が供給されたりしているからである．沢の上流では,渓床の勾配が 20°以上と大きく,

ここに降雨強度が 4 mm/10 min 以上の降雨があると土石流の可能性が高くなり,7 mm/10 min 以上の降雨があると必ず土石流が発生する．このように,焼岳においては降雨強度の大きい降雨が土石流を発生させている．

●土砂災害の危険度予測

土砂災害にともなう被害の防止・軽減のために,崩壊の危険度予測に関する種々の方法が提案されている．たとえば,広島市では,1999年の災害を教訓に,2年後にハザードマップ「広島市の土砂災害危険図」を作成した．同様の試みが全国の多くの地方自治体で行われるようになり,警戒基準・避難基準の雨量や崩壊土砂の到達範囲などがわかるようになってきている．また,最近では,レーダー・アメダスの解析雨量と土砂災害の履歴情報を比較することで,現在の雨による土砂災害発生の危険度をリアルタイムで推定できる方法が提案され,危険度予測の精度が上がりつつある．

[松倉公憲]

●文献

1) 砂防・地すべり技術センター：土砂災害の実態, pp.16-17, 2005
2) 地盤工学会：豪雨時における斜面崩壊のメカニズムおよび危険度予測, 地盤工学会, 184p., 2006
3) 地質工学会 1993 年鹿児島豪雨災害調査委員会：1993 年鹿児島豪雨災害—繰り返される災害—, pp.1-176, 1995

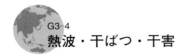

G3-4 熱波・干ばつ・干害

熱波 (heatwave) とは，高温な気塊に継続して地表が覆われること，干ばつ (drought) とは，高温・乾燥状態が長引き，少雨・渇水による弊害が広がること，干害 (drought damage) とは農作物に乾燥が原因による被害・障害が発生することをさす．

● 熱波の気候学的な要因

熱波の気候学的な要因は，次の4つに大別される．

①南高北低型の気圧配置（北半球）：南に亜熱帯高圧帯，北に寒帯前線帯があり，ともに発達している場合は，その間を吹く南西風が強まり，暖気が中緯度地域に入る（暖気移流）．気圧傾度が小さく，一般風の弱い場合は，海陸風が発達し，その海風前線の内陸側に暖気が溜まる．

②亜熱帯高圧帯の圏内：緯度15〜35°に位置する亜熱帯高圧帯は季節的に南北移動し，その張り出す領域に入ると，高温な空気に覆われる．この高気圧は温暖で，乾燥した気塊がゆっくり沈降し，地表では高温となる（下記④のドライ・フェーンの機構と類似）．そのうえ，雲はほとんどなく，日射が地表に注がれるので地表付近の気温がさらに上がる．すなわち，亜熱帯高気圧の一種，北太平洋高気圧に覆われた地域が暑夏となる．高温・晴天・乾燥の状態が継続すると，干ばつ状態になる．

③チベット高気圧の圏内：チベット高気圧は暖候季に対流圏上層ないし成層圏下層のチベット高原の上空に形成される．温暖な高気圧であるので，その圏内に入ると，高気圧性の比較的高温な空気が沈降して昇温する．上記②との高気圧のオーバーラップ現象が生ずると，それらに覆われる地域では十数kmにわたる沈降流が生じ，地表付近では高温・乾燥状態が維持され猛暑となる．

④フェーン効果：暖湿流が山越えする場合，風上斜面で上昇，雲を形成し，風下側で雲は消え，乾熱風が吹き降りる．湿潤空気が風上斜面を滑昇，飽和に達し，湿潤断熱減率で潜熱を放出しながら山越えする．通常，風上で降水を伴うが，無降水でも霧として地物に結露するため，フェーン現象が引き起こされる．湿潤断熱減率は一定ではなく，低気圧，高温なほど小さくなる（表1）ので，フェーン現象は夏，高温時，高

表1　気温と気圧による湿潤断熱減率の推移 (℃/km)

気温(℃) \ 気圧(hPa)	1,000	850	700	500	300
40	3.0	2.9	2.7		
30	3.5	3.3	3.1	2.7	
20	4.3	4.0	3.7	3.2	
10	5.3	5.0	4.6	4.0	3.2
0	6.5	6.1	5.7	5.1	4.1
−10	7.6	7.4	7.0	6.4	5.3
−20	8.6	8.4	8.1	7.7	6.8
−30	9.2	9.1	8.9	8.7	8.1
−40	9.5	9.5	9.4	9.3	9.0
−50	9.7	9.6	9.6	9.6	9.4

(Smithsonian Meteorological Tables, 1951[1]：水野[2]に基づき作表)

標高，低気圧発達時に強く効果が現れる．

● 近年の世界的な猛暑・干ばつ

2003年には数百年に1度というきわめてまれな異常高温現象がヨーロッパを襲った．例年では30℃以上になることは少ないヨーロッパ各地で連日の猛暑となり，犠牲者は7万人を超えた．偏西風が大蛇行し，ダブルジェットといわれる分流を引起こし，アゾレス高気圧がブロッキング高気圧となって東欧方面へ張り出すとともに，上空のチベット高気圧も大きくロシア西部方面へ張り出していた．同夏，オホーツク海高気圧が発達し，日本は冷夏・冷害だったが，それも偏西風の大蛇行による結果といえる．当時は，エルニーニョ現象とともに，北大西洋亜熱帯海域の水温が高く，その影響が強く現れたと推測される．

2010年には日本やロシア西部で熱波に見舞われた．梅雨明け後の日本付近で②③のオーバーラップ現象が現れた（図1）．ほぼ同時にロシア西部で観測史上最高の気温が観測された．この30℃を超える熱波は7月初めから8月半ばまでの6週間続いた．モスクワでは7月29日の38.2℃が最高値であったが，7月の平均気温が18.4℃であることを考えると，数百年に1度のきわめつきの異常気象といえる．対流圏中下層では，北大西洋の亜熱帯高圧帯に属するアゾレス高気圧 [▶B5-1]）が北東方のロシア西部方面へ強く張り出した．加えて，上空のチベット高気圧の西部が一部，中東・カスピ海付近から北へ張り出し，ロシア西部方面に停滞した（図1）．両高気圧がリンクし，モスクワは厳しい熱波に支配された．

当地域は大蛇行する偏西風のリッジにあたっており，ブロッキング高気圧の停滞が猛暑につながった．

2010年夏のロシア西部における干ばつでは，小麦などの農作物が大幅に減収し，小麦の輸出が禁止され，世界経済にも大きな影響が及んだ．ロシア西部は非常に乾燥した空気に覆われたため，モスクワ近郊で

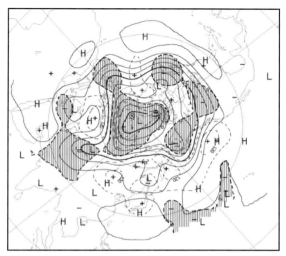

図1 2010年7月20〜24日の北半球500 hPaの高度とその偏差分布（気象庁，Argos）
ロシア西部に猛暑（白抜き正偏差）をもたらしたブロッキング高気圧が特徴的．

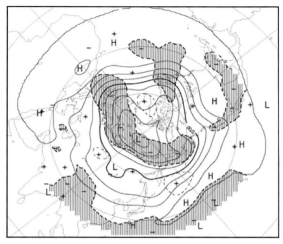

図2 2012年7月の北半球500 hPaにおける高度とその偏差分布（気象庁，Argos）
北米大陸に張り出す亜熱帯高圧帯（白抜き正偏差・高温域）が明瞭．ハッチは負偏差・低温域．

森林火災となった．1か月以上も，泥炭層まで延焼し，焼失面積は2000 km^{2}に達した．火災で放出されるCO_2は地球温暖化の懸念材料となっている．

2012年夏，アメリカ合衆国の熱波・大干ばつはトウモロコシ，大豆などに多大な被害をもたらし，世界的な食料高騰を招いた．偏西風大蛇行のもとで，東からバミューダ高気圧が張り出し，北米大陸上に背の高い高気圧を形成し（図2），高温乾燥状態を継続させた．大規模灌漑施設は整っていたが，高温による障害を受けた．当時はエルニーニョ現象初期で，中米西方沖の高海水温域がハドレー循環を強化，ロスビー波のリッジが北米に停滞したためだった．

●日本の異常高温と干ばつ

近年の日本で起きた異常高温現象の事例を記す．

2007年8月16日には，熊谷（埼玉県）と多治見（岐阜県）で当時日本史上最高の40.9℃が観測され，それまでの記録（山形市：40.8℃；1933年7月25日，日本海低気圧によるフェーン現象）を上回った．次の8要因が重なって異常高温になったと考えられる．

①北太平洋高気圧が日本付近へ張り出し，対流圏中・下層を覆った．②対流圏中層でも強いリッジが日本列島南部を覆った．③上空8〜20 kmでチベット高気圧が発達し，日本上空へ強く張り出した．④日本の東方へ抜けたトラフに向かう日本海からの北西風が，脊梁山脈を越えて関東平野と濃尾平野へ吹き降りるさいにフェーン現象「北風フェーン」をもたらした．日本海側の湿潤空気は飽和に近く，脊梁山脈の北西側で雲が発生，その潜熱放出が風下側のフェーン現象を引き起こした．⑤晴天続きで前日までの蓄熱もあり，最低気温が約29℃と高かった．⑥ヒートアイランド現象絡みの暖気移流もあった．さらに大規模な背景として，⑦当年8月のラニーニャ現象への移行が①②に作用した．⑧当年7月に熱帯成層圏下部QBOの東風への移行も③に寄与した．

2013年の夏も北太平洋高気圧とチベット高気圧のオーバーラップ現象により，日本列島は猛暑に見舞われた．モンスーンアジアスケールのフェーン現象として認識することもできる．そして，2013年8月12日に，江川崎（高知県）で41.0℃が観測され，日本記録が更新された．当時，九州西方にあった温暖な高気圧の北を巡る北西風がフェーン現象を生じたことも異常高温の一因といえる．

日本の干ばつ頻発地帯は瀬戸内地方である．四方を山地で囲まれ，夏には亜熱帯高気圧圏内に入ることが多く，雷雨も比較的少ない．春・秋に低気圧が太平洋岸を通過しても日本海を通過しても山陰で雨雲が弱まりやすい．冬は季節風が朝鮮半島と中国山地の山陰になり，雪雲が進入しにくい．そのような乾燥しやすい気候下の瀬戸内地方では，古来，溜池がつくられ，主に農業用水に使われてきた．

［山川修治］

●文献
1) List R. J., ed: Smithsonian Meteorological Tables, 6th ed., the Smithsonian Institution, 1951
2) 水野量：雲と雨の気象学，朝倉書店，2000
3) 山川修治：気象災害，萩原幸男監修，日本の大災害—世界の大災害も収録，専門図書出版会，2008

冷害　G3-5

●冷害の種類

夏期の低温・少照など不順な天候により，農作物が被害を生じる現象をいう．日本では特に水稲の冷害（cold weather damage, cool summer damage）が大きな問題である．水稲冷害には障害型と遅延型の2つの種類がある．

障害型冷害（cool summer damage by floral impotency）については以下のとおりである．イネはもともと低温に弱く，その生育ステージの中でも，穂の原型がつくられる時期（幼穂形成期）と花粉がつくられる時期（減数分裂期）が最も低温に対して弱い．この時期（北日本では7月中旬～8月上旬頃）におおむね日平均気温17℃以下の低温が数日以上継続すると，正常な籾や花粉がつくられなくなり，花粉形成阻害や受精障害から不稔が発生する．これを障害型不稔とよぶ．図1には，障害不稔をうけて青立ちになったイネを示す．通常の年であれば穂が垂れ始める時期であるが，実が入らないので穂が立ったままの状態が秋まで続く（図2）．

また，低温により生育・出穂が遅れて秋を迎えることになったり，秋になって低温が続くような場合，登熟が進まず未熟米が発生する場合もある．こちらは遅延型の冷害（cool summer damage by delayed growth）とよばれる．かつては東北・北陸地方や冷涼な山間地では遅延型冷害が問題であったが，苗代技術の発達による早植が可能となったこと，秋が全般的高温で推移する傾向にあることなどから，近年ではその発生は少なくなった．特に近年では秋の気温が高い傾向があり，遅延型冷害の発生はほとんどみられない．

一方，障害型冷害は最近でも頻発しており，特に1993年は全国で，2003年は北日本を中心に大冷害となった．1993年の大冷害（作況指数全国74，北海道40，東北地方56）を受けて「ひとめぼれ」などの耐冷性の強い品種が導入されたことにより，2003年は強度の冷夏であったにもかかわらず，被害程度は1993年よりも軽く済んだが，それでも作況指数は北海道73，東北地方で80と，依然として社会的な影響は大きいものがある．

●冷害の原因

北日本の冷害は，主にヤマセの吹走によってもたらされる．オホーツク海に高気圧，本州南岸～日本海にかけて前線や低気圧が存在する北高型の気圧配置で，オホーツク海～ベーリング海にかけて夏期の間存在する海洋性寒帯気団（Pm気団）が北日本の太平洋側に流入し，ヤマセとよばれる東よりの低温で霧や下層雲を伴った風となって吹走する．北高型の気圧配置は特に梅雨前期に多いが，それが梅雨後期～夏まで持続すると，イネの幼穂形成期～減数分裂期にぶつかり，障害型冷害を発生させる．ヤマセは東風の沈降成分によりその高さが1000～1500 m程度と低く，上空の西風との間で安定層が形成されるため，地形による影響を受ける．そのため，低温・寡照は主として太平洋側に

図1　ヤマセ吹走時の曇天とイネの青立ち
2003年8月27日，岩手県久慈市，森山真久（農研機構東北農業研究センター）撮影．

図2　障害不稔で秋になっても穂に実が入らないイネ
2003年10月21日，岩手県久慈市，著者撮影．

396　　G3 ●気象・気候災害

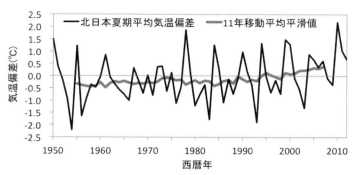

図3 北日本における夏期（6〜8月）平均気温偏差（℃）の時間変化（1950〜2012年）
北海道と東北地方における気象官署の気温偏差を平均した．

限定され，日本海側では適度な気温と日照，相対的に低湿の風が吹き，むしろ農作物にとってよい場合もある．

● 冷害の対策技術

障害型冷害を軽減するためには，深水灌漑という技術がある．北日本では，ヤマセが吹走して低温となる場合，一般的に用水温の方が気温よりも高い．そこで田の水位を上げて幼穂部分まで水に入れて，冷風による低温から保護しようというものである．特にヤマセが吹き続ける冷夏時には，深水灌漑を適切に施すことが重要である．一方で，ヤマセが吹き始め，低温となってから用水を入れると，地域によっては水温が低く，効果がさほど上がらない場合がある．また，時期的に用水路に十分な水量が確保されておらず，多数の水田で一斉に水を入れようとした場合，水量が不足する可能性もある．そこで最近では，気象予測データを用い，数日前から低温を予測し，情報を発信するシステムがつくられている[1]．数日前から予防的に用水を入れておけば，低温のくる前に水温も上げることができ，用水の計画的な使用が可能である．

これ以外にも，窒素肥料を減らすことで障害不稔率が下がることがわかっているので，追肥（穂肥）を減らすことが有効な方策として提案されている．ただし，その後に天候が回復した場合の収量減や，高温になった場合の品質低下など，別のリスクも考える必要がある．また，中長期的な方策として，田植え時期を遅らせて，低温危険期を気温変動の大きい7月中下旬からずらす方法も考えられるが，秋の天候によっては遅延型の稔実不良の発生確率も高まることになり，注意が必要である．

● 北日本夏期気温の年々変動

北日本の夏期気温の変動をみると（図3），気温が上昇している傾向はみられるが（11年移動平均），一方で年々の変動が大きいことも特徴である．1970年代前半までは年々の変動が小さいが，1970年代後半以降明瞭に大きくなっている．これは，Nitta and Yamada[2]が指摘したように，1970年代後半のclimate shiftによりテレコネクションパターンの1つであるPJパターンの北日本への伝播が顕在化し，エルニーニョ現象など，熱帯海洋の影響を強く受けるようになったことが一因としてあげられる．特に1980年代以降はエルニーニョ現象の周期（4〜6年）にあわせて，北日本でも約5年の周期で冷夏と暑夏が交互に発生する傾向がある[3]．今後の地球温暖化でこのような周期的な変動がどう変化していくのか，日本の夏の天候に影響を及ぼすテレコネクションパターンは今後その影響力を強めるのか弱めるのか，冷夏・冷害の発生する可能性はどの程度あるのか，今後の研究が必要であろう．

日本の食糧自給率はカロリーベースで39％（2010年度）しかない．北日本では日本のコメの34％を生産しており，その多くが良食味米である．日本の将来の食糧安定生産を考えるうえで，今後の冷害研究はその重要性を増しこそすれ減じることはないと考えられる．

［菅野洋光］

● 文献

1) 東北農業研究センター&岩手県立大学ソフトウェア情報学部 GoogleMap による気象予測データを利用した農作物警戒情報（http://map2.wat.soft.iwate-pu.ac.jp/narct2016/newaccount/ ［2016年9月20日アクセス］）
2) Nitta, T. and Yamada, S.: Recent warming of tropical sea surface temperature and its relationship to the Northern Hemisphere circulation, *J. Meteor. Soc. Japan*, 67: 375–383, 1989
3) Kanno, H.: Five-year cycle of north-south pressure difference as an index of summer weather in Northern Japan from 1982 onwards, *Jour. Met. Soc. Japan*, 82: 711–724, 2004

雪　害　G3-6

●雪害の種類と歴史

多量の降雪・積雪（snow cover）により人や施設，農作物などが被害をうける現象である．雪害（snow damage）は以下に大別できる[1]．①積雪害：多量の積雪による鉄道や道路などの交通障害，交通途絶による生活不安，流通不能による生鮮食料品の不足，工場製品や原料の運搬不能，除雪費の大幅な支出，農作物の雪腐病など．②風雪害（wind snow dagame, snowstorm damage）：強風と降雪・吹雪がもたらす視程不良が原因となる交通障害など．③雪圧害（積雪加重害）：雪の重さや積雪層が沈降するときの力によって家屋・施設などが崩壊したり，果樹・杉などの樹木が折損する．④なだれ害：山の斜面の積雪の一部が崩落して起こる災害．⑤着雪害（snow accretion damage, snowpack damage）：送配電線・通信線などに着く湿雪の加重のため，鉄塔・電柱の倒壊や断線をもたらす．⑥融雪害：雪解けが原因となる洪水・山（がけ）崩れ・地すべり・落石などの災害であるが，融雪が遅れて生育・田植え・播種などに遅れが生じる農業災害も広い意味での融雪害になる．⑦その他：屋根からの落雪による死傷事故（落雪害），屋根の雪下ろし作業中の転落事故，雪で立ち往生した車の排気口が雪で囲まれ排ガスが車内に侵入して起こる一酸化炭素中毒死など．

積雪害はしばしば甚大な人的・社会的な被害を引き起こす[1]．明治期以降では，明治18年に北陸・北海道で30年来あるいは70年来の大雪，大正7年には大雪で金沢，新潟，山形でなだれ（avalanche）が頻発し死者300人以上，大正11年には新潟で全層なだれが発生し客車3両が埋没，死者92人を数えた．昭和以降では，昭和2年に北陸で死者・行方不明者170人の被害に始まり，昭和9年，11年，13年，15年，20年に大雪による被害が発生しており，1970年代以降でも，昭和52年豪雪（1976～77年），五六豪雪（1980～81年），五九豪雪（1983～84年），六一豪雪（1985～86年），平成18年豪雪（2005～06年；主な積雪は2005年12月）など何回も発生しており，最近の平成18年豪雪では死者152人，負傷者は2100人を超えている．

●豪雪をもたらす総観場

豪雪年の大規模場の特徴をみると，地上では強いシベリア高気圧と，同じく強いアリューシャン低気圧による西高東低の気圧配置が特徴である．対流圏中～上層をみると，日本～カムチャッカ半島，グリーンランド，および地中海近傍の3か所に大きなトラフをもつ3波数の波形が特徴的であり，日本～カムチャッカ半島のトラフ内には低温の上層低気圧が存在している．図1には平成18年豪雪時の12月平均海面更正気圧分布と上層500 hPaの気温偏差を示す．大陸に高圧偏差（図中H），日本の東方海上に低圧偏差（L）がみられ，北日本を中心に上層の寒気（C）が流出していることが把握できる．このような強い冬型の気圧配置

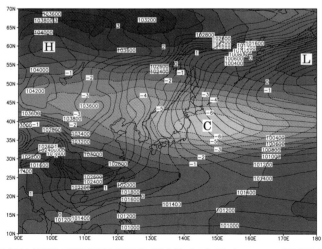

図1　2005年12月平均の海面更正気圧分布（単位はパスカル）と500 hPa等圧面気温偏差（℃）JRA25再解析データ（http://jra.kishou.go.jp/JRA-25/index_jp.html [2011年11月29日アクセス]）を用いて作成．

と大規模な寒気の流出が，日本海上での著しい気団変質と対流圏下層の鉛直安定度の減少，それに伴う積雲対流の発生による豪雪をもたらしている[2]．特に平成18年豪雪をもたらしたラージスケールの大気循環場では，北極振動に伴う寒気の放出よりは，冬季モンスーンの極端な強化にあること，それには中国南部の対流圏上層に出現した非常に強い高気圧によるロスビー波の伝播が寄与したこと，さらにその高気圧の形成にはラニーニャ現象にともなう南シナ海・フィリピン付近での多量の降水が関係することが提示されている[3]．また，同年では日本海における海水面温度が通常よりも高温であったことが豪雪の被害発生に寄与していた．したがって，豪雪の原因は，大規模な気象と海洋の変動から，北からの寒気だけでなく南からの影響も考慮して多面的に把握していかなければならず，将来の地球温暖化・気候変動下での発生予測はその重要性をますます増していくと考えられる．

● 農業への雪害と対策技術

雪による農業被害も軽視できない．雪腐病はムギ類や牧草類など，積雪下での越冬作物に病原菌が感染し，感染個体を腐敗，枯死させ，菌核を形成して越夏する．宿主組織が凍害をうけていることが重要な発病の誘因であり，積雪下の温度が$-2 \sim -3℃$で病勢が最も激しい．かつてはムギ類の被害が深刻であったが，近年では寒地の牧草生産の拡大にともない，越冬するイネ科作物および芝草の被害も拡大している．

物理的な被害例として，1994年1月29日に岩手県では228棟ものパイプハウスが倒壊した（図2）．二つ玉低気圧の通過にともない，普段積雪量の少ない太平洋沿岸に季節外れの大雪がもたらされた．短時間の降雪で除雪作業が間に合わなかったほか，雪が融解・再凍結してビニールに固着したことも多くのパイプハウスが倒壊した原因と考えられている．今後の地球温暖化で雪の降る地域や時期が変わってくれば，予期せぬ雪害が発生する可能性もあり，注意を要する．

一方で，雪の特性を利用した農業技術もある．北海道十勝地方では，かつては積雪が少なく，秋に取り残したジャガイモは冬の土壌凍結で死滅していた．ところが近年，同地方で積雪が増加し，土壌凍結深が浅くなった．その結果，取り残しのイモが春に芽生え，雑草化するようになっている．これは野良イモとよばれ，多いところでは1 haあたり2万株も発生し，大きな問題となっている．そこで，一部の地域では，断熱効果のある雪を除去したり，圧雪したりして土壌の凍結を促進させ，実際に野良イモの抑制に効果を上げている（図3）．

また，雪中貯蔵という，古来から行われている貯蔵技術では，秋に収穫した野菜を雪下で保存することにより，春まで鮮度を保たせてきた．近年，利雪技術として見直されてきており，断熱施設に雪を蓄えて暑夏あるいは盛夏まで冷蔵庫として使用できるシステムが開発されている[6]．今後は雪害の回避だけでなく，自然エネルギー利用の利雪技術の導入も必要となってこよう．

[菅野洋光]

図2 大雪で倒壊したパイプハウス[4]

図3 野良イモ退治のために除雪している畑の風景（十勝地方）[5]

● 文献
1) 宮沢清治：防災と気象，朝倉書店，1982
2) 二宮洸三：日本海の気象と降雪，成山堂書店，2008
3) 川村隆一：平成17年度科学研究費補助金（特別研究促進費）「2005-06年冬季豪雪による広域雪氷災害に関する調査研究」報告書，2006
4) 濱嵜孝弘ほか：1994年1月29日に岩手県北部沿岸で発生したパイプハウスの雪害，農業気象，51: 53-56, 1995
5) 広田知良：北海道・道東地方の土壌凍結深の減少傾向および農業への影響，天気，55: 548-551, 2008
6) 農業・生物系特定産業技術研究機構編：最新農業技術事典，農山漁村文化協会，2006

G3-7 局地的な気象災害
竜巻・降雹・ダウンバースト

水平規模数十 m〜数 km の規模の気象災害をもたらす激しい気象としては，竜巻（tornado）・降雹（hailstorm, hailfall）・ダウンバースト（downburst）が代表的なものとしてあげられる．

● 竜　巻

竜巻は積乱雲に伴う最も激しい気象現象のうちのひとつである．積乱雲の雲底から漏斗状あるいは紐状に突出して，地上に達し地表の物を巻き上げる渦．直径は数十 m から数百 m に及ぶ．竜巻を引き起こす親雲は，主に直径数 km の積乱雲群で，それ自体が低気圧性の回転運動を起こし，メソサイクロンとよばれる．竜巻は数十 km スケールにも発達する積乱雲の集合体「スーパーセル」の中で発生する．最大瞬間風速によって次の 6 段階に区別される．これは藤田（F）スケールとよばれる（表 1）．

日本の竜巻の発生分布（図 1）によれば，日本の竜巻高頻度地域は 7 地域にまとめられる．①南西諸島：水上竜巻が多い．②九州南部：特に，日南海岸に多い．③伊豆諸島：水上竜巻が多い．④首都圏：その周辺地域に多い．⑤東海地域：愛知県南東部，渥美半島の付け根付近など．⑥富山湾とその周辺：11 月頃にピーク．海水温の高かった 2010 年には水上竜巻が北日本の日本海沿岸で多発した．⑦北日本の日本海側：寒候季（特に，対馬海流の海水温がまだ高い 11 月ごろ）の寒冷前線通過時に多い．

日本で起きた竜巻は F3 スケールが最大で，1990 年 12 月の「茂原竜巻」，1999 年 9 月の「豊橋竜巻」，2006 年 11 月の「佐呂間竜巻」，2012 年 5 月の「北関東竜巻」が該当する．

1）茂原竜巻：1990 年 12 月 11 日，能登半島沖に低気圧（1000 hPa）が東北東進し，その中心から南に伸びる閉塞前線の閉塞点に新たな低気圧が生まれ，その中心気圧が 3 時間で 6 hPa 低下するなか，低気圧中心（1000 hPa）の南に接する地域で竜巻が発生した．500 hPa にはオホーツク海方面から楔状に寒気団が進入していた．北東-南西走向の寒冷前線と平行に数列の積乱雲群が並び北東進するなか，君津付近にはスーパーセル（南西-北東：約 15 km，北西-南東：約 10 km）が形成され，その 22 分後に茂原竜巻が発生した．気温の急勾配域に対応する風の水平シアの大きな線状領域内での竜巻であった（図 2b）．また，千葉県のほぼ全域で降雹もみられた．

2）佐呂間竜巻：2006 年 11 月 7 日，非常に発達した低気圧が北海道の北端を北東進した．東西方向に長軸をもつ楕円に近いスーパーセルが佐呂間付近に認められた．この竜巻の発生要因としては，①南〜南南西に伸びる寒冷前線の東側に暖湿流が入ったこと（総観規模の素因），②その中で気流の収束が起こり積乱雲群からなるスーパーセルに発達したこと（中規模の素因），③シベリア南東部に寒冷渦があり，対流圏中層・上層に寒気を伴う西風が北海道へ進入，日高山脈の東側に山岳波動を生じ，上昇流の引き金となったこと（誘因），があげられる．

3）北関東竜巻：2012 年 5 月 6 日，地上天気図では北海道北西方と北陸沖にある地上の低気圧は弱かったが，対流圏中層 500 hPa では顕著な寒冷渦が沿海州から日本海北部へ進入し，中央日本方面へ楔状に寒気を突入させていた（図 2a）．

つくば市北部では地上の気温は正午すぎに約 24℃

表 1　竜巻の藤田（F）スケール

F0	17〜32 m/s（約 15 秒間の平均）
F1	33〜49 m/s（約 10 秒間の平均）
F2	50〜69 m/s（約 7 秒間の平均）
F3	70〜92 m/s（約 5 秒間の平均）
F4	93〜116 m/s（約 4 秒間の平均）
F5	117〜142 m/s（約 3 秒間の平均）

図 1　日本における竜巻の分布（1961〜2009 年；気象庁[1]）

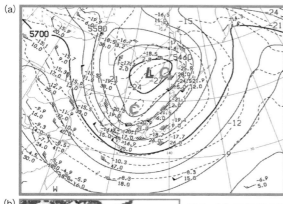

図2 (a) 2012年5月6日09時の500hPa天気図（気象庁、HBC）(b) 同日12:15のレーダーエコー図（国土交通省河川管理局）

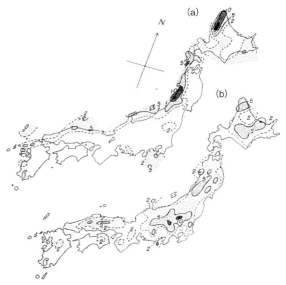

図3 日本における寒候季 (a) と暖候季 (b) の降雹日数分布（1954～1964年）[2]

に達し，500 hPa の気温は－21℃ に低下した．鉛直約 5.5 km の気温差 45℃ の不安定層の中で，中部地方から東進した積雲群が，関東平野で北東に進みつつスーパーセルに発達した．南北に連なる3つのスーパーセル（図2b 破線円内）の中で，3列（福島県も含めると4列）の竜巻が 12:45 ごろほぼ同時に発生し，13:00 ごろにかけて南西から北東へ進行した．その最南の竜巻はF3スケールで，つくば市北部の北条を通過し，被害域の長さは 17 km に達した．最北，中間の竜巻はF2だったが，長さは 31 km，21 km にも及んだ．真岡・益子・茂手木・水戸などでは，13時前後にビー玉サイズの降雹も観測された．

●降雹とダウンバースト

雹は農作物にとって脅威である．時には果樹・野菜へ壊滅的な被害を及ぼす．降雹発生の要因として，①寒冷前線，②寒冷渦，③冬型気圧配置があげられる．③は初冬に多い．海面水温が高い状況下で，上空に第一級の寒気団が進入すると，積乱雲が発生し，地形効果で上昇流が助長され，降雹を生じやすい（図3a）．①②は暖候季（図3b），春から初夏に高頻度となる．いずれも下層に暖湿気団，上層に寒気団が入り，大気の不安定度を増すことが発生条件である．大気不安定の状況下で，水蒸気を多量に含む下層の暖気が急上昇する．水蒸気は凝結時に潜熱を放出し，上昇流を強め積乱雲となる．水滴は 0℃ 以下でも過冷却の状態だが，－20℃ 以下ではほぼすべてが氷晶に変わる．上昇流により氷晶どうしが結合する．重くなった氷粒が落下しつつ大が小を吸着する．上下運動するうちに，上昇流で支えきれず地表へ落下する氷が雹である．成長過程で凍結・融解を繰り返すので，同心円状構造となることが多い．上空の寒気塊が一気に降下するダウンバーストを伴う降雹もある．

寒冷渦の場合は，上下の気温コントラストが非常に大きい．寒冷渦の南東方 100～1000 km の下層は，暖湿流が反時計回りに入り，南東-北東走向の Cb バンドが出現しやすく，降雹の危険域となる．

2014年6月24日，東京都三鷹市で，径 1～3 cm，深さ数 cm～数 10 cm に及ぶ大量降雹があった．対流圏中～上層に寒気が入り，圏界面が約 15.5 km と高かったことも影響し，積乱雲群が極めて発達した（雲頂高度 13 km）中での特異な現象であった．北東-南西方約 50 km，その他の方角で約 20 km のメソサイクロンが認められた．

2008年6月13日には，北海道西方沖にある寒冷渦の南東側で，北へ向かう幾筋もの積乱雲（Cb-line）が発達し，降雹に至った．青森県内のリンゴは当例を含む同年5～6月の降雹で約4割が被害を受けた．今後，防雹ネットなどの対策が望まれる． ［山川修治］

●文献
1) 気象庁：全国竜巻調査報告，気象庁技術報告，2010
2) Omoto, Y.: Characteristics of hailstorms in Japan, *J. Agric. Met.*, 23: 115–121, 1967

G4 海洋災害

G4-1

海洋災害

波浪（風浪・うねり）・三角波，高潮，副振動

日本をはじめとする沿岸各国では太古の昔から海洋を起源とする災害が幾度となく起こってきた．これらの災害は主に津波・波浪・高潮（storm surge）によってもたらされている．ここでは，波浪と高潮に副振動とよばれる現象を加え，これらについて簡潔に解説する．

● 波浪（風浪・うねり）

一般に波浪は，風によって海面に起こる周期が1〜30秒程度の波のことを指し，「風浪」（wind waves）と「うねり」（swell）とに大別される．

「風浪」は，海上風によって直接生じている波をいう．波の高さは，海上風の風速，風の吹く時間（吹送時間），吹きわたる距離（吹送距離）で決定され，この3つが大きくなると波高が高くなる．実際の海面は不規則で，個々の波はさまざまな周期や波長をもち，大変複雑である．この複雑な波を，観測や予報の現場では，統計的に処理した有義波という概念を用いて表現する．有義波とは一定期間に観測された波から高い順に1/3の個数を抽出し，その波高と周期を平均したものである．有義波高は，目視で観測する波高とだいたい同じ値をとる．統計的には，有義波高に対し，平均的な波高は0.63倍であり，また1000波に1波は2倍近い波になるといわれる．

「うねり」は，海上風のエネルギーを受けずに伝播する波をいい，風浪が風の強い領域から抜ける場合や，風の急な弱まり，風向の急変などによって生じる．うねりは，規則的で丸みを帯びた形状をしているのが特徴で，一般的に周期は比較的長い．旧来から，土用波として恐れられていたものは，遠くの海上からやってくるうねりで，夏の土用のころ，風のない穏やかな海岸に打ちつけられる高波のことをいう．うねりのように周期の長い波は，浅いところで海底地形の影響を強く受け，海岸部で波高が高くなることがあるため注意が必要である．

沿岸部では，風浪・うねりを問わず，高波で大きな災害が発生している．近年の例では，2004年の台風第23号による高知県室戸市の災害（防波堤・家屋破損，死者3人），2007年の台風第9号による西湘バイパス（神奈川県）崩落，2008年の冬型気圧配置の強まりによる日本海の高波（富山・新潟県で防波堤・家屋損壊，死者2人）などがある．富山県の高波は，日本海北部より伝播してきたうねりを伴ったもので，このうねりは地方名で「寄り回り波」とよばれる．また，2008年10月には，日本海北部の低気圧による高波で新潟・山形県で多数の釣り人が波にさらわれたり，防波堤に取り残されたりした．

外洋においても，2006年に発達した低気圧による高波で茨城県鹿島港外や宮城県女川港沖で貨物船や漁船多数が座礁・転覆し死者34人を数えたほか，2009年には三重県御浜町沖でフェリーが高波により横転・座礁するなどの事故が発生している．さらに，2008年に犬吠埼沖，2009年には長崎県平子島沖と八丈島沖で漁船が転覆し，多数の死者・行方不明者を出した．近年は，従来のような台風や冬型の気圧配置における高波以外に，三角波（pyramidal wave）など突発的な高波による海難にも関心が集まっている．

三角波

波の先端がピラミッドのように三角形に切りたった形状のひときわ高い波をいう．多方向からの波が集中・ぶつかることにより形成されると考えられており，台風の中心付近，前線付近や海流のあるところなどで発生しやすい．なお，三角波を異常波浪（Freak Wave，有義波の2倍を超える波）ととらえる場合や，単に有義波に対する最大波を意味する場合もあり，用法がやや曖昧になっている．

● 高　潮

低気圧や台風などの発達した気象擾乱によって海面が上昇する現象を高潮という．海面の水位は主に月や太陽の引力によって1日1〜2回周期的に上下し（潮汐），その水位を天文潮位という．高潮は，この天文潮位からの高まり（偏差）であり，その要因から気象潮ともよぶ．

高潮の成因は，基本的に気圧低下による吸い上げ効果と強風による吹き寄せ効果である．吸い上げ効果は，気圧低下に応じて水位が上昇するもので，気圧1hPaの低下で約1cm海面が上昇する．吹き寄せ効果は，海から陸地へ吹く強風によって海水が海岸部に吹き寄せられて海面が上昇する現象である．吹き寄せ効果による海面上昇は，風速の2乗および風の吹く距離に比例し，水深に反比例する．したがって遠浅で広大な湾では吹き寄せ効果で大きな高潮が起きやすい．高潮は，津波と同様にV字形の湾など地形の影響で局所的に大きくなることがある．また，外洋に面した海岸などでは，高波が打ち寄せて砕ける際に海水が波から運動量を受けて沿岸に押し寄せることで潮位が高く

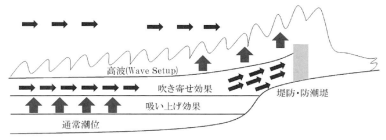

図　高潮発生の概要図
台風や発達した低気圧の通過時などに，気圧の低下による吸い上げ効果，陸地へ向かう強風による吹き寄せ効果，高波の効果（Wave Setup）が加わることで通常の潮位より上昇する．

なる現象（Wave Setup とよぶ）があり，局所的に潮位が高まることがある．

　幸いなことに，日本は海外に比べて湾のサイズが小さく，遠浅の海岸も広くないので，ベンガル湾やメキシコ湾のように大きな高潮は発生しにくい．しかし，東京湾・伊勢湾・大阪湾などは，南方に湾口が開いているため，北上する台風の影響を受けて高潮が発生しやすい．さらに，低地に人口が密集しているために高潮による災害を受けるおそれがある．そのため，1917年の台風（東京湾），1934年の室戸台風（大阪湾），1950年のジェーン台風（大阪湾）など，古くから大きな高潮災害を被ってきた．特に，1959年の伊勢湾台風では，主に高潮によって死者・行方不明者5000人以上の惨事となり，阪神・淡路大震災が発生するまで，1つの現象による死者・行方不明者数では戦後の気象災害史上最大である．伊勢湾台風以後，全国各地で防災施設などが強化され，災害の発生数は減ったものの，1999年台風第18号による熊本県不知火町（当時）や山口県の高潮，2004年台風第16号による香川県高松市をはじめとした瀬戸内海の高潮など，発生数は多くなくても，ひとたび浸水が発生すると甚大な災害となるので，現代においても侮れない．

　なお，高潮は一般に天文潮位からの偏差（潮位偏差）を用いて表現されるが，浸水発生の有無は，天文潮位も含めた水位（最高潮位）で決まる．したがって，満潮などで水位が高いときに高潮が発生すると，浸水災害が発生しやすい．

● 副振動

　天文潮位を主振動とし，それ以外の振動を副振動とよぶ．副振動の周期は，一般的に数分程度から長いものでは100分程度であり，主振動よりも短めである．なお，高潮に付随して起こる湾内などの潮位振動も副振動とよばれる．

　副振動は，大気擾乱などで励起された水位変動（長波）が，湾内に進入して湾などの地形に応じた周期（固有周期）で振動することなどで起きる．元の周期が湾内の固有振動と近い場合には共鳴により副振動が顕著に持続し，増幅する場合もある．

　日本付近の副振動では，長崎湾の「あびき」が有名である．あびきの語源は速い流れのため魚網が流される「網引き」に由来するといわれている．あびきは東シナ海大陸棚上に発生した気圧変動の移動速度が，気圧変動によってつくられた海洋長波の位相速度と一致する場合に，共鳴により増幅することが主因とされている．増幅された長波は東シナ海の地形や湾内の固有振動などによってさらに増幅し，湾奥では数mの振動になることがある．あびきは，振幅の大きな副振動で，しばしば大きな災害を引き起こしているが，いくつかの要因が関係していてメカニズムは複雑で，詳細についてはまだ解明されておらず，予測が難しい．

　1979年3月31日に発生したあびきでは，最大全振幅278 cm（周期は約35分）が観測された．また，2009年2月25日から26日にかけて九州沿岸の広い地域で副振動が発生した．鹿児島県甑島では，痕跡から推定された海面昇降の最大高低差は約2.9mに達し，港湾内で急激な潮流が発生するなどして，船舶修繕施設の門扉が破壊されたり，漁船の転覆や住宅浸水などの被害が出た．

［板垣真資・高野洋雄］

● 文献
1) 新田尚監修，酒井重典ほか編：日本の四季と猛威・防災，気象災害の事典，pp.304-312，朝倉書店，2015

G4-2 地球温暖化に伴う海面上昇，サンゴ礁の島々に迫る危機

　島嶼は，利用可能な土地と資源が限られており，環境変動に対する脆弱性がきわめて高い．なかでも，熱帯の環礁上に成立する環礁州島は，すべてがサンゴ礁（coral reef）に生息するサンゴや有孔虫などの石灰化する生物に由来する砂礫から形成され，標高が最大数 m，幅数百 m と低平で，地球温暖化（global warming）に伴う海面上昇（sea level rise）の影響が最も深刻であると考えられる．環礁は世界に 400 から 500 存在し，およそ 70 万人が環礁州島に居住している．国土のほぼすべてが環礁州島からなる国家（ツバル，キリバス共和国，マーシャル諸島共和国，モルディブ共和国）も存在する（図 1，2）．

●海面上昇の影響

　今世紀末には現在と比較して全球平均で最大 59 cm の海面上昇が予測されており，熱帯域においては，海面が過去 50 年間で平均 1.4 mm/年の割合で上昇している[1]．海面上昇は海岸侵食をもたらすとともに，水資源にも影響を与える．環礁州島には河川がないため，水資源は降水と地下水に限られる．地下水は，地下にレンズ状に浮かんだ構造をしているため，淡水レンズとよばれる．淡水レンズの大きさは州島の面積と密接に関係しており，淡水レンズの保持されている島の中央部においては，タロイモが栽培され，住民の食糧供給源となっている．海面上昇は，直接淡水レンズの塩水化と縮小をもたらすだけでなく，海岸侵食が引き起こす州島面積の減少により，複合的にさらなる淡水レンズの塩水化と縮小を引き起こす．こうして引き起こされた淡水レンズの塩水化と縮小は，タロイモの栽培を阻害し，水資源のみならず農業面でも影響を与えることが予想される．

●影響が顕在化しているツバル

　海面上昇以外の要因も複合的に環礁州島に危機をもたらす（図 3）．それが顕在化している例としてツバルを紹介する．ツバルは，南太平洋に位置し，すべての国土が州島からなる，世界で最も脆弱な国家の 1 つとされる．ツバルでは，第二次世界大戦後に人口の増加が起こり，首都への人口集中が起こった．現在，ツバルの総人口は約 10000 人で，首都のあるフナフチ環礁フォンガファレ島の人口は約 4000 人である．フォンガファレ島（図 2）では，現在，大潮の高潮位時に島の中央部で浸水が起こっている[2]．ツバルにおいては海面が 2＋/－1 mm/年の速度で上昇しており[1]，地球温暖化がもたらす海面上昇による脆弱性が強く指摘されている．

　フォンガファレ島の中央部で起こっている浸水には，海面上昇に加えて，ローカルな要因が強くかかわっている．100 年前からの土地利用を復元した結果，現在浸水の起こっているところは元は湿地帯であり，高潮位時に海水が浸み出していた区域であったことが明らかとなった[3]．第二次世界大戦中に米軍によって湿地帯は埋め立てられたが，人口の増加と集中により，居住地が埋め立て地（元の湿地帯）にまで拡大した．このことによって浸水問題が顕在化したと考えられる．

　一方で，フナフチ環礁全体では海面上昇により州島の面積が縮小するという予想とは逆に，総面積は増大していることが，1984 年の空中写真と 2003 年の高解像度衛星画像の海岸線の比較により明らかとなった[4]．このことは，サンゴや有孔虫が健全で砂生産が活発であれば，海面上昇に対して島は維持される可能性があることを意味している．しかしながら，首都のあるフォンガファレ島の変化は他の州島に比べごくわずかであった．フォンガファレ島の周辺では，他の島

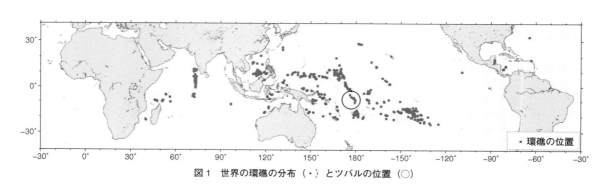

図 1　世界の環礁の分布（・）とツバルの位置（○）

図2 リング状に連なったフナフチ環礁上に位置するツバルの首都のあるフォンガファレ島

の周辺に比べてサンゴや有孔虫が少なく，原因として都市域での汚染の影響が考えられる．サンゴと有孔虫の減少によって砂礫の生産が低下し，将来的に海岸侵食が引き起こされる可能性がある．

地下水の水質調査と電気探査により，フォンガファレ島においては，地下水の大部分は汽水であり，淡水レンズはタロイモ畑部分のみに存在することが示された[5]．住民はもっぱら雨水を飲料水として利用しており，水資源は降水量の変動に対して非常に脆弱である．さらに，海面上昇によりタロイモ畑の淡水レンズが塩水化すると，タロイモの生育が阻害され，農業面でも多大な影響が生じることが危惧される．

● グローバル・ローカルな要因

ツバルは，地球温暖化に伴う海面上昇をはじめとするグローバルな要因と人口増加に伴うローカルな要因の複合にさらされて，（その結果として）浸水の問題が顕在化している．さらに，将来的に国土の減少や水資源，農業資源の劣化が危惧される．ツバルに限らず，環礁州島は構造的に同じ問題を抱えているといってよい．海面上昇のみならず，グローバルとローカル両方を考慮して，危機をもたらす要因を特定して対策を立案し，現地での施策や援助計画に反映させることが必要である．

[山野博哉]

● 文献

1) Church, J. A. et al.: Sea-level rise at tropical Pacific and Indian Ocean islands, *Global and Planetary Change*, 53: 155–168, 2006
2) 神保哲生：ツバル―地球温暖化に沈む国，春秋社，東京，2004
3) Yamano, H. et al.: Atoll island vulnerability to flooding and inundation revealed by historical reconstruction: Fongafale Islet, Funafuti Atoll, Tuvalu, *Global and Planetary Change*, 57: 407–416, 2007
4) Webb, A. P. and Kench, P. S.: The dynamic response of reef islands to sea-level rise: evidence from multi-decadal analysis of island change in the central Pacific, *Global and Planetary Change*, 72: 234–246, 2010
5) Nakada, S. et al.: Groundwater dynamics of Fougafale Islet, Funafuti Atoll, Tuvalu, *Ground Water*, 50: 639–644, 2012

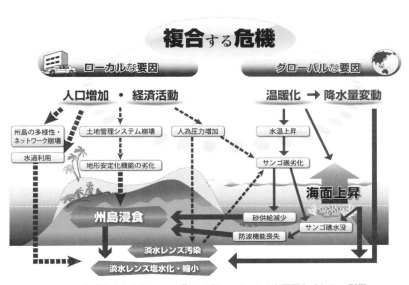

図3 環礁州島に危機をもたらしているグローバル・ローカルな要因とそれらの影響

G4-3 海岸侵食の加速化と防御策

●山地の侵食速度と岩屑の供給

砂浜や海食崖は自然条件下でも侵食され，崖や砂浜の後退が起こりえる．しかし，急峻な山地が発達し侵食速度の速い日本列島では，河川から海岸へ大量の土砂が供給されてきたため，三角州や砂浜海岸線は前進傾向にあったといえよう．個々の山地の侵食速度 (mm/y) は，赤石山脈 (1.631) が最大で，日高山地 (0.735)，四国山地 (0.746) などが続く[1]．現在，山地から河川を通して海岸に供給される土砂量は年間1億3000万 m^3 ほどで，そのうち約1/3が貯水池に堆砂していると推定されている．天竜川水系では年間，472.5万 m^3 ほどの土砂が佐久間・秋葉などの大貯水池に堆砂している[2]．

天竜川河口に発達する礫質の三角州は1950年頃までほぼ全面的に海岸線を前進させていた．しかし，佐久間ダムの完成（1956年）により海岸線は後退に転じ，1970年頃汀線はほぼ現在の位置まで後退した．さらに秋葉ダム（河口より47 km 上流）が1958年に完成したので，1960年代に200万 m^3 ほどあった河口から排出される土砂量は，1980年代にはわずか16万 m^3 に減少した[3]ため，天竜川河口では，20世紀初頭に比べて汀線が500 m ほど後退し，河口より西側の砂浜には離岸堤 (offshore breakwater) 群が建設されている．

●海岸侵食

新旧の5万分の1地形図（旧：1900年代初頭に完成した平板測量図，新：1970年代はじめに全面改測された写真測量図）とを比較すると，日本の砂浜海岸は前進傾向にあった[4]．しかし，最近の地形図を比較した調査結果では，侵食傾向が際立ってきた[5]．日本の砂浜海岸線で，1960年ごろまで砂浜が前進傾向にあったのは，石狩川河口部，仙台湾，九十九里浜中央部，遠州灘，弓ヶ浜北西部，日向灘など限られた海岸であったが，これらの海岸でも侵食傾向が著しい．

海岸侵食 (coastal erosion) は，海面上昇や波浪条件の変化，海岸・海底地形の特色などにより自然条件

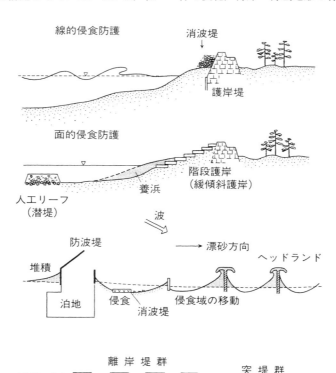

図1 さまざまな海岸侵食を防止するための施設[6]
上2つは海岸断面で，下2つは海岸に沿う平面図．

図2 皆生温泉前面の人工トンボロ群（1995年，米子市観光課提供）

下でも進行するが，斜面安定化工事（植林や砂防堰堤の築造），各種貯水池内への堆砂，砂利採取，浚渫，海岸での遮蔽物の築造など人為的な原因によって，海岸への供給土砂量の急激な減少によるところが大きく影響している．

●海岸侵食対策

海岸侵食に対し，最も自然にやさしく，かつ，景観の自然性を維持できるのは，材料が確保でき，かつ，経費を度外視するならば，砂浜を維持するのに十分な土砂を絶えず供給する事（養浜の繰り返し）であろう．現在，日本でも小規模な養浜は各地で試みられているが，侵食防止工の主流はコンクリートの使用である．それらは，基本的なものから大規模なものへ次のようなものがある（図1）[6]．

① 護岸堤（防潮堤を兼ねる）：海岸沿いの集落や道路を保護する工事である．波浪で堤防の脚部が洗われて崩壊しやすい．このため，最近は，波の力を弱め，海岸へのアクセスを確保しやすい階段状の緩傾斜護岸がつくられることが多くなった．海浜へのアクセスが確保される人にやさしい護岸でもある．

② 消波堤：種々の波消しブロック（テトラポッドが代表例）を積み上げてつくられる．護岸堤や海食崖（砂浜の小崖を含む）の基部を保護するためにつくられることが多い．

③ 突堤：海岸から突き出し，砂を捕捉することを主目的とし，順次に複数本つくられる．

④ 離岸堤：沖合いの浅海（水深数m）に，汀線に平行に断続して建設する．波のエネルギーを弱め離岸堤背後に静穏域をつくり，砂を捕捉して最終的には人工のトンボロをつくることを目的としている．

⑤ 潜堤（人工リーフ）：離岸堤の天端を海面下（1～2 m）に沈めた建造物で，離岸堤とほぼ同じ働きが期待される．海面下にあるので景観にやさしく小型船の往来をあまり妨げない．

⑥ ヘッドランド（人工岬）：外洋に面した荒海の保護に用いられる．先端を錨状にした大規模な突堤で，海岸線に沿って複数組建造される．一組のヘッドランドの中でだけで砂が移動し，外への損失を最小限にする試みである．

わが国では離岸堤群によって保護されている海岸は多い．遠州灘海岸や皆生海岸（図2）などが代表例である．また鹿島灘の海岸はヘッドランド群によって保護されている．鳥取県の皆生温泉は元々海底から湧き出していた温泉が，日野川上流域の鉄穴流しから供給される大量の土砂によって陸上に現れ，新しい温泉街を形成した場所である．しかし，鉄穴流しが終了した現在は，激しい侵食に見舞われている．本格的な海岸侵食対策は，まず，1947年に護岸と突堤群の整備から始まった．1971年以降，建設省直轄工事がスタートし，既設護岸の沖合の海底にそれぞれ50 m離して幅8.50 m，延長150 mの離岸堤が16 tのテトラポッドを積み上げて建設された．1986年までに計28基の離岸堤が日野川河口の東西両側の海岸沿いに建設された．皆生温泉地先の海岸には砂が戻り，海岸護岸と離岸堤の間には新たなトンボロ群が形成され，再び，海水浴，浜遊びの出来る海浜がよみがえった．しかし，現在は，景観に配慮した人工リーフ（潜堤）への切り替え工事が進んでいる．

[小池一之]

●文献

1) 藤原治ほか：日本列島における浸食速度の分布，サイクル機構技術報告，5: 85-93, 1999
2) 水山高久：水系における物質循環，高橋　裕・河田惠昭共編，水循環と流域環境，pp.109-159, 岩波書店，1998
3) 宇多高明ほか：遠州海岸の1960年代以降における海浜変形，土木研究所報告，183 (2): 1-48, 1991
4) 小池一之：海岸とつきあう，自然環境とのつきあい方 5, 131p., 岩波書店，1997
5) 田中茂信ほか：地形図の比較による全国の海岸線変化，海岸工学論文集，40: 416-420, 1993
6) 小池一之：海岸の風景，中村和郎ほか編，日本の地誌1 日本総論1（自然編），pp.169-177, 朝倉書店，2005

H ●環境汚染・改変と環境地理

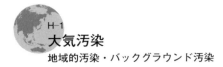

H-1 大気汚染
地域的汚染・バックグラウンド汚染

●市街地の大気汚染

　大都市の中心部は高層ビルが建ち並び，ストリートキャニオンとよばれる．ここは外部から風が入りにくく，大量に通過する自動車の排気ガスが充満して局地的に高濃度大気汚染が形成される．図1は，仙台市中心部の定禅寺通りにおける NO 濃度断面図である．一般に NO 濃度は冬季に高く夏季に低くなるが，ここでは夏季にもかかわらず 160 ppb を超えており，瞬間的には 300 ppb を上回る高濃度となった．図から，車道から排出された NO が路上を南へ流れ，これは上空の南風に対して逆向きの方向なので，キャニオン内に鉛直回転流が生じていることがわかる．街路樹がある道路では，その樹種や規模によってはさらに高濃度を引き起こす原因になることも確認されている[1]．

●住宅地の大気汚染

　住宅地域の冬季夜間は都心域より冷え込みが厳しいため強い気温逆転層が形成され，それだけ大気が拡散する容量が小さくなるので，汚染物質の排出量は少ないにもかかわらず NO_x 濃度が 300 ppb を超えることもめずらしくない．住宅団地にあって NO_2 などの環境基準（environmental (quality) standard）（60 ppb）をクリアできない地点がみられ，各地で原因調査が行われた．自動車排気ガス中の NO_x には 10% 前後の NO_2 が含まれるので，NO_x 濃度が上昇するとともに NO_2 濃度も上がり，これに NO の酸化で生成される NO_2 が加わるので，容易に環境基準レベルを超えてしまう．さらに，浅い谷や盆地状の地形では冷気湖が形成されて風が止まり，思いがけない高濃度になることがある．閑静な住宅地域で初冬季の晴れた夜間に，NO 濃度が常時監視測定機の上限値 500 ppb を連日数時間にわたってオーバーするという例が千葉市でみられた．

●都市圏の広域汚染と汚染物質の長距離輸送

　都市と工場地帯は隣接する場合が多いので，大都市圏が拡大するとともに工場から排出される汚染物質と都市内の各種発生源を起源とする汚染物質が相まって，直径数十 km という大規模な汚染気塊が形成される．南関東の場合は，夜間に陸風が東京湾および相模湾に汚染気塊を運び入れて大きな汚染気塊を形成し，翌日の海風循環が汚染気塊を再び上陸させて広域に高濃度汚染をもたらす．しばしば明瞭な海風前線が東京都と神奈川県の境界付近に停滞し，その付近に高濃度の光化学大気汚染が発生する．午後には太陽放射によって大気混合層が発達し，汚染気塊は 2000～3000 m の厚さに達する．日没後は下層に安定層が形成されて，その内部に新たな汚染物質が蓄積する．一般風が弱い条件下では，上層の汚染気塊が夜間もそのまま上空にとどまり，翌日の対流混合に取り込まれて上下の汚染が一体化して大規模な汚染気塊となり，比較的早い時間から光化学大気汚染を発生させる結果となる．

　中部山岳地域には，熱的低気圧が発生しやすい．関東平野はこの局地低気圧の東側にあたるため，低圧部に吹き込む南風が発達し，南関東地域で形成された汚染気塊を北関東へ運んでいく．図2は汚染気塊の輸送過程を模式的に示したものである[2]．午前中は沿岸部に海風が現れ，汚染気塊を拡大するが全体の移動距離は小さい．午後は熱的低気圧に伴う風と沿岸の海風，山地周辺の谷風が一体化して関東平野全体に南風が吹き，汚染気塊は北上をはじめ夕刻に北関東の山麓部から山地斜面および峠付近に達する．峠を越えた汚染気塊は夜半から翌朝にかけて山風に乗り長野県側の斜面を下り，盆地に高濃度の大気汚染（air pollution）をもたらす．これを「ナイトスモッグ」とよんでいる．このように大気境界層内のスケールの異なる局地風系が相互に関連し合い，汚染気塊を 100～200 km にわたって輸送し，これが通過する広い地域に影響を及ぼしている．

●大気のバックグラウンド汚染

　地域内の発生源を起源とする地域汚染に対して，広域のベースラインを形成する汚染をバックグラウンド

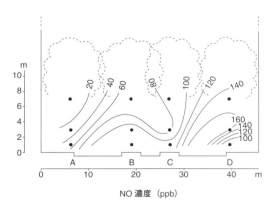

図1　ケヤキ街路樹をもつストリートキャニオンの大気汚染[1]
　　　仙台市：1991年7月21日 10：30～19：30 の平均．

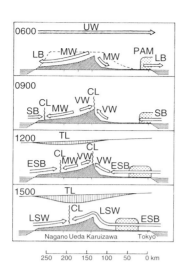
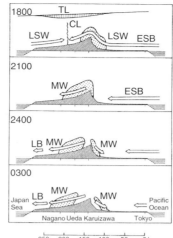

PAM：汚染気塊
TL：熱的低気圧
CL：収束線
UW：上層風
LB：陸風
SB：海風
MW：山風
VW：谷風
ESB：大規模海風
LSW：熱的低気圧へ向かう気流

図2　汚染気塊の広域輸送[2]

汚染（background pollution）とよぶ．東アジア全体の汚染，あるいは北半球，地球全体の汚染などが注目を集めるようになってきている．汚染物質は硫黄酸化物や窒素酸化物，粒子状物質などが中心であるが，これらは歴史的な理由から酸性雨問題と関連づけて議論されることが多いので別項に譲り，ここではバックグラウンドオゾン濃度について取り上げる．日本ではオキシダント濃度のほとんどをオゾンが占めることから多くの研究が行われたが，越境汚染の対象としては本格的に取り組まれてこなかった．しかし，オキシダントの環境基準（60 ppb）が設定されて40年を超えていながら，全国的に基準未達成のまま継続していることと2000年以降各地の濃度が上昇傾向にあることから，バックグラウンドのオゾンが再び注目を浴びることとなった．図3は北半球中緯度のオゾン濃度推移[3]で，20世紀前半に比べて近年は数倍の濃度を示している．

各地で実施された調査を総合すると，国内起源のオゾンに加えて成層圏オゾンによるバックグラウンド濃度の上昇と越境汚染の影響が明らかとなってきた．成層圏オゾンの沈降プロセスは2段階に分かれる．まず，寒冷前線の上部において前線に吹き込む下降流により成層圏オゾンが対流圏上層に進入し，次いで寒冷前線の後面にある移動性高気圧圏内において，下降気流がオゾンを対流圏下層へ運ぶ．同時に沈降性の気温逆転層が形成されて，風が弱く晴天となるので地域的光化学大気汚染が発生しやすい．移動性高気圧は西から移動してくるので，中国大陸で排出された汚染物質や黄砂を含んでおり，これにバックグラウンドオゾンとわが国の地域汚染によるオゾンが加わり濃度上昇をもたらす．したがって，寒冷前線，移動性高気圧，気温，紫外線量などの条件が揃う春季にオゾン濃度は高

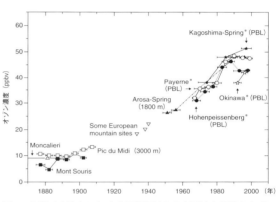

図3　北半球中緯度における前世紀以来の春季地表付近のオゾン濃度[3]

くなりやすい．

オゾンや硫黄酸化物などの汚染は主として化石燃料の燃焼を起源としており，発生源の中心は北半球中緯度にある．一方，COおよび炭化水素類のバックグラウンド汚染に対しては化石燃料に加えてバイオマス燃焼も無視できない．その発生源は森林火災，サバンナ火災，生活エネルギー消費，焼き畑など，いずれも低緯度地域に多く，バイオマス燃焼の約85％は熱帯域で占められる．

［菊地　立］

●文献
1) 菊地立：仙台市定禅寺通りの大気環境に及ぼすケヤキ並木の影響，東北学院大学教養学部論集，150: 29–48, 2008
2) 栗田秀実・植田洋匡：沿岸地域から内陸の山岳地域への大気汚染物質の輸送および変質過程，大気汚染学会誌，21: 428–439, 1986
3) 秋元肇ほか編：対流圏大気の化学と地球環境，223p., 学会出版センター，2002

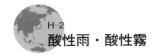
H-2 酸性雨・酸性霧

雨は大気中のCO_2を吸収し，自然の状態ですでに酸性である．石灰岩地域にみられる鍾乳洞は，石灰岩がその酸性の雨に溶かされた結果形成されたものである．雨水が大気中のCO_2を吸収するとき，その大気のCO_2の濃度（370 ppm）に応じた量だけ溶解する．この状態を溶解平衡とよび，このときその雨水はpH 5.6となる．一般には，この自然の状態を基準にして，この値以下のpHを示す雨水を酸性雨（acid rain）とすることが多い（図1）．雨水のpHを決める要因は複雑であり，pH 5未満の雨水を酸性雨とする場合もある．

● 酸性雨発生のメカニズム

化石燃料の燃焼により，火力発電所や工場などの固定発生源からはおもにイオウ酸化物（SO_x）が発生する．一方，石油が高温状態のエンジンで燃焼する自動車や飛行機などからは，おもに窒素酸化物（NO_x）が大気中に放出される．これらの物質は，大気中で紫外線や塵などの影響を受けて多様な反応を繰り返し，硫酸（H_2SO_4）や硝酸（HNO_3）などの強い酸に変化する．これらは，雨雲に取り込まれたり（レインアウト），降雨中に取り込まれたり（ウォッシュアウト）して酸性雨となり地上に落下する．酸性雨のpHの低下に対してNO_xとSO_2のどちらが大きく寄与しているのか，その実態を知るためには，$NO_3^-/nss-SO_4^{2-}$当量比（N/S比，nss-：non-sea-salt，非海塩物質）を求めることが有効である．

一方，霧粒に吸収されたものは酸性霧（acid fog）といわれる．霧粒は雨滴と比べて，単位質量あたりの表面積が10倍程大きい．そのため酸性物質の吸収量が大きく，酸性雨よりも強い酸性を示す．

● 酸性雨の現状と影響

日本の現状

日本では，1983年から酸性雨のモニタリングやその影響に関する調査が実施され，2004年に取りまとめられた1983年から2002年までの20年間にわたる調査結果の概要は次のとおりである[2]．

①全国的に欧米並みの酸性雨が観測されており（全国平均pH 4.77），また，日本海側の地域では大陸起源の汚染物質の流入が示唆された．

②現時点では，酸性雨による植生衰退等の生態系被害や土壌の酸性化は認められなかった．

このように，日本における酸性雨による影響は現時点では明らかになっていないが，一般に酸性雨による影響は長い期間を経て現れると考えられているため，現在のような酸性雨が今後も降り続けば，将来，酸性雨による影響が顕在化するおそれがある．

東アジアの現状

経済成長を続ける東アジア地域においては，酸性雨原因物質の排出量が増加しており，近い将来，酸性雨による環境への影響が懸念される．

そこで，東アジアにおける，酸性雨の現状やその影響を解明するとともに，酸性雨問題に関する地域の協力体制を確立することを目的として，日本のイニシアチブにより，2001年から東アジア酸性雨モニタリングネットワーク（EANET）が本格稼働している．2002年から2005年までの4年間のデータを図3に示す[2]．

この図によると，ほとんどの地域が一般に酸性雨といわれるpH 5.6以下で，pH 4台の値は，中国の重慶およびその東部に位置する日本，韓国，さらには南部のマレーシア，インドネシアなどにみられる．

一方，pH 6以上の値は西安，ウランバートルなどにみられ，これらの地域においては，黄砂による中和作用が示唆される．

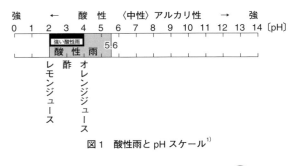

図1 酸性雨とpHスケール[1]

図2 酸性雨発生のメカニズム[1]

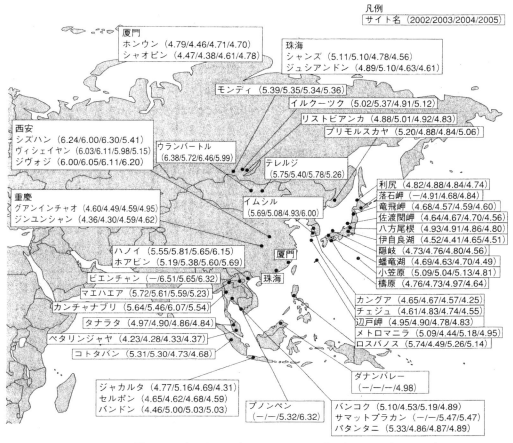

図3 2002年から2005年までのEANET測定地点における年平均pH[2]

酸性霧の現状

大気が山地斜面に沿って上昇すると気温が低下し，霧が発生しやすい．関東平野の北部に位置する奥日光や赤城山の南向き斜面では，首都圏からの高濃度の汚染物質を移送した大気が斜面を上昇して霧を発生させる．汚染大気中の酸性物質は霧粒に吸収されて，酸性雨の数倍〜十数倍も酸性度の高い酸性霧となる．この酸性霧は粒子が小さく，大気中での滞留時間が長い．そのため，植物におよぼす影響は酸性雨よりも大きいものと考えられ，これらの地域では樹木の立ち枯れ現象などがみられる．このような現象は，関東平野の南西部に位置する丹沢や乗鞍岳などでも認められる．

●対　策

日本においては，酸性雨の原因物質であるSO_2の濃度は，1970年代に入って急激に減少し，最近では0.005 ppm程度の低い値で推移している．一方NO_2の濃度は，1980年以降ほとんど減少傾向がみられない．これには自動車からの排気ガスが大きく影響していると考えられ，その対策が急務である．

また，酸性雨には国境がなく，周辺国と協調して対策を考えることが必要である．先進国は発展途上国に対して排煙脱硫装置や脱硝装置などに関する技術協力をし，酸性雨原因物質の発生源対策を進めなければならない．

［中村圭三］

●文献

1) 中村圭三：フィールドの環境科学，pp.135-136，青山社，2007
2) 環境省編：平成19年度版 環境・循環型社会白書，ぎょうせい，2007
3) 畠山史郎：酸性雨，日本評論社，pp.108-111，2003

H-3 黄砂

●定義とメカニズム

春季，アジア大陸内陸部のタクラマカン砂漠，ゴビ砂漠，黄土高原などの乾燥地帯で，強風によって巻き上げられた砂塵が上空の風に乗って風下の韓国や日本に飛来することがある．この現象を黄砂（Kosa, Asian dust, yellow sand）という[1]．図1に黄砂の模式図を示す．シベリア高気圧に覆われた冬が終わり，春になると，アジア大陸内陸部に低気圧が侵入しはじめる．低気圧とそれに伴う寒冷前線通過時の強風により，乾燥した大地からしばしば砂塵嵐（dust storm, sandstorm）が発生する．巻き上げられた砂塵は，上空の偏西風に乗って日本，さらには太平洋域に飛来する．

気象学的にみると，黄砂は水平スケール約3000 km，鉛直スケール約5 km，時間スケールが数日から1週間に及ぶ物質の長距離輸送現象である．また，浮遊する黄砂は，直接，太陽光を散乱し，その強度を弱める．さらに，凝結核（condensation nucleus）・氷晶核（ice nucleus）として雲を形成し，間接的に気候に影響を及ぼすことが知られている．

黄砂の発生条件は，①乾燥地域で砂塵嵐が発生すること，そして②日本の上空に偏西風帯があることの2点である．黄砂の発生は，直接的には，ゴビ砂漠やタクラマカン砂漠などの発生源地域での小雨・乾燥・強風などの自然的要因で決まる．その前提条件として地表面の状態，すなわち砂漠化した広大な大地が拡がっていることである．砂漠化の背景には，気候変動のほか，過耕作，過放牧，森林伐採などの人為的要因が考えられる．

●季節変化

黄砂の発生は，3～5月の春季に集中し，大きなピークがある．6月から9末までは，降水量や水蒸気量の増加とともに，黄砂の発生は少なくなる．11月に小さなピークがある．これは，秋季は春季同様，日本上空に偏西風があり，大陸から黄砂が運ばれてきていることを意味する．秋季のピークが小さいのは，夏季にモンスーンによる降水を経験したアジア大陸が春季よりも相対的に湿潤で，緑が多く，少々の風が吹いても大規模な砂塵嵐にはならないからである．古文書にみられる黄砂の発生頻度も気象官署の観測と同様の傾向を示している．江戸時代ごろから，書物に「泥雨」「紅雪」「黄雪」などの黄砂に関する記述がみられる．偏西風帯の南に位置する沖縄では，全般的に黄砂の発生が少ない．

●各国の黄砂

中国では，視程をもとに黄砂がきめ細かく分類されている．視程10 km以下が浮塵，1～10 kmが揚砂，1 km以下が砂塵暴（嵐）に分類される．砂塵暴はさらに，弱・中・強・特強に分類され，その中でも風速25 m/s以上，視程50 m以下のものは，黒風とよばれる．黒風は多くの被害をもたらし，西域ではカラブランとよばれている．韓国では，ダスト測定装置の値と視程をもとに分類されている．韓国では，黄砂の被害が拡大し，2002年には韓国の小学校で「黄砂休校日」があった．

日本では，視程10 km以下の全天を覆う外来性の砂塵と定義される．韓国や中国ほど深刻ではないが，主な黄砂被害は，視程の悪化による航空機の運航障害，自動車や洗濯物への付着，半導体工場などでの不良品率増加やフィルターの目詰まりなどがあげられる．

世界気象機関 WMO の観測指針では，黄砂の定義

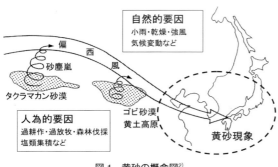

図1 黄砂の概念図[2]

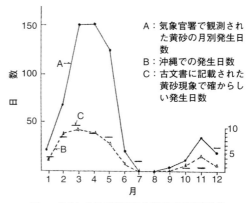

A：気象官署で観測された黄砂の月別発生日数
B：沖縄での発生日数
C：古文書に記載された黄砂現象で確からしい発生日数

図2 日本における黄砂発生頻度の季節変化[3]

はないが，砂塵嵐の定義は，「強風のため，塵または砂が空高く舞い上がり，水平視程が1km未満になる現象」としている．

● 最近の発生傾向

国内59地点の気象官署で黄砂を観測した黄砂の延べ発生日数の経年変化は，1977年（458日），1990年（391日），2002年（727日）をピークに，十数年くらいの間隔で黄砂が頻発している．全般的に増加する傾向にあり，その中でも2000～2002年の3年間が特に多い．2003年はいったん少なくなったが，2004,2005年は多い状態が続いている（図3）．

1967～2002年における中国の砂塵嵐の経年変化をみると，前世紀は全般に減少傾向で推移した．この原因としては，地球温暖化があげられる．過去数千年から1万年の気候変動を調べると，中国では寒冷な時期に砂塵嵐の発生が多く，温暖な時期には砂塵嵐が減少している．ところが，2000年を境に増加傾向が顕著になっている．特に，2000～2002年，北京では大規模な黄砂が発生し，社会問題となった．

● 地球環境の視点

砂漠化は世界の1/3の地域で進行し，砂漠の周辺地域では風送塵（黄砂，サハラダストなど）が深刻な環境問題になりつつある．主な発生地域は，西サハラ，アラビア半島，カザフスタン，タクラマカン砂漠，ゴビ砂漠，メキシコ，オーストラリアなどである．ロシアでは7～8月，アジアでは4～5月，北米では3月に発生のピークがある．北アフリカでは1月と5月にピークがある．風送塵は，その地域の雨季の1ヵ月前に出現することが多い[2]．

黄砂は，対流圏における物質の長距離輸送現象といえる（図4）．1987年3月2～3日，ゴビ砂漠で発生した黄砂は，2～3日で，韓国・日本に達した後，太平洋域に拡散する．気象条件によっては，黄砂はハワイや米国西海岸にも達する．

輸送経路の途上で，大気中に浮遊する黄砂は太陽光を散乱するほか，雲形成を通じて間接的に気候に影響を及ぼす．最終的に，黄砂は重力と降水により，地表に落下し，地球表層を構成する土壌の組成に影響を及ぼす．海洋に降り注ぐ黄砂は海洋表層に栄養塩を供給し，プランクトンなどの海洋一次生産に大きな影響を与える．IPCCの2001年度版では初めて，黄砂が地球温暖化に果たす役割が加わった．黄砂の放射強制力は，現時点で誤差が多く，今後の研究課題である．

[甲斐憲次]

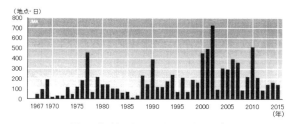

図3　黄砂観測延べ日数の経年変化[4]

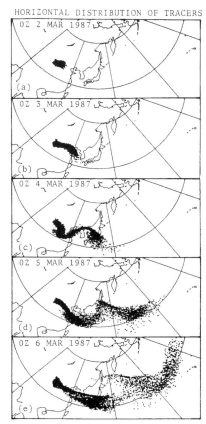

図4　ゴビ砂漠を起源とする黄砂の移流拡散[5]

● 文献

1) 岩坂泰信ほか編：黄砂，古今書院，2009
2) 甲斐憲次：黄砂の科学，成山堂書店，2007
3) 村山信彦：黄砂発生の仕組み，名古屋大学水圏科学研究所編，大気水圏の科学 黄砂，pp.20-36，古今書院，1991
4) 気象庁：http://www.data.jma.go.jp/gmd/env/kosahp/kosa_shindan.html
5) Nikaidou, Y. et al.: Numerical simulation of a Kosa dispersion on March in 1987 and its comparison with lidar observation, WMO/TD, No.263, 1988

H-4 季節と疾病,花粉の飛散と花粉症

夏の猛暑や冬の厳寒は,人々の健康に少なからず影響を与える.われわれの体は,気圧,気温,湿度,日射,日照,大気汚染などの物理・化学的要因や,ウイルス,細菌,さらには各種の花粉(pollen)の飛散などの生物的要因により,健康被害を受けることが少なくない.

そこで,これらの要因によって引き起こされる疾病(disease)の季節的変動や,春のスギ花粉の飛散と花粉症(hay fever, pollen allergy)との関係などについて述べてみたい.

●健康と気象
気象病と季節病

前線や低気圧の通過など気象の変化によって引き起こされる病気は,気象病といわれる.その主なものには偏頭痛,ぜんそく,神経痛,リウマチなどがある.一方,特定の季節に発生や死亡が顕著にみられる病気は季節病といわれ,その代表的なものに肺炎,気管支炎,インフルエンザ,脳卒中,心臓病などがある.

季節病カレンダー

季節と疾病との関係を明らかにするために,"季節病カレンダー"(seasonal disease calendar)が作成される(図1).この図においては,疾病別に1年間の平均死亡率よりも明らかに高い期間が示されている.さらに,人口10万人あたりの死亡率が10段階に分けて示されている.

この図によると,季節と疾病との関係は固定的なものではなく,夏季集中から冬季集中へと変遷してきたことがわかる.その原因としては,生活水準の向上,医療技術の進歩,新薬の発見,医療制度の改善などにより夏の疾病による死亡率が徐々に低下し,相対的に冬の死亡率がクローズアップされたものと解釈される.また,季節と年齢別死亡との関係を調査した結果によると,若年層および高年層では冬季集中が著しく,前者では肺炎と胃腸炎,後者では成人病による死亡率が高くなっている.

●スギ花粉の飛散と花粉症
花粉の生産

日本におけるスギ・ヒノキの造林は,戦後の1950

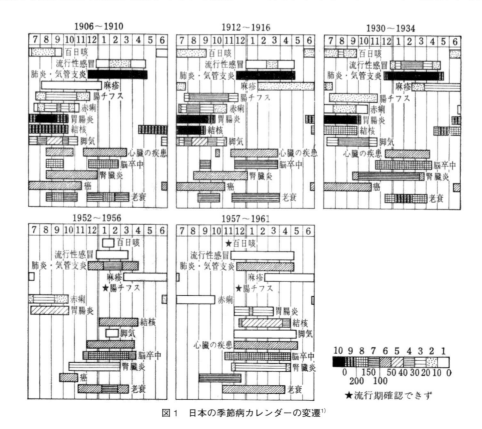

図1 日本の季節病カレンダーの変遷[1]

年ごろから急激に増加し，スギは1950年代に，ヒノキは1960年代にそれぞれ造林面積のピークを迎え，スギ，ヒノキが人工林面積に占める割合は約70％に達する．スギは，樹齢25年ごろから花粉数が増加しはじめるといわれ，1970年代後半から各地で花粉数の増加が確認されている．

スギ花粉は雄花で生産され，雄花の量は前年の夏の気象条件に左右される．スギの花芽が分化し成長しはじめる7〜8月の気象条件が大きく影響し，前年の夏が高温・少雨であると，翌年の花粉数が増加する．

花粉の飛散と気象

1月1日以後，1 cm^{2}あたり1個以上の花粉を初めて連続2日以上観測した最初の日を，花粉の飛散開始日という．図2は，1976年のスギ花粉の飛散開始日から作成したスギ花粉前線図である．

気温は，雄花の開花に大きく影響し，花粉の飛散には，当日またはその前日までのある期間の日最高気温との間に非常によい相関を示す．さらに，スギ花粉の総飛散数，飛散開始日，当日飛散花粉数などの予測は，全天日射量，日最高気温，日平均気温，積算温度，相対湿度，降水量などを変数とした計算式の改良により，かなりの精度が期待できるようになった．

また，雄花から飛び出した花粉は上昇気流，局地前線，局地循環風などによってさらに遠くへ輸送される．

花粉症

花粉症は，花粉がアレルゲン（抗原，アレルギーの原因物質）となって発症する病気で，くしゃみ，多量の鼻水，鼻づまり，鼻や目のかゆみ，目の充血，流涙などの症状を伴う．日本では，現在約60種類の花粉症が報告されている（表1）．花粉症の中で最も多いのがスギ花粉症で，北海道と沖縄を除く地域では，全体の80％を占めるともいわれている[3]．

スギ花粉症が最初に報告されたのは1963年で，1979年以降社会問題化し，現在日本人の約15％がスギ花粉症を発症していると推定される．

スギ花粉数は，飛散開始日から1週間から10日で1 cm^{2}あたり10個を越え，花粉症患者数が急増する．さらに30個を越えるころから症状は急激に悪化し，50個を越えるとすべての患者の症状が非常に悪化した状態になる[2]．

［中村圭三］

図2　1976年のスギ花粉前線の推移[2]

表1　日本で報告されている各種の花粉症[3]

報告年	花粉症名	報告年	花粉症名
1961	ブタクサ	1978	イチョウ，バラ，リンゴ
1963	スギ	1979	アカシア
1964	カモガヤ		イエローサルタン
1965	イタリアン・ライグラス	1980	ヤナギ，ウメ
1968	カナムグラ		ヤマモモ
1969	ヨモギ	1981	ナシ
	イネ	1982	コスモス
	コナラ	1983	ピーマン
	シラカンバ	1984	ブドウ，クリ
	テンサイ		コウヤマキ
1970	ハンノキ	1985	スズメノカタビラ
	キョウチクトウ		サクランボ
	スズメノテッポウ		サクラ
1971	ケンタッキー31フェスク	1986	ナデシコ
	ヒメガマ	1987	アフリカキンセンカ
1972	ハルジオン	1989	オオバヤシャブシ
	イチゴ		ツバキ
1973	ヒメスイバ，ギシギシ，キク	1990	スターチス
		1991	アブラナ属
1974	除虫菊	1992	グロリオサ
	クロマツ	1993	ミカン科
1975	アカマツ	1994	ネズ
	カラムシ		ウイキョウ属
	ケヤキ		オリーブ
1976	クルミ	1995	イチイ
	タンポポ	1998	オオバコ属，マキ
1977	モモ		
	セイタカアキノキリンソウ		

●文献

1) 千葉徳爾・籾山政子：風土論・生気候，朝倉書店，1979
2) 佐橋紀男ほか：スギ花粉のすべて，メディカル・ジャーナル社，1995
3) 三好彰：花粉症を治す，PHP研究所，2003

H-5 地盤沈下

●地盤沈下とは

　地盤沈下（land subsidence）とは被圧地下水，水溶性天然ガス，石油の採取・採掘により地表面が低下する現象をいう．1967年8月に公布された「公害対策基本法」（1993年に「環境基本法」の成立に伴い廃止）に規定されている7つの公害のうちの1つである．この法律でも示されているように，鉱物採掘を原因とする土地の陥没は含めない．また，土木工事や大きなビルの建設の際には自由地下水が汲み上げられ，急激に地表面が低下することがあり，地盤沈下とよばれているが，このような現象も除外される．つまり，地盤沈下は，長期的・広域的に年間数mm～数十mmの速度で地盤が低下する現象と特徴づけられる．

　日本で発生している地盤沈下は，被圧地下水と水溶性天然ガスの採取にともなうガス鹹水の揚水を原因とするものがほとんどであるが，外国では石油の採掘にともなう地盤沈下も各地でみられる．2005年8月にハリケーン・カトリーナにより大被害を被ったアメリカ合衆国ルイジアナ州のニューオリンズでは，石油の採掘にともなう地盤沈下が被害を大きくしたことはよく知られている．

　平野や盆地では粗粒物質と細粒物質が互層して堆積している．特に，臨海部の平野では氷河性海面変動の影響を受けて，氷期には砂礫層が堆積し，間氷期には粘土・シルト層が堆積する歴史が繰り返されてきた．細粒な粘土・シルト層からなる難透水層に挟まれて，粗粒な砂礫層（透水層）内に被圧地下水が涵養されている．この被圧地下水を涵養量よりも多く揚水する（過剰揚水という）と，透水層内の水圧が低下し，難透水層内の水圧よりも低くなる．その結果，難透水層に含まれている水が透水層内に絞り出される．水を絞り出された難透水層は，その分だけ体積が減少するので，地表面が低下する．

●日本における地盤沈下の歴史（図1）

　1959年の伊勢湾台風による高潮で濃尾平野が大被害を受けた際，建設省国土地理院が水準測量を行い，海面高度より低い土地が，測量された地域内だけでも200 km² 以上存在することが明らかになった．

　この海面高度より低い地域は毎日新聞記者の長田達三氏により0メートル地帯と名付けられたという[1]．

　地盤沈下の発生は，第二次世界大戦後に始まったわけではない．たとえば，東京都江東区亀戸7丁目にあ

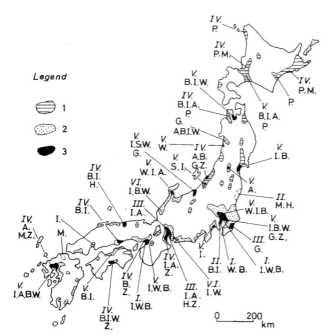

図1　地盤沈下地域とその特徴[2]

筆者らが1970年代の中ごろに行った調査結果をまとめた．地盤沈下は水準点の改測が行われないと発見されないという事情もあるが，その歴史が読み取れる．第二次世界大戦後，1960年代の経済成長期以降，地下水の利用目的は多様化し，大都市周辺にも広がった．

る水準点は，1892年から1916年までに約17 cm沈下し，年平均では7 mmとなるが，それ以降は沈下速度が速まり，1930年頃までには累積沈下量は約1 mに達している[2]．大阪平野でも1930年代には地盤沈下が発生していることが確認されている．しかし，地盤の急速な低下が確認されたのは，関東地震後の東京低地における水準点の改測結果であったため，初期には地震に伴う急激な地殻変動とみなされていた．地盤沈下が地下水の揚水が原因であることを突き止めたのは宮部[3]や和達ら[4]である．彼らは井戸の抜け上がりや地下水位の観測結果などから，地盤沈下が表層部の地盤が収縮することによって発生していることを指摘したが，地下水を利用する側からの反論や，第二次世界大戦による混乱により，すんなりとは受け入れられなかった．

第二次世界大戦で焦土と化した東京や大阪では工業力が低下し，地下水の揚水量が減少した．終戦直後に行われた水準測量の結果からは，地盤沈下が停止していることが確かめられ，その後に再燃した地盤沈下の原因論争の際には，地下水揚水説を裏付ける有力な根拠となった．

戦後の混乱期を過ぎて工業地域が復興するにつれ地盤沈下が再発しはじめ，1950年頃から加速した．さらに，朝鮮動乱による特需景気が地下水揚水量を押し上げて，沈下が加速した．揚水量の増大に伴い，揚水深度が次第に深くなり，1955年頃には100 mを超える井戸が多くなった．1956年には新潟平野で急速な地盤沈下が発生していることが明らかになり，その後の調査で地下数百 mからの揚水でさえ地盤沈下を発生させることが明らかになった．

地下水の用途は，工業用が主で，一部の地域で建築物用雑用水が知られているだけであったが，次第に多様化していく．1960年代には，工業用，農業用，上水道用，建築物用，消雪用などと多様化し，その量も増大した．また，水溶性天然ガスの採取による地盤沈下の発生地域も新たに見つかる．0メートル地帯も濃尾平野や東京低地に限らず，千葉県の葛南低地，伊勢平野，佐賀平野でも存在が明らかになった．

地盤沈下対策は，1956年に施行された「工業用水法」による揚水規制から始まった．1962年には伊勢湾台風の被害などを背景にして同法が改正され，また，「建築物用地下水の採取の規制に関する法律」が施行された．「工業用水法」では地下水の揚水を規制するには代替水が必要であるので，工業用水道が敷設されていない地域では工業用水道が建設された．これら2つの法律により地下水の揚水規制が強化される一方，各自治体では「公害防止条例」を制定して，国よりも強い規制を行った．さらに，水溶性天然ガスの採取に関しては，自主規制を行ったり，各自治体が鉱区を買い上げて，揚水量を減少させた．これらの効果により，1970年代の後半以降は地盤沈下が沈静化した地域が拡大した．

● 0メートル地帯

地盤沈下が鎮静化するに伴い，地下水位は回復するが，地表面が隆起して地盤高が回復するわけではない．沈下した地域は元に戻らない．**表1**は0メートル地帯の面積を広い順に示している．395 km²の濃尾平野を筆頭に全国で1134 km²ある．2番目に広い筑後・佐賀平野は農業用地下水の揚水，3番目の新潟平野は水溶性天然ガスの採取という特徴をもつ．

関東平野南部，大阪平野，濃尾平野には人口が集中している．0メートル地帯は内水氾濫の常襲地となっているとともに，人口集中地域では，高潮や外水氾濫による大被害の発生が予測されている．さらに，地震水害の危険性も指摘されている．1964年の新潟地震では，信濃川の堤防が砂地盤の液状化により破壊され，0メートル地帯が浸水し，入江状になった．同様なことが直下地震が危惧されている関東平野南部でも懸念されている． [松田磐余]

● 参考文献

1) 中野尊正：日本の0メートル地帯，東京大学出版会，1963
2) 中野尊正・松田磐余：都市の自然環境論―地盤沈下地域に関する諸問題―，都市研究報告，68: 53-73, 1976
3) 宮部直巳：地盤の沈下，河出書房，1941
4) 和達清夫・広野卓蔵：西大阪の地盤沈下について（第3報）―最近の情勢と地盤沈下理論―，災害科学研究所報告，6: 1-33, 1942
5) 環境省水・大気環境局：平成20年度全国の地盤沈下地域の概況，2009

表1 0メートル地帯の面積

平野	県	面積 km²
濃尾平野	愛知県・岐阜県・三重県	395
筑後・佐賀平野	佐賀県・長崎県	207
新潟平野	新潟県	183
関東平野南部	東京都・千葉県	133
大阪平野	大阪府・兵庫県	96
岡崎平野	愛知県	57
豊橋平野	愛知県	27
高知平野	高知県	10
広島平野	広島県	9
九十九里平野	千葉県	8
その他		9
合計		1,134

環境省水・大気環境局[5]より編集．全国ではこれまで63地域で地盤沈下が発生したことが認められている．

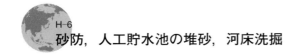

H-6 砂防，人工貯水池の堆砂，河床洗掘

●砂防

「砂防」(sabo, erosion control) とは，山地崩壊や土石流による土砂流出を防止するための事業を指し，「Sabo」が国際共通語として使用されている．具体的には，山腹工，砂防堰堤，流路工などの施設建設が主な手段である．

狭義には，国土交通省河川局砂防部および各都道府県の土木部砂防課による工事や施設のことを指し，山地上流部において林野庁や都道府県の林務部による山地保全のために行われる治山事業と区別されることも多い．一般に，最上流部は治山事業，下流は砂防事業と区分されるが，各地域の歴史的背景により，最上流部から砂防事業が行われるケースもある．

さらに，河川下流部は，国土交通省河川局河川計画課における河川工事と上流から棲み分けされており，流域一貫の流砂対策がとりにくいという弊害も指摘されている．さらに，砂防事業の主体も，国（国土交通省）直轄（直轄砂防）なのか都道府県なのかと，事業主体が非常に複雑に分かれている（図1）．さらに上流域では，同様な事業を治山事業とよび，林野庁によって行われている．

また，土砂のコントロールを本来の目的としない，治水用，発電用，多目的ダムの建設が幅広くなされてきたことにより，下流へ供給される土砂の移動が遮断されるようになっている．また，河川の砂利採取も昭和30年代後半から昭和40年代前半にかけて盛んに行われ，現在も一部継続されている．

●堆砂と河床洗掘

このように，山地上流部では防災対策を主眼とした治山や砂防事業，中下流部では河川管理を目的した河

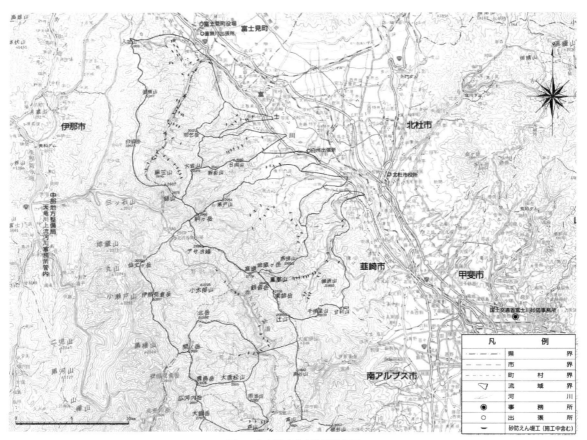

図1　富士川砂防事務所管内図
実線内は，富士川砂防事務所による直轄砂防事業．その他は，天竜川上流工事事務所による直轄砂防事業，都道府県による治山・砂防事業実施地域となっている．

図2 流砂量測定装置（与田切川飯島第5堰堤）[2]

川改修事業といった，異なる主体による施設建設が行われていることから，土砂の不均衡が生じてきている．これに加え，ダム建設，土砂採取と，従来の自然界の物質循環の中に基づく土砂の流れに対して人為改変を行い続けた結果，下流の河床が侵食され（河床洗掘，riber bed scouring）河床低下を引き起こし，流砂の供給を受ける海岸においては，砂浜が後退する海岸侵食（beach erosion）などの問題が発生した．一方，ダムでも，堆砂の進行により有効貯水量の減少という問題が生じてきている．さらに堆砂が進行した場合，利水容量や治水容量を圧迫することになり，ダムの治水・利水機能を損なうおそれがある．

● 総合的流域管理

このような問題が顕在化してくるなかで，建設省河川局砂防部砂防課「流砂系の総合的な土砂管理に向けて」（2006年3月答申）において，総合土砂管理小委員会は，問題解決の新たな視点として流域の源頭部から海岸までの一貫した土砂の運動領域を「流砂系」という概念でとらえ，総合的な土砂管理の考え方，具体的施策を実施することを答申した[1]．その答申の骨子は，次のようなものである．

「土砂管理上の問題が顕在化している流砂系において，モデル的に実態把握に基づき効果，影響を見る上での対策を実施するとともに，総合的な土砂管理計画の策定を目指して，土砂管理上問題が顕在化している流砂系において土砂の量及び質に関する流砂系一貫したモニタリングを組織的・体系的に実施する．

当面推進する施策として，モニタリング結果に基づき，『土砂を流す砂防』，『ダムにおける新たな土砂管理システムの確立』，堆積した土砂を侵食傾向にある河道，海岸に活用する『流砂系内土砂再生化システムの構築』等を行う．」

この答申に則り，土砂の生産域から漂砂域までを時空間的な広がりをもつ流砂系ととらえた土砂管理計画が推進されてきたが，そのためには，流砂系内の土砂移動の特性を把握し，適切な対策を立案する必要がある．

砂防ダムの施設設計においては，スリット型砂防堰堤のような透過型砂防ダムの建設（土石流に伴う土砂は補捉するものの，通常の流砂は流下させる）などが進んでいる．

しかしながら，その土砂移動の状況を観測するためには，流砂量を測定する技術の開発が必要である．図2は，天竜川支川与田切川飯島第5堰堤に設置された流砂量測定装置である[2]．この装置においては，出水時の掃流砂を補足し，測定するために大規模な施設が建設されている．しかしながら，このような大規模施設を用いても，最大粒径50 mmの測定が限度であり，掃流砂量の把握は，きわめて難しい．

そのため，近年では，ハイドロフォンなどの装置により，流送掃流土砂量を測定するための装置の開発が進んでいる．

しかしながら，流域の防災，土砂管理においては，流域内の一貫した管理体制の構築が先決であり，複雑な管理体制のまま，土砂管理のために多額の税金を使うのは本末転倒であるという議論もあり，今後の課題も多い．

[恩田裕一]

● 文献
1) 建設省河川局砂防部砂防課：河川審議会について総合土砂管理小委員会報告「流砂系の総合的な土砂管理に向けて」，2006
2) 浦真ほか：与田切川における流砂の計測—流砂系モニタリングのために—，砂防学会誌，54（3）：81-88, 2001

H-7 河川流路の人工改変
河川流路の短絡，放水路の開削，河川堤防と天井川

人為による河川流路の改変は，流路形状の改変，河床物質の改変，流送物質の改変など，さまざまな側面からとらえることができる．流路形状の改変には，平面形の改変とともに横断形・縦断形の改変もある．水深や勾配の変化は河床物質や運搬物質の変化をもたらし，逆に河床物質や運搬物質の変化が流路形状の変化をもたらすこともある．

● 河川流路の短絡

河川流路の短絡（shortcut）は世界各地で行われてきた．氾濫原地域の自由蛇行のみならず，基盤岩部分においても，流路の短縮・直線化が行われる場合がある．

日本では穿入蛇行のループを短絡する「川廻し」が房総半島の諸河川でみられた．これは流路跡を耕地化するためのものといわれる[1]．類似のものは中越地域にもみられる[2]．

近代以降の日本では，洪水対策のため氾濫原における蛇行流路の短絡化がさかんに行われ，短絡化した部分は「捷水路」とよばれた．なかでも石狩川の改修が有名であり，洪水を速やかに流すために全長が約 100 km も短縮された[3]（図1）．石狩川に限らず，捷水路は全国いたるところで認められる．

蛇行を直線化すると，流路が短くなるので河床勾配は大きくなり，また流速も一般的に増加する．このため，河道の保護に堤防以外にも護岸や床固めなどが必要になる．

しかしながら，同じように蛇行を直線化したヨーロッパのライン川では生態系保全のため氾濫原の復元がすすめられ，日本でも釧路湿原の捷水路を廃して蛇行河川を復元する工事が行われている．

● 放水路の開削

捷水路とともに，洪水対策として全国ですすめられたのが放水路（drainage canal）の建設である．放水路は河川から海または他の河川へ分流させるもので，分水路ともよばれる．古くは大阪の大和川放水路や新潟の阿賀野川放水路などもあるが，多くは明治以降の治水事業で建設された．石狩川，北上川，信濃川，荒川，江戸川，狩野川，豊川など多数にのぼる．

番号	捷水路名	捷水路長 (km)	旧河道 (km)
①	生振	3.7	18.2
②	当別	2.8	4.2
③	篠路第2	0.9	2.1
④	篠路第1	1.6	3.0
⑤	対雁	2.3	5.9
⑥	巴農場	1.5	4.9
⑦	砂浜	0.8	1.6
⑧	下達布	1.5	3.0
⑨	宍栗	0.7	1.3
⑩	幌達布	0.7	1.3
⑪	豊ヶ丘	1.9	2.8
⑫	上新篠津	1.0	1.7
⑬	狐森	1.1	2.5
⑭	川上	0.3	0.5
⑮	枯木	2.1	4.6
⑯	大曲	1.2	3.7
⑰	札比内	0.8	2.5
⑱	砂川	3.0	6.5
⑲	アイヌ地	1.2	2.5
⑳	菊水町	1.0	1.5
㉑	池の前	2.5	6.0
㉒	蛸の首	0.6	4.0
㉓	江別乙第2	2.9	3.8
㉔	六戸島		
㉕	芽生	1.2	3.2
㉖	稲田	0.5	1.0
㉗	中島	1.0	2.5
㉘	広里第3	2.3	5.5
㉙	広里第2	0.9	17.5

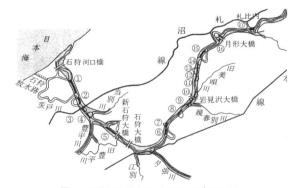

図1　石狩川の捷水路（阪口ほか[3]を改変）

新潟平野には海岸の砂丘地帯を横切って，上述の阿賀野川や信濃川をはじめとする多数の放水路群がみられる（図2）．

信濃川の放水路は，新潟市内の関屋分水路（図2の⑥）と河口から 50 km 以上上流の大河津分水路（⑩）がある．1931 年の大河津分水路の完成で新潟平野の洪水被害は激減し，排水不良地は解消して米どころとなった．しかし，旧河口の新潟の海岸は激しい侵食がみられるようになり，海岸付近にあった新潟測候所は移転を余儀なくされた．洪水とともに，下流への土砂の供給も減少したためである．一方，大河津分水路河口付近は土砂の堆積がすすみ，海岸線は沖合へ後

①胎内川放水路　⑩大河津分水
②落堀川　　　　⑪円上寺隧道
③加治川放水路　⑫東部組合悪水路
④新井郷川放水路　⑬郷本川
⑤松ヶ崎放水路　⑭落水悪水路
⑥関屋分水
⑦荒川放水路
⑧樋曽山隧道
⑨新樋曽山隧道

図2　新潟平野放水路（大熊[4]を簡略化）

図3　天井川の例（木津川支流不動川）

退した．河川は水だけでなく土砂の放出という役割も担っていることを示す例である．

千歳川放水路は石狩川支流の千歳川に，洪水時太平洋へ転流させるためのものとして計画されたが，ラムサール条約湿地であるウトナイ湖の生態系への影響などの問題が提起され，結局1999年に建設中止となった[5]．この間，1997年に河川法（River Act）の改正があり，河川行政に環境保全が加えられるようになったことも影響したものと思われる．

埼玉県の首都圏外郭放水路や東京都の神田川分水路など，都市部においては地下に巨大トンネルをつくり放水路とすることも行われている．

●河川堤防と天井川

堤防（embankment）は平地（氾濫原）を流れる河川の両側に人工的に盛り土を行って洪水を防ぐものであるが，連続堤，不連続堤，輪中堤，二線堤などさまざまな種類がある．

不連続堤である霞堤は扇状地など地表勾配が急で土砂運搬の多い河川で有効であり，上流側が開いた雁行状で，地表勾配があるため，不連続部から上流側に洪水があふれても水位が下がればそこからすみやかに排水される．また，勾配があるため土砂は開口部付近で堆積し，堤内地側に運ばれにくい構造になっている．甲府盆地を流れる釜無川の「信玄堤」が有名だが，信玄堤は霞堤だけではなく，釜無川支流の御勅使川の合流点を上流側へ移し，対岸の丘陵を利用して水勢を落とすなどの効果的な処理が組み合わされている．

輪中堤は洪水常習地の集落一帯を連続堤で囲むものだが，濃尾平野や利根川下流，東南アジアにも同様のものがみられる．多くは自然堤防などの微高地を利用して建設されている．

堤防の建設により顕著な地形変化がみられた例としては天井川（raised bed river）がある（図3）．堤防をつくったために河道に土砂が堆積して河床が著しく高くなり，このため堤防をかさ上げするとさらに土砂が堆積するというように，堤外地に堆積した土砂を除去しない限り，堤防を高くしつづけることになり，天井川はさらに顕著になる．山城盆地，甲府盆地，琵琶湖へ注ぐ諸河川など，盆地縁辺部の支流沿いに発達するものや，小田原東方足柄平野東縁部や神戸などの活断層をまたぐところなどにみられる．天井川の形成は歴史時代のことであるといえるが，具体的に年代が推定されたものは比較的少ない[6,7]．近年は天井川部分の土砂をすべて除去して，天井川そのものを解消することも行われている．

［久保純子］

●文献

1) 千葉県史料研究財団編：千葉県の大地，1997
2) 田口恭史・大熊孝：新潟県中越地域における河川トンネルの分類と一考察，土木史研究講演集，26: 357-360, 2006
3) 阪口豊ほか：日本の川，岩波書店，1986
4) 大熊孝：信濃川治水の歴史，アーバンクボタ，17: 44-55, 1979
5) 小野有五：千歳川放水計画・市民が止めた公共事業，五十嵐敬喜・小川明雄編著，公共事業は止まるか，岩波新書，2001
6) 東郷正美ほか：生駒断層崖を開析する天野川の天井川形成期について，活断層研究，21: 67-71, 2002
7) 植村善博ほか：木津川・宇治川低地の地形と過去400年間の水害史，京都歴史災害研究，7: 1-24, 2007

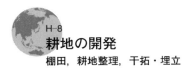

耕地の開発
棚田，耕地整理，干拓・埋立

●棚田

棚田（terraced paddy-field）とは，一般的には傾斜地に階段状につくられた小区画の水田のことであるが，農林水産省による棚田の認定は，「傾斜1/20以上の傾斜地に作られた階段状の水田」という厳密な定義に基づいている[1]．

棚田の起源は古墳時代ごろまで遡れるといわれる．なぜなら，古代の水田は灌漑・排水上の問題から，大河川の沖積平野ではなく，山地や丘陵の小さな谷につくられていたので，谷には標高に応じた階段状の田が存在していたからである．一方，資料で確認されるものでは，「高野山文書」の14世紀前半の記述に棚田の表記がみられるという[1,2]．

1992年に農林水産省と日本土壌協会が実施した調査では，日本の棚田は22万1067 haで当時の全水田面積の8%に該当し，極端に面積が少ない東京，埼玉，沖縄を除けば，全国的に分布している．このうち，新潟県の頸城丘陵，岡山県の吉備高原，高知県東部の四国山地，大分県の阿蘇・九重火山山麓ではその分布が卓越している（図1）．

現在，棚田はその立地条件を活かした特色ある農業生産の場のほか，景観や文化資源の提供の場，土壌・水などの保全，農作業体験を通じた交流・安らぎの場などとして，新たな役割を果たしている．1999年7月には，農林水産省により日本の棚田百選が選定されている．

●耕地整理

耕地整理（redeployment of arable land）とは，狭小で不整形，同一所有者の耕地が分散する分散錯圃形態であった在来の農地を区画整理して用排水や農道を整備するなどの改良を行うことである．こうした作業が本格化するのは近代以降で，当初は田区改正とよばれていた．「静岡式」や「石川式」とよばれるみごとな田区改正は1899年に耕地整理法の制定へと発展し，この法律による耕地整理事業は古い農地の形状を一新していった[3]．

耕地整理事業では埼玉県で実施された「鴻巣式」をモデルとし，区画は1反（10 a）で，すべての区画が用排水路と農道に接していた．1909年の法改正により，耕地整理では用排水の改良に重点を置くようになった．図2には，1900〜39年の耕地整理の進展状況を示した．

1949年の土地改良法では農地の改良・開発・保全と集団化を行い，食糧増産を目的とした．しかし，高

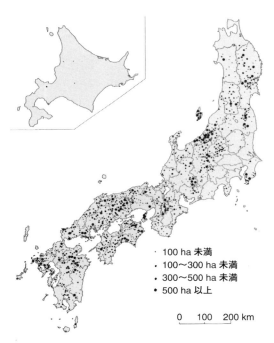

図1　棚田の市町村別面積（1988年）[1]

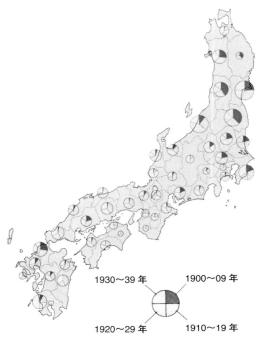

図2　日本における耕地整理の進展（1900〜39年）[4]

度経済成長に伴い，灌漑排水を中心とした食料増産から農業構造の改善になる農業近代化のための基礎手段としての耕地整理が求められた．1963年には新たに圃場整備事業（adjustment of arable land）が制度化された．圃場整備事業では，換地による農地の集団化，用排水の分離，機械化，そして労働生産性の向上が図られた．圃場の区画も機械化に伴い，30 a 区画が一般的になった．現在では，経営体の育成を図りながら，高生産性農業のための生産基盤を整備し，食料自給率の向上を目的として経営体育成基盤整備事業として行われている．

● 干拓・埋立

干拓（land reclamation）とは水深の浅い海や干潟，湖沼に干拓堤防を築き，堤防と岸との間の水を排水したり，干上がらせたりして陸化することを指し，陸化された区域は主に農地として利用されてきた．

有明海における干拓は7世紀初めのころに始まったといわれるように，日本における干拓の歴史は古いが，大規模な干拓の開始は近世以降である．岡山平野を例にとれば，16世紀末の戦国時代には宇喜多秀家による干拓がみられたものの，近世になると藩営新田，町請負新田，村請新田などのさまざまな事業主体による干拓が広く行われ，近世における全国の新田開発件数1804件のうち，岡山は266件と最多であった[5]．明治以降は士族授産事業から干拓が再開され，大阪の実業家藤田氏による大規模な藤田干拓，そして第二次世界大戦後の国営干拓事業へと続き，児島湾干拓などの広大な干拓地が造成された（図3）．

しかし，その後農地としての干拓地の需要は全国的に減少し，島根県と鳥取県にまたがる中海や九州の諫早湾では干拓をめぐる環境問題や漁業への影響が大きな問題となった．

埋立（fillin）は海や湖沼，低地，窪地などに土砂などを搬入して新たな陸地を造り出すことである．日本では主に近世以降に農地の拡大や都市計画上の必要，港湾の整備，工場地帯の造成などの目的で多くの埋立が行われてきた．

東京湾最奥部の東京低地は利根川・荒川水系のデルタとして形成され，歴史時代以降は干拓や埋立による陸地の拡大が進行した．江戸時代は干潟の干拓による新田開発が主であったが，元禄期以降は江戸の塵芥による埋立も行われた．明治時代以降は港湾・産業用地として埋立がすすめられた．埋立には東京港築港のための隅田川などの浚渫土砂が使われ，さらに関東大震災による瓦礫残土や塵芥も利用された．高度経済成長期に東京湾岸の埋立地は一気に拡大し，その多くが港湾・物流・交通関係・供給処理施設などとして利用された．しかし近年は都市再開発として，景観・親水・レクリエーションなどの機能も求められるようになった[6]．

これとは別に，廃棄物を廃棄処分する目的で埋立を行うこともあり，これは厳密には埋立処分という．この場合には，法的な基準は設けられているものの，埋立材料の有害物質によっては土壌汚染や水質汚濁を招くおそれもある．

［内田和子・久保純子］

● 文献

1) 中島峰広：日本の棚田―保全への取組み，古今書院，1999
2) 高木徳郎：棚田の初見資料について，日本の原風景・棚田，7: 111-115, 2006
3) 白井義彦：日本の耕地整備，大明堂，1972
4) 農業土木歴史研究会：大地への刻印 この島国は如何にして我々の生存基盤となったか，公共事業通信社，1988
5) 倉敷市史研究会：新修倉敷市史第3巻近世（上），倉敷市，2000
6) 久保純子：干拓地・埋立地の風景，日本の地誌1 日本総論Ⅰ（自然編），朝倉書店，pp.257-261, 2005

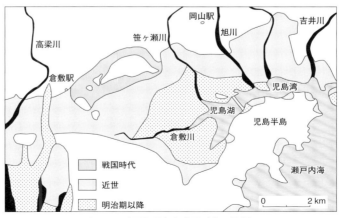

図3　岡山平野干拓年代図（内田編集）

H-9 砂漠化

乾燥の度合いは，年平均降水量（P）と年平均蒸発散位（PET）の比 P/PET を計算した乾燥指数（乾燥度指数ともいう．Aridity Index：AI）で定義される．表1のように，乾燥地域は乾燥指数によって極乾燥地域・乾燥地域（arid region）・半乾燥地域・乾燥半湿潤地域に区分できる[1]．また，図1には，乾燥指数の世界分布を示した[2]．乾燥地域は，乾燥指数が 0.65 未満の地域のうち，寒冷地域（北緯60度以北および南緯54度以南）を除いた地域と定義される[3]．

●砂漠化とは

砂漠化（desertification）という言葉は，1949年に植物生態学者のオーブレヴィーユ（A. Aubréville）が最初に使ったとされ[3~5]，「人為起源の土壌侵食による土地荒廃によって生じる，砂漠の拡大現象」という意味で用いられた．その後，1977年に開催された国連砂漠化防止会議（UNCOD：United Nations Conference on Desertification）以降，砂漠化という言葉は一般に知られるようになり，「人間活動を主要因とする，乾燥・半乾燥・半湿潤地域における土地の生産力の減退ないし破壊」と定義された．また，1992年6月に開催された，環境と発展に関する国連会議（UNCTAD）で採択されたアジェンダや1994年に締結された砂漠化対処条約（UNCCD）の第1条で，砂漠化は「乾燥地域，半乾燥地域及び乾燥半湿潤地域における種々の要因（気候の変動及び人間活動を含む）の土地の劣化」と再定義された[6]．この「土地の劣化」とは，「乾燥地域，半乾燥地域および乾燥半湿潤地域において，土地の利用によって，または次のような過程（人間活動または居住形態に起因するものを含む）若しくはその組み合わせによって天水農地，灌漑農地，放牧地，牧草地及び森林の生物学的，または経済的な生産性及び複雑性が減少し，または失われること」とされ，「①風または水による土壌の侵食，②土壌の物理的，化学的及び生物学的特質または経済的特質が損なわれること，③自然の植生が長期的に失われること」と定義されている[6]．このように，砂漠化は乾燥地域のうちでも極乾燥地域を除いた乾燥地域・半乾燥地域・乾燥半湿潤地域という気候帯に限定されている．なお，この砂漠化対処条約は，日本では1998年に批准された．

●砂漠化の原因

砂漠化の原因として，従来は人間活動が中心に考えられていたが，近年では自然の気候変動も重要な要因の1つであると考えられるようになった．発展途上国の人的な影響としては，主に貧困と人口増加による社会経済条件が引き金となっていることが多い．そして，放牧地では家畜を土地生産性以上に飼育する過放牧が行われ，農地では休耕期間の短縮と繰り返し農作物を植えることによる地力の低下（過耕作）が起こり，森林では木が成長して森が回復する前に燃料とする薪を採りすぎてしまい（過伐採），灌漑農地では未熟な灌漑技術による塩類集積が起こる．こうして土地の劣化が進み，さらに社会経済条件が悪化していく悪循環に陥る．一方，地球規模の気候変動による気温上昇は年平均蒸発散位（PET）を増加させ，降水量が同じであれば乾燥指数（AI）は低下し，乾燥化が進む．乾燥地域では対流性降水の時空間変動が大きく[7]，不規則であると考えられているため，乾燥した年と湿潤な年の差が大きい．

また，数十年規模の気候変動としては，砂漠化がクローズアップされるきっかけとなった「サヘルの干ばつ」が1960年代後半から1970年代にかけて起こり，数十万人規模の餓死者や難民が生じた．サヘル地域では1980年代前半に大干ばつが起こった後は，降水量がやや回復しているものの，なお数年に一度の割合で

表1 乾燥指数による乾燥地域の区分と面積・人口[1]

区分	乾燥指数（AI）	主な植生	面積（×10^6km²）	全陸域面積に対する割合（%）	人口（億人）	全人口に対する割合（%）
極乾燥地域	AI＜0.05	砂漠	9.8	6.6	1.0	1.7
乾燥地域	0.05≦AI＜0.20	砂漠	15.7	10.6	2.4	4.1
半乾燥地域	0.20≦AI＜0.50	草原・サバンナ	22.6	15.2	8.6	14.4
乾燥半湿潤地域	0.50≦AI＜0.65	森林	12.8	8.7	9.1	15.3
計			60.9	41.3	21.1	35.5

乾燥地域の占める面積は陸域面積の 41.3% ，乾燥地域に住む人口は全人口の約 1/3 である．

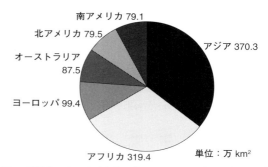

図2 砂漠化により土地劣化が進むとされる地域の大陸別面積[8]
発展途上国の多いアジアとアフリカで65%を越えるが，先進国の多いヨーロッパ・北アメリカ・オーストラリア（とその周辺国）では比較的小さい面積に留まる．

●砂漠化の地域性

大陸別にみた砂漠化の進行状況は，図2のように，アジア（35.8%）とアフリカ（30.9%）が大きな面積を占めている．一方で，先進国の多いヨーロッパでも砂漠化は進んでいるが，これは過放牧と森林伐採によるところが大きい[8]．

このように，砂漠化は発展途上国で多くみられるが，乾燥地域であればどこでも起こりえる．砂漠化が進む社会経済的な条件や自然条件は地域ごとにさまざまであり，砂漠化の対処には各地域に合わせた計画が必要である．　　　　　　　　　　　　　　　　　［木村圭司］

●文献

1) Millennium Ecosystem Assessment: Chapter22 Dryland Systems in Ecosystem and Human Well-being: Current State and Trends, Washington D. C. Island Press, 2005
2) Trabucco, A. and Zomer, R. J.: Global Aridity Index（Global-Aridity）and Global Potential Evapo-Transpiration（Global-PET）Geospatial Database, CGIAR Consortium for Spatial Information, 2009
3) 恒川篤史編：乾燥地科学シリーズ1 21世紀の乾燥地科学―人と自然の持続性，古今書院，2007
4) Aubréville, A.: Climats, Forêts et Désertification de l'Afrique Tropicale, Paris, Société d'Editions Géographiques, Maritimeset Coloniales, 1949
5) Dregne, H. E.: Desertification of arid lands, In Physics of desertification, ed. F. El-Baz and M. H. A.Hassan, Dordrecht, Boston: M. Nijhoff, 1986
6) 外務省：深刻な干ばつ又は砂漠化に直面する国（特にアフリカの国）において砂漠化に対処するための国際連合条約（略称：砂漠化対処条約），1998
7) 篠田雅人編：乾燥地科学シリーズ2 乾燥地の自然，古今書院，2010
8) UNEP: World Atlas of Desertification 2nd edition, Arnold, 1997

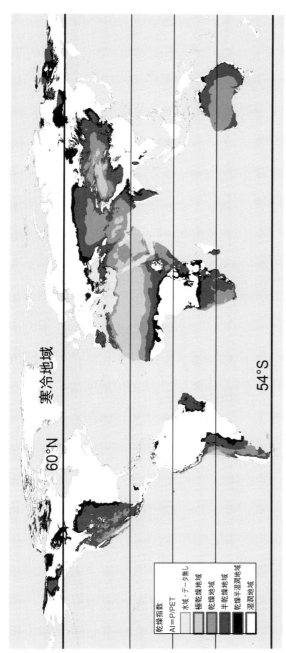

図1　乾燥指数の分布
乾燥指数は，国際農業研究協議グループ（Consultative Group on International Agricultural Research: CGIAR）と空間情報によるコンソーシアム（Consortium for Spatial Information: CSI）による30秒グリッドデータ[5]を著者が図化．対象期間は1950〜2000年．

干ばつ（drought）が起こるとともに，経済社会状況の悪化も相まって，砂漠化が進んでいる．

I●地域の環境（大生態系の環境）

I-1 世界の海洋

●五大洋

地球表面の約70％を占める海は，海洋学上は太平洋，大西洋，インド洋の三大洋とそれらの付属海に分けられてきたが，2000年に開かれた国際水路機関（IHO）はこれら三大洋から北極洋（北極海），南大洋（南極海）を独立させ，五大洋を認定した．また，太平洋と大西洋はほぼ赤道で南・北太平洋，南・北大西洋に二分されることもある．これで「七つの海」または「七大洋」となる．このように海洋の区分は時代とともに変化した．『理科年表』では太平洋および縁海，大西洋および縁海，インド洋および縁海，北極海および縁海に区分した表を掲載している[1]．南緯60°以南の海域が南大洋と定義された2000年以降の測量では，縁海を含め，太平洋：1億5555.7万 km^2，大西洋：7676.2万 km^2，インド洋：6855.6万 km^2，南大洋：2032.7万 km^2，北極海：1405.6万 km^2，総計3億3525.8万 km^{2}の海面面積とされている[2]（『理科年表』には総面積3億6203.3万 km^{2}とやや大きい値が掲載されている）．

海洋底を構成する地殻（玄武岩質）は中央海嶺を湧き出し口として両側に拡大していくので，最も古い海底でも2億年を超えない．また，地球史からみると海洋の分布は不変ではなく大陸の分裂，海洋底更新の歴史を反映し絶えず変化する．大西洋が開裂する前の白亜紀初期にはパンサラサ海（古太平洋）とテチス海の二大洋が存在した[3]（図1）．

●太平洋と縁海

東太平洋海膨の延長であるカリフォルニア湾を除く太平洋の縁海（付属海）は西岸側にある．北からベーリング海，オホーツク海，日本海（東海），渤海湾・黄海・東シナ海，南シナ海，セレベス海，バンダ海，アラフラ海，珊瑚海，タスマン海である．フィリピン海プレートの分布海域（伊豆・小笠原諸島-マリアナ・パラオ諸島，フィリピン諸島，南西諸島，西日本で囲まれた海域）は，日本では慣用的に太平洋に含まれているが，地質学的には太平洋の縁海であるのでIHOは1952年に太平洋から分離し，フィリピン海と命名した．世界的にはこの名称が浸透している．

太平洋は平均水深4000 mほどで，4000 m以深は比較的平坦な海底が広がっている．太平洋には海山列も多く分布する．活火山を抱くハワイ島に始まり，カムチャツカ半島沖に至るハワイ海嶺-天皇海山列は，太平洋プレートの移動（ホットスポットはほぼ固定）に伴って次々に形成された火山島が西北に移動し，8000万年かけて延長6000 kmに及ぶ海嶺-海山列を形成した（図2）．また，太平洋には白亜紀に噴出した海底火山を土台とし礁性石灰岩や遠洋堆積物をのせる多数の海山・ギヨーが多く存在する．最大のものは比高3500 m，頂上面積2000 km^{2}に達する．特に中部太平洋には100以上の海山からなる中部太平洋海山群が，さらに規模の巨大な海台（plateau）（オントンジャワ海台，シャツキー海台，ヘス海台，マニヒキ海台）な

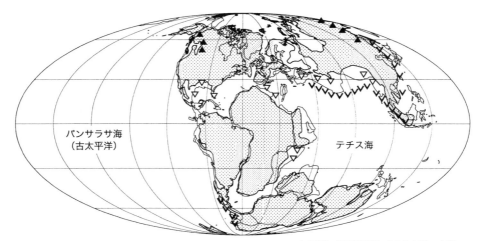

▲ 石炭　▽ 蒸発岩　∨ 火山弧・山脈

図1　1億3800万年前の古地理図[3]
打点部；陸地（砂目：低地，濃い部分：高地）．

どが分布し，マントルからのスーパープルーム［▶A2-1］の上昇場所と考えられている[4]．

アメリカ合衆国西岸を除く太平洋岸はプレートの沈み込み帯で，深い海溝（trench）（最深部はマリアナ海溝で1万920 m）を伴った活動的縁辺部（active margin）となっている．海溝から内陸側に傾く深発地震面がみられ，時にM9を超す巨大地震とそれに伴う津波が発生する．陸上には活火山が連なっている．これが環太平洋造山帯で，環太平洋地震帯，環太平洋火山帯ともよばれている．太平洋底で活動するホットスポット起源の火山が流動性に富む玄武岩熔岩を噴出するのに対し，太平洋岸に連なる火山は安山岩質の熔岩を噴出する爆発的な活動で特徴づけられる．この境界線が安山岩線（andesite line）である（図2）．

図3に縁海の形成時代を示す．このうち，島弧背後に発達する縁海は背弧海盆（back-arc basin）で，第三紀以降に開いた新しい海洋である[5]．

● **大西洋**

太平洋に次ぐ広い海水面をもち，パンゲア超大陸の分裂・移動によって，南・北アメリカ大陸とアフリカ・ヨーロッパ大陸との間に開いた海洋である．特に南大西洋の両岸がほぼ並行していることは，ウェゲナーが"移動する大陸"という仮説を提示する大きなよりどころとなった．大西洋が本格的に開き始めたのは白亜紀初頭以降で，南・北アメリカプレート間や南アメリカプレート・南極プレート間のずれによって生じた3海溝（ケイマン，プエルトリコ，サウスサンドウィッチ）を除き両岸でのプレートの沈み込みがみられない受動的縁辺部（passive margin）となっている．したがって，深発地震帯や火山帯はみられず造山帯は発達しない．

大西洋底を特徴づける地形は，北はアイスランドを経て北極海まで，南は南アフリカ南方からインド洋まで続く大西洋中央海嶺である．比較的ゆっくりした拡大速度（3 cm/年未満）は明瞭な中軸谷を発達させる．大西洋では海洋島は少ない．中央海嶺上に噴出した火山を基礎とするアイスランドが代表例で，アゾレス諸島，アセンション島，セントヘレナ島，トリスタンダクーニャ諸島，コフ島などが海嶺上や分岐する海

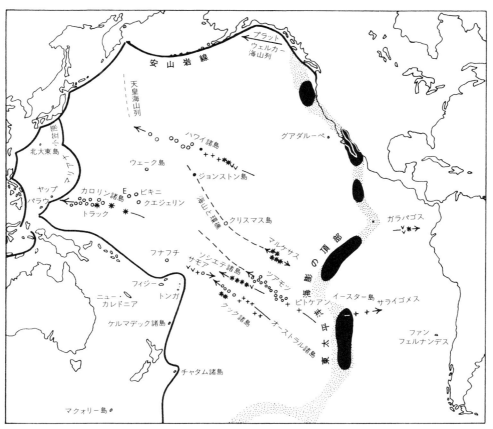

図2 太平洋に分布する海山列・活火山の分布と安山岩線[4]
黒色部：地殻熱流量＞3HFUを示す東太平洋海膨の頂上部，∨：活火山，＊：侵食の進んでいない火山，＋：著しく開析された火山島，・：玄武岩質火山の残片，○：環礁，海山，→：島と海山（年代の古い方向を指す）．

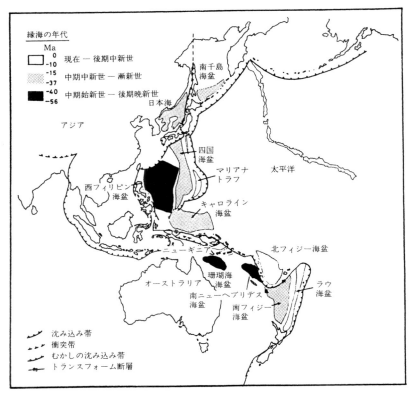

図3 西太平洋に分布する縁海とそれらの海底の形成年代[5]

嶺上に分布する．付属海は，ノルウェー海，北海，バルト海（ボスニア湾），イギリス海峡，ビスケー湾，地中海（ティレニア海・アドリア海・エーゲ海），黒海，ギニア湾，ラブラドル海，メキシコ湾，カリブ海などである．

塩分濃度の高いメキシコ湾流・北大西洋海流は，北大西洋北部で冷却されて沈み込んで深層海流となって南へ流れ，南極の深層海流と合流し，さらにインド洋と太平洋を北流し表層に湧き出る．湧き出した海水は表層流となって再び大西洋に戻り，ほぼ2000年を要する海洋水の大循環（Great Ocean Conveyor）を成立させている．北上する北大西洋海流は熱源となり西～北西ヨーロッパに穏和な西岸海洋性気候をもたらしている．

● インド洋

北はアジア，西はアフリカ，東はオーストラリア，南の南極大陸に続く南緯60°以北の海域で6855.6万 km^2 の面積がある．海洋底は中央インド洋海嶺（カールスバーク海嶺からアデン湾に続く）と東西に分岐する南西インド洋海嶺および南東インド洋海嶺によって大きく三分（アフリカプレート，オーストラリアプレート，南極プレート）される．ゴンドワナ大陸（パンゲアの南部）の分裂に伴う大陸塊の移動によって開かれたインド洋では，3海嶺を拡大軸として玄武岩質の海洋地殻を発達させるが，火山島は少ない．マダガスカルをはじめとする散在する島々や海台は花崗岩質の大陸地殻の断片である．インド亜大陸の衝突によりヒマラヤが成長し，大スンダ列島前面のジャワ海溝でプレートが沈み込み，地震帯，火山帯を形成している．最近起きたスマトラ沖地震（M9.0～9.4）に伴う巨大な地震津波は，ほぼインド洋全域の海岸を襲った．

ヒマラヤから流下するインダス・ガンジス河のもたらす大量の岩屑はインダス深海扇状地（deep seafan），ガンジス深海扇状地を発達させている．付属海は，紅海・アデン湾（中央インド洋海嶺に続く），ペルシャ湾，オマーン湾・アラビア海，ベンガル湾，アンダマン海，ジャワ海，フローレス海，ティモール海，モザンビーク海峡などである．

● 南極海（南大洋）

南緯60°以南の海を太平洋，大西洋，インド洋から分離した海面面積，2032.7万 km^2 の大洋である．日本での通称は南極海であるが，英文の正式名称はSouthern Oceanである．ゴンドワナ大陸から離れ南極方向へ移動した南極大陸では，3000万年ごろから

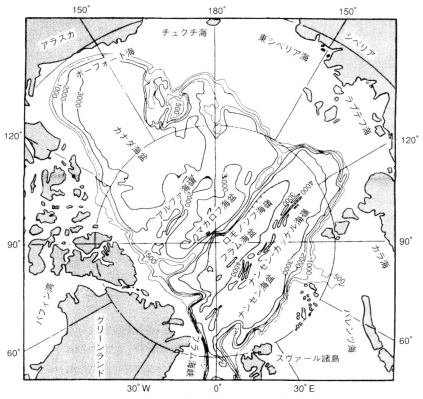

図4 北極海（北極洋）の海底地形（Weber[6]による）

氷床が発達した．

東南極に本格的な氷床が形成されたのは，南アメリカ大陸との間にドレーク海峡が開いた後である．海峡の成立は，南極大陸を1周する周南極海流（南極環流，Antarctic Circumpolar Current）を形成し，南極大陸への熱輸送が減少して大陸の寒冷化を促した．付属海は，スコシア海，ウェッデル海，ベリングスハウゼン海，アムンゼン海，ロス海などである．ロス海やウェッデル海は，広く棚氷に覆われている．

● 北極海（北極洋）

ユーラシア大陸，グリーンランド，北アメリカ大陸に囲まれた大洋で，英文ではArctic Oceanと表記される．海洋学の見地からは大洋の一部とみなされる地中海である．北極海は太平洋とはベーリング海峡で，大西洋とはノルウェー海で連続している．付属海は，ハドソン湾，バフィン湾，バレンツ海，カラ海，ラプテフ海，東シベリア海，チュクチ海，ボーフォート海などである．北極洋のほぼ中心に北極点が位置する．海氷が広い面積を占めている．冬季にはほぼ全海域が凍結し船舶の航行が不可能である．しかし，海氷域は年々減少する傾向にあり，海氷域の年最小面積は最近500万 km^2 近くまで減少している．北極洋の海底地形はやや複雑である（図4）．ユーラシアプレートと北アメリカプレートの境界があると考えられている．1948年に発見されたロモノソフ海嶺が北極海盆をユーラシア海盆とアメラシア海盆とに二分する．さらに前者はナンセン-ガッケル海嶺でフラム海盆とナンセン海盆に，後者はアルファ海嶺でマカロフ海盆とカナダ海盆に，それぞれ二分される．　　［小池一之］

● 文献
1) 国立天文台編：理科年表（平成22年），丸善，2010
2) Central Intelligence Agency (https://www.cia.gov/library/publications/the-world-factbook/)
3) A. ホームズ（D. ホームズ改訂）/ 上田誠也ほか訳：一般地質学III，東京大学出版会，1984
4) 平朝彦：地球史の探求―地質学3，岩波書店，2007
5) 瀬野徹三：プレートテクトニクスの基礎，朝倉書店，1995
6) 小泉格：図説 地球の歴史，朝倉書店，2008（原論文 Weber, J. R.: Physiography and bathymetry of the Arctic Ocean seafloor, In Y. Herman (ed.) The Arctic Seas-Climatology, Oceanography, Geology and Biology, pp.797-828, Van Nostrand Reinhold）

I-2 世界の生態気候帯

ecoclimate zone, 熱帯・亜熱帯, 温帯森林, 砂漠・草原, 亜寒帯, 極地

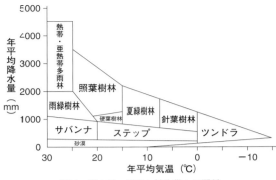

図1 降水量・温度と植生帯との関係

●植生と生態系

ある地域にまとまって生育する植物の総体を植生という. 植生は大きく, 樹林（森林）, 草原, 荒原の3タイプに分けられる. 樹林は樹木からなる植生で, 高木林, 低木林, 広葉樹林, 針葉樹林, 常緑樹林, 落葉樹林などさまざまな内容を含む. 草原は草本を主体とする植生で, 水生と陸生とに分けられる. また, 荒原は普通の植物が生育できないような厳しい環境に成立する植生で, 乾燥荒原（砂漠）やツンドラなどの寒冷荒原がある. 同じような環境には同じような外見（相観）をもつ植生が成立する.

また, 地域の自然を構成する生物的要素（個々の動植物）とそれを取り巻く環境的要素（大気, 土壌など）を合わせた全体を生態系（ecosystem）とよぶ. 生態系を構成する要素間には, 食物連鎖（食う-食われる関係）や光合成や呼吸・分解などの生命活動を通しての物質の循環, エネルギーの流れなどさまざまなつながりがあり, 全体として1つのシステムを構成している.

●植生帯区分

世界的な広がりにおける植生の分布を植生帯（vegetation zone, バイオーム）とよび, 基本的に降水量と温度の2つの要因でおおよその内容が決まる. いま, 横軸に降水量, 縦軸に温度をとった座標平面を考えると, 世界の植生帯はこの範囲のどこかに位置づけられる（図1）. ここでは2つの要因を切り離して, 降水量は十分あり温度が変わる場合（湿性系列, 図2a）と, 温度は十分で降水量が変わる場合（乾性系列, 図2b）とに分けて, 植生帯を整理してみる. 植生帯は一般に地表の植物の状態により表されるが, それぞれの植生帯には特有の動物や微生物が生息しており, 独特の物質循環やエネルギー流がみられるので, 全体として1つの生態系とみなすこともできる. その意味で世界の植生帯区分は, 世界のさまざまな環境に成立する陸上生態系の類型区分であるといってもよい.

湿性系列（降水量は十分, 温度が変化）

基本的に緯度に沿った変化であり, 6つの気候帯とほぼ対応する. 熱帯：熱帯多雨林, 亜熱帯：亜熱帯多

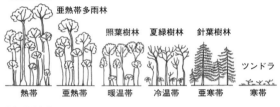

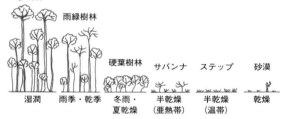

図2 植生帯の湿性系列(a)と乾性系列(b)

雨林, 暖温帯：照葉樹林, 冷温帯：夏緑樹林, 亜寒帯：針葉樹林, 寒帯：ツンドラ（寒冷荒原）.

地球は球体であり, 公転面に対して23.5°傾いた地軸のまわりを自転しているので, 年間を平均すると太陽光が真上から差し込む赤道付近で単位面積あたりのエネルギーが最大となる. 赤道を中心とした熱帯の地表で暖められた空気は上昇気流となり, 上空で冷やされて積乱雲を生じる. これが日々スコールとなって降り注ぎ, 地球上で最も高温多湿の環境をつくりだす. 熱帯に成立する熱帯多雨林（tropical rainforest）は, 地球上で最も発達した森林であり, 種多様性の高い（動植物種の多い）森林である. 樹高は50 m以上に達し, 林内はいくつもの階層に分かれる. 林冠にはシダやランなどの着生植物が多く, 樹幹をツル植物がよじ登る. 絞め殺し植物やアリ植物, 幹生花（果）をつける植物など変わった生態をもつ植物もある. 土壌中の栄養分が乏しく有機物の分解が速い熱帯林では, 栄

養分が土壌の浅いところに集中するので，巨木の根は意外に浅い．板根は，巨大な樹体が倒れないようにバランスをとる物理的な仕組みである．この他に木生シダ，ヤシ類，タケ類，海岸ではマングローブ植物などの存在が熱帯多雨林を特徴づける．

後述のように亜熱帯は一般に乾燥して乾性系列の植生が卓越するが，東南アジアや北米東岸では暖流の影響もあり亜熱帯多雨林（subtropical rainforest）が成立する．ここでは，熱帯多雨林より樹高が低くなり，構成種の多様性も低下する．板根や幹生花（果）のような熱帯多雨林に特徴的な生態はみられるが顕著ではない．このように亜熱帯多雨林は，独自の組成と構造をもつというよりは，熱帯から温帯に移り変わる中間的な内容の植生，すなわち移行帯（transition zone）の性格が強いといえる．そのため，亜熱帯多雨林を独立した植生帯としては認めない考えもある．

中緯度に位置する温帯では，南からの暖気流と北からの寒気流とがせめぎあい，低気圧や前線（梅雨前線もその1つ）が発達しやすい．温帯はさらに南方の暖温帯と北方の冷温帯とに分けられる．暖温帯には照葉樹林（常緑広葉樹林）が成立する．照葉樹林（laurel forest）はブナ科の常緑樹（シイ・カシ類）を中心にクスノキ科，ツバキ科，モチノキ科など一群の常緑樹からなる特有の樹林である．葉の表面にクチクラ層が発達し独特の照りがあるので，このような樹種を照葉樹，照葉樹からなる樹林を照葉樹林とよぶ．照葉樹林は熱帯高山の山地林と構成種の共通性が高く，熱帯の山地帯を起源とする植物集団が温帯へと進出していったと考えられる．

熱帯から暖温帯までの植生は，すべて常緑広葉樹が優占種（個体数や生物量において植生の中心をなす種）となっている．これに対して，冬の寒さが厳しい冷温帯の夏緑樹林（summer green forest）（落葉広葉樹林）では落葉広葉樹が優占種となる．落葉樹は冬に葉を落として休眠状態になることで冬の寒さをしのぐことができるため，冬に寒波の訪れる地域では落葉樹が有利となる．ここでは，ブナ科に属する落葉樹（ブナやナラ，カシワなど）が優占種として勢力を張っている．落葉樹林は秋の落葉の時期になると赤や黄色の紅葉となり美しい景観をつくりだす．

冬の寒さがいっそう厳しい亜寒帯になると，再び常緑樹が優占種となる．ただし，広葉樹（被子植物）ではなく針葉樹（裸子植物）が主となる．シベリアのタイガが代表的な亜寒帯針葉樹林（boreal coniferous forest）で，クリスマスツリーとなるモミ属やトウヒ属の常緑針葉樹が優占種となる．ただし，永久凍土層の発達する東シベリアでは生理的な乾燥条件のために落葉性のカラマツ属が優勢となる．針葉樹は裸子植物の1グループを構成し，被子植物より古いタイプの植物である．被子植物が水を吸い上げる効率のよい道管をもつのに対して，裸子植物はより原始的な仮道管という通道組織をもつ．仮道管は道管よりも冬の凍結に強いので，それが幸いして針葉樹が寒冷地で優勢になれるとの考えがある．ただし，長い進化の歴史を考えると，先に地球全域で栄えていた針葉樹が，のちに熱帯で起源した被子植物によって徐々に北方に追いやられて現在に至ったとみることもできる．

亜寒帯の針葉樹林が成立できる限界を森林限界（forest limit）という．森林限界より極側には森林が成立できず，ツンドラ（tundra）となる．夏だけコケ類，地衣類，草本類，矮低木類がかろうじて生育する荒涼とした世界である．また，ツンドラの成立する極地周辺は夏と冬の日照時間が大幅に異なる．冬は基本的に寒冷で太陽が現れないため植物は生育できない．ツンドラの植物は短い夏の間に芽生えから開花・結実までを完了するようなライフサイクルをもつ．

以上，緯度に沿った湿性系列の植生帯をみたが，さらに植生帯の配列上考慮すべき条件は，大陸の内部と沿岸部の気候の違い，および大陸の東岸と西岸の気候の違いである．一般に，大陸の内部は寒暖の差（年較差）が大きく，乾燥する（大陸性気候）．これに対して，沿岸部は比熱の大きい海水の緩衝作用により寒暖の差が小さく，海から水分が供給されやすいので降水量が多い（海洋性気候）．さらに，大陸の東岸には暖流が流れるので，上昇気流が起きやすく気象は不安定（低気圧や前線が活発）で雨が多い．また，夏から秋には台風やハリケーンの来襲を受ける．これに対して，大陸の西岸は寒流が洗うので，付近では下降気流が卓越し，気象は安定する．全体に高気圧に覆われて降水量は少なく乾燥気味である．

乾性系列（温度は十分，降水量が変化）

乾性系列は湿性系列に比べるとタイプ間の境界があいまいであり，緯度に沿った単純な配置にもなっていないが，次の6つの植生帯に区分される．年中多雨：多雨林，雨季・乾季の別あり：雨緑樹林（季節林），地中海性気候（夏乾燥，冬多雨）：硬葉樹林，強い乾燥（亜熱帯）：サバンナ，強い乾燥（温帯）：ステップ，非常に強い乾燥：砂漠（乾燥荒原）．

まず，温度が十分で年中多雨であれば，熱帯多雨林や亜熱帯多雨林のような多雨林（常緑広葉樹林）が成立する．これは湿性系列の始まりと同じである．熱帯で上昇した空気は，上空を極方向に向かい30°前後の緯度帯で下降気流に転じて地表に降下する．そのためこの部分の地表は常に高圧部となり亜熱帯高圧帯とよ

I-2 ●世界の生態気候帯　431

ばれる．雨が少ないのでこの緯度帯には乾性の植生が生じやすい．赤道直下の熱帯多雨林の周縁には1年の間に明瞭な雨季と乾季の交替する地域があらわれる．こうした場所では，雨季に新葉を展開し，乾季には落葉する落葉広葉樹を主体とした雨緑樹林が成立する．ここでは落葉して休眠するという戦略が乾燥に耐える仕組みとして使われている．雨緑樹林（rain-green forest）を季節風林やモンスーン林ともよぶ．

亜熱帯高圧帯の影響下に入り乾燥が進むと樹木が疎らになり，草原を主体としたサバンナやステップとなる．乾性系列は温度が十分であると仮定したが，現実の植生に合わせると，亜熱帯の高温下では草原に樹林が点在するサバンナ（savanna）が出現し，やや冷涼な温帯域では広大な草原が続くステップ（steppe）が成立する．アフリカのサバンナは草原にキリンやシマウマなど多くの動物が群れる特有の景観をもつ．草食動物の摂食に対する防御のためにアカシアなど鋭い刺をもつ樹木が多い．一方，ステップはもともと中央アジアの草原をさす名称であるが，世界の同様の環境にはよく似た草原（温帯草原）が出現する．北米の草原をプレーリー（prairie），南米の草原をパンパス（pampas）（パンパ）とよぶ．これらの草原はもともと地味が豊かであり農業に適しているため，各大陸で重要な穀倉地帯となっている．

亜熱帯高圧帯の中心付近で大陸の内部から西岸にかけての雨の極端に少ない地域には砂漠（乾燥荒原）が出現する．ここにはサボテン類のような乾燥に対する耐性を備えた特殊な植物がかろうじて生育する．生物多様性の観点からは熱帯多雨林と対極にあるが，砂漠にもそれ特有の動植物がみられ，独特の生態系を構成している．

乾性系列で雨緑樹林の次に位置する硬葉樹林（sclerophyllous forest）は，以上の流れとはやや異質な植生である．硬葉樹林は世界各地の地中海性気候の場所に成立する特有の常緑広葉樹からなる低木林である．地中海性気候に分類される気候は主に各大陸の中緯度，西岸に出現する．夏は高温で乾燥するが，冬は温暖で雨が多い気候なので，常緑樹が優占する．しかし，夏の乾燥が厳しいために硬葉樹林の樹木は低木どまりで，乾燥に耐えるために葉が小型・肉厚になっているものが多い．地中海沿岸ではコルクガシ（ブナ科）やゲッケイジュ（クスノキ科），オリーブ（モクセイ科）などがみられる．ブドウ栽培に適した気候のためにワインの産地になっている地域も多い．また，硬葉樹林はブナ科やクスノキ科が主体となる点で，大陸の中緯度，東岸の照葉樹林と構成種の共通性が高い．

●世界の植生帯分布

世界の植生帯（バイオーム）は上記の湿性系列と乾性系列を合わせた11のタイプに分けることができる．これらの分布を世界地図の上に表したものが図3の植生帯分布図である．熱帯林は赤道に沿ったアジアの島嶼部，中・南米のアマゾン川流域など，アフリカのコンゴ川流域などの3か所にある．熱帯・亜熱帯多雨林の外側には乾燥植生（雨緑樹林，サバンナ，砂漠）が広がっている．ただし，熱帯・亜熱帯多雨林の外側にも湿性な森林が出現する場所があり，その唯一の例外的な場所がアジアの東岸であり，しいていえば北米の東岸もこれに該当する．これらの地域では，湿性系列の植生帯が途切れることなく熱帯から寒帯まで続いている．特にアジアの東岸は，インドネシアやボルネオなどの熱帯多雨林から東南アジアの亜熱帯多雨林（雨緑樹林を含む），中国南部から西南日本の照葉樹林，中国北部や東北日本の夏緑樹林，沿海州やシベリアの針葉樹林（タイガ），北極周辺のツンドラまで広大な領域を含んでいる．日本列島はちょうどこの中間に位置しているため，亜熱帯から亜寒帯までの植生が幅広くみられる．ちなみに，北半球に比べて南半球は海の占める面積が大きいので，全体に海洋性気候の性格が強い．そのため，南半球では北半球ほど植生帯がはっきり分かれていない．ブナ科のナンキョクブナ属による落葉樹林やナンヨウスギ科やマキ科の針葉樹による常緑針葉樹林はあるが，高緯度地域まで常緑広葉樹が混交していることも多い．

●水平分布と垂直分布

以上，水平的な植生の分布（水平分布）をみてきたが，植生の分布にはもう1つ垂直的なもの（垂直分布，altifudinal distribution）がある．一般に，山に登ると気温が100 mにつき0.6℃前後の割合（気温減率）で低下する．そこで，標高が増すにつれて植生も変化する．水平分布（特に湿性系列）は基本的に緯度に沿った植生の変化であり，熱帯の高温から寒帯の低温への温度変化に対応している．ただし，高緯度ほど季節性がはっきりしてくるのも緯度に沿った変化の特徴であり，気温や日照量の年較差が高緯度ほど大きくなる．また，水平分布には大陸の内陸と沿岸，大陸の東岸と西岸との違いもある．

これに対して，垂直分布は基本的に低地の高温から高地の低温へという温度変化に対応しており，季節性の有無，長短はそれぞれの緯度によって異なる（図4）．中緯度では水平分布と垂直分布がほぼ対応するため，南から北へ旅するのと山を下から上に登るのとでは同じような植生帯の変化をみることになる．一

432 I-2 ●世界の生態気候帯

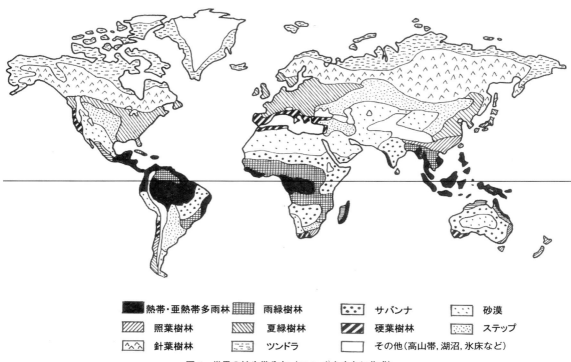

凡例: 熱帯・亜熱帯多雨林　雨緑樹林　サバンナ　砂漠　照葉樹林　夏緑樹林　硬葉樹林　ステップ　針葉樹林　ツンドラ　その他（高山帯，湖沼，氷床など）

図3　世界の植生帯分布（Walter[1]をもとに作成）

方，熱帯では年間の季節変化が乏しく，冬の寒波も届かないので，熱帯高山では低地帯，山地帯，亜高山帯のすべてに常緑広葉樹林が出現する．低地には樹高の高い熱帯多雨林が成立し，山地帯から亜高山帯にかけては熱帯山地林とよばれる，より背の低い森林が成立する．特に，山地帯上部には山腹に沿った上昇気流とそれに蓋をするように成立する逆転層のために年中雲霧が発生し，その森林は樹幹や林床にコケ類や地衣類がびっしりとついた雲霧林（cloud forest）（蘚苔林）の様相を呈する．しかし，雲霧林を越えて森林限界の上に出ると，一転して乾燥した世界となり，熱帯の高山帯に特有の高山草原（パラモ）が現れる．一方，アルプス山脈やヒマラヤ山脈などの夏が短く冬の寒さの厳しい高山帯には，環境条件のよく似た寒帯のツンドラに生育する植物と類縁関係のある高山植物が出現する．

[清水善和]

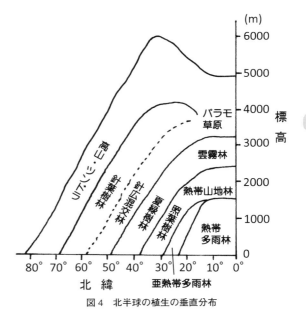

図4　北半球の植生の垂直分布

●参考文献
1) Walter, H.: Vegetation of the Earth and Ecological Systems of the Geo-Biosphere, Springer-Verlag, 1973［ドイツ語版（1964）の英訳］
2) 石塚和雄編：群落の分布と環境，朝倉書店，1977
3) 林一六：植生地理学，大明堂，1990
4) 樹木環境ネットワーク協会編：グリーンセイバー，研成社，2001

I-3 世界の環境
environment of continents

　世界の自然は多様で，自然を構成する要素も多く，人類の歴史的な働きかけは地域によって異なっている．自然の構成要素が相互に関連していることが理解の要点である．ここでは大陸ごとに，地形・気候・水・土壌・植生などの中で，それぞれの地域を特徴づける現象や，社会に大きな影響を及ぼしている環境要素を取り上げ，地域の特性を巨視的に述べる．

●アフリカ

　アフリカは30億年以上前にできた古い大陸の1つで，人類起源の地でもある．地形は広い平原と切り立った海岸が特徴である．東部に大地溝帯が走り，これに沿って火山や湖が分布する．西部は平坦な高原である．気候は高山を除けば冷帯と寒帯はなく，赤道の両側に熱帯から温帯までの気候帯が分布する．熱帯雨林が成立する熱帯雨林気候はギニア湾岸とコンゴ（ザイール）川低地に分布し，南西からギニアモンスーンが年1000～3000 mmの降水をもたらす．ギニア湾北岸では，熱帯雨林の大部分が，カカオ，コーヒーなどの換金作物に置き換えられている．熱帯内収束帯（ITCZ）周辺ではITCZの季節的南北移動に伴って降水が起こり，一般に赤道から離れるにしたがって降水量が減少する．

　熱帯雨林周辺はサバナ気候で，さまざまな段階のサバンナ景観が分布する．長く牧畜による圧力を受けて，荒原化しているところもあり，干ばつは深刻な社会崩壊をもたらす．天水に頼るこの地域ではナイジェリア北部などを除いて耕作地は少なく，草原や放牧地が多い．サバンナは国立公園や自然保護区に指定されている地区もある．亜熱帯域には砂漠気候が広がる．世界最大の砂漠サハラは，アラビア語で砂漠の意味で，アラビア半島へ続く大乾燥地帯をなす．南半球には，大西洋に面したナミブ砂漠と，内陸のカラハリ砂漠があり，後者の乾燥度は前者より緩やかである．サヘルはアラビア語で岸辺の意味で，サハラ砂漠の南縁にあり，気候変動や伐採，過放牧による砂漠化の危機に直面している．

●ユーラシア

　ユーラシア大陸は，アジア大陸とヨーロッパ大陸とを合わせた総称で，全陸地面積の37%を占める最大の大陸である．大陸中央部には，世界の最高峰8848 mチョモランマ（ネパール名：サガルマータ，英語名：エベレスト）を含む8000 m級の山々が連なるヒマラヤ山脈を南端に，チベット高原が広がる．ヒマラヤ・チベット山塊は，かつてゴンドワナ大陸を形成していたインド亜大陸が大陸移動によって北上し，約5000万年前ごろにユーラシア大陸に衝突して今なお北上し続けて形成された．ヨーロッパのアルプス山脈へと続くアルプス・ヒマラヤ造山帯を形成する．東岸沖には，日本列島を含む環太平洋造山帯があり，これらの造山帯では現在も活発な地殻変動が起こっている．世界最低の陸地，死海（湖面標高 －418 m）も本大陸南西部のイスラエルとヨルダンの間にある．最初の農耕は西アジア地域で発生し，古代にはメソポタミア・インダス・黄河文明が生まれた．現在では世界人口の約71%（2009年国連推計値）が居住し，国別人口第1位の中国，第2位のインドは，共に近年急激な経済成長を遂げている．

　マレーシア・インドネシアからニューギニアにかけては熱帯雨林気候が広がり，年降水量は2000～4000 mmとなる．近年は熱帯雨林が急速に消失し，アブラヤシなどのプランテーションが広がる．インドシナ半島からインド亜大陸には世界最大のモンスーン地域が広がり，豊富な夏雨により稲作が広く行われる．パキスタン以西のアラビアに至る西アジアと，チベット高原北部から中央アジアは，広大な乾燥地域となる．チベット高原以西は冬雨の地中海性気候となり，硬葉樹林帯のオリーブやコルクガシが生育する．西ヨーロッパでは西岸海洋性気候が広がり，小麦や混合農業を中心とした農業が広く営まれる．東アジアには初夏に梅雨前線帯による雨季のあるモンスーン気候が広がり，中南部では稲作が，北にいくにつれてトウモロコシ，小麦が主につくられる．チベット高原北方のモンゴル高原や中央アジアには，ステップ気候が広がり，遊牧が行われる．さらに北のシベリアは冷帯気候で，北方針葉樹林（タイガ）が広がる．北極海沿岸域はツンドラ気候となる．

●南北アメリカ

　北アメリカは40億年以上前にできた地球最古の大陸で，中部に平地，東部に古い時代に形成された低いアパラチア山地が分布する．大陸の西側は南北方向に1列ないし3列に走るコルディエラ（山の集合）山脈があり，西部から海岸山脈，カスケード（シエラネバダ）山脈，ロッキー山脈とよばれる．約300万年前に南北アメリカが結合して，中央アメリカが陸橋とな

り，最も古い哺乳類やラクダ類の祖先は北アメリカから広がった．更新世に繰り返し起こった氷期には，北米のほぼ北半分が氷床に覆われ，今もその痕跡が多く残る．人類は1万2000年前ごろの最終氷期末期に，シベリアからベーリンジアを渡って移動し，その後氷床の融解に伴い1万年前ごろには南下して南米大陸に到達した．気候は東部に広大な温帯が広がり，南部は綿花，中部はトウモロコシの栽培適地である．五大湖より北は冷帯で，小麦，酪農地帯である．大陸の西部は山脈によって複雑となり，西海岸地域は地中海性気候・西岸海洋性気候で，内陸は乾燥気候である．アメリカ大陸に入植したヨーロッパ人は，先住民を制圧しながら広大な綿花，トウモロコシ，小麦栽培を中心とした農業生産社会と工業化社会をつくりあげた．北米における開発は急速で，自然破壊の反省から保護の思想が広がり，世界で最初の国立公園として1872年にイエローストーン国立公園が設定された．

中央アメリカから南アメリカはスペインによる苛烈な先住民征服の後に，エンコミエンダ（Encomienda）によって大土地所有が進められ，先住民の文化は著しく破壊された．南アメリカの地形は，南北8000 kmに及ぶアンデスの山脈と高原，盆地の集合体である．南北に延びる山脈の障壁により，山脈の東西で非対称的な気候帯が分布する．年降水量2000 mm以上の熱帯雨林地域は，ギアナからアマゾン盆地の一帯で，ブラジルのアマゾン低地を中心に広がる世界最大の熱帯雨林となる．ブラジルの南西部とボリビアの国境付近には生態系の豊かな広大な湿地パンタナールが広がる．1950年代中期以降ブラジル政府の雨林開発計画によって焼畑が広がり，熱帯雨林の消失が懸念されている．ブラジルの畑は綿花，コーヒー，大豆，オレンジなどによって農業生産を上げている．南アメリカの西海岸は冷涼なペルー（フンボルト）海流が北上し，海岸砂漠（アタカマ砂漠）が細長く南北に延びている．沖合では地球規模の気候変動に影響するエルニーニョ現象が発生する．

●オーストラリア

世界最小のオーストラリア大陸は，東部に大分水嶺山脈があり，山脈東岸では降水量が多く，一部で年平均降水量が4000 mmを超え，熱帯雨林もみられる．他は全般に平坦で中東部には世界最大の大鑽井盆地がある．北部では夏に熱帯内収束帯が南下し，オーストラリアモンスーンとよばれる夏の雨季をもたらすものの，農業は盛んでなく人口は少ない．東北部の海岸に沿って，世界最大のサンゴ礁グレートバリアリーフが発達する．大陸の中央部は大半が乾燥した荒野で，世界で最も乾燥した大陸であるが，極乾燥地はみられない．南部には狭いながら地中海性気候などの温帯気候があり，冬に降水量が多い．降水量が少ない地域では牧羊が盛んで，世界最大の羊毛産出国である．比較的降水量の多い地域では小麦などの農業が営まれ，牧牛も盛んで，人口の大部分が南東部の海岸部周辺の都市で生活する．1億数千万年前にゴンドワナ大陸から分離した地史のため，他の大陸とは異なった進化をとげた有袋類などの動物が存在する．人類は4万年以上前に北方より移住し，その子孫がアボリジニとよばれる先住民である．アボリジニはほぼ完全な狩猟採取生活を営んでいたが，17世紀以降のヨーロッパ人の入植に伴って急速に人口が減少し，独自の文化もほぼ失われた．1993年には先住権が認められて保護政策がとられ，人口も回復傾向にある．

●極　地

北極地域は北緯66°33′以北の北極圏，地理学的には北方森林限界以北をさす．中心を占める北極海は水深1000 mを超える海域が広く，近年の温暖化により海氷が急速に減少している．冬が長く気候は厳しいものの，生息する生物は多様で，哺乳動物だけで約50種類を数える．北極海の大陸棚は植物プランクトンをはじめ海洋生物が豊富である．

南極圏は南緯66°33′以南で，南極条約では南大洋（南極海・南氷洋）を含めた南緯60°以南，地理学的には南極収束線以南をさす．南極大陸は氷床に覆われ周辺の海では棚氷となる．世界の氷の約90%を占める南極氷床では最も厚い氷は4760 mあって，氷床の底は海水面より1800 mも低い．1961年に発効した「南極条約」によって，どこの国にも領土権はなく，科学的な観測基地のみが分布し，極地に特有なオーロラ，隕石，高層大気などの観測研究が進められている．南極大陸は氷に覆われた厳しい環境で，露岩上に地衣類やコケ類，わずかな無脊椎動物が生息する．周辺の海にはクジラも生育し，豊かな海洋生態系をもつ．

［細田　浩・松本　淳］

●文献

1) 川田順造編：アフリカ入門，新書館，1999
2) 福田正巳ほか編著：極地の科学―地球環境センサーからの警告―，北海道大学図書刊行会，1997
3) 丸山浩明編著：パンタナール―南米大湿原の豊饒と脆弱―，海青社，2011
4) 矢ケ﨑典隆ほか編著：日本地理学会「海外地域研究叢書」3 アメリカ大平原―食糧基地の形成と持続性―，古今書院，2003

I-4 地球規模の環境と地形地域

●大生態系の地形地域（気候地形区分）

大生態系としての地形の広がり，あるいは地球規模での環境と関連した地形の広がりは，気候地形地域の分布としてとらえることができる．気候（帯）地形学（climatic geomorphology）は，外作用による地形形成作用の分布による地形地域区分である．具体的な区分は，貝塚[1]の図7.7（D1-2の図2）を参照されたい．1950年代から1970年代にかけて気候地形学の研究は盛んであった．それぞれの気候帯に特有の特徴的な地形が存在することは古くから知られていたから，大まか（第一義的）には気候地形区分は広く受けいれられた．それぞれの典型的な気候地形は，本書D3〜D8の項に書かれている．

ただし，世界的な気候地形の分布で注意しなければならないことがある．まず，典型的な気候地形が存在するためには，それぞれの気候地域の気候，地表状態（植生）を直接反映した地形形成作用が十分に作用することが必要である．しかし，そのような気候地形地域に特有な外作用（表1）を上回るような，ほかの強力な地形形成作用（重力作用（gravitational process）や大洪水など）が働けば，気候地形は破壊されてしまう．このことはしばしば忘れられている．つまり，典型的な気候地形が発現するのは，比較的緩傾斜の小規模な流域においてである．

●河川と沖積平野の地形地域

大河川が流れる沖積平野のうち，周氷河・乾燥・半乾燥地形地域では，それぞれ，異なった特徴ある河川地形が形成されているが，湿潤熱帯・乾湿熱帯・湿潤温帯の，特に大きな河川の河岸地形に大きな違いがあるかどうかは明確ではない．川沿いの地形は，気候の直接の反映である河川流量や，河川の水位変動，特にピーク流量時の河川の様態によって大きく変わる．しかし，堆積地域である沖積平野の河川地形に大きな影響を与えるのは，上流から運ばれてくる土砂の量や粒径である．運搬土砂量や土砂の性質は，降水量（河川流量）だけではなく流域の地質や起伏によって大きく変わる．具体的には，貝塚[1]の図5.4を参照されたい．

●平原流域の地形地域

世界の大陸にある大平野の大部分は，基盤を構成する岩石からなる侵食性の平原（plain）で，先カンブリア時代，あるいは古生代から中生代にかけて，延々と侵食されつづけてきた．この地形地域で目立つのは，流域間の台地や盆地の周辺部にある侵食性の組織地形である．ケスタで代表される組織地形は，気候の反映である外作用によってよりも，その場所の基盤岩の性質（組織・強度・透水性など）によって決まる．異質の作用が働く氷河・周氷河地形地域と乾燥地形地域を除き，流水の作用が卓越する湿潤熱帯・熱帯半乾燥・半乾燥・湿潤温帯気候地域では組織地形の違いを生むのは，気候環境ではなく基盤地質である．

●山岳の地形環境

多くの世界的な気候区分では，成帯的な気候帯を横切るように，あるいはオーバラップするように，高山気候帯が設けられている．そうであるならば，気候地形区分においても山岳地域という気候地形区が設定されるべきである．

高さ方向に寒冷化し，降水量が増加する山岳（mountains）は気候地形地域の代表のようにみなされがちであるが，山岳地域で最も重要な地形形成作用は重力移動であるから，気候的エネルギーが駆動する地形形成作用は，重力作用が作用しない場合に限って現れると理解すべきである．崩壊や落石，土石流，激

表1　世界の気候地形区の特徴（貝塚[1]の表7.1）

気候地形区	およその植生	面的削剥 （表流水と重力による）	線的流水侵食	ケッペンの気候区
湿潤熱帯	熱帯多雨林	○	◎	Af, Am
乾湿熱帯1	雨緑林	◎	○	Aw
乾湿熱帯2	サバンナ	◎	○	Aw, Cw
乾燥（荒漠）	なし	○	—	BW
半乾燥	草原・疎林	◎	○	BS, Cs
湿潤温帯	温帯林	○	◎	Cf, Da
周氷河	針葉樹林・ツンドラ	（◎凍結による）	○	ET, Dc
氷河	なし	（◎氷床による）	—	EF

削剥・侵食の強さ：◎＞○＞○＞—

表2 緯度による高山の地形形成環境の違い

作用と環境	熱帯高山	温帯高山	高緯度（極地）山地
雪線（氷河平衡線）	水平（直線的）	高さの変化著しい	高さの変化著しい
雪食作用	なし	風下側で顕著	顕著
凍結作用	日周期（通年）	日周期（春・秋）＋年周期	年周期
周氷河帯	帯状でせまい	風上側斜面に広くパッチ状	広大で面的
流水の作用	通年	春・夏・秋	晩春・初夏
風の作用	弱い	強い	強い

流侵食や，それらによる堆積作用が山岳地域における卓越する地形形成作用である．

世界的にみた熱帯高山，中緯度高山，極地山地の生態学的な違いは顕著で，古くから自然地理学の研究対象になってきた．高山は大気の中に突き出した島のような場所であるから，周囲の平地より気温の較差は小さいが，各方位に向いた斜面からなる多面体であるので，方位による環境の違いが大きい．それに高さによる環境の違い（垂直分帯）が加わって，狭い範囲に多様で複雑な環境が現れる．それを反映して，地形形成作用も複雑になる．熱帯・中緯度・高緯度（極地）という緯度による環境や，気候地形学的な違いも顕著である（表2）．

● 海岸の環境

海洋と陸地の接線である海岸（coast）地形は，世界の気候地形図では取りあげられることが少ない．岩石海岸（磯）と砂質海岸（浜）の組み合わせからなる中規模な海岸のタイプは，フィヨルド海岸，リアス海岸，直線的な海岸，三角州海岸，火山噴出物がつくる海岸，サンゴ礁海岸などに区分できる．それらの一部の，仮想的大陸における分布を図1に示した．この図には波の作用を支配する卓越風が記入され，フィヨルド海岸やサンゴ礁海岸は地球規模の気候に支配されていることがわかる．最終氷期終了後の海面上昇で，世界中の海岸のほとんどでは谷や河谷に海水が進入してリアス海岸になったが，完新世に，河川が土砂を運搬して浅海を埋め立てることができた場合にはリアス海岸は消滅した．中緯度高圧帯に位置する海岸では，背後が砂漠なので河谷が形成されないため，リアス海岸は形成されない．海面が低下した氷期の極相期にはリアス海岸は存在しなかった．

● 湖沼と湿原の地形環境

湖沼に関しては本書のC3-2，D6-8に，湿原に関してはC5-5，F6-7に書かれているので参照されたい．

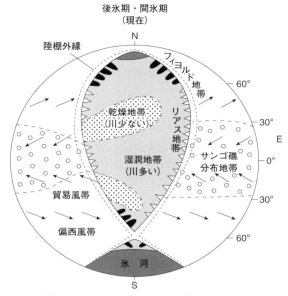

図1 単純化した地球の海陸分布に気候帯と海岸線を示したもの
矢印は卓越風向（貝塚[1]の図5.29から氷期の図をはぶいたもの）．

● 人類による地形形成地域

忘れてはならないものに，人類がつくった地形（人工造成地や埋め立て海岸，干拓地，鉱物資源採取による地形改変など）や人間活動による自然改変（植生破壊による土砂流出など）の結果形成された地形（沖積平野や三角州，崩壊地など）がある．かつてはその広がりは小面積であったが，最近では人工衛星画像や世界地図でも表現されるほど大規模になってきた．先進工業国の工業地帯や大都市圏は人類による地形形成地域（artificial landforms）ともいえよう． ［岩田修二］

● 文献
1) 貝塚爽平：発達史地形学，東京大学出版会，1998

I-5 日本列島の生い立ち
基盤構造，島弧の発達

　日本列島は，ユーラシア大陸とはオホーツク海，日本海や東シナ海などの縁海で隔てられる花綵（はなづな，かさい）列島ともよばれる弧状列島である．太平洋を取り囲む島弧-海溝系（islandarc-trench system）の一翼を担う狭まる変動帯で，地球上で最も活発な地震・火山活動の場となっている．

　日本列島は，新第三紀中新世初めごろまでユーラシア大陸の沿海州沿岸に連なる陸地であった．能登半島-飛騨山地などに大陸塊の一部が断片となって残っている．このユーラシア大陸の大陸塊を取り囲み，中生代後半以降に次々に付加した付加体（海洋プレートの沈み込みにしたがって，海洋プレートの一部とその上に重なる深海性堆積物と海溝付近に堆積した陸源堆積物が，海洋プレートからはぎ取られ，島弧側の下部前面に付け加わった地層群）がこれを取り囲んで帯状に配列し，日本列島の骨格がつくられた[1]．

　5億2000万年前に始まった沈み込み運動は，世界各地に次々に造山帯を成長させたが，一方で大規模な構造侵食によって，大陸地殻の4/5は上部マントル下部（約660 kmの深度）へと沈んでいった[2]．

　このような地殻運動の中で，大陸縁辺に位置していた日本列島は，新第三紀中ごろ（1600万～1400万年前ごろ）におきた日本海の急速な拡大に伴って，太平洋側に凸形の弧状列島群となった．これらの列島は，太平洋プレートの沈み込みに伴うさまざまな活動で特徴づけられる東日本島弧系（千島弧，東北日本弧，伊豆・小笠原弧）と，フィリピン海プレートの沈み込みの影響を受ける西日本島弧系（西南日本弧，琉球弧）からなっている[3]（表1）．また，それぞれの島弧は，北アメリカ・プレートに属する①千島弧（千島列島-北海道東部），②東北日本弧（北海道西部と東北日本），ユーラシア・プレートに属する③西南日本弧，④琉球弧，および，フィリピン海プレートに属する⑤伊豆・小笠原弧，の5つの島弧-海溝系から成り，隣り合う弧が接するところでは，相互の重複・衝突関係などから複雑な構造や地形をつくっている[4]（図1）．

　島弧-海溝系の大地形は，海洋側より，海溝，前弧海盆，外弧（前弧），内弧（火山弧，背弧）に大別される［▶D2-1］．東北日本弧の外弧背後には内弧前縁の火山フロントとの間に中央沈降帯（北上・阿武隈川河谷など）が発達する．一方，内弧（火山弧）側の山地の配列は，海溝でのプレートの沈み込み方向によって異なる．プレートが斜めに沈み込み外弧が横すべりすると，内弧側の山地や火山列の雁行構造が発達する．非火山性の外弧側では長波長の曲隆・曲降運動が卓越し，阿武隈・北上山地のような高原状の山地が発達する．これに対し，内弧側では短波長の褶曲・断層運動が卓越し，さらに，火山の分布が変化に富む地形を形成している．これは，日本海の拡大に伴う伸張テ

表1　日本列島を構成する島弧-海溝系の規模，活火山，地震[3]

(1) 島弧-海溝系の名称	(2) 弧の長さ (km)	(3) 弧の幅 (km)	(4) 海溝軸-火 山フロント の距離 (km)	(5) 最高点 の海抜 (km)	(6) 海溝の 最深 (km)	(7) 活火山 の数	(8) 弧長 100 km あたり活 火山数	(9) 浅い地震 のエネル ギー	(10) 深い地震 の頻度
カムチャッカ*	800	300～600	170～210	4.9*	7.9	28	3.5	} 15.9	1.7
千島	1,500	200～400	170～280	2.3*	10.5	40	2.7		
東北日本	800	500	270～290	2.6*	9.8	25	3.1		
伊豆-小笠原	1,500	400	190～240	3.8*	10.3	24	1.6	} 0.5	0.9
マリアナ	1,900	200～300	170～220	1.0*	11.0	8	0.4		
西南日本	600*	500	—	3.2	4.8	0	0		
琉球	1,500	200～300	190～260	1.9	7.9	18	1.2	} 7.3	0.5
台湾-ルソン北部*	1,000	200～300	200	4.0	5.4	10	1.0		
フィリピン	1,500	300～500	140～240	3.0*	10.5	27	1.8		
サンギヘ-セレベス北部・ハルマヘラ	1,200**	200～300	—	2.7	—	25	2.1		0.7

(1) *部分的に大陸縁弧，無印は島弧．
(2) 火山フロントに沿って測った長さ．接合する島弧にあっては火山フロントの折れ曲がり点まで測る．*九州は琉球弧に含めた．
　　**2つの弧の合計．この2つの弧は明瞭な海溝を欠く．(2)～(6) は各種の地図と資料による．
(3) 海溝軸から地形的に認められる内弧内縁までの幅．
(5) *火山，無印は非火山．
(7) Katsui (1971)：World List of Active Volcanoes 記載の活火山（歴史時代に噴火記録のあるものと噴気のある火山）．
(9) Duda (1965) による．エネルギー，弧の長さ1°について 10^{23} erg/68年．
(10) Sugimura (1967) による．頻度，弧の長さ1000 kmについて回数/10年．

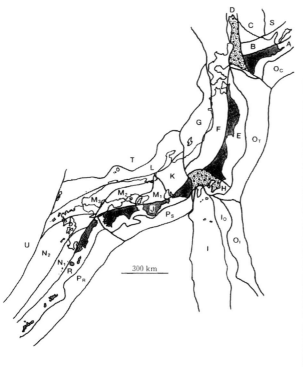

千島弧	前弧海盆	O_c	千島弧前弧海盆
	外弧	A	根室帯
	内弧	B	大雪山−知床帯
		C	北見帯
	衝突帯	D	天塩−夕張衝突帯
東北日本弧	前弧海盆	O_T	東北日本弧前弧海盆
	外弧	E	北上−阿武隈帯
	内弧	F	奥羽−道南帯
		G	日本海東縁帯
	衝突帯	H	南部フォッサマグナ衝突帯
伊豆・小笠原弧	前弧海盆	O_I	伊豆・小笠原弧前弧海盆
	外弧	I_O	小笠原帯
	内弧	I	伊豆−硫黄島帯
西南日本弧	前弧海盆	P_s	西南日本弧前弧海盆
	外帯	J	赤石−四国帯
	内帯	K	美濃・飛騨帯
		M_1	近畿三角帯
		M_2	瀬戸内帯
		M_3	山陰−北九州帯
		L	能登−宍道帯
琉球弧	前弧海盆	P_R	琉球弧前弧海盆
	外弧	R	宮崎−沖縄島帯
	内弧	N_1	霧島−トカラ帯
		N_2	別府−沖縄トラフ帯
縁海（背弧海盆）		S	オホーツク海
		T	日本海
		U	東シナ海

図1 島弧としての日本列島の地体構造（geotectonic structure）区分[4]

クトニクス場（中新世後半まで）から，鮮新世以降，短縮（圧縮）テクトニクス（インバージョンテクトニクス）へと変化したためと思われる．

島弧−海溝系を特徴づけるのは地震と火山の分布である．海溝から沈み込むプレート（リソスフェア）内では，沈み込みに伴う応力を解放するため地震が発生する．したがって，地震の震源は海溝から島弧の下に傾斜する深発地震面を形成する．この現象を最初に発見したのは和達清夫であったが，ベニオフによって再確認されたので，和達−ベニオフ帯（Wadati−Benioff zone）とよばれる．日本列島沖の海溝沿いではM8クラスの巨大地震（時にM9クラス）が周期的に発生してきた．

現在，日本列島のほぼ全域は圧縮テクトニクスの場にあり，地震の傷跡である活断層が分布する．これら内陸に分布する活断層は，再来間隔はきわめて長いが，ときどき，直下地震を引き起こす．活断層の最新活動期や再来間隔を推定するトレンチ調査の先駆けとなったのは，1930年の北伊豆地震（M7.3）のときに最大2mほど左横ずれ運動を起こした丹那断層であ

ろう．ここでは，過去6000年間に9回のイベント（地震変位）が認められ，再来間隔は700〜1000年と見積もられた．

日本列島における第四紀火山分布の外弧側の境界はきわめて明瞭で，火山フロントとよばれ，日本列島には，東日本火山帯のフロントと西日本火山帯のフロントが識別される．東日本島弧系や琉球弧では，火山フロントの位置が明瞭で海側の海溝軸と並行であるが，西南日本弧ではきわめて不明瞭である．また，火山活動は火山フロント直上で最も盛んで，大規模な成層火山やカルデラが形成される． ［小池一之］

●文献
1) 磯﨑行雄：日本列島の起源，進化，そして未来 大陸成長の基本パタンを解読する，科学，70: 133-145, 2000
2) 鈴木和恵ほか：日本列島の大陸地殻は成長したのか？—5つの日本が生まれ，4つの日本が沈み込み消失した—，地学雑誌，119: 1173-1196, 2010
3) 貝塚爽平ほか：日本列島の構造と地震・火山，科学，46: 196-210, 1976
4) 米倉伸之ほか編：日本の地形1 総論，東京大学出版会，pp.59-70, 2001

I-6
日本の自然の特色と日本の風土

地球上における日本・日本列島の位置が特異な自然環境を醸成し，風土を形成している．風土とは，自然環境に近い意味から精神文化的なものまで含めた意味がある．ここでは，第一種風土と定義される，ある土地の気候・地形・水・土壌・植生などを含めた自然環境を風土と考えることにする（しかし，この自然は後述するように人間が関与してつくったものである）．

●日本の自然の基本的因子

日本の風土（Japanese fuudo）を規定している基本的因子が日本の自然（Japanese nature）である［▶A1-5］．日本（日本列島）の自然を特色づけている因子は次のようになる（中村ほか[1]を参照）．

① 中緯度に位置する：沖ノ鳥島（北緯20° 25′）から択捉島（北緯45° 33′）まで南北約3000 kmの範囲に位置する．北回帰線の南に位置する沖ノ鳥島を除けば，日本全域で太陽は常に南から射し込んでくる．年中昼夜の交替とその長さは季節変化する．すなわち，自然は日変化と年変化が明瞭となる．

② 地球最大の大陸東岸に位置する：地球上最大のユーラシア大陸の東側，北太平洋の北西の縁に位置し，東岸気候の影響下にある．つまり，緯度のわりには低温で，同時に気温の年較差も大きくなる．

③ 海に囲まれた島国：大陸東岸にあり，かつ太平洋，フィリピン海，日本海，東シナ海，オホーツク海に囲まれた島国で，南方から暖流の黒潮と対馬海流，北方から寒流の親潮とリマン海流に洗われている．このことが多様な生物相を生みだしている．

④ プレート境界上にある弧状列島：プレートとプレートが「せばまる境界」に位置し，南北3000 kmにわたって約4000の島々が分布，複雑で面積の割には極端に長い海岸線を有している．火山活動や地震活動も活発で，その背骨ともいうべき「日本山脈」は急峻で，土地の起伏や河川網が複雑である．

⑤ シベリア高気圧の東縁・北太平洋高気圧の西縁にある：冬はシベリア高気圧から吹き出す北西季節風，夏は北太平洋高気圧（亜熱帯高気圧ともいう）から吹き出す南東季節風で特徴づけられる．

⑥ 大気大循環における位置：大気大循環を構成する低緯度循環系（熱帯循環）に支配されるのが夏，そ

れ以外の季節は中高緯度循環系（偏西風循環）に支配され，循環系の交代時期が梅雨や秋雨である．

⑦ 時間的枠組み：以上のような空間的な配置とともに時間的な枠組みも重要である．日本列島形成以来の気候変化の影響などである．

⑧ 自然と人間との相互作用の歴史性：約1万年にわたる日本人の自然に対するアプローチの仕方・集積が日本の独特な風土を醸成してきた．

●日本の風土の特色

風土とは人間の歴史・活動を離れた「純粋な自然」ではなく，歴史的・地理的に蓄積されてきた人間と自然との交流の結果として存在するもので，日本人が培ってきた自然環境である．つまり，上述の基本的因子が複雑に折り重なって産み出されたのが日本の風土[2]である．これら基本的因子から形成された複雑な風土を読み解くキーワードは多様性（diversity）と不安定性（instability）である．

①多様性と不安定性： 多様性としては，北米大陸などにみられるような大規模に展開する広大な風景ではなく，目の前を次から次へと小規模に変化する地勢や風景である．不安定性とは，六季のある気候といわれるように年間を通して目まぐるしく移行していく季節や，動かざること山のごとしというのとは逆の，有感地震の多さ，土砂災害をもたらす地形変化である．以下に順次具体的に説明する．

②多彩な気候： 前述の基本的な因子により生み出された多彩な気候に特色がある．春夏秋冬の移り変わりが明瞭なうえに梅雨と秋雨・台風を加えて六季ともなる．梅雨と秋雨は東アジアに特有な雨季であるが，日本海側では冬季降雪が1年で最大の降水量となり，ある意味では雨季である．北海道では梅雨や秋雨ははっきりせず，認められていない．

また1年を通じて雨が降ることも日本の風土を形成するうえで重要である．降り方も多種多様で，集中豪雨やゲリラ豪雨，豪雪といった極端から，霧雨や氷雨など微妙な降水まで400を超える雨の名前があるように，多量なる雨と水蒸気で代表される．

寒暖からみると，北西季節風にさらされる冬は寒帯並の寒さであり，梅雨開けの盛夏は熱帯並の暑さである．夏の暑さと湿気の多さは，不快指数からは耐えがたい不快ということになるが，自然の生命活動という観点からは多様な植生をもたらし，独特な風土を生み出している要因となっている．

③気候・水・地形・土壌： 気候は水の母とも，水は気候の母ともいわれ，気候と水は切っても切れない関係にある．多彩な気候と表裏の関係にあるのが水で

440　　I-6 ●日本の自然の特色と日本の風土

(a) 自然の山（群馬県利根川支流霧積川上流の水源保安林）　(b) 平地林の里山（埼玉県北足立郡伊奈町，細田浩撮影）　(c) 豊穣の里海（岩手県三陸海岸山田湾，3.11東日本大震災後）

図1　日本の風土を構成する自然環境の一例

ある．地形の変動帯にあり，急峻な山地から複雑な海岸線へと流出する豊富な水が細やかで多様な地形をつくり，植生と協働して土壌を生産している．エネルギー・水・物質が日本列島を移動・循環し，織りなして日本的な自然風土を創出している．結果が水の国であり，森の国や瑞穂の国，山紫水明の地ともなる．

④箱庭的な風景：　多様性とは国の規模にもよるが，南北に延びる日本列島は北海道を除けば，地形単位で小規模で，風景は小刻みに変化する．空間的に変化するばかりでなく，季節的にも変化するので，まったく同じ風景が出現することはないといっても過言ではない．その空間を切り取ればあたかも美しい箱庭のごとしである．なお，アメリカやカナダでも多様な気候や風土をもっていると，自国を紹介するが，国の大きさが異なるので日本的な多様性とは異なる．

⑤植生と水が支配的な自然・風土：　豊かな自然，富を育む風土の主役は植生と水である．緑滴る，豊かに繁茂するという言葉は植生に対してであり，そこには水の存在が不可欠である．清流も綺麗な湖沼も周囲の樹木と一体となって存在感を有する．

⑥人手によって維持・管理される自然と風土：　鎮守の森や水源林のように極力手を加えないものもあるが，常に変動している地盤，多雨で，強い風が吹く自然環境は，人々がこの地に住み着いて以来営々と築いてきたものである．破壊を含めた自然の力と，日本人によって維持され，管理され，飼いならされた結果が現在の自然である．

⑦神ではなく日本人がつくった日本の土地：　きわめて単純化した物語において，世界を創造したのは神で，イギリスでは土地は女王に帰属する．海面より低い土地に干拓によって国土を拡大し，国をつくったオランダでは，世界は神がつくったとしても，オランダはオランダ人がつくったのだという．日本の山地は急峻な地形が多く，人の住む里はすべて人手によって創り出す必要があった．特に稲作の導入後，干拓や埋め立てによって土地をつくりだしてきた．自分がつくった土地は自分のものであると，土地に対する執着心が強い．その結果，人々と土地との一体感のある風土感が生まれた．

⑧大陸的な風土の北海道：　北海道はしばしば「広々とした北の大地」という言葉で代表される．「広々とした」には平野も丘陵もゆったりとして大陸的で，人の数も多くはない情景を，「北の」には寒いと同時に乾燥しているという意味が含まれ，本州以南の湿気の多さとは対照的である．当然生物相も異なっている．

⑨亜熱帯気候下の南西諸島と小笠原諸島：　日本の南海上にあるこれら諸島は亜熱帯の湿潤気候下にあり，本州とは異なる気候風土，生物相を示している．サンゴ礁が発達し，沿岸部の生物は多種多様である．南西諸島は台風の通り道でもある．

●持続する風土を目指して

世界的にみて特異な位置にあり，水蒸気・雨と太陽エネルギーに恵まれ豊穣を約束する緑豊かな風土が次世代へと継承されることが望まれる．地球的には，現在の地球・地域システムの多様性が尊重され，維持されるべきである．なお，平易ではあるが本質的問題を述べている書[3,4]をあげておく．　　　　　　　　[山下脩二]

●文献

1) 中村和郎ほか編：日本の地誌 日本総論I 自然編，朝倉書店，2005
2) 松井健・小川肇編：日本の風土，平凡社，1987
3) 西沢利栄：アマゾンで地球環境を考える，岩波ジュニア新書，2005
4) 武内和彦：地球持続学のすすめ，岩波ジュニア新書，2007
5) 国際連合大学高等研究所／日本の里山・里海評価委員会：里山・里海，朝倉書店，2012

巻 末 資 料

紙面の都合上，項目中に掲載できなかった表2つを掲載した．また，項目中の図のうち，いくつかについて拡大図を再掲した．

巻末資料1（B9-1） 二十四節気七十二候一覧

季節	節月[*1]	二十四節気（日付）[*2]	七十二候[*3]	読み	期間
春	正月	【立春】（2月4日）寒さが去って暖かい春が始まる．1年の始めの日でもある．	東風解凍	はるかぜこおりをとく	（2月4日～2月8日）
			黄鶯睍睆	こうおうけんかんす （別）うぐいすなく	（2月9日～2月13日）
			魚上氷	うおこおりをいづる	（2月14日～2月18日）
		【雨水】（2月19日）気温が上昇し，これまで降っていた雪が雨にかわり，雪解けが始まる．	土脉潤起	つちのしょううるおいおこる	（2月19日～2月23日）
			霞始靆	かすみはじめてたなびく	（2月24日～2月28日）
			草木萌動	そうもくめばえいずる	（3月1日～3月5日）
	二月	【啓蟄】（3月6日）土の中にこもっていた虫（蟄）が穴から出てきて動き出す．	蟄虫啓戸	すごもりむしとをひらく	（3月6日～3月10日）
			桃始笑	ももはじめてさく	（3月11日～3月15日）
			菜虫化蝶	なむしちょうとなる	（3月16日～3月20日）
		【春分】（3月21日）昼と夜の長さがほぼ等しくなる日．	雀始巣	すずめはじめてすくう	（3月21日～3月25日）
			桜始開	さくらはじめてひらく	（3月26日～3月30日）
			雷乃発声	かみなりすなわちこえをはっす	（3月31日～4月4日）
	三月	【清明】（4月5日）「清浄明潔」の略．万物がいきいきと美しい季節．	玄鳥至	つばめきたる	（4月5日～4月9日）
			鴻雁北	こうがんかえる	（4月10日～4月14日）
			虹始見	にじはじめてあらわる	（4月15日～4月19日）
		【穀雨】（4月20日）穀物を育てる春雨が降り，種まきの好期となる．	葭始生	あしはじめてしょうず	（4月20日～4月24日）
			霜止出苗	しもやみてなえいずる	（4月25日～4月29日）
			牡丹華	ぼたんはなさく	（4月30日～5月4日）
夏	四月	【立夏】（5月5日）夏が始まる日．立春から1年の4分の1が経過した時点．	蛙始鳴	かわずはじめてなく	（5月5日～5月10日）
			蚯蚓出	みみずいずる	（5月11日～5月15日）
			竹笋生	たけのこしょうず	（5月16日～5月20日）
		【小満】（5月21日）万物が成長して，天地に満ち始める．	蚕起食桑	かいこおきてくわをはむ	（5月21日～5月25日）
			紅花栄	べにばなさかう	（5月26日～5月30日）
			麦秋至	むぎのときいたる	（5月31日～6月5日）
	五月	【芒種】（6月6日）麦や稲などの穀物（芒）の種をまく時期．	螳螂生	かまきりしょうず	（6月6日～6月10日）
			腐草為蛍	かれたるくさほたるとなる （別）くされたるくさほたるとなる	（6月11日～6月15日）
			梅子黄	うめのみきばむ	（6月16日～6月20日）
		【夏至】（6月21日）「日長きこと至（きわま）る」という意味．夏季の真ん中．北半球では，昼が一番長く，夜が一番短い日．	乃東枯	なつかれくさかるる	（6月21日～6月26日）
			菖蒲華	あやめはなさく	（6月27日～7月1日）
			半夏生	はんげしょうず，はんげしょう	（7月2日～7月6日）
	六月	【小暑】（7月7日）気温が次第に上昇する．	温風至	あつかぜいたる	（7月7日～7月11日）
			蓮始開	はすはじめてひらく	（7月12日～7月17日）
			鷹乃学習	たかすなわちがくしゅうす （別）たかすなわちわざをなす	（7月18日～7月22日）
		【大暑】（7月23日）暑さの最も厳しい頃．	桐始結花	きりはじめてはなをむすぶ	（7月23日～7月27日）
			土潤溽暑	つちうるおうてむしあつし	（7月28日～8月1日）
			大雨時行	たいうときどきふる	（8月2日～8月6日）

秋	七月	【立秋】（8月7日）秋が始まる日．立春から1年の2分の1が経過した時点．	涼風至	すずかぜいたる	（8月7日～8月12日）
			寒蝉鳴	ひぐらしなく	（8月13日～8月17日）
			蒙霧升降	ふかききりまとう	（8月18日～8月22日）
		【処暑】（8月23日）暑い季節が終わる．	綿柎開	わたのはなしべひらく	（8月23日～8月27日）
			天地始粛	てんちはじめてさむし	（8月28日～9月1日）
			禾乃登	こくものすなわちみのる	（9月2日～9月7日）
	八月	【白露】（9月8日）草花に朝露がつくようになる．	草露白	くさのつゆしろし	（9月8日～9月12日）
			鶺鴒鳴	せきれいなく	（9月13日～9月17日）
			玄鳥去	つばめさる	（9月18日～9月22日）
		【秋分】（9月23日）秋の真ん中．春分と同様に昼と夜の長さがほぼ等しくなる日．	雷乃収声	かみなりすなわちこえをおさむ	（9月23日～9月27日）
			蟄虫坏戸	むしかくれてとをふさぐ	（9月28日～10月2日）
			水始涸	みずはじめてかるる	（10月2日～10月7日）
	九月	【寒露】（10月8日）朝晩は気温が下がり，草花に冷たい露がつく．	鴻雁来	こうがんきたる	（10月8日～10月12日）
			菊花開	きくのはなひらく	（10月13日～10月17日）
			蟋蟀在戸	きりぎりすとにあり	（10月18日～10月22日）
		【霜降】（10月23日）霜が降りるようになる時期．	霜始降	しもはじめてふる	（10月23日～10月27日）
			霎時施	こさめときどきふる	（10月28日～11月1日）
			楓蔦黄	もみじつたきばむ	（11月1日～11月6日）
冬	十月	【立冬】（11月7日）冬が始まる日．	山茶始開	つばきはじめてひらく	（11月7日～11月11日）
			地始凍	ちはじめてこおる	（11月12日～11月16日）
			金盞香	きんせんかさく	（11月17日～11月21日）
		【小雪】（11月22日）雪はそれほど多くないが，冬の到来を感じる時期．	虹蔵不見	にじかくれてみえず	（11月22日～11月26日）
			朔風払葉	きたかぜこのはをはらう	（11月27日～12月1日）
			橘始黄	たちばなはじめてきばむ	（12月2日～12月6日）
	十一月	【大雪】（12月7日）山岳地域は雪に覆われるころ．	閉塞成冬	そらさむくふゆとなる	（12月7日～12月11日）
			熊蟄穴	くまあなにこもる	（12月12日～12月16日）
			鱖魚群	さけのうおむらがる	（12月17日～12月21日）
		【冬至】（12月22日）「日短きこと至（きわま）る」という意味．北半球では，昼が一番短く，夜が一番長い日．	乃東生	なつかれくさしょうず	（12月22日～12月26日）
			麋角解	さわしかのつのおつる（別）おおしかのつのおつる	（12月27日～12月31日）
			雪下出麦	ゆきわたりてむぎのびる（別）ゆきくだりてむぎのびる	（1月1日～1月5日）
	十二月	【小寒】（1月6日）寒さの始まり「寒の入り」という意味．	芹乃栄	せりすなわちさかう	（1月6日～1月9日）
			水泉動	しみずあたたかをふくむ	（1月10日～1月14日）
			雉始雊	きじはじめてなく	（1月15日～1月19日）
		【大寒】（1月20日）小寒よりさらに寒さが厳しく，1年でもっとも寒い時期．	款冬華	ふきのはなさく	（1月20日～1月24日）
			水沢腹堅	さわみずこおりつめる	（1月25日～1月29日）
			鶏始乳	にわとりはじめてとやにつく	（1月30日～2月3日）

＊1　二十四節気は，交互に12の「中気」と12の「節気」に分けられ，それを1組にして「節月」という．

＊2　二十四節気の日付は年によって変動するため，おおよそその日付（グレゴリオ暦）である．

＊3　日本の気候にあわせて改訂された「略本暦」の七十二候．上段：一候，中段：二候，下段：三候．七十二候の期間も年によって変動するため，おおよその期間をグレゴリオ暦で示す．

巻末資料2（B6-5）　世界の局地風

名称	地域	主な季節	主風向	特性
Austru	ドナウ地方 (lower Danube lands)	冬	W	寒乾風
Bad-i-sad-o-bistroz	アフガニスタンおよび近隣地域	5〜9月	NW	ダウンスロープ強風，別名「120日風」
Bali	ジャワ島東端		E	ジャワ海からの強風
Belot or Belat	サウジアラビア南東部	12〜3月	N〜NW	しばしば内陸からの砂によるもやを伴う
Bornan	スイスアルプスの Dranse谷からレマン湖にかけて		SSE	谷風
Brisote	キューバ		NE	貿易風の強風
Bruscha	スイス Besgell 谷		NW	寒風
Burga	アラスカ			雪や霙（みぞれ）を伴う強風
Cacimbo	西アフリカ，アンゴラの Lobito港	7〜8月，10時頃〜日中	SW	低温の海風
Chili	地中海中南部，チュニジア	春	S	北アフリカ〜サウジアラビアから吹く，熱乾風，砂塵を伴う
Coromell	カリフォルニア半島南部 La Paz 地域	11〜5月	S〜SW	夜間の陸風，比較的高温なカリフォルニア湾へ流出
Crivetz	ドナウ川下流域		NE	ロシア内陸から吹いてくる寒風
Datoo	ジブラルタル		W	海風
Karaburan	ゴビ砂漠とその周辺地域	早春〜晩夏，日中	ENE	砂塵嵐，別名 black storm
Koshava	ユーゴスラビア	冬	NE	ロシアから雪をもたらすストーム
Leste	マデイラ諸島，カナリア諸島		SE	アフリカ中北部の砂漠地帯から吹いてくる乾熱風
Leveche	地中海中南部，スペイン		S〜SE	北アフリカ〜サウジアラビアの砂漠から吹いてくる乾熱風，シロッコ型
Maloja	スイス			Maloja 峠からの吹き下ろし，フェーン型
Marin	フランス南東部，リヨン湾の沿岸部		SE	シロッコ型，暖湿風，通常雲や大雨を伴う
Papagayo	コスタリカ北西岸，Papagayo 湾	冬	N	北米大陸からの寒波流出による暴風
Purga	シベリア北部ツンドラ地帯	冬	N	雪を伴う強風，ブリザード型，ホワイトアウト，しばしばロシア南部まで達する
Reshabar	コーカサス山脈，黒海とカスピ海の間		NW	強風
Shamal	イラク・メソポタミア回廊，ペルシャ湾	夏	NW	雲・砂塵を伴い，日中強く，夜間に弱まる
Simmoom or Simoon	地中海中南部		S	シロッコ型，高温乾燥，塵を伴う．アフリカ砂漠地帯が給源，トルコでは samuel
Sno	スカンジナビアの谷	冬	E	寒風，ボラ型，高地からフィヨルドへ吹き下ろす
Solano	ジブラルタル，スペイン南東部		E	高温多湿，塵を伴う
Southerly burster	オーストラリア南部，特に南東部	春〜夏	WSW	寒風，寒冷前線の後面で吹走，年に30回ほど出現
Stikine	アラスカ南部海岸地帯		N	強突風，Wrangell 北東の Stikine River か Stikine Mountains より命名
Surazos	ペルーのアンデス高原			強寒風，峠で特に強風となる．晴天と氷点下の低温をもたらす

Taku	アラスカ Juneau 近郊		E~NE	しばしばハリケーン並の強風
Vardarac	エーゲ海北部	冬	NW	乾寒風，マケドニア（旧ユーゴスラビア）南東部の Vardar 峡谷で吹く
Virazon	チリの海岸部，Valparaiso	夏	W	明瞭な海風，夏の午後に風速が強い，陸風は terral という
Warm braw	ニューギニア		SW	SW モンスーンにより形成されるフェーン型，Maoke (Nassau) 山脈，Orange 山脈による
Williwaw	アラスカ南西部			強烈な突風，谷氷河上を吹走・滑降する，30～50 m/s

吉野・野口（1985）に含まれていないものを Oliver (1987) より抜粋して菅野作成，山川加筆・修正．

巻末資料3（A1-3, 図2） 北半球の等温線図と新旧大陸の雪線高度図（文献5）

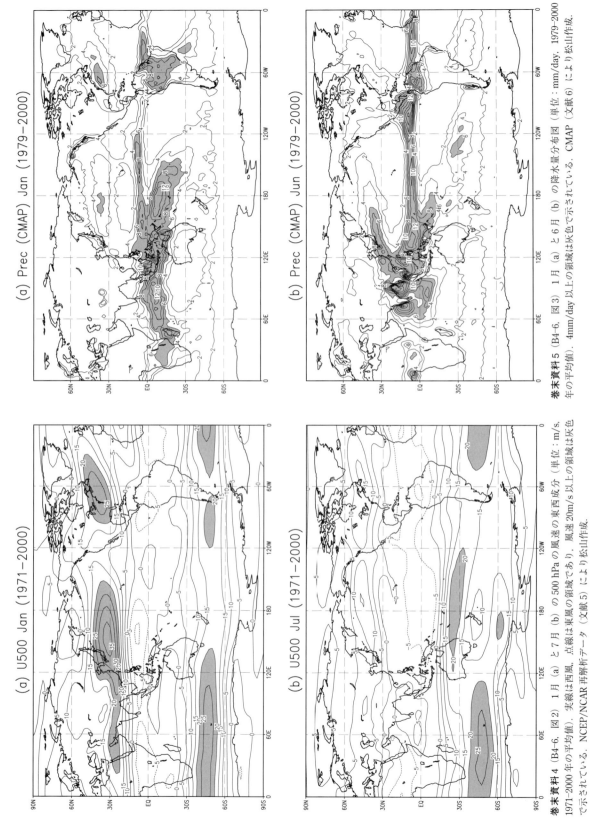

巻末資料 4（B4-6, 図2）1月 (a) と7月 (b) の 500 hPa の風速の東西成分（単位：m/s, 1971-2000 年の平均値）. 実線は西風, 点線は東風. 風速 20m/s 以上の領域は灰色で示されている. NCEP/NCAR 再解析データ（文献 5）により松山作成.

巻末資料 5（B4-6, 図3）1月 (a) と6月 (b) の降水量分布図（単位：mm/day, 1979-2000 年の平均値）. 4mm/day 以上の領域は灰色で示されている. CMAP（文献 6）により松山作成.

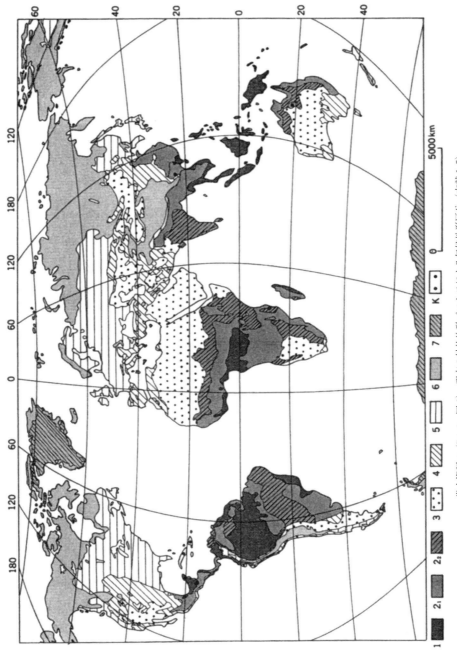

巻末資料 6 (D1-2, 図 2) 現在の外的地形プロセスによる気候地形区分 (文献 1, 5)
1. 湿潤熱帯, 2. 乾燥熱帯, 3. 乾燥, 4. 半乾燥, 5. 湿潤温帯, 6. 周氷河, 7. 氷河, K. カルスト地形

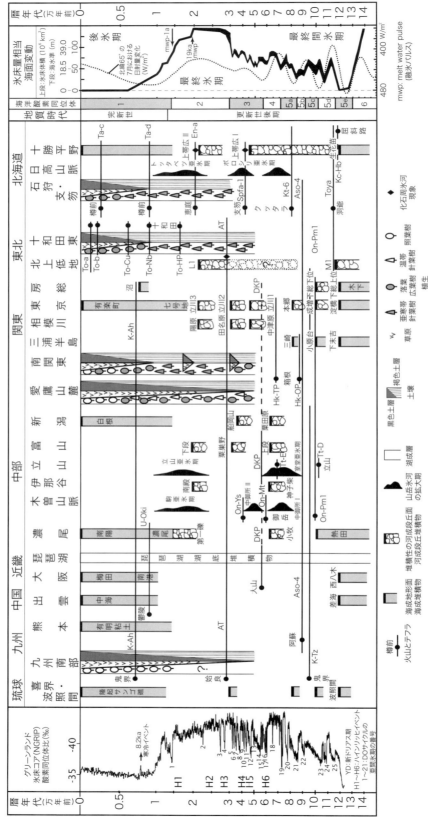

巻末資料7 (D7-3, 図3) 最終間氷期以降のグローバルな氷床量相当海面変動およびグリーンランド氷床コアの変動と同じタイムスケールでみた日本国内の地形面と自然地理学的現象の編年図 (三浦原図).

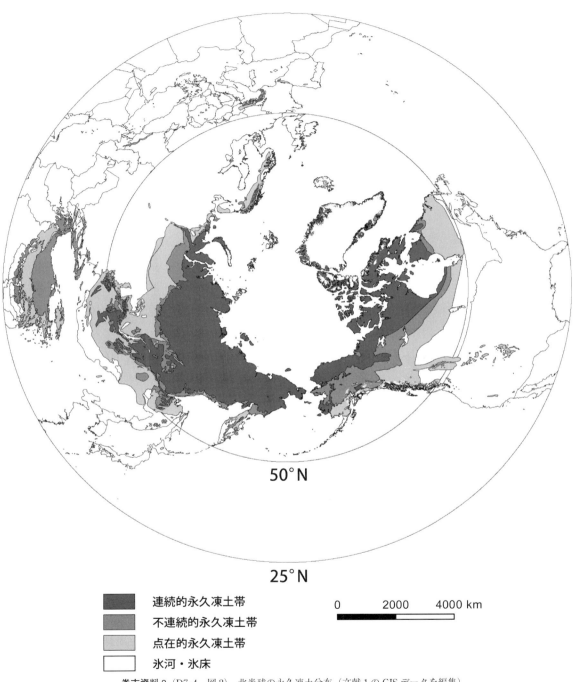

巻末資料8（D7-4, 図2） 北半球の永久凍土分布（文献1のGISデータを編集）

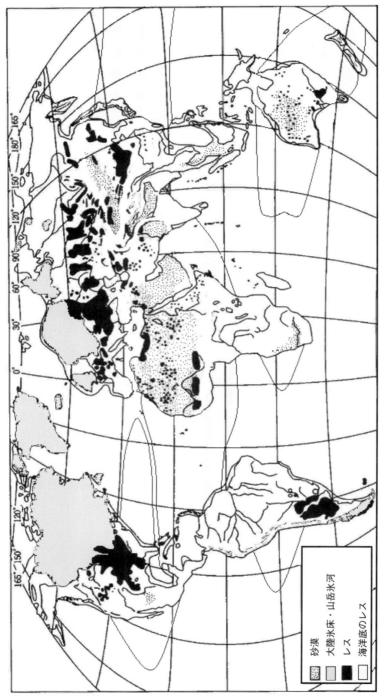

巻末資料 9 (D8-4, 図 1) 最終氷期最盛期 18〜20 ka の氷河, 砂漠, レスの分布 (成瀬原図)

索 引

事 項 索 引

ア

アイウォール 85
アイスウェッジポリゴン 295
アイスジャム洪水 187
アイスランド低気圧 79
姶良カルデラ 386
アウトウォッシュ平野 287
アーカイブ 46
アカエゾマツ林 360
亜寒帯気候 143
亜寒帯針葉樹林 344, 431
亜寒帯林 350
秋雨 133
秋雨前線 83, 133
亜高山帯 354
アースハンモック 325
阿蘇カルデラ 386
アゾレス高気圧 78, 394
暖かさの指数 140, 332
圧縮テクトニクス 439
圧力水頭 183
アナフロント 81
亜熱帯高圧帯 394
亜熱帯ジェット気流 81
亜熱帯収束帯 75
亜熱帯前線 81
亜熱帯多雨林 431
亜熱帯林 346
アバランチ・シュート 296
アバランチ・ボールダー・タン 296
アーバンピーク 104
あびき 403
雨台風 389
荒川だし 96
アリストテレス 4
アリソフ, B. P. 136
アリューシャン低気圧 79
アルプス造山運動 21, 230
アルプス・ヒマラヤ造山帯 434
アルベド 55, 73, 101, 118
安山岩線 427

イ

ESR法 217
イオウ酸化物（SOₓ） 410

域外永久凍土 293
池 166
移行帯 431
石狩不連続線 88
異常気象 70
異常高温 395
異常天候 68
伊豆・小笠原弧 438
イスラム 2
E層 314
位置水頭 183
1輪廻の噴火 386
一般図 30
移動観測 39
移動限界水深 274
伊能忠敬 3
移流（前線）逆転 94
岩なだれ 259
陰イオン 200
陰影図 223
陰樹 335
インゼルベルク 300
インド洋 428
インド洋ダイポールモード 72
インバージョンテクトニクス 235

ウ

ウィルソンサイクル 20
ウィーンの変位則 42
ウェゲナー, A. 209
ウェザージェネレーター 51
ウェット・フェーン 98
ウォッシュアウト 410
雨水浸透マス 195
雨水貯留浸透施設 195
うねり 270, 402
埋立 423
雨緑樹林 432
運搬 260
雲霧帯 368
雲霧林 57, 368, 433

エ

エアロゾル 56, 120, 384, 387
永久凍土 55, 170, 187, 292, 345
液状化 374

エクマンパンピング流速 64
エクマン輸送 63
エクマン螺旋 63
エコツーリズム 29
A層 315
越境帯水層 187
エネルギー収支モデル 48
エルニーニョ 68
　エルニーニョ現象 68, 394
　エルニーニョ・南方振動 68
　エルニーニョ・ラニーニャ現象 72
沿岸漂砂 275
塩湖 166, 303
円弧すべり 375
塩水 152
　塩水化 191
　塩水くさび 191
　塩水侵入 191
円錐カルスト 247
塩素 36, 176
塩淡水境界面 191
遠地津波 271
塩風害 388
縁辺台地 280
塩類集積 328
塩類風化 242

オ

オアシス 320
黄褐色森林土 318
黄土 304
横列砂丘 298
大雨 390
大雨警報 390
大河津分水路 420
オオシラビソ 350
小笠原高気圧 78
岡山平野 423
オキシダント 409
汚染源 204
汚染物質 204, 408
O層 314
遅霜 132
オゾン層 22, 76
オホーツク海高気圧 78, 132, 396
生保内だし 96

索　引　451

おろし 98
温室効果 114, 120
温室効果ガス 45
温室効果気体 34
温泉 201
温帯気候 141
温帯湖 166
温帯針葉樹林 342
温帯草原 341
温帯林 342
温暖化 35
温暖前線 81
温度躍層 173
温量指数 140

カ

加圧層 194
ガイア 13, 24
海岸 437
海岸砂丘の植生 362
海岸侵食 404, 406, 419
海岸段丘 272
海岸平野 272
回帰モデル 50
海溝 427
海山列 283
海食崖 276, 363
海食台 276
海水 152
崖錐斜面 256
海水準上昇 128
海水準変化 226
海水準変動 269
崖錐の植物 363
海成段丘 272
海成地形 224
海跡湖 284
開析谷 253
海台 426
海底砂州 274
外的営力 214
海浜縦断面形 274
海風 88, 90
海風循環 90
海風前線 90
ガイベン・ヘルツベルクの法則 191
海面更正 58
海面上昇 404
海面水温 68
海面変動 290
海洋酸素同位体ステージ 118, 226
海洋水の大循環 428
海洋地殻 18, 282
海洋の酸性化 129
海洋の深層循環 118
海洋プレート 228
海陸風 88, 90, 103, 111
外力 388, 391
貝類群集 218

カオス 46
化学的風化 244
火口湖 284
可降水量 172
下刻 262
火砕サージ 382
火砕流 382
火砕流噴火 387
火山 236
　火山ガス 384
　火山植生 364
　火山前線 236
　火山体 190
　火山地形 211, 224
　火山泥流 382
　火山灰 384
　火山灰編年 241
　火山噴火 384
カシキアーレ 6
河床間隙水域 193
可照時間 60
河床縦断面 260
河床洗掘 419
加水分解 244
カスケーディングシステム 44
カスタノーゼム 315
ガストフロント 148
霞堤 421
河成（岸）段丘 264
河成地形 224
火星の大気 15
化石構造土 325
化石燃料 126
風応力 65
風台風 389
河川 164
　河川法 421
　河川流路の短絡 420
下層ジェット 82
カタバ風 93
カタフロント 81
活火山 239
活褶曲 234
褐色森林土 309, 318
活断層 232, 439
活動層 292
活動的縁辺部 427
カテナ 313
過渡応答 49
カナート 321
可能蒸発散量 134, 186
可能蒸発量 180
河畔域 192
河畔林 370
カービング 171
花粉 219, 414, 415
　——の飛散開始日 415
花粉症 414, 415
^{14}C 法 216

空っ風 88
^{40}K–^{40}Ar 法 216
夏緑樹林 431
坎儿井（カルアンジン） 321
カルスト地域 189
カルスト地形 224, 246
カルデラ 386
カルデラ湖 284
涸れ川 188
涸れ谷 302
カレドニア–アパラチア造山運動 21
川廻し 420
カワラノギク 371
干害 394
岩塊斜面 367
灌漑水田 196
灌漑方法 320
環境 10, 12
　環境アセスメント 27
　環境基準 203, 408
　環境トレーサー 160, 174
　環境保全 28
　環境問題 26
　環境倫理学 13
乾湿風化 242
環礁 278, 404
完新世 118, 119, 226, 273
完新世黒墟土 305
鹹水 152
官製地図 3
岩石海岸 276
岩石の風化 127
岩屑 406
　岩屑なだれ 258
　岩屑流 382
乾燥気候 141
乾燥計数 135
乾燥指数 424
乾燥地域 424
寒帯気候 143
寒帯気団 78
寒帯前線ジェット気流 81
寒帯前線（帯） 81
間帯土壌 307
環太平洋火山帯 427
環太平洋地震帯 427
環太平洋造山帯 427, 434
干拓 423
カンタベリー西風 98
感潮域 193, 279
感潮取水水田 196
観天望気 148
カント, I. 4
鉄穴流し 407
環八雲 110
干ばつ 394, 425
岩盤河川 260
岩盤クリープ 256
間水期 118

涵養域　162, 168, 171
かんらん岩　360
寒冷渦　79
寒冷前線　81
寒冷氷河　288
関連死　377
緩和策　129

キ

気圧　58
　気圧傾度力　58
　──の尾根　58
　──の谷　58
　気圧配置　86
　気圧配置分類　86
気温　54
鬼界カルデラ　386
飢饉　96
気候　36, 40
　気候因子　52
　気候区　138
　気候区分　39, 134, 138
　気候景観　144
　気候工学　129
　気候資源　95
　気候指数　134
　気候システム　114
　気候小最適期　123
　気候（帯）地形学　436
　気候値　52
　気候地形学　212
　気候地形区分　436
　気候的極相　334
　──の二大要素　52
　気候分類　39, 141
　気候変化　32, 124
　気候変動　32, 116
　気候変動に関する政府間パネル　32, 34
　気候モデル　48, 128
　気候要素　47, 52
偽高山帯　333, 354
気象　36
　気象学的前線帯　80
　気象庁風力階級　148
　気象パターン分類　50, 51
　気象病　414
　気象要素　52
　気象予測データ　397
汽水　152
汽水湖　166
寄生火山　239
季節凍土　55
季節凍土帯　292
季節病カレンダー　414
北伊豆地震　439
北関東竜巻　400
帰宅困難　377
北大西洋振動　70, 78
北太平洋高気圧　78, 132

気団の北上・南下　136
基底流出　198
軌道要素　16
ギニアモンスーン　434
逆断層　232
逆転層　92
キャプチャーゾーン　162
キャンベル日照計　60
旧汀線　273
丘陵帯　358
境界層　88
凝結核　56, 121, 412
峡谷　262
強風域　388
清川だし　96
極　81
極成層圏雲　76
極端現象　124
局地気象モデル　97
局地循環　96, 109
局地風　96, 145
局地流動系　162, 163
曲動　234
極夜ジェット　76
曲率　222
裾礁　278
拠水林　370
霧　56
近日点　16
金星大気　15
近代科学　10
近地津波　271

ク

空間スケール　8
空中写真　211, 220
空中写真測量　3
クック, J.　2
雲　56
グライ化　319
グライ水田土　319
クリフ　104
クリプトン（Kr）　175
クールアイランド　102, 106
グレイシャルハイドロアイソスタシー　290
クロスナ層　298
黒ぼく　309, 310
黒ぼく土　318, 322
黒ぼく土大群　322
クロマツ林　362
群系　331
群集　331

ケ

景観　25
　景観学　25
　景観生態学　24
　景観地理学　25

傾斜波食面　276
珪藻　219
傾動　235
ゲオグノジア　6
夏至　130
ケショウヤナギ　371
ケスタ　250
ケッペン, W.　141
圏界面　41
嫌気性窒素固定菌　327
圏谷　286
原始大気　14
現象の相互関係　5
減数分裂期　396
現世土壌　324
健全な水循環　199
建築物用地下水の採取の規制に関する法律　417
顕熱　45, 55
顕熱フラックス　100

コ

広域テフラ　241
広域流動系　162, 163
豪雨　390
降雨強度　186, 194
降雨流出プロセス　184
高温層　95
光化学大気汚染　408
降下浸透　182
降下テフラ　385
高気圧　58
公共用水域　205
工業用水法　417
航空機 LIDAR　221
黄砂　298, 305, 412
高山帯　352
更新世　226
更新性資源　198
硬水　200
降水　57
洪水　390
洪水水田　196
降水量変化　34
降雪　57
豪雪　398
鉱泉　201
構造湖　285
高層天気図　58
構造土　294
構造平野　250
耕地整理　422
耕地防風林　145
硬度　200
黄土　304
黄土高原　304
勾配　222
降灰　384
後背湿地　267

降雹　400, 401
硬葉樹林　432
合流扇状地　302
護岸堤　407
古気候　116
古期造山（変動）帯　229
国際水路機関　426
国際地球観測年　126
谷底平野　263
黒点　115
国立公園　28
児島湾干拓　423
コジャエリ地震　375
湖沼　166
　　湖沼堆積物　116
コスモス　6
湖成段丘　285
湖成地形　224
古赤色土　324
コックピット　247
古土壌　324
古墳寒冷期　123
湖棚　285
コリオリの力　59
根圏　308
コンチネンタルライズ　282
ゴンドワナ大陸　428
コンポジット解析　38
コンマ状低気圧　79

サ

サイクロン　388
最終間氷期　118
最終氷期　269
最終氷期極相期　290
再循環　155
再生可能資源　154
再生可能水資源量　153
砕波　270
砂丘　189, 272, 298
砂嘴　275
砂塵嵐　412
砂州　275
擦痕　286
里山　358
砂漠　340
　　砂漠化　328, 412, 424
　　砂漠土壌　320
　　砂漠ワニス　302
サバンナ　338, 432
差別削剥地形　252
サヘルの干ばつ　424
砂防　418
砂防事業　418
寒さの指数　140
サーモカルスト　293
サーモクライン　173
砂礫侵食段丘　265
佐呂間竜巻　400

山陰不連続線　88
酸化還元　244
山岳　436
山岳永久凍土　292
三角州　268
三角測量　3
三角波　402
山岳氷河　286
山岳ポドゾル　312
三寒四温　133
三眼井　207
サンゴ　404
　　サンゴ礁　278, 404
　　サンゴ年輪　122
酸性雨　201, 410
酸性河川　201
酸性霧　410, 411
酸性硫酸塩土壌　327
酸素同位体比　116
酸素濃度　15
サンタナ　98
山地帯　356
山腹温暖帯　95
散乱　120
散乱全天日射フラックス密度　61

シ

シアノバクテリア　20
ジェット気流　74
ジェリフラクション　256
シオジ・サワグルミ林　370
ジオ＝ダイバーシティ　24
ジオツーリズム　29
ジオパーク　29
ジオラマ　9
時間スケール　8
磁気圏　22
指向流　85
自浄作用　203
地震水害　417
地震性隆起　233
シスク　84
Gスケール　8
地すべり　374
地滑り　254
地すべりダム　258
自然　10
　　自然エネルギー　23
　　自然環境　151, 440
　　自然季節　139
　　自然公園　28
　　自然災害　11
　　自然史学　5
　　自然史博物館　9
　　自然地理学　150
　　自然地理学の成立　4
　　自然堤防　267
　　自然風土　441
　　自然保護　28

日本の──　440
示相化石　116
持続可能な水利社会　199
七十二候　36, 46, 130
湿原　372
湿潤計数　135
湿潤指数　135
実蒸発散量　134
失水河川　162, 192
湿地　372
湿度　56
視程　413
シーティング節理　242
信濃川　420
シノプティックスケール　47
芝塚　325
地盤沈下　416
シベリア高気圧　78
縞枯れ現象　366
写真判読　220
遮断　178, 194
　　遮断蒸発　178, 182, 186, 194
　　遮断損失　178
　　遮断率　179
斜面温暖帯　95
斜面下降風　91
斜面下降流　93
斜面上昇風　90
斜面崩壊　392
蛇紋岩　360
褶曲　234
　　褶曲山地　250
重酸素：^{18}O　177
重埴土　312
集水域　164
重水素：D　177
集積水田土　319
収束ゼロフラックス面　183
集中豪雨　132, 390
周南極海流　429
重粘土　325
周氷河地形　224, 294
秋分　130
重力作用　436
重力水頭　183
縦列砂丘　298
主温度躍層　63
樹冠　186
樹冠通過雨　178, 186, 194
樹幹流　178, 182, 186, 194
熟成作用　310
主成分分析　38
主題図　30
受動的縁辺部　427
須弥山　3
樹木年輪　122
順圧　79
循環帯　248
準2年周期振動　76

454　索　引

春分　130
昇華　194
障害型不稔　396
障害型冷害　396
消極的抵抗性　252
蒸散　180, 182
浄水施設　203
捷水路　420
上層逆転　94
上層逆転層　94
鍾乳石　248
鍾乳洞　248
蒸発　180
蒸発散　180
消波堤　407
小氷期　119, 123
正味放射量　100, 179
消耗域　171
縄文海進　123, 273
照葉樹林　358, 431
常緑針葉樹　355
昭和の名水百選　206
除荷作用　242
植生改変　73
植生遷移　308
植生帯　309, 332, 430
植生地理学　330
植物珪酸体　324, 323
植物社会学　331
食糧自給率　397
ジョルダン式日照計　60
深海扇状地　428
深海底コア　116
深海盆底　282
新期造山（変動）帯　229
針広混交林　342
人工岬　407
人工リーフ　407
侵食　260
　　侵食基準面　263, 264
　　侵食速度　406
　　侵食段丘　264, 265
　　侵食輪廻　209
深水灌漑　397
深層大循環　173
深層崩壊　258
伸張テクトニクス場　438
浸透　182, 182, 194
浸透能　182
森林限界　352, 431
人類による地形形成地域　437

ス

吸い上げ効果　402
水域類型　203
水温躍層　166
水系　164
水系網　164
水月湖　119

水源涵養機能　195
水質汚染　204
水質汚濁　204
水質基準　203
水蒸気　120
垂直分布　432
水田土　318
水道　203
水稲栽培　326
水年　158
水平分布　432
水文科学　154
水文学　150
水文期間　158
水文地域　158
水溶性天然ガス　416
水理学的年代　160
水理水頭　169, 183
水流次数　164
水流発生機構　184
水力発電　23
水和　244
数値天気予報型　49
スカラップ　249
スギ花粉　415, 415
　　──の総飛散数　415
スギ花粉前線図　415
杉並豪雨　108
スケールアナリシス　46
筋状地形　296
ステップ　341, 432
ステファン・ボルツマンの法則　42
ストリートキャニオン　408
砂浜海岸　274
スノーボール・アース　21
スパイラルバンド　85
スーパーエレベイション　259
スベルドラップの関係　64
スレーキング　242

セ

成因的気候区分　136
生痕化石　218
成層圏　41
　　成層圏オゾン　409
　　成層圏突然昇温　76
生態移民　321
生態気候帯　430
生態系　430
成帯性土壌　307, 309, 311, 316
成帯土壌　307
成帯内性土壌　307, 316
正断層　232
西南日本弧　438
生物季節　123
生物多様性　24, 27, 336
世界気候研究計画　46
世界気象機関　54
世界自然遺産　29

世界土壌照合基準　316
赤黄色土　318
赤外線　120
潟湖　272
積雪　57, 332, 398
積雪害　398
堰止め湖　374
積乱雲群　401
雪圧害　398
雪害　398
石灰岩　246, 360
石灰質ナンノプランクトン　117
積極的抵抗性　252
雪食作用　296
接地逆転　94
接地逆転層　94
接地線　288
雪中貯蔵　399
雪氷アルベドフィードバック　17, 115
雪氷圏　170
雪崩地形　296
切離低気圧　79
瀬-淵　262
0メートル地帯　416
遷移　334
扇央　266
遷急区間　262
遷急点　261
全球平均温度　34
全球平均海面水位　34
全球平均気温　124
先駆種　334
潜在破壊面　255
扇状地　188, 266, 301
前線（帯）　81, 139
扇端　266
前置層　268
扇頂　266
潜堤　407
全天日射フラックス密度　60
全天日射量　61
穿入蛇行　262
潜熱　45, 55
　　潜熱フラックス　73, 100, 180
前面急崖　276

ソ

素因　254, 391
造園　25
霜害　93
総観気候学　39
総観規模擾乱　62, 71
雑木林　358
草原　341
相対湿度　56
総飛散数　415
掃流力　260
素過程　157
測雨器　124

側火山　239
側方侵食　301
組織地形　225, 250, 252
塑性流動　170
ソマリジェット　66
ソリフラクション　256, 295
ソロチ　320
ソロネッツ　320
ソロンチャック　320
ソーンスウェイト, C. W.　134
ソーンスウェイトの気候区分　135
ゾンダ風　98

タ

第一種風土　12, 440
タイガ　344
大気汚染　26, 94, 408
大気海洋結合モデル　50
大気海洋相互作用　72
大気河川　172
大気大循環モデル　49
大気の熱源応答　63
大気放射量　54, 92
大規模海風　89
大規模火砕流　241
大規模噴火　386
大気陸面相互作用　72, 180
大航海時代　2
堆砂　406
第三種風土　12
大鑽井盆地　435
大循環モデル　48
帯磁率　117
帯水層　168
大生態系　436
大西洋　427
大西洋中央海嶺　427
堆積　260
　堆積構造　218
　堆積段丘　264
　堆積物　218
堆石（堤）　287
大地の自然史ダイアグラム　9
胎内だし　96
第二種条件つき不安定　84
大氷河時代　21
台風　71, 77, 388
　台風災害　388
　――の眼　85
太平洋10年規模振動　79
太平洋と縁海　426
タイム・スペースダイアグラム　9
太陽　115
　太陽エネルギー　23
　太陽活動　115
　太陽系　14
　太陽系外縁天体　14
　太陽光度　114
　太陽黒点　115

太陽定数　43
太陽放射　43
第四紀　16, 21, 116, 226, 290
大陸縁辺部　282
大陸斜面　282
大陸棚　280, 282
　――の幅　280
　深い――　280
　大陸棚外縁水深　280
大陸地殻　18
大陸と海洋のコントラスト　74
大陸の成長　20
大陸の東西の気候差　137
大陸漂移説　209
大陸氷床　17, 290
大理石　246
対流圏　41
滞留時間　160
ダウンスケーリング　50
ダウンバースト　47, 400, 401
高潮　389, 402
滝　263
卓越風　144
卓状地　229
宅地防風林　145
ダケカンバ帯　355
ダケカンバ林　351
だし　98
多雪環境　348
脱硝装置　411
竜巻　400
楯状地　229
棚氷　288
棚田　422
谷風　88, 90
タフォニ　242
多様性　13, 440
タリク　187
タワーカルスト　247
暖温帯林　342, 346
段丘崖　264
段丘面　264
段丘礫層　264
探検　2
探検博物学　330
炭酸カルシウム　127
短縮テクトニクス　439
淡水　152
淡水レンズ　191, 404
単成火山　239
断層運動　232
断層変位　374
断層変位地形　232
炭素14年代測定法　216
炭素14（^{14}C）　161, 176
^{14}C法　216
炭素循環　126
炭素循環モデル　49
短波長放射　43

短波放射量　100

チ

地域多様性　24
地域の水資源量　198
チェルノーゼム　309, 310
遅延型冷害　396, 396
地温　55
地下水　160, 168, 404
　地下水汚染　205
　地下水帯　194
　地下水流出　194
　地下水流出域　168
　地下水流動　168
　地下水流動系　162
地球　14, 18
　地球温暖化　26, 32, 38, 54, 86, 404
　地球型惑星　14
　地球環境問題　26
　地球圏－生物圏国際共同研究計画　22
　地球システム　114
　地球進化史　11
　地球大気　40
　地球－大気系　40
　――の軌道要素　116
　地球表層システム　114
　地球放射収支実験　60
地形営力　214
地形学　208
地形学図　215
地形形成営力　214
地形図　208
地形断面図　7
地形の形成年代　216
地形分析　209
地形分類図　215
地形面　214
　――の対比　214
地衡風　59
治山事業　418
地軸の傾き　16
千島弧　438
地上天気図　58
地図　2
治水　199
地生態学　25, 331, 365
地体構造　439
集集地震　375
地中海（性）気候　143
地中海低気圧　79
地中水　168
地中伝導熱　55
窒素固定菌　308
窒素酸化物（NO$_x$）　410
チヌーク　98
地表付近の環境　22
地表面温度　54
地表面粗度　102
地表面熱収支　73

地表流　182, 186
チベット高気圧　78
チベット・ヒマラヤ山塊　74
着雪害　398
中央海嶺　283
中間温帯林　356
中間圏　41
中間流動系　162, 163
中心の位置　389
中世温暖期　119
沖積河川　260
沖積錐　266
沖積扇状地　266
沖積土　318
宙水　169, 189
中和　201
超塩基性岩　360
潮間帯　193
長距離輸送　408, 413
長波長放射　43
長波放射量　100
潮汐三角州　285
直接流出　195
直達日射フラックス密度　61
直達日射量　61
地理情報システム　30
沈降逆転　94
沈降説　278
沈降流　95
チンボラソ山　6

ツ

追跡子　174
津波　270, 378
津波地震　379
ツバル　404
梅雨　132
ツンドラ　345, 431

テ

低位天水田　196
（D—O）イベント　118
TO マップ　3
低気圧　58
定在ロスビー波　70
定常応答　49
停滞前線　81
泥炭地　373
底置層　268
定点観測　39
堤防　421
底面流動　171
泥流　259
デカルト的二元論　10
適応策　129
デジタル標高モデル　31
データ同化　49
データ・レスキュー　125
テチス海　426

鉄砲水　390
デービス, W. M.　208
テフラ　240, 386
テフラ噴火　386
テフロクロノロジー　241
デルタ　268
テレコネクション　70
テレコネクションパターン　397
天気俚諺　149
天空率　101
点源　204
転向力　62
天井川　421
伝導熱　55, 100
天然記念物　28
天文単位　43
電離圏　41

ト

同位体年代　160
等温線図　7
東海豪雨　133
動気候学　39
東京低地　423
撓曲　232
統計ダウンスケーリング　50, 86
凍結丘　294
凍結破砕　242
凍結匍行　257
島弧-海溝系　438
冬至　130
動的平衡状態　11, 260
導波管　71
トゥファ　247
東北日本弧　438
東北日本太平洋沖地震　380
十勝坊主　325
特異値分析　51
得水河川　162, 192
ドクチャエフ, V. V.　306
特定汚染源　204
トゲ低木林　338, 340
土砂流　259
都市化　54, 100
都市気候　38, 100
都市気候調査プロジェクト　108
都市キャニオン　102
都市キャノピーモデル　112
都市圏活断層図　235
都市災害　376
土砂災害　390, 392
土砂採取　419
土壌　314
　土壌汚染　328, 329
　土壌侵食　306, 328
　土壌水　168
　土壌生成分類学　306
　土壌体　314
　土壌断面　314

　土壌地理学　306
　土壌分類法　307
土石流　258, 259, 370, 392, 393
土地荒廃　328
土地的極相　334, 360
土地利用改変　126
突然昇温　41
突堤　407
土用波　270, 402
ドライ・フェーン　98
トラフ　58
トランスフォーム断層　230
^{230}Th—^{234}U 法　217
トリチウム（^{3}H）　160, 174
トリチウム単位　174
ドリーネ　312
トレーサー　174
トレンチ調査　439
ドロマイト　246
トロール, C.　24

ナ

内水氾濫　195
内的営力　214
ナイトスモッグ　408
内部構造　18
菜種梅雨　82
なだれ　398
雪崩堆積物　296
南極海　428
南極環流　429
南高北低型　132
軟水　200
南西モンスーン　66
南大洋　428
南方振動　68, 70

ニ

新潟県中越地震　374
二酸化炭素　120
西日本島弧系　438
二十四節気　36, 38, 46, 130
20 世紀気候再現実験　127
2004 年新潟県中越地震　235
日射風化　242
日射量変化　117
日照時間　60
日照率　60
ニップ　276
ニベーション　296
日本海低気圧　132
日本の自然　440
日本の棚田百選　422
日本の風土　440
人間活動　38

ヌ

沼　166

ネ

ネオグラシエーション 119
熱塩循環 63, 173
熱圏 41
熱収支 44, 100
熱帯雨林 336
熱帯気候 141
熱帯湖 166
熱帯収束帯 81, 84, 434
熱帯多雨林 430
熱帯低気圧 84
熱波 394
根曲がり 146
練馬豪雨 108
年代 160, 160
　年代測定法 216
年齢 160

ノ

ノッチ 243, 276
野良イモ 399

ハ

梅雨 132
　梅雨前線 77, 132
　梅雨前線帯 75
排煙脱硫装置 411
バイオレメディエーション 329
背弧海盆 427
排出シナリオ（SRESシナリオ） 33, 34
排出量シナリオ 49
ハイドログラフ 184
ハイドロリックジャンプ 99
パイプハウス 399
ハイマツ帯 352
爆弾低気圧 71
爆発的噴火 386
白斑 115
バーグ風 98
博物学 5
波形勾配 270
波高 270
ハザードマップ 393
波食窪 276
波食棚 250, 276
派川 268
波長 270
バックグラウンド汚染 408
発散ゼロフラックス面 183
発達史地形学 212, 214
ハドレー循環 62
ハドレーセル 67
パナマ地峡 117
バハダ 300, 302
ハマオモト線 362
バミューダ高気圧 78
バーム 274
パラメータ化 48

パラモ 433
ハリケーン 388
バリスカン造山運動 21
バリートレイン 287
パルサ 294
バルハン砂丘 298
波浪 270, 402
バロトロピック 79
パンゲア 21, 230
半減期 174
パンサラサ海 426
阪神・淡路大震災 376
反対流 90
パンタナール 435
パンパ 341
パンパス 432
氾濫原 268
　──の復元 420

ヒ

被圧地下水 169, 416
B層 315
日傘効果 114, 121
東アジア酸性雨モニタリングネットワーク 410
東太平洋海膨 426
東日本島弧系 438
微化石 116
干潟 192, 193
光ルミネッセンス法 217
飛散開始日 415
PJパターン 71
肱川あらし 96
非成帯性 307
非成帯性土壌 307, 316
非成帯土壌 320
非対称山稜 297
ビーチサイクル 274
ヒートアイランド 39, 104, 111
　ヒートアイランド現象 100, 395
非特定汚染源 204
ピナクル 247
ヒプシサーマル 119
ヒマラヤ造山運動 21, 230
百葉箱 54
ビューフォート風力階級 148
ビュフォン, G.L.L. 4
雹 401
氷河 170
　氷河湖 284
　氷河質量収支 171
　氷河性アイソスタシー 288
　氷河地形 224
氷期・間氷期サイクル 16, 117, 226, 290
氷床 170, 288
氷晶 401
　氷晶核 412
氷床コア 116, 122
氷食谷 286

氷成地形 224
氷雪帯 344
表層崩壊 258, 392
表面流出 186, 194
氷粒 401
貧栄養湖 166
ピンゴ 294
浜堤 272

フ

不圧地下水 168
不安定性 440
フィードバック 114
風域 270
風化系列 245
風化論 210
風景 25
風景論 25
風向の逆転 136
風食地形 299
風成循環 63
風成塵 304, 325
風成地形 224
風雪害 398
風送塵 413
風土 12, 440
　『風土』 11
　風土感 441
　風土観 12
　風土論 12, 13
　日本の── 440
風波 270
風力エネルギー 23
風浪 402
富栄養化 167
富栄養湖 166
フェラルソル 311
フェレル循環 62
フェーン 98
フェーン現象 394
フォガラ 321
深い大陸棚 280
吹き寄せ効果 402
副振動 403
複成火山 238
藤田（F）スケール 400
布状洪水 300
腐植栄養湖 167
物理的風化作用 242
不透水層 187, 194
プトレマイオス 3
ブナ林 342, 348, 356
負のエントロピー 151
部分循環湖 167
不飽和帯 194
ブラッケン 327
プラトー 104
プラヤ 300, 303
プランクの法則 42

プランジング崖　276
プラントオパール　323, 324
プリニー式噴火　241
ブリューワー・ドブソン循環　76
プルーム　18
プルームテクトニクス　18
プレート　18
　プレート境界　236
　プレートテクトニクス　18, 228
プレーリー　341, 432
プロキシ　116, 122
プロセス地形学　212
フローン, H.　136
フロン化合物　175
フロントジェネシス　80
フロントリシス　80
分布型の流出モデル　31
フンボルト, A.　2, 4, 6

ヘ

平均滞留時間　155
平原　436
平衡線　171
閉鎖性水域　205
平成の名水百選　206
閉塞前線　81
平坦波食面　276
平板都市モデル　112
ヘッドランド　407
ペディメント　300
^{10}Be 法　217
ベーリンジア　435
ベルク, A.　12
ペルーチェ　98
ペルー（フンボルト）海流　53
変化の速さ　8
ペンク, W.　209
偏形樹　39, 144
偏西風　62
偏西風大蛇行　395
変動地形　224
変動地形学的活断層認定法　233

ホ

貿易風　62
崩壊　258
崩壊危険度予測　393
飽差　179
放射乾燥度　141, 194
放射収支　114
放射対流平衡モデル　48
放射平衡温度　43
放射冷却　78, 92
放水路　420
防雪柵　147
防雪施設　146
房総不連続線　88
暴風域　388
防風林　144

飽和帯　194, 248
飽和地表流　185
補間　31
北西季節風　133
北東モンスーン　66
北陸不連続線　88
堡礁　278
補償深度　167
圃場整備事業　423
ポスト近代科学　10
北極海　429
北極振動　69
北極洋　429
ホットスポット　228, 231, 236, 427
ポドゾル　309
ポドゾル化作用　311
ホートン地表流　182
ホートンの法則　164
ボーフォート高気圧　79
ボラ　97
ポルトラノ　3
ホルン　287
本草学　4
本水　189

マ

迷子石　289
埋没腐植層　324
前浜　274
マグマオーシャン　18
摩擦力　59
マスウェイスティング　254
マスムーブメント　254
Matsuno–Gill パターン　63
マングローブ　279
マングローブ林　336, 346, 363

ミ

ミクロ気候　37
三沢勝衛　12
未熟土壌　320
水資源　151, 198
水収支　39, 158, 198
　水収支式　158
水循環　128, 150, 154, 160
水無河川　187, 196
水無川　188
水の起源指標　177
水舟　206
水辺　192
水余剰量　194
緑のダム　195
南大西洋収束帯　75
南太平洋収束帯　75
ミネラルウォーター　201
ミランコビッチ・サイクル　116
ミランコビッチ・フォーシング　16

メ

名勝　28
名水　206
メサ　250
メソ　36
メソ気候　37
メルカトール図法　3
面源　204

モ

毛管力　182
猛暑　77, 394
目視観察　148
木星型惑星　14
木造密集市街地　376
茂原竜巻　400
モホ面　18
モンスーン　39, 63
　モンスーン気候　434
　モンスーン循環　73
　モンスーン低気圧　79
　モンスーントラフ　66
　モンスーン林　338
モンモリロナイト　310

ヤ

焼畑　337
矢澤大二　144
屋敷森　145
屋敷林　145
山風　88, 91, 93
山崩れ　254
山越えの風　97
ヤマセ　39, 96, 132, 396
山谷風　88, 90
ヤルダン　299
ヤンガードリアス事件　118

ユ

誘因　254, 391
融解深　187
有義波高　402
有効積算温度　140
有孔虫　218, 404
湧水　168, 206
融雪害　398
融雪流出　194
湧泉帯　190, 190
雪形　147
雪腐病　399
雪窪　297
雪止め　146
ユーラシア寒帯前線帯　82

ヨ

陽イオン　200
溶解　244, 246
溶岩流　238, 382

陽樹 335
溶食地形 246
幼穂形成期 396
溶脱作用 311
羊背岩 286

ラ

ライパリアンゾーン 192
ライフライン 377
落石 256
ラドン（^{222}Rn） 175
ラニーニャ 68
ラニーニャ現象 68, 395, 399
ラハール 259
ラブロック 13
ラムサール条約 372
ランドスケープ 25

リ

離岸堤 406, 407
陸稲田 196
陸風 88, 90
　陸風循環 90
離心率 16

利水 199
リソスフェア 228
リッジ 58
リニアメント 233
リヒトホーフェン 305
リモートセンシング 220
流域 164
　流域界 164
琉球弧 438
流砂系 419
硫酸液滴 121
流出域 162
流出寄与域 185
粒度 218
流動域 162
流量 164
領域気象モデル 112
リリースゾーン 162
リレンカレン 247
林外雨 178, 182
林内雨 182

レ

冷温帯林 342, 348

冷夏 77
冷害 396
冷気湖 92
冷気流 93
冷帯気候 143
レイヤー 31
レインアウト 410
礫砂漠 299
レス 116, 304, 325
　レス-古土壌サイクル 325
　レス-古土壌シーケンス 117
レンジナ 312

ロ

ロスビー波 399
ローレンタイド氷床 119

ワ

惑星 14
ワジ 187, 196
輪中堤 421
和達-ベニオフ帯 439
和辻哲郎 12
ワレニウス 2

欧 文 索 引

A

a place of scenic beauty　28
acid fog　410
acid rain　410
acid river　201
active fault　232
active fold　234
active layer　292
active margin　427
adaptation　129
adjustment of arable land　423
aerial photogrammetry　3
aerial photograph　220
age　160
Age of Discovery　2
AI　424
air pollution　26, 408
air temperature　54
AL　79
Aleutian Low　79
Alissow, B. P.　136
alluvial cone　266
alluvial fan　266
alluvial river　260
Alpine orogeny　21
alpine zone　352
altitudinal distribution　432
anafront　81
andesite line　427
Andosols　322
Antarctic Circumpolar Current　429
AO　69
AOGCM　50
aquifer　168
AR4　32
archive　46
Arctic Ocean　429
Arctic Oscillation　69
arid region　424
Aridity Index　424
artificial landforms　437
Asian dust　412
association　331
autumnal equinox　130
avalanche　398
―― chute　296
axial tilt　16
Azores High　78

B

back marsh　267
back-arc basin　427
background pollution　409
bajada　300, 302
barotropic　79

beach cycle　274
beach erosion　419
Beaufort High　79
Beaufort scale　148
beech forest　342, 356
berm　274
Bermuda High　78
Berque, A.　12
biodiversity　24, 27, 336
black pine forest　363
bora　97
boreal coniferous forest　431
brackish lake　166
brackish water　152
brine　152
Buffon, G. L. L.　4

C

caldera　386
Caledonian-Appalachian orogeny　21
canopy　186
capillary force　182
castal cliff　276
catchment area　164
Catena　313
cave　248
chaos　46
chart　2, 30
chemical weathering　244
chlorofluorocarbons　175
Chukwookee　124
CI　140
cirque　286
CISK　84
cliff　104
climate　12, 36
―― system　114
climatic change　32
climatic climax　334
climatic geomorphology　212, 436
climatic landscape　144
cloud belt　368
cloud forest　368, 433
coast　437
coastal erosion　406
coastal plain　272
cold air flow　93
cold air pool（lake）　92
cold vortex　79
cold weather damage　396
coldness index　140, 332
comma-shaped low　79
compensation depth　167
condensation nucleus　412
conditional instability of the second kind
　84

confining bed　194
contaminant　204
continental crust　18
continental shelf　280
Cook, J.　2
cool island　102, 106
cool summer damage　396
―― by delayed growth　396
―― by floral impotency　396
cool temperate forest　348
coral reef　278, 404
Covergent Zero Flux Plane　183
crater lake　284
cryosphere　170
cuesta　250
cut-off low　79
cyanobacteria　20
cycle of erosion　209

D

Dansgaard-Oeschger　118
data rescue　125
dating　216
debris flow　259, 382, 392
deep sea fan　428
deepening　262
deep-seated landslide　258
degital elevation model　31
delta　268
DEM　31, 222
deposit　218
desert　340
―― soil　320
―― varnish　302
desertification　424
destrophic lake　167
differentially denudated landforms　252
Digital Elevation Model　222
Digital Surface Model　222
Digital Terrain Model　222
diorama　9
discharge　164
―― area　162
disease　414
dissected valley　253
dissolution　244
Divergent Zero Flux Plane　183
diversity　440
divide　164
Dokuchaev, V. V.　306
doline　247, 312
down slope wind　93
down valley wind　93
downburst　400
drainage basin　164
drainage canal　420

索　引　461

drainage net   164
drainage system   164
drought   394, 425
drought damage   394
DSM   222
DTM   222
dune   298
dust storm   412
dynamic equilibrium   11

E

EANET   410
earth（Earth） 14, 18
—— evolutionary history   11
—— surface environments   22
—— surface system   114
—— system   114
ecoclimate zone   430
ecosystem   430
ecotourism   29
effective cumulative accumulated
   temperature   140
Ekman spiral   63
El Niño   68
elementary process   157
embankment   421
ENSO   68, 70
environment   10, 12
environmental conservation   28
environmental ethics   13
environmental impact assessment   27
environmental issues   26
environmental (quality) standard   203,
   408
environmental tracer   174
environments of continents   434
erosion control   418
eutrophic lake   166
eutrophication   167
evaporation   180
—— of intercepted rainfall   178
evapotranspiration   180
evergreen coniferous forest   355
expedition   2
exploration   2
explosive eruption   386
eye wall   85

F

faulting   232
feedback   114
Ferrel   62
fill in   423
fill–strath terrace   265
flash flood   390
Flohn, H.   136
flood   390
fluvial terrace   264
fold   234

forest limit   352, 431
formation   331
frontal inversion   94
frontogenesis   80
frontolysis   80
frost creep   257

G

Gaia   13, 24
gelifluction   256
general map   30
geodiversity   24
geoecology   25, 331
geoengineering   129
Geographic Information Systems   30
geomorphic agent   214
geomorphological map   215
geomorphology   208
geopark   29
geostrophic wind   59
geotectonic structure   439
geotourism   29
Ghyben–Herzberg's law   191
GIS   30
Glacial–Interglacial cycles   17
glacier   170
gleization   319
global environmental issues   26
global warming   26, 32, 54, 404
government–manufactured map   3
GPS   3
Graphical User Interface   30
grassland   341
gravitational process   436
great ice age   21
Great Ocean Conveyor   428
greenhouse effect   120
gross rainfall   178
ground inversion   94
ground temperature   55
grounding line   288
groundwater   168
—— discharge   194
—— flow system   162
growth of continents   20
G–scale   8
GUI   30
gust front   148

H

Hadley   62
hailfall   400
hailstorm   400
half–life   174
hamaomoto line   362
hardness   200
hay fever   414
hazard   388
heat island   100, 104

heatwave   394
Himalayan orogeny   21
historical geomorphology   212
Holocene   226
hot spring   201
Humboldt, A.   2, 4, 6
hydration   244
hydraulic jump   99
hydroelectricity   23
hydrograph   184
hydrological cycle   154
hydrological equation   158
hydrological sciences   154
hydrology   150
hydrolysis   244
hyporheic zone   193
Hypsithermal   119

I

ice nucleus   412
ice sheet   17, 170, 288
Icelandic Low   79
IGBP   22
IGY   126
IHP   151
IL   79
incised meander   262
Indian Ocean dipole mode   72
infiltration   182
infiltration capacity   182
Initial soil formation   319
inselberg   300
instability   440
interception   178
—— loss   178, 182
—— ratio   179
Intergovernmental Panel on Climate
   Change   32
internal structure   18
International Geophysical year   126
International Reference Base   316
interpolation   31
intertropical convergence zone   81
intolerant tree   335
IOD   72
IPCC   32, 34, 51, 128
IRB   316
IRD   116
island arc–trench system   438
isotherme   7
isotopic age   160
ITCZ   81, 84, 434
IUCN   29

J

jet stream   74

K

Kant, I.   4

karst landforms   246
katabatic wind   93
katafront   81
Klima   12
knickpoint   261
Köppen, W.   141
"*Kosmos*"   6
kuroboku soil   322

L

La Niña   68
lahar   259
land and sea breeze   88
land reclamation   423
land subsidence   416
landform classification   224
landscape   25
────── ecology   24
Landschaft   25
landslide dam   258
Last Glacial Maximum   290
latent heat flux   180
laurel forest   358, 431
Laurentide   119
layer   31
limestone   360
liquefaction   374
Little Climatic Optimum   123
Little Ice Age   119, 123
local wind   96
locally heavy rain   390
loess   116, 304, 325

M

magma ocean   18
magnetosphere   22
mangrove   279
mangrove forest   363
map   2, 30
marine oxygen isotope stage   118, 226
marsh   166, 372
mass movement   254
mass wasting   254
Medieval Warm Period   119
Mediterranean low   79
Mercator's projection   3
METROMEX   108
mid-ocean ridge   283
Milankovitch forcing   16
MIS   118
MIS5e   118
mitigation   129
MJO   67
modern science   10
monogenetic volcano   239
monsoon   63
────── forest   338
────── low   79
montane zone   356

moorland   372
moraine   287
mountain and valley wind   88
mountain wind   93
mountains   436
mud-rock flow   392

N

NAO   70, 78
national park   28
natural disaster   11
natural levee   267
natural monument   28
nature   10
────── conservation   28
Neoglaciation   119
net radiation   179
nivation   296
non-point source   204
North Atlantic Oscillation   70
North Pacific High   78

O

oasis   320
oceanic crust   18
offshore breakwater   406
Ogasawara High   78
Okhotsk High   78
oligotrophic lake   166
orbital eccentricity   16
orbital elements   16
overland flooding   195
overlandflow   182
oxidation and reduction   244
ozone layer   22

P

Pacific Decadal Oscillation   79
Pacific-North American pattern   70
paddy soil   326
paleosol   324
pampas   432
Pangaea   21
parasol effect   121
passive margin   427
PDO   79
peat   373
pediment   300
pedogenesis   308
pedology   306
percolation   182
periglacial landforms   294
perihelion   16
permafrost   170, 292, 345
Persistent Organic Pollutants   329
pH   201
photographic interpretation   220
physical geography   4, 150
physical weathering   242

plaggen   327
plain   436
planet   14
plate   18
────── tectonics   228
plateau   104, 426
playa   300, 303
Pleistocene   226
plume   18
PNA   70
Podzolization   319
point source   204
polar-stratospheric clouds   76
pollen   414
────── allergy   414
pollutant   204
polygenetic volcano   239
pond   166
POPs   329
Portolan chart   3
postmodern science   10
potential evaporation   180
potential evapotranspiration   186
prairie   432
precipitable water   172
primordial atmosphere   14
process geomorphology   212
proxy   116, 122
PSC   76
pseudo-alpine zone   354
Ptolemaeus   3
pyramidal wave   402
pyroclastic flow   382

Q

qanat   321
QBO   76
Quasi-Biennial Oscillation   76
Quaternary period   16, 226

R

rainfall intensity   186
rainfall-runoff process   184
rain-green forest   432
raised bed river   421
RCP   34
RDI   194
recent soil   324
recharge area   162
redeployment of arable land   422
regional diversity   24
remote sensing   220
renewable energy   23
renewable resources   154, 198
representative concentration pathways
   34
residence time   160
ridge   58
riparian forest   371

索　引　463

riparian zone   192
ripening   310
river   164
River Act   421
riverbed scouring   419
RS   220

S

sabo   418
SACZ   75
SAGE   30
Sahel strip   424
saline lake   166
salinization   191
salt spray damage   388
saltwater intrusion   191
salty wind damage   388
sandstorm   412
saturation overland flow   185
savanna   338, 432
scale analysis   46
sclerophyllous forest   432
sea level rise   404
seamount chain   283
seasonal disease calendar   414
secondary saliniization   329
sediment   218
self–purification   203
Semi Automatic Ground Environment   30
shade bearing tree   335
shallow landslide   258
shelter belt   144
shield   229
short cut   420
Siberian High   78
slab urban model   112
slope failure   392
snow accretion damage   398
snow cover   398
snow damage   398
snowball earth   21
snowpack damage   398
snowstorm damage   398
soil   314
—— erosion   328
—— formation   308, 310
—— geography   306
—— profile   314
—— water   168
solar energy   23
Solar System   14
solifluction   256, 295
source area   185
South Atlantic Convergence zone   75
South Pacific Convergence zone   75
Southern Ocean   428
Southern Oscillation   68, 70
SPCZ   75

speleothem   248
spiral band   85
spring equinox   130
stemflow   178, 182
steppe   432
storm surge   402
stream order   164
streamflow generation mechanism   184
striae   286
structural landforms   250
subalpine zone   354
subarctic coniferous forest   344
subarctic forest   350
subsidence inversion   94
substance dualism   10
subsurface water   168
subtropical forest   346
subtropical front   81
subtropical rainforest   431
succession   334
summer green forest   431
summer solstice   130
superelevation   259
surface inversion   94
swell   402

T

T. U.   174
tafoni   242
taiga   344
talus slope   256
tectonic lake   284
teleconnection   70
temperate forest   342
temperate grassland   341
temperate lake   166
tephra   240, 386
tephrochronology   241
terrace deposit   264
terraced paddy–field   422
thawing depth   187
thematic map   30
thermohaline circulation   173
Thornthwaite, C. W.   134
throughfall   178, 182
Tibetan High   78
tidal zone   193
tilting   235
TIN   222
tornado   400
torrential rain   390
tracer   174
transboundary aquifer   187
transition zone   431
transmission area   162
trans–Neptunian objects   14
transpiration   180, 182
trench   427
Triangulated Irregular Network   222

triangulation   3
tritium   174
trough   58
Troll, C.   24
tropical cyclone   84
tropical lake   166
tropical rainforest   336, 430
tsunami   270
—— earthquake   379
tufa   247
tundra   345, 431
typhoon damage   388

U

ultrabasic rock   360
universal soil loss equation   328
upper inversion   94
urban canopy model   112
urban canyon   102
urban peak   104
USLE   328

V

vapor pressure deficit   179
Varenius   2
Variscan orogeny   21
vegetation zone   309, 430
vernal equinox   130
volcanic ash   385
volcanic eruption   384
volcanic front   236
volcanic gas   384
volcanic vegetation   364

W

Wadati–Benioff zone   439
wadi   187, 188
warm–temperate forest   346
warmth index   140, 332
water balance   158
water cycle   154
water pollution contamination   204
water quality standards   203
water resources   198
water year   158
watershed   164
wave breaking   270
wave regeneration phenomena   366
WCRP   46
weather classification   86
Wegener, A.   209
WES   72
WI   140
Wilson Cycle   20
wind break   144
wind erosion landforms   299
wind power   23
wind snow damage   398
wind waves   402

wind–evaporation–SST　72
wind–shaped tree　144
winter solstice　130
WMO　54
World Natural Heritage　29
World Reference Base for Soil Resources
　316
WRB　315, 316

Y

yellow sand　412
Younger Dryas　119

Z

zonal soil　307, 311

自然地理学事典　　　　　　　　　　　定価はカバーに表示

2017 年 1 月 25 日　初版第 1 刷
2018 年 4 月 20 日　　　第 3 刷

編集者	小	池	一	之

編集者　小　池　一　之
　　　　山　下　脩　二
　　　　岩　田　修　二
　　　　漆　原　和　子
　　　　小　泉　武　栄
　　　　田　瀬　則　雄
　　　　松　倉　公　憲
　　　　松　本　　　淳
　　　　山　川　修　治
発行者　朝　倉　誠　造
発行所　株式会社　朝　倉　書　店
　　　　東京都新宿区新小川町 6-29
　　　　郵 便 番 号　　162-8707
　　　　電　話　03（3260）0141
　　　　F A X　03（3260）0180
　　　　http://www.asakura.co.jp

〈検印省略〉

Ⓒ 2017 〈無断複写・転載を禁ず〉　　　　　シナノ印刷・牧製本

ISBN 978-4-254-16353-7　C 3525　　　　Printed in Japan

JCOPY　<（社）出版者著作権管理機構 委託出版物>

本書の無断複写は著作権法上での例外を除き禁じられています．複写される場合は，
そのつど事前に，（社）出版者著作権管理機構（電話 03-3513-6969，FAX 03-3513-
6979，e-mail: info@jcopy.or.jp）の許諾を得てください．

グローバル時代の世界を地名から読み解く

世界地名大事典 《全9巻》

各A4変型判　950〜1400頁

総編集 竹内啓一 元一橋大　**編集幹事** 熊谷圭知 お茶の水大／山本健兒 帝京大

編集委員

秋山元秀 前滋賀大	島田周平 名古屋外大	中山修一 前広島大	山田睦男 元民博
小野有五 北星学園大	手塚 章 前筑波大	久武哲也 元甲南大	
加藤 博 前一橋大	中川文雄 前筑波大	正井泰夫 元立正大	
菅野峰明 前埼玉大	中村泰三 前大阪市大	松本栄次 前筑波大	

◎本事典の特色

1) 日本を除く世界の地名約48,000を厳選し，大地域別・五十音順に配列して解説．
2) 国・都市等の人文地名，山・川・海等の自然地名，国立公園・生物保護区等の観光地名，遺跡・旧都市等の歴史地名，世界遺産等の多彩な地名を収録．旧称・通称等も見よ項目として豊富に採録．
3) 情報データ欄（人口・面積・経緯度等）と別名欄を設けたわかりやすいレイアウト．
4) 地図, 特色ある景観・風景の写真を多数盛り込んだヴィジュアルな構成．
5) 研究・学校教育の参考書に．企業・官公庁・自治体の必備の資料として．

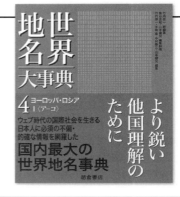

【全巻構成】

1,2 ●旧ソ連領中央アジアを含むパキスタン以東のアジア, オセアニア, および両極地方
　　アジア・オセアニア・極 I〈ア〜テ〉, II〈ト〜ン〉　1248頁/1192頁 各定価（本体43,000円+税）
　　　　　　　　　　　　　　　　　　　　　　　　　　　　（16891-4/16892-1）

3 ●アフガニスタン・トルコ・キプロスを含む中東諸国とアフリカ大陸の諸国・地域
　　中東・アフリカ　1188頁 定価（本体32,000円+税）（16893-8）

4,5,6 ●ヨーロッパ全土及びロシアとロシア以東の旧ソ連域（アゼルバイジャンなど）
　　ヨーロッパ・ロシア I〈ア〜コ〉, II〈サ〜ハ〉, III〈ヒ〜ワ〉　1232頁/1184頁/1264頁 各定価（本体43,000円+税）
　　　　　　　　　　　　　　　　　　　　　　　　　　　　　　　　　　（16894-5/16895-2/16896-9）

7,8 ●アメリカ合衆国（ハワイを含む50州）, カナダ（10州,3準州）, グリーンランド
　　北アメリカ I〈ア〜テ〉, II〈ト〜ワ〉　988頁/956頁 各定価（本体32,000円+税）
　　　　　　　　　　　　　　　　　　　　　　　　　（16897-6/16898-3）

9 ●メキシコなど中米, キューバなどのカリブ海地域, ブラジル・アルゼンチンなどの南米諸国
　　中南アメリカ　1408頁 定価（本体48,000円+税）（16899-0）

日本気象学会地球環境問題委員会編

地 球 温 暖 化
—そのメカニズムと不確実性—

16126-7 C3044　　　　　B 5 判 168頁 本体3000円

原理から影響まで体系的に解説。〔内容〕観測事実／温室効果と放射強制力／変動の検出と要因分析／予測とその不確実性／気温，降水，大気大循環の変化／日本周辺の気候の変化／地球表層の変化／海面水位上昇／長い時間スケールの気候変化

日本海洋学会編

海 の 温 暖 化
—変わりゆく海と人間活動の影響—

16130-4 C3044　　　　　B 5 判 168頁 本体3200円

地球温暖化の進行に際し海がどのような役割を担っているかを解説〔内容〕海洋の観測／海洋循環／海面水位変化／極域の変化／温度と塩分／物質循環／貧酸素化／海洋酸性化／DMS・VOC／魚類資源・サンゴ礁への影響／古海洋／海洋環境問題

日本湿地学会監修

図説 日 本 の 湿 地
—人と自然と多様な水辺—

18052-7 C3040　　　　　B 5 判 228頁 本体5000円

日本全国の湿地を対象に，その現状や特徴，魅力，豊かさ，抱える課題等を写真や図とともにビジュアルに見開き形式で紹介。〔内容〕湿地と人々の暮らし／湿地の動植物／湿地の分類と機能／湿地を取り巻く環境の変化／湿地を守る仕組み・制度

前農工大 福嶋 司編

図説 日 本 の 植 生（第2版）

17163-1 C3045　　　　　B 5 判 196頁 本体4800円

生態と分布を軸に，日本の植生の全体像を平易に図説化。植物生態学の基礎を身につけるのに必携の書。〔内容〕日本の植生概観／日本の植生分布の特殊性／照葉樹林／マツ林／落葉広葉樹林／水田雑草群落／釧路湿原／島の多様性／季節風／他

前三重大 森 和紀・上越教育大 佐藤芳徳著

図説 日 本 の 湖

16066-6 C3044　　　　　B 5 判 176頁 本体4300円

日本の湖沼を科学的視点からわかりやすく紹介。〔内容〕I. 湖の科学（流域水循環，水収支など）／II. 日本の湖沼環境(サロマ湖から上甑島湖沼群まで，全国40の湖・湖沼群を湖盆図や地勢図，写真，水温水質図と共に紹介)／付表

早大 柴山知也・東大 茅根 創編

図説 日 本 の 海 岸

16065-9 C3044　　　　　B 5 判 160頁 本体4000円

日本全国の海岸50あまりを厳選しオールカラーで解説。〔内容〕日高・胆振海岸／三陸海岸，高田海岸／新潟海岸／夏井・四倉／三番瀬／東京湾／三保ノ松原／気比の松原／大阪府／天橋立／森海岸／鳥取海岸／有明海／指宿海岸／サンゴ礁／他

前学芸大 小泉武栄編

図説 日 本 の 山
—自然が素晴らしい山50選—

16349-0 C3025　　　　　B 5 判 176頁 本体4000円

日本全国の53山を厳選しオールカラー解説〔内容〕総説／利尻岳／トムラウシ／暑寒別岳／早池峰山／鳥海山／磐梯山／巻機山／妙高山／金北山／瑞牆山／縞枯山／天上山／日本アルプス／大峰山／三瓶山／大満寺山／阿蘇山／大崩岳／宮之浦岳他

前森林総研 鈴木和夫・東大 福田健二編著

図説 日 本 の 樹 木

17149-5 C3045　　　　　B 5 判 208頁 本体4800円

カラー写真を豊富に用い，日本に自生する樹木を平易に解説。〔内容〕概論(日本の林相・植物の分類)／各論(10科—マツ科・ブナ科ほか，55属—ヒノキ属・サクラ属ほか，100種—イチョウ・マンサク・モウソウチクほか，きのこ類)

石川県大 岡崎正規・農工大 木村園子ドロテア・農工大 豊田剛己・北大 波多野隆介・農環研 林健太郎著

図説 日 本 の 土 壌

40017-5 C3061　　　　　B 5 判 184頁 本体5200円

日本の土壌の姿を豊富なカラー写真と図版で解説。〔内容〕わが国の土壌の特徴と分布／物質は巡る／生物を育む土壌／土壌と大気の間に／土壌から水・植物・動物・ヒトへ／ヒトから土壌へ／土壌資源／土壌と地域・地球／かけがえのない土壌

前農工大 小倉紀雄・九大 島谷幸宏・前大阪府大 谷田一三編

図説 日 本 の 河 川

18033-6 C3040　　　　　B 5 判 176頁 本体4300円

日本全国の52河川を厳選しオールカラーで解説〔内容〕総説／標津川／釧路川／岩木川／奥入瀬川／利根川／多摩川／信濃川／黒部川／柿田川／木曽川／鴨川／紀ノ川／淀川／斐伊川／太田川／吉野川／四万十川／筑後川／屋久島／沖縄／他

東京大 木本昌秀著

気象学の新潮流 5

「異常気象」の考え方

16775-7 C3344　　　　　A 5 判 232頁 本体3500円

異常気象を軸に全地球的な気象について，その見方・考え方を解説。〔内容〕異常気象とは／大気大循環(偏西風，熱帯の大循環)／大気循環のゆらぎ(ロスビー波，テレコネクション)／気候変動(エルニーニョ，地球温暖化)／異常気象の予測

JTB総研 髙松正人著

観光危機管理ハンドブック
—観光客と観光ビジネスを災害から守る—

50029-5 C3030　　　　　B 5 判 180頁 本体3400円

災害・事故等による観光危機に対する事前の備えと対応・復興等を豊富な実例とともに詳説する。〔内容〕観光危機管理とは／減災／備え／対応／復興／沖縄での観光危機管理／気仙沼市観光復興戦略づくり／世界レベルでの観光危機管理

前東大 鳥海光弘編

図説 地球科学の事典

16072-7　C3544　　　　　Ｂ５判　248頁　本体8200円

現代の観測技術，計算手法の進展によって新しい地球の姿を図・写真や動画で理解できるようになった。地球惑星科学の基礎知識108の項目を見開きページでビジュアルに解説した本書は自習から教育現場まで幅広く活用可能。多数のコンテンツもweb上に公開し，内容の充実を図った。〔内容〕地殻・マントル・造山運動／地球史／地球深部の物質科学／地球化学／測地・固体地球変動／プレート境界・巨大地震・津波・火山／地球内部の物理学的構造／シミュレーション／太陽系天体

日大 山川修治・ライフビジネスウェザー 常盤勝美・
立正大 渡来　靖編

気候変動の事典

16129-8　C3544　　　　　Ａ５判　472頁　本体8500円

気候変動による自然環境や社会活動への影響やその利用について幅広い話題を読切り形式で解説。〔内容〕気象気候災害／減災のためのリスク管理／地球温暖化／IPCC報告書／生物・植物への影響／農業・水資源への影響／健康・疾病への影響／交通・観光への影響／大気・海洋相互作用からさぐる気候変動／極域・雪氷圏からみた気候変動／太陽活動・宇宙規模の運動からさぐる気候変動／世界の気候区分／気候環境の時代変遷／古気候・古環境変遷／自然エネルギーの利活用／環境教育

日本地形学連合編　前中大 鈴木隆介・
前阪大 砂村継夫・前筑波大 松倉公憲責任編集

地形の辞典

16063-5　C3544　　Ｂ５判　1032頁　本体26000円

地形学の最新知識とその関連用語，またマスコミ等で使用される地形関連用語の正確な定義を小項目辞典の形で総括する。地形学はもとより関連する科学技術分野の研究者，技術者，教員，学生のみならず，国土・都市計画，防災事業，自然環境維持対策，観光開発などに携わる人々，さらには登山家など一般読者も広く対象とする。収録項目8600。分野：地形学，地質学，年代学，地球科学一般，河川工学，土壌学，海洋・海岸工学，火山学，土木工学，自然環境・災害，惑星科学等

東工大 井田　茂・東大 田村元秀・東大 生駒大洋・
東大 関根康人編

系外惑星の事典

15021-6　C3544　　　　　Ａ５判　364頁　本体8000円

太陽系外の惑星は，1995年の発見後その数が増え続けている。さらに地球型惑星の発見によって生命という新たな軸での展開も見せている。本書は太陽系天体における生命存在可能性，系外惑星の理論や観測について約160項目を頁単位で平易に解説。シームレスかつ大局的視点で学べる事典として，研究者・大学生だけでなく，天文ファンにも刺激あふれる読む事典。〔内容〕系外惑星の観測／生命存在居住可能性／惑星形成論／惑星のすがた／主星

北大 河村公隆他編

低温環境の科学事典

16128-1　C3544　　　　　Ａ５判　432頁　本体11000円

人間生活における低温（雪・氷など）から，南極・北極，宇宙空間の低温域の現象まで，約180項目を環境との関係に配慮しながら解説。物理学，化学，生物学，地理学，地質学など学際的にまとめた低温科学の読む事典。〔内容〕超高層・中層大気／対流圏大気の化学／海洋化学／海氷域の生物／海洋物理・海氷／永久凍土と植生／微生物・動物／雪氷・アイスコア／大気・海洋相互作用／身近な気象／氷の結晶成長，宇宙での氷と物質進化

日本地質学会編
日本地方地質誌 2

東　北　地　方

16782-5　C3344　　　　　Ｂ５判　712頁　本体27000円

東北地方の地質を東日本大震災の分析を踏まえ体系的に記載。総説・基本構造／構造発達史／中・古生界／白亜系-古第三紀火成岩類／新第三系-第四系／変動地形／火山／海洋地質／2011年東北地方太平洋沖地震／地質災害他

前東大 大澤雅彦監訳
世界自然環境大百科 8

ステップ・プレイリー・タイガ

18518-8　C3340　　　　Ａ４変判　488頁　本体28000円

プレイリーなどの草原およびタイガとよばれる北方林における，様々な生態系や動植物と人間とのかかわり，遊牧民をはじめとする人々の生活，保護区と生物圏保存地域などについて，多数のカラー写真・図表を用いて詳細に解説。

上記価格（税別）は 2018 年 3 月現在